BROCKHAUS · DIE BIBLIOTHEK

MENSCH · NATUR · TECHNIK · BAND 1

BROCKHAUS

DIE BIBLIOTHEK

MENSCH · NATUR · TECHNIK

DIE WELTGESCHICHTE

KUNST UND KULTUR

LÄNDER UND STÄDTE

GRZIMEKS ENZYKLOPÄDIE
SÄUGETIERE

MENSCH · NATUR · TECHNIK

BAND 1
Vom Urknall zum Menschen

BAND 2
Der Mensch

BAND 3
Lebensraum Erde

BAND 4
Technik im Alltag

BAND 5
Forschung und Schlüsseltechnologien

BAND 6
Die Zukunft unseres Planeten

MENSCH · NATUR · TECHNIK · BAND 1

Vom Urknall zum Menschen

Herausgegeben von der Brockhaus-Redaktion

F.A. BROCKHAUS
Leipzig · Mannheim

Redaktionelle Leitung: Dr. Gernot Gruber, Dr. Joachim Weiß

Redaktion:

Dipl.-Geogr. Ellen Astor	Dr. Roswitha Grassl	Dr. Uschi Schling-Brodersen
Dr. Stephan Ballenweg	Dr. Gerd Grill M.A.	Marianne Strzysch
Dipl.-Bibl. Torsten Beck	Petra Holzer M.A.	
Dipl.-Phys. Dipl.-Kfm.	Dipl.-Bibl. Sascha Höning	*Freie Mitarbeit:*
Martin Bergmann	Rainer Jakob	Sabine Bartels, Heidelberg
Dipl.-Biol. Elke Brechner	Dipl.-Ing. Helmut Kahnt	Roland Bischoff, Stuttgart
Dr. Eva Maria Brugger	Wolfhard Keimer	Silke Garotti, Mittenaar
Vera Buller	Dipl.-Biol. Franziska Liebisch	Björn Gondesen, Schriesheim
Dr. Dieter Geiß	Dr. Erika Retzlaff	Rolf Andreas Zell, Stuttgart

Herstellung: Jutta Herboth

Typographische Beratung: Friedrich Forssman, Kassel, und Manfred Neussl, München

Konzeption Infografiken: Norbert Wessel, Mannheim

Infografiken:

Joachim Knappe, Hamburg	Otto Nehren, Ladenburg
Arno Kolb, Ludwigshöhe	neueTypografik, Kiel
Uschi Kostelnik, Mannheim	Christian Schura, Mannheim
Udo Kruse-Schulz, Hemmoor	Scientific Design, Neustadt / Weinstraße

Die Deutsche Bibliothek – CIP-Einheitsaufnahme

Brockhaus · Die Bibliothek
  hrsg. von der Brockhaus-Redaktion.
  Leipzig; Mannheim: Brockhaus

Mensch, Natur, Technik
  [red. Leitung: Gernot Gruber; Joachim Weiß].
ISBN 3-7653-7000-2
Bd. 1. Vom Urknall zum Menschen
  [Red.: Ellen Astor...]. – 1999
ISBN 3-7653-7001-0

Das Wort BROCKHAUS ist für den Verlag
Bibliographisches Institut & F. A. Brockhaus AG
als Marke geschützt.

Das Werk einschließlich aller seiner Teile ist urheberrechtlich geschützt. Jede Verwertung außerhalb der engen Grenzen des Urheberrechtsgesetzes ist ohne Zustimmung des Verlags unzulässig und strafbar. Das gilt insbesondere für Vervielfältigungen, Übersetzungen, Mikroverfilmungen und die Speicherung und Verarbeitung in elektronischen Systemen.

Das Werk wurde in neuer Rechtschreibung verfasst.

Alle Rechte vorbehalten
Nachdruck auch auszugsweise verboten
© F. A. Brockhaus GmbH, Leipzig · Mannheim 1999
Satz: Bibliographisches Institut & F. A. Brockhaus AG,
Mannheim (PageOne Siemens Nixdorf)
Papier: 120 g/m² holzfreies, alterungsbeständiges, chlorfrei gebleichtes
Offsetpapier der Papierfabrik Aconda Paper S.A., Spanien
Druck: ColorDruck GmbH, Leimen
Bindearbeit: Großbuchbinderei Sigloch, Künzelsau
Printed in Germany

ISBN für das Gesamtwerk: 3-7653-7000-2

ISBN für Band 1: 3-7653-7001-0

Die Autorinnen und Autoren dieses Bandes

Prof. Dr. Günter Bräuer
Institut für Humanbiologie
Universität Hamburg

Prof. Dr. Rudolf Daber
emeritierter Professor für Paläobotanik
früher Direktor des Museums für Naturkunde in Berlin
Berlin

Dr. Achim Goeres, Astrophysiker
Dozent für »Interdisziplinäre Kommunikation«
Technische Universität Berlin

Prof. Dr. Carsten Niemitz
Leiter der Abteilung Anthropologie und Humanbiologie
im Institut für Zoologie
Freie Universität Berlin

Jörg Reincke
Institut für Humanbiologie
Universität Hamburg

Prof. Dr. Erwin Sedlmayr
Leiter des Instituts für Astronomie und Astrophysik
Technische Universität Berlin

Karin Sedlmayr, Astrophysikerin
Lehrbeauftragte für Physik
Technische Fachhochschule Berlin

Dr. Gerhard Storch
Leiter der Abteilung Zoologie I
Forschungsinstitut Senckenberg
Frankfurt am Main

Prof. Dr. Klaus Strobach
emeritierter Professor für Geophysik
früher Leiter des Instituts für Geophysik der Universität Stuttgart
Stuttgart

Vorwort

Es gehört zu unserer aufgeregten Zeit, dass wir am Ende des alten Jahrhunderts dem neuen Jahrhundert entgegenfiebern, mit Bangen und mit Hoffen. Immer wieder stellt sich in vielfältiger Gestalt die Frage: Was wird das neue Jahrhundert bringen, an Gutem oder Schlechtem? Dabei scheint es fast keine Rolle zu spielen, dass wir die viel beschworene Zeitenwende dem Zufall unseres Kalenders verdanken, des Kalenders, den wir uns gegeben haben und nach dem wir leben.

Ob wir uns dessen nun bewusst sind oder nicht, der Zufall des Kalenders lässt ein wesentliches Merkmal unserer Existenz aufscheinen: Wir gestalten oder beeinflussen viele Umstände unseres Lebens selbst. So lässt sich zwanglos feststellen, dass wir die Zeitenwende selbst herbeiführen, dass sie nicht über uns hereinbricht.

Wir Menschen haben uns seit Darwins Zeiten damit vertraut gemacht, dass wir Teil der Natur sind; die Natur ist unser Schicksal. Wir haben aber auch, sehr viel länger, seit der Herstellung der ersten Werkzeuge und seit der Bändigung des Feuers, die Erfahrung, dass wir durch Technik und in einem weiteren Sinn durch Kultur unser Schicksal selbst in die Hand nehmen und gestalten können; das ist unsere Hoffnung.

Die nun vorgelegte Reihe Mensch · Natur · Technik hat genau diese Doppelgesichtigkeit der menschlichen Existenz zum Gegenstand. Sie gibt Antworten auf viele Fragen nach dem Wie, Was und Warum unserer natürlichen und technisierten Umwelt und sie entwirft ein systematisches Bild des Menschen in seiner charakteristischen Stellung zwischen Natur und Technik. Damit kommt sie der spontanen Neugier entgegen, aber auch dem Bedürfnis nach dem Verstehen größerer Zusammenhänge, nach einer Orientierung in einer immer komplexer und unübersichtlicher werdenden Welt.

Angesichts des inhaltlich weiten Bogens, den diese Reihe spannt, sah die Redaktion in der sorgfältigen Wahl der Themen eine ihrer wichtigsten Aufgaben. Dabei war es das Ziel, durch exemplarische Behandlung eine Art der Darstellung zu finden, aus der sich ein schlüssiges Gesamtbild des Menschen sowie der natürlichen und technisierten Welt, in der er lebt, ergibt.

Das Konzept der Reihe und ihre Struktur wurden von der Brockhaus-Redaktion entworfen. Für ihre Realisierung konnten namhafte Autoren gewonnen werden, die vielfach auch auf die Feingliederung Einfluss nahmen. Dabei war es klar, dass eine Reihe wie diese nur in enger und vertrauensvoller Zusammenarbeit zwischen Redaktion und Autoren verwirklicht werden kann. Der Verlag ist den Autoren für ihre unermüdliche Geduld und ständige Bereitschaft, auf Vorstellungen der Redaktion einzugehen, zu großem Dank verpflichtet.

Der erste und der letzte der insgesamt sechs Bände der Reihe haben eine zeitliche Perspektive. Im ersten Band wird quasi die Gegenwart aus der Vergangenheit entwickelt, im letzten wird ein Blick in die Zukunft gewagt. Dazwischen liegen je zwei Bände über die Natur und über die Technik: über den Menschen, über den Lebensraum Erde, über die Technik im täglichen Leben und über Technologien mit einem Schlüsselpotential für künftige Entwicklungen.

Die Bände ermöglichen Augenblicke der Kontemplation, des Innehaltens und des Bewusstwerdens des eigenen Standpunkts. Sie geben Antworten auf die Frage, wo wir herkommen, und Hilfestellung bei der Suche nach Antworten auf die Frage, wo die Menschheit hingeht. So bietet die Reihe Mensch · Natur · Technik sich in vielfältiger Hinsicht janusköpfig dar – nicht zuletzt mit ihrem Erscheinungstermin an der Schwelle zu einem neuen Jahrtausend.

Mannheim, im Juni 1999   F. A. BROCKHAUS

Inhalt

    Evolution 14

I. Weltall und Sonnensystem 22

  1. Weltbilder im Zeitenwandel 25
     Frühe Spuren 25 · Schritte zur Wissenschaft 28 · Astronomie
     im Mittelalter 35 · Von der Astronomie zur Astrophysik 37
  2. Beobachtung und Theorie 45
     Informationen aus dem Weltall 45 · Die physikalische Natur der
     kosmischen Materie 66 · Astronomische Entfernungsbestimmung 70 ·
     Die hierarchische Ordnung des Kosmos 81 · Bauprinzip
     astronomischer Objekte 89
  3. Die Vielfalt der Sterne 95
     Die Sonnenumgebung 95 · Die Zustandsgrößen der Sterne 100 ·
     Aufbau und Entwicklung der Sterne 107 · Schwarze Löcher 120 ·
     Entstehung der chemischen Elemente 123 · Sternentstehung 125 ·
     Der Lebensweg der Sonne 129
  4. Galaxien – Strukturen im Kosmos 134
     Das Milchstraßensystem 134 · Extragalaktische Sternsysteme 150 ·
     Galaxienhaufen und Superhaufen 159
  5. Kosmologie und Weltmodelle 166
     Grundlegende Begriffe 166 · Die Allgemeine Relativitätstheorie 169 ·
     Homogenes und isotropes Universum 174 · Die materielle
     Entwicklung des Universums 178 · Strukturbildung durch
     Gravitation 186 · Das inflationäre Universum 189
  6. Kreislauf der Materie 194
     Entfaltung kosmischer Hierarchien 194 · Das interstellare
     Medium 197 · Die Sterne 201 · Beginn der chemischen
     Evolution 206 · Auf dem Weg zum Leben 218

II. Erde und Leben 222

  1. Die Erde – eine erkaltende Feuerkugel 225
     Entstehung und Frühzeit 225 · Aufbau des Erdinnern 228 ·
     Temperaturen in der Tiefe 234 · Das Schwerefeld 239
  2. Gestalt und Bewegung der Erde 243
     Erdmessungen 243 · Gezeitenkräfte 247 · Erdmagnetismus 251 ·
     Erdrotation und Zeit 256
  3. Plattentektonik und Kontinentaldrift 264
     Geburt einer neuen Theorie 265 · Mantelkonvektion – Motor der
     Plattentektonik 280 · Scheinbare und wahre Polwanderung 298
  4. Von der Ursuppe zur Sauerstoffatmosphäre – erstes Leben 308
     Erdatmosphären 308 · Die Ursuppe 313 · Die Photosynthese 331
  5. Die Kambrische Explosion 342
     An der Schwelle der Entwicklung vielzelliger
     Organismen 342 · Datierung – ein Kernproblem der modernen
     Geologie 348 · Die Lebenswelt im Kambrium 358

6. Pflanzen und Tiere erobern das Festland 370
   *Die Erde im Unterdevon 371 · Erfindungen der grünen
   Eroberer 376 · Die Tiere folgen nach 388*
7. Fortschritt durch Katastrophen –
   Saurier und das Artensterben 399
   *Die Katastrophe an der K/T-Grenze – Tod aus dem All 399 ·
   Der Ursprung der Reptilien 411 · Die Dinosaurier 426 ·
   Die Vögel 442 · Lebende Fossilien 450*
8. Das Zeitalter der Säugetiere 456
   *Langer Anlauf zu großer Karriere 456 · Die Welt der Säuger 468 ·
   Unterklassen, Teilklassen und Ordnungen der Säugetiere 491 ·
   Unterklasse Prototheria (Nichttherier) 491 · Unterklasse Theria
   (Therier oder Echte Säuger) – Teilklasse Metatheria (Beuteltiere) 492 ·
   Unterklasse Theria (Therier oder Echte Säuger) – Teilklasse Eutheria
   (Plazentatiere) 494*

III. Der Mensch erscheint 506

1. Frühe Vorläufer – Affen und Hominiden 509
   *Ein neuer Ast am Stammbaum 509 · Zum Ursprung der Affen 518 ·
   Der Weg zu den Menschenaffen 525 · Die ersten Hominiden 533 ·
   Lucys Sippe 539 · Menschheitsdämmerung 548*
2. Die ersten Menschen 557
   *Entdeckung einer neuen Art 557 · Lebensweise und Ernährung 566 ·
   Die Anatomie der ersten Menschen 574 · Homo habilis – eine Art
   oder zwei? 580 · Die Evolution des fühen Homo 586*
3. Homo erectus 590
   *Frühe Entdeckungen 590 · Heutige Fundlage 595 · Kennzeichen
   und Evolution 608 · Die Kultur des Homo erectus 618*
4. Der moderne Mensch – Ursprung und Ausbreitung 623
   *Modelle und wachsende Fossilienzahl 623 · Die Neandertaler 629 ·
   Entwicklung in Afrika 645 · Was geschah im Fernen Osten
   und in Australien? 649 · »Out of Africa« – Der Ursprung des
   modernen Menschen 658 · Der moderne Mensch erobert die Erde 662*

Register 673
Literaturhinweise 696
Bildquellenverzeichnis 703

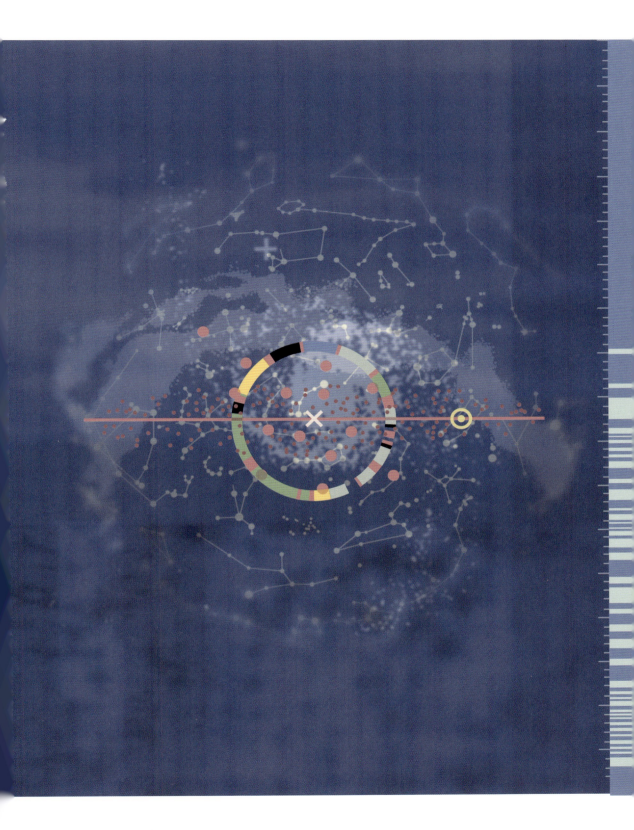

Evolution

Vom Urknall zum Menschen – ein ehrgeiziges Programm und ein anspruchsvolles Vorhaben; weit ausgreifend in Raum und Zeit. Man läuft bei einem solchen Unternehmen Gefahr, sich zu verlieren und das Ziel zu verfehlen, wenn man keinen Kompass hat. Der Mensch im Kosmos – weit weniger als eine Nadel im Heuhaufen und doch unvergleichlich viel mehr. Denn nicht nur ist er in der Welt, sondern die Welt ist, indem er geistig sich mit ihr auseinander setzt, auch in ihm.

Dass nicht nur Völker und Staaten eine Geschichte haben, sondern auch die Erde, die Sonne, ja das ganze Weltall, ist eine nicht sehr alte Erkenntnis. Bis über das Mittelalter hinaus wurde allgemein geglaubt, die Erde sei das Zentrum der Welt und sie sei nur wenige Jahrtausende alt. Dieser Glaube hielt sich nicht nur im allgemeinen Bewusstsein fast unverändert bis in die Mitte des 19. Jahrhunderts, auch die meisten Gelehrten hingen ihm an, obwohl es Entdeckungen gab, die nur schwer mit ihm zu vereinbaren waren, und kluge Abhandlungen, die ihm offen widersprachen.

Heute wissen wir, dass die Erde 4,6 Milliarden Jahre alt ist und dass es uns ähnliche Menschen seit etwa eine Million Jahren gibt. Sehr lange nach unseren gewöhnlichen Maßstäben, aber weniger als eine halbe Minute, wenn man das Erdalter einem Tag gleichsetzt.

Entwicklung

Alles ist entstanden und alles ändert sich – alles hat eine Geschichte. Unsere gängige Münze dafür ist heute der Begriff »Evolution«, von der Biologie bis zur Politik, von der Kosmologie bis zur Technik. Es fügt sich schön, dass sein lateinischer Ursprung, »evolutio«, das Aufschlagen eines Buchs bedeutet, zum Lesen. So wollen wir uns denn bei unserer Reise durch Räume und Zeiten von der Evolution leiten lassen. Sie soll unser Kompass sein.

Obwohl in nahezu allen Gebieten, in denen es verwendet wird, das Wort »Evolution« einen andern Begriff bezeichnet, stimmt sein Gebrauch in den beispielsweise erwähnten Gebieten darin überein, dass er Veränderungen meint, deren Gründe mehr oder weniger dunkel sind, die sich über größere Zeiträume erstrecken und die für diese Zeiträume nicht vorhersagbar sind. Solche Entwicklungen haben ebenfalls gemeinsam, dass sie im Rückblick beschrieben und damit »verstanden« werden können. Dabei ist wichtig zu bemerken, dass Verstehen hier zunächst nur Erkennen dessen bedeutet, was geschah und wie es geschah, nicht aber, warum – im Sinn einer ursächlichen Notwendigkeit – es sich ereignete. Hieran knüpfen viele Missverständnisse, populäre und sachverständige. Nicht alles, was irgendwo ankommt, war mit diesem Ziel unterwegs, und nicht für alles, was sich auf den Weg macht, lässt sich ein eindeutiger Grund angeben.

Zu Missverständnissen gibt das Wort »Evolution« selbst Anlass, das auch »Entwicklung« bedeutet. Denn es scheint klar, dass etwas nur dann entwickelt werden kann, wenn es vorher eingewickelt war. Und wenn das wahr ist, dann muss im Prinzip auch das Ergebnis der Entwicklung im Voraus erkennbar sein. Auch wenn zu betonen ist, dass beides auf die hier gemeinten Vorgänge in der Regel nicht zutrifft, ist doch zuzugeben, dass irgendetwas da gewesen sein muss, denn wenn es nicht so wäre, wäre auch nichts geschehen. In gleicher Weise lässt sich fragen – auch wenn man einräumen mag, dass das Ziel vielleicht nicht vorbestimmt war –, warum gerade dieses Ziel erreicht wurde und nicht ein anderes.

Die Untersuchung der Frage, welcher Art die Voraussetzungen, Anlässe und Begleitumstände gewesen sein könnten, die schließlich zu einer bestimmten Entwicklung geführt haben, lässt häufig Raum für vielerlei Antworten und Hypothesen. Das ist letztlich der Grund, warum es verschiedene

Theorien der Evolution gibt und sogar eine Evolution der Evolutionstheorien. Weil es hierbei um Erklärungsversuche geht, die sich auf jeweils einmalige Vorgänge beziehen und daher nicht mithilfe des bewährten Mittels des Experiments als falsch oder richtig entschieden werden können, ist die Wahrheitsfindung hier subtil und schwierig.

Big Bang und Börsenkurse

Im Anfang war das Universum ein Feuerball von unvorstellbar hoher Energiedichte und Temperatur, der sich schnell ausdehnte und dabei abkühlte. In einem frühen Stadium der Entwicklung trennte sich die Strahlung von der Materie, das Universum wurde durchsichtig. Es entstanden Elementarteilchen, Nukleonen und Elektronen, es bildeten sich die ersten Atome, und es entstanden die ersten – primordialen – chemischen Elemente. Das Universum dehnte sich – und dehnt sich immer noch – weiter aus, und es bildete sich nicht nur die hierarchische Struktur der kosmischen Materie heraus, wie wir sie heute beobachten können, Gas- und Staubwolken, Sterne, Galaxien, Galaxienhaufen und Superhaufen, sondern es entstanden auch Raum und Zeit, wie wir sie nun wahrnehmen.

Vor etwa 4,6 Milliarden Jahren entwickelte sich in einem winzigen Bereich dieser allumfassenden kosmischen Evolution aus einer präsolaren Gas- und Staubwolke das Sonnensystem und mit ihm unsere Erde. Bereits eine Milliarde Jahre später entstand auf ihr aus organischen Molekülen das erste Leben. Dieser präbiotischen Evolution folgte die Bildung einzelliger Organismen, die lange, über nahezu drei Milliarden Jahre, die höchstentwickelten Lebewesen waren. Heute sind sie das nicht mehr, aber sie sind immer noch vorherrschend, und alles übrige Leben, so wie wir es kennen, wäre ohne sie nicht möglich.

War die Evolution der Erde zunächst nur physikalischer und chemischer Natur, so setzte mit dem Leben eine neue Entwicklung ein. Unmerklich zunächst, aber durch das mit den Stoffwechselvorgängen der lebenden Organismen verbundene Nehmen und Geben, durch deren Stoffaustausch mit der Umgebung immer ausgeprägter, wuchs eine neue Umwelt, die Biosphäre. Sie entfaltete im Lauf der Jahrmilliarden eine solche Wirkgewalt, dass sie heute unsere Wahrnehmung der Umwelt weitgehend bestimmt. Dass es neben ihr immer noch andere Urgewalten gibt, tritt meist nur in der Gestalt von Katastrophen in unser Bewusstsein: Überflutungen, Erdbeben und Vulkanausbrüche, Wetter- und Klimakatastrophen. Aber auch davon steht manches in Zusammenhang mit dem Leben, auch mit dem von uns Menschen.

Mit der Hominisation, der Menschwerdung, dem Hervorgehen der Gattung Homo und schließlich unserer Art Homo sapiens aus äffischen Vorfahren, setzte erneut ein anderer Wirkmechanismus der Evolution ein. Durch die zunehmende Fähigkeit, individuell Erfahrenes und Gelerntes an andere Individuen weiterzugeben und aufzuzeichnen, entstand die Welt der Kultur. Obwohl deren Sein und Entwicklung unabdingbar an die Existenz der Menschheit gebunden ist, scheint sie doch häufig ein kaum durchschaubares Eigenleben zu führen – womit wir bei den Börsenkursen angelangt wären: Sie werden durch das Kaufverhalten der Menschen bestimmt, aber niemand kann auf längere Sicht vorhersagen, wie sie sich entwickeln werden; sie unterliegen evolutiven Veränderungen.

Erdgeschichte statt Schöpfungsmythen

Die Entstehung des Evolutionsdenkens war ein langwieriger und schwieriger Prozess der Erkenntnis; die mit ihm verbundenen Vorstellungen traten nicht urplötzlich im Jahr 1859 mit dem Erscheinen von Darwins monumentalem Werk »On the Origin of Species by Means of Natural Selection, or the Preservation of Favoured Races in the Struggle for Life« in die Welt. Ursprünglich war das Wort »Evolution« in Zusammenhang mit der Präformationstheorie der Embryonalentwicklung in die Naturlehre eingeführt worden, nach der sich ein Embryo durch Entfaltung von im Keim vorgebildeten Teilchen entwickelt, und das erste, jeweils geschaffene Paar jeder Art bereits die Keime aller folgenden Generationen enthalte – Darwin selbst hat es nie benutzt.

Dem Evolutionsgedanken stand lange Zeit die Schöpfungslehre im Weg, nach der die Welt einstmals so erschaffen wurde, wie sie nun war. Das vorherrschende Weltbild war von Geschichten über die Entstehung bestimmt, nicht von der Geschichte der Entwicklung. Noch um die Mitte des 17. Jahrhunderts gab es Berechnungen, zum Teil auf den Tag und die Stunde genau, nach denen die

Schöpfung vor etwa viertausend Jahren stattgefunden hätte. Es war ein langer Weg von dem statischen Weltbild der Schöpfungsmythen zum dynamischen Weltbild einer geschichtlichen Entwicklung. Im Rückblick lassen sich einige bedeutsame Etappen erkennen.

Die erste war zu Beginn der Neuzeit die »kopernikanische Revolution«, die die Erde aus dem Mittelpunkt der Welt rückte. Eine wichtige und in ihrer Bedeutung kaum zu überschätzende Konsequenz daraus war, dass der biblische Bericht nicht in allen Einzelheiten wörtlich genommen werden kann. Das war einer der Gründe, weswegen diese Lehre von kirchlichen Autoritäten so heftig bekämpft wurde.

Gegen das Ende des 18. und den Beginn des 19. Jahrhunderts folgte die vor allem mit den Namen Cuvier und Lamarck verbundene Erkenntnis, dass es unter den Organismen eine natürliche Verwandtschaft gibt. Sie begünstigte die allmähliche Abkehr von der Vorstellung einer »Stufenleiter« der Natur und die Hinwendung zu dem alternativen Konzept eines »Stammbaums« des Lebens. Schließlich, und für Darwins Werk unmittelbar bedeutsam, folgte die Begründung der historischen Geologie, die Theorie, dass die Erdgeschichte von einheitlich wirkenden Kräften bestimmt ist. Sie ist heute unter den Bezeichnungen Aktualismus und Uniformitarismus bekannt und wurde maßgeblich von dem schottischen Geologen Charles Lyell formuliert, der mit ihr die Vorstellung der insbesondere auch von Cuvier favorisierten Katastrophentheorie widerlegte, der zufolge das Leben öfter vernichtet und dann jedes Mal neu erschaffen wurde.

Lamarck und Darwin

Der französische Naturforscher Jean-Baptiste de Lamarck war ein Vorläufer Darwins, er starb blind und in Armut zwei Jahre, bevor Darwin seine Reise auf dem Forschungs- und Vermessungsschiff »Beagle« antrat. Seine heute als Lamarckismus bezeichneten Vorstellungen, die er fünfzig Jahre vor Darwins »Origin of Species« darlegte, standen bis ins 20. Jahrhundert hinein in Konkurrenz zu dessen Theorie. Ihr wesentlicher Aspekt, dass die von einem Inviduum während seines Lebens erworbenen Eigenschaften – neu erworbene Merkmale des Phänotyps – vererbt werden könn-

ten, wurde endgültig erst 1957 durch das »Zentrale Dogma der Molekularbiologie« widerlegt, das von Francis Crick formuliert wurde. Es besagt, dass die in Proteinen enthaltene Information – und mit ihr auch die durch Gebrauch der Organe erworbenen Eigenschaften – nicht unmittelbar vererbt werden kann.

Um Lamarck gerecht zu werden, muss man hervorheben, dass er der Erste war, der überhaupt eine Evolutionstheorie entwickelte. Er war der Erste, der das Wort Biologie benutzte, er leistete Grundlegendes auf dem Gebiet der wirbellosen Tiere und er hatte einen wachen, intuitiven Sinn für die dynamische Qualität des Lebens, für die enge Wechselwirkung zwischen physikalischen und vitalen Prozessen. Auch war er offenbar der Erste, der Betrachtungen über die Ähnlichkeit von Fossilien und lebenden Organismen anstellte. Selbst Darwin erkannte an, seinen Vorbehalten gegen Lamarcks Lehre zum Trotz, dass diesem das Verdienst gebühre, zuerst auf die Wahrscheinlichkeit hingewiesen zu haben, dass alle Veränderungen sowohl der organischen als auch der anorganischen Welt die Folgen von Naturgesetzen seien.

Der Gründervater der *modernen* Evolutionstheorie, Charles Darwin, entstammte einer wohlhabenden und angesehenen englischen Familie. Er konnte nicht nur auf dem Werk Lamarcks aufbauen, sondern auch auf dem von Georges de Cuvier, dem Begründer der wissenschaftlichen Paläontologie und der vergleichenden Anatomie, sowie insbesondere auf den geologischen Forschungen Lyells und dessen Werk »Principles of Geology«.

Die wichtigste Grundlage für die Entwicklung seiner Theorie der »Entstehung der Arten durch natürliche Zuchtwahl« waren für Darwin jedoch die eigenen Beobachtungen während seiner Teilnahme an der fünfjährigen Forschungsreise der »Beagle« um die Welt, die er sorgfältig dokumentierte. Er fand in ihnen eine Bestätigung der von Lyell geäußerten Ansicht, dass die Erde sich in großen Zeiträumen durch Vorgänge wie Vulkanausbrüche, Erdbeben, Erosion und Ablagerung beständig verändert habe und immer noch verändere. Durch die genaue Untersuchung der vielen Fossilien, die er fand, und durch die Ähnlichkeit vieler von ihnen mit lebenden Arten sah er sich mit der Frage konfrontiert, die ihn später bis an sein Lebensende beschäftigen sollte: Aufgrund welches Mechanismus werden ausgestorbene Arten durch neue ersetzt?

»On the Origin of Species«

Nach der Rückkehr von seiner Reise begann Darwin neben der Abfassung eines Berichts über deren wissenschaftliche Ergebnisse, seine Gedanken über das »Problem der Arten« – wie er es für sich selbst bezeichnete – in Notizbüchern niederzulegen und Fakten hierzu zu sammeln, bei Züchtern, Gärtnern, Zooleitern, durch umfangreiche Korrespondenzen und Lektüre. Er kam bald zu der Überzeugung, dass die Arten nicht durch Konstanz ausgezeichnet sind, sondern ganz im Gegenteil durch eine große Variationsbreite der Eigenschaften, und dass jedes Individuum einzigartig ist. Er notierte, dass sich die Arten von einem Lebensraum zum andern und über die Epochen hin ändern.

Einen ersten Schlüssel zur Erklärung dieser Tatsache fand er im Herbst 1838 durch die Lektüre der Streitschrift »An Essay on the Principle of Population« von Robert Malthus aus dem Jahr 1798. Nach diesem vermehren sich Populationen in geometrischer Progression, das heißt, sie nehmen nicht nur proportional zur verstrichenen Zeit zu, sondern auch proportional zu ihrer jeweiligen Größe, während die Menge des zur Verfügung stehenden Nahrungsangebots nur arithmetisch zunimmt, das heißt nur proportional zur verstrichenen Zeit. Die Folge davon ist, dass Populationen immer dazu tendieren, schneller zu wachsen als das Nahrungsangebot, und dass das Wachstum einer Population immer durch die Knappheit des Nahrungsangebots begrenzt wird. In dem darauf beruhenden Konkurrenzkampf überlebt tendenziell der Tüchtigere.

Darwin folgerte, dass in einer Population mit einer gegebenen Variationsbreite der Eigenschaften die jeweils am besten angepassten Individuen die größte Chance hätten zu überleben, sich erfolgreich fortzupflanzen und ihre günstigen Anlagen zu vererben. Er ging hierin über das seit langem bekannte und vielfach beschriebene Prinzip von Fressen und Gefressenwerden, das sich zwischen den Arten abspielt, hinaus, indem er erkannte, dass der Kampf ums Dasein auch innerhalb einer Art stattfindet, dass auch die Mitglieder einer Population miteinander konkurrieren.

Damit waren alle wesentlichen Elemente einer neuen Evolutionstheorie beisammen: Alle Mitglieder einer Population unterscheiden sich voneinander; die am besten geeigneten von diesen überleben und haben den größten Fortpflanzungserfolg; über viele Generationen kommt es so allmählich – graduell – zur Veränderung der Arten. Implizit war damit auch der außerordentlich wichtige und für die Weiterentwicklung der Evolutionstheorie fruchtbare Schritt weg von idealen Typen – die es nicht gibt (ihre Vorstellung geht bis auf Platon zurück) – hin zu realen, wirklich existierenden Populationen verbunden.

Darwin zögerte lange mit der Veröffentlichung seiner Gedanken. Er befand sich damit in einer ähnlichen Situation wie dreihundert Jahre vor ihm Kopernikus und war sich dessen wohl bewusst. Seine Vorstellungen waren nicht nur wissenschaftlich revolutionär, sie hätten unter den damals in England herrschenden Gesetzen über Blasphemie und Aufwiegelung möglicherweise auch zur Anklage führen können. Die geistige Situation entspannte sich zwar in der Folgezeit, die öffentliche Meinung wurde toleranter, und Diskussionen über die Evolution wurden alltäglich. Man kann heute aber nur darüber spekulieren, wann Darwin von sich aus seine Theorie veröffentlicht haben würde – der Anstoß dazu kam schließlich von außen.

Am 18. Juni 1858 erhielt Darwin von dem Naturforscher Alfred Russel Wallace, der auf den Malaiischen Inseln arbeitete, einen Artikel, der genau die Gedanken zusammenfasste, an denen er selbst zwanzig Jahre lang gearbeitet hatte. Vor einer möglichen Niederlage in dem absehbaren Prioritätenstreit wurde er durch seine Freunde und Vertrauten gerettet, die dafür sorgten, dass am 1. Juli 1858 eine gemeinsame Mitteilung von Darwin und Wallace vor der Linnean Society of London verlesen wurde. Im Spätherbst des folgenden Jahrs erschien »On the Origin of Species«, und seine erste Auflage war sofort vergriffen. Bis 1872 erlebte das Werk sechs Auflagen.

Die Tatsache, dass es unter den Lebewesen eine Evolution gegeben hatte, war unter Wissenschaftlern bald allgemein akzeptiert. Prinzipielles Einvernehmen herrscht inzwischen auch im Großen und Ganzen über ihren Verlauf, wenn auch im Detail voneinander abweichende Stammbäume oder Abstammungslinien konstruiert werden. Anhaltende Kontroversen bestehen dagegen nach wie vor über die zugrunde liegenden Mechanismen – sie sorgen für die Evolution der Evolutionstheorien.

Kosmische Evolution

Es dauerte nach Darwin noch geraume Zeit, bis die Vorstellung von einer Evolution auch in der Astronomie Wurzeln fassen konnte, obwohl der Boden nun bereitet war – es fehlten Fakten, es fehlten die für konkrete Überlegungen unentbehrlichen Befunde. Dafür lässt sich ein einfacher Grund angeben: Die erforderlichen Instrumente waren nicht vorhanden. Bei näherem Hinsehen ist die Sache freilich nicht ganz so einfach: Warum soll man Instrumente bauen, deren Zwecke man nicht kennt?

Voraussetzung für die Entwicklung einer fundierten Theorie der kosmischen Evolution war der Übergang von der Astrometrie, der Messung der Winkelpositionen der Sterne, zur Astrophysik, der Messung ihrer physikalischen Eigenschaften. Man kann nicht sicher wissen, zu welchen Erkenntnissen frühere Generationen von Astronomen gelangt wären, wenn ihnen die modernen Instrumente zur Verfügung gestanden hätten, aber man darf annehmen, dass die heutige Gewissheit über die kosmische Evolution ohne diese Instrumente nicht zu erlangen gewesen wäre.

Der große amerikanische Astronom Edwin Powell Hubble konnte 1923 zeigen, dass die seit über hundert Jahren bekannten Spiralnebel nicht zum Milchstraßensystem gehören, sondern dass sie Sternsysteme sind wie das Milchstraßensystem selbst und dass sie für die großen Strukturen des Universums charakteristisch sind. Er bediente sich dabei des 1917 auf dem Mount Wilson in Kalifornien in Betrieb genommenen Hooker-Reflektors mit einem Durchmesser von 254 Zentimetern, dem für drei Jahrzehnte größten und bei weitem leistungsfähigsten Teleskop.

Im Jahr 1929 entdeckte er beim Vergleich der Entfernungen von Galaxien mit ihren spektroskopisch ermittelten Radialgeschwindigkeiten, der Rotverschiebung ihrer Spektren, die Expansion des Weltalls. Der Schluss liegt sofort auf der Hand: Wenn das Weltall heute expandiert, muss es früher kleiner gewesen sein – die Vorstellung der kosmischen Evolution war geboren. Hubble war damit indirekt auch der Entdecker des Urknalls, der Geburt des Universums. Er öffnete das astronomische Weltbild in ungeheure Weiten in Raum und Zeit und ist aus diesem Grund in seiner Leistung mit Kopernikus, Kepler und Galilei zu vergleichen. Ohne diese Leistung im Geringsten zu schmälern, ist aber zu bemerken, dass Hubble auf wichtigen Voraussetzungen aufbauen konnte. Da ist zum einen der hoch entwickelte Stand der optischen Technik, und da ist zum andern die physikalische Methode der Spektralanalyse, einschließlich der Gewissheit, dass diese auf astronomische Objekte anwendbar ist.

Diese Gewissheit ist keineswegs selbstverständlich, denn sie beruht ihrerseits auf der Überzeugung, dass die Materie überall im Universum gleich ist und dass überall die gleichen physikalischen Gesetze gelten. Dies nun ist nicht Ausfluss eines Glaubenssatzes oder eines Postulats, sondern das Ergebnis umfangreicher empirischer Untersuchungen. Umgekehrt ist festzustellen, dass, wenn es diese Gewissheit nicht gäbe, eine physikalische Erkundung des Universums gar nicht möglich wäre.

Nachdem der Grund gelegt war, konnte die Erforschung der kosmischen Evolution gezielt vorangetrieben werden. Man entdeckte, dass Sterne entstehen und vergehen, dass es Populationen alter und junger Sterne und dass es »kannibalische« Galaxien gibt. Der ganze Kosmos ist – in Zeiträumen, die sich meist nach Hunderten von Millionen oder von Milliarden Jahren bemessen – von Werden und Vergehen bestimmt, von einem ständigen Wandel in dynamischen Prozessen beherrscht. Und alles ist überlagert von seiner Expansion, von der wir heute noch nicht sagen können, ob sie immer weitergehen oder sich eines Tages umkehren wird.

In den kosmischen Prozessen unterliegt die Materie einem vielfachen Wandel, sie wird prozessiert, wie es in der Fachsprache heißt. Nicht nur gibt es in den stellaren Fusionsprozessen und in den Supernova-Explosionen Kernumwandlungen, sondern in der interstellaren Materie bilden sich viele verschiedene Moleküle, darunter auch organische Verbindungen. Das gab verschiedentlich zu

Spekulationen Anlass, ob solche Prozesse irgendwie mit der Entstehung des Lebens auf der Erde in Beziehung stehen könnten.

Am Anfang des Lebens

Nach Maßgabe der heutigen Fundlage reicht die Erforschung des Lebens bis etwa 3,5 Milliarden Jahre in die Vergangenheit zurück – da gab es aber bereits einzellige Organismen. Weil es für noch frühere Zeiten keine irgendwie gearteten Lebensbelege gibt, ist deren Ergründung bezüglich möglicher Lebensformen der Mutmaßung oder allenfalls Laborversuchen und Modellrechnungen, die auf plausiblen Annahmen beruhen, anheim gestellt. Dabei scheint so viel sicher: Unter den heutigen Gegebenheiten kann neues Leben nicht entstehen. Alles, was heute lebt, geht somit auf das damals entstandene Leben zurück. Es scheint auch sicher zu sein, dass das Leben nicht allein aufgrund von Zufallsprozessen entstanden sein kann. Dazu wurde einmal die scherzhafte Bemerkung gemacht, das sei etwa so wahrscheinlich, wie dass aus den Trümmern eines abgestürzten Jumbojets von selbst wieder das intakte Flugzeug entstehe. Wenn nicht Zufall, dann Notwendigkeit?

Notwendig ist sicher die Annahme, dass am Anfang dieselben Gesetzmäßigkeiten herrschten wie heute, und notwendig war, dass günstige geologische und chemische Verhältnisse herrschten, was auch immer dies bedeuten mag. Dass diese Verhältnisse tatsächlich eintraten, mag eher Zufall gewesen sein. Zu ihnen gehörte offenbar, dass die frühe Erdatmosphäre reduzierend oder höchstens schwach oxidierend war, das heißt keinen oder nur wenig Sauerstoff enthielt.

Man kommt der Eingrenzung der möglichen günstigen Verhältnisse etwas näher, wenn man annimmt, dass das Leben von Anbeginn an die gleichen Eigenschaften hatte wie heute. Zu diesen Eigenschaften gehört insbesondere die Befähigung zum Stoffwechsel und zur Vererbung, verbunden mit der Variabilität der Ausstattung, um der Evolution einen Ansatz zu bieten. Der Stoffwechsel liefert Monomere, die Molekül-Bausteine, die zur Synthese der Bio-Makromoleküle erforderlich sind; die Vererbung erfolgt über so genannte Replikatoren, sich selbst kopierende Makromoleküle, die wiederum die Art der Stoffwechselreaktionen beeinflussen.

Zu den viel erörterten Szenarien zur Entstehung des Lebens gehören die Annahme einer Ursuppe, das heißt eines wässrigen Mediums, in dem die erforderlichen chemischen Reaktionen stattfanden, und das Konzept der Synthese an Oberflächen mit den passenden Eigenschaften. Mit einer Modell-Ursuppe und einer Modell-Atmosphäre wurde erstmals 1959 ein Laborversuch durchgeführt, mit erstaunlichen, aber trotzdem nicht ausreichenden Resultaten. Das Konzept der Ursuppe konnte nicht voll überzeugen, auch durch weitere Versuche nicht.

Der Vorschlag, dass die chemischen Ereignisse an positiv geladenen Oberflächen aufgetreten sein könnten, ist knapp dreißig Jahre jünger als das erste Experiment zur Ursuppe. Er ist vor allem deswegen interessant, weil chemische Reaktionen an Oberflächen sowohl häufiger als auch spezifischer sind als im dreidimensionalen Raum. Hinzu kommt, dass die Bildung von Bio-Makromolekülen die Abspaltung von Wasser erfordert, was in einer wässrigen Lösung schwieriger ist als an einer Oberfläche. Gegenüber dem Konzept der Ursuppe hat das Konzept der Synthese an Oberflächen bislang aber den Nachteil, dass seine Überprüfung im Labor noch aussteht.

Nucleinsäuren und Proteine

Proteine bestimmen weitgehend das Erscheinungsbild und die Funktionsweise der Organismen, ihre Morphologie und ihre Physiologie. Sie werden in den Organismen nach Plänen synthetisiert, die in Nucleinsäuren enthalten sind. Nucleinsäuren sind die Träger der Erbinformation der Organismen und sie sind die Replikatoren, die sich selbst vervielfachen. Aber – und dies ist ein großes Aber bei dem Versuch, von den Prinzipen des heutigen Lebens auf die Bedingungen seiner Entstehung zu schließen – sowohl die Synthese der Proteine als auch die Replikation der Nucleinsäuren bedarf der Mitwirkung von Enzymen, und diese Enzyme sind wiederum Proteine. Wir haben hier das Problem von Henne und Ei: Was war zuerst da?

Es ist offensichtlich, dass diese Frage sich so, wie sie gestellt ist, nicht beantworten lässt, sondern dass dafür noch ein Drittes hinzutreten muss; und es ist nahezu zwingend anzunehmen, dass bei der präbiotischen Evolution zwar prinzipiell ähnliche, aber doch auch entscheidend andere biochemische Bedingungen herrschen.

Wachstum und Vermehrung der Organismen beruhen – bereits auf der Ebene der Zellen – auf einem außerordentlich komplexen Zusammenwirken der Proteine mit den Nucleinsäuren, bei sehr fein abgestimmter Selbstregelung der ablaufenden Prozesse. Eine wesentliche Funktion der zugehörigen Mechanismen besteht im Schutz der jeweiligen Systeme vor der Zerstörung durch Umwelteinflüsse. Es liegt daher nahe anzunehmen, dass ähnliche Mechanismen bereits bei der Entstehung des Lebens wirksam waren. Eine entsprechende Theorie wurde in den 1970er-Jahren von dem Physikochemiker Manfred Eigen entwickelt, der den von ihm untersuchten Prozess als Hyperzyklus bezeichnete.

Wie aber auch immer das Leben entstanden sein mag, so viel gilt als sicher: Eine Übertragung der Information von Proteinen direkt auf Proteine oder von Proteinen auf Nucleinsäuren ist ausgeschlossen. Es gibt nur einen Weg der Informationsübertragung, den von den Nucleinsäuren zu den Proteinen. Dies ist das Zentrale Dogma der Molekularbiologie.

Selektion, die Auswahl des Tüchtigeren, des besser Angepassten, ist ein zentraler Begriff in Darwins Theorie, und diese Auswahl ist der Wirkprozess schlechthin der biologischen Evolution. Eigen konnte überzeugend darlegen, dass dieser Prozess von Anfang an vorhanden gewesen sein muss, dass er bereits auf der Stufe seines Hyperzyklus wirkte.

Bei lebenden Organismen setzt die Selektion unmittelbar am Phänotyp an und über diesen nur indirekt am Genom, der Gesamtausstattung des Genotyps mit Erbinformation; in der Regel geht es dabei nicht um einzelne Gene. Obwohl also die Erbinformation in den Nucleinsäuren gespeichert ist und auch die für die Vererbung relevanten Variationsbreiten der Populationen durch sie realisiert sind, greift die Selektion nicht direkt an ihnen an. Auch hierin zeigt sich das subtile Zusammenwirken von Proteinen und Nucleinsäuren – fast könnte man meinen, Lamarck zwinkere einem zu.

Zu den Mechanismen, die auf der Ebene der Nucleinsäuren für die für eine Evolution erforderliche Variationsbreite sorgen, gehören Mutationen, das heißt zufällige Veränderungen einzelner Gene, sowie, bei der sexuellen Fortpflanzung, die Rekombination, das heißt der Austausch großer Teilstränge der Nucleinsäuren bei der Bildung von Ei- und Samenzellen. Durch die Rekombination wird sichergestellt, dass es praktisch unmöglich ist, dass ein Nachkomme die gleiche genetische Ausstattung, also den gleichen Genotyp, hat wie ein Elternteil.

Bei der sexuellen Fortpflanzung kommt auch ein weiteres Selektionsprinzip zum Tragen: Es siegt nicht immer nur die oder der Tüchtigere, sondern manchmal auch der oder die Schönere, also dasjenige Individuum, das von seinem Sexualpartner bevorzugt wird.

Gibt es einen Fortschritt?

Es ist für uns aus zweierlei Gründen nahe liegend, die Frage nach einem Fortschritt durch Evolution intuitiv zu bejahen. Zum einen sind wir geneigt, uns selbst als den Gipfel dieser Entwicklung anzusehen, wozu wir anscheinend auch einigen Grund haben, und zum andern entspricht es unserer Alltagserfahrung, dass es für alle Wege ein Ziel gibt.

Unser Fortschrittsglaube ist in mehrfacher Hinsicht schlecht fundiert. Das Bild der evolutionären Entwicklung ist nicht die Stufenleiter, sondern der Baum oder vielmehr noch der Strauch, mit einer großen Zahl starker und schwacher Äste und Zweige, abgestorbener und in Blüte stehender. An diesem Strauch ist der Mensch ein sehr junger Trieb.

Sofern es um die Ausbildung besonderer Organe oder Fähigkeiten geht, zeigt das Studium der Entwicklungsgeschichte und der lebenden Tiere und Pflanzen, dass die Evolution nicht nur in eine Richtung verläuft, die Richtung ständiger Verbesserung, sondern dass es durchaus auch Rückbildungen gibt. Die natürliche Selektion wirkt nicht auf einzelne Fähigkeiten oder Organe, sie wirkt auf den ganzen Organismus. Insgesamt zeigt die Evolution kein eindeutiges Ziel und keine eindeutige Richtung.

Es ist häufig versucht worden, in der Zunahme an Komplexität eine Entwicklungsrichtung zu erkennen, und es ist wahr, dass ein Elefant in gewisser Weise »komplexer« ist als eine Amöbe. Aber weder lässt sich der Begriff Komplexität für eine Anwendung auf die Entwicklungsgeschichte in eindeutiger Weise definieren, noch ist ihre Zunahme ein durchgängiges Prinzip. Es gibt viele Arten, die sich über viele Millionen oder über Milliarden Jahre so gut wie nicht verändert haben, ohne dass sie daraus für ihr Überleben einen Nachteil gehabt hätten.

Für eine Tendenz zur Zunahme an Komplexität im Verlauf einer Stammesgeschichte gibt es zwei leicht einsichtige Gründe, die aber beide nichts mit einer Zielgerichtetheit der Evolution zu tun haben. Der erste Grund hat mit den Möglichkeiten zu tun, die es überhaupt für eine Variation von Eigenschaften gibt. Betrachtet man zum Beispiel die Größe der Organismen und damit indirekt ihre Komplexität, so muss man feststellen, dass Einzeller die kleinstmöglichen Lebewesen sind, es gibt keine kleineren. Wenn also eine evolutionäre Veränderung die Größe zum Gegenstand hat, dann gibt es in Richtung Verkleinerung nur sehr wenige Möglichkeiten, in Richtung Vergrößerung dagegen nahezu beliebig viele. Selbst wenn Veränderungen nur zufällig eintreten sollten, ist allein aus statistischen Gründen mit einer Zunahme an Größe zu rechnen.

Der zweite Grund für eine Tendenz zur Zunahme an Komplexität hat mit einem gewissen Konservatismus der Evolution zu tun: Bewährte Entwicklungen werden nicht wieder aufgegeben. Da aber Systemverbesserungen meistens mit dem Hinzufügen weiterer Systemkomponenten verbunden sind, besteht auch hier eine Tendenz zur Zunahme an Komplexität und Größe.

Auch wenn wir unserer geistigen Leistungsfähigkeit wegen glauben, etwas Besonderes unter den übrigen Lebewesen zu sein, so müssen wir doch erkennen, dass die Evolution nicht den geringsten Hinweis darauf gibt, dass die Entwicklung hin zu dieser besonderen Begabung zwangsläufig war. Im direkten Vergleich ist noch nicht einmal eindeutig auszumachen, worin der besondere Vorteil der menschlichen Intelligenz liegen könnte. Das Leben im Allgemeinen kam die meiste Zeit und alle übrigen Lebewesen kommen auch heute gut ohne sie zurecht.

Es ist wahr, dass wir Menschen uns über die ganze Erde verbreitet haben und dass wir sie in weiten Bereichen beherrschen. Aber die Bakterien sind noch bessere Lebenskünstler. Sie leben in eisigen Höhen und in nahezu siedend heißem Wasser, sie leben mit oder ohne Sauerstoff, tief in der Erde und in Gewässern mit hohem Salzgehalt. Am wichtigsten ist aber: Sie brauchen uns nicht, während wir ohne sie nicht leben könnten. Sie werden immer da sein, auch dann noch, wenn es schon lange keine Menschen mehr gibt.

Hier schließt sich nun der evolutionäre Weg vom Urknall zum Menschen. Wir können ungefähr erkennen, wie, wann und wo wir entstanden sind, aber wir wissen nicht, warum. Wir stehen vor dem quälenden Paradox, dass wir uns durch unser zunehmendes Verstehen der Natur immer weiter an den Rand der Welt manövrieren. Es sieht nicht danach aus, als wäre auf diesem Weg unsere Bestimmung zu finden.

G. GRUBER

Weltall und Sonnensystem

Zu den bedeutendsten wissenschaftlichen Erkenntnissen unserer Zeit gehört, dass alle Formen der Materie im Kosmos und auch das Universum selbst Entwicklungsprozessen unterliegen, vermöge deren sich die lokalen und auch die globalen kosmischen Erscheinungen und Organisationsformen als mehr oder weniger langlebige Zustände begreifen lassen. Den Schlüssel dazu liefert einerseits die Astronomie, deren Beobachtungen bis in die fernsten Tiefen von Raum und Zeit ein verlässliches Bild von Art und Verteilung der kosmischen Materie ergeben, anderseits die Physik, deren Theorien und Gesetzlichkeiten konkrete Aussagen zu diesem Bild erlauben. Diese betreffen sowohl die vorliegenden Zustände und Evolutionsformen der kosmischen Objekte – ihre Kosmogonie – als auch die raum-zeitliche Entfaltung des Universums als Ganzes – seine Kosmologie. Der so umrissene Fragenkomplex definiert das Grundanliegen der heutigen astronomischen Forschung.

Entsprechend dem Gesamtzusammenhang dieses Bands werden wir uns bei der Beschreibung der kosmischen Objekte und des Universums auf die Perspektive der Evolution konzentrieren und versuchen, die wesentlichen Gegebenheiten, Zusammenhänge und Entwicklungslinien in dieser Sichtweise darzustellen. Aus dieser Perspektive ergeben sich Aspekte, die charakteristisch sind für die heutige Stellung der Astronomie im Gefüge der Wissenschaften und für ihre interdisziplinäre Ausstrahlung, etwa auf Physik, Mathematik und Chemie, aber nicht zuletzt auch auf Philosophie und Theologie.

»Evolution« beinhaltet in diesem Zusammenhang den Werdegang der Astronomie durch die verschiedenen Zeitalter, den mühsamen Weg ihrer Entwicklung im Sinn eines stufenhaften Heranreifens einer wissenschaftlichen Welterkenntnis. Deren wertvollste Frucht ist ein heute allgemein anerkanntes, naturwissenschaftlich begründetes, rationales Weltbild. Es beruht auf der Ablösung der mechanistischen Astronomie durch das im 20. Jahrhundert gewonnene Wissen, dass das Universum mit seinen Objekten ein komplexes zusammenhängendes System bildet, das von der Erde aus mit physikalischen Methoden erforscht werden kann.

»Evolution« meint auch die unvorstellbare Erweiterung der Grenzen des Weltalls; ermöglicht einerseits durch den Einsatz leistungsfähiger Beobachtungsinstrumente und Diagnosetechniken und anderseits durch die Herausbildung adäquater theoretischer Beschreibungskonzepte und Modellvorstellungen. Aber »Evolution« bedeutet auch die dadurch bewirkte Veränderung unserer Beziehung zum Kosmos und die philosophisch wohl aufrührendste Ent-

Die fernsten, niemals zuvor gesehenen Galaxien des Universums, aufgenommen mit dem Hubble Space Telescope. Das Bild zeigt etwa ein Viertel der als **Hubble Deep Field** bezeichneten gesamten Aufnahme, die einen Winkeldurchmesser von etwa einem Dreißigstel des Vollmonds hat. Aus Form und Farbe der Galaxien lässt sich auf deren Alter und auf die Evolution des Universums schließen. Einige der Galaxien haben sich vermutlich schon weniger als eine Milliarde Jahre nach dem Urknall gebildet. Das Hubble Deep Field wurde aus 342 Aufnahmen zusammengesetzt, die im Blauen, im Roten und im Infraroten gemacht wurden.

deckung des 20. Jahrhunderts, dass nämlich das Universum nicht unveränderlich und ewig ist, sondern als ein Urereignis ins Sein trat und sich seither – getrieben durch die kosmische Expansion – in einer vielschichtigen Evolution von Zuständen und Strukturen der unterschiedlichsten Skalenlängen und Lebensdauern befindet.

Bei der Beschreibung der heutigen Sicht auf den Kosmos und seine Phänomene werden diese verschiedenen Entwicklungslinien in ihrer gegenseitigen Bedingtheit sichtbar. So spiegelt sich kulturgeschichtlich die Evolution wissenschaftlicher Paradigmen im Werden und Vergehen astronomischer Weltbilder wider und zeichnet den Übergang von der Glaubens- zur Beobachtungspriorität nach, vom objekthaften zum prozesshaften Denken.

Erst die Physik des ausgehenden 20. Jahrhunderts, die sich in ihrem Wesen als prozesshaft versteht und sich an sehr abstrakten universellen Prinzipen orientiert, erlaubt uns eine Sicht auf die Welt als Ganzes. Diese Sicht ermöglicht es uns – neben der Erfahrung der Konfrontation mit unvorstellbaren Dimensionen und Erscheinungsweisen – auch Verwandtes zu entdecken, vertraute Prinzipe der Schöpfung, die sich auf allen Ebenen widerspiegeln. Das theoretische Handwerkszeug und das empirische Grundwissen, die Grundlagen unserer Erkenntnis über den Kosmos, stammen aus den Gegebenheiten unserer irdischen Naturerkenntnis und den Botschaften, die wir aus dem Universum empfangen. Diese Werkzeuge, als Extrapolationen unserer Sinnesorgane und der bewährten rationalen Organisation unserer materiellen Umwelt über die irdischen Grenzen hinaus, bilden den Filter, durch den wir den Kosmos in erstaunlichem Maß als unserem rationalen Bewusstsein zugänglich erfahren. Die Welt der Sterne und der Galaxien erschließt sich somit unter einem Blickwinkel, der mehr die Nähe zu Organisationsstrukturen aus unserem Erfahrungsbereich betont als die Exotik dieser Objekte. Im dynamischen Bild eines von Urknall und Expansion geprägten Kosmos, in dem sich die heutigen Hierarchien der materiellen Erscheinungen stufenhaft herausbilden, spiegeln sich wesentliche Gegebenheiten des Phänomens Zeit und der Vorgänge wider, die wir Selbstorganisation nennen.

Unser Streifzug durch das Universum wird mit der Darstellung der ineinander verflochtenen Prozesse des kosmischen Materiekreislaufs enden. Dieser treibt die Entwicklung der kosmischen Komplexität mit Prinzipen voran, die sich später auch in der evolutiven Gestaltungskraft des Lebens wieder findet. Somit wird aus der Geschichte des Kosmos, aus der Entfaltung der Urenergie von den einfachsten Bausteinen der Materie bis hin zu den höchsten Organisationsformen, ja bis an die Grenze des Lebens, gleichsam eine Entstehungsgeschichte der Evolution als eines mit dem Kosmos als Ganzem untrennbar verknüpften Prinzips. E. SEDLMAYR ET AL.

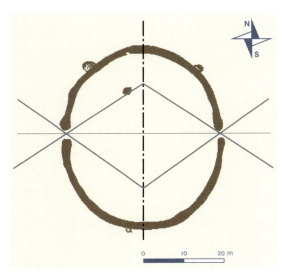

Die über 6000 Jahre alte, exakt in Nord-Süd-Richtung ausgerichtete ellipsenförmige **Wallanlage von Meisternthal** in der Interpretation als Kalenderbau. Visierlinien durch die östliche Öffnung (im Bild rechts) weisen vom südlichen Brennpunkt der Ellipse zur Position des Sonnenaufgangs bei der Sommersonnenwende, von der Mitte zum Aufgang bei den Tagundnachtgleichen und vom nördlichen Brennpunkt zum Aufgangsort bei der Wintersonnenwende. Die Orte der zugehörigen Sonnenuntergänge ergeben sich durch Spiegelung der Aufgänge an der Nord-Süd-Linie.

Die über 4000 Jahre alte Steinsetzung **Stonehenge** steht bei Salisbury in Südengland. Hier ist sie in einer Bildmontage vor einem nächtlichen Sternenhimmel zu sehen.

Weltbilder im Zeitenwandel

Allgemein akzeptierte Vorstellungen über die Welt bestehen zu einem nicht geringen Teil in Übereinkünften – zum einen darüber, wie gewisse Aspekte der Wirklichkeit, deren Zusammenhänge oder Gründe nicht offensichtlich und nicht beweisbar sind, interpretiert werden, zum andern darüber, was jeweils als begründungsbedürftig gelten soll und was als zweifelsfrei wahr. Weltbilder sind damit ebenso historisch bedingt wie andere Ausprägungen der menschlichen Kultur. Das trifft auch auf wissenschaftliche und insbesondere auf astronomische Weltbilder zu, wie ein kurzer Blick in die Geschichte zeigt. Dabei wird deutlich, dass auch unser heute als selbstverständlich empfundenes Ideal der wissenschaftlichen Objektivität an gewisse Voraussetzungen gebunden und geschichtlich gewachsen ist.

Frühe Spuren

Nach allem, was wir wissen oder auch nur vermuten können, ist die Astronomie, die Betrachtung und Erforschung des gestirnten Himmels, so alt wie die Menschheit selbst und hat zu allen Zeiten eine besondere Bedeutung für deren kulturelle und zivilisatorische Entwicklung gehabt. Ihre Anfänge liegen im Dunkel der Vergangenheit. Sie scheinen in unsere Zeit herüber im magischen Licht von Kultstätten und Begräbnisplätzen, von rätselhaften Erdwerken und gewaltigen Steinsetzungen, in deren Anlage häufig astronomische Bezüge zu erkennen sind.

Erdwerke und Steinkreise

Besonders rätselhaft und beeindruckend sind die Steinsetzungen der Megalithkultur und die noch früheren Erdwerke, deren älteste Spuren bis in das siebte Jahrtausend vor Christus zurückreichen. Ein Beispiel dafür ist die über 6000 Jahre alte Wallanlage von Meisternthal bei Landau a. d. Isar. Die ellipsenförmige geometrische Grundform, die exakte Nord-Süd-Ausrichtung der Hauptachse und weitere Konstruktionsmerkmale sprechen für die Deutung dieser Anlage als jungsteinzeitliches Instrument zur genauen Bestimmung der Sonnenwenden.

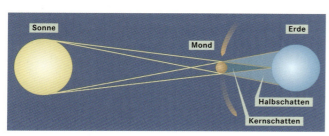

Deutlich lässt sich eine astronomische Zweckbestimmung an verschiedenen Bauwerken der Jungsteinzeit erkennen, unter denen das in Südengland gelegene Stonehenge (vermutliche Bedeutung des Worts: hängender Stein, nach den großen aufliegenden Deckplatten), ein gewaltiger, in mehreren konzentrischen Ringen ausgeführter Monumentalbau, eine herausragende Stellung einnimmt. Seine lange, in mehreren Etappen verlaufene Baugeschichte war vor etwa 4000 Jahren abgeschlossen. Es scheint heute sicher, dass Stonehenge neben kultischen Zwecken auch der Sonnenbeobachtung diente. Nach Untersuchungen des englischen Astrophysikers Norman Lockyer zu Beginn des 20. Jahrhunderts ermöglichte es die Anfertigung eines sehr genauen Sonnenkalenders.

Himmelskunde im Alten Orient

Obwohl diese megalithischen Anlagen zum europäischen Kulturkreis gehören, ist eine Entwicklungslinie von ihnen zur heutigen Astronomie nicht erkennbar. Vertrauter sind uns dagegen die astronomischen Leistungen der Völker des Alten Orients. Dies liegt nicht zuletzt an der Geschichte unserer eigenen wissenschaftlich-technischen Kultur, deren Wurzeln tief in die Welt und in die Gedanken jener alten Kulturen reichen.

Sonnen- und Mondfinsternis werden zwar gleichartig bezeichnet, beruhen aber auf unterschiedlichen Phänomenen. Während bei einer **Sonnenfinsternis** der Mond vor die Sonnenscheibe tritt und sie dadurch bedeckt, läuft er bei einer **Mondfinsternis** durch den von der Erde im Sonnenlicht geworfenen Schatten und wird dadurch verfinstert. Je nach der Stellung zueinander erscheinen Sonne oder Mond total oder nur partiell dunkel. Eine totale Sonnenfinsternis wird wahrgenommen, wenn man sich auf der Erde an einem Ort befindet, auf den der Kernschatten des Monds fällt. Bei einer totalen Mondfinsternis tritt der Mond ganz in den Kernschatten der Erde ein.

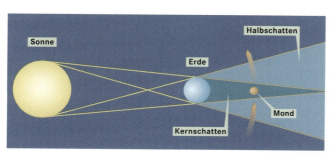

Rückschauend lassen sich drei verschiedene Rollen erkennen, die der Astronomie bei den Völkern des Alten Orients zukamen. Die erste ist praktischer Natur und betrifft die Zeitmessung, das Kalenderwesen, die Navigation und nicht zuletzt die Entwicklung der Landwirtschaft, deren günstige Aussaat- und Erntezeiten mit dem Auftreten oder Verschwinden bestimmter Konstellationen am Sternenhimmel in Verbindung gebracht wurden. Ein besonders prägnantes Beispiel aus dem alten Ägypten sind die in einem mittleren Rhythmus von 365 Tagen auftretenden Nil-Überschwemmungen, deren Beginn auffällig mit dem ersten Wiedererscheinen des hellsten Fixsterns, des Sirius (ägyptisch: Sothis), am Morgenhimmel zusammenfiel.

Solche Beziehungen zwischen irdischem Jahresablauf und periodischer Wiederkehr von Fixsternen und Sternbildern legen Zusammenhänge der im Zyklus der Jahreszeiten geordneten Lebenssphäre der Menschen mit dem kosmischen Geschehen am Sternenhimmel nahe, die damals jedoch nur mythisch-mystisch gedeutet werden konnten. Daraus ergibt sich die zweite Rolle der Astronomie für die Völker des Alten Orients, die untrennbar mit der Mythologie und Theologie jener Zeit verwoben war. Die Lichter am Himmel – Sonne, Mond, Planeten und Sterne – wurden häufig, wie beispielsweise von den Sumerern, als Götter aufgefasst. Die gleiche Vorstellung findet sich auch, Jahrhunderte später, noch bei Platon, der in seinem Dialog »Timaios«, in dem er ein philosophisches System über die Konstitution und Schaffung des Kosmos entwickelt, die Gestirne als »sichtbare Götter« bezeichnet.

Astrologie und Herrschaftswissen

Bemerkenswert ist die aus langen Beobachtungsreihen von Sonne und Mond abgeleitete Aufeinanderfolge von Sonnen- und Mondfinsternissen, die schon den Babyloniern Vorhersagen dieser für Herrscher und Gesellschaft als bedeutsam angesehenen Ereignisse ermöglichte. Himmelsbeobachtungen und deren Interpretationen hatten daher Auswirkungen auf Herrschaftszusammenhänge und waren von großer politischer Bedeutug. Da häufig auch die Herrscher mythologisch, theologisch und sogar genealogisch mit dem hellsten Gestirn, der Sonne, in Verbindung gebracht wurden, hatten astronomische Aussagen oft unmittelbare politische Auswirkungen auf das Schicksal von regierenden Dynastien, den Gang der Regierungsgeschäfte oder die Festlegung günstiger Entscheidungszeitpunkte. Astronomie war in dieser dritten Rolle Herrschaftswissen.

In der Verbindung von praktischem astronomischem Wissen, mythologisch-theologischer Deutung und Begründung politischer Herrschaft haben jene frühen Gesellschaften begonnen, ihr Bild der Welt zu entwerfen. Sie ordneten die Erscheinungen am Himmel ihrer Sicht gemäß und versuchten sie in den ihnen vertrauten Bildern einzufangen.

Die strenge Ordnung, die den Lauf der Himmelskörper bestimmt, die Möglichkeit, die Ereignisse am Firmament auf lange Zeit

Serienaufnahme des Verlaufs einer **Sonnenfinsternis.** Das kleine Bild oben links zeigt ein Segment der bei einer Finsternis verdeckten Sonnenscheibe mit der leuchtenden Schicht der Chromosphäre und einer Sonneneruption. Solche Eruptionen erreichen Höhen bis zu etwa 20 000 km.

Mythologische Darstellung des nördlichen **Himmels** auf einem flämischen Bildteppich des 15. Jahrhunderts.

vorauszusagen, und damit die praktische Fähigkeit zur Führung eines geordneten Zeitrechnungs- und Kalenderwesens haben im Menschen, zugleich mit dem Vertrauen in die Kraft des eigenen Denkens, eine staunende Bewunderung für die kosmischen Vorgänge geweckt. Obwohl ihm die eigentliche Natur der Sterne geheimnisvoll und rätselhaft blieb, fühlte er sich in die überirdischen Zusammenhänge einbezogen. Denn wenn Tag und Nacht, Jahreszeiten und Vegetationszyklen vom Lauf der Gestirne abhingen, lag es nahe, auch schicksalhafte Ereignisse wie Geburt und Tod, Glück oder Unglück mit ihnen zu verbinden. Dies ist letztlich die Wurzel der Astrologie, in der man sich bis auf den heutigen Tag jener archaischen Elemente bedient.

Die frühe Bedeutung der Astronomie scheint universeller Natur zu sein. Sie findet sich in ihren Grundzügen ebenso in China und in Indien wie auch bei den indianischen Hochkulturen Mittel- und Südamerikas, überliefert durch Schöpfungsmythen und Kalendertabellen und am augenfälligsten durch großartige Monumentalbauten, deren astronomische Bestimmung zweifelsfrei entschlüsselt wurde. Trotz der in vielen Quellen dokumentierten großen astronomischen Leistungen hatten die Vorstellungen dieser Völker aber keinen unmittelbar erkennbaren Einfluss auf die Herausbildung unseres heutigen astronomischen Weltbilds.

Schritte zur Wissenschaft

Die Erkenntnisse und Lehren der Hochkulturen des Alten Orients fanden im antiken Griechenland in einer Mythen- und Bilderwelt, die uns von Homer und Hesiod überliefert wurde, einen eigenen Ausdruck. Anders als die Völker des Alten Orients gaben die

Zeitgenössische Karikatur der Furchtreaktionen bei der Wiederkehr des Halley'schen **Kometen** im Jahr 1910.

Zu dem präkolumbischen Zeremonialzentrum der Maya-Kultur **Chichén Itzá** im Norden Yucatáns, Mexiko, gehört auch ein Gebäude, das als astronomisches Observatorium gedeutet wird (Vordergrund). Wegen einer Wendeltreppe im Innern wird dieses Gebäude auch als Caracol (Schnecke) bezeichnet.

Griechen sich mit einer mythischen Welterklärung aber nicht zufrieden. In diesem Seefahrervolk wuchs vielmehr das Bedürfnis nach einem wirklichen Verstehen der Naturvorgänge, einer verstandesmäßig nachvollziehbaren Erklärung des kosmischen Geschehens.

Mit dem Erfolg der neuen Denkweise, auf die sich noch heute wesentliche Konzepte der modernen Wissenschaft gründen, erwachte ein neues Lebensgefühl, in dem sich der Mensch zunehmend seiner selbst als denkend bewusst wurde. Die in der griechischen Naturphilosophie vollzogene Trennung von Naturabläufen und theologisch-mythologischer Weltinterpretation befreite ihn von den geistigen Fesseln geschlossener Mythenwelten.

Die **Sternwarte von Kyŏngju** im südlichen Korea ist das älteste noch erhaltene astronomische Observatorium. Das Gebäude ist etwa neun Meter hoch und wurde im Jahr 647 vollendet.

Geometrie

Euklid, der berühmteste Mathematiker des klassischen Altertums, fasste um 325 v. Chr. das geometrische Wissen seiner Zeit in dem aus 13 Büchern bestehenden Werk »Die Elemente« zusammen. Die darin enthaltene und nach ihm benannte euklidische Geometrie beschreibt die geometrischen Verhältnisse in einer Ebene in der uns unmittelbar zugänglichen Umgebung. Eine besondere Leistung des antiken Griechenland war die Anwendung der in Euklids »Elementen« enthaltenen abstrakten Axiome und Regeln auf die Vermessung der Erde und der nahen Himmelskörper. Damit wurden die räumlichen Dimensionen im Kosmos durch trigonometrische Beziehungen erfassbar und mittels irdischer Maßstäbe quantitativ berechenbar. Dies war der erste Schritt zur im heutigen Sinn wissenschaftlichen Astronomie.

So wusste schon Thales von Milet im 6. Jahrhundert v. Chr., dass die Mondphasen durch Sonnenbeleuchtung verursacht werden, lehrten die Pythagoreer, dass Erde, Mond und Sonne Kugelgestalt besitzen und dass die Erde sich dreht und Merkur und Venus um die Sonne laufen. Eratosthenes berechnete um 250 v. Chr. den Erdumfang mit einem Fehler von weniger als zwei Prozent, und

Aristarch von Samos, der bereits ein Weltsystem mit der Sonne im Zentrum, also ein heliozentrisches System, lehrte, versuchte etwa zur gleichen Zeit die Entfernungen Sonne–Erde und Erde–Mond in ein Zahlenverhältnis zu bringen; er folgerte, dass die Fixsterne ungeheuer viel weiter entfernt sein müssen als die Planeten. Im 2. Jahrhundert v. Chr. trug Hipparch alle Daten zu einem Sternkatalog zusammen, der bis ins 16. Jahrhundert an Genauigkeit unübertroffen blieb.

Als ebenso fruchtbar erwies sich die griechische Idee des Elementaren, darunter die Lehre von Grundbausteinen, aus denen alle materiellen Körper zusammengesetzt sind. Dies waren bei den vorsokratischen Naturphilosophen die vier Grundelemente Feuer, Wasser, Erde, Luft und später Demokrits Atome. In der Geometrie waren es die Elemente Gerade und Kreis.

Kosmologie

Die astronomischen Leistungen der Griechen waren eingebettet in ihre Vorstellungen vom Entstehen und vom Bau der Welt – ihre Kosmologie –, die den großen Rahmen ihres Denkens und ihrer Welterkenntnis konstituierten.

Die Bezeichnung »Kosmologie« verweist mit ihrem griechischen Ursprung κόσμος (Welt, Ordnung) auf das Weltganze. In diesem Sinn umfasst sie nicht nur astronomische, physikalische und mathematische Kategorien, sondern insbesondere auch ästhetische Qualitäten wie Harmonie und Schönheit. Kosmologie als Programm zielt also über den Bereich der Astronomie, das heißt den Bereich des beobachtenden und interpretierenden Erforschens der astronomischen

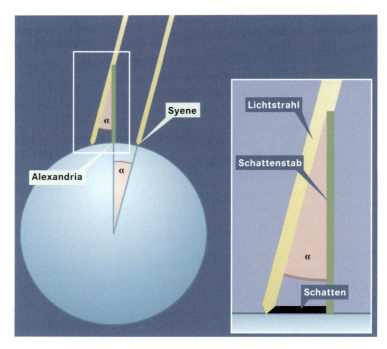

Unter der Annahme, dass Alexandria und Syene (heute Assuan) auf demselben Meridian liegen (was nicht ganz zutrifft), bestimmte Eratosthenes den **Erdumfang** durch Messung des Winkels α, unter dem das Sonnenlicht in Alexandria zur selben Zeit einfiel, als es in Syene senkrecht in einen Brunnen fiel, die Sonne also im Zenit stand. Dieser Winkel ist gleich dem Winkel, durch den sich Alexandria und Syene in ihrer geographischen Breite unterscheiden, und er verhält sich zu 360° so wie die Entfernung zwischen Alexandria und Syene zum Erdumfang. Diese Entfernung war damals aus unabhängigen Messungen bekannt. Eratosthenes erhielt so als Wert für den Erdumfang etwa 46 660 km, was erstaunlich gut mit dem heutigen Wert von 40 008 km übereinstimmt.

Objekte und ihres Zusammenhangs, hinaus und stellt die Idee des Universums als Ganzes ins Zentrum der Fragestellung. Damit hatte die Kosmologie zu allen Zeiten gleichermaßen naturwissenschaftlich-astronomische wie philosophisch-kulturelle Aspekte, die je nach dem jeweils herrschenden Welt-Paradigma mehr oder weniger in den Vordergrund traten.

In der griechischen Philosophie lassen sich zumindest drei unterschiedliche Weltentwürfe erkennen, die, von verschiedenen Schulen entwickelt, bis heute in die Wissenschaft hineinwirken. Am Anfang standen die Lehren der Vorsokratiker, beispielsweise der griechischen »Atomisten«, die durch ihr Prinzip der Reduktion des Vielfältigen auf das Einfache ein frühes, dem Intellekt gut zugängliches Weltbild entwarfen. Nach ihren Vorstellungen von Fließen und Beständigkeit war die Welt aufgebaut aus Körpern – zu denen auch alle lebenden Wesen zählten –, deren Struktur und Form durch eine Anhäufung elementarer, unveränderlicher, in ewiger Bewegung befindlicher Grundbausteine, der »Atome« (von griechisch ἄτομος, »unteilbar«), im sonst leeren Raum konstituiert werden. Wenngleich solche Erklärungsversuche keine kausalen Wechselwirkungen enthalten, so zeigen sie doch einen wesentlichen Zug der heutigen physikalischen Weltbeschreibung, in der ebenfalls elementare Teilchen eine zentrale Rolle spielen.

Die Sokratiker

Mit Sokrates trat ein grundsätzlich anderer Ansatz des griechischen Denkens hervor, der den einzelnen Menschen in den Mittelpunkt der philosophischen Untersuchung rückte. Nach Sokrates liegt der Ausgangspunkt jeder wirklichen Erkenntnis nicht nur in dem in der Außenwelt Vorfindbaren und Gegebenen, sondern letztlich im Innern des Menschen selbst.

Platon zeigte dann in seinem »Höhlengleichnis«, dass uns die Sinne keine unmittelbare Anschauung des Geschehens vermitteln, sondern nur innere Bilder davon entwerfen, aufgrund deren wir die Wirklichkeit der Welt konstruieren. Er bezeichnete die diesem Konstruktionsprozess zugrunde liegenden elementaren Gegebenheiten als Ideen und dachte sie als in das Bewusstsein tretende ewige und unvergängliche immaterielle Grundbausteine der Welt, die der sinnlichen Erfahrung entzogen sind.

Eine große Rolle spielte dabei die Mathematik, insbesondere die fünf in der Antike als ideal empfundenen »platonischen« geometrischen Körper, die von jeweils gleichen regelmäßigen Vielecken begrenzt sind: die regelmäßigen Polyeder oder Vielflächner, namentlich Tetraeder, Würfel, Oktaeder, Dodekaeder und Ikosaeder. Wegen ihrer logischen und ästhetischen Vollkommenheit erachtete Platon sie – neben der Kreisform und der Kugelgestalt – als dem Bau des Kosmos zugrunde liegende Muster.

Die vollkommenen geometrischen Gebilde und mathematischen Proportionen spielten auch bei der Formulierung der Gesetze der Planetenbewegung zu Beginn der Neuzeit durch Johannes Kepler

Sokrates. Antike Marmorstatue.

Platon beschrieb unterschiedliche Möglichkeiten der Erkenntnis mit seinem **Höhlengleichnis:** In einer Höhle sitzen gefesselte Gefangene mit dem Rücken zum Ausgang. Sie können Gegenstände, die draußen vor der Höhle vorbeigetragen werden, nur vermittels der Schatten wahrnehmen, die durch ein Feuer vor der Höhle an deren Rückwand geworfen werden. Weil diese unglücklichen Menschen immer nur Schatten gesehen haben, halten sie diese für die Realität. Eine höhere Form der Wahrnehmung wird erreicht, wenn dieser Trugschluss erkannt wird, und eine noch höhere, wenn die Gefangenen sich von den Fesseln befreien können, die Höhle verlassen und sich dadurch in die Lage versetzen, die Gegenstände wirklich zu sehen.

eine zentrale Rolle. Sie begleiten in übertragenem Sinn bis heute die moderne Physik, in deren Theorien abstrakte mathematische Formen und Zusammenhänge – zum Beispiel Symmetriegruppen – als fundamental betrachtet werden.

Es war jedoch erst Platons Schüler Aristoteles, der die formalen, konzeptionellen und logischen Grundlagen schuf, auf die sich die moderne Wissenschaft auch heute noch wesentlich gründet. Für ihn, der die These von der Existenz an sich seiender Ideen als unbegründbar und daher wenig hilfreich verneinte, waren die äußeren Gegebenheiten und die Sinneseindrücke die primären Quellen der Erkenntnis, durch die die menschliche Vernunft gespeist wird. Alles, was wir an Gedanken und Ideen in uns tragen und das in unser Bewusstsein kommt, beruht demnach auf unserer Interpretation der Sinneseindrücke. Durch sie werden wir befähigt, die verwirrende Vielfalt der Welt und ihre komplizierten Zusammenhänge zu ordnen und zu verstehen.

Himmelssphären

Platon. Römische Porträtbüste.

Im Sinn dieses Weltverständnisses entwarf Aristoteles seine Vorstellung von einem geozentrischen Kosmos, nach der die Erde im Zentrum ruht und Sonne, Mond, Planeten und Fixsterne unabänderlich auf festen ewigen Bahnen um die Erde kreisen. Eine nicht unerhebliche Schwierigkeit bildeten hierbei die schon im Altertum bekannten anomalen Bewegungen der Planeten (ungleichförmige Geschwindigkeit, zeitweilige Rückläufigkeit, Planetenschleifen), die nicht durch ein einfaches Modell von konzentrischen, in einer Ebene liegenden Kreisbahnen dargestellt werden können. Zur Lösung dieses Problems schlug der Astronom Eudoxos, ein Zeitgenosse Platons, rotierende konzentrische sphärische Hüllen vor, das heißt unsichtbare materielle Kugelschalen, deren Rotationsachsen auch gegeneinander geneigt sein können. Die Himmelskörper dachte er sich in ihren jeweiligen Sphären verankert, sodass sich ihre Bewegungen und die beobachteten Anomalien aus den unterschiedlichen Rotationen der Sphären erklären ließen.

Aristoteles übernahm und erweiterte diese Vorstellung von der Planetenbewegung und entwickelte ein Modell des Universums, das schließlich aus insgesamt 55 hierarchisch angeordneten, sich berührenden Sphären bestand, durch deren Rotation der Mond, die Sonne, die Planeten und die Fixsterne um die Erde geführt werden. Die einzelnen Sphären selbst wie auch die in ihnen ruhenden Himmelskörper bestanden nach Aristoteles aus Äther, einer durchsichtigen, unveränderlichen, reinen Substanz, die den kosmischen Raum außerhalb des Bereichs der Erde ausfüllt. Als Grund für die Rotation der Sphären postulierte Aristoteles einen »ersten Beweger«, der jenseits von Raum und Zeit die letzte Ursache aller Bewegungen der Himmelssphären ist.

Aristoteles. Römische Porträtbüste.

Der Kosmos ist also in der Vorstellung des Aristoteles ein in hierarchisch aufsteigende Sphären (Sonne, Mond, Planeten, Fixsterne) gegliedertes kugelförmiges materielles »Gefäß« endlicher Ausdehnung, in dessen Zentrum die Erde ruht und dessen Bewegung durch ein äußeres geistiges Prinzip gewährleistet wird. In diesem Zusammenhang unterscheidet Aristoteles zwei Bereiche des Kosmos, in denen unterschiedliche Naturprinzipien wirksam sind: Die natürliche Bewegung der Körper unterhalb der Mondsphäre (sublunar) ist geradlinig und kommt zum Erliegen, sobald der natürliche Ort erreicht ist oder bis – bei erzwungenen Bewegungen – die Bewegungsursache abbricht. Die natürliche Bewegung des Äthers, oberhalb der Mondsphäre (supralunar), ist hingegen kreisförmig und ewig andauernd.

In ihrem klaren Aufbau und in der Existenz eines abstrakten ersten Bewegers lag die Attraktivität der aristotelischen Kosmologie für die biblischen Religionen. Sie begünstigte die Geltung dieses Weltbilds als bis zum Ende des Mittelalters vorherrschendes kosmologisches Paradigma, sowohl für das Christentum als auch für die islamische Welt.

Das System des Ptolemäus

Die Kreisform als Idealfigur, mit ihrem natürlichen Mittelpunkt, spielte in der antiken Beschreibung der Planetenbewegung die zentrale Rolle. Ausgehend von den Bemühungen einiger Vorgänger gelang es Claudius Ptolemäus etwa 150 n. Chr., die Bewegung der Sonne und des Monds sowie der fünf in der Antike bekannten Planeten Merkur, Venus, Mars, Jupiter und Saturn durch ein kompliziertes System aufeinander abrollender Kreise mit der Erde im Zentrum, also geozentrisch, darzustellen. Dieses in 13 Abschnitten oder Büchern beschriebene, uns durch arabische Astronomen als »Almagest« überlieferte System des Ptolemäus war so genau, dass es für fast eineinhalb Jahrtausende das beherrschende Weltsystem der Astronomie wurde und während dieser Zeit die beste Grundlage für das Kalenderwesen und die Navigation bildete. Es wurde an Vollständigkeit und Genauigkeit erst von Tycho Brahe und Johannes Kepler mit den »Rudolfinischen Tafeln« (1627) übertroffen. Deren Beobachtungsbasis war im Wesentlichen diejenige Brahes, während die zugrunde liegende Theorie von Kepler stammte.

Grundlagen der Naturbeschreibung

Platons und Aristoteles' Lehren – Idee und mathematische Denkweise einerseits, konkrete Einzeldinge und Empirie anderseits – stehen sich in ihren wesentlichen Voraussetzungen und Aussagen als vom Grund her verschieden gegenüber. Aristoteles lehrte uns wesentliche Grundlagen der modernen Wissenschaft – den Primat der Beobachtung, die Rolle der Logik in der Theorienbildung – und hinterließ eine mathematische Beschreibung der Planetenbewegungen, die im Werk des Ptolemäus einen krönenden Abschluss fand.

Mit dessen Kosmos gab es im 2. Jahrhundert ein allen praktischen Ansprüchen der Zeit genügendes, letztlich aristotelisch begründetes Weltsystem. Sein Modell, ein mechanisch-kinematisches Planetarium, ermöglichte es, die beobachteten Bahnen von Mond, Sonne

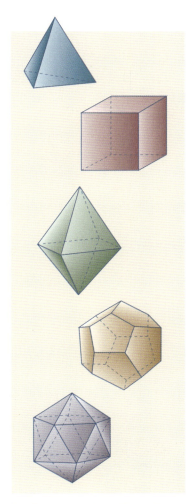

Die fünf **platonischen Körper.** Sie sind von jeweils gleichen Vielecken begrenzt. Von oben nach unten: Tetraeder, Würfel, Oktaeder, Dodekaeder, Ikosaeder.

und Planeten durch ein kompliziertes Kreissystem darzustellen und ihre zukünftigen Örter am Himmel mit hinreichender Genauigkeit anzugeben.

Seit Platon hatten aber auch die Vorstellung von unvergänglichen Ideen und die Mathematik als grundlegende geistige Prinzipien Eingang in die Naturbeschreibung und die Astronomie gefunden, darunter die abstrakten Gesetze und Objekte der Geometrie und die

PTOLEMÄISCHES SYSTEM

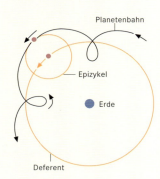

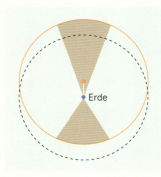

Das Modell, das von Ptolemäus zur Erklärung der Bewegung von Sonne und Planeten am Himmel verwendet wurde, war ein wichtiger Bestandteil des zuletzt in seiner Leistungsfähigkeit sehr hoch entwickelten geozentrischen Weltsystems. Dessen wesentliche Merkmale – durch die es sich von unserer heutigen Sicht des Weltalls auch am meisten unterscheidet – waren:
- Die Erde ruht im Mittelpunkt des Kosmos
- Der Kosmos ist endlich
- Die Gestirne bewegen sich unabänderlich und gleichförmig auf Kreisbahnen

Eine solche Sichtweise liegt nahe, wenn man – nur mit Alltagswissen ausgestattet – in den Himmel schaut und den täglichen Umschwung der Gestirne betrachtet. Bei genauerer Beobachtung fällt jedoch auf, dass anscheinend nicht alle Himmelskörper sich immer mit gleich bleibender Geschwindigkeit bewegen, dass sie vielmehr ihre Geschwindigkeiten variieren, Relativbewegungen gegeneinander ausführen und dass einige von ihnen – die Planeten – sich scheinbar auch rückwärts bewegen können. Um diese Beobachtungen mit dem aristotelischen weltanschaulich-philosophischen Postulat zu vereinbaren, nach dem die natürliche Bewegung der Himmelskörper der gleichförmige Umlauf auf Kreisbahnen ist, wurden komplizierte zusammengesetzte Bewegungen ersonnen. Dafür wurden auch Epizykeln und Exzenter verwendet. Ein Epizykel ist eine Kreisbahn, deren Mittelpunkt sich gleichförmig auf einer andern Kreisbahn, dem Deferenten, bewegt. Eine spezielle, mit Epizykel und Deferent beschriebene Bewegungsform hängt ab vom Größenverhältnis der beiden Kreisradien sowie vom Verhältnis der Umlaufgeschwindigkeiten auf dem Epizykel und auf dem Deferenten. Als Exzenterkreis wird ein Kreis um die Erde bezeichnet, dessen Mittelpunkt nicht mit der Erde zusammenfällt. Wenn ein Körper mit gleichförmiger Geschwindigkeit auf einem Exzenterkreis umläuft, bewegt er sich von der Erde aus betrachtet scheinbar mit veränderlicher Winkelgeschwindigkeit. Die Bewegung auf einem Exzenterkreis lässt sich auch als epizyklische Bewegung darstellen.

pythagoreische Zahlenlehre, deren Beziehungen und Harmonie die Wirklichkeit der Natur und des Kosmos wiedergeben sollten.

Die Überwindung des Grabens zwischen der platonischen und der aristotelischen Lehre strebte der Neuplatonismus an, als dessen hervorragender Vertreter Plotin gilt, der im 3. Jahrhundert das idealistisch-mathematische Element des Platonismus mit den philosophischen Auffassungen des Aristotelismus zu einer Synthese zusammenzuführen suchte. Mit diesem letzten Höhepunkt endete die unvergleichlich fruchtbare Periode, in der über neun Jahrhunderte lang die vorherrschenden Weltbilder durch griechische Denker geprägt waren.

Kinematik ist die Untersuchung und Beschreibung von Bewegungen ohne Bezug auf deren Ursache, also ohne Berücksichtigung der einwirkenden Kräfte. – In diesem Zusammenhang ist **Mechanik** das Funktionsprinzip eines Apparats mit beweglichen Teilen; die Mechanik als physikalische Theorie wurde erst später, 1500 Jahre nach Ptolemäus, von Isaac Newton begründet.

Astronomie im Mittelalter

Mit der Verfestigung des Christentums und der Ausbreitung des Islams eroberten zwei monotheistische Religionen das Abendland und den Orient, deren zentrales Seinsverständnis und Wertesystem nicht durch das Denken über die Natur und den Menschen getragen waren, sondern durch unmittelbare Gottes-Offenbarung, aufgezeichnet in heiligen Schriften, in deren Licht die überkommenen Erkenntnisse und Lehren der antiken Denker beurteilt werden mussten. In diesem radikalen Paradigmenwechsel von einem auf das eigenverantwortliche menschliche Denken gegründeten Erkennen der Welt zur grundsätzlichen Bindung jeder Erkenntnis an verkündete und als vorrangig betrachtete theologische Vorstellungen kommt die mittelalterliche Glaubensüberzeugung zum Ausdruck. Es ist die Vision einer alles umfassenden Weltinterpretation im Licht göttlicher Wahrheiten: Erst auf ihrer Basis ist es möglich, die heterogenen, in diesem Sinn als vorläufig betrachteten antiken Erkenntnisse richtig zu beurteilen und in ein geschlossenes Weltbild einzuordnen, das sowohl den theologischen Ansprüchen als auch den beobachteten Tatsachen gerecht wird.

Ohne auf die eindrucksvollen Leistungen der arabischen Astronomie, die weit über den Wissensstand der Griechen hinausgingen und deren Spuren nicht nur an vielen heute noch gebräuchlichen Sternnamen – zum Beispiel Beteigeuze, Rigel und Wega – zu erkennen sind, näher einzugehen, beschränken wir uns im Weiteren auf die Entwicklung der Astronomie im christlichen Raum.

Kirche und Kosmos

Die frühchristliche und mittelalterliche Astronomie strebte nach einer Synthese von christlichen Glaubenswahrheiten, empirischen Befunden und antikem Gedankengut unter dem Primat einer theologischen Weltinterpretation. Nach Isidor von Sevilla, der an der Wende zum 7. Jahrhundert als der größte Gelehrte seiner Zeit galt, ist der Kosmos »nach dem Bild der Kirche« geschaffen und repräsentiert in seinem Bau das zentrale theologische Prinzip und die hierarchische göttliche Ordnung in vollkommener Weise. Der Kosmos des Aristoteles entsprach in seiner Architektur und mit Gott als erstem

Der **Mauerquadrant** von Tycho Brahe in seinem Observatorium »Uraniborg« auf der Insel Ven im Sund. Aus Tycho Brahe, »Astronomiae instauratae mechanica«, aus dem Jahr 1602.

Illustration des Ausbruchs aus dem mittelalterlichen Weltbild im Stil der Zeit um 1520. Aus Camille Flammarion, »L'atmosphère – météorologie populaire«, Paris 1888.

Ein **Paradigma** ist allgemein ein Standard oder ein Muster, anhand dessen Erfahrungen gedeutet und beurteilt werden können. In einem gewissen Sinn wird eine Wissenschaftsgemeinschaft durch ein Paradigma geeint. Es umfasst dann die Gesamtheit aller eine Disziplin zu einer gegebenen Zeit beherrschenden Grundauffassungen sowohl hinsichtlich des Bereichs der zu untersuchenden Gegenstände als auch der anzuwendenden Methoden. Paradigmen sind wesentliche Bestandteile von Weltbildern, und Übergänge zu neuen Grundauffassungen sind mit **Paradigmenwechseln** verbunden.

Beweger offensichtlich dieser Vorstellung und wurde so zum herrschenden Weltsystem des Mittelalters.

Im Verständnis des Mittelalters sind sowohl die Bibel als auch die Natur Offenbarungen Gottes. Die Natur wird also nicht wie bei den antiken Philosophen als etwas Selbstständiges angesehen, sondern als ein neben der Heiligen Schrift den Menschen von Gott geschenktes »zweites Buch«, dessen Durchdringung primär dem Lobpreis Gottes dient und das deshalb nur in dieser Perspektive für die Erkenntnis des Menschen bedeutsam ist und studiert werden darf. Als Folge der Bindung der Naturwissenschaft an die Religion hatte jede Aussage über die Natur unmittelbare theologische Bedeutung und betraf damit auch die Kirche und deren Selbstverständnis. Um den Einklang zwischen Naturerkenntnis und Bibel zu erreichen, wurde eine subtile Interpretationskunst entwickelt.

In dem alle Lebens- und Naturbereiche umfassenden Totalitätsanspruch der mittelalterlichen Weltsicht lagen ihre Größe und Faszination, aber auch der Keim ihres späteren Scheiterns, weil er es nicht zuließ, den theologischen Lehren scheinbar widersprechende Naturerkenntnisse vorurteilsfrei zu werten oder gar in das System zu integrieren.

Im ausgehenden Mittelalter geriet das strenge logische System der Wissenschaft aus Scholastik und Alchemie, Astrologie und Astronomie in eine fundamentale geistige Krise, mit allen Tendenzen von Auflösungserscheinungen, Überspezialisierung und Grenzüberschreitungen, wie sie für Endzeiten von Epochen charakteristisch sind. Im Neben- und Miteinander von visionären Ideen und unsicherem Lebensgefühl, naivem Glauben und intellektueller Spitzfindigkeit, von Heilserwartung und Profitgier, Ketzerangst und Pestgefahr, Gottsuche und Sterndeuterei zeigte sich der Zerfall des mittelalterlichen Weltbilds im Übergang zur beginnenden Neuzeit.

Von der Astronomie zur Astrophysik

Infolge der Auflösung des alle Lebensbereiche umfassenden Denksystems im ausgehenden Mittelalter reifte die Zeit heran, die Welt mit neuen Augen zu sehen. Die faszinierende Erkenntnis, dass man nur zu schauen brauchte, wenn man wissen wollte, begründete ein neues Lebensgefühl.

Paradigmenwechsel

Für diese Entwicklung ist der wissenschaftliche Paradigmenwechsel am Beginn der Neuzeit von zentraler Bedeutung: die Ablösung der aristotelischen Zweckbestimmung durch ein Kausalprinzip, die Anwendung mathematisch-theoretischer Methoden auf empirische Befunde im Rahmen von Theorien, aber auch das neue Mittel des Experiments, in dem eine wichtige Methode für die Überprüfbarkeit und ein entscheidendes Kriterium für die Richtigkeit theoretischer Vorhersagen erkannt wurde und das noch heute naturwissenschaftliches Arbeiten im Kern charakterisiert.

Astrolabium und **Armillarsphäre** (unten) waren jahrhundertelang wichtige und kostbare Instrumente sowohl zur modellhaften Darstellung der Himmelssphäre als auch zur Durchführung astronomischer Berechnungen.

Für die Herausbildung eines neuen astronomischen Weltbilds in der Epoche des Übergangs zur Neuzeit waren insbesondere zwei Entwicklungen wichtig: die Ablösung des geozentrischen ptolemäischen Systems durch das heliozentrische Modell von Nikolaus Kopernikus und die Überwindung des aristotelischen Kosmos durch die Auflösung seiner engen Grenzen und die Öffnung des Weltraums in vorher unvorstellbare Weiten. Die Geburtswehen waren schmerzhaft und überschattet von der Inquisition, von religiösen Glaubenskrisen und sozialen Konflikten.

Dennoch war der Siegeszug der neuen Ideen nicht aufzuhalten. An seinem Beginn steht das große Werk des Kopernikus »De revolutionibus orbium cœlestium libri VI«, das er 1543, kurz vor seinem Tod, vollendete; mit ihm wurde das heliozentrische Weltsystem neu begründet. Im 17. Jahrhundert führte die Weiterentwicklung durch Johannes Kepler, Galileo Galilei und Isaac Newton zur endgültigen Erklärung und Formulierung der Gesetze der Planetenbewegung, wie sie in den drei Kepler'schen Gesetzen ihren Ausdruck fanden.

Der dabei schließlich vollzogene Schritt vom Kreis zur Ellipse stellt einen in seiner Bedeutung nicht zu überschätzenden Bruch mit jahrtausendelang für wahr gehaltenen Grundprinzipien des kosmischen Bauplans dar. Der Kreis mit seinem naturgegebenen Zentrum war ja nicht nur die ideale geometrische Figur, sondern symbolisierte auch die göttliche Ordnung mit dem Menschen als Mittelpunkt der Welt und verkörperte nicht zuletzt die dadurch gesetzte hierarchische politische Machtstruktur. Die Loslösung vom Kreis war deshalb auch von großer theologischer und politischer Bedeutung.

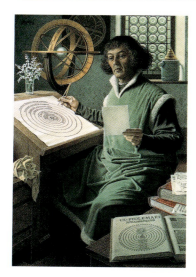

Kopernikus mit einer Zeichnung seines Weltmodells. Im Hintergrund ist eine Planisphäre zu sehen. Illustration von Jean-Léon Huens (1921–1982).

Newtons Postulat einer gegenseitigen Anziehung der Himmelskörper begründete zwischen diesen eine feste Beziehung. Unter dem Einfluss der gegenseitigen Kräfte bewegen sich alle Körper im Raum gemäß den Gesetzen der Newton'schen Mechanik auf berechenbaren Bahnen, die somit quantitativ verstanden werden können.

Einheit der Natur

Mit der Formulierung von Newtons Gravitationsgesetz war zum ersten Mal ein universeller physikalischer Zusammenhang beschrieben, der es nahe legt, das ganze Universum als Einheit und das Geschehen in ihm aus dem kausalen Zusammenwirken seiner Teile zu begreifen. Die Frucht dieser Bemühungen war ein rein mechanistisches, nur auf Newtons Mechanik beruhendes Weltbild, wie es in seiner höchsten Blüte – das Universum gleichsam als Uhrwerk – von dem großen Mathematiker Pierre Simon de Laplace und seinen Kollegen im späten 18. Jahrhundert begeistert beschrieben wurde.

Mit dieser Entwicklung ging die Ablösung des aristotelischen Kosmos durch die neue Lehre Newtons über Raum und Zeit einher, mit der im Grund genommen erst die Voraussetzung für die Mechanisierung des Weltbilds geschaffen wurde und die den Schritt zu einem Universum ermöglichte, dessen Materieorganisation durch Gravitationswechselwirkung bestimmt wird.

Die Meinung, dass der Kosmos nicht länger als ein enges Gefäß aufgefasst werden konnte, begrenzt von einer materiellen Fixsternsphäre und eingebettet in ein allumgebendes himmlisches Feuer, verfestigte sich immer mehr. Man entdeckte, dass es keinerlei logische und auch keine theologischen Gründe dafür gab, irgendwelche räumlichen Beschränkungen für das als ewig gedachte Universum und die darin enthaltenen Sterne anzunehmen. Wegweisend hierbei waren im 15. Jahrhundert die Unendlichkeitsvorstellungen des Kardinals und Universalgelehrten Nikolaus von Kues (auch als Nicolaus Cusanus bekannt), die auch in die Kosmologie hineinwirkten, dann, gegen Ende des darauf folgenden Jahrhunderts, die erste einfache Darstellung des kopernikanischen Systems durch Thomas Digges, die Entwicklung der Idee eines unendlichen Universums durch William Gilbert in seinem Hauptwerk »De magnete« und insbesondere das umfassende Weltbild des von der Inquisition hingerichteten Philosophen Giordano Bruno.

Darstellung des heliozentrischen **Weltsystems des Kopernikus** in dem Werk »Harmonia cosmographica« von Christoph Cellarius aus dem Jahr 1660.

Die Wurzeln dieser neuen Ideen reichen einerseits tief in die antike atomistische und epikureische Weltvorstellung eines unendlich ausgedehnten, unermesslichen Raums, in dem die Erde und das sie

DIE KEPLER'SCHEN GESETZE

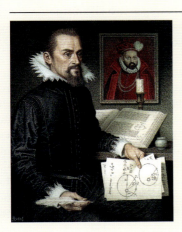

Die Entwicklung des modernen Planetenmodells steht am Beginn der modernen Naturwissenschaft, und sie stützt sich bereits auf fast alle Elemente, die diese auszeichnen: Aufstellen von Hypothesen, genaues Beobachten, Formulieren von Theorien und mathematisches Formalisieren. Nur ein wesentliches Element fehlte einstweilen noch, das Experiment.

Die wesentlichen Beiträge zum neuen Planetenmodell stammen von Nikolaus Kopernikus, Tycho Brahe und Johannes Kepler. Kopernikus begründete das heliozentrische Weltsystems neu, Brahe lieferte die bis dahin genauesten Beobachtungsdaten und Kepler fand – durch deren Analyse – eine neue und neuartige Theorie der Planetenbewegung.

Das kopernikanische System brachte durch Anwendung einheitlicher Prinzipe wie der Verwendung des Erdbahnradius als gemeinsames Maß für alle Entfernungen im Planetensystem große Vereinfachungen und wurde bei seinem Bekanntwerden als revolutionär empfunden. Es hielt aber noch an der gleichförmigen Bewegung der Planeten auf Kreisbahnen fest und beruhte nicht auf physikalischen Vorstellungen, sondern auf geometrischen wie seine Vorgänger; es verwendete immer noch Epizyklen zur Darstellung der Planetenbewegung.

Der wesentliche Unterschied zwischen geometrischen und physikalischen Vorstellungen liegt darin, dass ein physikalisches Modell die beobachteten Erscheinungen durch physikalische Gesetze erklärt, Bewegungen insbesondere durch die wirkenden Kräfte oder Erhaltungssätze. Das muss nicht immer ausdrücklich so sein, es kann auch implizit geschehen, wie es der Fall war bei den Kepler'schen Gesetzen der Planetenbewegung:
(1) Die Planeten bewegen sich auf elliptischen Bahnen, in deren einem Brennpunkt die Sonne steht.
(2) Die Verbindungslinie Planet–Sonne überstreicht in gleich großen Zeitintervallen gleich große Flächen der Ellipse.
(3) Die Quadrate der Umlaufzeiten der Planeten verhalten sich zueinander wie die dritten Potenzen der großen Halbachsen ihrer Bahnen.
Isaac Newton konnte diese Gesetze später im Rahmen seiner theoretischen Mechanik unter Anwendung des von ihm gefundenen Gravitationsgesetzes erklären (»Kepler-Problem«). Dabei zeigte sich, dass die Ellipse eine allgemeine Bahnform unter der Wirkung einer anziehenden, zum Kehrwert des Abstandsquadrats proportionalen Zentralkraft ist (wie bei der Gravitationskraft), dass das Gesetz über die gleichen Flächen dem Satz von der Erhaltung des Drehimpulses entspricht und dass das dritte Gesetz eine Aussage über die in der Bewegung enthaltene mechanische Energie ist (für den Fall einer Zentralkraft der beschriebenen Art).

In dem Porträtbild stellt der Illustrator Jean-Léon Huens (1921–1982) Kepler in seinem Studierzimmer dar, an dessen Wand ein Porträt von Keplers Lehrer Brahe hängt.

Das linke Diagramm illustriert die beiden ersten Kepler'schen Gesetze: Die Sonne steht in einem der beiden Brennpunkte der Bahnellipse, auf der ein Planet umläuft. Die Bögen BA, FE und DC werden von dem Planeten in gleich großen Zeitintervallen durchlaufen. Die zugehörigen »Fahrstrahlen« von der Sonne zum Planeten überstreichen dabei jeweils gleich große Flächen (rot unterlegt).

Das rechte Diagramm mit logarithmischer Skalenteilung der Koordinatenachsen für Umlaufzeit und Bahnhalbachsen zeigt, dass entsprechend dem dritten Kepler'schen Gesetz die Wertepaare für alle Planeten auf einer Geraden liegen. Die große Bahnhalbachse ist gleich dem mittleren Bahnradius.

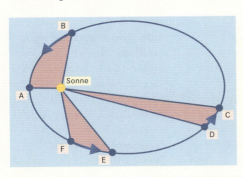
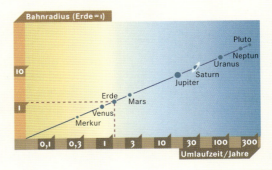

umgebende Sternsystem inselgleich schwimmen, anderseits in die abstrakte scholastische Gottesinterpretation, nach der Gottes Sein und Allmacht keinen räumlichen und zeitlichen Grenzen unterworfen sein können. Newton gab diesen Vorstellungen den adäquaten Ausdruck, indem er die grundlegenden Existenzformen der realen Welt – Raum und Zeit – in seinem Hauptwerk »Philosophiae Naturalis Principia Mathematica« so definierte: »Der absolute Raum bleibt vermöge seiner Natur und ohne Beziehung auf einen äußeren Gegenstand stets gleich und unbeweglich. Die absolute wahre und mathematische Zeit verfließt an sich und vermöge ihrer Natur gleichförmig und ohne Beziehung auf irgendeinen äußeren Gegenstand. Sie wird mit dem Namen Dauer belegt.«

Raum und Zeit existieren in Newtons Vorstellung also absolut und unabhängig voneinander und unbeeinflusst von physikalischen Körpern, Feldern und Vorgängen. Der Raum ist nach dieser Vorstellung dreidimensional, unendlich ausgedehnt, homogen und isotrop, das heißt überall und in allen Richtungen gleich. Die Zeit ist eindimensional, unendlich ausgedehnt und sie verrinnt gleichförmig, unbeeinflussbar, ohne Anfang und ohne Ende.

Physik und Universum

Galileo Galilei. Kolorierte Zeichnung von Ottavio Leoni, etwa 1620.

Die Aufklärung der Gesetze der Planetenbewegung war die erste große Leistung der Physik bei der Beschreibung kosmischer Vorgänge. In der dabei vollzogenen Verknüpfung von physikalischen Erkenntnissen und astronomischen Beobachtungen wurden die Grundlagen der Methoden geschaffen, die es heute erlauben, nicht nur die Natur der Himmelskörper und ihre gegenseitigen Beziehungen mit physikalischen Methoden zu beschreiben, sondern auch das gesamte Universum als ein physikalisches Objekt aufzufassen, dessen großräumiger Aufbau, dessen Geschichte und Evolution mit physikalischen Theorien und Begriffssystemen modellhaft beschrieben und nachvollzogen werden können.

Diese Ausweitung des physikalischen Zugriffs aus der Begrenztheit unseres irdischen Erfahrungsbereichs in die unvorstellbaren Weiten des Kosmos ist nur möglich, weil alle Systeme im Kosmos Naturgesetzen unterliegen, die auf einer sehr fundamentalen Ebene universell gültig sind. Der Physiker und Philosoph Carl Friedrich von Weizsäcker nennt dies in einer 1971 erschienenen Sammlung von Aufsätzen und Vorträgen die Einheit der Natur.

Trotz des Siegeszugs der Newton'schen Mechanik mit ihrer Ausstrahlung auf viele Bereiche des praktischen Lebens, der Weltanschauung und der Philosophie konnte diese keine Aussagen über die Natur der Himmelskörper, wie zum Beispiel ihr Alter, ihre materielle Zusammensetzung und ihre physikalischen Zustände liefern. Der dafür notwendige Schritt war der Übergang von der klassischen Astronomie – deren Aufgabe seit der Antike darin bestand, die Verteilung der Himmelskörper und ihre Bewegungen zu studieren – zur Astrophysik, das heißt zur physikalischen Beschreibung und Interpretation der kosmischen Objekte selbst. Die Erkenntnisse der Astrophysik prägen zunehmend seit der Mitte des 19. Jahrhunderts das astronomische Weltbild.

Astrophysik

Der Erfolg dieser Entwicklung ging Hand in Hand mit der Herausbildung der heute grundlegenden physikalischen Theorien – Thermodynamik, Hydrodynamik, Elektrodynamik, Quantentheorie, Atom- und Kernphysik, Relativitätstheorie – und deren Anwendung auf die quantitative Beschreibung und Modellierung astronomischer Objekte und Prozesse. Hinzu kam die rasante technische Entwicklung von immer leistungsfähigeren Teleskopen, hoch empfindlichen Detektions- und subtilen Auswertemöglichkeiten, wie sie heute an jeder Großsternwarte zur Verfügung stehen. Die Astrophysik wurde so zu *der* Wissenschaft vom Universum, die durch Anwendung physikalischer Methoden und Theorien die astronomischen Objekte und Prozesse untersucht und theoretisch modelliert, um sie in ihrem lokalen und globalen Zusammenhang quantitativ zu verstehen. Den Schlüssel zu dieser Entwicklung fanden im 19. Jahrhundert Josef Fraunhofer durch die Entdeckung der nach ihm benannten Linien im Sonnenspektrum sowie Gustav Kirchhoff und Robert Bunsen durch die Anwendung der von ihnen entwickelten Spektralanalyse auf die Sonne und auf andere helle Sterne.

Die Aufklärung der Gesetze der Ausbreitung und der physikalischen Natur des Lichts und seiner Wechselwirkung mit Materie im Rahmen der Quantentheorie in der ersten Hälfte unseres Jahrhunderts (Max Planck, 1900; Albert Einstein, 1905; Werner Heisenberg, 1925; Erwin Schrödinger, 1925) zeigte, dass Licht kein homogenes Medium ist, sondern dass der Strom der von einem Objekt ausgesendeten Lichtteilchen (Photonen) vielfältige Informationen enthält, die spezifische Rückschlüsse auf den physikalischen Zustand und die chemische Zusammensetzung des jeweiligen Objekts erlauben.

Das bemerkenswerteste Ergebnis der astrophysikalischen Untersuchungen ist, dass die Materie in allen Bereichen des Universums, die unseren Beobachtungen zugänglich sind, aus denselben chemischen Grundbausteinen aufgebaut ist, die auch auf der Erde oder in der Sonne vorkommen. Alle Materie im Kosmos bildet daher eine Einheit, die auf einen gemeinsamen, mit dem großräumigen Aufbau des Universums und seiner Entwicklung zusammenhängenden Ursprung hinweist.

Die moderne Kosmologie stellt die Frage nach dem Universum als Ganzem, seiner Struktur, seinem Werden, seiner Zeitentwicklung und schließlich seinem endgültigen Schicksal. Diese Fragestellung ist im Rahmen der Physik aber nur dann sinnvoll, wenn nicht nur die Erscheinungsformen der Materie, sondern auch Raum und Zeit als physika-

Isaac Newton. Koloriertes Schabkunstblatt nach einem Gemälde von 1702.

Historisches **Spiegelteleskop nach Gregory**, mit Hartporzellanmantel und Schmelzfarbenmalereien, um 1750. Die Lichteintrittsöffnung (rechts) ist verschlossen, der für den Strahldurchgang zum Okular durchbohrte Hauptspiegel befindet sich am linken Ende des Tubus.

lische Objekte begriffen werden können, deren lokale und globale Struktur durch physikalische Gesetze und Zusammenhänge bestimmt ist.

Newtons Vorstellung eines dreidimensionalen, unendlich ausgedehnten, ewig unveränderlichen Raums und eines ewig gleichförmig fließenden Stroms der Zeit ohne Anfang und Ende ließ keine sinnvollen Antworten auf damit zusammenhängende Fragen zu. Eine umfassende Behandlung dieses Problems ermöglichte erst die von Einstein geschaffene Allgemeine Relativitätstheorie (1916), in der die geometrische Struktur des Raums und der Zeit durch die Materieverteilung im Universum und umgekehrt die Organisation der Materie im Großen durch die Raum-Zeit-Struktur bestimmt ist.

Modernes **Spiegelteleskop in Gabelmontierung** des Max-Planck-Instituts für Astronomie, Außenstelle Calar Alto, Andalusien. Der Durchmesser des Hauptspiegels beträgt 2,2 m.

Das Standard-Weltmodell

Das einfachste Modell des Universums geht davon aus, dass der dreidimensionale Raum durchweg homogen und isotrop ist. Das bedeutet, dass alle Punkte und Richtungen gleichwertig sind und dass alle Orte die gleiche Geschichte haben. Auf diesem als »kosmologisches Prinzip« bekannten Postulat, das auf einer physikalisch nicht begründbaren Generalisierung der großräumigen Beobachtungstatsachen beruht, basiert das heute vielfach verwendete Standardmodell, das die globale räumliche Struktur des Universums und seine zeitliche Entwicklung beschreibt. Zwei bemerkenswerte Eigenschaften dieses Modells sind:

(1) Das Universum als Ganzes ist nicht statisch, sondern es befindet sich in einer komplexen zeitlichen Entwicklung entlang einem wohldefinierten Zeitpfeil, auf dem jeder Zeitpunkt Vergangenheit und Zukunft trennt. Die Objekte im Universum entfernen sich dadurch voneinander, dass sich der Raum ausdehnt. Ob diese »Expansion des Kosmos« ewig andauert oder sich in ferner Zukunft wieder in eine gegenläufige Kontraktion umkehren wird, ist bislang nicht erkennbar.

(2) Das Standard-Weltmodell besitzt einen wohldefinierten zeitlichen Anfangspunkt, von dem an sich das Universum aus einem extrem kleinen Volumen explosionsartig entwickelt hat. Dieser Anfang der Welt wird als Urknall bezeichnet. Er kann in letzter Tiefe noch nicht verstanden werden, weil der mit ihm verbundene Zustand so extrem entartet ist, dass in ihm die heutigen physikalischen Theorien nicht mehr gelten. Im Begriff des Urknalls berühren sich die großen Theorien der modernen Physik mit der mythenhaften menschlichen Frage nach der Schöpfung der Welt.

Ungeachtet des zurzeit noch offenen Fragenkomplexes, der tief in das Wesen der Kosmologie und in die Evolution der kosmischen Materie führt, besteht Einigkeit unter den Wissenschaftlern, dass ein umfassendes Verständnis der Entwicklung des Universums und seiner vielfältigen Strukturen nur unter Einbeziehung der grundlegenden naturwissenschaftlichen Vorstellungen und Theorien zu finden ist.

Der Mensch im Kosmos

Bislang sind nur Ansätze zu einer geschlossenen Beschreibung der Welt als Ganzes erkennbar, die Astronomie, Physik, Chemie, Biologie, Mathematik und nicht zuletzt auch die Philosophie umfasst. Ein langer, mühsamer Weg ist noch zu bewältigen, auf dem die Mosaiksteine für ein Bild der Welt zu sammeln sind, in dem nicht nur die Fragen nach Entstehen und Entwicklung des Universums, sondern möglicherweise auch diejenigen nach dem Leben und dem Sinn der menschlichen Existenz eine befriedigende Deutung finden könnten. Wie auch immer ein solches Unternehmen ausgehen mag – der Mensch steht suchend vor dem Geheimnis und ist denkend in es verwoben.

Wie insbesondere Heisenberg darlegte, macht die moderne Physik Aussagen über gewisse Aspekte der menschlichen Beziehung zur Natur und nicht darüber wie oder was die Natur ist. Das bedeutet,

Max Planck (links), **Erwin Schrödinger** (Mitte), **Werner Heisenberg** (rechts).

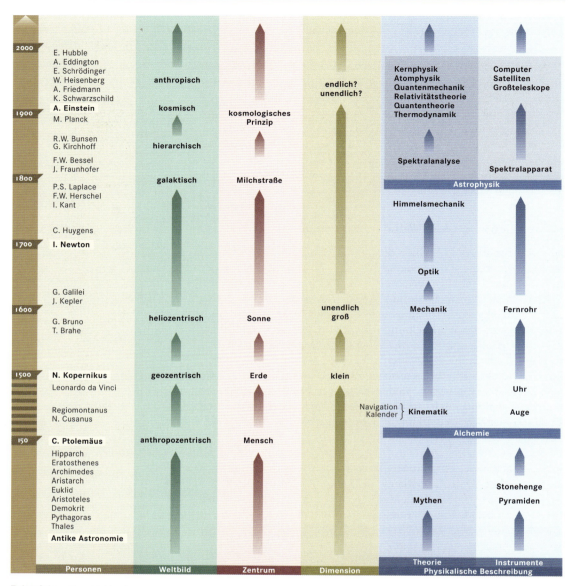

Zeittafel zur Geschichte der Astronomie und des astronomischen Weltbilds.

dass die Natur und damit die Welt insgesamt vom Menschen stets neu gedeutet werden. Die Werkzeuge – Theorien, Methoden und Apparate –, deren er sich dazu bedient, sind Produkte seines Denkens. Wie sie ihm fortschreitend die äußere Welt enthüllen, wächst er gleicherweise an Erkenntnis und schafft sich so ein geistiges Bild des Universums, einen inneren Kosmos, in dessen Licht sich sein Denken und seine Individualität entfalten. E. SEDLMAYR ET AL.

Beobachtung und Theorie

Das Weltall ist erfüllt von Licht und Materie. Aus Materie konstituieren sich die Himmelsobjekte in vielfältiger Gestalt, Größe und Erscheinungsform, in unterschiedlichen physikalischen Strukturen und Zuständen. Das Licht wird von den Himmelsobjekten ausgesendet und trägt die ihm dabei eingeprägten Informationen durch den kosmischen Raum. Wollen wir etwas über das Weltall erfahren, so müssen wir diese Informationen sammeln und interpretieren – wir müssen beobachten, die Befunde erklären und sie in ein Theoriengebäude einfügen.

Informationen aus dem Weltall

Eine grundlegende Analyse des Zusammenhangs von Licht und Materie zeigt, dass beide sich gegenseitig bedingen und untrennbar durch ständige Wechselwirkung miteinander verbunden sind. Auf dem Umstand, dass im Zusammenspiel von Licht und Materie ein ständiger Informationsaustausch stattfindet, beruht unsere alltägliche visuelle Wahrnehmung. Ihm ist es auch zu verdanken, dass durch Beobachtung und Analyse des Lichts der Himmelsobjekte weit reichende Schlüsse auf ihren Bau, ihre Zusammensetzung und ihren physikalischen und chemischen Zustand gezogen werden können. Voraussetzung hierfür sind Kenntnisse über den Aufbau der Materie, die physikalische Beschreibung des Lichts und die vielfältigen Arten der Wechselwirkung zwischen beiden.

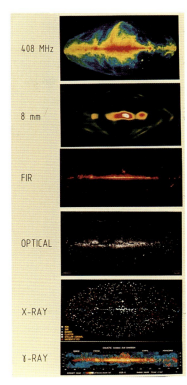

Aufnahmen der **Milchstraße** in verschiedenen Wellenlängen- bzw. Frequenzbereichen. Die Wellenlängen nehmen von oben nach unten ab: Radiowellen, Millimeterwellen, fernes Infrarot (FIR), optischer Bereich (OPTICAL), Röntgenbereich (X-RAY), Gammabereich (γ-RAY).

Licht

Physikalisch ist Licht eine Strahlung, die sich in Form elektromagnetischer Wellen fortpflanzt. Zu seinen Kenngrößen gehören daher Geschwindigkeit, Wellenlänge und Frequenz. Seine Ausbreitungsgeschwindigkeit im leeren Raum, die Vakuum-Lichtgeschwindigkeit $c = 299\,792{,}458$ km/s, hat stets den gleichen Wert, unabhängig von Ort und Zeit, und ist daher eine universelle Naturkonstante. Im Vakuum gilt zwischen der Wellenlänge λ und der Frequenz ν einer Lichtwelle die Beziehung $c = \lambda \cdot \nu$.

Licht kann außer als Welle auch als ein Schwarm von Teilchen aufgefasst werden, Lichtteilchen nämlich, die nach einem Vorschlag Albert Einsteins als Photonen bezeichnet werden. Entsprechend den Gesetzen der Quantentheorie hat ein Photon der Frequenz ν die Energie $E = h \cdot \nu$, wobei h das 1900 von Max Planck entdeckte Wirkungsquantum bezeichnet, ebenfalls eine universelle Naturkonstante.

Dass Licht entweder als Welle oder als Teilchen aufgefasst werden kann, ist ein besonders wichtiges Beispiel für den der ganzen Quantentheorie innewohnenden Welle-Teilchen-Dualismus, demzufolge die Natur im Bereich atomarer Abmessungen je nach Expe-

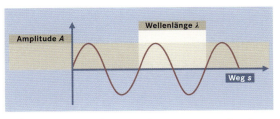

Räumliche Darstellung einer **Sinuswelle** zu einem bestimmten Zeitpunkt. Ihre charakteristischen Parameter sind die Wellenlänge λ und die Amplitude A. Die Geschwindigkeit, mit der sich eine solche Welle fortpflanzt, ist bei elektromagnetischen Wellen die Lichtgeschwindigkeit c. Der Quotient c/λ ist die Frequenz ν der Welle.

riment und Beschreibungsweise entweder Wellen- oder Teilchencharakter offenbart.

Natürlich vorkommendes Licht enthält gewöhnlich ein Gemisch vieler verschiedener Frequenzen. Im Teilchenbild ist ein solches Licht ein Photonengas, das aus Photonen unterschiedlicher Energie besteht. Lässt man einen Strahl solchen Lichts durch ein Glasprisma auf einen Bildschirm fallen, so sieht man auf dem Schirm – wie bereits Isaac Newton zeigen konnte – nicht weißes Licht, sondern ein buntes Band, in dem jede Farbe einer andern Frequenz entspricht. Ein derart nach Frequenzen oder Wellenlängen zerlegtes Strahlungsgemisch nennt man ein Spektrum.

Üblicherweise wird ein Spektrum durch die Verteilung der Strahlungsintensität über der Frequenz oder der Wellenlänge charakterisiert. Auf diese Weise wird auch das Licht entfernter Sterne beschrieben. Für die Sonne, die Planeten und wenige sehr nahe Riesen- und Überriesensterne sowie für sehr ausgedehnte Objekte wie Gasnebel und Galaxien kann man darüber hinaus auch die Winkelabhängigkeit der Strahlungsintensität, das heißt ihre Verteilung über die beobachtbare Ausdehnung des Objekts bestimmen. Bei entfernten Sternen dagegen können wegen ihrer scheinbaren Kleinheit selbst mit den heute verfügbaren Hochleistungsteleskopen keine winkelaufgelösten Lichtintensitäten gemessen werden.

Bei der Ausbreitung des von einer Quelle – zum Beispiel einem Stern – abgestrahlten Lichts im leeren Raum verringert sich dessen Photonendichte. In gleicher Weise nehmen mit dieser auch die andern Intensitätsgrößen des Strahlungsfelds ab, sodass die Verhältnisse der Intensitäten der verschiedenen Bestandteile dieses Licht zueinander unverändert bleiben. Solche Verhältnisse können sich nur dann ändern, wenn Wechselwirkungsprozesse zwischen Licht und Materie stattfinden, bei denen bevorzugt Photonen ganz bestimmter Energie erzeugt oder vernichtet werden. Derartige Prozesse prägen dem Licht auf seinem Weg durch die Materie Informationen ein, die in den Strukturen der resultierenden Spektren zum Ausdruck kommen. Durch Auswertung und Analyse dieser Spektren können quantitative Rückschlüsse auf Art und Stärke der Wechselwirkungsprozesse zwischen Licht und Materie gezogen werden – und somit auf die besonderen physikalischen Verhältnisse am Ort der Erzeugung oder der Veränderung des Spektrums. Neben Intensitätsänderungen gibt es auch andere Prozesse, durch die Grundstrukturen und Zustände der Materie in den Spektren abgebildet werden.

Die atomare Struktur der Materie

Die uns vertraute Form der Materie besteht bekanntlich aus vielen verschiedenen chemischen Elementen. Diese sind genau dadurch verschieden, dass sie aus unterschiedlichen Atomsorten bestehen. Von den insgesamt bekannten chemischen Elementen kommen 92 mit unterschiedlichen relativen Häufigkeiten in der Natur vor. Die Verteilung dieser Häufigkeiten auf die verschiedenen Ele-

---

Das elementare **Wirkungsquantum**
$h = 6{,}626 \times 10^{-34}\,\mathrm{J\,s}$
und die **Lichtgeschwindigkeit**
$c = 2{,}998 \times 10^{8}\,\mathrm{m/s}$
im Vakuum sind fundamentale Naturkonstanten, die in inniger Weise mit der Quantentheorie beziehungsweise mit der Relativitätstheorie verknüpft sind. Der Grundstein zur ersten dieser beiden physikalischen Theorien wurde 1900 von Max Planck gelegt, der zur zweiten 1905 von Albert Einstein. Beide Entwicklungen standen in enger Beziehung mit einer gründlichen Revision von Begriffen der klassischen Physik. In der Quantentheorie spielte dabei die »Teilchenbahn« eine wichtige Rolle, in der Relativitätstheorie die »Gleichzeitigkeit« in gegeneinander bewegten Bezugssystemen.

Bei den Werten der beiden Naturkonstanten handelt es sich um sehr kleine beziehungsweise sehr große Zahlen. Solche Zahlen werden in Naturwissenschaft und Technik mithilfe von Zehnerpotenzen ausgedrückt, wobei ein positiver Exponent angibt, um wie viele Stellen das Komma bei gewöhnlicher Schreibweise nach rechts, ein negativer Exponent, um wie viele es nach links zu rücken wäre. Die Anzahl der Stellen nach dem Komma zeigt an, mit welcher Genauigkeit ein Wert konkret angegeben wird (bis auf maximal ±1 in der letzten Stelle), sie lässt aber keine Aussage über die Genauigkeit zu, mit der ein Wert bekannt ist.

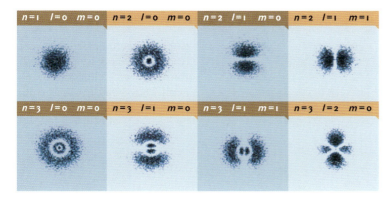

Die quantenmechanisch berechnete Aufenthaltswahrscheinlichkeit des Hüllenelektrons für verschiedene Zustände des **Wasserstoffatoms,** die durch die Quantenzahlen n, l, m charakterisiert sind. Durch Rotation der Einzeldarstellungen um die vertikale Achse durch das jeweilige Zentrum (Ort des Atomkerns) ergeben sich die zugehörigen räumlichen Darstellungen. Der Zustand mit $n = 1$ ist der Grundzustand. Für die größenrichtige Wiedergabe müssen die Darstellungen um den jeweiligen Wert für n vergrößert werden.

mente ist, wie die Beobachtungen zeigen, durchschnittlich überall im Weltall gleich.

Ein Atom besteht aus einem elektrisch positiv geladenen Kern im Zentrum und einer negativ geladenen Hülle aus Elektronen, die durch elektrische Anziehung an den Kern gebunden ist. Alle Atomkerne bestehen aus Protonen und Neutronen, die nahezu gleich schwer, aber fast 2000-mal schwerer als Elektronen sind. Während die Protonen eine positive elektrische Ladung tragen, sind die Neutronen – wie ihre Bezeichnung andeutet – elektrisch neutral, also ungeladen. Da die Ladung eines Elektrons ebenso groß ist wie die eines Protons, aber das entgegengesetzte Vorzeichen hat, besteht jedes gewöhnliche, elektrisch neutrale Atom aus gleich vielen Protonen und Elektronen. Weil gleichzeitig die chemischen Eigenschaften eines Elements durch die Struktur der Elektronenhülle seiner Atome bestimmt sind, ist für die Zugehörigkeit eines Atoms zu einem chemischen Element nur die Anzahl Z seiner Protonen entscheidend, die deshalb auch als Ordnungszahl bezeichnet wird. Die Erscheinung, dass die Atome eines Elements sich hinsichtlich der Anzahl ihrer Neutronen unterscheiden können, bezeichnet man als Isotopie. Die entsprechenden Atome werden Isotope dieses Elements genannt. Sie haben zwar die gleiche Ordnungszahl, unterscheiden sich aber in ihrer Massenzahl, das heißt in der Summe der Protonen und Neutronen im Atomkern.

Das Atom des leichtesten und gleichzeitig im Weltraum häufigsten Elements, des Wasserstoffs (chemisches Symbol H), besteht nur aus einem Proton und einem Elektron. Das Atom des schwersten natürlich vorkommenden und seltenen Elements Uran (chemisches Symbol U) hat einen Kern mit 92 Protonen. Uran ist ein instabiles Element, das radioaktiv zerfällt; sein langlebigstes Isotop – die Hälfte aller seiner Kerne wandelt sich in etwa 4,5 Milliarden Jahren in ein anderes Element um – besitzt 146 Neutronen und hat daher die Massenzahl 238.

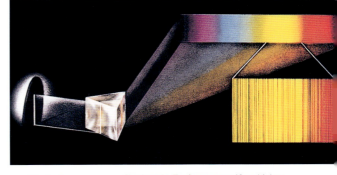

Spektrale Zerlegung weißen Lichts durch ein Prisma aus Glas. Die kurzwelligen Bestandteile (violett) werden stärker abgelenkt als die langwelligen (rot). Der vergrößert dargestellte Spektralbereich zeigt dunkle **Absorptionslinien.**

Das **Periodensystem der Elemente** zeigt die chemischen Elemente geordnet nach Gruppen (senkrecht) und Perioden (waagrecht) und mit – von links oben (Wasserstoff, 1) nach rechts unten (Element 112) – zunehmender Ordnungszahl. Die Lanthanide gehören in dieser Darstellung zwischen Lanthan und Hafnium, die Actinide zwischen Actinium und Rutherfordium.

Elementare Teilchen

Die Bestandteile der Atomkerne, Protonen und Neutronen, werden zusammenfassend auch als Nukleonen bezeichnet (von lateinisch nucleus »Kern«). Sie bestehen ihrerseits wieder aus kleineren Bausteinen, den Quarks, von denen man heute annimmt, dass sie, zusammen mit den Elektronen, die grundlegende Ebene unserer materiellen Welt bilden. Nach dem heutigen Kenntnisstand stellt die uns vertraute Materie nur einen Ausschnitt eines übergeordneten Fundamentalsystems von Elementarteilchen dar, aus denen sich letztlich alle Materie im Universum zusammensetzt. Dieses Fundamentalsystem besteht aus sechs Quarks und sechs Leptonen.

Die sechs Quarks heißen in der Physik Up und Down, Charm und Strange, Top und Bottom. Jedes Quark kommt wiederum in drei verschiedenen Formen vor, deren kennzeichnendes Merkmal als »Farbe« oder Farbquantenzahl bezeichnet wird. Die »Farben« der Quarks – willkürlich rot, grün und blau genannt – haben jedoch nichts mit der gewöhnlichen, sichtbaren Farbe eines Gegenstands zu tun, sondern dienen lediglich zur Bezeichnung einer besonderen

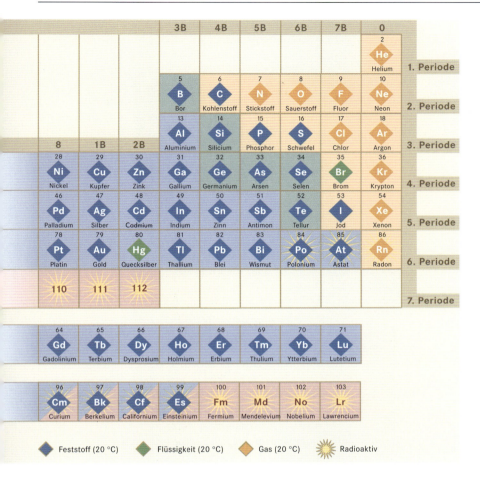

physikalischen Eigenschaft der Quarks, die eine wichtige Rolle für das Verständnis der in den Atomkernen wirkenden Kräfte spielt. In der Beschreibung dieser Kernkräfte hat die »Farbe« die Natur einer Ladung, weshalb sie auch als Farbladung bezeichnet wird. Sie ist für die Kernkräfte von ähnlicher Bedeutung wie die elektrische Ladung für die elektromagnetische Wechselwirkung.

Zu den Leptonen gehören drei elektrisch negativ geladene Teilchen – neben dem Elektron das Myon und das Tauon – und diesen zugeordnete neutrale Teilchen, die Neutrinos: Elektron-, Myon- und Tau-Neutrino. Anders als die Quarks besitzen die Leptonen keine Farbladung und unterliegen daher nicht den Kernkräften.

Eine andere innere Eigenschaft, nämlich den »Spin«, haben Quarks und Leptonen gemeinsam. Die quantentheoretische Größe Spin besitzt ebenso wie die Farbladung keine Entsprechung in der klassischen Physik, hat aber gewisse formale Aspekte mit dem Drehimpuls gemeinsam, weshalb sie auch als Eigendrehimpuls bezeichnet wird. Die zugehörige Spinquantenzahl s hat für alle Quarks und Leptonen den Wert $s = 1/2$. Solche Teilchen mit Spin $1/2$ oder einem ungeradzahligen Vielfachen davon werden wegen ihrer quantenstatistischen Gemeinsamkeiten unter der Bezeichnung Fermionen oder Fermi-Teilchen zusammengefasst. Sie alle gehorchen dem Pauli'schen Ausschließungsprinzip, kurz Pauli-Prinzip, nach dem zwei Fermionen, die in allen Eigenschaften – insbesondere in ihren Quantenzahlen – übereinstimmen, nicht denselben physikalischen Zustand einnehmen können. Dieses Ordnungsprinzip liegt dem Bau der Nukleonen und Atomkerne ebenso zugrunde wie der Elektronenstruktur der Atomhüllen und dadurch mittelbar auch dem Schema des Periodensystems der chemischen Elemente.

Für makroskopische Körper wird das Pauli-Prinzip dann wichtig, wenn so große Dichten von Fermionen vorliegen, dass deren Zustände nur noch mit den Mitteln der Quantentheorie beschrieben werden können. Das auffälligste Merkmal dieser »entarteten« Zustände ist der Entartungsdruck, mit dem fermionische Materie oberhalb einer kritischen Dichte einer weiteren Verdichtung entgegen wirkt. Solche Zustände treten zum Beispiel bei den Leitungselektronen von Metallen auf, aber auch bei besonderen Sterntypen wie Weißen Zwergen und Neutronensternen.

Antimaterie

Im – wegen ihrer großen Anzahl häufig so genannten – »Zoo« der Elementarteilchen wurde bisher eigentlich nur die Hälfte der kleinsten Bausteine vorgestellt. Zu jedem Teilchen existiert nämlich noch ein Partner, der hinsichtlich Masse, Spin und Lebensdauer identisch ist, aber exakt entgegengesetzte Ladung und magnetisches Moment aufweist. Diese »Gegenstücke« werden als Antiteilchen der jeweiligen »normalen« Teilchen bezeichnet. Aus ihnen zusammengesetzte Materie heißt dementsprechend Antimaterie.

Es gehört zur »Komplementarität« von gewöhnlicher Materie und Antimaterie, dass sie sich bei einem Zusammenstoß gegenseitig vernichten. Das Resultat eines derartigen Prozesses ist die vollständige Umwandlung der Materie des Materie-Antimaterie-Paars in Strahlungsenergie. Das gängigste Beispiel ist der Zusammenstoß eines Elektrons mit einem Antielektron – Letzteres wird auch Positron genannt –, bei dem diese in der Regel zu einem Paar hochenergetischer Photonen »zerstrahlen«. Dabei ist zu bemerken, dass Photonen gewissermaßen als ihre eigenen Antiteilchen aufgefasst werden können, sie also Teilchen und Antiteilchen zugleich darstellen. Aus diesem Grund sind Photonen stabile Teilchen, die nicht durch Teilchen-Antiteilchen-Wechselwirkung vernichtet werden.

Von herausragender Bedeutung war der Prozess der kosmischen Materie-Antimaterie-Vernichtung in den frühesten Phasen nach dem Urknall. Damals haben sich – so die heute anerkannte Theorie – die gesamte im Kosmos vorhandene Materie und Antimaterie fast vollständig gegenseitig vernichtet. Die heute beobachtete kosmische Materie ist demnach nur der davon übrig gebliebene Rest, sozusagen der in der Anfangsphase des Universums vorhandene winzige Überschuss an normaler Materie, die keine Antimaterie-Stoßpartner fand und so der Vernichtung entging.

Die jeweils drei Familien der fundamentalen **Elementarteilchen** Quarks und Leptonen. Es bedeuten: u Up, d Down, c Charm, s Strange, t Top, b Bottom, e Elektron, μ Myon, τ Tauon, ν Neutrino (jeweils zu e, μ, τ). Zu jedem dieser Teilchen gibt es ein Antiteilchen. Außer den Neutrinos sind sie alle elektrisch geladen.

Es ist eine der großen Herausforderungen der Elementarteilchenphysik und Kosmologie unserer Zeit, eine überzeugende Erklärung für diese fundamentale Materie-Antimaterie-Asymmetrie zu finden, die in der heute beobachteten materiellen Welt zum Ausdruck kommt. Sie liegt nach Überzeugung vieler Wissenschaftler möglicherweise in der Natur der zwischen den Elementarteilchen wirkenden Grundkräfte, der fundamentalen Wechselwirkungen.

Die fundamentalen Wechselwirkungen

Die heutigen Theorien zur Beschreibung der elementaren Ebene der Materie gehen von vier fundamentalen Wechselwirkungen aus, die in verschiedener Weise und über sehr unterschiedliche Entfernungen wirksam sind. Es handelt sich hierbei um die starke Wechselwirkung, die schwache Wechselwirkung, die elektromagnetische Wechselwirkung und die Gravitation. Im Folgenden werden die wesentlichen Eigenschaften der vier fundamentalen Wechselwirkungen und ihre Bedeutung für den Aufbau der Materie kurz dargestellt.

Die starke Wechselwirkung bestimmt den Zusammenhalt der Quarks und damit die Struktur der Nukleonen sowie als Ursache der Kernkräfte den Bau und die Stabilität der Atomkerne. Sie ist nur über Kerndimensionen, das heißt über eine Distanz von etwa 10^{-15} Meter (ein Billionstel Millimeter), wirksam und für die unterschiedlichen Bindungsenergien der verschiedenen Atomkerne und letztlich auch für die Energieproduktion in den Sternen verantwortlich.

Auf der schwachen Wechselwirkung oder »schwachen Kraft«, die nur eine Reichweite von weniger als 10^{-18} Meter (ein Billiardstel Millimeter) hat, beruht die Umwandlung der Quarks untereinander. Sie ist insbesondere die Ursache für den radioaktiven Beta-Zerfall der Nukleonen, deren bekanntestes Beispiel der Zerfall eines Neutrons in das leichtere Proton ist, wobei zusätzlich ein Elektron und ein Elektron-Antineutrino entstehen. Der umgekehrte Prozess – Einfang eines Elektrons durch ein Proton und Entstehung eines Neutrons sowie eines Elektron-Neutrinos – überwiegt bei extrem hohen Dichten und spielt eine zentrale Rolle beim Entstehen von Neutronensternen.

Die elektromagnetische Wechselwirkung ist die Kopplung zwischen der Materie und dem elektromagnetischen Strahlungsfeld. Sie ist ursächlich für die Kraft zwischen elektrisch geladenen Teilchen, die in der klassischen Elektrodynamik durch das Coulomb-Gesetz beschrieben wird. Die elektromagnetische Wechselwirkung bestimmt die Struktur der Atomhüllen und damit den Bau der Atome, die Bildung und Stabilität von Molekülen und festen Körpern, aber auch die gegenseitige Abstoßung der Atomkerne im Innern der Sterne, die überwunden werden muss, um Fusionsreaktionen und damit eine langfristige Energieproduktion zu ermöglichen.

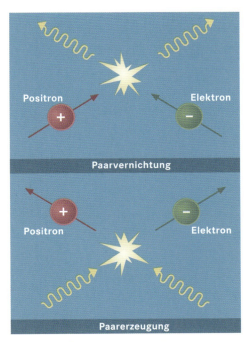

Bei der Vernichtung eines **Elektron-Positron-Paars** wird Masse in Energie umgewandelt, bei seiner Erzeugung umgekehrt Energie in Masse. Die Energieträger sind jeweils hochenergetische Photonen (Gamma-Quanten).

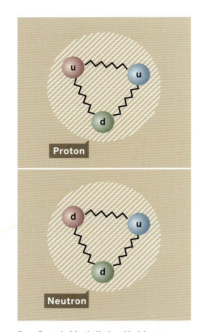

Das **Quark-Modell der Nukleonen** Proton und Neutron. Die beiden Kernbausteine unterscheiden sich nur in einem Quark-Teilchen.

Die Coulomb-Kraft ist entfernungsabhängig und wirkt zwischen gleichnamig geladenen Teilchen abstoßend, zwischen zwei entgegengesetzt geladenen Teilchen anziehend. Obwohl sie – umgekehrt proportional zum Quadrat des Teilchenabstands – unendlich weit reicht, schirmen sich in der kosmischen Materie die elektrischen Ladungen gegenseitig großräumig ab, sodass in der Regel bereits aus Entfernungen von weniger Hundert Metern die Materie neutral erscheint. Wegen dieses Sachverhalts kann die elektromagnetische Wechselwirkung bei der großräumigen Organisation der kosmischen Materie nicht unmittelbar eine Rolle spielen. Sie macht sich höchstens mittelbar in Situationen bemerkbar, in denen die Wechselwirkung von Strahlung und Materie einen nicht zu vernachlässigenden Einfluss ausübt, zum Beispiel beim Energietransport in den Sternen oder in den durch elektromagnetische Strahlung getriebenen »Winden« von Sternen sehr hoher Leuchtkraft.

Eine besondere Rolle spielt die elektromagnetische Wechselwirkung im Zusammenhang mit Magnetfeldern, die in vielen astronomischen Objekten das Verhalten der Materie entscheidend beeinflussen und auf diese Weise zu einer Vielzahl von Effekten führen. Neben dem sehr schwachen, großräumigen galaktischen Magnetfeld (10^{-10} Tesla) seien hier als wichtige Beispiele das Magnetfeld der Sonne (10^{-4} Tesla) und die sehr starken Magnetosphären von Pulsaren (10^{8} Tesla) erwähnt. Vergleichen wir die bei astronomischen Objekten gemessenen Feldstärken mit dem Magnetfeld der Erde (10^{-4} Tesla an den Polen), so stellen wir fest, dass in manchen Fällen – wie bei den Pulsaren – das lokale Magnetfeld um viele Größenordnungen stärker als das uns vertraute irdische Feld ist und somit einen wichtigen Einfluss auf die Eigenschaften eines Objekts ausüben kann.

Die Gravitation oder gravitative Wechselwirkung ist Ausdruck der gegenseitigen Anziehung von Massen, das heißt der universellen Eigenschaft der Körper, in ihrer Bewegung durch einen andern massiven Körper beeinflusst zu werden und diesen zu beeinflussen. Dieser Sachverhalt ist im Newton'schen Gravitationsgesetz formuliert, das die gegenseitige, ebenfalls zum Kehrwert des Abstandsquadrats r^2 proportionale Anziehungskraft F zwischen zwei massebehafteten Körpern m_1 und m_2 beschreibt:

$$F = G \cdot m_1 \cdot m_2 / r^2$$

Darin ist $G = 6{,}6726 \cdot 10^{-11} \, \text{m}^3/(\text{kg} \cdot \text{s}^2)$ die Newton'sche Gravitationskonstante. Das Newton'sche Gravitationsgesetz liefert nicht nur die Erklärung und die quantitative Beschreibung der irdischen Fallgesetze, sondern auch die der Bahnen der Planeten um die Sonne, wie sie in den Kepler'schen Gesetzen formuliert sind, sowie der großräumigen Bewegungen der Sterne und Sternsysteme.

Die Allgemeine Relativitätstheorie Albert Einsteins geht mit dem Prinzip, die Gravitation als geometrische Eigenschaft der Raum-Zeit-Struktur der Welt zu interpretieren, weit darüber hinaus. Gravitation äußert sich danach als eine durch das Vorhandensein von Materie verursachte Krümmung der Raum-Zeit. Dieser Grundgedanke der Allgemeinen Relativitätstheorie ist eine notwendige Vorausetzung dafür, die Struktur des Universums im Rahmen einer wissenschaftlichen Kosmologie beschreiben zu können.

Termschemata der Atome

Nach den Gesetzen der Quantentheorie können die durch die elektrische Anziehung an den Atomkern gebundenen Elektronen der Atomhülle sich nur in Zuständen bestimmter Energie befinden. Da sich die Energie von einem Zustand zu einem andern nicht kontinuierlich, sondern nur sprunghaft ändert, spricht man auch von diskreten Zuständen. Für jedes Atom existieren stets unendlich viele solcher diskreten Energiezustände für die Hüllenelektronen – man bezeichnet diese auch als Terme oder Energieniveaus –, deren Anordnung nach steigender Energie für jede Atomsorte ein charakteristisches Termschema bildet. Jedes Termschema besitzt stets einen Zustand niedrigster Energie, den Grundzustand, sowie einen Zustand höchster Energie, der die Grenze markiert, jenseits deren die Elektronen nicht mehr an das Atom gebunden sind. Diese ungebundenen Zustände sind, anders als die diskreten, gebundenen Zustände kontinuierlich verteilt.

Der stabilste Zustand eines Atoms, der Grundzustand, ist jener mit minimaler Gesamtenergie. Im Grundzustand besetzen die Hüllenelektronen die untersten Zustände des Termschemas, während die darüber liegenden Zustände unbesetzt sind. Durch Energiezufuhr kann ein Hüllenelektron in einen unbesetzten, energetisch höheren Zustand gehoben werden. Diesen Prozess nennt man Anregung eines Atoms. Reicht die Energiezufuhr sogar aus, das Elektron von einem gebundenen Zustand in einen ungebundenen Zustand zu heben, in dem es frei ist und das Atom verlassen kann, entsteht ein positiv geladenes Atom, ein Ion. Diesen Prozess der Bildung geladener Atome bezeichnet man als Ionisation, die hierzu erforderliche Energie als Ionisationsenergie. Anregungs- und Ionisationsenergien sind für die Atome und Ionen eines jeden chemischen Elements charakteristisch. Sie sind somit ein Schlüssel für ihren qualitativen und quantitativen Nachweis.

Das Spektrum

Lichtspektren können sich in Struktur und Aussehen sehr voneinander unterscheiden. Sie können – um die beiden Extreme zu nennen – kontinuierlich sein, mit stetiger Verteilung der Intensität über den Frequenzen und den diesen entsprechenden Farben, wie es zum Beispiel vom Regenbogen her bekannt ist; sie können aber – als Linienspektren – auch diskontinuierlich sein, mit diskreten Frequenzen und entsprechend vereinzelten farbigen Spektrallinien. Meist werden jedoch Spektren beobachtet, die Überlagerungen von kontinuierlichen und Linienspektren darstellen. In kontinuierlichen Spektren können außerdem auch dunkle Linien auftreten, wie sie erstmals von Joseph Fraunhofer im Sonnenspektrum beobachtet wurden.

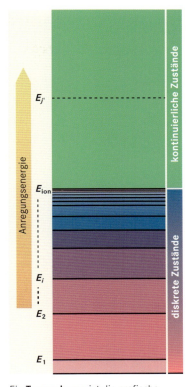

Ein **Termschema** ist die grafische Darstellung von Energiezuständen von Atomen oder ähnlichen Teilchen. Atome haben ganz allgemein unendlich viele diskrete gebundene Zustände, die zur Ionisationsenergie E_{Ion} hin immer dichter werden. Jenseits dieser Energie beginnen die kontinuierlichen ungebundenen Zustände.

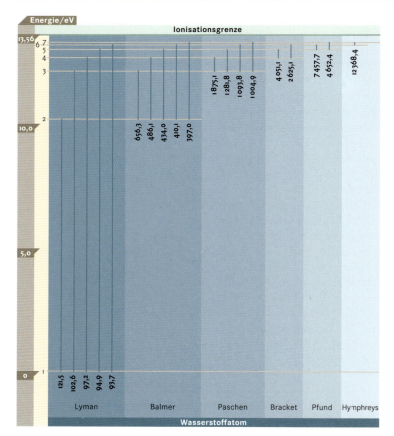

Termschema des Wasserstoffatoms. Die verschiedenen »Spektralserien« (Lyman, Balmer usw.) entsprechen Übergängen (blaue Linien) aus allen möglichen höheren Energieniveaus in jeweils das gleiche untere Niveau. Die Zahlen an den blauen Linien sind die Wellenlängen in Nanometer der entsprechenden Spektrallinien.

Ein Spektrum erhält seine besondere Gestalt durch Prozesse der Emission und der Absorption von Lichtquanten. Diese Prozesse sind die in der Astrophysik wichtigsten Wechselwirkungsprozesse zwischen Licht und Materie. Bei der Absorption nimmt ein Hüllenelektron eines Atoms die Energie $h\nu$ eines Photons auf und springt dadurch von einem niedriger liegenden Energieniveau auf ein energetisch höheres Niveau. Durch diesen Prozess wird die gesamte Energie des Photons auf das Hüllenelektron übertragen und das Photon selbst vernichtet. Weil aber hierbei die Energie des Photons genau der Energiedifferenz zwischen Anfangs- und Endzustand des betreffenden Hüllenelektrons gleich sein muss, werden durch Absorption gerade diejenigen Photonen vernichtet, deren Energie typisch für Übergänge zwischen zwei Energiezuständen der betreffenden Atomsorte ist. Je nachdem, ob der Endzustand der Elektronen dabei gebunden oder frei ist, sind in einem Spektrum Absorptionslinien oder Absorptionskanten zu beobachten.

Eine Absorptionslinie tritt dann auf, wenn in vielen Atomen eines Elements Hüllenelektronen durch Absorption je eines Photons jeweils von einem bestimmten unteren gebundenen Zustand E_i in einen bestimmten höheren ebenfalls gebundenen Zustand E_j gehoben werden. Da die beiden Zustände sich durch die Energiedifferenz

$E_j - E_i$ unterscheiden, werden bei diesem Prozess von den betrachteten Atomen nur Photonen mit der Energie $h\nu = E_j - E_i$ absorbiert. Photonen dieser Energie fehlen dann an derjenigen Stelle des Spektrums, die dieser Energie beziehungsweise der zugehörigen Frequenz entspricht. In einem durch ein Prisma in seine Spektralfarben aufgefächerten Band eines weißen Lichtstrahls zeigt sich das Fehlen von Photonen einer bestimmten Energie als eine im Kontrast zu den Nachbarbereichen dunkle schmale Linie, die man als Absorptionslinie bezeichnet.

In einem Atom sind im Allgemeinen Übergänge zwischen Niveaus sehr unterschiedlicher Energiedifferenzen möglich, von denen jeder in einem Spektrum einer eigenen Absorptionslinie am Ort der zugehörigen Frequenz entspricht. Das System der Absorptionslinien eines Atoms ist deshalb eine Art Fingerabdruck und erlaubt dadurch eindeutige Rückschlüsse auf das absorbierende Atom und die lokalen Anregungsverhältnisse.

Absorptionskanten entstehen durch die Absorption von Photonen, deren Energien größer sind als die Ionisationsenergie des absorbierenden Hüllenelektrons. Durch die Aufnahme einer solchen Energie wird ein Hüllenelektron in einen ungebundenen Zustand gehoben, in dem es nicht mehr zum Atomverband gehört: Das betreffende Atom wird ionisiert. Weil die ungebundenen Zustände energetisch kontinuierlich verteilt sind, kann Ionisation durch alle Photonen erfolgen, deren Energie größer ist als die jeweilige Ionisa-

Ausschnitt von etwa 20 nm Breite des Spektrums der Sonne mit **Fraunhofer-Linien** (Absorptionslinien, unten) und das Resultat seiner photometrischen Auswertung mithilfe eines Mikro-Densitometers (oben). An den Linien sind deren Bezeichnung oder diejenigen der erzeugenden Atome (I), Ionen (II bis IV) und Moleküle notiert. Eine solche Auswertung erlaubt neben der Bestimmung von Temperatur und Druck in der Sonnenatmosphäre auch die Bestimmung der Häufigkeit, mit der die betreffenden Elemente in ihr vorhanden sind.

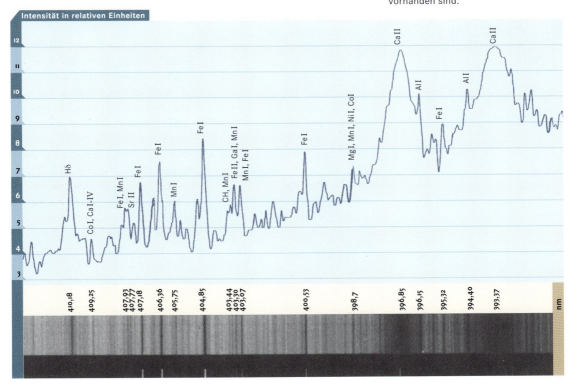

tionsenergie. Im Gegensatz hierzu ist Linienabsorption immer nur in einem sehr kleinen Energieintervall möglich. In einem Spektrum zeigt sich die Absorption in Kontinuumszustände durch einen abrupten Abfall der Strahlungsintensität jenseits der Ionisationsenergie des betreffenden Atoms. Diese auffälligen Intensitätssprünge werden als Ionisationskanten bezeichnet. Ihr Auftreten ist ein deutliches Indiz für die Ionisation des zugehörigen Atoms und ist – ebenso wie dessen Liniensystem – charakteristisch sowohl für die Häufigkeit der absorbierenden Atome als auch für die lokalen physikalischen Bedingungen. Hierauf beruht zum Beispiel, dass die Intensität der Strahlung von Sternen als Funktion der Energie keinen glatten Verlauf zeigt.

Der Umkehrprozess der Absorption, die Erzeugung von Licht durch Materie, wird als Emission bezeichnet. Bei diesem Prozess geht ein Elektron aus einem Zustand höherer Energie E_j in einen Zustand niedrigerer Energie E_i über, und die Energiedifferenz der beiden Zustände wird in Form eines Photons mit der Energie $h\nu = E_j - E_i$ abgestrahlt. Wenn es sich dabei um zwei gebundene Zustände handelt, wird der Vorgang als Linienemission bezeichnet. Emissionslinien fallen in einem Spektrum dadurch auf, dass bei den entsprechenden Energien oder Frequenzen schmale, im Vergleich zu ihrer Nachbarschaft helle Linien auftreten. Sie zeigen an, dass im Strahlungsfeld bei den jeweiligen Energien höhere Photonendichten herrschen.

Der zur Ionisation gehörende Umkehrprozess ist die Rekombination. Darunter versteht man den Übergang eines freien Elektrons,

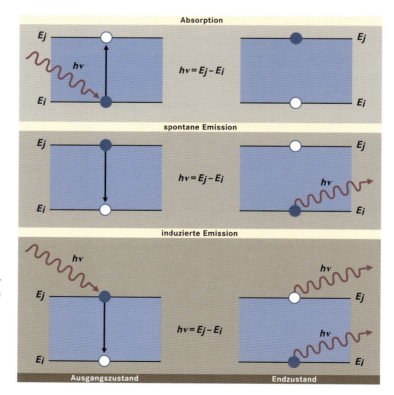

Die drei verschiedenen Arten der **gebunden-gebunden-Übergänge.** Der dunkle Punkt symbolisiert jeweils einen besetzten Elektronenzustand, der weiße einen unbesetzten; der Pfeil deutet die Richtung des Übergangs an. Bei der induzierten Emission wird der Übergang durch ein Photon hervorgerufen, das dabei aber – anders als bei der Absorption – nicht vernichtet wird.

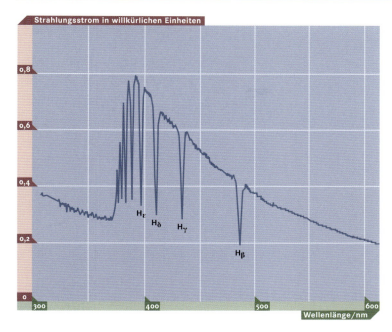

Absorptionsspektrum des Wasserstoffatoms im Wellenlängen-Bereich der Balmer-Serie. Mit abnehmender Wellenlänge (von rechts nach links) wird die Energie der eingestrahlten Photonen größer. Bei Zunahme dieser Energie treten zunächst Absorptionslinien (H_β, H_γ usw.) und dann, wenn die Ionisationsenergie des betreffenden Zustands erreicht wird (in der Nähe der Seriengrenze bei etwa 365 nm), eine Absorptionskante auf.

also eines Elektrons, das sich in Bezug auf ein ionisiertes Atom in einem ungebundenen Zustand befindet, in einen gebundenen Zustand dieses Atoms. Durch Rekombination kehrt ein Elektron also in den Hüllenverband zurück. Da die Energien der ungebundenen Zustände oberhalb der Ionisationsenergie liegen, werden bei der Rekombination Photonen frei, deren Energie mindestens so groß ist wie die jeweilige Ionisationsenergie. Wegen der kontinuierlichen Verteilung der Anfangszustände ist die Energie der emittierten Photonen jenseits einer scharfen Grenze, die der Ionisationsenergie entspricht, ebenfalls kontinuierlich verteilt.

Entstehung spektraler Merkmale

Von besonderem Interesse für die Astrophysik ist die Frage, unter welchen Bedingungen in einem Spektrum Absorptions- oder Emissionslinien auftreten. Aus theoretischen Überlegungen ergibt sich, dass Absorptionslinien immer dann auftreten, wenn längs des Lichtwegs die Temperatur der Materie abnimmt, das heißt, wenn die wechselwirkende Materie kälter ist als das System, das die einfallende Strahlung erzeugt. Gleicherweise ergibt sich, dass Emissionslinien immer dann auftreten, wenn längs des Lichtwegs die Temperatur der Materie ansteigt, das heißt wenn die wechselwirkende Materie heißer ist als das System, aus dem die einfallende Strahlung stammt. Weiter können Emissionslinien auch durch Photonen verursacht werden, die aus Richtungen außerhalb der Sichtlinie einfallen. Die durch solche Photonen angeregten Atome strahlen beim Rücksprung der Elektronen Photonen auch in Richtung der Sichtlinie ab. Dies ist zum Beispiel der hauptsächliche Mechanismus der Linienemission bei ausgedehnten, einen Stern umgebenden

»zirkumstellaren« Hüllen, die durch ihren Zentralstern zum Leuchten angeregt werden.

Sternspektren werden durch die Wechselwirkung der aus dem heißen Innern der Sterne nach außen fließenden Strahlung mit den kühleren äußeren Schichten erzeugt. Sie enthalten in der Regel ausschließlich Absorptionslinien. Das bekannteste Beispiel hierfür sind die erstmals 1814 von Fraunhofer im prismatisch zerlegten Sonnenlicht bemerkten dunklen Linien vor dem hellen Hintergrund des Sonnenspektrums, die nach ihrem Entdecker auch als Fraunhofer-Linien bezeichnet werden. Beispiele für Emissionsspektren sind die

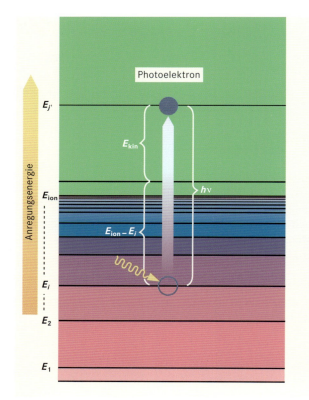
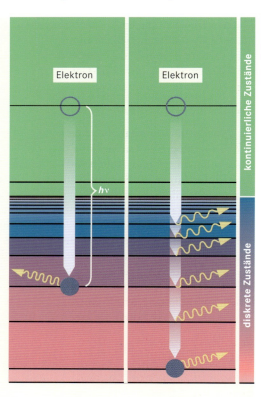

Photoionisation aus einem diskreten Energieniveau E_i in einen Kontinuumszustand (links) und **Rekombination** aus diesem in das diskrete Ausgangsniveau (Mitte) sowie in ein etwas höheres Niveau mit anschließenden kaskadenartigen Übergängen bis in den Grundzustand (rechts). Bei jedem Übergang von einem höheren in ein niedrigeres Niveau wird ein Photon emittiert.

Spektren der leuchtenden Gasnebel, deren auffälligste Vertreter Gebiete ionisierten Wasserstoffs in der interstellaren Materie – H II-Gebiete genannt – und Planetarische Nebel sind.

Die Energiebeziehung $h\nu = E_j - E_i$ ist eine zwar notwendige, aber nicht hinreichende Bedingung dafür, dass Übergänge auch tatsächlich stattfinden. Maßgeblich hierfür sind vor allem so genannte Auswahlregeln, die angeben, bei welchen Kombinationen von Zuständen, die das Anfangs- und das Endniveau eines Übergangs charakterisieren, eine größere oder kleinere Wahrscheinlichkeit für einen Übergang besteht. Die höchste Wahrscheinlichkeit besitzen stets solche Übergänge, bei denen sich ein Atom wie ein klassischer schwingender elektrischer Dipol verhält, also wie eine ideale Sendeantenne. Man bezeichnet solche Übergänge deshalb als Dipolübergänge. Eine andere Bezeichnung für sie ist »erlaubte« Übergänge, und die entsprechenden Linien heißen erlaubte Linien. Die Wahrscheinlichkeiten für alle anderen Übergänge, die mit dem magnetischen Dipolmoment, dem elektrischen Quadrupolmoment und so weiter zusammenhängen, also wesentlich ungünstigeren »Antennengeometrien«, sind im Vergleich dazu erheblich kleiner. Da solche Übergänge unter normalen Laborbedingungen praktisch nicht beobachtet werden können, nennt man sie verbotene Übergänge und die zugehörigen Linien verbotene Linien. In der Astronomie findet man erlaubte Linien hauptsächlich in den Spektren von Sternen, verbotene Linien dagegen vornehmlich in den Spektren von sehr dünnen Gasen, etwa H II-Gebieten und Planetarischen Nebeln, aber auch in den Spektren von Nordlichtern.

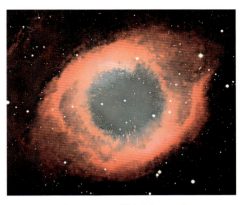

Der etwa 450 Lichtjahre entfernte **Helix-Nebel,** ein heller Planetarischer Nebel im Sternbild Wassermann (6,5 mag), hat den größten scheinbaren Durchmesser aller derartigen Objekte.

Quantitative Erfassung von Strahlung

Mit Fraunhofers bahnbrechender Entdeckung und der dadurch angestoßenen Entwicklung der Spektralanalyse durch Gustav Robert Kirchhoff und Robert Bunsen, denen es 1859 gelang, die Fraunhofer-Linien des Sonnenspektrums zu deuten und – wie schon Fraunhofer – ähnliche Liniensysteme in den Spektren anderer heller Sterne zu finden, verfügte die Astronomie ab der Mitte des 19. Jahrhunderts über die entscheidende Methode zur physikalischen und chemischen Diagnose der kosmischen Objekte. Man hat diesen Qualitätssprung mit Recht als den Übergang von der klassischen Astronomie, in der die räumliche Verteilung und das Bewegungsverhalten der Sterne im Blickfeld des Interesses standen, zur Astrophysik angesehen, die die stoffliche Zusammensetzung und die physikalischen Eigenschaften und Zustandsformen der kosmischen Materie selbst untersucht.

Bis dahin war unzerlegtes weißes Licht die einzige Information über die Himmelskörper. Seit dem Altertum wurden die Positionen der Sterne an der Himmelssphäre beobachtet und ihre scheinbaren Helligkeiten verglichen. Damit war es zwar möglich, ihre Winkelbewegungen an der Himmelssphäre zu studieren, nicht aber ihre wirkliche Verteilung und Bewegung im Raum, zu deren Bestimmung zusätzlich die Entfernung bekannt sein muss. Da die beobachtete Helligkeit eines Sterns nicht nur von dessen Entfernung, sondern auch von seiner Größe und seiner Oberflächentemperatur abhängt, erlaubt die Messung der Helligkeit nur dann einen verlässlichen Schluss auf die Entfernung, wenn die übrigen Größen auf unabhängige Weise erhältlich sind.

Bis zur Mitte des vorigen Jahrhunderts wurden die Helligkeiten der Sterne geschätzt und in die von Ptolemäus eingeführte sechsstufige Größenklassen-Skala eingeordnet. Die scheinbar hellsten Sterne (abgesehen von der Sonne) finden sich darin in Klasse 1, die für das Auge schwächsten Sterne in Klasse 6. Für die nur mit dem Teleskop

Weitwinkelaufnahme eines **Nordlichts** in Norwegen.

sichtbaren Sterne wurde die Skala entsprechend zu höheren Größenklassen ausgedehnt. Die Entdeckung eines quantitativen Zusammenhangs zwischen objektivem Sinnesreiz und subjektiver Empfindung durch den Naturforscher und Psychophysiker Gustav Theodor Fechner und den Anatomen und Physiologen Ernst Heinrich Weber erlaubte 1860 die Formulierung des so genannten psychophysischen

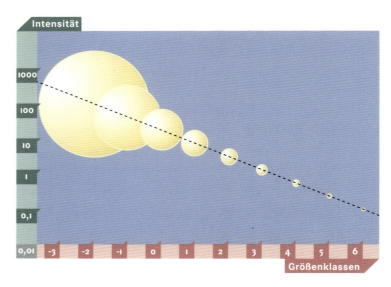

Versinnbildlichung der **Größenklassen**, eines photometrischen Maßes für die Helligkeit von Himmelskörpern, durch das geometrische Maß der Größe von Kreisflächen. Die Größenklassen sind eine lineare Funktion des Logarithmus der Strahlungsintensität der jeweiligen Objekte.

Grundgesetzes der Reizempfindung, nach dem zwischen der Stärke eines Sinnesreizes und der Intensität seiner Empfindung ein logarithmischer Zusammenhang besteht. Danach wurde die historische Größenskala durch eine mathematisch formulierbare Helligkeitsskala ersetzt und so die Voraussetzung für genaue Helligkeitsmessungen geschaffen:

$$m_2 - m_1 = -2{,}5 \lg(I_1/I_2)$$

Nach dieser Formel entspricht ein Helligkeitsunterschied $m_2 - m_1$ von einer Größenklasse (1 magnitudo; Abkürzung mag) genau dem 0,4fachen des Logarithmus vom Verhältnis I_1/I_2 der gemessenen Strahlungsintensitäten.

Anwendung fand das neue Werkzeug in umfangreichen Himmelsdurchmusterungen, deren Kataloge auch heute noch für viele astronomische Untersuchungen eine unverzichtbare Grundlage bilden.

Entscheidende Bedeutung gewann in diesem Zusammenhang die Fotografie, die in den letzten Jahrzehnten des 19. Jahrhunderts das wichtigste Hilfsmittel der beobachtenden Astronomie wurde. Durch den Einsatz der Fotoplatte wurde in vielfacher Hinsicht ein großer Fortschritt erreicht. Mit langen Belichtungszeiten konnte die Beobachtung auch auf sehr lichtschwache Objekte ausgedehnt werden, und detailliertere Strukturen wurden sichtbar gemacht. Weiter war es möglich, eine große Zahl von Objekten gleichzeitig auf einer

Fotoplatte zu erfassen und diese für spätere Zwecke zu archivieren. Die geeignete Wahl von Fotomaterialien mit unterschiedlicher spektraler Empfindlichkeit erweiterte darüber hinaus die Messungen auf Spektralbereiche, die vom menschlichen Auge nicht wahrgenommen werden können.

Die Einführung der Fotoplatte in die astronomische Beobachtung bedeutete somit den ersten Schritt zur Entwicklung einer effektiven Mess- und Speichertechnik, die heute für alle Spektralbereiche durch den Einsatz hoch empfindlicher lichtelektrischer Empfänger und modernster Elektronik zur Signalverarbeitung gekennzeichnet ist.

Thermische Strahlung

Ein besonders einfacher Zusammenhang zwischen dem Absorptionsverhalten und dem Emissionsverhalten eines beliebigen materiellen Körpers liegt vor, wenn zwischen Strahlungsfeld und Körper thermisches Gleichgewicht herrscht. Ein solches Gleichgewicht ist dadurch gekennzeichnet, dass die vom betrachteten Körper pro Zeit- und Flächeneinheit emittierte Strahlungsenergie jeweils exakt gleich der absorbierten ist und daher sowohl der Körper als auch das Strahlungsfeld durch eine einheitliche Temperatur – die Gleichgewichtstemperatur – beschrieben werden kann.

Diese Balance hat zur Folge, dass insbesondere auch zwischen den einzelnen elektronischen Übergängen der Atome des Körpers Gleichgewicht herrschen muss, das heißt, dass zu jedem Zeitpunkt die »Gewinnrate« eines jeden Niveaus gerade durch eine entsprechende »Verlustrate« kompensiert wird. Als Konsequenz weist das Spektrum eines solchen thermischen Strahlers – man bezeichnet ihn auch als Schwarzen Strahler – keine Spektrallinien oder Ionisationskanten auf. Nach den Gesetzen der Thermodynamik und der Quantentheorie ist das Spektrum einer thermischen Strahlung kontinuierlich und ausschließlich durch die Temperatur festgelegt. Mit steigender Temperatur nimmt die Strahlungsintensität eines Schwarzen Strahlers für alle Frequenzen zu, und ihr Maximum verschiebt sich nach dem Wien'schen Verschiebungsgesetz zu höheren Frequenzen, das heißt zu größeren Energien hin. Aus der Position des Intensitätsmaximums lässt sich daher unmittelbar auf die Temperatur des Schwarzen Strahlers schließen.

Diese kann anderseits auch aus der Intensität der Gesamtausstrahlung berechnet werden. Hierzu dient das Stefan-Boltzmann-Gesetz, nach dem die Strahlungsleistung eines Schwarzen Strahlers mit der vierten Potenz seiner Temperatur zunimmt. In Analogie hierzu ist es möglich, der Gesamtausstrahlung eines beliebigen Körpers als Vergleichsgröße eine »effektive Temperatur« zuzuordnen. Diese entspricht der Temperatur eines Schwarzen Strahlers mit gleicher Gesamtstrahlungsleistung wie der betrachtete Körper.

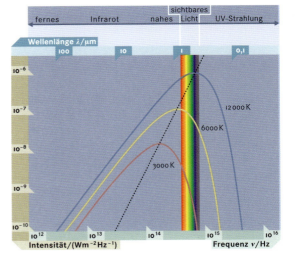

Die **Planck-Funktion** gibt für jede Temperatur die Verteilung der Strahlungsintensität eines Schwarzen Strahlers über der Wellenlänge oder über der Frequenz der Strahlung (Planck'sches Strahlungsgesetz). Das Bild zeigt die Verteilung über der Temperatur für drei verschiedene Temperaturen. Die gestrichelte Gerade zeigt an, wie das Maximum der Verteilung mit zunehmender Temperatur zu kürzeren Wellenlängen wandert (Wien'sches Verschiebungsgesetz). Auf der oberen Abszisse sind die Wellenlängen abzulesen, die zu den unten angegebenen Frequenzen gehören.

Obwohl die Sterne, wie man am Auftreten von Spektrallinien und Absorptionskanten erkennt, keine thermischen Strahler sein können, ist es dennoch in vielen Fällen erlaubt, sie annähernd als solche zu betrachten. Durch Anwendung des Stefan-Boltzmann-Gesetzes lassen sich dann aus der gemessenen Gesamtintensität der Strahlung des Sterns die effektive Temperatur und damit näherungsweise die Temperatur seiner äußeren Schichten berechnen, die wir als sichtbare Oberfläche wahrnehmen. Diese Temperatur wird häufig auch als Oberflächentemperatur bezeichnet.

Spektralanalyse

Aus den im beobachteten Spektrum eines Objekts vorhandenen Linien sind zwar die dort vorkommenden chemischen Elemente zu ersehen, die durch Messung der Frequenzen der jeweiligen Linien in der Regel direkt identifiziert werden können, nicht aber die tatsächliche mengenmäßige Zusammensetzung der Materie oder deren genauer physikalischer Zustand. Solche quantitativen Aussagen sind nur auf der Grundlage einer detaillierten Analyse des gemessenen Spektrums und seiner anschließenden theoretischen Deutung im Rahmen eines physikalischen Modells des betreffenden Objekts möglich.

Ein Spektrum entwickelt sich als Ergebnis der auf dem gesamten Weg des Lichts durch die Materie in den unterschiedlichen Energiebereichen wirksamen physikalischen Wechselwirkungsprozesse. Diese Prozesse hängen ihrerseits von der Energieverteilung des Lichts, der stofflichen Art der Materie sowie den lokalen physikalischen und chemischen Bedingungen ab. Die Folgen der einzelnen Einflüsse sind somit mittelbar als Information im generellen Verlauf des Spektrums und in seinen detaillierten Strukturen gespeichert. Eine der Hauptaufgaben der Astrophysik ist es, diese Information zu entschlüsseln, das heißt aus dem gemessenen Spektrum die astronomischen, physikalischen und chemischen Bedingungen seines Entstehens zu rekonstruieren, durch genaue Analyse und anschließende Interpretation auf Basis einer modellhaften Beschreibung der astronomischen Objekte. Das ist meist eine sehr komplizierte und aufwendige Aufgabe, die zum Beispiel für Sterne erst in den letzten Jahren in befriedigender Weise gelöst werden konnte.

Die Hauptschwierigkeit liegt darin, dass aus der gemessenen Stärke einer Spektrallinie nicht unmittelbar auf die Menge der vorhandenen Atome des betreffenden Elements geschlossen werden kann, sondern nur auf die Anzahl jener Atome, die die Voraussetzungen für die Emission oder Absorption von Licht der zugehörigen Frequenz aufweisen. Diese für die Stärke einer Linie unmittelbar verantwortlichen Teilchen stellen nur einen Bruchteil der Gesamtzahl der vorhandenen Atome des betreffenden Elements dar. Nach den Gesetzen der Thermodynamik ist

Als **Doppler-Effekt** wird die Veränderung eines Wellenphänomens bezeichnet, die auf der Bewegung der aussendenden Quelle oder des empfangenden Beobachters (oder von beiden) beruht. Eine ruhende Quelle strahlt rotationssymmetrisch in alle Richtungen (oben). Wenn die Quelle sich auf einen Beobachter zu bewegt, registriert dieser eine kürzere Wellenlänge, wenn sie sich von ihm weg bewegt, eine längere.

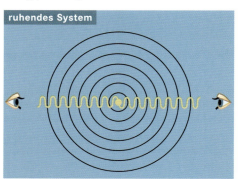

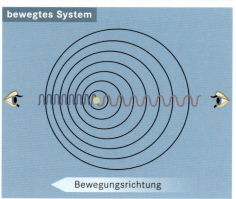

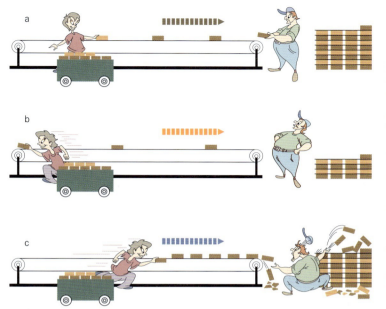

Illustration des **Doppler-Effekts** anhand eines Fließbands. Das Fließband wird in einem festen Zeittakt mit Ziegelsteinen beladen. Oben stehen Belader und Entlader, in der Mitte bewegt sich der Belader beim Beladen vom Entlader weg, während er sich unten auf ihn zu bewegt. Die jeweilige Konsequenz für den Abstand, mit dem die Ziegelsteine auf dem Band aufeinander folgen, ist aus dem Bild ersichtlich. Man kann sich auch leicht ausmalen, was passieren würde, wenn sich der Entlader bewegen würde. – Die kosmologische Rotverschiebung, die ja auf der Expansion des Kosmos beruht, würde in diesem Bild darin bestehen, dass das Band gedehnt, die beiden Umlenkrollen also voneinander entfernt würden.

dieser Bruchteil hauptsächlich durch die Temperatur im Gebiet der Linienentstehung bestimmt, da diese maßgeblich dafür ist, wie die Atome einer Sorte auf die atomaren Zustände verteilt sind.

Doppler-Effekt

In vielen Fällen ist diese Temperatur unmittelbar an der Breite der Spektrallinien zu erkennen, in der sich über den Doppler-Effekt die Wärmebewegung der Teilchen bemerkbar macht. Unter dem Doppler-Effekt versteht man das 1842 von Christian Doppler beschriebene Phänomen, dass die Frequenz ν_S der von einem Sender ausgesandten Welle und die Frequenz ν_E, die vom Empfänger dieser Welle gemessen wird, verschieden sind, wenn sich Quelle und Empfänger relativ zueinander bewegen; Entsprechendes gilt für die Wellenlängen. Allgemein bekannt ist dieser Effekt als Tonhöhen-Sprung bei der Wahrnehmung des Martinshorns eines vorbeifahrenden Einsatzfahrzeugs. Der hierdurch bewirkte Frequenzunterschied heißt Doppler-Verschiebung. Dabei sind zwei Fälle zu unterscheiden:

(1) Empfänger und Quelle bewegen sich aufeinander zu: Die Empfangsfrequenz der Welle ν_E ist höher als die Sendefrequenz ν_S. Man spricht deshalb von einer *Blauverschiebung* der Frequenz oder der Wellenlänge des Lichts.

(2) Empfänger und Quelle bewegen sich voneinander weg: Die Empfangsfrequenz ν_E der Welle ist niedriger als die betreffende Sendefrequenz ν_S. In diesem Fall spricht man von einer *Rotverschiebung* der Frequenz oder der Wellenlänge des Lichts.

Der Doppler-Effekt spielt in der Astronomie und Astrophysik in sehr unterschiedlichen Problemen eine wichtige Rolle. Auf ihm

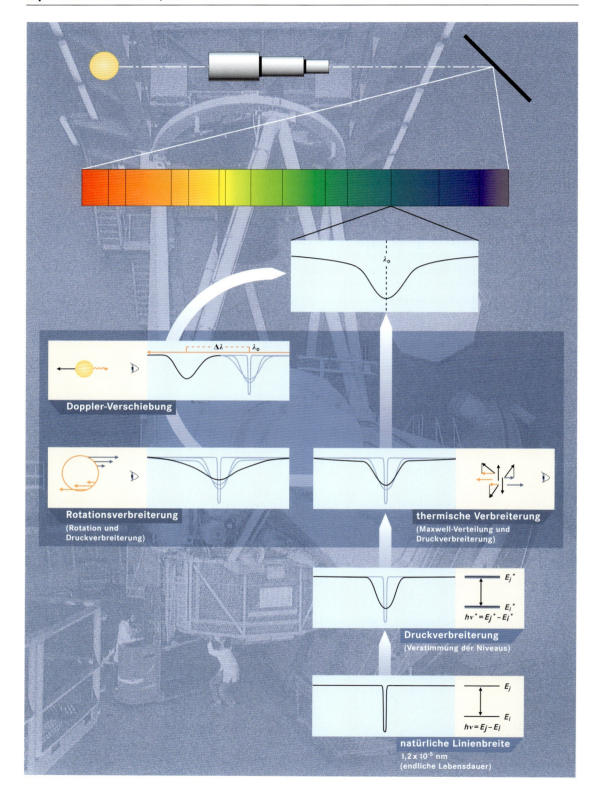

beruht zum Beispiel die Bestimmung der Geschwindigkeiten, mit denen sich Sterne und Galaxien auf das Sonnensystem zu bewegen oder von ihm entfernen (Radialgeschwindigkeit) und mit denen sie um ihre eigene Achse rotieren (Rotationsgeschwindigkeit). Die oben erwähnte regellose Wärmebewegung von Teilchen, etwa in stellaren und interstellaren Gasen, führt durch den Doppler-Effekt zu einer Verbreiterung von Spektrallinien und lässt Rückschlüsse auf die zugrunde liegende thermische Geschwindigkeitsverteilung und damit auf die Temperatur des Objekts zu.

Zusätzlich zu diesen durch den Doppler-Effekt bewirkten Einflüssen auf die Spektrallinien gibt es einen weiteren wichtigen Verbreiterungsmechanismus, der auf der Wechselwirkung der absorbierenden oder emittierenden Atome mit den übrigen umgebenden Teilchen beruht und den man als Druckverbreiterung bezeichnet. Beim Stoß eines Teilchens mit einem Störteilchen werden für die Dauer der Einwirkung seine Energieniveaus geringfügig »verstimmt«, sodass die Übergangsbedingung dann für eine leicht verschobene Frequenz erfüllt ist. Auf diese Weise üben die Stöße mit den Umgebungsteilchen einen Einfluss auf die Breite der Spektrallinien aus, die somit ein empfindliches Maß für die lokale Dichte oder den Druck des betrachteten Gases darstellt. Dadurch erklärt sich zum Beispiel, weshalb – auch bei gleicher Atmosphärentemperatur – die sehr dichten Atmosphären Weißer Zwerge sehr breite, die sehr dünnen Atmosphären von Riesen und Überriesen hingegen nur sehr schmale Absorptionslinien besitzen.

Die spektralen Fenster

Das Licht der Himmelskörper umfasst im Allgemeinen einen weiten Energiebereich, dessen Beobachtung von der Erdoberfläche aus infolge der Absorption durch die Erdatmosphäre nur in wenigen »Spektralfenstern« möglich ist, für die die Luftschicht weitgehend transparent ist. Dies betrifft vor allem einen auch das sichtbare Licht umfassenden Bereich, den man als »optisches Fenster« bezeichnet, und einen Bereich der kurzwelligen Radiostrahlung, das »Radiofenster«. Für alle andern Spektralbereiche ist die Erdatmosphäre höchstens teildurchlässig oder völlig undurchlässig.

Der Einsatz von erdgebundenen Teleskopen ist somit auf diese beiden Bereiche hoher Durchlässigkeit beschränkt. Jeder Bereich erfordert eine eigene Arbeitsweise und angepasste Beobachtungsinstrumente und -techniken. Im sichtbaren Bereich und nahen Infrarot arbeiten die optischen Sternwarten mit ihren Fernrohren und Spiegelteleskopen, die noch in den 1960er-Jahren die moderne Astronomie dominierten. Parallel zur optischen Astronomie entwickelte sich jedoch nach dem Zweiten Weltkrieg die Radioastronomie, die heute mit riesigen Radioantennen und Interferometern die Radiostrahlung der kosmischen Ob-

Die **Spektralanalyse** (Bild linke Seite) ist die Auswertung der Spektren zunächst nach ihrer Art (kontinuierlich, Linien) und dann insbesondere nach Lage, Gestalt und Breite der in ihnen enthaltenen Linien. Die Analyse der Linien kann am besten verstanden werden, wenn man von einer Linie mit natürlicher Breite ausgeht (geringste natürlich vorkommende Breite; im Bild unten) und verfolgt, wie unterschiedliche Prozesse auf sie wirken. Die in Sternspektren vorkommenden Linien können umgekehrt Aufschluss darüber geben, welchen Einwirkungen die Atome unterlagen, die sie aussandten.

Das **McMath-Sonnenteleskop** auf dem Kitt Peak, 90 km südwestlich von Tucson (Arizona), besitzt auf der Spitze des Turms einen etwa 2 m großen Spiegel, mit dem das Sonnenlicht in einen 150 m langen, schräg in die Erde laufenden Schacht geworfen wird. Es erzeugt ein Sonnenbild mit einem Durchmesser von 70 cm. Nachts dient es auch zur Beobachtung von Planeten und Sternen.

Im Jahr 1990 wurde als gemeinsames Projekt von NASA und ESA das **Hubble Space Telescope** (HST) gestartet. Es umkreist seither die Erde und ist das größte Weltraumteleskop für den optischen und den ultravioletten Spektralbereich. Nach einer Überholung und Korrektur eines Abbildungsfehlers seines Hauptspiegels (2,4 m Durchmesser) liefert es Aufnahmen von noch nie dagewesener und bislang nicht übertroffener Präzision.

jekte beobachtet und auf diese Weise einen Zugang zur Untersuchung der kühlen Materie, insbesondere der interstellaren Moleküle, das heißt zur Astrochemie, öffnet.

Alle andern Spektralbereiche können nur mit speziell hierfür konstruierten Satellitenobservatorien, die oberhalb der Erdatmosphäre beobachten, erschlossen werden. Als Gamma-, Röntgen-, Ultraviolett- und Infrarotsatelliten – dazu kommt das hauptsächlich im optischen Bereich arbeitende Hubble-Weltraumteleskop – überdecken sie heute den gesamten Spektralbereich von seinem hochenergetischen Ende, der Gammastrahlung, bis in den Bereich des langwelligen Infrarots und ermöglichen so eine umfassende Untersuchung der unterschiedlichsten astronomischen Objekte.

Die physikalische Natur der kosmischen Materie

Die Analyse der Spektren ist das wichtigste Verfahren zur Gewinnung von Information über die kosmische Materie. Mit ihrer Hilfe lässt sich nicht nur deren chemische Zusammensetzung, das heißt das Vorkommen und die Häufigkeitsverteilung der chemischen Elemente im Weltraum, ableiten, sondern können auch Aussagen über die physikalischen Zustände der kosmischen Materie in deren unterschiedlichen Organisationsformen gewonnen werden.

Die kosmische Elementverteilung

Aus der Analyse der Spektren ergibt sich, dass Wasserstoff mit einem Massenanteil von über 70 % das bei weitem häufigste chemische Element im Universum ist, gefolgt von Helium mit einem Anteil von etwa 25 % und einem Rest von etwa 2 % schwerer Elemente, unter denen man in der Astronomie alle Elemente mit einem Atomgewicht größer als dem von Helium versteht. Die große Häufigkeit von Wasserstoff und Helium erklärt sich aus dem Umstand, dass es sich bei Letzteren um »Urknall-Elemente« handelt. Sie entstanden in den frühesten, heißen Phasen des Universums, anders als die schweren Elemente, die erst später in den Sternen gebildet wurden.

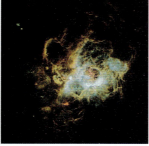

HST-Aufnahme des **Gasnebels NGC 604** (rechts) in der **Spiralgalaxie M 33** (links). Die Aufnahme ist ein Beispiel für die überragende Leistungsfähigkeit des Hubble Space Telescope (HST).

Der wesentliche Bildungsmechanismus der chemischen Elemente ist die Kernfusion. Ausgehend vom Grundelement Wasserstoff werden in einer ersten Stufe (»Wasserstoffbrennen«) aus Protonen Heliumkerne aufgebaut, danach in einer zweiten Stufe (»Heliumbrennen«) aus Heliumkernen Kohlenstoff- und Sauerstoffkerne. In weiteren Stufen können daraus Neon-, Magnesium-, Silicium-, Schwefel- und schließlich Eisenkerne fusioniert werden. Da bei einer Fusionsreaktion die elektrische Abstoßung der Reaktionspartner überwunden werden muss, die proportional zu ihren Kernladungszahlen wächst, erfordert das Zünden jeder nachfolgenden Fusionsstufe eine höhere kinetische Energie der beteiligten Teilchen und damit eine höhere Temperatur in der Brennzone.

Die typischen bei Kernreaktionen auftretenden Energien liegen in der Größenordnung von einem Megaelektronvolt (MeV), was einer Temperatur von etwa 10 Milliarden Kelvin entspricht. Diese Energien wurden im rasch expandierenden frühen Universum nur für eine relativ kurze Zeitspanne erreicht – im Standardmodell für die Zeit von etwa 1 bis 5 Minuten nach dem Urknall. Innerhalb dieser Zeit nahm die Temperatur von 1,3 Milliarden Kelvin auf 0,6 Milliarden Kelvin ab und folglich fiel die mittlere kinetische Energie der Teilchen auf einen Wert wesentlich unter 1 MeV. In diesem Bereich sind einerseits die Atomkerne bereits stabil, anderseits aber die Energien noch ausreichend hoch, um effektive Kernreaktionen zu ermöglichen. Dies war die Phase der »primordialen Nukleosynthese« (von lateinisch primordium »Ursprung«), in der etwa ein Viertel der Gesamtmasse an Wasserstoff zu Helium verschmolzen wurde.

Infolge der raschen Expansion des Universums wurden in der anschließenden Epoche Temperatur und Materiedichte bereits zu klein, um noch den Aufbau schwererer Elemente zu ermöglichen. Solche Prozesse finden vornehmlich im dichten, heißen Innern der Sterne statt, wo wegen des hohen Drucks geeignete Temperaturen und Teilchendichten herrschen, um Fusionsreaktionen zu zünden und über lange Zeiträume in Gang zu halten. Die erste Brennstufe eines Sterns ist stets das Wasserstoffbrennen, dem sich im Lauf der weiteren Entwicklung das Heliumbrennen und später gegebenenfalls das Kohlenstoffbrennen anschließen. Welche Fusionsstufe in einem Stern erreicht wird, hängt wesentlich von seiner Masse ab. Sterne höherer Masse erreichen in ihren unterschiedlichen Entwicklungsphasen auch höhere Temperaturen im Innern und damit höhere Zündtemperaturen als Sterne geringerer Masse. Aus diesem Grund ist die Fusion sehr schwerer Elemente nur in genügend massereichen Sternen möglich, während in vergleichsweise massearmen Sternen wie der Sonne die Nukleosynthese bereits mit dem Heliumbrennen, also mit der Produktion von Kohlenstoff- und Sauerstoffkernen, zum Erliegen kommt.

Unter den vorherrschenden Bedingungen eines lokalen thermischen Gleichgewichts findet der Aufbau höherer Elemente durch Fusion nur dann statt, wenn die dazu erforderlichen Kernreaktionen insgesamt exotherm verlaufen, das heißt, wenn der neue Atomkern (Produkt) eine höhere Bindungsenergie besitzt als insgesamt die zu seiner Bildung notwendigen Ausgangskerne (Edukte). Dieser Unterschied in der Bindungsenergie zwischen der Gesamtheit der

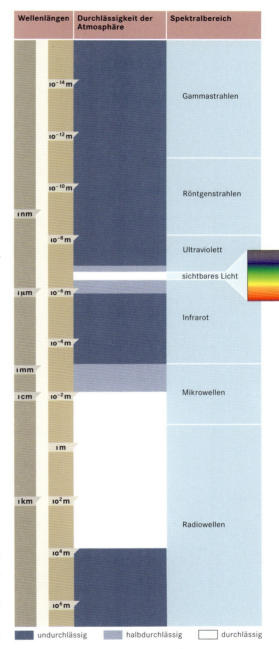

Die Erdatmosphäre ist für elektromagnetische Strahlung nur in zwei Spektralbereichen durchlässig, nämlich im optischen und im Bereich der Mikro- und der Radiowellen. Diese Spektralbereiche werden als **spektrale Fenster** bezeichnet. Daneben gibt es auch Bereiche, die partiell durchlässig sind.

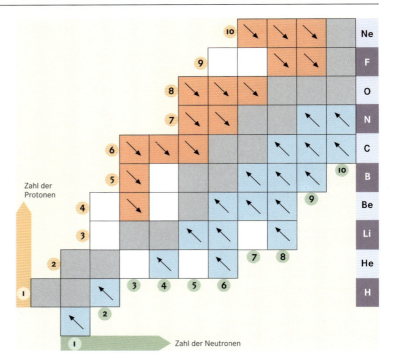

Ausschnitt aus der **Nuklidkarte** für die leichtesten Elemente. Ein Nuklid ist ein Atomkern beliebiger, aber bestimmter Zusammensetzung. Die grauen Felder markieren stabile Nuklide, die roten und die blauen β-instabile. Die β-instabilen Nuklide verwandeln sich spontan unter Erhöhung (blau) oder Verminderung (rot) der Kernladungszahl um jeweils eine Einheit in ein stabiles Nuklid (manchmal auch in mehreren Schritten). Kernphysikalisch ist diese Verwandlung mit der Umwandlung eines Protons in ein Neutron (rot) oder umgekehrt (blau) verbunden.

Edukte und dem Produkt wird als Reaktionsenergie abgegeben. Nach der Einstein'schen Gleichung $E = mc^2$, die die Äquivalenz von Energie E und Masse m ausdrückt (c ist die Lichtgeschwindigkeit), äußert sich die unterschiedliche Bindungsenergie von Produkten und Edukten gleichzeitig in einem »Massendefekt« genannten Massenunterschied. Die Masse eines stabilen Atomkerns ist stets kleiner als die Summe der Massen seiner Bestandteile. Da die mittlere Bindungsenergie pro Nukleon eines Kerns beim Element Eisen ein Maximum besitzt, stellen Eisenkerne das schwerste Endprodukt dar, das durch Fusionsreaktionen unter thermischen Gleichgewichtsbedin-

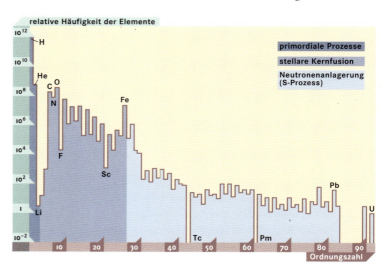

Relative **kosmische Häufigkeit der Elemente.** An einigen markanten Stellen sind die Symbole der Elemente angegeben, die übrigen Elemente können anhand ihrer Ordnungszahl identifiziert werden (vgl. Periodensystem der Elemente). Der Darstellung ist beispielsweise zu entnehmen, dass Wasserstoff fast eine Billiarde Mal häufiger vorkommt als Lithium.

gungen aufgebaut werden kann. Für Atomkerne jenseits des Eisens, das heißt für Elemente mit einer Ordnungszahl größer als 26, nimmt die Bindungsenergie pro Nukleon mit zunehmender Masse ab, sodass es in diesem Bereich vorteilhaft ist, Energie durch Kernspaltung zu gewinnen. Dieser Prozess spielt für die kosmische Energieproduktion allerdings keine Rolle.

Für die Elemente jenseits des Eisens stellt sich das Problem ihrer primären Bildung aus kleineren Bausteinen. Wegen der hohen elektrischen Abstoßung kann dies bei den verfügbaren Energien nicht mehr durch Reaktionen von zwei geladenen Stoßpartnern geschehen. Der Bildungsmechanismus ist hier die Anlagerung von Neutronen, die nicht der elektrischen Abstoßung durch den Kern unterliegen, und deren anschließende teilweise Umwandlung in Protonen durch Beta-Zerfall. Auf diese Weise entstehen alle stabilen Kerne mit einer Ordnungszahl größer als 26. Da die Anlagerungsprozesse das Vorhandensein hoher lokaler Neutronendichten voraussetzen, wie sie nur in bestimmten Brennphasen sehr heißer, massereicher Sterne vorkommen – vor allem bei Supernova-Explosionen – soll erst später im entsprechenden Zusammenhang darauf eingegangen werden.

Eine wichtige Konsequenz der geschilderten Dreiteilung der Nukleosynthese in primordiale Synthese, stellare Kernfusion und Supernova-Explosionen ist die Abhängigkeit der Elementzusammensetzung vom Entwicklungsalter der Materie. Je mehr Sterngenerationen die Materie durchlaufen hat, umso stärker ist sie mit schweren Elementen angereichert. Da Astrophysiker alle Elemente schwerer als Helium pauschal als »Metalle« bezeichnen, sprechen sie im Allgemeinen auch von »Metallizität«, wenn sie den Gehalt an schweren Elementen meinen.

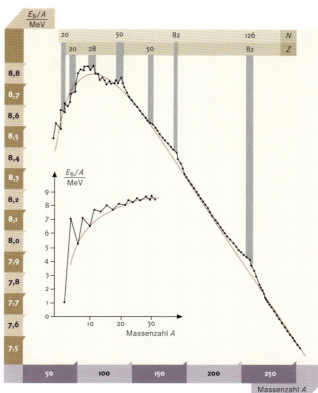

Experimentell ermittelte Werte der **Bindungsenergie pro Nukleon** (E_B/A) in Abhängigkeit von der Massenzahl A (Summe der Anzahlen an Protonen und Neutronen). Die rote Kurve wurde nach einem einfachen theoretischen Modell errechnet. Oben im Bild sind die »magischen Zahlen« für Neutronen N und Protonen Z angegeben. Kerne mit solchen Zahlen sind im Vergleich zu ihrer Nachbarschaft besonders stabil. Die Darstellung zeigt, dass es an der Stelle des Eisens (Massenzahl 56) ein Maximum der Bindungsenergie gibt: Sowohl durch Vermehren als auch durch Vermindern der Nukleonenzahl wird sie geringer.

Physikalische Zustände der kosmischen Materie

Die kosmische Materie kommt in sehr unterschiedlichen Erscheinungsformen und Zuständen vor. Die quantitative Analyse der Spektren zeigt zum Beispiel, dass etwa 90 bis 95 % der Masse der sichtbaren Materie unseres Milchstraßensystems in Sternen konzentriert sind, während der nichtstellare, scheibenförmig verbreitete Anteil, der im Raum zwischen den Sternen vorkommt – die interstellare Materie oder das interstellare Medium –, nur einen Anteil von 5 bis 10 % ausmacht.

Die Schnittlinie der Ebene des Erdäquators mit der **Himmelssphäre** oder -kugel ist der **Himmelsäquator**. Dementsprechend ist die **Himmelsachse** die Verlängerung der Erdachse, und die **Himmelspole** sind deren Durchstoßungspunkte der Himmelssphäre oder Sphäre, wie sie häufig auch einfach genannt wird. Obwohl der Radius der Sphäre sehr groß ist und in vielen Fällen als praktisch unendlich groß angesehen werden kann, ist er nicht wirklich unendlich, denn dann gäbe es weder Durchstoßungspunkte noch eine Schnittlinie mit ihr.

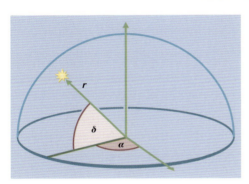

Die Grundelemente eines **Polarkoordinatensystems** sind eine Grundebene, die den Bezugsort enthält (z. B. den Beobachtungsort), und eine Gerade, die senkrecht auf dieser Ebene steht und durch den Bezugspunkt geht, die Polachse. In der Grundebene wird vom Bezugspunkt aus eine bestimmte Richtung als Bezugsrichtung definiert. Eine *Richtung* im Raum wird dann durch Angabe des Winkels α, also einer Richtung in der Grundebene, und des Winkels δ über der Grundebene angegeben, und zwar in der Ebene, die durch die Polachse geht. Die dritte Koordinate, die man darüber hinaus zur Bestimmung eines *Orts* benötigt, ist der Abstand r vom Bezugspunkt. In der Astronomie werden als Grundebene häufig die Horizontebene oder die Äquatorebene der Erde verwendet. Der höchste Punkt in der Horizontebene ist der Zenit.

Die Einschränkung »sichtbare« Materie ist an dieser Stelle wichtig. Sie verweist auf ein Problem, das in den letzten zwanzig Jahren in das Blickfeld der Astrophysik gerückt ist und zunehmend an Brisanz gewonnen hat. Es ist das Problem der »dunklen Materie«. Damit umschreibt man gewisse Beobachtungshinweise auf Wirkungen von großen Materieansammlungen, die mit Galaxien und Galaxienhaufen verbunden sind. Diese manifestieren sich ausschließlich indirekt durch ihre Gravitationseffekte; direkte optische Anzeichen für die Existenz der dunklen Materie konnten bislang nicht entdeckt werden – daher ihre Bezeichnung.

Eine vergleichende Analyse der Sternspektren zeigt ein auffälliges systematisches Verhalten und legt für die überwiegende Zahl der Sterne ein Klassifizierungsschema nahe, bei dem diese nach dem Vorkommen und der Stärke bestimmter Spektrallinien geordnet werden. Da die Liniencharakteristika eng mit der Temperatur im Gebiet der Linienentstehung zusammenhängen, drückt sich darin unmittelbar die Oberflächentemperatur des betrachteten Sterns aus. Diese variiert von wenige Tausend Kelvin bei den kühlsten Sternen, deren Materie in den äußersten Schichten vorwiegend neutral ist und in atomarer und molekularer Form vorliegt, über die sonnenähnlichen Sterne mit einer Oberflächentemperatur um etwa 5000 Kelvin – mit neutralem Wasserstoff und Helium, aber bereits vielen schweren Elementen in ionisierter Form – zu Maximalwerten von bis zu 100 000 Kelvin bei den heißesten Sternen, in deren Atmosphären alle Atome ionisiert sind. Verglichen mit der Materie in den äußeren Schichten der Sterne ergibt die Spektralanalyse der interstellaren Materie zwar ebenfalls eine weitgehend einheitliche Elementzusammensetzung, aber eine viel uneinheitlichere Struktur, mit extremen Schwankungen der lokalen Teilchendichte und Temperatur.

Aus den Spektren allein lassen sich jedoch nicht alle Größen gewinnen, die astronomische Objekte charakterisieren. Im Rahmen theoretischer Modelle der Sternatmosphären erlauben die beobachteten Spektren zum Beispiel lediglich die Ableitung der Häufigkeiten der einzelnen Elemente sowie der lokalen Gravitation und der effektiven Temperatur des Sterns. Weiter gehende Schlüsse, etwa auf die Leuchtkraft, das heißt auf die gesamte Strahlungsleistung, erfordern die Kenntnis des Sternradius, das heißt der Größe und somit der Entfernung des Sterns. Letztere ist ebenfalls für die Bestimmung der Masse des Sterns und bei Doppelsternen zur Ableitung der geometrischen Dimension des Systems sowie wichtiger Bahndaten erforderlich.

Astronomische Entfernungsbestimmung

Die Ausbreitung der Strahlung im Weltraum, durch die allein wir physikalische Informationen aus den Weiten jenseits des Planetensystems empfangen, hat keinen prinzipiellen Einfluss auf den Informationsgehalt bezüglich der Natur der Strahlungsquelle. Die aufgeprägte Information ist nahezu unabhängig von der zurückgelegten Entfernung und der dafür benötigten Zeit. Der Preis für den ungestörten Informationsfluss ist jedoch der Verlust einer unmittelbaren Information über den zurückgelegten Weg. Dieser wirkt sich nur insofern aus, als die Strahlung im Wesentlichen eine gleichmäßige »Verdünnung« – das heißt Intensitätsabnahme – erfährt, deren Ausmaß ohne zusätzliches Wissen unbestimmbar bleibt. Während wir die Richtung einer kosmischen Strahlungsquelle mit hoher Genauigkeit wahrnehmen, wissen wir über die Entfernung zunächst nur, dass die Himmelsobjekte weit außerhalb unserer dreidimensionalen Alltagswelt liegen müssen.

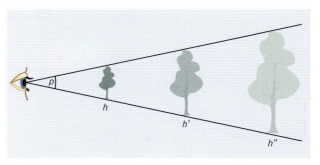

Zur Bestimmung der Größe eines Objekts benötigt man sowohl den Winkel p, unter dem dieses gesehen wird, als auch die Entfernung h, in der es sich befindet. Wenn das Objekt die Entfernung h' hat und unter dem gleichen Winkel p gesehen wird, ist es größer. Noch größer ist es bei der Entfernung h''. Umgekehrt kann, wenn die Größe eines Objekts bekannt ist und außerdem auch der Winkel, unter dem es bei bekannter Entfernung gesehen wird, diese Größe als **Referenzwert** für die Entfernungsbestimmung verwendet werden.

Diese Asymmetrie in der unmittelbaren Anschauung der räumlichen Organisation des Universums hat die Entwicklung der Weltbilder entscheidend geprägt. Schon im Altertum wurden Sternpositionen (also *Richtungen* von Strahlungsquellen) und deren im Tagesrhythmus vollführte Kreisbahnen mit hoher Genauigkeit beobachtet. Zur Dokumentation dienten Winkelkoordinaten in Polarkoordinatensystemen, die den Bezugspunkt der Richtungen – die Erde – als absoluten Beobachterstandort auszeichnen. Die nicht beobachtbare dritte (radiale) Dimension erfuhr im Bewusstsein der Menschen eine Reduktion zu flachen, konzentrischen Himmelssphären, die für die Kreisbewegungen verantwortlich gemacht wurden. So konnte sich zunächst nur ein anthropozentrisches und damit geozentrisches Weltbild etablieren.

Mit der Entdeckung der verschiedenen Methoden, aus Mehrfachinformationen über dieselbe Strahlungsquelle indirekt auf deren Entfernung zu schließen, enthüllte sich nach zögernden Anfängen erst im 20. Jahrhundert die Dreidimensionalität des kosmischen Raums in ihrem unerhörten Ausmaß. Die Entfaltung der dritten, radialen Raumkoordinate beseitigte auf kosmischer Ebene die Vorteile eines zentrumorientierten Koordinatensystems ebenso wie den Glauben an einen bevorzugten Standort des Menschen. Die heutige Weltsicht von unserem wie zufällig im Kosmos treibenden blauen Planeten war eine unaufhaltsame Konsequenz.

Grundprinzipien

Vor dem Hintergrund der wichtigen Rolle der kosmischen Entfernungen in der Entwicklung naturwissenschaftlicher Weltanschauung wird der Aufwand begreifbar, den Astronomen seit dem Altertum betreiben, um die Entfernungen von Himmelsobjekten zu bestimmen. Die dabei entwickelten astronomischen Methoden sind ausnahmslos – meist unbewusst – Anleihen bei den Erfindungen der biologischen Evolution zur Eroberung der irdischen Dreidimensionalität, die wir daher als Ausgangspunkt nehmen wollen. Sämtliche

Das astronomische Polarkoordinatensystem, das den Himmelsäquator als Grundkreis verwendet und dessen Ebene als Grundebene, ist das äquatoriale Koordinatensystem oder **Äquatorsystem.** In ihm heißt der Winkel δ *über* der Grundebene – der Winkelabstand über dem Himmelsäquator – **Deklination;** er entspricht der geographischen Breite auf der Erde und wird nördlich des Himmelsäquators positiv gezählt, südlich negativ. Der Winkel *in* der Grundebene – er entspricht auf der Erde der geographischen Länge – ist der **Stundenwinkel** t, wenn es sich um das feste Äquatorsystem oder **Stundenwinkelsystem** handelt, oder die **Rektaszension** α, wenn es sich um das bewegliche Äquatorsystem oder **Rektaszensionssystem** handelt. Der Nullpunkt für die Messung der Rektaszension ist der Frühlingspunkt, der Punkt an der Himmelssphäre, in dem die Sonne zur Tagundnachtgleiche steht. Die Summe von Stundenwinkel und Rektaszension eines Himmelskörpers (beide im Zeitmaß gemessen) ist gleich der augenblicklichen Sternzeit.

Grafische Darstellung des 1990 gestarteten Röntgensatelliten **ROSAT** in der Umlaufbahn. Mit ihm wurde im Bereich der weichen Röntgenstrahlung (0,1 bis 2,4 keV, 12,3 bis 0,5 nm) eine Durchmusterung des ganzen Himmels durchgeführt, wobei etwa 100 000 Röntgenquellen gefunden wurden. ROSAT hat eine Länge von 4,7 m und ein Gewicht von 2,4 t und ist der größte bislang in Deutschland gebaute Satellit (unter britischer und amerikanischer Beteiligung).

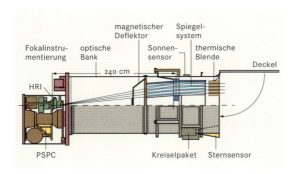

Die Schnittzeichnung des Röntgen-Satelliten **ROSAT** lässt die vier ineinander geschachtelten ringförmigen Spiegel seines Hauptteleskops erkennen, auf die die Strahlung streifend trifft. In Verbindung mit einem weiteren Instrument erstreckt sich der Arbeitsbereich des Satelliten über Wellenlängen von 0,6 bis 60 nm. Die beiden Fokalinstrumente erlauben eine Auflösung von 25 Bogensekunden (PSPC, position sensitive proportional counter) bzw. 2 bis 3 Bogensekunden (HRI, high resolution imager).

indirekten Methoden der Entfernungsbestimmung, irdische wie kosmische, folgen einem einheitlichen Prinzip: Eine physikalische Größe am Ort eines Objekts, deren Beobachtungswert von der Entfernung des Beobachters abhängt, wird mit einem Referenzwert bei bekannter Entfernung verglichen.

Um unterschiedliche Umsetzungen dieses Prinzips zu illustrieren, betrachten wir zunächst die uns vertrauten Methoden des dreidimensionalen Sehens. Die wohl geläufigste ist die des binokularen Sehens, des räumlichen Sehens mithilfe zweier Augen. Die entfernungsabhängige Beobachtungsgröße ist dabei der Winkel, unter dem der Augenabstand von etwa 7 Zentimetern – die Basislänge – aus der Entfernung des betrachteten Objekts erscheinen würde. Gemessen wird dieser Winkel, indem das Gehirn in den Einzelbildern der beiden Augen die Objektpositionen relativ zum Hintergrund vergleicht. Zum Verständnis betrachte man ein nicht allzu fernes Objekt vor entferntem Hintergrund und schließe abwechselnd ein Auge: Das Objekt springt scheinbar hin und her. Der Winkelabstand der relativen Objektpositionen heißt Parallaxe (griechisch »Vertauschung«) und ist identisch mit dem gesuchten Winkel. Der zur Entfernungsbestimmung jetzt noch benötigte Referenzwert ist durch Erfahrung erlernt und in unserem Gehirn abgespeichert.

Diese »stereoskopische« Methode funktioniert allerdings nicht mehr jenseits einer Entfernung von etwa 100 Metern, weil der Winkel zwischen den relativen Objektpositionen dann das Auflösungsvermögen des Auges unterschreitet. Für größere Entfernungen bedienen wir uns daher statt des Augenabstands der Größe der Objekte als Basislänge. Als Referenz dienen hier Erfahrungswerte für die typische Größe zum Beispiel eines Menschen oder eines Baums, die wir ebenfalls in der erlernten »Datenbank« bereits zur Verfügung haben. Ebenso können Geschwindigkeiten als Basislängen verwendet werden: Wenn wir mit dem Zug durch einen lichten Wald fahren, wird der Tiefeneindruck hauptsächlich durch die mit zunehmendem Abstand geringere scheinbare Bewegung der Bäume erzeugt. Die Basislänge entspricht dann der Strecke, die der Beobachter in den Sekundenbruchteilen der mentalen Bildverarbeitung zurücklegt. Anderseits kann die Basislänge auch durch die Bewegung des Objekts selbst gegeben sein, so beispielsweise bei der Einschätzung der Flughöhe von Vögeln oder Flugzeugen, wobei aber auch deren Größe eine Rolle spielt.

Das Problem der Gewinnung eines Referenzwerts auf Objektseite zeigt sich besonders eindrucksvoll in der Reaktion des Informationsverarbeitungssystems unseres Gehirns beim Versuch, die einfachste der kosmischen Entfernungsbestimmungen, diejenige zum Mond, spontan zu bewältigen. Dem Vollmond als ausgedehntem und strukturiertem Himmelskörper ordnet unser Bewusstsein unwillkürlich eine subjektive Distanz zu. Da aber für die Referenz – die tatsächliche Größe der Mondscheibe – keinerlei Erfahrungswerte herangezogen werden können, dreht unser Gehirn den Spieß um. Es benutzt Informationen über die Mindestentfernung – gegeben einerseits durch die Höhe der Wolken, anderseits durch den Horizont –, um den subjektiven Eindruck über die Größe zu eichen. Nun sind Wolken im Zenit räumlich näher am Beobachter als solche am Horizont und das dahinter liegende fiktive Himmelsgewölbe erscheint deshalb subjektiv eher flach als kugelförmig. Also wird auch der Mond in einer Position hoch am Himmel näher vermutet, als wenn er am Horizont steht, und scheint folgerichtig im Zenit viel kleiner zu sein als in Horizontnähe. Tatsächlich ändert sich sein Winkeldurchmesser natürlich nicht mit der Position am Himmel (wie die Abbildung auf S. 77 zeigt).

Alle bisher genannten Methoden reduzieren das Problem letztendlich auf die Berechnung eines Dreiecks, dessen eine Seite die gesuchte Entfernung ist. Diese Verfahren der Entfernungsbestimmung werden deshalb unter dem Begriff der trigonometrischen Methoden zusammengefasst. Diesen stehen solche Verfahren gegenüber, denen als Beobachtungs- und Referenzgrößen keine raum-zeitlichen, sondern der Strahlungsphysik eigene Größen dienen. Diese physikalischen Methoden beziehen sich im Wesentlichen auf photometrische (die Helligkeit oder Zahl der Photonen betreffende) oder auf spektrale (die Farbe oder Frequenz der Photonen betreffende) Eigenschaften des von den beobachteten Objekten ausgesendeten Lichts. Irdische Beispiele dafür sind die Tiefenwahrnehmung weit entfernter Gebirgszüge durch die mit der Entfernung zunehmende Blaufärbung, die Entfernungsbestimmung durch den mit der Entfernung abnehmenden Farbkontrast bei Nebel und der Eindruck, dass – zumindest in sehr klaren Nächten – hellere Sterne näher zu sein scheinen als schwächere (was natürlich nur zum Teil der Realität entspricht).

Die für die photometrischen Methoden wesentliche physikalische Größe ist die Strahlungsintensität. Sie gibt die Energie an, die je Zeiteinheit durch eine Flächeneinheit tritt. Da sich die Strahlungsenergie bei geradliniger Ausbreitung im dreidimensionalen Raum auf eine Fläche verteilt, die proportional mit dem Quadrat des Abstands von der Quelle wächst, verringert sich die Strahlungsintensität mit zunehmendem Abstand entsprechend. Für einen Rückschluss auf die Entfernung einer gegebenen Strahlungsquelle, etwa eines Sterns, muss nun ein Referenzwert bestimmt werden. Diese schwierige Aufgabe kann nur gelingen, wenn ein physikalisches Modell verlässliche Aussagen über die Energieabstrahlung der Quelle

Das Infrarot-Weltraumobservatorium **Infrared Space Observatory** (ISO) der ESA befindet sich seit 1995 auf einer elliptischen Umlaufbahn um die Erde. Es arbeitet im Wellenlängenbereich von 2,5 bis 240 μm. Zu seinen wichtigsten Instrumenten gehört ein mit flüssigem Helium auf −271 °C gekühlter Spiegel mit einem Durchmesser von 60 cm.

Die amerikanische Raumsonde **STARDUST** soll im Februar 1999 gestartet werden. Ihre Aufgabe wird die Untersuchung des Kometen Wild 2, vor allem seines Staubs, sein, außerdem auch eine Analyse von interstellarem Staub, insbesondere in dem jüngst entdeckten Staubstrom aus Richtung des Sternbilds Schütze. Von beiden Objekten soll die Sonde Proben zur Erde zurückbringen. Man erhofft sich von der Mission Erkenntnisse über die Entstehung des Sonnensystems und möglicherweise auch über die Entstehung des Lebens.

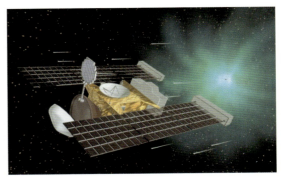

erlaubt. Damit wurde die räumliche Ausweitung unseres Weltbilds über die der trigonometrischen Methode zugänglichen Distanzen hinaus nur durch den Übergang von der Astronomie zur Astrophysik möglich.

Der Vollständigkeit halber und wegen ihrer Bedeutung bei der Festlegung der für die gesamte Entfernungsskala sehr wichtigen Astronomischen Einheit sollen an dieser Stelle auch die »direkten« Methoden Erwähnung finden. Diese erschöpfen sich in der Zurücklegung (und dabei Messung) des Wegs durch den Beobachter selbst oder in der Messung der Laufzeit eines Signals bekannter Geschwindigkeit, das nach seiner Reflexion am Objekt den Weg ein zweites Mal durchläuft. Auch dieses Verfahren hat sich bereits vor der Erfindung des Radarechos beim Echolot der Fledermäuse oder bei der Einschätzung der Größe eines dunklen Raums (zum Beispiel eine Höhle) mittels seiner Akustik bewährt.

Die astronomischen Referenzgrößen

Die Vielfalt der Methoden, die die biologische Evolution hervorgebracht hat, um das Entfernungsproblem zu lösen, zeigt bereits eine prinzipielle Schwierigkeit all dieser Lösungen: Da sie auf dem Vergleich einer Messgröße mit einer (festen) Referenz basieren, ist der Messbereich jeder Methode durch eine natürliche Obergrenze und eine untere Empfindlichkeitsschwelle beschränkt. Schon die etwa sechs Zehnerpotenzen umfassende Entfernungsskala unserer irdischen Umgebung lassen sich nicht mit einer einzigen Methode überbrücken. Dabei greifen die Methoden nahtlos ineinander – wie die stereoskopische (bis 100 Meter) und die der Objektgröße als Referenz (je nach Objekt ab dem Meterbereich) –, was unabdingbar ist, um die anschließende Methode durch die vorangehende eichen zu können.

Im Kosmos ist diese Problematik noch erheblich schwieriger, da wir zwischen der Entfernung des Monds als nächstem Himmelskörper und dem »Horizont« des Universums 18 Zehnerpotenzen zu überbrücken haben. Diese enorme Spannweite der Entfernungsskala bedingte, dass sich in der Astronomie, insbesondere seit der Mitte des 19. Jahrhunderts, eine ausgeprägte Differenzierung verschiedener Bestimmungsmethoden von Referenzgrößen herausbildete. Wir wollen im Folgenden eine Übersicht der wichtigsten dieser Größen sowie eine Zuordnung zu den vorangestellten methodischen Prinzipien anhand einiger Anwendungen geben. Neben den geometrischen Referenzgrößen, die enger mit der räumlichen Ordnung der kosmischen Objekte verknüpft sind, betrifft dies besonders die im engeren Sinn physikalischen Referenzgrößen.

Für bestimmte Klassen von Objekten folgen solche Referenzgrößen entweder direkt aus der Theorie, oder sie sind durch eine ausreichende Zahl von Beobachtungen gleichartiger Objekte als einheitlich oder einem einfachen Gesetz folgend bekannt. In jedem Fall liefert auch die Theorie nur einen Zusammenhang mit andern Beobachtungsgrößen oder theoretischen Parametern, sodass die Bestim-

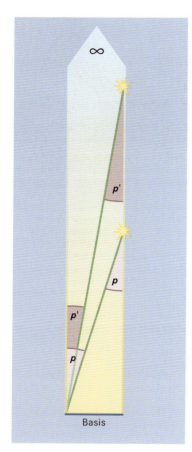

Der Winkel *p* zwischen den beiden Richtungen, unter denen ein kleiner Gegenstand von den beiden Enden einer Basis aus gesehen wird, ist dessen **Parallaxe** (bezogen auf diese Basis); er ist gleich dem Winkel, unter dem die Basis, von dem Gegenstand aus betrachtet, erscheint. Je weiter entfernt ein Gegenstand ist, umso kleiner ist seine Parallaxe. Im Grenzfall der unendlich großen Entfernung geht sie gegen null.

mung der Referenzgrößen wiederum auf zwei einfachere Probleme zurückgeführt wird: erstens auf die zweifelsfreie Zuordnung eines Objekts zu einer bekannten Objektklasse (aufgrund der Morphologie oder durch Spektralanalyse), zweitens auf die Eichung der unbekannten Parameter in den theoretisch oder empirisch ermittelten Gesetzmäßigkeiten durch Anwendung verschiedener Referenzen auf dasselbe Objekt. Da sämtliche astronomischen Entfernungsbestimmungen auf beiden Prozessen beruhen, unterliegen sie neben direkten Beobachtungsfehlern und den Unsicherheiten der jeweiligen Theorie auch stets einem Eichfehler, der sich von Methode zu Methode fortpflanzt und bis an die Grenzen des Universums aufsummiert. In diesem Sinn hängt unsere Kenntnis von den räumlichen Dimensionen des Weltalls auf gleiche Weise an jeder einzelnen der folgenden Methoden bis herab zur vertrauten irdischen Trigonometrie.

Basislängen

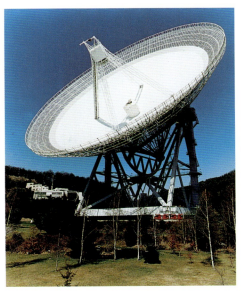

Das 1972 in Betrieb genommene **Radioteleskop** Effelsberg (bei Bad Münstereifel) ist immer noch das größte voll drehbare Teleskop der Welt. Sein Reflektor, der Radiospiegel, hat einen Durchmesser von 100 m. Mit seiner Hilfe kann Strahlung im Wellenlängenbereich von 75 cm bis hinab zu 7 mm registriert werden. Bei einer Wellenlänge von etwa 2 cm liegt sein Auflösungsvermögen bei 1 Bogenminute. Es dient vor allem der genauen Radiokartierung und spektroskopischen Untersuchungen, z. B. für den Nachweis organischer Moleküle in der interstellaren Materie.

Die unterschiedlichen Basislängen, die in der astronomischen Entfernungsbestimmung verwendet werden, lassen sich wie im erdgebundenen Fall in vier Typen einteilen.

Strecken am Ort des Beobachters: Hierzu zählt neben der Verwendung des Erddurchmessers – bei gleichzeitiger Messung von verschiedenen Kontinenten aus – vor allem der mittlere Radius der Erdbahn um die Sonne. Er definiert die Astronomische Einheit und bildet gewissermaßen das »Urmeter« der gesamten kosmischen Entfernungsskala. Die Astronomische Einheit dient nämlich als Referenzgröße für die trigonometrische Entfernungsbestimmung mithilfe jährlicher Parallaxen. Diese erhält man als Hälfte des Winkels, um den sich die Position eines Sterns verändert, wenn man ihn von zwei entgegengesetzten Punkten der Erdbahn – also im Abstand eines halben Jahrs – beobachtet. Analog zum stereoskopischen Sehen lässt sich dann aus Parallaxe und Erdbahnradius die Entfernung berechnen.

Die Bestimmung der Astronomischen Einheit (Einheitenzeichen AE) selbst führt man heute mit direkten Methoden nach dem Echolotverfahren unter Verwendung von Radarstrahlen durch. Da die Sonne keine feste Oberfläche besitzt und daher auch kein auswertbares Echo liefert, wird stattdessen die Entfernung zur Venus mit hoher Genauigkeit gemessen. Vom Dreieck Erde–Sonne–Venus sind dann die Seitenlänge Erde–Venus und der Winkelabstand von Sonne und Venus bekannt. Mithilfe des dritten Kepler'schen Gesetzes lässt sich aus den bekannten Umlaufzeiten beider Planeten, die aus präzisen Beobachtungen der Sternpositionen am Himmel zur Verfügung stehen, das Verhältnis der Bahnradien von Erde und Venus berechnen. Da keine zweite Dreiecksseite, sondern ein Seitenverhältnis als dritte Bestimmungsgröße gegeben ist, und sich Erde und Venus überdies auf Ellipsen bewegen, die nur näherungsweise in einer

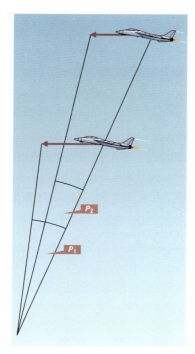

Wenn von einem Gegenstand bekannt ist, wie schnell er sich bewegt, und außerdem, welchen Winkel er in einer bestimmten Entfernung pro Zeiteinheit überstreicht, kann seine **Winkelgeschwindigkeit als Referenzwert** für die Entfernungsbestimmung verwendet werden.

Ebene liegen, ist allerdings eine wesentlich aufwendigere als die übliche trigonometrische Berechnung notwendig. Die Astronomische Einheit ist heute auf 10 Meter genau bestimmt und beträgt

$$1\,\text{AE} = 149\,597\,870\,660\,\text{m},$$

also rund 150 Millionen Kilometer. Sie ist das Verbindungsglied zwischen irdischen und kosmischen Längenmaßstäben und – neben den ebenfalls direkt vermessenen Entfernungen von Erdmond und Mars – die mit Abstand am exaktesten bekannte kosmische Entfernung.

Für den Raum jenseits des Planetensystems ist selbst die für irdische Maßstäbe sehr große Astronomische Einheit eine unbrauchbar kleine Längeneinheit. Stattdessen wird als Einheit die Entfernung verwendet, aus welcher 1 AE, das heißt der mittlere Erdbahnradius, unter einem Winkel von einer Bogensekunde (1''; 3600ter Teil von 1°) erscheint. Da dies anders ausgedrückt einer Parallaxe von einer Bogensekunde entspricht, trägt diese Einheit den Namen »Parsec« (Einheitenzeichen pc). Eine alternative kosmische Längeneinheit, das »Lichtjahr« (Lj), wird von der Strecke abgeleitet, die das Licht in einem Jahr zurücklegt. Mit einer Vakuumlichtgeschwindigkeit von 299 792 458 m/s, also rund 300 000 km/s, durchmisst das Licht in einem Jahr eine Strecke von etwa 9,5 Billionen Kilometern. Für die Umrechnung zwischen den verschiedenen kosmischen Längeneinheiten ergeben sich folgende Beziehungen:

$$1\,\text{pc} = 3{,}26163\,\text{Lj} = 206\,265\,\text{AE} = 3{,}08567 \cdot 10^{13}\,\text{km}$$
$$1\,\text{Lj} = 63\,239{,}7\,\text{AE} = 9{,}46053 \cdot 10^{12}\,\text{km}$$

Geschwindigkeiten am Ort des Beobachters: Zusammen mit ihrem Planetensystem bewegt sich auch die Sonne selbst innerhalb des Milchstraßensystems. Da dies bezüglich der nahen Sternumgebung praktisch geradlinig erfolgt (zumindest in historischen Zeitskalen), beobachten wir eine entgegengesetzte systematische Bewegung der uns benachbarten Sterne, obwohl auch sie individuelle Bewegungen vollführen. Dieses Phänomen entspricht der Beobachtung, dass im Schneetreiben vor der Windschutzscheibe eines fahrenden Autos alle Schneeflocken von einem Punkt etwas oberhalb der Straße zu kommen scheinen und sich ganz geordnet strahlenförmig am Auto vorbei bewegen, obwohl doch jede einzelne Schneeflocke recht ungeordnet umherwirbelt. Der scheinbare Ausgangspunkt der Bewegung, in der Astronomie als Apex bezeichnet, liegt in Richtung der Relativgeschwindigkeit der geordneten Bewegung: im Schneeflockenbeispiel durch das Zusammenwirken von Fahr- und Fallbewegung etwas oberhalb der Straße, im Fall der Sonne in Richtung der Relativbewegung der sie umgebenden Sterne. Die Richtung dieser so genannten solaren Pekulargeschwindigkeit kann daher aus der Beobachtung vieler Sterne statistisch ermittelt und schließlich durch die Eigenbewegung einzelner Sterne mit bekannten jährlichen Parallaxen geeicht werden. Daraus ergibt sich eine Eigenbewegung der Sonne mit 20 km/s in Richtung des Sternbilds Herkules.

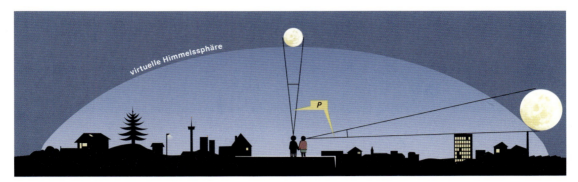

Die Länge der Basis, die durch diese Sonnenbewegung definiert wird, kann wiederum zur Berechnung so genannter säkularer Parallaxen herangezogen werden. Da die Sonne pro Jahr einige Astronomische Einheiten zurücklegt, steht nach Jahrzehnten von Positionsmessungen eine Basislänge von rund 100 AE zur Verfügung. Die säkularen Parallaxen reichen damit etwa hundert Mal weiter in den Raum hinein als die jährlichen Parallaxen. Da sie sich jedoch nur auf statistische Gesamtheiten von Objekten mit zufälliger Geschwindigkeitsverteilung anwenden lassen, sind sie eher von methodologischer Bedeutung.

Geschwindigkeiten am Ort des Objekts: Hier sind vor allem die Sternstromparallaxen von Bedeutung, bei denen das Prinzip der säkularen Parallaxen auf die systematische Bewegung von Sternassoziationen angewendet wird. Sie werden im Zusammenhang mit dem Aufbau unseres Milchstraßensystems genauer beschrieben.

Strecken am Ort des Objekts: Gewisse Klassen astronomischer Objekte zeigen eine einheitliche Obergrenze ihrer Ausdehnung, die durch statistische Auswertungen anhand einiger solcher Objekte hinreichend genau bekannt ist und als Basislänge verwendet werden kann. Dazu zählen insbesondere H II-Gebiete, die als leuchtende Wasserstoffwolken noch in fernen Galaxien zu sehen sind, Kugelsternhaufen mit ihrer nahezu einheitlichen Größe sowie die Galaxien selbst als die größten individuellen Objekte im Kosmos.

Weil wir subjektiv glauben, der Mond und die Sonne stünden uns im Zenit näher als knapp über dem Horizont, halten wir beide subjektiv für größer, wenn sie knapp über dem Horizont, als wenn sie im Zenit stehen. Dass diese **subjektive Größe** nicht tatsächlich zutrifft, kann man leicht nachprüfen, wenn man den scheinbaren Durchmesser eines dünnen Bleistifts in Armdistanz mit dem scheinbaren Durchmesser von Sonne und Mond vergleicht.

Standardkerzen

Die wichtigste physikalische Bezugsgröße hinsichtlich der Entfernung astronomischer Objekte ist ihre Leuchtkraft, die als abgestrahlte Gesamtleistung direkt aus dem Energiehaushalt des jeweiligen Objekts folgt. Sie liefert unmittelbar die Strahlungsintensität der beobachteten Quelle in einer Referenzdistanz, sodass zusammen mit der auf der Erde gemessenen Strahlungsintensität die Entfernung berechnet werden kann.

In Anpassung an die menschliche Sinneswahrnehmung misst man die Strahlungsintensität in der

Das 1987 in Betrieb genommene schwedische **Submillimeterwellen-Radioteleskop** (SEST) auf dem Berg La Silla (600 km nördlich von Santiago de Chile) hat einen Spiegeldurchmesser von 15 m. Es ist in diesem Wellenlängenbereich das einzige der südlichen Hemisphäre.

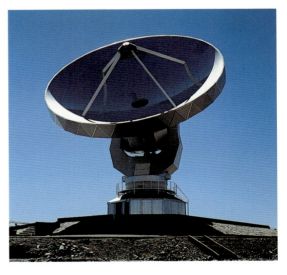

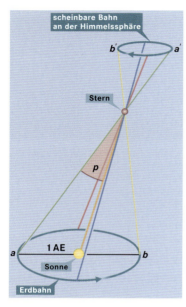

Aufgrund der Bewegung der Erde um die Sonne scheinen nicht allzu weit entfernte Sterne sich vor dem Hintergrund der Himmelssphäre zu bewegen. Dieses Phänomen wird als **trigonometrische Parallaxe der Sterne** bezeichnet. Im engern Sinn versteht man unter »Parallaxe« die entsprechenden Winkel.

Astronomie üblicherweise als scheinbare Helligkeit. Diese Helligkeit, mit der ein Himmelskörper einem irdischen Beobachter erscheint, wird in Größenklassen (Einheit Magnitudo, Abkürzung mag) angegeben. Sie hängt, wie weiter oben schon ausgeführt, logarithmisch von der Strahlungsintensität des beobachteten Himmelskörpers ab. Die mit m bezeichnete scheinbare Helligkeit eignet sich wegen der sehr unterschiedlichen Entfernungen astronomischer Objekte von der Erde jedoch nicht für direkte Vergleiche. Hierzu dient die absolute Helligkeit M, die sich auf eine einheitliche Referenzdistanz von 10 Parsec bezieht. Unsere Sonne zum Beispiel weist eine absolute Helligkeit von 4,9 mag auf. Weniger helle Sterne sind durch einen größeren, hellere Sterne durch einen niedrigeren Wert gekennzeichnet (der auch negativ sein kann).

Drückt man den mathematischen Zusammenhang zwischen Strahlungsintensitäten und Entfernungen durch scheinbare und absolute Helligkeiten aus (m beziehungsweise M), dann erhält man folgenden einfachen Ausdruck für die Entfernung r eines Sterns in Parsec:

$$m - M = -5 + 5 \lg r$$

Diese in der Praxis sehr wichtige Gleichung heißt der »Entfernungsmodul« und reduziert das Entfernungsproblem auf die Ermittlung der Leuchtkraft des betreffenden Objekts beziehungsweise seiner Zuordnung zu einer Objektklasse mit bekannter Leuchtkraft. Klassen von Objekten mit jeweils gleicher oder einem einfachen Gesetz folgender Leuchtkraft werden in diesem Zusammenhang oft »Standardkerzen« genannt. Die wichtigsten Standardkerzen in der Astronomie sind – in der ungefähren Reihenfolge zunehmender Helligkeit – Hauptreihensterne, pulsierende Sterne, Novae und Supernovae.

Hauptreihensterne

Wie bereits erläutert, können Sterne näherungsweise als Schwarze Strahler aufgefasst werden, deren Gesamtstrahlung lediglich von der Temperatur und der Größe der sichtbaren Oberfläche abhängt. Die Temperatur bestimmt die Strahlungsleistung je Flächeneinheit ebenso wie die Farbe des vorwiegend abgestrahlten Lichts. Die Größe der stellaren Oberfläche steht wiederum mit Eigenschaften des Sterns wie seiner Masse, seiner Energieproduktion (Leuchtkraft) und seiner chemischen Zusammensetzung in Verbindung. Da sich diese Größen indirekt dem Spektrum des Sterns aufprägen, erlaubt eine Spektralanalyse die Bestimmung des Sternradius sowie eventueller Abweichungen vom Verhalten eines Schwarzen Strahlers. Die offenen Parameter in der Theorie wurden durch Eichung an vielen Sternen sowohl mit trigonometrisch vermessenen Entfernungen als auch mit Massewerten aus himmelsmechanischen Rechnungen festgelegt, sodass die spektroskopische Leuchtkraftbestimmung heute eine sehr einfache Standardmethode darstellt.

Die individuellen Abweichungen von der Theorie sind bei solchen Sternen am kleinsten, die wie unsere Sonne ihre Energieproduktion aus der Fusion von Wasserstoff beziehen. Diese so genannten Hauptreihensterne zeigen sogar eine sehr enge Beziehung zwischen Radius und Oberflächentemperatur, da sonst die Stabilitätsbedingung für das Gleichgewicht zwischen den anziehenden Gravitations- und abstoßenden Druckkräften verletzt würde. In solchen Fällen genügen daher allein die Feststellung der Farbe des Sterns und die Klassifikation als Hauptreihenstern für eine Ermittlung der absoluten Helligkeit und damit der Entfernung. Bei einer derartigen Entfernungsbestimmung spricht man auch von spektroskopischer Parallaxe.

Pulsierende Sterne

Der stabile Gleichgewichtszustand zwischen Gravitations- und Druckkräften in einem Stern unterliegt im Lauf seiner Entwicklung einigen Veränderungen durch Umstellungen von Aufbau und Energiehaushalt des Sterninnern. Dadurch kommt es während der Existenz vieler Sterne zeitweilig zu einer Situation, die nicht mehr einen konstanten Gleichgewichtszustand, sondern ein periodisches Wechselspiel zwischen Expansion und Kontraktion zeigt. Dieses Verhalten ist nun einerseits mit auffälligen, sehr regelmäßigen Schwankungen von Radius und Helligkeit verbunden – der Stern wird zum »Pulsationsveränderlichen« –, andererseits mit wohl bestimmten physikalischen Bedingungen. So hat man schon vor der Bestätigung durch theoretische Simulationen erkannt, dass alle Sterne, die einen bestimmten Typ periodischen Helligkeitsverlaufs zeigen *und* die gleiche Periode besitzen, auch notwendigerweise gleiche Temperaturen und gleiche mittlere Radien aufweisen; der Stern wäre sonst nicht variabel oder müsste mit anderer Periode pulsieren. Daher lässt sich für jeden dieser Sterntypen eine mathematische Beziehung zwischen der direkt beobachtbaren Periode und der absoluten Helligkeit aufstellen, die unter Anwendung des Entfernungsmoduls wegen der sehr exakt messbaren Zeitverläufe der Helligkeitsveränderungen zu einer besonders zuverlässigen Entfernungsbestimmung führt. Von den drei verschiedenen als Standardkerzen verwendeten Typen pulsierender Sterne, die jeweils nach einem Prototyp benannt sind, sind die δ Cephei-Sterne die mit Abstand wichtigsten. Mit einer maximalen absoluten Helligkeit von −5 mag (das 10 000fache der Sonne) zählen sie zu den hellsten Sternen überhaupt.

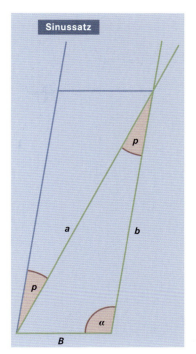

Nach dem Sinussatz ist $a/\sin\alpha = B/\sin p$. Wenn B sowie α und p bekannt sind, kann a mithilfe dieses Satzes berechnet werden (außerdem auch b). Dies ist das Prinzip der **trigonometrischen Entfernungsbestimmung.**

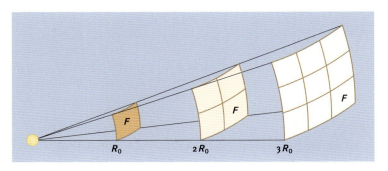

Weil die Oberfläche einer Kugel proportional zum Quadrat ihres Radius zunimmt und das Gleiche auch für entsprechende Teilflächen gilt (die vom gleichen Raumwinkel aufgespannt werden), verringert sich die **flächenbezogene Intensität** der Strahlung, die in einen bestimmten Raumwinkel ausgestrahlt wird, im selben Maß, in dem sich die durchstrahlte Fläche mit dem Abstand von der Strahlungsquelle vergrößert.

Novae

Auf der Oberfläche sehr kompakter alter Sterne, so genannter Weißer Zwerge, verursachen gigantische Explosionen vorübergehend einen abrupten Anstieg der stellaren Helligkeit um das Millionenfache. Da die Zündung dieser nuklearen Explosionen sehr speziellen physikalischen Bedingungen unterliegt, wirken sich verschiedene Mengen explosiv freigesetzter Energie auch in unterschiedlichen Abklingzeiten der Lichtkurve aus. Folglich erlaubt eine solche »Nova« (Mehrzahl Novae; von lateinisch nova stella »neuer Stern«), aus dem Abklingverhalten direkt ihre maximale absolute Leuchtkraft zu bestimmen, die typischerweise bei −8 mag liegt. Durch die plötzliche Helligkeitsänderung sind sie zudem leicht zu entdecken und zu diagnostizieren.

Supernovae

Standardkerzen von außerordentlicher Helligkeit stehen in den »Supernovae« zur Verfügung, in denen als finalem Ereignis der Sternentwicklung ein ganzer Stern in einer gigantischen Kernexplosion zerrissen wird. Der sehr ähnliche Energievorrat dieser kosmischen »Pulverkammern« bedingt ebenfalls eine gut reproduzierte maximale Helligkeit, wobei zwei prinzipiell verschiedene Explosionsmechanismen mit unterschiedlichem Wirkungsgrad unterschieden werden müssen. Die absolute Helligkeit einer Supernova übersteigt teilweise die einer ganzen Galaxie (bis zu −19,7 mag, entsprechend 10 Milliarden sonnenähnlicher Sterne), sodass sie bis an die Grenzen des Universums beobachtet werden können. Leider sind Supernovae sehr seltene Ereignisse, die nur ein bis fünf Mal je Jahrhundert und Galaxie auftreten und zu ihrer Entdeckung und Klassi-

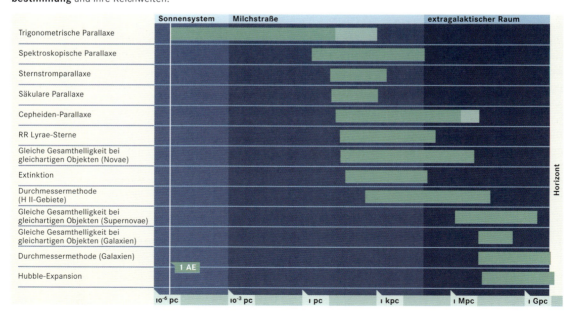

Die verschiedenen Methoden der astronomischen **Entfernungsbestimmung** und ihre Reichweiten.

fikation eine systematische Überwachung erfordern. Außerdem ist die Theorie der Supernova-Explosionen und damit das Verständnis der Klassifikation noch sehr in der Entwicklung.

Die hierarchische Ordnung des Kosmos

Entgegen der unmittelbaren Anschauung des Nachthimmels, die – abgesehen vom Phänomen Milchstraße – den Eindruck von gleichmäßig in der Unendlichkeit verstreuten Sternen erweckt, ist die Materie in unserem Universum in mehreren Stufen einer hierarchischen Ordnung unterworfen. Dabei hat sich gerade in den letzten Jahrzehnten kosmologischer Forschung gezeigt, dass uns die Ausbildung einer solchen Hierarchie einerseits einen empfindlichen Sensor für die Entwicklungsgeschichte des frühen Kosmos bietet und anderseits in der Ausgestaltung bestimmter Substrukturen wesentliche Voraussetzungen für eine chemische und biologische Evolution unserer Welt bereitstellt. Es scheint sogar gerechtfertigt zu sein, in den zugrunde liegenden Formgesetzen dieser Hierarchie einen Ausdruck der gleichen Balance zwischen zufälliger Störung und gerichteten Ordnungsprinzipien zu sehen, die uns auch hinsichtlich der Evolution des Lebens noch große Rätsel aufgibt.

So werden wir im Folgenden die wesentlichen physikalischen Vorstellungen von der kosmischen Hierarchie entlang der schrittweisen Erkundung der dritten, der radialen Dimension des Universums entfalten und dabei von den uns unmittelbar benachbarten Himmelskörpern bis zum Horizont des unserem Geist zugänglichen Weltalls vordringen.

Unser Planetensystem

Die unterste Stufe der kosmischen Hierarchie bildet – von der Erde aus betrachtet – das Sonnensystem. Obgleich vordergründig von einfacher Struktur, dominiert durch die neun Planeten (griechisch *plánētes* »Umherschweifende«), die die Sonne als beherrschendes Zentralgestirn weitgehend geordnet umkreisen, beherbergt es eine Vielzahl unterschiedlichster kleinerer Himmelskörper, wie Monde, Asteroiden, Kometen und Meteoroide. Im Sinn des Entwicklungsgedankens ist es bemerkenswert, dass die neun großen Planeten die Sonne sämtlich in gleicher Richtung – rechtläufig, die entgegengesetzte Richtung heißt rückläufig – und annähernd in einer Ebene umkreisen und selbst wieder als Subsysteme von Monden umkreist werden, was eine gemeinsame Entstehung aus einem rotierenden »Urnebel« nahe legt. Ein anderer wichtiger Aspekt ist die Tatsache, dass neben diesen sehr regulär ausgebildeten Planeten und Monden noch eine große Zahl kleiner, irregulärer Körper existiert. Sie halten sich als mutmaßliche Trümmer eines früheren zehnten Planeten hauptsächlich im Asteroidengürtel zwischen Mars- und Jupiterbahn oder als Kometen (mit ihren Meteorströmen im Schlepptau) in der Oort'schen Wolke weit außerhalb der Planetenbahnen auf. Diese »Schutthalden« der ehemaligen planetaren Baustelle spielen mög-

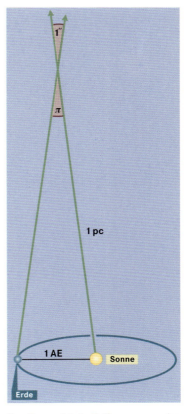

Das **Parsec** ist die Entfernung, aus der eine Astronomische Einheit (1 AE) unter einem Winkel von einer Bogensekunde (1") gesehen wird (dem 3600. Teil eines Grads).

Merkur legt Juno den kleinen Herkules an die Brust. Gemälde »**Die Entstehung der Milchstraße**« (1582) von Tintoretto.

licherweise eine Schlüsselrolle in der Versorgung der Urerde mit – im Sinn einer präbiotischen Chemie – vorprozessierter Materie.

Die Distanzen des interplanetaren Raums sind etwa von der Größenordnung der Astronomischen Einheit und werden ähnlich wie diese nach direkten Abstandsmessungen mittels Echolot (innerhalb des Asteroidengürtels) oder nach Positionsmessungen trigonometrisch bestimmt.

Der lokale Sternenhimmel

Obgleich bisher jenseits des Sonnensystems kein weiteres Planetensystem zweifelsfrei nachgewiesen werden konnte, bildet die Auffassung, dass Planetensysteme in der Umgebung von Einzelsternen generell die unterste Stufe der kosmischen Hierarchie darstellen, die Überzeugung nahezu aller heutigen Astronomen. Zwischen den Sternen – als Einzelsterne mit planetarem Umfeld oder als Mehrfachsternsysteme – spannt sich ein interstellarer Raum von enormen Dimensionen. Er bildet die erste große Entfernungslücke in der kosmischen Hierarchie, eine Lücke von fast vier Zehnerpotenzen, da sich zwischen Pluto als äußerstem bekannten Planeten unseres Sonnensystems in etwa 40 AE Entfernung und dem nächsten Fixstern Proxima Centauri bei etwa 270 000 AE kein Objekt befindet, dessen Abstand zur Sonne einer unmittelbaren Messung zugänglich wäre. Zwar reichen die Kometenbahnen mit der Oort'schen Wolke bis etwa 50 000 AE in den interstellaren Raum hinein, sie sind dort aber nur

Stereobildpaar der 45 **sonnennächsten Sterne.**

indirekt durch Messungen in Sonnennähe und theoretische Überlegungen zugänglich.

Glücklicherweise erlaubt die sehr zuverlässige Methode der trigonometrischen Parallaxe, angewendet auf die Astronomische Einheit als Basis, den Sprung vom Sonnensystem zu den nächsten Sternen. Wegen deren riesiger Entfernung liegen die ihnen zugeordneten Parallaxen knapp unter einer Bogensekunde. Dieser Umstand, zusammen mit der Bedeutung der trigonometrischen Methode für die Entfernungsbestimmung, führte dazu, gerade die Parallaxe von 1" zur Definiton der kosmischen Längeneinheit Parsec zu benutzen.

Obgleich bereits Aristarch von Samos aus dem heliozentrischen Weltmodell der Vorsokratiker und der damaligen Nichtbeobachtbarkeit der sehr kleinen Parallaxen der Sterne schloss, dass die Fixsternsphäre ungeheuer viel weiter entfernt sein müsse als es damalige Denkgewohnheiten erlaubten, gelang der Sprung in der Entfernungsskala zu den ersten Fixsternen erst 1838 mit der Messung der Parallaxe des Sterns 61 Cygni – ein Doppelstern im Sternbild Cygnus (Schwan) in 3,4 Parsec Entfernung mit einer Parallaxe von 0,293 Bogensekunde – durch den Königsberger Astronomen Friedrich Wilhelm Bessel. Da die Genauigkeit der Parallaxen bei erdgebundener Beobachtung bestenfalls eine hundertstel Bogensekunde beträgt, reicht diese Methode im Mittel nur bis etwa 50 Parsec, umfasst aber immerhin schon etwa 50 000 Sterne (die wegen teilweise sehr geringer Helligkeit allerdings nicht sämtlich beobachtet sind) und schließt die meisten mit bloßem Auge sichtbaren Sterne ein. Die bis dahin als flächenhaft erlebten Konstellationen der Sternbilder mit ihrem in Mythologie und Astrologie verankerten Eigenleben verloren damit ihren räumlichen Zusammenhalt. Während Sterne aus verschiedenen Sternbildern im Raum recht nahe beieinander stehen können, trennen Sterne aus demselben Sternbild nicht selten Hunderte von Parsec. Seit dem Start des Astrometriesatelliten Hipparcos im August 1989 haben sich die Genauigkeit der trigonometrischen Parallaxen und folglich auch ihre Reichweite noch um das Zehnfache erhöht.

Das Milchstraßensystem

Die Sterne, deren charakteristische Anordnung in Sternbildern den uns geläufigen Sternenhimmel prägt, befinden sich bis auf wenige Ausnahmen in einem vergleichsweise winzigen Ausschnitt der nächsthöheren Ordnungsstruktur der Materie. Rund 100 Milliarden Sterne, durch die Gravitationskraft aneinander gebunden, bilden den »Spiralnebel«, den wir heute als unsere Heimatgalaxie betrachten und der üblicherweise Galaxis oder Milchstraßensystem genannt wird (griechisch galaxías). Diese Bezeichnung trägt der unmittelbaren Anschauung Rechnung und dürfte so alt wie die Astronomie selbst sein: Vom irdischen Beobachter aus, der sich fast genau in der Ebene dieser diskusförmigen Sternansammlung befindet, projiziert sie sich als unregelmäßiges helles Band an die Himmelskuppel, wobei die Zusammensetzung aus einzelnen Sternen dem bloßen Auge verborgen bleibt.

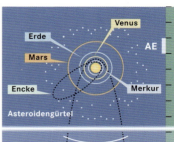
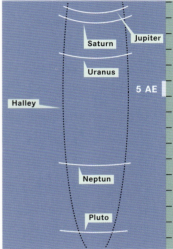
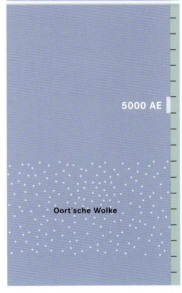

Entfernungen im Sonnensystem. Die drei Teile der Darstellung haben verschiedene Maßstäbe. Am rechten Bildrand sind die jeweiligen Einheiten der Skalenteilung angegeben.

Auch die Galaxis ist ein hochkomplexes Gebilde. Sie besteht aus Staub- und Gaswolken, jüngeren Sternen höherer Metallizität sowie älteren Sternen, die sich – ihrerseits in Kugelsternhaufen sehr regelmäßiger Gestalt organisiert – in einer Halo genannten sphärischen Hülle der Galaxis finden. Wegen der unterschiedlichen Metallizität

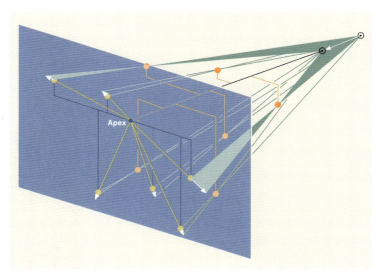

Die **säkulare Parallaxe** beruht auf der Geschwindigkeit der Pekuliarbewegung der Sonne, ihrer wahren Bewegung im Weltraum. Aufgrund der Pekuliarbewegung der Sonne führen andere Sterne scheinbare parallaktische Bewegungen vor der Himmelssphäre aus, die alle von einem Punkt der Sphäre, dem Apex, ausgehen. In dem Bild soll die blaue Fläche im Vordergrund einen Ausschnitt aus der Himmelssphäre darstellen (die aber in Wirklichkeit praktisch unendlich weit entfernt ist). Die schwarzen Hilfslinien sowie die gelben Fluchtlinien und die weißen Pfeile für die parallaktische Bewegung liegen in dieser Fläche. Diesen weißen Pfeilen entspricht der weiße Pfeil für die Pekuliarbewegung der Sonne (Symbol ☉), der in Richtung Apex weist. Die Sterne sind durch orangefarbene Punkte dargestellt (die in der Grafik durch die blaue Fläche verdeckten etwas blasser). Für zwei Sterne sind die Ebenen, in denen die parallaktischen Bewegungen und die Bewegung der Sonne verlaufen, grün unterlegt, für die übrigen sind die Konstruktionslinien eingezeichnet.

spricht man bei den in der Scheibe vorherrschenden jüngeren Sternen aus bereits vorprozessierter Materie von Population I, während die Halo-Sterne, die sich aus ursprünglicher Materie einer früheren kosmologischen Phase gebildet haben, als Population II bezeichnet werden.

Obgleich die äußersten galaktischen Objekte mehr als 100 000 Parsec vom Zentrum des Milchstraßensystems entfernt sind, umspannt der Bereich, der die Messung von Distanzen durch die Beobachtung einzelner Sterne erlaubt, nur etwa 20 000 Parsec. Die damit entfalteten vier Zehnerpotenzen der kosmischen Hierarchie zwischen dem lokalen Sternenhimmel und dem äußersten Rand des Milchstraßensystems bilden die physikalische Plattform für die Evolution der Materie.

Sternhaufen und Sternstromparallaxen

Im Altertum herrschte gemäß der unmittelbaren Anschauung die Auffassung, dass die Positionen der Fixsterne ewig und unveränderlich seien. Tatsächlich aber sind unveränderliche Sternörter wegen der gegenseitigen Massenanziehung der Sterne nicht möglich. Die grundsätzliche Ordnung der Sterne in einem galaktischen System ist nur stabil, weil der Gravitation durch die Rotation der ganzen Galaxis eine entsprechende Fliehkraft entgegenwirkt. Ebenso sind die Abstände zwischen den einzelnen Sternen nur durch ein ähnliches dynamisches Gleichgewicht aufrechtzuerhalten, sodass die Sterne insgesamt einer Kombination von geordneter galaktischer Rotationsbewegung (an der die Sonne teilhat) und individuell ungeordneter so genannter Pekuliarbewegung unterliegen. Letztere entdeckte bereits Edmond Halley um 1718, der als Erster die für unsere Zeitmaßstäbe kaum merkliche, geradlinige Eigenbewegung von weit weniger als eine Bogensekunde im Jahr beobachtete. Die als Folge der Eigenbewegung jährlich zurückgelegte Strecke beträgt im Allgemeinen mehrere Astronomische Einheiten.

Über die Pekuliarbewegungen hinaus vollziehen viele Sterne jedoch auch gemeinsame Bewegungsmuster. Die als offene Sternhaufen bezeichneten Sternassoziationen sind Gebiete, in denen sich aus einer Gas- und Staubwolke neue Sterne gebildet haben. Da die ursprüngliche Wolke sich als dynamisch eigenständiges Gebilde durch die Galaxis bewegte, folgen die daraus entstandenen Sterne der gleichen Bewegung auf parallelen Bahnen. Damit ergibt sich die Umkehrung des Schneeflockenbeispiels: Die Sterne streben sämtlich zum Apex hin, der dann als Konvergenzpunkt bezeichnet wird. Hier öffnet sich ein Verfahren der Entfernungsbestimmung, das der Sternstromparallaxen. Den Hyaden als dem uns mit 46 Parsec nächsten großen Sternhaufen kam dabei lange Zeit eine besondere Rolle für die Eichung weit reichender Methoden der Entfernungsbestimmung zu. Im Zeitalter der Astrometriesatelliten ist ihre diesbezügliche Bedeutung allerdings erheblich zurückgegangen.

Die dynamische Hierarchie

Die Diskussion der Stromparallaxen zeigt, dass mit der räumlichen Hierarchie gleichermaßen eine dynamische Hierarchie der gestaffelten Bewegungen verbunden ist, die bei jeder Beobachtung von Geschwindigkeiten kosmischer Objekte in Betracht gezogen werden muss. Jeder irdische Beobachter, der ins Weltall schaut, bewegt sich mit der Eigenrotation der Erde je nach Breitengrad mit bis zu 0,5 km/s. Die Erde selbst kreist mit 30 km/s um die Sonne. Da diese Bewegungen ihre Richtung ständig ändern, ist der Zeitpunkt der Beobachtung ebenfalls zu berücksichtigen. Die Sonne schließlich vollführt eine Pekuliarbewegung von 20 km/s auf das Sternbild Herkules zu, während die gesamte Sterngruppe der Sonnenumgebung mit 220 km/s das galaktische Zentrum umkreist. Unsere Galaxis wiederum gehört der so genannten Lokalen Gruppe von Galaxien an und bewegt sich innerhalb dieser auf die Andromeda-Galaxie zu. Schließlich ist sie zusammen mit der Lokalen Gruppe Bestandteil des Virgo-Superhaufens, der sich mit 400 km/s in Richtung auf den Großer Attraktor genannten Superhaufen am Südhimmel zubewegt.

Gegenüber dem kosmologischen Bezugssystem, das durch die später noch beschriebene kosmische Hintergrundstrahlung definiert wird, bewegt sich unsere Galaxis mit 600 km/s, während der irdische Beobachter wegen der unterschiedlichen Richtungen der Geschwindigkeiten, die sich bei der Aufsummierung teilweise kompensieren, lediglich 400 km/s gegen die Hintergrundstrahlung zurücklegt.

Kugelhaufen M15

Lagunennebel M8

Schema des **Milchstraßensystems** (mittleres Bild): die flache Scheibe mit der zentralen Verdickung von der Seite betrachtet, beiderseits der Scheibe der Halo. Das obere und das untere Bild zeigen je ein typisches Objekt des Halo beziehungsweise der Scheibe.

Interstellare Materie

Viele weiter entfernte Sternhaufen erlauben eine zuverlässige Entfernungsbestimmung mittels der beobachteten Farbe des Sternlichts. Wie bereis erläutert, erlaubt die Analyse der Sternspektren, die Oberflächentemperatur und damit die Wellenlänge des Intensitätsmaximums im Spektrum zu bestimmen. Nun ist der interstellare Raum nicht wirklich »leer«, sondern mit einem extrem dünnen Gemisch von Gas und Staub angefüllt, das vorzugsweise energiereiche Photonen (also blaues Licht) streut und absorbiert. Das Licht der Sterne wird daher auf dem Weg zu uns über die räumliche Ausdünnung hinaus zunehmend geschwächt und »gerötet«, sodass die aus der Spektralanalyse geschlossene Farbe des Intensitätsmaximums nicht mehr mit der beobachteten übereinstimmt. Da die Verfärbung in den meisten Raumrichtungen eine einheitliche Abhängigkeit von der Distanz aufweist, kann sie in der Gleichung für den Entfernungsmodul leicht mithilfe eines additiven Glieds berücksichtigt werden. Ist die tatsächliche Farbe eines Objekts bekannt (zum Beispiel aus der statistischen Untersuchung einer größeren Zahl von Sternen gleicher Entfernung wie in Sternhaufen), so kann die genaue Distanz aus der Verfärbung bestimmt werden.

Der **Orion-Nebel** im Sternbild Orion ist die hellste diffuse Gas- und Staubwolke am Himmel. Unter günstigen Bedingungen kann er mit bloßem Auge gesehen werden. Er ist ein wichtiges Sternentstehungsgebiet und enthält viele sehr junge Sterne. Weil diese sehr heiß sind, strahlen sie den größten Teil ihrer Energie im ultravioletten Spektralbereich ab. Im Gas des Nebels wird diese Strahlung in sichtbares Licht verwandelt. Nebel wie dieser werden als H II-Regionen bezeichnet.

Eine weitere Besonderheit innerhalb von Galaxien besteht darin, dass die jungen Sterne mit ihrer energiereichen Ultraviolettstrahlung die Wolke aus Wasserstoffgas ionisieren, aus der sie entstanden sind; diese beginnt ihrerseits bei der Rekombination im charakteristischen roten Licht einer bestimmten Spektrallinie des Wasserstoffs zu leuchten. Auf diese Weise aus dem unsichtbaren Ultraviolettbereich in sichtbares Licht transformiert, ist die Strahlung der jungen Sterne durch derartige H II-Regionen selbst in weit entfernten Galaxien noch auffällig sichtbar. Außerdem stellen sie ein zumindest in den Spiralgalaxien häufiges Phänomen dar. So befindet sich die nächste große und gleichzeitig prominenteste H II-Region unserer Galaxis, der Orion-Nebel, in nur 500 Parsec Entfernung und ist daher bereits dem bloßen Auge sichtbar. Glücklicherweise hat sich nun gezeigt, dass die größten »Riesen-H II-Regionen« sämtlich einen annähernd gleichen Durchmesser aufweisen, der möglicherweise eine natürliche Obergrenze der Ausdehnung dieser Gebilde darstellt. Als Maximaldurchmesser wird ein Referenzwert von 245 Parsec angesehen, der eine außerordentlich große Basislänge für die Entfernungsmessung mit einer Reichweite von derzeit 50 Millionen Parsec bereitstellt.

Galaxienhaufen

Jenseits der Galaxis öffnet sich eine zweite große Lücke in der kosmischen Entfernungsskala: der intergalaktische Raum. Wenn auch der Sprung zum ersten im strengen Sinn extragalaktischen

Objekt, dem Andromeda-Nebel, mit nur eineinhalb Zehnerpotenzen wesentlich bescheidener ist als jener zum uns nächsten Stern, so erforderte es doch nahezu hundert Jahre weiterer Forschung, bis es Edwin Hubble 1924 gelang, die extragalaktische Natur der vielen bekannten Spiralnebel zu enträtseln. Seine bahnbrechenden Arbeiten belegten, dass auch unsere Galaxis keine einmalige Struktur im Universum bildet, sondern eine ebenso normale Galaxie unter Milliarden gleichartiger ist, wie auch unsere Sonne ein ganz gewöhnlicher Stern unter Myriaden andern. Damit war das Schicksal einer naturphilosophisch-anthropozentrischen Weltsicht endgültig besiegelt.

Der entscheidende Sprung zur Andromeda-Galaxie einschließlich der Entfernungsbestimmung vieler anderer näherer Galaxien bis hin zu den nächsten größeren Haufen erfolgt hauptsächlich durch die Beobachtung von δ Cephei-Sternen, die Lichtkurven von Novae und Supernovae und die Ausmessung von Riesen-H II-Regionen. Nun war bereits seit längerem bekannt, dass die Spiralnebel nicht gleichmäßig über den Himmel verteilt, sondern in ganz bestimmten Regionen gehäuft anzutreffen sind. Mit der Aufschlüsselung der dritten Dimension ihrer Positionen zeigte sich nun, dass auch die Galaxien als Materieansammlungen mit gegenseitiger Massenanziehung dazu neigen, sich in Assoziationen mit einem eigenen dynamischen Gleichgewicht zwischen Fliehkraft und Gravitationskraft zu organisieren. Unsere Milchstraße selbst ist Mitglied einer solchen Assoziation, die die lokale Gruppe genannt wird und etwa 20 Galaxien enthält. Wesentlich größere Galaxienhaufen finden sich im Sternbild Jungfrau (Virgo-Haufen in 20 Millionen Parsec Entfernung) und im Sternbild Haar der Berenice (Coma-Haufen) mit Tausenden von Galaxien. Innerhalb eines großen Haufens können oft Untergruppen unterschieden werden, so wie auch die lokale Gruppe wahrscheinlich zum Virgo-Haufen gehört.

Die Struktur der Welt im Großen

Spätestens mit der Untersuchung der Verteilung der Galaxien im Raum und damit auch der Frage nach der Geschichte der hierarchischen Organisation von Galaxien, Galaxiengruppen und Gala-

Bewegungssternhaufen oder Sternströme sind Gruppen von Sternen, die innerhalb des Milchstraßensystems nach Größe und Richtung die gleiche Bewegung vollführen (z. B. die Plejaden und die Hyaden im Sternbild Stier). Alle Mitglieder eines solchen Bewegungshaufens scheinen sich wegen des perspektivischen Effekts zum gleichen Punkt an der Himmelssphäre hin zu bewegen, dem Konvergenzpunkt. Dieser lässt sich durch Verlängerung der beobachteten Bahnstücke an der Sphäre festlegen. Der Winkel zwischen der Richtung zu einem Stern des Haufens und und der Richtung zum Konvergenzpunkt ist α; er ist gleich dem Winkel zwischen der Raumgeschwindigkeit v_s des Sterns, die ebenfalls zum Konvergenzpunkt weist, und seiner Radialgeschwindigkeit v_r, die sich mithilfe des Doppler-Effekts messen lässt. Die Tangentialgeschwindigkeit v_t ist die Eigenbewegung pro Zeiteinheit, z. B. pro Jahr; sie wird durch Winkelmessung ermittelt. Die Entfernung des Sterns lässt sich nach diesem Verfahren der **Sternstromparallaxe** durch Messung der beiden Winkel, der Radialgeschwindigkeit und der entsprechenden Zeiteinheit ermitteln.

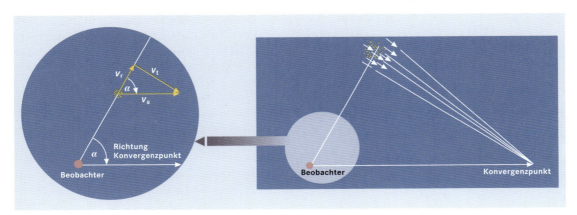

Die Veränderung der Sternkonstellation **Großer Wagen** im Sternbild Großer Bär (Ursa Major) infolge der Eigenbewegung der Sterne im Lauf von 200 000 Jahren. Die gegenwärtige Größe und Richtung der Sternbewegung sind durch rote Pfeile angedeutet. Es fällt auf, dass fünf der Sterne etwa die gleiche Bewegungsrichtung haben. Sie gehören zu einem gemeinsamen Bewegungssternhaufen.

xienhaufen betreten wir die Domäne der Kosmologie, der Wissenschaft über den Kosmos als Ganzes. Die Existenzberechtigung der Kosmologie als physikalische Wissenschaft beruht auf der Abwendung vom geozentrischen Gedanken. Das Universum ist für uns nur erforschbar, wenn wir uns darauf verlassen können, dass es von jedem Ort aus im Prinzip gleich aussieht (und überall dieselben Naturgesetze herrschen). Andernfalls wäre jede Verallgemeinerung unserer Beobachtungen auf das Ganze absurd. Diese Annahme wird als kosmologisches Prinzip bezeichnet. Die Homogenität im Großen in der Verteilung der Galaxien wiederzufinden, ist daher seit den ersten Entwürfen von Weltmodellen im Rahmen der Allgemeinen Relativitätstheorie eine stillschweigende Erwartung der Astrophysiker. Sie einzulösen erforderte allerdings den Vorstoß bis an die äußersten Grenzen des beobachtbaren Universums.

Neben der Verwendung von Supernovae als extrem leuchtkräftige Standardkerzen liegt eine weitere Methode für Entfernungsbestimmungen jenseits des Coma-Haufens in der Verwendung galaktischer Durchmesser als Basislänge. Die jeweils größten Galaxien eines Galaxienhaufens zeigen oft einen vergleichsweise einheitlichen Durchmesser von 50 000 bis 100 000 Parsec, was zu einer Reichweite von einigen Milliarden Parsec führt. Wegen der Existenz der wesentlich größeren, später noch beschriebenen cD-Galaxien in einigen Haufen können in Einzelfällen jedoch erhebliche Fehler auftreten. Die wichtigste Methode, die Tiefen des Kosmos auszuloten, steht uns im Zusammenhang mit der Frage nach der dynamischen Stabilität des Kosmos als Ganzes zur Verfügung.

Hubble-Expansion

Nur fünf Jahre nach seiner Aufklärung der extragalaktischen Natur der Spiralnebel gelang Hubble ein weiterer Schritt von größter Tragweite, als er entdeckte, dass sich sämtliche Galaxien von uns wegzubewegen scheinen, und zwar umso schneller, je weiter sie von uns entfernt sind. Die Abhängigkeit zwischen der Geschwindigkeit v_{Exp} der kosmischen Expansion und der Distanz d einer Galaxie ist dabei durch die Gleichung $v_{Exp} = H_0 d$ gegeben. H_0 ist darin die universelle Hubble-Konstante, eine der bedeutsamsten Größen für die Kosmologie. Die Expansionsgeschwindigkeit ergibt sich aus der Rotverschiebung der Spektrallinien nach dem Doppler-Effekt (sofern man wenigstens einige Spektrallinien der Galaxie identifizieren kann), sodass sich eine sehr leistungsfähige Methode der Entfernungsbestimmung eröffnet.

Das Problem bleibt auch hier die zuverlässige Eichung der Methode, die vorzugsweise durch δ Cephei-Sterne und H II-Regionen erfolgt. Leider zeigt sich die kosmische Expansion erst jenseits des lokalen Virgo-Haufens, da die systematische Expansionsbewegung durch die großen zufälligen Eigenbewegungen der Galaxien innerhalb der Haufen verschleiert wird. Dort ist aber schon die Grenze der Eichverfahren erreicht. So wundert es nicht, dass auch nach 60 Jahren Forschung die Hubble-Konstante noch immer bis auf einen Faktor zwei unsicher ist – eine für die Kosmologie kritische Bandbreite. Die heutigen Werte liegen zwischen 50 und 100 km/(s·Mpc), was bedeutet, dass sich eine Galaxie in 10 Millionen Parsec Entfernung mit 500 bis 1000 km/s von uns fortbewegt. Bemerkenswert ist, dass einzig die Methode der Hubble-Expansion mit zunehmender Entfernung zu relativ exakten Resultaten der Entfernungsbestimmung führt und damit nur vom Horizont des Universums begrenzt wird.

Der **Perseus-Haufen** ist ein Galaxienhaufen im Sternbild Perseus, in etwa 310 Millionen Lichtjahre Entfernung. Er enthält etwa 500 Galaxien.

Superhaufen und Voids

Zur allgemeinen Überraschung förderte die Analyse der Entfernungsdaten von Tausenden von Galaxien auf der Hierarchiestufe der Galaxienhaufen *nicht* die erwartete Homogenität zutage. Statt einer mehr oder weniger statistischen Verteilung von halbwegs sphärischen Materieansammlungen im »leeren« Raum enthüllte sich ein Bild, das eher dem Negativ der erwarteten Struktur gleicht. Die Galaxienhaufen reihen sich, in verschiedene Gruppen gegliedert, pfannkuchen- oder zigarrenförmig aneinander, wobei sie riesige, Voids genannte Hohlräume von eher sphärischer Gestalt aussparen. Die gefundenen Ansammlungen von Galaxienhaufen, die Superhaufen, bilden dabei Assoziationen von geradezu kosmischem Ausmaß, wie etwa die in den 1990er-Jahren entdeckte »Große Wand«. Diese durchbrochen-bienenwabenartige oder schaumähnliche Materieverteilung im uns zugänglichen Universum zu erklären, ist eine der großen Herausforderungen der heutigen Kosmologie.

Bauprinzip astronomischer Objekte

Die sowohl im Bau der astronomischen Objekte als auch in ihrem räumlichen Zusammenhang erkennbare hierarchische Organisation der Materie im Universum legt die Frage nahe, nach welchen Ursachen und Gesetzen die beobachtete Ordnung physikalisch verstanden werden kann. Wenngleich auf der Basis der heute verfügbaren Theorien keine allgemein gültige Antwort hierauf gegeben werden kann, handelt es sich nach menschlichen Maßstäben bei der überwältigenden Zahl der Himmelskörper doch um extrem langlebige Organisationsformen der Materie. Nach den Gesetzen der Physik können solche stabilen Zustände nur dadurch realisiert werden, dass die wirkenden Kräfte eine Materieanordnung hervorbringen und aufrechterhalten, die über lange Zeit – die man als die charakteristische Lebensdauer bezeichnet – durch ein Kräftegleichgewicht austariert ist.

Charakteristische Maße

Einen wesentlichen Schritt zum physikalischen Verständnis des Aufbaus und der Dynamik der unterschiedlichen hierarchischen Objekte bedeutet die Kenntnis der charakteristischen Längen- und Zeitskalen, die die typischen Dimensionen und Lebensdauern bestimmen. Dabei folgt man sinngemäß der Vorschrift von Immanuel Kant: »Wenn man wissen will, ob ein Ding alt, ob es sehr alt oder noch jung zu nennen sei, so muss man es nicht nach der Anzahl der Jahre schätzen, die es gedauert hat, sondern nach dem Verhältnis, das diese zu derjenigen Zeit haben, die es dauern soll.«

Die für ein Objekt charakteristischen Parameter werden demnach indirekt erschlossen, indem man sie ins Verhältnis zu beobachtbaren Eigenschaften des betrachteten Systems setzt und deren Zusammenhang mit dem Parameter untersucht. Betrachten wir als Beispiel einen Stern. Wir interessieren uns für die charakteristische Zeit t_H, über die seine Energieproduktion durch Wasserstoffbrennen aufrechterhalten werden kann. Diese hängt einerseits vom Energievorrat des Sterns für das Wasserstoffbrennen ab, anderseits von dessen Veränderung, das heißt der je Zeiteinheit abgestrahlten Energiemenge, gegeben durch die Leuchtkraft des Sterns. Die gesuchte charakteristische Zeit für die Energieproduktion durch Wasserstoffbrennen, also die zeitliche »Reichweite« des Energievorrats, lässt sich aus diesen Größen – als Quotient von Energievorrat und Leuchtkraft – berechnen. Für die Sonne ergibt sich daraus der Wert $t_H = 10^{10}$ Jahre: Erst nach etwa 10 Milliarden Jahren werden signifikante Änderungen in der nuklearen Energieproduktion der Sonne und damit in ihrem Zustand und Aufbau auftreten. Analog lassen sich charakteristische Skalenlängen für räumliche Veränderungen berechnen, die Aussagen über die typische geometrische Ausdehnung eines Sterns erlauben.

Eigenzeit und Alter

Die charakteristischen Zeiten und Dimensionen bestimmen also die *inneren* Skalen, nach denen sich jedes System vermöge seiner Dynamik und Konstruktionsgesetze zeitlich und räumlich strukturiert. Sie sind deshalb die eigentlichen physikalischen Maßstäbe für die Organisation und Entwicklung der unterschiedlichen astronomischen Objekte.

Auf dieser Basis können wir die Frage beantworten, ob ein gegebenes astronomisches Objekt »alt« oder »jung« ist. Dazu definieren wir für eine Objektklasse zunächst eine typische Lebensdauer, die bei Sternen beispielsweise durch das oben berechnete t_H des Wasserstoffbrennens gegeben ist. Bei Planeten – die für sich genommen sehr viel höhere Lebensdauern hätten – wird die Existenz durch die

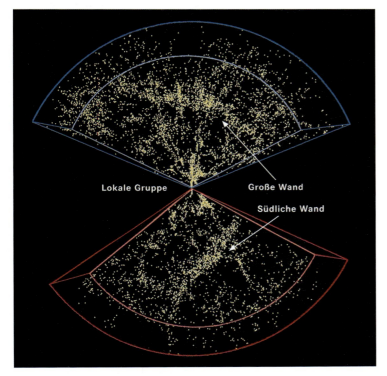

Verteilung der Galaxien in wenige Grad hohen Ausschnitten des nördlichen (blau) und des südlichen Himmels (rot). In beiden Ausschnitten sind gewaltige Anhäufungen von Galaxien zu erkennen: die **Große Wand** und die **Südliche Wand.**

Entwicklung des Zentralsterns begrenzt. Systeme, die aus einer größeren Zahl von gravitativ aneinander gebundenen Sternen bestehen, etwa Sternhaufen oder Galaxien, unterliegen einer so genannten Verdampfungszeitskala: Da durch enge Begegnungen mehrerer Sterne immer wieder Mitglieder verloren gehen, löst sich das System nach einer charakteristischen Zeit auf. Bei Kugelhaufen und Galaxien ist diese Zeitdauer erheblich länger als das bisherige Alter des Universums. Für Kugelhaufen allerdings wird derzeit die Möglichkeit diskutiert, dass sie durch Begegnungen mit Schwarzen Löchern aufgelöst werden könnten; ihre typische Lebensdauer betrüge dann nur vier Milliarden Jahre. Gaswolken unterliegen entweder einer Kollaps- oder einer Expansionsbewegung, die ihre Lebensdauer begrenzt. Galaxienhaufen schließlich verlieren Energie bei der engen Begegnung zweier Galaxien, wodurch sich die Galaxien auflösen können und der Haufen schrumpft.

Eine so bestimmte typische Lebensdauer kann nun zu einer Art »Eigenzeit« ins Verhältnis gesetzt werden, die wir so definieren, dass sie qualitativ unserer subjektiven Empfindung von »Dauer« ent-

I. Weltall und Sonnensystem

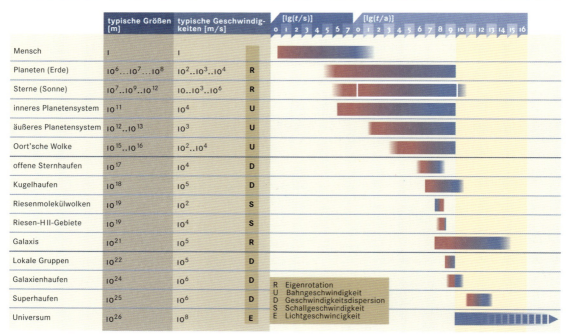

Die **charakteristische Lebensdauer** eines kosmischen Objekts lässt sich definieren als die Differenz zwischen dessen charakteristischer Eigenzeit – dem Quotienten aus typischer Größe (zweite Spalte) und typischer Geschwindigkeit (dritte Spalte) – und seinem gemessenen oder zu erwartenden Alter. Die Grafik zeigt die charakteristischen Lebensdauern für verschiedene kosmische Objekte und für den Menschen durch die Länge der diesen zugeordneten Balken an. Die zugehörige Zeitskala (oberer Bildrand) ist logarithmisch, die verwendete Zeiteinheit ist zunächst die Sekunde (s; dunkelblau) und dann das Jahr (a; hellblau). Als typische Geschwindigkeit eines Objekts wird diejenige angesehen, mit der sie ne schnellste globale Zustandsänderung verbunden ist (in der Regel gleich der Geschwindigkeit der Informationsübertragung in dem Objekt); die Art dieser Geschwindigkeit wird in dem Diagramm jeweils durch einen Buchstaben angezeigt und in dem kleinen Einsatz entschlüsselt. Unscharfe Begrenzung der Balken deutet die Streubreite unter verschiedenen Migliedern einer Klasse an. Die weiße Begrenzung bezieht sich auf die Lebensdauer der Sonne. Die Grenze nach rechts zu der gelb unterlegten Fläche markiert das gegenwärtige Weltalter. Die charakteristischen Lebensdauerr von kompakten Objekten wie Sterne und Planeten erstrecken sich über mehr als 10 Größenordnungen, während sie für weniger gut isolierte Objekte erheblich kürzer sind. Die Riesenmolekülwolken sterben quasi bei der Geburt, weil ihre charakteristische Eigenzeit (rot) zehnmal größer ist als ihr Alter (blau). Sie sind daher eigentlich keine Objekte, die vorübergehend instabil sind, sondern müssen als Übergangszustände aufgefasst werden. Der Mensch zählt in diesem Schema zu den langlebigen Systemen. Das Universum spielt eine Sonderrolle, weil seine charakteristische Eigenzeit definitionsgemäß stets das Alter des sichtbaren Kosmos ist und seine Lebensdauer nur für den Fall, dass es geschlossen ist, geschätzt werden kann.

spricht. Dazu greifen wir für alle wichtigen »kosmischen Objekte«, vom Menschen bis zum Universum selbst, zum einen auf die typische Ausdehnung zurück, zum andern auf die Geschwindigkeit, die die schnellste großräumige Veränderung kennzeichnet. Für den Menschen ergibt sich eine typische Geschwindigkeit von 1 m/s für seine Körperbewegungen. Die schnellste Bewegung von Planeten und Sternen ist ihre Eigenrotation, während unser Sonnensystem von seinen Umlaufgeschwindigkeiten charakterisiert wird. Bei Gaswolken ist die Bezugsgeschwindigkeit die Schallgeschwindigkeit, die die Informationsübermittlung von einem zum andern Ende begrenzt, und bei Sternsystemen oder Galaxienhaufen die typische Relativgeschwindigkeit zwischen zwei zufällig ausgewählten Sternen.

Für das Universum selbst ist die Änderung des Weltradius maßgeblich, was zur Lichtgeschwindigkeit als Bezugsgröße führt.

Aus dem Quotienten von typischer Ausdehnung und charakteristischer Geschwindigkeit erhält man schließlich die »Eigenzeit«. Auf diese beziehen wir nun wiederum die vorher bestimmte Lebensdauer. Das Ergebnis ist ein direktes Maß dafür, ob ein Objekt typischerweise »alt« oder eher »jung« ist. So stellt sich heraus, dass Lebewesen in diesem Sinn ausgesprochen langlebige Existenzen sind, sonst nur mit Planeten, Sternen und Galaxien vergleichbar, während Sternhaufen und Gaswolken sehr junge Objekte darstellen. Im Fall von Molekülwolken zeigt sich sogar das scheinbar paradoxe Ergebnis, dass die Eigenzeit das Alter übersteigt: Die Wolke stirbt gewissermaßen unter der Geburt, sie erreicht niemals einen Zustand des dynamischen Gleichgewichts.

Gleichgewichte

Wie im Zusammenhang mit den fundamentalen Wechselwirkungen bereits ausgeführt, verfügt unter allen Grundkräften einzig die Gravitation über eine hinreichend große Reichweite, um über die Längenmaßstäbe, wie wir sie bei astronomischen Objekten antreffen, wirksam sein zu können. Aus diesem Grund sind alle Himmelskörper – Planeten, Sterne, Galaxien und so weiter – gravitativ dominierte Systeme; sowohl ihr Bau und ihre Struktur als auch ihr dynamisches Verhalten werden wesentlich durch die Gravitation bestimmt. Die Gravitationskraft zwischen zwei Massen ist stets anziehend, das heißt, sie wirkt immer in die Richtung einer Massenzusammenziehung, einer Massenanhäufung und Massenkonzentration, die schließlich den betrachteten Himmelskörper bildet. Damit dieser über längere Zeit in einem stabilen Zustand existieren kann, muss der durch seine eigene Masse hervorgerufenen Gravitationskraft an jeder Stelle eine gleich große »Expansionskraft« entgegenstehen, die die lokake Eigengravitation ausbalanciert.

Um einen Einblick in die Natur dieses Kräftegleichgewichts zu gewinnen, kann man den Zusammenhang zwischen typischer Größe der verschiedenen astronomischen Objekte und ihrer Masse grafisch verdeutlichen. Eine solche Abbildung zeigt eine auffällige systematische Anordnung, in der sich eine deutliche Abhängigkeit zwischen der jeweiligen geometrischen Ausdehnung der Himmelskörper (und damit ihrem Aufbau) und ihrer Masse (und damit ihrer Eigengravitation) ausdrückt. Danach können stabile astronomische Objekte nur in bestimmten Massen- und Größenbereichen entstehen, die Gleichgewichtszustände zulassen. Je nach Art des betrachteten Objekts werden dabei unterschiedliche Formen eines Gleichgewichts realisiert. So weisen Sterne zum Beispiel ein Gleichgewicht zwischen der nach innen gerichteten Eigengravitation und der nach außen gerichteten Druckkraft auf, die für normale Sterne wie die Sonne hauptsächlich durch den thermischen Druck der heißen Materie bewirkt wird. Galaxien sind hingegen im Wesentlichen durch das Zusammenspiel der Eigengravitation mit zentrifugalen und tur-

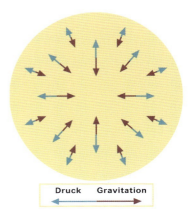

Schematische Darstellung der Wirkung von **Druck- und Gravitationskräften.**

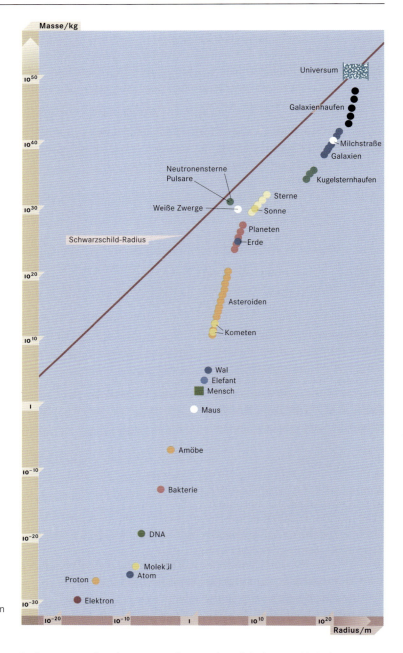

Masse und Größe verschiedener Objekte, vom Elektron über Lebewesen bis zum Universum.

bulenten Kräften bestimmt, die aus der globalen und lokalen Bewegung ihrer unterschiedlichen Materiekomponenten stammen. Von besonderer Bedeutung ist der Grenzbereich, jenseits dessen keine stabilen Objekte existieren können, weil die Eigengravitation durch keine bekannte Gegenkraft kompensiert werden kann. Dies ist die Domäne der Schwarzen Löcher, exotischer geometrischer Objekte, die nur im Rahmen von Einsteins Allgemeiner Relativitätstheorie sinnvoll beschrieben werden können. E. SEDLMAYR ET AL.

Die Vielfalt der Sterne

Für Ibn Butlan, Arzt in Konstantinopel, war die Ursache der tödlichen Epidemie des Jahrs 1054 klar. Dass 15 000 Menschen an einer rätselhaften Krankheit gestorben waren, konnte nur mit jenem neuen Stern zusammenhängen, der plötzlich am Himmel aufgetaucht war. Vor allem chinesische und japanische Quellen dieser Zeit berichten von einem hellen Stern, der sich zwei Wochen lang sogar am Tageshimmel gezeigt hatte. Heute weiß man: Es handelte sich um eine Supernova. Deren Überreste können wir im Sternbild Stier heute noch als den bekannten Krebs-Nebel beobachten. Wir wissen heute auch, dass der Stern bereits 6000 Jahre früher explodiert war und dass dieses Ereignis wegen seiner großen Entfernung und der entsprechend langen Laufzeit des Lichts erst im Mittelalter sichtbar wurde.

Das Erscheinen einer Supernova mit Krankheit und Unheil zu verbinden, entsprach durchaus den Vorstellungen jener Zeit. Auffällige Ereignisse am Himmel galten bei vielen Völkern als Gotteszeichen. Viele Mythen und Märchen sind Zeugnisse der menschlichen Beschäftigung mit dem Sternenhimmel, der auch schon immer als Orientierungs- und Ordnungssystem von großer Bedeutung war. In der scheinbar systematischen Anordnung vieler Sterne an der Himmelskugel hat der menschliche Geist schon vor Tausenden von Jahren Gestalten sehen wollen. Diese Sternbilder sind allerdings in der Regel reine Projektionseffekte und sagen nichts über die tatsächliche räumliche Lage der in ihnen zusammengefassten Sterne aus.

Die Sonnenumgebung

In der naturwissenschaftlichen Astronomie spielen die traditionellen Sternbilder nur noch eine geringe Rolle, zumal sich der Anblick des Himmels seit dem Altertum auch verändert hat. 1933 legte die Internationale Astronomische Union (IAU) 88 Sternbilder als Sternfelder fest und definierte dazu genaue Gebiete, die insgesamt die ganze Himmelskugel umfassen. Seitdem bilden diese Sternfelder die Grundlage der Sternnomenklatur. Nach einer weltweiten Konvention erhalten sämtliche Sterne eines Felds zu ihrer wissenschaftlichen Bezeichnung den Genitiv des griechischen Sternbildnamens. Um die Sterne innerhalb eines Sternbilds zu bezeichnen, werden sie im Prinzip nach absteigender Helligkeit geordnet. Dabei bekommen die hellsten Sterne seit Anfang des 17. Jahrhunderts griechische Buchstaben in alphabetischer Reihenfolge zugewiesen. Wega, der hellste Stern im Sternbild Leier, trägt deshalb den wissenschaftlichen Namen α Lyrae. Der zweithellste Stern im Sternbild Stier heißt dementsprechend β Tauri.

Wenn in einer klaren Nacht Myriaden von Lichtpunkten am Firmament funkeln, sind die meisten Menschen

---

Der **Himmelsäquator** ist der Schnittkreis der Äquatorebene der Erde mit der Himmelssphäre. Er bildet den Grundkreis im Äquatorsystem. Sein Bezugsort ist der Erdmittelpunkt. Im festen Äquatorsystem (**Stundenwinkelsystem**) wählt man als Nullpunkt der Zählung in der Äquatorebene den Schnittpunkt des Himmelsäquators mit dem Himmelsmeridian oder Mittagskreis. Der Himmelsmeridian ist der Großkreis an der Himmelssphäre, der durch die beiden Himmelspole und den Zenit des Beobachtungsorts geht. Im beweglichen Äquatorsystem (**Rektaszensionssystem**) wird als Nullpunkt der Frühlingspunkt gewählt. Er ist der Schnittpunkt der aufsteigenden scheinbaren jährlichen Bahn der Sonne am Himmel mit dem Himmelsäquator. Der Winkel zwischen ihm und dem Schnittpunkt des Stundenkreises des Gestirns mit dem Himmelsäquator heißt **Rektaszension**. Er wird meist in Stunden angegeben (von 0^h bis 24^h), manchmal auch in Winkelgeraden (von 0° bis 360°). Das Rektaszensionssystem ist ortsunabhängig und damit zum Katalogisieren von Sternörtern besonders gut geeignet.

Die markantesten Sterne des **Sternbilds Stier** mit den offenen Sternhaufen Hyaden und Plejaden. M1 ist der Krebs-Nebel. Früher wurden alle Sterne in dem eingezeichneten Kreis zu den Hyaden gezählt, heute rechnet man nur noch diejenigen, die in der Darstellung rechts vom Hauptstern Aldebaran (α Tau) liegen, dazu.

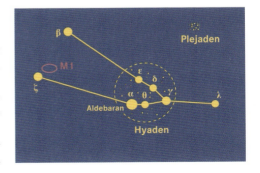

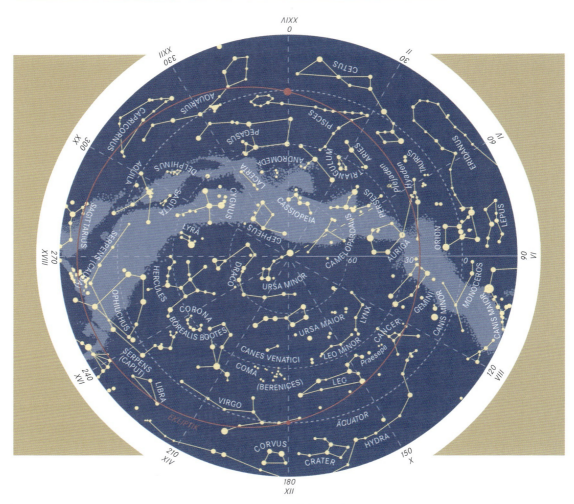

Die Positionen der markantesten **Sterne des nördlichen** (links) **und des südlichen Himmels** (rechts) in den Polarkoordinaten des Rektaszensionssystems mit dem jeweiligen Himmelspol in der Mitte. In die beiden Sternkarten sind die Namen der **Sternbilder** eingezeichnet. Die Karten zeigen auch die Bahn, die die Sonne im Lauf eines Jahres am Himmel beschreibt – die **Ekliptik** (rot) – sowie das diffuse Band der **Milchstraße** (hellblau). Wenn die Sonne in einem der beiden Schnittpunkte der Ekliptik mit dem Äquator steht (rote Punkte), herrscht Tagundnachtgleiche. Die Richtung zum Frühlingspunkt (großer roter Punkt; oben) ist die Bezugsrichtung für die Bestimmung der Rektaszension eines Himmelskörpers. Die Rektaszension ist in Stunden (römische Ziffern von I bis XXIV) und in Grad (arabische Ziffern von 0 bis 360) angegeben, die Deklination in Grad (0 bis 90, jeweils vom Himmelsäquator bis zum Himmelspol). Durch die Art der Darstellung bedingt, sind insbesondere die Sternbilder, die vom jeweiligen Himmelspol aus gesehen jenseits des Äquators liegen, seitlich (in der Winkelrichtung der Rekaszension) überdehnt wiedergegeben.

vom Anblick des Sternenhimmels überwältigt. Die Anzahl der Sterne im Universum ist nicht bekannt, doch wissen wir, dass allein zum Milchstraßensystem – der Galaxis – mindestens 100 Milliarden Sterne gehören. Von diesen kann man mit bloßem Auge bis zu 6000 erkennen. Doch erst Weitwinkelaufnahmen mit den Bildpunkten vieler Tausend Sterne lassen die ungeheure Anzahl der Himmelskörper ahnen. Der nahe liegende Schluss, dass sich die als Milch-

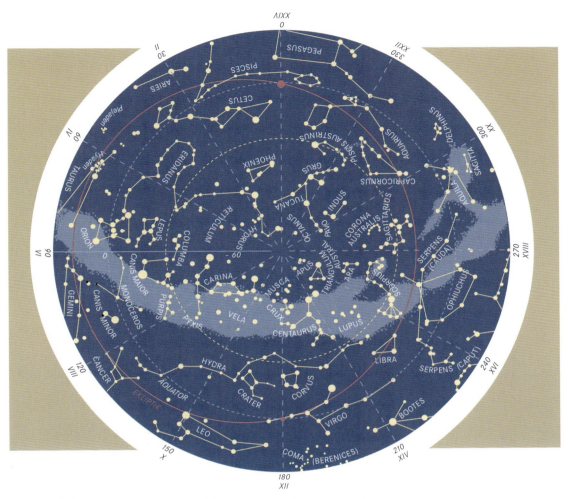

straße sichtbare Materie vorwiegend in Sternen und nicht etwa in Gaswolken konzentriert, wurde durch genauere Untersuchungen über den Aufbau der Galaxis bestätigt. Danach haben die Sterne einen Masseanteil von etwa 90 % an der sichtbaren Materie des Milchstraßensystems. Diese Aussage trifft tendenziell auch für die meisten andern Galaxien zu. Das bedeutet, dass sich die sichtbare Materie des Weltalls überwiegend in Sternen konzentriert. Sterne sind somit die wesentliche Organisationsform der Materie im Universum.

Die Anzahl der Sterne der Galaxis entspricht etwa der Zahl der Reiskörner, die man bräuchte, um eine Kirche mittlerer Größe zu füllen. Trotz dieser enormen Anzahl ist der mittlere Abstand der Sterne – verglichen mit ihrem Durchmesser – meist sehr groß. Für Sterne in der Sonnenumgebung, also in einem Bereich mit einem Durchmesser von 20 Parsec (rund 66 Lichtjahre), entspricht der mittlere Abstand etwa 1,3 Parsec oder gut viereinhalb Lichtjahren. Dies bedeutet, dass sich etwa 3000 bis 4000 Sterne innerhalb einer Kugel

Verzeichnis der Sternbilder

lateinische Benennung (Abkürzung)*	deutscher Name	lateinische Benennung (Abkürzung)*	deutscher Name
Andromeda (And)	Andromeda	Indus (Ind)	Indianer
Antlia (Ant)	Luftpumpe	Lacerta (Lac)	Eidechse
Apus (Aps)	Paradiesvogel	Leo (Leo)	Löwe
Aquarius (Aqr)	Wassermann	Leo Minor (LMi)	Kleiner Löwe
Aquila (Aql)	Adler	Lepus (Lep)	Hase
Ara (Ara)	Altar	Libra (Lib)	Waage
Aries (Ari)	Widder	Lupus (Lup)	Wolf
Auriga (Aur)	Fuhrmann	Lynx (Lyn)	Luchs
Bootes (Boo)	Bärenhüter	Lyra (Lyr)	Leier
Caelum (Cae)	Grabstichel	Mensa (Men)	Tafelberg
Camelopardalis (Cam)	Giraffe	Microscopium (Mic)	Mikroskop
Cancer (Cnc)	Krebs	Monoceros (Mon)	Einhorn
Canes Venatici (CVn)	Jagdhunde	Musca (Mus)	Fliege
Canis Major (CMa)	Großer Hund	Norma (Nor)	Winkelmaß
Canis Minor (CMi)	Kleiner Hund	Octans (Oct)	Oktant
Capricornus (Cap)	Steinbock	Ophiuchus (Oph)	Schlangenträger
Carina (Car)	Kiel des Schiffs	Orion (Ori)	Orion
Cassiopeia (Cas)	Kassiopeia	Pavo (Pav)	Pfau
Centaurus (Cen)	Kentaur	Pegasus (Peg)	Pegasus
Cepheus (Cep)	Kepheus	Perseus (Per)	Perseus
Cetus (Cet)	Walfisch	Phoenix (Phe)	Phönix
Chamaeleon (Cha)	Chamäleon	Pictor (Pic)	Maler
Circinus (Cir)	Zirkel	Pisces (Psc)	Fische
Columba (Col)	Taube	Piscis Austrinus (PsA)	Südlicher Fisch
Coma Berenices (Com)	Haar der Berenike	Puppis (Pup)	Hinterdeck
Corona Australis (CrA)	Südliche Krone	Pyxis (Pyx)	Schiffskompass
Corona Borealis (CrB)	Nördliche Krone	Reticulum (Ret)	Netz
Corvus (Crv)	Rabe	Sagitta (Sge)	Pfeil
Crater (Crt)	Becher	Sagittarius (Sgr)	Schütze
Crux (Cru)	Kreuz (des Südens)	Scorpius (Sco)	Skorpion
Cygnus (Cyg)	Schwan	Sculptor (Scl)	Bildhauer
Delphinus (Del)	Delphin	Scutum (Sct)	Schild
Dorado (Dor)	Schwertfisch	Serpens (Ser)	Schlange
Draco (Dra)	Drache	Sextans (Sex)	Sextant
Equuleus (Equ)	Füllen	Taurus (Tau)	Stier
Eridanus (Eri)	Eridanus	Telescopium (Tel)	Fernrohr
Fornax (For)	Chemischer Ofen	Triangulum (Tri)	Dreieck
Gemini (Gem)	Zwillinge	Triangulum Australe (TrA)	Südliches Dreieck
Grus (Gru)	Kranich	Tucana (Tuc)	Tukan
Hercules (Her)	Herkules	Ursa Major (UMa)	Großer Bär
Horologium (Hor)	Pendeluhr	Ursa Minor (UMi)	Kleiner Bär
Hydra (Hya)	Weibliche oder Nördliche Wasserschlange	Vela (Vel)	Segel
		Virgo (Vir)	Jungfrau
Hydrus (Hyi)	Männliche oder Südliche Wasserschlange	Volans (Vol)	Fliegender Fisch
		Vulpecula (Vul)	Fuchs

*Der Sternbildname bezeichnet ein Sternfeld, dessen Grenzen durch Rektaszensions- und Deklinationskreise gegeben sind

mit einem Radius von 20 Parsec befinden sollten. Die mittlere Sterndichte wäre somit etwa 0,1 Stern/pc^3. Dieser Wert stellt allerdings nur eine Extrapolation dar, weil selbst für diese vergleichsweise geringe Entfernung die verfügbaren Kataloge der sehr leuchtschwachen Sterne unvollständig sind.

Aus der mittleren Sterndichte und der mittleren Masse eines Sterns ergibt sich die mittlere Massedichte der Sternmaterie in der Sonnenumgebung. Sie beträgt $0{,}046\,M_\odot/\mathrm{pc}^3$ oder $3\cdot 10^{-24}\,\mathrm{g}/\mathrm{cm}^3$ ($M_\odot$ ist die Masse der Sonne, pc^3 ist das Kubikparsec). Dieser äußerst geringe Wert entspricht etwa zwei Wasserstoffatomen pro Kubikzentimeter. Im Vergleich dazu liegt die Dichte der Erdatmosphäre auf Meereshöhe zehntrillionenfach höher; sie beträgt $2\cdot 10^{19}$ Teilchen pro Kubikzentimeter.

Eine genaue Analyse der Sternverteilung zeigt, dass Sterne häufig Mehrfachsystemen angehören. Im sonnennächsten Bereich mit einem Radius von 5 pc, in dem die Sternverteilung praktisch vollständig bekannt ist, sind fast 60% aller Sterne Mitglieder von Doppel- oder Mehrfachsystemen. Im etwas größeren Raumbereich bis 20 pc sind mehr als 200 Doppelsterne bekannt, deren Komponenten mehr als 30% aller in diesem Volumen gezählten Sterne ausmachen.

Zu den berühmten Doppelsternsystemen gehört etwa der Sirius (α CMa) – der hellste Stern am Winterhimmel –, der von seinem Begleiter Sirius B, einem Weißen Zwerg, eng umkreist wird. Ein bekannter Doppelstern ist auch der zweite Deichselstern in der Sternfigur Großer Wagen (Teil des Sternbilds Großer Bär oder Ursa Major), gebildet durch die Sterne Mizar (ζ UMa) und Alkor (g UMa; wenn die griechischen Buchstaben zur Bezeichnung der Sterne nicht ausreichen, dann folgen auf sie die kleinen lateinischen). Wer Alkor, das »Reiterlein«, mit bloßem Auge erkennen kann, verfügt über eine gute Sehschärfe; Alkor diente daher früher als »Augenprüfer«. Erst

Der nächtliche Himmel in Richtung des Zentrums des **Milchstraßensystems**. Die Aufnahme zeigt dessen großen Sternreichtum. Sie gibt einen Himmelsausschnitt mit einem Winkeldurchmesser von etwa $\frac{1}{3}$ Grad wieder. Viele Sterne sind durch Dunkelwolken verdeckt.

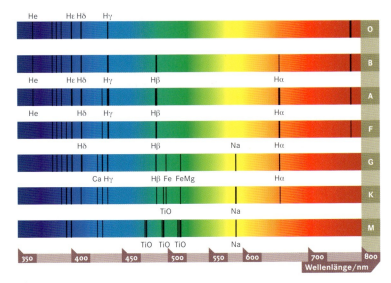

Schematisierte **Sternspektren** für die Hauptklassen O, B, A, F, G, K, M der **Harvard-Klassifikation,** geordnet nach abnehmender Temperatur der Sterne. Die Spektren zeigen die Lage und Stärke der wichtigsten Linien sowie deren Identifikation. Hα, Hβ, ..., Hε sind Linien der Balmer-Serie.

Joseph von Fraunhofer.

1974 wurde ein Doppelpulsar entdeckt, PSR 1913+16, der aus zwei um ihren gemeinsamen Schwerpunkt kreisenden Neutronensternen besteht.

Die Zustandsgrößen der Sterne

Vor fast 200 Jahren begann die physikalische Untersuchung des Sternenlichts. 1804 entdeckte der britische Naturforscher William Wollaston im Spektrum der Sonne dunkle Linien, die immer bei bestimmten Farben, also bestimmten Wellenlängen, auftraten. Zwölf Jahre später studierte der aus dem niederbayerischen Straubing stammende Glastechniker und spätere Physikprofessor Joseph von Fraunhofer ebenfalls das Sonnenspektrum und bezeichnete die schmalen dunklen Linien mit Buchstaben des lateinischen Alphabets. Heute kennen wir diese als Fraunhofer-Linien. Gegen Ende des vorigen Jahrhunderts untersuchten dann Physiker und Optiker nicht nur das Spektrum des Sonnenlichts, sondern auch das anderer Sterne. Schon bald fiel auf, dass die Spektren zwar von Stern zu Stern unterschiedlich sind, aber über diese individuellen Merkmale hinaus systematische Trends zeigen. Daher lag es nahe, die Sterne anhand ihrer spektralen Gemeinsamkeiten in Gruppen zusammenzufassen. Diese Gruppen werden heute als Spektralklassen bezeichnet.

Spektralklassen und Temperaturskala

Nahezu jedem aufmerksamen Betrachter fällt die unterschiedliche Farbe einzelner Sterne auf. So scheinen zum Beispiel die Gürtelsterne des Orion sowie die Hauptsterne Wega und Sirius der Sternbilder Leier beziehungsweise Großer Hund eine weiße Färbung aufzuweisen. Die Sonne und α Centauri A wirken eher gelb, Beteigeuze (α Orionis), Aldebaran (α Tauri) und Antares (α Scorpii) dagegen scheinen rötlich gefärbt zu sein.

Ähnlich wie bei Eisen kann man auch bei Sternen aus der Glühfarbe auf die ungefähre Oberflächentemperatur schließen. Allerdings gilt dies nur für Sterne, die den wesentlichen Teil ihrer Strahlung in den uns sichtbaren Wellenlängen von 400 bis 700 Nanometer aussenden. Um auch heißere oder kühlere Sterne – mit Strahlungsmaxima im ultravioletten oder infraroten Spektralbereich – zu erfassen, muss man entweder die Farbskala theoretisch in diese Spektralbereiche ausdehnen oder aber auf die für alle Spektralbereiche gültigen Gesetze der Wärmestrahlung zurückgreifen. Dabei ordnet man den entsprechenden Objekten mittels des Stefan-Boltzmann-Gesetzes oder des Wien'schen Verschiebungsgesetzes eine Temperatur zu. Es zeigt sich, dass die Oberflächentemperaturen (Effektivtemperaturen) der meisten Sterne kontinuierlich einen Bereich von 50 000 K bis 2000 K überdecken. Die Obergrenze bilden die sehr massereichen heißen Sterne, die Untergrenze wird durch die extrem massearmen oder extrem ausgedehnten kühlen Sterne markiert.

Die Annahme thermischer Strahlung erlaubt oft aber nur ein ungefähres Abschätzen der tatsächlichen Oberflächentemperatur eines

---

Ein heißer Gegenstand emittiert elektromagnetische Strahlung. Bei hoher Temperatur erscheint ein erheblicher Anteil der Strahlung im sichtbaren Bereich des Spektrums. Erhöht man die Temperatur, wird auch der Anteil des kurzwelligen blauen Lichts größer. Daher kann man beobachten, wie ein rot glühender Körper bei weiterem Erhitzen weiß glühend wird.
Der Physiker Wilhelm Wien untersuchte am Ende des 19. Jahrhunderts, wie die Energieabstrahlung für verschiedene Temperaturen von der Wellenlänge λ abhängt. Aufgrund der ihm vorliegenden experimentellen Daten formulierte er 1893/94 für den Zusammenhang zwischen der Lage des Maximums der Strahlungskurve λ_{max} und der Temperatur T beim Schwarzen Strahler das nach ihm benannte **Wien'sche Verschiebungsgesetz:**
$T \cdot \lambda_{max}$ = konstant. Für die Konstante auf der rechten Seite der Gleichung wurde aus den Messwerten der Zahlenwert $2{,}9 \cdot 10^{-3}$ m K berechnet.

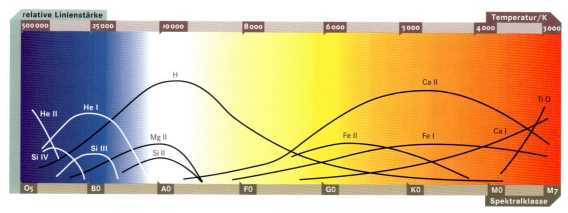

Sterns. Eine exaktere und zuverlässigere Ordnung erhält man durch einen Vergleich des jeweiligen Sternspektrums mit international vereinbarten Referenzspektren ausgewählter Sterne. Sterne, deren gemessenes Spektrum einem Referenzspektrum entspricht, werden dann in die dadurch repräsentierte Spektralklasse eingeordnet.

Die einzelnen Spektralklassen – häufig auch als Spektraltypen bezeichnet – sind charakterisiert durch das Vorkommen oder Fehlen und insbesondere durch die relative Stärke ausgewählter Spektrallinien. In der historischen Entwicklung der Spektralklassifikation spielte die Stärke der Wasserstofflinien eine große Rolle, insbesondere die der Balmer-Serie. Deren Linien dominieren die Spektren von Sternen wie Wega und Sirius. Solche Sterne bezeichnet man als A-Sterne oder Sterne vom Spektraltyp A. Allerdings ist die Einteilung aufgrund der Balmer-Linien nicht eindeutig, da deren Stärke von den A-Sternen aus sowohl mit wachsender als auch mit abnehmender Oberflächentemperatur geringer wird. Zudem zeigen heiße Sterne mit Temperaturen über 25 000 K praktisch keine Balmer-Linien mehr.

Deshalb nutzt man zur Spektralklassifikation der heißen Sterne vor allem Linien des neutralen und ionisierten Heliums (He, He$^+$), aber auch Linien ionisierter Atome (zum Beispiel O$^+$, O^{2+}, C$^+$, C^{2+}, Si^{2+}, Si^{3+}). Zur Klassifikation der kühlen Sterne dienen meist Spek-

Die Spektralklassen der Sterne lassen sich nach der Harvard-Klassifikation nur dann in eine eindeutige Reihenfolge bringen, wenn jeweils das Auftreten **mehrerer Spektrallinien als temperaturabhängiger Effekt** gedeutet wird. Für nur eine einzelne Linie wäre eine Zuordnung zweideutig. So nimmt die Linienstärke für neutralen Wasserstoff (H), ausgehend von 10 000 K, mit *fallender* Temperatur deswegen ab, weil bei niedrigeren Temperaturen weniger Atome in einem angeregten Zustand sind, während sie mit *steigender* Temperatur deswegen abnimmt, weil sich die Anzahl der insgesamt vorhandenen neutralen Atome des Wasserstoffs zugunsten der Anzahl seiner Ionen verringert.

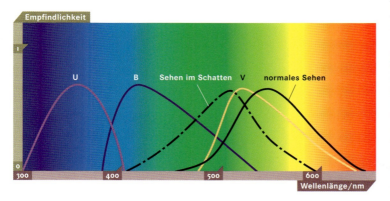

Weil die klassische Spektralanalyse zur Klassifizierung großer Sternmengen häufig zu aufwendig ist, wurden für die Grobanalyse der Sternstrahlung verschiedene Systeme von Filtern entwickelt. Unter deren Verwendung werden die Helligkeiten von Sternen in verschiedenen normierten Spektralbereichen gemessen. Das bekannteste dieser Systeme ist das **UBV-System,** das aus drei Filtern besteht: U-Filter im Ultravioletten, B-Filter im Blau-Grünen, V-Filter etwa spektrale Empfindlichkeit des Auges (visuell). Die Grafik zeigt die Empfindlichkeit der jeweiligen Messung in Abhängigkeit von der Wellenlänge des Lichts. Eine grobe Information über ganze Sternfelder erhält man, indem man diese unter Vorschaltung jeweils eines dieser Filter dreimal fotografiert.

Der österreichische Physiker Josef Stefan formulierte 1879 den Zusammenhang zwischen der Temperatur T eines Schwarzen Strahlers und der Leistung pro Flächeneinheit M_S seiner Strahlung: $M_S = \sigma \cdot T^4$. Dieser Zusammenhang wurde von Stefans Landsmann und Kollegen Ludwig Boltzmann fünf Jahre später (1884) theoretisch begründet und ist seitdem als **Stefan-Boltzmann-Gesetz** bekannt. Die Konstante σ trägt den Namen **Stefan-Boltzmann-Konstante;** ihr Wert beträgt $5{,}67 \cdot 10^{-8}\,\text{W}\,\text{m}^{-2}\,\text{K}^{-4}$. Das bedeutet: Bei 1000 K strahlt 1 cm² Oberfläche eines Schwarzen Strahlers über alle Wellenlängen etwa 5,7 W ab. Mithilfe dieses Gesetzes konnte Stefan die Oberflächentemperatur der Sonne auf ungefähr 6000 °C berechnen.

trallinien neutraler oder einfach ionisierter Atome und Moleküle mit niedrigen Ionisationsenergien. Dazu gehören etwa die auffälligen Fraunhofer-Linien von Calcium (Ca, Ca⁺), Natrium (Na), Magnesium (Mg) und auch von Titanoxid (TiO), das in den Atmosphären sehr kühler und sauerstoffreicher Sterne mit Temperaturen ab 3000 K vorkommt.

Das heute gebräuchliche System der Spektralklassen wurde Anfang unseres Jahrhunderts am Harvard-Observatorium entwickelt. In dieser Harvard-Klassifikation sind die Hauptklassen der Sterne nach fallender Oberflächentemperatur von sehr heiß (T_{eff} etwa 50 000 K) bis sehr kühl (T_{eff} etwa 2500 K) geordnet und mit Buchstaben bezeichnet. Die von ihnen gebildete Sequenz lautet:

$$O-B-A-F-G-K-M \cdot S \cdot C$$

Innerhalb jeder dieser Hauptklassen findet eine Abstufung in zehn Unterklassen statt, die mit 0 bis 9 bezeichnet werden. Die Sonne trägt in diesem System die Bezeichnung G2, ist also ein Stern der Spektralklasse G und gehört der Unterklasse 2 an. Die sehr kühlen Sterne der Klassen M, S, C besitzen annähernd die gleichen Oberflächentemperaturen, aber jeweils ein unterschiedliches Kohlenstoff-Sauerstoff-Verhältnis in ihrer Atmosphäre. Sie bilden nach heutiger Auffassung eine Entwicklungssequenz, die mit einem M-Stern beginnt. Dessen Atmosphäre reichert sich mit Kohlenstoff an, der aus den inneren Bereichen des Sterns stammt. Dadurch verändert sich die ursprünglich sauerstoffreiche M-Stern-Atmosphäre über den S-Typ (etwa gleich viel Kohlenstoff wie Sauerstoff) in die kohlenstoffreiche Atmosphäre eines C-Sterns.

Leuchtkraftklassen und Sternmasse

Sterne mit gleicher Oberflächentemperatur, aber mit verschiedener räumlicher Größe unterscheiden sich in ihrer Leuchtkraft. Dieser Umstand erlaubt es, die Kategorien der Sterne weiter aufzuschlüsseln und zusätzlich Leuchtkraftklassen einzuführen. Im heute gebräuchlichen Ordnungsschema sind acht Leuchtkraftklassen definiert.

Die Intensitätsverteilung der Strahlung von den Sternen Beteigeuze (Spektralklasse M2) und ζ Puppis (O5) über deren Wellenlänge. Der blaue und der gelbe Balken deuten die Empfindlichkeitsbereiche zweier Farbfilter, B (blau) und V (visuell), an. Die Differenz der durch zwei verschiedene Farbfilter in Magnitudines (mag) gemessenen scheinbaren Helligkeiten eines Sterns heißt **Farbindex,** in diesem Fall also Farbindex B–V. Ein Farbindex gibt eine Information über den Verlauf der Intensitätsverteilung, d. h. über die Lage des Maximums und der Steigungen dieser Verteilung. Liegt das Maximum der Intensität bei kleineren Wellenlängen als der mittlere Wert von B- und V-Filter, dann ist der Farbindex B–V, die Differenz der mit B- und V-Filter gemessenen Intensitäten, negativ. Liegt das Maximum dagegen bei größeren Wellenlängen, dann hat dieser Index einen positiven Wert. Dabei ist zu beachten, dass einer größeren Intensität ein kleinerer Wert der Magnitudo entspricht.

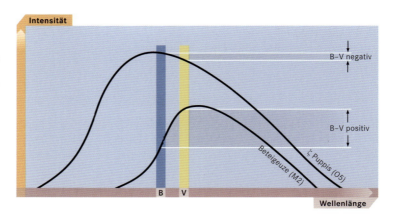

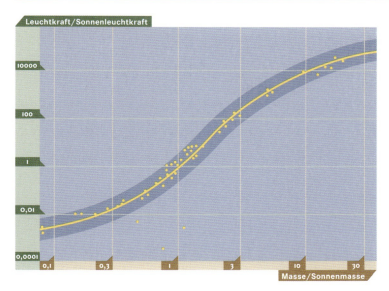

Die **Masse-Leuchtkraft-Beziehung** für Hauptreihensterne der Population I. Diese gesetzmäßige Beziehung beruht darauf, dass die Masse über den Gravitationsdruck im Zentrum der Sterne die Bedingungen bestimmt, unter denen die Kernfusion stattfindet. Die hierdurch freigesetzte Energie bestimmt ihrerseits die Leuchtkraft. Da der Gleichgewichtspunkt für die Kernfusion auch von der chemischen Zusammensetzung und der Durchmischung des Sterns abhängt, streuen die Leuchtkräfte bei gleicher Masse innerhalb eines gewissen Bereichs (und umgekehrt). Die Grenzen für stabile Sterne liegen nach unten bei etwa 5 % der Sonnenleuchtkraft und 0,08 Sonnenmasse und nach oben bei etwa dem 30 000fachen der Sonnenleuchtkraft und dem 40fachen der Sonnenmasse.

Abgesehen von der Leuchtkraftklasse der absolut hellsten Sterne, die die Nummer 0 trägt, sind die Leuchtkraftklassen mit abnehmender Helligkeit nach römischen Ziffern geordnet. Um eine feinere Abstufung im Bereich der Überriesen (Leuchtkraftklasse I) zu erreichen, wurden zusätzlich die Unterklassen a und b eingeführt. Die überwiegende Zahl der Sterne des Milchstraßensystems gehört zur Leuchtkraftklasse V, also zu den Zwergsternen. Zu ihnen zählt auch unsere Sonne, die in diesem System die Typenbezeichnung G2V trägt. Bei den Objekten der Leuchtkraftklasse V handelt es sich um Hauptreihensterne, also um Sterne, deren Energie durch Wasserstoffbrennen entsteht. Bei den Riesen und Überriesen dagegen stammt der Großteil ihrer Energie aus der Fusion von Helium oder von schweren Elementen wie Kohlenstoff oder Sauerstoff. Die extrem leuchtschwachen Angehörigen der Leuchtkraftklasse VII – die Weißen Zwerge – stellen Endstadien der Sternentwicklung dar; in ihnen ist jegliche Energieproduktion erloschen. Weitere Merkmale, die einen Stern definieren, sind neben den Fundamentalgrößen Leuchtkraft, Effektivtemperatur und Radius auch seine Masse M und die Elementhäufigkeiten in den äußeren Schichten. Die Häufigkeit der Elemente in den Randzonen entspricht in der Regel der ursprünglichen Zusammensetzung des Sterns bei seiner Entstehung.

Die Masse eines Sterns wird entweder direkt mittels des dritten Kepler'schen Gesetzes aus den Bahndaten von Doppelsternen ermittelt oder im Rahmen der Theorie des innern Aufbaus abgeleitet. Bei den Modellen dieser Theorie wird die Sternmasse mit andern fundamentalen Zustandsgrößen verknüpft. Im einfachsten Fall reichen dabei die vier Grundparameter Masse, Leuchtkraft, Effektivtemperatur und Elementhäufigkeiten aus. Die mit diesen beiden Methoden ermittelten Sternmassen liegen zwischen 0,07 und 100 Sonnenmassen. Die untere Grenze bilden die extrem lichtschwa-

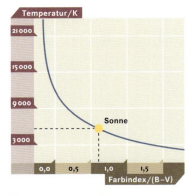

Da bei den meisten Sternen die Temperaturabhängigkeit der Strahlung in ähnlicher Weise von der des Schwarzen Strahlers abweicht, besteht ein eindeutiger Zusammenhang zwischen **Farbindex B–V und Temperatur der Photosphäre** und damit auch mit der Farbe und der Spektralklasse der Sterne. Die Sonne mit einer Photosphärentemperatur von etwa 5780 Kelvin hat einen B-V-Farbindex von 0,67.

Einar Hertzsprung.

	Die Harvard-Klassifikation der Sterne
Spektralklasse	Beschreibung der spektralen Merkmale
O	heiße Sterne mit Absorptionslinien des ionisierten Heliums
B	Absorptionslinien des neutralen Heliums, bei späteren Typen der Klasse nimmt die Balmer-Serie des Wasserstoffs zu
A	Wasserstoff sehr stark, später abnehmend, dann Zunahme der Calciumlinien
F	Calciumlinien stärker, Abnahme des Wasserstoffs, Auftreten von Metalllinien
G	Calciumlinien stark, Eisen und andere Metalllinien stark, Wasserstofflinien werden schwächer
K	starke Metalllinien, später Auftreten von Banden des Titanoxids (TiO)
M	sehr rot; TiO-Banden entwickeln sich stärker; die Atmosphären dieser Sterne enthalten weniger Kohlenstoff als Sauerstoff
S	ähnlich M; starke Banden des Zirconiumoxids (ZrO) sowie z. B. Lanthanoxid (LaO); in den Atmosphären dieser Sterne sind Kohlenstoff und Sauerstoff etwa gleich häufig
C	Vorherrschen von Kohlenstoffverbindungen, Banden der Cyanogruppe (CN), des Kohlenmonoxids (CO) und des Kohlenstoffs (C_2); die Atmosphären dieser Sterne enthalten mehr Kohlenstoff als Sauerstoff; die Sterne dieser Klasse werden deshalb auch als Kohlenstoffsterne bezeichnet

Im System der **Harvard-Klassifikation** wurden Anfang des 20. Jahrhunderts die **Spektralklassen** zunächst mit den Buchstaben A bis Q bezeichnet. Bald zeigte sich jedoch, dass einige Klassen auszuschließen waren und die verbleibenden durch Vertauschungen in eine sinnvolle Reihenfolge gebracht werden mussten. Daraus ergab sich eine Sequenz nach abnehmender Oberflächentemperatur: O–B–A–F–G–K–M·S·C. Für diese Sequenz gibt es den einprägsamen Merksatz »**O**h, **b**e **a** **f**ine **g**irl, **k**iss **m**e«, in dem die Anfangsbuchstaben für die Spektralklassen O bis M stehen. Die Klassen S und C sind eng mit der Klasse M verwandt und wurden später hinzugefügt.

chen, gerade noch sichtbaren Zwergsterne. Ihr Minimalwert von einigen Hundertsteln Sonnenmasse stimmt überraschend gut mit der theoretisch kleinsten Masse eines »richtigen« Sterns überein, die bei etwa 0,08 Sonnenmasse liegt.

Für masseärmere Objekte bleibt die im Innern erreichbare Temperatur stets zu niedrig, um ein ausreichendes Wasserstoffbrennen zu gewährleisten, sodass in dieser Leichtgewichtsklasse keine normalen Hauptreihensterne existieren. Die hier vorkommenden Objekte, die Braunen Zwerge, entwickeln bei ihrer Entstehung in ihrem Zentrum Temperaturen von nur ein bis fünf Millionen Kelvin und eine Dichte zwischen 100 und 1000 g/cm³. Unter diesen Bedingungen kann sich nur Deuterium bilden, aus dem durch Kernfusion Helium entsteht. Die Energieproduktion ist deshalb stark limitiert und beschränkt sich hauptsächlich auf das Verbrennen des Deuteriums. Aus diesem Grund kühlen Braune Zwerge in kurzer Zeit zu leuchtschwachen Objekten ab. Ihre Masse dürfte den Bereich von 0,08 Sonnenmasse bis hinab zur Größenordnung der Planetenmassen überdecken.

Anders als die minimale Sternmasse erweist sich die Obergrenze von etwa 100 Sonnenmassen als eine physikalisch gegebene Stabilitätsgrenze. Wegen des in der Superschwergewichtsklasse herrschenden extremen Strahlungsdrucks können jenseits der Grenze von 100 Sonnenmassen keine stabilen Zustände mehr existieren.

Einen besonders einfachen Fall stellen in diesem Zusammenhang die Hauptreihensterne dar, aus deren Modellen sich eine – auch empirisch gut bestätigte – Beziehung zwischen Leuchtkraft und Masse ableiten lässt. Diese »Masse-Leuchtkraft-Beziehung« drückt aus, dass die Leuchtkraft L eines Hauptreihensterns näherungsweise mit der Potenz η seiner Masse M zunimmt. Der Wert für η hängt von der Elementzusammensetzung der Sterne ab und beträgt für Sterne der Population I etwa 3,15. Die Formel der Masse-Leuchtkraft-Beziehung, bezogen auf die jeweiligen Werte für die Sonne, lautet: $L/L_\odot = (M/M_\odot)^\eta$. (Sonnenleuchtkraft $L_\odot = 3{,}85 \cdot 10^{26}$ W, Sonnenmasse $M_\odot = 1{,}989 \cdot 10^{30}$ kg). Bei Hauptreihensternen kann also bei bekanntem η aus der beobachteten Leuchtkraft direkt auf die Sternmasse geschlossen werden.

Hertzsprung-Russell-Diagramm

Das Hertzsprung-Russell-Diagramm (HRD) verknüpft die Spektralklassen der Sterne mit ihren Leuchtkraftklassen. Seinen Namen hat es nach dem dänischen Ingenieur Ejnar Hertzsprung und dem amerikanischen Astronomen Henry Norris Russell. In der ersten Dekade des 20. Jahrhunderts führte Hertzsprung das »Farben-Helligkeits-Diagramm« ein. Unabhängig davon kreierte Russel 1913 sein »Spektraltyp-Helligkeits-Diagramm«. Entlang der Abszisse ist dabei die Effektivtemperatur und entlang der Ordinate die Leuchtkraft oder die absolute Helligkeit aufgetragen. Das Hertzsprung-Russell-Diagramm der Sonnenumgebung berücksichtigt die sonnennahen Sterne innerhalb einer Entfernung von 10 Parsec oder etwa 33 Lichtjahren und enthält außerdem die scheinbar hellsten Sterne am Himmel. Es zeigt die typischen Merkmale jedes HRD für eine normale Sternverteilung. Besonders auffällig ist, dass mehr als 90 % der Sterne längs einer Diagonale von links oben nach rechts unten lie-

Henry Norris Russell.

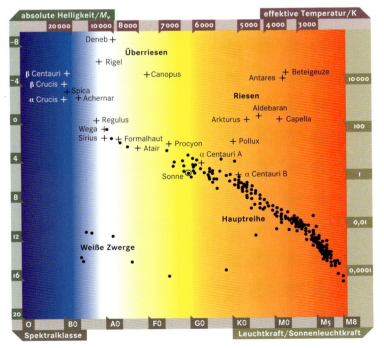

Die sonnennächsten Sterne (Punkte) und die Sterne mit der größten scheinbaren Helligkeit (Kreuze) im **Hertzsprung-Russell-Diagramm** (HRD). Für jeden Stern legen seine Spektralklasse (horizontale Achse) und seine absolute Helligkeit (vertikale Achse) seine Position im HRD fest. Aus dieser lassen sich die Art des inneren Gleichgewichtszustands und die Entwicklungsphase des Sterns ablesen. Dem Diagramm ist zu entnehmen, dass die sonnennahen Sterne ausnahmslos entweder Hauptreihensterne sind wie die Sonne selbst, also auf der »Hauptreihe«, der Diagonale von links oben nach rechts unten, liegen, oder aber Weiße Zwerge. Die meisten gehören den rötlichen Spektralklassen K und M an, die hellsten Hauptreihensterne sind weiß bis blau (Wega, Sirius, Formalhaut, Atair). Die meisten hellen Sterne überhaupt sind aber Riesen oder Überriesen. Diese sind wesentlich weiter entfernt und weisen entweder aufgrund ihrer fortgeschrittenen Entwicklung (Beteigeuze, Antares) oder aufgrund ihrer größeren Masse und damit ihrer heißeren Photosphäre (β Centauri, Spica) erheblich höhere Leuchtkräfte auf. Die den Spektralklassen entsprechenden Effektivtemperaturen sind am oberen Rand, die den absoluten Helligkeiten entsprechenden Leuchtkräfte am rechten Rand aufgetragen.

gen. In den Gebieten außerhalb dieser so genannten Hauptreihe dagegen befinden sich nur wenige Objekte.

Grundlegende Bedeutung hat das HRD sowohl für das Studium der räumlichen und statistischen Verteilung unterschiedlicher Sterntypen als auch für die Aussage über die individuelle Entwicklung einzelner Objekte. So manifestiert sich die Entwicklung von Hauptreihensternen über Riesen zu Weißen Zwergen in einem typischen Durchlaufen des HRD. Die Sterne wandern von der Hauptreihe aus zunächst nach oben ins Revier der Riesen und fallen dann nach unten ins Reich der Weißen Zwerge.

Bei den Hauptreihensternen handelt es sich durchweg um Zwergsterne der Leuchtkraftklasse V. Sterne oberhalb der Hauptreihe gehören in das Reich der Riesen und Überriesen. Die Riesensterne zerfallen in mehrere Gruppen, die unterschiedliche »Äste« im HRD bevölkern: Der Ast der Roten Riesen setzt bei den kühlen Spektralklassen K und M ein und steigt fast senkrecht von der Hauptreihe auf.

Abgesetzt davon ist der Horizontalast, ein waagrechtes Band von Riesen nahezu konstanter Helligkeit mit der hundertfachen Leuchtkraft der Sonne. Ferner erkennt man den asymptotischen Riesen-Ast, der am Horizontalast einsetzt, sich asymptotisch dem Ast der Roten Riesen nähert und im rechten oberen Bereich des HRD im Übergangsgebiet der leuchtkräftigsten Roten Riesen und Überriesen zu den Planetarischen Nebeln ausläuft. In diesem Abschnitt des HRD liegen die hellsten kühlen Sterne mit Temperaturen zwischen 2500 und 3000 K und einer Leuchtkraft, die 10 000- bis 100 000-mal stärker ist als die der Sonne. Diese Sterne besitzen extrem ausgedehnte Hüllen, deren Radien das Tausendfache des Sonnenradius erreichen können.

Mehrere Größenordnungen unter der Hauptreihe befindet sich das Reich der Weißen Zwerge. Ihr bekanntester Repräsentant ist der Stern Sirius B, der Begleiter des Sirius. Als das natürliche Endstadium der sehr zahlreichen massearmen Sterne müssen Weiße Zwerge recht oft im Kosmos vorkommen. Sie sind aber nur schwer zu entdecken, da ihre Leuchtkraft äußerst gering ist und nur ein Tausendstel bis ein Zehntausendstel der Sonnenleuchtkraft beträgt. Ihre Anzahl ist nur in der Sonnenumgebung gut bekannt.

Hertzsprung-Russell-Diagramm mit der schematischen Darstellung der Zustandsgebiete der verschiedenen Sterntypen. Die Zwergsterne im Zustand des Wasserstoffbrennens befinden sich auf der Hauptreihe, einem schmalen diagonalen Streifen von links oben nach rechts unten. Darüber liegen die Gebiete der Riesen- und Überriesensterne, in denen die Kernfusion mit Elementen stattfindet, die schwerer sind als Wasserstoff. Unterhalb der Hauptreihe liegt das Gebiet der Weißen Zwerge; sie stellen ein mögliches Endstadium der Sternentwicklung dar.

Neben diesen deutlich unterscheidbaren Hauptklassen des HRD existieren noch vereinzelte Objekte zwischen Hauptreihe und Riesen-Ast; diese so genannten Unterriesen stellen Übergänge von den Hauptreihensternen zu den Roten Riesen dar. Analog gilt dies auch für die Unterzwerge, die zwischen Hauptreihe und Weißen Zwergen liegen und den Übergang von den Zentralsternen der Planetarischen Nebel zu den Weißen Zwergen markieren.

Ein HRD stellt eine Momentaufnahme dar, in die einzelne Objekte gemäß ihrer Effektivtemperatur und Leuchtkraft eingetragen werden. Eine besonders stabile Situation im Leben eines Sterns ist das Wasserstoffbrennen, das bis zu zehn Milliarden Jahre dauert und im Vergleich zu andern Prozessen wie dem Helium- oder Kohlenstoffbrennen sehr lange Zeiträume überbrückt. Dies erklärt, warum wir den Großteil der Sterne in der Phase des Wasserstoffbrennens beobachten.

Aufbau und Struktur eines stabilen Sterns werden prinzipiell durch die vier Grundparameter Masse, Effektivtemperatur, Leuchtkraft und Elementzusammensetzung festgelegt. Das Hertzsprung-Russell-Diagramm erfasst davon lediglich zwei Größen, die Effektivtemperatur und die Leuchtkraft. Deshalb lassen sich aus der Lage eines Sterns im HRD keine direkten Rückschlüsse auf dessen Masse oder chemische Zusammensetzung ziehen. Die Beobachtung zeigt aber, dass im Milchstraßensystem die schweren Elemente (also alle Elemente schwerer als Helium) räumlich sehr unterschiedlich verteilt sind und dass diese Verteilung den verschiedenen Sternpopulationen entspricht. Dies sieht man zum Beispiel deutlich beim Vergleich des Farben-Helligkeits-Diagramms (FHD) eines galaktischen offenen Sternhaufens (Population I) mit demjenigen eines Kugelsternhaufens (Population II). In einem Farben-Helligkeits-Diagramm ist auf der horizontalen Achse der Farbindex B–V aufgetragen, auf der vertikalen Achse die scheinbare Helligkeit. Die Darstellungen in einem FHD ist gleichwertig mit der in einem HRD.

Trägt man in einem HRD oder in einem FHD nur Sterne mit annähernd gleicher chemischer Zusammensetzung ein, bleibt als unbekannte Größe nur noch die individuelle Sternmasse übrig. Bei Hauptreihenobjekten mit bekannter Leuchtkraft lässt sich die Masse dann mittels der Masse-Leuchtkraft-Beziehung direkt berechnen.

Aufbau und Entwicklung der Sterne

In gewisser Hinsicht sind Sterne riesige Gaskugeln, in denen gigantische Fusionsfeuer brennen. Seit Millionen von Jahren strahlen sie ihre Energie ab und erscheinen dem Menschen unveränderlich.

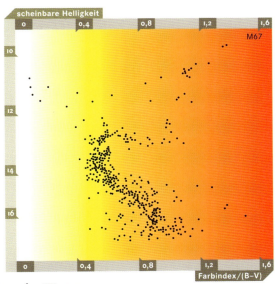

Dem **Farben-Helligkeits-Diagramm** des offenen Sternhaufens M 67 ist zu entnehmen, dass dieser Sternhaufen ein junges Objekt ist, weil die meisten seiner Sterne sich noch auf der Hauptreihe befinden. Wegen des Gehalts der Sterne an schweren Elementen (schwerer als Helium) reicht die Hauptreihe kaum in den blauen Bereich.

Der **offene Sternhaufen M 67** hat einen Durchmesser von etwa $1/4$ Grad. Er steht in 830 Parsec Entfernung im Sternbild Krebs.

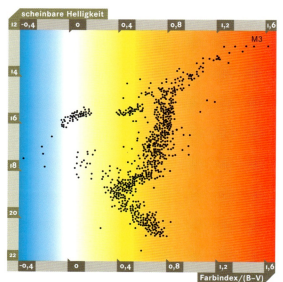

In dem **Farben-Helligkeits-Diagramm** des Kugelsternhaufens M3 (Population II) ist zu erkennen, dass die Mehrzahl der Sterne nicht auf der Hauptreihe liegt. Die meisten Sterne haben diese infolge ihrer langen Entwicklung bereits verlassen. Kugelhaufen sind sehr alte Objekte. Ihre Sterne enthalten nur zu einem sehr geringen Anteil Elemente, die schwerer sind als Wasserstoff und Helium.

Der **Kugelsternhaufen M3** ist fünfzehnmal weiter entfernt als der offene Sternhaufen M 67. Er steht im Sternbild Jagdhunde und hat einen scheinbaren Durchmesser von 10 Bogenminuten.

Erst die Erkenntnisse unseres Jahrhunderts eröffneten den Weg, Sterne als physikalische Objekte zu betrachten und mathematische Modelle zu entwickeln, die die Lebenswege der Sterne beschreiben.

Das Gleichgewicht stabiler Sterne

Stabile Sterne sind durch zwei wesentliche Merkmale definiert: das hydrostatische und das energetische Gleichgewicht. Im hydrostatischen Gleichgewicht herrscht an jedem Ort im Stern ein Gleichgewicht zwischen dem Strahlungsdruck, der nach außen wirkt, und der Gravitation, die nach innen gerichtet ist. Da diese Kräfte nur in radialer Richtung wirken, sind sie für jedes Materieelement einer gedachten Kugelschale gleich groß – das Gewicht der Schale und die auf sie wirkenden Druckkräfte aus dem Innern halten sich die Waage. Aus dieser Tatsache folgt die Isotropie oder Richtungsunabhängigkeit der Materieverteilung in einem nicht rotierenden Stern und somit seine Kugelgestalt.

Ein energetisches Gleichgewicht liegt bei Sternen dann vor, wenn die durch Strahlung ausgesandte und damit den Sternen verloren gehende Energie kontinuierlich nachgeliefert wird. Im Prinzip verfügt ein Stern dafür über zwei mögliche Quellen: Gravitationsenergie und Kernenergie.

Gravitationsenergie wird bei konstanter Sternmasse durch Verkleinern des Radius, also durch Kontraktionsprozesse freigesetzt. Dieser Mechanismus kann nur dann wirken, wenn ein Stern durch Kontraktion seine radiale Masseverteilung signifikant ändert, wie dies etwa bei der Entwicklung von Protosternen oder beim Übergang von der Hauptreihe zu Roten Riesen der Fall ist. Für die Hauptreihensterne, deren Materieverteilung sich in einem statischen Zustand befindet, scheidet diese Möglichkeit aus. Die von einem solchen stabilen Stern abgestrahlte Energie kann daher nur aus Kernfusionsprozessen stammen, die im heißen Innern des Sterns ablaufen. Die bei diesen Prozessen freigesetzte Energie bewirkt zweierlei: Zum einen sichert sie die für das Kernbrennen erforderliche hohe Temperatur der zentralen Bereiche, zum andern sorgt sie für den ständigen Nachschub der durch Abstrahlung in den Raum verloren gehenden Energie. Physikalisch betrachtet, stellt ein »normaler« Stern also einen Materiezustand dar, den ein mehr oder weniger langlebiges stabiles Kräfte- und Energiegleichgewicht aufrecht erhält.

Hauptreihensterne

Das Hauptreihenstadium ist die längste aktive Phase im Leben eines Sterns. Dies erklärt sich dadurch, dass die Energieerzeugung bei Hauptreihensternen auf dem Wasserstoffbrennen beruht. Darunter versteht man die Fusion von je vier Wasserstoffkernen

Kap. 3 Die Vielfalt der Sterne

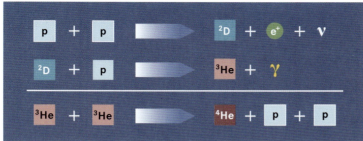

Bei der direkten Fusion von Protonen im **Proton-Proton-Prozess** (PP-Prozess) entstehen aus jeweils drei Protonen in zwei Schritten ³He-Kerne. In einem dritten Schritt verschmelzen zwei ³He-Kerne unter Abspaltung von zwei Protonen zu einem ⁴He-Kern.

(Protonen) zu einem Heliumkern. Weil die Masse des entstehenden Heliumkerns deutlich kleiner ist als die Gesamtmasse der vier verbrauchten Protonen, ist dies ein stark exothermer Vorgang, das heißt ein Vorgang, bei dem Energie freigesetzt wird. Durch die Fusion eines Gramms Wasserstoff entsteht so viel Energie, wie ein Europäer bei einem durchschnittlichen Energiebedarf von etwa 45 kWh pro Tag in 150 Tagen verbraucht.

Die genaue Untersuchung des Fusionsprozesses von Wasserstoff zu Helium zeigt, dass es für diesen grundsätzlich zwei unterschiedliche Möglichkeiten gibt: zum einen die Proton-Proton-Kette, die der deutschamerikanische Physiker Hans A. Bethe und sein Kollege Charles L. Critchfield 1938 als direkten Energieerzeugungsprozess in Sternen vorgeschlagen haben; zum andern den ebenfalls 1938 von Bethe gemeinsam mit Carl Friedrich von Weizsäcker ausgearbeiteten Bethe-Weizsäcker-Zyklus. In diesem auch als CNO-Zyklus bezeichneten Prozess entsteht das Heliumatom ebenfalls aus Protonen, wobei aber bereits im Stern vorhandene Kerne von Kohlenstoff, Stickstoff und Sauerstoff als »Katalysatoren« dienen.

Die Energieproduktion durch die Proton-Proton-Kette und den CNO-Zyklus zeigt eine deutliche Temperaturabhängigkeit. So beruht bei massearmen Sternen mit geringer Zentraltemperatur die

Beim **CNO-Zyklus** sammelt ein ¹²C-Kern (im Bild links oben) schrittweise vier Protonen auf (im Uhrzeigersinn), die unter Aussendung von Gamma-Quanten (Wellenlinien) und Positronen (e⁺) zum Teil in Neutronen umgewandelt werden. Obwohl das durch den vierten Protoneneinfang entstandene ¹⁶O ein stabiler Kern ist, spaltet es sich fast immer in einen ¹²C-Kern und einen ⁴He-Kern auf (bis auf etwa einen in tausend Fällen, in dem die überschüssige Energie in Form eines Gamma-Quants abgegeben wird). Mit dem ¹²C-Kern beginnt der gleiche Zyklus von vorn, während der ⁴He-Kern das Endprodukt eines Zyklus des Fusionsprozesses ist.

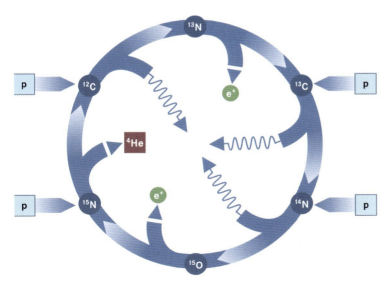

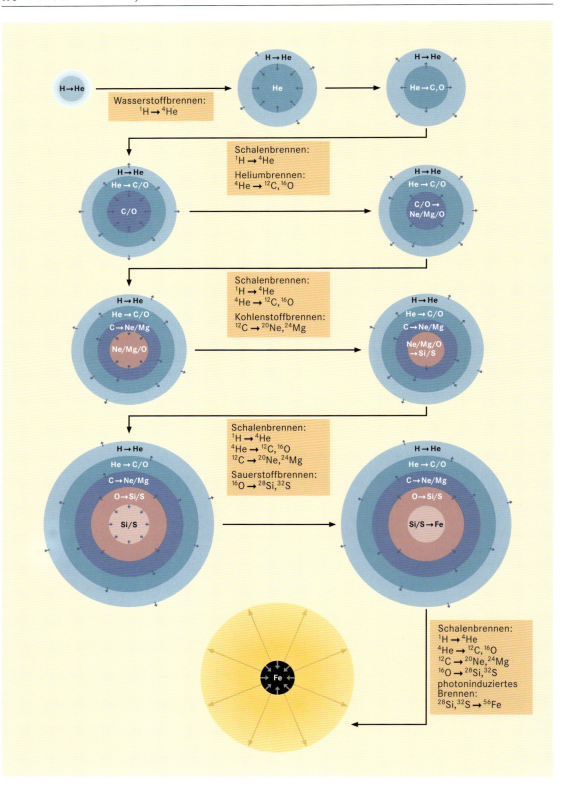

Kap. 3 Die Vielfalt der Sterne

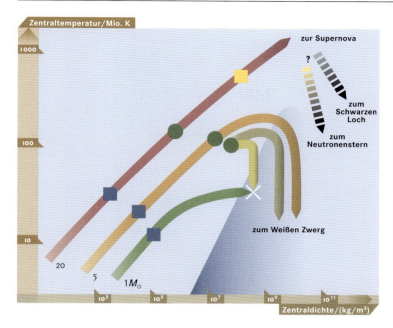

Der Zusammenhang von **Dichte und Temperatur im Sternzentrum** für Sterne von Sonnenmasse sowie solche von 5- und von 20facher Sonnenmasse. Im dunkel markierten Bereich ist die Materie nichtrelativistisch entartet. Rechts davon wird die **Entartung** relativistisch. Vollständig relativistische Entartung führt zum Kollaps der Materie, weil in diesem Zustand kein hydrostatisches Gleichgewicht mehr möglich ist. Wasserstoffbrennen (blaue Quadrate) findet stets vor Erreichen der Entartung statt. Bei Sternen von etwa Sonnenmasse entartet die Materie vor dem Heliumbrennen, weswegen dieses explosiv zündet (weißes Kreuz). Bei massereicheren Sternen wird die Entartung erst nach dem Zünden des Heliumbrennens erreicht. Sterne oberhalb von $8\,M_\odot$ durchlaufen entweder keinen stabilen Entartungszustand (was zu einer Supernova Ia führt), oder sie zünden das Kohlenstoffbrennen (gelbes Quadrat) im entarteten Bereich und enden als Supernova Ib (nicht dargestellt). Außer dieser hinterlassen alle Sterne einen kompakten Kern: entartete Kernmaterie, die auskühlt, oder ein Schwarzes Loch.

Energieproduktion fast ausschließlich auf der Proton-Proton-Kette. Bei massereichen Sternen mit höherer Zentraltemperatur dagegen ist sie vorwiegend durch den CNO-Zyklus bestimmt. Unsere massearme Sonne zum Beispiel erzeugt derzeit 70% ihrer Energie durch die Proton-Proton-Kette und 30% durch den CNO-Zyklus.

Sternentwicklung nach Durchlaufen der Hauptreihe

Wegen des immensen Wasserstoffvorrats eines Sterns kann das Hauptreihenstadium als eine Art Ruhephase gelten. Da sich das Wasserstoffbrennen tief im Innern des Sterns abspielt, reichert sich dort im Lauf der Zeit Helium an. Die äußeren Bereiche dagegen bleiben für lange Zeit unverändert und zeichnen sich durch eine nahezu konstante Leuchtkraft und Oberflächentemperatur aus. Dieses Verhalten ändert sich stark, sobald im Innern des Sterns etwa 10 bis 15% des Wasserstoffs zu Helium verbrannt sind. Zu diesem Zeitpunkt erlischt wegen des nun fehlenden Brennstoffs die zentrale Energiequelle – und der Stern kann sein hydrostatisches Gleichgewicht im Innern nicht mehr aufrechterhalten. Dies hat gravierende Folgen. Die nach innen gerichtete Gravitation überwiegt jetzt den nach außen gerichteten Strahlungsdruck, und der Innenbereich des Sterns fällt unter seinem Eigengewicht zusammen. Die durch die

Schematische Darstellung der **Fusionsprozesse** in Sternen, die als Supernova enden. In den kollabierenden Kernen (nach innen gerichtete Pfeile, linke Reihe des Diagramms) ist deren Zusammensetzung angegeben, in den stabilen Fusionsphasen (Übergang jeweils von rechts nach links) die qualitative Reaktionsgleichung. Die schwarzen nach außen gerichteten Pfeile deuten die Ausdehnung der Fusionsfronten an (nicht die der Materie!), die sich von innen nach außen fressen. Das Endstadium ist die Explosion der Materie (gelbe Pfeile).

Die **Entwicklung der Sterne** lässt sich im **Hertzsprung-Russell-Diagramm** (HRD) in Form von Entwicklungswegen verfolgen, deren Verlauf von der Masse der Sterne abhängt. Das Diagramm zeigt solche Wege schematisch für Sterne, deren Masse gleich der Sonnenmasse ($M_\odot$) ist bzw. das 5- oder 20fache davon beträgt. In allen drei Fällen führt das Ende des Wasserstoffbrennens zum Abwandern ins Gebiet der Riesen, wo das Heliumbrennen zündet. Dabei hängt es von der Masse ab, ob dies explosiv (»Helium-Flash«, Nr. 3) oder in der Nähe eines Gleichgewichts geschieht (4). Wenn die Sternmasse kleiner ist als etwa $8\,M_\odot$, kann meist keine höhere Fusionsstufe zünden. Die Sterne stoßen dann in Form eines ständig zunehmenden radialen Winds ihre ganze Hülle ab, bilden dadurch Planetarische Nebel und enden als Weiße Zwerge. Massereichere Sterne durchlaufen alle Fusionsstufen und enden als Supernovae (11). Bei Massen unterhalb etwa $0{,}8\,M_\odot$ endet die Entwicklung mit dem Ende des Wasserstoffbrennens. – Die Richtung der Wege im HRD zeigt die Art der Änderung der Zustandsgrößen an. Horizontal von links nach rechts: Aufblähen unter Abkühlung. Vertikal von unten nach oben: Aufblähen ohne Änderung der Oberflächentemperatur. Horizontal von rechts nach links: Freilegen der tieferen, heißen Schichten oder Schrumpfen bei gleich bleibender Energieproduktion. Diagonal von links oben nach rechts unten: Auskühlen ohne Radiusänderung. Die Zahlen in dem Diagramm kennzeichnen die jeweiligen Zustände der Sterne wie in dem Diagramm »Stellare Entwicklungsstadien«.

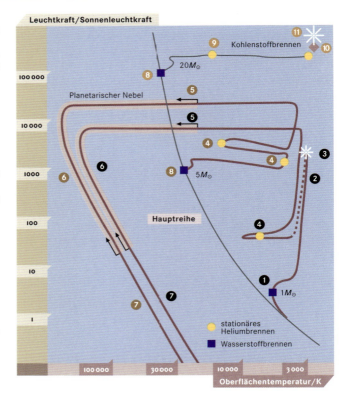

Gravitation freigesetzte Energie verändert sowohl die innere Struktur als auch das Erscheinungsbild des Sterns.

Die bei der Kontraktion freigesetzte Gravitationsenergie dient zu gleichen Teilen zur Erhöhung der thermischen Energie und zur Deckung der Abstrahlung. Durch die Energiezufuhr steigt die Temperatur im Zentrum des Sterns so stark an, dass sich im Übergangsgebiet vom zentralen Heliumkern zur umgebenden Wasserstoffregion eine schalenförmige Wasserstoffbrennzone ausbildet. Man bezeichnet diesen Zustand als Wasserstoff-Schalenbrennen. Das Zusammenspiel der zentralen Temperaturerhöhung und die Energieproduktion der Wasserstoffschale bewirkt einen erhöhten Energiefluss nach außen, was zu einer dramatischen Expansion der Randbereiche führt: Die Gashülle des Sterns bläst sich wie ein Luftballon auf. Als Konsequenz daraus nimmt die Oberflächentemperatur des Sterns ab. Er wird kühler, und sein Farbspektrum verschiebt sich deutlich nach rot – der Hauptreihenstern mutiert zum Roten Riesen.

Parallel zur Expansion der Gashülle steigt im kontrahierenden Kern die Temperatur auf rund 100 Millionen Kelvin an, und das Heliumbrennen setzt ein, also die nukleare Fusion von Helium zu Kohlenstoff und Sauerstoff. Damit hat der Stern erneut eine ergiebige Energiequelle angezapft. Zusammen mit dem Wasserstoff-Schalenbrennen ermöglicht das Heliumbrennen dem Stern, seinen quasistatischen Zustand als Roter Riese längerfristig aufrechtzuerhalten.

Lebensweg der massearmen Sterne

Abhängig von der Masse verläuft die Entwicklung im Zentrum des Sterns in unterschiedlicher Weise. Bei Sternen mit einer Masse größer als zwei Sonnenmassen setzt die Heliumfusion allmählich ein, und der Stern bleibt ständig im Stadium des Roten Riesen. Bei Sternen, deren Masse kleiner ist als zwei Sonnenmassen, setzt das Heliumbrennen dagegen blitzartig ein. Dieser so genannte Helium-Flash ist ein explosionsartiges Ereignis, das der Stern nur überlebt, weil er die erzeugte Energie nach außen abführt. Dabei ändert er in kurzer Zeit seine Leuchtkraft und seine Effektivtemperatur. Im HRD springt der Stern vom Ast der Roten Riesen auf das untere Ende des Horizontalasts, wo er so lange verharrt, bis der Heliumvorrat in seinem Kern zu Kohlenstoff verbrannt ist.

Wie auf der Hauptreihe bei der Erschöpfung des Wasserstoffs ist es dem Stern jetzt nicht mehr möglich, das Kräftegleichgewicht zwischen Gravitation und Strahlungsdruck aufrechtzuerhalten. Deshalb beginnt der Zentralbereich des Sterns erneut zu kontrahieren, und die Außenbereiche oberhalb der Wasserstoffschalenquelle dehnen sich extrem aus. Weil dabei die Oberflächentemperatur des Sterns kaum niedriger wird, führt dieser Ausdehnungsprozess zu einer entsprechenden Zunahme der Leuchtkraft. Im HRD wandert der Stern vom Horizontalast nahezu senkrecht nach oben und entwickelt sich entlang des asymptotischen Riesen-Asts zu einem Überriesen. Typisch für diesen sind eine extrem ausgedehnte kühle Hülle und ein sehr kompakter heißer Kern, der im Wesentlichen aus Kohlenstoff besteht.

Der **Hantel-Nebel** (M 27) steht in einer Entfernung von 300 pc im Sternbild Fuchs (Vulpecula). Er hat eine Winkelausdehnung von 4 × 8 Bogenminuten und ist der hellste Planetarische Nebel des Nordhimmels. Er zeigt eine auffällige Punktsymmetrie.

Die Hüllen der Überriesen sind wegen ihrer großen Ausdehnung von 100 bis 1000 Sonnenradien gravitativ nur noch sehr schwach an den Kern des Sterns gebunden. Schon ein geringer Impuls genügt, um den Überriesen aus seinem hydrostatischen Gleichgewicht zu bringen und eine weiteres Aufblähen zu bewirken. Auf diese Weise entsteht ein ausgeprägter Sternwind, der zu hohen Masseverlusten führt. Als wesentlichen Antrieb für die Sternwinde im Bereich des asymptotischen Riesen-Asts vermutet man den Einfluss von Stoßwellen und Strahlungsdruck auf Moleküle und Staubteilchen.

Als Folge des gravierenden Materieverlusts wird die Sternmasse zu gering, um im kontrahierten Kern die kritische Temperatur für das Kohlenstoffbrennen, also für die Fusion von Kohlenstoff zu Magnesium und Natrium beziehungsweise Neon, zu erreichen. Deshalb endet die nukleare Entwicklung der Sterne des asymptotischen Riesen-Asts schließlich mit einem dichten und heißen Kern aus Kohlenstoff und Sauerstoff, der eine Temperatur von rund 100 000 K aufweist. Ein solches Objekt, in dem sämtliche Kernreaktionen erloschen sind, nennt man einen Weißen Zwerg. Dessen

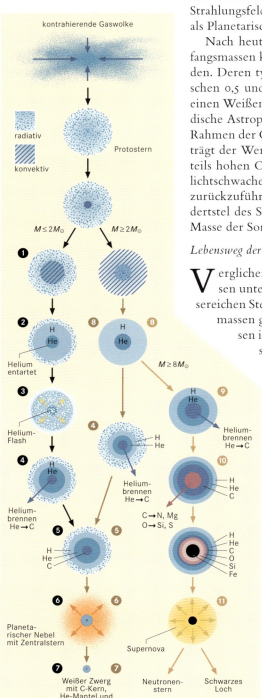

Kohlenstoff-Sauerstoff-Kern ist umgeben von einer sehr ausgedehnten Wasserstoff-Helium-Hülle, die durch das hochenergetische UV-Strahlungsfeld des Zentralsterns ionisiert wird und deren Leuchten als Planetarischer Nebel zu beobachten ist.

Nach heutigem Wissen scheint sicher, dass alle Sterne mit Anfangsmassen kleiner als 7 bis 8 Sonnenmassen als Weiße Zwerge enden. Deren typische Massen liegen nämlich in einem Bereich zwischen 0,5 und 0,6 Sonnenmasse. Die maximal mögliche Masse für einen Weißen Zwerg beträgt etwa 1,4 Sonnenmasse. Dies hat der indische Astrophysiker Subrahmanyan Chandrasekhar bereits 1931 im Rahmen der Quantentheorie berechnet. Als Formel ausgedrückt beträgt der Wert der Chandrasekhar-Masse $M_{Ch} = 1,4 M_\odot$. Trotz ihrer teils hohen Oberflächentemperatur sind die Weißen Zwerge recht lichtschwache Objekte. Dies ist auf ihre relativ kleine Oberfläche zurückzuführen. Ihr Radius beträgt typischerweise nur ein Hundertstel des Sonnenradius, sodass ein Weißer Zwerg zwar etwa die Masse der Sonne, aber nur die Größe der Erde besitzt.

Lebensweg der massereichen Sterne

Verglichen mit der Entwicklung von Sternen mit Ausgangsmassen unter acht Sonnenmassen verläuft der Lebensweg der massereichen Sterne deutlich anders. Bei diesen Objekten mit Anfangsmassen größer als acht Sonnenmassen kommt es in vielen Phasen ihrer Entwicklung ebenfalls zu einem erheblichen Masseverlust durch ausgeprägte Sternwinde. Der Motor dieser Winde ist hauptsächlich der Strahlungsdruck. Trotz der Verluste behalten die sehr heißen und leuchtkräftigen Sterne aber noch genügend Masse, um nach dem Heliumbrennen auch das Kohlenstoffbrennen zu zünden. Bei Sternen oberhalb zehn Sonnenmassen reicht die Fusionskette sogar noch weiter, und es entstehen Elemente, die schwerer sind als Kohlenstoff. Modellrechnungen zufolge bleibt von einem Stern mit einer Ausgangsmasse von 30 Sonnenmassen am Ende der thermonuklearen Entwicklung noch ein Rest von etwa fünf Sonnenmassen übrig.

Das Kohlenstoffbrennen setzt ein, sobald der durch das Heliumbrennen entstandene Kohlenstoff-Sauerstoff-Kern eine Temperatur von 600 bis 700 Millionen K erreicht hat. Wie auf der Hauptreihe (durch Wasserstoffbrennen) und auf dem Horizontalast (durch Heliumbrennen) ermöglicht es auch diese Kernfusion dem Stern, einen dynamischen Gleichgewichtszustand einzunehmen. Verglichen mit dem Wasserstoffbrennen kann dieser Prozess aber nur für eine geringe Zeit aufrechterhalten werden. Bei Sternen mit einer Ausgangsmasse von 20 Sonnenmassen dauert das Kohlenstoffbrennen nur etwa

100 Jahre – ein Wimpernschlag im Leben eines Methusalems. Ursache dieser überraschend kurzen Zeitspanne sind die großen Neutrinoverluste, durch die dem Stern riesige Energiemengen entzogen werden. Ohne diese Verluste würde der Kohlenstoffvorrat für gut 10 000 Jahre reichen.

Durch das Kohlenstoffbrennen entsteht im Stern ein Kern mit einer hohen Dichte von 100 kg/cm^3, der hauptsächlich aus Sauerstoff, Neon und Magnesium besteht. Für Sterne mit einer Anfangsmasse größer als zehn Sonnenmassen besitzt dieser Kern genügend Masse, um durch Kontraktion auch die Temperatur für das Neonbrennen (etwa 1,2 Milliarden K) und das Sauerstoffbrennen (etwa 2 Milliarden K) zu erreichen. Die jeweiligen Endprodukte der beiden Kernreaktionen sind im Wesentlichen Magnesium und Silicium beziehungsweise Silicium, Schwefel und Argon. Wegen der extremen Temperaturabhängigkeit dieser Brennphasen und der dramatisch zunehmenden Neutrinoverluste kann das Neonbrennen aber nur zehn Jahre, das Sauerstoffbrennen sogar nur ein Jahr lang ablaufen.

Als Endresultat ergibt sich ein Silicium-Schwefel-Kern, der ebenfalls kontrahiert und schließlich oberhalb von drei Milliarden K das Silicium- und Schwefelbrennen zündet. Die Fusionsdauer dieses Prozesses beträgt wegen der erneut gestiegenen Neutrinoverluste nur noch wenige Stunden, in denen jedoch ein Eisen-Nickel-Kern entsteht. Anschließend wird das Nickel durch radioaktiven Zerfall (Halbwertszeit 6,1 Tage) über Cobalt (Halbwertszeit 78,8 Tage) ebenfalls in Eisen verwandelt. Mit der Bildung eines zentralen Eisenkerns sind nun die für exotherme Kernfusionen verfügbaren Energiequellen endgültig erschöpft.

Supernovae

Im weiteren Leben des Sterns steht dem schweren Eisenkern ein dramatisches Schicksal bevor, vor dem ihn selbst seine extremen Eigenschaften nicht schützen. Bei einem Stern mit ursprünglich 20 Sonnenmassen hat der Eisenkern eine Masse von 1,5 Sonnenmassen und eine Temperatur von drei Milliarden Kelvin. Seine Dichte liegt bei 100 000 kg/cm^3 – um eine solche Dichte zu erreichen, müsste man zum Beispiel eine E-Lok in einen Fingerhut pressen. Wegen seiner hohen Dichte und der dichten Packung der Elektronen ähnelt der zentrale Eisenkern weitgehend einem Weißen Zwerg, wobei jedoch ein fataler Unterschied besteht. Bei den im Eisenkern herrschenden Temperaturen werden nämlich zwei Prozesse wichtig: die Elektron-Positron-Paarbildung durch thermische Photonen und vor allem die so genannte Photodesintegration, also das Zertrümmern von Atomkernen durch hochenergetische Photonen. Als Folge davon werden die Eisenkerne in je 26 Protonen und 30 Neutronen zerlegt.

Der Zerfall der Eisenkerne ist ein katastrophales Ereignis im Leben des Sterns. Es führt zum Verlust seiner Stabilität und damit zum sofortigen Kollaps der Zentralbereiche, der sich in weniger als einer Zehntelsekunde vollzieht. Beherrscht von der unvorstellbar hohen Gravitation wird dabei innerhalb von Sekundenbruchteilen ein dra-

Stellare Entwicklungsstadien (schematisch), beginnend mit der protostellaren Wolke (oben) und endend mit den Endstadien der Sterne (unten). Das Diagramm zeigt den inneren Aufbau der Sterne in den verschiedenen Stadien der Entwicklung und insbesondere die mit größerer Sternmasse komplexer werdende »Zwiebelschalenstruktur« der Fusionszone sowie die Verteilung von konvektivem und radiativem Energietransport. Die Darstellung ist nicht maßstabgerecht. In den Stadien der Riesen ist der Energie erzeugende Bereich um viele Größenordnungen kleiner als der Stern selbst. Die jeweils neben den Stadien stehenden Zahlen werden zur Kennzeichnung auch in dem Diagramm »Sternentwicklung im HRD« verwendet.

matisches Geschehen in Gang gesetzt, das nach heutiger Erkenntnis in folgenden Schritten abläuft:

(1) Durch die Photodesintegration und das Zermalmen der Kerne beim Kollaps wird die Materie in Neutronen, Protonen und Elektronen zerlegt.

(2) Infolge des extrem zunehmenden Drucks vereinigen sich Elektronen und Protonen zu Neutronen. Das Verschwinden der Elektronen, die die Hälfte der Materieteilchen ausmachen, bewirkt aber einen großen Druckabfall, und damit bricht jeder Widerstand gegen die Gravitation vollends zusammen. Die Folge: Die Materie stürzt ins Zentrum, wobei sie ein Zehntel der Lichtgeschwindigkeit erreicht.

(3) Wenn die Dichte der auf das Zentrum einfallenden Neutronenmaterie einen Wert von 10^{11} kg/cm³ (also 1 Million E-Loks im Fingerhut) erreicht hat, wird der gegenseitige Abstand der Neutronen so klein, dass sie sich berühren. In diesem Stadium können

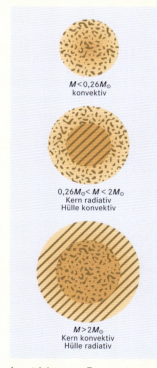

STELLARER ENERGIETRANSPORT

$M < 0,26 M_\odot$
konvektiv

$0,26 M_\odot < M < 2 M_\odot$
Kern radiativ
Hülle konvektiv

$M > 2 M_\odot$
Kern konvektiv
Hülle radiativ

Angetrieben vom Temperaturgefälle gelangt die im Zentrum der Sterne frei werdende Energie an die Oberfläche, von wo sie ins All abgestrahlt wird. Der Energietransport von innen nach außen kann sehr lange dauern. Bei der Sonne zum Beispiel dauert es 170 000 Jahre, bis die beim Wasserstoffbrennen im Innern freigesetzte Energie bis zur für uns sichtbaren Oberfläche gelangt ist.

Prinzipiell gibt es für den Transport von Wärme drei verschiedene Mechanismen: Wärmeleitung, Strahlung und Konvektion. Wärmeleitung tritt bei Sternen nur in extremen Materiezuständen auf, wie sie zum Beispiel bei Weißen Zwergen oder Neutronensternen vorkommen. In »normalen« Sternen dagegen sind für den Energietransport im Wesentlichen nur Strahlung und Konvektion von Bedeutung. Beim konvektiven Wärmetransport wird die Energie in Form heißer Materie transportiert, während sie beim radiativen Transport in Form von Strahlung durch die Materie hindurchdiffundiert.

Während des Hauptreihenstadiums hängt die Art des Energietransports in den verschiedenen Tiefen eines Sterns vor allem von dessen Masse ab. Sterne mit kleiner Masse sind vollständig konvektiv, Sterne von etwa Sonnengröße haben einen radiativen Kern und eine konvektive Hülle, und Sterne mit großer Masse haben einen konvektiven Kern und eine radiative Hülle.

sie dem Pauli-Prinzip zufolge nicht mehr weiter komprimiert werden. Im Zentrum entsteht ein neuer stabiler Gleichgewichtszustand – ein Neutronenstern. Dabei handelt es sich um eine inkompressible Kugel aus so genannter entarteter Neutronenmaterie. Die Masse eines solchen Sterns beträgt etwa 1,4 bis 3 Sonnenmassen, doch sein Radius liegt bei nur 10 bis 20 Kilometer.

Wegen der außerordentlichen Festigkeit und Härte eines Neutronensterns, dessen Oberfläche aus einem quasikristallinen Körper aus extrem neutronenreichen Atomen besteht, wird das aus den äußeren Regionen nachströmende Material, das mit gewaltiger Energie auf den noch oszillierenden Neutronenstern trifft, mit großer Wucht reflektiert und nach außen geschleudert. Damit verbunden ist ein rapider Anstieg der Leuchtkraft um viele Größenordnungen, der auf der raschen Vergrößerung der leuchtenden Oberfläche beruht. Dies bewirkt, dass ein zuvor relativ unscheinbarer Stern plötzlich als Supernova hell am Himmel aufleuchtet.

Eine Supernova leuchtet zehn Milliarden Mal heller als die Sonne, sie sendet so viel Licht aus wie 10 Milliarden Sterne. Betrachtet man die von der Supernova insgesamt freigesetzte Energie, so kommt man auf den unvorstellbaren Betrag von rund 10^{46} Joule. Insgesamt strahlt eine Supernova so viel Energie ab wie zehn Milliarden Galaxien mit jeweils zehn Milliarden Sonnen in einer Sekunde. Supernova-Explosionen sind also außerordentlich spektakuläre Endpunkte auf dem Lebensweg der massereichen Sterne.

Überreste von Supernovae

Das bisher geschilderte Supernova-Phänomen als Folge eines Kernzusammenbruchs bezeichnet man als Supernova Typ II. Daneben gibt es aber Ereignisse, die noch gewaltiger sind – die so genannten Supernovae Typ I. Sie setzen noch mehr Energie frei und senden noch mehr Licht aus. Ihr Ausgangspunkt sind enge Doppelsternsysteme, deren eine Komponente ein Weißer Zwerg ist. Geht im Lauf der Entwicklung Materie vom Begleitstern auf den Weißen Zwerg über, kann dadurch dessen Masse die Chandrasekhar-Masse von 1,4 Sonnenmassen überschreiten. Dadurch kann der Weiße Zwerg gravitationsinstabil werden und in sich zusammenstürzen, wobei die Folgen ähnlich dramatisch sind wie im Fall der Supernovae Typ II.

Auch lange Zeit nach einer Supernova-Explosion sind deren Spuren deutlich in so genannten Supernova-Überresten zu beobachten. Dabei handelt es sich um die bei der Explosion ins All geschleuderte Sternmaterie. Sie bildet ein inhomogenes und turbulentes, von Magnetfeldern durchzogenes Plasma, das bis zu eine Million Kelvin heiß ist und mit einer Geschwindigkeit von mehreren Tausend Kilometern pro Stunde expandiert. Anhand der typischen Lebensdauer von etwa

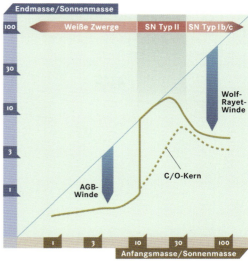

Die Beziehung zwischen **Anfangsmasse und Endmasse** bei verschiedenen Endstadien der Sternentwicklung. Im Lauf ihrer Entwicklung verlieren die meisten Sterne den größten Teil ihrer ursprünglichen Masse. Das beruht weniger auf explosiven Prozessen als auf Sternwinden. Ausgehend von der Anfangsmasse beim Zünden des Wasserstoffbrennens sind bei Sternen, die als Weiße Zwerge enden, die Winde der kühlen Riesen auf dem asymptotischen Riesen-Ast (engl. asymptotic giant branch; AGB-Winde) und bei den massereichen Sternen die Wolf-Rayet-Winde an den Masseverlusten beteiligt.

Subrahmanyan Chandrasekhar.

Zusammensetzung, Dichte und Temperatur der verschiedenen Schalen im Innern eines Sterns mit der zwanzigfachen Masse der Sonne unmittelbar vor einer **Supernova-Explosion** vom Typ II. Die nach innen gerichteten Pfeile deuten den Kernkollaps an, die nach außen gerichteten die Bewegung der Schalengrenzen.

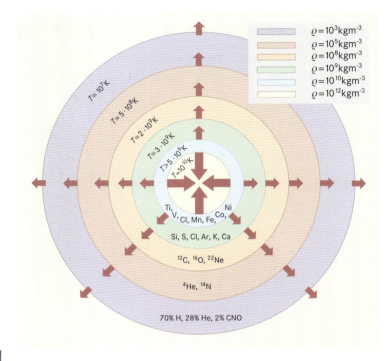

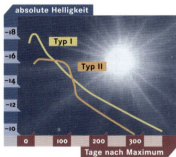

Typischer Verlauf der **Lichtkurven von Supernovae** des Typs I und des Typs II. Während die Supernovae I im Maximum fast zehnmal heller sind als Supernovae II, bleiben Letztere länger im Bereich des Helligkeitsmaximums, im Mittel drei Monate.

100 000 Jahren und der derzeitigen Anzahl von rund 150 Überresten in unserem Milchstraßensystem schätzt man, dass in der Galaxis durchschnittlich alle 50 Jahre eine Supernova ausbricht.

Den bekanntesten Überrest einer Supernova finden wir im Sternbild Stier (Taurus) als diffus leuchtende, inhomogene Gasansammlung. Es ist der zu Beginn des Kapitels erwähnte Krebs-Nebel. Ebenfalls bekannt sind die von Tycho Brahe 1572 und von Johannes Kepler 1604 beobachteten Supernova-Ausbrüche. Ein nicht nur für Astronomen aufregendes Ereignis fand am 23. Februar 1987 statt. An diesem Tag registrierten mehrere Beobachter unabhängig voneinander einen Supernova-Ausbruch in der 160 000 Lichtjahre entfernten Großen Magellan'schen Wolke. Das Leuchten dieser spektakulären Supernova mit der Bezeichnung SN 1987 A war am Südhimmel mit bloßem Auge zu sehen.

Pulsare

Im November 1967 machte im englischen Cambridge die junge Wissenschaftlerin Jocelyn Bell eine großartige Entdeckung. Unter Anleitung ihres Doktorvaters Antony Hewish untersuchte sie den Himmel im langwelligen Bereich der Radiowellen. Dabei stieß sie auf eine neuartige Radioquelle, die mit einem außerordentlich exakten Takt (Periodendauer 1,3373011 s) eine gepulste Strahlung aussendet. Wegen der gepulsten Strahlung werden solche Radioquellen als Pulsare bezeichnet.

Die eingehende Analyse der empfangenen Signale ergab: Bei der Radioquelle handelt es sich um einen Neutronenstern, der mit der

Pulsfrequenz rotiert und ein starkes Magnetfeld aufweist. Sind Rotationsachse und Magnetfeldachse gegeneinander geneigt, so entstehen enorm starke elektrische Felder. Diese beschleunigen Protonen und Elektronen an der Oberfläche des Neutronensterns auf sehr hohe Geschwindigkeiten, wobei die Elektronen eine so genannte Synchrotronstrahlung aussenden. Bedingt durch die Geometrie des Magnetfelds, entstehen zwei entgegengesetzt austretende Strahlungsbündel. Da der Pulsar um seine eigene Achse rotiert, kann eins der Strahlungsbündel die Erde überstreichen, wenn sie in der Ebene liegt, die das Strahlungsbündel – dem Lichtstrahl eines Leuchtturms ähnlich – überstreicht.

Bis Anfang 1995 waren in der Milchstraße etwa 600 Pulsare bekannt. Ihre Puls- und damit auch ihre Rotationsperioden sind außerordentlich konstant und liegen im Bereich von wenigen Sekunden bis hinab zu Millisekunden. Ein unter Fachleuten sehr bekanntes Objekt ist der Pulsar PSR0531+21. Er liegt im Innern des Krebs-Nebels und wird mit jenem Neutronenstern identifiziert, dessen Explosion im Jahr 1054 als Supernova am Himmel zu sehen war.

Die bizarren Filamente des Überrests einer Supernova aus dem Jahr 1054, der als **Krebs-Nebel** bekannt ist, expandieren immer noch mit einer Geschwindigkeit von mehr als 1000 km/s. Die Explosion hinterließ einen Neutronenstern, der sich als Pulsar in 33,3 Millisekunden einmal um seine Achse dreht.

Doppelsternsysteme

Über die Hälfte aller Sterne sind Doppelsternsysteme, besitzen also jeweils einen Partner, mit dem sie sich in einer Bahnebene um einen gemeinsamen Schwerpunkt bewegen. Im Hinblick auf die Sternentwicklung sind Doppelsterne nur bei räumlich sehr engen Systemen von Bedeutung. Bei ihnen kann ein Materieaustausch stattfinden, durch den sich die Masse eines der Sterne auf Kosten sei-

Die **Supernova 1987A** ist die hellste Supernova, die seit 1604, als sich die als Keplers Stern bekannte ereignete, beobachtet werden konnte. Sie leuchtete am 23. Februar 1987 in der 50 pc entfernten Großen Magellan'schen Wolke in einer Distanz von 20 Bogenminuten vom Tarantel-Nebel auf. Das linke Bild zeigt das Sternfeld wenige Stunden vor dem Ausbruch, das rechte Bild zeigt es zwei Tage danach mit der Supernova rechts oben. Diese konnte als Stern 3. Größe mit bloßem Auge beobachtet werden.

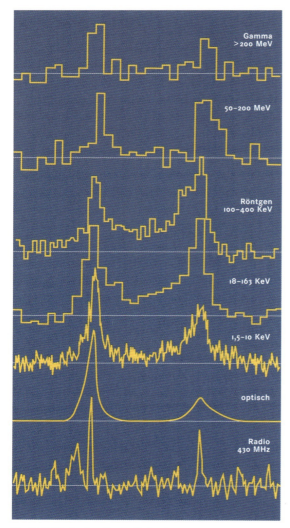

Die **Lichtkurve des Krebs-Pulsars** in verschiedenen Frequenz- bzw. Energiebereichen. Die Periodendauer dieses Pulsars beträgt 33,2 Millisekunden.

nes Begleiters substanziell ändert. Dies geschieht zum Beispiel, wenn sich als Folge unterschiedlichen Ausgangsmassen die beiden Sterne eines Doppelsystems auf verschiedene Weise und mit unterschiedlicher Geschwindigkeit entwickeln.

Weil der Entwicklungsweg eines Sterns hauptsächlich durch sein Gravitationsfeld und die zugrunde liegende Masse bestimmt wird, muss man bei der Entwicklung einer Doppelsternkomponente zwei Aspekte beachten: zum einen die Modifikation des Gravitationsfelds durch die Anziehungskräfte des Begleiters, zum andern die Änderung der Sternmassen durch Materieaustausch.

Bei den meisten Doppelsternen allerdings haben die Einzelkomponenten einen so großen Abstand voneinander, dass praktisch kein Masseaustausch stattfindet und ihr Gravitationspotential annähend sphärisch symmetrisch bleibt. Aus diesem Grund lassen sich die Komponenten solcher Doppelsysteme gut als Einzelsterne beschreiben, sodass die bisher für Einzelobjekte dargestellte Entwicklung auch hier gültig bleibt.

Schwarze Löcher

Wie bei Weißen Zwergen die Chandrasekhar-Masse gibt es auch für Neutronensterne eine maximale Grenzmasse, jenseits deren keine dynamisch stabilen Zustände mehr existieren können. Aus theoretischen Überlegungen folgt für einen Neutronenstern eine maximal denkbare Masse von 3,2 Sonnenmassen. Berechnungen mit einem größeren Realitätsbezug ergeben lediglich eine Grenzmasse von etwa 2 Sonnenmassen. Jenseits dieses Grenzwerts kann kein Neutronenstern existieren, da es nach heutigen Erkenntnissen keine Kraft gibt, die der Eigengravitation des Sterns dann das Gleichgewicht halten und damit einen stabilen Zustand ermöglichen kann.

Wenn also die Masse eines kollabierenden stellaren Kerns größer ist als die Grenzmasse, dann kann aus einem solchen Kern weder ein Weißer Zwerg (Grenzmasse $1{,}4\,M_\odot$) noch ein Neutronenstern (Grenzmasse $2\,M_\odot$) entstehen. Der Relativitätstheorie zufolge sollte ein astronomisches Objekt entstehen, das man anschaulich als Schwarzes Loch bezeichnet.

Die Existenz Schwarzer Löcher wird seit langem vermutet, ist aber noch nicht zweifelsfrei nachgewiesen. Ein viel versprechender Kandidat für ein Schwarzes Loch ist die unsichtbare Komponente des Röntgendoppelsterns Cygnus XI. Aus Bahnanalysen ergibt sich, dass deren Masse größer als 8 Sonnenmassen sein sollte. Mit dieser großen Masse wäre die Komponente als normaler Stern ohne weiteres sichtbar. Da dies nicht der Fall ist, muss man schließen, dass es sich um ein Schwarzes Loch handelt.

Schwarze Löcher sind tatsächlich schwarz, das heißt, sie senden kein Licht von ihrer »Oberfläche« aus. Für Schwarze Löcher gilt generell, dass von dieser Grenzfläche – und auch von allen Bereichen innerhalb davon – keinerlei Teilchen in den Außenraum entweichen können; das gewaltige Gravitationsfeld hält selbst die Photonen des Lichts zurück.

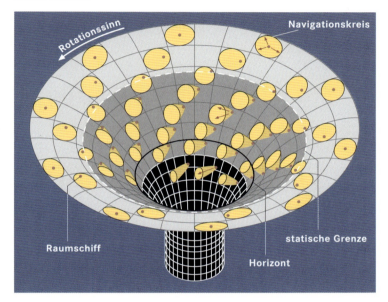

Die Zeichnung stellt die Raum-Zeit in der Umgebung eines rotierenden **Schwarzen Lochs** (Kerr-Loch) als Trichter dar, der wie ein Strudel mit zunehmender Tiefe immer schneller rotiert. Auch die Anziehungskraft nimmt proportional zur Wandneigung zu. In das Gitter sind Ellipsen eingezeichnet, die für verschiedene Positionen eines fiktiven Raumschiffs den jeweiligen Navigationskreis darstellen. Sie umspannen jene Fläche, die das Raumschiff in beliebiger Richtung (in der Äquatorebene) mit Geschwindigkeiten bis maximal Lichtgeschwindigkeit innerhalb einer Zeiteinheit erreichen kann. Während das Schiff sich bei ausreichender Ferne vom Schwarzen Loch (hellgrauer Bereich) noch frei in alle Richtungen bewegen kann, ist es innerhalb der »statischen Grenze« (Ergosphäre, dunkelgrauer Bereich) nicht mehr möglich, gegen die Rotation relativ zum Außenraum stationär zu verharren. Das Raumschiff wird von der Rotation mitgerissen, selbst wenn es mit Lichtgeschwindigkeit dagegenhält. Trotzdem kann es noch entweichen, weil die äußere Tangente der »Navigationsellipse« nach außen zeigt. Mit zunehmender Gravitation (Steilheit des Trichters) wird das unmöglich: Innerhalb des Horizonts weisen alle möglichen Bahnen einwärts, sodass ein Entweichen selbst mit Lichtgeschwindigkeit unmöglich wird. Die zeitartige Unausweichlichkeit der Rotationsbewegung in der Ergosphäre beruht darauf, dass in der Allgemeinen Relativitätstheorie die Raum-Zeit selbst dynamisch ist (bildlich wie Wasser in einem Strudel) und nicht etwas Unveränderliches darstellt wie bei Newton.

Der Radius dieser Grenzfläche ist nach dem deutschen Astrophysiker Karl Schwarzschild benannt, der 1916 als Erster die genaue geometrische Struktur eines kollabierten Sterns mithilfe der Einstein-Gleichungen berechnet hatte. Nach den Gesetzen der Allgemeinen Relativitätstheorie beträgt der Schwarzschild-Radius: $R_S = 2G \cdot M/c^2$. Dabei ist M die Masse des kollabierten Objekts, G die Newton'sche Gravitationskonstante und c die Lichtgeschwindigkeit.

Die Oberfläche einer Kugel mit einem Radius, der gleich dem Schwarzschild-Radius ist, stellt eine Art Trennvorhang dar. Dieser hängt sozusagen zwischen der »normalen« Welt mit unseren Erfahrungseigenschaften von Raum und Zeit (Außenraum) und einer völlig andern Welt mit »zeitartigen« Eigenschaften des Raums und »raumartigen« Eigenschaften der Zeit (Innenraum). Die Konsequenz daraus ist, dass man zwar stets von außen durch die Schwarzschild-Oberfläche in das Schwarze Loch eindringen kann, dass aber – bei Vernachlässigung von Quanteneffekten – nichts jemals wieder von innen nach außen gelangen kann.

Beim Unterschreiten des Schwarzschild-Radius bewegt sich jeder Gegenstand im freien Fall auf das Zentrum des Lochs zu. Nach der Allgemeinen Relativitätstheorie herrscht dort eine unendlich hohe

Wirkprinzip des langsamen und des schnellen **Neutroneneinfangs**. Beim langsamen Neutroneneinfang, dem s-Prozess, wird jedes instabile Zwischenprodukt durch β-Zerfall stabilisiert, bevor ein weiteres Neutron eingefangen wird. Deswegen kann hier die Kernmassenzahl A, die sich beim Einfang eines Neutrons um 1 erhöht, stets nur um wenige Einheiten anwachsen (horizontale Richtung), bevor sich die Kernladungszahl Z durch β-Zerfall erhöht (vertikale Richtung). Beim schnellen Neutroneneinfang, dem r-Prozess, werden von den instabilen Zwischenprodukten weitere Neutronen eingefangen, bevor sie zerfallen. Ein Zerfall mit entsprechender Erhöhung der Kernladungszahl tritt nur bei extrem instabilen Zwischenprodukten auf.

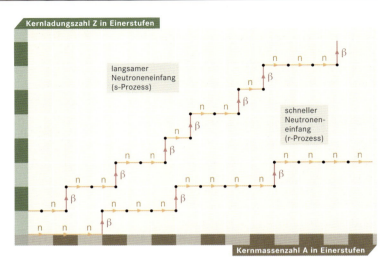

Die Übersicht über die verschiedenen Prozesse der **stellaren Nukleosynthese** als Pfade in der A-Z-Ebene; A ist die Massenzahl (Atomgewicht), Z die Kernladungszahl (Ordnungszahl). Die leichteren Elemente werden durch Kernfusion erzeugt. Vom Eisen an (^{56}Fe) können schwerere Kerne nur noch durch Neutroneneinfang entstehen. Dort ist eine Weggabel der Nukleosynthese. Der obere Weg ist derjenige des s-Prozesses; er bricht jenseits von Blei durch α-Zerfall ab. Der untere Weg ist der des r-Prozesses; er führt an der Stabilitätsgrenze entlang bis zu hochradioaktiven Kernen wie Californium (^{254}Cf) und bricht durch spontane Kernspaltung ab, deren Produkte die Lücken bei mittleren Massenzahlen schließen. Aus der Grafik ist die hohe Stabilität von Kernen mit den magischen Neutronenzahlen 50, 82, 126 zu ersehen ($N = A - Z$): Sie können erst nach einer Reihe von β-Zerfällen durch schnellen Neutroneneinfang überschritten werden.

Gravitationskraft, die durch eine unendlich große Raumkrümmung repräsentiert wird. Der Mittelpunkt des Schwarzen Lochs stellt im mathematischen Sinn eine Singularität dar, in der die uns vertrauten Begriffe der Physik nicht mehr gelten und unsere Vorstellung von Raum und Zeit ihren Sinn verliert.

Setzen wir in die obige Formel für den Schwarzschild-Radius die Masse der Sonne ein, so erhalten wir einen Wert von etwa drei Kilometer. Man müsste also die Gesamtmasse der Sonne auf das Volumen einer Kugel mit einem Radius von höchstens drei Kilometern zusammendrücken, um ein Schwarzes Loch zu erhalten. Für die Erde ergibt sich nach diesen Berechnungen ein Schwarzschild-Radius von etwa neun Millimetern. Da aber ein Schwarzes Loch aufgrund seiner Entstehungsgeschichte auf jeden Fall eine Masse besitzen muss, die

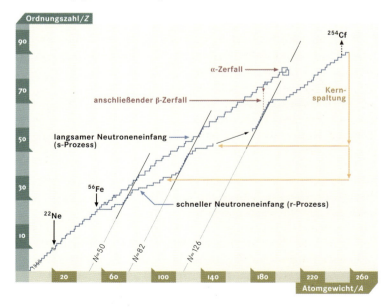

größer ist als die Maximalmasse eines Neutronensterns und erst recht als diejenige eines Weißen Zwergs, können wir grundsätzlich ausschließen, dass sich die Sonne oder gar die Erde jemals zu einem Schwarzen Loch entwickeln.

Entstehung der chemischen Elemente

Ausgehend vom leichtesten chemischen Element, dem Wasserstoff, sind alle im Weltall vorkommenden Elemente vom Helium bis zur Eisengruppe (Chrom, Eisen, Cobalt, Nickel) durch nukleare Fusionsreaktionen entstanden. Wasserstoff und Helium sind so genannte primordiale oder Urknall-Elemente: Der Wasserstoff ist ausschließlich und das Helium zum überwiegenden Teil – etwa zu 80% – in den ersten 100 Sekunden nach dem Urknall im rasch expandierenden und abkühlenden Kosmos erzeugt worden. Die schweren Elemente jenseits von Helium bis zu den Elementen der Eisengruppe wurden dagegen ausschließlich durch nukleare Fusionsprozesse im Innern der Sterne erbrütet. Allerdings waren nur die sehr massereichen Objekte in der Lage, die zur Erzeugung der Eisengruppen-Elemente erforderliche Energie aufzubringen.

Der **Cirrus-Nebel** ist der Überrest einer Supernova, die sich vor vermutlich 50 000 Jahren ereignete. Er steht in etwa 800 pc Entfernung im Sternbild Schwan. Seine ursprüngliche Expansionsgeschwindigkeit von etwa 8000 km/s hat sich inzwischen auf 120 km/s verlangsamt.

Einfangen von Neutronen

Für den Aufbau der Elemente jenseits der Eisengruppe sind Fusionsprozesse nicht geeignet, weil die dafür notwendigen Fusionsreaktionen endotherm sind. Einen Ausweg bieten hier Neutroneneinfangprozesse, durch die aus einem Kern mit der Kernladungszahl Z und der Neutronenzahl N ein neutronenreicheres, in der Regel instabiles Isotop (Z, N') gebildet wird. Durch anschließenden Beta-Zerfall, also durch radioaktives Aussenden eines Elektrons, wandelt sich ein Neutron dann in ein Proton um. Daraus resultiert ein höheres Element mit der Kernladungszahl $Z+1$. Im Gegensatz zur Kernfusion wird wegen der elektrischen Neutralität der Neutronen ein Neutroneneinfangprozess nicht durch die bei Atomkernen auftretenden starken elektrischen Abstoßungskräfte behindert, sodass ein Neutron relativ leicht in einen Atomkern eindringen kann.

Nach den Gesetzen der Kernphysik hängt die Wahrscheinlichkeit für das Einfangen eines Neutrons durch einen Atomkern nicht nur von der Massenzahl des Kerns ab, sondern vor allem auch von der Neutronengeschwindigkeit, also der kinetischen Energie des Neutrons. Je nach der Frequenz der Neutronenanlagerung an die Kerne, also des verfügbaren Neutronenflusses, treten zwei verschiedene Prozesse auf:

(1) Der s-Prozess: Er hat seinen Namen von der langsamen (englisch slow) Neutronenanlagerung und läuft in Systemen ab, in

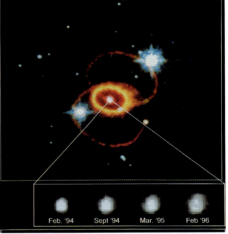

Die **Supernova 1987A**, aufgenommen vom Hubble Space Telescope von Februar 1994 bis Februar 1996.

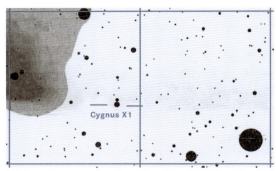

Aufnahme der Region um den **Röntgen-Doppelstern Cygnus X1** und der entsprechende Ausschnitt aus einer Sternkarte, in der die Position des mit der Röntgenquelle identischen sichtbaren Sterns, eines Überriesen, markiert ist. Dieser gehört zur Spektralklasse B0 und hat eine Helligkeit von 9 mag sowie eine Entfernung von 200 pc. Der unmittelbar über Cygnus X1 stehende Stern ist nur halb so weit entfernt und steht nur zufällig nahe der Sichtlinie zu Cygnus X1.

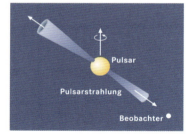

Die Achse der schmalen, entgegengesetzt gerichteten Strahlungsbündel von **Pulsaren** fällt im Allgemeinen nicht mit deren Rotationsachse zusammen. Sie überstreicht daher bei jeder Umdrehung des Pulsars den Mantel eines Doppelkegels, in dessen Symmetriezentrum der Pulsar liegt. Befindet die Erde sich zufällig auf einem solchen Kegelmantel, dann wird sie wie von dem Strahl eines Leuchtturms von der Pulsarstrahlung überstrichen, die bei jeder Umdrehung des Pulsars als scharfer Strahlungspuls beobachtet werden kann.

denen der Neutronenfluss so gering ist, dass alle durch Neutroneneinfang gebildeten β-instabilen Isotope zerfallen, bevor der nächste Neutroneneinfang stattfindet. Durch den s-Prozess werden die stabilsten chemischen Elemente mit Massenzahlen bis $A = 210$ aufgebaut (die Massenzahl A ist die Summe von Kernladungszahl Z und Neutronenzahl N). Er läuft vornehmlich in den Sternen des asymptotischen Riesen-Asts des HRD ab. Im Zentrum dieser Sterne fusionieren Kohlenstoff und Sauerstoff, wobei genügend freie Neutronen entstehen. Ein starkes Indiz für den Ablauf von s-Prozessen liefert das Element Technetium (Tc), das 1952 in den Atmosphären Roter Riesen entdeckt wurde. Da Tc radioaktiv instabil ist und mit einer Halbwertszeit von maximal einigen Millionen Jahren in Ruthenium (Ru) zerfällt, die Sterne aber sehr viel älter sind, kann das Technetium nicht aus der ursprünglichen Sternmaterie stammen, sondern muss später entstanden sein.

(2) Der r-Prozess: Die für den schnellen (englisch rapid) Anlagerungsprozess notwendigen hohen Neutronendichten von etwa 10 Trilliarden Neutronen pro Kubikzentimeter werden nur in extremen Situationen erreicht, wie sie bei einer Supernova im Kern eines kollabierenden Sterns auftreten. Dabei entstehen sehr neutronenreiche Isotope, die sich durch anschließende β-Zerfälle ebenfalls in stabile Kerne umwandeln. Auf diese Weise entstehen vor allem die massereichsten natürlichen Elemente – das Thorium (Th) und das Plutonium (Pu).

Die s-Prozesse und die r-Prozesse sind die hauptsächlichen Bildungswege der chemischen Elemente jenseits von Helium. Daneben existiert in Supernovae bei Temperaturen oberhalb von einer Milliarde Kelvin noch eine weitere Möglichkeit, der p-Prozess, bei dem die besonders protonenreichen Isotope der schweren Elemente entstehen.

Da die Bindungsenergie pro Nucleon bis zum Eisen wächst, dort ein Maximum erreicht und dann mit zunehmender Kernmasse wieder abnimmt, existiert eine natürliche obere Massegrenze für die Stabilität der chemischen Elemente. In dem Bereich der sehr schweren Isotope werden nukleare Spaltprozesse wichtig, durch die bestimmte Isotope freigesetzt werden, die ihrerseits wieder bei Anlagerungsreaktionen Verwendung finden.

Wie effektiv der Entstehungsprozess der chemischen Elemente abläuft, hängt nicht nur von Dichte, Temperatur und verfügbarem Neutronenfluss ab. Ein ebenso wichtiger Aspekt ist die Stabilität der Atomkerne. Nach den Theorien des Kernaufbaus sind Kerne mit voll besetzten Neutronenschalen – etwa bei den Neutronenzahlen $N = 50$, 82 oder 126 – besonders stabil, vergleichbar mit den voll besetzten Schalen der Edelgase im Periodensystem der Elemente. In diesem Zustand ist die Tendenz, Neutronen einzulagern, besonders klein. Längs des Evolutionspfads der schweren Elemente kommt es an den Plätzen dieser Kerne durch Neutroneneinfang zu einem »Stau«, sodass diese Elemente dort relativ häufiger anzutreffen sind. Die zu den »magischen« Neutronenzahlen gehörigen Elemente gruppieren sich um die Massenzahlen 70 bis 90, 130 bis 138 und 195 bis 208.

Die Evolution der chemischen Elemente hat mit dem Urknall begonnen. Wasserstoff und Helium entstanden unmittelbar im Anschluss daran. Der Prozess der Elementsynthese setzte sich – und setzt sich auch heute noch – mit der Energieproduktion in den unterschiedlichen Sternen fort bis zum Erbrüten der Elemente der Eisengruppe. Seinen Abschluss findet er in den Sternen des asymptotischen Riesen-Asts und in Supernovae, wo Elemente jenseits des Eisen-Maximums entstehen. Im Lauf der Generationenfolge der Sterne reichern sich so im kosmischen Materiekreislauf die schweren Elemente auf Kosten des Wasserstoffs an.

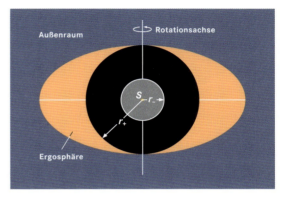

Bei einem rotierenden Schwarzen Loch, einem **Kerr-Loch,** können drei Bereiche unterschieden werden. Der kugelförmige äußere Ereignishorizont wird von der Ergosphäre eingeschlossen, die die Form eines Rotationsellipsoids hat. Jedes Objekt muss in der Ergosphäre der Rotation folgen (die damit zeitartig wird), kann aber noch entkommen. Innerhalb des äußeren Ereignishorizonts existiert noch ein innerer. Dieser ist ebenfalls kugelförmig und kann nur von außen nach innen überschritten werden. Während zwischen den beiden Horizonten jedes Objekt unweigerlich nach innen gezogen wird, herrschen durch die kompensierende Wirkung der Rotation im innersten Bereich wieder »normale« raum-zeitliche Verhältnisse. Ein Raumschiff könnte sich – sofern es das Überschreiten der beiden Horizonte überstanden hätte – im Innern frei bewegen und so die Singularität im Zentrum umgehen.

Sternentstehung

Die Tatsache, dass wir den beobachteten Sternen anhand von Entwicklungsrechnungen sehr unterschiedliche Lebensalter zuordnen können, lässt vermuten, dass ständig und überall neue Sterne entstehen. Vor allem die offenen Sternhaufen und OB-Assoziationen, die in der Regel zehn bis einige Hundert sehr junge Sterne enthalten, weisen die großen Staub- und Gaswolken als die Geburtsstätten neuer Sterne aus. Im Einzelnen läuft die Sternentstehung in den verschiedenen Wolken zwar unterschiedlich ab, doch dieser Prozess besteht immer aus vier Stadien, die teilweise ineinander übergehen. Die Reihenfolge der Stadien lautet: kollabierende Dunkelwolke →protostellare Wolke →Protostern (einschließlich bipolarer Nebel und T Tauri-Stern) →Alter-Null-Hauptreihenstern.

Der Gravitationskollaps interstellarer Dunkelwolken

Ebenso wie in den Sternen bestimmt das Gleichgewicht zwischen expansiven Druckkräften und der kontraktiven Gravitationskraft auch die Dynamik der großen interstellaren Wolken (Dunkelwolken). Die statistische Auswertung von Dichtefluktuationen zeigt, dass die interstellare Materie nicht gleichmäßig verteilt ist.

Ein Schwarzes Loch, das nicht rotiert, ein **Schwarzschild-Loch,** hat eine sehr einfache geometrische Struktur. Der Ereignishorizont hat die Form einer Kugelschale, deren Radius der Schwarzschild-Radius r_S ist und in deren Zentrum die Singularität liegt. Der Horizont trennt die äußere Welt von der inneren, in der Zeit und Raum ihre charakteristischen Eigenschaften vertauschen. Ohne das Vorhandensein von Quanteneffekten kann der Horizont nur von außen nach innen überschritten werden, niemals umgekehrt.

Karl Schwarzschild.

Wird sie durch eine durchlaufende Dichtewelle oder die Druckwelle einer Supernova-Explosion zusätzlich verdichtet, so entstehen wolkenförmige Gravitationszentren. Diese können die umliegende Materiewolke zum Gravitationskollaps bringen. Bei einer Wolke mit mittlerer Dichte und Temperatur nimmt mit zunehmender Wolkengröße die Druckkraft am Rand ab, die Gravitationskraft dagegen wächst proportional zur Gesamtmasse der Wolke.

Folglich gibt es eine Grenzmasse, die erreicht werden muss, damit eine Wolke instabil wird und zu kollabieren beginnt. Nach ihrem Entdecker, dem britischen Astronomen und Mathematiker Sir James Jeans, bezeichnet man diese Grenzmasse als Jeans-Masse. Beachtet werden muss dabei, dass der Druck hauptsächlich durch turbulente Strömungen verursacht wird. Nimmt der Turbulenzdruck zum Rand der Wolke hin ab, so verstärkt dies die expansive Tendenz, und die Jeans-Masse wächst entsprechend. In der heutigen interstellaren Materie liegen die Werte der Jeans-Masse zwischen 100 und 100 000 Sonnenmassen. Deshalb können heute keine Einzelsterne, sondern nur Sternhaufen entstehen, was gut im Einklang mit der Beobachtung steht.

Wenn eine Materiewolke die Jeans-Masse überschreitet, beginnt sie zu kollabieren. Dabei wandelt sich Gravitationsenergie in Wärme um. Als Kollaps bezeichnet man den Vorgang zunehmender Massekonzentration, wenn die den freien Fall bremsenden Druckkräfte vernachlässigbar klein sind. Trotz der Zunahme des Drucks überwiegt bei der Kontraktion die Gravitation immer mehr, sodass die Grenzmasse für die Stabilität abnimmt. Dies führt dazu, dass sich inhomogene Bereiche innerhalb der Wolke verstärken und dann kollabieren.

Dieser als Fragmentation bezeichnete Prozess unterteilt die interstellare Materiewolke in immer kleinere Einheiten, bis die einzelnen kollabierenden Bereiche für Wärmestrahlung undurchlässig werden. Dadurch kann die beim Kollaps frei werdende Gravitationsenergie nur noch sehr begrenzt ins All abgestrahlt werden, und die Wolken heizen sich beim weiteren Kollaps noch schneller auf. Deshalb steigen die Druckkräfte an und stoppen den raschen Kollaps ebenso wie den Fragmentationsprozess. Die derart stabilisierten Untereinheiten der ursprünglichen Wolke zeigen nun annähernd die Masseverteilung von Einzelsternen – eine neue Assoziation protostellarer Wolken hat sich gebildet.

Die protostellare Wolke

Während des Kollapses bildet sich innerhalb einer protostellaren Wolke binnen einiger 100 000 Jahre ein Kerngebiet aus, das weniger als 1 % der Wolkenmasse enthält, aber eine um mehrere Größenordnungen höhere Dichte aufweist. Mit zunehmender Temperatur des Kerns wird dessen Wärmestrahlung immer kurzwelliger, bis sie schließlich vom Staub der Wolkenmaterie absorbiert wird. Dadurch steigt der Druck an, der den Gravitationskollaps stoppt. Statt des raschen Zusammenbruchs erfolgt nun eine sehr viel langsamere Kontraktion, während der aber weiterhin Materie aus der sehr viel dünneren Hülle auf den Kern prallt und diesen weiter aufheizt.

Schließlich dissoziieren oberhalb von 2000 K die Wasserstoffmoleküle, wodurch sich die Wärmekapazität der Materie sprunghaft ändert und ein zweiter Kollaps ausgelöst wird. Dieser kommt bei 10 000 K Zentraltemperatur und Dichten ähnlich denen der Erdatmosphäre schon nach einem Jahr zum Stillstand. Bei der nun folgenden Kontraktion reichert der Kern innerhalb von einer Million Jahre den größten Teil der Hüllenmaterie an, wobei die Temperatur ständig steigt.

Während dieser Zeit ist der heiße Kern unter einer dichten Hülle aus Staub verborgen, sodass lediglich dessen Wärmestrahlung zu beobachten ist. Im Orion-Nebel sind mehrere solcher Infrarot-Objekte bekannt, die als derartige Protosterne gedeutet werden. Je nach Masse der Wolke dauert die weitere Entwicklung des Kerns bis zum Zünden des Wasserstoffbrennens länger oder weniger lange als das vollständige Anreichern der Hüllenmaterie. Bei massereicheren Objekten wird ein erheblicher Teil der Restmaterie durch den Strahlungsdruck des hell aufleuchtenden jungen Sterns wieder in den interstellaren Raum hinausgeblasen. Zuvor jedoch sorgt der stets vorhandene Drehimpuls der protostellaren Wolke für eine wesentlich andere Verteilung der Materie.

Das Drehimpulsproblem

Eine Eiskunstläuferin, die mit ausgebreiteten Armen Pirouetten dreht, kann ihre Rotationsgeschwindigkeit erhöhen, indem sie die Arme an den Körper presst und dadurch Masse zur Rotationsachse hin verlagert. Ähnlich verhält es sich mit kollabierenden Wolken. Als Teilbereich der rotierenden galaktischen Scheibe besitzt jede Materiewolke einen anfänglichen Drehimpuls, der wegen der Drehimpulserhaltung bei fortschreitender Kontraktion zu einer immer schnelleren Rotation führt. Senkrecht zur Rotationsachse wirkt folglich eine Zentrifugalkraft, die den Kollaps der Wolke zunehmend bremst, während dieser entlang der Achse aber ungehindert fortschreitet. Dadurch bildet sich in der Äquatorebene der Wolke eine so genannte Akkretionsscheibe aus, in der Staub und Gas auf Spiralbahnen dem zentralen Kern entgegentreiben. Der Kern selbst wird durch seine zunehmende Rotation an einer weiteren Kontraktion gehindert.

Da ein einzelner Stern – soll es ihn nicht zerreißen – nur einen um vier Größenordnungen kleineren Drehimpuls als die protostellare Wolke aufweisen darf, muss der Protostern notgedrungen den größten Teil seines Drehimpulses verlieren. Sehr wirksam ist hierbei die magnetische Bremsung: Das Magnetfeld des Protosterns schleppt die ionisierte Materie seiner Umgebung mit (dieses Material wird von

Schematische Zeichnung des **Doppelsterns Cygnus X1**. Seine Röntgenstrahlung wird erzeugt, wenn aus der Atmosphäre des sichtbaren Hauptsterns (im Bild links), einem Überriesen von 20 Sonnenmassen, durch den unsichtbaren Begleitstern Plasma »aufgesaugt« wird; im Bild ist dessen Akkretionsscheibe gezeigt. Er muss aufgrund der Bahnbewegung des Hauptsterns eine Masse von etwa dem Zehnfachen der Sonnenmasse haben. Das ist für einen gewöhnlichen Stern gleichen Alters in 200 pc Entfernung nicht möglich. Weil die Röntgenstrahlung ihre Intensität in weniger als einer Millisekunde variiert, kann die Quelle nicht größer sein als 300 km. Andernfalls würden sich die Variationen der Intensität durch die verschiedenen Lichtlaufzeiten verwischen. Dies sind deutliche Hinweise darauf, dass es sich bei dem Begleiter um ein Schwarzes Loch handelt.

der Lorentz-Kraft im Magnetfeld festgehalten). Die Trägheit der akkretierenden Materie wirkt so der Beschleunigung der stellaren Rotation entgegen.

Obwohl dabei rund 99 % des Drehimpulses in die äußeren Bereiche der Akkretionsscheibe fließen, verbleibt immer noch ein Restimpuls, der die Bildung eines Einzelsterns verhindern kann. Hier gibt es offensichtlich zwei verschiedene Lösungen, durch die das Gesamtsystem der expansiven Wirkung der Zentrifugalkraft entgehen kann. Entweder verbleibt ein Teil der Materie in ausreichendem Abstand vom Stern in der Scheibe und nimmt den weitaus größten Teil des Gesamtdrehimpulses auf. Oder der zentrale Kern spaltet sich durch die Rotation schrittweise in ein oder mehrere Unterzentren mit ähnlicher Masse auf, die umeinander rotieren und jeweils für sich weiterkontrahieren. Im ersten Fall bildet sich in der Scheibe ein Planetensystem um den zentralen Einzelstern aus, während im zweiten Fall ein Doppelstern oder ein Mehrfachsystem entsteht, wobei die umgebende Materie dann nahezu vollständig akkretiert wird.

Bipolare Nebel und T Tauri-Sterne

Der Übergang vom Protostern zum Hauptreihenstern verläuft je nach Gesamtmasse unterschiedlich spektakulär. Die Phasen der Energiefreisetzung durch Akkretion und der zentralen Energieproduktion durch Kernfusion überlappen sich mehr oder weniger. In jedem Fall erreicht der Protostern noch während der Entstehung einer Scheibe in seinem Zentrum Temperaturen, die ausreichen, um das vom Urknall stammende Deuterium zu Helium zu verbrennen.

Der in diesem Bild rot wiedergegebene **Trifid-Nebel** (M 20), ein Emissionsnebel im Sternbild Schütze, mit einer Entfernung von etwa 1500 pc, ist ein H II-Gebiet. Er verdankt seinen Namen den dunklen Staubfilamenten, die ihn durchziehen; sie zeigen Verdichtungen jener Materie an, aus der neue Sterne entstanden sind.

Je massereicher die ursprüngliche Wolke war, desto mehr Materie befindet sich noch in der Akkretionsscheibe, wenn der Stern im Zentrum aufleuchtet und durch seine Strahlung die umgebende Materie auseinander treibt. Dies führt dazu, dass sich in der Äquatorebene des Protosterns weiterhin Materie anreichert, teilweise zu den beiden Polen hin abgelenkt wird und dort als massiver protostellarer Wind verloren geht. Meist haben diese so genannten bipolaren Nebel eine kegelförmige Gestalt. Teilweise sind sie auch zu so genannten Jets fokussiert, die mit einer Geschwindigkeit von rund 100 km/s ausströmen. Die Gasströme weisen oft hell leuchtende Knoten auf, die man als Herbig-Haro-Objekte bezeichnet.

Mit dem Einsetzen des protostellaren Winds reißt der Nachschub an Deuterium ab, die Fusion erlischt, und der Stern überschreitet seine »Geburtslinie« im Hertzsprung-Russell-Diagramm (HRD). Diese Geburtslinie markiert als so genannte Hayashi-Linie die äußerste Stabilitätsgrenze aller Sterne zu niedrigen Temperaturen hin. Von hier aus wandert der Protostern im HRD zunächst entlang der Hayashi-Linie senkrecht nach unten, wobei er voll konvektiv bleibt. Schließlich rückt er innerhalb einiger Hunderttausend Jahre nach links zu seinem Startort auf der Hauptreihe. Dabei durchläuft er eine instabile, durch Aktivitäten in der Chromosphäre charakterisierte Phase. Diese Aktivitäten führen zu unregelmäßigen Ausbrüchen mit erheblichen Masseverlusten und machen sich als irreguläre Helligkeitsvariationen bemerkbar. Diese Phase wird nach dem Stern T Tauri, der sich zurzeit in ihr befindet, bezeichnet.

Bei massereichen Sternen können die Verluste durch bipolare Winde und durch die T Tauri-Phase durchaus 75 % der ursprünglichen Masse der protostellaren Wolke ausmachen. Massearme Sterne dagegen akkretieren in der Regel vollständig. Bei Einzelsternen verbleibt ein kleiner Teil der Materie – der jedoch den größten Teil des Drehimpulses trägt – in der Akkretionsscheibe und bildet dort ein Planetensystem. Spätestens zehn Millionen Jahre nach dem Beginn des Kollapses blasen die neu entstandenen Sterne dann die Reste der Staub- und Gaswolken weg und erreichen mit dem stabilen Wasserstoffbrennen die Hauptreihe des HRD. Auf dessen so genannter Alter-Null-Reihe beginnt dann ihr eigentlicher Lebensweg, den der folgende Abschnitt am Beispiel der Sonne beschreibt.

Der **Rosetten-Nebel** im Sternbild Einhorn befindet sich im Übergang von einem Sternentstehungsgebiet zu einem offenen Sternhaufen. Die Strahlung der jungen, heißen Sterne hat im Innern des Nebels Gas und Staub weggeblasen und dadurch einen weniger dichten Raum um den neu entstandenen Sternhaufen geschaffen.

Der Lebensweg der Sonne

Für Astrophysiker ist die Sonne ein Stern wie Tausende andere, die wir in der Scheibe des Milchstraßensystems erblicken. Ihre chemische Zusammensetzung entspricht der dort üblichen »metallreichen« Grundzusammensetzung von Population I-Sternen.

Brennstoff für fünf Milliarden Jahre

Die ursprüngliche chemische Zusammensetzung der Protosonne – und damit auch jene der Mutterwolke – lässt sich aus den bis heute unverändert gebliebenen Häufigkeiten der Elemente in der Sonnenphotosphäre ablesen. Der erkennbar hohe Masseanteil von rund 2 % an Elementen schwerer als Helium kann nur durch nukleare Reaktionen erbrütet worden sein. Dies zeigt, dass die Sonne kein Stern der ersten Generation ist, sondern einer relativ jungen Sterngeneration angehören muss, die vor knapp fünf Milliarden Jahren aus einer mit schweren Elementen angereicherten Materie entstanden ist.

Als Geburtsstätte müssen wir uns eine dunkle, kalte Wolke der interstellaren Materie vorstellen, die aufgrund irgendeiner Störung

Der **Orion-Nebel** liegt im so genannten Schwertgehänge unterhalb der drei Gürtelsterne des Sternbilds Orion. In seinem hier abgebildeten Zentrum sind die vier hellen »**Trapez-Sterne**« zu sehen, die zu einem Mehrfachsystem gehören.

kollabierte. Die Größe dieser solaren Urwolke ist nicht bekannt. Sie muss mindestens einige Sonnenmassen betragen haben, kann im Fall einer Fragmentation aber auch erheblich größer gewesen sein. Die kontrahierende Protowolke, die man häufig auch als präsolaren Nebel bezeichnet, entwickelte sich gemäß den bisher beschriebenen Sternentstehungsphasen von einer Protowolke zu einem Hauptreihenstern mit stabilem Wasserstoffbrennen.

Durch das Wasserstoffbrennen hat die Sonne vor etwa 4,5 Milliarden Jahren – dem geophysikalisch bestimmten Alter des Planetensystems – eine sehr langfristige Energiequelle erschlossen, die es ihr ermöglicht, die Abstrahlungsverluste über viele Milliarden von Jahren hinweg auszugleichen. Trotz ihres riesigen Brennstoffvorrats an Wasserstoff und der relativ kleinen Energieerzeugungsrate, die im Zentrum nur etwa 2 Watt pro Tonne Sonnenmaterie beträgt, sind während ihres bisherigen Lebens bereits erhebliche Veränderungen eingetreten. Insbesondere zeigt sich, dass im Zentrum der Sonne bereits die Hälfte des Wasserstoffs zu Helium verbrannt ist. Dies entspricht einem Wasserstoffverbrauch von fünf Millionen Tonnen in der Sekunde. Als Folge davon hat sich die Zentraldichte um etwa 75 % auf 158 Tonnen/m^3 erhöht, und die Zentraltemperatur stieg um etwa 15 % auf 15,7 Millionen Kelvin.

Diese inneren Entwicklungen führten zu merklichen Veränderungen an der Sonnenoberfläche. So stieg die Leuchtkraft gegenüber der Ursonne um gut 40 % auf $3,9 \cdot 10^{26}$ Watt. Der Sonnenradius nahm geringfügig um etwa 5 % auf 694 000 Kilometer zu.

Die Sonne hat also heute bereits deutlich ihren Entstehungsort im Hertzsprung-Russell-Diagramm – die Alter-Null-Reihe – verlassen. Wegen ihres nach wie vor beträchtlichen Wasserstoffvorrats und der vergleichsweise geringen Zentraltemperatur wird ihre Entwicklung noch für lange Zeit gleichförmig und unspektakulär verlaufen. Modellrechnungen zufolge dürfte die Sonne noch etwa 5 Milliarden Jahre im Zustand des stabilen Wasserstoffbrennens verbringen, bevor ihr gesamter zentraler Wasserstoffvorrat zu Helium fusioniert sein wird. Dies hat dann drastische Veränderungen im inneren Aufbau und im äußeren Erscheinungsbild der Sonne zur Folge.

Nach dem Versiegen der zentralen Energiequelle Wasserstoff erstreckt sich über den nun entstandenen zentralen Heliumkern nur noch eine schalenförmige Wasserstoffbrennzone. Der Innenbereich der Sonne ist deshalb nicht mehr in der Lage, weiterhin sein Eigengewicht und das der darauf lastenden äußeren Schichten zu tragen, sodass er zu kontrahieren beginnt. Parallel dazu bewirkt das Brennen der Wasserstoffschalenquelle eine Expansion der äußeren Schichten, sodass die strahlende Oberfläche der Sonne – und damit ihre Leuchtkraft – stark zunimmt. Dies hat zur Folge, dass die Sonne im HRD im

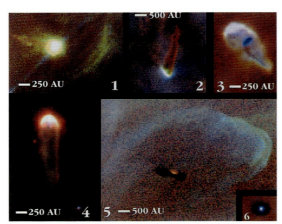

Protoplanetare Scheiben von sonnenähnlichen Sternen im Zentrum des Orion-Nebels, aufgenommen vom Hubble Space Telescope. Die Striche in den Bildern dienen zum Größenvergleich; »AU« ist die Astronomische Einheit (engl. astronomical unit). Die meisten dieser Scheiben, besonders in den äußeren Regionen, sind nicht langlebig genug, um Planeten entstehen zu lassen; sie werden durch die Strahlung benachbarter Sterne zerstört.

Lauf von 5 Milliarden Jahren langsam die Hauptreihe verlässt und anschließend während weiterer 1 bis 2 Milliarden Jahre steil nach rechts oben wandert.

Wegen der zunehmenden Verdichtung durch die zentrale Kontraktion und durch die dabei freigesetzte Gravitationsenergie werden sich die inneren Bereiche immer mehr erhitzen. Schließlich wird bei etwa 100 Millionen K die Zündtemperatur für die Fusion von Helium erreicht werden. Schlagartig wird es dann zum explosiven Heliumbrennen kommen, dem Helium-Flash. Dieses Ereignis setzt innerhalb einer Sekunde eine gewaltige Menge an Kernfusionsenergie frei, die einer Strahlungsleistung von 100 Milliarden Sonnenstärken entspricht. Verbunden damit ist ein auffälliger Masseverlust von bis zu 30 %. Schließlich wird die Sonne aber relativ rasch einen neuen stabilen Gleichgewichtszustand erreichen, der durch das Helium-Kernbrennen und das Wasserstoff-Schalenbrennen charakterisiert ist.

Da im Vergleich zum Wasserstoffbrennen das Heliumbrennen bei einer höheren Temperatur abläuft und überdies die Effektivität der Energiefreisetzung pro Masse und Zeit von einer sehr hohen Potenz der Temperatur (etwa T^{20} bis T^{30}) abhängt, kann der stabile Brennzustand nur für eine entsprechend kurze Zeit von etwa 100 Millionen Jahren aufrechterhalten werden. Danach beginnt die Sonne ihren Weg auf dem steil nach oben führenden asymptotischen Riesen-Ast.

Gekennzeichnet ist diese Phase durch ein starkes Komprimieren des Kerns, eine extreme Expansion der äußeren Schichten und einen heftigen Anstieg der Leuchtkraft auf das Tausendfache des heutigen Werts. Dieser Anstieg, der sich in einer kurzen Zeitspanne von nur 10 Millionen Jahren vollzieht, wird von einem rasch zunehmenden Masseverlust begleitet. Nach Durchlaufen des asymptotischen Riesen-Asts wird die Sonne nur noch 53 % ihrer heutigen Masse besitzen.

Ihr prinzipieller Aufbau besteht dann aus einem entarteten kleinen Zentralkörper von etwa 0,52 Sonnenmasse, der schließlich zum Weißen Zwerg werden wird, und einer dünnen Helium- und Wasserstoffschalenquelle. Im Abstand von 100 Sonnenradien spannt sich eine sehr massearme Hülle von 0,01 Sonnenmasse. Sie ist in eine Windzone (mit Radien zwischen 100 und 10 000 Sonnenradien) eingebettet, die ihrerseits aus abgeblasener Gas- und Staubmaterie besteht.

Im oberen Bereich des asymptotischen Riesen-Asts wird diese Expansion durch die Wirkung der so genannten thermischen Pulse unterstützt. Diese entstehen, weil die Effektivität des Heliumschalenbrennens so stark zunimmt, dass durch die dabei induzierte Expansion und die daraus resultierende Abkühlung die oben liegende Wasserstoffschale kein neues Helium bilden kann. Da sich

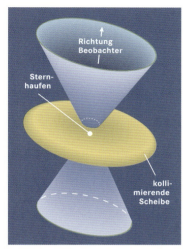

Schema der **bipolaren Protostern-Winde.** Solche Winde treten vorzugsweise bei massiven Protosternen auf und können sowohl von Einzelsternen als auch von Sternhaufen ausgehen.

Infrarotaufnahme des **bipolaren Nebels S106** in Falschfarben mit dem umgebenden jungen Sternhaufen.

Der **Lebensweg der Sonne** im Hertzsprung-Russell-Diagramm nach Modellrechnungen. Vor ihrer heutigen Position hat sich die Sonne nach dem Kollaps des präsolaren Nebels bis zur Alter-Null-Hauptreihe bewegt und seitdem langsam an Leuchtkraft zugenommen. Abgesehen von einer weiteren langsamen Zunahme an Helligkeit bis auf etwa das Doppelte des heutigen Werts wird sich in den nächsten 5 Milliarden Jahren wenig ändern. Danach wird sich die Sonne zu einem Riesenstern aufblähen und in den folgenden 1 bis 2 Milliarden Jahren das innere Planetensystem verschlingen. Im Punkt, der maximalen Ausdehnung der Sonne bis über die Jupiterbahn hinaus, wird explosionsartig das Heliumbrennen zünden (Heliumflash) und nach einigen Erschütterungen einen kleineren Riesenstern zurücklassen, der für etwa 70 Millionen Jahre ruhig brennen wird. Auf den Monden der äußeren Planeten könnten dann ähnliche Bedingungen wie auf der Urerde herrschen – für die Entstehung von Leben wäre die Zeitspanne allerdings zu kurz. Nach weiteren 10 Millionen Jahren wird die Sonne sich erneut auf Überriesen-Dimensionen aufblähen und den Todeskampf beginnen. Sein Verlauf ist nach einer Modellrechnung im vergrößerten Teilfenster dargestellt. Die verschlungenen Wege im HRD zeigen den dramatischen Wechsel zwischen Aufblähen und Schrumpfen mit dem Erlöschen der Heliumfusion. Zurück bleibt schließlich ein extrem heißer Weißer Zwerg von etwa dem Durchmesser der Erde, der durch Auskühlen der dunklen kosmischen Ewigkeit entgegendämmert.

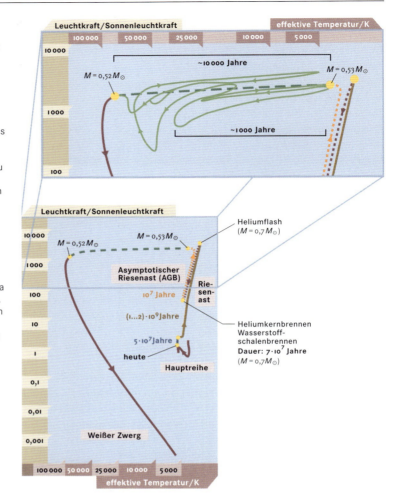

aber trotzdem die Heliumschale weiter nach außen frisst, außerhalb jedoch kein neues Helium mehr deponiert wird, nimmt die Masse zwischen beiden Schalenquellen rapide ab. Die Folge ist, dass die Temperatur der darüber liegenden Schichten zunimmt und in der Wasserstoffschalenquelle die Kernreaktionen erneut einsetzen. Dieser Prozess ist so effektiv, dass er bald die ganze Energieproduktion des Sterns übernimmt, während gleichzeitig die Heliumquelle wegen Brennstoffmangels ausgeht. Erst wenn sich erneut genügend Helium im Zwischenbereich gebildet hat, zündet die Heliumquelle wieder und das Spiel kann von vorn beginnen.

Dieser Prozess des schaukelnden Wasserstoff-Helium-Schalenbrennens kann sich während der Entwicklung am oberen Ende des asymptotischen Riesen-Asts viele Male wiederholen. Die Zeitdauer zwischen zwei aufeinander folgenden Pulsen beträgt mehrere 1000 bis 10 000 Jahre. Die thermischen Pulse selbst entwickeln sich innerhalb von Jahren und werden durch die Zeitspanne bestimmt, die die Strahlung braucht, um von der Heliumschalenquelle an die Sternoberfläche zu gelangen. Wegen der zeitweiligen Energiezufuhr expandieren die äußeren Schichten, was zu einem dramatischen Masseabfluss führt.

Modellrechnungen zufolge besteht die Sonne dann aus einem hochverdichteten, sehr heißen Zentralkörper, der sich im Wesentlichen aus Kohlenstoff und Sauerstoff zusammensetzt und eine Masse von 0,52 Sonnenmasse hat. Umgeben ist er von einer extrem ausgedehnten Hülle aus dem bis dahin abgestoßenen Material. Ein stabiles Schalenbrennen ist nun nicht mehr möglich. Die Sonne scheint in ein paar spektakulären Todesschleifen mit einer typischen Dauer von wenigen Tausend Jahren durch das HRD zu rasen. Bei nahezu konstanter Leuchtkraft springt dabei die effektive Temperatur zwischen einigen 1000 und 100 000 Kelvin hin und her.

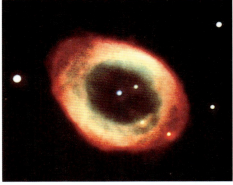

In etwa sieben Milliarden Jahren wird die Sonne wahrscheinlich einen ebenso farbprächtigen Planetarischen Nebel ausbilden, wie der **Ring-Nebel** einer ist, und in seinem Innern als Weißer Zwerg enden. Das Planetensystem der Sonne wird dann schon längst verglüht sein.

Diese letzte Aktivitätsphase wird nur wenige 10 000 Jahre dauern. Danach erlöschen alle nuklearen Energiequellen, und die Sonne hat ihr Endstadium erreicht – das eines Weißen Zwergs. Dessen Strahlungsfeld regt anfangs noch den ihn umgebenden Planetarischen Nebel zu einem letzten Leuchten an. Doch dieser Nachglanz der ehemaligen Sonne ist nur von kurzer Dauer – nach vielleicht 20 000 oder 30 000 Jahren wird sich auch der Nebel aufgelöst und im All verteilt haben. Zurück bleibt dann nur noch der zentrale Weiße Zwerg, der mit der Zeit langsam abkühlt und ständig lichtschwächer wird, bis er schließlich im Dunkel versinkt.   E. UND K. SEDLMAYR, A. GOERES

Galaxien – Strukturen im Kosmos

Alle kosmischen Entwicklungsprozesse spielen sich in einem von zwei grundverschiedenen Zuständen der kosmischen Materie und zwischen ihnen ab. Das eine Extrem stellen die heißen, gravitativ gebundenen Plasmen, also ionisierte Materie, in den Sternen dar, das andere Extrem die kalten, extrem verdünnten Gas-Staub-Gemische des interstellaren Mediums. Die Bühnen, auf denen ständig das Schauspiel des sich über Jahrmilliarden erstreckenden Kreislaufs der Verdichtung von interstellarer Materie über die heiße Kernfusion im Innern von Sternen und wieder zurück zur kalten Molekülarchitektur im interstellaren Medium stattfindet, sind die Galaxien. Im hierarchischen Aufbau des Kosmos nehmen sie eine mittlere Stellung ein: über den Doppel- und Mehrfachsternen und unter den Galaxienhaufen und Superhaufen. Sie stellen bereits sehr große Systeme dar, die viele Milliarden Sterne umfassen.

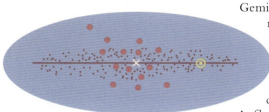

Querschnitt durch das **Milchstraßensystem**. In der schematischen Darstellung liegt die Scheibenebene senkrecht zur Papierebene. Im Querschnitt, der sowohl durch das Zentrum (weißes Kreuz) der Kugelsternhaufen (große Farbkreise) als auch durch den Ort der Sonne (gelbes Sonnensymbol) geht, erscheint sie als Linie. Die kleinen Punkte stellen Scheibensterne dar. Shapley konnte zeigen, dass das Zentrum der Kugelsternhaufen – das mutmaßliche Zentrum des ganzen Milchstraßensystems – in etwa 8 bis 10 kpc Entfernung von der Sonne liegt.

Das Milchstraßensystem

Bis auf den Andromeda-Nebel, der in klaren Nächten als kleiner, verwaschener Lichtfleck erscheint, kann am nächtlichen Nordhimmel mit dem bloßen Auge nur eine Galaxie als ausgedehntes Objekt wahrgenommen werden – diejenige, der wir selber mit dem Sonnensystem angehören. Wir nehmen sie wahr als die uns allen von Kindheit an vertraute Milchstraße.

Aufbau

Die Milchstraße verläuft in einem hellen, ringförmigen Band vom Sternbild Cassiopeia im Norden über das Sternbild Adler zum Kreuz des Südens und weiter über die Sternbilder Einhorn und Orion zurück zur Cassiopeia. Das Fernrohr enthüllt ihr Leuchten als gemeinsames Licht von Milliarden Sternen. Aus der Beobachtung dieser ringförmigen Verteilung entfernter Sterne und der Tatsache, dass die näheren Sterne, von denen viele auch mit bloßem Auge als Einzelobjekte erkennbar sind, gleichmäßig über die Himmelskugel verteilt erscheinen, schloss Jacobus Kapteyn um die Wende zum 20. Jahrhundert, dass die Erde sich etwa in der Symmetrieebene eines ausgedehnten, annähernd scheibenförmigen Sternsystems befindet, das wir heute als Milchstraßensystem bezeichnen. Die nahezu gleichmäßige Helligkeit der Milchstraße legt darüber hinaus die Vermutung nahe, dass sich die Erde sogar im Symmetriezentrum dieses Sternsystems befindet. Das aber ist nicht der Fall, wie die Beobachtung von Kugelsternhaufen zeigt.

Kugelsternhaufen sind, wie ihre Bezeichnung andeutet, weitgehend kugelsymmetrische Gebilde, die aus jeweils etwa 100 000 Sternen bestehen. Das Milchstraßensystem enthält einige Hundert solcher Sternhaufen. Da diese zu einem großen Teil weit außerhalb seiner Scheibe liegen und ihre Entfernungen mittels Beobachtung von RR Lyrae-Pulsationsveränderlichen ziemlich zuverlässig bestimmbar sind, lässt sich ihre Verteilung ermitteln. Harlow Shapley konnte schon 1918 zeigen, dass sich das Zentrum dieses als Halo bezeichneten Teilsystems nicht in Sonnennähe, sondern in Richtung des Sternbilds Schütze oder Sagittarius befindet, in einer Entfernung von etwa 7700 Parsec, wie heute angenommen wird.

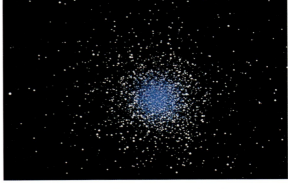

Der etwa 7 kpc entfernte **Kugelsternhaufen M13** im Sternbild Herkules enthält innerhalb eines Radius von 25 pc nahezu eine Million Sterne. Er ist der prächtigste Kugelsternhaufen des nördlichen Himmels.

Im Unterschied zu allen übrigen Galaxien wird das Milchstraßensystem, unsere Heimatgalaxie, im deutschen Sprachgebrauch als »Galaxis« bezeichnet. Das Adjektiv »galaktisch« – und entsprechend »extragalaktisch« – wird meist auf den Begriff »Galaxis« bezogen, obwohl es auch allgemein, mit Bezug auf irgendeine andere Galaxie verwendet werden kann.

Da das Halo-Zentrum in der Symmetrieebene der Galaxis liegt, ist die Vermutung plausibel, dass es auch mit deren Zentrum identisch ist. Diese Vermutung konnte durch detaillierte Beobachtung der Zentralregion des Milchstraßensystems bestätigt werden. Daraus folgt nun, dass wir uns mit der Erde weit außerhalb des galaktischen Zentrums befinden, und es stellt sich die Frage, warum wir die Milchstraße in dessen Richtung nicht um Größenordnungen heller sehen als in der entgegengesetzten.

Genauere Messungen der Flächenhelligkeit längs des Bands der Milchstraße zeigen tatsächlich, dass Maximalwerte im Sternbild Sagittarius zu finden sind, allerdings mit einer wesentlich schwächeren Helligkeitsänderung in Abhängigkeit von der Blickrichtung als erwar-

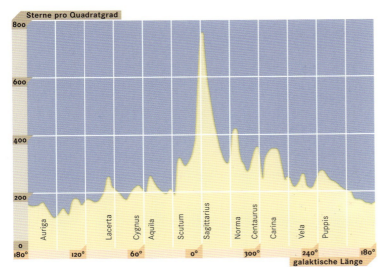

Die **Sterndichten** in der Ebene der Milchstraße, angegeben als Anzahl der Sterne pro Quadratgrad, die heller sind als 10 mag, in Abhängigkeit von der galaktischen Länge. Über der Abszisse sind die Namen einiger Sternbilder an den zugehörigen Winkelpositionen angeführt.

Die **Galaxie NGC 2997** im Sternbild Luftpumpe (Antlia) des südlichen Himmels zeigt eine deutliche Spiralstruktur. Sie leuchtet im blauen Licht junger Sterne. In ihren Spiralarmen sind die Aneinanderreihung offener Sternhaufen und die filamentartige Verteilung des Staubs gut zu erkennen.

tet. Diese Abschwächung ist der nichtstellaren Materiekomponente der Galaxis zuzuschreiben, deren Staubanteil sichtbares Licht sehr stark absorbiert und unsere Sicht in allen Richtungen in der Scheibenebene etwa gleich weit begrenzt. Nur die Tatsache, dass Staub und Gas in Form von Wolken und Filamenten etwas unregelmäßig in der Scheibe verteilt sind, erlaubt uns an einigen Stellen einen etwas weiteren Blick in Richtung der Zentralregion.

Insgesamt kann man feststellen, dass das Milchstraßensystem im Wesentlichen aus vier verschiedenen Komponenten besteht, die jeweils in sich mehr oder weniger stark stukturiert sind:

(1) Die primär sichtbare Komponente der helleren Sterne ist in einer unscharf begrenzten, etwa diskusförmigen Scheibe angeordnet. Die Scheibe hat einen Radius von knapp 20 Kiloparsec und eine Gesamthöhe von etwa 1 Kiloparsec.

(2) Die Zentralregion bildet eine etwa kugelförmige Verdichtung der Scheibenkomponente mit einem Durchmesser von etwa 5 Kiloparsec.

(3) Die interstellare Materie, die sich durch ihren Staubanteil entweder in der Gestalt von Dunkelwolken bemerkbar macht, oder, in der Nähe junger Sterne, als leuchtende Gas- oder Staubwolken ist auf eine Schicht von nur 200 Parsec Dicke in der Scheibenebene konzentriert.

(4) Der Halo, dessen Dichte an Kugelsternhaufen und Einzelsternen zum galaktischen Zentrum hin zunimmt, hat in seinem äußersten, Korona genannten Bereich Kugelsternhaufen noch jenseits von 100 Kiloparsec aufzuweisen.

Die **Milchstraße** mit Blick in Richtung des galaktischen Zentrums. Es liegt etwa in der Bildmitte. Die Richtung zum galaktischen Nordpol ist vom galaktischen Zentrum aus etwa die Richtung zur oberen rechten Bildecke.

Strukturen

Obwohl der subjektive Eindruck des uns umgebenden Sternenhimmels mit einem ungefähren Radius von einigen Hundert Parsec eine weitgehend gleichmäßige Verteilung der Scheibensterne suggeriert, ist die Scheibenkomponente deutlich strukturiert. Viele ihrer Sterne bilden durch Gravitation gebundene Haufen. Die kompakteren von ihnen, mit Durchmessern unter 10 Parsec, werden als offene Sternhaufen bezeichnet, die schwächer gebundenen, mit Durchmessern bis über 100 Parsec, als OB-Assoziationen. Da beide Arten von Sternhaufen nur 20 bis 300 Sterne umfassen, können solche der letztgenannten Art nur identifiziert werden, wenn sie noch sehr junge und helle Sterne vom Spektraltyp O oder B enthalten. Einige offene Sternhaufen wie zum Beispiel die Hyaden und die Plejaden im Sternbild Stier oder Taurus können bereits mit bloßem Auge wahrgenommen werden.

Das **Schmuckkästchen** ist ein mit bloßem Auge sichtbarer prächtiger offener Sternhaufen im Sternbild Kreuz des Südens (Crux), der den Stern κ Crucis umgibt. Der Rote Riese in seinem Zentrum hat die 15 000fache Leuchtkraft der Sonne. Die 50 hellsten Sterne befinden sich innerhalb eines Durchmessers von 8 Parsec.

Genauere Beobachtungen der räumlichen Verteilung solcher Sternhaufen zeigen, dass diese nicht gleichmäßig verteilt, sondern streifenförmig in der Scheibenebene angeordnet sind. Bei extragalaktischen Sternsytemen sind solche Strukturen als Spiralarme zu erkennen. Die auffälligen Sternhaufen folgen zwei oder mehr Spiralen, die sich jeweils vom Zentrum der Galaxie mehr oder weniger steil nach außen winden.

Die zentrale Region des Milchstraßensystems ist uns im Bereich des sichtbaren Lichts durch dessen Absorption in der interstellaren Materie nahezu vollständig verborgen. Ohne diese Absorption wäre der ganze Nachthimmel von der Milchstraße als leuchtender Wolke beherrscht, die große Teile von Sagittarius und angrenzenden Sternbildern einschließen würde; sie würde das gewohnte Leuchten der Milchstraße um das Hundertfache übertreffen.

Die **Plejaden** (M 45) im Sternbild Stier sind der bekannteste offene Sternhaufen des nördlichen Himmels. Die neun hellsten der über 300 Sterne dieses 125 pc entfernten Sternhaufens sind auf ein Feld mit einem Durchmesser von einem Grad konzentriert. Der auch verwendete Name **Siebengestirn** spielt auf die Funktion als Sehtest im Altertum an: Normalsichtige Menschen können in der Regel sechs Sterne des Haufens mit bloßem Auge sehen, die Wahrnehmung des siebten erfordert ein überdurchschnittliches Sehvermögen.

Glücklicherweise ist die Beobachtung der Michstraße im Bereich der Radiowellenlängen möglich, da lange elektromagnetische Wellen von den kleinen Staubkörnern der interstellaren Materie weder absorbiert noch merklich gestreut werden. Deswegen haben wir heute auch von der Zentralregion der Galaxis und ihren komplexen Strukturen ein detailliertes Bild.

Interstellare Materie

Mindestens vier Prozent der Masse der Scheibenkomponente der Galaxis entfallen auf die interstellare Materie, bei einer außerordentlich geringen Dichte von nur wenigen Atomen pro Kubikzentimeter. Entsprechend den allgemeinen kosmischen Häufigkeiten besteht sie zum größten Teil aus Wasserstoff und Helium, die

Unter **Hyperfeinstruktur** (Hfs) des Wasserstoffatoms wird die sehr kleine Aufspaltung seiner Energieterme durch die Wechselwirkung des Hüllenelektrons mit dem Spin des Protons verstanden. Für den Grundzustand beträgt diese Aufspaltung $6 \cdot 10^{-6}$ eV. Zum Vergleich: Die Ionisationsenergie des Wasserstoffatoms ist 2 Millionen Mal so groß. Die beim Übergang zwischen den beiden Grundzustands-Hyperfeinstruktur-Niveaus emittierte oder absorbierte elektromagnetische Strahlung hat eine Wellenlänge von 21 cm. Der Übergang zwischen diesen Niveaus ist hochgradig »verboten«, d. h., er hat eine außerordentlich kleine Wahrscheinlichkeit. Er ist daher unter Laborbedingungen praktisch nicht zu beobachten, sehr wohl aber – wegen der dort herrschenden geringen Dichte – unter den Bedingungen des Weltraums. Die mittlere Lebensdauer des oberen der beiden Niveaus beträgt 11 Millionen Jahre.

im freien Weltraum nur gasförmig vorkommen. Schwerere Elemente treten fast vollständig als Festkörper, in Form sehr feinen Staubs auf, mit Kornradien um 0,1 μm, sofern sie nicht in Molekülen wie Stickstoff (N_2) oder Kohlenmonoxid (CO) gebunden sind. Auch diese Moleküle bleiben im Weltraum wegen der dort außerordentlich geringen Dichte selbst bei tiefsten Temperaturen gasförmig.

Der Staubanteil der interstellaren Materie erreicht, bezogen auf diese selbst, einen Masseanteil von etwa zwei Prozent; er kann in zwei chemisch verschiedene Phasen von Kohlenstoffstaub einerseits und von Silicaten anderseits aufgeteilt werden. Die ungleichmäßige Verteilung der Staubkomponente zeigt sich bei sehr klaren Sichtverhältnissen bereits dem bloßen Auge durch die Unregelmäßigkeit im Verlauf des Bands der Milchstraße. Diese Unregelmäßigkeit wird ausschließlich durch den Staub im Vordergrund verursacht; die Verteilung der dahinter stehenden Sterne ist sehr viel gleichmäßiger.

Die Dunkelwolken haben oft Durchmesser von einige Parsec bis etwa hundert Parsec. Ihre Dichte liegt um einige Größenordnungen über der des umgebenden interstellaren Mediums. Werden solche Staubwolken von vorn oder von der Seite durch helle nahe Sterne beleuchtet, so spiegeln sie deren Licht wider; sie erscheinen uns dann, wie zum Beispiel im Fall der Plejaden, als Reflexionsnebel.

Die Gaskomponente der interstellaren Materie erscheint am eindrucksvollsten, wenn das Licht benachbarter junger Sterne den atomaren Wasserstoff (H I) ionisiert, der dann im roten Licht der H_α-Linie leuchtet, wenn seine ionisierte Form (H II) mit Elektronen wieder zu neutralen Atomen rekombiniert. Solche H II-Gebiete

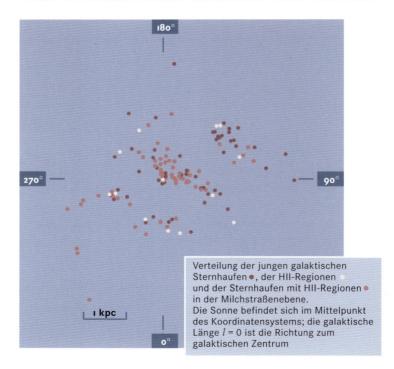

Verteilung der **Sternhaufen** und **H II-Gebiete**.

Verteilung der jungen galaktischen Sternhaufen •, der H II-Regionen • und der Sternhaufen mit H II-Regionen • in der Milchstraßenebene. Die Sonne befindet sich im Mittelpunkt des Koordinatensystems; die galaktische Länge *l* = 0 ist die Richtung zum galaktischen Zentrum

Der **Pferdekopf-Nebel** in einer Entfernung von 490 pc im Sternbild Orion zeigt eindrucksvoll die Wirkung des Staubs einerseits als Dunkelwolke – die Staubwand im linken und unteren Bildteil verdeckt vollständig das dahinter liegende H II-Gebiet – und anderseits als Reflexionsnebel – der Vordergrundstern links unterhalb des »Pferdekopfs« leuchtet die Staubwand von vorn an, die seinen Lichtschein einem Scheinwerferspiegel gleich zurückwirft. Der helle Stern, der die linke Bildhälft dominiert, ist ζ Orionis (Alnitak), der linke »Gürtelstern« des Orion. Norden ist links im Bild, der Pferdekopf-Nebel liegt also südlich des Sterns Alnitak.

markieren meist Orte der Sternentstehung. Auch sie folgen der Spiralstruktur, die von jungen Sternhaufen vorgezeichnet ist. Der neutrale Wasserstoff bildet zumeist H_2-Moleküle, die einer direkten Beobachtung nicht zugänglich sind. Der atomare Wasserstoff kann aber im Radiobereich untersucht werden, bei einer Wellenlänge von 21 cm, die einem Hyperfeinstruktur-Übergang des Wasserstoffatoms entspricht. Durch Kartierung der Galaxis bei dieser Wellenlänge, ergänzt durch Messungen eines Übergangs des CO-Moleküls bei einer Wellenlänge von 2,6 mm konnte ein gutes Bild der Verteilung der Gaskomponente gewonnen werden. Sie zeigt ebenfalls Spiralstruktur.

Die Halo-Komponente umfasst außer Kugelsternhaufen noch eine Reihe alter Sterne, insbesondere langperiodische RR Lyrae-Sterne, einige Langperiodisch-Veränderliche und extreme Unterzwerge. Während man vom eigentlichen Halo nur bei Entfernungen bis zu etwa 25 Kiloparsec vom Zentrum spricht, lassen sich Einzelobjekte in der Korona am Südhimmel bis weit jenseits der Magellan'schen Wolken, unserer nächsten Nachbargalaxien, als extragalaktische Objekte nachweisen. Das am weitesten entfernte Objekt, das noch zu unserer Galaxis zu gehören scheint, ist der Kugelsternhaufen AM1 in einer Entfernung von 117 Kiloparsec.

Sternpopulationen

In ihrer Gestalt zeigen die verschiedenen Komponenten des Milchstraßensystems deutliche Unterschiede. So treten Kugelsternhaufen praktisch nur im Halo auf, während offene Sternhaufen nur in der Scheibe zu finden sind. Um die Zusammenhänge zwischen den Objekten und der durch sie manifestierten galaktischen Struktur besser systematisch ordnen zu können, führte Walter Baade 1944 den Begriff der Sternpopulation ein. In einer bestimmten Po-

Das **Sternentstehungsgebiet** in der Region des Sterns ρ Ophiuchi (der blaue Stern am oberen Bildrand; Sternbild Ophiuchus, Schlangenträger) verdankt sein Farbspiel der Verbindung von H II-Gebieten und Reflexionslicht von verschieden heißen Sternen. Der helle Stern links unten ist Antares (α Scorpionis).

pulation werden nach ihm Objekte zusammengefasst, die sich in der räumlichen Verteilung in der Galaxis, im Bewegungsverhalten, in der chemischen Zusammensetzung und im Alter ähnlich sind.

Der Halo und die Scheibe stellen zwei verschiedene Populationen dar, die aus historischen Gründen als Population II beziehungsweise Population I bezeichnet werden. Da Halo und Scheibe sich gegenseitig durchdringen, ist eine solche Unterscheidung nur dann möglich, wenn sich trotz dieser Durchdringung Objekte eindeutig zuordnen lassen. Das auffälligste Merkmal ist, dass alle Scheibenobjekte mit Geschwindigkeiten zwischen 150 km/s und 250 km/s an der galaktischen Rotation teilnehmen, während der Halo nur einen vergleichsweise kleinen Gesamtdrehimpuls hat.

Während die Scheibensterne weitgehend kreisnahe Bahnen haben, zeigen Kugelsternhaufen und Sterne der Population II häufig stark elliptische Bahnen oder pendeln sogar auf nahezu geraden Bahnen durch die galaktische Ebene. Sie bleiben deutlich hinter der galaktischen Rotation zurück und haben zum Teil eine große Geschwindigkeitskomponente senkrecht zur galaktischen Ebene. Im Allgemeinen verraten sie sich durch ihre hohen Geschwindigkeiten relativ zu den Sternen der Sonnenumgebung als »Schnellläufer«.

Trägt man die Sterndichte nach Spektraltypen der Sterne getrennt als Funktion des Abstands von der galaktischen Ebene auf, so stellt

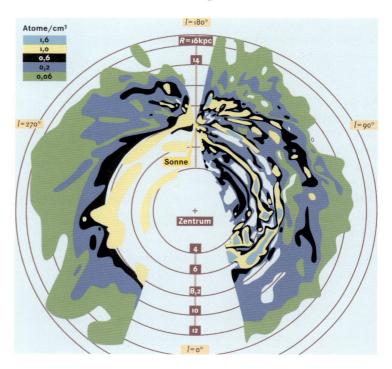

Die **Dichte der interstellaren Materie** in der Ebene der Galaxis, nach einem Farbschlüssel codiert. Eingezeichnet ist der Ort der Sonne und der des galaktischen Zentrums. Die galaktische Länge l wird vom Ort der Sonne aus bestimmt; daher erscheinen die Richtungen $l = 90°$ und $l = 270°$ exzentrisch bezüglich des galaktischen Zentrums. Um dieses selbst sind Kreise gezogen, deren Radien die angegebenen Größen in Kiloparsec haben.

man eine starke Korrelation zwischen dem Alter der Objekte und ihrer räumlichen Verteilung fest. Ältere Sterne – massearme Riesen und späte Hauptreihensterne – finden sich in viel größeren Abständen von der galaktischen Ebene als frühe Hauptreihensterne oder die sehr kurzlebigen Überriesen. Hertzsprung-Russell-Diagramme von Kugelsternhaufen zeigen dementsprechend, dass alle Hauptreihensterne, die heißer (massereicher) sind als etwa der Spektraltyp F5, bereits die Entwicklung zum Riesenstadium oder gar zum Weißen Zwerg durchlaufen haben. Die Kugelsternhaufen unserer Galaxis müssen demnach einer Sternentstehungsphase vor mehr als 10 Milliarden Jahren entstammen.

Chemische Zusammensetzung

Durch die fortwährenden Prozesse der Kernfusion in den Sternen sowie durch Supernovae, die letzten Lebensphasen massereicher Sterne, hat sich die chemische Zusammensetzung der Galaxis ständig mit Elementen angereichert, die schwerer sind als Lithium. Da Sterne in ihrem Hauptreihenstadium keine Konvektionszonen ausbilden, die aus der Fusionsregion bis an die Oberfläche reichen, zeigen sie in der Photosphäre – und damit bei der Analyse ihrer Spektren – die chemische Zusammensetzung der interstellaren Materie zur Zeit der jeweiligen Sternentstehungsphase. Daher kann man, wenn man die Entstehungszeiten der jeweiligen Sterne kennt, aus den Spektren der Photosphären die Geschichte der chemischen Zusammensetzung der interstellaren Materie rekonstruieren.

Diese Rekonstruktion zeigt, dass von den ältesten dieser Objekte an – Braunen Zwergen – bis zur chemischen Zusammensetzung der Sonne die »Metallizität« der interstellaren Materie um etwa das Tausendfache zugenommen hat (in der Astrophysik werden alle Elemente schwerer als Lithium als metallisch bezeichnet). Die Sonne zeigt heute, wie nahezu alle Scheibensterne, eine einheitliche chemische Zusammensetzung, deren relative Häufigkeiten als universelle kosmische Elementhäufigkeiten angesehen werden. Dagegen sind Objekte der Population II umso metallärmer, je älter sie sind. Daraus ist zu schließen, dass praktisch die gesamte Anreicherung an Metallen in unserer Galaxis in den ersten Milliarden Jahren ihrer Existenz erfolgt sein muss. Heute verläuft dieser Prozess offensichtlich erheblich langsamer.

Bei den ältesten Braunen Zwergen sowie bei den sehr massereichen Sternen der ersten Generation, die heute nicht mehr existieren, spricht man auch von Objekten der Population III.

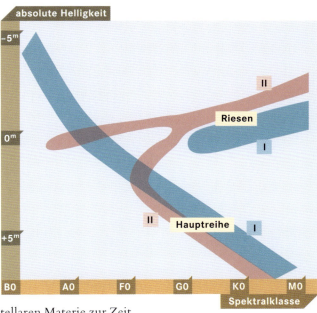

Schematisches **Hertzsprung-Russell-Diagramm der Sternpopulationen I und II.** Bei der Population I ist die Hauptreihe bis zu den B- und 0-Sternen besetzt. Bei der Population II fehlen Hauptreihensterne ab F0 völlig. Die Riesen-Äste der beiden Populationen sind gegeneinander verschoben. Bei der Population II gabelt sich der Riesen-Ast bei G0 in einen horizontalen Ast, auf dem z. B. die RR Lyrae-Sterne liegen, und in einen Ast, der auf die Hauptreihe zuläuft.

142 I. Weltall und Sonnensystem

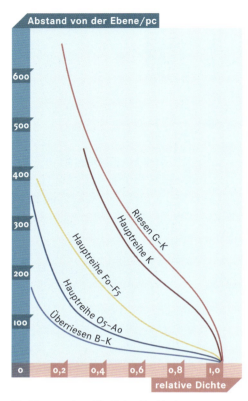

Die Sterne unterschiedlicher Spektralklassen sind verschieden stark zur galaktischen Ebene hin konzentriert, die Riesen der Spektralklassen G und K am wenigsten, die Überriesen der Spektralklassen B bis K am stärksten. Alle Kurven sind so normiert, dass sie in der galaktischen Ebene den Wert 1 haben.

Das **galaktische Koordinatensystem** ist ein Polarkoordinatensystem, dessen Grundebene die Scheibenebene der Galaxis ist. Sein Grundkreis ist die Schnittlinie dieser Ebene mit der Himmelssphäre. Seine Koordinaten sind die **galaktische Länge** l (in der Ebene, von 0° bis 360°) und die **galaktische Breite** b (über der Ebene, von 0° bis 90° zum galaktischen Nordpol hin und von 0° bis −90° zum galaktischen Südpol hin). Der **galaktische Nordpol** liegt bei der Rektaszension $\alpha = 12^{\mathrm{h}}49^{\mathrm{m}}$ und der Deklination $\delta = 27{,}4°$.

Zusammenfassend lassen sich die Populationen der Galaxis wie folgt beschreiben:

Population III: Nicht mehr vorhandene, sehr massereiche Sterne einer frühen Phase der Galaxis und vereinzelte Braune Zwerge, die als Feldsterne dem Halo angehören. Die Objekte sind praktisch metallfrei und über 15 Milliarden Jahre alt.

Halo-Population II: Kugelsternhaufen, langperiodische RR Lyrae-Sterne und Unterzwerge, die sich in einem nicht rotierenden Subsystem der Galaxis befinden, das im Verhältnis 1 : 2 abgeplattet ist. Die relativen Geschwindigkeitskomponenten senkrecht zur galaktischen Ebene erreichen meist 100 km/s. Das Alter reicht von 16 bis zu 12 Milliarden Jahren. Mit abnehmendem Alter der Objekte nehmen Metalllinien in den Spektren zu.

Mittlere Population II: Schnellläufer vom Spektraltyp F bis M sowie Langperiodisch-Veränderliche mit kürzeren Perioden und mit Spektraltyp heißer als M5. Die Geschwindigkeitskomponente senkrecht zur galaktischen Ebene beträgt im Mittel 50 km/s, die Abplattung des Subsystems 1 : 5. Das Alter liegt zwischen 10 und 15 Milliarden Jahren.

Scheibenpopulation: Gewöhnliche Sterne, Planetarische Nebel, Novae, helle Rote Riesen, Sterne des galaktischen Zentralgebiets. Die vertikale Geschwindigkeitskomponente beträgt 30 km/s, die Abplattung 1 : 25, das Alter 12 bis 2 Milliarden Jahre. Ältere Hauptreihensterne weisen zum Teil nur ein Drittel der Metallizität der Sonne auf.

Extreme Population I: Junge Sternhaufen, T Tauri- und δ Cephei-Sterne, Überriesen, helle blaue OB-Sterne und die interstellare Materie. Der geringen vertikalen Geschwindigkeitskomponente von 5 bis 10 km/s entspricht eine extreme Abplattung von 1 : 100. Die hohe Konzentration zur galaktischen Ebene hin – nicht jedoch zum galaktischen Zentrum – ist verbunden mit einer sehr klumpigen Struktur, die im Wesentlichen die Spiralstruktur der Galaxis nachzeichnet. Die Objekte sind 500 Millionen bis 10 000 Jahre alt.

Entwicklungsgeschichte

Offenbar stellt die Beziehung zwischen der Abplattung der Untersysteme und dem mittleren Alter ihrer Repräsentanten mehr oder weniger direkt eine Spur der Entwicklungsgeschichte unserer Galaxis dar: Ihre älteste Komponente, der Halo, ist nahezu kugelförmig, ihre jüngste Komponente dagegen, die interstellare Materie, praktisch vollständig auf die galaktische Ebene beschränkt. Es liegt daher nahe anzunehmen, dass sich die Galaxis zunächst aus einer nahezu kugelförmigen Ansammlung von Staub und Gas entwickelte, die unter dem Einfluss ihrer eigenen Gravitation nach und nach parallel zur Rotationsachse kollabierte, während die Fliehkraft dieser Materiewolke eine ähnliche Kontraktion in der Scheibenebene verhinderte.

Im Verlauf der Kontraktion haben unterschiedliche Prozesse zu Phasen intensiver Sternentstehung geführt, deren Abkömmlinge heute den jeweiligen Stand der galaktischen Kontraktion dokumentieren. Die nach der weitgehend nicht mehr vorhandenen Population III früheste Phase führte zunächst zur Zusammenballung von Gaswolken mit je etwa einer Million Sonnenmassen ($M_\odot$), die unter ihrer Eigengravitation kollabierten. Die weitere Fragmentierung der Wolken in immer kleinere Einheiten führte zur Entstehung der Kugelsternhaufen, mit jeweils Hunderttausenden von Sternen.

Da die dem Jeans-Kriterium für Gravitationsinstabilität entsprechende Masse durch die Expansion des Kosmos abnahm, ist die Entstehung von Kugelsternhaufen in der Galaxis seit etwa 10 Milliarden Jahren abgeschlossen. In späteren Sternentstehungsphasen bildeten sich kleinere Sternhaufen, die etwa einige Tausend mal so viel Masse enthalten wie die Sonne und die heute gleichmäßig über die ganze Scheibe verteilt sind.

Die gegenwärtigen Sternentstehungsprozesse führen zu Ansammlungen von der Größe der offenen Sternhaufen, die wegen der Kürze der verstrichenen Zeit noch gut die Regionen markieren, in denen sie entstanden sind. Sternbildung kann heute nur noch in unmittelbarer Nähe der galaktischen Ebene stattfinden weil die interstellare Materie vollständig zur Scheibe hin kollabiert ist.

Auch die unterschiedliche Verteilung des ursprünglichen Drehimpulses auf die Populationen lässt sich als Spur der Zusammenziehung der protogalaktischen Wolke, aus der die Galaxis hervorgegangen ist, verstehen. Eine Umverteilung von Drehimpuls kann nur innerhalb der interstellaren Materie stattfinden, da nur sie eine merkliche innere Reibung aufweist oder in ionisierter Form auf die großräumigen galaktischen Magnetfelder reagieren kann. Der Halo spiegelt die Drehimpulsverteilung einer Entwicklungsphase wider, in der die Protogalaxis wesentlich ausgedehnter war und der größte Teil des Drehimpulses in Bereichen außerhalb des Halo enthalten war. Indem die interstellare Materie quasi durch den Halo hindurch kollabierte, transportierte sie wahrscheinlich Drehimpuls zur Scheibe hin, während im Halo selbst die ungeordnete Bewegung zunahm. Damit stimmt überein, dass die Scheibenpopulation heute den größten Teil des Drehimpulses enthält, während die andern Populationen einen umso kleineren Drehimpulsanteil besitzen, je älter sie sind.

Dynamik und Struktur

Die großräumige Rotationsbewegung der Galaxis ist ein Phänomen, das erst seit den 1950er-Jahren durch den Einsatz moderner radioastronomischer Methoden entschlüsselt werden konnte. Die Schwierigkeit besteht darin, dass wir mit dem Sonnensystem selber an der Rotation teilnehmen und daher die Rotation anderer Teile der Galaxis nur dann messen können, wenn deren Entfernung bekannt ist. Da im optischen Bereich – anders als im Radiobereich – die Sicht durch die interstellare Materie versperrt ist, greifen die üblichen Methoden der Entfernungsbestimmung nicht.

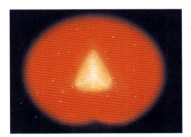
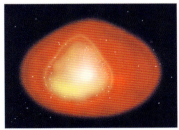

Zeichnerische Darstellung des **Kollapses einer Protogalaxie** mit großem Drehimpuls (von oben nach unten). Zunächst entstehen Kugelhaufen im galaktischen Halo. Die Gaswolke kollabiert unter fortschreitender Sternentstehung und lässt den Halo aus Kugelhaufen zurück. Schließlich bildet sich eine flache Scheibe junger Sterne, innerhalb deren die Gaskomponente zu einer dünnen Schicht weiterkollabiert. Dabei können sich Spiralarme ausbilden.

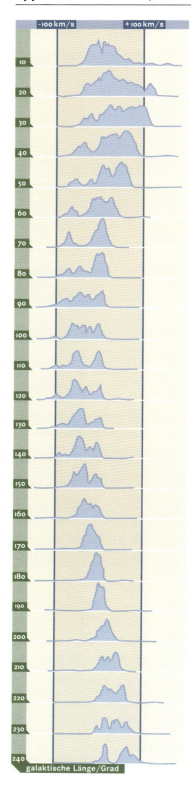

Einen Ausweg bietet die Beobachtung im Wellenlängenbereich der 21-cm-Linie des Wasserstoffatoms. Da der Wasserstoff großräumig homogen verteilt ist und aus theoretischen Gründen die Umlaufgeschwindigkeit nach außen hin nur langsamer zunehmen kann als in einem starren Körper, zeigen Rechnungen, dass die maximale Geschwindigkeit der Wasserstoffwolken relativ zur Sonne dort zu beobachten ist, wo der Sehstrahl gerade die größte Annäherung an das galaktische Zentrum erreicht.

Die Entfernung dieses Tangentialpunkts vom galaktischen Zentrum ist dann mit trigonometrischen Methoden aus dem Winkel zwischen Letzterem und dem Sehstrahl zu bestimmen. Aus solchen Messungen ergibt sich die Rotationskurve der Galaxis. Ihr Abschnitt innerhalb der Sonnenbahn ist mit einiger Sicherheit bekannt. Bemerkenswert sind die hohen Rotationsgeschwindigkeiten in unmittelbarer Nähe zum galaktischen Zentrum. Sie sind ein wichtiges Indiz für eine außerordentlich hohe zentrale Dichtekonzentration. Außerhalb der Sonnenbahn ist die Vermessung der Rotationskurve schwieriger, sodass bislang nur ein Bereich angegeben werden konnte, innerhalb dessen die tatsächliche Rotationskurve zu erwarten ist.

Die Masse der Galaxis

Die Bestimmung der Rotationskurve erlaubt es, die Masse der Galaxis abzuschätzen, da die aus der Bahnbewegung resultierende Fliehkraft nur durch das Gravitationsfeld der galaktischen Masse kompensiert werden kann. Allerdings muss man dazu die Verteilung der Masse in Richtung senkrecht zur galaktischen Ebene kennen.

Praktisch sind alle Angaben der Dichteverteilung Ergebnisse aus theoretischen Modellen, die die Beobachtungsdaten von Bahngeschwindigkeiten und Sterndichten auch außerhalb der galaktischen Ebene berücksichtigen. Aus solchen Modellen wird als Wert für die Masse der Galaxis innerhalb der Sonnenbahn ein Wert von etwa $1{,}8 \cdot 10^{11} M_\odot$ abgeleitet.

Wegen der Schwierigkeit, Bahngeschwindigkeiten außerhalb der Sonnenbahn zu messen, sind Massebestimmungen einschließlich des Halo und der Korona wesentlich unsicherer und reichen etwa von $2 \cdot 10^{11}$ bis $10^{12} M_\odot$. Für große Entfernungen ist zu erwarten, dass die Bahngeschwindigkeiten den von der Planetenbewegung bekannten Kepler'schen Gesetzen entsprechen, weil dort keine nennenswerten Anteile an der Gesamtmasse angenommen werden. Die Tatsache, dass die Rotationskurve auch im Abstand von 30 Kiloparsec noch nicht der Kepler-Rotation entspricht, beweist, dass auch außerhalb dieser Distanz noch große Anteile an der Gesamtmasse der Galaxis vorhanden sein müssen.

Spiralen

Ein weiteres bis heute nicht ganz gelöstes Problem im Verständnis der Galaxis besteht in deren Spiralstruktur. Die Rotationskurve der Galaxis zeigt, dass die Sterne und Sternhaufen im Großen und Ganzen mit der gleichen Bahngeschwindigkeit umlaufen, also mit zunehmendem Abstand immer längere galaktische Umlaufzeiten haben. Daher können radiale Strukturen nur etwa eine Rotationsperiode lang überleben, wenn es nicht besondere Mechanismen gibt, die eine Spiralstruktur aufrechterhalten können. Eine andere Erklärung für die Spiralstruktur könnte sein, dass es sich bei ihr um ein sehr junges Phänomen handelt. Diese Erklärung wäre auch mit der Tatsache vereinbar, dass die Sonne schon über fünfzig galaktische Umläufe vollzogen hat, stünde aber in Widerspruch dazu, dass viele extragalaktische Sternsysteme klare Spiralmuster zeigen, ganz unabhängig davon, wie alt sie sind.

Erst numerische Simulationen von Sternsystemen mit sehr vielen Sternen erhärteten frühere Hypothesen, nach denen es sich bei den Spiralarmen um ein Wellenphänomen handelt, und zwar um Wellen des Gravitationsfelds. Diesen Wellen entspricht eine Variation von etwa fünf Prozent um den Mittelwert der Massedichte. Bei der Ausbreitung der Wellen in Richtung des galaktischen Umlaufs werden sie von der schnelleren Materie überholt, am Ort der Sonne mit einer um etwa 115 km/s größeren Geschwindigkeit. Dabei entsteht im interstellaren Medium eine Stoßfront, ein Dichte- und Geschwindigkeitssprung, der sich mit einem Vielfachen der Schallgeschwin-

Linke Seite: Das Profil der **21-cm-Linie** des atomaren Wasserstoffs in der galaktischen Ebene für verschiedene galaktische Längen (von 10° bis 240°). Aufgrund des Doppler-Effekts tragen die verschiedenen Gaswolken in einem Sehstrahl je nach ihrer Relativgeschwindigkeit bezüglich der Sonne an unterschiedlichen Abszissenpositionen zum Signal bei. Der scharfe Abbruch der Signale zu positiven Radialgeschwindigkeiten hin (auf der rechten Seite) entspricht der maximalen Geschwindigkeit, mit der Gaswolken sich in der jeweiligen Blickrichtung von uns wegbewegen. Er stellt den Bewegungszustand an der Position des jeweiligen »Tangentialpunkts« der Messung dar.

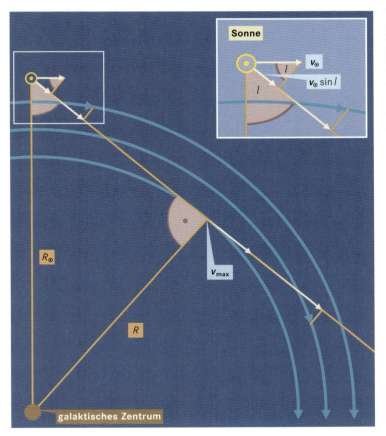

Wenn die **Bahngeschwindigkeit der galaktischen Wolken** mit zunehmender Entfernung vom galaktischen Zentrum nicht zunimmt – was außer im Zentralbereich weitgehend der Fall ist –, dann ist die von der Sonne aus beobachtete Komponente der Relativgeschwindigkeit der Wolken längs eines Sehstrahls von der Sonne für diejenige Wolkenbahn maximal, zu der der Sehstrahl tangential verläuft. Der Sehstrahl von der Sonne bis zum »Tangentialpunkt« bildet dann zusammen mit dem Radius $R_\odot$ der Sonnenbahn um das galaktische Zentrum sowie mit dem Radius R des Tangentialpunkts ein rechtwinkliges Dreieck. Der Radius R lässt sich dann einfach berechnen, wenn $R_\odot$ bekannt ist. Die Bahngeschwindigkeit v der Wolken ist dann die Summe von maximaler gemessener Relativgeschwindigkeit der Wolken und Komponente der Bahngeschwindigkeit der Sonne längs des Sehstrahls. Auf diese Weise lässt sich die Bahngeschwindigkeit der Wolken in Abhängigkeit von ihrem Abstand R vom galaktischen Zentrum ermitteln.

Eine Rotationskurve ist die grafische Darstellung des Verlaufs der Rotationsgeschwindigkeit einer Galaxie in Abhängigkeit vom Radius. Bei der **Rotationskurve des Milchstraßensystems** stehen die Schwankungen im Geschwindigkeitsfeld innerhalb der Sonnenbahn mit der Spiralstruktur in Zusammenhang. Außerhalb der Sonnenbahn können bislang nur Grenzen möglicher Geschwindigkeitswerte angegeben werden (braune Linien). Die grüne Linie zeigt an, welche Geschwindigkeiten nach dem dritten Kepler'schen Gesetz zu erwarten wären.

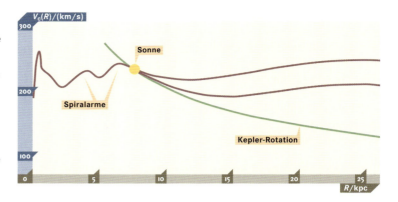

Das Wesen der **interferometrischen Messverfahren** besteht darin, zwei oder mehr kohärente Bündel elektromagnetischer Strahlung, d. h. Bündel mit definierter Phasenbeziehung ihrer Schwingungen, zur Überlagerung zu bringen. Interferometrische Messverfahren sind sehr präzis und dienen u. a. zur genauen Bestimmung von Längen oder – in der Astronomie – von Winkeln und damit zur Gewinnung von Information mit großer Ortsauflösung über astronomische Objekte. Bei der **interferometrischen Radiobeobachtung** bedient man sich dabei mindestens zweier Empfänger, meist Radioteleskope, die eine genügend große Basislänge haben, d. h. genügend weit voneinander entfernt sind, und auf dasselbe Objekt ausgerichtet werden. Die von solchen Empfängern empfangenen kohärenten Signale von den astronomischen Objekten werden elektronisch zur Überlagerung gebracht.

digkeit von der höheren zur niedrigeren Dichte hin fortpflanzt, ähnlich wie in der irdischen Atmosphäre ein Überschallknall. Durch die starke Verdichtung wird eine spontane Sternentstehung ausgelöst. Einige Millionen Jahre jenseits der Stoßfront, der die Materie inzwischen um den Bruchteil eines Grads vorausgeeilt ist, zeigen sich dadurch junge Sternhaufen und HII-Gebiete, die im Sichtbaren den Verlauf der Wellen nachzeichnen. Nach einigen 10 Millionen Jahren sind die Sternhaufen durch die rasche Entwicklung von hellen und massereichen O- und B-Sternen weitgehend aufgelöst. Zurück bleibt ein Untergrund von weniger auffälligen Scheibensternen, während die Zone der jungen Sternhaufen inzwischen weitergewandert ist.

Das Auftreten von Dichtewellen scheint in scheibenförmigen Systemen, die aus Gas oder ausreichend vielen Punktmassen bestehen und aufgrund ihrer eigenen Anziehungskraft »gravitationsinstabil« sind, ziemlich wahrscheinlich zu sein. Wie numerische Simulationen immer wieder zeigen, genügen bereits schwache Fluktuationen des Gravitationsfelds, um Mehrfachspiralen entstehen zu lassen, die meist eng gewunden sind. Eine Störung des Gravitationspotentials von außen, wie sie unsere Galaxis derzeit durch die unmittelbar benachbarten Magellan'schen Wolken erfährt, erzeugen dagegen in der Regel ausgeprägte offene Einfachspiralen.

Der galaktische Kern

Als Definition des Zentrums der Galaxis dient einerseits die Position ihrer Rotationsachse und anderseits das Maximum ihrer Dichteverteilung. Eine genauere Lokalisierung erlauben interferometrische Radiobeobachtungen, die im Bereich des Zentrums die kompakte Radioquelle Sagittarius A (Sgr A) zeigen. Eine Reihe von Indizien spricht dafür, dass diese mit dem Dichtemaximum zusammenfällt, sodass sie nach allgemeiner Auffassung das Aktivitätszentrum der Galaxis ist.

Der Dichteverlauf wird auch hier vor allem aus den Bahngeschwindigkeiten verschiedener Objekte in der Nähe des Kerns oder über die Masse-Leuchtkraft-Beziehung aus der Infrarotstrahlung vieler Sterne ermittelt. Unter der Annahme einer kugelsymmetrischen Masseverteilung trägt zur Anziehungskraft, die die Objekte

Rechte Seite: Theoretische Kurven gleicher **Massedichte in der Galaxis**, normiert auf die Dichte (1,0) in der Sonnenumgebung. Das theoretische Modell beruht auf den Messwerten für die galaktische Rotation.

auf ihrer jeweiligen Umlaufbahn hält, im Wesentlichen nur derjenige Teil der Masse bei, der sich innerhalb der Umlaufbahn befindet. Weil anderseits die Rotationsgeschwindigkeit auf einer stabilen Bahn der anziehenden Masse proportional ist, hängen die Angaben von Massen von der Zuverlässigkeit der Geschwindigkeitsmessungen ab.

Zu lang anhaltenden Kontroversen führte die Beobachtung, dass die Rotationskurve im letzten Parsec zum Zentrum hin nicht nur nicht linear abfällt – wie es einer etwa konstanten Sterndichte im Zentrum entsprechen würde –, sondern konstant bleibt oder sogar ansteigt. Das bedeutet, dass die Massedichte zum Zentrum hin sehr stark wächst. Darüber hinaus erfordert die Größe der Bahngeschwindigkeiten, dass sich innerhalb des letzten Zehntels Parsec, also innerhalb eines Bereichs, dessen Radius nur ein Drittel des Abstands der Oort'schen Wolke von der Sonne beträgt, noch einige Millionen Sonnenmassen befinden müssen. Ob es sich bei diesem Zentralobjekt um einen außerordentlich dichten Kugelsternhaufen oder um ein Schwarzes Loch handelt, ist bislang noch umstritten.

Trotz der vergleichsweise geringen Aktivität des Kerns unserer Galaxis sind seine Strukturen und Prozesse viel komplexer, als lange angenommen wurde. Insbesondere hochauflösende Radio- und Infrarotbeobachtungen haben inzwischen eine Hierarchie von Strukturen bis hinab zu 10 Astronomischen Einheiten (AE), also den 20 000ten Teil eines Parsec, enthüllen können.

Stufenweise ins Zentrum

Der Kernbereich lässt sich am anschaulichsten beschreiben, wenn man sich ihm stufenweise von außen nähert und nach innen fortschreitend zu immer feineren Skalenteilungen gelangt. Am Anfang der Beschreibung jedes Bereichs wird im Folgenden jeweils dessen Größe angegeben.

5 kpc – Die interstellare Materie des galaktischen Kerns bildet in den innersten 750 pc eine Verdichtung, die mit 200 pc vertikaler Ausdehnung deutlich dicker ist als die Scheibenkomponente der Gas-Staub-Schicht. Im Bereich zwischen 1 kpc und 3 kpc ist die Gasdichte eher gering. In einer Entfernung von etwa 3,7 kpc umgibt den Zentralbereich ein rotierender Ring aus interstellarer Materie, der mit einer Radialgeschwindigkeit von 100 km/s expandiert. Vermutlich sind hierin Nachwirkungen einer gigantischen Explosion des Zentralbereichs zu sehen, die sich vor etwa 10 bis 15 Millionen Jahren ereignete.

50 pc – In einer Entfernung von etwa 50 pc von der zentralen Radioquelle Sgr A zeigen Radiokarten im Wellenlängenbereich um 20 cm eine auffällige Struktur senkrecht zur galaktischen Ebene, den »östlichen Bogen«. Er ist über die parallel zur galaktischen Ebene verlaufende »östliche Brücke« mit Sgr A verbunden. Der östliche Bogen lässt sich bis zu einigen 100 pc über die galaktische Ebene hinaus verfolgen. Erst in den 1990er-Jahren wurde entdeckt, dass es auf der nördlichen Seite als Gegenstück einen bis zu 200 pc breiten Jet gibt,

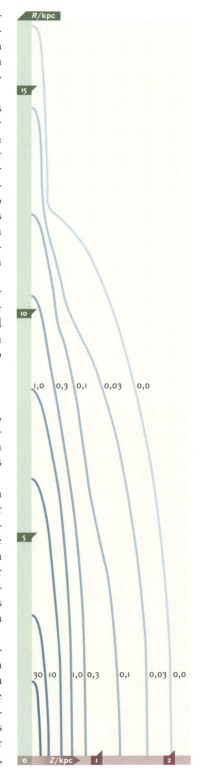

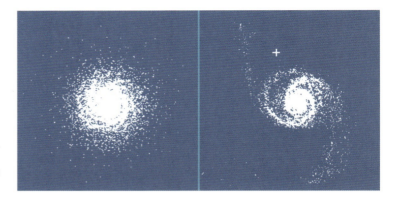

Theoretische **Formen von Galaxien** nach numerischen Rechnungen für Ansammlungen Tausender gravitierender Teilchen. Fluktuationen des Gravitationsfelds selbst erzeugen Mehrfach-Spiralstrukturen (links). Die Störung des galaktischen Gravitationspotentials durch ein externes Potential (+) – wie zum Beispiel die Magellan'schen Wolken für das Milchstraßensystem eins darstellen – erzeugt vorzugsweise weit offene, einfache Spiralen.

der 4 kpc weit verfolgt werden kann und möglicherweise mit dem expandierenden Ring in Verbindung steht. Die filamentartige Struktur der Brücke sowie ihre Synchrotronstrahlung lassen darauf schließen, dass hier ein heißes Plasma aus dem Kernbereich unter dem Einfluss von Magnetfeldern in zwei entgegengesetzte Richtungen von der galaktischen Ebene wegströmt.

10 pc – Innerhalb der im Wellenlängenbereich von 20 cm gefundenen räumlichen Struktur zeigt sich bei der Beobachtung im Wellenlängenbereich um 6 cm eine Ringstruktur von etwa 7 pc Durchmesser (Sgr A East), die offenbar ein Überrest einer weiteren Explosion ist und von einem Halo von 20 pc Durchmesser umgeben ist, der im Bereich von 20 cm Wellenlänge strahlt. Im Hohlraum innerhalb des Rings von Sgr A East befindet sich ein weiterer Ring von 4 pc Durchmesser, der gegen den äußeren Ring gekippt und seitlich verschoben ist. Er ist mit diesem über Filamente verbunden. Der »Sgr A West« genannte innere Ring strahlt im Millimeterwellen-Bereich eines Übergangs des HNC-Moleküls. Im 6-cm-Bereich sind drei bogenförmige Filamente sichtbar, die den inneren Ring wie Speichen aufspannen und mit der zentralen Quelle Sgr A* in der Nabe des Rads verbinden. Die speichenförmigen Filamente entsprechen Materieströmungen, deren Richtung – einwärts oder auswärts – und Geometrie nicht bekannt sind. Fast die gesamte Strahlung aus diesem Bereich – von der zehnmillionenfachen Leuchtkraft der Sonne – wird von einem etwas verbogenen Ring aus Gas und Staub im Infrarotbereich abgestrahlt. Dies deutet auf viele neu entstandene Sterne hin, die den Staub auf bis zu 400 K aufheizen. Dabei weicht die Position von Sgr A* offensichtlich von der des Rotationszentrums des Gases um 0,1 pc ab.

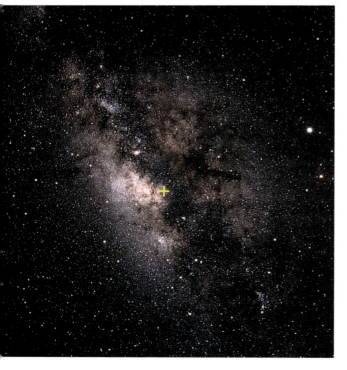

Der **Blick zum galaktischen Zentrum** (gelbes Kreuz) wird durch interstellare Materie stark behindert. In der Nähe des Sternhaufens NGC 6522 gibt es offenbar ein kleines »Fenster«, das einen tieferen Einblick erlaubt.

0,1 pc – Sgr A* im Zentrum des letztgenannten Rings ist von einer Reihe intensiver Infrarotquellen umgeben, die zum Teil stellaren Ursprungs sind. Die Sgr A* nächste Quelle, IRS 16, konnte bei einer Wellenlänge von 2,2 μm in mindestens sechs Punktquellen aufgelöst werden, die sich in einem Abstand von etwa 0,1 pc voneinander befinden. Es ist nicht bekannt, um welche Art von Objekten es sich dabei handelt. Beobachtungen derselben Region bei Wellenlängen von etwa 1 μm enthüllten zwei optische Signale, GZ-A und GZ-B, die Sgr A in Nord-Süd-Richtung in einer Entfernung von nur 2500 AE (etwa 0,01 pc) nahezu symmetrisch flankieren. Es handelt sich hierbei um die derzeit kleinsten im galaktischen Zentrum aufgelösten Strukturen.

0,002 pc – Bisher konnte Sgr A* nicht in weitere Strukturen aufgelöst werden. Bei einer Auflösung von 0,001" bedeutet dies, dass die intensive Radiostrahlung aus einem Gebiet kommt, das innerhalb der Jupiterbahn Platz finden würde (Radius 6 AE). Dies ist ein star-

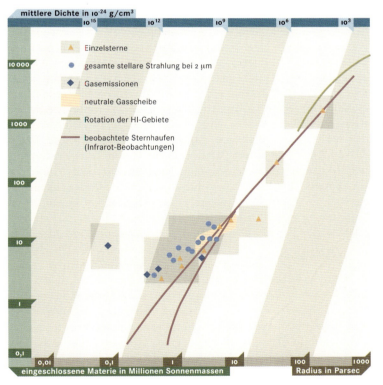

Masse im Zentralbereich der Galaxis. Das Diagramm zeigt für verschiedene Beobachtungen die Größe der Masse in Millionen Sonnenmassen, die innerhalb der jeweiligen Bahn (Radius in Parsec) angenommen werden muss, um die gemessenen Bahngeschwindigkeiten zu erklären. Ab etwa 1 Parsec nimmt für die meisten Beobachtungsobjekte der Wert für die eingeschlossene Masse zu kleineren Radien hin nur noch wenig oder gar nicht mehr ab. Daraus ist zu schließen, dass die restliche Masse von wenigen Millionen Sonnenmassen in einem kompakten Objekt im Zentrum vereint ist. Die schrägen Streifen markieren den Verlauf der Linien gleicher Dichte. Eine Massedichte von 10^{-24} g/cm^3 entspricht etwa einem Teilchen pro Kubikzentimeter.

kes Indiz dafür, dass es sich bei dem außerordentlich massereichen Objekt innerhalb der letzten 20000 AE möglicherweise um ein Schwarzes Loch handelt.

Unser Milchstraßensystem und alle andern Galaxien sind hochkomplexe Organisationsformen der kosmischen Materie. Sie verfügen selbst in augenscheinlich ruhigen Entwicklungsphasen über eine starke Aktivität im Zentralbereich. Im Gegensatz zu den Vorgängen in der Scheibe sowie zu der Dynamik der Spiralarme ist die Bedeutung der zentralen Aktivitäten für die kosmische Evolution bislang noch nicht verstanden.

Extragalaktische Sternsysteme

Vor der Erfindung des Fernrohrs waren den Astromen der Alten Welt außer der Milchstraße und gelegentlich auftretenden Kometen nur zwei Himmelsobjekte bekannt, die anscheinend nicht stellarer Natur waren: die Nebelflecken im Schwertgehänge des Orion und der Andromeda-Nebel. Der Blick durch immer leistungsfähigere Teleskope zeigte dann, dass es viele solcher Objekte gibt. Charles Messier stellte schon 1781 eine Liste von 103 derartigen Objekten zusammen. Mitte des 19. Jahrhunderts wurde dann klar, dass man bei den in dieser Liste verzeichneten Objekten zwei verschiedene Typen unterscheiden konnte: Gasnebel mit charakteristischen Emissionslinien und Spiralnebel, die ein Strahlungskontinuum mit Absorptionslinien zeigen. Eine Spiralstruktur hatte kurz zuvor William Rosse in dem Nebel M 51 entdeckt. Lange Zeit bestand über die Natur solcher Objekte Unklarheit. Noch 1920, in einer berühmten Debatte zwischen Harlow Shapley und Heber Curtis, konnte über diese Frage keine Einigkeit erzielt werden. Erst mit der Verfügbarkeit des 2,5-m-Spiegelteleskops auf dem Mount Wilson gelang es Edwin Hubble 1923, die Randbereiche des Andromeda-Nebels in Einzelsterne aufzulösen und die Spiralnebel als unserem Milchstraßensystem ähnliche extragalaktische Objekte zu identifizieren. Damit fand die seinerzeit sehr kühne Behauptung Immanuel Kants, es handele sich bei den Spiralnebeln um »ungeheure Ansammlungen von Sternen jenseits der Milchstraße«, ihre Bestätigung. Mit der Erkenntnis der wahren Natur der Spiralnebel machte die Astronomie einen Schritt in so gewaltige kosmische Dimensionen, dass im Vergleich mit ihnen der Kosmos des Altertums geradezu winzig wirken musste.

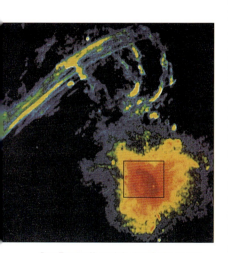

Der **Zentralbereich der Galaxis** mit einer Ausdehnung von etwa 60 × 60 pc, aufgenommen bei einer Wellenlänge von 20 cm. Der blaue Bogen sendet Synchrotronstrahlung aus, während der Zentralbereich (rot; im nächsten Bild größer dargestellt) vermutlich durch UV-Strahlung zum Leuchten angeregt wird.

Die Hubble-Klassifikation

Die registrierten Galaxien, deren Zahl durch die ständige Verbesserung der Beobachtungsgeräte schnell wuchs, zeigten erstaunlich unterschiedliche Formen und Größen. Edwin Hubble entwickelte dafür eine im Wesentlichen auch heute noch gebräuchliche Klassifikation. Dabei unterschied er die Galaxien nur nach ihrer Form auf fotografischen Aufnahmen im blauen Licht und teilte sie in vier Klassen ein. Diese vier Klassen sind: Elliptische Galaxien (Bezeichnung E), Normale Spiralen (S), Balkenspiralen (SB) und Irreguläre Galaxien (Ir). Die ersten drei von ihnen werden durch spezielle Parameter weiter differenziert.

Elliptische Galaxien sind Sternsysteme mit kreis- oder ellipsenförmigem Querschnitt, die keine weiteren räumlichen Strukturen erkennen lassen. Ihr Klassifikationsparameter ist die scheinbare Elliptizität, die sich auf den Aufnahmen direkt aus dem maximalen Durchmesser (a) und dem minimalen (b) ergibt, zu $N = 10 \cdot (a-b)/a$;

sie kann zwischen $N = 0$ (Kreisform, $a = b$) und $N = 8$ (für $a:b \approx 5$) schwanken. Der Typ wird dann als EN bezeichnet, also E0 bis E8. Die am stärksten elliptischen E8-Galaxien gehen stufenlos in die linsenförmigen S0-Galaxien über, die einen gemeinsamen Spezialfall der beiden Klassen von Spiralgalaxien darstellen.

Normale Spiralen sind Galaxien, die eine Spiralstruktur zeigen, bei der die Spiralarme tangential aus dem Kernbereich heraustreten. Der interne Klassifikationsparameter ist der Anstellwinkel der Spiralarme. Sehr eng gewickelte Spiralen werden mit dem Buchstaben a bezeichnet, weiter geöffnete Spiralen mit b und c. Der große Andromeda-Nebel beispielsweise gehört zum Typ Sb.

Balkenspiralen sind Systeme, deren Kern nicht sphärisch symmetrisch, sondern zigarrenförmig lang gestreckt erscheint. Die Spiralarme setzen nahezu senkrecht an den Enden eines solchen »Balkens« an, folgen dann aber ebenfalls einer Sequenz verschiedener Anstellwinkel, die ebenfalls mit den Buchstaben a, b, c bezeichnet wird. Da bis heute nicht klar ist, ob die asymmetrische Verteilung der Sterndichten im Kern der Galaxis als Balken angesehen werden kann, ist nicht sicher, ob wir Bewohner einer Sb- bis Sc- oder aber einer SBb- bis SBc-Galaxie sind.

Irreguläre Galaxien – wie die beiden Magellan'schen Wolken am Südhimmel – zeigen keine in das Schema der übrigen Galaxien passende Gestalt.

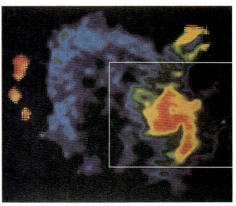

Sagittarius A East, der innerste Bereich der Galaxis mit einer Größe von 9 × 8 pc, aufgenommen bei einer Wellenlänge von 6 cm. Blau wiedergegeben sind Bereiche mit Synchrotronstrahlung, rot und gelb Bereiche mit thermischer Bremsstrahlung.

Verfeinerung der Klassifikation

Im Lauf der Zeit haben sich einige Verfeinerungen des Klassifikationsschemas als zweckmäßig erwiesen. So wird heute zwischen S0- und SB0-Typen unterschieden, da sich in manchen der linsenförmigen Systeme Balken identifizieren lassen. Außerdem zeigen manche Spiralgalaxien einen deutlichen Ring außerhalb des Kernbereichs, an dem dann die eigentlichen Spiralarme ansetzen. Sie werden von den Galaxien ohne Ring (Suffix n) durch das Suffix r unterschieden. Überdies nimmt man heute an, dass es einen stetigen Übergang zwischen den Typen Sc und SBc und einem Teil der irregulären Systeme, Ir I, gibt. Die entsprechenden Übergangstypen werden mit Sd, Sm und Im bezeichnet beziehungsweise mit SBd, SBm und IBm. Im Gegensatz hierzu stellen die irregulären Systeme Ir II einen isolierten Typ dar, ohne jede Verbindung mit andern Typen.

Galaxien mit einem besonders hellen, fast sternartigen »Nucleus« (Kern) werden durch das Voranstellen eines N gekennzeichnet, während Elliptische Galaxien mit sehr flachem Helligkeitsabfall zum Rand hin als D-Galaxien oder, wenn sie besonders groß sind, als cD-Galaxien bezeichnet werden.

Die Spiralgalaxie M 51 (NGC 5149) im Sternbild Jagdhunde, auch **Whirlpool-Nebel** genannt, war die erste Galaxie, bei der eine Spiralstruktur entdeckt wurde (Lord Rosse, 1845).

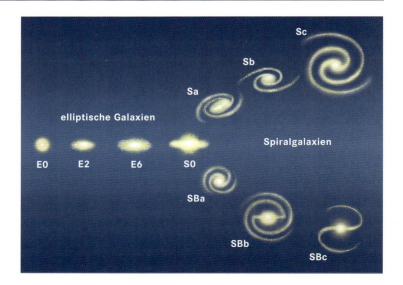

Das auf Hubble zurückgehende Klassifikationsschema der Galaxien wird wegen seiner Form auch als **Stimmgabeldiagramm** bezeichnet.

Auf der andern Seite der Größenskala wurden die »Zwerggalaxien« entdeckt, die zwar der Hubble-Klassifikation genügen, aber um Größenordnungen weniger Sterne enthalten und sehr viel lichtschwächer sind. Obwohl diese Galaxien, wie man aus entsprechenden Statistiken weiß, am häufigsten sind, sind wegen ihrer schlechten Beobachtbarkeit nur wenige von ihnen bekannt. Sie erhalten ein D vor der Hubble-Kennzeichnung (für englisch dwarf, »Zwerg«).

Für statistische Erhebungen über Galaxien, insbesondere Elliptische Galaxien, spielen Projektionseffekte eine große Rolle. Denn während Spiralgalaxien wegen ihres offensichtlichen Drehimpulses zweifelsfrei scheibenförmig und außerdem kreisförmig berandet sind, ihre Orientierung im Raum daher erkennbar ist, liefert jedes Ellipsoid in der Projektion eine elliptische Gestalt, auch rotationssymmetrische wie linsen- und zigarrenförmige. Eine ellipsenförmige Projektionsfigur wie die Aufsicht, in der wir eine Galaxie sehen, lässt daher nicht eindeutig auf die dreidimensionale Gestalt des projizierten Körpers schließen. Die tatsächlichen dreidimensionalen Gestalten der Galaxien scheinen alle überhaupt möglichen Formen von Ellipsoiden zu realisieren.

Stimmgabeldiagramm

Die Form der Darstellung, in der Hubble die einzelnen Galaxientypen anordnete und die nach ihr als Stimmgabeldiagramm bezeichnet wird, suggeriert eine Entwicklungssequenz der Galaxien. Eine solche wurde längere Zeit auch vermutet. Die physikalischen Eigenschaften der verschiedenen Galaxientypen, insbesondere ihre Massen und die Art ihrer Zusammensetzung aus verschiedenen Populationen, widersprechen jedoch jeder denkbaren Entwicklungsrichtung. Offenbar beinhaltet die Hubble-Sequenz im Wesentlichen eine Klassifikation nach dem Gesamtdrehimpuls.

Galaxie Typ E (NGC 4486, M 87; im Sternbild Jungfrau).

E-Galaxien zeigen einen geringen oder, bei stark abgeplatteten Systemen, mäßigen Drehimpuls, während er bei S-Systemen allgemein groß ist. Der Typ steht dabei in Beziehung mit der maximalen Umlaufgeschwindigkeit, die vom Typ So bis zum Typ Sb etwa konstant bleibt, um dann von 300 km/s bei den SBc-Typen auf unter 100 km/s bei den irregulären Systemen abzunehmen.

Unterschiede in der Zusammensetzung

Der Anteil von Objekten der Population I in den Galaxien entwickelt sich systematisch von Eo über S und SB bis zu Ir I. Zeigen die Elliptischen Galaxien noch keine oder nur wenige Anzeichen von Staub oder Sternentstehung – ihre hellsten Sterne sind in der Regel ältere Rote Riesen –, so steigt der Anteil der Staubscheibe und blauer OB-Riesen entlang der Hubble-Sequenz bis zu irregulären Systemen wie den Magellan'schen Wolken. Dennoch besitzen E-Galaxien etwa den gleichen Anteil an interstellarer Materie, die bei ihnen jedoch, als Plasma mit Temperaturen von etwa 10 Millionen Kelvin, keine Bildung neuer Sterne erlaubt.

Galaxie Typ So (NGC 5128, identisch mit der Radioquelle Centaurus A).

Betrachtet man Einzelheiten innerhalb der Populationen, wie beispielsweise deren Metallhäufigkeit oder Metallizität und Kinematik, so bietet sich für die verschiedenen Galaxienklassen ein zunehmend verwirrendes Bild im Vergleich zum Anschein bei nur oberflächlicher Betrachtung. So zeigen E-Galaxien trotz des Fehlens von Sternentstehungsgebieten eine eher normale Metallhäufigkeit, die jedoch zu den elliptischen Zwergsystemen hin bis zur typisch metallarmen Halo-Population abnimmt. Sehr rätselhaft sind die blauen, kompakten Zwerggalaxien, die – trotz typischer Population I – in ihrer Gestalt alle Formen von Ir über SB bis zu E zeigen.

Der Halo aus Kugelsternhaufen, den E-Galaxien ebenso zeigen können wie Spiralen und irreguläre Systeme, variiert sowohl in der Metallizität – die Kugelsternhaufen im Andromeda-Nebel sind metallhaltiger als im Milchstraßensystem – als auch in der Kinematik. Die Kugelsternhaufen in den Magellan'schen Wolken haben weniger als ein Hundertstel des Alters der Kugelsternhaufen im Milchstraßensystem, und sie bewegen sich, entsprechend dieser Charakteristik der Population I, statt in einem kugelförmigen Halo in scheibenförmigen Untersystemen, die außerdem, je nach Alter der Haufen, unterschiedlich geneigt sein können.

Massenunterschiede

Auch die sichtbaren Massen der Galaxien, die im Wesentlichen den absoluten Helligkeiten entsprechen, streuen je nach Typ. Während bei den Elliptischen Galaxien der Unterschied zwischen den absolut hellsten und den schwächsten Zwergsystemen einem Faktor von etwa einer Million entspricht und die Massen dementsprechend etwa von 10^{14} bis 10^8 Sonnenmassen reichen, beträgt dieser Faktor bei den Spiralen nur etwa Tausend. Dabei reichen große Spiralsysteme wie das Milchstraßensystem und der Andromeda-Nebel mit etwa 10^{12} Sonnenmassen bei weitem nicht an die ungeheuren

Galaxie Typ Sa (NGC 4594, M 104; Sternbild Jungfrau).

Ansammlungen von Massen in Elliptischen oder gar cD-Galaxien heran. Anderseits sind die irregulären Systeme eher kleine Galaxien; sie stehen am unteren Ende der Massen- und Helligkeitsskala.

In jüngster Zeit haben Modellrechnungen für die Dynamik kleiner Galaxienhaufen die Frage nach Entwicklungseffekten in der Typologie der Galaxien in neuer Form aufgeworfen: Eine Veränderung des Typs scheint bei der gravitativen Wechselwirkung zwischen Galaxien möglich zu sein.

Aktivität in den Zentren der Galaxien

Galaxie Typ Sb (NGC 3627, M 66; Sternbild Löwe).

Bereits die Beschreibung der Vorgänge im Zentrum des Milchstraßensystems zeigt, dass man viele Prozesse auf der galaktischen Organisationsstufe der Materie nicht verstehen kann, wenn man die Galaxien nur als strukturierte Ansammlungen vieler Sterne auffasst. Zur Abgrenzung gegen andere, großenteils besser verstandene Prozesse werden diejenigen Prozesse von galaktischen Dimensionen, die im Allgemeinen mit der Abstrahlung ungeheuer großer, nicht als thermische Strahlung interpretierbarer Energiemengen verbunden sind, pauschal als Aktivität bezeichnet.

Eine einheitliche theoretische Beschreibung solcher Prozesse steht bislang noch in den Anfängen. Aus der Vielfalt der Erscheinungen schälten sich in den fünfzig Jahren, in denen aktive Galaxien erforscht wurden, einige Grundzüge heraus, die bei den verschiedenen Objekttypen durch unterschiedliche Geometrien, Energieproduktionsraten und Entwicklungseffekte charakterisiert sind.

Die für galaktische Aktivitäten typische nichtthermische Strahlung ist ihrem Ursprung nach hauptsächlich Synchrotronstrahlung. Diese Art von Strahlung entsteht, wenn sich geladene Teilchen – meist Elektronen – mit hoher Energie durch ein Magnetfeld bewegen. Vom Magnetfeld auf gekrümmte Bahnen gezwungen, senden sie aufgrund der damit verbundenen Beschleunigung eine intensive elektromagnetische Strahlung aus, die durch ihr charakteristisches kontinuierliches Spektrum identifiziert werden kann. Nach der Theorie der Synchrotronstrahlung können die Energien der Elektronen und die Stärken der Magnetfelder aus der spektralen Verteilung der Strahlung abgeschätzt werden. Da die Spektren der Synchrotronstrahlung Wellenlängen vom Radiokontinuum bis in den Röntgenbereich entsprechen und bereits im optischen Bereich Elektronenenergien im TeV-Bereich erforderlich sind ($1\,\text{TeV} = 10^{12}\,\text{eV}$, tausend Milliarden Elektronvolt), werden in den Kernen aktiver Galaxien offenbar extrem hochenergetische Teilchen erzeugt. Sie sind die wichtigsten Quellen der kosmischen Strahlung.

Galaxie Typ Sc (M 100; Sternbild Haar der Berenike).

Gigantische Strahlungsleistung

Die aus der Synchrotronstrahlung ermittelten Energien erreichen je nach Objekt bis zu 10^{55} Joule. Selbst mit Kernfusion als Energiequelle würde die gesamte in den 10^9 Sonnenmassen des Kerns vorhandene Ruhenergie nicht ausreichen, um solche Energien freizusetzen. Der einzige Prozess, der Ruhenergie mit einem Wirkungsgrad von etwa 50% umsetzen kann, ist der gravitative Kollaps zu einem hochkompakten Objekt. Da die frei werdende Gravitationsenergie E_G einer kugelförmigen Masseansammlung der Masse M mit dem Radius R, die bei einem Kollaps etwa zur Hälfte abgestrahlt werden kann, durch $E_G \approx GM^2/R$ gegeben ist, muss die Materie auf den Schwarzschild-Radius $R_S = GM/c^2$ komprimiert werden, damit $E_G \approx Mc^2$ werden kann (G ist die Gravitationskonstante). Die Verdichtung von 100 Millionen Sonnen auf eine Kugel mit dem Radius 2 AE würde etwa die beobachteten Energiemengen freisetzen.

Die Strahlungsleistung oder Leuchtkraft, die bis zum 10^{14}fachen der Leuchtkraft der Sonne reichen kann, muss durch eine entsprechend große Masse erklärbar sein, die pro Zeiteinheit zum Gravitationszentrum stürzt oder »akkretiert«. Aus der Akkretionsrate $\dot{M}$ ergibt sich die Leuchtkraft zu $L = \varepsilon \dot{M} c^2$. Bei einem Wirkungsgrad ε von etwa 0,1 ergeben sich aus den beobachteten Leuchtkräften je nach Objekt für die Akkretionsraten Werte etwa von einem Tausendstel einer Sonnenmasse bis zu hundert Sonnenmassen pro Jahr.

Direkte Messungen der Ausdehnung aktiver galaktischer Kerne sowie die Beobachtung der zeitlichen Veränderung der Strahlung zeigen, dass die Aktivitätsquellen tatsächlich äußerst kompakt sein müssen. Eine Strahlungsquelle kann nämlich nur in einem zeitlichen Rhythmus variieren, innerhalb dessen seine einzelnen Teile Informationen austauschen oder wechselwirken können; andernfalls würden sich die Variationen in den einzelnen Bereichen statistisch gegenseitig kompensieren. Während einer Variationsperiode muss eine entsprechende Information die Quelle mindestens einmal durchqueren können. Da aber die Geschwindigkeit für einen Informationsaustausch (Signalgeschwindigkeit) nicht größer sein kann als die Lichtgeschwindigkeit, werden durch die Variationsdauern Obergrenzen für die Quellendurchmesser festgelegt. Die nach dieser Methode bestimmten Größen, in der Ordnung einiger Astronomischer Einheiten, stimmen mit den zuvor aus energetischen Überlegungen abgeleiteten Werten überein.

Auch die Geometrie der Erscheinungen wird augenscheinlich weitgehend von den Vorgängen im Zentrum beherrscht. Derzeit besteht Übereinstimmung darüber, dass sich wegen des großen Drehimpulses der einströmenden Materie um das kompakte Zentralobjekt eine Akkretionsscheibe aus interstellarer Materie bildet, die sich infolge ihrer inneren Reibung spiralig formt. Wegen des extrem großen Strahlungs- und Gasdrucks, vor allem am inneren Rand der Scheibe, kann nur ein kleiner Teil der Materie tatsächlich auf das Zentralobjekt fallen. Sein größter Teil wird parallel zur Rotationsachse abgelenkt und unter dem Einfluss starker Magnetfelder in Form sehr schneller und gut fokussierter Jets aus der Galaxie hinausgeschossen. Je nach Orientierung sowohl zur Rotationsachse der Galaxie als auch zur Beobachtungsrichtung erzeugen Jets unterschiedliche Geometrien in den Erscheinungen außerhalb der Kerne aktiver Galaxien.

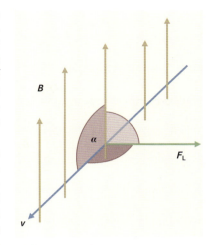

Als **Lorentz-Kraft** wird die Kraft bezeichnet, die ein Magnetfeld auf bewegte Körper ausübt, die elektrisch geladen sind. Wenn in diesem Diagramm *v* die Geschwindigkeit eines positiv geladenen Teilchens ist, z. B. eines Protons oder eines Positrons (im Bild nach vorn gerichtet), und *B* die magnetische Flussdichte (oder Feldstärke; nach oben gerichtet), dann ist F_L die auf das Teilchen ausgeübte Lorentz-Kraft (in diesem Fall nach rechts); sie steht senkrecht auf der von *v* und *B* aufgespannten Ebene. Wenn das Teilchen negativ geladen wäre, z. B. ein Elektron, dann hätte die Lorentz-Kraft die entgegengesetzte Richtung.

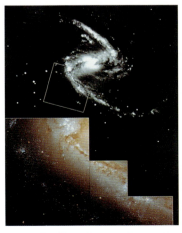

Galaxie Typ SBb (NGC 1365; Sternbild Chemischer Ofen).

Radiogalaxien

Galaxien, deren Strahlungsleistung im Radiobereich die thermische Gesamtstrahlungsleistung übertrifft, werden als Radiogalaxien bezeichnet. Die Hauptquelle solcher Strahlung ist die Materie, die aus dem Zentralbereich durch zwei entgegengesetzte Jets bis in Entfernungen von typischerweise einigen 100 Kiloparsec (bei der Radiogalaxie 3C236 sogar 5,6 Megaparsec) geschleudert wurde. Je nach räumlicher Orientierung der Objekte zeigen sie in den Aufzeichnungen die charakteristische Hantelform, in deren Symmetriezentrum sich – oft wesentlich kleiner – die optische Galaxie befindet, oder Kopf-Schweif-Strukturen aus optischer Galaxie

SYNCHROTRONSTRAHLUNG

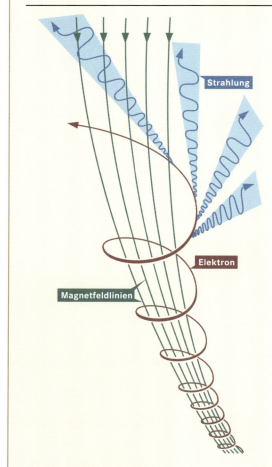

Wegen der Wirkung der Lorentz-Kraft können sich elektrisch geladene Teilchen in einem äußeren Magnetfeld nur parallel zu dessen Feldlinien frei bewegen. Wenn die Geschwindigkeit eines Teilchens eine Komponente senkrecht zur Feldrichtung hat, dann wird das Teilchen senkrecht zur Richtung seiner Geschwindigkeit und zur Richtung der Feldlinien auf eine gekrümmte Bahn gezwungen und dabei beschleunigt. Solche Bahnen sind häufig Schraubenlinien. Wegen ihrer Beschleunigung senden die Teilchen elektromagnetische Strahlung aus.

Synchrotronstrahlung wird von relativistischen Elektronen abgestrahlt, und zwar in einem schmalen Kegel in der Richtung der augenblicklichen Geschwindigkeit, also tangential zur Bahn. Der Öffnungswinkel des Kegels hat im Bogenmaß etwa die Größe $m_0 c^2 / E = (1 - v^2/c^2)^{1/2}$. Dabei bedeuten: m_0 Ruhmasse des Elektrons, c Lichtgeschwindigkeit, v Geschwindigkeit und E Gesamtenergie der Elektronen. Der Öffungswinkel des Strahlungskegels wird also umso kleiner, je mehr sich die Geschwindigkeit der Elektronen der Lichtgeschwindigkeit nähert.

In einem Magnetfeld mit einer für galaktische Verhältnisse typischen Feldstärke haben die Elektronen bei der Erzeugung von Synchrotronstrahlung im sichtbaren Spektralbereich Energien wie die kosmische Strahlung, also im Bereich von TeV (Tera-Elektronvolt, 1 Mio. MeV). Durch Analyse der Strahlung lassen sich Erkenntnisse über die Verhältnisse am Ort ihrer Entstehung gewinnen. Insbesondere die spektrale Verteilung und die Polarisation der Strahlung sind wichtige Indizien dafür, dass es sich um Synchrotronstrahlung handelt.

und Radioquelle oder aber die sphärische Anordnung einer Einfachquelle.

Die Jets zeigen zum Teil eine bislang nicht erklärbare Kollimation zu sehr schmalen, geradlinigen Strömen, die gelegentlich, durch die Rotation der Galaxie, auch s-förmig verbogen sind. Oft weisen sie knotenähnliche Strukturen auf, die auch im optischen oder im Röntgenbereich identifiziert werden können. Der größte Teil der Strahlung kommt aus den »heißen Flecken«, in denen die Materie des Jets vom interstellaren Medium gebremst und zu Blasen mit Durchmessern von 5 bis 20 Kiloparsec verdichtet wird, die außen ziemlich scharf begrenzt sind. Auch der Ursprung der Jets, in aller Regel mit dem Kern der optischen Muttergalaxie identisch, zeigt meist starke Radiostrahlung, aus einer nicht weiter auflösbaren Punktquelle.

Galaxien verschiedenen Alters, aufgenommen mit dem Hubble Space Telescope. Die beiden Galaxien in der linken Reihe befinden sich in einer Entfernung von einigen 10 Millionen Lichtjahren und zeigen daher den gegenwärtigen Zustand im Universum. In den andern drei Reihen werden die Galaxien nach rechts hin immer jünger. Sie stehen in Entfernungen von 5 Milliarden Lichtjahren, 9 Milliarden Lichtjahren und 12 Milliarden Lichtjahren und zeigen daher – bezogen auf ein gegenwärtiges Alter des Universums von 14 Milliarden Jahren – den Zustand, als das Universum 9 Milliarden Jahre, 5 Milliarden Jahre und 2 Milliarden Jahre alt war. Die Bilder lassen erkennen, dass Elliptische Galaxien (obere Zeile) viel schneller ihre endgültige Gestalt erreichen als Spiralgalaxien (mittlere und untere Zeile), die dafür offenbar viel länger brauchen.

Seyfert-Galaxien

Ungefähr ein Prozent der größeren Galaxien hat einen extrem hellen Kern, in dessen Spektrum auffällige, stark verbreiterte Emissionlinien vorhanden sind. Haben dabei die erlaubten Übergänge sehr viel breitere Linien als die verbotenen, so spricht man vom Seyfert I-Typ (Sy I), sonst vom Seyfert II-Typ (Sy II). Die Doppler-Verbreiterung der Linien entspricht Geschwindigkeiten von etwa 5000 km/s beziehungsweise 500 km/s.

Die Linienverbreiterung und das Auftreten sehr hoher Ionisationsstufen, wie zum Beispiel Fe XIV (13fach ionisiertes Eisen), legen nahe, dass hier ein sehr intensiver Fluss von nichtthermischer UV-Strahlung ein umgebendes dünnes Gas ionisiert. Die unterschiedlichen Linienbreiten können prinzipiell durch eine wolkige Struktur unterschiedlicher Elektronendichten bei komplexem kinematischen Verhalten erklärt werden. Überdies werden auffällige Variationen der Leuchtkraft bis zu einem Faktor zwei bei Zeitspannen von Monaten oder Jahren beobachtet.

Seyfert-Galaxien sind entweder keine Radiogalaxien oder aber nur sehr schwache mit sehr viel kleineren oder kugelförmigen Gebieten mit Radioemission. Ihr nichtthermisches Strahlungskontinuum reicht über den optischen Bereich bis tief in den Röntgenbereich hinein – ein Indiz für die Existenz von Elektronen oder schwereren Teilchen mit Energien bis 100 TeV. Ein stärkerer Anteil von thermischer Strahlung im Infraroten deutet auf hohe Sternentstehungsraten hin. Seyfert II-Galaxien sind im Röntgenbereich schwächer, aber im Infrarot- und Radiobereich heller, was auf im Mittel niedrigere Energien der Synchrotronelektronen schließen lässt.

Das Seyfert-Phänomen scheint ein Stadium erhöhter Aktivität zu sein, das die meisten Galaxien von Zeit zu Zeit durchlaufen. Dabei

Galaxie Typ SBc (NGC 3992, M 109; Sternbild Großer Bär).

werden Akkretionsraten bis zu einem Zehntel der Sonnenmasse pro Jahr erreicht, also das Hundert- bis Tausendfache des entsprechenden Werts einer »inaktiven« Galaxie. Das Auftreten von ausgedehnter Radiostrahlung dürfte dann eine Spätfolge solcher Aktivitäten sein. Aus der Kinematik und aus der Theorie der Synchrotronstrahlung lässt sich abschätzen, dass die Radiostrahlung typischerweise eine Lebensdauer von einer Million Jahre hat.

QSO – Quasistellare Objekte

Quasistellare Objekte oder kurz QSO, früher als Quasare bezeichnet, sind Galaxien an der Obergrenze der überhaupt möglichen Energieproduktion. Die Strahlungsleistung ihres äußerst kompakten Kerns übertrifft jene der restlichen Galaxie so sehr, dass man, bevor die zugehörigen, sehr lichtschwachen Muttergalaxien entdeckt wurden, die QSO für sternartig hielt. Heftige Diskussionen löste die erste Identifikation von Linien in QSO-Spektren aus, die gegenüber den entsprechenden Wellenlängen λ im Labor eine Rotverschiebung um $z = \delta\lambda/\lambda \approx 0{,}2$ und mehr zeigten. Dieser große Wert schien nur als kosmologische Rotverschiebung aufgrund entsprechend großer Entfernungen der QSO erklärbar zu sein. Solch große Entfernungen erfordern aber gigantische Energiefreisetzungen der QSO, wenn die von diesen ausgehende Strahlung auf der Erde nachweisbar sein soll. Weil Energiefreisetzungen in dieser Größenordnung kaum vorstellbar schienen, wurde eine Zeit lang nach andern möglichen Ursachen der großen Rotverschiebung gesucht, um die QSO als vergleichsweise nahe Objekte auffassen zu können.

QSO haben stets ein sternartiges optisches Bild. Bei näheren Objekten mit einer Rotverschiebung von $z < 0{,}5$ erscheint dieses in eine sehr schwache Muttergalaxie eingebettet. Die breiten Emissionslinien in dem blauen kontinuierlichen Spektrum der QSO zeigen erhebliche Rotverschiebungen von $z = 0{,}1$ bis zu $z = 5$, meist jedoch um etwa $z = 2$. Obwohl die scheinbaren Helligkeiten gering sind – maximal $m_v = 12{,}8$ bei 3C 273 – entsprechen sie Leuchtkräften an der oberen Grenze des physikalisch Denkbaren, nämlich bis zu der 10^{14}fachen Leuchtkraft der Sonne. Das erfordert jährliche Akkretionsraten von bis zu hundert Sonnenmassen. Daher kann das QSO-Stadium nicht sehr langlebig sein, denn bereits nach hundert Millionen Jahren wäre die Gesamtmasse einer typischen Galaxie auf ihr Zentrum eingestürzt.

Ähnlich wie Seyfert I-Galaxien emittieren QSO starke Röntgenstrahlung sowie erhöhte Intensitäten im Infraroten, was auch hier auf hohe Sternentstehungsraten schließen lässt. Desgleichen treten auch hier zeitliche Variationen auf, deren Perioden bis zu einigen Tagen herunterreichen können. Die Radioemission vieler QSO ist zwar nur sehr gering, doch beobachtet man bei manchen auch die für Radiogalaxien typische Hantelform und das Vorhandensein von Jets.

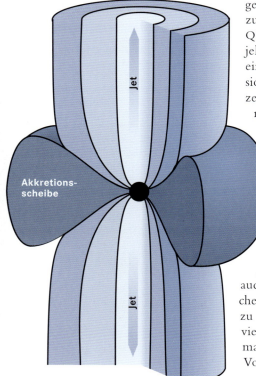

Modell des zentralen Teils einer **aktiven Galaxie,** in deren Zentrum sich ein Schwarzes Loch befindet. Die beiden Jets verlaufen parallel zu magnetischen Feldlinien und senkrecht zur Akkretionsscheibe nach außen, ihr Durchmesser ist fast so groß wie derjenige der Akkretionsscheibe.

Interessant sind die QSO auch durch die Auswirkung extrem relativistischer Effekte. So wurden einige Mehrfach-QSO gefunden, die sich später als verschiedene Bilder einer einzigen Quelle herausstellten. Die Aufspaltung in mehrere Bilder wird durch eine Galaxie verursacht, die sich in größerer Nähe zu uns befindet und deren Gravitationsfeld die Lichtstrahlen so beugt, dass Mehrfachbilder entstehen. Solche »Gravitationslinsen« können auch Laufzeitunterschiede in der Größenordnung von Jahren zwischen den einzelnen Bildern verursachen. Die dadurch bedingte Phasenverschiebung zeitlicher Variationen – die wegen der Größe der Laufzeitdifferenzen allerdings sehr schwierig zu registrieren ist – ermöglicht prinzipiell die Entfernungsbestimmung für QSO unabhängig vom Doppler-Effekt und der Hubble-Expansion.

Auch folgender Effekt bei den QSO ist interessant: Die Veränderung der Winkelabstände von Punktquellen, die mit hochauflösenden Methoden der Radioastronomie gemessen werden können, scheint in manchen Fällen mit Überlichtgeschwindigkeit zu geschehen. Solche scheinbaren Überlichtgeschwindigkeiten lassen sich jedoch leicht erklären: Kommt uns eine Quelle mit nahezu Lichtgeschwindigkeit in einem kleinen Winkel zum Sehstrahl entgegen, so erreichen uns Signale aus unterschiedlichen Positionen in sehr viel kürzeren Abständen, als sie ausgesendet wurden. Sie suggerieren so eine überhöhte transversale Geschwindigkeit. Auf einem relativistischen Effekt beruht es, dass bei vielen QSO (und auch bei Radiogalaxien: Kopf-Schweif-Strukturen) der von uns weggerichtete Strahl nicht beobachtet wird. Durch die extreme Blauverschiebung des auf uns gerichteten Strahls wird dessen Intensität um $8\gamma^3$ verstärkt, während ein von uns weg gerichteter Strahl um denselben Faktor geschwächt erscheint ($\gamma = E_{el}/m_0 c^2$). Da die Energie E_{el} der relativistischen Elektronen der Jets in der Größenordnung von einige TeV ihre Ruhenergie $m_0 c^2 = 0{,}511$ MeV um vier Größenordnungen übersteigt, unterscheiden sich die beobachteten Intensitäten der entgegengesetzten Jets um rund 14 Zehnerpotenzen.

Galaxienhaufen und Superhaufen

Während Sterne bezüglich ihrer Struktur und Entwicklung außer in engen Doppelsternsystemen nur sehr schwach von Wechselwirkungsprozessen mit ihrer Umgebung beeinflusst werden, sind Galaxien sehr viel enger in ihr Umfeld eingebunden und bezüglich ihrer Struktur und Geschichte kaum isoliert von den übergeordneten extragalaktischen Hierarchiestufen der Materieorganisation zu verstehen.

Energiedichten

Die Ursache für diesen Unterschied liegt darin, dass Sterne relativ zu ihrem Umfeld wesentlich kompakter sind als Galaxien. Quantifizieren lässt sich diese »Kompaktheit« durch die Definition der Energiedichte. Damit ist hier derjenige Energieinhalt eines Vo-

Die elliptische **Galaxie M 87** im Sternbild Jungfrau (Virgo) ist mit der Radioquelle Virgo A identisch. Sie gilt als die Galaxie mit der größten bekannten Masse, deren Größe auf etwa 50 Billionen Sonnenmassen geschätzt wird. Von dieser Masse ist nur etwa ein Zehntel als leuchtende Materie sichtbar.

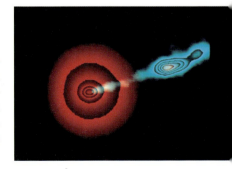

Ein computerbearbeitetes Bild der **Radioquelle Virgo A** (Katalognummer 3C 274) mit ihrem riesigen, 5000 Lichtjahre langen Jet. Sie ist eine der stärksten Radioquellen überhaupt und mit der optischen Galaxie M 87 identisch.

160 I. Weltall und Sonnensystem

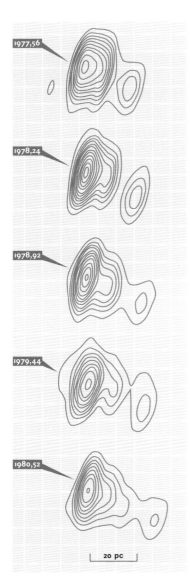

Das **QSO 3C 273** gehört zwar zu den uns am nächsten liegenden, ist aber über 2 Milliarden Lichtjahre entfernt.
Das Bild zeigt die Ausdehnung seiner kompakten Komponente B in den Jahren 1977 bis 1980. Die Ausdehnung der Quelle von 0,000 76 Bogensekunde pro Jahr entspricht etwa dem 11fachen der Lichtgeschwindigkeit.

lumelements bezeichnet, der für Energieumwandlungsprozesse unmittelbar zur Verfügung steht, also die kinetische Energie (inklusive thermischer) und die potentielle Energie sowie die elektromagnetische Feldenergie. Die in Form von Ruhmasse gespeicherte Kernenergie steht nur unter Fusionsbedingungen in den Sternen zur Verfügung und wird hier nicht berücksichtigt.

Objekte wie Sterne und Galaxien können generell durch ein Gleichgewicht zwischen der Gravitation als anziehender Kraft und verschiedenen Druckkräften als abstoßende Kräfte charakterisiert werden. Daher genügt es für eine Erörterung der Größenordnungen, die Energiedichte der Gravitation als wesentlichen Anteil zu bestimmen. Aus einer Auflistung wird ersichtlich, dass Sterne mit 12 bis 24 Zehnerpotenzen Abstand ihrer Energiedichte zur Energiedichte des umgebenden interstellaren Mediums praktisch isolierte Objekte sind, während der intragalaktische Raum gegenüber dem extragalaktischen mit nur 6 Zehnerpotenzen höherer Energiedichte für störende externe Einflüsse wesentlich anfälliger ist.

Die Ursache für die unterschiedlichen Energiedichten von Sternen und Galaxien können aus der jeweiligen Mikrophysik verstanden werden. Sterne bestehen aus Atomen (oder, in ionisierter Form, einem Plasma), ohne jede weitere hierarchische Struktur der Materie. Die der Gravitation entgegenwirkenden Druckkräfte in den Sternen entstammen der kinetischen Energie der Atome. Diese Energie kann, wenn die Atome untereinander wechselwirken, ab einer kritischen Anregungsenergie der Atome in Strahlungsenergie umgewandelt und von der Oberfläche abgestrahlt werden. Die dem System so verloren gehende Energie wird aufgrund der mit der atomaren Wechselwirkung (bei ausreichenden Dichten) verbundenen Viskosität aus dem Innern des Sterns nachgeliefert, der auf diese Weise gekühlt wird. Die Kühlung des Sterns begünstigt seine Kontraktion unter Einwirkung der Gravitation so lange, bis die nukleare Energieproduktion einsetzt und den Kühlverlust ausgleicht.

Materiehierarchie

Galaxien bestehen aus Sternen als Hauptkomponente. Sie sind damit in ihrer Materie hierarchisch strukturiert. Das gilt auch für die in einzelnen Wolken organisierte interstellare Materie, die aber nur einen vernachlässigbaren Teil zur gesamten Energiedichte beiträgt. Fasst man eine Galaxie als ein Gas aus Sternen auf, die sich gegenseitig anziehen, so stellt die Zentrifugalkraft der stellaren Bahnbewegungen die Druckkraft dieses Gases dar. Da die gravitative Wechselwirkung zwischen den Sternen praktisch ohne Viskosität stattfindet, gibt es für dieses Gas aus Sternen keine Kühlung. Bezogen auf den jeweiligen Teilchenradius, ist die Teilchendichte des Modellgases aus Sternen um viele Größenordnungen kleiner als die des atomaren Gases in den Sternen. Enge Begegnungen für einen Energieaustausch zwischen je zwei Sternen sind somit nur sehr selten. Die Energieabstrahlung der Sterne, die in weniger aktiven Galaxien den größten Teil der Gesamtstrahlung ausmacht, beruht auf dem Verlust eines nur sehr kleinen Bruchteils der Sternmasse. Sie entzieht dem Gesamtsystem einer Galaxie nur sehr wenig kinetische Energie.

In der Nähe des Akkretionszentrums der Galaxien allerdings ist die Energiedichte so groß, dass Kühlprozesse möglich werden und die hierarchische Unterscheidung von den Sternen entfällt. Wir beobachten diese Kühlprozesse als Aktivitäten von Galaxienkernen.

Galaxiendynamik

Der wesentliche Unterschied zwischen elliptischen und Spiralgalaxien besteht in der Größe ihres Gesamtdrehimpulses. Bei elliptischen Systemen trägt die Rotation nur einen kleinen Teil zur inneren kinetischen Energie der Galaxie bei. Es gibt in ihnen verschiedene stabile Konfigurationen der Sternverteilung, die bei kleinem Gesamtdrehimpuls dreiachsig-ellipsoidische oder nahezu kugelförmige Gestalt haben, bei etwas größerem Drehimpuls können sie länglich (prolat) oder flach (oblat) sein. Bei Spiralgalaxien ist der Anteil der ungeordneten Bewegung an der kinetischen Energie deutlich kleiner als derjenige der Rotation. Folglich existieren nur rotationssymmetrische Scheiben oder – in den Zentralbereichen, die eher einem elliptischen Subsystem gleichen – balkenartige Formen. Die Bahnen der Sterne haben in ihnen vorwiegend die dem Gesamtdrehimpuls entsprechenden Kreisbahnen, die durch kleinere, irreguläre Komponenten gestört sind.

Die Galaxie im Vordergrund spaltet durch die auf ihrer Gravitationswirkung beruhende Raumkrümmung das Licht des hinter ihr liegenden QSO in vier Einzelbilder auf. Die Galaxie wirkt dabei wie eine **Gravitationslinse**.

SCHEINBARE ÜBERLICHTGESCHWINDIGKEIT

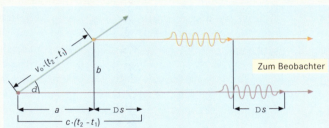

Wenn ein astronomisches Objekt sich mit der Geschwindigkeit v_0 und unter dem Winkel δ gegen den Sehstrahl vom Beobachter bewegt, kann der Eindruck entstehen, das Objekt bewege sich schneller als das Licht, wenn v_0 genügend groß und δ genügend klein ist (für die Richtung zum Beobachter ist $\delta = 0$).

Wenn die Geschwindigkeit der Transversalbewegung des Objekts, also der Bewegung senkrecht zum Sehstrahl, mit $v_\perp$ bezeichnet und als $v_\perp = b/\Delta t$ definiert wird, wobei $\Delta t = \Delta s/c$, dann ergibt sich nach der grafischen Darstellung der Situation: $v_\perp/c = \sin\delta/(\beta^{-1} - \cos\delta)$.

Dabei bedeuten: c Lichtgeschwindigkeit; $\beta = v_0/c$; Δt die Zeitdifferenz der Registrierung zweier Lichtimpulse, die zu den Zeitpunkten t_1 (rot) und t_2 (gelb) von dem Objekt emittiert wurden.

Wenn v_0 größer ist als $0{,}7\,c$, dann ergibt diese Formel für gewisse Intervalle von δ (etwa bei 30°), dass $v_\perp$ größer ist als c. Die Zeitpunkte der Lichtemission lassen sich aufgrund von Variationen der Helligkeit mit bekannten Perioden zuordnen.

Modellrechnungen zur Dynamik der Galaxien zeigen, dass mit zunehmendem Gesamtdrehimpuls stabile Konfigurationen immer stärker von der Ausbildung eines ausgeprägten galaktischen Kerns sowie von Dichtefluktuationen abhängen. Das dürfte einer der Gründe für das Entstehen von Dichtewellen sein, die in der Ebene von Spiralgalaxien – als im Wesentlichen feste Muster aus Dichte- und Geschwindigkeitsunterschieden – in Rotationsrichtung der Sterne umlaufen. Das Muster rotiert dabei mit der konvexen Seite voran, wird im Allgemeinen aber von der umlaufenden Materie überholt. Daher liegen die Sternentstehungsgebiete und die jungen Sternhaufen, die sich nach der Kompression in der Welle bilden, in Rotationsrichtung vor der konvexen Front der Spiralarme.

Typische Zeitdauern

Die Entwicklung von Systemen wie Sternhaufen und Galaxien wird von zwei charakteristischen Zeitintervallen bestimmt: der dynamischen Zeit τ_{cr}, die der typischen Zeit entspricht, die ein Stern braucht, um das System zu durchqueren, und der Relaxationszeit τ_{rel}, nach deren Ablauf ein Stern seine dynamische Vergangenheit »vergessen« hat.

Die dynamische Zeit ist die Mindestdauer für den Austausch von Informationen zwischen verschiedenen Orten des Systems. Dazu gehört insbesondere die Verteilung der kinetischen und potentiellen Energie. Bei einer Störung des Gleichgewichts zwischen anziehenden (potentielle Energie) und abstoßenden Kräften (kinetische Energie) ist das dynamische Gleichgewicht und mit ihm eine zeitlich konstante Erscheinungsform nach Ablauf der zugehörigen dynamischen Zeit wiederhergestellt. Da Galaxien im Allgemeinen ein Alter von einigen zehn bis hundert τ_{cr} haben, befinden sie sich gewöhnlich im dynamischen Gleichgewicht.

Die Relaxation ist eine Folge der – wie wir gesehen haben, sehr kleinen – inneren Reibung des »Sterngases«, die darauf beruht, dass die Bewegung eines Sterns relativ zur umgebenden Materie mit einem Bremseffekt verbunden ist, der als dynamische Reibung bezeichnet wird. Der Stern erzeugt im Gravitationspotential des Hintergrunds, ähnlich einem Schnellboot im Wasser, eine Art Bugwelle, gegen die er ständig anlaufen muss und die ihn schließlich auf die Geschwindigkeit des umgebenden Mediums abbremst. Dieser Effekt bewirkt auf Dauer einen Ausgleich des dynamischen Unterschieds zwischen der Halo-Population mit ihren steilen Bahnen und der Scheibenpopulation mit ihrer nahezu geordneten Rotation.

Infolge der außerordentlich geringen Dichte des »Sterngases« sind die Relaxationszeiten der Galaxien je nach der Anzahl ihrer Sterne zehn bis hundertmal so groß wie das Alter des Universums; die dynamische Struktur der verschiedenen Populationen spiegelt

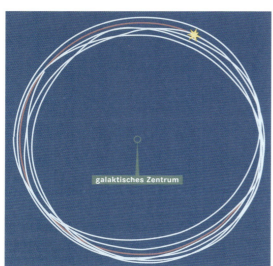

Die offenen, ellipsenartigen **Bahnen von Scheibensternen** im Gravitationsfeld der Galaxis lassen sich näherungsweise als Epizykelbahnen beschreiben, ähnlich wie die Bewegungen der Planeten im ptolemäischen Weltsystem. In diesem Fall weicht die Drehfrequenz des Epizykels nur geringfügig von derjenigen des Umlaus auf dem Deferenten ab.

somit die Entwicklungsgeschichte der Galaxien wider. Die wesentlich kleineren und dichteren Kugelhaufen sind bereits relaxiert und zeigen keine entwicklungsbedingten inneren Strukturen mehr.

Die dunkle Materie

Aus dem Gleichgewicht zwischen Zentrifugal- und Anziehungskraft kann sehr einfach und zuverlässig auf die Massen der Galaxien geschlossen werden. Die dafür benötigten mittleren Umlaufgeschwindigkeiten in den Galaxien lassen sich durch Vermessen der Spektren gewinnen, die von Gebieten in verschiedenen Abständen vom Galaxienzentrum aufgezeichnet wurden. Aus Richtung und Größe der Doppler-Verschiebung der Spektrallinien lässt sich die Größe der Umlaufgeschwindigkeiten ableiten. Wenn man diese in Abhängigkeit vom Abstand zum Galaxienzentrum aufträgt, erhält man die »Rotationskurve« der jeweiligen Galaxie.

Da entlang jeder Sternbahn die aus der Bahngeschwindigkeit folgende Zentrifugalbeschleunigung gleich der auf den Stern wirkenden Gravitationsbeschleunigung ist, kann aus der mittleren Umlaufgeschwindigkeit v bei Annahme einer Kugelsymmetrie der Masseverteilung auf die Größe der Masse M geschlossen werden, die sich innerhalb der Umlaufbahn mit dem Radius R befindet. Der Zusammenhang zwischen diesen Größen ist $M \approx v^2 R / G$, wobei G die Gravitationskonstante ist. Unter Anwendung dieser Beziehung lässt sich aus der Rotationskurve einer Galaxie die von einer Umlaufbahn jeweils eingeschlossene Masse ermitteln. Die Rotationskurve einer Galaxie gibt also deren radiale Masseverteilung wieder. Anderseits ist bei Sternen im Allgemeinen die Beziehung zwischen Masse und Leuchtkraft bekannt, sodass sich auch aus der Gesamtleuchtkraft einer Galaxie und einer Analyse ihrer Populationen die stellare Gesamtmasse berechnen lässt.

Während nun für den Innenbereich der Galaxien diese beiden Arten der Massebestimmung zu etwa gleichen Ergebnissen führen, die nichtstellare Komponente der Galaxien hier also nur sehr wenig zur Massedichte beiträgt, lässt sich bei den meisten Galaxien in der über die Rotationskurve dynamisch bestimmten Masseverteilung keine äußere Begrenzung ausmachen. Die Rotationskurven verlaufen weiter nach außen hin praktisch konstant, obwohl aus der Verteilung der leuchtenden Masse zu erwarten wäre, dass die Bahngeschwindigkeiten außerhalb des sichtbaren Rands der Galaxien nach dem dritten Kepler'schen Gesetz abnehmen. Dieser Widerspruch lässt sich nur lösen, wenn man außerhalb des sichtbaren Teils der Galaxien dunkle Halo-Komponenten annimmt, die bis zum Zehnfachen der sichtbaren Masse zur Gesamtmasse beitragen.

Auf die gleiche Weise kann auch für Galaxienhaufen die sichtbare mit der dynamisch bestimmten Masse verglichen werden, wobei die ungeordnete kinetische Energie – die Geschwindigkeitsdispersion der Galaxien – der irregulären Bahnbewegung einzelner Galaxien zugrunde gelegt wird. Auf dieser Hierarchiestufe der kosmischen Materiestrukturen verschärft sich das Problem der fehlen-

Ein Massezentrum, das sich bezüglich eines Materiehintergrunds bewegt, löst in der umgebenden Materie eine Fallbewegung auf sich zu aus. Da es sich aber weiter bewegt, befindet sich die entstehende Massekonzentration im Hintergrund stets hinter ihm und bremst es durch die Anziehungskraft. Im Gravitationspotential bewirkt die Verdichtung des Hintergrunds eine Potentialsenke hinter dem Massezentrum, sodass dieses ständig gegen die Wand dieser Senke anlaufen muss. Dieser **dynamische Reibung** genannte Bremseffekt ist klein für große Relativgeschwindigkeiten, hat ein Maximum bei einer mittleren Geschwindigkeit der Hintergrundpartikel untereinander und verschwindet, wenn die Relativgeschwindigkeit gegen null geht.

Die Kennbuchstaben M und NGC sind Abkürzungen für zwei Kataloge, in denen »nebelartige« Objekte verzeichnet sind. Die Buchstaben werden in Verbindung mit Zahlen zur Identifizierung solcher Objekte verwendet. **M** bezeichnet den »Messier-Katalog«, der von dem französischen Astronomen Charles Messier zusammengestellt und 1781 vollendet wurde. Der erste Eintrag war M1 für den Krebs-Nebel im Jahr 1758. Der Katalog enthält 110 Objekte. **NGC** bezeichnet den »General Catalogue of Nebulae and Clusters of Stars«, der von dem dänischen Astronomen John Ludwig Emil Dreyer 1888 veröffentlicht wurde und deswegen nach ihm auch als »Dreyer-Katalog« bezeichnet wird. Er enthält etwa 8000 Objekte und wurde 1895 und 1908 ergänzt. Auf diese als »Index Catalogue« bezeichnete Ergänzung (5000 Objekte) wird mit den Buchstaben **IC** Bezug genommen. Ein viel gebrauchter Katalog für QSO (Quasare) ist der »3. Cambridge-Katalog«, auf den mit dem Kürzel **3C** hingewiesen wird.

Rechte Seite: **Rotationskurven von Galaxien** verschiedenen Typs. Die Galaxien sind durch Katalognummern gekennzeichnet. Dabei steht M für Messier-Katalog und N für New General Catalogue (NGC).

den Masse um eine ganze Größenordnung. In Galaxienhaufen übersteigt die nicht sichtbare Materie die leuchtende um das bis zu Hundertfache.

Bislang gibt es keine schlüssige Erklärung für Art und Herkunft dieser nicht sichtbaren oder »fehlenden« Materie. Als mögliche Erscheinungsformen sind neben kalter Materie wie in Braunen Zwergen hauptsächlich primordiale, das heißt in den Anfängen des Universums entstandene Schwarze Löcher, oder »exotische« Materie wie Neutrinos und andere Elementarteilchen vermutet worden.

Entstehung der Galaxien

Ein für die Kosmologie wichtiges Problem ist die Entstehung der Galaxien, also derjenigen Hierarchiestufe, auf der die Evolution der Materie stattfindet. Einerseits wissen wir, dass zur Zeit der Bildung neutraler Wasserstoffatome aus Protonen und Elektronen – etwa eine Million Jahre nach dem Urknall – die Materie gleichmäßig im Weltall verteilt gewesen sein muss. Die mit der Bildung der Wasserstoffatome verbundene Strahlung, die Rekombinationsstrahlung, hat sich seit jener Zeit bis heute im Universum ausgebreitet und durch die Expansion des Kosmos auf eine Strahlungstemperatur von 2,7 Kelvin abgekühlt. Sie wird heute als so genannte 3K-Strahlung beobachtet. Anderseits beobachten wir heute eine ausgeprägte Strukturierung der sichtbaren Materie in Galaxien, Galaxienhaufen und Superhaufen, mit einem Dichteunterschied von mindestens sechs Zehnerpotenzen. Als Ursache dieser Inhomogenitäten kommt nur die Konkurrenz zwischen großräumiger kosmischer Expansion und lokaler Eigengravitation infrage, da keine andere Wechselwirkung die dafür notwendige Reichweite hat.

Als man in numerischen Simulationen der kosmischen Expansion zunächst von statistisch verteilten präexistierenden Galaxien ausging, zeigte sich in der Entwicklung von Galaxienhaufen ein grundsätzliches Problem. Betrachtet man nämlich deren Relaxationszeiten, so zeigt sich, dass – im Gegensatz zu den Galaxien selbst – zumindest kleinere Galaxienhaufen sehr kurzlebige Gebilde sind. Galaxien erfahren wegen ihrer relativ großen Ausdehnung innerhalb eines Haufens häufig enge Begegnungen, die zu einer raschen Umwandlung von kinetischer in potenzielle Energie führen. Als Konsequenz verlieren die Galaxien ihren Halo zugunsten eines intergalaktischen Materiehintergrunds. Der Haufen kontrahiert sodann, und in seinem Zentrum entsteht eine Art galaktisches Monster, das nach und nach die übrigen Galaxien verschlingt. Tatsächlich lässt sich eine Reihe kleinerer Galaxienhaufen beobachten, in deren Zentrum eine außergewöhnlich ausgedehnte Riesengalaxie vom Typ cD zu finden ist. Zum Teil weisen sie sogar mehrere galaktische Zentren auf und entsprechen damit durchaus dem Bild der Verschmelzung von Galaxien.

Das Problem bei den numerischen Simulationen besteht darin, dass sie entweder einen weit größeren Anteil von in diesem Sinn dynamisch alten Galaxienhaufen vorhersagen, als wir derzeit beobachten, oder – bei niedrigerer Gesamtdichte – die beobachteten hierarchischen Strukturen nicht reproduzieren.

Daraus kann nur der Schluss gezogen werden, dass entweder die Galaxienhaufen vor den Galaxien vorhanden waren – als Potenzialmulden der Materieverteilung – oder aber die gesamte Struktur einem – nicht sichtbaren – Materiehintergrund aus den frühesten Phasen des Universums aufgeprägt wurde. Bei dieser Hypothese spielt die dunkle Materie eine Schlüsselrolle. So gehen heutige kosmologische Theorien davon aus, dass die Keime für die großräumige Struktur des Kosmos bereits zu einer sehr frühen Zeit – etwa 10^{-35} Sekunden nach dem Urknall – gelegt wurden, sich aber zunächst kaum verstärken konnten. Später – nach der Wasserstoffrekombination – hat dann der geringfügig inhomogene Untergrund von Materie die Strukturierung der sichtbaren Materie entscheidend beeinflusst. Die Eigengravitation der sichtbaren Materie hätte dann nur eine untergeordnete Rolle gespielt. Die Galaxien und Galaxienhaufen hätten sich demnach in Potentialmulden des Untergrunds angesammelt, anstatt vorwiegend durch Eigengravitation zu kollabieren. Ob sich mit dieser Hypothese das Problem der dynamisch jungen Galaxienhaufen lösen lässt und ob sich ein solcher Materiehintergrund widerspruchsfrei aus der Kosmologie ergibt, ist Gegenstand vieler Kontroversen.

Jenseits der eher kosmologischen Frage nach der Herkunft der hierarchischen Strukturen birgt auch die Entstehung der einzelnen Galaxien in ihrer Formenvielfalt noch manche Rätsel. Auch hier haben numerische Simulationen umfangreicher selbstgravitierender Systeme, die in den 1980er-Jahren durchgeführt wurden, neue Impulse gesetzt. Die Rechnungen zeigen, dass Galaxien bei dem durchaus häufigen Prozess der Verschmelzung in der Regel ihren Typ ändern können. Insbesondere werden strukturlose So-ähnliche Galaxien bei engen Begegnungen zu ausgeprägten Spiralen, da die Störung des Gravitationsfelds eine zunehmend offene Dichtewelle in der Scheibenkomponente anregt. Wenn solche Spiralen dann verschmelzen, erzeugen sie – je nach Winkel zwischen Relativgeschwindigkeit und den individuellen Drehimpulsen – entweder eine neue Spirale oder ein elliptisches System unterschiedlicher Achsenverhältnisse. Dabei wird in der Regel ein großer Teil der Staubkomponente aus den Galaxien herausgefegt, sodass die Tochtergalaxie tatsächlich dem Erscheinungsbild vieler Ellipsen entspricht.

Somit ergibt sich heute folgendes Bild: Einerseits bestimmen bei der Entstehung einzelner Galaxien neben dem Drehimpuls der Protogalaxie verschiedene bislang unbekannte Parameter den Typ der neuen Galaxie, anderseits dürften die individuellen Spiralstrukturen wie die massiveren elliptischen Riesengalaxien in vielen Fällen wohl das Produkt der dynamischen Geschichte der jeweiligen Galaxien sein. Über die Rolle dieser dynamischen Geschichte als möglicherweise wesentlicher Motor der kosmischen Evolution – insbesondere die Auswirkung naher Vorübergänge von Galaxien als »Katalysator« von Sternentstehungsphasen – kann bislang nur spekuliert werden. E. UND K. SEDLMAYR, A. GOERES

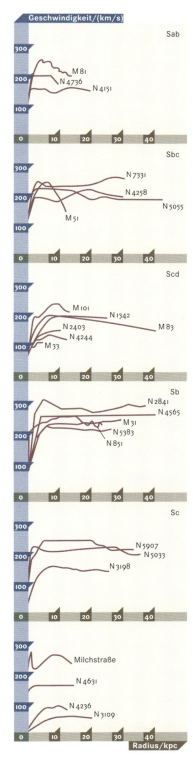

Kosmologie und Weltmodelle

In den vorangegangenen Kapiteln wurden konkrete astronomische Objekte und Zusammenhänge beschrieben, die wir mit Instrumenten beobachten und durch Theorien erklären können. Wie komplex die Zusammenhänge im Einzelnen auch sein mögen, sie sind erkennbar und lassen sich anschaulich nachvollziehen. Sie gelten aber seit jeher als Komponenten eines Gesamtsystems, aus dessen Bau- und Entwicklungsplan wir die beobachteten zeitlichen und räumlichen Strukturen der Welt verstehen lernen. Das in diesem Sinn als Universum oder Kosmos bezeichnete übergeordnete Ganze hat den Menschen seit der Antike in seinen Bann gezogen.

Grundlegende Begriffe

Nach allgemeiner Auffassung versteht man heute unter dem Begriff Universum das prinzipiell größtmögliche System, mit dem wir versuchen, die Welt als Ganzes zu denken, sie uns objekthaft vorzustellen und abstrakt begrifflich zu fassen und so im Sinn der antiken Kosmologen die Ur-Sache zu benennen, aus der die uns zugängliche Welt der Wahrnehmung hervorgegangen ist.

In diesem Anspruch liegt die auch für Außenstehende spürbare Faszination derartiger Fragen, die weit über den engen Bereich der Wissenschaft hinausgehen und philosophische und religiöse Aspekte berühren. Astronomie und Physik haben in Jahrhunderten ein Füllhorn an Wissen zusammengetragen – und trotzdem fiel es ihnen schwer, eine akzeptable Formulierung der kosmologischen Fragestellung auf dem Boden ihres Selbstverständnisses zu entwickeln und sie als wissenschaftlich beantwortbar zu begreifen.

Zur Annäherung an die Problematik nehmen wir deshalb zunächst einige Begriffserklärungen vor. Sie erlauben es, die allgemein formulierte kosmologische Fragestellung dadurch zu präzisieren, dass wir die gebräuchlichen Termini »Universum«, »Kosmos« und »Metagalaxis« konkretisieren und differenzieren.

Universum

Danach verstehen wir unter Universum das größtmögliche existierende Objekt. Dieses alles umfassende System lässt sich prinzipiell nicht erweitern, und es gibt kein Übersystem, in dem es mit andern Teilsystemen dieses Übersystems verglichen werden könnte. Das Universum ist also per definitionem das Weltganze, das alle existierenden Organisationsformen der Materie und Felder als Teilsysteme enthält. Folglich kann es grundsätzlich nur eine einzige Realisierung dieses Maximalobjekts geben, das zugleich aber nur als Grenzfall der universellen Organisation gedacht werden kann.

Weil eine derartige Definition keinen empirischen Zugang ermöglicht, hat das »Universum als Ganzes« grundsätzlich auch eine hypothetische und postulatorische Komponente. Ungeachtet dieser

Entwicklung der **Reichweite astronomischer Beobachtungen** vom Auge über Joseph von Fraunhofers 6-Zoll-Teleskop aus dem Jahr 1838 bis zum modernen Großteleskop.

Sachlage, die viele semantische, methodologische, erkenntnistheoretische, ontologische und auch ästhetische Probleme aufwirft, betrachten wir den so definierten Begriff des Universums als faktische Gegebenheit der Welt, für die es möglich sein soll, globale Verständnis- und Erklärungsmodelle zu entwickeln.

Kosmos

Solche Erklärungsmodelle sind Gegenstand der Kosmologie. Sie versucht, auf der Grundlage geeigneter physikalischer Theorien Weltmodelle zu entwickeln, die eine konsistente quantitative Beschreibung der Struktur und Entwicklung des Universums in Form eines Kosmos liefern. Die Begriffe »Universum« und »Kosmos« stehen also in dieser Definition zueinander wie die Begriffe »Land« und »Landkarte«. Genau genommen handelt es sich zum einen um ein Land, dessen Grenzen wir nicht kennen, von dem wir aber annehmen können, dass es als Ganzes existiert. Zum andern handelt es sich um das davon entworfene theoretische Abbild, dessen Umrisse und Details sich nur durch Extrapolation unseres beschränkten Wissens zu einem konsistenten Gesamtbild des Universums zusammenfügen lassen.

Die Ausgangsbasis zur Konstruktion eines solchen widerspruchsfreien Gesamtzusammenhangs hat praktischen und theoretischen Charakter zugleich. Auf der praktischen Seite sind es die durch astronomische Beobachtungen enthüllten Erkenntnisse über den Bau und die Organisation des uns zugänglichen Ausschnitts der Welt. Auf der theoretischen Seite erlauben es die physikalischen Methoden der Allgemeinen Relativitätstheorie, die wesentlichen Ingredienzien des Universums – nämlich Raum, Zeit und Materie – in ihrer gegenseitigen Bedingtheit zu verstehen. Erst dadurch wird es uns möglich, das »Universum als Ganzes« als physikalisches Objekt zu betrachten und zu untersuchen.

Metagalaxis

Als Metagalaxis bezeichnen wir den Bereich des Universums, der astronomischen Beobachtungen zugänglich ist, also das sichtbare Universum, über das wir Informationen besitzen. Eine derartige Definition, deren Umfang und Tiefe von der Reichweite der verfügbaren Instrumente und der Aussagekraft der Theorien abhängt, ist zeitgebunden. Fortschritte der teleskopischen Beobachtung und neue Einsichten in theoretische Zusammenhänge führen

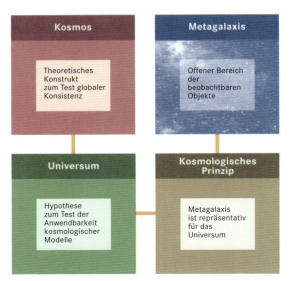

Theoretische Annäherung an die **Beschreibung des Universums** in der modernen Kosmologie.

zu ständigen, mehr oder weniger schwerwiegenden Modifikationen des Begriffs Metagalaxis.

Trotz derartiger methodischer Unzulänglichkeiten unterstellen wir, dass die Metagalaxis ein hinreichend definiertes Teilsystem des Universums darstellt. Durch dessen Untersuchung erkennen wir aber nicht nur lokale Zustände und Entwicklungen – unter der Annahme, dass der uns zugängliche Ausschnitt für das ganze Universum repräsentativ ist, entdecken wir auch globale Zusammenhänge und Gesetzmäßigkeiten.

Die dabei zugrunde gelegte Annahme, dass das Universum – über entsprechend große Volumina gemittelt – sowohl im mikroskopischen als auch im makroskopischen Bereich zu gleichen Zeiten an allen Orten gleich aussieht, wurde in ihrem Kern bereits von dem auch als Cusanus bekannt gewordenen Nikolaus von Kues ausgesprochen. Nach seiner Begründung sollte die Welt überall ein Zentrum und nirgends einen Rand haben, weil Mittelpunkt und Umfassung Gott selbst sei, der sich überall und nirgends befinde.

Das kosmologische Prinzip

Das Generalisierungspostulat, nach dem es im ganzen Universum keine irgendwie herausgehobenen Orte und Richtungen geben soll, das Universum also im Großen homogen und isotrop sei, bezeichnet man als kosmologisches Prinzip. Die Annahme dieses Prinzips beruht auf der Extrapolation dreier fundamentaler, beobachteter Tatsachen, die Aufschluss geben über den universellen Aufbau der Welt und deren Dynamik. Diese Tatsachen sind:

(1) Die Spektrallinien entfernter Galaxien, Galaxienhaufen und Quasare zeigen eine zu ihrem Erdabstand proportionale Rotverschiebung. Diese kann als Doppler-Effekt gedeutet werden, der auf einer Entfernungszunahme von der Erde beruht. In dieser von Edwin Hubble entdeckten Fluchtbewegung der Galaxien manifestiert sich unmittelbar die fortschreitende Ausdehnung des dreidimensionalen Ortsraums, also die globale Expansion des Kosmos. Im allgemein relativistischen Bild nimmt dabei der Abstand zu, obwohl alles an Ort und Stelle bleibt.

(2) Die beobachtete Galaxienverteilung rechtfertigt die Annahme einer homogenen und homogen expandierenden Materiedichte. Dabei liegen Werte zugrunde, die über Volumina mit Durchmessern größer als 100 Mpc oder 326 Millionen Lichtjahre gemittelt wurden.

(3) Das gesamte Weltall ist erfüllt von einer homogen und isotrop verteilten Mikrowellenstrahlung, die als kosmische Hintergrundstrahlung oder 3 K-Strahlung bezeichnet wird. Sie ist Teil des heute entkoppelten Wärmebads, das in der Frühphase des Universums den Ablauf der mikroskopischen Prozesse be-

stimmte. Ihre heutige universelle Temperatur als Schwarzer Strahler von 2,73 K und ihre auffällig gleichmäßige räumliche Verteilung lassen sich nur durch eine homogene und isotrope Expansion des Kosmos erklären.

Historisch gesehen ist das kosmologische Prinzip das bisher letzte Glied einer Reihe von Weltmodellen. Ausgehend vom anthropozentrischen Standpunkt der mythenhaften Weltbilder alter Kulturen über die geozentrische Auffassung der griechischen Astronomie und des Mittelalters führt die Kette zur heliozentrischen Weltsicht bei Nikolaus Kopernikus und Johannes Kepler. Unser naturwissenschaftlich geprägtes Jahrhundert begreift den gesamten Kosmos als physikalisches System. Ihren adäquaten Ausdruck findet diese Vorstellung im kosmologischen Prinzip. Dieses universelle Prinzip erlaubt es, den Gültigkeitsbereich der Naturgesetze maximal auszuweiten, und zugleich verneint es explizit die Existenz eines definierbaren Mittelpunkts der Welt oder eines anderweitig ausgezeichneten kosmischen Orts. Der Verlust des Mittelpunkts ist der Preis, der gezahlt werden muss, damit im Kontext der heutigen Physik die Frage nach der globalen Struktur des Universums und seiner Geschichte sinnvoll formuliert und beantwortet werden kann.

Die Allgemeine Relativitätstheorie

In astronomischen Dimensionen ist die Gravitation die dominierende Wechselwirkung. Sie bestimmt nicht nur Entstehung, Aufbau und Entwicklung der Planeten, Sterne, Sternsysteme, Galaxien und Galaxienhaufen, sondern auch die globale Struktur und Entwicklung des Universums. Dies liegt daran, dass die gravitativen Kräfte – anders als die Kräfte im nuklearen Bereich – räumlich sehr weit wirken. Zudem sind sie – anders als die elektromagnetischen Kräfte – stets anziehend, nicht abschirmbar und haben additiven Charakter. Aus diesen Gründen muss jede physikalische Kosmologie in ihrem Kern eine Gravitationstheorie sein.

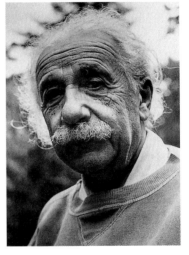

Albert Einstein.

Die Forschungsarbeiten des 20. Jahrhunderts haben gezeigt, dass die von Albert Einstein 1916 veröffentlichte Allgemeine Relativitätstheorie nicht nur das gesuchte theoretische Fundament der modernen Kosmologie darstellt. Sie enthält auch die methodische Beschreibung, die notwendig ist, um das Universum mit seinen globalen und lokalen Strukturen als physikalisches Objekt zu definieren und theoretisch zu behandeln.

Newtons Begriff von Raum und Zeit

Für Isaac Newton waren Raum und Zeit unabhängig von der Dynamik der in ihnen ablaufenden Prozesse. Dieser englische Gelehrte, der nach dem Willen seiner Mutter Landwirt werden sollte, hat das so formuliert: »Der absolute Raum bleibt vermöge seiner Natur und ohne Beziehung auf einen äußeren Gegenstand stets gleich und unbeweglich.« Und zum Thema Zeit stellte er fest: »Die absolute, wahre und mathematische Zeit verfließt an sich und vermöge ihrer Natur gleichförmig und ohne Beziehung auf irgendeinen äußeren Gegenstand. Sie wird mit dem Namen Dauer belegt.«

Raum und Zeit existieren in Newtons Vorstellung also getrennt voneinander und unbeeinflusst von physikalischen Körpern, Feldern und Vorgängen. Der Raum ist dreidimensional, unendlich ausgedehnt, homogen und isotrop; das heißt, er besitzt keinen Rand und auch keine bevorzugten Orte und Richtungen. Seine Geometrie ist euklidisch: Es gilt das Parallelenaxiom, und zwei verschiedene Punkte haben nie den Abstand null. (Das Parallelenaxiom besagt, dass es zu einer beliebigen Gerade und einem Punkt, der nicht auf dieser liegt, genau *eine* zu der ersten Gerade parallele weitere Gerade gibt, die durch diesen Punkt verläuft.) Die Zeit ist eindimensional und unendlich ausgedehnt, sie lässt sich nicht beeinflussen und verrinnt gleichförmig ohne Anfang und Ende.

Nach Newtons Mechanik gelten dieselben physikalischen Gesetze in allen Koordinatensystemen, die im absoluten Raum ruhen oder die sich relativ zu diesem geradlinig und gleichförmig bewegen. Eine Tasse, die in einem fest stehenden Haus zu Boden fällt, unterliegt denselben Naturgesetzen wie eine Tasse, die in einem Zug fällt, der mit konstanter Geschwindigkeit geradeaus fährt. Solche Bezugssysteme werden in der Physik als Inertialsysteme bezeichnet. Sie können durch eine so genannte Galilei-Transformation ineinander überführt werden. In diesem Zusammenhang spricht man von Galilei-Invarianz und vom Relativitätsprinzip der klassischen Mechanik.

Der Raum-Zeit-Begriff der Speziellen Relativitätstheorie

Zu Beginn des 20. Jahrhunderts unterzogen Wissenschaftler die von James Maxwell gefundenen Gesetze der Lichtausbreitung einer grundlegenden Analyse. Es zeigte sich, dass die Lichtausbreitung das Relativitätsprinzip der klassischen Mechanik bricht, wenn an Newtons Vorstellung von Raum und Zeit festgehalten wird. Albert Einstein konnte dann zeigen, dass die Relativität erhalten bleibt, wenn die Mechanik an die von der Lichtausbreitung erzwungene Raum-Zeit-Struktur angepasst wird.

Die wesentliche Änderung gegenüber Newton besteht darin, dass die Räume gleichzeitiger Ereignisse nicht mehr unabhängig von der Bewegung des Beobachters sind und damit auch der Begriff der Gleichzeitigkeit nicht. Das Ergebnis der Projektion eines Vorgangs auf die Zeitachse (oder einer räumlichen Figur auf einen Raum gleichzeitiger Ereignisse) hängt Einstein zufolge von der Bewegung des Beobachters ab. Raum und Zeit können nicht mehr getrennt untersucht werden. Physiker sprechen in diesem Kontext davon, dass Raum und Zeit eine vierdimensionale Welt bilden. Einstein formulierte diese Zusammenhänge 1905 in seiner Speziellen Relativitätstheorie, welche die Einsicht in die Forminvarianz der Naturgesetze zum Ausdruck bringt. Nur bei Relativgeschwindigkeiten, die gegenüber der Lichtgeschwindigkeit sehr klein sind, ergeben sich Verhältnisse, die sich mit Newtons Mechanik beschreiben lassen.

Der entscheidende Nachweis für den Big Bang oder Urknall wurde 1965 erbracht, als die beiden amerikanischen Astrophysiker Arno Penzias und Robert Wilson von den Bell Telephone Laboratories in Holmdel, New Jersey (USA), die kosmische Hintergrundstrahlung entdeckten – und zwar rein zufällig. Sie stießen auf ein starkes Hintergrundrauschen ihres Radioteleskops, das sie zunächst weder beseitigen noch erklären konnten. Dieses Rauschen geht auf Strahlung aus dem Weltraum zurück und lässt den bedeutsamen Schluss zu, dass der intergalaktische Raum nicht vollkommen kalt ist, sondern eine Temperatur von 2,726 Kelvin, also 2,726 Grad über dem absoluten Nullpunkt, hat. Das ist zwar nicht viel, entspricht aber einer Strahlungsdichte von 400 Millionen Photonen pro Kubikmeter. Bei der gegenwärtig angenommenen Masse des Universums ist das gleichbedeutend mit etwa eine Milliarde Photonen pro Atom.

GRUNDBEGRIFFE DER SPEZIELLEN RELATIVITÄTSTHEORIE

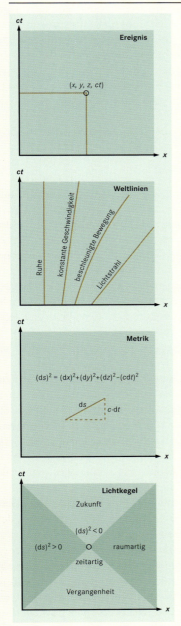

In der Relativitätstheorie werden der dreidimensionale geometrische Raum und die Zeit zu einem vierdimensionalen Raum, der **Raum-Zeit,** zusammengefasst.

Der Begriff **Ereignis,** auch **Weltpunkt** genannt, bezeichnet durch die Angabe der Koordinaten x, y, z und ct einen beliebigen Punkt in der Raum-Zeit. Damit alle Koordinaten die gleiche Dimension (diejenige einer Länge) besitzen, wird üblicherweise als Zeitkoordinate die mit der Lichtgeschwindigkeit c multiplizierte Zeit t eingeführt.

Weltlinien entstehen infolge der Bewegung eines Weltpunkts durch das Vergehen der Zeit. Bewegungen mit konstanter Geschwindigkeit entsprechen geraden Weltlinien, beschleunigte Bewegungen gekrümmten. In der Neigung der Weltlinien gegen die Zeitachse spiegelt sich unmittelbar die Bewegungsgeschwindigkeit des beobachteten Objekts. So besitzt ein Objekt in Ruhe eine zur Zeitachse parallele Weltlinie (keine Neigung), ein Lichtstrahl, der sich mit der maximal möglichen Geschwindigkeit c bewegt, die größtmögliche Neigung.

Die vierdimensionale Raum-Zeit der Speziellen Relativitätstheorie ist pseudoeuklidisch, das heißt, das Quadrat des differentiellen Abstands zwischen zwei beliebigen Weltpunkten wird – analog zum Satz des Pythagoras für einen normalen vierdimensionalen euklidischen Raum – als

$$(ds)^2 = (dx)^2 + (dy)^2 + (dz)^2 - (cdt)^2$$

geschrieben. Das Minuszeichen vor dem Quadrat der Zeitkoordinate ct drückt dabei aus, dass sich diese Koordinate nicht wie die Ortskoordinaten verhält, sondern wie die Zeit vergeht.

Der **Lichtkegel** beschreibt in jedem Weltpunkt die lokale Struktur der vierdimensionalen Raum-Zeit, insbesondere ihren Kausalzusammenhang. Bezüglich des Weltpunkts im Zentrum des Lichtkegels liegen alle Punkte, die mit diesem Punkt durch ein Lichtsignal verbunden werden können [$(ds)^2 = 0$], auf der dreidimensionalen Mantelfläche eines Doppelkegels. Das Innere des Lichtkegels [$(ds)^2 < 0$] repräsentiert die Welt der materiellen Vorgänge, das heißt die Weltpunkte, die mit dem Weltpunkt im Zentrum durch Signale, deren Geschwindigkeit kleiner als die Lichtgeschwindigkeit ist, verbunden werden können. Diese beiden Gebiete – Kegelmantel und Inneres – werden als reale Welt bezeichnet. Das Äußere des Lichtkegels [$(ds)^2 > 0$] umfasst alle Weltpunkte, die mit dem Weltpunkt im Zentrum nur durch Signale mit Überlichtgeschwindigkeit verbunden werden könnten. Da derartige Signalgeschwindigkeiten nicht möglich sind, ist bezüglich dieses Punkts der Bereich der vierdimensionalen Raum-Zeit außerhalb des Lichtkegels kein Teil der realen Welt.

Der Lichtkegel zerlegt in jedem Weltpunkt die reale Welt in zwei Bereiche: den Vergangenheitslichtkegel, von dem aus alle Weltpunkte den Punkt im Zentrum durch materielle oder lichtartige Signale beeinflussen können, und den Zukunftslichtkegel, in dem alle Weltpunkte durch materielle oder lichtartige Signale von dem Weltpunkt im Zentrum aus beeinflusst werden können. Ein gegebener Weltpunkt außerhalb des Lichtkegels und der dazugehörige Lichtkegel definieren demnach die Bereiche der möglichen gegenseitigen kausalen Einwirkung und erlauben damit eindeutig, für jeden Weltpunkt Gegenwart, Vergangenheit und Zukunft festzulegen.

Als grundlegende Strukturelemente der vierdimensionalen Welt spielen in der Speziellen Relativitätstheorie die Begriffe »Ereignis« (oder »Weltpunkt«), »Weltlinie«, »Metrik« und »Lichtkegel« eine wichtige Rolle.

Der Lichtkegel eines Ereignisses teilt die vierdimensionale Raum-Zeit stets in zwei getrennte Gebiete. Das eine Gebiet hängt kausal mit dem Ereignis zusammen: Es besteht aus allen Ereignissen, die innerhalb des Lichtkegels und auf dessen Oberfläche stattfinden. Wenn auf der Kegelachse eine Zeitrichtung definiert ist, kann man von der Vergangenheit und der Zukunft des Ereignisses sprechen.

Einen vierdimensionalen Raum mit derartiger Struktur bezeichnet man nach dem deutsch-litauischen Mathematiker Hermann Minkowski als Minkowski-Welt. Die Geometrie der Minkowski-Welt ist »pseudoeuklidisch«: Das Parallelenaxiom gilt zwar auch hier, doch können zwei voneinander verschiedene Punkte den Abstand null haben. Die gerade Verbindung zwischen zwei Punkten ist hier die längste Verbindung.

Der Raum-Zeit-Begriff der Allgemeinen Relativitätstheorie

Die Spezielle Relativitätstheorie hat sich rasch als umfassend gültige Theorie für fast alle Bereiche der lokalen Physik erwiesen. Einstein sah aber, dass die Gravitation sich in dieses Gedankengebäude nicht befriedigend einbinden lässt. Weil das Licht Energie transportiert, hat es eine träge und damit auch eine schwere Masse. Dies bedeutet, dass Lichtstrahlen vom Gravitationsfeld beeinflusst werden und deshalb kein von ablaufenden Prozessen unabhängiges Inertialsystem definieren können. Einstein war daher gezwungen, allgemeinere als inertiale Bezugssysteme einzubeziehen und legte 1916 seine Allgemeine Relativitätstheorie vor. Ihre Basis sind:

(1) Die Beobachtung, dass in einem gegebenen Gravitationsfeld alle Körper unabhängig von ihrer Masse gleich schnell fallen. Das Fallgesetz hängt nicht von irgendwelchen Eigenschaften der Körper ab, sondern ist ein rein »geometrisches« Gesetz. Diese Tatsache bezeichnet man auch als »Universalität der Gravitation«. Sie beruht auf der Proportionalität von träger und schwerer Masse.

(2) Die Einsicht, dass für einen in einem konstanten Gravitationsfeld frei fallenden, nicht rotierenden Beobachter die gleichen physikalischen Gesetze (abgesehen von der Gravitation) gelten wie für einen ohne Gravitationsfeld ruhenden Beobachter. Heften wir an den frei fallenden Beobachter ein cartesisches Koordinatensystem, so ruht der Beobachter bezüglich dieses Systems – es ist für ihn also ein Inertialsystem.

Dies führt zu folgender grundlegenden Aussage, die wir als Einsteins Äquivalenzprinzip bezeichnen: An jedem Punkt der Raum-Zeit mit einem beliebigen Gravitationsfeld ist es stets möglich, ein lokales Inertialsystem so zu wählen, dass in einer hinreichend kleinen Umgebung des betrachteten Punkts (innerhalb deren die Gravitation konstant ist) die Naturgesetze dieselbe Form annehmen wie in einem unbeschleunigten cartesischen Koordinatensystem ohne Gravitationsfeld.

Anschaulich gesprochen beantwortet das Äquivalenzprinzip die wichtige Frage: »Was geschieht den Naturgesetzen in einem Gravitationsfeld?« Die Antwort heißt lapidar: »Lokal geschieht ihnen nichts, global etwas.« Die Tatsache, dass die Gravitation in der lokalen Physik nicht mehr in Erscheinung tritt, sondern sich nur noch global in der geometrischen Struktur der Raum-Zeit manifestiert, bezeichnet man auch als »Geometrisierung der Gravitation«. Gravitative Wirkungen sind demnach nichts anderes als Effekte der Krümmung der Raum-Zeit auf die physikalischen Objekte.

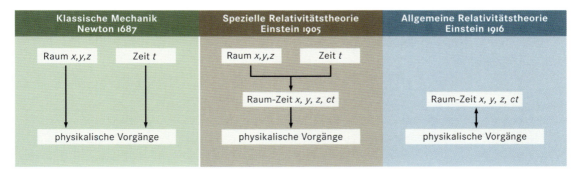

Die in der Allgemeinen Relativitätstheorie vollzogene Verschmelzung von Physik und Raum-Zeit-Struktur macht die physikalische Theorie nicht nur logisch einheitlicher und einfacher, sondern erklärt auch Effekte, die mit Newtons Physik nicht zu erhellen sind. So liefert die berühmte Theorie von Einstein den richtigen Wert für die Ablenkung der Lichtstrahlen im Gravitationsfeld schwerer Massen. Zudem erklärt sie exakt den sonst unbegründbaren Rest der Periheldrehungen von Planetenbahnen, und sie erläutert die Wellenlängenänderung des Lichts.

Einsteins Feldgleichungen

In der Beschreibung der Raum-Zeit-Struktur und der dort ablaufenden Vorgänge durch die Allgemeine Relativitätstheorie zeigt sich die gegenseitige Bedingtheit von Raum-Zeit-Struktur und Materieverteilung. Die Raum-Zeit-Struktur bestimmt die Bewegung und Lagerung der Materie, und umgekehrt beeinflusst die Materieverteilung die Raum-Zeit-Struktur.

Diese Symmetrie erfordert, dass bei der mathematischen Formulierung der Theorie die »geometrische« und die »physikalische« Seite des Problems in gleicher Weise eingehen müssen. Mathematisch ausgedrückt wird dieser Zusammenhang durch zehn partielle Differentialgleichungen. Diese Gleichungen für das Gravitationsfeld bezeichnet man als Einstein'sche Feldgleichungen. Die in ihnen auftretende Naturkonstante κ verknüpft die physikalischen Größen der einen Seite mit den geometrischen Objekten der andern Seite und heißt Einstein'sche Gravitationskonstante. Mit Newtons Gravitationskonstante G und der Lichtgeschwindigkeit c hängt sie wie folgt zusammen: $\kappa = 8\pi G/c^4$.

Auf einen homogenen und isotropen Kosmos angewandt, reduzieren sich die Feldgleichungen im Wesentlichen auf die griffige Formel: Weltkrümmung = $\kappa \cdot$ Massedichte.

Beziehung zwischen den Grundgrößen der Welt (Raum und Zeit) und den physikalischen Vorgängen. Der dreidimensionale unendlich ausgedehnte Raum wird in der **klassischen Mechanik** als »Gefäß« aufgefasst, in dem die physikalischen Vorgänge ablaufen. Diese werden von Raum und Zeit beeinflusst (siehe Pfeilrichtung), haben aber keinen Einfluss auf die Struktur des Raums (Längenmaßstäbe) und den Ablauf der Zeit (Gang der Uhren). In der **Speziellen Relativitätstheorie** verlieren Raum und Zeit ihre Eigenständigkeit und haben nur noch in der Vereinigung der vierdimensionalen Raum-Zeit einen absoluten Charakter. In dieser laufen die physikalischen Vorgänge ab. Als Folge dieser Vorstellung verändern sich die Längenmaße (**Längenkontraktion**) und der Gang der Uhren (**Zeitdilatation**) in Bezug auf relativ zueinander gleichförmig bewegte Bezugssysteme. Die **Allgemeine Relativitätstheorie** stellt eine Beziehung zwischen der vierdimensionalen Raum-Zeit und den physikalischen Vorgängen her. Die Raum-Zeit bestimmt die Bewegung und die Lage der Materie und umgekehrt.

Homogenes und isotropes Universum

Ein einfaches Modell des Kosmos ergibt sich aus der Annahme, die dreidimensionale Welt sei homogen und isotrop. Diese Annahme bedeutet, dass es im Ruhsystem der Materie keine ausgezeichneten Punkte und Richtungen gibt, die Welt für beliebige gleichzeitige Ereignisse also gleich aussieht. Sie erlaubt es einerseits, die geometrischen Raumstrukturen einzugrenzen und eine universelle Zeitachse – also eine für den ganzen Kosmos verbindliche Weltzeit – festzulegen. Anderseits ermöglicht sie eine einfache For-

DIE ROBERTSON-WALKER-METRIKEN

Nach unseren Beobachtungen und Erkenntnissen ist das Universum im Großen und im Mittel isotrop und homogen. Dies bedeutet, dass die mittlere Dichte überall gleich groß ist und dass die mittleren Geschwindigkeiten bezüglich jedes Beobachtungspunkts eine zentrale Richtung haben.

Will man die Entwicklung des Kosmos insgesamt beschreiben, so geht man von diesen Beobachtungen aus und stellt folgende Annahme auf: Im Universum sind alle Positionen und Richtungen gleichwertig (kosmologisches Prinzip). Diese Annahme stellt eine starke Einschränkung an die Raumstruktur des Kosmos, also an die gesuchte Metrik, dar. Die Metriken, die der Homogenitäts- und Isotropieanforderung des kosmologischen Prinzips genügen, werden als Robertson-Walker-Metriken bezeichnet. Diese bestehen aus einer freien zeitabhängigen Funktion, dem Skalenfaktor $R(t)$, und einem ganzzahligen Krümmungsparameter k, der nur die Werte 0, +1 und −1 annehmen kann.

Während der Skalenfaktor $R(t)$ für das Standardmodell aus den Einstein'schen Feldgleichungen berechnet werden kann, ist der Parameter k nur aus Beobachtungen zu bestimmen. Bis heute kann keine eindeutige Aussage über den tatsächlichen Wert, den k für unser Universum aufweist, getroffen werden.

In der Abbildung ist der jeweilige Typ der Raumgeometrie mit der Winkelsumme im Dreieck sowie mit Fläche (F) und Umfang (U) eines Kreises mit dem Radius r für die drei möglichen Werte von k (von oben: 0, +1, −1) grafisch dargestellt.

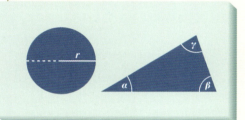

eben, euklidisch:
Dreieck: α + β + γ = 180°
Kreis: $F = \pi r^2$
$U = 2\pi r$

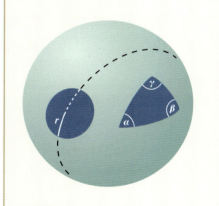

sphärisch:
Dreieck: α + β + γ > 180°
Kreis: $F < \pi r^2$
$U < 2\pi r$

hyperbolisch:
Dreieck: α + β + γ < 180°
Kreis: $F > \pi r^2$
$U > 2\pi r$

mulierung der fundamentalen physikalischen Eigenschaften des Kosmos, die zu jedem Zeitpunkt durch verbindliche, ortsunabhängige Größen wie Massedichte oder Druck definiert sind. Weil diese physikalischen Größen in die Einstein'schen Feldgleichungen als Quellen des Gravitationsfelds und damit der kosmischen Raumkrümmung eingehen, lässt sich ihre Zeitentwicklung grundsätzlich nur simultan mit der Zeitentwicklung der vierdimensionalen Raum-Zeit berechnen.

Weltmodelle

Die geometrische Struktur derartiger Raum-Zeiten wird durch die so genannten Robertson-Walker-Metriken beschrieben. Diese enthalten eine freie, zeitabhängige Funktion, den Skalenfaktor $R(t)$, sowie eine dreiwertige Konstante k, bei der es sich um einen Krümmungsparameter handelt. Der Skalenfaktor $R(t)$ beschreibt die Zeitentwicklung der räumlichen Abstände ruhender Ereignisse und damit die globale Expansion oder Kontraktion des Kosmos.

Die Grundaufgabe der Kosmologie ist es, die Zeitentwicklung des Skalenfaktors $R(t)$ simultan mit der Entwicklung der Massedichte $\rho(t)$, der Quelle des universellen Gravitationsfelds, zu berechnen. Dazu setzt man den mathematischen Ausdruck für die Robertson-Walker-Metrik in die Einstein'schen Feldgleichungen ein. Wegen der angenommenen Homogenität und Isotropie reduzieren sich diese auf lediglich zwei Gleichungen. Für jeden Wert des Krümmungsparameters, das heißt für jeden Typ der Raumgeometrie, existiert jeweils genau eine Lösung für $R(t)$ und $\rho(t)$. Dadurch werden sowohl die raum-zeitliche Entfaltung der Welt als auch die globale Entwicklung der kosmischen Materiedichte in ihrer gegenseitigen Abhängigkeit quantitativ dargestellt. In diesem Kontext bezeichnen wir derartige Lösungen deshalb als Weltmodelle.

Weltmodelle sind nach unserer heutigen Auffassung also durch mathematische Objekte und mathematische Zusammenhänge repräsentiert. Sie stellen die Zeitentwicklung der globalen kosmischen Strukturen, wie zum Beispiel der Geometrie oder physikalischer Größen, quantitativ dar. Die auf der Robertson-Walker-Metrik basierenden Weltmodelle bezeichnet man nach dem russischen Mathematiker, Physiker und Meteorologen Alexander Friedmann als Friedmann-Modelle. Friedmann hat 1922 ein dynamisches Modell für die Entwicklung eines homogenen, geschlossenen Universums ($k = +1$) gefunden.

Da sich heute die überwiegende Zahl der kosmologischen Untersuchungen auf Friedmann-Modelle stützt, nennt man sie häufig auch Standard-Weltmodelle oder fasst sie gar als eine Klasse zum »Standardmodell« zusammen.

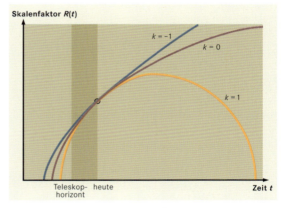

Aus heutiger Sicht kann keine Aussage über den tatsächlichen Wert des **Krümmungsparameters** k getroffen werden. Man geht daher davon aus, dass die verschiedenen $R(t)$-Kurven zum heutigen Zeitpunkt zusammenfallen. Da deren Verlauf durch die Lösungen der Einstein'schen Feldgleichungen festgelegt ist, müssen sie sich zu früheren Zeitpunkten unterschieden haben. Durch Beobachtung des Expansionsverhaltens sehr entfernter Objekte und damit durch einen hinreichend weiten Blick in die Vergangenheit sollte es möglich sein, den Typ der vorliegenden Raumgeometrien zu bestimmen. Die Reichweite der heute verfügbaren Teleskope (**Teleskophorizont**) ist jedoch noch zu gering, das heißt, die $R(t)$-Kurven liegen noch zu eng beieinander, um hierüber eine endgültige Entscheidung zu treffen.

Der geniale russische Mathematiker, Physiker und Meteorologe **Alexander Friedmann** befasste sich außer mit der relativistischen Kosmologie auch mit Problemen der dynamischen Meteorologie. Mit seinen Untersuchungen über die Entstehung von Wirbeln in Flüssigkeiten zählt er zu den Begründern der Turbulenztheorie. Friedmann starb im Alter von 37 Jahren an Typhus. 1931 wurde ihm postum für seine herausragenden wissenschaftlichen Leistungen der Lenin-Preis verliehen.

Schematische Darstellung der **zeitlichen Entwicklung des Skalenfaktors** $R(t)$ im Standardmodell für die drei unterschiedlichen Typen der Raum-Zeit-Geometrie. Kosmen mit $k = -1$ und $k = 0$ expandieren für alle Zeiten, während sie für $k = 1$ ein endliches räumliches Volumen und eine endliche Größe besitzen.

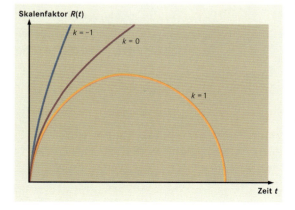

Das Standardmodell

Die Friedmann-Modelle lassen keine statische Welt zu, also keine zeitunabhängige Ortsraum-Struktur. Je nach dem Wert des Krümmungsparameters k expandiert der Kosmos entweder für alle Zeiten ($k = -1$ und $k = 0$), oder er verhält sich symmetrisch und geht von einer Expansionsphase wieder in eine Kontraktionsphase über ($k = +1$). Kosmen mit $k = +1$ haben eine sphärische Geometrie und besitzen stets ein endliches räumliches Volumen sowie eine endliche Größe.

Bemerkenswert ist weiterhin, dass alle Friedmann-Modelle offensichtlich einen Anfangspunkt enthalten, von dem aus sich das Universum abrupt aus einem unvorstellbar kleinen Volumen heraus entwickelt hat. Dieser explosive Anfang der Welt wird mit dem plastischen Wort Urknall oder Big Bang bezeichnet.

Für den singulären Anfangszustand, in dem das gesamte Universum unendlich komprimiert war, gibt es noch keine zufriedenstellende physikalische Beschreibung. In der Anfangssingularität verlieren alle Naturgesetze und theoretischen Darstellungen – auch die Allgemeine Relativitätstheorie – ihre Gültigkeit und ihren Sinn.

Um diese prinzipielle Schwierigkeit zu vermeiden, beginnen alle physikalischen Beschreibungen der Weltmodelle erst nach einem endlichen, wenn auch extrem kurzen Zeitintervall nach dem Urknall. Diese Zeit ist durch die so genannte Planck-Zeit $t_P = 10^{-43}$ s gegeben. Sie gibt die äußerste Zeitgrenze an, bis zu der man sich theoretisch der Urknall-Singularität nähern kann.

Weltalter

Unter der Annahme, dass sich der Kosmos von Beginn an mit seiner heutigen Expansionsgeschwindigkeit ausgedehnt hat, ergibt sich aus dem Kehrwert der Hubble-Konstante die so genannte Hubble-Zeit t_H. Dabei handelt es sich um die Zeitspanne, die der Kosmos benötigte, um sich bei konstanter Geschwindigkeit von sehr kleinen Dimensionen auf die heute beobachteten Ausmaße auszudehnen. Die Hubble-Zeit gibt somit das Alter eines gleichförmig expandierenden Universums an. Weil im Standardmodell die Expansion des Kosmos stets gebremst verläuft, ist das tatsächliche Alter unseres Universums notwendigerweise kleiner als die Hubble-Zeit.

Altersbestimmungen von Kugelsternhaufen, den ältesten Objekten unseres Milchstraßensystems, deuten für das Weltalter auf eine untere Grenze von 16 bis 18 Milliarden Jahren hin. Da das Universum auf jeden Fall älter sein muss als die ältesten darin vorkommenden Objekte, folgt, dass mit dem Standardmodell nur relativ kleine Werte der Hubble-Konstante – H_0 um 50 (km · s^{-1})/Mpc – vereinbar sind. Die ebenfalls diskutierten großen

Verhältnis der tatsächlichen zur kritischen Massendichte ϱ_0/ϱ_{krit}	Typ des Kosmos	Raumgeometrie	Volumen	Zeitliche Entwicklung
> 1	geschlossen	positive Krümmung (sphärisch)	endlich	expandiert bis zu einem maximalen Weltradius und kontrahiert anschließend wieder zu einer Singularität
1	offen	flach (euklidisch)	unendlich	expandiert für immer: Expansionsgeschwindigkeit nimmt monoton ab und erreicht im Unendlichen den Wert 0
< 1	offen	negative Krümmung (hyperbolisch)	unendlich	expandiert für immer: Expansionsgeschwindigkeit bleibt auch im Unendlichen endlich

Werte – H_0 um 90 (km · s^{-1})/Mpc – sind mit dem Standardmodell unvereinbar und erfordern erhebliche Modifikationen.

Kritische Massedichte

Einsteins Theorie trifft keine Entscheidung darüber, ob das Universum eine offene oder eine geschlossene Raum-Zeit-Struktur besitzt. Diese Frage lässt sich nur durch astronomische Untersuchungen beantworten. Die beobachtete Expansion des Kosmos verläuft entgegen der gravitativen Anziehung der im Kosmos vorhandenen Massen und Felder. Daraus folgt, dass eine Erhöhung der mittleren Massedichte sich bremsend auf die Expansion auswirken muss. Diese Bremsung wird in den Weltmodellen durch den so genannten Beschleunigungsparameter berücksichtigt, der die relative zeitliche Änderung der Expansionsgeschwindigkeit, bezogen auf die Hubble-Funktion, ausdrückt. Die Messungen der Entfernung und der Rotverschiebung sind zurzeit jedoch noch zu ungenau, als dass man Schlüsse auf den tatsächlichen derzeitigen Wert des Beschleunigungsparameters daraus ziehen könnte.

Ungeachtet dessen muss es in einem mit Materie erfüllten Universum infolge der Gravitation einen kritischen Wert für die mittlere Massedichte im Kosmos geben, der darüber entscheidet, ob das Universum offen oder geschlossen ist. Die Formel für diese kritische Massedichte leitet sich aus der Expansionsdynamik des Kosmos ab. Aus ihr ergibt sich – abhängig vom Wert der Hubble-Konstante – eine heutige kritische Massedichte von etwa 0,5 ... 2 · 10^{-26} Kilogramm pro Kubikmeter. Auf Teilchendichten umgerechnet, entspricht dies etwa einer Dichte von drei bis zwölf Wasserstoffatomen pro Kubikmeter.

Vergleicht man diesen Wert mit der gegenwärtig tatsächlich beobachteten mittleren Massedichte des Universums, so kann man schließen, dass unser Universum offen ist und ewig expandiert. Dies ist allerdings nur unter dem Vorbehalt richtig, dass im Universum der überwiegende

Die Tabelle gibt den Zusammenhang zwischen dem **Verhältnis der tatsächlichen zur kritischen Massedichte** ρ_0/ρ_{krit} und den nach dem Standardmodell möglichen Raumgeometrien sowie deren zeitlichem Expansionsverhalten wieder.

Im Standardmodell verläuft die Expansion des Kosmos wegen der gravitativen Anziehung gebremst. Daher ist das heutige **Alter unseres Universums** (dunkelbraun unterlegter Abszissenabschnitt) kleiner als das theoretisch maximale Alter, die so genannte **Hubble-Zeit** t_H. Diese erhält man, wenn man im heutigen Zeitpunkt eine Tangente an die $R(t)$-Kurve (für eine hyperbolische Raumgeometrie mit $k = -1$) legt (Abszissenabschnitt vom Ursprung des Koordinatensystems bis »heute«).

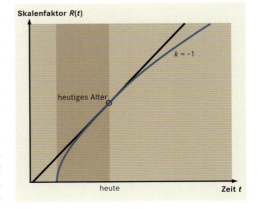

Der amerikanische Astronom **Edwin Powell Hubble** begründete die moderne extragalaktische Astronomie. Mit der Bestimmung der Entfernung des Andromeda-Nebels gelang ihm 1923/24 erstmals der Nachweis einer Existenz von Himmelskörpern außerhalb des Milchstraßensystems.

Teil der Masse nicht als so genannte dunkle Materie existiert, die sich einer direkten Beobachtung entzieht.

Die bestimmende Größe für die Entwicklung des Universums ist im Standardmodell die Gesamtenergiedichte, die in den Einstein'schen Feldgleichungen als Quelle der Gravitation die großräumige Dynamik bestimmt. Abgesehen von der extrem frühen Epoche direkt nach dem Urknall sind hier nur zwei Beiträge von Bedeutung: die Energiedichte der Materie und die Energiedichte der Strahlung. Berechnungen zeigen, dass im heutigen Universum die Energiedichte der Strahlung um drei Größenordnungen kleiner ist als die Energiedichte der Materie. Daher spricht man von einem materiedominierten Universum, während es in seiner Frühzeit strahlungsdominiert gewesen sein muss.

Die materielle Entwicklung des Universums

Dem Standardmodell zufolge entwickelte sich das Universum aus einem singulären Anfangszustand, dessen räumliche Ausdehnung verschwindend klein und dessen Temperatur unbeschränkt hoch war, durch Expansion zu seinem heutigen Zustand. Mit der monotonen Aufblähung ging eine Abnahme der Energiedichte und der Temperatur einher. Diese Abnahme hat zu jeder Zeit und an jeder Stelle Einfluss auf jene physikalischen Bedingungen, die für die Existenz und Häufigkeit der jeweiligen Materie- und Feldkomponenten verantwortlich sind.

Im frühen strahlungsdominierten Universum änderten sich die Energiedichte ρc^2 und die Temperatur T mit dem Weltalter t proportional zu $1/t^2$ beziehungsweise $1/t^{1/2}$. Bei hinreichender Annäherung an den mathematischen Anfangspunkt, der dem Limes $t \to 0$ entspricht, wachsen beide Größen über alle Grenzen. Da es in der Physik aber keinen Sinn hat, von unendlichen Werten physikalischer Größen zu sprechen, ergeben sich mehrere grundsätzliche Fragen.

Wie weit in die Vergangenheit können uns die bekannten Modelle verlässlich führen? Wo liegen die zeitlichen Grenzen, bei deren Überschreiten Erweiterungen und Modifikationen unserer physikalischen Beschreibungen unumgänglich sind? Gibt es einen frühesten Zeitpunkt, vor dem keine wissenschaftliche Erfassung mehr denkbar ist?

Vereinheitlichung der fundamentalen Wechselwirkungen

In der Anfangsphase des Universums verfließen die Konturen unserer rationalen Kosmologie, und den physikalischen Beschreibungsversuchen haftet ein vorläufiger und spekulativer Charakter an. Eine wissenschaftliche Annäherung könnte die quantentheoreti-

---

DAS HUBBLE'SCHE EXPANSIONSGESETZ

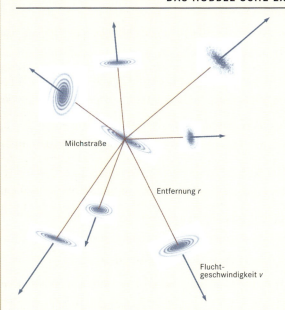

Ende der 1920er-Jahre entdeckte der amerikanische Astronom Edwin P. Hubble eine Beziehung zwischen der Entfernung der Galaxien und der Rotverschiebung ihrer Spektrallinien. Dieser Zusammenhang hat sich seither auch für Galaxienhaufen und Quasare in den fernsten Tiefen des Raums bestätigt.

Hubble deutete die Rotverschiebung als Doppler-Effekt und fand so in erster Näherung einen linearen Zusammenhang zwischen der Fluchtgeschwindigkeit der Galaxien und ihrer jeweiligen Entfernung. Alle hinreichend weit entfernten astronomischen Objekte (Galaxien, Galaxienhaufen, Quasare) bewegen sich dieser Interpretation zufolge mit umso größerer Geschwindigkeit von uns weg, je weiter sie entfernt sind.

Die Tatsache, dass sich alle Systeme in allen Richtungen von uns wegbewegen, darf nicht zu dem nahe liegenden, aber irrigen Schluss führen, das Milchstraßensystem sei der Mittelpunkt des Universums. In einem gleichmäßig expandierenden Raum spielt für die Beobachtung, dass sich alle Objekte vom Beobachter weg zu entfernen scheinen, der Beobachtungsort keine Rolle. Man kann sich das durch einen Luftballon mit aufgemalten Punkten gut veranschaulichen: Wenn man den Ballon aufbläst, bewegen sich an jedem Punkt seiner Oberfläche alle andern Punkte der Oberfläche von diesem weg.

Die Fluchtgeschwindigkeit v und die Entfernung r eines astronomischen Objekts sind durch die empirische Beziehung $v = H_0 \cdot r$ miteinander verknüpft, die als Hubble'sches Expansionsgesetz bezeichnet wird. Die darin enthaltene Konstante H_0 heißt Hubble-Konstante. Misst man – wie in der Kosmologie üblich – v in Kilometer pro Sekunde und r in Megaparsec (1 Mpc = 10^6 pc), ergibt sich für H_0 die Dimension Kilometer pro Sekunde pro Megaparsec. Die Messungen zeigen, dass H_0 unabhängig von der Beobachtungsrichtung an der Himmelssphäre ist. Die Fluchtbewegung der Galaxien – der so genannte Hubble-Fluss – ist somit isotrop.

Trotz der grundlegenden Rolle der Hubble-Konstante ist es bisher nicht gelungen, aus den Beobachtungen einen allgemein akzeptierten Zahlenwert für diese Konstante abzuleiten. Je nach den angewandten astronomischen Methoden und der dabei zugrunde gelegten Entfernungseichung werden für H_0 Werte zwischen 50 und 100 Kilometer pro Sekunde pro Megaparsec abgeleitet.

sche Entwicklung der Hochenergie- und Elementarteilchenphysik bieten, die unter der Bezeichnung »Große Vereinheitlichte Theorie« diskutiert wird.

Wechselwirkung	starke Kraft	schwache Kraft	Elektromagnetismus	Gravitation
Reichweite	~ 10^{-15} m	< 10^{-17} m	unendlich	unendlich
relative Stärke	1	10^{-13}	10^{-2}	10^{-38}
Wirkung auf	Quarks, indirekt auf Hadronen	Leptonen, Quarks	elektrisch geladene Teilchen	alle Teilchen

Austauschteilchen	Gluonen	intermediäre Bosonen W^+ W^- Z^0	Photon	Graviton
Ruhemasse (GeV/c^2)	0	81 81 93	0	0
elektrische Ladung	0	+1 −1 0	0	0
Spin	1	1 1 0	1	2
Nachweis	indirekt beobachtet	beobachtet	beobachtet	vermutet

Übersicht über die Arten und Eigenschaften der **fundamentalen Wechselwirkungen** und der diese vermittelnden **Austauschteilchen**.

Auf der mikrophysikalischen Ebene erklären wir uns im Rahmen der Quantenmechanik das Vorkommen, die Stabilität, die Wechselwirkung sowie die Strukur der Materie und der Felder als Folge der herrschenden Energie (Temperatur) und der dominierenden fundamentalen Wechselwirkung:

(1) Die Gravitation bestimmt das Verhalten der Materie im Großen. Sie ist zwar die schwächste der vier Wechselwirkungen, besitzt aber eine unendliche Reichweite.

(2) Die elektromagnetische Wechselwirkung bestimmt den Aufbau von Atomen (aus Elektronen und Atomkernen) sowie von Molekülen, Flüssigkeiten, Festkörpern und Plasmen.

(3) Die starke Wechselwirkung bestimmt die Hadronen – und damit den Zusammenhalt der Nukleonen oder Kernbausteine – sowie die Mesonen, die sich ihrerseits aus jeweils drei Quarks beziehungsweise einem Quark-Antiquark-Paar zusammensetzen.

(4) Die schwache Wechselwirkung bestimmt das Verhalten der drei Leptonen-Familien (Elektron, Myon und Tauon) und ihrer jeweiligen Neutrino-Komponenten.

Nach der Quantenelektrodynamik (QED) und der Quantenchromodynamik (QCD) treten diese vier fundamentalen Kräfte nur im Energiebereich unter 100 GeV (100 Milliarden Elektronvolt), mit Temperaturen unter 10^{15} K (eine Billiarde Kelvin) unabhängig voneinander auf. Dies ist der Temperaturbereich, den wir heute im Universum vorfinden und der das Verhalten der Materie im beobachteten Weltall kennzeichnet.

Im frühen Universum lag die Temperatur erheblich über dieser Schwelle. Daher kann man für diese Phase die elektromagnetische und die schwache Wechselwirkung nicht als zwei getrennte Grundkräfte auffassen, sondern nur als eine »elektroschwache« Kraft, die die Wechselwirkung sowohl der Strahlungsfelder als auch der Leptonen-Komponenten beschreibt. Dies legt den Gedanken nahe, auch die verbleibenden Grundkräfte mit der elektroschwachen Kraft zu vereinen und damit die Erscheinungsformen aller Materie und Felder in einer einheitlichen Theorie mit einer einzigen Kraft zu erklären.

Viel versprechend erscheint das Bemühen, die elektroschwache Wechselwirkung mit der starken Wechselwirkung im Rahmen der »großen Vereinheitlichung« zu einer Superkraft zu vereinen. Die so genannte Große Vereinheitlichte Theorie oder Grand Unified Theory (GUT) strebt an, das gesamte materielle Quark-Leptonen-System zusammen mit den Photonenfeldern (den Yang-Mills-Feldern) in einheitlicher, geschlossener Weise darzustellen.

Die vorausgesagte GUT-Temperatur, jenseits deren eine solche Superkraft auftritt, ist mit etwa 10^{28} K (zehn Billionen Billiarden Kelvin) derart hoch, dass sie in einem irdischen Teilchenbeschleuniger wahrscheinlich nie erreicht werden kann.

Temperaturen in diesem Bereich treten dem Standardmodell zufolge aber in den allerersten Sekundenbruchteilen nach dem Urknall auf, und die dort möglichen Zustände sollten deshalb nur mit einer entsprechenden Großen Vereinheitlichten Theorie beschrieben werden. In diesem hohen Anspruch treffen sich die heutigen Theorien der Hochenergiephysik und die Voraussagen der Urknall-Kosmologie, wobei die Wissenschaftler hoffen, beobachtbare Evidenzen für gegenseitige Bestätigung zu finden. Gelänge dies, wären sogar die frühesten Zustände nach dem Beginn des Urknalls einer näheren Beschreibung zugänglich.

Aber selbst mit einer zutreffenden GUT-Theorie ließe sich das Problem einer physikalischen Darstellung der Materie- und Feldzustände beim Urknall noch nicht lösen. Nach wie vor bleibt die Aufgabe, die Gravitation mit der Superkraft zu vereinen. Eine solche Vereinigung ist unumgänglich für Energiebereiche jenseits von etwa 10^{19} GeV – dies entspricht Temperaturen von mehr als 10^{32} K, also Bereichen, in denen die Quantennatur des Gravitationsfelds wesentlich wird. Zu derart umfassenden Theorien, die man wegen ihrer mathematischen Formulierung als Supersymmetrie (SUSY) oder auch als Supergravitation bezeichnet, sind bisher nur Ansätze erkennbar.

Die weiteren Ausführungen beschränken sich deshalb auf den physikalisch sicheren Bereich, der nach der so genannten Planck-Zeit von 10^{-43} Sekunden einsetzt (die Zeitspanne vom Beginn des Urknalls bis zum

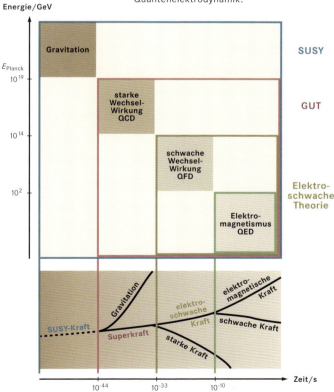

Schema der **Vereinheitlichung der fundamentalen Wechselwirkungen** in Abhängigkeit von der Energie und damit vom Weltalter. Die Abkürzungen QCD, QFD und QED stehen für die jeweils maßgeblichen quantentheoretischen Konzepte Quantenchromodynamik, Quantenflavourdynamik und Quantenelektrodynamik.

Ende der Planck-Zeit wird als Ära der Quantenkosmologie bezeichnet). Nach Ablauf der Planck-Zeit lässt sich die Gravitation als eigenständige Kraft darlegen, und die kosmische Entwicklung kann durch nachvollziehbare Modelle quantitativ beschrieben werden.

Für die Entwicklung des Universums nach dem Urknall lassen sich heute drei aufeinander aufbauende Zeitalter oder Ären unterscheiden:

(1) Die Ära der Elementarteilchen, die bis 10^{-10} Sekunden nach dem Urknall dauerte.

(2) Die nachfolgende Ära der Nukleonenbildung, der primordialen Nukleosynthese und des Wasserstoff-Helium-Plasmas, die sich bis 300 000 Jahre nach dem Urknall erstreckte.

(3) Die anschließende und noch heute andauernde Materie-Ära, also der Zeitraum der Galaxien, Galaxienhaufen und Sterne.

Dieser Einteilung, deren erste Epoche den unvorstellbar kurzen Zeitraum von 10^{-10} Sekunde darstellt und deren letzte Ära praktisch das ganze Weltalter umfasst, liegt der Gedanke der physikalischen Eigenzeit zugrunde. Danach müssen alle Phänomene anhand der ihnen gemäßen Zeitskalen beurteilt werden. Die Zeitskala für den sehr frühen Zeitraum der kosmischen Entwicklung ergibt sich zum Beispiel aus der typischen Lebens- und Reaktionsdauer der auftretenden Elementarteilchen. Nach diesem Maßstab erweist sich selbst diese für uns verschwindend kurze Spanne als ein entsprechend lange dauerndes Zeitalter.

Ab der Planck-Zeit liefert das Standardmodell den grundsätzlichen Raum-Zeit-Rahmen sowie die thermodynamischen Bedingungen für die Entwicklung des Universums. Da in den frühen Phasen wegen der starken Kopplung von Strahlung und Materie ein thermisches Gleichgewicht herrscht, werden diese ausschließlich durch die Energiedichte bestimmt. Die mit der kosmischen Expansion verbundene Abnahme der lokalen Energiedichte bestimmt somit zu jeder Epoche die thermischen Bedingungen, die für die Existenz der unterschiedlichen Materie- und Feldkomponenten verantwortlich sind. Dies bedeutet, dass die physikalischen Zustände des frühen Kosmos ausschließlich durch die damalige Temperatur bestimmt waren. Die Evolution der Materie- und Feldkomponenten kann somit im Standardmodell als Folge von Gleichgewichtszuständen aufgefasst werden.

Anders als im heutigen kalten, materiedominierten Universum sind die Frühphasen des Universums ausschließlich durch Strahlungsenergie bestimmt, insbesondere von Prozessen der Paarerzeugung durch Photonen wie etwa von Quark-Antiquark-, Proton-Antiproton-, Neutron-Antineutron- und Elektron-Positron-Paaren.

Im Temperaturbereich zwischen 10^{28} K und 10^{15} K existieren im Wesentlichen freie Quarks sowie Leptonenfelder und Photonen, die durch die elektroschwache Wechselwirkung bestimmt sind. Weil die schwache Wechselwirkung auch auf Quarks wirkt, sind das Quark-System und die Lepton-Photon-Felder dynamisch gekoppelt. Physiker beschreiben diese Kopplung der schwachen Wechselwirkung an die Quarks in der Quantenflavourdynamik (QFD). Mit »flavour« bezeichnen sie dabei den »Geschmack« der Quarks, der als eine Art Ladung aufzufassen ist.

Ohne auf Details näher einzugehen, spielt sich nach dem Standardmodell in der Frühgeschichte des Kosmos folgendes Szenario ab: Unmittelbar nach der Quantenepoche ist das ganze Universum erfüllt von Quarks, Leptonen und Photonen und den entsprechenden Antiteilchen. Der Kosmos ist strahlungsdominiert und expandiert räumlich, wobei seine Temperatur fällt. Die Paarerzeugung ist physikalisch nur möglich, wenn die beteiligten Teilchen in der Lage sind, die Ruhenergie $E = 2mc^2$ des entsprechenden Materie-Antimaterie-Paars aufzubringen. Drücken wir diese Energieforderung durch eine äquivalente Temperatur aus, dann ist für die Erzeugung von Proton-Antiproton- oder Neutron-Antineutron-Paaren eine Minimalenergie von einer Milliarde Elektronvolt erforderlich. Das entspricht einer Minimaltemperatur von etwa 10^{13} Kelvin.

Ein wichtiger, im Detail noch ungeklärter Vorgang ist die Bildung der Hadronen, die im Energiebereich um eine Milliarde Elektronvolt (1 GeV) stattfindet und bei der sich zum Beispiel jeweils drei Quarks zu Protonen oder Neutronen zusammenschließen und dementsprechend auch drei Antiquarks zu Antiprotonen oder Antineutronen. Unterhalb dieser Energie sind alle freien Quarks in den Hadronen gebunden. In dieser Phase ist das Vorkommen der Teilchen vornehmlich durch das Massenwirkungsgesetz bestimmt. Es erklärt die Teilchendichten der verschiedenen Arten aus dem aktuellen Gleichgewicht zwischen den jeweiligen Bildungs- und Vernichtungsprozessen.

Weil Materie-Antimaterie-Paare zwar stets in hochenergetische Photonen zerstrahlen, aber nur bei ausreichend hoher Photonenenergie wieder neu entstehen, verschiebt sich beim Unterschreiten dieser Energieschwelle das Gleichgewicht rasch auf die Photonenseite. Dies hat zur Konsequenz, dass die ursprünglich etwa gleich verteilte Energie zunehmend als Strahlungsenergie vorkommt, die nicht mehr in Materie umgewandelt werden kann. Sie stellt somit ein »Wärmebad« dar, in dem sich die weitere materielle Entwicklung des Universums bis zur Phase des Aufklarens vollzieht, die 300 000 Jahre nach dem Urknall einsetzt.

Bei einer völligen Symmetrie zwischen Materie und Antimaterie müssten durch kosmische Abkühlung alle materiellen Komponenten vollständig zerstrahlt werden. Dies kann allerdings nur stattfinden, wenn sich Teilchen- und Antiteilchen treffen. Dazu darf die Zahl ihrer Zusammenstöße nicht vernachlässigbar klein werden. Weil durch den Verdünnungseffekt der kosmischen Expansion die Teilchendichte rasch sinkt, käme infolgedessen die gegenseitige Materie-Antimaterie-Vernichtung theoretisch bei einer Dichte zum Erliegen, die nur den Bruchteil 10^{-19} der Photonendichte beträgt.

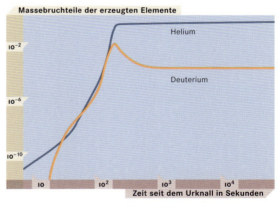

Primordiale Nukleosynthese von Deuterium und Helium in den ersten drei Minuten nach dem Urknall. Dargestellt ist die zeitliche Entwicklung der relativen Deuterium- und Heliumkonzentrationen.

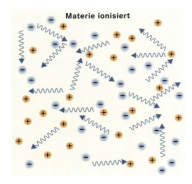

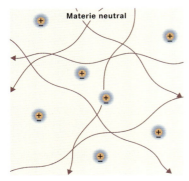

Illustration der **Situation vor** (oben) und **nach dem Aufklaren des Universums** infolge der **Neutralisation der Materie** durch Bildung von atomarem Wasserstoff und Helium. In der ionisierten Materie sind die energiereichen Photonen (blau gepfeilte Schlangenlinien) durch Streuprozesse an den geladenen Materieteilchen »gefangen«. Nach der Neutralisation haben die Photonen eine geringere Energie und sind von der Materie entkoppelt (violett gepfeilte Schlangenlinien), sodass sich Materie und Strahlungsfeld unabhängig voneinander entwickeln. Diesen Übergang nennt man das Aufklaren des Universums.

In einem Kosmos, in dem von Anfang an Materie und Antimaterie zu gleichen Teilen vorhanden gewesen wäre, müsste die heutige Materie etwa ein Baryon pro 10^{19} Photonen enthalten. Dies widerspricht aber den Beobachtungen, nach denen das derzeitige Universum etwa ein Baryon auf eine Milliarde Photonen enthält, das heißt also um zehn Größenordnungen mehr. Daraus muss geschlossen werden, dass ab einem sehr frühen Zeitpunkt der kosmischen Entwicklung die Materie die Antimaterie überwogen hat und dadurch der Zerstrahlung entgangen ist. Die Frage, welcher Mechanismus für diese geringe Asymmetrie zwischen Materie und Antimaterie verantwortlich ist, lässt sich jedoch derzeit noch nicht überzeugend beantworten.

Unterhalb einer Temperatur von etwa zehn Milliarden Kelvin ist nahezu alle Antimaterie bis auf einen unbedeutenden Bruchteil vernichtet. Was übrig bleibt, ist ein in den »Photonensee« eingebettetes Gas aus Protonen, Neutronen und Elektronen sowie ein davon abgekoppelter Hintergrund an Neutrinos, die aus elektroschwachen Zerfällen und der Elektron-Positron-Vernichtung stammen. Falls die Neutrinos masselos sind, spielen sie für die weitere Entwicklung des Universums keine Rolle.

Die Ruhenergie der Neutronen ist geringfügig größer als die der Protonen. Diese Energiedifferenz wird wichtig, wenn die Temperatur auf Werte unter zehn Milliarden Kelvin fällt und dann nicht mehr durch hinreichend heiße Leptonen kompensiert werden kann, sodass die Neutronen in Protonen zu zerfallen beginnen. Energien um eine Million Elektronvolt (1 MeV) definieren aber gerade den Bereich, in dem Kernreaktionen einsetzen, bei denen vornehmlich Helium (^{4}He) entsteht. Bei der dabei ablaufenden Reaktionsfolge ist der erste Schritt, die Bildung von Deuterium (^{2}H), der langsamste. Die weiteren Reaktionen zum Aufbau von Helium laufen vergleichsweise schnell ab. Wegen der kosmischen Expansion brechen aber diese Fusionen nach etwa 1000 Sekunden ab, sodass sich durch die primordiale Nukleosynthese ein Wasserstoff-Helium-Deuterium-Gemisch im Masseverhältnis von etwa 100 000 : 25 000 : 1 einstellt.

Von besonderem Interesse sind dabei die genauen Werte der Deuterium- und der Helium-Häufigkeit. Weil Deuterium bei der Kernfusion in den Sternen vollständig in Helium umgesetzt wird, muss alles heute in der interstellaren Materie beobachtete Deuterium aus der primordialen Nukleosynthese des Urknalls stammen. Das gilt weitgehend auch für Helium. Weil das bisher in den Sternen erzeugte »stellare« Helium nur wenige Prozent des primordialen Heliums ausmacht, entspricht dessen heutiger Masseanteil etwa dem Urknall-Wert. Die tatsächlichen Häufigkeiten dieser Elemente spielen daher eine Schlüsselrolle für die Beurteilung der thermischen Zustände in der ersten Viertelstunde nach dem Urknall.

Nach dem Zeitraum der primordialen Nukleosynthese besteht die kosmische Materie im Wesentlichen aus Protonen, Helium-

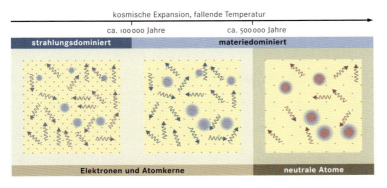

Schematische Darstellung der durch die Fluktuationen der dunklen Materie induzierten **gravitativen Kondensation** der Materie. Nach der primordialen Nukleosynthese ist der Kosmos zunächst **strahlungsdominiert**, und das lokale Verhalten der Materie wird hauptsächlich durch den Energie- und Impulsaustausch zwischen Photonen, Elektronen und Atomkernen bestimmt. Mit fallender Temperatur und zunehmender kosmischer Expansion wird der Kosmos **materiedominiert**. Die Elektronen und Atomkerne verbinden sich zu neutralen Atomen, und die Photonen sind von der Materie entkoppelt.

kernen und Elektronen. Da der Kosmos in dieser Phase strahlungsdominiert ist, wird das lokale Verhalten der Materie hauptsächlich durch den Energie- und Impulsaustausch zwischen Photonen und Atomkernen sowie Elektronen bestimmt. Diese starke Kopplung zwischen Materie und Strahlungsfeld »homogenisiert« das Materie-Photon-System und verhindert dadurch die Entstehung gravitativ induzierter lokaler Strukturen.

Diese Situation ändert sich jedoch grundlegend, wenn nach etwa 300 000 Jahren die kosmische Temperatur unter die Ionisationstemperatur des Wasserstoffs von 3600 Kelvin fällt. Zu diesem Zeitpunkt verbinden sich Elektronen und Atomkerne zu Atomen. Die Folge dieses Prozesses ist, dass die Photonen nicht mehr in der Lage sind, auf die nun elektrisch neutrale Materie einzuwirken. Durch diese Abkopplung der Photonenkomponente wird das Universum ab dieser Epoche durchsichtig und die Zeit des kosmischen Aufklarens beginnt.

Die Abbildung stellt einen **Wegweiser durch die kosmische Evolution** dar, wobei die den jeweiligen Prozessen entsprechenden Energien und Zeiten auf der oberen bzw. unteren Abszisse angegeben werden.

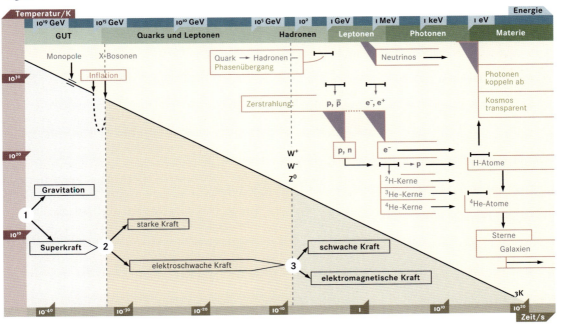

Von nun an spielt das Photonenfeld nur noch die Rolle eines weltallfüllenden Strahlungshintergrunds, dessen Energiedichte und Temperatur gleichmäßig abnehmen. Seine Intensität entspricht mit großer Genauigkeit der eines Schwarzen Strahlers mit einer Temperatur von 2,726 Kelvin. Da die Wellenlängen dieser Strahlung vom fernen Infrarot bis zu den Radiowellen reichen, bezeichnet man sie häufig auch als Mikrowellen-Hintergrundstrahlung.

Völlig anders verläuft dagegen die weitere Entwicklung der Materie. Weil diese als Folge der Abkopplung nicht mehr von Photonen dominiert wird, gerät sie nun verstärkt unter den Einfluss der Gravitation. Damit tritt der Kosmos endgültig in das Materiezeitalter ein, und die Ära der langlebigen Sterne, Galaxien und Galaxienhaufen beginnt.

Strukturbildung durch Gravitation

In der Zeit nach dem kosmischen Aufklaren verbleibt nur noch die permanent vorhandene Gravitation als lokal wirksame Kraft. Da sie proportional zur vorhandenen Massedichte ist, ist sie an Orten größerer Massedichte entsprechend erhöht, an Orten geringerer Massedichte erniedrigt. Gebiete höherer Gravitation bewirken, dass zusätzlich Materie aus der Umgebung hineingezogen wird. Dies verstärkt die Massedichte und folglich auch das Gravitationsfeld, sodass ein Prozess der sich selbst verstärkenden Akkumulation von Materie in Gang kommt. Aus anfänglich geringen lokalen Dichtestörungen können auf diese Weise große materielle Strukturen entstehen. Dieser Verdichtungsprozess arbeitet der allgemeinen kosmischen Expansion grundsätzlich entgegen. Da sich aber ein Gebiet hoher lokaler Gravitation weniger schnell ausdehnt als die Umgebung, wird der Expansionseffekt zunehmend unbedeutend. Ab einer Dichte, die etwa dem Doppelten der Durchschnittsdichte entspricht, ist die Gravitation dann stets groß genug, um die universelle räumliche Expansion zu überwiegen.

Dichteschwankungen

Die theoretischen Aussagen über die kritische Größe der Gravitation und damit über die Masse der entstehenden astronomischen Objekte hängen stark von den thermodynamischen und kosmologischen Annahmen ab. Je nach Szenario ergeben sich Kollapsmassen im Bereich von etwa 100 000 bis 1 Million Sonnenmassen oder von 1 Billion bis 1 Billiarde Sonnenmassen. Diese Werte entsprechen durchaus den beobachteten Massen der Kugelsternhaufen sowie den Massen sehr großer Galaxien und Galaxienhaufen. Die Werte um 1 Million Sonnenmassen passen auch gut zu den Massen der Schwarzen Löcher, die man in den Zentren vieler Galaxien vermutet und die als mögliche »Kondensationskeime« der Galaxienentstehung wirken könnten.

Nähere Aufschlüsse über den Prozess der Strukturbildung im Kosmos ergeben sich aus der kosmischen Hintergrundstrahlung.

Weil diese ein Relikt des Urknalls darstellt, müssen sich ihr auch Spuren des damit verbundenen Strukturbildungsprozesses aufgeprägt haben. Zweifelsfreie Indizien dafür wären vor allem Ungleichheiten in der Strahlungsverteilung, die sich als lokale Temperaturschwankungen manifestieren müssten. Eine detaillierte Untersuchung der räumlichen Verteilung der Hintergrundstrahlung sollte daher quantitative Aussagen über die Entstehung der materiellen Strukturen im Universum ermöglichen.

Die wichtigsten Erkenntnisse hierzu lieferten in jüngster Zeit die Messungen des COBE-Satelliten (COsmic Background Explorer). Als wesentliches Ergebnis dieser den ganzen Himmel abdeckenden Mission lässt sich festhalten:

(1) Die Hintergrundstrahlung entspricht mit großer Genauigkeit der Strahlung eines Schwarzen Strahlers mit einer Temperatur von 2,726 Kelvin.

(2) Die maximalen Intensitätsfluktuationen, ausgedrückt in entsprechenden relativen räumlichen Temperaturschwankungen, betragen nur ein Tausendstel Prozent. Da diese Temperaturschwankungen in direktem Zusammenhang mit den entsprechenden Dichteschwankungen stehen, lassen sich daraus weit reichende Rückschlüsse auf deren Größe zur Zeit des Aufklarens ziehen.

Grundsätzliche theoretische Erwägungen verbieten in einem strahlungsdominierten Kosmos – also in der Zeit vor dem Aufklaren – ein Anwachsen der Dichteschwankungen von baryonischer Materie (schwere Elementarteilchen und ihre Antiteilchen). Aus diesem Grund sind für die weitere Entwicklung der Materie gerade die Fluktuationen während des Aufklarens entscheidend. In dieser Phase sind die Störungen sehr klein, sodass ein linearer Zusammenhang zwischen den relativen Temperaturschwankungen und den relativen Dichteschwankungen angenommen werden darf.

Allerdings sind die theoretisch abgeschätzten Dichteschwankungen um mehrere Größenordnungen, nämlich um den Faktor eine Million, kleiner als der heute tatsächlich vorliegende Dichtekontrast. Dass die von der Theorie vorhergesagten Dichteschwankungen um sechs Zehnerpotenzen zu klein sind, um die heute im Kosmos als Galaxien und Galaxienhaufen beobachtete lokale Materiekonzentration zu erklären, zeigt eine signifikante Unzulänglichkeit des bisher angenommenen Standardszenarios für das Entstehen kosmischer Strukturen.

Der einzige Ausweg aus diesem Dilemma scheint in der Folgerung zu liegen, dass die gravitative Strukturbildung nicht erst mit der Neutralisierung der Materie und dem dadurch erfolgten Abkoppeln des Strahlungsfelds einsetzt, sondern dass das Wachstum lokaler Strukturen schon während der vorhergehenden strahlungsdominierten Phasen stattfindet. Diese Erklärung aber kann aus verschiedenen Gründen für »normale« Materie nicht zutreffen. Die Kosmologen mussten deshalb nach einem weiteren Ausweg suchen, und dieser führte sie auf die Spur der dunklen Materie.

Im **Bottom-up-Modell** bilden sich aus der **kalten dunklen Materie** – möglicherweise über Vorstufen (zum Beispiel massereiche Schwarze Löcher) – Objekte von Galaxiengröße, die sich erst später infolge ihrer gravitativen Anziehung zu Galaxienhaufen zusammenschließen.

Dunkle Materie

Obwohl sie gegenwärtig noch eine rein hypothetische Größe darstellt, erhofft man sich von der so genannten dunklen Materie entscheidende Hinweise zu einer Reihe offener Fragen. Verschiedenen Überlegungen und Abschätzungen zufolge macht die in Galaxien und Galaxienhaufen beobachtete »normale« Materie nur ein Zehntel der dort insgesamt gravitativ wirksamen Masse aus. Den überwiegenden Materieanteil von 90 Prozent hat man bisher nicht entdecken können und bezeichnet ihn deshalb als dunkle Materie.

Die wahre Natur der hypothetischen dunklen Materie, die nur gravitativ wirkt, sonst aber keinerlei Wechselwirkungen zeigt, ist bis heute weitgehend unklar. Durch Messungen des Röntgensatelliten ROSAT konnte man zwar einen gewissen Materieanteil, den man bisher für »dunkel« hielt, als sehr heißes Gas identifizieren. Doch dieser Anteil ist viel zu gering, um das Phänomen der dunklen Materie quantitativ zu klären. Nach heutiger Meinung besteht der überwiegende Teil der dunklen Materie wahrscheinlich aus so genannter nichtbaryonischer Materie. Darunter versteht man zum Beispiel Leptonen wie etwa massive Neutrinos, aber auch massebehaftete exotische Teilchen, wie sie die GUT- und SUSY-Theorien für das frühe Universum postulieren. Solche Teilchen konnten bis heute experimentell nicht nachgewiesen werden, sodass alle Überlegungen zur tatsächlichen Art dieser Spezies einen äußerst spekulativen Charakter haben.

In der Fachliteratur werden heute zwei Grenzfälle der dunklen Materie diskutiert: die kalte und die heiße. Zur kalten dunklen Materie gehören alle möglichen Arten von höchstens vernachlässigbar wechselwirkenden Elementarteilchen, die zur Zeit des Aufklarens bereits so kalt sind, dass – im Vergleich zu normalen Materieteilchen – ihre kinetische Energie sehr klein ist. Beispiele für nichtbaryonische, kalte dunkle Materie wären möglicherweise die so genannten Photinos oder Axionen.

Im Gegensatz dazu steht die heiße dunkle Materie. Deren Teilchen, die heiße Relikte aus der GUT-Phase der kosmischen Entwicklung sein könnten, besitzen zur Zeit des Aufklarens Geschwindigkeiten nahe der Lichtgeschwindigkeit. Im Vergleich zur normalen Materie haben sie eine entsprechend hohe Temperatur.

Obwohl keine näheren Einzelheiten über die wahre Natur der kalten und der heißen dunklen Materie bekannt sind, lassen sich doch weit reichende Schlüsse über deren Einfluss auf die kosmische Strukturbildung ziehen. Aussagen machen kann man vor allem über die minimalen Werte der kritischen Massen, die für einen Gravitationskollaps erreicht werden müssen. Demnach scheint das Szenario »kalte dunkle Materie« eher kleine Jeans-Massen von etwa 100 000 Sonnenmassen zu begünstigen. Für das Szenario »heiße dunkle Materie« dagegen sind sehr große Massen im Bereich von 100 Billionen Sonnenmassen wahrscheinlich.

Im **Top-down-Modell** entstehen aus der **heißen dunklen Materie** zunächst Verdichtungen in der Größe von Galaxienhaufen, die zu »pancakes« (englisch »Pfannkuchen«) kollabieren und schließlich durch Fragmentation Galaxienhaufen bilden.

Diese beiden Grenzfälle implizieren zwei gegenläufige Evolutionsszenarien. Im so genannten Top-down-Modell für die heiße dunkle Materie entstehen zuerst Verdichtungen in der Größe von Galaxienhaufen, dann durch Fragmentation Protogalaxien und schließlich Sternhaufen. Nach dem Bottom-up-Modell, das für kalte dunkle Materie gilt, bilden sich dagegen zuerst Galaxien, die sich später infolge ihrer gravitativen Anziehung zu Galaxienhaufen zusammenschließen. Mögliche Vorformen der Galaxien könnten dem Modell zufolge massereiche Schwarze Löcher sein.

Obwohl heute einige Argumente, insbesondere die Ergebnisse stellardynamischer Rechnungen, für das letztere Szenario sprechen, ist unser Wissen über die dunkle Materie und über die wirklichen physikalischen Abläufe der kosmischen Strukturbildung noch viel zu unvollständig, um weiter gehende Schlüsse zu erlauben.

Das inflationäre Universum

Das Standardmodell der Kosmologie entwirft ein stimmiges Bild der kosmischen Entwicklung von der Zeit unmittelbar nach dem Urknall bis heute. Zwar ist es bei bestimmten Details noch unbefriedigend oder lückenhaft, trotzdem erlaubt es eine quantitative Beschreibung des Kosmos.

Die Evolution der Materie und deren räumlich-zeitliche Strukturierung verstehen wir als eine Abfolge mehr oder weniger stabiler Zwischenzustände, die von den fundamentalen Wechselwirkungen sowie der kosmischen Expansion und Abkühlung bestimmt werden. Auch den hierarchischen Aufbau und das dynamische Verhalten der verschiedenen Strukturen im Universum können wir heute gut nachvollziehen. Doch ungeachtet dieser Fortschritte ergibt sich bei näherer Betrachtung auch eine Anzahl ernster Schwierigkeiten. Diese Probleme resultieren zum einen aus der Art der zugrunde gelegten theoretischen Beschreibungen, zum andern aus bestimmten unabweisbaren Konsequenzen, die sich aus den bisherigen Beobachtungen ergeben. Um diesen Sachverhalt näher zu beleuchten, werden im Folgenden drei wichtige Probleme und die Versuche zu ihrer Lösung angesprochen.

Das Monopolproblem

Um die frühesten Situationen unmittelbar nach dem Urknall zu beschreiben, haben Astronomen und Physiker das kosmologische Standardmodell mit den Quantentheorien der Hochenergiephysik verbunden. Dabei ergab sich das grundsätzliche Problem, dass als Folge der kosmischen Abkühlung so genannte Symmetriebrechungen und Phasenübergänge auftreten. Dies äußert sich zum Beispiel im Aufspalten der ursprünglichen Superkraft in die vier fundamentalen Wechselwirkungen.

Beim Übergang von der anfangs symmetrischen zur gebrochensymmetrischen Phase des Universums müsste nach den maßgeblichen Theorien eine Vielzahl von Defekten entstehen, die beobachtbar sein sollten und möglicherweise die Entwicklung des Universums beeinflussen könnten. Von Interesse im kosmischen Maßstab sind vor allem punktartige Defekte, die so genannte magnetische Monopole bilden (im Gegensatz zu *Di*polen und allgemein *Multi*polen), sowie linienartige Defekte, die als kosmische Strings diskutiert werden. Darüber hinaus könnten auch flächige oder sogar dreidimensionale Störungen auftreten. In gewisser Weise kann man diese Defekte mit analogen Störungen auf der Erde vergleichen, die zum Beispiel beim Gefrieren von Wasser entstehen. Wenn dieser Vorgang nicht völlig gleichmäßig geschieht, bilden sich im Eis Strukturen, die später zu Rissen führen.

Die kosmischen Strings sowie die zwei- und dreidimensionalen Defekte lassen sich durchaus in spezielle kosmologische Modelle integrieren und spielen dort als eine Art »Fluktuationskeime« sogar eine Schlüsselrolle bei der Strukturbildung. Im Gegensatz dazu wirft das theoretisch diskutierte Entstehen von magnetischen Monopolen – also von isolierten magnetischen Nord- oder Südpolen – erhebliche Probleme auf. Nach den Aussagen des kosmologischen Standardmodells müsste die lokale Konzentration der magnetischen Monopole auch heute noch hoch genug sein, um sie mit den verfügbaren Instrumenten aufspüren zu können. Doch das ist nicht der Fall, und diesen beunruhigenden Sachverhalt bezeichnen Kosmologen deshalb als Monopolproblem.

Das Horizont- oder Isotropieproblem

Weil die Lichtgeschwindigkeit endlich ist, kann ein beliebiges Objekt im Kosmos nur die Signale solcher Objekte empfangen, deren Lichtlaufzeit höchstens gleich dem Weltalter ist. Dadurch wird automatisch eine maximale Entfernung r_H für beobachtbare Objekte festgelegt. Diese Grenze heißt Teilchenhorizont. Für uns Menschen stellt sie eine Art schwarzen Vorhang dar, der den uns bekannten Teil des Universums umspannt. Hinter diesen Vorhang werden wir nie blicken können, weil wir kein Licht oder sonst ein Signal empfangen können, das von jenseits dieser Grenze stammt. Die Metagalaxis, der derzeitige Forschungsgegenstand der beobachtenden Kosmologie, kann somit per definitionem nur ein Teilvolumen des Universums umfassen, das vom aktuellen Teilchenhorizont umschlossen ist.

Man kann generell zeigen, dass für jeden Ort und zu jedem Zeitpunkt t ein derartiger Teilchenhorizont $r_H(t)$ existiert. Daraus folgt für zwei willkürlich ausgewählte Objekte, dass sie bis zum Zeitpunkt t nur dann Signale oder Informationen ausgetauscht haben können, wenn sich zu dieser Zeit ihre beiden Teilchenhorizonte überlappen.

Im Lauf der bisherigen kosmischen Entwicklung ist ein solcher Informationsaustausch zwischen entfernten Raumgebieten unabdingbar, um die weit reichenden räumlichen Korrelationen zu erklären. Eine solche Korrelation zeigt sich zum Beispiel in der überaus genauen Homogenität und Isotropie der kosmischen Hintergrundstrahlung, die stets gleich ist, egal aus welcher Richtung sie kommt.

Da sich nach dem Standardmodell die Horizonte hinreichend weit voneinander entfernter Gebiete zu keiner Zeit überlapft haben, kann es zwischen ihnen zu keinerlei Signalübertragung gekommen sein. Mit andern Worten: Sehr weit voneinander entfernte Gebiete können ihre zufallsbedingten, lokal unterschiedlichen Bedingungen nicht durch Informationsaustausch »synchronisieren«. Dass trotz dieses Sachverhalts sich unser Universum mit einer hohen globalen Symmetrie entwickelt hat, kann im Rahmen des Standardmodells somit nicht erklärt werden.

Das Flachheitsproblem

Die Geometrie des Kosmos ist im Standardmodell durch das Verhältnis zwischen der Dichte ϱ und der kritischen Dichte ϱ_c beziehungsweise den entsprechenden Energiedichten $u = \varrho c^2$ und $u_c = \varrho_c c^2$ festgelegt. Das Verhältnis $\Omega(t) = u(t)/u_c(t)$ bezeichnet man als Dichteparameter. Aus den Beobachtungen der sichtbaren Materie ergibt sich, dass dessen heutiger Wert $\Omega(t_0)$ etwa 0,1 beträgt. Dies würde bedeuten, dass unser Kosmos offen ist und eine hyperbolische Geometrie besitzt. Ein Problem ergibt sich jedoch, wenn man $\Omega(t)$ seit der Planck-Zeit verfolgt, die im Standardmodell durch folgenden Zusammenhang gegeben ist:

$$\frac{1 - \Omega(t)}{\Omega(t)} = 10^{-60} \left(\frac{1 - \Omega_0}{\Omega_0}\right)\left(\frac{T(t_P)}{T(t)}\right)^2$$

Dabei ist $T(t_P)$ die Temperatur zur Planck-Zeit t_P und $T(t)$ die Temperatur zu einem beliebigen Zeitpunkt t. Weil die Größenordnung des Faktors $[1-\Omega_0]/\Omega_0$ auf der rechten Seite der Gleichung in der Nähe von 1 liegt, muss demnach für $t = t_P$ die Größe $1 - \Omega(t_P)$ ungefähr gleich 10^{-60} gewesen sein. Dies bedeutet: Bis auf die unvorstellbar kleine Abweichung von 10^{-60} muss $\Omega(t_P)$ den Wert 1 gehabt haben.

Diese Herleitung mag zwar auf den ersten Blick unverständlich erscheinen, doch zeigt sie, dass bereits minimale Abweichungen nach oben zu einem viel zu frühen Kollaps führen würden und dass Abweichungen nach unten eine viel zu rasche Expansion des Kosmos zur Folge hätten. Damit die globale kosmische Entwicklung nach dem Standardmodell mit dem tatsächlich beobachteten Wert kompatibel ist, muss die aus der Formel resultierende Forderung an die Flachheit des Kosmos zur Planck-Zeit äußerst präzise erfüllt sein. Im Rahmen der Standardkosmologie stellt dies aber eine nicht erklärbar hohe Anforderung an die Feinabstimmung dar, und diesen Erklärungsbedarf bezeichnet man allgemein als das Flachheitsproblem.

Die Inflation

Einen Lösungsvorschlag für die drei kosmologischen Rätsel liefert das Anfang der 1980er-Jahre von Alan H. Guth vorgeschlagene und seither von vielen Wissenschaftlern weiterentwickelte »Inflationsmodell«. Es beschreibt, wie sich der Kosmos in den ersten

Sekundenbruchteilen nach dem Urknall schlagartig um den unvorstellbaren Faktor 10^{29} aufgebläht hat – 10^{29} ist eine 1 mit 29 Nullen.

Der Grundgedanke des Inflationsmodells ist, dass im sehr frühen Kosmos unmittelbar nach der Planck-Zeit ein Zustand sehr großer Energie und extrem hoher Symmetrie herrschte, den die Große Vereinheitlichte Theorie beschreibt. Durch die fortschreitende Expansion und Abkühlung erniedrigte sich die Energie und unterschritt schließlich die Grenze, unterhalb deren die Superkraft in die starke Kraft und die elektroschwache Kraft zerfiel. Dieses »Ausfrieren« der Kräfte war mit einem Phasenübergang von einem extrem hochsymmetrischen Ausgangszustand zu einem entsprechend niedersymmetrischen Endzustand verbunden. Ein analoger Vorgang – allerdings bei einer wesentlich niedrigeren Temperatur – ist etwa das Kondensieren einer Flüssigkeit aus der Gasphase.

Nach heutigen Vorstellungen lief dieser Übergang von der symmetrischen zur unsymmetrischen Phase verzögert ab, ähnlich wie bei irdischen Unterkühlungsphänomenen, bei denen die Kristallisation erst bei einer Temperatur einsetzt, die deutlich unter der so genannten Kondensationstemperatur liegt. Sobald die Kristallisation beginnt, geht das System in eine neue Phase über, in der Kristallisationswärme an die Umgebung abgegeben wird.

Beim »unterkühlten« kosmischen Phasenübergang führte die Freisetzung latenter Wärme zu einer raschen Wiederaufheizung. Dadurch aber entstand

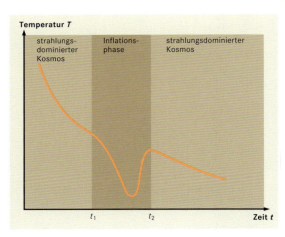

Der **Temperaturverlauf bei der Inflation** macht deutlich, dass der Phasenübergang von einem hochsymmetrischen Ausgangszustand (Kurvenverlauf vor der Inflationsphase) zu einem niedersymmetrischen Endzustand zeitlich verzögert und unter Temperaturabsenkung verlaufen ist.

erneut ein strahlungsdominierter Kosmos sehr hoher Energie. Diese gewaltige Energiemenge bildet das Reservoir, aus dem der überwältigende Teil der im Kosmos vorhandenen Strahlung und Materie (einschließlich der Antimaterie und der dunklen Materie) stammt.

Bis jetzt ist es noch nicht gelungen, den zeitlichen Ablauf dieses Phasenübergangs physikalisch befriedigend zu beschreiben. Die Wissenschaftler sind sich lediglich einig, dass die Dynamik des Phasenübergangs vom Potential eines so genannten Higgs-Felds getrieben wird. Solche hypothetischen Felder postuliert man in den Theorien der Elementarteilchenphysik, um die Symmetriebrechungen zu erklären und um den involvierten Teilchen Masse zu verleihen. Ohne auf die Details weiter einzugehen, ist in unserem Zusammenhang wichtig, dass sich während der Inflationsphase das Expansionsverhalten des Kosmos dramatisch änderte.

Während sich vor und unmittelbar nach der Inflation der Kosmos gemäß der Formel $R(r) \sim t^{1/2}$ ausdehnte, folgt für die Inflationsphase ein exponentielles Verhalten von $R(r) \sim e^{t/\tau}$. Dabei steht τ für die charakteristische Expansionszeit mit einer typischen Größenordnung von 10^{-34} Sekunden.

Obwohl die genauen Werte für die charakteristische Expansionszeit τ im Einzelnen sehr vom betrachteten Modell abhängen, stimmen die bisherigen Ergebnisse darin überein, dass der Kosmos in der

Zeitspanne zwischen 10^{-34} s und 10^{-32} s um einen riesigen Faktor expandiert, bei dem sich der Skalenfaktor alle 10^{-34} s verdoppelt und so in sehr kurzer Zeit um mehrere Größenordnungen anwächst. Am Ende des Inflationsprozesses liegt wieder ein heißer, strahlungsdominierter Kosmos vor. Somit müssen wir für die Zeitentwicklung des frühen Kosmos drei Phasen unterscheiden:

(1) Die strahlungsdominierte Phase, die von der Planck-Zeit bis 10^{-34} s nach dem Urknall dauerte.
(2) Die Inflationsphase, die sich von 10^{-34} s bis 10^{-32} s erstreckte.
(3) Die strahlungsdominierte Phase, die 10^{-32} s nach dem Urknall einsetzte und 300 000 Jahre dauerte.

Alle vorgeschlagenen Theorien zur physikalischen Beschreibung der Inflationsphase stützen sich auf mehr oder weniger plausible Annahmen, aber nicht auf experimentell gesicherte Fakten. Trotz dieser grundsätzlichen Unsicherheit verbinden die Inflationsmodelle nicht nur Methoden und Erkenntnisse der Hochenergie-Quantenphysik mit der Urknall-Kosmologie, sondern liefern auch eine elegante Lösung der drei angesprochenen Schwierigkeiten des Standardmodells.

Das Monopolproblem und das Flachheitsproblem umgehen sie einfach, indem sie alle Konzentrationen extrem verdünnen und indem sie die Raumkrümmung durch eine große Dehnung aller räumlichen Abstände stark verringern.

In ähnlicher Weise löst sich auch das Horizontproblem. Angenommen das gegenwärtig beobachtbare Universum habe eine typische Größe von 10^{26} Metern oder 100 Trilliarden Kilometern. Durch Zurückrechnen ergibt sich: Dieses Gebiet hatte am Ende der Inflationsphase einen Durchmesser von etwa 10 Zentimeter. Bei Beginn der Inflationsphase lag er bei 10^{-24} Zentimeter. Vergleichen wir diesen Wert mit der Größe des damaligen Teilchenhorizonts r_H, so erhalten wir für diesen ebenfalls einen Wert von 10^{-24} Zentimeter. Das bedeutet, dass unser heute beobachtetes Universum sich aus dem damals homogenisierten Bereich entwickelt hat, und dies wiederum erklärt die extreme Isotropie und Homogenität der globalen kosmischen Hintergrundstrahlung.

Ein für die mathematische Modellierung jedes kosmologischen Modells wichtiger Aspekt ist das Festlegen seiner Anfangsbedingungen. Dabei muss eine physikalisch sinnvolle Ausgangssituation so definiert werden, dass sie in der Lage ist, einen Kosmos hervorzubringen, wie wir ihn heute beobachten. Die Bedingungen dafür müssten am Rand oder jenseits der Ära der Quantenkosmologie formuliert beziehungsweise vorgefunden werden. Bis heute ist nicht bekannt, ob es derartige Grenzbedingungen gibt, ob sie überhaupt notwendig sind und ob sie kosmologische Modelle eindeutig festlegen können, die unserem Universum adäquat sind. Hier ist das Inflationsmodell sehr hilfreich. Es verbirgt den möglichen Anfang der Welt hinter dem »Vorhang« der Inflation und schafft mit der Inflation einen Neuanfang, von dem aus die zukünftige Entwicklung des Universums sinnvoll gedacht und physikalisch formuliert werden kann.

E. und K. Sedlmayr, A. Goeres

Kreislauf der Materie

Aus der Sicht der Kosmologie ist das Universum weitgehend von der linearen Zeit geprägt, die gleichmäßig voranschreitet und sich in einer monotonen Änderung der physikalischen Bedingungen im Universum zeigt, vor allem in der allgemeinen Expansion des Kosmos. In der Welt der Biologie dagegen, geprägt durch ein komplexes Geflecht von Zyklen der unaufhörlichen Wiederholung von Tag und Nacht, Werden und Vergehen, Zeugung und Tod, manifestiert sich die zyklische Zeit. Physik und Astrophysik beschreiben zwischen diesen beiden Extremen das Wechselspiel von zyklischer und linearer Zeit, die Grundlage für alle Evolutionsprozesse. Die Bewegung auf einer Spirale ist ein schönes Bild dafür.

Entfaltung kosmischer Hierarchien

Mit der Bildung von Galaxien entstanden im Universum die Bühnen, auf denen großräumige zyklische Prozesse ablaufen können. In seiner Frühphase war der Kosmos mehr oder weniger gleichmäßig mit Materie ausgefüllt, die nur eine sehr schwache Strukturierung zeigte. Erst die Entkopplung von Strahlungsfeld und Materie erlaubte die Entstehung von materiellen Objekten im eigentlichen Sinn.

Beginn der Strukturierung

Im Universum sind die materiellen Objekte im Wesentlichen Gleichgewichtszustände. Anziehende Kräfte binden die Materie aneinander, abstoßende Kräfte erhalten ihre jeweilige räumliche Er-

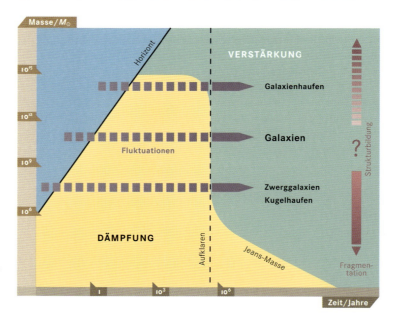

Im **expandierenden Kosmos** können Dichtefluktuationen, deren Masse größer ist als die aktuelle Jeans-Masse (Grenze des orangen Bereichs zum grünen) und vollständig innerhalb des Ereignishorizonts liegt (rechts von der mit »Horizont« bezeichneten Linie), kollabieren und damit astrophysikalische Objekte bilden. Durch das Wegfallen des Strahlungsdrucks während des Aufklarens sank die **Jeans-Masse** nahezu schlagartig um 10 Größenordnungen. Danach konnten sich direkt aus Dichtefluktuationen Kugelsternhaufen und Galaxienhaufen bilden. Unterhalb von einer Million Sonnenmassen verläuft die Strukturbildung in der Hierarchie abwärts. Nichtbaryonische dunkle Materie hat keine Wechselwirkung mit Licht. Es wäre daher denkbar, dass bereits im orangen Bereich Fluktuationen solcher Materie anwuchsen und die Strukturbildung von Galaxien und übergeordneten Stufen der Organisation vorprägten.

scheinungsform aufrecht. Im Materiekosmos ist die Gravitation die einzige anziehende Kraft, die den verschiedenen Druckkräften – wie etwa dem Strahlungsdruck – über große Abstände das Gleichgewicht halten oder diese Kräfte sogar überwinden kann.

Mit zunehmender Abkühlung und Verdünnung des Kosmos stehen der Materie immer mehr unterschiedliche Druckkräfte zur Verfügung, die mit der Eigengravitation von Materieansammlungen ein Gleichgewicht eingehen und so verschiedenartige Objekte bilden können. Mit der zunehmenden Differenzierung der materiellen Gleichgewichtszustände geht ein Prozess der immer feineren räumlichen Strukturierung einher, der schließlich für die hierarchische Struktur des Kosmos verantwortlich ist. Dabei überlagern sich zwei Vorgänge: das Auftauchen der primordialen Fluktuationen innerhalb des anwachsenden Horizonts und das Zurücktreten der mittleren Druckkräfte gegenüber der Gravitation im Verlauf der Ausdehnung und Abkühlung des Universums. Damit Letzteres geschehen konnte, musste das Universum erst aufklaren, das heißt für Strahlung transparent werden. Während vor dem Aufklaren nur Massen über $10^{15} M_\odot$ gravitationsinstabil waren, wurden danach immer kleinere Inhomogenitäten, von $10^6 M_\odot$ an abwärts, instabil. In kontrahierenden Massen waren zunehmend kleinere Einheiten in der Lage, Gleichgewichte mit lokalen Druckmaxima herzustellen, was schließlich zum Vorgang der Fragmentation führte.

Der Prozess der Strukturierung des Kosmos war nur durch das subtile Wechselspiel der Gravitation mit den drei andern fundamentalen Wechselwirkungen möglich (elektromagnetische, starke und schwache Wechselwirkung). Er spiegelt im Wesentlichen die mit abnehmender Energiedichte fortschreitende Symmetriebrechung wider. Dabei zeigen die weniger massiven Objekte eine immer deutlichere Polarisierung in gegensätzliche Zustände. Während Galaxienhaufen und Galaxien sich noch recht ähnlich sind, unterscheiden sich Sterne und interstellare Wolken grundlegend voneinander. Andererseits verkürzt sich mit der zunehmenden Entwicklung von Galaxien zu Sternen und von Elementarteilchen zu Festkörpern die mittlere absolute Lebenserwartung der Objekte. Als Folge davon kommt es zu einem ständigen Materieaustausch auf der untersten kosmischen Stufe, also zwischen den Sternen und den Gaswolken der interstellaren Materie.

Evolution der Materie

Die Polarisierung der kosmischen Materie in Galaxienhaufen und Galaxien sowie in Sterne und interstellare Wolken bildet die Basis für jenes Phänomen, das wir als kosmische Evolution im weitesten Sinn auffassen können. Streng genommen findet diese

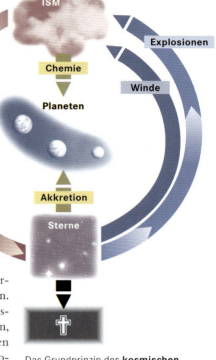

Das Grundprinzip des **kosmischen Materiekreislaufs** ist ein Kreisprozess zwischen der hochverdünnten interstellaren Materie (ISM) einerseits und dem heißen Plasma der Sterne anderseits. Dieser Prozess erzeugt als Nebenprodukte einerseits Planeten in der Umgebung neu entstehender Sterne und anderseits Abfallprodukte in Form stellarer Endstadien.

Bei der mikroskopischen **Hierarchiebildung** herrscht eine eindeutige Entwicklungsrichtung von den Elementarteilchen über das atomare Plasma bis zu den Planeten vor. Die makroskopische Strukturbildung ist komplizierter. Vermutlich bildeten sich zuerst die Galaxien. Diese fragmentierten dann einerseits bis hin zu den Sternen, andererseits akkumulierten sie auf dem Untergrund der dunklen Materie zu Galaxienhaufen und Superhaufen.

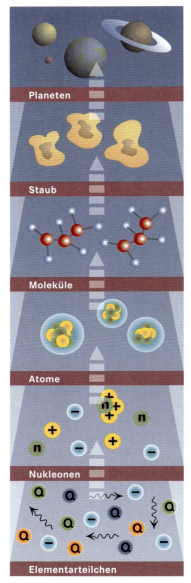
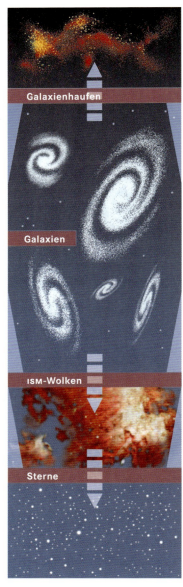

Evolution allerdings nicht auf der Ebene der kosmischen Objekte statt, sondern zunächst nur im mikrophysikalischen Bereich der Teilchen. Bemerkenswerterweise kommt es dabei zu gegenläufigen Prozessen: Während die großskaligen Einheiten mehr und mehr zerfallen, bauen sich die Elementarteilchen zu Atomen und diese zu Molekülen und Festkörpern bis hin zu Planeten auf. Und während die Zustände von Sternen und Gaswolken vollkommen disjunkt sind, zeigt die kondensierte Materie mit fortschreitender Entwicklung ein immer differenzierteres Spektrum ihrer Eigenschaften.

Evolution der Materie im eigentlichen Sinn setzt dort ein, wo die Materie offenbar gegen den Zwang, in den energetisch günstigsten

Zustand, den Gleichgewichtszustand, zu fallen, einen Zustand weitab von diesem einnimmt und dabei mikroskopische Strukturen erzeugt, die über lange Zeit nicht instabil werden und ihren eigenen Bildungsprozess beeinflussen können. Die höchste Stufe der kosmischen Hierarchie, auf der wir heute solche evolutiven Prozesse beobachten können, bilden die am kosmischen Materiekreislauf beteiligten Objekte. Vor allem die Kondensation ursprünglicher Festkörper in den Staubhüllen der Riesensterne sowie die Vorgänge in den interstellaren Molekülwolken spiegeln einfache Mechanismen von Evolutionsprozessen wider.

Das interstellare Medium

Erst im 20. Jahrhundert wurde entdeckt, dass die unvorstellbaren Weiten des Raums zwischen den Sternen nicht leer sind, sondern überall ein äußerst dünnes und differenziert zusammengesetztes Medium enthalten. Abgesehen von der allgegenwärtigen Strahlung unterschiedlichster Energie umfasst dieses interstellare Medium auch Plasmen (also ionisierte Materie) sowie neutrale Gase und Festkörper. Bei Letzteren handelt es sich um sehr kleine Staubkörner, die zum Teil komplexe Strukturen aufweisen. Im Durchschnitt enthält der Weltraum ungefähr ein Atom pro Kubikzentimeter und ein Staubkorn pro 100 000 Kubikmeter – die Dichte der interstellaren Materie ist also äußerst gering.

Chemisch setzt sich die interstellare Materie (ISM) ähnlich zusammen wie die Sterne. Sie besteht etwa zu 90 % aus Wasserstoff und zu 10 % aus Helium. Die so genannten schweren Elemente machen weniger als 1 % der Teilchen aus (man beachte dabei, dass in der Astronomie – im Gegensatz zur irdischen Physik – alle Elemente jenseits des Heliums als »schwer« gelten). Allerdings unterscheidet sich die interstellare Materie von den Sternen dadurch, dass die schweren Elemente überwiegend im Materiestaub kondensiert sind und deshalb in der gasförmigen Komponente mehr oder weniger fehlen. Lediglich in Gasen wie CO (Kohlenmonoxid) und N_2 (molekularer Stickstoff) sowie in den Edelgasen bleiben die schweren Elemente dem interstellaren Gas erhalten.

Struktur der interstellaren Materie

Im interstellaren Medium ist das Strahlungsfeld im Allgemeinen homogen und isotrop. Die Materieverteilung dagegen zeigt eine komplexe, hierarchische Struktur, bei der sich grob zwei Zustandsformen unterscheiden lassen: die heiße interstellare Materie und die kalte interstellare Materie. Beide Formen werden durch ein hydrostatisches Gleichgewicht zwischen Gravitation und thermischem Druck stabilisiert. Sie unterscheiden sich jedoch erheblich im Verhältnis von Dichte zu Temperatur sowie in den Komponenten, die den jeweiligen Druck aufbringen.

In der heißen ISM, mit Temperaturen über 10 000 K, treten alle vorhandenen Elemente atomar auf und sind überdies weitgehend

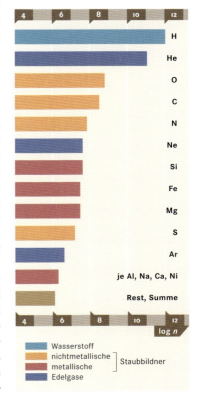

Unter den **15 häufigsten Elementen der kosmischen Materie** überwiegen bei weitem Wasserstoff und Helium. Das Diagramm zeigt die Atomzahl-Dichte (n) dieser Elemente sowie diejenige aller übrigen Elemente zusammengenommen, die sie im Milchstraßensystem haben. Dabei ist eine logarithmische Skala zugrunde gelegt, die auf den Wert 12 für Wasserstoff normiert ist.

Der englische Astronom **Sir William Huggins** machte 1864 eine wichtige Entdeckung. Zu jener Zeit glaubte man, dass alle Nebel aus Sternclustern bestehen. Bei der spektroskopischen Untersuchung des Lichts von einem Planetarischen Nebel im Sternbild Draco fand er nicht – wie erwartet – eine Mischung verschiedener stellarer Spektren, sondern nur einige isolierte helle Linien. Aufgrund seiner Kenntnis von Laborspektren schloss er daraus sofort, dass der Nebel nicht eine Ansammlung von Sternen sein konnte, sondern aus Gas bestehen musste. Die **Existenz interstellarer Materie** konnte jedoch erst 1904 durch den deutschen Astronomen **Johannes Hartmann** eindeutig nachgewiesen werden. Am Observatorium in Potsdam entdeckte er, dass sich die Wellenlängen der Calciumlinien im Spektrum des Doppelsterns δ Orionis während des Umlaufs nicht änderten, wie aufgrund des Doppler-Effekts zu erwarten wäre. Diese Absorptionslinien konnten daher nur durch interstellares Calcium hervorgerufen werden. Seitdem wurden in den Spektren vieler Hintergrundsterne interstellare Absorptionslinien beobachtet. Nur wenige dieser Linien liegen im sichtbaren Bereich des Spektrums. Sie sind gewöhnlich viel schmaler als die stellaren Linien und haben häufig mehrfach Doppler-verschobene Komponenten, verursacht durch Wolken verschiedener Radialgeschwindigkeiten. Die stärksten optischen Linien entsprechen neutralen Natrium- und einfach ionisierten Calcium-Atomen.

ionisiert, sodass die mittlere relative Molekülmasse ihrer Teilchen mit weniger als 0,6 deutlich unter der des Wasserstoffs liegt. Wegen des zahlenmäßigen Überwiegens der freien Elektronen und der Gleichverteilung der kinetischen Energie unter allen Teilchen enthalten die Elektronen den größten Teil der inneren Energie und bestimmen den Gesamtdruck der Materie.

Im Gegensatz zum idealen Gas, das auf Kompression mit Druckerhöhung reagiert, wird das »Elektronengas mit einigen schweren Ionen« der heißen ISM bei Kompression kälter, weil mit zunehmender Dichte die Elektronen und die positiv geladenen Atomrümpfe zu rekombinieren beginnen. Dadurch reduziert sich die Teilchenzahl, und innere Energie geht in Form von Strahlung verloren; Druck und Temperatur nehmen also ab. Erst wenn der Ionisationsgrad auf einige Prozent gefallen ist, überwiegt der Druck des atomaren Gases. Wegen der niedrigen Temperatur können sich Wasserstoffmoleküle und einige schwerere Moleküle bilden, bis sich die Teilchenzahl bei weiterer Kompression kaum mehr verringert. Bei einer mittleren relativen Molekülmasse von fast 2,4 wird ein neuer Gleichgewichtszustand erreicht – derjenige der kalten ISM –, der etwa den gleichen Druck, aber eine etwa 1000-mal höhere Dichte und eine im gleichen Verhältnis niedrigere Temperatur aufweist.

Die beiden Zustandsformen der ISM lassen sich somit anschaulich als heißes Elektronengas und als kaltes Molekülgas charakterisieren. Letzteres kann zusätzlich durch den Druck, den ein Magnetfeld auf die verbliebenen Ionen ausübt, stabilisiert werden. Die Phasenübergänge zwischen den beiden Zustandsformen, das »Kondensieren« des heißen Elektronengases auf den Atomrümpfen und das »Verdampfen« der Elektronenhüllen, spielen eine wichtige Rolle bei der Sternentstehung und somit beim kosmischen Kreislauf der Materie.

Innerhalb der beiden Phasen können wir weitere Strukturen und Zustände unterscheiden, in denen sich die unterschiedlichen physikalischen Randbedingungen der jeweiligen Materie widerspiegeln. Bei der heißen ISM lässt sich ein sehr heißer Bereich mit Temperaturen um eine Million Kelvin und einer Dichte von 100 Teilchen pro Kubikmeter deutlich von einem weniger heißen Bereich unterscheiden, der um den Faktor 10 kälter und dichter ist.

Der heiße Bereich umspannt wie eine Art Halo die gesamte Galaxis und dehnt sich auch senkrecht zur Scheibenebene über mehrere tausend Lichtjahre aus. Der weniger heiße Bereich zeigt eine eher wolkige Struktur. Oft trennt er auch die heiße interstellare Materie, die etwa die Hälfte des Volumens des interstellaren Raums ausfüllt, von der kalten interstellaren Materie, die einen Volumenanteil von 10 bis 15 Prozent besitzt und inselartig in der heißen interstellaren Materie schwimmt.

Auch im kalten Medium, dem Molekülgas, lässt sich ein wärmeres Zwischenwolkengas mit einer Temperatur von etwa 6000 K und 100 000 Teilchen pro Kubikmeter von den eigentlichen kalten, diffusen Wolken unterscheiden, die bei Temperaturen von 100 K mindestens tausendmal dichter sind und als isolierte Bereiche im Zwischenwolkengas liegen. Solche diffusen Wolken gibt es mit unterschiedlichen Dichten und Temperaturen. Die dichtesten und kältesten von ihnen, die so genannten Molekülwolken, haben eine Temperatur von nur 10 bis 20 K und eine Dichte von einer Million Teilchen pro Kubikzentimeter. Für sichtbares Licht sind sie ebenso undurchlässig wie für die aggressive kurzwellige Strahlung des interstellaren Raums. Aus diesem Grund enthalten sie zahlreiche, zum Teil erstaunlich komplexe organische Moleküle, darunter auch die schwersten bekannten interstellaren Moleküle, das Cyanopolyacetylen ($HC_{11}N$) und die Aminosäure Glycin (H_2NCH_2COOH).

Zusammenfassend ergibt sich folgende Struktur der interstellaren Materie: Eine sehr heiße Komponente, die wie ein Halo die gesamte galaktische Scheibe umspannt, enthält Wolken der kalten Kompo-

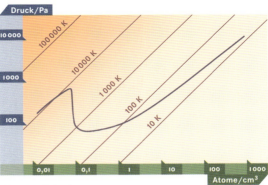

Druck-Dichte-Diagramm der interstellaren Materie. Es zeigt mögliche stabile Druck-Dichte-Kombinationen (blaue Linie). Anhand der eingezeichneten Linien konstanter Temperatur ist zu erkennen, dass zwischen der heißen Phase bei 10 000 K mit überwiegend ionisiertem Wasserstoff und der kalten Phase unter 100 K bei einer Dichte von 0,1 Atome/cm³ ein Phasensprung liegt.

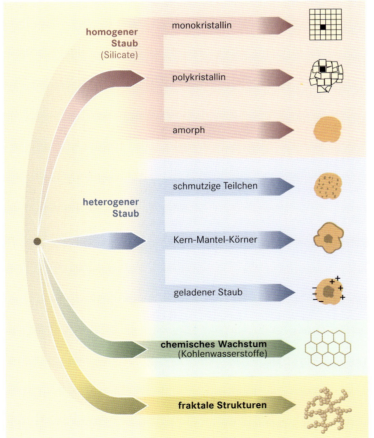

Je nach Umgebung und den Arten der möglichen chemischen Reaktionen können sich sehr unterschiedliche **Staubteilchen** bilden.

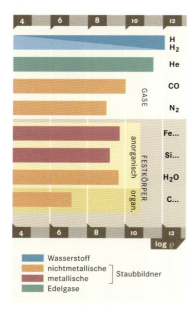

Die acht im Universum häufigsten chemischen Substanzen, je vier Gase und Festkörper. In dem Diagramm sind die über das Milchstraßensystem gemittelten Massedichten ρ mit einer logarithmischen Skala angegeben, auf deren Wert 12 für Wasserstoff die übrigen Werte normiert sind.

Die verschiedenen **Komponenten des interstellaren Mediums** und ihre physikalischen Eigenschaften. Auf den grauen Feldern beiderseits der Tafel stehen Erläuterungen sowie Größe und Einheit zu den angegebenen Zahlwerten.

nente. Im Grenzbereich zu diesen kalten Wolken ist sie leicht abgekühlt und hat eine etwas höhere Dichte.

Die kalten Wolken liegen im Wesentlichen auf den Spiralarmen der galaktischen Scheibe. Sie sind von einem warmem Zwischenwolkengas umgeben und bilden unterschiedlich dichte Gravitationszentren aus. Dort, wo junge Sterne aufleuchten, wird die kalte Materie aufgeheizt und durch Strahlungsdruck weggeblasen.

Die verschiedenen Wolken der interstellaren Materie bewegen sich in der Regel mit Geschwindigkeiten um 10 km/s. Bei den heißeren Komponenten treten zum Teil auch höhere Geschwindigkeiten auf, die bis zu 2000 km/s erreichen können.

Sichtbare interstellare Materie

Einem Beobachter auf der Erde oder einem Satelliten im All können sich die diffusen Wolken der kalten interstellaren Materie als sehr unterschiedliche Objekte präsentieren. Das Aussehen der Wolke hängt nämlich nicht nur von ihrer Dichte ab, sondern auch von ihrer Position zu den nächsten Sternen. Astronomen unterscheiden dabei drei Gruppen:

Dunkelwolken stehen im Vordergrund von Sternfeldern oder andern Lichtquellen und absorbieren deren Strahlung so stark, dass sie am Himmel als sternarme Zonen inmitten von leuchtenden Nebeln erscheinen. Besonders kleine und kompakte Dunkelwolken heißen Globulen. Oft sind die Dunkelwolken gravitationsinstabil und kollabieren zu protostellaren Wolken.

Reflexionsnebel befinden sich seitlich von hellen Sternen oder hinter diesen. Sie reflektieren das Licht der Sterne und heizen sich dabei auf rund 100 K auf. Weil die interstellaren Staubkörner kurzwelliges Licht wesentlich stärker streuen als langwelliges, erscheint uns das reflektierte Licht deutlich blau verfärbt.

H II-Gebiete nehmen eine Zwischenstellung ein. Heizen junge Sterne innerhalb einer diffusen Wolke das Gas so stark auf, dass der Wasserstoff ionisiert wird, so bildet sich ein Gebiet von 10 000 K heißem Gas aus, das intensiv rot leuchtet. H II-Gebiete sind stets in das kalte Medium eingebettet und breiten sich dort instabil aus.

Komponente	heiß	mittel	kalt	3K	sichtbar und UV	kosmisch	Komponente
T/K	10^6	10^5	$10^4 \ldots 10$	$10^{-4} \ldots 10^{-3}$	$2 \ldots 20$	$10^8 \ldots 10^{20}$	E/eV
n/cm³	10^{-4}	10^{-3}	$10^{-1} \ldots 10^6$	400	10^{-2}	$10^{-9} \ldots 10^{-30}$	n/cm³
Vol. in %	60	$20 \ldots 30$	10	100			Vol. in %
Struktur	homogen	wolkig	einzelne Wolken	diffus bis homogen und isotrop			Struktur

Komponente	H II-Gebiete	Zwischenwolken-Gas	diffuse Wolken	Reflexionsnebel	Molekülwolken	Dunkelwolken	Komponente
T/K	10^4	$5 \cdot 10^3$	100	$20 \ldots 100$	$10 \ldots 50$	$10 \ldots 50$	T/K
n/cm³	$10^2 \ldots 10^5$	10^{-1}	100	$10^2 \ldots 10^6$	$10^2 \ldots 10^6$	$10^2 \ldots 10^6$	n/cm³
Ort	um heiße Sterne	um diffuse Wolken	in den Spiralarmen	neben und hinter heißen Sternen	im galaktischen Zentrum/in den Spiralarmen	vor hellen Nebeln oder Sternen	Ort

Die Sterne

Trotz der dynamischen Prozesse im interstellaren Medium befindet sich die heiße interstellare Materie in einer Art »Ruhezustand«, solange ihr hydrostatisches Gleichgewicht nicht entscheidend gestört wird. Überholt jedoch eine Dichtewelle die zwischen den Spiralarmen einer Galaxie vorhandene heiße ISM, dann wird durch die vorübergehende Kompression oftmals der für die Stabilität der heißen Phase maximale Druck überschritten. Dies führt dann dazu, dass die Materie kollabiert und in den kalten Gleichgewichtszustand übergeht. Wenn die kollabierende Masse die Jeans-Masse übertrifft, dann setzt sich der Gravitationskollaps über die kalte Phase hinaus fort, bis sich eine protostellare Wolke bildet und die Geburt von Sternen einleitet.

Andere Störungen des Gravitationsfelds, die einen Phasenübergang von der heißen zur kalten interstellaren Materie verursachen können, sind die von Supernova-Explosionen ausgehenden Druckwellen. Und schließlich kann die Geburtenrate der Sterne auch ansteigen, wenn Galaxien miteinander kollidieren oder wenn es in den galaktischen Kernen zu bestimmten Aktivitätsphasen kommt.

Sternentstehung

Die Vorgänge, die zur Sternentstehung führen, sind im Detail so komplex, dass wir derzeit lediglich eine qualitative Beschreibung geben können. Unklar bleibt dabei vor allem die genaue Rolle des kosmischen Staubs. Offensichtlich ist nur, dass er die Durchlässigkeit für die Strahlung bestimmt. Das Licht von Protosternen zum Beispiel ist hinter dichten Staubwolken verborgen, und diese verschieben die Strahlung in den Bereich langwelliger Wärmestrahlung. Ferner bildet der kosmische Staub eine wesentliche Komponente der Akkretionsscheiben von jungen Sternen, und er liefert das Baumaterial für die Planetensysteme von Einzelsternen.

Die Frage, bei welchen Drücken und Temperaturen eine Materieansammlung ein stabiles Gleichgewicht findet, hängt entscheidend von der Zustandsgleichung der jeweiligen Materie ab. Eine solche Zustandsgleichung beschreibt den Zusammenhang zwischen Druck, Temperatur und Dichte, also zwischen expansiven und gravitativen Kräften. Wie sich die Temperatur bei einer Druckänderung verhält, wird dabei von der Energiebilanz bestimmt, das heißt davon, wie Kühlung oder Heizung den Zustand der Materie verändern. Vor diesem Hintergrund kann man die beiden Hauptzustände der interstellaren Materie sowie die aktiven Sterne (die durch Kernfusion

In der Umgebung junger Sterne wird der Wasserstoff durch deren Strahlung ionisiert und bildet so **H II-Gebiete.** Bei der Rekombination der Ionen mit den Elektronen leuchtet der Wasserstoff im typischen roten Licht der H_α-Linie. Der hier gezeigte Eta-Carinae-Nebel im Sternbild Kiel des Schiffes (Carina, in der südlichen Milchstraße) wird von dem Stern η Carinae beleuchtet, dem vermutlich massereichsten und leuchtkräftigsten Stern des Milchstraßensystems.

Reflexionsnebel im Sternbild Südliche Krone. Drei helle Sterne beleuchten mit ihrem blauen Licht drei ausgedehnte Staubfilamente.

Der »**Kohlensack**« im Sternbild Kreuz des Südens ist eine auch für das bloße Auge auffällige Dunkelwolke in einer Entfernung von nur 170 Parsec. Wie alle Dunkelwolken ist er nur deswegen sichtbar, weil hinter ihm ein heller Hintergrund vorhanden ist, in diesem Fall die Milchstraße.

Energie erzeugen) als verschiedene Gleichgewichte eines idealen Gases bei unterschiedlichen Energiebilanzen auffassen.

Die beiden Phasen der interstellaren Materie unterscheiden sich hauptsächlich dadurch, dass die dichtere kalte Phase dank ihrer Moleküle über eine wesentlich bessere Kühlung verfügt, während die dünnere heiße Phase nur Atome und sehr viele freie Elektronen enthält. Nimmt beim Gravitationskollaps in der kalten Phase die Dichte der Materie um viele Größenordnungen zu, so wird sie schließlich für die kühlende Strahlung undurchlässig, heizt sich wieder auf und wird erneut zu einem atomisierten Plasma.

Dieser Zustand ist jedoch nicht stabil, weil die Materie einseitig Energie in die transparente Umgebung abstrahlt. Der Energieverlust führt dann zu einem weiteren Kollaps. Ein neuer Gleichgewichtszustand wird aber erst erreicht, wenn Druck und Temperatur des neugeborenen Sterns so hoch geworden sind, dass durch den Zugriff auf das Reservoir der Kernenergie des dann geborenen Sterns die Energiebilanz stark temperaturabhängig wird. Jede weitere Temperaturerhöhung erzwingt nun eine dramatische Zunahme der Energieproduktion durch Kernfusion. Dies erhöht den Strahlungsdruck und treibt die Materie auseinander, bis die Temperatur wieder unter einen kritischen Wert sinkt.

Gleichgewichtszustände von Sternen

Die aktiven stellaren Kerne stellen Gleichgewichte dar, die durch die Temperaturabhängigkeit der Energiefreisetzung im Zentrum bestimmt sind. Sobald das Brennmaterial für das jeweilige Gleichgewicht verbraucht ist, kollabiert der Kern und geht zum nächsten Stadium über. Der vom Wasserstoffbrennen beherrschte Hauptreihenstern entwickelt sich zum heliumbrennenden Riesen und Überriesen bis hin zum kohlenstoffbrennenden Stern.

Während die Materie in der ausgedehnten Hülle der Überriesen ihren Rückweg in die interstellare Materie beginnt, schickt sich der stellare Kern an, diesen Materiekreislauf zu verlassen und zieht sich zu immer kompakteren Zuständen zusammen. Dabei wird die Reihe der dynamischen Gleichgewichte zugunsten eines statischen Gleichgewichts verlassen. Die Ursache dafür ist die Erschöpfung der Fusionsquellen, deren Ausbeute mit zunehmender Größe der erzeugten Atomkerne immer mehr sinkt. Um den stabilisierenden Druck im Zentrum des Sterns aufrecht-

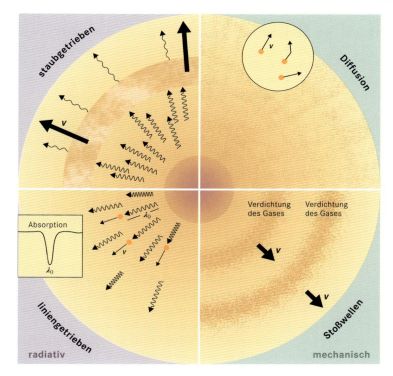

Sternwinde werden im Wesentlichen durch vier verschiedene Mechanismen angetrieben: Jedes gravitativ gebundene Vielteilchensystem erleidet durch die **Diffusion** einiger weniger Teilchen, deren momentane Zufallsbewegung die Fluchtgeschwindigkeit überschreitet, einen geringen Masseverlust (oben rechts). **Stoßwellen** von pulsierenden Sternatmosphären beschleunigen das Gas radial nach außen (unten rechts). Der Strahlungsdruck durch Absorption von Strahlung in Übergängen bestimmter Frequenz **(liniengetrieben)** wirkt ebenfalls als radial nach außen gerichtete Kraft (unten links). Die weitgehende Absorption des gesamten Strahlungskontinuums durch Staub führt zu **staubgetriebenen** Winden (oben links). Die Staubhülle wandelt die kurzwellige Strahlung des Sterns in langwellige Infrarotstrahlung um.

zuerhalten, verläuft die Kernfusion immer heftiger, bis schließlich sämtliche Reserven an Eisen aufgebraucht sind.

Wegen der permanenten Abstrahlung von Energie kann der thermische Druck des Plasmas dann nicht mehr aufrechterhalten werden. Deshalb kontrahiert die Materie erneut, bis sich wieder ein Gleichgewicht einstellt, bei dem nun aber der so genannte Entartungsdruck der Elektronen die entscheidende Rolle spielt, deren Geschwindigkeit sich bei Kontraktion erhöht. Als Folge dieser erneuten Stabilisierung hat sich nun ein Weißer Zwerg gebildet. Das in ihm erreichte Gleichgewicht ist statisch, weil sich die entarteten Elektronen trotz ihres sehr hohen Energieinhalts auf ihrem niedrigstmöglichen Energieniveau befinden und deshalb keine Energie abgestrahlt werden kann.

Ist die Masse eines kollabierenden Sterns und damit die Kompression des Elektronengases so groß, dass sich die Geschwindigkeit der Elektronen der Lichtgeschwindigkeit nähert, ist ein weiterer Ausgleich der Kompression nicht mehr möglich. Obwohl die Elektronen schon entartet sind, setzt sich der Kollaps fort. Das entartete Elektronengas wird trotz seiner Steifigkeit in das Protonengas hineingequetscht, sodass die Dichte extrem zunimmt und auf das Hundertmillionenfache ansteigt. Bei diesen Werten ermöglicht der Entartungsdruck der Neutronen ein weiteres statisches

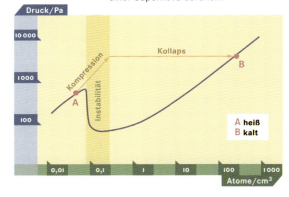

Eine kurzzeitige Kompression des heißen interstellaren Gases führt zu einem **Phasenübergang** in den dichteren kalten Zustand, von dem aus Sternentstehung einsetzen kann. Die Kompression kann sowohl die Folge einer gravitativen Störung sein als auch auf der Wirkung der Explosionsfront einer Supernova beruhen.

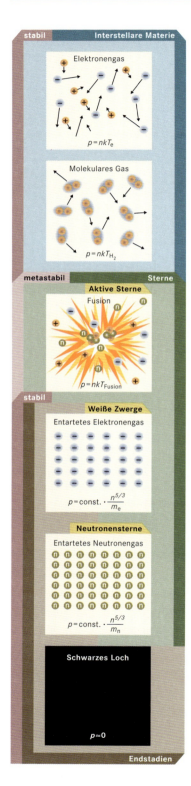

Gleichgewicht, das zur Bildung von Neutronensternen führt. Doch auch für diese existiert eine Grenzmasse, bei der das Neutronengas relativistisch wird und ein endgültiger Kollaps einsetzt, der durch keinen bekannten Druck mehr aufgehalten werden kann. Das Ergebnis ist ein Schwarzes Loch, das als ultimatives Endstadium der Sternentwicklung den Tod der klassischen Materie bedeutet.

Sternwinde

Sterne erlauben keine klar definierte Abgrenzung von ihrer Umgebung. Außerhalb der Photosphäre, also des für uns sichtbaren Rands eines Sterns, nimmt die Gasdichte zwar immer weiter ab, wird aber niemals null. Wegen der Maxwell'schen Geschwindigkeitsverteilung der Gasteilchen können die jeweils schnellsten von ihnen auf ballistischen Kurven weit in den Weltraum hinausfliegen. Hinzu kommt, dass bei vielen Sternen Stoßwellen nach außen laufen, die das Gas zusätzlich aufheizen und beschleunigen.

Im Endeffekt führt dies dazu, dass jeder Stern durch einen radial nach außen gerichteten Sternwind ständig Materie verliert, sobald er nach seiner Geburt ein hydrostatisches Gleichgewicht erreicht hat. Bei Hauptreihensternen wie der Sonne ist dieser Masseverlust vernachlässigbar klein – er beträgt während ihrer gesamten Existenz als Hauptreihenstern weniger als ein zehntel Promille. Bei vielen Riesen und Überriesen jedoch können die Verluste dramatisch sein und den Stern innerhalb von nur 10 000 Jahren des größten Teils seiner Masse berauben. Die Hauptursache des hohen Masseverlusts ist die Entstehung von Staub in den ausgedehnten Hüllen der Riesensterne. Die kleinen Staubpartikel nehmen praktisch den gesamten Impuls aus der Strahlung auf und übertragen ihn auf das Gas, das dann als Sternwind entweicht.

Entstehung fester Körper

Der Übergang vom plasma- oder gasförmigen Zustand zum Festkörper – also die erste Entstehung von Kondensaten im Weltall – ist in zweifacher Hinsicht ein Meilenstein auf dem Weg vom Urknall zum Menschen: einerseits wegen der Art des Entstehungsprozesses selbst, anderseits aber vor allem wegen der Erzeugung von Oberflächen, die der frühe Kosmos nicht kennt. Mit der

Im heutigen Kosmos existieren im Wesentlichen fünf Arten von **Druckkräften**, die als Gegenkräfte zur stets anziehenden **Gravitation** die Existenz langfristig stabiler Objekte ermöglichen. Diese sind: der kinetische Druck freier Elektronen in einem heißen Elektronengas (oben); der Druck von Atomen und Molekülen in einem molekularen Gas; der durch Fusion gespeiste Druck im Innern der Sterne; der Entartungsdruck in einem entarteten Elektronengas; der Entartungsdruck in einem entarteten Neutronengas. Kein Gleichgewicht, sondern nur den unaufhaltsamen Kollaps gibt es im Fall des Schwarzen Lochs (unten).

In jedem den Sachverhalt illustrierenden Kasten ist die zugehörige Zustandsgleichung angegeben, mit der die Abhängigkeit des Drucks p von der Teilchenzahldichte n und von der Temperatur T beschrieben wird. Die Indizes bedeuten Elektronen (e) und Neutronen (n); m ist die jeweilige Teilchenmasse, k die Boltzmann-Konstante.

primären Kondensation treffen erstmals die mikroskopische (vom Elementarteilchen zum Molekül) und die makroskopische Entwicklungsreihe (vom Ur-Feuerball zu den Sternen) in einem komplexen, nichtlinearen System aufeinander. Dieses System überschreitet durch einen selbstorganisierten Nichtgleichgewichtsprozess die Schwelle zu einer neuen Stufe von Komplexität der Materie.

In diesem System können Aggregate mit differenzierter Struktur nur schrittweise aus Atomen und einfachen Molekülen aufgebaut werden. Damit dies in einer Abfolge von chemischen Reaktionen gelingt, muss einerseits die Dichte groß genug sein, damit sich die Teilchen überhaupt treffen können, anderseits muss die Temperatur in einem bestimmten Bereich liegen. Ist sie zu hoch, sind die Moleküle instabil. Ist sie zu niedrig, reicht die Energie zur Erzeugung einer Molekülbindung nicht aus und die Teilchen prallen wieder voneinander ab.

Die stabilen Gleichgewichtszustände der gasförmigen Materie unseres Kosmos erfüllen die Bedingungen für Kondensation jedoch nicht. Die dichten Zustände in den Sternen sind viel zu heiß, die kalten Zustände der interstellaren Materie viel zu dünn. Dieses Dilemma wird dadurch gelöst, dass Sterne lediglich vorübergehend stabile Zustände von Materie darstellen, die über kosmische Zeiträume einen gleichmäßigen Materiestrom von heiß und dicht zu kalt und dünn bereitstellen. Ein Haupttreihenstern wie die Sonne trifft dabei jedoch keineswegs das Temperatur-Dichte-Fenster, das Kondensation ermöglichen würde. Nun durchläuft aber ein Stern wie die Sonne in seiner Entwicklung vom Haupttreihenstern zum Riesen und zum Überriesen eine Serie von Zuständen, die in ihrer jeweiligen Photosphäre immer höhere Dichten bei immer niedrigeren Temperaturen erzeugen. Erst das für die Stabilität eines Sterns gerade noch zuträgliche Extrem – in der rechten oberen Ecke des Hertzsprung-Russell-Diagramms – reicht dafür aus, dass ein Materieelement im Sternwind ein solches Fenster durchläuft.

Durch die von den Hüllen der ersten Sterngeneration erzeugten Staubkörner traten erstmals Oberflächen im Kosmos auf – und dies hatte enorme Konsequenzen. Nach unserem heutigen Kenntnisstand stellen Oberflächen möglicherweise eine Voraussetzung für die Entstehung von Leben dar. Sie befreien die Chemie vom geschilderten Gasphasendilemma, indem sie es erlauben, reaktive Substanzen bei hohen Dichten und niedrigen Temperaturen für längere Zeit nebeneinander zu deponieren und in Kontakt miteinander zu bringen. Erst dies eröffnete auf der Erde die Möglichkeit, unzählige Molekülkombinationen durchzuspielen und große, komplexe Moleküle zu bilden, die schließlich zu selbstreproduzierenden Strukturen und den ersten biologischen Zellen führten.

Kosmische Chemiefabriken

S chon seit der ersten Generation von supermassiven Sternen in der Frühphase des Universums gibt es sozusagen kosmische Chemiefabriken von gigantischen Ausmaßen. Die staubgetriebenen

In einem durch Druck (p) und Temperatur (T) definierten Phasendiagramm existiert ein Fenster von p-T-Werten, in dem **Staubentstehung** möglich ist. Es ist durch drei Prozesse begrenzt: Bei zu hoher Temperatur sind die Vorläufermoleküle des Staubs instabil (gelber Bereich), bei zu niedrigem Druck finden keine reaktiven Stöße statt (rot). Bei zu niedriger Temperatur können manche Reaktionsbarrieren nicht überwunden werden (Akivierungsenergie), und die Reaktanden erleiden lediglich elastische Stöße.

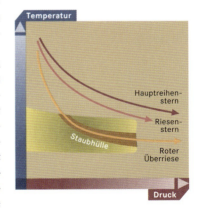

Bei **Roten Überriesen** durchlaufen in dem Druck-Temperatur-Diagramm die Trajektorien der stellaren Hüllen das Druck-Temperatur-Fenster, in dem **Staubentstehung** möglich ist, sodass sich bei ihnen ausgedehnte Staubhüllen ausbilden. Bei andern Sternen sind dafür bei gleichem Druck die Temperaturen zu hoch.

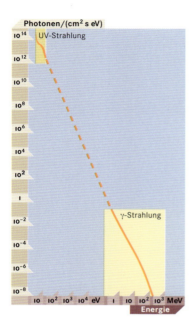

Verteilung der elektromagnetischen Strahlung im Universum, die energiereicher ist als das sichtbare Licht. Die gemessenen Bereiche der **UV- und der γ-Strahlung** bilden den Anfang und das Ende eines kontinuierlichen Spektrums, das sich über acht Zehnerpotenzen der Energie erstreckt.

Rechte Seite: In den interstellaren Wolken durchlaufen die **Staubkörner viele Zyklen** gleichartiger Prozessabfolgen, die aus den einfachen primären Staubkörnern der Sternhüllen komplexe Strukturen mit vielen verschiedenen chemischen Prozessen entwickeln. Dabei entspricht dem Wechsel von diffuser und dichter Wolkenphase ein übergeordneter Zyklus (Mitte und rechts). In den dichten Molekülwolken dagegen wird während deren Lebenszeit ein untergeordneter Zyklus viele Male durchlaufen (links).

Winde der Riesensterne lagern etwa die Hälfte aller Elemente schwerer als Helium zu Staubkörnern zusammen, die eine Größe von bis zu ein tausendstel Millimeter erreichen. Dabei entstehen je nach Stern entweder Silicate mit Beimengungen von Eisen, Magnesium, Aluminium und Schwefel oder aber Kohlenwasserstoffe mit graphitähnlichen bis amorphen Strukturen.

In den Sternen selbst beginnt nun ein Wettlauf zwischen Kernfusion und Sternwind. Während das Sterninnere durch das Erlöschen des Kernbrennstoffs zu kollabieren droht, verlangsamt der Sternwind durch Abtragen von Masse einerseits die Fusion, anderseits setzt er der vorliegenden Sternphase durch zunehmende Staubbildung und höheren Masseverlust im Allgemeinen ein rasches Ende.

Gewinnt der Wind den Wettlauf – was meist der Fall ist –, bläst der Stern seine gesamte Hülle fort, bis nur noch ein Weißer Zwerg von 0,6 bis 0,7 Sonnenmasse übrig bleibt. Gewinnt die Fusion, endet der Stern nach dem Kollaps und der nachfolgenden Supernova-Explosion als Neutronenstern oder Schwarzes Loch.

Beginn der chemischen Evolution

Unmittelbar nach seiner Entstehung durch Kondensation von Gasen, die aus der Atmosphäre kühler Sterne freigesetzt werden, tritt der interstellare Staub seine Reise durch das interstellare Medium an. Sobald er dabei den Schutz der dichten Staubhülle des Sterns verlässt, ist er der energiereichen UV-Strahlung des interstellaren Raums ausgesetzt. Die kleineren Partikel fragmentieren dadurch meist rasch. Für die größeren beginnt oft eine lange Reise durch den Kosmos.

Präbiotische Chemie im All

Jedes energiereiche Photon, das von einem Teilchen absorbiert wird, heizt dieses auf, wobei kleine Moleküle naturgemäß stärker angeregt und somit heißer werden als größere Partikel. Ist das Molekül zu klein, so zerfällt es, bevor es die aufgenommene Energie als Wärmestrahlung wieder abgeben und sich dadurch abkühlen kann. Die Mindestgröße von Molekülen, die die oft tausendjährige Reise mit dem Sternwind überleben, liegt beim Kohlenstoff bei etwa 50 bis 100 Atomen, bei den Silicaten vermutlich darunter. Am Ende bleibt von der einstigen Sternhülle ein Gemisch aus teilweise ionisierten Atomen und kleinen Molekülen sowie aus Staubkörnern mit Größen zwischen einem Nanometer und einem Mikrometer übrig.

Trifft der Sternwind auf »ruhende« interstellare Materie, kommt er zum Stillstand. Dies ist für die Existenz der Staubpartikel allerdings eine gefährliche Phase, weil der Sternwind immer noch mit einer Geschwindigkeit von mindestens 10 km/s auf die ruhende Materie prallt. Bei diesem kosmischen Zusammenstoß finden erneut Veränderungs- und Zerstörungsprozesse statt. Unter Einwirkung der Eigengravitation kommt der Staub dann im Innern von dichten

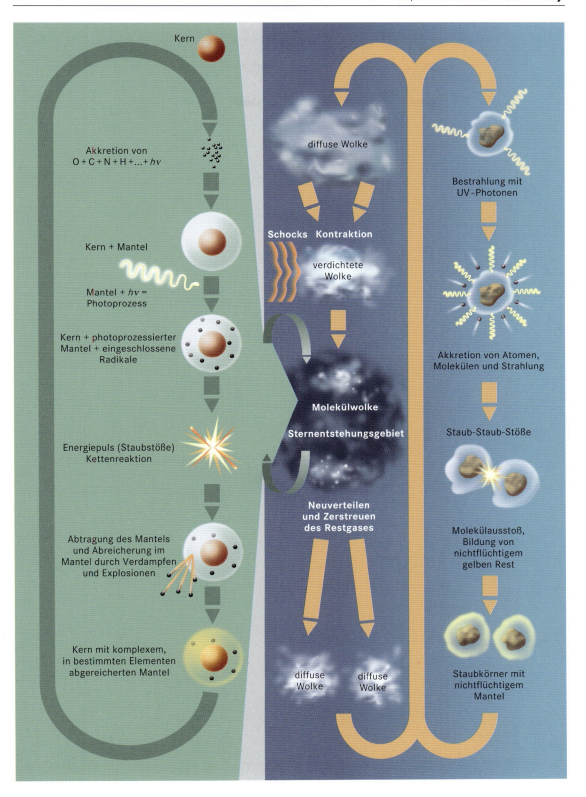

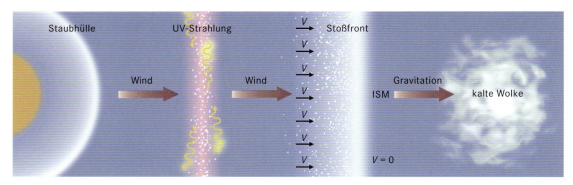

Der in den Hüllen eines Roten Riesen gebildete **Staub** durchläuft auf seinem Weg in die interstellare Materie eine wechselvolle Geschichte. Sobald er die dichte Staubhülle des Sterns verlässt, ist er der aggressiven elektromagnetischen Strahlung des interstellaren Raums ausgesetzt. Rund tausend Sternradien entfernt trifft der Sternwind auf die ruhende interstellare Materie und bildet dort eine Stoßfront, die vom Staub durchlaufen werden muss. Schließlich geraten Staub und Gas in den Einfluss gravitativer Inhomogenitäten und tauchen so in den Schutz der dichten interstellaren Wolken ein.

interstellaren Molekülwolken endlich zur Ruhe, da ihm die Wolken zeitweiligen Schutz vor weiteren Angriffen bieten.

Sobald die Staubteilchen die schützenden Bereiche der Dunkelwolken erreicht haben, durchlaufen sie komplizierte Zyklen von langsamen, kalten Strukturumwandlungen im Innern sowie heftigen, oft explosionsartigen Oberflächenreaktionen am Rand der Dunkelwolken unter dem Beschuss der kosmischen Strahlung. Dabei entstehen vermutlich Staubkörner von sehr differenzierter Struktur. Die silicatischen, widerstandsfähigen Kerne im Innern sind umgeben von Hüllen aus komplexen organischen Molekülen, zu denen auch präbiotische Substanzen wie die im interstellaren Raum nachgewiesenen Aminosäuren gehören.

Entstehung von Planeten

Die Grundzüge der modernen Theorien zur Planetenentstehung sind schon zwei Jahrhunderte alt und gehen auf Arbeiten von Immanuel Kant und Pierre Laplace zurück. Obwohl die Wissenschaft in den vergangenen Jahrzehnten umfassende Vorstellungen zu diesem Thema entwickelt hat, bleibt eine große Unsicherheit. Das Hauptproblem dabei ist: Wir kennen nur die Eigenschaften eines einzigen Planetensystems – nämlich die unseres Sonnensystems.

Als realistisch gilt heute folgendes Szenario: Mit zunehmendem Gravitationskollaps einer Dunkelwolke kommt es zur Fragmentierung der Materie. Dabei entstehen protostellare Wolken, die ihren Drehimpuls auf verschiedene Weise aufteilen und je nach Anfangsbedingung zentralsymmetrisch oder in Gestalt eines klumpigen Rings kollabieren.

Im ersten Fall entsteht ein Einzelstern mit einer Akkretionsscheibe, in der Gas und Staub in engen Spiralbahnen auf den Stern zuströmen und durch Adhäsionskräfte aneinander haften bleiben, also koagulieren. Die Koagulate reichern sich in der Symmetrieebene der Scheibe an und bilden eine dünne Partikelschicht. Je größer die Oberfläche eines Teilchens ist, desto mehr zusätzliches Material kann es aufsammeln, sodass schließlich eine kleinere Zahl von Planetesimalen entsteht.

Gleichzeitig steigt die Temperatur im Kontraktionszentrum des Protosterns. Dadurch heizt sich der feinere Staub in der Nähe des

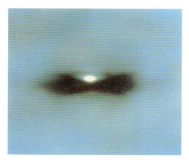

Ein junger **Stern mit protoplanetarer Scheibe,** aufgenommen mit dem Hubble Space Telescope.

Protosterns auf und verdampft teilweise. Ab einer gewissen Größe dominiert die Eigengravitation der Planetesimale, wodurch sich diese zu noch größeren Einheiten zusammenballen. Bei diesem Wettlauf der Koagulation gewinnt naturgemäß die größte Materieansammlung und wird zum beherrschenden Planeten, der letztendlich alle andern Kontrahenten seiner Umgebung aufsammelt. Jeder Planet übt auch gewisse Gezeitenkräfte auf seine Nachbarn aus, wodurch diese – falls sie zu groß oder zu nah sind – wieder auseinander gerissen werden. Auf diese Weise schafft sich der Planet sein eigenes Revier in Form einer leer gefegten Bahn, die umso breiter ist, je mehr Masse der Planet besitzt. Einige ihrer kleineren Konkurrenten sammeln die großen Planeten sozusagen am Stück auf und zwingen sie in ein Subsystem von Monden.

Jeder dieser Körper kann nun je nach Größe und Entfernung zum Protostern mehr oder weniger Gas aus der Akkretionsscheibe aufsammeln und als Atmosphäre anreichern. Dabei gilt: Je größer der Planet ist, umso dicker ist seine Atmosphäre und umso leichter sind die Gasmoleküle; je näher sich der Körper am Protostern befindet, desto dünner ist seine Atmosphäre und desto schwerer sind die Gasteilchen. Durch die Wechselwirkung von Festkörpermaterial, Gezeitenkräften und Temperatur sollten deshalb die Planetensysteme theoretisch innen kleine Gesteinsplaneten, im mittleren Bereich große Gasplaneten und außen kleine Gasplaneten und Kleinkörper aufweisen. Zumindest in unserm Sonnensystem treffen diese Überlegungen zu.

Im Lauf seiner materiellen Evolution kommt der junge Stern auch in die instabile T Tauri-Phase und setzt dabei in einem heftigen Ausstoß Material frei. Dieser Sternwind fegt das noch junge Planetensystem von den Resten an Gas und feinem Staub leer und beraubt die innern Planeten ihrer Atmosphären. Ein großer Teil des »Bauschutts« sammelt sich in den äußern Bereichen des Planetensystems in Form von Kleinkörpern, die als Kometen oder Meteoroide in eine komplexe Wechselwirkung mit dem Schwerefeld der kreisenden Planeten treten. Wenn der neugeborene Stern auf der Hauptreihe des Hertzsprung-Russell-Diagramms zur Ruhe gekommen ist, beginnen die Planeten abzukühlen – zum Teil unter erheblicher vulkanischer und tektonischer Tätigkeit – und durch Ausgasen neue Atmosphären zu bilden, soweit ihr Schwerefeld und die stellare Strahlung dies zulassen. Auf die Oberflächen der Urplaneten regnen noch eine Zeit lang Meteoriten herunter, Körper, deren Größen im Bereich von Zentimetern bis zu Kilometern liegen. Sie versorgen die Uratmosphären mit großen Mengen vorprozessierten, zumindest präbiotischen Materials einschließlich Aminosäuren.

Das Planetensystem der Sonne

Nach heutiger Auffassung haben sich die Vorgänge der Planetenentstehung, die vermutlich nur etwa zehn Millionen Jahre dauern, viele Milliarden Male in unserer Galaxis abgespielt. Trotzdem dürfte die besondere Situation der Erde eine Folge äußerst sel-

---

Der große deutsche Philosoph Immanuel Kant gelangte in seinem 1755 erschienenen Werk »Allgemeine Naturgeschichte und Theorie des Himmels« durch konsequente Anwendung von Newtons Mechanik auf die Kosmologie zu einer Theorie der Entstehung astronomischer Systeme. Nach dieser **Nebularhypothese** entstanden Sonne und Planeten aus kleinsten Teilchen einer Nebelwolke, die zuvor den Raum des Sonnensystems erfüllt hatte. Der französische Mathematiker und Physiker Pierre Simon Marquis de Laplace – Napoléon Bonaparte legte bei ihm 1785 als Kadett der Militärakademie die Prüfung in Mathematik ab – entwickelte Kants Hypothese in seinem 1796 erschienenen Werk »Exposition du système du monde« als **Rotationshypothese** weiter. Danach entstanden die Mitglieder des Planetensystems aus Materieringen, die von der Sonnenatmosphäre abgestoßen wurden und sich danach verdichteten. Die beiden Hypothesen zur Entstehung des Sonnensystems werden unter der Bezeichnung **Kant-Laplace-Theorie** zusammengefasst.

Ein junger **Stern mit einer protoplanetaren Scheibe** im Orion-Nebel, aufgenommen mit dem Hubble Space Telescope

tener Umstände sein. So hat unser Sonnensystem über das geschilderte Szenario hinaus wenigstens drei Besonderheiten aufzuweisen: den Asteroidengürtel, eine verblüffend reguläre Abfolge der Planetenbahnen und schließlich die Erde.

Die Dunkelwolke, aus deren Materie unser Sonnensystem entstanden ist, wurde vor etwa 4,5 bis 5 Milliarden Jahren gravitationsinstabil und begann zu kollabieren. Auslöser war vermutlich die Stoßfront einer Supernova-Explosion. Die Dunkelwolke zerfiel in Hunderte kleinerer Einheiten, von denen eine zur protosolaren Wolke wurde, die einige Sonnenmassen schwer war und einen Durchmesser von einem Drittel Lichtjahr sowie eine Temperatur von nur wenigen Kelvin hatte. Innerhalb weniger 100 000 Jahre schrumpfte diese Wolke auf ein Hundertstel und bildete eine Akkretionsscheibe aus, während ihr Zentrum weiter kollabierte und zur Protosonne wurde. Durch das Aufheizen der Zentralregion stiegen auch die Temperaturen in der Akkretionsscheibe: Im Bereich der Merkurbahn lagen sie über 1000 Kelvin, am äußern Rand bei 50 Kelvin.

In der Nähe der Protosonne bildeten sich die eisenhaltigen Gesteinsplaneten Mars, Erde, Venus und Merkur, in größerer Entfernung die riesigen Gasplaneten Jupiter, Saturn, Uranus und Neptun. Bei den Gasplaneten reicherten sich um einen kleinen zentralen Eisen-Silicat-Kern herum mächtige Atmosphären aus präsolarem Gas an. Allerdings war zuvor schon in einem Abstand von rund zehn Astronomischen Einheiten von der Protosonne eine Gravitationsinstabilität entstanden, die zur Keimzelle des Jupiter wurde. Die Protosonne mit etwas über einer Sonnenmasse und der Proto-Jupiter mit einem Tausendstel der Sonnenmasse bildeten dabei ein Gravitationsfeld, das im Rhythmus des Planetenumlaufs gestört wurde. In der Nähe beider Gravitationszentren war dadurch das Wachstum der Planetesimale durch die Gezeitenwechselwirkung eingeschränkt.

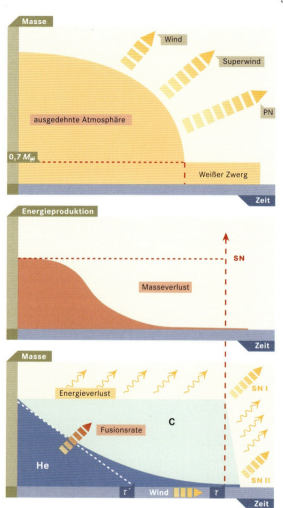

Im Verlauf der **Sternentwicklung** entscheidet die Konkurrenz zwischen dem Masseverlust durch Sternwind (oben) und dem Verlust durch Verbrauch des Kernbrennstoffs (unten), ob ein Stern als Supernova endet oder als Weißer Zwerg. In den Diagrammen ist jeweils die Masse gegen die Zeit aufgetragen. Der Sternwind nimmt zu, während die Sternmasse kleiner wird, bis die Sternhülle als Planetarischer Nebel abgestoßen wird. Zurück bleibt dann nur ein Weißer Zwerg von etwa 0,7 Sonnenmasse. Da durch den Masseverlust der Druck auf das stellare Zentrum nachlässt, nimmt mit zunehmendem Sternwind die Rate der Energieproduktion im Zentrum des Sterns ab (mittlere Grafik). Die Rate der Energieproduktion bestimmt den Prozess der Umwandlung von Helium-Zentralmasse (blau) in Kohlenstoff (grün). Wenn diese Rate durch Masseverlust abnimmt, verlängert sich die Lebensdauer der Helium-Brennzone von τ' auf τ. Erlischt die Helium-Brennzone, bevor ein Planetarischer Nebel abgestoßen wird, endet der Stern beim Zünden des Kohlenstoffs als Supernova I oder aber, innerhalb weniger Jahre nach Erschöpfen der Fusion, als Supernova II.

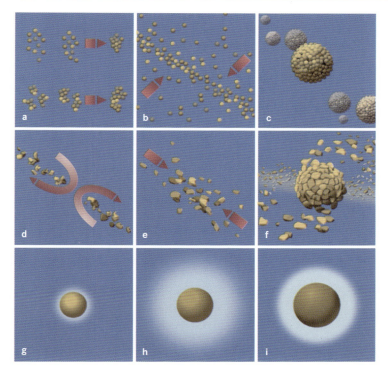

Die Theorie der **Planetenentstehung** nach Cameron. Zunächst verklumpen Staubteilchen (a) und fallen dann in Richtung Mittelebene der Akkretionsscheibe (b), wo sie Planetesimale bilden (c). Infolge der Gravitationsanziehung verschmelzen die Planetesimale zu Planeten (d bis g). Wenn die entstandenen Planeten genügend groß sind, können sie Gas in ihrem Schwerefeld festhalten und so eine Atmosphäre bilden (h und i).

Die früher auch als Wandelsterne bezeichneten Planeten erscheinen zwar wie Sterne als leuchtende Punkte am Himmel, doch sie erzeugen selbst kein Licht. Sie sind kalte Himmelskörper, die in fast kreisförmigen Ellipsenbahnen um die Sonne laufen und von ihr beleuchtet werden. Zusammen mit ihren Monden besitzen sie insgesamt nur 1/700 der Sonnenmasse. Für die Reihenfolge der Planeten von der Sonne aus gibt es den bekannten Merksatz »**M**ein **V**ater **e**rklärt **m**ir **j**eden **S**onntag **u**nsere **n**eun **P**laneten«. Dabei stehen die Anfangsbuchstaben für die neun Planeten Merkur, Venus, Erde, Mars, Jupiter, Saturn, Uranus, Neptun und Pluto.

Merkur, Venus, Erde und Mars bilden die »inneren Planeten«, deren mittlerer Sonnenabstand zwischen 58 Millionen Kilometer (Merkur) und 228 Millionen Kilometer (Mars) beträgt. Die »äußeren Planeten« Jupiter, Saturn, Uranus, Neptun, Pluto haben einen mittleren Sonnenabstand zwischen 779 Millionen Kilometer (Jupiter) und 5966 Millionen Kilometer (Pluto). Die Entfernungsunterschiede zwischen den inneren und den äußeren Planeten sind sehr groß; Pluto zum Beispiel befindet sich mehr als 100-mal so weit von der Sonne entfernt wie Merkur. Eine Vorstellung von diesen Entfernungsunterschieden vermittelt der »Planetenweg« des Deutschen Museums in München, auf dem die Sonne und ihre neun Planeten durch Symboltafeln dargestellt sind. Von der »Sonne« im Hof des Museums am Ufer der Isar sind es nur wenige Schritte bis zu den inneren Planeten. Wer aber bis zum »Pluto« will, muss 4,6 Kilometer entlang der Isar bis zum Tierpark Hellabrunn wandern.

Während also die Planeten entstanden und heranwuchsen, störte der junge Jupiter offensichtlich bei einigen den weiteren Akkretionsprozess oder sorgte sogar für deren gegenseitige Zerstörung durch Kollision. Die größeren Planetesimale wurden im Gezeitenfeld zwischen Sonne und Jupiter zerrieben, sodass sich statt eines kompakten Planeten ein Gürtel von kilometergroßen Bruchstücken ausbildete, der Asteroidengürtel.

In der Zwischenzeit zündete in der Protosonne das Deuteriumbrennen. Sie durchlief die instabile T Tauri-Phase, in der sie einen Teil ihrer Masse als heftigen Sternwind fortblies. Dabei verloren die inneren Planeten ihre Atmosphäre. Gas und Staub reicherten sich in den äußersten Bereichen des Urnebels an und kondensierten dort zu kilometergroßen Konglomeraten aus Gestein und Wassereis. Diese Billionen von »schmutzigen Schneebällen« wurden durch Stöße mit den Riesenplaneten und durch die Gezeitenwirkung von vorbeifliegenden Sternen und interstellaren Wolken aus ihrer ringförmigen Bahn katapultiert. Sie landeten schließlich im äußersten Einfluss-

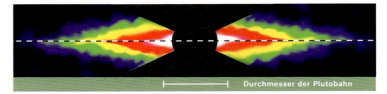

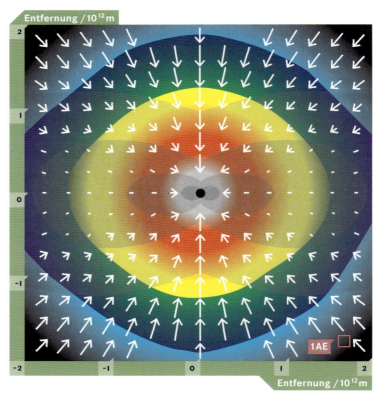

Seit wenigen Jahren sind **protoplanetare Scheiben** im Infraroten beobachtbar. Das obere Bild zeigt eine protoplanetare Scheibe von der Seite, mit einem Farbcode für die Temperatur, die von weiß über rot bis blau abnimmt; der Stern ist verdeckt. Numerische Simulationen veranschaulichen die Bildung protoplanetarer Scheiben (unten). Die Dichteverteilung ist grau angedeutet, die Farbskala hat die gleiche Bedeutung wie oben. Die weißen Pfeile geben Einfallsrichtung und Geschwindigkeit des akkretierenden Materials an.

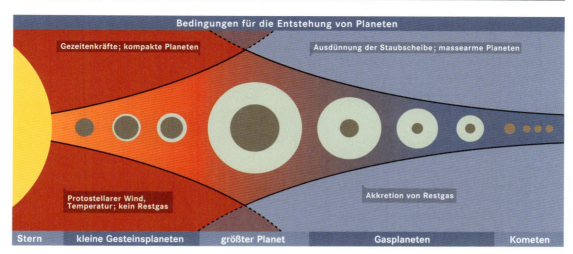

Prinzipielle Überlegungen zu den Bedingungen der Planetenentstehung lassen vermuten, dass in allen **Planetensystemen** innerhalb der Bahn eines größten Planeten vorwiegend kompakte Gesteinsplaneten entstehen, während nach außen hin immer kleinere Gasplaneten zu erwarten sind.

bereich des solaren Schwerefelds in der Oort'schen Wolke oder schossen als Kometen auf steilen Ellipsenbahnen durch das innere Sonnensystem – ein Phänomen, das wir auch heute noch beobachten können.

Monde

Der Mond, der einzige natürliche Satellit der Erde, wurde zum Namengeber für eine Reihe weiterer Trabanten, die um Planeten kreisen. Im Sonnensystem hat man bisher 64 Monde entdeckt, wobei mit weiteren Entdeckungen zu rechnen ist. Von den bisher bekannten Monden finden sich nur drei im inneren Planetensystem: neben dem Erdmond die beiden Mars-Monde Phobos und Deimos. Merkur und Venus sind mondlos. Zahlreiche Monde dagegen finden sich im äußeren Planetensystem. Jupiter besitzt 16, Saturn 19, Uranus 17 und Neptun 8 Monde. Um Pluto kreist nur ein Satellit namens Charon. Bei den beiden zuletzt entdeckten Monden handelt es sich um die Uranus-Monde Caliban und Sycorax. Vier Wissenschaftler haben die beiden Neulinge Anfang September 1997 am kalifornischen Palomar Observatorium mit dem 5,08-m-Hale-Teleskop fotografiert.

Wie die einzelnen Monde entstanden sind, ist zurzeit noch weitgehend ungeklärt. Einige haben sich mit Sicherheit zusammen mit ihrem Planeten in einer Art Akkretionsprozess gebildet. Dabei dürfte es sich wohl um jene Satelliten handeln, deren fast kreisförmige Bahnen in den Äquatorebenen der jeweiligen Planeten liegen. Andere Monde könnten Bruchstücke von älteren Monden sein, die durch Kollisionen zertrümmert worden sind. Schließlich könnte eine Reihe von Monden auch durch die Planeten eingefangen worden sein. Die Monde der inneren Planeten bestehen – ähnlich wie die Erde – aus Gesteinsmaterial. Die Monde der äußeren Planeten dagegen enthalten außer dem Gestein noch größere Mengen an Wassereis, in dem auch Ammoniak und Methan vorkommen.

Lange Zeit galt der Erdmond als der größte Mond im Sonnensystem. Sein Durchmesser von 3476 Kilometern wird aber von dem des Jupiter-Monds Ganymed deutlich übertroffen. Ganymed hat einen Durchmesser von fast 5300 Kilometern und ist damit sogar größer als Pluto und Merkur, die beiden kleinsten Planeten. Der kleinste Mond ist der Marsbegleiter Deimos, dessen Durchmesser ungefähr 12 Kilometer beträgt. Seine kartoffelartige Form ist wahrscheinlich eine Folge der schwachen Gravitation, die wegen der geringen Masse nur wenig ausgeprägt ist. Sie ist bei Himmelskörpern dieser Größenordnung nicht groß genug, um eine kugelförmige Oberfläche zu erzeugen, wenn sie durch Einschläge aus dem All verformt oder Teile von ihnen abgesprengt werden. Nach heutigem Wissen dürfte die Grenze zwischen kartoffel- und kugelförmigen Monden bei Durchmessern von etwa 400 Kilometern liegen.

Wegen der kleinen Masse und der deswegen geringen Gravitation kann sich auf den meisten Monden keine Atmosphäre aufbauen – Gasmoleküle, die dazu in der Lage wären, entweichen mangels Schwerkraft ins All. Dies hat massive Konsequenzen für die Oberfläche der Monde. Während die meisten Meteoriten beim Eintritt in die bremsende Erdatmosphäre verglühen, können sie auf einem Mond praktisch ungehindert aufschlagen. Die Oberflächen der Satelliten sind deshalb einem ständigen Bombardement ausgesetzt, das nicht nur von Meteoriten, sondern auch von kosmischer Strahlung herrührt. Insbesondere Meteoriteneinschläge hinterlassen dabei deutliche Spuren. Die meisten Monde sind mit zahlreichen Kratern überzogen, die sich beim Erdmond bereits von der Erde aus gut beobachten lassen.

Sonderstellung der Erde

Für die Entwicklung der Erde ist in erster Linie die Zusammensetzung ihrer Atmosphäre verantwortlich. Deutlich wird dies am Vergleich mit den Nachbarplaneten Venus und Mars. Nach der T Tauri-Phase der Sonne waren die innern Planeten zunächst heiß und flüssig – und ohne Atmosphäre. Dann begannen sie auszugasen und bildeten mehr oder weniger umfangreiche Wasserreservoirs auf ihren Oberflächen, wobei die heißere Venus wesentlich mehr Was-

Vergleich der Größen der **Planetenbahnen** im Sonnensystem, wie sie sich unter Verwendung eines Laufindex *n* aus einer empirischen Formel nach Titius und Bode ergeben, mit den tatsächlichen gemessenen Werten. Für die Planeten Merkur, Venus, Erde, Mars, Jupiter, Saturn, Uranus, Neptun, Pluto werden in dieser Reihenfolge von oben nach unten ihre astronomischen Symbole verwendet; Ceres steht für die Asteroiden. Auf einer Skala mit logarithmischer Teilung sind für alle Planeten die Bereiche zwischen dem jeweils kleinsten und dem größten Abstand von der Sonne gelb markiert und ihre zeitgemittelten Abstände angegeben (violett). Lediglich Neptun und Pluto fallen aus der Reihe der bemerkenswerten Übereinstimmung mit der Formel nach Titius und Bode heraus. Nach heutigem Verständnis haben diese beiden Planeten ihre ursprüngliche Bahn infolge einer Kollision verlassen. Ihre heutigen Bahnen spiegeln daher nicht mehr die Entstehungsverhältnisse wider. Über die Existenz eines zehnten Planeten wird aufgrund beobachteter Bahnanomalien derzeit noch diskutiert.

Die neun bekannten **Planeten des Sonnensystems**, mit Sonne (links) und dem Pluto-Mond Charon (rechts), maßstabsgerecht abgebildet. Ebenfalls maßstabsgerecht sind die Größen der Planetenbahnen angedeutet. Der Kuiper-Gürtel ist eine Region wie die noch entferntere Oort'sche Wolke, von der man annimmt, dass sie sehr viele Kometenkerne enthält.

serdampf, Kohlendioxid (CO_2), molekularen Stickstoff (N_2) und Schwefelverbindungen freisetzte als ihre kälteren Geschwister. Als Folge des dadurch zunehmenden Treibhauseffekts verstärkte sich die Gasproduktion der Venus, sodass nach 300 Millionen Jahren bereits alles Wasser verdunstet war. Bei einer Oberflächentemperatur von fast 500 °C und einem »Luftdruck« von 90 Atmosphären ist Leben auf der Venus ausgeschlossen.

Der kleinere Mars dagegen hatte erheblich weniger Wärme gespeichert und setzte daher nur eine geringe Menge an Gasen frei. Doch wegen seines größeren Abstands von der Sonne gefroren die Gase meist auf der Oberfläche, sodass kein Treibhauseffekt einset-

	Die neun Planeten								
Name	mittlerer Durchmesser (in km)	Masse (im Verhältnis zur Erdmasse[2])	Dichte (in g/cm³)	Volumen (im Verhältnis zum Erdvolumen[3])	mittlere Entfernung von der Sonne		siderische Umlaufzeit[4]	siderische Rotationsperiode (in Tagen)	Neigung des Planetenäquators gegen die Bahn
					in Mio. km	in Lichtminuten			
Merkur	4878	0,0553	5,43	0,056	57,9	3,22	87,969 d	58,65	≈ 2°
Venus	12104	0,8150	5,24	0,857	108,2	6,01	224,701 d	243,0	≈ 3°
Erde	12742,02	1,0000	5,52	1,000	149,6	8,31	365,256 d	0,997	23,45°
Mars	6781,4	0,1074	3,93	0,151	227,9	12,66	686,980 d	1,026	23,98°
Jupiter	139797	317,826	1,33	1320,6	779	43,28	11,869 a	0,410	3,7°
Saturn	115630	95,145	0,70	747,3	1432	79,56	29,628 a	0,426	26,73
Uranus	51120[1]	14,559	1,27	63,4	2884	160,2	84,665 a	17,50	98°
Neptun	49528[1]	17,204	1,71	55,5	4509	250,5	165,49 a	16,29	29°
Pluto	2300[1]	0,0022	2,03	0,0058	5966	331,4	251,86 a	6,39	122°

[1]Durchmesser am Äquator, [2]Erdmasse $M_{Erde} = 5{,}974 \cdot 10^{24}$ kg, [3]Erdvolumen $V_{Erde} = 1083{,}207 \cdot 10^9$ km³, [4]volle Umlaufzeit um die Sonne bezüglich der Fixsterne

zen konnte. Für mögliches Leben ist die Atmosphäre des Mars zu dünn und seine Oberfläche zu kalt.

Für die Entwicklung der Erdatmosphäre spielt der Abstand unseres Planeten von der Sonne eine wichtige Rolle, denn er erlaubte es, dass der freigesetzte Wasserdampf kondensieren und Ozeane bilden konnte. In den Ozeanen löste sich der größte Teil des Kohlendioxids, sodass die Erde dem extremen Treibhauseffekt der Venus entgehen konnte. Anderseits war die Atmosphäre dünn genug, dass herabregnende Meteoriten die Ur-Erde mit einer gigantischen Menge an Kohlenstoffverbindungen versorgen konnten. Während in den küstennahen Tümpeln die ersten selbstreproduzierenden Moleküle entstanden, zerfielen in der Atmosphäre Wasserdampf und Ammoniak, wobei Wasserstoff, Sauerstoff und Stickstoff entstanden. Der ständige Transport von Kohlendioxid zwischen Erdmantel, Ozeanen

LANGHAARIGE GESELLEN

Etwa alle zehn Jahre taucht am Himmel ein Komet auf, der mit bloßem Auge sichtbar ist. Die Bezeichnung »Komet« stammt aus dem Griechischen und heißt eigentlich »Haartragender«, weil der Schweif mit einem Haarbüschel verglichen wurde. Im Gegensatz zu den Planeten, die sich stets nahe der Ekliptik bewegen, erscheinen die auch als Schweif- oder Haarsterne bezeichneten Kometen überall am Himmel und wandern in ganz unterschiedliche Richtungen weiter. Manche sind nur für wenige Tage, andere für Wochen und Monate sichtbar, bevor sie wieder in der Dunkelheit verschwinden. Trotz dieser Unregelmäßigkeiten gehören die Kometen zum Sonnensystem. Sie kommen aus dessen entferntesten Regionen und kreuzen auf ihren lang gestreckten, exzentrischen Ellipsenbahnen die Bahnebenen der neun Planeten in unterschiedlichen Winkeln, wobei ihre Umlaufzeiten zwischen einigen wenigen Jahren und mehreren Tausend bis Millionen Jahren betragen.

Der Kern eines Kometenkopfs besteht aus »schmutzigem Eis«, das heißt aus gefrorenem Wasser (80%), Ammoniak, Methan, Kohlenmonoxid und Kohlendioxid. Umhüllt ist der 1 bis 100 Kilometer lange Eisbrocken von einer dunklen Kruste aus Staub, aus der verdampftes Material hervorschießt. Nähert sich ein Komet der Sonne, setzen verstärkt Verdampfungsprozesse ein, und es entsteht eine gelbliche Gas- und Staubhülle, die so genannte Koma. Sie bildet den leuchtenden Teil des Kometenkopfs und hat einen Durchmesser zwischen 30 000 und 100 000 Kilometer. Unter dem Einfluss der elektromagnetischen Sonnenstrahlung bildet sich dann aus der verdampften Materie der Kometenschweif, der bis zu 100 Millionen Kilometer lang sein kann; dies entspricht zwei Dritteln der Entfernung von der Erde zur Sonne.

Zwei physikalisch verschiedene Schweiftypen lassen sich unterscheiden: Schweife vom Typ I – die so genannten Ionenschweife – sind lang gestreckt und nur schwach gekrümmt. Sie bestehen ausschließlich aus ionisierten Molekülen, das heißt aus Gasen, die durch den Verlust eines Elektrons elektrisch positiv geladen sind. Schweife vom Typ II – die so genannten Staubschweife – sind stärker gekrümmt als die des Typs I und meist auch kürzer als diese. Sie bestehen ausschließlich aus mikroskopisch kleinen Staubteilchen. Beide Schweiftypen können zusammen oder einzeln auftreten. Bei dem abgebildeten Kometen Hale-Bopp ist der Ionenschweif blau und der Staubschweif rötlich weiß.

und Atmosphäre sowie der Stoffwechsel der sich ausbreitenden frühen Lebensformen – zum Beispiel der Cyanobakterien – sorgten nun für die lebenswichtige Balance zwischen der sauerstoffreichen Atmosphäre, dem mäßigen Treibhauseffekt und dem Ozonschutzschild der Stratosphäre.

Zur Entstehung solcher lebensfreundlichen Bedingungen trugen auch die Neigung der Erdachse, ihre Stabilisierung durch den ungewöhnlich großen Erdmond sowie die hohe Rotationsgeschwindigkeit bei. Letztere ist für ein starkes Magnetfeld verantwortlich, das einen Schutzschild vor der kosmischen Strahlung bildet.

Meteoroide, Meteore und Meteoriten

Meteore sind Leuchterscheinungen am nächtlichen Himmel, die je nach ihrer Helligkeit als Sternschnuppe, Feuerkugel oder teleskopischer Meteor bezeichnet werden. Die auch als Boliden bezeichneten Feuerkugeln leuchten heller als die Venus, während Sternschnuppen eine geringere Helligkeit als die Venus aufweisen. Bei den teleskopischen Meteoren handelt es sich um Leuchterscheinungen, die nur im Fernrohr sichtbar sind.

Jeder Meteor geht auf einen Meteoroid zurück, einen Körper, der aus dem Weltall in die Erdatmosphäre eindringt und durch Reibung in der Luft zum Glühen kommt. So beruht das Aufleuchten der Sternschnuppen in rund 100 Kilometer Höhe auf Meteoroiden, die einen Durchmesser zwischen 1 und 10 Millimeter haben. Die sehr seltenen Feuerbälle gehen auf Meteoroide zurück, die zwischen 1 und 10 Zentimeter groß sind. Sie dringen wesentlich tiefer in die Erdatmosphäre ein und verglühen erst in Höhen zwischen 50 und 10 Kilometern.

Noch größere Meteoroide explodieren in Erdnähe und fallen als Bruchstücke auf die Erde, wobei gewaltige Krater entstehen können. Die auf der Erde aufschlagenden Reste von Meteoroiden werden als Meteoriten bezeichnet. Der fast kreisrunde Meteoritenkrater von Arizona (Meteor Crater) hat einen Durchmesser von gut 1,2 Kilometern und eine Tiefe von 175 Metern. Sein durch den Einschlag aufgeschütteter Ringwall erhebt sich 35 Meter über die flache Landschaft. Auch das Nördlinger Ries mit einem Durchmesser von 24 Kilometern ist durch Meteoriteneinschlag entstanden. Weltweit sind rund 1000 Meteoritenkrater bekannt.

Der gesamte Meteoroideneinfall der Erde wird auf etwa 40 000 Tonnen jährlich geschätzt. Dabei handelt es sich überwiegend um so genannte Mikrometeoroide mit einem Durchmesser unter 0,1 Millimeter, die sofort verdampfen. Etwa 200 Tonnen gelangen als mikroskopisch kleine Partikel bis zur Erdoberfläche. Meteoriten von der Größe eines Steins oder Felsbrockens sind sehr selten; jährlich werden nur einige wenige Exemplare entdeckt.

Meteoroide sind meist Bruchstücke von Asteroiden – auch als Planetoiden bezeichnet – aus dem »Asteroidengürtel« zwischen Mars und Jupiter; dies geht aus fotografischen Beobachtungen von Meteoritenbahnen hervor. Im Gegensatz zu früheren Annahmen dürften

Der **Erdmond**, der uns nächste Himmelskörper, ist mit einem Durchmesser von 3476 Kilometern zwar einer der größten Monde im Sonnensystem, im Maßstab des Universums aber handelt es sich nur um ein winziges Objekt. Seine größte Entfernung von der Erde beträgt 406 740 Kilometer, seine kleinste 356 410 Kilometer. Die mittlere Distanz von 384 403 Kilometern entspricht dem 60fachen Erdradius. Die mittlere Dichte des Monds liegt bei 3,34 g/cm³, seine Masse ist 81-mal kleiner als die der Erde. Da es auf dem Erdtrabanten keine Atmosphäre gibt, lässt sich seine Oberfläche schon mit bloßem Auge gut beobachten. Als großräumige Strukturen erscheinen relativ dunkle, tief liegende Gebiete, die Maria, und relativ helle, hoch liegende Flächen, die Terrae; diese sind mit zahlreichen Kratern und Ringgebirgen übersät. Auffällig sind die großen Temperaturunterschiede auf der Oberfläche des Monds: Auf der Tagseite klettert das Thermometer bis auf +130 °C, auf der Nachtseite fällt es bis auf –160 °C.

nur wenige Meteoriten von Kometen stammen. Je nach Zusammensetzung ordnet man sie in drei Meteoritenklassen ein und unterscheidet zwischen Stein-, Eisen- und Stein-Eisen-Meteoriten.

Auf dem Weg zum Leben

Vom kosmologischen Standpunkt aus betrachtet, hat das Universum mit dem Materiekreislauf eine gigantische zyklische Maschinerie geschaffen. Diese wird einerseits durch kosmische Quellen angetrieben, die der linearen Zeit unterliegen. Anderseits ermöglicht sie die kosmische Evolution, die in der zyklischen Welt der uns bekannten Biosphäre gipfelt.

Energiebilanz des Materiekreislaufs

Der kosmische Materiekreislauf stellt sich uns als ein selbsterhaltendes dynamisches System dar, das nur durch die sukzessive Umwandlung von interstellarer Materie in stellare Endstadien – Weiße Zwerge, Neutronensterne und Schwarze Löcher – in ferner Zukunft zum Stillstand kommen wird. Die einzig externe Energiequelle einer Galaxie, die den Zyklus über seine innere Dynamik hinaus antreibt, ist deren Dichtewelle. Wenn die zwischen den Spiralarmen einer Galaxie vorhandene heiße interstellare Materie eine Dichtewelle überholt, kommt es durch die zeitweilige Kompression in vielen Fällen durch Rekombination und Molekülbildung zu einem Kollaps in den kalten Gleichgewichtszustand, der letztlich zur Sternentstehung führen kann.

Beim Energiereservoir, das die Dichtewelle speist, handelt es sich vermutlich um die kinetische Energie der Galaxien innerhalb ihres jeweiligen Haufens. Anderseits ist in der interstellaren Materie aufgrund der extrem niedrigen Dichte eine große Menge potentielle Energie gespeichert, die bei der Sternentstehung freigesetzt wird. In den Sternen wiederum wird diese Gravitationsenergie als thermische Energie gespeichert und dadurch das Reservoir der Kernenergie geöffnet. Diese verwandelt sich in Strahlung, die ihrerseits den interstellaren Raum erfüllt und so den Rückweg vom Stern zur interstellaren Materie antreibt. Beide Energiequellen – Gravitation und Kernkraft – entstammen ursprünglich der innerhalb der Planck-Zeit freigesetzten kinetischen Energie der Expansion sowie der potentiellen Energie der freien Elementarteilchen.

Die kinetische Energie verwandelt sich durch die Ausdehnung des Kosmos zunächst in potentielle Gravitationsenergie, dann in die kinetische Energie von Inhomogenitäten wie etwa der Protogalaxien. In den Zentren der Sterne taucht die Kernenergie in der Bilanz der mechanischen Energien auf.

An der Grenze zur biologischen Evolution

Wenn wir im mikrophysikalischen Bereich die gesamte Entwicklung des Universums von der Planck-Zeit bis zur Entstehung der Erde zusammenfassen, so ergibt sich ein siebenstufiger

---

Außer den neun großen Planeten kreisen um die Sonne auch zahlreiche kleine Planeten, die so genannten **Planetoiden** oder **Asteroiden.** Bisher sind über 5500 solcher Kleinplaneten durchnummeriert. Mehrere Tausend weitere wurden darüber hinaus schon für kurze Zeit gesichtet, gingen aber wieder verloren; vermutlich gibt es weit über 100000. Die allermeisten Planetoiden umlaufen das Zentralgestirn auf Bahnen, die zwischen denen von Mars und Jupiter liegen und als Hauptgürtel oder Asteroidengürtel bezeichnet werden. Mit bloßem Auge sind sie nicht zu sehen, und auch im Fernrohr erscheinen sie wegen ihrer geringen Größe meist nur als Punkte. Ihr Durchmesser liegt zwischen 200 Metern (Planetoid 6344P-L) und 1023 Kilometern (Planetoid 1 Ceres).

Evolutionsprozess, der zunehmend komplexere Einheiten generierte. Die ersten drei Stufen wurden in der äußerst homogenen Frühphase des Kosmos durchlaufen, die letzten vier sind in den Materiekreislauf innerhalb der Galaxien eingebettet. Als achte Stufe schließt sich auf der Erde der Übergang von astrophysikalischen zu biochemischen Prozessen an. Nach dem heutigen Stand des Wissens ist auf den acht Stufen im Einzelnen Folgendes geschehen:

Die supersymmetrische Kraft zerfällt durch Symmetriebrechung in die vier bekannten fundamentalen Wechselwirkungen. Gleichzeitig entstehen die ersten Elementarteilchen wie u- und d-Quarks, Elektronen und Neutrinos, deren jeweilige Antiteilchen sowie Wechselwirkungsteilchen wie Photonen.

Die Elementarteilchen bilden die Nukleonen (Protonen und Neutronen), die zu den primordialen Atomkernen des Deuteriums und Heliums fusionieren.

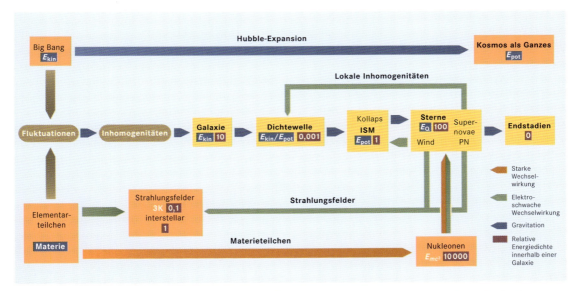

Energieflussdiagramm des Universums: In der **Hubble-Expansion** ist fast die gesamte kinetische Energie (E_{kin}) des Big Bang gespeichert (links oben). Diese wird mit zunehmender Ausdehnung des Weltalls in gravitative potentielle Energie (E_{pot}) umgewandelt. Die **Materie** (links unten) enthält starke und elektroschwache potentielle Energie in den Nukleonen, die durch Kernreaktionen freigesetzt werden kann. Ein dritter Beitrag wird von den **interstellaren Strahlungsfeldern** geliefert (dazu gehört auch die 3K-Strahlung).
Durch Bildung von **Inhomogenitäten** (Mitte) wird ein Teil der gravitativen potentiellen Energie in gerichtete kinetische Energie oder ungerichtete Wärmeenergie (E_Q) umgewandelt. Das Pendeln zwischen der potentiellen Energie der interstellaren Materie (ISM) und der Wärmeenergie der Sterne spiegelt die wesentlichen energetischen Prozesse des **kosmischen Materiekreislaufs** wider. Angetrieben wird dieser Kreislauf durch die kinetische Energie der Galaxienbewegung. Diese speist wiederum die Dichtewelle der Scheibengalaxien, die die Sternentstehung auslöst. In umgekehrter Richtung öffnet die Kernfusion das Kernenergiereservoir. Dabei wird Wärmeenergie und Strahlung frei, die einerseits die Materie wieder in einen Zustand hoher potentieller Energie zurückversetzt und interstellare Strahlungsfelder produziert und anderseits über Supernova-Explosionen erneut die Dichtewelle antreibt. Am Ende der Entwicklung stehen die Endstadien, die – zumindest im klassischen Sinn – keine verwertbare Energie mehr enthalten.
Die Zahlen für die jeweilige relative Energiedichte beruhen auf einer Mittelung über unsere Galaxis. Die Energie der interstellaren Strahlungsfelder wurde dabei willkürlich eins gesetzt. Bei der relativen Kernenergiedichte ist ein Wirkungsgrad von einem Prozent – entsprechend einer realistischen mittleren Fusionsrate – zugrunde gelegt.

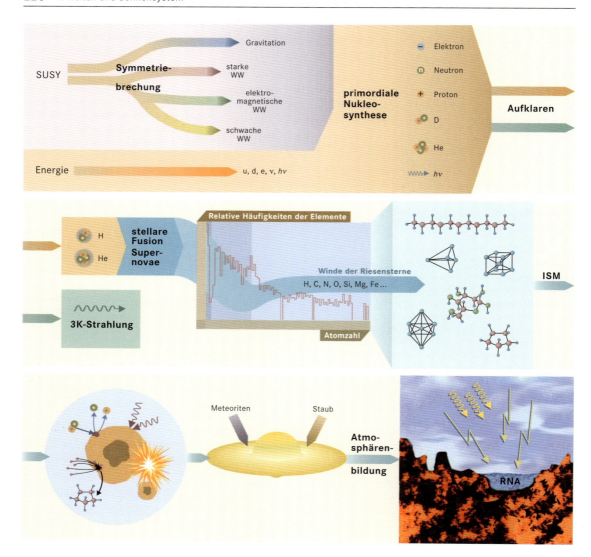

Die neun **präbiotischen Stufen der kosmischen Evolution.** (1) Zur Planck-Zeit besteht der Kosmos aus Energie in Form hochenergetischer Elementarteilchen und Supersymmetrie (SUSY) als einziger Wechselwirkung und Struktur. Durch **Symmetriebrechung** entstehen die uns bekannten vier Wechselwirkungen und die Bausteine unserer Materie (Up- und Down-Quark, Elektron, Neutrino und Photon). (2) Nach etwa einer Sekunde bilden sich die Nukleonen sowie die leichten Atomkerne bis zum Helium (**primordiale Nukleosynthese**). (3) Mit dem Ende der Strahlungsära nach etwa 300 000 Jahren entstehen neutrale Wasserstoff- und Heliumatome, wobei sich die Hintergrundstrahlung abkoppelt und unabhängig von der Materie abkühlt (**Aufklaren**). (4) Nach einigen Millionen Jahren setzt die **stellare Kernfusion** ein, die bis heute andauert. Es bilden sich alle bekannten Elemente durch Fusion oder Supernova-Explosionen. (5) In den Winden der Roten Riesen und den Explosionsfronten der Novae und Supernovae entstehen aus Wasserstoff, den schweren Elementen C, N, O, S, P und vielen Metallen Moleküle, Cluster und schließlich Staubkörner. (6) In der **interstellaren Materie** (ISM) werden die Staubkörner prozessiert und bilden chemisch hochkomplexe Strukturen. (7) Interstellarer Staub und Meteoriten sind die wichtigsten Ingredienzen zum Aufbau der festen Oberflächen von Gesteinsplaneten. (8) Die Planeten entwickeln Atmosphären und stellen – bei günstigen Bedingungen – ein Klima für die Existenz von flüssigem Wasser her. (9) In Tümpeln oder Meeresbuchten wird – bei entsprechender Konzentration präbiotischer Substanzen und Energiezufuhr – die Schwelle zum replikationsfähigen System (zum Beispiel der Ribonukleinsäure, RNA) überschritten: Die **biologische Evolution** setzt ein. Während der Planetenentwicklung kehrt die Materie im Zentralstern wieder zu Schritt vier zurück – der **Materiekreislauf** schließt sich.

Die Atomkerne fangen die freien Elektronen ein und bilden Atome. Dadurch entkoppeln sich Materie und Strahlung.

Im Zentrum der Sterne fusionieren leichte Atome zu schweren Atomen. In den Riesensternen generieren der r- und der s-Prozess über das Eisen hinaus das gesamte Spektrum schwerer Atomkerne bis zum Uran.

In den Sternwinden von Roten Riesen sowie in den expandierenden Hüllen der Supernovae bilden sich Moleküle und Staubkörner mit unterschiedlicher Struktur und Zusammensetzung.

Auf den Oberflächen von Staubkörnern, die sich in Sternwinden, interstellaren Stoßfronten oder interstellaren Wolken befinden, laufen vielfältige chemische Prozesse ab. Unter dem Einfluss verschiedener Energiequellen entstehen dabei auch komplexe organische Verbindungen wie zum Beispiel Aminosäuren.

In der Umgebung neugeborener Sterne koagulieren interstellare und neu gebildete Staubkörner zu Planetesimalen und schließlich zu Planeten. Auf diesen entstehen Atmosphären und zum Teil Ozeane.

Auf der Erde entstehen selbstreproduzierende Makromoleküle als Vorläufer des Lebens. Möglicherweise spielt dabei auch präbiotisches Material aus dem Kosmos eine Rolle, das mit Meteoriten zur Erde gelangt.

Die Stufen zwei bis fünf dieses Strukturierungsprozesses können wir heute mit einiger Sicherheit nachzeichnen, doch an andern Stellen gibt es noch weiße Flecken auf der Karte der Evolutionsgeschichte. Diese betreffen neben der kosmischen Frühphase vor allem die Fragen zum Beginn des Materiekreislaufs als entscheidendes Evolutionsforum, zum Ausmaß der chemischen Prozesse zwischen Sternwinden und Planetenoberflächen sowie zu den ersten Schlüsselmolekülen der irdischen Biosphäre. Kontrovers diskutiert wird zum Beispiel, ob Leben überall im Kosmos entsteht und die Planetenoberflächen »infiziert« oder ob die Synthese selbstreproduzierender organischer Makromoleküle auf jedem Planeten neu starten muss. Mit der Frage nach der Entstehung des Lebens verlassen wir aber den Bereich der Astrophysik.

E. UND K. SEDLMAYR, A. GOERES

Erde und Leben

Unter den Planeten des Sonnensystems nimmt die Erde eine einzigartige Stellung ein. Außergewöhnlich bis in kleinste Details ist schon der Erdkörper mit Weltmeer und Atmosphäre. Man denke nur an die kilometertiefen Ozeane und die meist bloß um wenige zehn oder hundert Meter über den Meeresspiegel hinausragenden Landflächen. Hätten die Ozeane nur etwas mehr Wasser, so gäbe es kaum festes Land; es wäre gar überhaupt keins vorhanden, wenn nicht die tektonischen Kräfte des Erdinnern dafür sorgten, dass die Kontinente nicht an ihrer Basis auseinander fließen und ins Meer versinken.

Obwohl vieles zufällig zu sein scheint, stellt die Erde insgesamt ein großes System dar, dessen Teile miteinander wechselwirken und fein aufeinander abgestimmt sind; ein System, das mit der lebenden Natur nicht nur harmoniert, sondern von ihr wesentlich geprägt wird und sie folglich auch umfasst. In einem gewissen Sinn ist dieses Gesamtsystem aus toter und lebendiger Natur ein gigantischer Organismus. Ein Beispiel für die mannigfaltigen Wechselwirkungen zwischen Leben und unbelebter Natur ist die Entstehung der Sauerstoffatmosphäre der Erde – die auf den menschlichen Aktivitäten beruhenden Veränderungen der Umwelt sind ein anderes.

Der Mensch hätte sich nicht zu seiner unter allen Lebewesen herausragenden Stellung entwickeln können, wenn die Erde ein eintöniger, wenig ausgestalteter Planet geblieben wäre. Erst die Scheidung der Oberfläche in Kontinente, Gebirge, Ozeanbecken und Inseln, die auf der inneren Dynamik der Erde und auf deren Beeinflussung durch die Körper des Sonnensystems beruht, sowie die damit verbundene Vielfalt der belebten Natur boten die für die geistige Entwicklung des Menschen erforderlichen Umweltbedingungen.

Feuer, Wasser, Erde und Luft beeindruckten den Menschen von frühester Zeit an als gestaltende Urmächte. Sie spielen in den Schöpfungsmythen vieler Völker eine zentrale Rolle. Die vorsokratische Philosophie suchte auf der Grundlage dieser »vier Elemente«, die als von Wesenhaftem beseelt aufgefasst wurden, nach einer Erklärung für Werden und Vergehen. Ihre Bedeutung im abendländischen

Das Satellitenbild aus einer geostationären Umlaufbahn in 36 000 km Höhe, aufgenommen am 18. 4. 1985 um 12.55 Uhr MEZ durch den Wettersatelliten METEOSAT, zeigt die **Erde** als »einen leuchtenden Edelstein auf schwarzem Samt«. Die Wolkenstrukturen lassen die Strömungsrichtungen der Luftmassen sichtbar werden. Diese beruhen wesentlich auf der unterschiedlichen Erwärmung der Meere und der Kontinente. (Das Bild wurde freundlicherweise von der ESA zur Verfügung gestellt.)

Kulturkreis reicht herauf bis in die Alchemie des Mittelalters und der frühen Neuzeit.

In Anbetracht der engen Verbindung von Mensch und Erde nimmt es nicht wunder, dass die griechischen Philosophen vorrangig nach dem Urgrund des Seins fragten und nicht so sehr nach den Bedingungen der menschlichen Existenz. Der griechische Mensch empfand sich als zwischen die Natur und die Welt der Götter gestellt; sein eigenes Sein verwies ihn sowohl auf die Erde als auch auf den Himmel.

Die heutigen, stark materialistisch geprägten, objektivierenden Anschauungen über die Stellung von Erde und Mensch im Kosmos zeichnen immer wieder ein Bild von der Erde als einem »Staubkorn« im riesigen Weltall. Viele Menschen glauben, daraus eine weitgehende Bedeutungslosigkeit der Erde ableiten zu müssen, ihren Bewohner Mensch mit eingeschlossen. Nun lässt sich aber die den Dingen zukommende Bedeutung weder aus ihren relativen Größen noch aus ihrer Häufigkeit erschließen. Auch wenn im Universum viele der Erde vergleichbare Planeten vorhanden sein mögen, ist dennoch jeder Mensch als Individuum einmalig; das Gleiche gilt für seine Wohnstatt Erde, auf der er sich körperlich und geistig entwickelt hat.

Belebte und unbelebte Natur bilden eine Einheit auf der Erde. Sie bedingen sich gegenseitig und stehen in einem empfindlichen Gleichgewicht. Ebenso, wie wir von der Evolution der lebenden Organismen sprechen, müssen wir von einer Evolution der Erde als Ganzes sprechen, die erst die Voraussetzung für die Entwicklung des Lebens auf ihr war. Eine wesentliche Bedingung für die Entstehung der Organismen, ihre Eigenschaften und fortschreitende Ausgestaltung ist nämlich, dass das Leben in eine differenzierte Umwelt eingebettet ist.

Angesichts eines überwiegend lebensfeindlichen Universums mit Temperaturen zwischen 20 Millionen Grad im Innern der Sterne und fast beim absoluten Nullpunkt im freien Weltraum mutet die Existenz einer so gearteten Umwelt wenig wahrscheinlich an: Das Leben auf der Erde setzt Temperaturen in einem vergleichsweise verschwindend kleinen Intervall voraus, dessen mittlerer Wert etwas über dem Gefrierpunkt des Wassers liegt. K. STROBACH

Die Erde – eine erkaltende Feuerkugel

Die Erde ist mit dem gesamten Sonnensystem vor 4,6 Milliarden Jahren aus einer der vielen Gas- und Staubwolken des Milchstraßensystems entstanden. Im Sternbild Orion findet sich eine Ansammlung solcher Wolken im so genannten Schwertgehänge. Sie ist schon mit einem Feldstecher als verwaschener Nebelfleck auszumachen. Dort kann man die Entstehung neuer Sterne beobachten, die sich durch einen gravitativen Kollaps stark verdichteter Gas- und Staubwolken bilden. Unter günstigen Bedingungen kann es dabei auch zur Zusammenballung von Planeten kommen; wie im Sonnennebel, der das Ausgangsmaterial für unser eigenes Planetensystem mit der Sonne im Zentrum bildete.

Entstehung und Frühzeit

Hauptbestandteile des Sonnennebels waren die Gase Wasserstoff (H, 73%) und Helium (He, 25%); dazu kamen Beimengungen von schwereren Elementen in Staubform (1%) und als Gas (1%). Bei dem geringen Staubanteil handelt es sich um Silicate, Eisenminerale und Carbonate mit Partikeldurchmessern zwischen 0,1 und 1 Mikrometer.

Aus diesen Stoffen entstanden später, trotz ihres geringen Anteils am Nebel, die inneren Planeten Merkur, Venus, Erde und Mars. Sie bildeten sich in einem hierarchischen Prozess der Zusammenballung, erst zu kleinen Staubteilchen, dann zu größeren, die sich wiederum zu noch größeren vereinigten und so weiter, bis zu den unmittelbaren Vorstufen der Planeten, den Planetesimalen. Eine Folge dieses Entstehungsprozesses war, dass die Erde durch die Aufschlagenergie der zuletzt eingefangenen großen Planetesimale bis zu Tiefen von einigen Hundert Kilometern geschmolzen war – sie war von einem Magma-Ozean bedeckt. Mit diesem Stadium begann die Entwicklung bis hin zum heutigen Zustand der Erde. Zunächst trennten sich in ihrem Innern alle Stoffe nach ihrem spezifischen Gewicht. Eisen sank nach unten und sammelte sich als Eisenkern der Erde.

Temperaturen im Sonnennebel

Eine wichtige Rolle spielten die Temperaturen im Sonnennebel, die im Zentrum infolge der starken gravitativen Verdichtung der Sonne am höchsten waren (über 1000 K) und nach außen abfielen. Dabei gab es ein Stadium einer plötzlichen, starken Temperaturerhöhung der sich verdichtenden Sonne, der Protosonne. Infolgedessen wurde

Das Sternbild **Orion** mit den drei dicht beieinander stehenden hellen Gürtelsternen. Nicht weit darunter ist das Schwertgehänge zu sehen, zu dem auch der Orion-Nebel gehört, ein bekanntes Sternentstehungsgebiet.

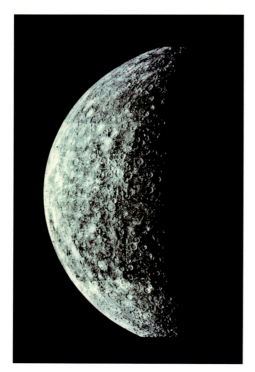

Die Oberfläche des Planeten **Merkur** ist mit Einschlagkratern von Meteoriten oder anderen kosmischen Körpern übersät. Ähnlich kann die Erde in ihrer Frühphase ausgesehen haben.

Olivin, eingeschlossen in Basalt. Olivin ist das bei weitem häufigste Mineral des oberen Erdmantels und oft als Einsprengling in vulkanischen Gesteinen wie Basalt zu finden. Früh in der Schmelze ausgeschieden, konnte es dort seine Eigengestalt entwickeln und beim raschen Aufstieg zur Erdoberfläche bewahren.

der Staub in ihrer näheren Umgebung vorübergehend aufgeschmolzen. Es war dies die Zone der späteren inneren Planeten, die auch »erdähnliche Planeten« genannt werden. Bei der nachfolgenden Wiederabkühlung wurden zunächst jene Elemente wieder fest, die die höchsten Schmelzpunkte besitzen, wie Aluminium, Titan, Calcium, Eisen, Silicium und Magnesium. Diese Elemente bauen aber gerade die inneren Planeten auf, also auch die Erde. In den kühleren Gebieten des Sonnennebels, weitab von der heutigen Sonne, überwogen die niedrig schmelzenden Stoffe. Deswegen sind die äußeren Planeten jenseits der Marsbahn ganz anders zusammengesetzt. Sie bestehen hauptsächlich aus Wasserstoff und Helium, ferner aus hydratisierten Silicaten wie Serpentin, Graphit, carbonatischen Silicaten, Wasser-, Ammoniak- und Methaneis.

Die Spuren des Bombardements durch Planetesimale kann man heute noch auf der Oberfläche des Merkur sehen, der wie unser Mond eine Landschaft von Einschlagkratern aller Größen zeigt. Die Akkretion der Planeten aus Planetesimalen der verschiedensten Größen hat dazu geführt, dass die inneren Planeten aus wenig oxidierten Stoffen bestehen. Die nach dem Aufschmelzen des Staubs in der inneren Zone des Sonnennebels zuerst wieder fest gewordenen Elemente mit den hohen Schmelztemperaturen, wie sie oben aufgezählt sind, fügten sich schnell zu etwa zentimetergroßen Planetesimalen zusammen, noch bevor sie mit niedriger schmelzenden Elementen chemisch reagieren, also zum Beispiel Oxide bilden konnten. Sie waren im Innern der Planetesimale chemisch geschützt und konnten in dieser Form in die erdähnlichen Planeten eingebaut werden. So sind die Massen von Merkur und Venus weniger oxidiert als die des Mars, dessen Kern viel Eisensulfid und Magnetit (Fe_2O_3) enthält, im Gegensatz zum äußeren Kern der Erde, dem zum reinen Eisen nur 10% Eisenoxid beigemengt sind, während der innere Kern aus Eisen und 10% Nickel besteht. Die Erde nimmt etwa eine Mittelstellung zwischen Merkur und Mars ein. Die Akkretion aus Planetesimalen ist ein wichtiger Grund für den vom Innern des Sonnensystems nach außen stark variierenden Chemismus der Planeten, der den Temperaturverlauf im ursprünglichen Sonnennebel widerspiegelt.

Differentiation – Stoffentmischung im Erdkörper

Während des Erkaltens des Magma-Ozeans fand wie bei der Entstehung des Eisenkerns eine Stofftrennung statt, die man als Differentiation bezeichnet. Die spezifisch leichteren Stoffe wanderten an die Oberfläche und bildeten die ersten festen Schollen der Erdkruste, während die schwereren Stoffe absanken. Bei den leichten Stoffen handelt es sich um Gestein bildende Minerale, von denen im Bereich der oberen Erdkruste Feldspäte,

Quarz, Glimmer und Aluminiumsilicate die wichtigsten sind. In der Unterkruste finden sich neben Aluminiumsilicaten Cordierit, Hornblende, Ortho- und Klinopyroxene.

Insgesamt sind diese Minerale die Bestandteile der spezifisch leichteren Krustengesteine. Die schweren, das heißt dichteren Gesteine im darunter liegenden Erdmantel sind hauptsächlich aus den Mineralen Ortho- und Klinopyroxene, Granat, Olivin und Spinell aufgebaut. Die Olivine haben Dichten zwischen 3300 und 4400 kg/m^3, während die Feldspäte nur Dichten zwischen 2550 und 2760 kg/m^3 aufweisen und daher in den Krustenbereich aufgestiegen sind. Diese Differentiation begünstigte auch die Entgasung des Erdinnern, die schließlich zur Entstehung von Ozeanen und Atmosphäre führte.

Bei den Olivinen handelt es sich um Magnesium-Eisen-Minerale mit der chemischen Zusammensetzung $(Mg,Fe)_2SiO_4$, deren Dichte je nach dem Mg- und Fe-Gehalt zwischen 3300 und 4400 kg/m^3 liegt. Sie sind schwerer als die zweite wichtige Mineralkomponente Plagioklas (Kalknatron-Feldspat) des Magma-Ozeans mit Dichten zwischen 2620 und 2720 kg/m^3 und mit der chemischen Zusammensetzung $(Na,Ca)AlSi_3O_8$. Diese Komponente reicherte sich im oberen Bereich des Magma-Ozeans an und bildete beim Abkühlen einen wichtigen Bestandteil der Erdkruste. Auch der tiefere Bereich der Erde war infolge der hohen Drücke und Temperaturen nicht so fest wie Gesteine an der Erdoberfläche. Das Material war zwar nicht flüssig, doch es verhielt sich in großen Zeiträumen fließfähig und erlaubte so ebenfalls eine Stofftrennung. Das dichtere Eisen sank ab und sammelte sich recht früh zum Eisenkern der Erde, der sich in einen dichteren inneren Kern und einen äußeren Kern mit etwas geringerer Dichte gliederte. Letzterer enthält noch etwa 10 Prozent eines leichteren Elements, vermutlich Sauerstoff, das sozusagen als Flussmittel seinen fließfähigen Zustand bewirkt. Der innere Kern enthält außer Eisen etwa 10 Prozent Nickel und ist fest; wir werden sehen, dass er aus energetischen Gründen lebensnotwendig ist. Seine Existenz wurde erst 1936 von der dänischen Seismologin Inge Lehmann entdeckt.

Innere Wärmequellen

Während man lange glaubte, der Gehalt der Gesteine von Erdkruste und Erdmantel an natürlich radioaktiven Elementen wie Uran, Thorium und Kalium 40 sei so groß, dass sich das Erdinnere – ähnlich wie abgebrannte Brennstäbe von Kernreaktoren – allein durch die Zerfallsenergie erwärmen müsste, haben genaue Untersuchungen gezeigt, dass nur etwa die Hälfte des Energieverlusts der Erde durch Abstrahlung von Wärme in den Weltraum aus dem Reservoir ihres radioaktiven Inventars gedeckt wird. Die Erde müsste also eigentlich eher erkalten.

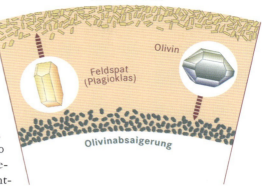

In dem erkaltenden **Magma-Ozean** kam es zu einer Entmischung der Stoffe: Während die spezifisch schwereren Olivine absanken (»Absaigerung«), stiegen die leichteren Feldspäte auf und verfestigten sich zu einer ersten Erdkruste.

Magnetit ($FeO \cdot Fe_2O_3$). Der oktaederförmige Kristall oben auf dem Mineralgemenge ist ein Beispiel für die Spinellstruktur, die viele Minerale unter dem hohen Druck des Erdmantels annehmen. Magnetit ist der wichtigste Träger des Magnetismus in der Erdkruste und in fein verteilter Form auch in vielen Organismen vorhanden.

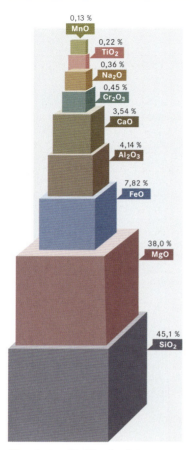

Chemischer Stoffbestand der Gesteine von **Erdkruste** und **Erdmantel** in Gewichtsprozenten der Oxide. Die Darstellung in maßstäblich richtigen Würfeln zeigt die Unterschiede im relativen Anteil: Magnesium und Silicium überwiegen bei weitem; es folgen Eisen, Aluminium und Calcium.

Der Wärme- oder Energiestrom, der durch die Erdoberfläche tritt, beträgt im Mittel 0,08 W/m². Dies entspricht anschaulich dem flächenbezogenen Energiestrom, der durch die Oberfläche einer Kugel von 7,05 m Radius mit einer Glühlampe von 50 Watt im Zentrum tritt. Würde die Wärmeerzeugung im Innern der Erde nur auf der Radioaktivität beruhen, so käme es infolge des Auskühlens der Erde zu einem langsamen Abklingen der tektonischen Bewegungen und damit auch jener Kräfte, die verhindern, dass die Kontinente im Lauf von Jahrmillionen an ihrer Basis auseinander fließen und alles Land überflutet wird. Die Folge davon wäre, dass es Leben nur noch im Meer gäbe.

Dies wird durch den inneren Erdkern verhindert. Die Materie des flüssigen äußeren Kerns lagert sich an den festen inneren Kern an und wird dabei fest, sie »friert aus«, wie man sagt. Dadurch wird Schmelzwärme frei, die bewirkt, dass das Eisen des flüssigen äußeren Kerns in thermische Konvektionsbewegung gerät und so Wärme an den Gesteinsmantel der Erde abgibt, und zwar genau in der Größe, wie sie in der genannten Bilanz fehlt. Dadurch kühlt sich die Erde nicht ab, sondern es stellt sich im zeitlichen Mittel ein Gleichgewicht von Wärmeverlust und Wärmegewinn ein. Die Konvektionsströmungen im äußeren Kern verursachen auch das Magnetfeld der Erde. Dieser Vorgang ist sehr kompliziert und noch nicht vollständig verstanden. Der Eisenkern der Erde muss sich schon sehr früh gebildet haben, weil bereits die ältesten bekannten Gesteine durch das erdmagnetische Feld magnetisiert wurden.

Aufbau des Erdinnern

Der statische Aufbau des Erdinnern als Grundlage für die später zu schildernden dynamischen Prozesse ergibt etwa folgendes Bild: Die oberste Gesteinsschale, die Erdkruste, hat im kontinentalen Bereich eine Dicke von 30 bis 40 Kilometer, kann aber unter jungen Faltengebirgen bis zu 60 Kilometer Tiefe reichen. Sie ist reich an Siliciumdioxid und hat dadurch chemisch einen sauren Charakter. Die Gesteine haben in der Oberkruste eine granitische, in der Unterkruste eine mit der Tiefe zunehmend basaltische Zusammensetzung und somit mehr basischen Charakter. Im ozeanischen Bereich, also auf etwa zwei Drittel der Erdoberfläche, ist die Kruste viel dünner (6 bis 8 km) und hat, von einer dünnen Sedimentdecke abgesehen, basaltische Zusammensetzung.

Kruste und Mantel

Kruste und Erdmantel werden durch die Mohorovičić-Diskontinuität getrennt, eine Grenzfläche, in der ein ziemlich abrupter Übergang in die ultrabasischen Mantelgesteine erfolgt, die sich aus den Hauptmineralen Olivin, Orthopyroxene und Klinopyroxene zusammensetzen und zum Beispiel als Peridotite (40 bis 90 % Olivin) oder Pyroxenite (bis zu 40 % Olivin) auftreten. Typisch für den oberen Mantel (bis 670 km Tiefe) sind 52 bis 57 % Olivin, 28 bis 17 % Orthopyroxene, 16 bis 12 % Klinopyroxene und 4 % Spinell sowie bis 14 % Granate.

Die chemische Formel für Olivin ist $(Mg,Fe)_2SiO_4$, mit wechselndem Gehalt von Magnesium und Eisen, im Mittel 90 % Mg und 10 % Fe. Orthopyroxene, chemische Formel $(Mg,Fe)_2Si_2O_6$, enthalten mehr Silicium und Sauerstoff als Olivin. Klinopyroxene haben zusätzlich noch Anteile anderer Elemente wie Calcium (Ca), Natrium (Na), Aluminium (Al) und Titan (Ti). Kurz formuliert handelt es sich bei den Mantelgesteinen um Magnesium-Eisen-Silicate. Dabei überwiegt der Sauerstoff. Die SiO_4-Kristalle bilden Tetraeder, deren Ecken mit den großvolumigen Sauerstoffatomen besetzt sind. Das Siliciumatom befindet sich jeweils im Innern. Die Magnesium- und Eisenatome haben um etwa ein Viertel kleinere Volumina als das Sauerstoffatom. Man kann daher den Erdmantel als ein Sauerstoffgerüst kennzeichnen, in das kleinere Atome wie Magnesium oder Eisen eingebaut sind.

In 400 km Tiefe und noch einmal bei 670 km finden Übergänge der Minerale in ihre Hochdruckmodifikationen statt, ohne Änderung der chemischen Zusammensetzung. Die Materie versucht dabei, dem wachsenden Druck durch ein näheres Zusammenrücken der Atome auszuweichen. Ein anschauliches Beispiel hierfür ist die »dichteste Kugelpackung«, wie zum Beispiel in einer Kiste mit Äpfeln. Jeder Apfel ist dabei von 12 nächsten Nachbarn umgeben, von sechs in einer Schicht, und es gibt dabei nicht mehr Zwischenraum,

Die **Mohorovičić-Diskontinuität,** kurz Moho genannt, die Grenzfläche oder Übergangszone zwischen Erdkruste und Erdmantel, ist nach dem kroatischen Seismologen und Meteorologen Andrija Mohorovičić (1857–1936) benannt, der sie 1909 entdeckte. Weniger gebräuchlich ist die Bezeichnung Conrad-Diskontinuität (nach dem österreichischen Geophysiker Victor Conrad, 1876–1962) für die Übergangszone zwischen Ober- und Unterkruste und Wiechert-Gutenberg-Diskontinuität (nach Ernst Wiechert und dem deutsch-amerikanischen Geophysiker Beno Gutenberg, 1889–1960) für die Unstetigkeitsfläche zwischen Erdmantel und Erdkern. Zu Ehren von Gutenberg wurde die von ihm entdeckte Asthenosphäre auch Gutenberg-Zone genannt.

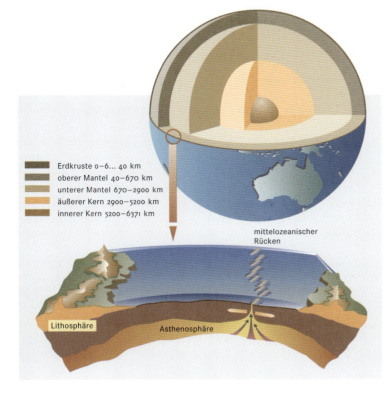

Erdkruste 0–6... 40 km
oberer Mantel 40–670 km
unterer Mantel 670–2900 km
äußerer Kern 2900–5200 km
innerer Kern 5200–6371 km

mittelozeanischer Rücken

Lithosphäre   Asthenosphäre

Der **statische Aufbau des Erdinnern,** abgeleitet aus Messungen der Ausbreitungsgeschwindigkeiten von Erdbebenwellen. Die Darstellung zeigt die Gliederung in inneren und äußeren Kern, unteren und oberen Mantel und Erdkruste. Letztere ist im Bereich der Kontinente anders aufgebaut und viel dicker als unter den Ozeanen. Neuere Forschungen ergeben ein Modell, das den dynamischen Prozessen der Plattentektonik besser gerecht wird: Erdkruste und oberster Mantel bilden eine relativ starre, in Platten gegliederte Zone, die **Lithosphäre.** Die darunter liegende Mantelzone, in etwa 100 bis 300 Kilometer Tiefe, die **Asthenosphäre,** besteht aus weicherem, quasischmelzförmigem, daher plastisch reagierendem Material. Auf ihm schwimmen die Lithosphärenplatten. Aus der Asthenosphäre wird der Vulkanismus, unter anderem der der mittelozeanischen Rücken, gespeist.

als unvermeidlich ist. Pyroxene gehen in die Struktur von Majorit-Granat über, Olivin in die Spinellstruktur. Bei diesen Strukturübergängen rücken die Atome der Kristallgitter zu dichteren Strukturen zusammen. Diese werden mit den Namen für die entsprechenden Minerale mit der jeweils gleichen Kristallstruktur belegt. Der Name »Spinellstruktur« leitet sich beispielsweise vom oktaederförmigen Kristall des Minerals Spinell ab, das die chemische Summenformel $MgAl_2O_4$ hat. Auch Magneteisenerz (Fe_3O_4, Magnetit) hat diese Spinellstruktur.

Der Kern

Der untere Erdmantel reicht von 670 km bis 2900 km Tiefe. Seine Gesteine enthalten vermutlich 93 % Klinopyroxene in der sehr dichten Perowskit-Struktur und noch 7 % so genannte gemischte Oxide wie Magnesiowüstit oder Stishovit. An der Basis des Erdmantels, der Kern-Mantel-Grenze, wo der abrupte Übergang vom festen Mantelgestein zum flüssigen Eisen erfolgt, steigt die Temperatur von etwa 2700 K auf 3500 K an. Die Geschwindigkeit der Erdbebenwellen, und zwar der Kompressionswellen, macht hier einen Sprung von 13,7 km/s im untersten Gesteinsmantel auf 8 km/s im obersten Kern. Umgekehrt steigt die Dichte hier von 5600 auf 9900 kg/m^3 an.

Der innere Erdkern beginnt bei einer Tiefe von 5200 Kilometern. Für den Erdmittelpunkt wurden folgende Werte ermittelt: Geschwindigkeit der Kompressionswellen 11,2 km/s, Dichte 12 580 kg/m^3, Temperatur 4600 K. Der Druck beträgt im Erdmittelpunkt 3609 kbar, entsprechend $3{,}609 \cdot 10^{11}$ Pascal.

Säkularflüssiger Zustand

Die Materie im Erdinnern hat Eigenschaften, die uns vom alltäglichen Umgang mit festen Stoffen an der Erdoberfläche nicht vertraut sind. Die hohen Drücke und Temperaturen in den Tiefen des Erdkörpers bewirken zwar noch kein Aufschmelzen, aber einen so genannten säkularflüssigen Zustand der Gesteine, eine für die innere Dynamik grundlegende Eigenschaft. Man kann sie (physikalisch nicht ganz korrekt) als plastisch bezeichnen.

Wenn Kräfte nur kurzzeitig einwirken, verhalten sich die Gesteine elastisch, wie wir es von festen Stoffen gewohnt sind. Als Beispiel können die relativ kurzperiodischen Gezeitenkräfte von Sonne und Mond dienen. Sie deformieren den Erdkörper praktisch nur

Mineralbestand der Gesteine des Erdmantels. Das hier vorgestellte Modell beruht vor allem auf seismischen Untersuchungen sowie auf den aus dem oberen Mantel nach oben beförderten Nebengesteinsfragmenten, den Xenolithen. Man nimmt an, dass oberer und unterer Mantel sich chemisch unterscheiden, aber in sich homogen sind. Die aufgrund der Wellengeschwindigkeit und der Gesteinsdichte erschlossene Diskontinuität in 400 Kilometer Tiefe wird gedeutet als Übergang der Minerale in ihre Hochdruckmodifikationen. Für den unteren Mantel vermutet man nicht nur eine dichtere Kristallstruktur, sondern auch einen höheren SiO_2-Gehalt. Diese Diskontinuität hat Folgen für die Konzeption der Mantelkonvektion. Insgesamt gehören die Mantelgesteine, wie die Lherzolithe, zu den ultrabasischen Tiefengesteinen, sie sind extrem kieselsäurearm (unter 40 % SiO_2). Eine völlig andere chemische Zusammensetzung tritt unterhalb der Kern-Mantel-Grenze (CMB = Core Mantle Boundary) ein.

DER DIAMANT – EIN BOTE AUS DEM ERDMANTEL

Der Diamant, chemisch gesehen reiner Kohlenstoff, ist als das härteste Mineral ein Sinnbild der Unvergänglichkeit (griechisch adamas »unbezwingbar«). Er kann zwar durch mechanische Einwirkung zertrümmert werden, seine Substanz bleibt jedoch erhalten. Durch die Verwitterung aus seinem Muttergestein befreit, wird er oft dank seiner Härte beim Transport durch fließendes Wasser angereichert. Auf der Suche nach den primären Lagerstätten stieß man auf röhrenförmige, tief ins Erdinnere reichende vulkanische Schlote, die Durchschlagsröhren oder »Pipes«. Die Schlotfüllung, ein Kimberlit genanntes peridotitisches Gestein, besteht hauptsächlich aus Olivinen. Diese haben sich am Boden des ursprünglichen Magma-Ozeans abgeschieden – dies ein erster Hinweis auf den Entstehungsort der Diamanten.

Experimente zur synthetischen Herstellung von Diamanten haben die Vermutung bestätigt: Sie müssen unter Druck- (mindestens 55 bis 60 kbar) und Temperaturbedingungen (900 bis 1300 °C) entstanden sein, die man in 120 bis 200 km Tiefe, also im oberen Erdmantel, annimmt. Manche Mineraleinschlüsse (Olivin, Majorit) deuten auf noch größere Tiefen (Übergangszone oder unterer Mantel). Dem hohen Entstehungsdruck entspricht die dichte Kristallstruktur. In den Tetraedern des kubischen Kristalls ist das zentrale Kohlenstoffatom an vier weitere Kohlenstoffatome gebunden. Die Tetraeder sind netzartig miteinander verknüpft. Auf dieser Bindung beruht die große Härte des Diamanten.

Graphit besteht zwar auch aus Kohlenstoff, ist aber unter geringerem Druck entstanden, unter anderem bei der Metamorphose aus organischem Kohlenstoff (Kohle). Er besitzt Schichtstruktur, wobei jedes Kohlenstoffatom mit drei benachbarten Atomen derselben Schicht enger verbunden ist als mit dem vierten Atom der nächsten Schicht; daraus folgt die blättrige Struktur, die leichte Spaltbarkeit und geringe Härte des Minerals.

Altersbestimmungen anhand von mineralischen Einschlüssen in den Diamanten (diese selbst sind nicht datierbar) ergaben, dass die Diamanten meist nicht gleichzeitig mit ihrem Muttergestein entstanden, sondern wesentlich älter sind, bis über drei Milliarden Jahre, die Muttergesteine dagegen im Allgemeinen weniger als 200 Millionen Jahre. Die »Xenokristalle« wurden bei der Eruption des Magmas mitgerissen. Der Aufstieg muss sehr rasch erfolgt sein, andernfalls wären die Diamanten verändert worden, da sie in Oberflächennähe nur metastabil sind (Umwandlung in stabilen Graphit allerdings nur in außerordentlich langen Zeiträumen).

Die meisten diamantführenden Pipes sind auf die altpräkambrischen Kratone (Kontinentkerne) beschränkt. Vielleicht war der Kohlenstoffgehalt des Erdmantels in der frühen Erdgeschichte größer als heute. Die jungen Diamanten scheinen aus wieder aufgearbeitetem Kohlenstoff aus der in Subduktionszonen in große Tiefen versenkten Erdkruste entstanden zu sein. Darauf deutet der Fund eines Staurolith-Mineraleinschlusses hin (Staurolith bildet sich nur bei der Metamorphose von Krustengesteinen).

Diamanten kommen auch in Meteoriten vor. Sie können im Weltall entstanden sein, aber auch beim Aufprall auf die Erde durch Stoßwellenmetamorphose aus Graphit; Letztere ist der Grund für das Auftreten von Diamanten im Suevit des Nördlinger Rieses.

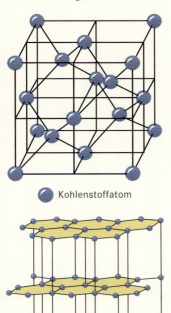

Kohlenstoffatom

elastisch, ähnlich einer Feder, aber immerhin mit Hebungen und Senkungen um etwa 30 Zentimeter. Das macht Berechnungen des Deformationsverhaltens relativ einfach. Ganz anders verhält sich der Erdkörper dagegen, wenn Kräfte sehr lange und in gleicher Richtung auf ihn wirken. Er verhält sich dann ähnlich wie eine Flüssigkeit, das heißt, er folgt den Kräften vollständig, aber mit großer Zeitverzögerung. Als Beispiel hierfür mag die Erdrotation dienen: Sie erzeugt Fliehkräfte, durch deren Wirkung die Erde sich so abplattet, als ob sie eine flüssige Kugel wäre. Sie nimmt in erster Näherung die Figur eines Rotationsellipsoids an.

Die Daten dieses Rotationsellipsoids wurden aus geodätischen und astronomischen Messungen und aus Bahnstörungen von Satelliten gewonnen. Die Erdachsen sind auf etwa ±1m genau bekannt. Man hofft, mithilfe von Satelliten eine Zentimetergenauigkeit zu erreichen. Mit einer andern Methode, der Very-Long-Baseline-Interferometry (VLBI), werden heute auf der Erdoberfläche Entfernungen auf ±2 cm genau gemessen, zum Beispiel zwischen dem Radioteleskop in Wettzell im Bayerischen Wald und Radioteleskopen in Kalifornien. Benutzt wird hierzu die Radiostrahlung sehr weit entfernter kosmischer Objekte.

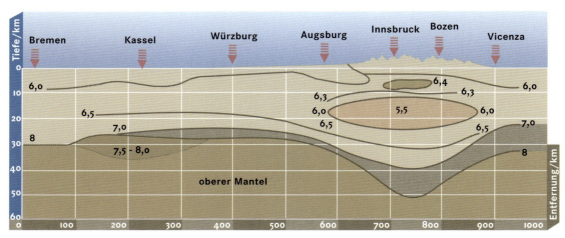

Schnitt durch die Erdkruste von Norddeutschland bis Italien, mit den Linien gleicher Geschwindigkeit seismischer Wellen (P-Wellen, angegeben in km/s). Die Linie mit 8 km/s, die Mohorovičić-Diskontinuität, trennt Kruste und Mantel. Unter den Alpen ist die Kruste zu einer »Gebirgswurzel« verdickt. Hier wurden bei der Gebirgsbildung große Mengen von Sedimenten in einer trogförmigen Einsenkung (Geosynklinale) der Erdoberfläche aufgehäuft. Die Zone mit geringerer Wellengeschwindigkeit im Zentrum des Gebirgskörpers wird auf erhöhte Temperatur mit lokalen Aufschmelzungen zurückgeführt, der darüber liegende Streifen mit höherer Geschwindigkeit auf die metamorphen Schiefer des Penninikums, eines der geologischen Deckensysteme der Alpen.

Erdbebenwellen – Durchleuchtung der Erde

Woher kennen wir den Aufbau des Erdkörpers, wie er sich schließlich nach dem Abklingen der unter dem Einfluss der Schwerkraft erfolgten Stofftrennung herausgebildet hat? Die wichtigsten Informationen über das Erdinnere liefert die Seismologie, eine im Vergleich zur Astronomie sehr junge Wissenschaft. Erst um die Wende vom 19. zum 20. Jahrhundert wurde erkannt, dass Wellen stärkerer Erdbeben den gesamten Erdkörper durchlaufen. Insbesondere der Göttinger Geophysiker Emil Wiechert entwickelte Seismographen und Methoden, um aus Laufzeiten von Erdbebenwellen den Aufbau des Erdinnern abzuleiten.

Man kennt dabei zunächst nur Werte für die Wellengeschwindigkeiten in den verschiedenen Tiefen, nicht jedoch für die dort vorhandenen Stoffe. Zwischen den Stoffen und den Geschwindigkeiten der Erdbebenwellen, mit denen sie durchlaufen werden, bestehen Beziehungen, die man an Gesteinsproben im Labor messen kann. Hierzu müssen Proben in Hochdruckpressen den gleichen Drücken und Temperaturen ausgesetzt werden, die in den entsprechenden Tiefen im Erdinnern herrschen.

Ausgedehnte Untersuchungen dieser Art haben Aufschluss über den Aufbau des Erdinnern gebracht. Die Ergebnisse werden mit Informationen aus andern Quellen ergänzt und in Übereinstimmung gebracht. So muss der aus dem Stoffaufbau der Erde berechnete Verlauf der Dichte als Funktion der Tiefe mit jenen Daten übereinstimmen, die aus den gemessenen Eigenschwingungen des Erdkörpers abgeleitet werden können. Solche Eigenschwingungen können durch sehr starke Erdbeben angeregt werden; der gesamte Erdkörper schwingt dann ähnlich wie eine Glocke. Dass aus deren Tonhöhe auf ihre Form und Massenverteilung geschlossen werden kann, ist verständlich. Insbesondere müssen sich die Gesamtmasse der Erde und ihre Trägheitsmomente richtig ergeben, die auch unabhängig aus astronomischen und Schweremessungen sowie aus Bahnbestimmungen geodätischer Satelliten abgeleitet werden können.

Magmen und Xenolithe

Auch direkte Gesteinsproben aus dem Erdinnern sind verfügbar: Magmen (Laven) aus verschiedenen Tiefen in kontinentalen und ozeanischen Bereichen, ferner die wichtigen Xenolithe (»Fremdgesteine«). Letztere sind in Vulkanschloten mitgerissene und emporgeförderte Gesteinsbrocken aus verschiedenen Tiefen der Kruste und des oberen Erdmantels, die so schnell mit den Magmen an die Oberfläche gelangt sind, dass sie keine Zeit zum Aufschmelzen hatten. Sie sind nur äußerlich angeschmolzen und haben im Innern ihre mineralische Struktur bewahrt.

Im Gegensatz zu speziellen Magmen im ozeanischen, aber auch im kontinentalen Bereich aus vermutlich sehr großen Tiefen stammen die genannten Zeugen nur aus verhältnismäßig geringen Tiefen des oberen Erdmantels. Doch führen die Analysen von Basalt-Ergüssen in den ozeanischen Rücken und ozeanischen Inseln zu

Emil Wiechert in Göttingen, mit einem der von ihm konstruierten **Seismographen.** Wiechert entwickelte Anfang dieses Jahrhunderts die Methoden zur Erforschung des Erdinnern aus den Laufzeiten der Erdbebenwellen.

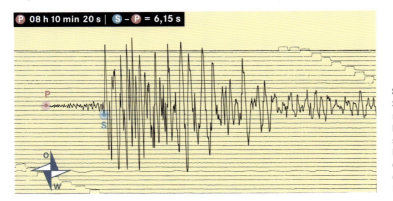

Seismogramm eines Bebens auf der Schwäbischen Alb vom 3. September 1978. Bei P treffen die Kompressionswellen, bei S die hier starken Scherwellen ein. Aus der Differenz dieser Ankunftszeiten wurde die Entfernung des Bebenherds von der Bebenstation (Stuttgart) mit 49,8 Kilometer berechnet.

wertvollen Aufschlüssen über Herkunft und Alter dieser Laven. Dabei werden Isotopenverhältnisse radioaktiver Elemente und Verhältnisse der Gehalte an Seltenerdmetallen bestimmt. Ein wichtiges Ergebnis solcher Messungen ist, dass die Reservoire, aus denen die Magmen stammen, sich nach Alter und Zusammensetzung deutlich unterscheiden. Daraus lässt sich schließen, dass die Gesteine des Erdmantels schlecht durchmischt sind, was gegen die Annahme mantelweiter Konvektionszellen spricht, die unter anderem im Zusammenhang der Plattentektonik erörtert werden.

Geschwindigkeitsverlauf der Kompressions- oder **P-Wellen** im Erdinnern. Den Geschwindigkeitssprüngen entsprechend lassen sich Kruste, oberer und unterer Mantel, äußerer und innerer Kern unterscheiden.

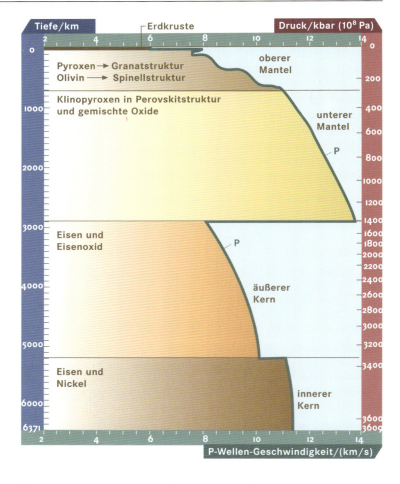

Von einem **Erdbebenherd** gehen longitudinale und transversale elastische Wellen aus. Die Fortpflanzungsgeschwindigkeit der longitudinalen Wellen (Druck- oder Kompressionswellen) ist größer, sie kommen daher eher an einem entfernten Ort an und werden deshalb **P-Wellen** (von »primär«) genannt. Die Transversal- oder Scherwellen werden als **S-Wellen** (von »sekundär«) bezeichnet. S-Wellen können ein flüssiges Medium nicht durchdringen, P-Wellen dagegen sowohl Flüssigkeiten als auch Festkörper. Somit lässt sich aus dem Verhalten der Wellen auf den Aggregatzustand der Materie schließen.

Temperaturen in der Tiefe

Es leuchtet ein, dass die dynamischen Prozesse der Erde mit den Temperaturen im Innern zusammenhängen, denn die Energiequelle für die Dynamik ist die Wärme. Nicht nur die Atmosphäre wird oft als Wärmekraftmaschine bezeichnet, sondern auch auf den Erdkörper treffen solche Vorstellungen zu. Hier liegt die Ursache von Plattenverschiebungen und Gebirgsbildungen, von Erdbeben und vulkanischer Tätigkeit. Geht es um die Temperaturen im Erdinnern, so tauchen sofort zwei Fragen auf: Woher weiß man, wie hoch die Temperaturen in den verschiedenen Tiefen sind, und wie sicher sind entsprechende Angaben?

Es gibt so gut wie keine Möglichkeit, diese Temperaturen direkt zu messen, außer in – allerdings nicht sehr tiefen – Bohrungen und Bergwerken. Für die oberflächennahe kontinentale Erdkruste hat man aus entsprechenden Messungen einen mittleren Temperaturgradienten von 1 °C pro 33 Meter Tiefe errechnet (der umgekehrte Wert, angegeben in Meter pro Grad Celsius, wird geothermische Tiefenstufe genannt). Die Wärmezunahme ist im Einzelnen sehr unterschiedlich. In vulkanisch aktiven Gebieten wurden Maximalwerte von 150 °C/1000 m gemessen, in alten Landmassen wie beispielsweise Südafrika oder Skandinavien sinken die Werte bis unter 10 °C/1000 m.

Temperaturfixpunkte

Ganz unerwartete Temperaturverhältnisse wurden in der kontinentalen Tiefbohrung in der Oberpfalz angetroffen. Für das tiefere Erdinnere lassen sich aus diesen direkt gemessenen Temperaturen aber keine brauchbaren Schlüsse ziehen, weswegen man diesbezüglich auf andere Verfahren angewiesen ist.

Zunächst benötigt man konkrete Temperaturangaben für definierte Fixpunkte, das heißt für bestimmte Tiefen im Erdinnern. Dies sind außer den genannten direkt gemessenen Werten auch Temperaturen von ausfließenden Laven, wenn deren Ursprungstiefen bekannt sind. Dabei muss die Abkühlung der Laven durch ihren adiabatischen Aufstiegsprozess berücksichtigt werden.

Lavaausbruch des Kilauea, Hawaii. Die heißen, dünnflüssigen, basischen, das heißt basaltischen Laven dieser Insel kommen aus großer Tiefe, aus dem oberen Erdmantel, und treten mit Temperaturen von 1100 bis 1250 °C an der Oberfläche aus. Die zähflüssigen, sauren Laven dagegen bilden sich in geringerer Tiefe im Bereich der Subduktionszonen durch Einschmelzung des tieferen Teils der kontinentalen Kruste; sie gelangen mit nur 700 bis 1000 °C an die Oberfläche.

Temperaturfixpunkte für größere Tiefen lassen sich durch Hochdruckexperimente an solchen Gesteinen gewinnen, die man in gewissen Tiefen des Erdmantels vermutet. Man kennt durch Messungen von Erdbebenwellen die Tiefen, in denen die Mineralbestandteile der Gesteine in ihre Hochdruckmodifikationen übergehen. Die entsprechenden Drücke in diesen Tiefen sind bekannt. Bringt man die Gesteinsproben unter solche Drücke und misst in ihnen die Wellen- oder Schallgeschwindigkeit, dann sollten diese mit den bekannten Geschwindigkeiten der Erdbebenwellen in den entsprechenden Tiefen übereinstimmen, wenn außer den Drücken auch die Temperaturen gleich sind. Man muss demnach die Temperatur einer Probe so lange variieren, bis sich die gesuchte Übereinstimmung ergibt: Dann hat man einen Temperaturfixpunkt für die betreffende Tiefe gefunden. So ergaben sich für 380 Kilometer Tiefe 1673 Kelvin und für 670 Kilometer Tiefe 1913 Kelvin. Der Tempera-

EIN NADELSTICH INS ERDINNERE – DAS KONTINENTALE TIEFBOHRPROGRAMM

Das Kontinentale Tiefbohrprogramm (KTB) ist das größte und teuerste geowissenschaftliche Forschungsprojekt in Deutschland. Ziel der 1990–94 bei Windischeschenbach in der Oberpfalz durchgeführten Bohrung war, an der Grenze (einer ehemaligen Subduktionszone) zweier vor 350 Millionen Jahren fest miteinander verschweißter Kontinentalplatten des paläozoischen Variskischen Gebirges die Tiefenstruktur des Untergrunds, die physikalisch-chemischen Zustandsbedingungen, die gesteinsbildenden Prozesse, die Mechanismen von Erdbeben und die Bildung von Lagerstätten zu erkunden und die Ergebnisse dieser Analysen mit denen geophysikalischer und experimenteller Untersuchungen zu vergleichen. Die Bohrung setzte an der Schweißnaht zwischen den beiden Platten, der Saxothuringischen Zone (Teil von »Ur-Europa«) und der Moldanubischen Zone (Teil von »Ur-Afrika«) an. Zwischen diese ist von Südosten her längs einer Störungszone, des Fränkischen Lineaments, eine stark zerbrochene Scholle steil einfallender Schichten geschoben worden, die Zone Erbendorf–Vohenstrauß, mit metamorphen Gesteinen. Sie konnte von der Bohrung wider Erwarten nicht durchstoßen werden. Denn anstatt, wie angestrebt, Tiefen von 10000 m bis 15000 m zu erreichen, musste sie in 9101 m Tiefe beendet werden, da schon hier Temperaturen (etwa 275 °C) auftraten, bei denen die Gesteine sich plastisch zu verformen beginnen.

Die Auswertung der Gesteinsbohrkerne und der zahlreichen Messungen wird noch lange dauern. Heute schon liegen unerwartete Ergebnisse vor. So fanden sich zum Beispiel noch bis zur Endtiefe zirkulierende heiße Salzlösungen und darin gelöste, aber auch freie, trockene Gase wie Stickstoff und Methan. Die Gesteine weisen hier also trotz des hohen Drucks noch eine große Durchlässigkeit auf. Diese ist wichtig für die Verfestigung (Diagenese) und Umbildung (Metamorphose) der Gesteine, für Grundwasser- und Lagerstättenbildung, was nicht zuletzt Perspektiven für die praktische Nutzanwendung aufzeigt.

Ein ähnliches Forschungsprojekt betrieb Russland auf der Halbinsel Kola, bei Murmansk, das heißt in einem präkambrischen Kontinentkern. Die Bohrung wurde 1970 begonnen und 1991 in 12621 m Tiefe eingestellt. Die tiefsten kommerziellen Bohrungen, auf der Suche nach Erdöl und Erdgas (in Oklahoma, USA, bis 9674 m; in Europa bei Zistersdorf, Niederösterreich, bis 8553 m), blieben dagegen auf jüngere Sedimentgesteine beschränkt.

turverlauf zwischen diesen Fixpunkten wird unter Annahme eines adiabatischen Verlaufs interpoliert und in den tieferen Mantel extrapoliert.

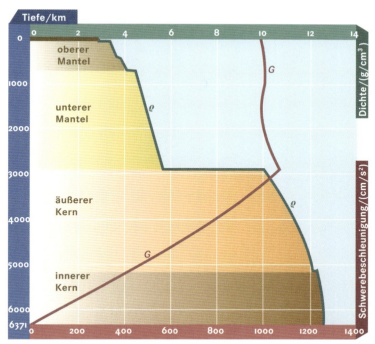

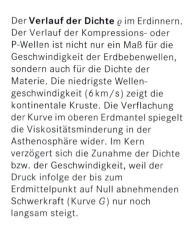

Der **Verlauf der Dichte** ϱ im Erdinnern. Der Verlauf der Kompressions- oder P-Wellen ist nicht nur ein Maß für die Geschwindigkeit der Erdbebenwellen, sondern auch für die Dichte der Materie. Die niedrigste Wellengeschwindigkeit (6 km/s) zeigt die kontinentale Kruste. Die Verflachung der Kurve im oberen Erdmantel spiegelt die Viskositätsminderung in der Asthenosphäre wider. Im Kern verzögert sich die Zunahme der Dichte bzw. der Geschwindigkeit, weil der Druck infolge der bis zum Erdmittelpunkt auf Null abnehmenden Schwerkraft (Kurve G) nur noch langsam steigt.

Adiabatische Zustandsänderungen

Der Annahme eines adiabatischen Temperaturverlaufs liegt folgende Überlegung zugrunde (»adiabatisch« kommt aus dem Griechischen und bedeutet »unüberschreitbar«): Man betrachtet vom Erdinnern ein bestimmtes Massepaket säkularflüssigen Gesteins und nimmt von ihm an, dass sein Wärmeinhalt nicht die Grenze seiner Oberfläche »überschreiten«, er also nicht an die Umgebung abgegeben werden kann. Umgekehrt soll auch keine Wärme aus seiner Umgebung in dieses Paket eindringen können. Einfacher gesagt, das Massepaket soll mit der Umgebung keine Wärme austauschen können.

Diese Voraussetzungen sind im Erdinnern wegen der großen Volumina der beteiligten Massen und ihrer relativ geringen Wärmeleitfähigkeit praktisch erfüllt. Wenn unser Massepaket aufsteigt, kommt es in Gebiete niedrigeren Drucks. Dabei dehnt es sich aus und muss Ausdehnungsarbeit gegen den Umgebungsdruck leisten. Die dafür nötige Energie entstammt dem Wärmeinhalt des Massepakets, sodass dieses sich abkühlt. Beim Absinken verläuft der Prozess umgekehrt: Das Volumen des Massepakets wird durch den wachsenden Umgebungsdruck verkleinert. Die damit verbundene Kompressionsarbeit äußert sich in Form von Wärme, erhöht also die Temperatur des Massepakets.

Wenn auf diese Weise über längere Zeit hinweg ständig Massepakete auf- und absteigen, stellt sich von selbst eine Temperaturverteilung ein, die gerade so ist, dass ein Massepaket in jeder Tiefe stets genau die Temperatur seiner Umgebung hat. Eine solche Verteilung nennt man eine adiabatische Temperaturverteilung. In der Atmosphäre, wo sich analoge Prozesse beim Vertikalaustausch von Luftmassen abspielen, kommt es oft zu adiabatischen Temperaturverteilungen. Abweichungen davon kann das Wettergeschehen bewirken.

Man geht davon aus, dass im Erdinnern eine adiabatische Temperaturverteilung vorliegt und entsprechende Interpolationen zwischen den Fixpunkten gerechtfertigt sind, wie auch Extrapolationen in größere Tiefen. Hierbei ist man auf die Kenntnis einiger Parameter angewiesen, um für bestimmte Tiefenintervalle die Temperaturänderungen quantitativ berechnen zu können. Solche Parameter sind die Schwerkraft, die Dichte oder der Quotient aus Dichte und adiabatischer Inkompressibilität, dessen Kehrwert aus den bekannten seismischen Wellengeschwindigkeiten ableitbar ist.

Temperaturverlauf im Erdinnern

Wenn man mit der Temperaturberechnung in die Nähe der Kern-Mantel-Grenze gekommen ist, ergibt sich ein Problem. Unmittelbar über der Kern-Mantel-Grenze liegt die Zone D'', deren Dicke von etwa 150 Kilometer durch die Seismologie bestimmt wurde und in der die Geschwindigkeit der Kompressionswellen nicht weiter ansteigt, sondern zu einem etwa konstanten Wert abbiegt; dies beruht auf einem sehr schnellen Temperaturanstieg in Richtung Kern. Hier hat sich eine thermische Grenzschicht aufgebaut, in der die Temperatur schnell von etwa 2660 K auf 3500 K im äußersten Kern klettert, das heißt bis zur Minimaltemperatur, bei der die aus Eisen mit etwa 10 % Eisenoxid bestehende Kernmaterie gerade noch flüssig ist. Der schnelle Anstieg der Temperatur um etwa 840 K in der Zone D'' überbrückt die Differenz zwischen dem adiabatischen Wert im untersten Mantel und der Schmelztemperatur des obersten Kerns. Diese thermische Grenzschicht wird durch die Wärme des Erdkerns aufgebaut, weist eine um vier Größenordnungen geringere Viskosität als der Erdmantel auf und ist die Wurzelzone der Mantel-Plumes.

Da im äußeren Kern thermische Konvektionsströmungen vorhanden sind, steigt die Temperatur vermutlich auch in Richtung Erdmittelpunkt annähernd adiabatisch bis zur Grenze des inneren Kerns. Der Verlauf der Temperatur im inneren Kern ist die stetige Fortsetzung der Temperaturkurve des äußeren Kerns. Im Erdzentrum ergibt sich eine Temperatur von 4600 Kelvin. Früher wurden noch höhere Temperaturen angenommen. Es gibt auch heute Forscher, die für eine um 1000 K bis 2000 K höhere Temperatur plädieren. Die hier mitgeteilten Werte liegen an der unteren Grenze der physikalisch möglichen.

Der Verlauf der von einem Bebenherd ausgehenden **Erdbebenwellen** lässt die Gliederung in Erdmantel, äußeren und inneren Erdkern erkennen und darauf schließen, dass der äußere Kern flüssig und der innere fest ist. Mit zunehmender Tiefe erhöht sich der Druck.

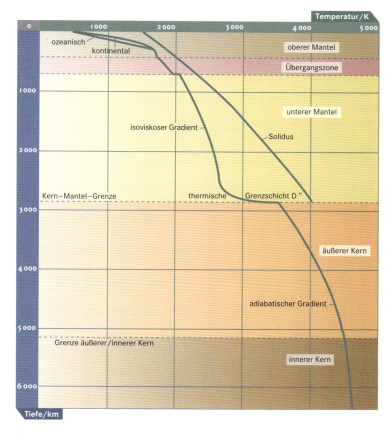

Der **Temperaturverlauf im Erdinnern** beruht zunächst auf der bekannten Geschwindigkeit der Erdbebenwellen, weiterhin auf experimentell bestimmten Hochdruck- und Hochtemperatur-Werten. Die Temperaturkurve spiegelt die erwähnten Phasenübergänge im Materialbestand wider. Bei Annäherung an den Kern steigt die Temperatur sprunghaft an. Hier liegt eine für die dynamischen Vorgänge im Mantel wichtige thermische Grenzschicht vor. Der Verlauf im unteren Mantel wurde so berechnet, als ob die Viskosität hier konstant bliebe (isoviskos). Im äußeren Kern wurde von einer adiabatischen Temperaturzunahme ausgegangen und im inneren Kern eine stetige Fortsetzung dieser Kurve extrapoliert. Daraus ergab sich für das Erdzentrum ein Wert von etwa 4600 Kelvin. Die mit »Solidus« bezeichnete Kurve markiert die Temperatur, bei der die Komponenten der Mantelgesteine gerade noch fest sind.

Schwieriger ist die Abschätzung von Schmelztemperaturen. Dies betrifft vor allem den festen, jedoch säkularflüssigen Erdmantel. Bei Gesteinen gibt es keine scharf definierte Schmelztemperatur, jede Mineralkomponente schmilzt im Allgemeinen bei einer andern Temperatur. Daher gibt es eine Solidus-Temperatur, bei der alle Komponenten noch fest sind, und eine Liquidus-Temperatur, bei der auch die Komponente mit dem höchsten Schmelzpunkt flüssig wird.

Das Schwerefeld

Wenn die genaue Figur der Erde festgestellt werden soll, genügt es nicht, rein geometrische Messungen durchzuführen, also zum Beispiel die Entfernungen aller Oberflächenpunkte vom Erdmittelpunkt aus zu messen. Ganz abgesehen davon, dass dies praktisch nicht möglich wäre, würde eine so definierte Erdfigur sich der weiteren mathematischen und damit auch physikalischen Betrachtung widersetzen. Man ist auf eine physikalisch klar definierte Figur angewiesen, wie sie für zwei Drittel der Erdoberfläche bereits gegeben ist: durch die ungestörte Meeresoberfläche. »Ungestört« bedeutet dabei: ohne Berücksichtigung von Wellen und Meeresströmungen.

Während Wellen sich im zeitlichen Mittel aufheben und keine bleibenden Höhenänderungen der Meeresoberfläche verursachen, sind Meeresströmungen mit dauernden Verstellungen der Wasseroberfläche gekoppelt. So ist zum Beispiel die Oberfläche beim nach Norden fließenden Golfstrom senkrecht zur Stromrichtung geneigt; sie liegt im Osten höher als im Westen. Die Höhenänderungen erreichen etwa einen Meter und werden durch die ablenkende Kraft der Erdrotation erzeugt. Sie müssen bei der Festlegung der ungestörten Meeresoberfläche berücksichtigt werden.

Geoid

Die ungestörte Meeresoberfläche ist eine Fläche gleichen Schwerepotentials und heißt Geoid. Dieses gilt als Definition der wahren Erdfigur. Die Form des Geoids ist unregelmäßig und hängt von der Masseverteilung im Erdinnern ab, die im Wesentlichen von Dichteänderungen hervorgerufen wird. Man kann also von der Form des Geoids auf die Dichteschwankungen im Erdinnern schließen; dies ist wichtig für das Verständnis der Dynamik der Erde. Die Abweichungen des Geoids von der Näherungsfigur der Erde, dem Rotationsellipsoid, heißen Geoid-Undulationen. Sie betragen bis zu 100 Meter. Man erkennt daraus einen der Gründe für die Wahl des Geoids als wahre Erdfigur: Seine Höhenschwankungen sind viel kleiner als diejenigen der physischen Erdoberfläche, die viele Kilometer betragen (Hochgebirge und Meeresbecken).

Das Geoid stellt eine Äquipotentialfläche, das heißt eine Fläche gleichen Schwerepotentials dar. Dieser Begriff bedarf einer kurzen Erklärung, zumal sogar von Naturwissenschaftlern gelegentlich falsche Schlüsse aus der Gestalt des Geoids gezogen werden, und zwar hinsichtlich des berüchtigten Bermudadreiecks zwischen Florida, den Bermudas und Puerto Rico. Dort sollen wiederholt Schiffe samt Besatzung unter mysteriösen Umständen spurlos verschwunden sein. Hier hat das Geoid eine negative Anomalie, eine lang gezogene Eindellung von 52 Metern. Es ist nun behauptet worden, dass Schiffe in dieses »Loch« hineinrutschten und zugrunde gingen.

Abgesehen davon, dass im Indischen Ozean südlich von Indien ein Geoidloch der doppelten Tiefe existiert, von dem Ähnliches nicht bekannt ist, ist eine solche Behauptung physikalisch unsinnig. Die Geoidfläche liegt überall »horizontal«, das heißt sie steht überall senkrecht auf der Richtung der Schwerkraft. Ein Schiff ohne Antrieb würde deswegen überall ruhen, gleichgültig, wo es sich befände, denn es gäbe keine horizontale Schwerkraft-Komponente, die es bewegen könnte. Dies ist genau die Definition einer Äquipotentialfläche: Um eine Masse auf ihr zu verschieben, braucht keine Arbeit geleistet zu werden.

Das Geoid muss natürlich auch dort definiert sein, wo keine Meeresoberfläche existiert, also im Bereich der Kontinente. Man stellt sich deshalb innerhalb der Kontinente ein Netz aus feinen Kanälen vor, das mit dem Meer kommuniziert und den Meeresspiegel fortsetzt. Es ist heute möglich, diese Fortsetzung des Geoids in den

Bereich der Kontinente hinein tatsächlich zu messen, denn zur Festlegung des Geoids braucht man den Meeresspiegel gar nicht, außer zur Fixierung seines Niveaus. Der Meeresspiegel richtet sich vielmehr nach dem Geoid, und dessen Form kann heute mit Satelliten über den gesamten Erdkörper hin gemessen werden. Die Methode ist leicht verständlich, ihre Durchführung jedoch mit anspruchsvollen mathematischen Operationen verknüpft.

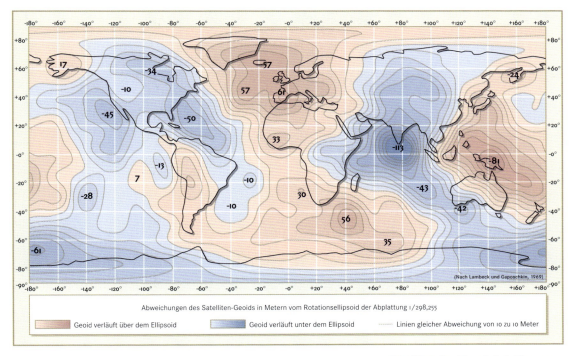

Abweichungen des Satelliten-Geoids in Metern vom Rotationsellipsoid der Abplattung 1/298,255

Geoid verläuft über dem Ellipsoid   Geoid verläuft unter dem Ellipsoid   Linien gleicher Abweichung von 10 zu 10 Meter

Satelliten-Geoid nach C. A. Wagner und F. J. Lerch, 1977 in Zylinderprojektion. Die Umrisse von Kontinenten und Inseln sind durch schwarze Linien angedeutet. Wegen der Art der Projektion erstreckt sich die Antarktis über die ganze Breite der Karte.

Es wurde schon festgestellt, dass die Form des Geoids durch Masseanomalien im Erdinnern verursacht wird. Diese Masseanomalien wirken gravitativ auf den Satelliten ein und stören seine Bahn. Durch eine genaue Vermessung der Satellitenbahn können diese Störungen quantitativ erfasst werden, mit dem Ergebnis einer mathematischen Entwicklung der Geoidfigur, die dann als Satelliten-Geoid graphisch dargestellt wird.

Das Geoid als eine Fläche gleichen Schwerepotentials repräsentiert noch nicht alle Informationen, die mit dem Schwerefeld der Erde verknüpft sind. Es sagt noch nichts über die Schwerkraft selbst aus, an die wir in diesem Zusammenhang meistens zuerst denken. Das Geoid stellt unter der Schar aller existierenden Äquipotentialflächen eine ganz bestimmte Fläche dar, nämlich jene, deren Niveau mit dem Meeresspiegel zusammenfällt. Es gibt aber unendlich viele benachbarte Scharen, die keineswegs parallel zueinander liegen müssen. Wo der Abstand zweier benachbarter Äquipotentialflächen klein ist, ist die Schwerkraft groß und umgekehrt. Mathematisch formuliert ist die Schwerkraft der Gradient des Potentials. Dies ist der Grund, warum die Schwerkraft gesondert gemessen werden muss, falls man sie braucht.

Satelliten-Geoid

Am Satelliten-Geoid fällt auf, dass seine Anomalien, das heißt seine Abweichungen vom Rotationsellipsoid, überhaupt keine Beziehung zu den Kontinenten zeigen. Eigentlich würde man erwarten, dass die Landgebiete, die den Meeresboden im Mittel um 4500 Meter überragen, sich mit ihren Schwerewirkungen bemerkbar machten. Dass die Fläche des Geoids sich ohne Rücksicht auf die Kontinente über den Erdball erstreckt, hat seinen Grund in der Isostasie, also in der Tatsache, dass die kontinentalen Gesteinsblöcke im Schwimmgleichgewicht mit den von ihnen verdrängten, plastischen Massen des oberen Erdmantels sind. Denkt man sich vertikale Säulen mit gleichem Querschnitt durch die Erdkruste und den oberen Erdmantel ausgeschnitten, dann ist in allen Säulen die gleiche Gesteinsmasse enthalten; dies folgt aus der Definition des Schwimmgleichgewichts. Gleiche Gesteinsmassen bedeuten aber gleiche Schwerewirkung in der Höhe der Satellitenbahn, genauer formuliert: fast gleiche, weil die vertikale Masseverteilung in den Säulen nicht überall gleich ist, sondern nur den gleichen Mittelwert aufweist. Die Satellitenbahn liegt jedoch hoch im Vergleich zur vertikalen Ausdehnung der Säulen, sodass die Unterschiede in den Schwereeinflüssen kaum merklich sind.

K. STROBACH

Gestalt und Bewegung der Erde

Schon die Griechen der Antike haben Erdmessungen durchgeführt. So bestimmte Eratosthenes aus den Höhenwinkeln der Sonne in Alexandria und Syene (heute Assuan) und der Entfernung dieser Orte voneinander (850 km) den Erdradius. Da die Entfernung aus der Reisezeit von Kamelkarawanen (durchschnittlich 50 Tage bei einer mittleren Tagesleistung von 18,5 km) errechnet wurde, wäre sicher keine große Genauigkeit zu erwarten. Dass das Ergebnis dennoch bis auf 1 % richtig war, muss nicht unbedingt dem Zufall, wie gelegentlich behauptet wird, sondern könnte auch der Fähigkeit der damaligen Ingenieure zugeschrieben werden. Denn Eratosthenes soll auch Aufzeichnungen der ägyptischen Landmesser verwendet haben.

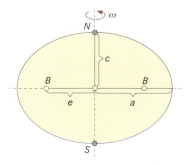

Bezeichnungen zum Erdellipsoid: ω Winkelgeschwindigkeit der Erdrotation, N Nordpol, S Südpol, a große Halbachse, c kleine Halbachse, B Brennpunkte der Ellipse, e lineare Exzentrizität. Als Abplattung des Ellipsoids wird die Größe $(a-c)/a$ bezeichnet.

Erdmessungen

Am Prinzip dieser Messung hat sich bis heute nichts geändert, auch wenn das moderne Instrumentarium ein ganz anderes ist. Man nennt solche Messungen Gradmessungen. Dabei kommt es darauf an, Teile von Meridianbögen zu messen und daraus den vollständigen Meridianbogen zwischen Pol und Äquator beziehungsweise den daraus ableitbaren Erdradius zu berechnen. Den gesamten Bogen kann man aus praktischen Gründen nicht messen. Um auch die Abplattung der Erde zu bestimmen, müssen mindestens zwei Bögen vermessen werden: einer in der Nähe des Pols, der andere in der Nähe des Äquators. Wegen der Abplattung ist der polnahe Bogen länger als der am Äquator.

Gradmessungen

Die erste Gradmessung nahm der französische Arzt Jean Fernel 1525 auf dem Meridianbogen Paris–Amiens vor. Die Entfernung beider Orte beträgt 111 Kilometer, entspricht also genau einer Differenz der geographischen Breite von einem Grad. Seit dem 17. Jahrhundert wurden zahlreiche Gradmessungen durchgeführt. Um den aufgekommenen Streit über die wahre Gestalt der Erde – ob in Richtung der Rotationsachse verlängert (Jacques Cassini und andere französische Geodäten) oder verkürzt (Newton) – zu entschei-

Um genauere Angaben über die Längenausdehnung Frankreichs zu erhalten, wurde 1733–34 unter der Leitung des französischen Astronomen Jacques Cassini die Messung der **Länge des Breitenkreises** von Paris zwischen Brest und Straßburg durchgeführt. Die Vermessung erfolgte durch Triangulation anhand einer Dreieckskette zwischen den astronomisch bestimmten Fixpunkten (Brest, Paris, Straßburg). Dabei wurden relativ kurze Basislinien mittels Messstangen bestimmt und die übrigen Strecken durch Winkelmessung mit dem Theodolit erfasst. Die Genauigkeit der astronomischen Ortsbestimmung war durch die Unzulänglichkeit der damaligen Uhren stark beeinträchtigt.

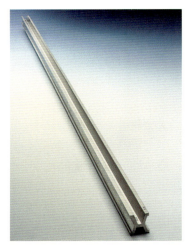

Durch die Internationale Meterkonvention von 1875 wurde der französische Prototyp des **Urmeters** zum allgemein gültigen Längenmaß. Die 1889 ausgegebenen 30 Kopien bestehen wie der Prototyp zu etwa 90% aus Platin und 10% aus Iridium, mit geringen Beimengungen von Rhodium und Eisen; die maßgebliche Temperatur beträgt 0 °C, der Luftdruck eine Atmosphäre. Das Exemplar des Deutschen Reichs in Berlin kam in den Besitz der DDR. Das hier abgebildete Urmeter der Bundesrepublik Deutschland, aufbewahrt in der Physikalisch-Technischen Bundesanstalt in Braunschweig, wurde 1954 von Belgien übergeben (es gehörte ehemals Belgisch-Kongo). Es bildete bis zum 4.7.1970 die gesetzliche Längeneinheit, als diese durch eine Wellenlängendefiniton ersetzt wurde.

den, entsandte die französische Akademie zwei Expeditionen in möglichst extreme Breitenlagen, eine unter der Leitung von Pierre Louis de Maupertuis nach Lappland (1736–37) und eine unter Charles Marie de La Condamine und Pierre Bouguer nach Peru und Ecuador (1735–44). Durch deren Messungen konnte die Abplattung der Erde an den Polen einwandfrei bewiesen werden.

Von besonderer Bedeutung war die dritte französische Gradmessung. Sie kam auf Beschluss der französischen Nationalversammlung 1791 zustande und hatte ein kulturgeschichtlich bemerkenswertes Ziel: Es sollte eine neue Längeneinheit eingeführt und einem würdigen Gegenstand entnommen werden, nämlich der Erde selbst. Das neue Maß sollte den zehnmillionsten Teil eines Meridian-Quadranten betragen und »Meter« heißen. Hierzu wurde in den Jahren 1792–98 von den Astronomen Pierre François André Méchain und Jean Baptiste Joseph Delambre ein Meridianbogen von Dünkirchen über Paris bis Barcelona vermessen. Aufgrund seiner großen Länge von 1065 Kilometer konnte auch die Abplattung bestimmt werden, indem man an mehreren Punkten Breitenbestimmungen vornahm.

Wegen der Schwierigkeiten beim Ausmessen größerer Längen bestimmte man nur eine oder wenige kürzere Basisstrecken mit großer Präzision, die längeren Strecken jedoch durch Winkelmessungen an trigonometrischen Punkten; diese bildeten die Eckpunkte von Dreiecken, die sich als Kette längs des Meridianbogens erstrecken. Die Dreieckseiten hatten Längen von etwa 40 Kilometer und ergaben sich aus den Basisstrecken und den von den Dreieckseiten gebildeten Winkeln durch trigonometrische Rechnungen. An gewissen Punkten, den »Laplace-Stationen«, wurden astronomische Längen- und Breitenbestimmungen vorgenommen als Analogon zu den Höhenwinkeln der Sonne bei Eratosthenes.

Neuere Gradmessungen wurden zum Beispiel zwischen Alaska und Feuerland, zwischen Hammerfest und Kreta oder zwischen Kairo und Kapstadt durchgeführt. Auch Teile von Breitenkreisen, wie etwa zwischen Brest und Astrachan oder zwischen Irland und dem Ural wurden vermessen, wobei bei Letzteren natürlich die Abplattung nicht erfasst werden konnte.

Mit den modernen elektronischen Verfahren zur Längenmessung mit Radiowellen oder mit Laserstrahlen werden neben den Winkeln auch die Entfernungen bestimmt (Trilateration). Schließlich tragen die heute mit Zentimetergenauigkeit möglichen Entfernungsmessungen mittels Satellitengeodäsie und die radioastronomischen Messungen der VLBI (Very Long Baseline Interferometry) zur schnellen Steigerung unserer Kenntnis der Erddimensionen bei.

Letztere Methode sei wegen ihrer großen Bedeutung nicht nur für die Messung der Erdfigur, sondern auch der Erdrotation kurz skizziert. Als Messgeräte dienen auf der Erde verteilte Radioteleskope. Damit werden die Laufzeiten von Radiowellen registriert, die von sehr weit entfernten Quellen, zum Beispiel von Quasaren, stammen und in Form praktisch ebener Wellenfronten über die Erdoberfläche streichen. Dabei müssen an den empfangenden Radioteleскоpen mittels äußerst genauer Uhren die Radiosignale aufgezeichnet werden, denn die Entfernungen zwischen verschiedenen Radioteleskopen werden bestimmt durch Multiplikation der Lichtgeschwindigkeit mit der Zeitdifferenz, in der eine Wellenfront die Teleskope überstreicht.

Um die Entfernungen mit einer Genauigkeit von ±1 Zentimeter zu messen, dürfen die Uhren um nicht mehr als 10^{-10} Sekunden voneinander abweichen. Zwar haben Atomuhren eine Gangunsicherheit von nur 10^{-13} bis 10^{-14}, doch ist ein direkter Uhrenvergleich unter den Uhren der verschiedenen Radioteleskope über Funk oder Uhrtransport nicht mit der geforderten Präzision möglich. Man hilft sich, wie in der Physik, Astronomie und Geodäsie üblich, mit einer Häufung der Messungen; dabei steigt die Genauigkeit mit der Quadratwurzel aus der Zahl der Einzelmessungen. Um die Genauigkeit um das Zehnfache zu steigern, müssen zum Beispiel hundert Einzelmessungen vorgenommen werden.

Nicht nur die Entfernungsbestimmung wird dann um den Faktor 10 genauer, sondern es wird automatisch auch die Kenntnis der Uhrdifferenzen um den Faktor 10 verbessert. Man erreicht mit der VLBI tatsächlich Zentimetergenauigkeit.

Abplattung der Erde

Eins der ersten Ergebnisse der Vermessung der Satellitenbahnen war ein um drei Größenordnungen genauerer Wert für die Abplattung der Erde, als er sich aus den Gradmessungen mit 1:297 ergeben hatte; die oben erwähnte französische Gradmessung hatte noch einen viel zu kleinen Wert von 1:334 geliefert. Die durch die Abplattung verursachte Störung der Satellitenbahn ist ein globaler Effekt und führt auf einen repräsentativen Mittelwert. Dagegen sind

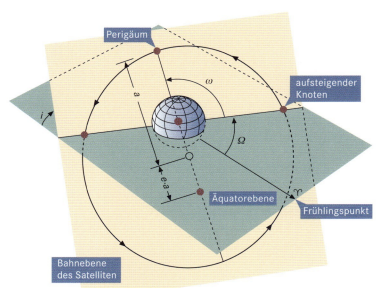

Bahnelemente eines Satelliten, bezogen auf die Äquatorebene der Erde. Die Gestalt der Erde, das Geoid, lässt sich heute aus den Störungen der Satellitenbahnkurven ableiten, da diese von Massenunregelmäßigkeiten des Erdkörpers herrühren. Es bedeuten: a große Halbachse der Satellitenbahn; ω Winkelabstand des erdnächsten Punkts der Satellitenbahn vom aufsteigenden Knoten; Ω Winkelposition des aufsteigenden Knotens in der Äquatorebene der Erde; $e \cdot a$ lineare Exzentrizität der Satellitenbahn (e ist hier die *numerische* Exzentrizität) und i Neigung von deren Ebene gegen die Äquatorebene der Erde.

die Meridianbogen-Messungen mit den lokalen Effekten der Lotstörungen behaftet, die durch die Massenunregelmäßigkeiten im Erdinnern entstehen. Die Abplattung der Erde bewirkt eine säkulare Wanderung der Bahnknoten und des Perigäums der Satellitenbahn und kann so genau erfasst werden, dass sogar Änderungen der Abplattung messbar sind. Diese betragen zur Zeit $(-8,2 \pm 1,8) \cdot 10^{-19}$ pro Sekunde und sind ein Ausdruck für die noch andauernden Hebungen der während der letzten Eiszeit durch die Eisbelastung abgesenkten Landflächen auf der Nordhalbkugel. Der heute gültige Wert für die Abplattung ist 1:298,257. Bei einem Globus mit einem Durchmesser von 30 Zentimetern würde die Abplattung nur 1 Millimeter ausmachen.

Theoretische Erdfigur

Infolge ihrer Rotation plattet die Erde sich durch die Wirkung der Fliehkräfte ab wie eine flüssige Kugel. Würde die Erde nicht rotieren, so würde sie infolge ihrer Selbstgravitation eine Kugelgestalt annehmen wie jeder Himmelskörper, wenn er nicht rotiert. Allerdings wird man wohl kaum einen nicht rotierenden Himmelskörper antreffen, weil die Gas- und Staubmassen, aus denen diese sich verdichtet haben, im Allgemeinen turbulent sind und einen Drehimpuls haben, der bei der Verdichtung erhalten bleibt, und zwar unter zunehmender Drehgeschwindigkeit.

Der Gedanke liegt nahe, dass eine einmal pro Tag sich um ihre Achse drehende quasiflüssige Erde die Form eines an den Polen ab-

Entgegen üblichen Vorstellungen ist die Meeresoberfläche, als Normalnull (NN) Standardbezugsgröße für die Höhenangaben der topographischen Karten, weltweit gesehen keine einheitliche, regelmäßige Fläche. Diese auf Daten des Europäischen Radarsatelliten ERS-1 beruhende Darstellung des **mittleren Meeresspiegels** zeigt die Unterschiede im Schwerefeld der Erde, die durch die ungleichmäßige Verteilung der Massen im Erdinnern hervorgerufen werden. Die Abweichungen des Meeresspiegels vom Rotationsellipsoid, die Geoid-Undulationen, sind hier in extremer Überhöhung dargestellt; sie reichen von −105 m südlich von Indien bis +85 m nördlich von Australien (Höhen in Rot, Tiefen in Blau).

geplatteten Rotationsellipsoids annimmt. Auch wenn das intuitiv einleuchtet, bedarf es einer mathematisch sehr anspruchsvollen Theorie der Gleichgewichtsfiguren rotierender Flüssigkeiten, um es zu beweisen; dies gelang erstmals Newton 1687. Dabei musste er allerdings voraussetzen, dass es sich um einen Körper homogener Dichte handelt. Tatsächlich ist die Erde aber geschichtet. Das macht das Problem schwierig, denn solche rotierenden Körper sind keine Ellipsoide. Durch eine geringfügige gedankliche Umverteilung der Erdmassen konnte jedoch erreicht werden, dass die Erdoberfläche als Rotationsellipsoid erscheint und, was sehr wichtig ist, gleichzeitig als Äquipotentialfläche. Damit war eine sehr gute Näherungsfigur für die Erde geschaffen, natürlich unter Verwendung der bis heute vorliegenden Gradmessungen und Ergebnisse der oben geschilderten modernen Verfahren. Die Dimensionen dieses Ellipsoids wurden 1980 international festgelegt und können aus der Tabelle abgelesen werden. Alle Höhenangaben, auch die der Geoid-Undulationen, werden auf dieses Ellipsoid bezogen. Alle in der Tabelle mitgeteilten Zahlenwerte sind in sich »stimmig«, können also ineinander umgerechnet werden.

Erdellipsoid 1980

Große Halbachse	$a =$	$6\,378\,137$ m
Kleine Halbachse	$c =$	$6\,356\,752$ m
Äquatorwulst	$a-c =$	$21\,385$ m
Abplattung	$(a-c)/a = f =$	$1 : 298{,}257$
Trägheitsmoment um die Rotationsachse	$C =$	$8{,}06826 \cdot 10^{37}$ kg $\cdot$ m^2
Trägheitsmoment um die Äquatorachse	$A =$	$8{,}04195 \cdot 10^{37}$ kg $\cdot$ m^2
Erdmasse	$M =$	$5{,}974 \cdot 10^{24}$ kg
Winkelgeschwindigkeit der Rotation	$\omega =$	$7\,292\,115 \cdot 10^{-11}$ rad/s
Mittlerer Erdradius	$\sqrt[3]{a^2 c} = R =$	$6\,371\,001$ m
Mittlere Dichte der Erde	$\varrho =$	$5\,515$ kg/m^3

Gezeitenkräfte

Für das Verhalten der Gesteinsmassen im Erdinnern unter der Einwirkung äußerer Kräfte wurden als Beispiel die Gezeitenkräfte erwähnt. Bei diesen relativ kurzperiodischen Kräften (kleinste Periode 12,406 Stunden) reagiert der Erdkörper elastisch, das heißt, er deformiert sich ohne Zeitverzögerung proportional zu den Gezeitenkräften. Wie von den Meeresgezeiten her bekannt, treten Ebbe und Flut jeden Tag um etwa 50 Minuten später ein, ebenso die kaum bekannten und nicht fühlbaren Gezeiten des Erdkörpers. Wie kommt diese Zeitverzögerung zustande? Die Erde dreht sich relativ zur Sonne in 24 Stunden einmal um ihre Achse. In dieser Zeit ist der Mond, der den Hauptanteil an den Gezeiten verursacht, um rund 12 Grad in seiner Bahn fortgeschritten (nach Osten), sodass er nach einem Tag erst rund 50 Minuten später wieder die gleiche Richtung bezüglich eines bestimmten Orts der Erdoberfläche hat und ebenso auch die von ihm ausgehenden Gravitationskräfte. Die Gezeitenkräfte beruhen jedoch nicht allein auf den Gravitationskräften.

Himmelsmechanik

Betrachten wir als Gezeiten erzeugendes Gestirn zunächst nur den Mond. Weil die Erde nicht eine unendlich große Masse hat, bewegt sich dieser in seiner Bahn nicht genau um den Erdmittelpunkt, sondern das System Erde–Mond dreht sich um seinen gemeinsamen Schwerpunkt, der innerhalb des Erdkörpers liegt, und zwar um drei Viertel des Erdradius vom Erdzentrum entfernt. Erde und Mond drehen sich also um diesen Schwerpunkt, wobei sie stets mit diesem Punkt auf einer Geraden liegen. Die Drehung bewirkt Fliehkräfte, sowohl bei der Erde als auch beim Mond. Diese Fliehkräfte halten den Gravitationskräften, mit denen sich beide Gestirne gegenseitig anziehen, genau das Gleichgewicht.

Dieses Gleichgewicht ist streng genommen nur für die Schwerpunkte beider Gestirne erfüllt, also praktisch nur für ihre Mittelpunkte. Jeder andere Punkt in diesen Körpern, also auch in der Erde, ist nicht im Gleichgewicht der Kräfte. Diese Ungleichgewichte von Gravitations- und Fliehkräften sind genau die Gezeitenkräfte. Ihre Ursache ist die Tatsache, dass Himmelskörper keine punktförmigen Massen, sondern ausgedehnte Körper sind. Gezeitenkräfte sind somit nicht auf das System Erde–Mond beschränkt. Es gibt sie bei allen Gestirnen des Universums, vor allem bei solchen, die nähere Begleiter haben, zum Beispiel bei allen Planeten, die von Monden umkreist werden, oder bei echten Doppelsternen, also Sternen, die umeinander kreisen. Gezeitenkräfte sind also universal und von ausschlaggebender Bedeutung für viele astrophysikalische Prozesse.

Mondgezeiten

Für die Gezeiten, die ein Himmelskörper auf einem andern erzeugt, gibt es eine einfache, anschauliche Formel. Betrachten wir zunächst die vom Mond auf der Erde erzeugten Gezeiten. Welche Größen dabei wirksam sind und in der Formel stehen müssen, kann leicht eingesehen werden. Da die Gravitation im Spiel ist, muss die Gravitationskonstante G vorkommen; ferner natürlich die Masse des Monds M_M und seine Entfernung von der Erde a_M. Als letzte Größe folgt der Winkel ε (im Bogenmaß), unter dem der Erdradius R, vom Mittelpunkt des Monds aus gesehen, erscheint. Dann ist das Gezeitenpotential W_M an dem Ort der Erdoberfläche, wo der Mond im Zenit steht,

$$W_M = \varepsilon^2 \frac{G \cdot M_M}{a_M}$$

An der Größe ε^2 erkennt man, dass das Potential davon abhängt, unter welchem Raumwinkel die Oberfläche des Gestirns, hier der Erde, vom erzeugenden Gestirn aus gesehen wird.

Für andere Orte der Erdoberfläche gibt es eine erweiterte Formel, auf deren Wiedergabe wir hier verzichten wollen. Aus dem erweiterten Potential können die Gezeitenkräfte berechnet werden. Aus den von ihnen erzeugten Deformationen des Erdkörpers ergibt sich, dass die Erde in der Verbindungslinie Erde–Mond lang gezogen und quer dazu eingeengt wird. Die Erde wird zu einem Ellipsoid, dessen große Achse zum Mond hin gerichtet ist.

Die Erde besitzt demnach zwei Flutberge: Der eine ist dem Mond zugekehrt, der andere befindet sich auf der abgewandten Seite. Die Existenz von zwei Flutbergen stößt oft auf Verständnisschwierigkeiten, weil es zwar einleuchtet, dass beim Stand des Monds im Zenit Flut herrschen muss. Dass aber auch auf der entgegengesetzten Seite der Erde Flut herrscht, liegt daran, dass hier die Fliehkraft die stärkere Kraft und vom Mond weggerichtet ist. Daran kann man erkennen, dass eigentlich beide Flutberge von verschiedenen Kräften ver-

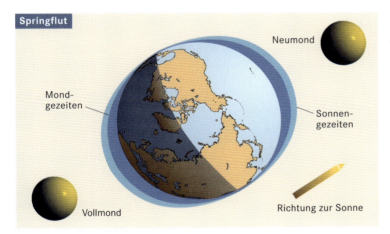

Die Stellung von Erde, Mond und Sonne zueinander bestimmt die **Fluthöhe der Gezeiten.** Wenn sich bei Neumond oder Vollmond die Gezeiten von Mond und Sonne überlagern, also alle zwei Wochen, entsteht Springflut. Wenn im ersten und letzten Viertel des Monds Mond- und Sonnengezeiten gegeneinander um 90° verdreht sind, tritt Nippflut ein.

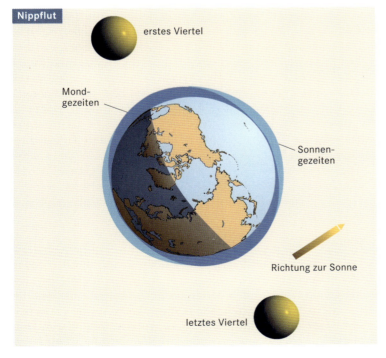

ursacht werden. Dort, wo die Erdoberfläche dem Mond zugewandt ist, wo also der Mond im Zenit steht, überwiegt seine Gravitationskraft, ist diese also größer als die entgegengesetzt gerichtete Fliehkraft; es bleibt dadurch eine zum Mond gerichtete Kraft, die Gezeitenkraft, übrig. Auf der vom Mond abgewandten Seite der Erdoberfläche, wo der Mond also im Nadir steht, überwiegt die Fliehkraft. Denn hier ist die Gravitationskraft des Monds wegen seiner größeren Entfernung relativ zum Erdmittelpunkt kleiner als die Fliehkraft. Die Differenz, das heißt die Gezeitenkraft, ist daher vom Mond weg gerichtet.

Sonnengezeiten

Auch die Sonne übt auf die Erde Gezeitenkräfte aus. Sie betragen 46 % von denen des Monds, wie man aus obiger Formel für die Potentiale von Sonne und Mond leicht berechnet. Die Einflüsse von Sonne und Mond addieren sich, wenn entweder Neumond oder Vollmond herrscht (Syzygien; Mond, Erde und Sonne stehen dann auf einer Geraden). Dann wird die Meeresoberfläche im offenen Ozean um 78 Zentimeter gehoben, es kommt zu Springfluten. Wenn Mond und Sonne dagegen im rechten Winkel zueinander stehen (Quadraturen), also im ersten oder letzten Mondviertel, dann subtrahieren sich die von beiden verursachten Gezeitenkräfte; die Meeresoberfläche auf dem offenen Meer steigt dann nur um 29 Zentimeter (Nippfluten).

Die Meeresgezeiten sollen hier nicht weiter betrachtet werden, da die Wassermassen beim Aufbau der Flutberge erst hinströmen müssen, was nicht ohne Verzögerung geht. Ferner gibt es in den Randbereichen der Ozeane, vor allem in Buchten, Mitschwinggezeiten durch Resonanzen der in den Becken der Randmeere eigenschwingenden Wassermassen mit zum Teil sehr großen Gezeitenhüben von vielen Metern, in der Fundybai (SO-Kanada) im Mittel bis 16 Meter, maximal bis 21 Meter, im Mündungstrichter des Severn 11 Meter. Diese Meeresspiegelschwankungen können zur Energiegewinnung in Gezeitenkraftwerken ausgenutzt werden. Das erste Kraftwerk dieser Art wurde 1966 bei Saint-Malo in der Bretagne gebaut, wo der Tidenhub 12 Meter beträgt. Es liefert jährlich eine Energie von 544 Millionen Kilowattstunden.

Die Gezeitenhübe des Erdkörpers, das heißt der festen Erdoberfläche, betragen immerhin zu Voll- und Neumond (zur Zeit der Syzygien) maximal 32 Zentimeter, zur Zeit der Quadraturen nur 12 Zentimeter.

Gezeitenreibung

Die Gezeitenströme, die in den Randmeeren bei Ebbe und Flut mit dem Abfließen und mit dem Auflaufen des Wassers verknüpft sind, üben auf den Meeresboden Reibungskräfte aus, vor allem in den Wattenmeeren. Die Reibungskräfte setzen die Bewegungsenergie des strömenden Wassers irreversibel in Wärme um. Woher kommt diese umgesetzte Energie? Sie stammt natürlich aus der mechanischen Energie der Erdrotation. Wenn wir uns bei einer Wattwanderung in die Strömung des abfließenden oder auflaufenden Wassers stellen und uns umspülen lassen, fühlen wir den Strömungswiderstand und bremsen dabei tatsächlich die Erdrotation ab.

Die Abbremsung der Erdrotation bedeutet eine Verminderung des Drehimpulses der Erde. Da jedoch der Gesamtdrehimpuls des Systems Erde–Mond nach den Gesetzen der Physik erhalten bleiben muss, geht der Drehimpulsverlust der Erde auf den Drehimpuls der Mondbahn über. Als Folge davon entfernt sich der Mond von der Erde mit etwa 1 Zentimeter pro Jahr, wie man aus dem Zugewinn des Mondbahn-Drehimpulses ausrechnen kann. Die Zunahme der Mondentfernung kann mit Laserimpulsen gemessen werden, die von Winkelreflektoren auf dem Mond reflektiert werden. Mehrere solcher Reflektoren, die auf dem Prinzip der prismatischen Rückstrahler an Fahrzeugen beruhen, wurden von Astronauten auf der Mondoberfläche aufgestellt. Es wird die Laufzeit der Laserstrahlen gemessen und mit der Lichtgeschwindigkeit multipliziert.

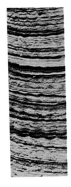

Wachstumsringe von Korallen aus dem Mitteldevon (vor etwa 380 Millionen Jahren). Die dunklen Ringe sind Jahresbänder mit besonders hoher Dichte, dazwischen sind Monatsbänder erkennbar (links ein vergrößerter Ausschnitt). Die täglichen Zuwachsstreifen (je etwa 0,05 Millimeter oder 200 pro Zentimeter), in diesem Maßstab nicht sichtbar, sind zu Wachstumsbändern zusammengefasst, die durch Einkerbungen, d. h. Stillstandsphasen, voneinander getrennt sind.

Die Zunahme der Tageslänge als Folge der Abbremsung der Erdrotation beträgt 2,05 Millisekunden pro 100 Jahre. Das ist anscheinend nicht viel; doch man darf die lange Dauer geologischer Zeiträume nicht vergessen. Vor 400 Millionen Jahren war der Tag um etwa 2 Stunden 13 Minuten kürzer als heute und hatte das Jahr noch rund 400 Tage, also rund 35 Tage mehr als heute. Das können die Geologen beweisen. Paläontologische Untersuchungen an fossilen Korallen, Stromatolithen und Muscheln, die bei ihrem Wachstum quasi »Jahresringe« und »Tagesringe« angesetzt hatten, bestätigen den aus obigem Messwert extrapolierten Wert für die kürzere Tageslänge in der Zeit der Wende vom Silur zum Devon vor rund 400 Millionen Jahren. Die Kalkbildung hängt vom Tageslicht ab, da zum Beispiel die mit den Korallentieren in Symbiose lebenden Algen (Zooxanthellen; sie liefern den Tieren Sauerstoff und binden das bei der Kalkausscheidung frei werdende Kohlendioxid) bei Dunkelheit keine Photosynthese durchführen können.

Hier erkennt man besonders gut, wie die verschiedenen Fachwissenschaften zur Aufklärung geowissenschaftlicher Probleme zusammenarbeiten. Um obigen Wert für die Abbremsung der Erdrotation ermitteln zu können, wurden auch Mond- und Sonnenfinsternisse der Antike benutzt, vor allem Beobachtungen der Griechen und Babylonier. So kann die Arbeit der antiken Astronomen auch heute noch zu aktuellen und wichtigen Fragen der Naturwissenschaften beitragen.

Erdmagnetismus

Wie andere Himmelskörper besitzt auch die Erde ein Magnetfeld. Schon im Altertum entstanden erste Vorstellungen über magnetische Erscheinungen und Eigenschaften. Die Bezeichnung Magnetismus geht auf die antike Stadt Magnesia am Sipylos in

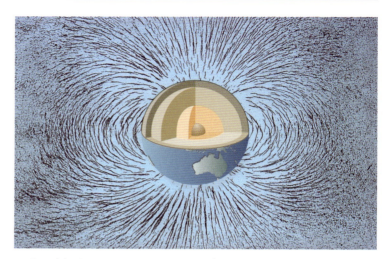

An der Erdoberfläche oder in ihrer Nähe entspricht das reguläre **erdmagnetische Feld** in guter Näherung dem eines Stabmagneten mit den magnetischen Polen in der Nähe der geographischen Pole. Man spricht daher von einem Dipolfeld. Die Feldlinien sind in der Abbildung mit Eisenspänen verdeutlicht.

Lydien (das heutige türkische Manisa) zurück, in deren Nähe »Magnetsteine«, das heißt Magnetitminerale (Fe_3O_4), gefunden wurden, von deren Eisengehalt magnetische Wirkungen ausgehen.

Das erdmagnetische Feld unterliegt sowohl kurzfristigen als auch langfristigen Veränderungen. Die langfristigen Veränderungen werden auch als Säkularvariationen bezeichnet. Die jeweilige Richtung des Magnetfeldes und deren Veränderungen sind in vielen Gesteinen, besonders in Basalten, konserviert. Solche Gesteine geben uns daher Aufschluss über Kontinentalverschiebungen, Veränderungen von Meeresgebieten und andere für die Entwicklung des Lebens wichtige Umgestaltungen der Erdoberfläche. Vielleicht schützte das erdmagnetische Feld die Lebewesen gegen kosmische Korpuskularstrahlung. Sogar ein direkter Zusammenhang zwischen dem Leben und den Veränderungen des Magnetfelds bei Polumkehr wurde vermutet, lässt sich aber nicht beweisen. Erwiesen ist dagegen ein anderer Einfluss des Erdmagnetismus: Durch eingelagerte winzige Magnetitkristalle können sich die unterschiedlichsten Organismen, von Bakterien bis zu Säugetieren, am Magnetfeld der Erde orientieren und in Verbindung mit andern Sinneswahrnehmungen bestimmte tages- oder jahreszeitliche Wanderungen oder auch Richtungsbestimmungen durchführen wie zum Beispiel Bienen, Brieftauben, Zugvögel und Fische.

Rotierende Magnete

In manchen Physikbüchern wird folgendes Problem behandelt: Rotiert ein ideales, axialsymmetrisches Magnetfeld eines Stabmagneten mit, wenn man den Magneten um seine Längsachse rotieren lässt, oder bleibt das Feld in Ruhe? Die Antwort ist eindeutig: Wenn der Mechanismus, der das Feld erzeugt, rotiert, muss auch das erzeugte Feld mitrotieren. Die meisten Himmelskörper, vor allem die Sterne, haben Magnetfelder. Der »Dynamo«, der sie erzeugt, befindet sich im Innern der Himmelskörper und nimmt an ihrer Rotation teil. Also muss auch das erzeugte Feld, das sich durch magnetische Kraftlinien beschreiben lässt, mitrotieren. Auch der Erdmagnetiker geht davon aus, dass die Feldlinien relativ zum Erdkörper ruhen. Genauer müsste man sagen: relativ zum äußeren Erdkern; der aber nimmt im Mittel voll an der Erdrotation teil.

Struktur des Erdmagnetfelds

Beim erdmagnetischen Feld unterscheidet man ein Hauptfeld und ein schnell veränderliches Variationsfeld. Das Hauptfeld hat seinen Sitz im Erdinnern; es unterliegt nur den langsamen Veränderungen der Säkularvariation. Es setzt sich formal aus einem im Erdmittelpunkt zentrierten Dipolfeld, dem quasihomogenen oder regulären Feld, und einem irregulären Feldanteil (Nichtdipolfeld oder Restfeld) zusammen, das mit zunehmender Entfernung von der Erdoberfläche rascher abklingt als das Dipolfeld. Das irreguläre Feld hat am erdmagnetischen Feld einen Anteil von 10 bis 30 Prozent, kann also nicht vernachlässigt werden. Diese Gliederung des Hauptfelds gilt nicht für die Feldentstehung, die als ein einheitlicher Dynamoprozess zu sehen ist; er unterliegt statistischen Schwankungen der antreibenden Konvektion und zwar bezogen auf ihre räumliche Konfiguration und den zeitlichen Ablauf.

Das Hauptfeld wird von einem sich rasch ändernden Variationsfeld überlagert. Erzeugt wird dieses in den elektrisch leitfähigen Schichten der Ionosphäre sowie durch elektrische Ströme, die beim Einfall der Plasmaströme des Sonnenwinds auf das Erdmagnetfeld entstehen, wobei es zu Ladungstrennungen kommt; es soll hier nicht behandelt werden.

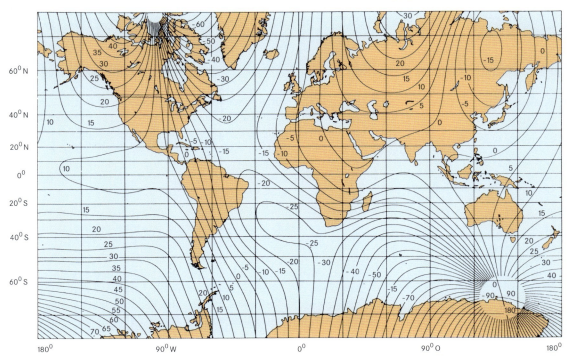

Weltkarte der **magnetischen Missweisung** (Deklination) für das Jahr 1980. Die Linien (Isogonen) geben die Orte gleicher Abweichung der Kompassnadel von der geographischen Nordrichtung an. In den magnetischen Polen laufen alle Linien zusammen. Während in Mitteleuropa die Missweisung nur wenige Grad beträgt, liegen zum Beispiel auf Grönland die Abweichungen zwischen 40° und 80°. Die magnetischen Pole verändern ihre Lage ziemlich rasch. Seitdem der britische Polarforscher James Clark Ross 1831 den nördlichen Magnetpol auf der Halbinsel Boothia in Nordkanada entdeckte, ist der Pol um einige hundert Kilometer nach Nordwesten gewandert. Gegenwärtig liegt er auf Bathurst Island.

Die Pole des Hauptfelds liegen dort, wo die magnetischen Kraftlinien auf der Erdoberfläche senkrecht stehen. Ihre geographischen Koordinaten (magnetischer Nordpol bei 76° nördlicher Breite, 103° westlicher Länge und magnetischer Südpol bei 70° südlicher Breite, 142° östlicher Länge) zeigen, dass ihre Verbindungslinie nicht durch den Erdmittelpunkt geht; dies wird vom irregulären Feldanteil bewirkt. Wegen der Säkularvariation verändert sich die Lage der Pole mit der Zeit; die obigen Angaben gelten für 1980. Im Zeitmittel über mehrere 1000 Jahre fallen sie jedoch mit den geographischen Polen zusammen.

Das Dipolfeld oder reguläre Feld wird festgelegt durch die geomagnetischen Pole B (borealer Pol) und A (australer Pol) mit den

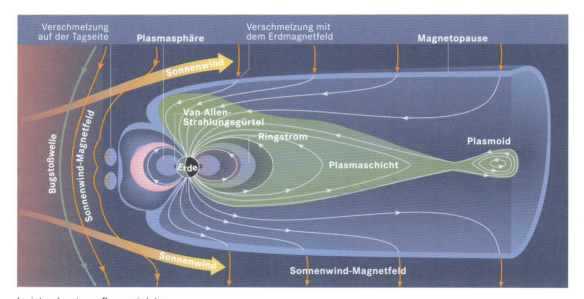

Im interplanetaren Raum wird das Dipolfeld der Erde durch den Sonnenwind stark deformiert. Die **Magnetosphäre,** das von der Magnetopause umschlossene Gebiet, ist daher auf der sonnenabgewandten Seite zu einem Schweif von etwa 1000 Erdradien Länge und 50 Erdradien Durchmesser ausgezogen. Auf der sonnenzugewandten Seite umfasst die Magnetosphäre 10 bis 12 Erdradien. Bei der Verschmelzung von Magnetfeldlinien im Schweif können Plasmaklumpen des Sonnenwinds, die Plasmoide, abgeschnürt und aus dem Schweif hinauskatapultiert werden. Die meisten geladenen Teilchen des Sonnenwinds werden um die Magnetosphäre herumgelenkt. Ein Teil wird von der Magnetosphäre eingefangen und bildet den Van-Allen-Strahlungsgürtel.

geographischen Koordinaten 79° nördlicher Breite, 71° westlicher Länge beziehungsweise 79° südlicher Breite, 109° östlicher Länge. Ihre Verbindungslinie, die Dipolachse, ist gegenwärtig um 11° gegen die Rotationsachse der Erde geneigt. Die Stärke des Dipolmoments beträgt zur Zeit rund $8 \cdot 10^{22}$ A·m².

Aus interplanetarer Sicht weicht das Erdmagnetfeld sehr stark von einem Dipolfeld ab. Durch den Sonnenwind, ein Plasma aus Protonen und Elektronen mit je etwa 5 Teilchen pro Kubikzentimeter, wird das Feld in größerem Erdabstand erheblich deformiert, nämlich auf der Sonnenseite zusammengedrückt und auf der abgewandten Seite zum magnetischen Schweif auseinander gezogen. Das von der Sonne kommende Plasma fällt mit der hohen Geschwindigkeit von etwa 500 km/s gegen das Erdmagnetfeld ein und wird hier unter Formung einer Stoßfront abrupt gebremst. Dahinter, in der Übergangszone, ist die Bewegung der Plasmateilchen ungeordnet. Die Grenzschicht zwischen Übergangszone und Erdmagnetfeld heißt Magnetopause; sie ist etwa 100 Kilometer dick und schließt den

Bereich des erdmagnetischen Felds, die Magnetosphäre, gegen den Weltraum ab. Das Erdmagnetfeld fängt in einer Zone bis etwa 10 Erdradien Protonen und Elektronen ein, die längs der Kraftlinien hin- und herspulen und den Van Allen-Strahlungsgürtel bilden.

Entstehung des erdmagnetischen Felds

Wie das erdmagnetische Feld entsteht, gehört zu den schwierigsten Fragen der Geophysik. Es wird im Wesentlichen nicht durch Magnetisierung der Krustengesteine, sondern von elektrischen Strömen im äußeren, flüssigen Eisenkern der Erde erzeugt, also in Tiefen zwischen 2900 und 5200 Kilometer. Wegen der Homogenität der leitfähigen Materie – ihre Leitfähigkeit beträgt etwa $10^6\,\text{A}/(\text{V}\cdot\text{m})$ – hat man es mit einem »homogenen Dynamo« zu tun, dessen Wirkungsweise bisher noch nicht befriedigend zu erklären ist. Denn es ist so, als ob man eine Dynamomaschine einschmelzen und erwarten würde, dass die Schmelze als Dynamo noch funktioniert. Der Dynamo soll ein schwaches Anfangsfeld verstärken und muss außerdem folgende Bedingungen erfüllen: 1. Feldstärke und Rotationsgeschwindigkeit eines Himmelskörpers sind korreliert. 2. Das Feld hat deutlichen Dipolcharakter. 3. Die Dipolachse fällt im zeitlichen Mittel mit der Rotationsachse zusammen. 4. Der Dynamo muss zeitliche Intensitäts- und Richtungsschwankungen des Felds zulassen. 5. Die Säkularvariation muss erklärt werden. 6. In statistischen Zeitintervallen müssen Feldumpolungen möglich sein.

Eine befriedigende Aufklärung der nicht nur in der Erde, sondern auch in den meisten Himmelskörpern wie Sonne und Sterne ablaufenden Dynamoprozesse ist nur mit einer mathematisch anspruchsvollen Behandlung möglich. Daran wird noch gearbeitet. Der Versuch einer anschaulichen Erklärung hat zu einer Reihe von Modellen geführt, die hier nicht wiedergegeben werden können. Es ist für das menschliche Denken typisch, dass wir zur Erklärung physikalischer Prozesse linear von Ursache zu Wirkung, von dieser wieder als Ursache zu einer weiteren Wirkung fortschreiten müssen, während die Natur das komplizierteste Zusammenspiel vieler Faktoren mühelos vollbringt. Magnetfelder sind im Kosmos eine derart häufige und grundlegende Erscheinung, dass es schwerfällt, sich deren Ursachen als Ergebnisse von raffiniert erdachten, eher gezwungen anmutenden Dynamomodellen vorzustellen. Man erwartet eigentlich, dass hier ein grundsätzliches physikalisches Prinzip am Werk ist.

Paläomagnetismus

Die Magnetisierung von Gesteinen ist vor allem an Eisenoxidminerale wie Magnetit, Hämatit und Ilmenit gebunden. Erst bei der Abkühlung und Erstarrung unterhalb einer bestimmten Temperatur, der Curie-Temperatur (materialabhängig, in diesem Fall etwa 50 °C), werden die Minerale heißer, fließfähiger Gesteins-Laven dauerhaft magnetisiert, das heißt in Richtung der magnetischen Feldlinien ausgerichtet. Diese gewissermaßen »eingefrorene« Magnetisierung nennt man thermoremanente Magnetisierung oder

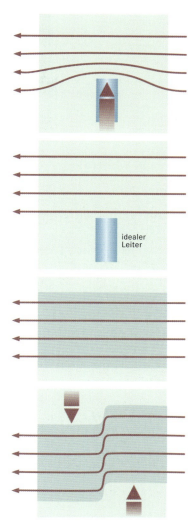

Verstärkungen eines Magnetfelds durch Bewegungen. Wegen der Größe des flüssigen Kerns und der langen Zerfallszeit des Felds sind die Feldlinien in der Materie »eingefroren« und werden mit ihrer Strömung fortgetragen. Oben: Wenn ein idealer elektrischer Leiter sich einem Magnetfeld nähert, werden an der Frontseite die Feldlinien gestaucht. Damit wird das Feld verstärkt; die Feldlinien können nicht in den Leiter eindringen. Die zur Feldverstärkung notwendige Energie stammt aus der Bewegungsenergie des Leiters. Unten: Bei Scherbewegung der Kernmaterie werden die Feldlinien in der Scherzone zusammengedrängt; dies hat ebenfalls Feldverstärkung zur Folge.

Paläointensitäten des erdmagnetischen Dipolfelds, gewonnen aus Messungen an Proben mit thermoremanenter Gesteinsmagnetisierung und deren Altersbestimmung. Der Mittelwert des Felds für den Zeitraum der letzten 5 Millionen Jahre entspricht der heutigen Stärke des Dipolmoments von $8 \cdot 10^{22}$ A · m². Auch im Zeitraum bis vor 27 000 Jahren schwankte das Feld im Rahmen dieser Größenordnung, war aber während des Ausklingens der letzten Vereisung deutlich schwächer. Im langen Zeitraum bis vor 2500 Millionen Jahren (mehr als die halbe Erdgeschichte hindurch), wies das Feld im Mittel den heutigen Betrag auf, war jedoch in den letzten 900 Millionen Jahren, vor allem vor 500 Millionen Jahren, sehr schwach. Dies war die Zeit der großen Landmasse Pangäa, in der offensichtlich die Aktivität im Erdkern und damit die erzeugte magnetische Intensität niedrig war. Der Wiederanstieg scheint mit dem Auseinanderbrechen Pangäas zusammenzuhängen. In den letzten 1000 Jahren verringerte sich die Feldstärke um etwa 40 %. Bei gleichlaufender Abnahme würde sie etwa im Jahr 4000 Null erreichen.

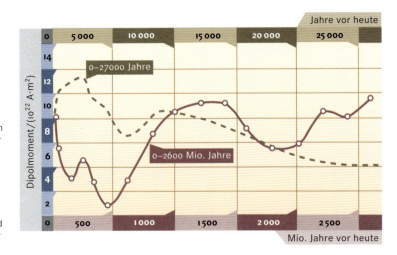

Thermoremanenz. Ähnliche Erscheinungen treten auch bei der Bildung mancher Sedimentgesteine auf, wenn im Meer absinkende Minerale wie kleine Kompasse magnetisch eingeregelt und bei der Diagenese fixiert werden (Sedimentationsremanenz). Dieser Paläo- oder fossile Magnetismus ermöglicht Aussagen über die Entwicklung des erdmagnetischen Felds, seiner Intensität und seiner Richtung. Er ist für mindestens 3,5 Milliarden Jahre belegt.

Über Richtungsänderungen, die im Zusammenhang der Plattentektonik vorkommen, gehen wir hier hinweg und wollen uns kurz die Paläointensitäten ansehen, das heißt den Dipolanteil des erdmagnetischen Felds. Interessant ist, dass sich die Stärke des Dipolmoments in einer bis 2600 Millionen Jahre zurückreichenden Zeit immer um den Wert $8 \cdot 10^{22}$ A · m² bewegte, jedoch in den letzten 900 Millionen Jahren kräftig abfiel, und zwar auf weniger als $1 \cdot 10^{22}$ A · m² vor 450 Millionen Jahren sowie auf $3 \cdot 10^{22}$ A · m² vor 200 Millionen Jahren. Dies war die Zeit des Auseinanderbrechens Pangäas.

Erdrotation und Zeit

Noch bis in die 30er-Jahre des 20. Jahrhunderts glaubte man, dass die rotierende Erde einer sehr gleichmäßig gehenden Uhr entspräche, wenn man einmal von säkulären oder sehr langperiodischen Änderungen absieht. Sie diente daher als Normaluhr, nach der alle andern Uhren gestellt wurden.

Die Entwicklung elektronischer Uhren brachte jedoch völlig neue Einsichten. Mit den berühmt gewordenen, 1934 von Adolf Scheibe und Udo Eberhard Adelsberger an der damaligen Physikalisch-Technischen Reichsanstalt in Berlin (heute PTB, Physikalisch-Technische Bundesanstalt) konstruierten Quarzuhren gelang der Nachweis von jahreszeitlichen Schwankungen der Erdrotation. Die Einführung der noch genaueren Atomuhren um 1955 offenbarte weitere Unregelmäßigkeiten und zwang die Astronomen, eine gleichmäßigere Zeitskala einzuführen und auf Uhren, die der Erdrotation folgen, zu verzichten.

Ephemeridenzeit

Die seit 1960 verwendete Zeitskala wurde Ephemeridenzeit genannt, weil sie aus den Ephemeriden, das heißt aus den gemessenen oder berechneten Bahnbewegungen der Gestirne abgeleitet war. Hierzu dienten vor allem Beobachtungen der Mondbewegung und der Merkurdurchgänge vor der Sonnenscheibe, deren Zeiten mit jenen aus den physikalischen Bahnberechnungen verglichen wurden. An die Stelle der ungleichmäßigen Erdrotation sollten die Bahnbewegungen nach den Newton'schen Gesetzen treten. Der Ephemeridenzeit liegt die Länge des tropischen Jahrs um 12 Uhr am 1. Januar 1900 zugrunde. Ihr Skalenmaß ist die Ephemeridensekunde, der 31 556 925,9747te Teil dieses Jahrs. Die Ephemeridenzeit hatte den Nachteil, dass man ihr Skalenmaß nicht einfach wie einen Längenmaßstab in die Tasche stecken konnte; sie musste immer erst aus den astronomischen Beobachtungen berechnet werden.

Für die bürgerliche Zeit galt weiterhin die aus der Erdrotation entnommene Zeitskala mit der Sekundenlänge als dem 86 400ten Teil der Tageslänge. Der unbefriedigende Zustand, dass es zwei verschiedene Sekunden gab, konnte erst durch jahrelange Verhandlungen in internationalen Gremien 1967 beendet werden: Die Sekunde wurde neu definiert im Internationalen Einheitensystem (SI). Die so definierte Sekunde konnte mit den außerordentlich genauen Atomuhren jederzeit dargestellt werden und wurde so gewählt, dass ihre Länge mit der Ephemeridensekunde der Astronomen möglichst gut übereinstimmt. Ihre Dauer ist festgelegt durch 9 192 631 770 Perioden der Strahlung, die dem Übergang zwischen den beiden Hyperfeinstrukturniveaus des Grundzustands des Nuklids Cäsium 133 entspricht.

Die Atomsekunde ist keineswegs konstant. Relativistische Effekte des Gravitationspotentials haben Einfluss auf die Frequenz der Atomuhren, also indirekt auch auf die Dauer der Atomsekunde. Diese wurde zwar auf das Potential des Meeresniveaus (das heißt auf das Geoid) bezogen, doch gibt es starke Einflüsse des Gravitationspotentials der Sonne wegen der Exzentrizität der Erdbahn. Alle Uhren gehen bei Stellung der Erde im Perigäum (Erde der Sonne am nächsten) um den Faktor $3,3 \cdot 10^{-10}$ langsamer als im Apogäum (sonnenfernster Bahnpunkt der Erde). Eine der zurzeit weltweit besten Atomuhren, die CS 2 der PTB in Braunschweig, die nur eine Gangunsicherheit von $1,5 \cdot 10^{-14}$ hat, würde rund 20 000fach gleichmäßiger gehen, wenn die Erdbahn ein Kreis wäre. Sie muss dem im Jahresrhythmus schwankenden Gravitationspotential folgen und verlangt Korrekturen, wenn es um sehr genaue Zeitmessungen an Objekten des Universums geht.

Rotationsschwankungen

Die relativen Schwankungen der Erdrotation betragen maximal $\pm 5 \cdot 10^{-8}$. Die Atomuhren, mit denen die SI-Sekunde dargestellt wird, gehen also um mehr als eine Million mal genauer als die »Erduhr«. Die Analyse des Zeitverhaltens der Schwankungen ergibt für

Die **Atomuhr CS 2** der Physikalisch-Technischen Bundesanstalt (PTB) in Braunschweig ist weltweit eine der genauesten Uhren. Während der Zeittakt bei den traditionellen Standuhren von einem Pendel und bei Quarzuhren von schwingenden Quarzkristallen bestimmt wird, gehen Atomuhren von der elektromagnetischen Strahlung aus, die ein Atom absorbiert oder emittiert. Die dafür erforderliche Mikrowellenstrahlung wird in einem Resonator erzeugt (induziert). Nach der heute gültigen Definition hat die SI-Sekunde die Dauer von 9 192 631 770 Perioden der Strahlung, die dem Übergang zwischen zwei Energieniveaus im Cäsiumatom entspricht (Hyperfeinstrukturniveaus des Grundzustands). Die Atomuhr CS 2 geht in zwei Millionen Jahren auf etwa eine Sekunde genau.

die Rotationsschwankungen der Erde drei verschiedene Arten und Ursachen:

(1) Die jährlichen Schwankungen führen auf eine Änderung der Tageslänge um $1/2$ Millisekunde im Jahreslauf. Hinzu kommt eine halbjährliche Schwankung um $1/3$ Millisekunde und eine zweijährliche. Sie sind fast vollständig zu erklären durch die variable Windzirkulation der Atmosphäre. Die halbjährliche Schwankung enthält einen von den Erdgezeiten bewirkten Anteil.

(2) Als größte Schwankung, von der Größenordnung $5 \cdot 10^{-8}$, gilt die als dekadisch bezeichnete, weil ihre Quasi-Periode einige Jahrzehnte beträgt. Über ihre Ursache wurde lange diskutiert, weil sich alle von außen einwirkenden Drehmomente und Laständerungen atmosphärischer, hydrosphärischer und tektonischer Herkunft um eine Größenordnung zu klein erwiesen. Die Ursache kann nur in einem Drehimpulsaustausch zwischen Erdmantel und Erdkern bestehen, der über eine magnetische Kopplung zustandekommt.

(3) Als dritte Art wird eine langsame Verzögerung der Rotationsgeschwindigkeit oder ein Anwachsen der Tageslänge, also eine säkulare Änderung der Erdrotation beobachtet. Als Ursache gilt die Gezeitenreibung, wie bereits bei der Besprechung der Gezeiten näher ausgeführt wurde. Das Anwachsen der Tageslänge beträgt im Mittel 2,05 Millisekunden in 100 Jahren.

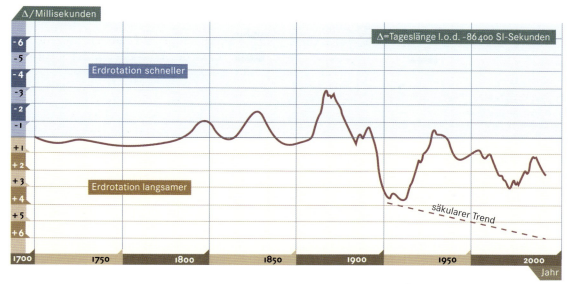

Die **Änderung der Tageslänge** (l.o.d. = length of day) zwischen 1700 und heute, angegeben als Differenz zwischen gemessener Tageslänge und 86 400 SI-Sekunden. Beachtenswert sind die großen Schwankungen zwischen −3 und +4 Millisekunden im Zeitraum von 1860 bis 1930. Sie gehören zu den zehnjährlichen Schwankungen, die nach 1780 mit großen Amplituden einsetzten. Der angegebene säkulare Trend ist durch die Gezeitenreibung bedingt.

Zeitskalen

Im Jahr 1972 wurde eine neue Zeitskala, die Internationale Atomzeit TAI (Temps Atomique International) eingeführt. Es handelt sich um eine Zeitskala, die aus den Zeitangaben der Atomuhren aller Zeitinstitute der Erde gemittelt wird (mit Gewichtung der Uhrenqualitäten). Wegen der säkularen Verzögerung der Erdrotation ist die dieser Skala zugrunde liegende SI-Sekunde schon heute zu kurz. TAI ging 1994 um 29 Sekunden vor gegenüber der nach dem Sonnenstand ausgerichteten koordinierten Weltzeit UTC (Universal Time Coordinated; Worte englisch, Wortstellung französisch). Diese UTC-Skala war notwendig, denn die Sonne richtet sich nicht nach TAI. Um eine am Sonnenstand orientierte Zeitskala für den bürgerlichen Gebrauch zu schaffen, wurde folgende Lösung gefunden: Beide Skalen, TAI und UTC, haben als Skalenmaß die SI-Sekunde (Atomsekunde), stellen jedoch jeweils die Atomzeit beziehungsweise die koordinierte Weltzeit dar. Außerdem sollen die Sekundensignale synchronisiert sein. Die Lösung besteht in der Einführung von Schaltsekunden. Die Differenz TAI−UTC=n sollte stets eine ganze Anzahl n von Sekunden betragen. Wenn man n kennt, braucht man nur eine der beiden Skalen. Schaltsekunden werden an UTC angebracht, wenn die Abweichung von UTC gegenüber TAI 0,9 Sekunden zu erreichen droht, und zwar je nach Bedarf Ende Dezember und/oder Ende Juni, notfalls auch vierteljährlich oder zu einem Monatsende.

Relativistische Effekte

Abläufe von Ereignissen erfassen wir in der Zeitkoordinate und legen sie mit Uhren quantitativ fest. Auch wenn heute Atomuhren diese Funktion erfüllen, orientieren wir uns doch praktisch am Sonnenlauf oder an der Erdrotation, was in der Zeitskala UTC zum

Ausdruck kommt. Für präzise Messungen der Erdrotation dient den Astronomen hierbei ein System von ausgewählten Fixsternen, weshalb man von einer globalen Messung sprechen kann.

Im Prinzip lässt sich die Erdrotation auch mit einem Pendel messen, wie es Jean Foucault 1851 im Pariser Panthéon vorgeführt hat, völlig losgelöst vom System der Fixsterne, ohne jeden Blick nach draußen, also in einem lokalen Bezugssystem. Das Pendel behält seine Schwingungsebene im Raum bei, und die Erde dreht sich darunter hindurch. Dass beide Messungen zum gleichen Resultat führen, hatte den österreichischen Physiker und Philosophen Ernst Mach tief beeindruckt. Denn ein absoluter Raum als Bezugssystem, in dem das Foucault-Pendel seine Schwingungsebene hätte orientieren können, existierte nicht, wie 1887 Albert Michelson und Edward Morley mit ihrem berühmten Interferometer-Experiment in Cleveland/Ohio gezeigt hatten. Mach war überzeugt, dass das Pendel seine Schwingungsebene im System der kosmischen Massen konstant hielt, also auch im geschlossenen Gebäude des Panthéons von den Sternen des Universums »wusste«. Diese Kenntnis konnte es nur durch die alles durchdringenden Gravitationskräfte der Massen des Univer-

Der **Pendelversuch** von **Léon Foucault** im Pariser Panthéon 1851 zum Nachweis der Erdrotation. Unter dem Pendel war ein kreisförmiges Geländer mit etwa drei Meter Radius aufgebaut. Das Geländer war mit Sand bestreut, ein Metallstift an der Unterseite der Pendelmasse hinterließ bei jeder Schwingung eine Spur im Sand. Als Folge der Trägheitskraft scheint sich in einem rotierenden Bezugssystem die Schwingungsebene eines Pendels bei genügend großer Pendellänge (in Paris 67 Meter) und -masse (28 Kilogramm) langsam relativ zur Erdoberfläche zu drehen (auf der Nordhalbkugel nach rechts, auf der Südhalbkugel nach links). Tatsächlich bleibt die Schwingungsebene aber erhalten, und die Erde dreht sich unter dem Pendel. Die Drehung der Horizontalebene hängt von der geographischen Breite ab. In Paris (48° 52') dreht sich die Ebene in einer Stunde um über 11°, eine volle Umdrehung dauert 32 Stunden (am Nordpol 24 Stunden). Der Pendeldurchgang durch den Sand auf dem Geländer bewegte sich von Schwingung zu Schwingung um drei Millimeter weiter.

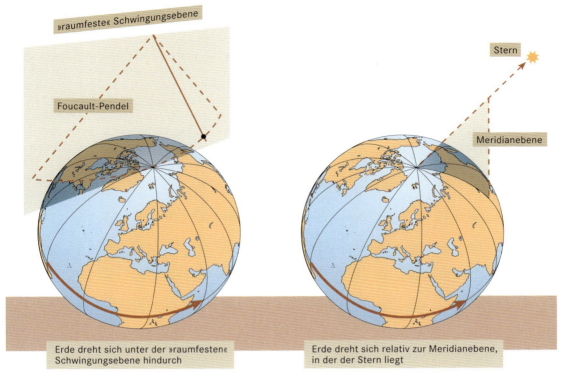

Erde dreht sich unter der »raumfesten« Schwingungsebene hindurch

Erde dreht sich relativ zur Meridianebene, in der der Stern liegt

sums erhalten. An die Stelle des Newton'schen absoluten Raums hatte das Gravitationsfeld des Universums zu treten.

Einen tieferen Einblick in die Problematik ermöglicht das folgende Gedankenexperiment: Man denke sich die rotierende Erde als für sich allein im Universum existierend; alle übrigen Massen denken wir uns entfernt. Mangels irgendwelcher anzupeilenden Marken im umgebenden Raum könnten wir dann gar nicht feststellen, ob die Erde rotiert oder nicht. Wegen der Nichtexistenz des absoluten Raums würden wir von einer Rotation der Erde gar nicht sprechen können; eine entsprechende Aussage wäre sinnlos. Dann gäbe es aber auch keine Fliehkräfte, von denen man auf eine Rotation schließen könnte. Da aber die Erde abgeplattet ist und entsprechende Fliehkräfte gemessen werden, kann die Erde nicht allein existieren. Es muss noch weitere Massen im Weltall geben, auf die man die Erdrotation beziehen kann. Diese Massen sollten sogar die Fliehkräfte erst induzieren. Wie viele Massen wären hier nötig oder ausreichend? Dieser Frage ging der Stuttgarter Physiker Friedrich Hund um 1950 nach. Er fand durch Rechnungen im Rahmen der Relativitätstheorie, dass erst die Massen des ganzen Weltalls imstande seien, ein globales Bezugsystem bereitzustellen, in dem die Erdrotation ohne »Schlupf« beschrieben werden kann; erst dann werden auch die quantitativ richtigen Fliehkräfte induziert.

Ein bekannter relativistischer Effekt ist ferner der Einfluss des Gravitationspotentials auf die Geschwindigkeit, mit der Zeit abläuft,

Messung der Geschwindigkeit der **Erdrotation** nach zwei verschiedenen Methoden. Links durch Vergleich mit der Schwingungsebene eines der Anschauung wegen über dem Nordpol aufgehängt gedachten Foucault-Pendels, rechts durch zweimalige Messung des Meridiandurchgangs (des Durchgangs durch die Meridianebene) eines weit entfernten Sterns. Nach der Foucault-Methode wird die Geschwindigkeit der Erdrotation allein mithilfe irdischer Objekte gemessen, ohne jeden Bezug auf äußere Objekte, während bei der Bestimmung anhand des Meridiandurchgangs auf ein äußeres Objekt oder allgemein auf das Universum Bezug genommen wird. Die zunächst überraschende Tatsache, dass die Messung nach beiden Methoden exakt das gleiche Resultat ergibt, ist nach dem Mach'schen Prinzip selbstverständlich, weil nach ihm die Schwingungsebene des Pendels aus dynamischen Gründen bezüglich des Universums konstant bleibt.

genauer gesagt auf die Gangfrequenz von Uhren. Einstein hatte im Rahmen der Relativitätstheorie abgeleitet, dass die Geschwindigkeit, mit der die Zeit abläuft und die auch die Gangfrequenz von Uhren bestimmt, eine lineare Funktion des Gravitationspotentials ist. So wird im starken Gravitationsfeld massereicher Fixsterne die Frequenz des abgestrahlten Lichts zu langsameren Schwingungen hin verschoben (gravitative Rotverschiebung).

Auf der Erde konnte von den Zeitinstituten nachgewiesen werden, dass die Atomuhren auf hohen Bergen schneller laufen als auf Meeresniveau. Es müssen folglich entsprechende Korrekturen angebracht werden, bevor die Uhrstände zur Atomzeit TAI beitragen können, deren Skalenmaß, die SI-Sekunde, ja auf das Meeresniveau bezogen wird.

Zeit und Expansion des Universums

Das Gravitationspotential des Universums hat den außerordentlich hohen Wert von im Mittel c^2, es ist also dem Quadrat der Lichtgeschwindigkeit gleich. Durch die Expansion nimmt es jedoch im Lauf kosmischer Zeiten ab. Die Konsequenz ist eine Zunahme der Uhrfrequenzen und damit ein schnellerer Ablauf der Zeit. Mit den Uhrfrequenzen erhöhen sich alle Geschwindigkeiten physikalischer, chemischer und auch biologischer Prozesse. Da aber Uhren oder Zeitmessungen bei der Messung aller physikalischen Konstanten wie der Gravitationskonstante und sämtlicher andern Kopplungskonstanten, der Massen und Kräfte erforderlich sind, unterscheiden sich die Messergebnisse zahlenmäßig von den heutigen nicht; die Veränderungen gegenüber den heutigen Prozessen werden gar nicht bemerkt, weil eben alles einfach im gleichen Maß schneller abläuft.

Die Frequenz einer Uhr beliebiger Bauart ist, wie oben dargelegt wurde und theoretisch und praktisch nachgewiesen ist, vom Gravi-

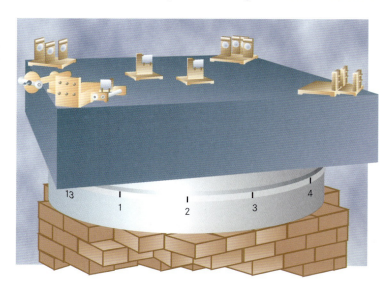

Die von **Michelson und Morley** 1887 verwendete Interferometer-Messanordnung nach einer Zeichnung in der Originalarbeit. Die optischen Elemente sind auf einer schweren Steinplatte montiert, die in einem Quecksilberbad schwimmt. Durch die Verwendung von je drei Spiegeln (an den Ecken der Platte) konnte die optische Weglänge im Vergleich zur ursprünglichen Anordnung etwa verzehnfacht werden.

tationspotential linear abhängig. Eine Atomuhr, die auf Meeresniveau eine bestimmte Frequenz hat und die an einen Ort höheren Niveaus transportiert wird, zum Beispiel zu dem 1650 Meter über dem Meer gelegenen US-Bureau of Standards in Boulder (Col.), geht dort um den Faktor $+1{,}8 \cdot 10^{-13}$ schneller. Dies ist keine Täuschung, denn bringt man die Uhr wieder auf Meeresniveau zurück, kann man an ihr ablesen, um wie viel sie auf dem höheren Niveau vorgegangen ist.

Die Frage, was mit der Uhr passiert, wenn sie in ein anderes Gravitationspotential kommt und ihre Frequenz entsprechend ändert, wird wohl selten gestellt. Die Uhr läuft auf einem Berg nicht deshalb schneller, weil einfach die Zeit schneller läuft. Sie geht dort schneller, weil sich ganz konkret diejenigen Bauelemente ändern, die die Frequenz bestimmen. Diese Feststellung bezeichnet eigentlich nur eine Identität: Die Änderung der frequenzbestimmten Bauteile ist mit der Aussage, die Uhr ändere ihre Frequenz, identisch. Foucault-Pendel und Uhrpendel erweisen sich als Schlüssel zum Verständnis der kosmologischen Folgerungen aus dem Mach'schen Prinzip.

Wir haben oben gesehen, dass die Tageslänge durch die Gezeitenreibung in 100 Jahren um 2,05 Millisekunden zunimmt. Der relativistische Effekt im Zug der Expansion des Universums würde dagegen die Tageslänge um 0,49 Millisekunden pro 100 Jahre verkürzen. Dies kann aber ein Beobachter, der an der Weltentwicklung teilnimmt, nicht bemerken, weil seine Uhr gegenüber einer heutigen Uhr genau um diesen Betrag schneller geht. Die Verkürzung der Tageslänge existiert nur bezüglich des heutigen Uhrgangs, also nur für einen Beobachter, der unsere heutige Zeitskala auf künftige Ereignisse projiziert.

Der Fluss der Zeit wird durch die Frequenz einer Atomuhr realisiert, also durch Massenträgheit und Kopplungskonstanten, die lineare Funktionen des Gravitationspotentials sind. Zeit erscheint also als eine Schöpfung des Gravitationspotentials. Die Frage vieler Menschen, warum das Universum so groß ist, findet hier eine Antwort: Nur durch diese gigantische Ansammlung von Materie und deren Gravitationspotential gibt es ausreichend Zeit für die Entwicklung von Kosmos, Erde und Mensch.   K. STROBACH

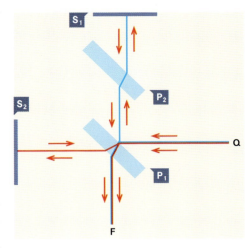

Prinzipskizze des **Michelson-Interferometers**. Das Licht geht von einer großflächigen Lichtquelle Q aus und wird an der Trennplatte P_1 in zwei kohärente Anteile gespalten, d. h. Anteile mit definierter Phasenbeziehung, von denen der eine an der halbdurchlässig verspiegelten Oberfläche der Platte P_1 in Richtung des Spiegels S_1 reflektiert wird und der andere durch die Platte P_1 in Richtung des Spiegels S_2 hindurchtritt. Nach der Reflexion an den Spiegeln und dem Hindurchtreten durch die Platte P_1 bzw. der Spiegelung an ihrer Oberfläche werden die beiden kohärenten Strahlanteile in Richtung des Beobachtungsfernrohrs wieder vereinigt, in dem ihre Interferenz beobachtet werden kann. Die Kompensationsplatte P_2 bewirkt, dass die Weglänge des Lichts in Glas auf beiden Lichtwegen gleich ist. Durch Beobachtung der Interferenzmuster lassen sich mit großer Genauigkeit Veränderungen der optischen Eigenschaften auf einem der beiden Wege im Vergleich zum andern – z. B. Änderung der Streckenlänge oder der Brechzahl – feststellen.

Plattentektonik und Kontinentaldrift

Über zwei Jahre lang machte der Vulkan Soufrière, einer der sieben aktiven Vulkane auf der zu den Kleinen Antillen gehörenden Insel Montserrat den 12 000 Bewohnern dieser britischen Kronkolonie zunehmend klar, wer ihr eigentlicher Herr ist. Er tat dies mit kilometerhohen Rauchsäulen und heftigen Eruptionen von glühenden Gasen, Aschen und Laven. Etwa zwanzig Menschen kamen dabei ums Leben. Der Vulkan überzog viele Dörfer und schließlich auch die Hauptstadt Plymouth mit Lava und Asche. Im August 1997 entschlossen sich die Behörden zur Evakuierung des Südteils der Insel, wo die Mehrzahl der Bevölkerung lebte. Es war höchste Zeit, wie sich zeigte, denn die nun auftretenden Eruptionen übertrafen alle vorherigen bei weitem an Stärke; sie vernichteten Siedlungen und Anbauflächen. Der Süden der Insel wird für Jahre unbewohnbar bleiben. Aber nicht alle Bewohner verließen die Insel ganz; einige

Alfred Wegener, 1880–1930, war Geophysiker und Meteorologe in Hamburg und Graz. Er kam bei seiner vierten Expedition zum Inlandeis Grönlands ums Leben. Seine erstmals 1912 vorgetragene dynamische Theorie über das **Wandern der Kontinente** stand im Gegensatz zu den damals vorherrschenden statischen Theorien über die Verteilung von Meeren und Kontinenten. Zusammen mit späteren Messungen der ozeanischen Krustenbildung war sie jedoch der Ausgangspunkt der modernen Plattentektonik.

Die **Karte** zeigt neben dem Zusammenpassen der Küste oder der Schelfränder von Südamerika und Afrika weitere geologische Übereinstimmungen, auch zwischen Nordamerika und Europa, die Hinweise auf eine früher andere Lage der Kontinente geben.

K einstmals zusammenhängender Strang der kaledonischen Gebirgsbildung (vor 570–370 Mio. Jahren); **V** früher durchgehender Strang der variskischen Gebirgsbildung (vor 370–220 Mio. Jahren); **E** Band von etwa 50% der Eisenerz-Lagerstätten der Erde. Kreuzschraffiert sind kratonische Kerne, Grundgebirge, in denen die ältesten bekannten festländischen Gesteine entblößt sind. Sie überbrücken zum Teil Afrika und Südamerika, ebenso wie Trendlinien von Strukturen des späten Präkambriums.

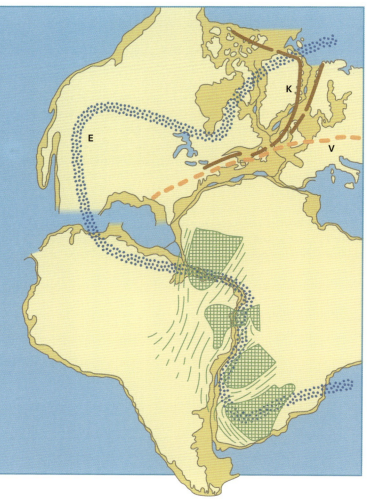

ließen sich im weniger gefährdeten, aber landwirtschaftlich kaum nutzbaren Norden nieder.

17. Juli 1998. Es ist kurz vor 19 Uhr Ortszeit, als drei gigantische Flutwellen, von Fachleuten als »Tsunami« bezeichnet, die Nordwestküste Papua-Neuguineas verwüsten. Eine knappe Viertelstunde zuvor registrieren die seismischen Stationen im Pazifikraum nördlich der Insel ein Seebeben; es hat die Stärke 7,1 auf der Richter-Skala. Die Deformation der untermeerischen Erdkruste bringt riesige Wassermassen in Bewegung. Eine extrem schnell laufende Druckwelle pflanzt sich vom Epizentrum des Bebens im Wasser fort. Sie nähert sich mit einer Geschwindigkeit von fast 800 km/h der Nordwestküste der Insel. Auf dem offenen Meer kaum als Welle wahrnehmbar, türmt sie sich im Uferbereich zu einer zehn Meter hohen Walze auf. Die schreckliche Bilanz: Ein langer Küstenstreifen der Insel wird von dem Tsunami geradezu niedergewalzt. Mehrere Tausend Küstenbewohner sterben in der Flutwelle.

Geburt einer neuen Theorie

Statisch, praktisch unveränderlich und immer gleich, so erscheint uns gewöhnlich die Erde mit ihren Kontinenten und Meeren. Nur unverhofft eintretende gewaltige Naturkatastrophen weisen darauf hin, dass sie dynamischer ist, als es meist den Anschein hat. Dann allerdings ändert sie urplötzlich ihr Gesicht – mit verheerenden Folgen, wenn es besiedelte Gebiete trifft. Dass die Erde tatsächlich ein ausgesprochen dynamischer Planet ist, der sich ständig verändert, ja auf dem – im wortwörtlichen Sinn – zu jeder Zeit globale Umwälzungen stattfinden, ist kaum jemand wirklich bewusst.

Auch den meisten Geologen blieb diese Dynamik bis in die 1960er-Jahre verborgen. Als einzelne Wissenschaftler wenige Jahre zuvor Beobachtungen gemacht hatten, die das überkommene Bild infrage stellten, riefen sie mit ihren Hypothesen über dynamische Erdprozesse bei ihren Kollegen massiven Widerstand hervor. Erst ein in dieser Zeit im Rahmen des Tiefseebohrprojekts »Deep Sea Drilling Project« in Dienst gestelltes amerikanisches Bohrschiff, die »Glomar Challenger«, brachte Gewissheit. Von diesem Schiff aus konnten Bohrungen in Meerestiefen bis 6000 m angesetzt und dann noch bis zu 750 m Bohrtiefe niedergebracht werden. Dieses ursprünglich rein amerikanische Forschungsprojekt, dem 1974 neben andern Ländern auch die Bundesrepublik Deutschland beitrat, dauerte von 1968 bis 1983 und lieferte Resultate, die Klarheit in die Vorstellungen über die Entwicklungsgeschichte der Erdoberfläche brachten. Es revolutionierte eine ganze Wissenschaft und trug entscheidend zum Verständnis der Entstehung der Ozeane bei. Diese beruht auf gewöhnlich verborgenen Prozessen, für welche Erd- und Seebeben und Vulkanausbrüche deutlich wahrnehmbare Zeugnisse sind.

Eine Ahnung von diesen Prozessen gaben die Umrisse und die Lage der Kontinente auf Weltkarten. Beim Betrachten fällt die »Passgenauigkeit« der Ostküste Südamerikas mit der Küstenlinie

Wedelstück des Baumfarns **Pecopteris arborescens** aus dem Unterrotliegenden (Unterperm) bei Manebach im Thüringer Wald.

Die zungenförmigen Blätter des baumförmigen, bis über 6 m hohen Samenfarns **Glossopteris** aus dem Permokarbon der Südhalbkugel konnten bis zu 30 cm lang werden. Sie waren eine Nahrungsgrundlage der säugetierähnlichen Reptilien. Die maschig geaderten Blätter waren von einem Mittelnerv durchzogen.

Alfred Wegener rekonstruierte einen **Urkontinent Pangäa** durch Zusammenfügen der heutigen Kontinente und unter Verwendung des paläoklimatologisch-paläobotanischen Beweismaterials aus dem Karbon und dem Perm. Die tropischen Pecopteris-Baumfarne des karbonischen Steinkohlenwalds lassen auf die Lage des damaligen Äquators schließen. Zu dieser Pecopteris- oder euramerischen Flora gehörten auch Samenfarne, Bärlapp- und Schachtelhalmgewächse. Die zu den Bärlappgewächsen zählenden Lepidodendren oder Schuppenbäume kamen auch in höheren Breiten vor. Im kühlgemäßigten Klima der Südhalbkugel wuchsen üppige Wälder aus Samenfarnen (Glossopteris), Schachtelhalmen und Gingkos (Glossopterisflora). Das Polargebiet ist durch die Spuren der permokarbonischen Vereisung (Gletscherschrammen, Tillite) belegt. Man geht heute davon aus, dass damals der eurasische Kontinent durch einen breiten Ozean (Tethys) von den Südkontinenten getrennt war und Indien noch vor der Nordostküste Afrikas lag.

Westafrikas auf. Sollten etwa beide Kontinente einmal eine einzige Landmasse gebildet haben? Die Frage stand im Raum. Doch zu ungeheuerlich schien die Vorstellung, dass ganze Kontinente – als wären sie Treibeis – sich über Tausende von Kilometern hinwegbewegen können. Und vor allem: Wie hätte man einen solchen Vorgang erklären und beweisen können?

Alfred Wegeners Verdienste

Die verblüffenden Übereinstimmungen fielen im Jahr 1910 auch dem Marburger Meteorologen Alfred Wegener auf. Wie andere zuvor fragte er sich, ob Südamerika und Afrika früher einmal eine zusammenhängende Landmasse gebildet haben könnten. Sollten sie vor langer Zeit auseinander gebrochen und auseinander gedriftet sein und dabei den Atlantischen Ozean gebildet haben? Wegeners Verdienst besteht darin, dass er es nicht bei den Fragen beließ, sondern sie wissenschaftlich anging. Er suchte nach Indizien, die eine Antwort geben könnten.

Zunächst hielt auch er den Gedanken von wandernden Kontinenten für unwahrscheinlich und verwarf ihn sogar zunächst wieder. Doch kurze Zeit später fiel ihm eine paläontologische Abhandlung in die Hand. Der Autor spekulierte darin über ehemalige Brückenkontinente, also längst versunkene Landbrücken, durch welche früher einmal die heute getrennten Kontinente verbunden gewesen sein könnten.

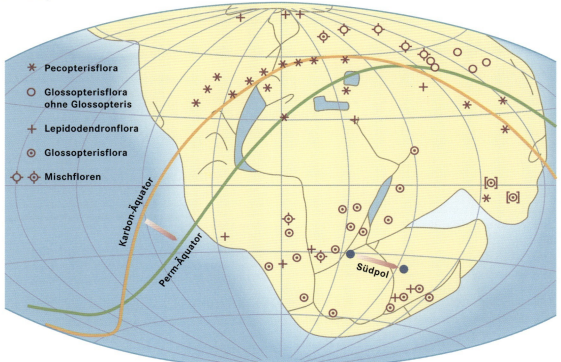

Einige Paläontologen hielten die Annahme von Landbrücken – und zwar nicht nur zwischen Amerika und Europa – für notwendig. Wiederholt stießen sie auf Fossilien identischer Tier- und Pflanzenarten in zwei Kontinenten, die heute durch tiefe Ozeane getrennt sind. Nachdem Charles Darwin Mitte des 19. Jahrhunderts die Grundlagen für die Theorie der Evolution gelegt hatte, konnte die logische Schlussfolgerung aus diesem Phänomen nur lauten: Während diese Arten entstanden und sich entwickelten, muss es zwischen zwei kontinentalen Populationen einen ungestörten Austausch über Land gegeben haben – zum Beispiel über Landbrücken hinweg.

Wegener war indes klar, dass größere Landbrücken, gar ganze Kontinente, nicht einfach im Meer versinken können. Schließlich schwammen die leichteren, also aus weniger dichten Gesteinen aufgebauten kontinentalen Blöcke gleichsam auf dem dichteren Gesteinsmaterial des Erdmantels. Sie konnten ebenso wenig sinken wie im Meer treibende Eisschollen oder Eisberge. Wegener deutete daher das Auftreten gleicher Fossilfunde als Indiz dafür, dass die heute getrennten Kontinente ursprünglich zusammenhingen. Er prägte für diesen »Urkontinent«, eine riesige Landmasse, die im Mesozoikum auseinander gebrochen sein musste, den Namen Pangäa. Er sprach in diesem Zusammenhang von einer »Kontinentaldrift«, einem Prozess, von dem er annahm, er dauere immer noch an.

Für die Geologen seiner Zeit waren Wegeners Vorstellungen völlig inakzeptabel. Doch er suchte unermüdlich nach weiteren Hinweisen aus der Paläontologie, der Paläoklimatologie, der Geologie, Geophysik, Geodäsie und der Astronomie, um seine Theorie der Kontinentaldrift zu erhärten. Dabei standen ihm noch nicht die heutigen Methoden der Seismologie, Ozeanographie und der Erforschung des Erdmagnetismus zur Verfügung. Obwohl er eine Reihe weiterer Indizien für die Relativbewegung der Kontinente zusammentrug, musste er deshalb letztlich den wissenschaftlichen Beweis für die Richtigkeit seiner Theorie schuldig bleiben.

Wegener gebührt auch das Verdienst, als Erster nach den antreibenden Kräften der Kontinentaldrift gefragt zu haben. Aber auch hier war er auf Spekulationen angewiesen und bemühte die in ihrer Größe völlig unzureichende »Polfluchtkraft«.

Hypothese einer schrumpfenden Erde

Zu Wegeners Zeiten prägte der österreichische Geologe Eduard Sueß die europäische Geologie mit der schon 1829 von Elie de Beaumont aufgestellten Schrumpfungstheorie. Danach sollte die sich abkühlende Erde wie ein trocknender Apfel schrumpfen, dessen Haut Runzeln bekommt – ein Bild für die Faltengebirge. Sueß pos-

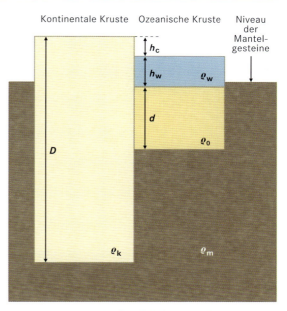

Mit **Isostasie** wird das Schwimmgleichgewicht der kontinentalen und ozeanischen Krustenblöcke im säkularflüssigen Gesteinsmantel der Erde bezeichnet. Es bedeuten D und ϱ_k Dicke und Dichte der kontinentalen Kruste, d und ϱ_o Dicke und Dichte der ozeanischen Kruste, h_w und ϱ_w Tiefe und Dichte der Ozeane, h_c Höhe der Kontinente über dem Meeresniveau, ϱ_m Dichte der Mantelgesteine. In jedem Niveau unterhalb aller Blöcke herrscht jeweils überall der gleiche Druck.

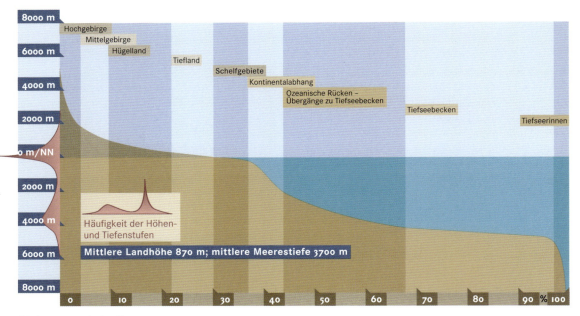

Die **hypsometrische Kurve** veranschaulicht den Anteil der einzelnen Höhenstufen am Relief der Erde (einschließlich der Meeresböden). Sie zeigt zwei Hauptniveaus: Den Kontinentalblock mit dem Schelf (35% der Erdkruste) um den Mittelwert +870 m und die Tiefseetafel (56%) um den Mittelwert −3700 m. Sie sind verbunden durch den Kontinentalabhang (9%).

tulierte, dass die bruchfähige Erdkruste in Blöcke zerfällt, die mehr oder weniger tief absinken, um der schrumpfenden Unterlage zu folgen. Man stellte sich die Kontinente als höher liegende Schollen vor, die Ozeanbecken hielt man für schon tiefer eingesunkene Gebiete.

Wegener wandte sich gegen die Sueß'sche Theorie mit einem scharfsinnigen Argument. Er wies darauf hin, dass ein Großteil der festen Erdoberfläche eins von zwei Niveaus bevorzugt: Die Kontinente erheben sich im Mittel 100 Meter über den Meeresspiegel, und die mittlere Tiefenlage der Meeresböden befindet sich in 4700 Meter Tiefe. Aufgrund statistischer Gesetzmäßigkeiten, so Wegeners Argument, dürfte es nach der Sueß'schen Auffassung vom zerbrochenen Schollenmosaik nur ein mittleres Niveau geben, um das die Höhen und Tiefen der Erdoberfläche gemäß einer Gauß'schen Verteilungskurve schwanken.

Wegener deutete damit als Erster die so genannte hypsometrische Kurve richtig, nämlich im Sinn der Isostasie, also dem Schwimmgleichgewicht der leichteren, aber dickeren kontinentalen Kruste und der dichteren, aber nicht so mächtigen ozeanischen Kruste über dem plastischen Gesteinsmaterial des Erdmantels.

Die geologische Fachwelt blieb lange Zeit – bis über die Mitte des 20. Jahrhunderts hinaus – dem statischen Bild von der Erde verhaftet. Lediglich dort, wo sich dynamische tektonische Prozesse nicht leugnen ließen, wie bei der Vulkan- und Gebirgsbildung, den Erdbeben und den Schollenverschiebungen, gestand man dem Erdkörper eine gewisse Beweglichkeit zu. Doch horizontale Verschiebungen ganzer Kontinente, gar globale Umschichtungen im Erdinnern – so etwas galt den meisten damaligen Geologen als absurd. Die »Stabilisten« – und damit die überwiegende Mehrheit der Geologen – blieben ihrer konservativen, auf Bewahrung angelegten Vorstellungswelt verhaftet.

Benioff-Zonen

Es bedurfte neuer Methoden und Beobachtungen, um zu einer neuen Sicht zu gelangen. Erst im Lauf der 1960er-Jahre war die Zeit dafür reif. Für neue Beobachtungsmöglichkeiten sorgten ganz verschiedene Zweige der Geowissenschaften, insbesondere die Seismologie, die Erforschung des Meeresbodens und erdmagnetische Messungen auf dem Meer. Ein erster Schritt, der schließlich zur Entdeckung eines Grundprozesses der Plattentektonik führte, waren Untersuchungen über die Verteilung der Tiefbebenherde auf der Erde.

Erdbeben zeugen von Bewegungen im Gesteinsuntergrund. Bei den meisten und bei allen größeren Erdbeben kommt es zu mechanischen Scherbewegungen an zumeist schon vorhandenen Bruchflächen innerhalb der kühlen und damit bruchfähigen Gesteine der oberen Erdkruste. Sie bildet gleichsam ein Mosaik aus größeren und kleineren Gesteinsblöcken, die durch ein Netz von Klüften voneinander getrennt sind. Druck- und Zugspannungen sowie die von diesen Kräften bewirkten Deformationen führen zu dieser Struktur.

Für gewöhnlich laufen solche Deformationen unmerklich und langsam ab. Solange die Gleitflächen durch Wasserfilme oder durch den feuchten Brei aus zerriebenem Gestein gut geschmiert sind und solange sich nicht Vorsprünge an den Bruchflächen ineinander verhaken, gleiten die Gesteinsmassen ruhig aneinander vorbei. Kommt es jedoch zu einer Blockade, dann entstehen Spannungen, bis die ineinander verhakten Unebenheiten, die so genannten Asperities (aus dem Englischen), wegbrechen. Die aufgestaute Spannung löst sich mit einem Ruck – ein Erdbeben findet statt. Die zum Teil Hunderte Kilometer langen Bruchflächen der Erdkruste, an denen es immer wieder zu Erdbeben kommt, zeugen davon, dass es offenbar eng umgrenzte Zonen gibt, an denen besonders starke Scherdeformationen auftreten.

Bis zur Mitte der 1930er-Jahre war unbekannt, dass es Erdbebenherde auch in größeren Tiefen des Erdmantels und nicht nur in der kühlen, bruchfesten Erdkruste gibt. Verbesserungen der Seismographie und des Zeitdiensts sowie der weltweite Ausbau von Observatorien erlaubten es nun, nicht nur die geographische Position eines

Nord-Süd-Schnitt durch das Alpenvorland und die Alpen vom Bodensee über Chur bis Bergamo. Die Untergrenze der Kruste fällt von 30 km Tiefe im Norden auf rund 55 km unter den Alpen ab und steigt weiter südlich wieder an. Diese Gebirgswurzel entsteht durch die **isostatische Wirkung** der herausgehobenen Gebirgsmassen: Damit auch das Gebirge mit seiner zusätzlichen Masse ein Schwimmgleichgewicht erreichen kann, müssen hier die Krustengesteine tiefer in den Mantel eintauchen. Wird die Gebirgsmasse durch Abtragung verringert, kommt es folglich zur Hebung. Die Linien entsprechen Flächen gleicher Geschwindigkeit der seismischen P-Wellen, die Zahlen geben diese in Kilometer pro Sekunde an. Die rotbraune Zone im Alpenkörper ist eine Zone niedrigerer Geschwindigkeit infolge der hier höheren Temperaturen.

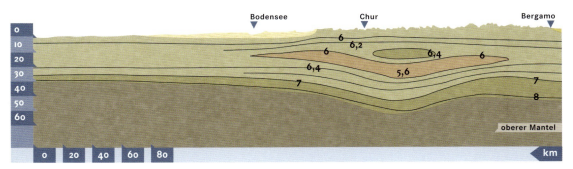

Bebenherds an der Erdoberfläche – das Epizentrum – zu bestimmen, sondern auch dessen Tiefe, also das Hypozentrum und damit den tatsächlichen Entstehungsort des Bebens. Überrascht stellten die Seismologen fest, dass die Hypozentren mancher Erdbeben bis in Tiefen von etwa 700 Kilometer reichten. Derart tiefe Erdbebenherde traten allerdings nur in ganz bestimmten Gebieten auf.

Diese Beobachtung schien der Annahme zu widersprechen, dass Erdbeben nur dort auftreten können, wo die Temperaturen so niedrig sind, dass das Gestein bruchfähig bleibt. Bei einer Tiefe von etwa 20 Kilometer sah man hierfür eine physikalische Grenze. Unterhalb dieser Tiefe sollten die zum Erdinnern ansteigenden Temperaturen für ein duktiles Gesteinsverhalten, eine leichte Verformbarkeit sorgen. Spannungen sollten sich dort durch Fließprozesse und nicht durch Bruchvorgänge abbauen und Erdbeben daher auf die obere Kruste beschränkt sein.

Die Existenz viel tieferer Erdbebenherde gab den Geologen ein Rätsel auf, das – wie wir später sehen werden – erst die Theorie der Plattentektonik befriedigend lösen konnte. Die Vorarbeit hierfür verdanken wir dem US-amerikanischen Seismologen Hugo Benioff. Am California Institute of Technology (Caltech) in Pasadena zeichnete er 1954 alle bis dahin instrumentell erfassten Erdbebenherde in eine dreidimensionale Karte ein, die neben der Erdoberfläche als dritte Koordinate die Tiefe enthielt. Sie bot ein erstaunliches Muster: Hinsichtlich der geographischen Lage reihen sich die Epizentren der Beben zu einer perlschnurartigen Kette auf, die den Pazifischen Ozean umrandet und sich von Neuguinea über Indonesien, Hinterindien, den Himalaya, den Persischen Golf bis über den Mittelmeerraum erstreckt.

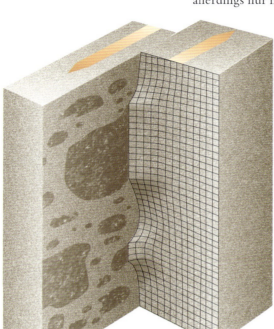

Ausschnitt einer **Erdbeben-Herdfläche** vor einem Beben. An den dunkleren Flächenteilen (Asperities) »kleben« die beidseitigen Stirnflächen der sich aneinander vorbei schiebenden Gesteinsblöcke noch fest zusammen und werden dadurch bis zur Erreichung der Bruchspannungen elastisch deformiert, wie das eingezeichnete Gitternetz verdeutlicht. An dem Ausmaß der Verzerrungen erkennt man, dass im Bereich der kleinen Asperities (unten) die Deformationen deutlich größer sind als an der großen Asperity und eher zum Bruch führen, das heißt zu kleinen Vorbeben. Schließlich halten aber auch die großen Asperities die wachsende Gesamtspannung nicht mehr aus: Es kommt zu ruckartigen Bewegungen und damit zu Erdbeben (Hauptbeben).

Noch interessanter war die räumliche Verteilung der Tiefbebenherde. Diese setzen nämlich bei den Tiefseerinnen an, die den Inselbögen des westlichen Pazifiks, den Tonga-Kermadec-Inseln und dem indonesischen Inselbogen vorgelagert sind, und bilden relativ dünne, dachartig zwischen 30° und 60° geneigte Flächen. Sie tauchen in die Tiefe des Erdmantels ab, und zwar zumeist in Richtung des angrenzenden Kontinents. Diese seismisch aktiven und mit vulkanischer Tätigkeit in Verbindung stehenden Zonen wurden Benioff-Zonen genannt.

Bruchfestes Gestein in 700 Kilometer Tiefe?

Manche Geologen suchten zunächst nach einer Erklärung für die Bruchfähigkeit des Materials in diesen Tiefen des Erdmantels. Ende der 1950er-Jahre glaubte man ausschließen zu können, dass Gesteinsbrüche Tiefbeben verursachen. Stattdessen spekulierte man etwa über explosionsartige Vorgänge. Doch es sollte sich he-

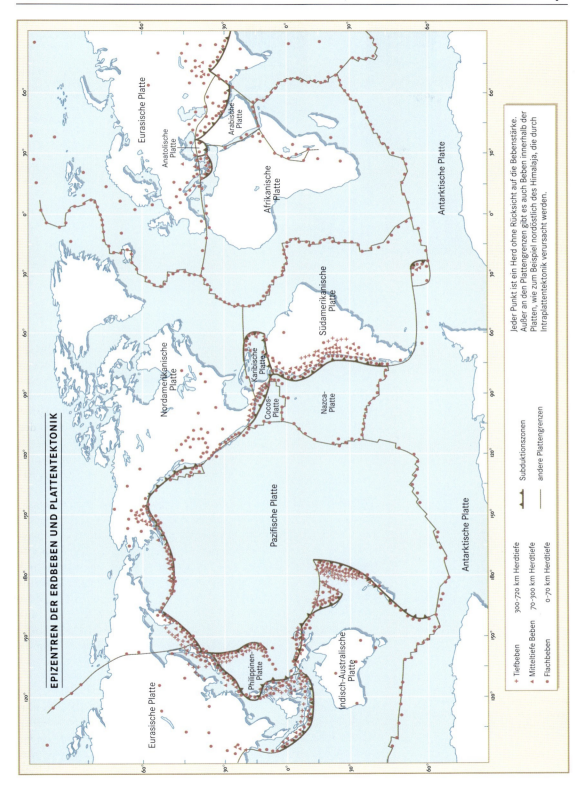

Das **Erdbeben von Kōbe** (Japan) vom 17.1.1995 zerstörte auch den Hanshin-Express-Highway; es forderte über 5500 Tote, fast 27 000 Verletzte und über 300 000 Obdachlose. Das Beben wurde nahe dem Tripelpunkt der Eurasischen, der Pazifischen und der Philippinen-Platte ausgelöst, unweit des Japan-Grabens und der damit in Verbindung stehenden Subduktionszone. Die Herdtiefe betrug 8 km, die Magnitudenstärke 7,2.

Als **Kissen-** oder **Pillow-Lava** bezeichnet man Lava von kissen- bis sackartiger, meist aber wulst-, röhren- bis schlauchartiger Form, die unter Wasserbedeckung, vor allem am Meeresboden entstanden ist. Infolge der raschen Abkühlung des heißen Magmas im kalten Meerwasser sind die »Kissen« oder »Schläuche« (Durchmesser meist 0,5 bis 1 m) von einer glasigen, geschichteten Kruste umgeben und von radialen Schwundrissen durchzogen.

rausstellen, dass bei diesen Tiefbeben tatsächlich kühles und daher bruchfähiges Gesteinsmaterial im Spiel ist.

Sofort schloss sich das nächste Rätsel an: Wie kann Gestein in Tiefen bis zu 700 Kilometer bruchfest bleiben? Eine der Hypothesen setzte Beweglichkeit im doppelten Sinn – Beweglichkeit sowohl der Erde als auch des Denkens – voraus. Für die »Mobilisten« unter den Geowissenschaftlern, die in Alfred Wegener einen ihrer geistigen Väter sahen, lag die Vermutung nahe, dass das bruchfeste Gestein von der Erdkruste bis in diese Tiefe des Mantels transportiert wurde. Eine solche Hypothese empfanden die »Stabilisten« als eine noch absurdere Idee als Wegeners Konzept vom horizontalen Driften der Kontinente. Aber auch sie sollte sich als richtig erweisen.

Ozeanische Gebirge

Ein zweites Phänomen führte die Geologen gleichsam auf direktem Weg zur Plattentektonik. Anfang der 1950er-Jahre begannen Geologen damit, die Meeresböden zu erforschen und erdmagnetisch zu vermessen. Sie nahmen die Topographie und geologische Natur der Meeresböden von Forschungsschiffen aus systematisch unter die Lupe. In den Sechzigerjahren entstanden topographische Karten von allen Ozeanböden. Auch sie zeigten ein interessantes Muster.

Besonders auffällig sind die so genannten mittelozeanischen Rücken. Gewaltige Gebirgsketten – es sind die größten der Erde – durchziehen die Ozeane. Im Atlantik reicht dieses untermeerische Gebirge, der Mittelatlantische Rücken, vom Europäischen Nordmeer bis in den Südatlantik. Südlich von Afrika biegt der Rücken nach Osten ab in den Indischen Ozean. Dort spaltet sich das Rückensystem in den Zentralindischen Rücken, den Arabisch-Indischen Rücken und den Bengalischen Rücken auf. Letzterer heißt auch Neunzig-Grad-Ost-Rücken, weil er fast exakt dem Meridian 90° Ost folgt. Als Indisch-Antarktischer Rücken setzt sich ein Zweig in das Süd-

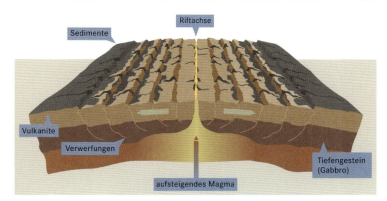

Die **mittelozeanischen Rücken** entstehen an den Spreizungsachsen, den Riftzonen. Heißes Magmamaterial steigt hier an den sich öffnenden Plattengrenzen auf, beginnt infolge der Druckentlastung zu schmelzen und sich in einer Magmakammer zu sammeln. Während ein Teil der Schmelze auskristallisiert und ein Gabbro genanntes Tiefengestein bildet, quillt anderes Magma durch senkrechte Schlote zum Meeresboden empor; hier erstarrt es zu basaltischen Vulkaniten in Form von Kissenlava und Lavadecken. Durch weitere aufsteigende Lava wird die neu entstandene Kruste bald zur Seite gedrängt und von Meeressedimenten überlagert. Infolge von Kontraktion (durch Abkühlung) und seitlichem Abwandern werden die Krustengesteine von Verwerfungen durchsetzt. In periodischer Abfolge dringt immer wieder neues Magma in die Magmakammer ein und hält so den Prozess der Meeresbodenbildung in Gang.

pazifische Becken fort und knickt als Ostpazifischer Rücken nach Norden ab, wo er im Golf von Kalifornien endet.

Zusammen mit weiteren, kleineren Verzweigungen erreicht das Gesamtsystem eine Länge von etwa 60 000 Kilometer; die mittlere Breite der Rücken beträgt 1300 Kilometer, ihre Gipfel erheben sich im Durchschnitt 2500 Meter über die angrenzenden Tiefsee-Ebenen. Von »mittel«-ozeanischen Rücken zu sprechen ist indes nur für den Atlantik, allenfalls noch für den Indischen Ozean zutreffend. Einige dieser Gesteinsketten befinden sich in ozeanischen Randlagen, wie etwa der Ostpazifische Rücken. Daher ist es sinnvoller, von ozeanischen Rücken oder Riftzonen zu sprechen. Die Bezeichnung Rift (englisch »Riss, Spalte«) bezieht sich auf ein wesentliches Kennzeichen dieser Gebirgsrücken: In ihren Kamm ist eine 20 bis 30 Kilometer breite, längs verlaufende, tiefe Zentralspalte, eben das Rift,

Erdmagnetische Streifenmuster über dem Reykjaneds-Rücken, einem Teil des Mittelatlantischen Rückens südwestlich von Island (violett umrandetes Rechteck in geographischer Skizze). Unten ist der Kurvenverlauf der Messwerte aus drei Profilen dargestellt, darunter die oberste Schicht der abwechselnd positiv (heutige, normale Polarität; violette Farbe) und negativ magnetisierten Kruste, die von der Rückenachse mit einem Zentimeter pro Jahr wegdriftet.

Die **Glomar Challenger** verließ im Dezember 1968 den Hafen von Dakar, um auf der Höhe des 30. Breitengrads im Atlantik anhand von Sedimentuntersuchungen der Bohrkerne die Theorie des Seafloor-Spreadings zu prüfen. Die Idee dabei: Je weiter entfernt man vom Mittelatlantischen Rücken bohrt, desto älter müssen nach der Theorie der basaltische Untergrund und die darauf zuunterst abgelagerten Sedimente sein. Das Alter der Sedimente bestimmten die Paläontologen der Expedition anhand der in den Bohrkernen eingebetteten Fossilien. Nach mehreren Bohrungen – jeweils in zunehmendem Abstand zur Längsachse des Rückens – stand fest: Das Alter der zuunterst gefundenen Fossilien – und damit die Zeit, in der die basaltische Gesteinsunterlage entstanden sein musste – stimmte an jeder Bohrstelle exakt mit dem nach der Theorie vorausgesagten Alter überein. Neben den Daten der magnetischen Kartierung und absoluten Altersbestimmung lieferte nun die sedimentologische Datierung einen davon unabhängigen Beweis, dass das emporquellende Gestein am Mittelatlantischen Rücken die untermeerischen Platten um durchschnittlich zwei Zentimeter pro Jahr seitwärts auseinanderschiebt.

eingesenkt. Solche Riftzonen gibt es auch auf Kontinenten, vor allem im Ostafrikanischen Grabensystem. Diese von Seen durchzogene und von Vulkanismus begleitete tektonische Störungszone setzt sich über die Afarsenke und das Rote Meer (auch hier ist eine Zentralspalte ausgebildet) in den Jordangraben fort und endet im Süden der Türkei. In diesem System zeigt sich eine beginnende Zerspaltung der Afrikanischen Platte.

Entstehungsgeschichte der ozeanischen Rücken

Die geologische Struktur dieser gewaltigen Rücken- und Spaltensysteme gab schon einen Hinweis auf ihre Entstehungsgeschichte. Ozeanische Rücken bildeten sich nämlich, weil im Lauf der Erdgeschichte ständig oder in Intervallen Basaltlava aus dem Erdmantel aufstieg, sich am Meeresboden in Form von Kissenlava verfestigte und dann offensichtlich zur Seite geschoben wurde, um dem nachfließenden Magma Platz zu schaffen.

Die topographische Karte der Meeresböden zeigte damit die Erde in völlig neuem Licht. Es tauchten Fragen auf, deren Beantwortung mit der Vorstellung von einer stabilen Erde nicht vereinbar war. Die

Diese eindrucksvolle Abbildung der **Topographie des Meeresbodens** wurde mit dem 1978 von der NASA gestarteten Satelliten Seasat gewonnen. Sein Radar-Höhenmesser lieferte auf etwa 5 bis 10 Zentimeter genau ein vollständiges Bild der Höhen der Meeresoberfläche. Diese bildet feinere Strukturen des Meeresbodens ab, indem die höhere Schwerkraft über Bodenerhebungen zu einer Aufwölbung der Meeresoberfläche, über Tälern zu einer Absenkung führt. Die Topographie des Meeresbodens paust sich also auf die Meeresoberfläche durch. Isostatisch kompensierte Strukturen werden nicht abgebildet. Man erkennt deutlich die Striemung der durch die Plattendrift erzeugten Bodenwellungen, insbesondere auch die »Schweißnaht« der Hawaii- und Emperor-Vulkanketten.

nahe liegende Frage lautete: Wo bleibt all das Material der Erdkruste, wenn gigantische Mengen Magma aus der Asthenosphäre zur – untermeerischen – Erdoberfläche gefördert werden und die Erdkruste dennoch nicht an Umfang zunimmt?

Das Aussehen der ozeanischen Rücken legt die Vermutung nahe, dass sich von hier aus der Meeresboden durch den aufsteigenden Magmanachschub ständig erweitert. Dieses »Auseinanderquellen« oder Ausbreiten des Meeresbodens bezeichnen Geologen mit dem englischen Begriff »Seafloor-Spreading«. Den Beweis, dass es sich bei den ozeanischen Rücken tatsächlich um kilometerdicke (80 bis 100 km) Schichten von Gesteinen handelt, die sich ständig neu anlagern und dabei das ältere Material zur Seite schieben, lieferten schließlich erdmagnetische Messungen.

Die »magnetische Geschichte« der Erde

Um diesen Zusammenhang nachvollziehen zu können, muss man sich vergegenwärtigen, dass das erdmagnetische Feld sich mit der Zeit ändert. Wer einen Kompass benutzt, kennt dieses Phänomen. Wenn man die Nordrichtung mit einem Kompass bestimmen möchte, muss man sich über die so genannte Missweisung informieren. Sie gibt den Winkel zwischen der gesuchten geographischen Nordrichtung und der magnetischen Nordrichtung an, den die Magnetnadel anzeigt. Die Missweisung, deren Größe sich von Jahr zu Jahr merklich ändert, beruht auf der Säkularvariation des erdmagnetischen Felds. Hierbei handelt es sich um Änderungen des feld-erzeugenden mechanischen beziehungsweise elektrischen Stromsystems im äußern Kern der Erde.

Anfang des 20. Jahrhunderts entdeckten Geowissenschaftler, dass sich das magnetische Feld der Erde geradezu dramatisch verändern kann. So untersuchte etwa der französische Physiker Bernard Brunhes im Jahr 1905 basaltische Gesteinsproben im französischen Zentralmassiv bei Pontfarein. Überrascht stellte er fest, dass seine Proben entgegengesetzt zum heutigen Feld magnetisiert waren. An andern Orten beobachteten Geologen dasselbe Phänomen. Immer wieder stießen sie auf »verkehrt« magnetisierte Gesteinsproben.

Zunächst versuchte man, die Umpolungen als spontane Ummagnetisierung der Gesteine zu erklären – ein Phänomen, das sich manchmal im Labor beobachten lässt. Doch die Altersbestimmung der Gesteine schloss diese Erklärung rasch aus. Alle umgekehrt magnetisierten Gesteine, die man über die Welt verstreut gesammelt hatte, sind nämlich jeweils nur in ganz bestimmten Epochen entstanden. Bei zufälliger Selbstumpolung hätte man hingegen umgepolte Gesteine aus allen erdgeschichtlichen Epochen finden müssen. Vor allem Basaltgesteine haben nämlich die Eigenschaft, beim Abkühlen aus der magmatischen Schmelze die Richtung des jeweils herrschenden Erdmagnetfelds »einzufrieren«. Sie bewahren über geologische Zeiten diese Orientierung als thermoremanente Magnetisierung bei.

Daraus ergab sich folgende Hypothese: Das Erdmagnetfeld muss sich im Lauf der Erdgeschichte wiederholt vollständig umgepolt haben. Dank der Altersbestimmung der Gesteinsproben mittels radiometrischer Methoden ließ sich so etwas wie ein »magnetischer Kalender« – also eine Zeitskala der Umpolungen im Erdmagnetfeld – erstellen. Diese Zeitskala, die durch umfangreiche Messungen immer weiter verbessert wurde, belegt, dass die beiden magnetischen Pole ihre Positionen in unregelmäßigen Zeitintervallen vertauschen, die durchschnittlich einige Hunderttausend Jahre dauern. Zeichnet man die Zeitdauer der unterschiedlich langen magnetischen Polungsperioden maßstabgetreu auf und ordnet man ihnen jeweils die Farbe Schwarz oder Weiß zu, so entsteht eine Abbildung, die dem Waren-Strichcode auf Verpackungen ähnelt.

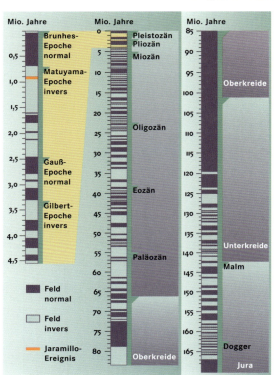

Zeitschema der **Umpolungen des erdmagnetischen Felds** bis zur Dogger-Stufe des Jura (vor 165 Mio. Jahren). Links vergrößerter Ausschnitt der letzten 4,5 Mio. Jahre mit den nach bekannten Erdmagnetikern benannten Epochen. Kurze Umpolungen heißen »Ereignisse« und sind nach den Orten benannt, wo sie in Gesteinsschichten entdeckt wurden (Jaramillo liegt in der Provinz Santa Cruz im südlichen Argentinien).

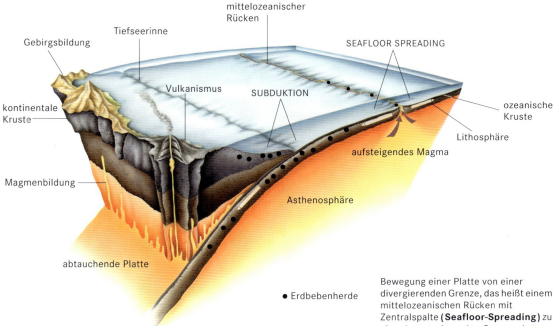

Bewegung einer Platte von einer divergierenden Grenze, das heißt einem mittelozeanischen Rücken mit Zentralspalte (**Seafloor-Spreading**) zu einer konvergierenden Grenze, das heißt zur Subduktion unterhalb einer Tiefseerinne (**Subduktionszone**). Das aus der Asthenosphäre aufsteigende Magma verfestigt sich zu Krustengestein (ozeanische Kruste), das durch Abtauchen der Platte wieder der Asthenosphäre zugeführt wird. Die überlagernde kontinentale Kruste bleibt im Wesentlichen erhalten. Das beim Abtauchen der Platte sich wieder erhitzende Gesteinsmaterial (Magmenbildung) findet Möglichkeiten, durch Schwächezonen in der kontinentalen Kruste zur Oberfläche aufzusteigen, Vulkane zu bilden und zur Gebirgsbildung beizutragen. Durch ruckartige Bewegungen werden Erdbeben ausgelöst.

Magnetischer Strichcode auf dem Meeresboden

Doch nun zurück zur Frage, wie sich mit erdmagnetischen Messungen das Seafloor-Spreading beweisen ließ. Eine Reihe amerikanischer Forscher benutzte die magnetische Zeitskala, um Gewissheit über die Entstehungsgeschichte der ozeanischen Rücken zu erhalten. Da diese Rücken ebenfalls aus basaltischem Gestein bestanden und daher die jeweilige Magnetisierung beim Erstarren der Gesteinsschmelze beibehalten haben mussten, sollten sie ebenfalls ein »Strichcode-Muster« zeigen, wenn man die Magnetisierung des Gesteins senkrecht zur Rückenachse verfolgte.

Systematisch kartierten Geologen daraufhin eine Reihe von Meeresgebieten in engen magnetischen Profilen. Zog man von den gemessenen Werten das mittlere magnetische Erdfeld ab, so blieben abwechselnd große positive oder negative Störungen übrig. Aufgezeichnet ergab sich exakt dasselbe Polungsmuster, wie man es von der magnetischen Zeitskala der an Land gefundenen Gesteinsproben kannte. Die Pionierarbeit auf diesem Gebiet leisteten 1963 die beiden britischen Geophysiker Frederick John Vine und Drummond Hoyle Matthews.

Seafloor-Spreading

Wie bereits erwähnt, steigen beim Seafloor-Spreading heiße Magmen aus dem oberen Erdmantel in den Längsachsen der ozeanischen Rücken auf. Um sich Platz zu schaffen, drücken sie,

Unter den tektonischen Platten liegt die **Asthenosphäre,** eine rund 200 Kilometer mächtige Gesteinsschale geringerer Viskosität, die den langsamen Gleitbewegungen der Platten von maximal 10 Zentimeter pro Jahr nur einen relativ geringen Widerstand entgegensetzt. Eine alltägliche Beobachtung hilft, sich den geologischen Prozess zu verdeutlichen: Auf asphaltierten Wegen sprießen hin und wieder Grasbüschel. Scheinbar haben sie sich mit großer Kraft durch die Asphaltdecke hindurchgebohrt und diese aufgebrochen. Tatsächlich ist der Kraftaufwand der Pflanzen hierfür sehr gering, weil der Asphalt auf das langsame Pflanzenwachstum praktisch wie eine Flüssigkeit oder eine plastische Masse reagiert. Nur auf schnelle Druckbelastungen – etwa ein darüber rollendes Fahrzeug – reagiert der Asphalt wie ein fester Körper. Dieses Verhalten ist typisch für so genannte **Säkularflüssigkeiten.** Es tritt auch bei den Gesteinen der Asthenosphäre auf.

Tektonisch gehört **Island,** das mitten auf dem Mittelatlantischen Rücken liegt teils zur Nordamerikanischen, teils zur Eurasischen Platte. Es ist wahrscheinlich vor 15 bis 20 Millionen Jahren, also seit dem Jungtertiär, aus dem Meer aufgetaucht. Von pleistozänen Flutbasalten eingefasst, zieht sich mitten durch die Insel in 350 km Länge und 40 bis 50 km Breite, in Südwest-Nordost- bis Süd-Nord-Richtung, die noch aktive, neovulkanische Zone; im Süden ist sie in zwei Äste aufgespalten. Die tektonischen Bewegungen verlaufen meist sehr langsam, können aber auch ruckartig erfolgen und von Erdbeben begleitet sein. Durch geodätische Messungen wurden immer wieder die an einzelnen Spalten und Gräben innerhalb der Zentralzone ablaufenden Dehnungs- und Senkungsbewegungen registriert.

unter kontinuierlichem Anschweißen neuen Materials, die beiden durch die Zentralspalte getrennten Lithosphärenplatten auseinander. Die Lithosphäre ist die äußere starre Schicht der Erde. Sie besteht aus der Erdkruste und dem obersten Teil des Mantels und ist etwa 80 Kilometer dick. Die Lithosphäre liegt der Asthenosphäre auf und zerfällt in einzelne Platten.

Die seitwärts wegdriftenden Platten wachsen am Rückenzentrum immer wieder nach. Die oberste Schicht bilden Tholeiit-Basalte, Ausschmelzungen aus den Gesteinen der Asthenosphäre, die sich aus den Mineralkomponenten Plagioklas, Klinopyroxen, Olivin und Hypersthen zusammensetzen. Sobald sich das neu aufsteigende Gesteinsmaterial unter die so genannte Curie-Temperatur – sie liegt für Magnetit bei 580°C – abkühlt, »friert« es die gerade herrschende Polarisierung des Erdmagnetfelds als thermoremanente Magnetisierung ein. Träger dieser Magnetisierung sind magnetische Minerale wie Magnetit und Hämatit.

Aufgrund dieses Prozesses liefern die Gesteinspakete, die zu beiden Seiten des Rückens wegdriften, eine lückenlose Dokumentation des Ablaufs der erdmagnetischen Feldumpolungen in der Form positiver oder negativer Magnetisierungen. Überlagert man nun gleichsam das am Meeresboden gemessene Streifenmuster mit der Zeitskala der magnetischen Feldumpolungen und bringt beide Streifenmuster zur Deckung, so sieht man nicht nur, dass mit zunehmender Entfernung von der Rückenachse das Alter der Gesteine zunimmt, man kann damit auch abschätzen, wie rasch sich der Meeresboden seitwärts ausbreitet; mit andern Worten, wie schnell sich die beiden Lithosphärenplatten horizontal bewegen.

Alte und neue Fragen tun sich damit auf: Wo bleiben die von den Rückenachsen beidseitig weggeschobenen Platten? Nehmen die Ozeanböden ständig an Fläche zu? Wäre das Letztere der Fall, dann würde sich die Erdoberfläche ständig vergrößern, die Erde müsste also expandieren. Solche Expansionshypothesen gibt es durchaus; sie

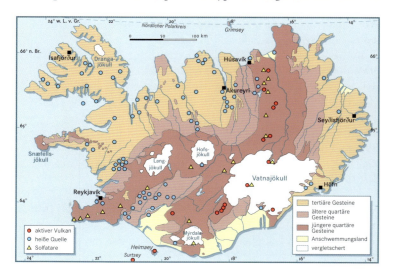

fordern zwingend, dass die Gravitationskonstante im Kosmos abnimmt, aber vermutlich trifft eher das Gegenteil zu.

Subduktion

Das Seafloor-Spreading und die rätselhaften Benioff-Zonen sind die Schlüssel zum Verständnis der Plattentektonik. Das erste Phänomen macht deutlich, wie Horizontalbewegungen von Lithosphärenplatten überhaupt zustande kommen. Das zweite Phänomen zeigt gleichsam die Kehrseite der Medaille: Schließlich müssen die Lithosphärenplatten, die an einer Stelle untermeerisch wachsen, an einer andern Stelle verschwinden, wenn der Umfang der Erdoberfläche konstant bleiben soll. Das Seafloor-Spreading löst das alte Rätsel, weshalb bruchfest gebliebenes, kühles Gestein bis weit in den heißen Erdmantel vordringen kann.

An zwei Besonderheiten der Benioff-Zonen muss man sich nun erinnern: Sie treten nicht an beliebigen Stellen auf, sondern entlang von Gürteln, und sie zeigen an, dass bruchfeste Gesteinsmassen tief – bis zu 700 Kilometer – in den Erdmantel abtauchen. Vor diesem Hintergrund lag es nahe, in den Benioff-Zonen diejenigen tektonischen Plattenränder zu sehen, die beim Zusammenstoß mit angrenzenden Platten schräg nach unten abtauchen. Die Tiefbebenherde der Benioff-Zonen, so die Überlegung weiter, markieren die Orte, an denen die Plattenteile wieder in den Erdmantel zurücksinken. Das Abtauchen einer Platte unter eine angrenzende Platte nennt man Subduktion.

Nachfolgende Untersuchungen zeigten, dass viele geologische Vorgänge sich sehr gut durch das Phänomen der Subduktion erklären lassen. Die Gesteine dieser Platten kühlen auf dem Weg von den Rückenachsen zu den Benioff-Zonen so weit aus, dass ihre Dichte über derjenigen der Gesteine in der Asthenosphäre liegt. Daher müssen sie absinken. Ihre Bruchfähigkeit behalten sie jedoch noch lange Zeit bei, und zwar solange, bis ihre Temperatur wieder der des umgebenden Erdmantels entspricht, sie also viskos reagieren und damit ihre Bruchfähigkeit verlieren. Da die rund 80 Kilometer dicken lithosphärischen Gesteine relativ schlecht Wärme leiten, müssen sie sich ungefähr 10 Millionen Jahre lang aufheizen, um die Bruchfestigkeit zu verlieren.

Gleitet nun eine Platte zirka zehn Zentimeter pro Jahr schräg abwärts, dann hat sie nach 10 Millionen Jahren 100 Millionen Zentimeter oder 1000 Kilometer zurückgelegt. Berücksichtigt man einen mittleren Abtauchwinkel von 45°, dann stößt die unterste Plattenfront bis in ungefähr 700 Kilometer Tiefe vor – sie befindet sich da-

Der **Vulkanismus Islands** wird auf einen Hot Spot zurückgeführt, der direkt unter dem Mittelatlantischen Rücken lokalisiert ist. Unter dem Vatnajökull, dem größten Gletscher Europas, liegt ein Vulkan, die Grimsvötn, dessen Aktivität infolge der Eisbedeckung besonders spektakuläre Auswirkungen haben kann. Mit dem von einer Reihe schwerer Erdbeben begleiteten Ausbruch vom 30. 9. 1996 schmolz der Vulkan ein Loch in die Eisdecke und stieß 3000 bis 4000 m hohe Aschewolken aus. Es folgten Lava-Eruptionen. Einen Monat später trat der erwartete Auslauf der angestiegenen Wassermassen aus dem subglazialen Calderasee ein. Die 4 bis 5 m hohe Flutwelle richtete an der Südküste schwere Schäden an.

mit genau in jener Tiefe, in der die tiefsten Bebenherde auszumachen sind.

Das heißt nun nicht, dass die subduzierten Platten auf diesem Niveau aufhören zu existieren. Ihr Gesteinsmaterial vermischt sich unter Umständen nur sehr langsam mit den umgebenden Gesteinen des Erdmantels. Es ist daher möglich, dass Fragmente der unsprünglichen Platte bis zur Kern-Mantel-Grenze absinken und sich erst dort mit dem Material der dortigen thermischen Grenzschicht vermischen; ein Beben verursachen diese Bruchstücke aber nicht mehr.

Mantelkonvektion – Motor der Plattentektonik

Über die Grundprozesse der Plattentektonik, das Seafloor-Spreading, die horizontal sich bewegenden Lithosphärenplatten und schließlich die Subduktion in den Benioff-Zonen sowie über weitere, noch zu schildernde Details herrscht heute in der Geologie Einigkeit. Kontroversen oder zumindest unterschiedliche Auffassungen entzünden sich an der Frage, welche geologischen Kräfte die tektonischen Platten bewegen und welche thermischen Konvektionsbewegungen im Erdmantel stattfinden – mit andern Worten: wie der Motor der Plattentektonik, die Mantelkonvektion, funktioniert. Unbestritten ist, dass die Energiequelle dieser Bewegungen die Wärme im Erdinnern ist. Die Wärmeenergie stammt jeweils zur Hälfte aus dem Zerfall der natürlich radioaktiven Elemente – wie Uran, Thorium und Kalium 40 (^{40}K) – im Gestein des Erdmantels und aus der Restwärme, die frei wird, wenn der flüssige äußere Eisenkern an der Grenze zum festen innern Kern »ausfriert«.

Konvektionsströmungen im Erdmantel spielen mit Sicherheit bei den Grundprozessen der Plattentektonik eine Rolle. Doch handelt es sich dabei nicht unbedingt, wie oft postuliert wird, um geschlossene Konvektionswalzen in einem Medium, den säkularflüssigen Gesteinen des Erdmantels. Vielmehr steigt geschmolzenes Gestein in den Längsachsen der ozeanischen Rücken auf, kühlt sich ab, während es in fester Form als Lithospärenplatte über den Erdmantel wandert, und sinkt in der Subduktionszone wieder tief in den Mantel ein. Beim Absinken liegt es zunächst in »fester«, dann in säkularflüssiger, plasti-

Die vulkanisch entstandene Kette des Imperator- und Hawaii-Rückens ist das Musterbeispiel für den **Hot-Spot-Vulkanismus;** hierfür ist dessen Theorie entworfen worden. Danach bewegt sich die Pazifische Platte in Pfeilrichtung über den ortsfest im Erdmantel verankerten Schlot hinweg (heute mit 9 cm pro Jahr). Der Knick in der Vulkankette zwischen Hawaii- und Imperator-Rücken wurde durch eine Änderung der Bewegungsrichtung dieser Platte verursacht. Der älteste, vor 70 Millionen Jahren entstandene Vulkan im äußersten Nordwesten des Imperator-Rückens ist längst erloschen und nur noch als submarine Kuppe erhalten. Vulkanisch aktiv ist nur noch die Hauptinsel Hawaii. Nach etwa einer Million Jahre endete die Tätigkeit jedes der Inselbogen-Vulkane, da er dann zu weit von der Magmaquelle abgedriftet war.

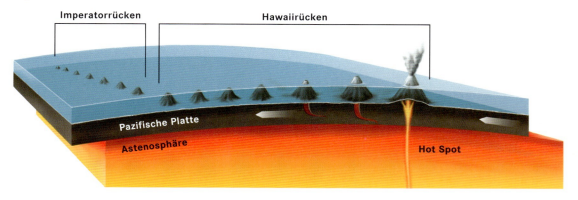

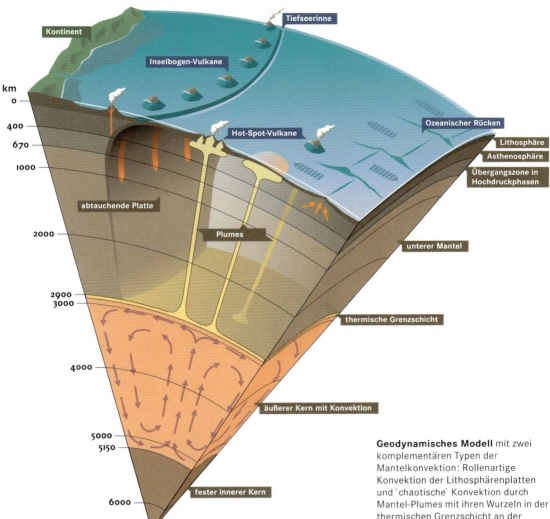

Geodynamisches Modell mit zwei komplementären Typen der Mantelkonvektion: Rollenartige Konvektion der Lithosphärenplatten und `chaotische` Konvektion durch Mantel-Plumes mit ihren Wurzeln in der thermischen Grenzschicht an der Kern-Mantel-Grenze. Die Tiefseerinnen sind die Knicklinien der abtauchenden Platten, die teilweise bis an die Kern-Mantel-Grenze absinken. Hinter der Tiefseerinne bilden sich Vulkanketten (Inselbogen-Vulkane) durch die aufsteigenden Schmelzen des mit in die Tiefe gezogenen wasserreichen Ozeansbodens. Die Konvektionsströmungen im äußeren Kern heizen die thermische Grenzschicht auf und sorgen für die Aufrechterhaltung eines Teils der Wärmebilanz des Erdkörpers, indem sie Schmelzwärme aus dem Kern abführen.

scher Form vor und löst sich schließlich bereits im höheren Mantel oder erst im weniger viskosen, also leichter fließfähigen Material der thermischen Grenzschicht über der Kern-Mantel-Grenze auf.

Als Nachschub für die gewaltigen Gesteinsmassen aus der Asthenosphäre, die in den Spalten der ozeanischen Rückenkämme aufwärts steigen und an der untermeerischen Erdoberfläche austreten, dient Material aus größerer Tiefe. Während sich der Erdmantel als Ganzes langsam hebt, gleicht das in den Benioff-Zonen absinkende Material das weiter unten entstehende Defizit aus. Geologen haben die in diesen Prozessen umgewälzten Gesteinsmengen bilanziert und festgestellt, dass die aufwärts und die abwärts sich bewegenden Gesteinsmassen gleich groß sind.

Einige Geologen vertreten demgegenüber die Auffassung, dass die Lithosphärenplatten nur passiv bewegt werden, wie ein Förder-

Bei der 55. Bohr-Expedition der Glomar Challenger im Winter 1977 im Bereich der Imperator-Seamounts gelang es den Wissenschaftlern, die von der Theorie der **Hot Spots** geforderte »Wanderung« dieser Vulkankette vom 19. Breitengrad – der heutigen Position des Mauna Loa – bis zum 50. Breitengrad im Nordpazifik zu bestätigen. Die Wissenschaftler fanden in Bohrkernen des erloschenen Vulkankegels Suiko Überreste von Korallenriffen – ein klarer Hinweis darauf, dass der Vulkan in wärmeren, südlichen Breiten entstanden sein musste. Die Untersuchung ergab schließlich, dass der heute knapp 450 Meter unter dem Meeresspiegel endende Vulkankegel vor 50 bis 60 Millionen Jahren eine tropische Vulkaninsel mit weißem Sandstrand war, die üppige Korallenriffe umgaben. Auch die Messung der magnetischen Orientierung im Basaltgestein des Suiko ergab: Dieses Gestein entstand zu jener Zeit auf der Höhe des 19. Breitengrads – am Ort des Hot Spots.

band, das von motorisierten Rollen angetrieben wird. Für den Antrieb sorgen nach dieser Hypothese tiefer gelegene Konvektionswalzen, die über die viskose Reibung, die sie auf die tektonischen Platten ausüben, diese horizontal verschieben. Die maßgebenden Fachleute vertreten jedoch aufgrund der gemachten Beobachtungen die zuerst dargestellte »aktive« Version. Dieses Modell fordert indes, dass man die Vorstellung aufgibt, wonach Konvektion nur in einem einphasigen System auftritt, also nur in Flüssigkeiten oder Gasen.

Plumes – Schlote im Erdmantel

Allerdings zeigt die quantitative Bilanz der sich auf- und abwärts bewegenden Gesteinsmassen auch, dass an diesem gigantischen Austausch noch ein weiterer Konvektionsprozess beteiligt sein muss. Man könnte ihn als chaotische Konvektion bezeichnen, um damit sein Verteilungsmuster zu charakterisieren.

Theoretisch lassen sich Konvektionsbewegungen in zähflüssigen Medien mithilfe einer Kennziffer, der Rayleigh-Zahl Ra, charakterisieren. Sie gibt das Verhältnis des Auftriebs eines Volumens zu dem Bewegungswiderstand an, den die viskosen Reibungskräfte an diesem ausüben.

Wie groß die Rayleigh-Zahl sein muss, damit Konvektion einsetzt, lässt sich nur empirisch ermitteln. So zeigten Experimente, dass eine Konvektion bei Werten von Ra größer als $3 \cdot 10^3$ auftritt. Ferner legt die Rayleigh-Zahl auch das Konvektionsmuster fest. Bei Ra-Werten zwischen 10^5 und 10^6 tritt exakt jenes Muster der Teilrollen

Ausbruch des **Kilauea** auf Hawaii. Die basische (basaltische), dünnflüssige Lava Hawaiis tritt im Allgemeinen relativ ruhig, meist aus kilometerlangen klaffenden Spalten aus. So entstanden die breiten Schildvulkane der Insel. Kennzeichnend für den hawaiischen Vulkanismus sind auch die am Grund von Kraterkesseln gebildeten Lavaseen. Manchmal jedoch wird die Ausbruchstätigkeit durch Lavafontänen eingeleitet, wenn die glutflüssigen Massen durch Entgasung mehrere Hundert Meter hoch stundenlang herausgeschleudert werden.

auf, das sich bei der Bewegung der tektonischen Platten beobachten lässt. Steigt die Rayleigh-Zahl auf Werte von mehr als 10^6 an, treten neue Strömungsmuster auf. Das zähflüssige Medium steigt dann in schlauchförmigen Schloten, so genannten Plumes, Mantel-Plumes (französisch und englisch »Feder, Federbusch, Streifen«) oder Manteldiapiren auf; im Umkreis der Schlote sinkt es wieder ab.

Bei dieser Art der Konvektion entstehen manchmal regelmäßige Bienenwabenmuster, wie sie sich bei Flüssigkeiten beobachten lassen, die man von unten erhitzt. Oder aber das Muster wird unregelmäßig, gleichsam chaotisch, was bei der Konvektion im Erdmantel der Fall ist. Hier erreicht die wärmere und geringer viskose Gesteinsschicht über der Kern-Mantel-Grenze sehr hohe Rayleigh-Zahlen, sodass dieser Bereich zur Wurzelzone eines aufsteigenden Mantel-Plume wird. In diesem wandert das heiße Gesteinsmaterial aus der tiefen Schicht durch den gesamten Erdmantel nach oben und gelangt schließlich in die Asthenosphäre. Auf diese Weise sorgen also auch die Plumes für Nachschub an Asthenosphärenmaterial, das beim Seafloor-Spreading an die von den Rücken wegdriftenden Platten angeschweißt wird.

Hot Spots

Noch ein weiterer Mechanismus kann dazu führen, dass Asthenosphärenmaterial an die Erdoberfläche gelangt. Diesem Phänomen verdankt zum Beispiel die Hawaii-Inselgruppe ihre Entstehung. Hier hat sich das heiße Gesteinsmaterial gleichsam durch die Lithosphärenplatte hindurchgeschweißt und an der untermeerischen Erdoberfläche Vulkane gebildet. Die größte der aus acht Hauptinseln bestehenden Gruppe, Big Island oder Hawaii, ist zugleich die südöstlichste einer 6000 Kilometer langen Kette aus insgesamt 107 Vulkanen, die sich zunächst als Hawaii-Rücken 3375 Kilometer nach West-Nordwest erstreckt, dann als Imperator-Rücken nach Norden abknickt und bei der Halbinsel Kamtschatka endet. Hawaii beherbergt mit dem Mauna Loa und dem Kilauea die beiden einzigen noch aktiven Vulkane dieser riesigen Kette; auf dem Meeresboden südöstlich von Hawaii zeichnet sich allerdings die Entstehung eines neuen Vulkans ab.

Dieses Phänomen und die Tatsache, dass die bereits versunkenen Vulkane oder Seamounts der Kette mit zunehmendem Abstand von der Hawaii-Inselgruppe immer ältere Gesteine aufweisen, nutzte der US-amerikanische Geologe John Tuzo Wilson, um die Theorie der »Hot Spots«, der »Heißen Flecken« zu formulieren. Für Wilson stellte die Kette eine Art geologischer »Schweißnaht« dar, die ein – bezüglich des Erdmantels – ortsfester Mantel-Plume in die sich darüber hinwegbewegende Pazifische Platte eingebrannt hatte. Verschiedene ozeanographische Expeditionen bestätigten Wilsons Hypothese von der Entstehungsgeschichte dieser Vulkankette. Demnach bewegte sich die Pazifische Platte zuerst in nördliche Richtung,

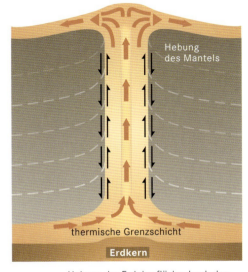

Hebung der Erdoberfläche durch das von den aufsteigenden Gesteinsmassen eines **Mantel-Plumes** induzierte Stromsystem. Die Scherspannung am Rand des Plumes hebt den Erdmantel an.

später, vor etwa 70 Millionen Jahren, driftete sie nach West-Nordwest. Aus der Länge der Kette lässt sich ihre mittlere Driftgeschwindigkeit berechnen. Sie beträgt rund fünf Zentimeter pro Jahr innerhalb der letzten 70 Millionen Jahre.

Den geographischen Ort eines Mantel-Plumes an der Erdkruste bezeichnete Wilson treffend als Hot Spot oder Heißen Fleck. Auf Hawaii lässt sich dessen Arbeit gewissermaßen »live« verfolgen. Die aktive Vulkanflanke des Kilauea markiert dabei lediglich den Ausläufer. Südöstlich der Insel entsteht derzeit eine neue Vulkaninsel, die allerdings noch unter dem Meeresspiegel liegt.

Insgesamt haben Geologen inzwischen 41 Hot Spots identifiziert. Sie liegen, unregelmäßig verteilt, im Pazifischen Ozean und in Afrika sowie in dessen westlicher Umgebung. Der nördlichste Hot Spot befindet sich unter Island. Der Name der Heißen Flecken weist auf die im Bereich der Mantel-Plumes wärmere Erdkruste hin. Allerdings bilden sich nicht in jedem Fall über einem Hot Spot Vulkane. Einige dieser Stellen verraten sich lediglich durch eine aufgewölbte untermeerische Erdkruste. Diese Aufwölbungen sind Ausdruck der dynamischen Isostasie. Im Unterschied zur statischen Isostasie – also dem statischen Schwimmgleichgewicht der in das Mantelgestein eingebetteten Kontinentalblöcke – bezeichnet die dynamische Isostasie das Gleichgewicht zwischen den vertikal bewegten Gesteinskörpern und den Lasten der durch sie deformierten Erdoberfläche. Schließlich muss die Auftriebskraft einer Gesteinsmasse geringerer Dichte von einer entgegengesetzt wirkenden Kraft kompensiert werden, wenn sich eine stationäre Strömung einstellen soll. Geschähe dies nicht, dann würde etwa die Strömungsgeschwindigkeit so lange zunehmen, bis dieser Ausgleich eintritt, nämlich indem sich das Oberflächenmaterial entspechend hebt. Das heißt aber auch: Ein bis an die Kern-Mantel-Grenze in 2 900 Kilometer Tiefe hinabreichender Plume wölbt die Erdoberfläche entsprechend seiner Länge besonders stark auf; je tiefer also die Wurzelzone eines Plumes liegt, umso höher ist die Aufwölbung der Erdoberfläche.

Geoid-Undulationen

Aufwölben oder Senken der Erdoberfläche sind somit ein Indiz für Strömungen im Erdmantel. Die herausgehobenen beziehungsweise abgesenkten Gesteinsmassen erzeugen über ihre Gravitationskräfte Anomalien im Schwerefeld der Erde, und damit Anomalien des Satelliten-Geoids, das als die eigentliche Figur der Erde gilt.

Als Folge des säkularflüssigen Zustands ihres Gesteinsmantels sollte die Oberfläche der Erde die Form einer rotierenden flüssigen Kugel – also eines Rotationsellipsoids – annehmen. Da jedoch die Massen ungleich zwischen den Kontinenten, den hohen Gebirgen und den tiefer liegenden Ozeanböden verteilt sind, entspricht die Form der Erde keinem idealen Rotationsellipsoid. Zwar sind die Abweichungen von der Idealform – Geologen sprechen hier von

Geoid-Undulationen – deutlich flacher als die topographischen Höhenunterschiede der physischen Erdoberfläche, dennoch erreichen sie Höhen- und Tiefenabweichungen von 50 bis 100 Meter.

Merkwürdigerweise kommen die auffälligsten Masseanomalien, die Kontinente, im Satelliten-Geoid praktisch nicht zum Ausdruck. Hierfür sorgt die Isostasie. Die Kontinente befinden sich mit den hydromechanisch verdrängten säkularflüssigen Gesteinsmassen, in die sie eingebettet sind, im Schwimmgleichgewicht. Jede vertikale Massesäule hat somit die gleiche mittlere Dichte und verursacht daher – zumindest im größeren Abstand einer Satellitenbahn – praktisch keine Schwerestörung.

Anders verhält es sich über einem Mantel-Plume. Zwar hebt sich auch hier die negative Masseanomalie des Schlots mit der positiven der Aufwölbung isostatisch auf, doch der Bereich der negativen Masseanomalie liegt im Mittel viel weiter von der Erdoberfläche beziehungsweise von der Satellitenbahn entfernt als die Aufwölbung der Erdoberfläche mit ihrer positiven Masseanomalie; Letztere übt daher eine größere Schwerewirkung aus und führt so in der Bilanz zu einer positiven Geoid-Anomalie. Daher ist in Plume-Provinzen, also dort, wo die Plumes geographisch dichter beieinander liegen, die Fläche des Geoids um bis zu 80 Meter angehoben.

Das Geoid zeigt darüber hinaus auch die Schwereeinflüsse anderer Masseanomalien, wie sie etwa im Bereich der Benioff-Zonen existieren. Diese Einflüsse lassen sich rechnerisch erfassen. Die verbleibenden positiven Anomalien kennzeichnen Strömungsbereiche der Mantelmaterie, wie etwa unregelmäßig verteilte Plumes.

Die über 1100 km lange tektonische Störungszone der **San Andreas Fault** zieht sich von San Francisco bis in den Golf von Kalifornien, wo sie in den Ostpazifischen Rücken ausläuft. Sie trennt somit die kontinentale Nordamerikanische Platte von der ozeanischen Pazifischen Platte. Letztere, zu der der küstennahe Bereich Kaliforniens sowie die Halbinsel Baja California gehören, wird gegenüber der Nordamerikanischen Platte nach Nordwesten versetzt. Die Bewegung der Platten beträgt an der Hauptstörungslinie durchschnittlich 3,5 cm pro Jahr, insgesamt durchschnittlich 5 cm. Insgesamt wurden sie seit dem Einsetzen der Transformstörung vor 25 bis 30 Millionen Jahren um über 1000 km verschoben. Bei gleichlaufender Bewegung würde das Gebiet um Los Angeles in 30 Millionen Jahren auf der Breite von San Francisco liegen. Da die Bewegungen nicht gleichmäßig, sondern ruckartig ablaufen, werden ständig Erdbeben ausgelöst. Allein 1978 wurden in Südkalifornien 7500 Erdbeben registriert. Die Beben konzentrieren sich zwar auf einzelne Abschnitte der Haupt- und Nebenstörungen, treten aber auch dazwischen auf. Das große Erdbeben von San Francisco von 1906 hatte eine Stärke von 8,3 auf der Richter-Skala.

Antriebskräfte der Platten

Bevor wir uns ein geographisches Bild von der Verteilung und den Bewegungen der Platten machen, kehren wir noch einmal zu den Kräften zurück, die die Platten antreiben. Die Energiequelle des Antriebs ist, wie bereits erwähnt, die Wärme. Sie bewirkt, dass in den ozeanischen Rückensystemen heißes und damit weniger dichtes Gesteinsmaterial aufsteigt und das Rückensystem aufwölbt. Die ozeanischen Lithosphärenplatten liegen daher nicht im Lot, sondern nehmen eine leichte Schräglage ein. Im Bereich der Rücken ragen sie höher heraus, an der gegenüberliegenden Rückenflanke sinken sie mit zunehmender Entfernung zur Rückenachse immer stärker ein. Dadurch können die Platten im Schwerefeld der Erde in Richtung ihres Gefälles fortgleiten, sofern ihre Unterlage dies erlaubt.

Eine solche Gleitbewegung bezeichnen Geologen als »Ridge Push« (englisch »Schub durch Rückenbildung«). Die im Rückenbereich herausgehobenen Gesteinsmassen speichern also potentielle Energie. Platten, die keine abtauchenden Zungen, also keine Benioff-Zonen haben, werden nur durch den Ridge Push angetrieben. Sie bewegen sich deutlich langsamer als Platten mit abtauchenden Zungen, denn auf diese wirkt eine weitere Antriebskraft, der Platten-Zug oder »Slab Pull«. An den im Verhältnis zu ihrer Umgebung kühleren und damit schwereren Zungen setzen nämlich zusätzlich Zugkräfte an.

Zwar könnte man einwenden, dass eine abtauchende Platte aufgrund der geringen Zugfestigkeit ihrer Gesteine auseinander oder abreißen müsste, doch die angreifenden Zugkräfte sind den hydrostatischen Druckkräften, die mit steigender Tiefe zunehmen, lediglich überlagert. Die Zugkraft des Slab Pull ist also in Wirklichkeit nur eine verminderte Druckkraft; eine abtauchende Platte reißt daher für gewöhnlich nicht ab. Vielmehr zieht eine abtauchende Plattenflanke die ganze Platte hinter sich her, ähnlich einem Tischtuch, das an einer Tischkante zu stark überhängt.

Die Zugkraft einer abtauchenden Platte ist mehr als fünfmal so stark wie der Rückenschub. Deshalb bewegen sich Platten mit abtauchenden Zungen merklich schneller als Platten ohne diese; so etwa die Pazifische Platte: sie treibt mit bis zu zehn Zentimeter pro Jahr auf die Inselbögen des westlichen Pazifik zu, während sich andere Platten pro Jahr nur ein bis zwei Zentimeter bewegen.

Mit paläomagnetischen Methoden abgeleitetes Wandern, Aufbrechen und **Auseinanderdriften** des Superkontinents **Pangäa.** Lage des Südpols im Silur (S), im Perm und Karbon (PC) und im Mesozoikum (M). Während Pangäa existierte, bestand die gemeinsame Polwanderungskurve S-PC-M. Vor dem Silur gab es zwei Kontinentalblöcke: Gondwana (Kurve 1) und Laurasia oder Euramerika (Kurve 2). Im Mesozoikum (M) zerbrach Pangäa in die heutigen Kontinente, die auseinander drifteten, nun mit den getrennten Polwanderungskurven für Indien (3), Afrika (4), Europa (5), Nordamerika (6), Südamerika (7), Antarktis (8) und Australien (9).

Geometrie der Plattendrift

Man kann die Lithosphärenplatten praktisch als Bruchstücke einer 80 bis 100 Kilometer dicken und steifen Schale ansehen, die auf einer Kugeloberfläche schwimmt. Für die Art der Relativ-Bewegung und der gegenseitigen Beeinflussung der Platten bestehen dann folgende Möglichkeiten:

Driften zwei Platten auseinander, so entsteht zwischen ihnen eine Spalte, also ein Rift – der Raum für empordringendes Gesteinsmaterial und damit für die Bildung eines ozeanischen Rückens.

Dort, wo sich zwei Platten seitwärts aneinander vorbeischieben, treten Scherungsflächen auf. Geologen sprechen hier von Transformstörungen (englisch »Transform Faults«).

Driften zwei Platten aufeinander zu, muss die dichtere (schwerere) Platte in die Tiefe ausweichen. Es entstehen die Subduktions- oder Benioff-Zonen. Ferner können die aufeinander prallenden Krustenschichten gestaucht werden – ein Faltengebirge entsteht.

Es gibt auch Regionen auf der Erde, in denen drei Platten aneinander grenzen. Man bezeichnet sie als Triple Junctions (englisch »Dreifachverbindungen«). An solchen Punkten kann die Geometrie der Plattenbewegungen äußerst kompliziert werden. An jeder der Plattengrenzen können nämlich andere Bewegungen auftreten. An einer Grenze bildet sich beispielsweise ein Rift, an der zweiten eine Transformstörung und an der dritten entsteht eine Subduktionszone. Umgekehrt können sich von einer Triple Junction aus auch drei Rifts in Winkeln von etwa 120° verzweigen. Vierfachberührungen treten übrigens nicht auf, das verhindern geometrische Zwänge, denen die bewegten Platten auf einer Kugeloberfläche unterworfen sind.

Es ist in der Geologie üblich, die Bewegung einer Platte als eine Rotation um eine Achse zu beschreiben, die durch den Mittelpunkt der Erde geht und die auf der Erdoberfläche zwei Pole markiert. Diese beiden Pole darf man nicht mit den Polen der Erdrotation verwechseln. Möchte man nun die Drift eines Kontinents beziehungsweise die Drift einer Platte auf der Erdoberfläche beschreiben, so muss man lediglich die beiden Pole der Rotationsachse bestimmen. Der Zeitverlauf der Bewegung lässt sich dann mit der Rotationsgeschwindigkeit angeben.

Kontinentaldrift durch Plattentektonik

Alfred Wegeners Theorie der Kontinentaldrift beschrieb nur das Phänomen der bewegten Kontinente. Schließlich konnte er nicht wissen, dass auch die viel größeren ozeanischen Krustenteile der Erde in Bewegung sind. Die in Platten zerteilte Lithosphäre umhüllt lückenlos die ganze Erde. Neben den rein ozeanischen Platten gibt es auch solche, die die Kontinente tragen. Die Kontinente nehmen also an der Drift der Lithosphärenplatten passiv teil. Wegeners Kontinentaldrift erweist sich damit als Teilaspekt der Plattendrift beziehungsweise Plattentektonik.

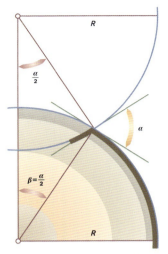

Geometrie einer **abtauchenden Lithosphärenplatte** im Schnitt durch die Erdkugel. Die dicke Linie im rechten unteren Bildteil stellt einen Teil der Lithosphäre dar, die in der Bildmitte um den Winkel α in den Erdmantel abknickt und Teil einer Beule mit dem negativen Erdradius R bildet.

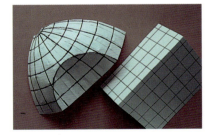

Modell zum **Abknicken einer Lithosphärenplatte.** Die Knicklinie einer Kugelschale ist ein Kreis, die eines ebenen Blatts eine Gerade.

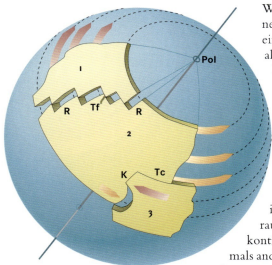

Schematische Darstellung der **Plattenbewegung durch Rotation** von Kugelschal-Segmenten um Achsen, die durch den Erdmittelpunkt gehen (nicht zu verwechseln mit der Rotationsachse der Erde). Die Platten 1 und 2 driften auseinander und erzeugen das Riftsystem R. Die Riftabschnitte sind durch Transformstörungen Tf versetzt. Die Platten 2 und 3 driften aufeinander zu, wobei Platte 2 subduziert wird (K = Kollision). Platten 2 und 3 schieben sich außerdem bei Tc (transcurrente oder Transformstörung) aneinander vorbei.

Wegener umschrieb mit dem »Urkontinent« Pangäa jenen Abschnitt der Erdgeschichte, in dem es nur eine einzige Landmasse gab. Man darf sich diese jedoch nicht als bloße Zusammenfügung der heutigen kontinentalen Landmassen vorstellen. Der Umriss der heutigen Kontinente ergab sich erst, als die einheitliche Landmasse von Pangäa zerbrach, zunächst in zwei Teile. Der nördliche Teil wird als Laurasia und der südliche als Gondwana bezeichnet.

Wegeners Begriff vom Urkontinent ist in gewisser Weise irreführend. Denn auch Pangäa charakterisiert nur einen Zeitabschnitt im Wirken der Plattentektonik. Die tektonischen Platten begannen sich im Lauf der Erdgeschichte zu bewegen, sobald die Voraussetzungen dafür gegeben waren. Wegeners »Urkontinent« entstand also aus dem Zusammendriften ehemals anders geformter, zuvor getrennter Landmassen. Das damals Pangäa umgebende, zusammenhängende Meeresgebiet bezeichnet man als Panthalassa (griechisch »Allmeer«).

Der Grund für die Agglomeration der Landmassen liegt in den thermischen Konvektionsbewegungen im Erdmantel. Wenn sich mindestens ein Ozean durch Seafloor-Spreading unaufhörlich vergrößert, treiben die Kontinente schließlich an einer Stelle zusammen. Da nicht sie, sondern nur die ozeanischen Lithosphärenteile absinken können, müssen die Landmassen schließlich kollidieren.

Pangäa – Momentaufnahme der Erdgeschichte

Ein Zustand mit nur einer einzigen großen Landmasse ist nicht auf Dauer thermisch stabil. Für die Wärmeabgabe der Erde stellt eine derart große Landfläche ein beträchtliches Hindernis dar, denn gegenüber der ozeanischen Lithosphäre haben die kontinentalen Plattenteile eine geringere Wärmeleitfähigkeit. Das erklärt sich aus der viel dickeren kontinentalen Kruste. Folglich staut sich die Wärme im darunter liegenden Erdmantel. Nach etwa 200 Millionen Jahren wächst der Wärmeüberschuss so stark an, dass in der Landmasse Riftbildungen einsetzen. Zunächst weiten sich die kontinentalen Riftsysteme aus, zwischen den Landblöcken bildet sich schließlich neuer Ozeanboden, und mit dem Seafloor-Spreading setzt die Kontinentaldrift erneut ein. So brach denn Pangäa vor rund 200 Millionen Jahren auf. Es entstanden die sieben größeren Teilschollen der heutigen Kontinente, die seitdem auseinander driften.

Geographie der Plattendrift

Die Richtungen und Geschwindigkeiten, mit denen sich die Platten zurzeit bewegen, lassen sich rechnerisch ableiten, und zwar aus den erdmagnetisch gemessenen Beträgen des Auseinanderdriftens in den ozeanischen Riftsystemen. Dabei muss man berücksichtigen, dass nicht nur die Lithosphärenplatten mitsamt der in sie eingebauten Kontinente über den Erdmantel driften. Vielmehr verlagern sich mit der Zeit auch die ozeanischen Rifts selbst.

In der Regel lassen sich nur relative Bewegungen der Platten zueinander feststellen. In besonderen Fällen aber – das zeigt etwa das Beispiel von Hawaii – lassen sich auch Absolutbewegungen bestimmen. In diesem Fall wird Plattendrift relativ zum als ortsfest angesehenen Hawaii-Plume bestimmt; er markiert gleichsam einen absoluten Bezugspunkt.

Schaut man sich die gegenwärtige Aufteilung der Erdkruste an, so kann man acht Großplatten und einige kleinere Platten voneinander unterscheiden. Ebenso wie Wegeners Beschreibung vom Urkontinent ist die heutige Form und geographische Lage der Platten – im geologischen Zeitmaßstab betrachtet – nur eine Momentaufnahme. Die Pazifische Platte ist heute die größte Platte und umfasst auch den größten Teil des Pazifischen Ozeans. Der Ostpazifische Rücken begrenzt sie im Osten. Er kommt aus dem Indischen Ozean, wendet sich im östlichen Pazifik nach Norden und verschwindet schließlich im Golf von Kalifornien.

Von hier aus schiebt sich die Pazifische Platte nach Westen beziehungsweise nach Nordwesten. Viele Tausend Kilometer weiter nördlich taucht sie vor den Aleuten, beziehungsweise im Westen an den Inselbögen der Kurilen, Japans, der Marianen und der Tonga-Kermadec-Inseln wieder in den Erdmantel zurück. Die kleinere Nazca-Platte schiebt sich, ebenfalls vom Ostpazifischen Rücken ausgehend, ostwärts unter den südamerikanischen Kontinent. Als Folge dieser Kollision entstand die gewaltige Gebirgskette der Anden.

Im Süden bedeckt die Antarktische Platte mit dem Kontinent Antarktika die südliche Kalotte der Erde. Der südwestliche Rand der Pazifischen Platte grenzt an die Indische Platte, die neben Indien auch Australien trägt. Die Indische Platte quillt aus dem Antarktischen Rücken, schiebt sich nach Norden und versinkt unter dem Himalaya, dem indonesischen Inselbogen und den Salomon- und Fidschi-Inseln. Im Norden schließt sich die Eurasische Platte an, die die Kontinente Asien und Europa trägt.

Zu den großen Platten gehören ferner die Afrikanische, die Nordamerikanische und die Südamerikanische Platte. Einige kleinere Platten befinden sich zwischen den Großplatten, wie etwa die Karibische Platte, die Cocos-Platte, die Philippinen-Platte, die Anatolische Platte und die Arabische Platte. An der nördlichen Kalotte der Erde stoßen die Eurasische und die Nordamerikanische Platte aneinander, getrennt von der nördlichen Fortsetzung des Mittelatlanti-

Die **San Andreas Fault** in der Carrizo-Ebene, 200 km nordwestlich von Los Angeles, Kalifornien; Blick nach Südosten. Die Pazifische Platte (rechte Bildseite) wird an der Hauptstörung (tiefer Erdriss) gegen die Nordamerikanische Platte (links) zum Betrachter hin, also nach Nordwesten, versetzt. An der Verwerfungslinie sind die beiden Platten leicht angehoben und durch Erosion stark zerschnitten worden.

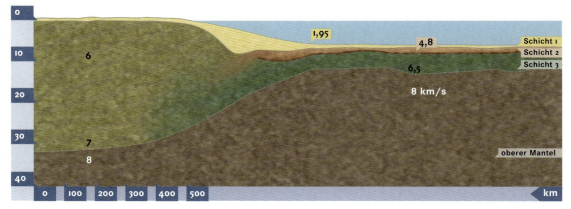

Krustenschnitt durch einen **passiven Kontinentalrand**. Die Zahlen beziehen sich auf die Geschwindigkeiten der seismischen P-Wellen. Oberste gelbe Schicht: Sedimente, im Bereich des Kontinentalabhangs verdickte Sedimentablagerungen. Die ozeanische Kruste ist dünner und baut sich aus basischen magmatischen Gesteinen größerer Dichte auf, im Gegensatz zur »leichteren« kontinentalen Kruste.

schen Rückens, der sich über das Nordpolarmeer bis in die Ostsibirische See erstreckt.

Viele der ozeanischen Riftsysteme zeigen eine auffällige Staffelung. Die Bewegungsgeometrie verlangt, dass die einzelnen Riftabschnitte immer wieder durch Transformstörungen einen Bewegungsausgleich erfahren, denn die Richtung des Auseinanderdriftens sollte senkrecht auf den Riftachsen stehen. Dank dieser Transformstörungen steht ausreichend Nachschubmaterial zur Verfügung, weil dadurch immer neue, instabil gelagerte Gesteinsmassen aufsteigen können. Beispielsweise schiebt sich der südliche Abschnitt des Mittelatlantischen Rückens um etwa 1,5 Zentimeter pro Jahr nach Osten. Demgegenüber verharrt Südamerika praktisch auf der Stelle, und Afrika wandert mit etwa drei Zentimeter pro Jahr nach Nordosten. Der Rücken im Indischen Ozean verlagert sich wiederum um fünf Zentimeter pro Jahr nach Nordosten.

Die schnellsten Bewegungen mit sieben bis zehn Zentimeter pro Jahr zeigen wie bereits erwähnt Platten mit abtauchenden Zungen, die dank des Slab Pull über eine besonders starke Antriebskraft verfügen. Beispiele hierfür sind die Pazifische und die Indische Platte. Demgegenüber bewegt sich die kontinentale Eurasische Platte mit weniger als zwei Zentimeter pro Jahr in östliche Richtung nur sehr langsam, und die Amerikanischen Platten sind praktisch ortsfest.

Passive und aktive Kontinentalränder

Schon die topographischen Verhältnisse an den Randzonen der Kontinente legen nahe, dass hier eine jeweils andere Tektonik am Werk ist. So quellen zum Beispiel die ozeanischen Teile der Amerikanischen Platten aus dem Mittelatlantischen Rücken hervor. Fugenlos geht an den Ostküsten der amerikanischen Kontinente die sich langsam verdickende ozeanische Lithosphäre in die kontinentale Lithosphäre über. Das gleiche Bild zeigt sich östlich des Rückens, etwa an der Westküste Afrikas. Man spricht in diesem Fall von passiven Kontinentalrändern.

Ganz anders gestaltet sind so genannte aktive Kontinentalränder. Sie befinden sich an Subduktionszonen, also dort, wo eine ozeanische Platte auf einen Kontinentalrand zudriftet. Hier ist Tektonik von Faltengebirgsbildung, einer sehr starken Erdbebentätigkeit und von aktiven Inselbogen-Vulkanketten geprägt.

Der Himalaya, das größte Faltengebirge der Erde, ist das Ergebnis zweier miteinander kollidierender Platten. Bei ihm und dem nördlich sich anschließenden Hochland von Tibet kommt noch eine Besonderheit ins Spiel: Die nach Norden wandernde Indische Platte treibt den Subkontinent Indien vor sich her. Da dieser nördlichste Teil der Platte nicht in den Erdmantel abtauchen kann, schert sich die Lithosphärenplatte horizontal ab; die eigentliche kontinentale Kruste Indiens reduziert sich auf ihre basische, dichtere Unterlage. Der kontinentale Krustenspan schiebt sich nun unter die entgegenstehende kontinentale Kruste Eurasiens, die Krustenmächtigkeit verdoppelt sich, und das Hochland von Tibet hebt sich auf etwa 5000 Meter Höhe. Nur die schwere, basaltische Unterlage, also der untere Rest der Indischen Platte, taucht nach Abscherung der leichteren Gesteinsmassen in den Erdmantel ab. Die aufeinander zudriftenden Krustenteile werden frontal gestaut und türmen sich zu Faltengebirgen auf – aus der Ganges-Brahmaputra-Ebene erhebt sich schroff der Himalaya.

Die nach Norden vordringende Indische Platte muss dafür übrigens keine Hebungsarbeit leisten, wie man angesichts des gewaltigen Hochgebirgszugs vermuten könnte. Die Schubkräfte bewirken lediglich, dass die Gesteinsschichten gefaltet werden, was bei der geringen Geschwindigkeit – sie beträgt einige Zentimeter pro Jahr – nur wenig Deformationsenergie erfordert. Für den Hub sorgt die Isostasie, das Schwimmgleichgewicht der Krustengesteine. Bei der Kollision wird nur ein kleinerer Anteil des Gesteins gehoben, deut-

Aktiver Kontinentalrand. Die gegen den Kontinent (links außerhalb des Bildrands zu denken) bewegte ozeanische Lithosphäre taucht ab und hinterlässt hinter der Tiefseerinne einen Akkretionskeil aus marinen und kontinentalen Sedimenten. Ab 160 km Tiefe schmilzt die oberste Schicht der ozeanischen Kruste teilweise auf und bildet die Vulkankegel der Inselbögen.

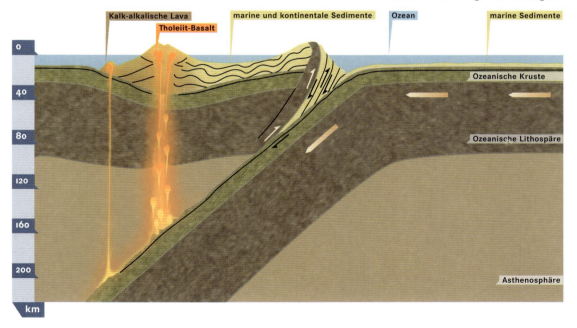

lich mehr Gestein wird nach unten gepresst. Dies erfordert das Schwimmgleichgewicht. Es ist wie bei einem Containerschiff: Je höher man die Frachtbehälter aufstapeln möchte, um so mehr Tiefgang muss das Schiff haben, damit es eine stabile Lage im Wasser behält.

Intermittierende Plattendrift

Eine Lithosphärenplatte muss sich im Lauf der Zeit nicht unbedingt mit konstanter Geschwindigkeit bewegen. Betrachtet man längere Zeitabschnitte, so scheint sie sich zwar gleichmäßig zu bewegen, in Wirklichkeit jedoch bewegt sie sich schubweise. Verantwortlich hierfür sind die Antriebskräfte und die viskose Unterlage, die Asthenosphäre.

So stauen sich etwa an einer Subduktionszone Gesteinsspannungen zwischen den sich gegenüberstehenden Gesteinen beider Platten langsam auf, ohne dass sich die Platten relativ zueinander bewegen. Erst wenn diese Spannungen zu groß werden, kommt es an den

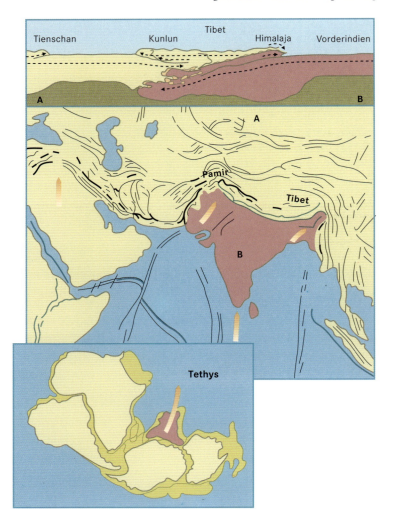

Kontinentaldrift am Beispiel **Indiens.** Kleine Karte: Aus der Landmasse Gondwanas (südlicher Teil Pangäas) löst sich vor rund 200 Mio. Jahren Indien heraus und driftet mit der Indisch-Australischen Platte nach Norden. Den heutigen Zustand zeigt die große Karte: Indien hat sich in den Eurasischen Kontinent unter Krustenverdopplung »hineingebohrt«, Hebung des Hochlands von Tibet und Auffaltung des Himalaya, wie es schon Alfred Wegener 1929 im Schnitt A–B (Bild darüber) in Anlehnung an den Schweizer Geologen Emile Argand dargestellt hat. Die ersten der in Eurasien entstandenen Säugetiere wanderten im Eozän, vor etwa 45 Mio. Jahren, in Indien ein, die mit der Kollision verbundene Orogenese setzte erst im Jungtertiär, vor etwa 20 Mio. Jahren ein, die eigentliche Heraushebung sogar erst vor 5 Mio. Jahren. Vor der Kollision driftete der indische Block 15 bis 20 cm pro Jahr nach Norden, seither bewegt er sich immer noch jährlich um etwa 5 cm.

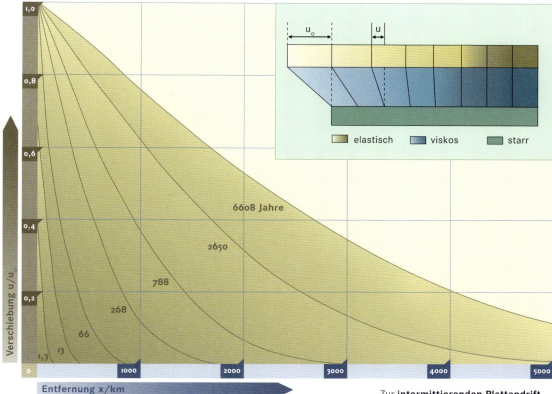

Zur **intermittierenden Plattendrift.** Oben rechts: Modell einer elastischen Lithosphäre über einer viskosen Asthenosphäre, die einem als starr angenommenen Erdmantel aufliegt. Der plötzlichen Verschiebung u_0 folgt ein verzögertes Nachkriechen, dessen Zeitverlauf die Kurven des großen Bilds beschreiben. Die Kurven zeigen an, wie lange es dauert, bis eine ruckartige Verschiebung bei x = 0 sich bis in eine Entfernung x fortgepflanzt hat. Die ruckartige Verschiebung einer Platte im Bereich der Subduktionszone pflanzt sich nur langsam nach hinten fort. Die Platte kann sich nicht wesentlich schneller als 10 cm pro Jahr bewegen. Die elastische Deformation wird allmählich ausgeglichen, wobei viele Erdbeben beteiligt sind. Den berechneten Kurven liegen folgende Daten zugrunde: Dicke der Lithosphäre 80 km, ihre Elastizität $3 \cdot 10^{11} \mathrm{N/m^2}$; Dicke der Asthenosphäre 100 km, ihre Viskosität 10^{20} Pa·s (Pascalsekunden).

Plattengrenzen zu Brüchen und damit zu plötzlichen Bewegungen – ein Erdbeben ist die Folge. Das wiederum zwingt die im rückwärtigen, weiter entfernten Bereich gleichmäßig herandrängende Platte, ihren weiteren Weg intermittierend fortzusetzen. Nach einer langjährigen Ruhephase gleitet sie ruckartig um zum Teil mehrere Meter weiter. Bei einer durchschnittlichen Plattendrift von 10 Zentimeter pro Jahr würde sich etwa eine Platte, die 50 Jahre lang blockiert war, mit einem Schlag um fünf Meter verschieben – ein für ein schweres Beben nicht ungewöhnlicher Betrag.

Doch nicht nur an den Subduktionszonen, sondern auch an den Ursprungsorten der Plattendrift, den Riftzonen, driften die Platten schubweise. Schließlich wird das aufsteigende Magma im Allgemeinen nicht gleichmäßig nach oben befördert – ein Effekt, der vom Vulkanismus her bekannt ist. Zuerst baut sich im Erdinnern ein großer Druck auf, dann erfolgt die Magma-Eruption, der Vulkanausbruch, und sinkt in der Magmakammer wieder der Druck. Aus diesem Grund sollte eine Platte an der Riftachse ebenfalls nur schubweise, also intermittierend wachsen; man spricht von einer intermittierenden Plattendrift.

Zum Glück für alle Bewohner der Erde (außer denen, die in einer Erdbebenzone leben), pflanzen sich schubweise Plattenverschiebungen nicht sofort über die gesamte Plattenfläche fort. Das heißt: Im (geographischen) Innern einer Platte herrscht ein weniger dramatisches Bewegungsbild. Man kann sich vereinfacht eine Lithosphärenplatte als eine elastische Schicht über der hochviskosen Asthenosphärenschicht vorstellen.

Das dabei entstehende Bewegungsmuster lässt sich auch mathematisch beschreiben. Im Fall einer ruckartigen Verschiebung der Pazifischen Platte an ihrer Subduktionszone ergeben sich dann folgende Effekte: Das »Nachkriechen« eines Punkts auf der Platte, der 4000 Kilometer hinter dem Ursprungsort der ruckartigen Verschiebung platteneinwärts liegt, hat erst nach 6000 Jahren etwa ein Fünftel der Ausgangsverschiebung mitgemacht. Innerhalb dieser Zeitspanne treten aber mit Sicherheit viele weitere Erdbeben auf, die natürlich auch weitere Verschiebungen verursachen. Deshalb ist die Bewegung eines Orts im geographischen Platteninnern eine aus vielen Einzelereignissen aufsummierte, verzögert nachholende, praktisch gleichmäßige Driftbewegung.

Diesen Effekt müssen Geologen beachten, wenn sie Messpunkte auswählen, an denen sie die Bewegung einer Platte in relativ kurzen Messintervallen von einem oder mehreren Jahren erfassen wollen. Dank der modernen Methoden der Satellitengeodäsie ist es durchaus möglich, Plattenbewegungen von wenigen Zentimetern sicher zu erfassen. Um einen möglichst realistischen durchschnittlichen Wert für die Relativbewegung einer Platte zu erhalten, müssen die Landmarken für die Messungen allerdings in der Nähe des geographischen Plattenzentrums liegen. Bei ozeanischen Platten wählt man hierfür Inseln, die möglichst in der Mitte einer Platte liegen. Eine Reihe von Messungen mit Landmarken an Plattenrändern waren erfolglos, weil über Jahre hinaus überhaupt keine Bewegungen auftraten.

Messung der Plattenbewegung

Die Drift einer Platte lässt sich nicht nur über längere geologische Zeiträume messen. Dank der hohen Messgenauigkeit heutiger Methoden lassen sich diese Bewegungen auch über kürzere Zeiträume verfolgen. So wurden vor allem in Erdbebengebieten geodätische Netze aufgebaut, um den Mechanismen dieses geologischen Phänomens näher auf die Spur zu kommen. Dank dieser Netze und der präzisen Lasermessgeräte sind die Entfernungsmessungen äußerst präzis. Ziel ist es, mithilfe der gemessenen Verschiebungen und Deformationen der Erdkruste irgendwann einmal ein Erdbeben vorhersagen zu können. Dies ist zwar im Moment noch nicht möglich, aber die zum Teil satellitengestützten Messungen erreichen Zentimetergenauigkeit, und zwar sowohl in Bezug auf vertikale Verschiebungen der Erdoberfläche als auch hinsichtlich der gemessenen Entfernung.

Mithilfe einer satellitengestützten Messung konnte man beispielsweise die Bodenverschiebungen in Kalifornien verfolgen, die das Landers-Erdbeben am 28. Juni 1992 hervorgerufen hatte. Man überlagerte dazu zwei Aufnahmen des europäischen Radarsatelliten ERS-1. Die erste Aufnahme entstand vor, die zweite nach dem Be-

---

Das **Bewegungsmuster tektonischer Platten** lässt sich an einem Modell verdeutlichen. Man denke sich ein festes Brett, auf das mittels eines zähflüssigen Leims ein Gummituch aufgeklebt ist. Das Gummituch repräsentiert dabei die elastische Lithosphärenplatte, die zähflüssige Leimschicht (sie darf nicht eintrocknen) die viskose Asthenosphäre. Zieht man nun ruckartig an einem der Ränder des Gummituchs, dann hindert es die zähe Klebeschicht daran, diesem Ruck flächig zu folgen. Die Klebeverbindung sorgt vielmehr dafür, dass das Gummituch der ruckartigen Zugbewegung nur kriechend folgt. Die elastische Spannung im Gummituch baut sich daher nur langsam ab. Je weiter ein Punkt auf dem Gummituch vom Ort der ruckartigen Zugbewegung entfernt ist, desto mehr Zeit verstreicht, bis auch dieser der Bewegung folgt, und desto langsamer wird er sich bewegen.

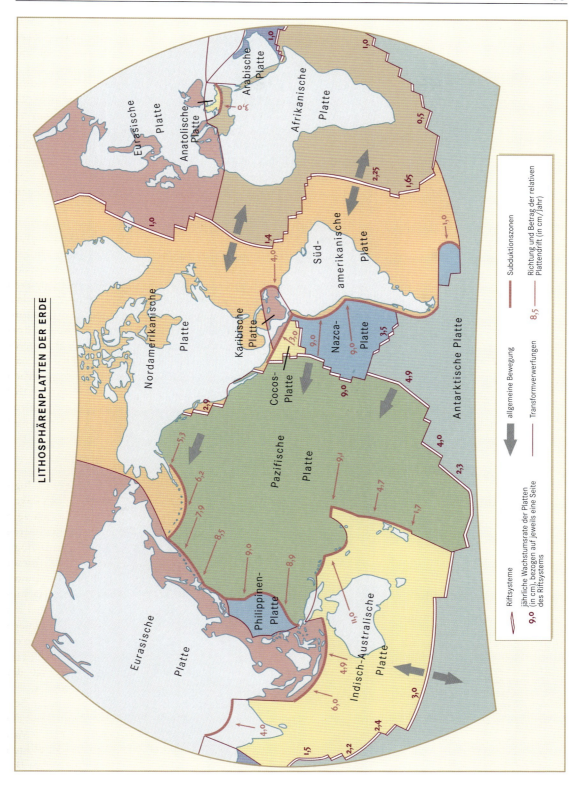

ben. Durch die vom Beben verursachten Bodenverschiebungen differieren beide Aufnahmen geringfügig. Überlagert man sie, entstehen Interferenzen, aus denen man im Idealfall das Ausmaß der Bodenverschiebungen auf wenige Zentimeter genau berechnen kann.

Einen bedeutenden Fortschritt bei satellitengestützten Messungen hat in den letzten Jahren das Global Positioning System (GPS) gebracht. Dank diesem Satelliten-Ortungssystems lässt sich in Verbindung mit handlichen Bodengeräten – sie sind nicht größer als ein Mobiltelefon – die Position eines Punkts auf der Erdoberfläche exakt bestimmen. Auf Knopfdruck erhält der Beobachter seine geographische Position auf wenige Meter genau übermittelt. Dank diesen Geräten ist es möglich, an geeigneten Landmarken die Plattendrift etwa in Jahresabständen wiederholt zu messen.

Dies geschah beispielsweise 1990 und 1992 im Bereich des Tonga-Bogens. Die Landmarken lagen auf der von Osten anrückenden Pazifischen Platte, dem jenseits des Tonga-Grabens liegenden Tonga-Rücken und auf dem westlich des Lau-Beckens liegenden Lau-Rücken. Das zwischen den genannten Rücken eingeschlossene Lau-Becken gilt als kleines, aber ausgesprochen aktives Spreading-Zentrum. Es weist mit Öffungsraten von bis zu 16 Zentimeter pro Jahr die größten jemals beobachteten Krustenverschiebungen auf und ist seit etwa sechs Millionen Jahren aktiv. Dabei wird der Tonga-Rücken – und damit auch die Subduktionszone der Pazifischen Platte – um diesen Öffnungsbetrag nach Osten bewegt. Letztere erreicht da-

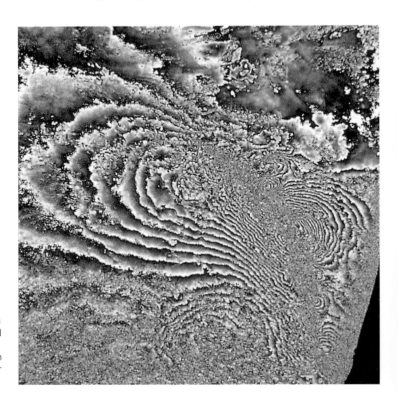

Bodenverschiebungen nach dem Landers-Erdbeben in Kalifornien vom 28. 06. 1992, ermittelt aus Aufnahmen des europäischen Radarsatelliten ERS-1. Eine Aufnahme wurde vor dem Beben, eine zweite nach dem Beben gemacht. Die vom Beben bewirkten Höhenverschiebungen (insgesamt 560 mm) werden aus den Radarmessungen berechnet und in Form von Interferenzstreifen zu einem Kartenbild verarbeitet. Man sieht an den Streifen (etwa 20 Streifen mit Höhenänderungen von je 28 mm), wie sich der Boden in der Umgebung der Herdfläche deformiert.

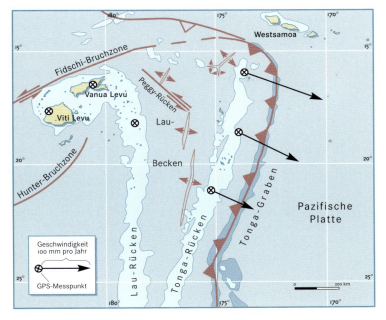

Der **Tonga-Graben,** mit der Subduktion der Pazifischen Platte verbunden, ist eine der tiefsten Stellen des Weltmeers (bis 10 882 m). Der vorgelagerten Indisch-Australischen Platte ist mit dem **Tonga-Rücken** ein vulkanischer Inselbogen aufgesetzt, der zu den seismisch aktivsten Zonen der Erde gehört. Die Bewegung (Pfeile) des Tonga-Rückens relativ zu der als fest angenommenen Pazifischen Platte wurde aus GPS-Messungen erschlossen. Die Bewegungsrate am Nordende des Rückens beträgt 16 Zentimeter pro Jahr. Die Subduktionsgeschwindigkeit der Pazifischen Platte relativ zum Tonga-Rücken beträgt dann an dieser Stelle etwa 25 Zentimeter pro Jahr (16 cm + 9 cm).

durch eine Subduktionsgeschwindigkeit von insgesamt etwa 24 Zentimeter pro Jahr.

Der für diese Region angegebene Driftbetrag der Pazifischen Platte von 9,1 Zentimeter pro Jahr am nördlichen Ende entspricht der Relativbewegung der Platte zum als ortsfest angenommenen Tonga-Bogen. Die GPS-Messungen haben damit die größten Krusten- beziehungsweise Plattenbewegungen offenbart, die bisher gemessen wurden. Allerdings sollte man dabei berücksichtigen, dass es sich hierbei um Messungen über einen sehr kurzen Zeitabschnitt handelt. Den Zahlwert solcher Messungen darf man daher keinesfalls als durchschnittliche Bewegungsgeschwindigkeit einer Platte interpretieren und ihn auch nicht direkt mit einer Berechnung der Plattendrift über geologische Zeiträume hinweg gleichsetzen.

Ein weiteres Beispiel aus jüngster Zeit betrifft die Bewegung der Anatolischen Platte. Für diese Messungen setzten die Geologen ebenfalls GPS-Geräte und das davon unabhängige Verfahren des Satellite Laser Ranging (SLR) ein. Schon vor diesen Untersuchungen wusste man, dass sich diese Platte relativ zur nördlich anschließenden Eurasischen Platte längs der Nordanatolischen Verwerfung westwärts bewegt. Die Nordanatolische Verwerfung verläuft nahe der Schwarzmeerküste Kleinasiens und ist ähnlich erdbebenreich wie die San Andreas Fault in Kalifornien.

Die Messungen zeigten nun, dass die Anatolische Platte entgegen dem Uhrzeigersinn um einen Pol an der Nordküste der Halbinsel Sinai (östlich von Port Said) rotiert. Dadurch verschieben sich die Plattengrenzen an der Nordanatolischen Verwerfung um 2,5 Zentimeter pro Jahr; die Drehgeschwindigkeit der Platte beträgt 1,2 Grad pro Million Jahre.

Scheinbare und wahre Polwanderung

Für alle Bewohner der Erde, die sich ja alle auf einer der über den Erdmantel driftenden Platten befinden, ändern sich im Lauf der Zeit die Positionen des Nordpols und des Südpols. Es handelt sich bei dieser wahrgenommenen Änderung aber nur um eine scheinbare Polwanderung, die deshalb als scheinbar bezeichnet wird, weil sich nicht die Lage der Rotationsachse gegenüber dem Erdmantel verändert, sondern die geographische Position des Betrachters auf einem bewegten Kontinent. Dasselbe Phänomen erlebt ein Schiffsreisender auf einer Nord-Süd-Route.

Die scheinbare Polwanderung ist für Beobachter auf verschiedenen Kontinenten im Allgemeinen unterschiedlich, entsprechend der jeweiligen kontinentalen Drift. Wandert dabei ein Kontinent in andere geographische Breitenzonen, so ändert sich mit der Drift auch langsam das Klima auf dem Kontinent. Daher beeinflussen die Vorgänge der Plattentektonik die Entwicklung des Lebens nicht nur, weil ehemalige Landbrücken gekappt werden oder neue entstehen, sondern auch aus klimatischen Gründen.

Nicht restlos geklärt ist bislang, ob es auch eine wirkliche Polwanderung gibt, wie sie bereits Alfred Wegener gefordert hatte und von deren Existenz er überzeugt war. Bei einer wirklichen Polwanderung verlagert sich die Rotationsachse der Erde gegenüber dem gesamten Erdkörper. Wegener nannte dies treffend »innere Achsenverlagerung«.

Kann die Erde kippen?

Zunächst waren die Geowissenschaftler des 20. Jahrhunderts davon überzeugt, dass die Erde ein sehr fester, nur schwer deformierbarer Körper sei, dessen 21 Kilometer dicker Äquatorwulst die Lage seiner Rotationsachse stabil halten sollte. Man hielt es für unwahrscheinlich, dass der Erdkörper gegenüber seiner aus himmelsmechanischen Gründen raumfesten Drehimpulsachse langsam kippen könnte. Doch inzwischen weiß man, dass der Widerstand des Erdmantels gegenüber deformierenden Kräften gar nicht so groß ist, zumal der Kern ohnehin flüssig ist. Genauere Abschätzungen ergaben für die Viskosität der säkularflüssigen Mantelgesteine Werte um $3 \cdot 10^{21}$ Pa·s (Pascalsekunden). Früher ermittelte Werte lagen um drei bis vier Größenordnungen darüber – eine so hohe Viskosität schloss wirkliche Polwanderungen praktisch aus.

Für diese Abschätzung zog man etwa die Hebungsraten der Erdoberfläche nach dem Ende der letzten Vereisung von Kanada und Skandinavien heran. Dabei muss man sich vergegenwärtigen, dass die Erde nach den Gesetzen der Kreiseltheorie um die Achse ihres größten Trägheitsmoments rotiert. Normalerweise besitzt jeder Körper drei Hauptträgheitsachsen, die aufeinander senkrecht stehen. Es handelt sich um die Achse seines größten, seines kleinsten und eines mittleren Trägheitsmoments. Dabei können nur die Achsen des größten und des kleinsten Trägheitsmoments freie Rotationsachsen sein. Das Letztere ist zum Beispiel beim Drall von Geschossen realisiert.

Abgesehen vom Äquatorwulst unterscheiden sich die Hauptträgheitsachsen der Erde nur wenig voneinander. Für die Differenzen sorgen Masseunregelmäßigkeiten des Erdkörpers. Diese sind zum Teil dynamisch bedingt, was bei der Behandlung der Geoid-Undulationen deutlich wurde. Will man die Masseunregelmäßigkeiten

GPS (GLOBAL POSITIONING SYSTEM)

Das GPS (Global Positioning System) ist ein weltweit genutztes Satellitennavigationssystem, das für jeden Punkt auf der Erde eine sehr genaue Standortbestimmung möglich macht. Es besteht aus 24 Satelliten, die auf 6 Bahnen mit je 4 Satelliten in die Umlaufbahnen der Erde gebracht wurden. Sie kreisen in etwa 20 200 km Höhe in 12 Stunden einmal um die Erde. Die 6 Satellitenbahnen sind um 60° gegeneinander versetzt (6 · 60° = 360°), sodass von jedem Punkt der Erdoberfläche aus ständig Daten von mindestens vier Satelliten empfangen werden können. Für eine Standortbestimmung auf See benötigt man mindestens drei Satelliten, für die Luftfahrt und die landgestützte Navigation werden vier benötigt.

Das Prinzip der Satellitennavigation basiert auf der Messung von Laufzeitunterschieden der von den Satelliten gesendeten Signale. So ist es entscheidend, zu welcher Uhrzeit das Signal eines Satelliten auf der Erde empfangen wird. Für die genaue Zeitmessung gibt es an Bord eines jeden Satelliten vier Atomuhren. Zur Uhrzeit werden außerdem die Bahndaten des Satelliten und eine große Anzahl von Korrekturdaten codiert gesendet. Mit einem GPS-Empfänger werden die Daten der einzelnen Satelliten auf der Erde empfangen und mit denen anderer Satellitenempfangsdaten verglichen. Aus der errechneten Distanz des Satelliten ergibt sich um seinen senkrecht zur Erdoberfläche liegenden (lotrechten) Punkt ein Standkreis. Dieser markiert alle Punkte gleichen Abstands vom Satelliten zum Empfänger. Aus dem Standort des Satelliten und den Schnittpunkten mit Standkreisen weiterer Satelliten ist eine Standortbestimmung des Empfängers möglich.

Während im Satelliten vier Atomuhren angebracht sind, verfügt ein GPS-Empfänger nur über eine weniger genaue Quarzuhr. Diese reicht für eine genaue Standortbestimmung nicht aus, da schon Zeitdifferenzen von einer Hunderttausendstelsekunde eine Änderung von etwa 3 km bei der Ortsbestimmung ergeben. Um die Genauigkeit zu erhöhen, werden zusätzlich spezielle Satellitencodes empfangen und ausgewertet.

Die Satelliten senden einen etwa 1 Millisekunde andauernden Code, der taktgleich auch vom Empfängergerät erzeugt wird. Beim Vergleich mit den empfangenen Satellitencodes wird der Empfängercode so lange variiert, bis er mit den übrigen empfangenen Satellitendaten (Bahndaten, Entfernung, Korrekturen der Erdoberfläche) übereinstimmt. Zur Korrektur der Empfängeruhr benötigt man die Daten von mindestens drei, im Allgemeinen aber vier Satelliten. Die Standkreise der Satelliten bilden dann am Ort des Empfängers ein Fehlerdreieck, das durch Verschieben aller Standkreise korrigiert wird. Dadurch erhält man den tatsächlichen Standort des Empfängers.

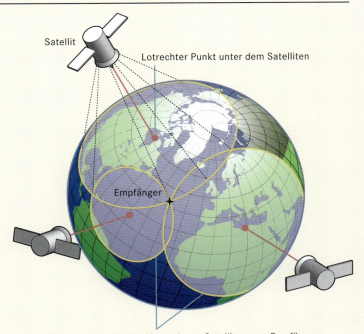

Standkreis = gleicher Abstand vom Satelliten zum Empfänger

quantitativ erfassen, so muss man sie auf eine nicht rotierende Erde beziehen. Schließlich sorgt die Fliehkraft der Erdrotation für die größte Masseanomalie, nämlich die Abplattung der Pole beziehungsweise den Äquatorwulst. Diese ist daher Folge und nicht Ursache der Lage der Rotationsachse.

Dabei muss man die Erde als einen zähflüssigen Körper ansehen. Er passt sich langsam den veränderten Achsenlagen an, sodass die Erde schließlich um die Achse ihres größten Trägheitsmoments rotiert, die aber allein von den genannten Masseanomalien bestimmt wird. Der Äquatorwulst ist nach heutigem Verständnis also nicht der große Stabilisator der Erdrotation, vielmehr verzögert er nur die Anpassung der Rotationsachse an veränderte Masseverteilungen beziehungsweise Trägheitsachsen. Er hat lediglich dämpfenden Einfluss, was für den Verlauf von Klimaänderungen und anderen Prozesse sehr wichtig ist.

In den Geoid-Undulationen kommen die Masseunregelmäßigkeiten zum Ausdruck, die die Hauptträgheitsmomente der Erde bestimmen. Sie sind über lange geologische Zeiträume hinweg relativ stabil, die Plattenbewegungen beeinflussen sie nur wenig. Am Geoid zeigt sich ja, dass die positiven Anomalien stark mit den relativ orts-

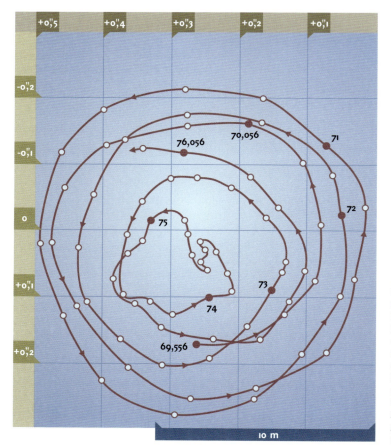

Bahn des Nordpols der Erdachse von Mitte 1969 bis Anfang 1976 nach Beobachtungen des International Polar Motion Service (IPMS). Bedingt durch Masseverlagerungen in der Erde führt die Erdachse eine kegelförmige Schwingung, die **Chandler-Bewegung**, aus. Die Amplitude der Polschwankung beträgt bis zu etwa 0,3 Bogensekunden oder 9 m. Zugrunde gelegt ist das tropische Jahr, die Zeitspanne zwischen zwei aufeinander folgenden Durchgängen der Sonne durch den Frühlingspunkt; es ist dezimal unterteilt.

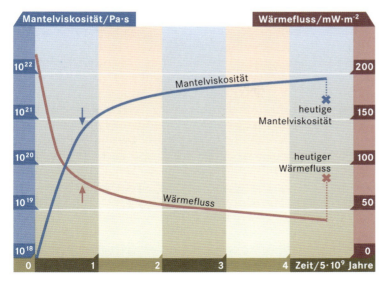

Wärmefluss und Mantelviskosität im Verlauf der Erdgeschichte. Bei den Pfeilen (etwa 800 Millionen Jahre nach Entstehung der Erde) dürfte die heutigen Verhältnissen ähnliche Plattentektonik begonnen haben. Die Kurven berücksichtigen nur Wärmequellen in Kruste und Mantel, nicht die Wärme aus dem Kern. Die Differenz zum heutigen Wärmefluss (Kreuz) beruht auf dem nicht ausreichenden Bestand an radioaktiven Elementen. Diese Differenz wird durch die beim »Ausfrieren« des inneren Kerns frei werdende Schmelzwärme ausgeglichen.

festen Plume-Provinzen verknüpft sind. Die hier von den aufsteigenden Materieströmen angehobene Erdoberfläche sollte daher die Lage der größten Hauptträgheitsachse festlegen. Dies bestätigt die Lage der positiven Geoid-Undulationen: sie und somit auch die Massen, die für die Lage der Rotationsachse im Erdkörper verantwortlich sind, liegen symmetrisch zum Äquator. Auf dem Mars kann man übrigens ähnliche Beobachtungen machen. Beim Mars-»Geoid«, das noch viel ausgeprägtere Anomalien als das Geoid der Erde aufweist, liegen die maximalen positiven Undulationen ebenfalls am Äquator, und damit dort, wo auch die topographischen Hochlagen und hohen Vulkankegel zu finden sind.

Verlagerung der Hauptträgheitsachsen

Kehren wir mit diesem Vorwissen zu der Frage nach wirklichen Polwanderungen zurück. Der Superkontinent Pangäa lag vor etwa 400 Millionen Jahren über dem Südpol und die getrennten Kontinente sind seitdem nordwärts gewandert. Zur Zeit der permokarbonischen Vereisung vor ungefähr 300 Millionen Jahren lag der Südpol schon rund 2800 Kilometer weiter südlich. Das bedeutet, dass entweder Pangäa um diesen Betrag nach Norden gedriftet ist, oder dass sich der gesamte Erdkörper gegenüber seiner Rotationsachse entsprechend nach Norden geneigt hat. Die zweite, wahrscheinlichere Erklärung fordert jedoch, dass die Pole wirklich gewandert sind. Diese Polwanderung muss sich danach noch fortgesetzt haben, denn der Südpol liegt heute um weitere 5300 Kilometer weiter südlich.

Für die Hypothese, dass zur Zeit Pangäas eine wahre Polwanderung stattgefunden hat, also der gesamte Erdkörper um rund 90° gekippt ist, gibt es eine plausible Erklärung: Die Hauptträgheitsmomente der nicht-rotierenden, und damit äquatorwulstlosen Erde unterscheiden sich nur wenig. Daher können stärkere Änderungen der oben genannten Masseanomalien die Hauptträgheitsmomente so verändern, dass die Achsen des größten und des kleinsten Trägheitsmoments ihre Rollen vertauschen. Dann aber muss die Rotationsachse, die mit der Achse des größten Trägheitsmoments zusammenfällt, um 90° kippen – die Pole würden sich ebenfalls um 90° verlagern.

Und so kann man sich die geologischen Vorgänge dabei vorstellen: Als Pangäa sich noch am Südpol befand, hob der im unter ihr liegenden Erdmantel hervorgerufene Wärmestau die Erdoberfläche empor. Dieser Hub genügte, um den Rollentausch der Hauptträgheitsmomente einzuleiten. Die Erde musste ihre Rotationsachse so verlagern, dass die Überschussmasse der angehobenen Pangäa zum Äquator wanderte, und damit senkrecht zur Rotationsachse zu liegen kam. Der sich nur langsam an diese Achsenverlagerung anpassende Äquatorwulst verhinderte lediglich, dass der Erdkörper dabei schnell kippte.

Die Anpassung des Äquatorwulsts an die neue Lage der Rotationsachse erfolgte übrigens weniger durch elastische Deformation des Erdkörpers als durch den langsamen Fluss der viskosen Massen im Erdmantel. Diese im wahrsten Sinn des Worts fließende Anpassung dauerte ungefähr 10 000 Jahre. In diesem Zeitraum hatte sich der Äquatorwulst an eine plötzlich auftretende, neue Lage der Rotationsachse fast vollständig angepasst. Die Polwanderung durch Kippen des Erdkörpers würde erheblich länger dauern, weil sich der Erdkörper nicht an eine einzige, plötzliche Lageänderung der Rotationsachse anpassen müsste, sondern an stetig ablaufende, kleine Lageverschiebungen.

Die Heraushebung Pangäas und die vor etwa 200 Millionen Jahren einsetzenden Riftprozesse, die letztlich dazu führten, dass sich der Superkontinent in die heutigen Kontinente aufspaltete, hängen eng mit der starken thermischen Isolationswirkung der riesigen Kontinentalplatte gegenüber dem darunter liegenden Erdmantel zusammen. Damit dieser zunächst in Gang gekommene Prozess weiterlaufen konnte, musste das thermisch aktive Mantelgebiet mit der Plume-Provinz unter Pangäa stationär bleiben. Dies war jedoch nur möglich, wenn Pangäa nicht wie ein Floß über den Mantel nordwärts driftete, sondern wenn es dadurch nach Norden wanderte, dass der gesamte Erdkörper die kippende Nordwärtsbewegung mitmachte. Mit andern Worten: Es muss sich eine wirkliche Polwanderung ereignet haben. Aufgrund der hier beschriebenen Prozesse ist es sehr schwer, an der Existenz wahrer Polwanderungen zu zweifeln.

Zukünftige Entwicklung

Mit der Kenntnis der tektonischen Prozesse lassen sich nicht nur erdgeschichtliche Abläufe nachvollziehen. Reizvoll ist es auch zu fragen, wie sich die Erde wohl in künftigen geologischen Zeiträumen entwickeln wird.

Es gibt keinen Zweifel daran, dass die plattentektonischen Prozesse andauern werden, solange das Energiereservoir im Erdinnern

---

Im Sommer 1816 überzog eine **Kältewelle** Nordamerika und Westeuropa. In Neuengland etwa erfror im Juni der Mais, und viele Farmer gerieten in existenzielle Not. In Europa sorgte die Kältewelle für eine Missernte beim Weizen. Der Grund: Im Jahr zuvor war auf der indonesischen Insel Sumbabwa der **Vulkan Tambora** ausgebrochen. Der Ausbruch war ungleich gewaltiger als der berühmte Ausbruch des ebenfalls indonesischen Vulkans Krakatau im Jahr 1883, und 12 000 Menschen kamen durch ihn ums Leben. 40 Kubikkilometer Asche und Gesteinstrümmer stieß der Tambora aus. Die Asche und vermutlich auch große Mengen an Schwefeldioxid stiegen bis in stratosphärische Höhen und verblieben dort mehrere Jahre. In der Folge sanken die Temperaturen weltweit.

den hierfür erforderlichen Energiebedarf decken kann. Als Energiequellen dienen, wie bereits erwähnt, jeweils etwa zur Hälfte die Zerfallswärme der radioaktiven Elemente in den Gesteinen des Mantels und die latente Schmelzwärme des äußeren, flüssigen Eisenkerns. Die Wärmeabstrahlung der Erde, also die Energiemenge, die die Erde verliert, wurde im Mittel mit 80 Milliwatt pro Quadratmeter gemessen. Ferner lässt sich aus theoretischen Überlegungen ableiten, dass diejenige Wärmeenergie, die aus dem Zerfall radioaktiver Elemente im Erdinnern stammt, in den letzten zwei Milliarden Jahren um etwa 25% abgenommen hat. Setzt man diesen Verlust zum gesamten Wärmeverlust der Erde in Beziehung, dann bedeutet das: Die plattentektonische Aktivität wird über mindestens zwei Milliarden Jahre anhalten, auch wenn sie dabei allmählich schwächer wird.

Vor der von Vulkanismus und Erdbeben geprägten Nordinsel Neuseelands taucht die Pazifische Platte unter die Indisch-Australische Platte ab. Der Vulkan **Ruapehu,** mit 2797 m der höchste Berg der Insel, ist somit Teil des zirkumpazifischen »Feuergürtels«. Der an Subduktionszonen gebundene Vulkanismus fördert chemisch saure bis intermediäre Produkte, hier außer andesitischen Laven und Aschen vor allem Ignimbrite, das heißt Ablagerungen von Glutwolken; die Ausbrüche sind oft stark explosiv. Beim Ausbruch vom 17. 6. 1996 schleuderte der Ruapehu Asche und Rauch mehr als zehn Kilometer hoch in die Atmosphäre.

Bedeutsamer sind Entwicklungen, die in der näheren geologischen Zukunft von einige Millionen Jahre eintreten können. So sind Polwanderungen, wie bereits erwähnt, mit Klimaänderungen verknüpft. Innerhalb der nächsten Million Jahre lassen sich indes hiervon bewirkte Klimaänderungen auschließen, da diese Zeitspanne zu kurz ist, um die Kontinente klimarelevant zu verschieben. Trotzdem könnten die mit der Plattentektonik einhergehenden tektonischen Deformationen der Erdoberfläche in das Klimageschehen eingreifen. Beispielsweise könnten Schwellen am Meeresboden auftreten, die den Austausch verschieden temperierter Wasserkörper behindern und die Meeresströmungen verändern.

Welche Bedeutung gerade Meeresströmungen für das Klima haben, zeigt auf eindrucksvolle Weise der Golfstrom. Er beschert dem atlantischen Europa ein gemäßigtes und ständig feuchtes Klima, das in diesen Breitengraden sonst nicht zu erwarten wäre – Oslo liegt fast so hoch im Norden wie Anchorage. Auch der Vulkanismus, ebenfalls eine Folge der tektonischen Aktivität, greift in das Klimageschehen ein. Man weiß heute allerdings, dass die durch Vulkanausbrüche in die Atmosphäre geschleuderten Staubmengen nicht die höheren Schichten der Atmosphäre erreichen. Sie fallen aufgrund ihrer Schwere relativ rasch wieder zu Boden oder werden vom Regen ausgewaschen und sind daher vielfach nicht so stark klimarelevant wie man dachte.

Gravierender jedoch wirkt sich das bei Vulkaneruptionen in großen Mengen ausgestoßene Schwefeldioxid aus. Dieses Gas absorbiert einen Teil der Sonnenstrahlung und hat daher eine starke Kühlwirkung; es erreicht stratosphärische Schichten, in denen es lange verharren kann. Die Kühlwirkung konnten Klimaforscher unter anderm beim verheerenden Ausbruch des Pinatubo (1991) verfolgen. Messungen ergaben, dass diese Vulkaneruption die globale Durchschnittstemperatur um 0,3 bis 0,5 °C senkte. Solche Zusammenhänge zwischen starker vulkanischer Tätigkeit und Kälteperioden oder Kaltzeiten konnten vielfach nachgewiesen werden, zum Beispiel für die Würm-Eiszeit. Dagegen entsprach der Temperaturanstieg der ersten Hälfte dieses Jahrhunderts einer erstaunlich geringen vulkanischen Aktivität. Anderseits trägt aber das ebenfalls bei Vulkanausbrüchen frei werdende Kohlendioxid zum Treibhauseffekt bei.

Die nächste Eiszeit

Erweitert man die Zukunftsperspektive auf einen Zeitraum von viele Millionen Jahre, dann kommt die klimabeeinflussende Wirkung der Plattentektonik voll zum Tragen. Das liegt nicht nur an den bereits angesprochenen Polwanderungen. Die Intensität, mit der plattentektonische Prozesse in der Erdgeschichte ablaufen, ist nämlich nicht konstant. Dies macht etwa das Beispiel Pangäa deutlich. So gibt es Perioden stärkerer tektonischer Aktivität, die mit Zeitabschnitten geringerer Aktivität abwechseln. In solchen aktiven Phasen entstehen stark akzentuierte Reliefs, Hochflächen und Hochgebirge. Zudem verringert sich dabei die vom Meer bedeckte Erdoberfläche. Dadurch neigen sehr hoch gelegene Landflächen zur Vergletscherung; die ausgleichende Wirkung des Weltmeers als großes Wärmereservoir auf die Temperatur der Erde wird reduziert. Kühlere Epochen einschließlich großer Vereisungen sind die Folge der Reliefverstärkungen. Man spricht in diesem Fall von einer »geokratischen« Epoche. So zeichnet sich auch unsere Zeit durch eine besonders hohe tektonische Aktivität aus.

Ein Nachlassen der plattentektonischen Aktivitäten führt umgekehrt dazu, dass das Erdrelief eingeebnet wird und dass der vom Weltmeer bedeckte Anteil der Erdoberfläche größer wird. Aus diesem Grund spricht man hier von »thallatokratischen« Perioden. Sie weisen ein wärmeres, ausgeglichenes Klima auf, wozu die im Meerwasser gespeicherten Wärmemengen wesentlich beitragen. Ein solches wärmeres, ausgeglichenes Klima herrschte etwa im älteren Präkambrium, im frühen Kambrium, im Ordovizium, Silur und Devon, dann wieder im Jura und in der Kreide.

Die Zeitspanne vom Tertiär bis zur Jetztzeit ist demgegenüber von geokratischen Verhältnissen geprägt. Die heute besonders hohe

HEUTIGE WAHRE POLWANDERUNG

Seit Beginn des 20. Jahrhunderts nehmen Wissenschaftler im Rahmen des Internationalen Breitendiensts (International Latitude Service, ILS) Bestimmungen der Lage der Rotationsachse der Erde, bezogen auf den Erdkörper als Ganzen, vor, und damit auch Bestimmungen der Lagen von Nord- und Südpol. Sie bedienen sich dabei eines astronomischen Messverfahrens, nämlich der Bestimmung der Polhöhe des Himmelspols über der Horizontebene.

An diesen Messungen sind im Rahmen der Nachfolgeorganisation des ILS, des »International Polar Motion Service« (IPMS) fünf Observatorien beteiligt, die mit annähernd gleicher Distanz zueinander auf 39° 8' nördlicher Breite liegen. Daneben werden auch Satellitenbeobachtungen zur Bestimmung der momentanen Rotationspole herangezogen. Durch Vornahme der Messungen an fünf verschiedenen Orten lassen sich die Effekte der mit der Kontinentaldrift verbundenen scheinbaren Polwanderung eliminieren.

Dank der langjährigen Messungen des Internationalen Breitendiensts ist nicht nur bekannt, dass der Nordpol eine periodische Bewegung um seine mittlere Lage ausführt, deren Periode eine Dauer von etwa sechseinhalb Jahren hat, sondern auch, dass seine mittlere Lage sich seit Anfang des 20. Jahrhunderts mit etwa zehn Zentimeter pro Jahr in Richtung des östlichen Kanada bewegt.

Der Nordpol hat aufgrund dieser Bewegung seit 1900 mit seiner mittleren Lage eine Strecke von nahezu zehn Meter zurückgelegt. Obwohl sich auch die Lithosphärenplatten bei ihrer Drift mit ähnlichen Geschwindigkeiten bewegen und daher ein gewisser Zusammenhang vermutet werden kann, handelt es sich bei dieser Polwanderung nicht um eine scheinbare, die sich unmittelbar auf die Plattentektonik zurückführen ließe. Wissenschaftliche Untersuchungen haben ergeben, dass höchstens ein Zehntel von ihr sich als Effekt der Plattentektonik erklären lässt. Daher muss es sich um eine wahre Polwanderung handeln, das heißt um

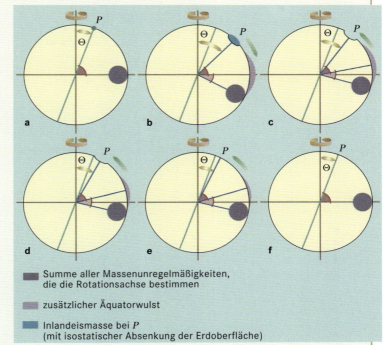

■ Summe aller Massenunregelmäßigkeiten, die die Rotationsachse bestimmen
■ zusätzlicher Äquatorwulst
■ Inlandeismasse bei P (mit isostatischer Absenkung der Erdoberfläche)

ein leichtes Kippen des gesamten Erdkörpers.

Als mögliche Ursache kommt die Eisbedeckung Kanadas und Skandinaviens während der letzten Vereisung infrage: Die großen Inlandeismassen übten infolge ihrer Fliehkraft ein Drehmoment auf den Erdkörper aus und ließen ihn gegen die Rotationsachse kippen. Das hielt so lange an, bis das Drehmoment der Masseanomalien – die zuvor in der Äquatorebene rotierten und nun aus dieser Ebene gekippt wurden – das auf den Eismassen beruhende Drehmoment kompensierten. Der Äquatorwulst passte sich dann allmählich dieser neuen Lage des Erdkörpers an.

Durch das Abschmelzen des Inlandeises bis vor etwa 10 000 Jahren wurde das Gleichgewicht der auf die Erdachse wirkenden Kippmomente erneut gestört. Die Erde konnte jedoch nicht unverzüglich in die frühere Position, die sie vor der Vereisung hatte, zurückkehren. Das wurde durch den Äquatorwulst verhindert, der seine Lage während der Zeit der Vereisung neu angepasst hatte. Für die Rückkehr in die Ausgangsposition war es erforderlich, dass sich die Massen des Äquatorwulsts erneut anpassten. Dieser sehr langsame Anpassungsprozess dauert immer noch an. Einer seiner Effekte besteht in der Wanderung des Nordpols auf das östliche Kanada zu, die vom IPMS gemessen wurde.

Die Abbildung zeigt sechs Phasen einer **wahren Polwanderung** infolge Bildung einer Inlandeismasse und deren Abschmelzen. Θ ist die Zenitdistanz eines festen Punkts P auf der Erdoberfläche. Die Segmente zwischen den einzelnen Richtungen markieren starre Winkel: bei a noch keine Eismasse; b Eismasse ist entstanden, Erde kippt in Pfeilrichtung, Äquatorwulst hat sich angepasst; c Eis ist abgeschmolzen, Erde kippt in Pfeilrichtung zurück; d und e Zusatzwulst bildet sich zurück, dabei kippt Erde weiter langsam zurück; f Ausgangszustand ist wieder erreicht. Wir befinden uns heute zwischen den Positionen d und e, d. h. der Nordpol (immer genau oben) wandert noch auf den Punkt P zu.

tektonische Aktivität lässt sich durchaus mit dem Eintritt des Eiszeitalters mit seiner Abfolge von Kalt- und Warmzeiten in Verbindung bringen. Dabei sollte man sich klar machen, dass erst mehrere Faktoren gemeinsam solche Temperatureinbrüche bewirken. Die vom jugoslawischen Astronomen Milutin Milanković berechneten Änderungen der Sonneneinstrahlung – er griff hierfür auf die periodischen Schwankungen der Umlaufbahn der Erde um die Sonne zurück – können nicht alleinige Ursache der eiszeitlichen Klimaschwankungen sein. Dann nämlich müssten regelmäßig immer wieder Eiszeiten aufgetreten sein. Schließlich veränderte sich die Erdbahn um die Sonne schon immer streng periodisch. Eiszeiten sind jedoch geologisch kurze Episoden, die von langen Zeiträumen ohne derartige Ereignisse getrennt sind.

Unbestritten ist, dass die in den Milanković-Kurven erscheinenden Abschwächungen der Sonneneinstrahlung bereits vorhandene Temperatursenkungen verstärken konnten. Gegenwärtig befinden wir uns in einer »Zwischeneiszeit«, das heißt in einem Interglazial, einer Warmzeit. Diese Phase hält seit etwa 10 000 Jahren an. Länger dauern diese Perioden erfahrungsgemäß nicht, was sich an Eisbohrkernen aus dem grönländischen Inlandeis ablesen lässt. Daher steht der Erde der Beginn einer neuen Kaltzeit bevor.

Beim Beginn der Vereisung tritt ein Rückkopplungseffekt auf. Schmilzt erst einmal eine geschlossene Schneedecke im Sommer nicht mehr weg, dann verstärkt sie selbst den Abkühlungsprozess. Sie verhindert, dass die Sonneneinstrahlung den Boden wie gewohnt aufheizt – die Lufttemperaturen sinken weiter, die Schneedecken werden mächtiger. Der Abkühlungsprozess schaukelt sich also gewissermaßen auf. Vor diesem Hintergrund erscheint das Auftreten einer Warmzeit besonders schwer verständlich. Der Temperaturanstieg muss besonders stark sein, denn zunächst einmal müssen die beträchtlichen Eismassen abtauen, die sich während der rund 100 000 Jahre währenden Kaltzeit angesammelt haben. Erst danach kann die Erwärmung auf das Klima durchschlagen.

Viele Wissenschaftler schließen heute nicht mehr aus, dass die Strahlungskraft der Sonne schwankt. Ein Indiz dafür sind Klimaschwankungen innerhalb der Warmzeiten. So gilt zwar die gegenwärtige Warmzeit als besonders stabil, dennoch schwankte auch ihr Klima. Ein Beispiel hierfür liefert die »Kleine Eiszeit« zwischen 1450 und 1850, deren stärkstes Temperaturminimum in die zweite Hälfte des 17. Jahrhunderts fiel. Just zu jener Zeit traten sehr wenige Sonnenflecken auf oder sie fehlten sogar ganz. Dies spricht dafür, dass eine geringere Aktivität der Sonne mit fallenden Temperaturen auf der Erde korreliert ist.

Plattentektonische Aktivitäten kann man zwar nicht für alle Klimaschwankungen verantwortlich machen, aber sicher für die großen Klimaumschwünge, die für das Leben auf der Erde von einschneidender Bedeutung waren. Dabei ist auch zu berücksichtigen, dass das komplizierte System des Klimas kaum stabile, eher nur so genannte metastabile Zustände kennt. Bereits geringe Änderungen der betei-

---

Vom 15. bis zum 19. Jahrhundert dauerte die **Kleine Eiszeit.** Missernten in West-, Nord- und Mitteleuropa führten zu schweren Hungersnöten und in der Folge zu mehreren großen Auswanderungswellen. Hunderttausende von Menschen aus diesen Regionen suchten ihr Glück in der Neuen Welt. Verheerende Krankheitsepidemien waren in Europa eine weitere Folge der Klimaverschlechterung. Die verarmte, hungernde Bevölkerung lebte unter immer schlimmeren hygienischen Verhältnissen, die schließlich zum Nährboden wurden, auf dem sich diverse Infektionskrankheiten epidemieartig ausbreiten konnten.

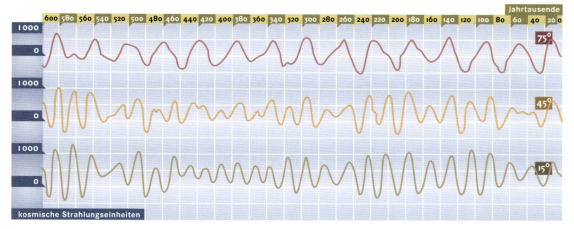

Strahlungskurven der Nordhalbkugel in 15°, 45° und 75° nördlicher Breite für die letzten 600 000 Jahre, berechnet von M. Milanković (1938) aufgrund der periodischen Schwankungen der Umlaufbahn der Erde um die Sonne.

ligten Faktoren können die Welt des Menschen und das Leben auf der Erde insgesamt tief greifend verändern. Aus diesem Grund sind Prognosen künftiger Klimaverhältnisse besonders schwierig.

Immerhin lässt die Klimageschichte durchaus Regelhaftigkeiten erkennen, auf deren Basis man Prognosen ableiten kann, die ein gewisses Maß an Eintrittswahrscheinlichkeit aufweisen. Hierbei sind auch die Milanković-Zyklen wichtig. Demnach steht uns vermutlich eine weitere »Kleine Eiszeit« bevor, die im weiteren Verlauf in eine neue Eiszeit einmünden könnte. Die plattentektonischen Voraussetzungen hierfür liegen vor. Die Untersuchungen an Eisbohrkernen belegen, dass solche Umschwünge von Warm- zu Kaltzeiten und umgekehrt oft schnell – in nur 100 bis 200 Jahren – erfolgen. Mit Klimakatastrophen muss man also durchaus rechnen. Sie gehören gewissermaßen zur Normalität der Erde. K. STROBACH

Von der Ursuppe zur Sauerstoffatmosphäre – erstes Leben

Die Evolution des Lebens ist ein eindrucksvolles Beispiel für den systemischen Charakter der Erde, für die gegenseitige Beeinflussung ihrer belebten und unbelebten Sphären; angefangen bei der Sauerstoffproduktion früher Einzeller in der fernsten Vergangenheit bis hin zur Gefährdung des Ozonschilds heute durch uns Menschen. Die Ozonschicht in der Stratosphäre, in einer Höhe von etwa 20 bis 50 Kilometer, schützt das Leben vor der schädlichen UV-Strahlung der Sonne und stabilisiert es so. Unter Normaldruck über die Erdoberfläche verteilt wäre diese Schicht nur drei Millimeter dick – verschwindend wenig im Vergleich zur Höhe, über die sich die Atmosphäre erstreckt und ein anschauliches Beispiel dafür, wie fein austariert die Wechselwirkungen auf der Erde sind. Das Ozon (O_3) der Stratosphäre konnte nur aus dem gewöhnlichen Luftsauerstoff (O_2) entstehen, und wenn es diesen nicht gegeben hätte, hätten höhere Lebensformen sich nicht entwickeln können; der Luftsauerstoff selbst aber wurde in der Frühzeit der Erde durch einfache Lebensformen erzeugt.

Erdatmosphären

Wenn nun der Sauerstoffgehalt der heutigen Atmosphäre auf Lebewesen zurückgeht, also biogener Natur ist, dann kann die Erdatmosphäre nicht schon immer so beschaffen gewesen sein, wie wir sie heute kennen; umgekehrt ist dann aber auch die Evolution des irdischen Lebens ohne Berücksichtigung der Veränderungen in der Atmosphäre nicht zu verstehen. Es gibt Anhaltspunkte dafür, dass das frühe Leben durch den Sauerstoff, den es produzierte, sich nahezu selbst vergiftet hätte, als dessen atmosphärische Konzentration zunahm – Sauerstoff ist ein sehr aggressives Gas. Insgesamt hat sich die Atmosphäre im Lauf der Erdgeschichte wohl zweimal wesentlich in ihrer Zusammensetzung geändert.

Die Uratmosphäre

Nach der Entstehung des Planetensystems aus dem Gas und dem Staub des Sonnennebels waren die Planeten von so genannten Uratmosphären umgeben. Sie alle hatten ursprünglich Teile der Gase des Sonnennebels als atmosphärische Gashüllen eingefangen, langfristig allerdings mit ungleichem Erfolg.

Die großen Planeten Jupiter und Saturn konnten die Gase in ihren starken Schwerefeldern halten und waren folglich von Atmosphären umgeben, die fast ganz aus Wasserstoff (H_2) und Helium (He) bestanden. Diese Atmosphären waren eigentlich nur gasförmige äußere Schichten der gleichen Stoffe, aus denen Jupiter und Saturn bis in große Tiefen bestehen, die aber infolge der hohen Drücke im In-

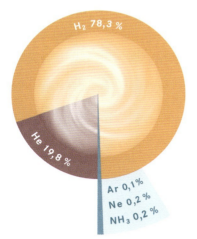

Als **Uratmosphäre** wird die Gashülle bezeichnet, die von der jungen Erde aus den Gasen des Sonnennebels gravitativ festgehalten wurde. Sie hatte die gleiche Zusammensetzung wie die Sonne, bestand also hauptsächlich aus Wasserstoff (H_2) und Helium (He). Sie wurde während des T Tauri-Stadiums der Sonne vom Sonnenwind bis auf einen Rest von etwa einem Prozent fortgeblasen.

Der Große Rote Fleck (GRF; rechts unten) ist die bemerkenswerteste Struktur in der durch starke Turbulenzen geprägten **Jupiteratmosphäre,** von der das Bild einen kleinen Ausschnitt zeigt. Der GRF ist seit über 300 Jahren bekannt. Er ist so groß, dass die Erdkugel dreimal in ihn hineinpassen würde.

nern der Planeten in den flüssigen oder metallischen Zustand übergegangen sind. Die Mäntel aus Solarmaterie umschließen Kerne, die bereits zuvor aus Silicaten und Metallen gebildet worden waren und die einen etwa doppelt so großen Durchmesser haben wie die Erde. Mit ihrer großen Anziehungskraft konnten diese Kerne einen bedeutenden Teil der Gase des Sonnennebels als mächtige Hüllen an sich binden. Die so entstandenen Atmosphären der großen Planeten blieben bis heute erhalten.

Anders war die Entwicklung bei den erdähnlichen oder inneren Planeten Merkur, Venus, Erde und Mars. Der kleine Merkur konnte mangels eines ausreichenden Schwerefelds überhaupt keine Gashülle an sich binden und besitzt daher keine Atmosphäre. Die größeren Planeten Erde und Venus, deren Durchmesser sich nur um fünf Prozent voneinander unterscheiden, hatten vermutlich beide eine Uratmosphäre, die jedoch beiden fast vollständig wieder verloren ging. Hierfür wird ein frühes Entwicklungsstadium der Sonne, das T Tauri-Stadium, als Ursache angesehen. Die Bezeichnung für diese kurze Episode im Lauf der Sternentwicklung bezieht sich auf den jungen Stern T im Sternbild Taurus oder Stier, der sich gegenwärtig in diesem Stadium seiner Entwicklung befindet. Astronomische Beobachtungen zeigen, dass offenbar alle Sterne nach ihrer Entstehung ein Stadium durchlaufen, in dem sich ihre Helligkeit innerhalb von Tagen unregelmäßig flackernd ändert. Von Zeit zu Zeit stoßen sie dabei mit hohen Geschwindigkeiten Sternmaterie aus, ähnlich wie unsere Sonne sie heute noch in gemäßigter Form als Sonnenwind in den interplanetaren Raum bläst. Damals haben die von ihr herrührenden kräftigen Plasmaströme aus Protonen und Elektronen die Atmosphären der sonnennahen inneren Planeten wohl weitgehend weggefegt. An ihre Stelle traten neue Atmosphären durch Entgasung der planetaren Gesteinsmäntel.

Eine Abschätzung der ursprünglichen Masse und Zusammensetzung der Uratmosphäre der Erde ist anhand einer Bestimmung des Neongehalts der heutigen Atmosphäre möglich. Neon (Ne) gehört zu den häufigsten Elementen im Kosmos, ist in der heutigen Erd-

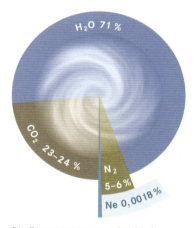

Die Zusammensetzung der durch vulkanische Entgasung von Erdkruste und Erdmantel entstandenen **zweiten Erdatmosphäre.** Der hohe Wasserdampfanteil (H_2O) kondensierte zu Meerwasser, und der hohe Kohlendioxidanteil (CO_2) wurde allmählich in den Carbonatgesteinen gebunden. Die Menge des Stickstoffs (N_2) entspricht dessen Gehalt in der heutigen Atmosphäre von 78%.

atmosphäre aber nur mit 0,0018 % vertreten. Als Edelgas ist es ausgesprochen reaktionsträge, und wegen seines Gewichts (Massenzahl 20) konnte es auch nicht so leicht in den Weltraum entweichen wie der Wasserstoff (Massenzahl 1). Man müsste also vom heutigen Neongehalt auf die Masse der Uratmosphäre schließen können, wenn diese – abgesehen vom leichtflüchtigen Wasserstoff – annähernd solare Zusammensetzung gehabt hätte. Nach dieser Überlegung hätte die Masse der Uratmosphäre der Erde nur 0,9 % der heutigen Atmosphärenmasse betragen. Vermutlich wäre das aber nur der Rest einer ursprünglich massereicheren Atmosphäre, die fast ganz verloren gegangen ist. Aus der Abschätzung ergibt sich jedenfalls, dass unsere heutige Atmosphäre nicht die Uratmosphäre der Erde sein kann; sie muss später und auf andere Weise entstanden sein als diese.

Zweite Atmosphäre

Man nimmt an, dass gegen Ende der Erdentstehung – bei der Zusammenballung aus bis zu einige hundert Kilometer großen Gesteinsbrocken, den Planetesimalen – verschiedene vulkanische Gase aus dem Erdmantel ausgetrieben wurden, und zwar, wie auch heute noch in sehr abgeschwächter Form, neben 5 bis 6 % molekularem Stickstoff hauptsächlich Kohlendioxid (23 bis 24 %) und Wasserdampf (71 %). Diese Entgasung der Erde muss anfangs sehr heftig gewesen sein, denn bevor sich eine feste Kruste bilden konnte, war die Erde durch den Einschlag großer Körper aus dem Weltraum bis zu Tiefen von einigen Hundert Kilometern aufgeschmolzen und von einem Magmaozean bedeckt. Beim Auftreffen solcher Körper wird deren kinetische Energie in Wärme umgewandelt, und nach einer Faustregel schmilzt dadurch der Erdmantel bis zu Tiefen auf, die dem Durchmesser des einschlagenden Körpers gleichen. Dabei werden die in den Gesteinen enthaltenen Gase freigesetzt. Solche Gase wurden durch die Anziehungskraft der Erde festgehalten und bildeten auf diese Weise die zweite Atmosphäre.

Entsprechende Entgasungen der Gesteinsmäntel muss es auch auf den Nachbarplaneten der Erde gegeben haben. Der Merkur konnte wegen seiner schwachen Anziehungskraft auch diese zweite Gashülle nicht an sich binden. Der etwas größere Mars behielt eine sehr dünne Atmosphäre aus Kohlendioxid (CO_2). Die etwa gleich großen Planeten Erde und Venus sollten eigentlich ähnliche CO_2-Atmosphären haben, mit ähnlich großen Massen, doch nur die Venus ist von einer dichten Atmosphäre aus Kohlendioxid umgeben. Deren Druck ist an der Oberfläche 90-mal höher als der irdische Atmosphärendruck am Boden. Neben 96 % Kohlendioxid enthält die Venusatmosphäre 3 % Stickstoff, wenig Wasserdampf und Schwefelsäurenebel.

Der geringe Gehalt unserer irdischen Atmosphäre an Kohlendioxid steht scheinbar im Widerspruch zur Annahme etwa gleicher Gehalte bei Venus und Erde von je rund $6 \cdot 10^{20}$ kg. Es gibt aber tatsächlich auf beiden Planeten etwa die gleiche Menge CO_2, allerdings mit dem Unterschied, dass bei der Venus diese Menge sich ungebun-

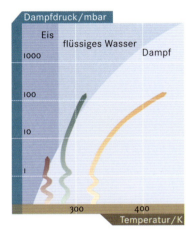

Die **entwicklungsgeschichtlichen Wege** von Mars (lila), Erde (grün) und Venus (beige) im **Phasendiagramm des Wassers.** Auf dem Mars erhöhte sich im Lauf seiner Entwicklung bei niedrigen Temperaturen der Druck so weit, dass das Wasser aus der Dampfdirekt in die feste Phase (Eis) überging. Auf der Venus dagegen stieg die Temperatur durch den Treibhauseffekt so stark an, dass auf ihr das Wasser immer gasförmig blieb. Nur auf der Erde sind aufgrund der Druck- und Temperaturverhältnisse alle drei Aggregatzustände möglich. – Der Treibhauseffekt setzt bei einem Dampfdruck von etwa 1 Millibar (mbar) ein.

den praktisch vollständig in der Atmosphäre befindet, während sie bei der Erde in Carbonatgesteinen (Kalksteinen) der Kruste sowie in Kohle und Erdöl gebunden vorliegt; lediglich ein kleiner Rest von $1{,}7 \cdot 10^{15}$ kg (das ist nur der 350 000ste Teil der CO_2-Menge der Venusatmosphäre) befindet sich ungebunden in der Erdatmosphäre. Das hat wichtige Konsequenzen. Der hohe CO_2-Gehalt der Atmosphäre bewirkt an der Venusoberfläche durch den Treibhauseffekt eine Temperatur von 480 °C. Ein Leben ähnlich dem auf der Erde wäre auf der Venus unter diesen Bedingungen nicht möglich.

Die vergleichsweise paradiesischen Zustände auf der Erde verdanken wir vor allem dem Weltmeer. Wasser gab es zwar ursprünglich auch auf der Venus. Deren größere Nähe zur Sonne führte jedoch zur Dissoziation des Wassers in seine Bestandteile Wasserstoff und Sauerstoff. Der Sauerstoff wurde teilweise in Krustengesteinen gebunden, der Wasserstoff entwich wegen seiner geringen Masse in den Weltraum. Nur ein im Vergleich zur irdischen Wassermenge von $1{,}7 \cdot 10^{21}$ kg geringer Rest von Wasser ist noch in der Venusatmosphäre enthalten ($3{,}6 \cdot 10^{17}$ kg). Wäre die Erde nur um 5 % ihres Abstands näher an der Sonne, so hätte sie vermutlich das gleiche Schicksal erlitten wie die Venus. Sie würde keine Ozeane besitzen, keinen Wasserkreislauf und kein Leben.

Rechnen wir zusammen, welche Bestandteile die geschilderte zweite Erdatmosphäre enthielt, dann finden wir nach der Bindung des Kohlendioxids in den Krustengesteinen nur geringe Reste dieses Gases sowie molekularen Stickstoff (N_2). Unsere heutige Atmosphäre enthält aber neben 78,08 % N_2 und 20,94 % O_2 nur einen kleinen Rest von knapp 1 % anderer Gase.

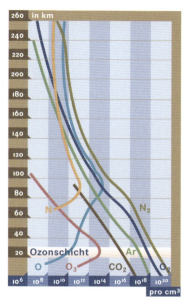

Die Luftzusammensetzung der **heutigen Atmosphäre** in Abhängigkeit von der Höhe; angegeben in Atomen bzw. Molekülen pro Kubikzentimeter.

Heutige Atmosphäre

In ihrer heutigen Zusammensetzung muss die Erdatmosphäre demnach eine dritte sein, die nach der zweiten entstanden ist. Wichtig ist dabei, dass die dritte Atmosphäre aus der zweiten hervorging und daher zeitlich nicht scharf von ihr zu trennen ist. Die zweite Atmosphäre enthielt anfangs sehr viel Kohlendioxid, das großenteils im Lauf der Zeit vom Regen und durch die Flüsse in die Meere gespült wurde. Dort konnte es mit Wasser und Metallen, darunter hauptsächlich Calcium, reagieren und in festen Carbonatgesteinen gebunden werden. Es war dabei aber immer auch Kohlendioxid in der Atmosphäre vorhanden, zumal es im Zug der vulkanischen Entgasung ständig nachgeliefert wurde und bis heute nachgeliefert wird. Wie aber kamen der Sauerstoff und der Stickstoff in die heutige Atmosphäre?

Der Gehalt von 3 % molekularem Stickstoff (N_2) der Venusatmosphäre entspricht einem Absolutgehalt von $1{,}6 \cdot 10^{19}$ kg. In Anbetracht der Ähnlichkeit von Erde und Venus und der ähnlichen CO_2-Gehalte der beiden Planeten könnte man vermuten, dass die Atmosphäre der Erde auch etwa den gleichen N_2-Gehalt hat wie die der Venus. Tatsächlich hat sie aber nur einen Absolutgehalt von $4{,}1 \cdot 10^{18}$ kg, also nur rund 26 % des Stickstoffgehalts der Venus-

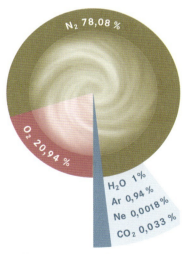

Die **heutige Atmosphäre** besteht zu etwa vier Fünfteln aus Stickstoff (N_2) und zu etwa einem Fünftel aus Sauerstoff (O_2). Der Anteil von Wasser (H_2O) ist veränderlich und liegt bei etwa einem Prozent. Kohlendioxid (CO_2) und Argon (Ar) haben zusammen einen ungefähr ebenso großen Anteil.

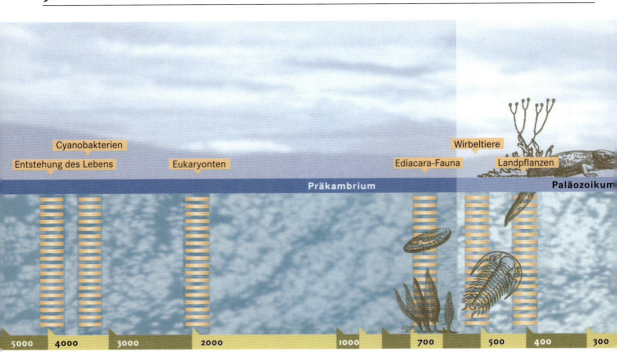

Die **Gliederung der Erdgeschichte** beruht vor allem auf der Entwicklung des tierischen Lebens. Daneben gibt es auch eine Einteilung nach der Entwicklung der Pflanzenwelt. Die vier **Erdzeitalter** oder Ären – Präkambrium, Paläozoikum, Mesozoikum und Känozoikum – werden weiterunterteilt in Systeme und diese weiter in Serien. Das Paläozoikum zum Beispiel ist unterteilt in die Systeme Kambrium (505 Mio.), Ordovizium (438 Mio.), Silur (408 Mio.), Devon (360 Mio.), Karbon (286 Mio.) und Perm (248 Mio.). Die Zahlen in Klammern geben das jeweilige Ende in Jahren vor heute an.

atmosphäre. Im Gegensatz hierzu werden für Erde und Venus gleiche Gesamtgehalte von $1{,}2 \cdot 10^{19}$ kg N_2 angegeben. Für die Erde würde dies bedeuten, dass sich davon nur 34 % in der Atmosphäre befänden, der Rest daher in Stickstoffverbindungen im Erdboden enthalten sein müsste, in Verbindungen wie Nitraten, Nitriten und Ammoniumsalzen.

Auch wenn molekularer Stickstoff ein sehr reaktionsträges Gas ist, so könnte er dennoch nicht auf Dauer neben Sauerstoff in der Atmosphäre existieren, weil die beiden Gase, wenn auch im Mittel nur sehr langsam, miteinander reagieren und mit Wasser Salpetersäure (HNO_3) bilden würden, zum Beispiel unter Energiezufuhr durch Blitze. Stickstoff wird jedoch – ähnlich wie der Sauerstoff – durch Lebensprozesse ständig nachgeliefert. Er wird durch Nitratbakterien freigesetzt, die Salze der Salpetersäure (Nitrate) umwandeln. Die Folge ist ein Gleichgewicht zwischen Bindung und Freisetzung von Stickstoff im so genannten Stickstoffkreislauf. Der atmosphärische Gehalt an Stickstoff bleibt dabei konstant.

Ein ähnliches, aber viel schneller durchströmtes Fließgleichgewicht besteht zwischen atmosphärischem Kohlendioxid und Sauerstoff, bei dem die Photosynthese eine wesentliche Rolle spielt. Bevor wir jedoch die auf der Photosynthese beruhende Entwicklung zur heutigen Sauerstoffatmosphäre darstellen, wollen wir uns mit den Anfängen und der weiteren Evolution des Lebens beschäftigen, bis hin zum Erscheinen derjenigen Organismen, denen wir die Produktion des Sauerstoffs verdanken, oder besser gesagt: seine Freisetzung aus Wasser.

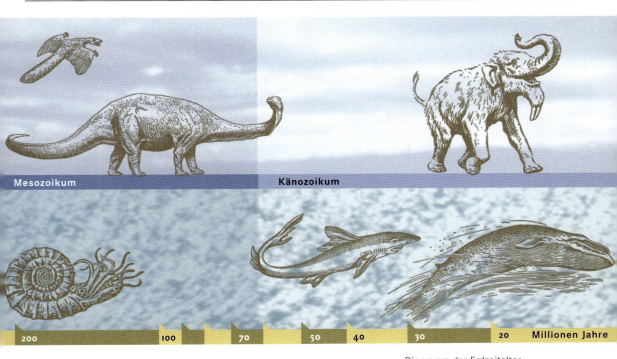

Diagramm der Erdzeitalter **Präkambrium, Paläozoikum, Mesozoikum** und **Känozoikum** mit logarithmischer Zeitskala; etwa von der Entstehung der Erde vor 4,6 Milliarden Jahren bis 10 Millionen Jahre vor unserer Zeit (das sind etwa 5 Millionen Jahre vor den frühesten Vorläufern des heutigen Menschen). Die in diesem Kapitel beschriebenen Vorgänge spielten sich im Präkambrium ab. Die Zeiten des ersten Auftretens der frühen Lebensformen bzw. bedeutender Entwicklungsstufen sind durch gestreifte Balken markiert. Die stilisiert dargestellten Tiere und Pflanzen stehen für typische Vertreter der jeweiligen Zeit. Viele Organismengruppen oder ihre Abkömmlinge existieren bis in unsere Zeit, andere sind zum Teil schon lange ausgestorben. Zu ihnen gehören die Saurier, die hauptsächlich im Mesozoikum lebten und vor etwa 65 Millionen Jahren ausstarben.

Die Ursuppe

Weil nirgends eindeutig verzeichnet ist, wann, wie und wo das Leben entstand, spielen bei der Untersuchung dieser Fragen Hypothesen und deren Untermauerung durch Experimente und Funde eine wichtige Rolle. Im Zusammenhang mit Hypothesen zur Erklärung der Entstehung der ersten organischen Makromoleküle wurde der Begriff »Ursuppe« entwickelt. Organische Makromoleküle werden als Ursubstanzen am Beginn der Evolution des Lebens vermutet. Nun schon klassisch zu nennende Vorstellungen hierzu gingen davon aus, dass das Leben in einem wässrigen Medium seinen Anfang nahm. Später wurden jedoch auch ganz andere Überlegungen angestellt – aufgrund der schwierigen Überprüfbarkeit der Hypothesen sind noch viele Fragen offen.

Es liegt nun nahe, die Schwierigkeiten durch die Annahme zu umgehen, das Leben stamme aus dem Kosmos, und tatsächlich gibt es Überlegungen dieser Art. Sie stützen sich darauf, dass im Weltall viele verschiedene organische Moleküle nachgewiesen wurden. Solche Moleküle brauchen aber nicht unbedingt mit Lebensprozessen in Verbindung zu stehen, sondern können auch nichtbiogener Natur sein. Das Adjektiv »organisch« bezeichnet heute nämlich – im Gegensatz zu ursprünglichen Annahmen – nicht nur Stoffe, die in Verbindung mit lebenden Organismen stehen, sondern ganz allgemein Substanzen, die Gegenstand der organischen Chemie sind. Diese Chemie der Kohlenwasserstoffe und ihrer Derivate umfasst – bis auf wenige Ausnahmen, die zur anorganischen Chemie gezählt werden – alle Verbindungen, die neben Kohlenstoff (C) und Wasserstoff (H)

Die **häufigsten Elemente** des Erdkörpers: Magnesium (Mg), Eisen (Fe), Silicium (Si), Calcium (Ca) und Aluminium (Al) sowie diejenigen lebender Strukturen: Wasserstoff (H), Kohlenstoff (C) und Stickstoff (N). Der Sauerstoff (O) ist – relativ gesehen – in beiden Bereichen ähnlich häufig.

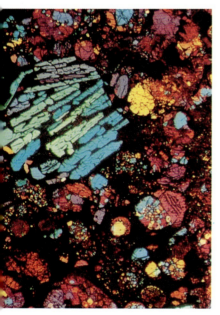

Ein Dünnschliff des 4,6 Milliarden Jahre alten Meteoriten »Murchison«, eines **kohligen Chondriten,** der am 28. September 1969 in Australien niederging und den Beweis erbrachte, dass durch Meteoriten organische Substanzen auf die Erde gelangen können. Der Meteorit besteht zu etwa 2,5% aus organischer Substanz. Bei der Analyse zahlreicher Bruchstücke unmittelbar nach dem Einschlag konnten mindestens 18 Aminosäuren nachgewiesen werden. Durch die glasartigen körnigen Einschlüsse (Chondrulen) sieht sein Inneres gefleckt aus.

lediglich Sauerstoff (O), Schwefel (S), Stickstoff (N) und Phosphor (P) enthalten. Die Annahme, das Leben stamme aus dem Kosmos, würde das Problem seiner Entstehung aber nicht lösen, sondern nur verlagern.

Betrachtet man in diesem Zusammenhang die kosmischen Häufigkeiten der chemischen Elemente, so fällt auf, dass – neben Helium – die Elemente aus dem Bereich der belebten Materie, nämlich Wasserstoff, Sauerstoff, Kohlenstoff und Stickstoff, die größten Häufigkeiten aufweisen. Je häufiger diese Elemente vorhanden sind, um so größer ist die Wahrscheinlichkeit, dass sie sich zu sehr komplizierten, aus vielen Atomen bestehenden Verbindungen zusammenschließen, wie sie in organischen Makromolekülen vorliegen. Wichtige Rollen spielen dabei die Fähigkeit des Kohlenstoffs, durch Einfach-, Doppel- und Dreifachbindungen seiner Atome untereinander Ringe und lange Ketten bilden zu können, und die Fähigkeit des Wasserstoffs zur Bildung besonderer Bindungen (Wasserstoffbrücken), die vor allem für die Eigenschaften der Protein- und DNA-Moleküle sehr bedeutsam sind. Helium kommt in lebender Materie überhaupt nicht vor, trotz seiner großen kosmischen Häufigkeit, weil es als Edelgas praktisch keine chemischen Verbindungen eingeht. Die Stoffe, aus denen lebende Organismen bestehen, können stabile, sich selbst organisierende und zur Replikation fähige Makromoleküle bilden.

In einem zweiten Bereich, nämlich in unserem Erdkörper, sind die relativ häufigsten Elemente Magnesium (Mg), Eisen (Fe), Silicium (Si), Calcium (Ca), Aluminium (Al); ferner auch der Sauerstoff, der damit in der Häufigkeit seines Vorkommens für die Lebewesen und für den Erdkörper gleich wichtig ist. Natürlich sind geringere Mengen der Elemente des jeweils andern Bereichs und noch weitere Elemente, darunter Phosphor und Schwefel, in beiden Bereichen vorhanden und in ihren Funktionen wichtig.

Bevor man untersucht, wie die ersten lebenden Stoffaggregate entstanden sein könnten, muss man erklären, was überhaupt unter Leben zu verstehen ist. Rein vom Gefühl her glaubt das eigentlich jeder zu wissen. Dennoch ist eine eindeutige Definiton keineswegs einfach. Wir können uns hier aber mit den folgenden wichtigen Merkmalen begnügen: Stoffwechsel, Wachstum, Fortpflanzung und Fähigkeit zur Evolution. Bezüglich der Stoffe, aus denen die Lebewesen aufgebaut sind, befinden sie sich in einem ständigen Fließgleichgewicht, das heißt, diese Stoffe werden kontinuierlich, mit im Einzelnen verschiedenen Geschwindigkeiten ausgetauscht. Ein Lebewesen selbst erscheint dabei quasi als übergeordneter Dirigent oder als Ordnungsprinzip.

Ein Neuentstehen lebender Substanz wie vor über 3,5 Milliarden Jahren wäre unter den heute auf der Erde herrschenden Bedingungen kaum denkbar. Wie aber, wann und unter welchen Umständen entstand das irdische Leben? Eine Antwort auf diese Frage ist äußerst schwierig und lässt sich mangels eindeutiger fossiler Reste frühen Lebens und mangels Zeugnissen damaliger Umweltbedingungen weitgehend nur hypothetisch geben. Wir wollen aber dennoch einige wichtige Stationen und Prinzipe eines möglichen Werdegangs der Evolution von der unbelebten Materie zu lebenden Substanzen und deren ersten Formbildungen schildern.

Ein wichtiges Prinzip

Bezüglich physikalischer und chemischer Prozesse lautet ein wichtiges allgemein gültiges Prinzip: Wenn alles, was für einen bestimmten Prozess notwendig ist, bereitsteht, also Substanzen, Energie und so weiter, dann läuft dieser Prozess tatsächlich ab, auch wenn darüber viel Zeit vergehen mag.

Wie also hat das Leben in der Natur begonnen? Anders als gewöhnliche chemische Prozesse mussten die dazu erforderlichen auf jeden Fall weitab vom thermischen Gleichgewicht stattfinden. Dazu war Energiezufuhr erforderlich, denn nur unter Energiezufuhr können sich Atome und Moleküle zu jenen Aggregaten von Riesenmolekülen verbinden, die fähig sind, Lebensprozesse zu steuern und aufrechtzuerhalten. Stoffwechselvorgänge sorgen dabei für ständigen Ersatz der ausgeschiedenen Stoffe sowie für die nötige Energiezufuhr. Man spricht beim Abweichen vom thermischen Gleichgewicht wie auch bei verwandten andern Vorgängen in der Natur von

---

DYNAMOELEKTRISCHES PRINZIP ALS MODELL FÜR DEN SYMMETRIEBRUCH

Wir denken uns einen Generator, der keine Permanentmagnete enthält, wie im oberen Bild, sondern sein für die Stromerzeugung notwendiges Magnetfeld mittels Feldspulen selbst erzeugt, indem er vom Strom, den er liefert, einen Teil durch die Feldspulen fließen lässt (unteres Bild). Damit er aber überhaupt Strom erzeugen kann, muss bereits ein gewisses Magnetfeld vorhanden sein – ohne Magnetfeld kein Strom! Und doch: Versetzen wir den Rotor in Drehung, dann liefert unser Generator Strom. Dass das ohne magnetisches Anfangsfeld funktioniert, liegt an einem Prozess, der heute gern als Symmetriebruch bezeichnet wird. »Kein Magnetfeld« am Anfang würde bedeuten, dass eine Symmetrie bestünde zwischen zwei entgegengesetzt gerichteten Magnetfeldern, die beide gleich stark wären und sich gegenseitig aufhöben, mit dem Resultat eines Magnetfelds der Stärke null. (Das erdmagnetische Feld und andere Störfelder seien abgeschirmt.) Warum liefert unser Generator trotzdem Strom? Antwort: Die Symmetrie wird gebrochen, indem eine winzige Fluktuation des magnetischen Nullfelds die anfängliche Induktion des Magnetfelds einleitet, das dann sehr schnell (exponentiell) zu voller Stärke, der Generator also zu voller Leistung ansteigt.

Der hier beschriebene Vorgang entspricht einer Kugel auf dem höchsten Punkt einer glatten, konvex gekrümmten Fläche: Sie ist statisch instabil und rollt in irgendeiner Richtung hinunter. An diesem Beispiel erkennen wir: Wenn der Generator läuft, kann jeder sofort einsehen, dass er funktionieren *muss*, d. h., dass er Strom liefert. Doch der Start aus dem Ruhestand macht unserem Verständnis Schwierigkeiten: Wird er Strom erzeugen, oder wird er laufen, ohne Strom zu liefern? Ein Beobachter, der während des Laufs hinzukommt und den Start nicht miterlebt hat, findet die physikalischen Gesetze bestätigt: Der Generator erzeugt Strom. Andernfalls würde er an den Gesetzen der Physik zweifeln.

Der Übersichtlichkeit wegen sind im oberen Bild das die beiden Polschuhe verbindende Eisenjoch und im unteren Bild die Eisenkerne in den Spulen und das Eisenjoch weggelassen.

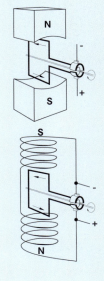

einem Symmetriebruch. Ein einfaches und recht bekanntes Beispiel für einen solchen ist in dem Kasten dargestellt.

Welche Makro- oder Riesenmoleküle, Moleküle mit Hunderten oder Tausenden von Atomen, eignen sich dazu, Funktionen lebender Organismen wie Stoffwechsel, Vermehrung, Wachstum und Evolution zu übernehmen? Sind solche Moleküle von Anfang an in ihrer heutigen Form und Funktion entstanden? Wie die Erforschung der Erdgeschichte zeigt, hat das Leben sich von anfänglich sehr primitiven, einfachen Formen wie etwa einigen zusammenwirkenden Makromolekülen zu ständig komplizierteren Organismen entwickelt, von Einzellern über Vielzeller bis zu den höchsten Lebewesen. Die Lebenswelt ist keine Ad-hoc-Schöpfung, sondern sie hat sich im Lauf von Jahrmillionen und Jahrmilliarden aus einfachen Atomen und chemischen Verbindungen von Stufe zu Stufe entwickelt und

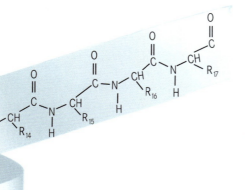

Ausschnitt aus der **α-Helix** eines Proteinmoleküls. Die α-Helix ist eine Sekundärstruktur vieler **Proteine,** die durch schraubenförmige Aufwicklung einer primären Polypeptidsequenz (siehe gegenüberliegende Seite) entsteht. Sie wird durch **Wasserstoffbrücken** (gepunktet gezeichnet) zwischen den CO- und den NH-Gruppen stabilisiert. Mit R sind die für die jeweilige Aminosäure charakteristischen Reste symbolisiert. Die Struktur der α-Helix wurde 1951 von dem amerikanischen Chemiker Linus Pauling entdeckt.

hat so das, was von Anfang an möglich war, Wirklichkeit werden lassen. Das Großartige daran ist nicht zuletzt das Baumaterial, aus dem alles besteht: die Atome. Die Eigenschaften der wenigen Hauptelemente wie Kohlenstoff, Wasserstoff, Sauerstoff und Stickstoff, neben etwas Phosphor, Schwefel und einigen andern Elementen, sind so überaus »genial« angelegt, dass alle weiteren Prozesse, bis zur Entwicklung der höchsten Lebensformen, durch Selbstorganisation der Atome, also ausschließlich durch deren »Fähigkeiten« möglich wurden. Man muss nicht Materialist sein, um das so zu sehen. Das Geistige waltet in den Dingen selbst.

Bausteine des Lebens

Makromoleküle sind aus vergleichsweise einfachen und kleinen organischen Molekülen aufgebaut. Solche Moleküle kommen auch im Weltall und in gewissen sehr früh entstandenen und seither unverändert gebliebenen Meteoriten, den kohligen Chondriten, vor. Zu ihnen gehören zum Beispiel Wasser (H_2O), Methan (CH_4), Ammoniak (NH_3), Formaldehyd (HCHO), Blausäure (Cyanwasserstoff, HCN), Cyanacetylen (HC_3N), Methanol (CH_3OH), Ameisensäure (HCOOH) und Formamid ($HCONH_2$). Bei ihrer Entstehung hat wahrscheinlich der kosmische Staub in der Umgebung neu entstandener Sterne eine wichtige Rolle gespielt; in Staub- und Gaswolken sind die Moleküle vor der zerstörenden Wirkung der UV-Strahlung, die von den Sternen ausgeht, geschützt.

Gab es in der zweiten irdischen Atmosphäre organische Moleküle? Bei dieser Atmosphäre handelte es sich um eine Mischung von Gasen, die aus dem Gesteinsmantel der Erde durch vulkanische und einschlagbedingte Prozesse freigesetzt worden waren. Dabei gelangten nicht nur Kohlendioxid und molekularer Stickstoff in die Atmosphäre, sondern auch geringe Mengen der Gase Ammoniak und Methan. Das hatte seinen Grund darin, dass die Planetesimale, aus denen sich die Erde bildete, in ihrer Spätphase eine andere chemische Zusammensetzung hatten als zu Beginn. Im Sonnennebel war nämlich mit der gravitativen Zusammenballung der Sonne eine starke Aufheizung der inneren Bereiche erfolgt, wodurch der Staub aufschmolz. Dabei trat eine Fraktionierung seiner Bestandteile ein, weil sich bei der Wiederabkühlung zuerst die hochschmelzenden Elemente Aluminium, Titan, Calcium, Eisen, Nickel, Magnesium und Silicium verfestigten und ihre chemischen Verbindungen, zum Beispiel die Minerale Perowskit und Eisen-Magnesium-Silicate sowie Eisen-Nickel-Legierungen, den inneren Planeten zugeführt wurden. In den äußeren, kühleren Bereichen des Sonnennebels herrschten dagegen niedrigschmelzende Verbindungen vor, so etwa carbonatische Silicate und Eise von Wasser, Ammoniak und Methan.

Etwa im letzten Drittel der Akkretionsphase der Planeten, das heißt ihres Wachstums durch Zusammenballen von Planetesimalen, hatten sich Gesteinsbrocken der inneren und der äußeren Zonen des Sonnennebels infolge von Bahnstörungen, vor allem durch den sich bildenden Riesenplaneten Jupiter, zunehmend durchmischt; auch Turbulenzen mögen dabei mitgewirkt haben. So kam es, dass die Erde zunächst aus Planetesimalen des inneren Bereichs wuchs, die aus hochreduzierten Verbindungen und aus ungebundenen Elementen bestanden. Gegen Ende der Akkretion wurden ihr aber auch Planetesimale der äußeren Bereiche (jenseits der Marsbahn) einverleibt und mit ihnen Moleküle wie Ammoniak und Methan. Solche Stoffe könnten teilweise schon unmittelbar durch die Wucht

Die international gebräuchliche **chemische Formelsprache** dient zur eindeutigen und prägnanten Beschreibung chemischer Stoffe und Reaktionen. Sie basiert auf den Symbolen für die chemischen Elemente, z.B. H für Wasserstoff oder C für Kohlenstoff, die in geeigneter Weise angeordnet oder verbunden werden, um den jeweiligen Sachverhalt zu beschreiben. Chemische Verbindungen werden am einfachsten mit ihrer jeweiligen chemischen **Summenformel** angegeben, aus der hervorgeht, aus wie vielen nach Art und Anzahl verschiedenen Elementen der Stoff besteht, z.B. CH_4 für Methan oder C_2H_5OH für Ethanol.

Zur genaueren Beschreibung der Konstitution, d.h. des Aufbaus eines Moleküls, dient die chemische **Strukturformel,** in der Einfach-, Doppel- und Dreifachbindungen durch entsprechende Striche dargestellt werden. Oft werden dabei die Symbole für Wasserstoffatome oder deren Bindungen weggelassen. Häufig vorkommende Struktureinheiten werden durch abstrakte geometrische Symbole dargestellt, z.B. der Benzolring durch ein Sechseck mit einem Kreis im Innern. Eine chemische **Reaktionsgleichung** wird ähnlich geschrieben wie eine algebraische Gleichung, ihre beiden Seiten werden jedoch durch einen Pfeil verbunden, der angibt, in welcher Richtung die Reaktion abläuft. Ein Doppelpfeil zeigt an, dass die Reaktion in beide Richtungen verlaufen kann.

Eine **Polypeptidsequenz** aus sechs verschiedenen **Aminosäuren,** deren Namen unten in der Darstellung angegeben sind. Proteine sind sehr lange, makromolekulare Polypeptide.

Tyrosin | Alanin | Leucin | Glycin | Asparaginsäure | Cystein

der Einschläge jener Gesteinsbrocken in die Atmosphäre gelangt sein.

Aminosäuren und Proteine

Nun können Gase wie Ammoniak und Methan unter Zuführung von Energie, zum Beispiel durch Blitze oder Stoßprozesse unter den Molekülen, mit Wasser reagieren und Aminosäuren bilden. So entsteht etwa Glycin, die am einfachsten gebaute Aminosäure, nach folgender Reaktionsgleichung:

$$NH_3 + 2\,CH_4 + 2\,H_2O + \text{Energie} \longrightarrow C_2H_5NO_2 + 5\,H_2$$

Ammoniak   Methan   Wasser   Glycin   Wasserstoff

Glycin und neunzehn weitere Aminosäuren sind die Bausteine der Proteine oder Eiweißstoffe, der ihrem Vorkommen und ihrer funktionalen Vielfalt nach wichtigsten Stoffgruppe lebender Organismen. Proteine dienen als Gerüstsubstanzen zum Aufbau von Geweben und Organen, sie ermöglichen die Bewegungen der Lebewesen und sie sind Träger der Immunabwehr. Zu ihren Leistungen gehören ferner der Transport und die Speicherung beispielsweise von Sauerstoff und Eisen, die Erzeugung und Übertragung von Nervenimpulsen und die Steuerung des Wachstums und der Differentiation der Zellen, das heißt ihrer der jeweiligen Funktion entsprechenden unterschiedlichen Ausprägung. Sie dienen in allen Zellen als Sensoren, die den Fluss von Energie und Materie steuern. Eine besonders große und wichtige Gruppe der Proteine stellen die Enzyme dar. Ihre Funktion besteht in der katalytischen Regelung nahezu aller chemischen Reaktionen in biologischen Systemen, darunter vor allem die Stoffwechselreaktionen und die Gen-Aktivitäten. Sie sind hochgradig spezifisch und erhöhen die jeweiligen Reaktionsgeschwindigkeiten in der Regel mindestens um das Millionenfache.

Die meisten Proteine bestehen aus über hundert Aminosäuren, häufig sogar aus über tausend. Sie haben dementsprechend große

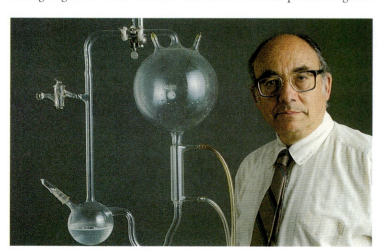

Der Chemiker **Stanley L. Miller** mit einer Nachbildung der Apparatur, mit der es ihm 1953 als jungem Studenten gelang, in einer modellhaften **»Ursuppe«** einige Aminosäuren zu synthetisieren. Ausgangsstoffe waren Wasser (250 ml) und eine Atmosphäre aus Methan (270 mbar), Ammoniak (270 mbar) und Wasserstoff (135 mbar), in der er Funkenentladungen zündete. Aminosäuren sind die Bausteine von Proteinen, wichtigen Grundsubstanzen lebender Organismen.

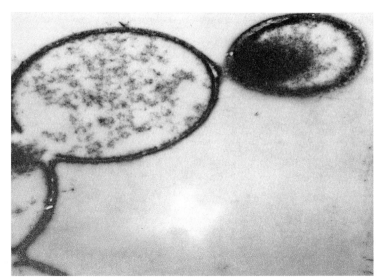

Elektronenmikroskopische Aufnahme von **Mikrosphären.** Sie sind ähnlich wie Bakterien von einer zweischichtigen Membran umgeben.

Tröpfchen von **Koazervaten** in wässriger Lösung. Sie bestehen aus Makromolekülen in einem Zustand zwischen kolloidaler Lösung und Ausfällung.

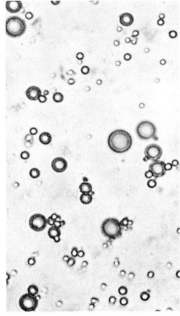

relative Molekülmassen von etwa 2000 bis über 1 Million (atomarer Wasserstoff hat die relative Masse 1). Von den über 260 bekannten Aminosäuren benutzt die Natur in allen Lebewesen nur 20 zur Proteinbiosynthese.

Die Bildung von Glycin nach der obigen Reaktionsgleichung setzt voraus, dass dabei keine UV-Strahlung vorhanden ist, denn diese würde die Reaktionsprodukte wieder zersetzen. Weil es aber in der Frühzeit der Erde, vor etwa 4 Milliarden Jahren, noch keinen Luftsauerstoff gab, war auch noch keine Ozonschicht vorhanden, die die von der Sonne ausgehende UV-Strahlung hätte abschirmen können. Einen genügenden Schutz vor der UV-Strahlung bietet jedoch auch eine etwa zehn Meter dicke Wasserschicht, sodass die Reaktion in größeren Tümpeln oder Seen hätte stattfinden können, von denen es auf der frühen Erde wahrscheinlich viele gab. Im Wasser konnten die organischen Moleküle dann unter Energiezufuhr miteinander reagieren, vorausgesetzt, ihre Konzentrationen waren groß genug. Dabei waren keineswegs große Reaktionsgeschwindigkeiten nötig, denn selbst im Vergleich mit einem Menschenleben stand für solche Reaktionen praktisch unendlich viel Zeit zur Verfügung.

Anfang der 1950er-Jahre machte der amerikanische Chemiker Stanley L. Miller ein Experiment, um eine Möglichkeit der Synthese von Aminosäuren zu untersuchen. Er schloss dazu in einem Glaskolben Wasser und über diesem zur Simulation einer Atmosphäre Wasserstoff, Ammoniak, Methan und natürlich Wasserdampf ein und ließ – zur Simulation von Blitzen – als Energiequellen Funken durch das Gasgemisch schlagen. Nach einigen Tagen begann sich das Wasser zu trüben, und eine Analyse zeigte, dass es nun einige Aminosäuren enthielt. Dieses »Miller-Experiment« erregte damals viel Aufsehen. Es war der Beweis, dass bestimmte organische Moleküle, die die Grundbausteine für lebende Materie sind, unter natür-

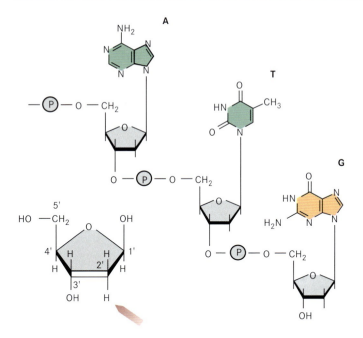

Abschnitt eines **Polynucleotidstrangs** aus drei **Nucleotiden,** der rechts unten im Bild beginnt. Jedes Nucleotid besteht aus **Phosphatrest** (P; grau), **Desoxyribose** (ein Zucker; grau unterlegt) und einer **Base.** Eingezeichnet sind die Basen **Adenin** (A), **Guanin** (G) und **Thymin** (T). Ein DNA-Molekül besteht aus zwei langen Polynucleotidsträngen, die in entgegengesetzter Richtung verlaufen und durch Wasserstoffbrücken zwischen je zwei Basen verbunden sind. Links unten ist die Struktur des Desoxyribosemoleküls mit der Bezifferung aller C-Atome und mit der Angabe aller übrigen Atome gezeigt. Der Pfeil weist auf die Stelle, an der bei der **Ribose** statt eines H-Atoms eine OH-Gruppe gebunden ist.

lichen Verhältnissen, wie sie in der Frühzeit der Erde vorgelegen haben mochten, entstehen konnten. Eine »Ursuppe« schien also als Syntheseort chemischer Substanzen infrage zu kommen, aus denen sich Bio-Makromoleküle wie die Proteine aufbauen konnten, die dann das Entstehen lebender Organismen ermöglichten.

Koazervate und Mikrosphären

Die kleinen Makromolekülbausteine, zu denen auch andere organische Moleküle wie Aldehyde, Blausäure, Carbonsäuren und Harnstoff gehörten, mussten in Umgebungen gelangen, in denen sie so dicht beisammen waren, dass sie häufig miteinander reagieren konnten.

Die Natur brachte offensichtlich auch das zuwege. Gewisse Makromoleküle ballen sich in kolloidaler Lösung, das heißt in einer Flüssigkeit, in der sie sehr fein verteilt sind, spontan zu mikroskopisch kleinen Tröpfchen, so genannten Koazervaten, zusammen. Sie hinterlassen dabei eine von komplexen Molekülen freie Flüssigkeit und stehen im Energie- und Stoffaustausch mit ihrer Umgebung.

Bei speziellen Experimenten mit heißem Wasser können ähnliche, aber stabilere Gebilde entstehen. Um sie herum bilden sich durch Selbstaggregation membranartige, zum Teil zweischichtige Hüllen. Man bezeichnet diese Gebilde als Mikrosphären. Sie zeigen eine Art Stoffwechsel und erinnern so an einzellige Lebewesen. Ihnen fehlt jedoch die wichtige, für lebende Zellen elementare Eigenschaft der Vererbung, das heißt einer Speicherung und Weitergabe von Informationen über ihren Bau und ihre Funktionalitäten. Hierzu dient bei den Lebewesen die Desoxyribonucleinsäure.

Reduzierende Atmosphäre?

Bevor wir uns näher mit Bau und Funktion von Bio-Makromolekülen befassen, wollen wir kurz ein Problem streifen, das seit einiger Zeit erörtert wird: Die Synthese von Aminosäuren mit den Ausgangsstoffen Ammoniak und Methan kann nur in einer reduzierenden Atmosphäre ablaufen, also ohne Anwesenheit von Oxidationsmitteln. Man glaubt heute jedoch Hinweise darauf zu haben, dass die Atmosphäre damals bestenfalls schwach reduzierend war. Als Alternative werden daher Reaktionen mit Blausäure (HCN) und Wasser vorgeschlagen, die ebenfalls zu Aminosäuren führen können. Die Blausäure könnte aus den atmosphärischen Gasen CO_2, Kohlenmonoxid (CO), N_2 und Wasserdampf unter dem Einfluss der UV-Strahlung der Sonne gebildet worden sein.

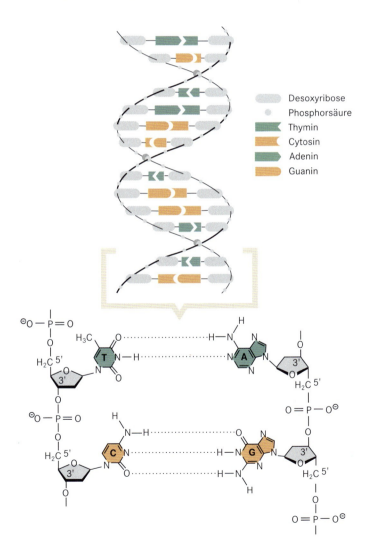

Die **Doppelhelix** der DNA in ihrer rechtsgängigen Form (B-Form). Sie enthält außen die beiden Skelettstränge aus Desoxyribose und Phosphatrest (Phosphorsäurerest), die innen in regelloser Folge durch zwei verschiedene, durch Wasserstoffbrücken gebundene Basenpaare verbunden sind. Diese Paare sind Adenin und Thymin (**A-T** oder **T-A**; grün unterlegt) sowie Cytosin und Guanin (**C-G** oder **G-C**; beige unterlegt). Unten im Bild ist der umrahmte DNA-Abschnitt aus dem oberen Bild in seiner Struktur detailliert dargestellt. Die Wasserstoffbrücken sind gepunktet eingezeichnet. Die beiden Basenpaare A-T und C-G zeichnen sich dadurch aus, dass sie annähernd gleich lang sind und somit eine sehr regelmäßige Struktur der Doppelhelix erlauben. Es ist deutlich zu erkennen, dass die beiden Skelettstränge entgegengesetzt orientiert sind.

Aber wie auch immer, fossile Reste deuten darauf hin, dass frühe Lebensformen zu einer Zeit erschienen, als die Erde etwa eine Milliarde Jahre alt war, also vor etwa 3,5 Milliarden Jahren.

Das Unwahrscheinliche tritt ein

Im Jahr 1978 wurden in 3,4 Milliarden Jahre alten Gesteinen aus Südafrika fossile Bakterien gefunden, die Methan produzieren konnten. Ihr Entdecker meinte dazu: »Das Leben erschien, sobald es konnte; vielleicht war es ebenso unvermeidlich wie Quarz oder Feldspat.« Damit ist gemeint, dass beim Vorliegen der erforderlichen Stoffe, Umweltbedingungen und Zeit (Hunderte von Jahrmillionen) notwendigerweise auch sehr große, aus mehr als tausend kleineren Molekülen zusammengesetzte Kettenmoleküle entstehen *müssen,* auch wenn die Wahrscheinlichkeit für ein »richtiges« Zusammentreffen der vielen dafür nötigen Bausteine so klein ist, dass unter 10 Milliarden (10^{10}) bis 10 000 Billionen (10^{16}) Zufallsmolekülen nur ein einziges Molekül zu finden ist, das die richtige Zusammensetzung hat. Aufgrund der vorhandenen Umstände haben sich die sehr selten vorkommenden zufälligen Ereignisse mit statistischer Notwendigkeit in der Frühzeit der Erde ereignet – und sicher nicht nur einmal. Doch hätten sich die entstandenen Gebilde irgendwann wieder aufgelöst, wenn nicht die Natur einen Trick gefunden hätte, um deren Baupläne in matrizenähnlichen Strukturen festzuhalten, nach denen Kopien hergestellt werden konnten, vergleichbar der Prägung von Münzen. Die außergewöhnlichen Molekülaggregate, die über solche Fähigkeiten verfügten, waren die ersten primitiven zellenähnlichen Organismen, die die Evolution hervorbrachte und die man als Protobionten bezeichnet. Ihre zufällige Zusammensetzung war genau deshalb richtig, weil sie die nötige Speicher- und Kopierfähig-

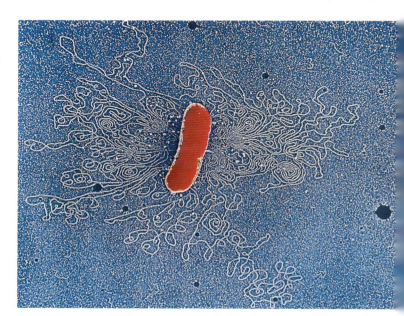

Elektronenmikroskopische Aufnahme einer **Bakterienzelle** (rot eingefärbt), deren DNA künstlich freigesetzt wurde. Die Aufnahme macht deutlich, wie lang ein **DNA-Molekül** im Vergleich zu seinem Durchmesser ist und auch im Vergleich zu der Zelle, in der es enthalten ist.

keit gewährleistete. Hier wurden Vererbung und Vermehrung, also Eigenschaften des Lebens angelegt; zunächst durch Zufall, späterhin jedoch durch Selbstorganisation.

Der Zufall dient hier nicht als Verlegenheitslösung. Vielmehr erscheint das Eintreten bestimmter, an sich zufälliger Ereignisse beim Vorliegen entsprechender Umweltbedingungen als statistisch notwendig. Es ist auch zu bedenken, dass die Aufeinanderfolge von Aminosäuren in größeren Proteinmolekülen wohl nicht ausschließlich zufallsbedingt war. Wegen der Unterschiede in Bau und Eigenschaften der Aminosäuren sind nämlich Anordnungen bevorzugt, bei denen benachbarte Säuren ihrer Struktur und Bindungsenergie nach optimal zusammenpassen. Carl Friedrich von Weizsäcker stellte in seinen Göttinger Vorlesungen 1946 in einem ähnlichen Zusammenhang die Frage: »Was ist Zufall?«, und gab als Antwort: »Zufällig nennen wir ein Ereignis, dessen Notwendigkeit wir nicht einsehen; ein Ereignis, das so lange bloß möglich bleibt, bis es faktisch geworden ist. Wir müssen also am zufälligen Ereignis zweierlei beachten: dass es überhaupt möglich ist und dass es faktisch eintritt.«

Hier wird ein Grundprinzip der Biologie, die Evolution, berührt, die sich anfänglich nur im Bereich der Moleküle abspielte. Die Evolution beruht insbesondere auf den von Charles Darwin entdeckten Mechanismen der Mutation und der Selektion. Sie bedeuten, dass aufgrund zufälliger Änderungen (Mutationen) in den informationsspeichernden Molekülen, die bei den Nachkommen in ihrem jeweiligen Lebensraum zu Vorteilen hinsichtlich Vermehrung, Stabilität oder Stoffumsatz führen, die weniger gut ausgestatteten Konkurrenten bald ins Hintertreffen geraten (Selektion).

Informationsspeicherung in der DNA

Es gibt in den Zellen aller Lebewesen einige Typen von Makromolekülen, die für die Speicherung von Informationen über Bau und Funktionen, wie Gestalt, Wachstum, Stoffwechsel und Vermehrung, sowie für deren Weitergabe an die Nachkommen besonders wichtig sind. Es handelt sich dabei um die vor allem in den Zellkernen (lateinisch Nuclei) der höheren Zellen enthaltene Desoxyribonucleinsäure (DNA) sowie um die Ribonucleinsäure (RNA; A steht in beiden Abkürzungen für englisch acid »Säure«. – Man findet auch noch häufig die deutschen Abkürzungen DNS und RNS). »DNA« und »RNA« sind die Bezeichnungen für je eine Klasse von Makromolekülen (ähnlich wie »Proteine«) und nicht für je eine bestimmte Verbindung. Eine DNA ist ein Polymer, das heißt eine aus sehr vielen aneinander gereihten Molekülen bestehende Kette. Die einzelnen Glieder einer solchen DNA-Kette werden als Desoxyribonucleotide oder kurz als Nucleotide bezeichnet.

Ein DNA-Molekül kann beim Menschen bis zu einem Meter lang sein und eine Folge von nahezu 3 Milliarden Nucleotiden enthalten. Selbst eine im Vergleich dazu nur kurze DNA eines Virus enthält bereits eine Folge von etwa 5000 Nucleotiden. Die DNA des Bakteriums Escherichia coli ist etwa 1000-mal so lang wie das Bakterium

	1. Base	2. Base		3. Base
	U	C	A	G
U	Phe	Ser	Tyr	Cys	U
	Phe	Ser	Tyr	Cys	C
	Leu	Ser	term	term	A
	Leu	Ser	term	Trp	G
C	Leu	Pro	His	Arg	U
	Leu	Pro	His	Arg	C
	Leu	Pro	Gln	Arg	A
	Leu	Pro	Gln	Arg	G
A	Ile	Thr	Asn	Ser	U
	Ile	Thr	Asn	Ser	C
	Ile	Thr	Lys	Arg	A
	Met	Thr	Lys	Arg	G
G	Val	Ala	Asp	Gly	U
	Val	Ala	Asp	Gly	C
	Val	Ala	Glu	Gly	A
	Val	Ala	Glu	Gly	G

Der **genetische Code** gibt die Beziehung zwischen einer Nucleotidsequenz bzw. der entsprechenden Folge von Basen in der DNA und der Aminosäuresequenz in den durch Proteinbiosynthese gebildeten Polypeptiden an. Da die Proteinbiosynthese mittelbar an der von der DNA transkribierten (kopierten) mRNA erfolgt, ist in der Code-Tabelle anstelle von Thymin die Base Uracil (U) eingetragen, neben den Basen Cytosin (C), Adenin (A) und Guanin (G). In der Mitte des Schemas stehen je drei Buchstaben für je eine der 20 Aminosäuren, aus denen die Proteine aufgebaut sind.
In der Code-Tabelle legt die erste Base (z. B. A) die horizontale Zeile der Felder fest (im Beispiel das dritte von oben), die zweite Base (z. B. G) die senkrechte Reihe der Felder (das vierte von links). Die dritte Base (z. B. U) bestimmt in dem jeweils so definierten Feld die Zeile der Aminosäure (im Beispiel Ser). Umgekehrt kann man von einer Aminosäure ausgehend ein zugehöriges Codon bestimmen (z. B. Aminosäure Met und Codon AUG).
Der genetische Code ist degeneriert, d. h. die meisten **Aminosäuren** können durch mehrere verschiedene **Codone,** d. h. Folgen von drei Basen, festgelegt werden, z. B. Serin (Ser) durch sechs. Drei der möglichen Codone legen nicht eine Aminosäure fest, sondern signalisieren das Ende einer Polypeptidsequenz (im Schema durch »term« symbolisiert).

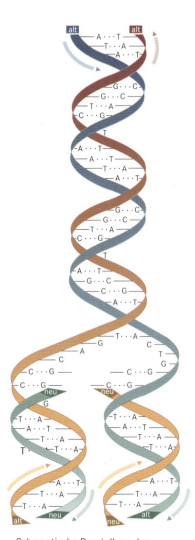

Schematische Darstellung der **Replikation,** d. h. der identischen Verdopplung einer DNA-Sequenz. Nach Auftrennung der alten Doppelhelix (etwa Bildmitte) lagern sich an die beiden alten Einzelstränge neue, aus dem Substrat gebildete Einzelstränge mit den zu den alten Basen komplementären neuen an (hier T an A und umgekehrt). Die Desoxyribose-Phosphat-Skelette sind sehr vereinfacht als Bänder dargestellt.

selbst. Trotz ihrer beachtlichen Länge haben diese Moleküle nur etwa den zwanzigfachen Durchmesser von Atomen. Dass sie trotz ihrer erstaunlichen Länge nicht nur in die Lebewesen, sondern sogar in deren Zellen passen, bedeutet natürlich, dass sie dort in gewickelter oder gefalteter Form vorliegen müssen.

Jedes Nucleotid besteht aus einer so genannten Base, aus einer Phosphatgruppe und aus einem speziellen Zucker, der Desoxyribose, an die die beiden andern Komponenten gebunden sind. Als Basen dienen die vier stickstoffhaltigen cyclischen Verbindungen Adenin (A), Guanin (G), Cytosin (C) oder Thymin (T), von denen jeweils zwei den gleichen Bau haben (sie gehören zur Gruppe der Purine, Adenin und Guanin, und zur Gruppe der Pyrimidine, Cytosin und Thymin). Eine DNA entsteht, indem die Zucker der Nucleotide – die Desoxyribosen – durch die Phosphatgruppen miteinander verknüpft werden. Der bei allen DNA gleich gebaute (aber unterschiedlich lange) Strang aus Zuckern und Phosphatgruppen wird auch als das Skelett der jeweiligen DNA bezeichnet.

Das Besondere an der DNA ist, dass sie gewöhnlich aus zwei »komplementären« Ketten besteht, die sich parallel schraubenförmig (helikal) um eine gemeinsame Achse winden. Die Stränge sind so angeordnet, dass sich im Innern jeweils zwei komplementäre Basen, A–T oder C–G, gegenüberstehen, die durch Wasserstoffbrücken miteinander verbunden sind. Bei dieser Struktur formen die beiden Zucker-Phosphat-Stränge quasi die beiderseitigen Geländer einer Wendeltreppe, während die Basenpaare die Treppenstufen bilden (Stufenhöhe $3{,}4 \cdot 10^{-10}$ m), und zwar je zehn Stufen auf eine Treppenwindung von 360°. Der Durchmesser dieser »Wendeltreppe« ist überall gleich und beträgt zwei Millionstel Millimeter (2 Nanometer oder $2 \cdot 10^{-9}$ m). Die DNA bildet in dieser Form die berühmte »Doppelhelix«, deren Struktur 1953 von Francis H. Crick und James D. Watson aufgeklärt wurde.

Die jeweilige Reihenfolge der Basen längs des Skeletts einer DNA beinhaltet die genetischen Informationen für die Synthese von Proteinen in den Zellen. Je eine Base repräsentiert dabei einen Buchstaben eines Codeworts, das als Codon bezeichnet wird. Jedes Codon legt eine Aminosäure beim Aufbau eines Proteins fest, und die Reihenfolge der Codone in einer DNA stimmt genau mit der Reihenfolge der Aminosäuren in dem entsprechenden Protein überein. Jedes Codon besteht aus drei Buchstaben, und da es vier verschiedene Basen gibt (A, C, G, T), sind insgesamt $4 \cdot 4 \cdot 4 = 4^3 = 64$ verschiedene Codone möglich. In dem komplementären Strang einer DNA sind die Codone mittels der entsprechenden komplementären Basen »geschrieben«. Jedes Codon einer DNA-Doppelhelix ist demnach durch jeweils drei Paare aufeinander folgender Basen doppelt und damit auch entsprechend sicher festgelegt.

Der »genetische Code« wird als degeneriert bezeichnet, weil auf nur 20 Aminosäuren 64 Codone entfallen und die meisten Aminosäuren durch mehrere verschiedene Codone (bis zu sechs) festgelegt werden können. Man kann sich die Codierung der Aminosäuren durch Codone etwa so vorstellen wie die Codierung von Ziffern durch einen Strichcode, wie er zum Beispiel bei der Warenauszeichnung verwendet wird.

Trennt sich eine Doppelhelix an den Wasserstoffbrücken zwischen den Basen unter der Mitwirkung von Enzymen in zwei Einfachstränge auf – ähnlich wie ein Reißverschluss –, dann enthalten diese beiden Stränge komplementäre Informationen, die sich etwa so zueinander verhalten wie ein Negativfilm zu den von ihm gezogenen Positivkopien.

Der Kopiervorgang einer DNA in einer Zelle besteht darin, dass sich aus der Grundsubstanz der Zelle, dem Zell- oder Cytoplasma, Nucleotide, also die DNA-Bausteine aus Base, Zucker und Phosphat, unter der katalytischen Wirkung bestimmter Enzyme so an einen Einfachstrang anlagern, dass komplementäre Basen sich miteinander durch Wasserstoffbrücken verbinden und so wieder eine Doppelhelix entsteht. Dieser Prozess wird als Replikation bezeichnet. Dabei entstehen aus einem Doppelstrang zwei mit diesem exakt übereinstimmende, jeweils zur Hälfte neu synthetisierte Doppelstränge. Auf diese Weise wird bei der Vermehrung von Zellen das Erbgut weitergegeben. Dabei ist die Fehlerrate außerordentlich gering: Pro 100 Millionen Basenpaare tritt nur etwa ein Fehler auf.

Funktionen der RNA

Eine Ribonucleinsäure (RNA) ist ähnlich gebaut wie eine DNA, jedoch steht bei ihr der Zucker Ribose anstelle des Zuckers Desoxyribose, der ein Sauerstoffatom weniger enthält als die Ribose (daher der Name *Desoxy*ribose), und anstelle der Base Thymin (T) die Base Uracil (U). Die RNA sind meist einsträngig und können dabei gewunden oder gerade sein. Sie dienen nicht nur als Träger genetischer Information, sondern sie können prinzipiell auch enzymatisch wirken, sodass sie sich autokatalytisch, also ohne Mitwirkung anderer Enzyme, verändern und vermehren können. Diese Fähigkeiten waren vermutlich wichtig für die Entstehung des Lebens. Die RNA wird demgemäß heute als entwicklungsgeschichtlich älter angesehen als die DNA.

Außer bei einigen Viren, bei denen die RNA Träger des Erbguts ist wie sonst die DNA, hat sie vor allem gewisse Mittlerfunktionen bei der Proteinbiosynthese. Als mRNA – Messenger- oder Boten-RNA – trägt sie die von einem Teil eines DNA-Strangs »transkribierte«, das heißt kopierte Information der DNA und transportiert sie aus dem Zellkern in das Cytoplasma. Dort wird an den Ribosomen die in der mRNA codierte Erbinformation in ein neues Protein »übersetzt« (Translation). Die Ribosomen bestehen aus Proteinen und ribosomaler RNA (rRNA). Sie werden zusammen mit andern strukturierten Bestandteilen der Zellen, die bestimmte Funktionen haben, wie zum Beispiel der Zellkern, als Organellen bezeichnet. Bei dem Prozess der Translation lagern sich so genannte Transfer-RNA (tRNA), die jeweils eine bestimmte Aminosäure tragen, in den Ribosomen an die komplementäre Stelle des mRNA-Strangs und ver-

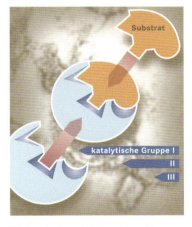

Die katalytische Wirkung eines **Enzyms** beruht vor allem darauf, dass sein aktives Zentrum (hellblau) mit dessen katalytischen Gruppen eine zu dem jeweiligen Substratmolekül (beige) komplementäre Form hat oder annimmt (**Schlüssel-Schloss-Prinzip**). Die Darstellung ist schematisch stark vereinfacht. In Wirklichkeit sind die komplementären Formen dreidimensional und meist sehr kompliziert.

knüpfen auf diese Weise die Aminosäure mit der bis dahin bereits erzeugten Polypeptid-Kette.

Größe und Anzahl der Gene

Bei den Eukaryonten, das sind Lebewesen, deren Zellen einen Zellkern haben, sind die in diesem enthaltenen Chromosomen die Träger der genetischen Information. Alle Individuen einer Art besitzen in ihren Zellen immer gleich viele Chromosomen. Wir Menschen zum Beispiel haben einen Chromosomensatz, der aus 23 Paaren so genannter homologer Chromosomen besteht, das heißt aus 23 Chromosomen in einfacher Ausfertigung. Jedes Chromosom enthält genau ein Molekül DNA, das zu einem Stäbchen aufgewickelt ist und in das auch Proteine eingelagert sind. Die Chromosomen tragen unsere Erbanlagen in Form von »Genen«, die sich am besten als diejenigen Einheiten der Erbinformation charakterisieren lassen, durch die jeweils ein bestimmtes Protein festgelegt wird. Wenn wir davon ausgehen, dass ein durchschnittlich großes Protein aus etwa 400 Aminosäuren besteht, dann muss das zugehörige Gen mindestens ebenso viele Codone, das heißt mindestens 1200 Basenpaare lang sein. Der Vergleich mit den 3 Milliarden Basenpaaren pro DNA-Molekül beim Menschen legt die Vermutung nahe, dass die meisten Chromosomen sehr viele Gene enthalten ($3 \cdot 10^9 : 1{,}2 \cdot 10^3 = 2{,}5 \cdot 10^6$).

Drei Milliarden Basenpaare entsprechen einer Milliarde Codone. Unter der Annahme, dass jedes Codon für einen Buchstaben steht und dass eine mit Schreibmaschine dicht beschriebene Seite etwa 3600 Buchstaben enthält, entspricht der Informationsgehalt eines DNA-Moleküls mit drei Milliarden Basenpaaren etwa 300 000 Schreibmaschinenseiten oder etwa 500 Büchern.

Mit der Höherentwicklung der Lebewesen und deren zunehmend komplizierteren Strukturen und Funktionen muss der Umfang der genetischen Information stark anwachsen, denn es muss im Organismus eine Fülle von Instruktionen über Ort, Art und Funktion jeder Zelle erteilt werden. Wie dies im Einzelnen geschieht, ist noch Gegenstand der Forschung. Würde man den menschlichen Körper in ein genügend dichtes Punktnetz der erforderlichen Informationseinheiten zerlegen, so reichte die Zahl der Codone in einer DNA bei weitem nicht aus. Statt 500 Büchern wäre eine große Bibliothek erforderlich. Die Natur nimmt jedoch eine Datenkomprimierung vor, die alles weit übertrifft, was Informatiker heute entwickeln, um möglichst viel signifikante Information zum Beispiel auf einer CD-Scheibe unterzubringen. Der deutsche Physiker Hermann Haken bemerkt dazu: »Alles deutet darauf hin, dass die Natur die Signale der DNA in einer unglaublich raffinierten Weise umsetzt, gewissermaßen nur das Thema des Musikstücks vorschreibt, die einzelne Ausgestaltung aber dem Gerät, das heißt dem wachsenden Organismus überlässt. Damit wird aber der Satz, die DNA enthalte eine ganz bestimmte Information, fragwürdig.«

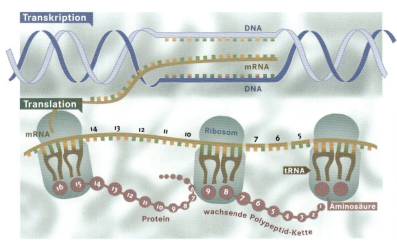

Die schematische Darstellung der **Proteinbiosynthese** zeigt, welche Funktionen – die im Einzelnen durch spezifische Enzyme vermittelt werden – **DNA, RNA** und **Ribosomen** dabei haben. Von einem Stück der DNA wird die benötigte Information auf eine Boten-RNA (mRNA) kopiert (Transkription). An den Ribosomen wird die in den Codonen der mRNA codierte Information in eine Folge von Aminosäuren, d. h. ein Protein übersetzt (Translation). Jede Transfer-RNA (tRNA) trägt bei diesem Prozess eine jeweils bestimmte Aminosäure und sorgt mittels ihres speziellen, zu dem jeweiligen Codon der mRNA komplementären Anticodons dafür, dass diese an der richtigen Stelle der wachsenden Polypeptid-Kette eingebaut wird. Die Nummerierung soll verdeutlichen, dass die Reihenfolge der Codone in der RNA die gleiche ist wie die der Aminosäuren in dem Protein.

Mit einer Anzahl von 1200 Nucleotiden oder 400 Codonen – von denen es, wie erläutert, 64 verschiedene gibt – lassen sich theoretisch 64^{400} verschiedene Sequenzen darstellen (etwa 10^{722}, das ist eine Eins mit 722 Nullen). Diese Zahl übersteigt jedes Vorstellungsvermögen, und tatsächlich hat die Natur von der prinzipiell möglichen Anzahl nur einen Bruchteil realisiert. Man kann nun aber die Frage stellen, ob sich bei fortschreitender Evolution noch ganz andere Lebensformen entwickeln könnten als die heute vorhandenen. Das Auftauchen neuer Arten nach einem großen Artensterben wie etwa am Übergang von der Kreide zum Tertiär vor etwa 65 Millionen Jahren würde unter diesem Gesichtspunkt als nichts Außergewöhnliches erscheinen.

Hyperzyklus

Die Evolution der ersten zellähnlichen Organismen (Protobionten) sowie der allmähliche Übergang zur DNA als Informationsträger mit einer außerordentlich geringen Fehlerrate bei der Replikation und zu den Proteinen als Funktionsträgern waren nur möglich durch eine enge Verbindung der Biosynthese von Polynucleotiden und Proteinen. Dieses Zusammenwirken wurde erstmals von dem deutschen Physikochemiker und Nobelpreisträger Manfred Eigen und seinem österreichischen Kollegen Peter Schuster mathematisch beschrieben (1977, 1978) und als Hyperzyklus bezeichnet. Danach stellt jedes Nucleotid einen kleinen replikativen Zyklus dar, wobei die funktionelle Kopplung zwischen mehreren solchen Zyklen durch die Proteine erfolgt, indem ein Protein die Vermehrung eines Nucleotids fördert, das seinerseits die Bildung eines Proteins begünstigt. Dadurch wird wiederum die Vermehrung eines andern Nucleotids gefördert, und so weiter. Ein kooperatives Zusammenspiel entsteht nur dann, wenn die übergeordnete Verknüpfung zyklisch ist. Auf diese Weise erfolgt eine Art Rückkopplung der von den Polynucleotiden synthetisierten Proteine auf die informationstragende DNA.

Dieses Prinzip stellt einen entscheidenden Wendepunkt in der Evolution dar: Die RNA-Moleküle werden nicht länger aufgrund ihrer Fähigkeit zu überleben und sich zu vervielfältigen ausgewählt, sondern aufgrund ihrer Fähigkeit, die Produktion von etwas zu erleichtern, das ihnen bei diesen Aufgaben hilft. Demnach wurden Proteine im Zug dieses evolutionären Prozesses auch zu wirkungsvollen Enzymen bei der Replikation der DNA.

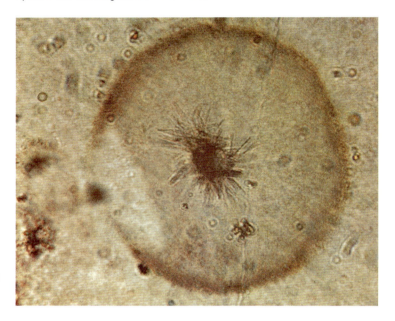

Cyanobakterien (Blaualgen) sind die ältesten bekannten Organismen, die molekularen Sauerstoff in die Erdatmosphäre freisetzten, indem sie durch Photosynthese Wasser spalten. Die Mikrofotografie zeigt ein fossiles Cyanobakterium, das aus einer präkambrischen, etwa 2 Milliarden Jahre alten Gesteinsformation im Süden der kanadischen Provinz Ontario stammt.

Der Hyperzyklus kann vielleicht durch folgendes Beispiel veranschaulicht werden: Man stelle sich vor, wie eine Orgelpfeife den ihrer Form gemäßen Ton abgibt, indem sie alle beim Anblasen auftretenden regellosen Luftbewegungen in die Tonschwingung zwingt. Dabei werden die chaotisch bewegten Luftmoleküle vom »Ordner« – hier die Form der Orgelpfeife und der durch diese festgelegte Ton – in die geordnete Tonschwingung hineingezwungen oder, in der Fachsprache ausgedrückt, vom Ordner »versklavt«.

In diesem Zusammenhang ist auch eine Bemerkung des deutschen Astrophysikers Albrecht Unsöld von Interesse: »Die Gleichartigkeit des genetischen Codes und die Verwendung derselben Bausteine für die DNA wie für die Proteine bei allen Organismen, von den primitivsten Bakterien bis zum Menschen, sprechen für eine örtlich und zeitlich begrenzte Entstehung des Lebens.«

Neuere Überlegungen zur Evolution

Während anfangs neben Blitzen möglicherweise auch die UV-Strahlung der Sonne als Energielieferant bei der Synthese von Aminosäuren mitwirkte, war die weitere Evolution nur unter Ausschluss eben dieser UV-Strahlung möglich. Dieses Paradoxon ist Ausdruck dafür, dass es bei der Evolution der Moleküle nur auf das

Überwiegen der Bildungsrate der funktionstüchtigen Moleküle über deren Zerfallsrate ankommt. Schließlich haben die ersten wirklich lebenden Bakterien und später die Einzeller selber dafür gesorgt, dass sich eine Ozonschicht bilden konnte, die vor der UV-Strahlung schützte, und zwar durch die Produktion von atmosphärischem Sauerstoff mittels der Photosynthese.

Wir haben gesehen, dass die Eigenschaften der RNA vermuten lassen, sie sei entwicklungsgeschichtlich älter als die DNA. Es gibt darüber hinaus Überlegungen, ob nicht am Beginn der Evolution noch einfachere Mechanismen den Übergang von der unbelebten zur belebten Materie ermöglicht haben könnten. Man denkt hier beispielsweise an die Entwicklung replikationsfähiger Moleküle an Oberflächen von Tonmineralen. Die mikroskopischen räumlichen Strukturen solcher Oberflächen und die Verteilung der elektrischen Ladung auf ihnen könnten dabei sozusagen als Matrizen bei der katalytischen Entstehung von Makromolekülen gedient haben.

Aus statistischen Gründen werden unter den Oberflächenstrukturen der Minerale auch solche vorgekommen sein, die den jeweils erforderlichen Negativformen der Moleküle entsprachen. Angesichts der ungeheuren Materialmengen und der mikroskopischen Kleinheit der Moleküle scheint das durchaus wahrscheinlich. Solche Oberflächen wären Orte gewesen, an denen durch Adhäsionskräfte eine Konzentration der organischen Bausteine hätte erfolgen können, mit der Folge einer Erhöhung der Reaktionsraten. Jedenfalls fand die Natur Wege, das physikalisch-chemisch Mögliche auf einfachste Weise zu realisieren, das heißt mit einem Minimum an Energie, Substanz und Zeit – wenngleich für unser menschliches Vorstellungsvermögen das Einfache der Natur nicht immer offensichtlich ist.

Die Natur »denkt« nicht linear, sondern sie »überschaut« viele Einzelfaktoren in ihren gegenseitigen Wirkbeziehungen als Ganzes. Andere mögliche Wege schieden aus, weil letztlich nur die am effektivsten arbeitenden Prozesse überlebten. Goethe bemerkt dazu am 11. April 1827 zu Eckermann: »Die Welt könnte nicht bestehen, wenn sie nicht so einfach wäre.«

Prokaryonten und Eukaryonten

Als erste echte Lebewesen entwickelten sich aus den Protobionten die Prokaryonten. Sie haben weder einen Zellkern noch andere Organellen in ihrer Zelle. Zu den Prokaryonten zählen die Archaebakterien, die echten Bakterien und die Cyanobakterien (früher auch Blaualgen genannt). Trotz ihres vergleichsweise einfachen Aufbaus haben sie nicht nur bis heute nahezu unverändert überlebt, hinsichtlich ihrer Verbreitung können sie sogar als die erfolgreichste Organismengruppe überhaupt angesehen werden.

Die Eukaryonten besitzen im Unterschied zu den Prokaryonten Zellen mit einem von einer Membran umgebenen Zellkern und Zellorganellen. Die Membran grenzt den Kern, der etwa ein Zehntel des Zellvolumens einnimmt, gegen das Cytoplasma ab. Zu den

Die **Zellen** sind seit nahezu vier Milliarden Jahren die Grundeinheiten des Lebendigen. Alle lebenden Organismen bestehen aus ihnen – die Zelle ist der Elementarorganismus schlechthin. Die Grundfunktionen des Lebens sind gemeinsam auf niedrigerem Komplexitätsniveau als dem der Zelle nicht vorhanden, und eine Zelle kann nur aus einer bereits vorhandenen Zelle entstehen.

Obwohl nur Bruchteile eines Millimeters groß, sind Zellen hoch entwickelte chemische Fabriken. Selbst die einfachsten von ihnen enthalten etwa 2500 verschiedene Moleküle, von denen sie die meisten selbst herstellen. Etwa 750 dieser Moleküle gehören zur Gruppe der kleinen Moleküle, die jeweils aus ungefähr 10 bis 50 Atomen bestehen. Der große Rest sind Makromoleküle, die meisten von ihnen Proteine und darunter bei weitem die Mehrzahl Enzyme.

Alle Zellen sind von einer hauchdünnen Hülle, der Membran, umgeben. Manche besitzen außerdem noch eine Zellwand (z. B. Pflanzenzellen und Bakterien). Die von der Membran umschlossene Grundsubstanz der Zellen wird als Cytoplasma bezeichnet. Zu ihm gehören bei den Zellen der Eukaryonten auch die Organellen, nicht jedoch der Zellkern.

Organellen, die quasi kleine Organe in der Zelle sind, gehören neben dem Zellkern und den Ribosomen auch die Mitochondrien als »Kraftwerke« für den Stoffwechsel von tierischen und pflanzlichen Zellen und die Chloroplasten der Pflanzen für die Photosynthese. Zu den Eukaryonten gehören sowohl einzellige als auch mehrzellige Organismen und alle höheren Lebewesen, vor allem auch die hier besonders interessierenden grünen Pflanzen. Doch wie kamen die Eukaryonten zu ihren Organellen? Die »Endosymbiontenhypothese« gibt hierauf eine einleuchtende Antwort. Sie geht davon aus, dass fressende Zellen Cyanobakterien aufnahmen, ohne sie zu verdauen. Es entwickelte sich daraus eine Symbiose, das heißt ein gegenseitiges Geben und Nehmen zu beiderseitigem Vorteil: Die »Wirtszelle« erhielt ständig Zufuhr von Zuckern, die Cyanobakterien-Zelle konnte in der mineralstoffreichen Umgebung der Fresszelle besser leben.

Die Cyanobakterien verloren nach und nach ihre Eigenständigkeit und wurden zu Chloroplasten. Ein Chloroplast besitzt zwar noch eine eigene, wie bei den Bakterien ringförmige DNA und teilt sich unabhängig von der Zelle, ist aber sonst ganz auf diese angewiesen. Auch die Mitochondrien sind wohl aus Bakterien entstanden, die ins Zellinnere aufgenommen wurden und zunächst endosymbiontisch lebten.

Sauerstoff produzierende Bakterien

Zu Beginn des Lebens auf der Erde hat es vermutlich ein Nebeneinander verschiedener Formen der Energiegewinnung durch Gärung unter anaeroben, das heißt sauerstofffreien Bedingungen gegeben. Ein großer Fortschritt in der Evolution war die direkte Nutzung des Sonnenlichts zur Deckung des Energiebedarfs der Lebensprozesse. Die Purpurbakterien und die Grünen Schwefelbakterien bedienten sich dazu der anoxygenen Photosynthese, das heißt einer Photosynthese, bei der kein Sauerstoff als »Abfallprodukt« frei wird. Diese Bakterien oxidieren Schwefelwasserstoff (H_2S), und als »Abfallstoffe« werden dabei Schwefel oder Sulfat-Ionen (SO_4^{2-}-Ionen) frei. Das Licht wird durch einen speziellen Farbstoff (Pigment), das Bakteriochlorophyll, absorbiert, und seine Energie wird in bestimmten Molekülen gespeichert. Einen weiteren Fortschritt brachten die Cyanobakterien mit der Entwicklung der oxygenen Photosynthese, das heißt einer Photosynthese, die mit der Spaltung von Wasser und der Freisetzung von Sauerstoff verbunden ist. Die dabei gewonnene Energie ist um ein Vielfaches höher als die bei der anoxygenen Photosynthese oder bei der Gärung gewonnene.

Die Darstellung zeigt von oben nach unten: eine Mikrofotografie von **Pflanzenzellen** mit den in ihnen enthaltenen Chloroplasten in etwa 700facher Vergrößerung; eine eingefärbte elektronenmikroskopische Aufnahme des Dünnschnitts eines **Chloroplasten** mit Stapeln von Thylakoiden und Stärkekörnern in seinem Innern; eine schematische Darstellung von **Thylakoidstapeln** und ihrer Verbindung durch Thylakoidmembranen.

Die Photosynthese

Mit der oxygenen Photosynthese haben wir im Prinzip die Antwort auf die Frage nach der Herkunft des Sauerstoffs in der Erdatmosphäre: Im Verlauf der Evolution entwickelten die Cyanobakterien mit der oxygenen Photosynthese einen Prozess, bei dem Sauerstoff freigesetzt wird. Die große Bedeutung der Photosynthese für das Leben liegt darüber hinaus in ihrer Schlüsselfunktion für die Ernährung. Sie ist der wichtigste Prozess in der Nahrungskette aller Lebewesen. Die Pflanzen nutzen durch sie die Lichtenergie von der Sonne unmittelbar zur Bildung von Kohlenhydraten aus Wasser und Kohlendioxid. Die Tiere, die über eine derartige Fähigkeit nicht verfügen, leben mittelbar von ihr, indem sie die von den Pflanzen aufgebauten Kohlenhydrate als Energieträger in ihren Stoffwechsel aufnehmen.

Strukturen und Prozesse

Die Reaktionen und Vorgänge, die bei der Photosynthese ablaufen, sind außerordentlich kompliziert; wir wollen uns deshalb auf eine stark vereinfachte schematische Darstellung beschränken. Bei den grünen Pflanzen findet die Photosynthese in den Chloroplasten statt, Organellen im Innern der Pflanzenzellen. Der dabei ablaufende Gesamtprozess lässt sich in eine Lichtreaktion – so genannt, weil sie nur bei Licht stattfinden kann – und eine Dunkelreaktion gliedern. Die Lichtreaktion findet in zwei Proteinkomplexen statt, die als Photosystem I und Photosystem II bezeichnet werden. Das Photosystem I geht vermutlich auf die Grünen Schwefelbakterien zurück, das Photosystem II auf die Purpurbakterien. Die Photosysteme befinden sich in den Membranen der so genannten Thylakoide, die in den Chloroplasten schwimmen und deren Aussehen an Stapel leerer Säcke erinnert (griechisch thýlakos »Sack«). Sie enthalten grünes Chlorophyll als Pigment für die Lichtabsorption sowie als Hilfspigmente gelbe Caroti-

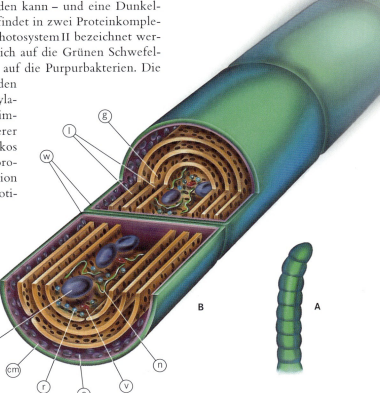

Cyanobakterien in etwa 1500facher Vergrößerung (A; lichtmikroskopisch) und in einer nach elektronenmikroskopischen Aufnahmen gefertigten Darstellung (B). Sie sind zwar selbstständige Organismen, hier jedoch zu fadenförmigen Aggregaten verbunden. Es bedeuten: c Cyanophycinkörnchen, cm Cytoplasmamembran (lila), e Endoplasten, g Phycobilisomen, l Thylakoide, n DNA-Fibrillen, r Ribosomen (blau), v Volutingranula (rot), w Zellwand. Die Thylakoide enthalten Chlorophyll und umgeben zylinderförmig das Zellinnere.

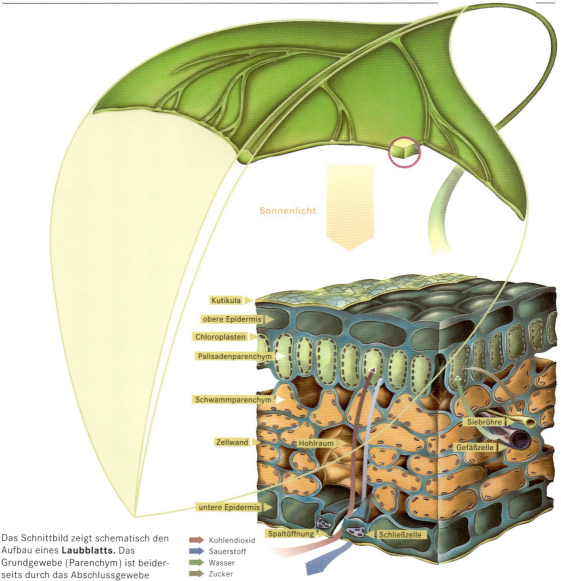

Das Schnittbild zeigt schematisch den Aufbau eines **Laubblatts.** Das Grundgewebe (Parenchym) ist beiderseits durch das Abschlussgewebe (Epidermis) bedeckt, das außen einen wachsartigen Überzug trägt (Kutikula). Die Zellen des Palisadenparenchyms enthalten den ganz überwiegenden Teil der Chloroplasten des Blatts. Sie stellen daher das eigentliche Photosynthesegewebe der Pflanze dar. Das Schwammparenchym enthält Hohlräume, die über Spaltöffnungen mit der Außenluft in Verbindung stehen. Die Siebröhren dienen dem Transport der in den Palisadenzellen synthetisierten organischen Stoffe, andere Gefäßzellen führen Wasser und Mineralstoffe zu.

noide. Die andere Teilreaktion, die Dunkelreaktion, läuft gewöhnlich parallel zur Lichtreaktion ab, kann für kurze Zeit aber auch ohne Licht stattfinden. Die für sie benötigten Enzyme und Kohlenhydrate sind im Stroma, dem Grundmaterial des Innenraums der Chloroplasten, enthalten.

Als Energiequelle für die Photosynthese dient die Lichtstrahlung der Sonne. Die Pflanzen absorbieren Licht und speichern dessen Energie in chemischer Form. Das grüne Chlorophyll und die gelben Carotinoide absorbieren besonders gut im blauen und im roten Spektralbereich des Lichts (bei Wellenlängen um 430 beziehungsweise um 680 Nanometer). Die Energie $h\nu$ der absorbierten Photonen, der Energiequanten des Lichts, wird zur elektrischen Ladungstrennung in einem Chlorophyll des Photosystems II genutzt (ν ist die Strahlungsfrequenz, h das Planck'sche Wirkungsquantum). Das heißt, das Chlorophyll wird durch die absorbierte Energie so stark angeregt, dass es durch Abspaltung eines Elektrons zu einem positv geladenen Ion wird. In diesem Zustand ist das Chlorophyll jedoch instabil und es benötigt daher wieder ein Elektron, um in den stabilen Ausgangszustand zurückzukehren. Dieses Elektron entzieht das Chlorophyll dem Wasser, das dadurch gespalten wird. Bei diesem Prozess gelangen Protonen – positiv geladene Wasserstoffionen (H^+) – in den Thylakoid-Innenraum, und Sauerstoff wird an die Atmosphäre abgegeben.

Zwei weitere Funktionselemente, ein Energiespeicher und ein Protonenträger, die beide für die Bindung des Kohlendioxids in der Pflanze nötig sind, komplettieren unser einfaches Schema der Photosynthese. Als universeller biologischer Energiespeicher dient das Molekül Adenosintriphosphat (ATP), nicht nur bei der Photosynthese, sondern auch bei sehr vielen andern Lebensprozessen. So wird beispielsweise bei der Proteinbiosynthese des Bakteriums Escherichia coli pro Sekunde die Energie von etwa 2 Millionen ATP-Molekülen verbraucht. Man kann die Energiespeicher-Funktion des ATP mit der Funktion einer wieder aufladbaren Batterie vergleichen: Das ATP wird während der Dunkelreaktion entladen und erhält durch die Lichtreaktion seine Energie zurück.

Als Protonenträger dient das Molekül NADP (Nicotinsäureamid-Adenindinucleotid-Phosphat), ein so genanntes Coenzym, mit seiner oxidierten Form $NADP^+$ und seiner reduzierten Form NADPH. Es wirkt als Träger von Protonen (H^+) nach der Reaktionsgleichung $NADP^+ + 2\,H^+ + 2\,e^- \rightleftarrows NADPH + H^+$ (der Doppelpfeil bedeutet, dass die chemische Reaktion sowohl nach rechts als auch nach links verlaufen kann; e^- ist das Symbol für das Elektron).

Das NADPH wird im Photosystem I gebildet (dieses wurde als Erstes entdeckt, daher die etwas verwirrende Bezeichnung). Auch in diesem Photosystem wird durch die Absorption von Licht das Chlorophyll so hoch angeregt, dass es wieder zu einer elektrischen Ladungstrennung kommt. Mithilfe des dabei frei werdenden Elektrons wird unter gleichzeitiger Aufnahme eines Protons aus dem Stroma über einige Zwischenstufen das positiv geladene $NADP^+$ zu NADPH reduziert. Das elektrisch geladene Chlorophyll-Molekül des Photosystems I wird in den Ausgangszustand zurückversetzt, indem das reduzierte Molekül, das zum Schluss der Reaktionen im Photosystem II vorliegt, ein anderes Molekül reduziert, dieses ein nächstes, und so fort. Die auf diese Weise gebildete »Elektronentransport-Kette« aus verschiedenen Molekülen, die im Verlauf der Reaktion nacheinander reduziert und oxidiert werden (daher auch als Redoxkette bezeichnet), liegt zwischen den Photosystemen II und I. Sie führt dem geladenen Chlorophyll-Molekül des Photosystems I ein Elektron zu und bringt es so in den Ausgangszustand zurück. Dieses Elektron stammt letztlich aus der Wasserspaltung.

Oxidation und **Reduktion** sind zwei komplementäre Prozesse, die immer gemeinsam auftreten: Wenn eine Substanz oxidiert wird, dann wird immer gleichzeitig eine andere Substanz reduziert und umgekehrt. Früher verstand man unter Oxidation vor allem das Eingehen einer Verbindung mit Sauerstoff und unter Reduktion dementsprechend dessen Entfernung. Heute bezeichnet man allgemein als Oxidation einen Vorgang, bei dem Elektronen abgegeben und als Reduktion einen Vorgang, bei dem Elektronen aufgenommen werden. Die Substanz die Elektronen abgibt, heißt Reduktionsmittel, diejenige, die Elektronen aufnimmt, heißt Oxidationsmittel.

Die oxidierte Form X und die reduzierte Form X^- einer Substanz bilden zusammen ein **Redoxsystem.** Wenn ein Redoxsystem X/X^- gegen ein anderes Redoxsystem Y/Y^- ein negatives **Redoxpotential** hat, dann wird die reduzierte Form X^- des ersten Systems oxidiert und die oxidierte Form Y des zweiten Systems reduziert: $X^- + Y \rightarrow X + Y^-$.

Die Elektronentransport-Kette ist auch wichtig für die Bildung von ATP. Sie transportiert nämlich nicht nur Elektronen, sondern auch Protonen aus dem Stroma in den Thylakoid-Innenraum. Protonen werden sowohl bei der Wasserspaltung in das Innere der Thylakoide abgegeben als auch durch ein Molekül der Elektronentransport-Kette. Anderseits gehen durch die Reduktion des $NADP^+$ Protonen im Stroma verloren. In der Summe entsteht aber ein Protonengefälle oder Protonengradient zwischen dem Stroma und dem Thylakoid-Innenraum. Dieser Gradient führt unter Mitwirkung eines Enzyms zur Bildung von ATP, nachdem Protonen durch einen speziellen Protonenkanal wieder in das Stroma gelangt sind.

Die Verbindungen ATP und NADPH, die Endprodukte der Lichtreaktion, werden in der Dunkelreaktion zur Fixierung des Kohlendioxids benötigt. Dieses lagert sich dabei an einen Zucker mit fünf Kohlenstoffatomen, eine Pentose, an und überführt ihn dadurch in eine Hexose, einen Zucker mit sechs Kohlenstoffatomen. Das NADPH reduziert bei dieser Reaktion durch Abgabe eines Protons das Kohlendioxid, während das ATP die nötige Energie liefert. Der ganze Vorgang lässt sich durch folgende Reaktionsgleichung darstellen:

$$6\,CO_2 + 12\,H^+ + 12\,NADPH \xrightarrow{h\nu} C_6H_{12}O_6 + 6\,H_2O + 12\,NADP^+$$

Die Hexose $C_6H_{12}O_6$ (Glucose oder Traubenzucker) ist die Grundsubstanz für den Aufbau anderer Kohlenhydrate wie Stärke und Zellulose, der sich ebenfalls in den Chloroplasten abspielt ($h\nu$ über dem Reaktionspfeil bedeutet, dass die Reaktion unter Einwirkung von Licht abläuft).

Die Licht- und Dunkelreaktionen lassen sich in den beiden folgenden Reaktionsgleichungen (1) und (2) zusammenfassen:

$$(1) \quad 2\,H_2O + 2\,NADP^+ \xrightarrow{h\nu} 2\,NADPH + 2\,H^+ + O_2\uparrow$$
$$(2) \quad CO_2 + 2\,NADPH + 2\,H^+ \longrightarrow CH_2O + H_2O + 2\,NADP^+$$

Als deren Summe ergibt sich:

$$H_2O + CO_2 \xrightarrow{h\nu} CH_2O + O_2\uparrow$$

Wie Gleichung (1) zeigt, stammt der an die Luft abgegebene Sauerstoff aus dem Wasser und nicht, wie man früher annahm, aus dem Kohlendioxid. Das CO_2 wird bei der Photosynthese nicht gespalten, sondern ganz in die Kohlenhydrate eingebaut. Die dafür erforderliche Energie stammt von der Sonne.

Verbrauch und Freisetzung von Luftsauerstoff

Wie groß ist der Umsatz an Kohlendioxid, wie groß sind die Freisetzungsrate von Luftsauerstoff und die Einbaurate des Kohlenstoffs in andere organische Verbindungen? Die Einbaurate von Kohlenstoff durch Photosynthese wurde sorgfältig abgeschätzt. Sie beträgt auf der ganzen Erde etwa $1{,}29 \cdot 10^{14}$ kg pro Jahr. Dies ent-

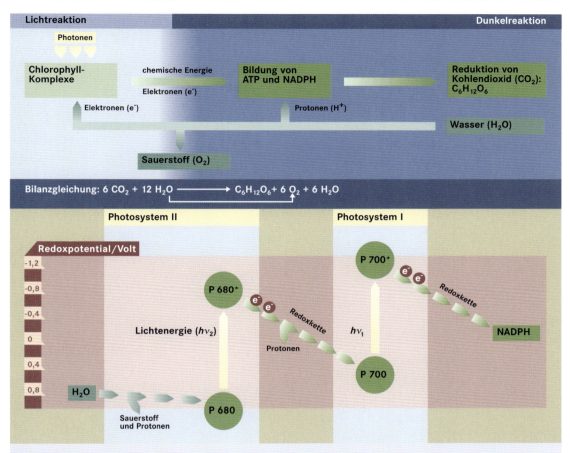

Die **Photosynthese** ist einer der wichtigsten biologischen Energie-Direktumwandlungs-Prozesse. Durch sie wird in grünen Pflanzen – unter Bildung von Kohlenhydraten (Zuckern) aus Kohlendioxid und Wasser – **Sonnenenergie** in **chemische Energie** umgewandelt, wobei eine Reduktion des Kohlendioxids unter Freisetzung von Sauerstoff erfolgt. Formal ist der Prozess der Photosynthese (P) die Umkehrung des Prozesses der Atmung (A):

$$6\ CO_2 + 12\ H_2O + 2{,}88\ MJ \underset{A}{\overset{P}{\rightleftarrows}} C_6H_{12}O_6 + 6\ O_2 + 6\ H_2O$$

Dabei wird, bezogen auf den Umsatz molarer Mengen, in der einen Richtung eine Energie von 2,88 MJ (Megajoule) verbraucht (aufgenommen aus dem Sonnenlicht), in der andern dagegen freigesetzt, z. B. als Wärme oder Bewegungsenergie.

Das Blockdiagramm (oben) zeigt schematisch, aufgeteilt nach **Licht- und Dunkelreaktion,** wie in den Chloroplasten aus der Luft aufgenommenen Kohlendioxid und Wasser die **Hexose** $C_6H_{12}O_6$ (Traubenzucker oder Glucose) und **freier Sauerstoff** gebildet werden, angetrieben durch **Photonen,** die Energiequanten des Lichts, und unter Beteiligung der energiereichen Verbindung ATP sowie der reduzierenden Verbindung NADPH.

Das untere Diagramm zeigt ein einfaches Schema der Lichtreaktion der Photosynthese. Sie findet in den **Photosystemen I und II** statt, die in der **Thylakoid-Membran** liegen. Die wichtigsten Prozesse dabei sind:
- Anregung der Chlorophylle P680 und P700 in den **Reaktionszentren** der Photosysteme I bzw. II aus ihren Grundzuständen in die angeregten Zustände P680* bzw. P700* durch Photonenabsorption ($h\nu_2$ bzw. $h\nu_1$).
- **Elektronentransport** über Redox- oder Elektronentransport-Ketten, die aus verschiedenen Molekülen bestehen.
- Bildung eines **Protonengradienten** durch den Transport von Protonen (H^+-Ionen) aus dem Außenraum der Thylakoide (dem **Stroma** der Chloroplasten) in deren Innenraum.
- Spaltung (**Photolyse**) des Wassers mit Freisetzung von Sauerstoff.

Als Endprodukte werden ATP und NADPH gebildet. Die Fixierung des Kohlendioxids (Bildung von Zucker aus Kohlendioxid und Wasser) gehört zur Dunkelreaktion. Sie ist ein über viele Zwischenstufen ablaufender Prozess, der im Stroma der Chloroplasten stattfindet. Für die Fixierung eines Moleküls Kohlendioxid werden mindestens acht Photonen benötigt.

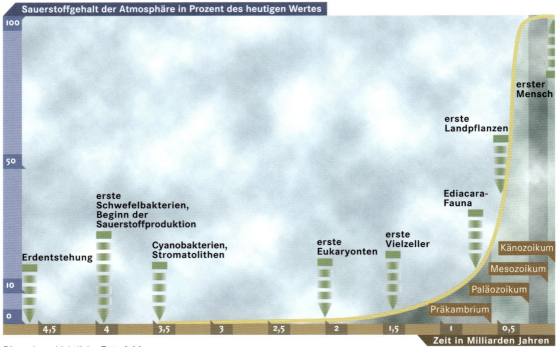

Die erdgeschichtliche **Entwicklung des Sauerstoffgehalts der Erdatmosphäre**. Es ist bemerkenswert, dass der Sauerstoffgehalt erst im letzten Zehntel der Erdgeschichte etwa die Hälfte des heutigen Werts erreichte. Die Namen der Erdzeitalter sind braun unterlegt; die Spitzen markieren deren jeweiliges Ende.

spricht einem Abbau von $4{,}73 \cdot 10^{14}$ kg CO_2 pro Jahr. Für den Gesamtgehalt der Atmosphäre an CO_2 von $1{,}71 \cdot 10^{15}$ kg bedeutet das, dass jedes Jahr 27 % des gesamten CO_2-Gehalts der Atmosphäre durch Photosynthese verbraucht werden.

Aus der gleichmäßigen Entwicklung der Säugetiere in den letzten 200 Millionen Jahren kann geschlossen werden, dass sich der Sauerstoffgehalt der Atmosphäre von 20,9 % während dieses Zeitraums kaum verändert hat. Es muss daher angenommen werden, dass – ebenfalls während dieses Zeitraums – der Verbrauch von Sauerstoff einerseits und seine Freisetzung durch Photosynthese anderseits immer in einem Gleichgewicht standen. Die Photosynthese führt der Atmosphäre zurzeit jährlich $3{,}44 \cdot 10^{14}$ kg Sauerstoff zu. Würde man sie abschalten, so wäre der Luftsauerstoff nach etwa 3150 Jahren völlig verschwunden. Wegen des ständigen Verbrauchs und der kontinuierlichen Freisetzung von Sauerstoff atmen wir heute demnach nicht mehr von demselben Sauerstoffvorrat wie die Ägypter zur Zeit Ramses III. (1193–1162 v. Chr.).

Gibt es andere Sauerstoffquellen?

Bei der Untersuchung der Frage, wie der Sauerstoff in die Atmosphäre kam, hat sich gezeigt, dass die Photosynthese der Cyanobakterien und später auch der grünen Pflanzen hierzu wesentlich beigetragen hat. Man muss jedoch überlegen, ob es nicht auch andere Quellen für den Sauerstoff gegeben haben könnte. Beispielsweise könnte man vermuten, dass Sauerstoff aus Gesteinen freigesetzt wurde, wenn man an die ungeheuren Mengen Sauerstoff denkt, die in den Gesteinen des Erdmantels enthalten sind, wie etwa im Olivin, einem Eisen und Magnesium enthaltenden Silicat, oder in den Krustengesteinen, zum Beispiel im Kalifeldspat (Orthoklas).

Alle wichtigen gesteinbildenden Minerale enthalten Sauerstoff, von der obersten Erdkruste bis zum Erdkern in 2900 Kilometer Tiefe; im Mittel sind es 46 Gewichtsprozent. Dieser Sauerstoff ist jedoch fest in den Gesteinen gebunden und kann unter den im Erdmantel herrschenden Temperaturen von maximal 2700 Kelvin nicht freigesetzt werden. Außerdem sind nicht alle Gesteine mit Sauerstoff gesättigt, weil der Erdmantel auch zweiwertiges Eisen enthält, also Eisen, das noch nicht zu dreiwertigem Eisen oxidiert wurde. Um diese Sättigung zu erreichen, würde der ganze in der heutigen Atmosphäre enthaltene Sauerstoff nicht ausreichen. Zum Glück für die auf den Luftsauerstoff angewiesenen Lebewesen kann diese Oxidation des Eisens durch den Luftsauerstoff aber nur sehr langsam erfolgen, weil die entsprechenden Gesteine zum geringsten Teil an der unmittelbar für Gase und Lösungen zugänglichen Erdoberfläche liegen. Sie sind zum größten Teil im tieferen Innern von Kruste und Mantel eingeschlossen. Als Fazit ist festzustellen, dass aus den Gesteinen praktisch kein Sauerstoff in die Atmosphäre entlassen wird.

Eine weitere mögliche Quelle für die Freisetzung von Sauerstoff könnte die Photolyse von Wasserdampf sein, das heißt dessen Spaltung in Sauerstoff und Wasserstoff durch Einwirkung kurzwelliger Sonnenstrahlung. Der Wasserdampfgehalt der Atmosphäre schwankt, je nach Niederschlagsmenge und Verdunstung, um einen Wert von etwa 1%. Vor der möglichen Wiedervereinigung (Rekombination) der Spaltprodukte Wasserstoff und Sauerstoff zu Wasser kann ein Teil des entstandenen Wasserstoffs in den Weltraum entweichen, mit der Folge, dass freier Sauerstoff in der Atmosphäre zurückbleibt. Nach neueren Berechnungen sind dies heute etwa $2 \cdot 10^8$ kg Sauerstoff pro Jahr, das ist demnach weniger als ein Millionstel der jährlich durch Photosynthese freigesetzten Masse von $3,44 \cdot 10^{14}$ kg. Somit scheidet auch die Photolyse als mögliche Sauerstoffquelle aus. Insgesamt ist zu folgern, dass der ganze Luftsauerstoff praktisch ausschließlich aus der Photosynthese durch Cyanobakterien und grüne Pflanzen stammt.

Seit wann gibt es Luftsauerstoff?

Für die Entwicklung des Lebens war im Verlauf der viereinhalb Milliarden Jahre währenden Erdgeschichte der jeweilige Sauerstoffgehalt der Atmosphäre von ausschlaggebender Bedeutung.

Weil die zweite Atmosphäre frei von Sauerstoff war, konnten sich zunächst nur Lebewesen entwickeln, die ihre Energie anaerob gewannen, also keinen Sauerstoff atmeten. Die ersten Lebewesen, die zur Gewinnung von Kohlenhydraten aus CO_2 Photosynthese betrieben und dabei Sauerstoff freisetzten, waren die Cyanobakterien. In Simbabwe wurden in 2,7 bis 3,1 Milliarden Jahre alten Sedimentgesteinen des Altpräkambriums fossile Reste von Stromatolithen mit Cyanobakterien gefunden. Stromatolithen sind blättrig aufgebaute Kalkkrusten, die von den fädigen Geflechten der Cyanobakterien ausgefällt werden. Sie enthalten teilweise auch Abbauprodukte des Chlorophylls. Ihre Wachstumsachsen sind an der Richtung erkennbar, in der die Blätter schuppenartig übereinander geschoben sind, nämlich in der Richtung des mittäglichen Einfalls des Sonnenlichts. Man kann daher aus diesen Achsen präkambrische Nordpol-Lagen ableiten. Die fossilen Stromatolithen wuchsen im Gezeitenbereich bis etwa 20 Meter Tiefe am Meeresboden. In solchen Gebieten gibt es sie auch heute noch – sozusagen als lebende Fossilien. Andere gut erhaltene fossile Reste finden sich zum Beispiel in Südafrika in den Transvaal-Schichten, mit einem Alter von 1,95 bis 2,3 Milliarden Jahre.

Man kann also mit Sicherheit davon ausgehen, dass die Cyanobakterien die Sauerstoffproduktion vor 2,3 Milliarden Jahren aufnahmen, möglicherweise sogar schon vor 3,1 Milliarden Jahren. Es sind Stromatolithenkalke bekannt geworden, deren Alter noch weiter, bis zu 3,4 Milliarden Jahre, zurückreicht. Je älter die Funde sind, um so unsicherer wird allerdings ihre Zuordnung zu fossilen Lebewesen. Mit gewissen Vorbehalten lässt sich das Einsetzen der Sauerstoffproduktion dennoch auf etwa 1 Milliarde Jahre nach der Entstehung der Erde datieren.

Zunächst gelangte dabei allerdings kaum Sauerstoff in die Atmosphäre, weil bei der in den Flachmeeren ablaufenden Photosynthese der Sauerstoff in das Wasser abgegeben und alsbald vom zweiwertigen Eisen unter dessen Oxidation zum Oxid des dreiwertigen Eisens (Bändereisenerze) gebunden wurde. Die dabei gebundenen Sauerstoffmengen waren, wie wir gleich sehen werden, gewaltig; viel größer als die heute in der Atmosphäre vorhandenen. Erst nachdem der Vorrat an zweiwertigem Eisen im Meer erschöpft war, konnte Sauerstoff in größeren Mengen in die Atmosphäre gelangen.

Stromatolithenkalk (untere Hälfte) aus dem heutigen Simbabwe. Die bogenförmigen Schichten sind etwa 2,6 Milliarden Jahre alte fossile Reste übereinander gewachsener »Algenrasen«. Bei den Algen handelt es sich wahrscheinlich um Cyanobakterien, die sich bis zu 3,5 Milliarden Jahre zurückverfolgen lassen und eine wichtige Rolle bei der Entwicklung der Sauerstoffatmosphäre spielten.

Stromatolithen, säulen- oder knollenförmige riffartige Kalkablagerungen, werden auch heute noch von in Kolonien lebenden Cyanobakterien gebildet, vor allem in den Gezeitenbereichen tropischer Meere. Sie kommen heute u. a. in der Shark Bay an der Westküste Australiens (Bild), bei den Bahamas und im Persischen Golf vor und erreichen Höhen von etwa 30 bis 40 Zentimeter.

Zeitverlauf der Sauerstoffproduktion

Der zeitliche Verlauf der Freisetzung des Sauerstoffs lässt sich nur schwer direkt abschätzen. Da jedoch beim Einbau von CO_2 durch Photosynthese auf je ein eingebautes Kohlenstoffatom stets genau ein freigesetztes Sauerstoffmolekül kommt, kann man aus der Kohlenstoffproduktion exakt auf die Freisetzung von Sauerstoff schließen. Die Einbaurate von Kohlenstoff in die Sedimentgesteine lässt sich abschätzen. Deren Kohlenstoffanteil war über die Erdgeschichte hin ziemlich konstant und beträgt ungefähr drei Prozent. Von diesem Kohlenstoff ist jedoch nur etwa ein Fünftel organischer Herkunft. Der größere Teil ist nichtbiogener Natur – so genannter Carbonat-Kohlenstoff – und muss bei der Abschätzung unberücksichtigt bleiben. Die Sedimentgesteine enthalten demnach etwa ein Fünftel von drei Prozent, also sechs Promille organischen Kohlenstoff. Insgesamt wurden seit Entstehung der Erde $2{,}4 \cdot 10^{21}$ kg Sedimente abgelagert, was einem Anteil von $1{,}44 \cdot 10^{19}$ kg an organischem Kohlenstoff entspricht. Tausende von Direktbestimmungen ergaben Anteile zwischen $1{,}2$ und $1{,}4 \cdot 10^{19}$ kg, sind mit diesem Wert also verträglich. Rechnen wir mit dem kleineren Anteil, $1{,}2 \cdot 10^{19}$ kg, dann kommen wir auf $3{,}2 \cdot 10^{19}$ kg Luftsauerstoff, der insgesamt im Lauf der Erdgeschichte freigesetzt wurde. Die Menge von $1{,}09 \cdot 10^{18}$ kg Sauerstoff, die sich heute in der Atmosphäre befindet, entspricht demzufolge nur $3{,}4\,\%$ der gesamten durch Photosynthese produzierten Menge.

Der zeitliche Verlauf dieser Produktion lässt sich aus der Sedimentationsrate abschätzen. Ein darauf aufbauendes Modell führt auf einen mathematisch darstellbaren Verlauf: Die zugehörige Kurve beginnt dort, wo auf der Zeitachse der Beginn der Photosynthese vermutet wird. Diese Zeit liegt noch weiter zurück als die oben genannten 3,4 Milliarden Jahre, als die Cyanobakterien vermutlich mit der Produktion von Sauerstoff begannen. Vor den Cyanobakterien gab es nämlich die Schwefelbakterien, die den von ihnen auf eine »primitivere« Art der Photosynthese produzierten Sauerstoff in chemische Verbindungen einbauten und sie dadurch sauerstoffreicher machten (Sulfate). Aber auch den so erzeugten und gebundenen Sauerstoff rechnet man zur Sauerstoffproduktion durch Photosynthese. Deren Beginn wird daher vor 3,8 Milliarden Jahren vermutet, gestützt auf die gebänderten Eisensteine, die Itabirite, die in der ebenso alten Isua-Formation in Westgrönland gefunden wurden.

Das Leben auf dem festen Land

Interessanter unter dem Gesichtspunkt der Evolution ist jedoch, wie sich der Sauerstoffgehalt der Atmosphäre im Lauf der Zeit entwickelte. Eine Abschätzung ist vor allem durch Informationen möglich, die uns die Fossilien der Lebewesen selber liefern. Darüber hinaus können auch die Sedimentgesteine auf dem Festland einige Hinweise geben, wie zum Beispiel das Auftreten kontinentaler Rotsandsteine ab einer Zeit vor etwa 2 Milliarden Jahren. Für die Rotfärbung durch das Oxid des dreiwertigen Eisens, Fe_2O_3, reichen allerdings schon Spuren von Sauerstoff.

Damals traten die ersten Eukaryonten auf. Der Sauerstoffgehalt der Atmosphäre hat zu jener Zeit wahrscheinlich die 1%-Marke überschritten (bezogen auf heute 100%), von der an Organismen existieren konnten, die Sauerstoff atmen. Für die Epoche, als die ersten Vielzeller auftauchten, vor 1,4 Milliarden Jahren, rechnet man mit einem Sauerstoffgehalt von etwa 3% des heutigen Werts.

Zu jener frühen Zeit gab es noch kein Leben auf dem Festland. Dieses wurde erst im Silur, also vor etwa 430 Millionen Jahren, zum Lebensraum von Tieren und Pflanzen. Damals begann sich langsam ein Gleichgewicht zwischen Sauerstoffproduktion und -verbrauch herauszubilden und damit der seit mindestens 200 Millionen Jahren konstante Sauerstoffgehalt der Atmosphäre von $1,09 \cdot 10^{18}$ kg. Das Auftreten der Vielzeller und später der Landpflanzen hatte sicher auch einen steileren Anstieg der Rate der Sauerstoffproduktion zur Folge; heute trägt das Festland zwei Drittel dazu bei. Die Landpflanzen ermöglichten außerdem, dass der von ihnen freigesetzte Sauerstoff mit dem zweiwertigen Eisen in angewitterten Gesteinen der Kontinente bereits zum unlöslichen Eisenoxid Fe_2O_3 reagierte und sedimentiert wurde, noch bevor das Eisen über die Flüsse in das Meer gelangen konnte. Die chemischen Reaktionen erfolgten auf dem Festland viel langsamer, als das im Meer der Fall gewesen wäre, weswegen sich der Sauerstoff in der Atmosphäre anreichern konnte.

Gebänderte Eisensteine (Bändereisenerze) belegen, dass die Erdatmosphäre ursprünglich frei von Sauerstoff war. Sie stammen von Salzen des zweiwertigen Eisens, die im Gegensatz zu denen des dreiwertigen wasserlöslich sind. Diese Salze wurden ins damalige Meer gespült und von dem im Wasser gelösten Sauerstoff der ersten Photosynthese treibenden Organismen zum Oxid des dreiwertigen Eisens, Fe_2O_3, oxidiert. Aus diesem bildeten sich schließlich die gebänderten Eisensteine. Die hier gezeigte Formation aus einer Eisenerzlagerstätte am Oberen See (USA) ist etwa 2 Milliarden Jahre alt.

Die Umweltbedingungen auf dem Festland boten die Möglichkeit zur Entwicklung höherer Lebensformen bis hin zum Menschen und damit für das Überschreiten der Schwelle von der materiellen zur kulturellen Evolution. Ohne den höheren Gehalt der Atmosphäre an Sauerstoff, wie er heute zur Verfügung steht, und ohne die kontinentale Umwelt wäre eine Entwicklung zu höheren Lebensformen kaum vorstellbar.

Man mag nun fragen, warum das Festland, das sich schon sehr früh im Zusammenhang mit der Abkühlung und Differenzierung der äußeren Gesteinsschalen der Erde gebildet hatte, erst so spät, nämlich im Silur, von den Lebewesen besiedelt wurde und folglich bis dahin – fast über die ganze Erdgeschichte – ein trostloses Bild bot. Zwei Antworten sind denkbar: Erstens benötigte das Leben viel Zeit, um die komplizierten Mechanismen zu entwickeln, die Grundlagen für alle weiteren Schritte waren, nämlich die Fähigkeit zu Vermehrung und Vererbung, repräsentiert durch DNA und RNA, und die für die Energieaufnahme sehr effektive Fähigkeit der Photosynthese. Zweitens konnten die Lebewesen das Festland erst besiedeln, als genügend Sauerstoff zur Atmung in der Atmosphäre vorhanden war. Darüber hinaus musste aus dem Sauerstoff erst eine Schicht aus Ozon entstehen, die den auf dem Festland lebenden Substanzen genügend Schutz vor der UV-Strahlung der Sonne bieten konnte. Das war erst vor rund 500 Millionen Jahren der Fall. Seither aber ging die Evolution zunehmend stürmisch voran. Dies ist ein Beispiel für das Gesetz vom exponentiellen Wachstum, das besagt, dass die Geschwindigkeit des Fortschritts höchstens proportional zur Menge der bereits vorhandenen Errungenschaften sein kann. K. STROBACH

Die Kambrische Explosion

Von der Entstehung des Lebens und seinen ersten Entwicklungsstufen gibt es zu wenige Zeugnisse, um diesen Teil der Erdgeschichte schlüssig nachvollziehen zu können. Vom Beginn des Lebens vor spätestens 3,6 Milliarden Jahren bis vor etwa 545 Millionen Jahren fehlen im Buch des Lebens fast alle Seiten. Nur ein paar Papierfetzen – um im Bild zu bleiben – sind erhalten geblieben. Betrachtet man das Alter der Erde von rund 4,6 Milliarden Jahren, so heißt das: Praktisch alle erhalten gebliebenen Seiten des Buchs der Erdgeschichte gehören zum letzten Achtel dieses auch dort noch sehr lückenhaften Werks. Das letzte Achtel beginnt sozusagen mit einem Paukenschlag – der Kambrischen Explosion. Von dieser Zeit an erlauben Fossilienfunde, die Entwicklungslinien der belebten Natur genauer zu verfolgen. Diese treten umso klarer hervor, je näher sie an die Gegenwart heranreichen. Es ist die Epoche des frühen Erdaltertums oder Paläozoikums. Dort wiederum ist es dessen frühester deutlich erkennbarer Abschnitt, das Kambrium. Wissenschaftler prägten diesen Namen im 19. Jahrhundert, als man in Gesteinen aus dieser und den darauf folgenden Perioden, dem Ordovizium und dem Silur, Überreste von Lebewesen aufspürte.

Damals galt ein geologisches Zeitalter als nachgewiesen, wenn man Sedimentgesteine gefunden hatte, die ganz oder teilweise erhalten gebliebene Organismen in Form von Fossilien enthielten und deren Alter sich bestimmen ließ – eine komplizierte Angelegenheit, die den Geologen lange Zeit Kopfzerbrechen bereitete. Außerdem mussten solche fossilienhaltigen Gesteine auch andernorts nachweisbar sein. Zu jener Zeit setzte man die einzelnen Erdzeitalter mit Gesteinsformationen gleich. Noch heute sprechen Fossiliensammler von den »Formationen« Kambrium, Ordovizium und Silur. Sie meinen damit die entsprechenden geologischen Zeiten, obwohl diese in der heutigen geologischen Terminologie als Systeme (stratigraphische Einheiten) oder Perioden (chronologische Einheiten) bezeichnet werden.

Zu den eigenartigsten Vertretern der Ediacara-Fauna zählt **Dickinsonia.** Die Abdrücke lassen auf einen wurmartigen, scheibenförmigen marinen Organismus mit einem Scheibendurchmesser von einem Meter, aber einer Dicke von nur drei bis sechs Millimetern schließen. Das stark segmentierte Tier könnte über ein Sauerstoff sammelndes System verfügt haben, um seine Muskulatur mit Energie zu versorgen.

Der schöne siegelartige Abdruck stammt von **Tribrachidium heraldicum,** einem Organismus aus der Ediacara-Fauna, der mit den Stachelhäutern (Echinodermata) verwandt sein könnte.

An der Schwelle der Entwicklung vielzelliger Organismen

Der Ursprung vielzelliger Lebewesen liegt im Dunkeln. Fossile Überreste sind äußerst rar, vermutlich weil die ersten höheren Lebewesen keine harten Schalen besaßen und daher nur ausnahmsweise erhalten geblieben sind. Klar ist lediglich, dass die frühesten Spuren dieser Organismen weit ins Präkambrium zurückreichen. Die ersten fossil in großer Zahl erhaltenen Vertreter dieser Organismen, die Ediacara-Fauna, weisen jedenfalls bereits eine verblüffend hohe Organisationsstufe auf. Sie hatten mit Sicherheit ältere und einfacher gebaute Vorfahren.

Ediacara-Fauna

Eigentlich sollte der Bergbaugeologe Reginald C. Sprigg im Auftrag seiner Firma in den südaustralischen Ediacara Hills alte Bleiminen erforschen. Sein Auftrag führte ihn an Orte, an denen damals kein Paläontologe auf die Idee gekommen wäre, nach Fossilien zu suchen. Doch Sprigg hatte ein Faible für Fossilien. Er untersuchte reine Quarzsandsteine, die nur selten Fossilien enthalten und zudem erheblich älter sind als jene kambrischen Schichten, in denen man bereits Trilobiten, die häufigsten Tiere jener Periode, gefunden hatte. Ein Zufall ließ ihn eines Morgens auf fossile Überreste von seltsamen Organismen mit offenbar weichem Körper stoßen – er stand vor dem ersten weit geöffneten Fenster, von dem aus er auf die bislang ältesten Zeugnisse vielzelliger Lebewesen blicken konnte, die Ediacara-Fauna. Deren Alter reicht rund 550 Millionen Jahre zurück, umspannt also die letzte Phase vor dem Kambrium.

Spriggs Fund rief die Paläontologen auf den Plan, die seit 1946 dieses zur Flinders Range gehörende Gebiet im Süden Australiens, in dem weiträumig frühe kambrische Sedimente von präkambrischen Sedimenten unterlagert sind, systematisch untersuchten. In den 1960er-Jahren gelang es schließlich dem australischen Geologen deutscher Herkunft Martin F. Glaessner, mehr als tausend Fossilien in der präkambrischen Ediacara-Formation zu finden und so weit wie möglich zu rekonstruieren. Diesen frühen vielzelligen tierischen Lebewesen fehlen generell noch Hartteile wie ein Kalkskelett oder Kalkschalen. Allerdings stießen einzelne Forscher auf Skelettnadeln (Spiculae), wie man sie später bei Schwämmen findet. Außerdem gibt es Hinweise auf Organismen, die flexible, wahrscheinlich aus organischer Substanz bestehende Schalen bildeten.

Mehr als die Hälfte der Ediacara-Weichkörperfossilien (»soft bodies«) ließ sich den Quallenartigen (Medusoiden) zuordnen. Etwa ein Viertel von ihnen stellte Glaessner zu den frühen Würmern (Anneliden), und möglicherweise waren einige Arten frühe Gliederfüßer (Arthropoden) und Stachelhäuter (Echinodermata). Andere Paläontologen lehnen es jedoch ab, die Arten der Ediacara-Fauna in die später auftretenden Tierstämme einzugruppieren. Um sie davon begrifflich abzugrenzen, fasste der Tübinger Paläontologe Adolf Seilacher diese Lebewesen unter dem Begriff Vendozoa (nach der jüngsten Stufe des Präkambriums, dem Vendium) zusammen, um den Unterschied zu den wirklichen Metazoa, also vielzelligen Tieren im späteren Sinn, deutlich zu machen (zeitweise sprach man auch von Petalo-Organismen, zu griechisch pétalon »Blatt«). Später prägte er den Begriff Vendobionta, um auch sprachlich die Zuordnung zu den Tieren zu vermeiden.

Folgt man Seilacher, so besaßen die Arten der Ediacara-Fauna eine flächige, zum Teil sehr ausgedehnte Gestalt (bis über ein Meter

Aus der Ediacara-Fauna von Shropshire (Großbritannien) stammt das blattförmige Gebilde **Charniodiscus**. Das bis zu 50 cm lange Tier mit seinen wie abgesteppt wirkenden Wedeln war mit einem verdickten runden Fuß im Meeresboden verankert. Diese Form wird von einigen Forschern zu den Seefedern gezählt, Korallentieren mit etwa 300 rezenten Arten, die auch in europäischen Meeren vorkommen.

Quallenartige gehören zu den häufigsten Vertretern der Ediacara-Fauna. Die schwimmenden, glockenförmigen **Medusen** besitzen viele noch lebende nahe Verwandte. Manche frei schwebenden Einzeltiere konnten Durchmesser bis zu einem Meter erreichen.

Es gibt bis heute keine geologisch belegte Theorie dafür, wie die vielzelligen Tiere, die **Metazoa**, entstanden sind. Die Biologen versuchen, eine Stammform aller vielzelligen Tiere aus der vergleichenden Anatomie abzuleiten. Eine solche Stammform schlug Ernst Haeckel mit seiner **Gastraea-Hypothese** vor, die alle Metazoa auf ein Urdarmtier, die Gastraea, zurückführt. Einzellige Organismen, Protozoa, formieren sich nach dieser Theorie zu frei schwimmenden Kolonien; es entsteht eine einschichtige Hohlkugel, die Blastaea. Unter den Pflanzen ist die Kugelalge ein lebendes Beispiel für diese Form. Der Schritt zu den Metazoa ist mit dem Aufbau einer zweiten Schicht verbunden. Ein solches zweischichtiges Urgebilde ist Haeckels Gastraea: Ein innerer Hohlraum, der Urdarm, öffnet sich am Urmund nach außen. Umkleidet ist der Hohlraum von einer Zellschicht, dem Entoderm. Am Urmund geht das Entoderm in die äußere, zweite Schicht, das Ektoderm, über, das die Körperoberfläche bildet.

Durchmesser) und eine weiche Körperdecke. Die große Körperoberfläche ermöglichte vielleicht, zusätzlich Sauerstoff zu absorbieren – wichtig in dem damals sehr sauerstoffarmen Meerwasser. Querwände untergliederten die Körper in einzelne Kammern, ähnlich einer Luftmatratze, wobei die Körper allerdings nicht luft-, sondern flüssigkeitgefüllt waren und wahrscheinlich keine äußeren oder inneren Organe besaßen. Dieser Aufbau spricht dafür, dass die Ediacara-Lebewesen einer ausgestorbenen Entwicklungsrichtung, einem blinden Seitenzweig der Evolution, angehören, die sich von den späteren Tierarten mit einer sekundären Leibeshöhle (Coelom), den Coelomata, unterscheidet.

Auf ähnliche präkambrische Faunen waren Geologen – zum Teil schon seit der Jahrhundertwende – auch in Namibia (1908), Neufundland, der Mongolei und Sibirien gestoßen. Aber erst im Licht der australischen Funde erkannte man ihre Bedeutung. Vielleicht gab es damals auch schon echte Tiere im Sinn der späteren Evolution. Jedenfalls gibt es so genannte Spurenfossilien von Lebewesen, die sich noch nicht befriedigend deuten lassen (daher »Dubiofossils« genannt). So entdeckte man etwa Löcher, Gänge sowie Kriech- und Weidespuren oder Exkremente von sedimentfressenden, uns noch unbekannten präkambrischen Weichtieren. Vermutlich handelte es sich dabei um kleine, wurmartige Organismen, die am oder im Meeresboden lebten und an die ihn bedeckenden Mikroben- oder Biomatten gebunden waren, sie von unten abweideten. Erst im Licht der Ediacara-Fauna zeigten sie sich als erste Lebensspuren von präkambrischen Vielzellern.

Die dem Boden der Flachmeere aufliegenden, nur wenige Millimeter dicken Mikroben- oder Biomatten setzten sich aus Cyanobakterien und andern Bakterien, Algen und Pilzen zusammen, die in Symbiose miteinander lebten. Solche Mikrobenmatten kommen auch heute von den Tropen bis zu den Polargebieten an Extremstandorten vor, insbesondere auf dem Grund von Lagunen und eingedampften Salzseen, wo sie vor den sonst herrschenden vielzelligen Fressfeinden (Schnecken, Muscheln, Fische, Krabben, Würmer) sicher sind. Fossil sind sie selten direkt nachweisbar, allenfalls durch Stromatolithen, sie müssen aber den Hauptanteil der präkambrischen Biomasse gebildet haben. Sie bewirkten die Umwandlung der Atmosphäre vom reduzierenden zum oxidierenden Milieu (Entwicklung der Sauerstoffatmosphäre). Auf sie geht auch die Bildung der Bändereisenerze und anderer Erze zurück. Sie bestimmten über fünf Sechstel der Erdgeschichte das sedimentäre Geschehen.

Ältere Überreste von vielzelligen Tieren aus dem Präkambrium wurden zunächst nicht bekannt oder nicht eindeutig identifiziert. Der Beginn dieser Entwicklung – wohl in der Zeit vor 650 Millionen Jahren – liegt noch weitgehend im Dunkeln. Allerdings fand man neuerdings in Namibia und China in Schichten der Ediacara-Fauna einzelne fossile Reste von Organismen, die schon mineralisierte Hartteile bildeten: calcitische Röhren, Außenskelette eines Cloudina genannten Tiers, wohl eines Polypen (Nesseltier).

Die Welt vor 570 Millionen Jahren

Ein Globus, der die Erde vor 570 Millionen Jahren zeigt, müsste völlig anders aussehen als ein Globus der heutigen Erde. Rund 180 Millionen Jahre früher, also vor 750 Millionen Jahren, gab es möglicherweise schon einmal einen Superkontinent, den der Berliner Geologe Hans Stille Megagäa nannte. Ähnlich wie knapp eine halbe Milliarde Jahre später – Alfred Wegener sprach in diesem Zusammenhang von dem permzeitlichen Urkontinent Pangäa – waren damals fast alle Landmassen miteinander verbunden. Doch die plattentektonische Aktivität sorgte dafür, dass dieser präkambrische Superkontinent zerbrach und die einzelnen Fragmente sich immer weiter voneinander entfernten.

Für die Zeit des beginnenden Kambriums lässt sich aufgrund der thermoremanenten Magnetisierung der damals entstandenen Gesteine folgendes Bild der Erdoberfläche erschließen: Alle Landmassen liegen in niederen Breiten. Die größte Landmasse, Gondwana, befindet sich annähernd gleichermaßen beiderseits des Äquators. Der steigende Meeresspiegel lässt immer größere Bereiche der kontinentalen Landmassen überfluten. Riesige Flachwassermeere entstehen, die – bedingt durch die äquatornahe Lage – warmes Wasser führen, was sich aus Kalkablagerungen ablesen lässt, die biologischen Ursprungs sind. Diese Regionen sind die Geburtsstätten jener Arten, die die Kambrische Explosion begründeten.

Doch das Klima ist nicht einheitlich. Neben biogenen Kalken, die warme Meeresgebiete kennzeichnen, gibt es auf allen Kontinenten Zeugen eines kalten Klimas mit ausgedehnten Vereisungsgebieten, die über den unvorstellbar langen Zeitraum von mehr als 100 Millionen Jahren existiert haben müssen. An der Wende zum Kambrium erreichen diese Kälteperioden ihren Höhepunkt und hinterlassen Gesteine mit entsprechenden Spuren in Schottland, Nordirland, der Normandie, in Böhmen und Norwegen, in Grönland, China und Australien.

Vor 650 Millionen Jahren erstreckten sich Eiszeitgletscher in der Nähe des Äquators über weite Gebiete Australiens. Sie verursachten die erste paläontologisch nachweisbare Aussterbekatastrophe. Man konnte sie an mikroskopisch kleinen Zellen, den Acritarchen, nachweisen. Einige dieser planktonischen Organismen hat man als Dauerzysten von Dinoflagellaten identifiziert. Diese Acritarchen sind seit etwa 1,8 Milliarden Jahren belegt, wurden seit etwa 800 bis 900 Millionen Jahren häufiger und starben dann bis auf wenige einfache kugelige Formen aus.

Das Festland hätte einem Beobachter ein ödes Bild vermittelt: nackter oder von Gletschern bedeckter Fels, leblose Flussbetten, tote

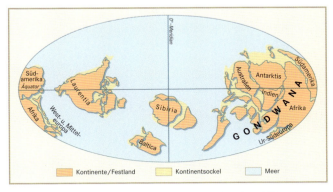

Verteilung von **Land und Meer im Kambrium.** Die Lage der Kontinente war in dieser Zeit ganz anders als heute. Nach dem Auseinanderbrechen des präkambrischen Superkontinents Megagäa gab es am Äquator den Großkontinent Gondwana, der von Afrika, Süd- und Mittelamerika, Indien, der Antarktis, Australien und Teilen von Europa gebildet wurde. Von ihm weg drifteten die noch isolierten Kontinentschollen Laurentia (das heutige Nordamerika), Sibirien, Baltica (mit Skandinavien), Kasachstan und die zur Zeit des hier dargestellten Mittelkambriums lang gestreckte Chinesische Platte. Das Kambrium war durch großräumige Überflutungen der Kontinente gekennzeichnet, Leben gab es nur im Meer.

Geröllhalden und Sandflächen. Alles Leben war auf die wärmeren Bereiche des Weltmeers beschränkt. Die Landnahme der Pflanzen und später der Tiere ließ noch viele Millionen Jahre auf sich warten.

Das Dunkel der präkambrischen Zeit

Lange Zeit stand das Kambrium in dem geheimnisumwitterten Ruf, den Beginn des Lebens auf der Erde zu markieren. Ob nun Forscher in der Prager Mulde, in Wales, in Schweden, an der ostbaltischen Küste oder in Nordamerika suchten, immer stießen sie auf eine scharfe Grenze zwischen den fossilführenden Schichten des frühen Kambriums und den praktisch fossilfreien, zumeist metamorphen Gesteinen des Präkambriums. Sie nannten diese scheinbar leblose Periode die »Zeit der Urgesteine«. Noch zu Beginn des 20. Jahrhunderts schienen diese »Urgesteine« in ihrer Zeitenfolge unerforschbar. Gleichzeitig wurden sie für den Bergbau, etwa bei der Suche nach Gold und hochwertigen Eisenerzen, immer wichtiger. Geologen erkannten in ihnen die alten Kontinentalkerne oder Kratone.

Die anhand von Fossilien datierbaren Gesteinsformationen vom Kambrium bis zur Jetztzeit fasst man seit 1930 zum Phanerozoikum zusammen, dem Zeitalter des »sichtbaren Lebens«. Die davor liegende, wie wir heute wissen ungleich längere Periode von fast vier Milliarden Jahren nannte der Geologe und Paläontologe Otto Heinrich Schindewolf Kryptozoikum, das Zeitalter des »verborgenen Lebens«. Er wollte damit ausdrücken, dass die Herkunft mehrzelliger Arten, die in Form von Fossilien vom Kambrium an in Gesteinen zu finden sind, sich uns in präkambrischer Zeit immer noch verbirgt.

Beide Begriffe sind klug gewählt, schließlich markiert die Grenze zwischen beiden Perioden durchaus nicht das erste Auftreten von Lebewesen. Vielmehr wissen wir heute, dass das Leben wesentlich früher, vor mindestens 3,6 Milliarden Jahren begann. Doch diese frühen, ausschließlich einzelligen Lebensformen erschließen sich erst im Mikroskop, vor allem im Elektronenmikroskop. Dem bloßen Auge bleiben sie verborgen, sie sind »kryptisch«. Erst die kalkhaltigen fossilen Überreste von Muscheln, Schnecken, Korallen und Schwämmen aus dem Kambrium bieten sich dem bloßen Auge als Zeugen des Lebens dar.

Kryptozoikum bedeutet nicht, dass die Biomasse damals insgesamt gering gewesen wäre. Hinweise darauf sind die rund eine Milliarde Jahre alte anthrazitische Steinkohle (Schungit) vom Ufer des Ladogasees und das 1,4 bis 1,7 Milliarden Jahre alte australische Erdöl. Das belegen auch die Kalk abscheidenden Cyanobakterien der Stromatolithen im Präkambrium Südafrikas, Australiens, Sibiriens und Kanadas, die weite Teile des flachen Meeresbodens bedeckten.

Ursachen der Kambrischen Explosion

Salopp und treffend schreibt der amerikanische Paläontologe David Raup: »Vor 600 Millionen Jahren war in der Evolution der Teufel los.« Wie und weshalb es zu dieser Entwicklung, also zu einer ersten Blütezeit der vielzelligen Organismen kam, bleibt jedoch im

---

Unter den einzelligen, zellkernlosen Mikroorganismen unterscheidet man **Archaebakterien** und **Eubakterien,** die eigentlichen Bakterien. Archaebakterien (Archaea) haben andere Zellkomponenten und eine andere Zellwand als die Eubakterien. Sie sind mit diesen weniger eng verwandt als mit den Eukaryonten. Zu ihnen gehören spezialisierte Organismen wie Methanbildner (sie gewinnen das Methan aus Kohlendioxid und Wasserstoff), halophile, in salzreicher Umgebung lebende Bakterien und thermophile Schwefelverwerter (sie leben u. a. in heißen vulkanischen Schwefelquellen der Tiefsee, den Schwarzen Rauchern). Eubakterien zeigen eine außerordentliche Vielfalt an Lebensweisen. Es gibt u. a. phototrophe Bakterien, die ihre Energie durch Oxidation (aerobe Bakterien) oder Gärung (anaerobe Bakterien) gewinnen. Entwicklungsgeschichtlich besonders interessant sind die Cyanobakterien. Sie betreiben Photosynthese ähnlich der höheren Pflanzen, setzen also Sauerstoff frei. Auf sie v. a. wird die Entstehung der Sauerstoffatmosphäre zurückgeführt.

Dunkeln. Lediglich einzelne biologische und geologische Prozesse lassen sich anführen, um diesen Sprung plausibel zu machen. Restlos erklären kann man ihn damit nicht.

Unter den biologischen Entwicklungen muss man sich in diesem Zusammenhang vor Augen halten, dass vor über zwei Milliarden Jahren das Leben die Photosynthese »erfand«. Dieser Prozess ermöglichte unter den Lebewesen einen globalen Energiekreislauf. Vor 1,9 Milliarden Jahren entstanden die eukaryontischen Einzeller. Diese haben im Gegensatz zu den Prokaryonten einen echten Zellkern, der ihre Erbinformation enthält. Die Evolution hatte damit einen Mechanismus hervorgebracht, um besser angepasste Individuen mit erfolgreicheren Gen-Kombinationen zu entwickeln. Eukaryonten sind, neben den eukaryontischen Einzellern, alle vielzelligen Lebewesen, also Pflanzen, Pilze, Tiere und auch der Mensch. Aber auch tektonische und andere abiotische Veränderungen mögen zur Kambrischen Explosion beigetragen haben.

Durch die Photosynthese der präkambrischen Mikroorganismen wurde die Atmosphäre sauerstoffhaltig. Erste Organismen entstanden, die in Anwesenheit von Sauerstoff leben konnten, aber dieses Element noch nicht nutzten. Schließlich traten erste »atmende« Arten auf, die den Sauerstoff ihrer Umgebung zum Aufschluss der aufgenommenen Nahrung benötigten (aerobische, im Gegensatz zu den anfänglichen anaerobischen Lebewesen). Vielleicht war es diese »Sauerstoff-Krise«, die die Evolution vielzelliger Organismen mit gänzlich neuen Stoffwechseleigenschaften und -leistungen während der Kambrischen Explosion ermöglichte. Einen andern Grund sehen Geologen in der Änderung der Meerwasserzusammensetzung. So gibt es Hinweise darauf, dass dessen Gehalt an Calciumcarbonat vor dem Kambrium zunahm. Es ist durchaus plausibel, dass erst dieses »Angebot« den Organismen die Möglichkeit eröffnete, schützende Kalkschalen auszubilden.

Das Aufbrechen des Superkontinents Megagäa während des Präkambriums führte dazu, dass neue, lange Küstenlinien mit riesigen Flachwasserbereichen entstanden. Gerade sie stellen den Lebensraum der kambrischen Fauna dar. Vereinfacht könnte man sagen: Zu Beginn des Kambriums vervielfachte die Erde ihren verfügbaren Laborraum für evolutionäre Experimente. Es entstanden neue marine Lebensräume, die auf die Besiedlung durch »Pioniere« geradezu warteten.

Einen letzten Punkt gilt es zu beachten: So plötzlich, wie es die Bezeichnung nahe legt, entwickelten sich die kambrischen Lebensformen nicht. Neue Fossilfunde in der chinesischen Provinz Guizhou zeigen, dass bereits vor 570 bis 590 Millionen Jahren, also mehrere Millionen Jahrzehnte vor dem Beginn des Kambriums, »kambrische« Arten wie Quallenartige (Medusoide), Wurmartige (Anneliden-Verwandte) und sogar Schwämme mit Nadeln existierten; außerdem konnten dort Cyanobakterien, Acritarchen und Thallusfragmente vielzelliger Algen (ähnlich den heutigen Rotalgen) identifiziert werden. Schließlich gelang es, in der Fundschicht, einer

Phosphorit-Lagerstätte, in der so genannten Doushantuo-Formation, kugelige Mikrofossilien (Durchmesser etwa 0,5 Millimeter) zu erkennen. Sie sind von einer dünnen Hülle umgeben und zeigen geometrisch exakte innere Untergliederungen ähnlich den Furchungen bei befruchteten Eizellen. Wahrscheinlich handelt es sich um frühe Embryonen von wirbellosen Tieren.

Während die Interpretation dieser Fossilien allgemein akzeptiert wird, sind die jüngst in Indien in präkambrischen Sandsteinschichten entdeckten fossilen Strukturen noch stark umstritten. Adolf Seilacher hält sie für die Gänge von Würmern. Diese sollen in den Biomatten des Meeresbodens gelebt und die Sauerstoffproduktion der Cyanobakterien direkt genutzt haben. Die Entstehungszeit (990 Millionen bis 1,15 Milliarden Jahre) ist noch nicht gesichert, sie würde aber molekularbiologischen Überlegungen entsprechen, die die Entstehung der Vielzeller vor 670 Millionen bis 1 Milliarde Jahren nahe legen. Die Entfaltung der vielzelligen Tiere begann jedenfalls schon im späten Proterozoikum vor 550 bis 590 Millionen Jahren. Vor kurzem erkannte man schließlich eindeutig der Ediacara-Fauna zugehörende Fossilien in Sedimenten des untersten Kambriums in Südaustralien, und zwar zusammen mit ebenso eindeutig der kambrischen Fauna zuzuordnenden Resten. Das Ende der präkambrischen Welt war also nicht schlagartig, sondern ein gleitender Übergang.

Datierung – ein Kernproblem der modernen Geologie

Ohne es zu wissen oder gar es zu wollen, gruben Forscher der Vorstellung vom lediglich »biblischen Alter« der Erde bereits im 17. Jahrhundert buchstäblich das Grab, indem sie den schichtweisen Aufbau der oberen Erdkruste näher untersuchten. Es begann mit der plausiblen Erkenntnis, dass eine oben liegende Schicht jünger sein muss als die darunter befindliche. Die Stratigraphie entwickelte sich, und damit die Möglichkeit, die Abfolge geologischer Ereignisse

Weltweit verbreitet sind Legenden oder Mythen über eine lange zurückliegende **Sintflut**. In fast allen Sintflutlegenden aus der Neuen Welt werden Erdbeben und Vulkanausbrüche im Zusammenhang mit riesigen Überflutungen oder Flutwellen erwähnt. In Südamerika spielen auch kosmische Ereignisse, etwa ein Meteoriteneinschlag eine große Rolle. Versuche, die Sintflutmythen mithilfe von Meeresspiegelschwankungen zu erklären, scheitern daran, dass sich solche Prozesse über Jahrhunderte und Jahrtausende hinziehen. Ein gewaltiger Wirbelsturm, verbunden mit starken Niederschlägen und Sturmfluten, auch Tsunamis, scheint die einfachste Erklärung zu sein.

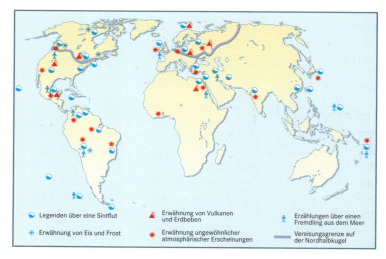

relativ zueinander zeitlich einzuordnen. Die Erkenntnis von den – an einem Menschenleben gemessen – unendlich langen Prozessen des Werdens und Vergehens von Gesteinen und die, wenn auch falschen Berechnungen über die Abkühlung der Erde führten zu der Vermutung, unser Planet müsse viele Millionen Jahre alt sein. Die Entdeckung der Radioaktivität schuf schließlich die Voraussetzung, um zu erkennen, dass er Milliarden von Jahren alt ist. Sie erlaubte es, das Alter von Gesteinen und der darin eingebetteten Fossilien absolut zu bestimmen.

Gefangen in alten Vorstellungen

Die Anfänge der Geologie als einer Wissenschaft im heutigen Sinn reichen nur bis in die Zeit der Renaissance zurück. Zwar beschäftigten sich bereits antike Gelehrte wie Herodot, Aristoteles und Eratosthenes mit Sedimentgesteinen oder Versteinerungen von Muscheln, doch erst seit der Renaissance bemühten sich Forscher wie Leonardo da Vinci, die heutige Beschaffenheit der Erde zu erklären.

Eins der wichtigsten Probleme war zunächst, die zeitliche Reihenfolge von erdgeschichtlichen Ereignissen zu ermitteln oder gar, was wesentlich schwieriger ist, das Alter von Gesteinen oder Fossilien absolut zu bestimmen. Doch nicht nur die begrenzte Verfügbarkeit geeigneter Methoden bis weit ins 19. Jahrhundert hinein verhinderte wissenschaftliche Fortschritte bei der Altersbestimmung. Vielmehr waren die Forscher jener Zeit oft genug Opfer ihrer eigenen Spekulationen und vorgefassten Meinungen.

Der Gedanke, dass die Erde eine unvorstellbar weit zurückreichende Vergangenheit hat und dass sie während dieser Zeitspanne große Veränderungen durchmachte, lag den meisten Forschern jener Zeit fern. Nach biblischer Überlieferung sollte die Erde gerade einmal einige tausend Jahre alt sein. Das Bild der belebten Welt, so wie man es sich bis ins 19. Jahrhundert ausmalte, war geprägt vom katastrophalen Großereignis der Sintflut. Sämtliche Lebewesen, die man damals kannte, verdankten demnach ihre Existenz der rettenden Arche Noah. Sämtliche Ausprägungen der Kontinente sah man als Konsequenz dieser globalen Katastrophe. Berühmt wurde der Skelettfund eines tertiären Riesensalamanders bei Öhningen am Bodensee, der 1726 von dem Schweizer Naturforscher Johann Jakob Scheuchzer irrtümlich als das Gebein eines bei der Sintflut umgekommenen Menschen gedeutet wurde (»homo diluvii testis«).

Geologische Schichten – relative Datierung

Eins der Gesetze, nach denen die Geologie sich auch heute noch richten kann, entdeckte der dänische Naturforscher und spätere Bischof Niels Stensen bereits im 17. Jahrhundert bei einem Aufenthalt in der Toskana. Nach seinem Lagerungsgesetz oder Gesetz der Superposition ist in einer ungestörten Schichtenfolge eine obere Schicht immer jünger als die darunter liegende – eigentlich eine pure physikalische Notwendigkeit. Stensen formulierte noch zwei weitere Prinzipien. Er erkannte, dass die Schichten sich bei ihrer Bildung horizon-

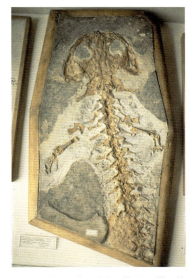

Das berühmte Fossil des **Homo diluvii testis** (der Mensch als Zeuge der Flut) im Haarlemer Naturkundemuseum, das Johann Jakob Scheuchzer 1726 entdeckt hatte. Cuvier konnte das fossile Wirbeltier als den tertiären Salamander **Andrias scheuchzeri** bestimmen.

tal abgelagert haben mussten. Dieses Prinzip gilt aus heutiger Sicht nur eingeschränkt, denn auch auf geneigten Flächen – etwa einer Düne oder in Flussdeltas – können sich Sedimente schichtweise ablagern. Heute gilt daher: Fast alle Schichten lagen bei ihrer Bildung eher flach als stark geneigt. Stensens dritte Beobachtung führte schließlich zum Prinzip der ursprünglichen lateralen Kontinuität. Der Forscher bemerkte, dass an gegenüberliegenden Seiten von Tälern häufig dieselben Gesteine auftreten. Er deutete dies als Hinweis darauf, dass beide Gesteinsformationen ursprünglich zusammenhingen.

Stensens Beobachtungen und die Folgerungen daraus fanden über ein Jahrhundert lang kaum Beachtung, doch sie enthalten bereits die gedankliche Basis für eine relative Datierung geologischer Ereignisse. Stensens Lagerungsgesetz erlaubt eindeutige Aussagen über die zeitliche Abfolge der Bildung zweier Schichten. Leider sind die Dinge nicht ganz so einfach, wie es Stensens Prinzipien nahe legen. Nur selten findet man auf der Erde ungestörte Schichtenfolgen. Geologische Prozesse wie die Erosion oder tektonische Ereignisse wie eine Plattenverschiebung, die Auffaltung von Gebirgen (Orogenese) oder das Heben und Absenken von Gesteinsschichten (Verwerfungen) bringen zwar Stensens Lagerungsgesetz nicht zu Fall, dafür aber die Schichtfolgen buchstäblich durcheinander. Geologen sprechen in diesen Fällen von Diskordanzen.

Sedimente können unmittelbar nach der Ablagerung zeit- und stellenweise durch Erosion wieder abgetragen werden, oder ihre Ablagerung wird dort durch Erosionsvorgänge verhindert. Im Gegensatz zu andern, entfernten Stellen mit vollständiger Schichtfolge liegt dann hier eine Schichtlücke vor, trotz der ungestört scheinenden Schichtfolge. Man spricht hierbei auch von einem Hiatus oder einer Erosionsdiskordanz. Die Schichtfolge stellt dann zwar immer noch ein »geologisches Tagebuch« dar, doch man kann nicht sicher sein, dass zwischendurch Eintragungen durch »Herausreißen« ganzer Blätter verloren gegangen sind.

Weitere »Manipulationen« erschweren das Lesen im Tagebuch der Schichtenabfolge: Da tektonische Ereignisse meist nur zu bestimmten Zeiten auftreten, erzeugen sie auch nur in den Gesteinen bis zu diesem Alter eine Störung. Auf schräg gestellte, ältere Schichten folgen etwa horizontal abgelagerte, jüngere Schichten. Man spricht in diesem Fall von Winkeldiskordanzen.

Manchmal erleichtern tektonische Ereignisse den Geologen die Arbeit bei der relativen Alterszuordnung von Gesteinen; beispielsweise wenn sie so genannte Leithorizonte hinterlassen. Leithorizonte stellen im geologischen Maßstab so etwas wie Zeitmarken dar. Ein Ascheniederschlag von einem großen Vulkanausbruch oder mehreren, annähernd zeitgleich stattfindenden Vulkaneruptionen lagert sich etwa über Tausende von Quadratkilometern hinweg als dünne Schicht ab. Für die vom Ascheregen erfasste Region wird ein schmales Tuffband in der Schichtenfolge zu einem einfach zu erkennenden Merkmal. Neben Vulkanausbrüchen können auch weltweite Meeresspiegelschwankungen, wie sie etwa bei Eiszeiten auftreten,

Das geologische Blockbild zeigt eine **Winkeldiskordanz** (rote Linie) über verworfenen und tektonisch verstellten (V) sowie über gefalteten Schichten (F). Im Bereich (M) ist ein Magmenkörper, ein Granitpluton aufgedrungen. Diskordanz meint allgemein die Bedeckung eines geologisch älteren Gesteins mit jüngeren Sedimenten, wobei die geneigten Schichten des älteren Gesteinskomplexes mit den horizontalen Schichten des überlagernden Sedimentgesteins einen deutlich erkennbaren Winkel bilden.

solche Zeitmarken in Form von Leithorizonten setzen. Sinkt etwa der Meeresspiegel infolge einer massiven Vereisung um hundert oder zweihundert Meter ab, verlagern sich die Ablagerungen an den Küsten seewärts. Die neu gebildeten Strandsedimente haben dann global betrachtet alle ungefähr dasselbe Alter.

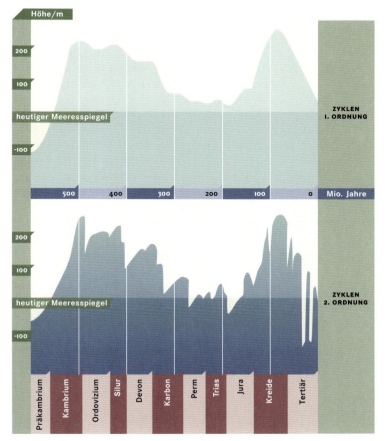

Im Lauf der Erdgeschichte gab es immer wieder **Meeresspiegelschwankungen** unterschiedlichen Ausmaßes. Man unterscheidet nach ihrer Dauer und Auswirkung Zyklen 1. Ordnung (Dauer 10^8 Jahre), Zyklen 2. Ordnung (10^7 Jahre) bis Zyklen 5. Ordnung (10^4 Jahre). Für die letzten 600 Mio. Jahre lassen sich langperiodische Schwankungen des Meeresspiegels gut nachweisen. Große Meeresspiegelschwankungen können einmal verursacht werden durch eine Klimaänderung, zum andern durch Erdkrustenbewegungen, die eine Veränderung der Ozeanbecken auslösen. Bei einer Transgression, einem Anstieg des Meeresspiegels, verschiebt sich der Sedimentationsgürtel zwischen Festland und Schelf in Richtung Kontinent, bei einer Regression, einem Abfall des Meeresspiegels, verschiebt er sich in Richtung Schelfrand.

Die Stratigraphie beschränkte sich ursprünglich darauf, geologische Schichten zu beschreiben. Allmählich wandelte sich dieser Zweig der Geologie zur Formationskunde. Allgemein definiert sie sich heute als die Erforschung von Gesteinsschichten in Raum und Zeit. Das von Stensen entdeckte Tagebuch der Erde wies aber noch lange Zeit ein entscheidendes Manko auf: Die Abfolge der »Tagebucheinträge« ordnet zwar das zeitliche Nacheinander, doch über den Zeitpunkt der Entstehung einer Schicht und über die Dauer, die deren Aufbau erforderte, lässt sich daraus nichts entnehmen. Die Tagebucheinträge sind gleichsam undatiert.

Eine neue Lesart

Der Berliner Bergrat Johann Gottlob Lehmann entwickelte gut ein Jahrhundert nach Niels Stensen die Stratigraphie zur historischen Geologie, also zur Erdgeschichte. Lehmann untersuchte die übereinander liegenden Sedimentschichten Thüringens und veröffentlichte 1756 seine Ergebnisse. Sein Buch trägt den langen, aber aufschlussreichen Titel: »Versuch einer Geschichte von Flötz-Gebürgen, betreffend deren Entstehung, Lage, darinne befindliche Metallen, Mineralien und Fossilien, größtentheils aus eigenen Wahrnehmungen, chymischen und physicalischen Versuchen, und aus denen Grundsätzen der Natur-Lehre hergeleitet«. Er eröffnete damit den modernen Weg geologisch-stratigraphischer Erkenntnisse und legte dar, dass nicht nur die Schichtabfolge selbst Informationen über geologische Abläufe preisgibt, sondern dass die in einer Schicht befindlichen Minerale, Metalle und Fossilien zusätzliche Informationen bieten.

Der englische Landvermesser William Smith erkannte als erster Praktiker, dass Gesteine gleichen Alters auch gleiche Fossilien enthalten. Heute spricht man von der Horizontbeständigkeit fossiler Arten in den Gesteinsschichten. Er entdeckte damit den Wert der in den Sedimenten enthaltenen Fossilien für die Altersbestimmung und machte dabei auf einen entscheidenden Punkt aufmerksam: Gesteine können gleich, ähnlich oder grundverschieden sein – wenn sie dieselben Fossilien enthalten, sind sie gleich alt. Smith verbreitete diese Hypothese, die sich erst viel später als zutreffend erweisen sollte, ab 1798 in Form handschriftlich kopierter Tabellen; ein von ihm verfasstes Buch mit einer Darstellung der geologischen Schichtenfolge Englands erschien zwanzig Jahre später. Smith wurde so zum Vater der Biostratigraphie.

Im Jahr 1835 veröffentlichten der britische Geologe Roderick Impey Murchison und der britische Zoologe Adam Sedgwick im Licht der Smith'schen Hypothese eine Arbeit, in der sie behaupteten, die bislang ältesten fossilhaltigen Formationen gefunden zu haben. Sie gaben ihnen den Namen »Silur« (bezeichnet nach den Silurern, einem keltischen Volksstamm in der englischen Grafschaft Shropshire) und »Cambrium« (in Anlehnung an den lateinischen Namen für Wales, »Cambria«). Die Unterscheidung beruhte im Wesentlichen darauf, dass die unteren, die »kambrischen« Schichten weniger Fossilien enthielten als die oberen, die »silurischen« Schichten.

Sedgwick hatte übrigens Jahre zuvor in Wales ältere fossilführende Schichten untersucht. Dabei assistierte ihm ein gewisser Charles Darwin, der dann 1831 zu seiner berühmten Reise um die Welt mit dem Forschungs- und Vermessungsschiff »Beagle« aufbrechen sollte. Leider gelang es Sedgwick damals nicht, eine von der silurischen Fossilfauna deutlich unterscheidbare kambrische Fauna nachzuweisen. Über Jahrzehnte hinweg blieb die Abgrenzung zwischen dem »Cambrium« und dem darüber liegenden »Silur« vage, und Murchison bezweifelte gar, dass es gerechtfertigt sei, von zwei unterschiedlichen Perioden zu sprechen.

Licht in die Angelegenheit brachte der schottische Lehrer Charles Lapworth. Aufgrund seiner Untersuchungen forderte er 1879 gar eine Dreiteilung der Perioden. Seine Fossilienfunde sprachen dafür, das Kambrium als älteste Fossilien tragende Schicht von der unteren,

VERSCHIEDENE METHODEN IN DIE EWIGKEIT EINZUGEHEN

Mineralien vergesellschaften sich offenbar besonders leicht mit Überresten abgestorbener Organismen. Solchen Mineralisationen verdankt die Paläontologie die für ihre Arbeit so wichtigen »Zeitzeugen«, die Fossilien.

Die Abbildung zeigt eine schematische Darstellung der Fossilisation am Beispiel einer Muschel (nach Erich Thenius). An der Luft kommt es zur völligen Zerstörung durch chemisch-biologische und mechanische Prozesse, im Sediment kann es zur Konservierung und Bildung einer echten Versteinerung kommen, im tieferen Gestein können starker Druck und Hitze eine völlige Zerstörung bewirken.

Am wertvollsten sind Fossilfunde, die zwar durchgängig mineralisiert sind, aber deren Zellstruktur erhalten geblieben ist. Im Englischen spricht man von »permineralized fossils«; deutschsprachige Geologen fanden dafür das Wort »Intuskrustation«. Tatsächlich können ursprünglich im Grundwasser liegende Pflanzenteile gelöste Mineralien durch alle Zellwände wie ein feines Sieb hindurchlassen, sodass sie bis in die feinste organische Struktur hinein mineralisiert werden. Dünn- und Anschliffe solcher Intuskrustationen zeigen dann Holzstrukturen oder Strukturen von Ur-Landpflanzen des Devons, ganz so, als hätten diese Pflanzen noch vor kurzem gelebt.

Beispielsweise fand man im Rhynie-Hornstein der schottischen Grafschaft Aberdeenshire silizifizierte, also verkieselte Ur-Landpflanzen, bei denen auch die feinsten Strukturen noch zu erkennen sind. Weniger gut verkieselte Hölzer kennt man vom Kyffhäuser, aus Arizona und andern Gegenden der Welt, etwa die Feuersteinfossilien der Ostseeküste. Damit gibt es also mehrere Möglichkeiten, wie ein ursprünglich organisches Fossil zu einem Feuerstein oder Chalcedon (Quarz) werden kann. In Feuersteinfeldern findet man beispielsweise Seeigel, Armfüßer und Korallen aus der späten Kreide, aber niemals verkieseltes Holz. Das deutet darauf hin, dass Kieselsäure in marinen Ablagerungen bevorzugt kalkige Fossilien verkieselte. Dies nahm sicherlich viel Zeit in Anspruch, sodass feine pflanzliche Strukturen längst zerstört waren.

Anders verlief die Verkieselung vieler Baumstämme. In einem warmen Wechselklima, wie es etwa an den Wendekreisen herrscht, wechseln Trocken- und Regenzeiten miteinander ab. Dabei zerfallen die Feldspäte in Tonminerale, wobei Kieselsäure in Lösung geht. Unter solchen Bedingungen verkieselte zwar der robuste, holzige Stamm, nicht aber dessen Äste und Blätter.

Die dritte Form der Verkieselung war mit dem rhyolitischen Vulkanismus verbunden. Diesen Vulkanismus gibt es zum Beispiel auf der süditalienischen Insel Lipari und, verbunden mit heißen Wässern, im Norden Islands sowie in Neuseeland (Rotorua, Waiotapu). Im Kieselsinter werden bei Temperaturen von 90 bis 100°C feinste pflanzliche Strukturen gewissermaßen wie beim Einwecken konserviert.

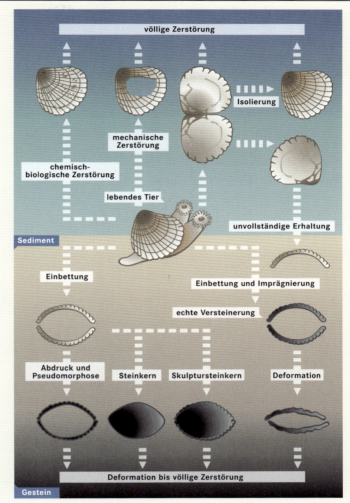

älteren Hälfte des »Silurs« und diese wiederum von der oberen, jüngeren – der tatsächlichen silurischen – Schicht abzutrennen. Er gab der neuen Schicht den Namen »Ordovicium« – ebenfalls in Anlehnung an einen keltischen Volksstamm in Wales. Lapworth lag mit seiner Analyse völlig richtig, auch wenn erst aussagekräftigere Fossilfunde in den präsilurischen Schichten von Böhmen, Schweden und Russland (Sankt Petersburg) seine zeitliche Gliederung, die bis heute gilt, stützten.

Biologische Zeitmarken – Leitfossilien

Ein weiterer Wegbereiter der modernen Geologie ist Albert Oppel. Er präzisierte die biostratigraphische Arbeitsmethode durch den Begriff der »Zone« und verband ihn mit dem von Leopold von Buch geprägten Begriff der »Leitfossilien«. Beide Begriffe implizieren bereits evolutionsbiologisches Denken und entstanden just zu der Zeit, als Darwin 1859 die »Entstehung der Arten« publizierte. Oppel beschäftigte sich mit Jura-Formationen, also Gesteinen, die mehrere hundert Millionen Jahre später als die kambrischen oder silurischen Gesteine entstanden waren. Aufgrund der in diesen Gesteinen gefundenen Fossilien gliederte er den Jura in 32 Zonen. Auch für ihn diente als Kriterium, wie für William Smith und dessen Zeitgenossen, eine für jede Zone charakteristische Fauna. Doch er ging weiter. Dort, wo er erstmals auf eine bestimmte Art traf, begann für ihn eine neue Zone. Den Wechsel zur nächsten Zone markierte das Auftreten einer neuen Art, und so weiter. Oppel rechtfertigte so die Einteilung des Jura in 32 Zonen durch die Abfolge von unterschiedlichen Ammoniten-Arten.

Da in jeder Zone viele Arten zu finden sind, stellt sich das Problem der Auswahl. Oppel löste das Problem pragmatisch und klug zugleich. Er suchte nach Arten, die häufig und möglichst weit verbreitet waren, was freilich nur bei marinen Tieren zu erwarten war. Dies stellte sicher, dass sich Sedimentuntersuchungen über weite Gebiete hinweg zeitlich parallelisieren lassen. Außerdem sollten die Fossilien plötzlich und nicht »zu lange« auftreten, damit die Zonen scharf abgrenzbar bleiben und einen möglichst kurzen Zeitraum umfassen. Um Fehlinterpretationen zu vermeiden, sollten sie zudem möglichst zweifelsfrei und leicht zu identifizieren sein; alle diese Kriterien sind mit dem Begriff Leitfossilien verbunden. Ökologisch gesprochen – und ohne das zu wissen – suchte Oppel nach »Pionierarten«: Arten, die nach einem Umbruch ihre Chance zur Ausbreitung nutzen, aber bald von besser angepassten Arten abgelöst werden. Oppel definierte mit den Leitfossilien so etwas wie das biologische Pendant zu den Leithorizonten, nämlich zuverlässige Zeitmarken.

Absolute Datierung

All diese Fortschritte können dennoch nicht darüber hinwegtäuschen: Im 19. Jahrhundert hatten die Geologen keine Chance, das absolute Alter der untersuchten Gesteinsformationen und der in ihnen eingeschlossenen Fossilien zu ermitteln. Einen ersten Versuch, zu absoluten Altersangaben zu kommen, machte der britische Physiker Lord Kelvin. Er stellte von 1865 an verschiedene Berechnungen über die Erdwärme und die Schnelligkeit der Abkühlung an, um so das Alter der Erde zu bestimmen. Kelvin nutzte die Beobachtung, dass die Temperatur in einem Bergwerkstollen mit zunehmender Tiefe zunimmt. Er interpretierte diesen Effekt als Abstrahlung einer Restwärme im Erdinnern, die noch aus der Zeit der Erdentstehung stammen musste. Er ging davon aus, dass sich die Erde seit ihrer Entstehung mit einer konstanten Rate abkühlt. Auf diese Weise bestimmte er das Alter der Erde zu höchstens 40, wahrscheinlich jedoch nur 20 Millionen Jahren.

Viele Geologen bezweifelten Kelvins Altersangabe. Sein Landsmann James Hutton etwa konnte Kelvin zwar keine andern Berechnungen entgegenhalten, doch all das Wissen über geologische Prozesse, das er und viele andere Geologen aus den stratigraphischen Untersuchungen gewonnen hatten, sprach dafür, dass die Erde erheblich älter war – man schätzte ihr Alter überschlagsmäßig auf mehrere Hundert Millionen Jahre. Der Streit zwischen den Physikern um Kelvin und den Geologen um Hutton ließ sich indes nicht entscheiden.

Kelvins Ansatz zur Altersbestimmung der Erde sollte sich als richtig erweisen, obwohl seine Berechnungen falsch waren. Das erkannten Geologen sehr rasch, nachdem der französische Physiker Antoine Henri Becquerel das natürlich vorkommende radioaktive Element Uran entdeckt hatte. Becquerel konnte messen, dass Uran einem spontanen radioaktiven Zerfall unterliegt und dass es dabei Wärme abgibt. Schon bald wurden in Gesteinen weitere radioaktive Elemente entdeckt, sodass klar wurde, weshalb Kelvins Altersberechnung falsch sein musste. Die Erde verfügt nicht nur über die Restwärme ihrer »heißen« Anfangsphase, sondern sie beherbergt gewissermaßen einen Atomreaktor in ihrem Innern, der bis heute ständig Wärme freisetzt. Wir wissen inzwischen, dass diese Zerfallswärme einen gleich hohen Wärmebetrag liefert wie die Restwärme des heißen Erdkerns.

In einer andern Hinsicht jedoch gab Kelvin mit seinen Überlegungen einen Denkanstoß für die aktuelle Klimaforschung. Nach seiner damaligen Auffassung nämlich ließe sich die Erdgeschichte in zwei Epochen teilen. Die erste Epoche, bis zum Ende des Mesozoikums, wäre die der langsamen Abkühlung des Planeten, während der das Klima von der aus der Tiefe kommenden Erdwärme bestimmt war. Das hatte zur Folge, dass das Klima überall wärmer und gleichmäßiger war. Die zweite Epoche, das Känozoikum, wäre dann die Zeit der Dominanz der Sonneneinstrahlung, wobei sich die beiden Polargebiete als kältere Regionen herausdifferenzierten.

In der Tat zeigt die heutige Klimaforschung, dass frühere Vereisungen immer einseitig, das heißt auf eine Hemisphäre beschränkt waren und dass die gleichzeitige Vereisung beider Polkappen ein Sonderfall ist, der sich seit der Kreide/Tertiär-Grenze (K/T-Grenze) entwickelte. Diese Klimatatsache könnte beim Aussterben der Dinosaurier eine noch zu erforschende Rolle gespielt haben.

Die wohl präziseste, wenn auch aus heutiger Sicht absurde **Altersbestimmung der Erde** legte der frühere Erzbischof von Armagh und Primas von Irland James Usher zwischen 1650 und 1654 in seinen »Annalen« vor. Er datierte die Erschaffung der Erde aufgrund der in der Bibel beschriebenen Ereignisse exakt auf das Jahr 4004 vor Christus. Der Gedanke einer sehr langsamen Entwicklung der Erde anstelle eines einzigen Schöpfungsakts gewann erst für Naturforscher und Philosophen der Aufklärung an Bedeutung. 1749 legte der französische Naturforscher Graf von Buffon eine Berechnung vor, nach der die Erde 70 000 Jahre alt sein sollte. In seinen unveröffentlichten Notizen notierte er gar ein Alter von 500 000 Jahren. Sein Zeitgenosse Immanuel Kant gab das Alter der Erde in seiner »Allgemeinen Naturgeschichte und Theorie des Himmels« mit mehreren, vielleicht sogar Hunderten von Millionen Jahren an.

Atomare Uhren im Gestein

Die Entdeckung der natürlichen Radioaktivität entschied den Streit um das Alter der Erde zunächst zugunsten der Geologen. Nach heutigem Wissen ist die Erde sogar noch älter, als Hutton vermutete, nämlich 4,6 Milliarden Jahre.

Der Geologie bescherte die Entdeckung des Zerfalls der radioaktiven Elemente die Möglichkeit, das Alter eines Gesteins oder eines Fossils absolut zu bestimmen. Man nennt diese Methode die radiometrische Altersbestimmung. Sie basiert auf folgendem Prinzip: Von den meisten Elementen gibt es mehrere Isotope. Einige von ihnen sind instabil – sie unterliegen dem radioaktiven Zerfall. Sie senden entweder Alphateilchen – je zwei Protonen und zwei Neutronen – oder Betateilchen – Elektronen – aus. Beim Verlust eines Betateilchens geht ein Neutron im Atomkern in ein Proton über – die Kernladungszahl steigt um eins, es entsteht ein neues Element. Fängt umgekehrt ein Atom ein Elektron ein, so wandelt sich ein Proton im Kern zu einem Neutron um – wieder entsteht ein neues Element mit einer um eins verringerten Ordnungszahl.

Man bezeichnet radioaktive, also instabile Isotope eines Elements als Mutter-Isotope, die entstehenden Zerfallsprodukte dementsprechend als Tochter-Isotope. Ist nun die Zerfallsrate eines Isotops bekannt, dann lässt sich aus dem mengenmäßigen Verhältnis von Mutter- zu Tochterisotopen eines Elements das Alter einer Gesteins- oder Fossilienprobe bestimmen. Eine Kenngröße für die Zerfallsrate ist die Halbwertszeit. Sie gibt an, nach welcher Zeit die Hälfte des ursprünglich vorhandenen Mutter-Isotops zerfallen ist. Einige Isotope weisen Halbwertszeiten von Tausende von Jahren bis zu mehrere Milliarden Jahre auf. Auf sie greifen Geologen bei der radiometrischen Altersbestimmung zurück. Die kurzlebigeren Isotope wie Kohlenstoff 14 (Halbwertszeit 5730 Jahre) eignen sich für jüngere Proben; die langlebigsten Isotope wie etwa Rubidium 87 (Halbwertszeit 48,6 Milliarden Jahre) eignen sich auch für die ältesten Proben.

Die Gliederung der Erdgeschichte in der **geologischen Zeitskala** beruht vor allem auf der Entwicklung des tierischen Lebens. Im Gegensatz zum Präkambrium, das man wegen der wenigen, meist schlecht erhaltenen Lebensspuren auch Kryptozoikum, d. h. Zeit des »verborgenen Lebens«, nennt, bezeichnet man die gesamte übrige Erdgeschichte, vom Kambrium bis heute, als Phanerozoikum, d. h. die Zeit des »sichtbaren Lebens«. Das auf das Präkambrium folgende Erdaltertum oder **Paläozoikum** umfasst die Systeme Kambrium, Ordovizium, Silur, Devon, Karbon und Perm. Das Erdmittelalter oder **Mesozoikum** besteht aus Trias, Jura und Kreide. Tertiär und Quartär bilden die **Känozoikum**. Die Grenze zwischen beiden ist durch eine farbige Linie markiert. Die Entwicklung der Pflanzenwelt ist etwas anders gegliedert. Das Eophytikum, die Zeit vor der Besiedlung des Festlands, ist durch die Algen bestimmt. Das anschließende Paläophytikum ist durch das Vorherrschen der Farnpflanzen und Schachtelhalmgewächse charakterisiert; es beginnt mit dem ersten Auftreten der Nacktpflanzen und endet mit dem Zurücktreten der Sporenpflanzen gegenüber den Nacktsamern. Diese kennzeichnen das Mesophytikum; es reicht vom Oberperm bis zur oberen Unterkreide. Im anschließenden Känophytikum, der Angiospermenzeit, entwickelten sich die Bedecktsamer.

PALÄOZOIKUM

Mio. Jahre	Serie	System
260,5	Oberperm	
273	Mittelperm	PERM
296	Unterperm	
320	Oberkarbon	KARBON
354	Unterkarbon	
375	Oberdevon	
392	Mitteldevon	DEVON
417	Unterdevon	
423	Obersilur	SILUR
443	Untersilur	
458	Oberordovizium	
470	Mittelordovizium	ORDOVIZIUM
495	Unterordovizium	
545		KAMBRIUM

Gerade das letztgenannte Isotop ist für die Datierung von Gesteinen, die älter als 100 Millionen Jahre sind, besonders brauchbar. Es zerfällt zu Strontium 87, man spricht daher von der Rubidium-Strontium-Methode. Rubidium hat den Vorteil, dass es in vielen magmatischen und metamorphen Gesteinen sowie als Spurenelement auch in Sedimentgesteinen auftritt. Weitere für die radiometrische Altersbestimmung wichtige Elemente sind Uran 235, Uran 238 sowie Thorium 232, die zu verschiedenen Blei-Isotopen zerfallen.

Wohl am bekanntesten ist die Radiocarbon-Methode, auch C14-Methode genannt. Sie basiert auf der Messung des Isotopenverhältnisses von Kohlenstoff 14 (C14) zu Kohlenstoff 12 (C12). Aufgrund der relativ kurzen Halbwertszeit von Kohlenstoff 14 eignet sich die Radiocarbon-Methode nur für Proben, die jünger als 70 000 Jahre sind. Kohlenstoff 14 entsteht in geringen Mengen in der oberen Erdatmosphäre. Pflanzen bauen es bei der Photosynthese ebenso ein wie das stabile Isotop Kohlenstoff 12. Stirbt nun die Pflanze – etwa ein Baum – ab, endet die Aufnahme von Kohlenstoff, das radioaktive Isotop Kohlenstoff 14 zerfällt fortan mit der bekannten Rate. Je älter eine Probe ist, desto geringer ist daher ihr relativer Gehalt an Kohlenstoff 14.

Fossilien versus Isotope

Auch wenn die Halbwertszeiten konstant sind, liefert die radiometrische Altersbestimmung oft nur ungefähre Altersangaben, etwa wegen unvermeidbarer Messfehler. Beispielsweise lassen sich bei magmatischen Gesteinen oft nur Zeiträume angeben. Das Alter einer Schicht wird dann mit einer Schwankungsbreite für das Höchst- und das Mindestalter angegeben.

Bei der Altersbestimmung sticht daher die radiometrische Methode die Bestimmung anhand von Fossilien, die man einer Biozone zuordnen kann, durchaus nicht immer aus. Vielmehr ergänzt die absolute Altersbestimmung mit physikalischen Mitteln die relative Datierung anhand von Fossilien, indem sie Zeitangaben in Jahren erlaubt. Leider ist die Schwankungsbreite solcher Angaben, das heißt ihr Messfehler, immer noch größer als die Dauer einer Biozone.

Die Angabe von Erdzeitaltern in Jahren ist auch aus andern Gründen problematisch. Als Geologen etwa die Tageszuwachsringe silurischer und devonischer Einzelkorallen zählten, stellten sie fest, dass ein Jahr im frühen Devon 405 Tage hatte; ein kambrisches Jahr gar 425 Tage. Da das Jahr aber immer gleich lang war, muss in früheren Zeiten die Tageslänge kürzer gewesen sein. Wenn Geologen heute ein geologisches Alter in Jahren angeben, beziehen sie diese Angabe auf das gegenwärtige mittlere Sonnenjahr.

Somit ergänzten und ergänzen sich Biostratigraphie, Lithostratigraphie und Geochronologie. Letztere beschreibt das erdgeschichtlich-geotektonische Geschehen, die Großgliederung der Erdgeschichte durch gebirgsbildende Vorgänge. Das Ergebnis aller Methoden und Forschungsrichtungen ist die Synthese in der geologischen Zeitskala.

KÄNOZOIKUM		MESOZOIKUM	
Mio. Jahre	Serie	System	
0,01	Holozän	QUARTÄR	
1,8	Pleistozän		
5,3	Pliozän		
23,8	Miozän	TERTIÄR	
33,7	Oligozän		
54,8	Eozän		
65	Paleozän		
98,9	Oberkreide	KREIDE	
144,2	Unterkreide		
159,4	Oberjura (Malm)	JURA	
180,1	Mitteljura (Dogger)		
205,7	Unterjura (Lias)		
227	Obertrias	TRIAS	
241	Mitteltrias		
251	Untertrias		

Die Lebenswelt im Kambrium

Waren vielzellige weichkörprige Tiere kennzeichnend für die letzten 80 Millionen Jahre des Präkambriums, so treten im Kambrium selbst – von wenigen Ausnahmen abgesehen – erstmals Vielzeller mit Hartschalen und Außenskelett auf. Das ausschließlich marine Leben erreichte mit der Kambrischen Explosion eine erste Blütezeit. Deren häufigste Vertreter sind die Trilobiten. Während des Kambriums entstanden bis auf wenige Ausnahmen alle späteren Tierstämme. Dennoch ist die phylogenetische Zuordnung vieler kambrischer Lebewesen außerordentlich schwierig. Bereits diese erste, fossil überlieferte Blütezeit des Lebens auf der Erde macht deutlich, auf welch verschlungenen, schwer nachvollziehbaren Pfaden sich die Evolution des Lebens abgespielt hat.

Die Bedeutung der Außenskelette

Zu Beginn des Kambriums entwickelten die vielzelligen Tiere die Fähigkeit, ihre Körperdecke ganz oder teilweise zu verfestigen, indem sie Körperhüllen durch das Ausscheiden organischer Substanzen formten. Die Gliederfüßer (Arthropoden) bildeten einen äußeren Panzer aus Chitin; die Armfüßer (Brachiopoden) entwickelten Schalen oder Gehäuse aus hornähnlichen Substanzen. Diese waren indes noch keine harten, voll mineralisierten Kalkschalen. Allenfalls waren darin winzige Calciumphosphat-Kristalle eingelagert.

Erst in der zweiten Hälfte des Kambriums gelang es den Organismen, unter der organisch gebildeten Decklamelle mineralisches Calciumcarbonat auszuscheiden und damit kräftige, widerstandsfähige Schalen und Gehäuse zu bauen. In der darauf folgenden Periode, dem Ordovizium, nehmen dann die Gattungen und Arten dieser wirbellosen Tiere mit kalkigem Außenskelett zu.

Die »Erfindung« schützender Außenskelette benötigte also zigmillionen Jahre, ein äußerst langsamer Prozess. Dafür kann es mehrere Gründe geben. Entweder war die Entwicklung solcher Strukturen ein evolutionär sehr schwieriger Prozess, oder die Arten hatten zunächst noch wenig Nutzen vom Aufbau derartig aufwendiger Strukturen, weil sie zunächst noch wenig Fressfeinde zu fürchten hatten. Diesem Umstand verdankt sicherlich auch die Ediacara-Fauna, dass sie fossil erhalten geblieben ist. Der Vorteil von Panzern, Schalen und Gehäusen bestand vielleicht zunächst nur darin, dass sie den weichen Körper im bewegten Meerwasser vor Beschädigungen schützten. Erst im weiteren Verlauf der Evolution sollte sich die genetisch fixierte Fähigkeit zur Biomineralisation als ein wertvoller Schutz vor Feinden erweisen.

Einer der frühesten Vertreter, bei dem sich Kalkskelette andeuten, ist der Stamm der Urbecher (Archaeocyathiden). Geologen fanden ihre kalkschaligen Bauten in frühen kambrischen Schichten. Die Tiere besaßen ein konisches, auf der Gehäusespitze stehendes, doppelwandiges Kalkskelett. Die Gehäuse messen wenige Zentimeter in

Die zu den Schwämmen oder auch zu den Korallen gerechneten **Urbecher** (Archaeocyathiden) aus dem Unterkambrium waren Vorreiter auf dem Weg zur Entwicklung eines harten Außenskeletts. Die bis zu 15 cm langen Tiere lebten einzeln oder in Kolonien (Riffbildner). Sie filterten mithilfe ihres löchrigen porösen Skeletts die Nahrung aus dem Wasser.

Durchmesser und Höhe. Die Urbecher entwickelten sich zu jener Zeit sehr formenreich in allen wärmeren Flachmeeren der Welt. Sie waren während dieser Periode die wichtigsten Riffbildner, doch starben sie bereits im mittleren Kambrium aus.

Man ordnete diese frühen festsitzenden marinen Tiere teils den Schwämmen, teils den Korallen zu. Doch ihre evolutionäre Stellung bleibt zweifelhaft. Denn einerseits fehlen ihnen die für Schwämme charakteristischen »Schwammnadeln«, andererseits die für Korallen typischen Scheidewände in der Spitze. Möglicherweise stellen die Urbecher daher eine Entwicklungslinie dar, die sich an die Ediacara-

KONVERGENZEN – GLEICH ODER ÄHNLICH

Gleich, gleichartig, ähnlich; ähnlich aufgrund gleicher Funktion oder ähnlich aufgrund gleicher Abstammung – mit solchen Differenzierungen nahm man es früher nicht so genau. Die Erforscher der Lebewesen klassifizierten zuerst nach der Funktion, weil sie diese Gesetzmäßigkeit als die ihnen wichtigste ansahen: Beine waren Beine bei Wirbeltieren, bei Insekten und bei Spinnen; Schwanzflosse war Schwanzflosse bei Fischen und beim Wal; Flügel war Flügel beim Vogel, bei Insekten und bei der Fledermaus. Lange Zeit bestimmte die Funktion den Begriff. Als man vor 200 Jahren begann, die Gestalten der Organismen genauer zu erforschen, stieß man an die Grenzen der bisher benutzten Begriffe. Man bemerkte die Unterschiede zwischen dem Vogelflügel, dem Insektenflügel und der Flughaut der Fledermaus. So schärfte sich der bisher gebrauchte Begriff der gleichartigen Ähnlichkeit, man sprach nun von einer analogen Ähnlichkeit.

Theophrast differenzierte in seiner »Naturgeschichte der Gewächse« zwischen »analogos« und »omoios«, doch ging diese Ahnung eines grundsätzlichen Unterschieds für 2000 Jahre verloren, bis sie der englische Paläontologe Richard Owen 1848 in seinen Begriffen analog und homolog wieder benannte. Seitdem spricht man von analogen Ähnlichkeiten, wenn es sich um entwicklungsgeschichtlich nachweisbare, also herkunftsmäßig grundverschiedene Organe oder Merkmale handelt, die im Dienst einer gleichartigen Funktion so ähnlich geworden sind, dass sie uns gleichartig erscheinen, z. B. die Schwanzflosse der Wale und der Knochenfische. Man spricht von homologen Organen, wenn solche vielleicht ähnlich oder auch völlig unähnlich geworden sind, aber von gleicher Herkunft sind, z. B. die Schwanzflosse des Wals und die Hinterbeine einer Kuh.

Analogie bedeutet strukturelle Ähnlichkeit, bedingt durch die gleiche Funktion. Homolog hingegen sind Strukturen gemeinsamer phylogenetischer Herkunft.

Eine wichtige evolutionsbiologische Erkenntnis besteht in dem Satz: »Gleichartige Strukturen sprechen nicht notwendigerweise für eine Verwandtschaft.« So sind etwa Flughäute bei Gleitfliegern im Lauf der Evolution in völlig unverwandten Gruppen mehrmals unabhängig voneinander entstanden. Die Zeichnung zeigt die Ausbildung der Flughäute bei (a) Flugfisch (Exocoetus), (b) Flugfrosch (Ruderfrosch im engeren Sinn, (c) Flugdrachen (Draco), (d) Gleithörnchen. In solchen Fällen spricht man von Konvergenz.

Eine Konvergenz darf keinesfalls als Hinweis auf eine verwandtschaftliche Beziehung der betreffenden Arten gewertet werden. Sie stellt vielmehr sehr häufig die »Anpassungsantwort« von Lebewesen dar, die denselben Lebensraum miteinander teilen, also ähnlichen Selektionsdrücken ausgesetzt sind. Konvergenzen sind so auch als parallel verlaufende, erbbedingte Reaktionen von Arten in etwa gleicher oder ähnlicher Richtung bei entsprechender Umwelt zu bewerten. In ihnen wird mosaikartig der Teil sichtbar, der auf Homologes hinweist. Überall wo es Leben gibt, gibt es Konvergenzen.

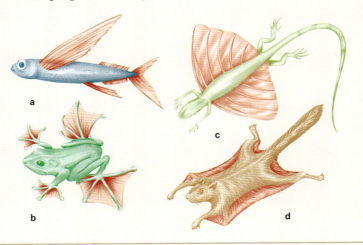

Fauna anschloss und stoppte, bevor sich die Schwämme (Parazoa) entwickelten. Ihre Ähnlichkeit mit den Korallen (Eumetazoa) – diese entwickelten sich erst ab dem Ordovizium – wäre dann lediglich ein frühes Beispiel für eine konvergente Entwicklung. In der präkambrischen, ediacara-artigen Fauna Namibias fand man ebenfalls Archaeocyathus-Exemplare, was wiederum auf eine Vendozoa-Verwandtschaft der Urbecher deuten könnte.

In der frühesten kambrischen Tommotian-Fauna im sibirischen Jakutien entdeckte man neben Archaeocyathus-Kalkschalen ausschließlich kleinere, nur millimetergroße Schalen, die sich bisher noch gar keiner Tiergruppe zuordnen lassen. Vielleicht handelt es sich bei den dort beschriebenen fossilen Schalen und Röhren um Fragmente von noch unvollständig bedeckten Tieren, die gänzlich unbekannt sind.

Trilobiten prägen das Kambrium

Die häufigsten, geologisch wichtigsten und zoologisch interessantesten Tiere des Kambriums, die fossil erhalten sind, stellen die Trilobiten dar, die man früher, allerdings verballhornend, als »Dreilappkrebse« bezeichnete. Trilobiten fand man ausschließlich in Sedimenten flacher Meere. Rund 6000 Trilobiten-Arten haben Paläontologen inzwischen identifiziert. Ihre kambrischen Vertreter machen 60 Prozent aller beschriebenen fossilen Tierarten dieser Periode aus. Sicher waren diese Arthropoden neben den Armfüßern (etwa 30 %) und den Urbechern (etwa 5 %) der weitaus artenreichste und bezüglich der Individuenzahl vorherrschende Tierstamm der kambrischen Zeit. Da viele Trilobiten-Arten weniger als eine Million Jahre existierten und die Arten leicht zu bestimmen sind, gelten sie als wichtige Leitfossilien des Kambriums.

Bereits im frühen Kambrium tauchen einige Trilobiten-Gattungen auf; im späten Kambrium erreicht diese Gruppe ihren Höhepunkt an Vielfalt, danach nimmt ihre Präsenz ab. Nach einer zweiten, weniger bedeutenden Blütezeit im frühen Devon verschwinden die letzten Vertreter schließlich im späten Perm vor etwa 255 Millionen Jahren.

Zu Anfang unseres Jahrhunderts ordnete man die Trilobiten, nachdem man den Aufbau ihrer Spaltfüße untersucht hatte, zuerst den Krebsen, dann den Spinnen zu. Ihre Einordnung bleibt bis heute problematisch. Sie stellen zweifellos den Anfang einer wichtigen Entwicklung im Tierreich dar, doch in die taxonomischen Kategorien der späteren tierischen Entwicklungslinien scheinen sie nicht so recht zu passen.

Die Trilobiten besaßen einen harten Chitin-Panzer, der sie äußerlich ganz umkleidete. Beim Heranwachsen mussten die Tiere ihren Panzer viele Male abstreifen, um einen neuen, größeren zu bilden. Das Chitin ihres Panzers war nämlich mit Calciumphosphat gehärtet und daher starr. Die allermeisten Fossilfunde von Trilobiten sind also lediglich die abgeworfenen Panzer dieser Arthropoden.

Trilobiten zählen zu den wichtigsten Leitfossilien des Kambriums, auch im Ordovizium waren sie noch zahlreich vertreten. Das Foto zeigt mit Modocia typicalis Martum ein schönes fossiles Exemplar aus kambrischen Schichten in Utah, die Zeichnung stellt einen Vertreter der Gattung Paradoxides dar. Diese Trilobiten wurden besonders groß.

Die Bildung eines Panzers stellte zweifellos den größten Entwicklungsschritt der Trilobiten dar. Die Tiere besaßen keine differenzierten Kauapparate. Wahrscheinlich konnten sie nur kleinste Nahrungspartikel vom flachen Meeresboden aufnehmen, auf dem sie sich kriechend oder schwimmend fortbewegten. Fossile Kratz- und Bohrspuren, an denen sich Trilobiten-Fortsätze erkennen lassen, sprechen dafür, dass sie sich beim Fressen auch in den Sedimentschlamm eingraben konnten.

Während des Kambriums kannten Trilobiten sehr wahrscheinlich keine Feinde; sie wären sonst auch jedes Mal beim Abwerfen ihres Panzers einem Feind schutzlos ausgeliefert gewesen. Sie verfügten weder über Scheren noch über kräftige Kiefer und waren zudem eher schlechte Schwimmer. Den Feinden der nachkambrischen Zeit konnten sie nur entgehen, indem sie passiv Schutz suchten und ihren eingerollten Körper im Sediment eingruben. Nur eine Gruppe unter den Trilobiten, die Phacopiden, entwickelte in der Zeit vom Ordovizium bis zum Devon differenzierte Mundwerkzeuge. Mit ihnen schützten sie sich vielleicht vor Feinden wie den Eurypteriden, den Seeskorpionen. In dieser Arthropoden-Gruppe befinden sich mit einer Körperlänge von mehr als 1,80 m die größten, je bekannt gewordenen Gliederfüßer. Eurypteriden waren nicht nur für Trilobiten gefährliche Feinde, auch die damaligen Wirbeltiere sowie die räuberisch lebenden Kopffüßer (Cephalopoden) und Fischartigen der nachkambrischen Zeiten mussten sich vor ihnen in Acht nehmen.

Vielleicht wurden die ordovizischen Phacopiden nun ihrerseits zu Räubern, die kleine, weichhäutige Lebewesen erbeuteten. Sie verfügten über zwei große Facettenaugen, mit entweder nur wenigen oder auch bis zu 15 000 Facetten als Sehfläche. Die Augen standen meist auf erhöhten Hügeln. Sogar viele Millimeter lange »Stielaugen« haben einige Trilobiten entwickelt. Allerdings gibt es auch völlig augenlose Arten (sie lebten wohl im Schlamm) – auch dies ein Beleg für die Vielfalt dieser faszinierenden kambrischen Gliederfüßer.

Der Glücksfall Burgess-Schiefer

Neben den gepanzerten Trilobiten lebten im Kambrium auch »weiche«, schalenlose Arthropoden und andere Tiergruppen. Sie werden in der englischsprachigen Fachliteratur als »soft-bodied animals« bezeichnet. Dabei handelt es sich nicht, oder nur zu einem kleinen Teil, um die Vorfahren der später auftretenden Weichtiere oder Mollusken.

Von schalenlosen Tieren fossile Überreste zu finden, passiert noch seltener als ein Sechser im Lotto. Einer dieser seltenen Glücksfälle ereignete sich 1909 am Burgess-Pass in den kanadischen Rocky Mountains. Hier, in der kanadischen Provinz British Columbia, und später im US-Bundesstaat Utah, stießen Paläontologen in Schiefersedimenten auf eine Vielzahl von mittelkambrischen Tierfossilien. Die Funde im Burgess-Schiefer umfassen viele Arten von Gliederfüßern; allein von dieser Gruppe konnte man rund 30 Gattungen aus-

---

Rein zufällig stieß der Sekretär der amerikanischen Smithsonian Institution, der Geologe Charles Doolittle Walcott im Herbst des Jahres 1909 auf die Fossilien des **Burgess-Schiefers.** Walcott, ein Experte für kambrische Fossilien, ritt am Burgess-Pass entlang, als sein Pferd über einen Schieferblock stolperte. Walcott bemerkte an dem Block ein ausgesprochen gut erhaltenes Fossil. Er untersuchte den Block, das Fossil und die Umgebung genauer. Dabei entdeckte er, dass der Block von einer rund zwei Meter mächtigen Schicht oberhalb des Pfads herausgebrochen war. Walcott trug eine größere Zahl von Fossilien zusammen und nahm sie mit nach Washington. In der Folgezeit kehrte er jeden Sommer, bis 1917, zurück und brachte schließlich eine Sammlung von über 67 000 Fossilien zustande. Wegen anderer Arbeiten kam er jedoch nicht zur Auswertung. Diese setzte erst seit 1966 mit dem britischen Paläontologen Harry B. Whittington und seinen Schülern ein. Sie haben fast die gesamte Fossilien führende Schicht des Burgess-Schiefers abgetragen und in mühseliger Kleinarbeit die Wunderwelt der Organismen entschlüsselt.

machen. An Borstenwürmern fand man Arten aus sechs Familien, die alle bis heute überlebt haben.

Die Besonderheit dieses Fundorts ist der Zustand der Fossilien: In den feinkörnigen, tonigen Sedimenten sind sogar die Weichteile der eingebetteten tierischen Körper vorzüglich erhalten. Selbst zarteste Strukturen wie Tentakel, die eine Mundöffnung umkränzen, oder die Kiemen der Spaltfüße und die zum Teil hoch spezialisierten Mundwerkzeuge der Arthropoden sind zu erkennen.

Der Grund für diese wahrlich einzigartige Situation beim Burgess-Schiefer liegt in den besonderen Umständen seiner Entstehung: Der Schwarzschiefer bildete sich in einem rund 200 Meter unter der Meeresoberfläche liegenden Bereich, am Fuß eines steil aufragenden Kalkalgen-Riffs. Die Umgebung war praktisch sauerstofffrei. In den Sedimenten existierten weder Bakterien noch Aasfresser, die normalerweise die Weichteile abgesunkener toter Lebewesen zersetzen beziehungsweise fressen. Daher sind sie im Burgess-Schiefer erhalten geblieben – entweder als Abdrücke oder als kohlige Substanz. Gelebt haben die Tiere sehr wahrscheinlich im gut durchlüfteten und belichteten Flachwasserbereich oberhalb des Steilabfalls. Trübeströme haben sie dann hinuntergespült.

Erstmalig bot dieser Fundort die Chance, die Einzelheiten kambrischer Tierarten näher zu erforschen. Vor allem für die Paläoökologie, die sich mit der Lebensweise ausgestorbener Arten beschäftigt, sind solche Funde von unschätzbarem Wert. Anhand der Feinstrukturen ließ sich erkennen, wie sich die Tiere fortbewegten, wie sie sich vermutlich fortpflanzten, ernährten, vor Feinden schützten und vieles mehr. Dabei zeigte sich, dass die frühe kambrische Fauna, die dem Ursprung der Entwicklung vielzelliger Tiere noch so nahe steht, längst nicht nur »primitive« Gestaltmerkmale aufweist. Stattdessen sind viele Arten hoch spezialisiert – im Sinn späterer Entwicklungen oft sogar fremdartig spezialisiert.

Ein Geschenk für die Paläobotanik

Auch für Paläobotaniker barg der Burgess-Schiefer ein »Geschenk«. So fand man darin eine stattliche Anzahl von nun nicht mehr bloß mikroskopisch kleinen Meeresalgen. Eine Zuordnung der Algenthalli zu den Grün-, Rot- oder Braunalgen ist allerdings kaum möglich. Eine Art, sie trägt den Namen Margaretia dorus, ist den rezenten Schlauchalgen (Siphonales) sehr ähnlich. In den mittelkambrischen Schichten des sibirischen Aldanplateaus von Jakutien fand man gleichartige Reste dieser kambrischen Alge. Wie bei den Schlauchalgen ist der Körper von Margaretia dorus nicht in Zellen gegliedert. Vielmehr umschließt die Zellwand eine einzige Plasmamasse, in der sich viele Zellkerne und kleine Chloroplasten befinden. Der Algenkörper ist wie bei den heutigen Vertretern in einen liegenden Trieb mit Büscheln von farblosen Rhizoiden zum Festhaften am Substrat und in blattartig geformte Thalluslappen gegliedert, mit denen die Alge assimilierte. Alle bisherigen kambrischen Fundstellen in Utah, am Burgess-Pass und auf dem sibirischen Aldanplateau lagen während des Kambriums in der Nähe des Äquators. Das belegt den Warmwasseranspruch dieser Alge.

1988 wurde eine Alge aus einer mittelkambrischen Schicht im US-Bundesstaat Utah beschrieben, vermutlich eine Grünalge. Sie trägt den Namen Acinocricus stichus. Das Besondere an dieser Alge ist die Anordnung ihrer spitz zulaufenden »Blätter«, der Phylloide. Sie sitzen wirtelig an einer Achse, die somit in Knoten und Internodien gegliedert wird. Eine solche Gliederung der Achse, Botaniker sprechen von »Artikulation«, tritt auch bei den Armleuchteralgen (Characeen) auf, die man erstmals in spätsilurischen küstennahen Meeresablagerungen gefunden hat. Im späten Devon schließlich taucht die Artikulation der Achsen bei Landpflanzen wie Pseudobornia und Sphenophyllum auf.

Das Problem Ordnung zu schaffen

Der einzigartige Erhaltungsgrad der Fossilien im Burgess-Schiefer erhellte auch eine Gefahr bei der Interpretation von Funden. Dieser Glücksfall der Paläontologie warnte davor, sich die Entwicklungsgeschichte des Lebens als einen geradlinigen Prozess vorzustellen. In Wirklichkeit, so lautet die Lektion aus den Burgess-Funden, verläuft die Evolution in erheblich komplizierteren Entwicklungsbahnen. Scheinbar fortschrittliche Linien enden in Sackgassen oder führen über Jahrmillionen hinweg eine bescheidene Randexistenz. »Primitiv« erscheinende Entwicklungslinien wiederum behaupten sich über lange Zeiten hinweg. Die noch heute lebenden Archaebakterien – sie gehören zu den ursprünglichsten Lebensformen überhaupt – sind ein Beispiel dafür. Sich die Evolution als einen automatischen, stetigen Prozess einer »Höherentwicklung« vorzustellen, verstellt den Blick auf die tatsächlichen evolutionären Abläufe.

Ein Manko, das die Arbeit der Paläontologen erschwert, ist die Tatsache, dass Fossilien oft nur Bruchstücke eines Tierkörpers dar-

Aus dem sandig-schlammigen Meeresboden erheben sich an Kakteen erinnernde Schwämme. Im Hintergrund ragt ein aus Kalkabscheidungen koloniebildender Algen entstandenes Riff steil empor. Die Tierwelt existierte auf oder knapp über dem Schlammgrund, der sich bis zu einer Mächtigkeit von 160 m angesammelt hatte. Schlammmassen rutschten immer wieder in tiefere sauerstoffarme Wasserzonen, wo die Tiere nicht mehr existieren konnten. Der Schlamm verdichtete sich und versteinerte schließlich. Dabei drückte er die tierischen Überreste platt und wandelte die Weichteile in dünne Silikatschichten um. In diesem **Lebensbild** (die Farben sind frei erfunden) sind einige der wichtigsten Vertreter der **kambrischen Fauna**, die als Fossilien im Burgess-Schiefer erhalten blieben, dargestellt: (1) Anomalocaris (unter ihm bewegt sich ein Trilobit), (2) Ottoia (ein zu den Priapuliden zählender Ringelwurm), (3) Hallucigenia (wohl zu den Stummelfüßern gehörend), (4) Eldonia (quallenförmiger Stachelhäuter), (5) Canadia (vielborstiger Ringelwurm), (6) Dinomischus, (7) Sanctacaris, (8) Amiskwia (ein mit Flossen ausgestatteter Wurm), (9) Opabinia, (10) Marella (ein Gliederfüßer), (11) Odaraia, (12) Wiwaxia (ein Weichtier), (13) Aysheaia (den Stummelfüßern nahe stehend), (14) Pikaia (wohl das älteste Chordatier), (15) Odontogriphus und (16) Saratrocercus.

stellen – etwa die Chitin-Panzer der Trilobiten. Ausgehend von diesen Fundstücken muss man versuchen, möglichst das vollständige Tier zu rekonstruieren, um seine Verwandtschaft, seine evolutionäre Stellung zu beurteilen. Ein Trilobiten-Panzer sagt jedoch nur sehr wenig über die Weichkörper der dazugehörigen Art aus: Wie sahen die Mundwerkzeuge aus, wie die Spaltfüße? Welche weiteren Körpermerkmale wies die Art als Vorfahren dieser oder jener späteren Tiergruppe aus? Bei diesen Fragen müssen selbst Spezialisten häufig passen.

Spöttisch könnte man die Paläontologie als den Versuch charakterisieren, die Geschichte der Tintenfische mit schneckenartigen Gehäusen, der Ammoniten, als eine Geschichte schneckenartiger Gehäuse zu beschreiben. Aus dem zwangsläufig wie mit Scheuklappen verengten Blickwinkel der Ammoniten-Funde präsentiert sich die Entwicklungsgeschichte dieser Tiergruppe als die Abfolge sich paarender Gehäuse, deren Ziel es war, möglichst schnell artveränderte, andere schneckenartige Gehäuse zu erzeugen, die schließlich während der Wende der Kreide zum Tertiär vor etwa 65 Millionen Jahren restlos ausstarben. Völlig absurd klänge dies bei einigen Säugetieren, deren Entwicklungsgeschichte man nur aus den Funden fossiler Zähne rekonstruieren kann: Eine Abfolge sich paarender Säugetierzähne, die andere, höher entwickelte Säugetierzähne erzeugten, bis irgendwann einmal der Mensch entstand.

Lücken erschweren das Verständnis

Bereits Charles Darwin beklagte die Lückenhaftigkeit der fossilen Überlieferung – eine Tatsache, vor der ein Evolutionsforscher auch heute noch verzweifeln kann. Erschwerend kommt hinzu, dass die vorhandenen Funde auf viele verschiedenartige Entwicklungen in der Tier- und Pflanzenwelt früherer Zeiten hinweisen. Angesichts der großen Zahl fehlgeschlagener Entwicklungsansätze möchte man eher an Zufälligkeiten des Überlebens der einen oder andern Entwicklungsrichtung glauben als an eine naturnotwendige, ständige Höherentwicklung der Lebensformen – auch wenn insgesamt betrachtet die Komplexität der Organismen im Lauf der Evolution meist zugenommen hat.

Der Kieler Zoologe Adolf Remane warnte 1956 in einem seiner Bücher davor, am Anfang großer Entwicklungen »Nullwert-Ahnen« anzunehmen. Die Funde des Burgess-Schiefers unterstreichen diese Warnung: Viele Arten sind so grundverschieden von späteren Tiergruppen, dass sich für ihre evolutionäre Stellung nur zwei Interpretationen anbieten. Entweder handelt es sich bei einem großen Teil der dort gefundenen Tiere um völlig fehlgeschlagene Entwicklungen, oder man muss sie mit dogmatischer Gewalt in die später entstandenen Tierklassen »einordnen«.

Tut man dies, so ergeben sich für den Burgess-Schiefer folgende Anteile: 35 % der Arten sind Arthropoden, 25 % Schwämme, 13 % verschiedene Würmer; der Rest besteht aus Stachelhäutern (Echinodermen), Mollusken, Priapuliden, Kragentieren (Hemichordaten),

Armfüßern (Brachiopoden) und andern Tentakeln tragenden Tieren. Priapuliden sind im Meer lebende Würmer mit einem Tentakelkranz oder einem Rüssel am Vorderende. Von ihnen sind nur die vier fossilen Gattungen aus dem Burgess-Schiefer und einige wenige, heute lebende Arten an den Küsten kälterer Meere bekannt. Die Kragentiere (heute nur noch durch die Eichelwürmer und Flügelkiemer vertreten) stellen möglicherweise ein Verbindungsglied zwischen den Chordatieren und den Stachelhäutern dar. Die Gruppe weist heute 80 Arten auf. Unter der Rubrik »Sonstige« trifft man auf heute seltene, kaum allgemein bekannte Tiergruppen. Sie lassen sich eigentlich nur als extrem seltener Rest einer erdgeschichtlich früheren Entwicklung verstehen. Zu ihnen zählen zwei der wohl bekanntesten, weil seltsamsten Funde des Kambriums: Opabinia mit ihrem Staubsauger-Rüssel und fünf Stielaugen und der räuberische Riese Anomalocaris, das mit sechzig Zentimetern größte Tier der kambrischen Meere.

Fossiler Abdruck (mit Maßstab) und Rekonstruktionszeichnung (seitliche Ansicht) des Stummelfüßers **Xenusion auerswaldae** aus dem Unterkambrium. Der schwedische Paläontologe Lars Ramsköld entdeckte Ähnlichkeiten im Körperbau mit dem Burgess-Tier Hallucigenia, das sich nun auch in die Gattung der Onychophoren (Stummelfüßer) einordnen lässt.

Etliche der im Burgess-Schiefer und anderswo gefundenen kambrischen Arten schlagen eine direkte Brücke zu heute lebenden, rezenten, Arten, die daher als lebende Fossilien gelten können. In Sewekow, etwa 75 km nordnordwestlich von Berlin, fand man in einem eiszeitlichen Geschiebe aus dem Unterkambrium den deutlichen Abdruck eines Stummelfüßers (Onychophora); der Geologe Josef Felix Pompeckj beschrieb diesen Fund 1927 als Xenusion auerswaldae. Ein weiteres Exemplar fand man 1978 auf der Insel Hiddensee. Die Stummelfüßer haben einen wurmförmigen, durch Segmente gegliederten Körper. Jedes Segment wird von einem Paar (insgesamt 14 bis 23) Stummelfüßen getragen, die mit Krallen versehen sind. Auf dem Rücken von Xenusion befand sich eine doppelte Stachelreihe. Heute leben die Stummelfüßer in faulenden Baumstümpfen tropischer Wälder. Sie atmen mithilfe von Tracheen (Luftröhren) und ernähren sich von dem Protein gerade getöteter Schnecken, Asseln oder anderer Beutetiere.

Im Unterkambrium von Chengjiang im Südosten von China und im mittelkambrischen Burgess-Schiefer fand man weitere Gattungen dieser eigenartigen systematischen Gruppe, die zwischen den Ringelwürmern (Anneliden) und den Gliederfüßern (Arthropoden) eingeordnet wird, die Gattungen Luolishania, Aysheaia und Hallucigenia. Bei Hallucigenia bestand lange die Frage, ob sich das Tier auf sieben stacheligen Stelzenpaaren bewegte und die sich auf der Oberseite befindlichen sieben Tentakeln Nahrungspartikel einfingen und in den Darm strudelten oder ob die »Stelzen« Abwehrstacheln am Rücken waren und die »Tentakeln« in Wirklichkeit fleischige Beine darstellten. Nach neueren Untersuchungen soll Letzteres der Fall gewesen sein. Damit besteht eine direkte Verbindung zu Stummelfüßern wie Xenusion. Man weiß aber noch nicht, wo beim Tier vorne und hinten ist.

Alle diese Tiere haben Nachfahren, die als rezente Arten vorwiegend in Südafrika leben. Diese heute isoliert stehende Gruppe von

70 Arten war also bereits zu Beginn des Kambriums »fertig« entwickelt. Die einzigen Unterschiede betreffen die Atmung und die Ernährungsweise. Die heutigen Landtiere atmen mit Tracheen, von denen man annimmt, dass sie in Konvergenz zu den Tracheen der Insekten, Spinnen- und Krebstiere (Landasseln) entstanden. Ihre kambrischen Vorfahren lebten am Meeresboden und ernährten sich wahrscheinlich, wie viele damalige Bodenbewohner, vom nährstoffreichen Sediment.

Ebenso völlig unverändert in der Gestalt, aber als Parasiten heute extrem spezialisiert, erscheinen die Zungenwürmer (Pentastomiden) bereits in Flachmeersedimenten des mittleren Kambriums. Die Funde sprechen dafür, dass auch die Entwicklung dieser Arthropoden schon vor mehr als 500 Millionen Jahren prinzipiell abgeschlossen war und die Zungenwürmer in der Folgezeit lediglich ihre Ernährungsweise umstellten. Sogar Krebse, etwa die zu den Muschelkrebsen (Ostracoden) zählenden Archaeocopida, treten seit dem frühen Kambrium auf. Damit könnte man die Arthropoden zu den geologisch ältesten vielzelligen Tieren zählen, die ihre Entwicklungshöhe bereits zu Beginn des Kambriums erreicht hatten. Wenn dies zutrifft, dann muss der Ursprung ihrer Entwicklung ins Präkambrium zurückreichen. Vielleicht handelte es sich um sehr kleine Organismen, die im Bodenschlamm der Flachmeere lebten, aber fossil nicht erhalten geblieben sind, da ihnen der Chitin-Panzer, wie ihn später die Trilobiten im Unterkambrium ausbildeten, noch fehlte. Die Kambrische Explosion ließe sich in diesem Licht auch als ein Wechsel von Klein zu Groß bei den Arthropoden charakterisieren.

Zu den seltsamen »trilobitenähnlichen« Tieren (Trilobitomorpha) gehören unter anderm die Burgess-Gattungen Sidneyia und Leanchoilia. Man kann sie zu den Verwandten der bis heute an der Ostküste Nordamerikas lebenden Schwertschwänze zählen (unter anderm die Pfeilschwanzkrebse der Gattung Limulus) und damit zur Klasse der Merostomata aus dem Unterstamm der Fühlerlosen.

Verwandt und doch grundverschieden

Die Tierwelt des Kambriums zeigt sich gewissermaßen mit einer »evolutionären Dialektik«. Einerseits lassen sich die meisten der heutigen Tierstämme auf kambrische Formen zurückführen, anderseits lebten zu dieser Zeit auch Tiergruppen, die nur während dieser Periode existierten und auch nur wenige Vertreter hervorbrachten. Dies stützt das Bild von der Kambrischen Explosion als einem evolutionären »Großversuch«, während dessen viele neue Entwicklungslinien »angetestet« und unter Umständen auch schnell wieder verworfen wurden.

Die Stachelhäuter (Echinodermata) sind hierfür ein gutes Beispiel. Diese Gruppe entwickelte im Kambrium eine erstaunliche Vielfalt; sie war in kambrischer Zeit mit vielen Klassen vertreten. Doch keine einzige von ihnen zeigt eine Ähnlichkeit mit den heutigen, modernen Stachelhäutern, etwa den Seesternen, den Seeigeln oder den Seegurken. Ebenso die Gruppe der Weichtiere oder Mol-

Die kambrischen Vertreter der Stachelhäuter (Echinodermata) waren im Vergleich zu den rezenten Organismen recht kleine Tiere. Die Abbildung zeigt eine nur 5 cm große **Gogia spiralis** aus Utah, die zur Klasse der Eocrinoiden, Vorläufer der Seelilien, zu rechnen ist.

lusken: Sie sind bereits in kambrischer Zeit in großer Vielfalt nachweisbar, aber noch sehr klein, und viele der höher entwickelten, modernen Molluskengruppen fehlen im Kambrium völlig.

Hinsichtlich einer besonderen Entwicklungsrichtung markiert das Kambrium indes ganz sicher einen evolutionären Meilenstein: Die räuberisch lebenden Tierarten werden häufiger, was ja als ein Grund für die Bildung schützender Panzer und harter Schalen bei vielen kambrischen Arten angesehen wird. Mit der Kambrischen Explosion entstehen daher nicht nur neue Tiergruppen, sondern auch die modernen Formen von Lebensgemeinschaften mit photosynthetisierenden Produzenten, Plankton und Schlamm fressenden Konsumenten sowie Räubern, die selbst größere Arten aktiv erbeuten können. Mit andern Worten: Während des Kambriums erweitern sich die Nahrungsketten, und es entstehen vermutlich auch schon komplexere Netzwerke von Nahrungsbeziehungen, wie sie die heutigen Lebensgemeinschaften auszeichnen.

Im Ordovizium erreichten die Kopffüßer (Cephalopoda) enorme Gehäusegrößen, unter den hier dargestellten **Nautiloidea** die kleineren Orthoceras bis zu 3 m, die großen Endoceras bis zu 9 m. Wohl um die Manövrierfähigkeit zu steigern, begannen die Nautiloidea später eingerollte Gehäuseformen zu entwickeln.

Eine Gruppe von Fleischfressern, die sich erst spät im Kambrium entwickelten, sind die Perlbootartigen (Nautiloideen), die zusammen mit den modernen Weichtieren in die Klasse der Kopffüßer gehören. Alle kambrischen Vertreter dieser Gruppe waren mit einer Körperlänge von zwei bis sechs Zentimeter verhältnismäßig klein, doch wie das heutige Perlboot verfügten sie über Tentakeln, mit denen sie kleine Beutetiere festhalten konnten, und einen Schnabel, mit dem sie ihre Beute zerkleinerten. Größere marine Räuber allerdings mussten die Bewohner der kambrischen Meere noch nicht fürchten. Erst im darauf folgenden Ordovizium treten zum Beispiel erheblich größere Nautiloideen auf.

Wurzeln der Wirbeltiere im Kambrium?

Wie bereits erwähnt, erscheinen im Kambrium bereits fast alle Tierstämme. Ausnahmen bilden (nach heutiger Kenntnis) nur die Wirbeltiere und die Moostierchen (Bryozoa), winzige, koloniebildende Tiere, die erst zu Beginn des Ordoviziums, vor etwa 500 Millionen Jahren entstanden. Aus dieser Zeit ist aber der Beginn der Wirbeltierentwicklung paläontologisch belegt, und zwar mit den kieferlosen Fischartigen, den Agnathen. Möglicherweise stellt ein fünf Zentimeter langes, regelmäßig segmentiertes Tier, das man ebenfalls im Burgess-Schiefer fand, einen noch früheren Vertreter dar: Pikaia ist ein Tier, bei dem sich die Wirbelsäule zumindest andeutet. Aus diesem Grund zählen Derek Briggs, Douglas Erwin und Frederick Collier in ihrem 1994 erschienenen Buch »The Fossils of the Burgess Shale« Pikaia und eine erst 1993 beschriebene Gattung, Metaspriggina, zum Stamm der Wirbeltiere. Stimmt diese Deutung, dann wäre die Kambrische Explosion in einem fast allumfassenden Sinn die Wiege der modernen Tierstämme.

Vom Massensterben des Kambriums bis zum Silur

Das Kambrium war durchaus keine stetig verlaufende Phase, in der nach und nach einfach immer mehr Arten auftraten. Vielmehr belegen die Funde, dass es in dieser rund 70 Millionen Jahre langen Periode immer wieder Massenaussterben gab. Dem letzten dieser Ereignisse an der Grenze zum Ordovizium fiel, wie bereits er-

GRAPTOLITHEN – DIE LEITFOSSILIEN DES PALÄOZOIKUMS

Die Graptolithen wurden nach den kambrischen Trilobiten wichtige Leitfossilien der darauf folgenden Perioden des Paläozoikums, besonders des Ordoviziums und des Silurs. Da vor allem die planktonisch lebenden Graptolithen weit verbreitet und häufig waren, viele Arten oft nur verhältnismäßig kurz existierten und ihre fossilen Überreste relativ leicht bestimmbar sind, eignen sich Graptolithen besonders gut für Sedimentvergleiche auch zwischen weit auseinander liegenden Regionen, teilweise sogar für weltweite Parallelisierungen.

Die phylogenetische Stellung dieser im Karbon ausgestorbenen Tiergruppe ist bis heute nicht endgültig geklärt. Die bisherigen Untersuchungen sprechen dafür, die Graptolithen in die Nähe heute lebender Kragentiere (Hemichordata), und zwar der Flügelkiemer (Pterobranchier), zu stellen. Diese bilden wie die zumindest teilweise auch am Boden lebenden Graptolithen am Meeresgrund Kolonien sich verzweigender Röhren aus. Von den fossil gefundenen Graptolithen (der Name bezieht sich auf die Ähnlichkeit der Ablagerungen mit Schriftzeichen) existieren meist nur die chitinisierten Außenskelette einer Kolonie. Man nennt die für jede Art spezifisch, oft sägeblattartig ausgeformten, ästigen Strukturen Rhabdosome. An ihnen saßen – zum Teil förderkettenartig –, durch einen gemeinsamen Kanal verbunden, röhren- oder becherförmige Kammern (Theken), in denen jeweils ein Individuum der Kolonie lebte. Die kleinen, kugelförmigen Tiere trugen auf dem Kopf einen Tentakelkranz, mit dem sie sich die Nahrung einstrudelten. Die Rhabdosome existierten einzeln oder waren über Fäden (Nema) miteinander verknüpft. Über die Fäden konnte sich die Kolonie auch am festen Untergrund oder an treibenden Algen festheften.

Zu den ältesten Graptolithen gehört die Ordnung der Dendroidae, die vom Mittelkambrium bis zum Oberkarbon vorkommt. Die Rekonstruktion (links) stellt das Lebensbild eines dendroiden Graptolithen dar. Ihre Kolonien (Rhabdosome) waren baumartig verzweigt mit zahlreichen Ästen. Bei Wells in England wurden aus dem Kambrium stammende fossile Graptolithen gefunden. Die Abbildung rechts zeigt die gezähnten Äste verschiedener Arten aus der Ordnung der Graptoloidae.

Was die Graptolithen neben den bereits erwähnten Eigenschaften besonders wertvoll als Leitfossilien macht, ist, dass viele ihrer Arten direkt an der Basis einer Schichtgrenze erstmalig auftreten. Anhand ihrer Verteilung lassen sich daher die Zonengrenzen besonders gut festlegen.

In ihrer Rolle als Leitfossilien liefern die Graptolithen übrigens ein weiteres Indiz dafür, dass das massive Artensterben vieler mariner Lebensformen gegen Ende des Ordoviziums ursächlich mit einer Klimaverschlechterung und damit einer Abkühlung des Weltmeers und einer kontinentalen Vereisung zu jener Zeit zusammenhängt. So ließ sich anhand der geographischen Verteilungsmuster tropischer Graptolithen-Arten zeigen, dass deren Lebensraum an der Ordovizium-Silur-Grenze stark schrumpfte, und zwar auf eine biogeographische Region am Äquator. Auch das Verteilungsmuster ihrer späteren Wiederbesiedlung lässt sich sehr gut mit der darauf folgenden Erwärmung erklären.

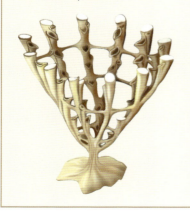

wähnt, ein Großteil der Trilobiten-Gattungen zum Opfer – ein Schnitt, von dem sich diese Tiergruppe nie wieder erholen sollte. Ähnlich hart traf es die Perlbootartigen. Hier starben ebenfalls viele Gattungen aus, doch konnte diese Tiergruppe im Ordovizium wieder an Vielfalt gewinnen, gar deutlich größere Arten hervorbringen. Im Ordovizium entstanden viele weitere Tierklassen, die sich über 250 Millionen Jahre hinweg bis zum Ende des Paläozoikums nachweisen lassen.

Für die Geologie besonders interessant wird im Ordovizium die Gruppe der Graptolithen, die während dieser Periode und des sich anschließenden Silurs besonders häufig auftraten. Sie wurden – gewissermaßen als Nachfolger der kambrischen Trilobiten – zu ganz wichtigen Leitfossilien dieser Zeiten.

Zu den »Verlierern« im Ordovizium muss man die Stromatolithen zählen, die während des Kambriums weite Teile des Meeresbodens mit ihren kuppigen Wuchsformen überdeckten. Stromatolithen sind das Werk wachsender Matten von Cyanobakterien, die sich von Kalkschlamm ernährten. Die bislang ältesten Funde von Stromatolithen stammen aus Westaustralien. Sie sind 3,5 Milliarden Jahre alt und weisen die Stromatolithen als eine der frühesten Lebensformen überhaupt aus. Gegen Ende des Ordoviziums wurden sie ausgesprochen rar. Doch ganz sind sie nie von der Bühne der Erdgeschichte abgetreten. Bis heute gibt es einige Standorte, an denen Stromatholithen wachsen.

Die Lücke, die die bereits im Kambrium wieder ausgestorbenen Urbecher als wesentliche Riffbildner jener Periode hinterließen, schlossen ab der Mitte des Ordoviziums gleich mehrere Tiergruppen. Die ersten ordovizischen Riffbauer waren die neu entstandenen Moostierchen. Später bildeten auch die Stromatoporen und die Korallen (Rugosa und Tabulata) ausgedehnte Riffe. Gerade die letzten beiden Gruppen waren im Silur und im darauf folgenden Devon die bedeutendsten Riffbildner.

Dennoch waren sie ebenso wie die Moostierchen, Armfüßer, Perlbootartigen und Trilobiten von einem enormen Massenaussterben betroffen, das dem Ordovizium ein dramatisches Ende bescherte. Der Auslöser dieser Katastrophe, der insgesamt mehr als 100 Familien und damit rund ein Viertel aller damaligen Tierfamilien zum Opfer fielen, dürfte in der Drift von Gondwana zum Südpol hin und der damit verbundenen Vereisung zu sehen sein. Der Höhepunkt der Vereisung Gondwanas fällt zeitlich mit dem Massenaussterben am Ende des Ordoviziums zusammen.

Eine immer noch strittige Frage ist, ob es bereits im Ordovizium zu einer ersten Besiedlung der Landmassen kam. Bislang ist der Nachweis von Landpflanzen während dieser Periode nicht überzeugend geglückt.

R. Daber

Die **Stromatoporen,** fossile koloniebildende Meerestiere, werden entweder den Hydrozoa (zu den Nesseltieren gehörende Hohltiere) oder den Schwämmen zugeordnet. Sie lebten vom Kambrium bis zur Kreidezeit. Ihre kugeligen, knolligen oder ästigen Kalkstöcke bestehen aus horizontalen Lamellen und vertikalen Pfeilern.

Die **Korallentiere** (Anthozoa) sind seit ihrem Auftreten im Kambrium zu wichtigen Riffbildnern geworden. Unter den nur fossil belegten Korallen sind vor allem die Rugosa (Tetra- oder Runzelkorallen) und die Tabulata (Bödenkorallen) zu nennen. Bei den Rugosa ist die Außenwand des von Scheidewänden (Septen) untergliederten Magenraums mit horizontalen Querrunzeln versehen. Bei den Tabulata sind die röhrenförmigen Körper (Kelche) durch viele Querböden unterteilt.

Pflanzen und Tiere erobern das Festland

Vor 400 Millionen Jahren, an der Wende vom Silur zum Devon, veränderte sich das Leben auf der Erde grundlegend. Höhere Organismen besiedelten die bis dahin lebensfeindlichen Kontinente. Als erste erschienen die »Ur-Landpflanzen«, die aufgrund ihrer Blattlosigkeit auch Psilophyten heißen. Es entstanden Pflanzenstandorte und erste Pflanzengemeinschaften. Aus abgestorbenem organischem Material bildeten sich Humus und Boden. Den Ur-Landpflanzen folgten erste, primitive Landbewohner aus der Tierwelt. Die Landnahme bewirkte eine radikale biogene Veränderung der Erdoberfläche. Sie begründete eine Vielzahl von Abhängigkeiten und löste eine Kette von Wechselwirkungen aus.

Aus dem einstmals nahezu sterilen Boden wurde eine Vegetationsdecke, in der Pilzhyphen und kleine, teils zu den niederen Krebsen, teils zu den Spinnen zählende Lebewesen einen neuen Lebensraum fanden. Die kleinen, thallösen Pflanzenkörper der kambrischen Vergangenheit wandelten sich im Devon zu baumartigen Farnriesen. Ihr abgestorbenes Material bildete Torfmoore und ließ die ersten Kohlen im modernen Sinn entstehen. Ausgedehnte Wälder aus mächtigen Bärlapp- und Schachtelhalmbäumen prägten die darauf folgende Periode des Karbons. Vom Erbe dieser erfolgreichen Landnahme profitiert der Mensch bis heute durch den Abbau der Kohlenflöze.

Der Tierwelt eröffnete der An-Land-Gang der Pflanzen neue Möglichkeiten; der Schritt aus dem Wasser erschloss vielen Tiergruppen, darunter auch den Wirbeltieren, einen neuen Lebensraum. Doch einfach war der Wechsel vom Wasser ans Land und damit auch an die Luft keineswegs. Das neue Element verlangte zahlreiche Anpassungen und durchgreifende Änderungen der Grundbaupläne.

Vergleichbar dem Verlandungsbereich heutiger Küsten ist auch im Unterdevon, hier als Beispiel ein Steinbruchprofil bei Waxweiler in der Eifel, eine **Pflanzenabfolge vom Meer zum Land** zu beobachten. Den tieferen Küstenbereich (aus dem Englischen übernommene Bezeichnung: Subtidal) besiedeln große, baumförmige Algen der Gattung Prototaxites, im Gezeitenbereich (Intertidal) folgen neben kleinen Algen v. a. Taeniocrada-Arten. Die Verlandungszone wird von Zosterophyllum rhenanum und Sciadophyton bewohnt, die anschließenden Salzmarschen (Supratidal) von den eigentlichen Ur-Landpflanzen Drepanophycus, Sawdonia, Psilophyton und andern.

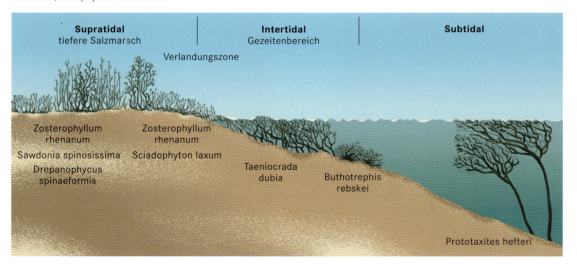

Die Erde im Unterdevon

Zeugnisse von einem üppigen Pflanzenleben im Meer reichen bis in das Präkambrium zurück. Die Algenkohle am Ladogasee (Schungit) ist eine Milliarde Jahre alt, der algenreiche Ölschiefer Estlands (Kuckersit) stammt aus dem Ordovizium. Im Silur schließlich entstanden riesige Erdölvorkommen, so zum Beispiel in Libyen. Niedere marine Organismen haben eine kurze Generationsdauer und eine hohe Vermehrungsrate. Bei exponentiellem Wachstum kann ihre Zahl deswegen in kurzer Zeit – binnen weniger Tage – gewaltig zunehmen, verbunden mit einer entsprechenden Zunahme an Biomasse. Durch dieses Wachstum kann ein enormer Selektionsdruck entstehen. Die Vermutung liegt nahe, dass ein solcher Druck dazu beigetragen haben könnte, Entwicklungen zu fördern, die schließlich zum Verlassen der altpaläozoischen marinen Lebensräume führten.

Unter den rezenten Arten der Urfarne (Psilophyten) zeigt das tropische **Psilotum nudum** noch heute, wie etwa die unterdevonischen Ur-Landpflanzen aussahen, wuchsen und alt wurden. Die überwiegend epiphytisch, d.h. auf andern Pflanzen lebenden, niedrigen und gabelteiligen Pflanzen besitzen keine Wurzeln, sondern nur blattlose Wurzelstöcke (Rhizome), die fadenförmige Haftorgane (Rhizoide) tragen. Ihre Sporangien sitzen, jeweils zu dritt auf einem kurzen Stil, hinter den Spitzen gabelteiliger Blätter. Obwohl man von diesen Arten noch keine Fossilien gefunden hat, betrachtet man die gesamte Ordnung (Psilotales) als ein Relikt der anfänglichen Landpflanzenentwicklung. Psilotum wäre demnach ein lebendes Fossil.

Voraussetzungen für den Aufbruch ins Trockene

Das erforderte eine Reihe von Spezialisierungen, deren Anfänge sich bis ins Ordovizium zurückverfolgen lassen. So entwickelten sich nahe der Brandungszonen dauerhaft größere Algen (Tange). Sie verfügten über einen zentralen Strang aus toten Zellen, die den Algenthallus zugfester machten. Einen solchen zentralen Festigungsstrang besitzen auch einige der heutigen Braunalgen, wie Fucus serratus. Dieser Strang sollte später beim Schritt aufs Land eine weitere Funktion übernehmen: Er wurde zum Wasser leitenden Gefäßsystem. Funktionswechsel wie dieser beschleunigten die Entwicklung der Landpflanzen erheblich.

So enthielten die Behälter, in denen sich die der Fortpflanzung dienenden Sporen der Algen entwickelten, schon Millionen Jahre vor dem Schritt aufs Land einen wachsartigen Stoff, der für das Leben der späteren Landpflanzen von entscheidender Bedeutung werden sollte. Es handelt sich um Kutin, die Grundsubstanz der pflanzlichen Kutikula. Dieser wachsartige Fettsäureester schützt die Oberfläche der Landpflanzen vor zu hohem Wasserverlust. An fossilen Überresten aus der Zeit vor dem Devon findet man isolierte Leitbündel (Tracheiden), die von frühen Vorläufern der Ur-Landpflanzen stammen können und die später ebenfalls zur Entwicklung eines Gefäßsystems führten. Auch Zellauswüchse, mit denen sich tangartige Algen im bewegten Wasser der flachen Schelfmeere und in der Brandungszone festhielten, wechselten ihre Funktion. Auf dem Land wurden sie zu Wurzelhaaren, Rhizoiden, mit denen die Landpflanzen Wasser und Nährsalze aus dem Boden aufnehmen und an den zentralen Transportstrang weiterleiten konnten.

Ab wann gibt es Festlandpflanzen?

Bereits im Kambrium mag es einigen niederen Organismen wie Algen oder Flechten gelungen sein, auf dem Land – zumindest in Küstennähe – zu überleben. Doch eine dichte Vegetationsdecke war zu dieser Zeit mit Sicherheit nicht vorhanden. Die meisten Paläo-

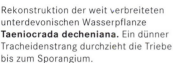

Rekonstruktion der weit verbreiteten unterdevonischen Wasserpflanze **Taeniocrada decheniana.** Ein dünner Tracheidenstrang durchzieht die Triebe bis zum Sporangium. Spaltöffnungsapparate fehlen. Die 3×6 mm großen Sporangien (auf der Randspalte) stehen in lockeren Trauben (violett eingefärbt).
Die Versteinerung aus dem Vinxtbachtal bei Bonn zeigt die durch den starken Druck eher platt wirkenden Stängel der Pflanze; deutlich sind die Sporangien zu erkennen.

botaniker interpretieren Funde aus dem Silur, und zwar aus der Wenlock-Stufe vor 428 Millionen Jahren, als erste Vorboten einer pflanzlichen Landnahme. Andere Experten verlegen diesen Zeitpunkt sogar ins obere Ordovizium, also noch einmal rund 30 Millionen Jahre zurück. Die fossilen Pflanzenfunde aus dieser Periode bestehen im Wesentlichen aus pflanzlichen Hautresten. Sie zeigen eine Oberfläche aus Kutin als Verdunstungsschutz. Auch die gefundenen Sporen und tracheidenartigen Reste deuten schon die »Erfindungen« an, die für das Leben an Land unabdingbar wurden. Anderseits fehlten den spätordovizischen Pflanzen offenbar noch die Spaltöffnungsapparate, und damit jene pflanzlichen Strukturen, mit denen Landpflanzen die Verdunstung den inneren und äußeren Bedingungen anpassen, und auch jene Strukturen, mit deren Hilfe sie das Wasser, selbst durch baumhohe Pflanzenkörper, gegen die Schwerkraft transportieren können.

Auch die späteren Funde aus der Zeit zwischen der silurischen Wenlock-Stufe und dem frühen Devon liefern keine überzeugenden Beweise für ein Festlandleben der damaligen Ur-Landpflanzen. Nach heutigem Wissen hat es sich bei den zentimetergroßen Organismen wie Cooksonia oder Steganotheca um subaquatisch lebende Pflanzen gehandelt.

Eine Gruppe von Ur-Landpflanzen, bekannt durch ihre ährenförmigen Sporangienstände, kann nach ihrem Habitus als im Wasser lebende Pflanzen gedeutet werden. Tatsächlich finden sich große Mengen dieser Taeniocrada- und Zosterophyllum-Arten als dunkle Fundschichten, die im Wasser abgelagert wurden. Im Unterdevon von Daun in der Eifel bilden ihre Zusammenschwemmungen sogar ein kleines, unreines Kohleflöz. Vielleicht waren sie ufernahe Wasserpflanzen, die nur ihre Sporangienähren aus dem Wasser hinausstreckten. Sie haben in allen Trieben den zentralen Strang von Spiraltracheiden und zeigen auch Spaltöffnungsapparate. Wahrscheinlich waren etliche von ihnen bereits dem Wasserleben entwachsen, und hatten keine aufrechten, sondern eher liegende Triebe, waren also mehr oder weniger der feuchten Luft ihres Standorts angepasst. Möglicherweise deutet sich durch neuere Rekonstruktionen schottischer Funde für Zosterophyllum myretonianum auch eine gewissermaßen epiphytische, hygroskopisch auf einer Fläche wachsende Lebensweise an.

Überzeugende Beweise für ein Festlandleben liefern die genannten Ur-Landpflanzen zweifellos nicht. Erst mit dem Blick auf die darauf folgende Entwicklung kann man die Fossilien aus dieser Zeit als anfängliche Landpflanzen ansehen. In ihrer Zeit hätte man sie vermutlich eher als merkwürdig spezialisierte Bewohner flacher mariner Schelfe eingestuft. Erst Drepanophycus und Baragwanathia treten als echte Landbewohner auf. Beide Pflanzen bildeten zwei bis vier Zentimeter dicke Triebe, die in zwei bis fünf Jahren schätzungsweise einen Meter lang wuchsen.

Die Pflanzenwelt eroberte das Festland also in zwei Phasen: in einem 50 bis 60 Millionen Jahre langen Zeitabschnitt vor dem Devon, als sehr ursprüngliche Landpflanzenmerkmale wie Kutin, Sporen und Tracheiden entstanden, und in der darauf folgenden Phase der eigentlichen Landpflanzenentwicklung. Sie wird dank der fossil überlieferten ersten Festlandvegetation der Gedinne- und Siegen-Stufe zu Beginn des Devons sichtbar.

Lage der Kontinente und Klima im mittleren Paläozoikum

Während des Silurs näherten sich die alten Nordkontinente Baltica und Laurentia einander an. Dabei verschwand der Ur- oder Protoatlantik (»Iapetus-Ozean«) durch Subduktion. Im Devon vereinigten sich beide Kontinente zum Old-Red-Kontinent, dessen Landmassen sich vom Äquator im Süden bis weit nach Norden erstreckten. Gondwana bedeckte während des gesamten mittleren Paläozoikums die Südkalotte der Erde. Eine riesige äquatoriale Wasserstraße trennte Gondwana vom Old-Red-Kontinent. In ihrem warmen Wasser entwickelte sich vor allem im Devon die bislang reichste marine Lebenswelt, die allerdings am Ende dieser Epoche einen radikalen Schnitt erfuhr.

Das Klima im mittleren Paläozoikum muss nach der Vereisung Gondwanas am Ende des Ordoviziums wieder relativ warm und trocken gewesen sein. Dafür sprechen die ausgeprägten Riffbildungen während dieser Zeit sowie das verbreitete Auftreten von Carbonaten und Evaporiten – durch Wasserverdunstung entstandene Ablagerungen, Salze und Gips – in immer weiter nördlich und südlich gelegenen Gebieten. Der Meeresspiegel stieg nach einem Minimum im späten Ordovizium während des Silurs wieder an und blieb auch, ausgenommen während einer Phase im frühen Devon, über beide Perioden hinweg relativ hoch.

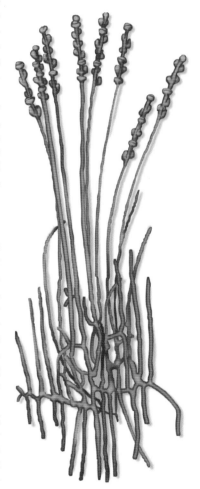

In der Verlandungszone unterdevonischer Küsten wuchs die binsenartige Gattung **Zosterophyllum.** Ihre Rhizome bilden ein dichtes Geflecht mit H- oder K-förmigen Verzweigungen.

Die im Unterdevon des Rheinlands sowie in Nord- und Westeuropa, Russland, China und Kanada häufig auftretende Art **Drepanophycus spinaeformis** wird von manchen Autoren zu den ältesten Vertretern der Bärlappgewächse gezählt. Sie scheint aber wohl eher das Endglied einer Reihe innerhalb der Zosterophyllen zu sein. Die Sprosse sind dicht von dornartigen Gebilden besetzt, an deren Oberseite die Sporangien entspringen. Der fossile Abdruck (unten) zeigt sehr schön die dornartigen Fortsätze an der Sprossachse.

Mit der Landbesiedelung beeinflussten die Pflanzen zunehmend das Klimageschehen; sie speicherten Wasser in ihren Körpern und in den entstehenden Torfmooren. Dieser Einfluss auf das Festlandklima hat sich mit der Bildung riesiger Wälder im Karbon (vor 354 bis 296 Millionen Jahren) und vom Tertiär bis heute (seit 65 Millionen Jahren) in Form eines Regenwaldklimas noch verstärkt. Aus diesem Grund darf man den Landgang der Pflanzen vor 400 Millionen Jahren als eine biogene Revolution der Natur ansehen. Die Pflanzen bestimmten die weitere Entwicklung der Erde – mit ihren vorwiegend roten Bodenfarben – maßgeblich und machten sie schließlich weitgehend grün.

Auf der Suche nach den Ursachen

Bei einem so gravierenden Evolutionsschritt, wie ihn die Besiedlung eines gänzlich neuen Typs von Lebensraum darstellt, liegt es nahe, ein großes kosmisches oder klimatisches Ereignis als Ursache anzusehen. Vor allem US-amerikanische Forscher haben in den vergangenen Jahrzehnten solchen »Katastrophenereignissen« erhöhte Aufmerksamkeit geschenkt, nachdem sich anhand der Fossilienfunde belegen ließ, dass im Lauf der Erdgeschichte immer wieder innerhalb relativ kurzer Zeiträume regelrechte Faunen- oder Florenschnitte stattfanden. Einige solcher Massenaussterben gehen zeitlich mit erhöhten Iridiumgehalten der entsprechenden Schichten einher – ein Indiz für große Meteoriteneinschläge zu jenen Zeiten. Die Analyse der Sedimente und der darin eingelagerten Organismen erlaubt es, Klimaumschwünge zeitlich und regional ziemlich genau einzugrenzen. Es gibt also viele Zeugnisse, um den Ursachen der Katastrophen auf den Grund zu gehen.

In der Tat lassen sich sowohl während des oberen Ordovizium wie des oberen Devon große Krisen im Evolutionsgeschehen zahlreicher Tierstämme erkennen. Erhöhte Iridiumgehalte hat man jedoch in den entsprechenden Schichten bislang nicht messen können. Es spricht daher kaum etwas dafür, dass ein großer Meteoriteneinschlag die Pflanzen aufs Festland wandern ließ. In den 1960er-Jahren stieß eine französische Forschergruppe dagegen auf eine viel versprechende Spur: Sie entdeckte in der Sahara oberordovizische Gletscherschrammen und Konglomerate (Tillite), die für Vereisungszeiten typisch sind. Paläomagnetische Messungen ergaben, dass sich der damalige Südpol auf dem Gebiet des heutigen Marokko befand. Eine solch zentrale Lage im damals zusammenhängenden Kontinent Gondwana hat sehr wahrscheinlich dazu geführt, dass sich der Meeresspiegel senkte und das Meerwasser empfindlich kühler wurde. Dafür spricht, dass zu jener Zeit ein Drittel der Armfüßerfamilien ausstarb und dass die riffbildenden Faunengemeinschaften stark dezimiert wurden. Sogar die Formenvielfalt der planktonisch lebenden Graptolithen nahm stark ab. Ihre zuvor großen Siedlungsgebiete schrumpften auf kleine, äquatornahe Räume zusammen. Die äquatornahen Flachmeere dienten Faunen, die aus den Kaltwasserbereichen tieferer Meereszonen verdrängt wurden, als zeitweiliges Refugium. Andere Flachwasserbereiche fielen mit der Absenkung des Meeresspiegels trocken, die marinen Lebewesen verloren an Lebensraum.

Gegen Ende des Devons, an der Grenze zwischen der Frasnium- und der Famennium-Stufe, scheint sich eine solche, wenn auch nicht so gravierende Klimaänderung wiederholt zu haben. Auch zu dieser Zeit befand sich der Südpol auf dem großen Gondwana-Kontinent. Nun wurden die nordamerikanischen Riffgemeinschaften dezimiert. Mit dem Aussterben der Tabulata (Bödenkorallen), Rugosa (Runzelkorallen) und Stromatoporen schieden die wichtigen Riffbildner des Devons aus, und erst 100 Millionen Jahre später sollten moderne Korallenformen erneut große Riffe aufbauen. Untersuchungen an oberdevonischen Wirbellosen-Faunen im US-Bundesstaat New

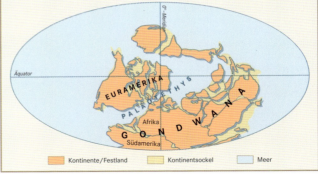

Verteilung von Land und Meer im Devon. Nach der Verschmelzung von Baltica und Laurentia zum neuen Großkontinent **Euramerika** driften **Gondwana** und Euramerika aufeinander zu. Die vormals breite tropische Meeresstraße **Paläotethys** schrumpft immer mehr. Auf dem neuen Großkontinent Euramerika ist durch die kaledonische Gebirgsbildung das ausgedehnte Old-Red-Festland entstanden; man bezeichnet Euramerika auch als Old-Red-Kontinent. Von Norden und Osten nähern sich die Sibirische Platte, Kasachstan und die Chinesische Platte.

York belegen die Dramatik dieses Klimaumschwungs: Siebzig Prozent dieser Arten starben in jener Region aus. Der gesunkene Meeresspiegel bescherte andern Regionen ein zeitweilig arides Klima, so etwa dem Norden Russlands (Timan-Gebirge).

Auffallend ist, dass sich die devonische Ur-Landpflanzenwelt im Süden Afrikas und im südlichsten Südamerika völlig von der übrigen Devonflora unterscheidet. Man fasst sie als »Bokkeveld-Devonflora« zusammen und erklärt das Auftreten ganz anderer Arten und Gattungen in diesen beiden Regionen mit ihrer damaligen kühlgemäßigten, südhemisphärischen Lage.

Tief greifende Klimaveränderungen brachten den relativ stabilen Lebensraum der Meere kräftig durcheinander, wobei die tropischen, marinen Arten besonders stark betroffen waren. Doch der klimatische Wandel erfasste mit Sicherheit auch die Verbreitungsgebiete der Ur-Landpflanzen, und übte daher auch auf sie einen großen Selektionsdruck aus. Aber anders als bei den Meeresbewohnern ließ sich bei den oberdevonischen Landpflanzen bisher kein Massensterben nachweisen.

Erfindungen der grünen Eroberer

Das Schlüsselwort zum Verständnis der Landpflanzenentwicklung lautet Spezialisierung. Um das Land besiedeln zu können, reicht ein thallöser Pflanzenkörper aus wenigen Zelltypen, wie ihn Algen und Cyanobakterien aufweisen, nicht aus. Zu viele Funktionen muss eine landgebundene Pflanze erfüllen. Dies gelingt ihr nur, wenn sie über einen strukturierten Körper mit unterschiedlich ausgeprägten Organen verfügt, die zum Festhalten im Boden, zur Stabilisierung des Pflanzenkörpers in der Luft, zum Transport von Nährstoffen und Wasser, zur Verbreitung der Fortpflanzungszellen und zur Assimilation fähig sind. Die Antwort der Pflanzenwelt auf diese komplexen Aufgaben lautete: schrittweiser Umbau des Thallus in einen durch Grundorgane gegliederten Pflanzenkörper. Aus den Niederen Pflanzen (Thallophyten) entwickelten sich die Höheren Pflanzen (Kormophyten) mit den Grundorganen Wurzel, Sprossachse und Blätter.

Den ersten Landpflanzen fehlten sowohl die Wurzeln als auch die Blätter. Hoch entwickelte Samenanlagen entwickelten erst die Samenpflanzen im Oberdevon. Dennoch lassen bereits die ersten Vertreter der Landpflanzen den Umbau des primitiven zum gegliederten Pflanzenkörper mit spezialisierten Geweben und Organen deutlich erkennen. So verfügten sie dank mehrerer sich ergänzender Funktionswechsel über die für ein Leben auf dem Land entscheidenden Strukturen. Der Aufnahme und dem Transport von Wasser in der

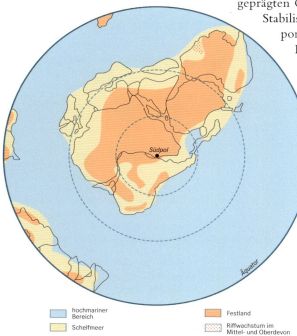

Lage des Großkontinents **Gondwana** im Unterdevon. Auf dem Südkontinent kam es im Bereich des heutigen Paraná-Beckens, das in der Nähe des damaligen Südpols lag, zur Bildung einer eigenen Faunenprovinz. Sie bestand v. a. aus Kälte liebenden Muscheln. Im Mittel- und Oberdevon wuchsen nahe dem Äquator ausgedehnte Riffe, die heute den Westrand Australiens bilden.

- hochmariner Bereich
- Schelfmeer
- Festland
- Riffwachstum im Mittel- und Oberdevon

Pflanze dienten Rhizoide und ein zentrales, noch schwach ausgebildetes Wasserleitungssystem, ein Xylem, das aus spiralförmig verdickten Tracheiden bestand. Die haploiden Fortpflanzungszellen (Sporen) lagen geschützt in Sporangien, zum Teil sogar schon in Sporangienähren. Neu hinzu kamen die Kutinschicht auf der Epidermis (Kutikula) und die ersten ursprünglichen Spaltöffnungsapparate

Die Ursprünge der **Höheren Pflanzen** (Kormophyten) liegen im Devon; über Zusammenhänge bei den einzelnen Entwicklungslinien weiß man nur wenig. Die Entstehung der **Niederen Pflanzen** (Thallophyten) ist weitgehend unbekannt.

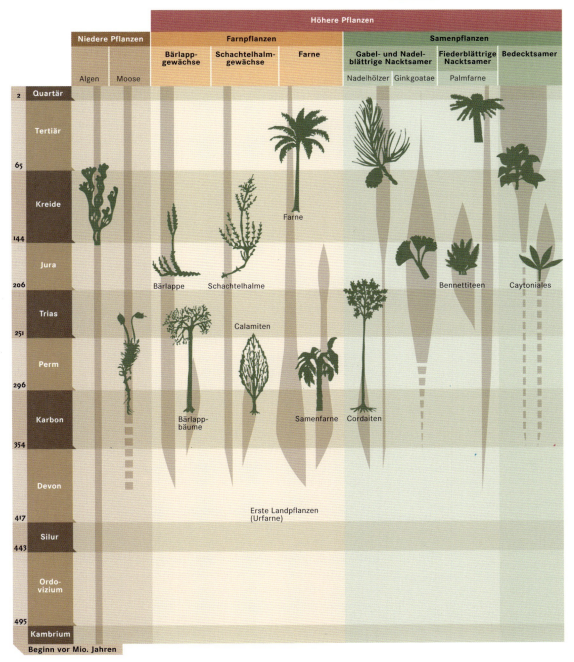

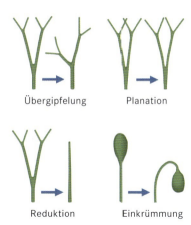

Übergipfelung · Planation

Reduktion · Einkrümmung

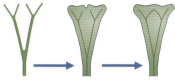

Verwachsung im Blatt

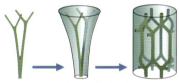

Verwachsung in der Achse

Der Botaniker Walter Zimmermann prägte 1930 für die bei Rhynia erkennbaren Organstrukturen den Begriff **Telom**. Aus Telomen soll sich durch fünf einfache Wachstumsprozesse (Elementarprozesse) die Grundgestalt der Höheren Pflanzen entwickelt haben: die **Übergipfelung** (an die Stelle einer gleichwertigen Verzweigung tritt eine Differenzierung in einen Hauptast und einen kleineren Seitenast), die **Planation** (die Telome der Seitenäste rücken in eine Ebene), die **Reduktion** (Vereinfachung von Telomen bis zu ihrer Unterdrückung), die **Einkrümmung** (durch ungleiches Wachstum zweier gegenüberliegender Flanken eines Teloms) und die **Verwachsung** (zwischen dreidimensional angeordneten Telomen und zwischen planaren). Alle Elementarprozesse sollen sich nach der **Telomtheorie** im Lauf der Stammesgeschichte mehrfach unabhängig voneinander ereignet haben.

als Luftaustauschöffnungen mit zwei Schließzellen in der ansonsten vor Wasserverlust geschützten Außenhaut. Wie die Spaltöffnungen entstanden, ist im Einzelnen unbekannt. Doch zweifellos stellen sie eine ganz wichtige Neuentwicklung dar, die die Anpassung an das Landleben ermöglichte.

Die Funde von Rhynie

Eine zentrale Fundstelle, die Aufschluss über die Gestalt und den zellulären Aufbau der Ur-Landpflanzen gab, liegt nahe des schottischen Orts Rhynie. Ihre Gesteine sind seit 1913 geologisch bekannt und wurden besonders von 1917 bis 1921 intensiv bearbeitet. Erst 1994 gelang es, das genaue Alter der Fundschicht und die Umstände, die zur Verkieselung der damaligen Vegetation führten, aufzuklären. Demnach beträgt das Alter der Funde (396 ± 8) Millionen Jahre. Das Gestein und die Fossilien bildeten sich damit ganz zu Beginn des Devons zwischen der oberen Gedinne-Stufe und dem Beginn der Siegen-Stufe. Das zum Teil glasklare Kieselgestein enthält außergewöhnlich gut erhaltene Fossilien, an denen viele anatomische Einzelheiten auszumachen sind. Sie entstanden durch Silifizierung der fast noch lebenden Pflanzen in 90 bis 120°C heißen kieselsäurereichen vulkanischen Wässern. Diese Form der Kieselgesteinsbildung trifft man heute nur selten an, etwa an den geysirartigen, heißen Quellen im Bereich des Rotorua-Sees auf der Nordinsel Neuseelands.

Vor dem Hintergrund der Rhynie-Funde ließen sich nun auch weitere, in anderer Weise erhaltene Funde von Ur-Landpflanzen als erste Vegetation im Übergangsfeld vom marinen Wasserleben zum küstennahen Landleben an Lagunen oder Flussmündungen interpretieren. Eine bei Rhynie gefundene Pflanze sah der Tübinger Paläobotaniker Walter Zimmermann sogar als Grundtypus der Ur-Landpflanzengestalt überhaupt an: Rhynia major. Die Gattung Rhynia zog Zimmermann auch heran, um 1930 seine seitdem viel diskutierte Telomtheorie aufzustellen, die die Grundorgane der Höheren Pflanzen auf so genannte Telome (Grundorgane) zurückführt.

Neuere Untersuchungen lassen an der Stellung von Rhynia als Urtyp der Landpflanzen Zweifel aufkommen. Die bei Rhynia major ursprünglich als Zentralstrang aus Wasser leitenden Tracheiden gedeutete Struktur zeigt keine Tracheiden. Vielmehr bilden lang gestreckte, abgestorbene Zellen diesen Strang, der daher bestenfalls als Vorläufer eines Wasser leitenden Strangs gelten kann oder gar nur das Rudiment eines zentralen Festigungsgewebes ist. Aufgrund dieser Tatsache gab man dieser Art den neuen Gattungsnamen Aglaophyton major, denn eine zweite damals gefundene Art, Rhynia gwynne-vaughani, besitzt in der Tat einen zentralen Tracheidenstrang. Beide Pflanzen bildeten kleine, aufrechte, runde Triebe, die entweder spitz zulaufend endeten oder zu einem mit Sporen gefüllten Sporangium anschwellten.

Da weder Rhynia noch Aglaophyton Wurzeln im eigentlichen Sinn hatten, muss man davon ausgehen, dass diese Pflanzen horizontale, auf dem nassen Boden kriechende Triebe bildeten, die unten

Wurzelhaare (Rhizoide) trugen, mit denen sie Wasser aufnehmen und sich am Boden festhalten konnten. Verkieselte Rhizoide fand man bei der ähnlichen Art Horneophyton lignieri an deren knollig runden Horizontaltrieben (Rhizomen), die sich einfach gabelten. Eine solche Zweiteilung des Vegetationspunkts nennt man dichotome Verzweigung.

Die dichotom sich gabelnden Triebe standen wahrscheinlich aufrecht, um das Licht optimal zur Assimilation zu nutzen. Allerdings war ihr Tracheidenstrang noch zu dünn, um diese 20 bis 60 Zentimeter langen Triebe aufrecht zu halten. Nur der Zelldruck (Turgor) kann das bewirkt haben. Da die Pflanze vermutlich nur wenig Wasser aufnehmen und in ihrem Körper transportieren konnte, düfte sie ähnlich wie ein Sukkulent gelebt haben.

Vermutlich waren ihre Triebe durch das Chlorophyll in den assimilierenden Zellen grün. Allerdings fand man bei neueren Untersuchungen des Gesteins einen hohen Anteil an Carotinoiden, was wiederum für eine rötlich gelbe Färbung spricht. Völlig offen sind die Verwandschaftsbeziehungen dieser Ur-Landpflanzen von Rhynie zu den späteren Farnen oder zu den Bärlappen. Aufgrund der sterilen Zellen, die man im Zentrum des Sporangiums von Horneophyton fand, könnte es sich hierbei sogar um einen Vorläufer der Lebermoose gehandelt haben.

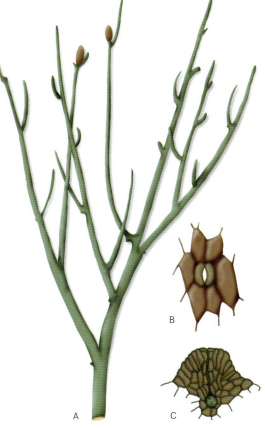

Rhynia gwynne-vaughani (A) mit Sporangien und einer einem Eizellen-Behälter ähnlichen Struktur (C) im liegenden Trieb. Der Spaltöffnungsapparat (B) mit den bohnenförmigen Schließzellen stellt eine Verbindung zwischen Außenluft und Interzellularsystem der Pflanze her.

Das Rätsel der Fortpflanzung

Sowohl die Algenvorfahren der Ur-Landpflanzen wie auch die aus ihnen hervorgehenden Moose und Farne traten – und treten bis heute – mit jeweils zwei Generationen auf: der haploiden, mit einfachem Chromosomensatz ausgestatteten Gameten-Generation (die Gametophyten oder Prothallien) und der diploiden Sporophyten-Generation mit doppeltem Chromosomensatz, die nach einer Reduktionsteilung wieder haploide Sporen bildet, aus denen erneut ein Gametophyt entsteht. Bei den meisten devonzeitlichen Fossilfunden handelt es sich um Sporophyten, was sich an ihren Sporenbehältern, den Sporangien, ablesen lässt. Sehr viel seltener und viel schwieriger zu interpretieren sind devonzeitliche Fossilfunde von Gametophyten.

Ein Grund hierfür könnte sein, dass bereits die Ur-Landpflanzen – ähnlich wie später die Farne – nur unscheinbar kleine Prothallien bildeten. Bei solchen Strukturen wäre der Mangel an Fossilien schnell erklärt. Doch leider bringt dieser Mangel die Paläobotanik in eine schwierige Lage: Für einen wichtigen Teil der Landpflanzenentwicklung verfügt sie dadurch nur über äußerst schüttere fossile Belege. Hinsichtlich der Fortpflanzungsstrategien liegt die Entwicklung der Ur-Landpflanzen daher im Dunkeln.

Obwohl mit fädigen Auswüchsen bedeckt, zählt auch **Asteroxylon mackiei** zu den Nacktpflanzen (Psilophyten) des Unterdevon. Die Zeichnungen zeigen den ober- und unterirdischen Teil eines Sprosses (A) und einen Abschnitt des Triebs (B) mit beutelförmigen Sporangien (S). Diese weisen eine scheitelständige Öffnungsstelle auf; Längsschnitt (D). Die von den Xylemplatten abzweigenden Blattspursträhge (Bs) enden schon am Beginn der sog. Blättchen (Bl), die somit kein Leitbündel enthalten. Der Querschnitt (C) ist durch den oberirdischen Trieb mit seinen Anhangsgebilden gelegt. Deutlich ist das annähernd sternförmige Xylem (X, violett dargestellt) zu erkennen.

Auf der Suche nach der Gameten-Generation

Umso interessanter erscheint vor diesem Hintergrund die devonzeitliche Ur-Landpflanze Sciadophyton steinmanni, die man im Wahnbachtal bei Bonn sowie in Kanada und in der Ukraine gefunden hat. Die Funde von Sciadophyton steinmanni lassen Rosetten erkennen, die wenige bis zehn Zentimeter im Durchmesser erreichen. Ob es sich dabei immer nur um eine Art oder um mehrere Arten handelt, ist allerdings ebenso umstritten wie die Frage, ob es sich tatsächlich um den Sporophyten von Sciadophyton steinmanni handelt oder um Prothallien einer ganz andern Art. Sporangien hat man bisher jedenfalls nicht nachweisen können, obwohl die Fundschichten zuweilen von diesen kleinen Gewächsen übersät sind. Die keulig angeschwollenen Enden der flach liegenden Triebe zeigen eine Art der Punktierung, die für die Prothallium-Hypothese spricht. Dann allerdings wäre Sciadophyton ein ungewöhnlich großes Prothallium gewesen, was wiederum eher die Sporophyten-Hypothese stützt.

Dünnschliffbilder des Münsteraner Paläobotanikers Winfried Remy von Fossilien des Rhynie-Gesteins liefern ein zweites Argument für die Prothallium-Hypothese. Er entdeckte tischchenförmige Gebilde, die auf ihrer Oberseite die Fortpflanzungsorgane eines Gametophyten darstellen könnten. Jahre zuvor beobachteten Kollegen von ihm Zellanschwellungen an liegenden Trieben, die Rhynia zugeordnet wurden, und die sie ebenfalls als Fortpflanzungsorgan eines Prothalliums deuteten.

Etwa 50 Ur-Landpflanzen-Gattungen sind fossil als Sporophyten-Generation überliefert. Zweifellos besaßen diese Gattungen auch eine vielgestaltig differenzierte Prothallium-Generation. Interpretiert man nun »Sciadophyton« als das Prothallium beispielsweise der Gattung Drepanophycus und die im Rhynie-Gestein gefundene Struktur als das Prothallium einer dortigen Gattung, dann stellt sich immer noch die Frage, wie die Prothallien der andern 48 Gattungen aussahen. Besonders bedauerlich ist, dass bislang Gametophyten-Funde von Pflanzengattungen fehlen, bei denen sich diese Generation in Mikro- und Megasporen-Prothallien differenziert hat. Denn gerade die Heterosporie scheint bei der weiteren Entwicklung moderner Samenpflanzen eine entscheidende Rolle gespielt zu haben.

Fest steht, dass die evolutionäre Entwicklung der Prothallium-Generation beim Schritt aufs Land eine große Rolle gespielt haben

MOOSE, FARNE, SAMENPFLANZEN – UNTERSCHIEDE UND GEMEINSAMKEITEN

Entweder haben sich die Moose (Bryophyten) parallel zu den Ur-Landpflanzen (Psilophyten) entwickelt, oder sie sind aus ihnen hervorgegangen. Die vorhandenen Funde aus dem oberen und mittleren Devon können diese Frage nicht eindeutig klären helfen. Wahrscheinlich hatten die Moose noch keinen erheblichen Anteil an der Vegetation jener und der folgenden Karbonzeit; ihre Zeit kam erst mit dem Ende des Karbons. Doch ein Vergleich zwischen Moosen und aus den Ur-Landpflanzen hervorgegangenen Farnen sowie den jüngeren Samenpflanzen weist sowohl auf evolutionäre Gemeinsamkeiten wie auf die entscheidenden Fortschritte bei der Besiedlung des Festlands hin.

So mag ein Grund für die geringe Bedeutung der Moose im mittleren Paläozoikum in ihrer thallösen Organisationsform liegen. Viele Moose können nur an extrem feuchten Standorten wachsen. Sie sind zwar in der Lage, Wasser in Form von Regen, Tau oder Nebel aufzunehmen, doch sie können es bei sinkendem Dampfdruck nicht halten – sie sind reine Quellkörper ohne Fähigkeit zur Wasserspeicherung.

Farne wie Moose zeichnet eine besondere Form des Generationswechsels aus; Botaniker sprechen vom heterophasischen Generationswechsel. Beide bilden eine haploide, also nur einen Chromosomensatz enthaltende, Fortpflanzungszelle – eine Spore. Aus ihr entwickelt sich die haploide Generation des Gametophyten. Bei den Moosen ist der Gametophyt die eigentliche, grüne Moospflanze, bei den Farnen hingegen nur ein winziges, kurzlebiges Prothallium. Aus ihm entsteht durch Verschmelzung zur Zygote die diploide Generation, der Sporophyt. Dies ist die beblätterte Farnpflanze. Moose bilden zwar ebenfalls die diploide Sporophyten-Generation, allerdings entwickelt sie sich nur als unscheinbares Sporogon auf dem Moos-Gametophyten.

Aus unterdevonischen Sedimenten Norwegens, Belgiens, Großbritanniens (Wales) und Australiens (Victoria) sind mit 10 cm langen Stielen endende Sporangien ohne Tracheidenstrang bekannt, die einer thallusartigen Fläche entspringen. Man vermutet in der hier abgebildeten Sporogonites exuberans eine frühe Entwicklung zu den Moosen.

Trotz dieser gravierenden Unterschiede zwischen Moosen und Farnen gibt es eine wichtige Gemeinsamkeit: Die Sporen können sich bei beiden bereits unabhängig vom Wasser verbreiten, etwa mit dem Wind. Doch der eigentliche Befruchtungsvorgang – also die Verschmelzung der haploiden Fortpflanzungszellen des Gametophyten zur diploiden Zygote – ist bei Moosen wie bei Farnen an die Anwesenheit von Wasser gebunden –

zweifellos ein Erbe aquatisch lebender Vorfahren. Die Unabhängigkeit vom Wasser bei der Fortpflanzung erreichen erst die Samenpflanzen mit der Bildung einer Blüte. Bei ihnen ist damit die Befruchtung von Eizellen mit Pollen in den schützenden Fruchtknoten verlegt. Erst das erlaubte es den Samenpflanzen, selbst trockene Lebensräume zu erschließen.

muss. Möglicherweise liegt in ihr sogar der Schlüssel für das Rätsel, wie es im Meerwasser lebende Algen geschafft haben, an Land zu überleben. In der heutigen, rezenten, Flora gibt es hierfür keine Analogie.

Die Erforschung von Sporenformen des späten Silur und des frühen Devon förderte eine Vielzahl von Formen zutage, von denen die Mehrzahl zu anfänglichen Ur-Landpflanzen gehören muss. Außerdem steht fest, dass bereits im Unterdevon die Entwicklung zur Heterosporie beginnt, also der Grundstein für die so genannten heterosporen Farne mit Mega- und Mikrosporen gelegt wurde. Ab der Mitte des Devons sind Megasporen üblich, und in der Spätphase dieser Periode führt diese Differenzierung schließlich zur extremen Heterosporie. Sie kennzeichnet den Ausgangspunkt für die Entwicklung erster Samenanlagen und damit die Weiterentwicklung zu den Samenpflanzen.

Assimilationsorgane – der Kampf ums Licht

Viele unterdevonische Ur-Landpflanzen waren ähnlich wie die Gattungen Rhynia, Horneophyton oder Cooksonia gestaltet, ob die Fossilien nun aus Schottland, Nordamerika, Australien, Afrika oder Asien stammen. Man fasste sie unter dem Begriff Rhyniaceen zusammen. Aber man fand im Rhynie-Gestein auch eine Ur-Landpflanze, die nicht nackt im Sinn der Psilophyten oder Nacktpflanzen war: Asteroxylon mackiei hat zwar noch keine Blätter im strengen Sinn, aber ihre Triebe sind überall mit fädigen Auswüchsen besetzt.

Mit diesen Auswüchsen konnte Asteroxylon die assimilierende Fläche des aufrechten Triebs vergrößern. Sie hatten damit bereits die typische Blattfunktion, ohne allerdings schon Blätter zu sein. Von dem im Querschnitt der Triebe sternförmigen Xylemstrang spalten sich zwar Tracheiden zur Außenrinde ab, aber sie setzen sich nicht in den Auswüchsen fort. Damit fehlt ihnen noch das wesentliche Merkmal eines Blatts, nämlich die Blattader (BILD S. 380).

Man findet bei vielen andern unterdevonischen Ur-Landpflanzen solche fädigen Auswüchse. Bei der australischen Baragwanathia longifolia sind sie extrem lang, bei der kanadischen Psilophyton-Pflanze bedecken sie die gesamte Oberfläche des aufrechten

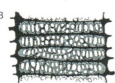

Der aufrechte Trieb (A) von **Psilophyton dawsonii** aus dem Unterdevon Kanadas trägt an den Enden der dichotom verzweigten fertilen Sprossen grün dargestellte Sporangien. Bei andern Psilophyten waren die Sprossen mit dornartigen Fortsätzen bedeckt. (B) zeigt das stark vergrößerte treppenförmige Wasserleitsystem **(Tracheiden)** im verdickten Gefäßteil. Bei den Psilophyten (Urfarne) findet sich mit der **Protostele** die einfachste Form einer Stele, des aus Holz und Siebteilen bestehenden Leitbündelsystems, dargestellt im Querschnitt (C). Das Xylem, der Wasser und Nährsalz transportierende Gefäßteil, ist hier gegliedert in die zuerst gebildeten Protoxylemzellen (in der Mitte) und die sie umgebenden dauerhaften, stärker verholzten Metaxylemzellen. Das Xylem ist von einem Siebteil (Phloem) umgeben, das dem Transport von photosynthetisch erzeugten organischen Stoffen dient. Die umschließende Rinde besteht aus dem Grundgewebe (Parenchym) und dem Abschlussgewebe (Epidermis).

Pseudosporochnus aus dem Mitteldevon von Belgien, etwa drei Meter hoch, war ein richtiger kleiner Baum, mit Stammbasis und Ästen, an denen sehr feine aufgabelnde Blättchen hängen. Die Schnitte in der Darstellung verdeutlichen noch nicht geklärte Übergänge. Die Darstellung der Wurzeln ist rein hypothetisch.

Triebs. Sie sind vielzellig und tragen vermehrt Spaltöffnungsapparate.

Merkwürdigerweise gehören diese überhaupt nicht nackten Ur-Landpflanzen mit zu den geologisch ältesten; Baragwanathia etwa stammt aus dem unteren Devon. Dennoch weisen ihre stark vergrößerten Assimilationsflächen sie als geradezu moderne Vertreter aus, die versucht haben, möglichst viel Lichtenergie photosynthetisch zu fixieren. Diese Fähigkeit, so zeigt es die weitere Entwicklung der Landpflanzen, war für den evolutionären Erfolg im weitgehend autotrophen Pflanzenreich von entscheidender Bedeutung. Der »Kampf ums Licht« wurde im ausgehenden Devon und vor allem im darauf folgenden Karbon zum beherrschenden Thema. Ob jedoch von Pflanzen wie Baragwanathia die Entwicklung zu den späteren Bärlappgewächsen ausging, lässt sich nicht beantworten. Neben morphologischen Gemeinsamkeiten gibt es auch viele Unterschiede.

Sekundäres Dickenwachstum

Wäre die devonische Vegetation auf dem bisher beschriebenen Entwicklungsstand stehen geblieben, dann hätten die Pflanzen niemals das Festland wirklich erobern können. Den Pflanzen fehlte noch eine wichtige Eigenschaft: die Fähigkeit zum sekundären Dickenwachstum. Dabei setzt in der Sprossachse der Pflanze nach Abschluss ihres primären Baus und ausgehend von der teilungsakti-

Von einem kriechenden Rhizom der mitteldevonischen Pflanze **Hyenia elegans** zweigen teilweise unregelmäßige »Äste« ab, die vielfach gegabelte sog. Blättchen tragen (rechter Ast). Der linke Ast – besser als Luftspross zu bezeichnen – trägt Sporangien, jeweils sechs am Ende eines Stieles.

Calamophyton, hier ein fossiler Abdruck der ein- bis zweifach gegabelten Blätter von Calamophyton primaevum aus der Eifel (Mitteldevon); gehört zu den Vorläufern der Farne.

ven Kambiumschicht erneut ein radialer Dickenzuwachs ein. Die Kambiumschicht selbst erweitert sich dabei in dem Maß, wie sie nach innen neues Gewebe bildet. Sie wandert bei diesem Prozess also ringförmig immer weiter nach außen, und kann so – nahezu beliebig lang – den Stamm allmählich verdicken. Das vom Kambium nach innen abgegebene Material nennt man Holz, das nach außen gebildete Material heißt Bast. Ohne diese Fähigkeit zum sekundären Dickenwachstum hätten die Pflanzen weder sehr alt werden noch eine richtige Baumgestalt entwickeln können. Die Landpflanzenentwicklung wäre dann wohl ins Stocken geraten.

Tatsächlich trat ein gewisser Entwicklungsstillstand ein. Die bloße Umwandlung von lebendem Gewebe in so genanntes Metaxylem, wie man es etwa bei den Gattungen Asteroxylon und Drepanophycus findet, führte zwar im unteren und mittleren Devon zu einer bemerkenswerten Vielfalt, aber die Arten entwickelten sich nur wenig weiter. Die Stammbasis und Äste von Pseudosporochnus, einer Pflanze aus dem Mitteldevon, enthielten bis zu 90 % abgestorbene Zellen, ein Wasser leitendes Xylem und verdickte tote Zellen, die möglicherweise als Festigungsgewebe (Sklerenchym) dienten.

Vergleichbare Gattungen aus dieser Zeit wie etwa Calamophyton, Hyenia und Cladoxylon scoparium zeigen alle eine ähnliche Gestalt und Anatomie des Stamms: Die Stämme gabeln sich teilweise unregelmäßig auf. Die »Äste« tragen vielfach gegabelte Anhanggebilde (»Blättchen«), oder verjüngen sich nach außen und gabeln sich dann an der Spitze vielfach auf. Die Determination der Triebverzweigungen vermischt sich also mit derjenigen der Anhanggebilde, was darauf zurückzuführen ist, dass die Anhanggebilde von jeweils einem Xylemstrang versorgt wurden. Die Xyleme im Stamm nehmen daher eine im Querschnitt immer regelmäßiger werdende, meist V-förmige Gestalt an, weshalb man Cladoxylon scoparium, Calamophyton und Hyenia auch als frühe Vorläufer der Farne bezeichnet.

Die Gestalt dieser Pflanzen mit einem Stamm und den schopfartigen Verästelungen vermittelt zwar den Eindruck eines kleinen Baums, aber dieser Eindruck täuscht. Diese Pflanzen starben nämlich ab, sobald sich das gesamte lebende Gewebe im Stamm zu Xylem und Sklerenchym umgewandelt hatte. Die schopfartige Verzweigung und ein letztes Ausschütten von Sporangien waren die Folge davon.

Auch hinsichtlich der Standfestigkeit waren diese Pflanzen keine Bäume mit Wurzeln, die sie fest im Boden verankerten. Unterirdische Organe sind praktisch nicht bekannt. Bei der Gattung Calamophyton schwillt die Stammbasis keulenartig an und ist mit zwei Millimeter dünnen und sechs Zentimeter kurzen »Wurzeln« besetzt. Andere Pflanzen wuchsen als liegende Stämme – heute würde man sie als Rhizome bezeichnen. Allerdings wuchsen diese »liegenden Stämme« nicht im Erdboden, sondern auf ihm, wie dies bei heutigen Rhizomen der Fall ist. Unklar ist auch, ob sie wie heutige Rhizome am älteren Ende abstarben und verfaulten. Anscheinend gabelten sie mehrfach auf und überzogen so den Boden geflechtartig, wie das bei Rekonstruktionen von Kaulangiophyton nachgewiesen werden konnte. Heute dient ein Rhizom sehr oft als Speicher, damals war es die auf dem Boden ausgebreitete Standfläche der aufrecht wachsenden Triebe, vergleichbar dem Standfuß eines Sonnenschirms.

Die Anatomie der Wurzel im strengen Sinn zeigt zudem einige Charakteristika, die sie im Aufbau vom aufrechten Stamm grundlegend unterscheidet. So sind die Leitbündelstränge um 180° verdreht. Botaniker bezeichnen die Anordnung der Stränge im Stamm als Eustele; in der Wurzel bilden die Leitbündel dagegen eine radiäre, sternförmige Stele. Diese Anordnung zeichnet die Nadelbäume und die zweikeimblättrigen, modernen Bedecktsamer aus. Solche sternförmigen Xylemstelen findet man bei Ur-Landpflanzen häufig. Das könnte bedeuten, dass die Wurzel aus den liegenden Trieben der Ur-Landpflanzen entstanden ist.

Mit der im Mitteldevon von Elberfeld gefundenen Duisbergia mirabilis rundet sich das Bild von einem sukkulentenhaften Entwicklungstrend in der Ur-Landpflanzengeschichte. Diese ein bis zwei Meter hohen, stets nur aufrechten, dickstämmigen Ur-Landpflanzen machen ganz den Eindruck eines – allerdings spiralig beblätterten – Säulenkaktus. Da in der Trias ein Nachfahre der karbonzeitlichen Sigillarien eine entfernt ähnliche Gestalt zeigt, meinen manche Botaniker in Duisbergia einen frühen Vorläufer dieses Entwicklungstrends zu sehen. Die assimilierenden Anhanggebilde sind spatelförmig geformt, tief aufgeteilt, und zwischen diesen »Blättern« saßen vermutlich die bislang noch nicht nachgewiesenen Sporangien. Auch wo sie ansaßen ist noch nicht bekannt, vielleicht an einem am Blattgrund des Öftern zu beobachtenden Höcker, sofern dieser nicht bereits als ein Organ zur Wasseraufnahme (Ligula) zu deuten ist. Bemerkenswert ist auch, dass im sonst wenig widerstandsfähigen Gewebe des sukkulenten Stamms die Blattspursträngeeinmal dichotom geteilt, also gedoppelt abzweigen. Bekanntlich herrschten in der Karbonzeit bei Farnen und Samenfarnen Gabelwedel vor, eine Großblattgestalt, die uns heute noch im Ginkgoblatt erhalten ist. Möglicherweise stammt auch dieses Merkmal aus der Zeit der Ur-Landpflanzen.

Ein entscheidender Entwicklungssprung lässt sich an den Achsen der mitteldevonischen Gattungen von Triloboxylon und Tetraxylopteris zum ersten Mal ablesen. Betrachtet man den Stammquerschnitt von Pseudosporochnus, so fällt die unregelmäßige Anordnung der Wasser leitenden Xylemstränge im Wechsel mit den Sklerenchymsträngen auf. Bei Triloboxylon und Tetraxylopteris dagegen sind die

Eine Pflanze von recht eigenartigem Wuchs ist **Duisbergia mirabilis** aus dem Mitteldevon des Rheinlands, die von einigen Autoren zu den ursprünglichen Bärlappgewächsen, von andern zu den Farnen gezählt wird. Eine Zuordnung könnte nur eine Untersuchung der Sporangien ermöglichen, die aber bislang noch unbekannt sind.

sternförmigen Xyleme regelmäßig angeordnet, und im Querschnitt zeigt sich erstmals ein daran anschließendes sekundäres Dickenwachstum dieses Holzes. Mit diesem Schritt überwanden die Ur-Landpflanzen nicht nur ihr begrenztes Höhenwachstum, sondern es gelang ihnen dadurch auch, erheblich älter zu werden.

Archaeopteris – der erste Baum

Im Oberdevon taucht im Anschluss an diese Entwicklung zum ersten Mal eine wirklich baumförmige und Hunderte von Jahren alt werdende Sporenpflanze auf: Archaeopteris. Von der Gattung Archaeopteris entstanden in dieser Zeit zahlreiche Arten, und mit ihnen hatte die Ur-Landpflanzenentwicklung den Stand erreicht, der für eine wirkliche Eroberung des Festlands notwendig war. Archaeopteris-Bäume hatten Achsengebilde, die wie farnwedelartige Großblätter aussahen, allerdings sprossen die »Blättchen« an diesen Gebilden spiralig entlang der Achse. Sie waren mehrfach verzwegt und trugen an der Basis lange Sporangien, entweder mit Mikrosporen oder mit Megasporen. Einige Archaeopteris-Arten zeigen eine die Blattadern verbindende Blattspreite. Allerdings standen die fertilen »Blattadern«, also die Sporangien, noch frei.

Mit **Archaeopteris** haben wir zum ersten Mal eine Pflanze vor uns, die als Baum im heutigen Sinn bezeichnet werden kann. Der fossile Wedel stammt aus dem Oberdevon der Bäreninsel. Die fächernervigen Blätter sind am Ende meist zerschlitzt. Es lassen sich unfruchtbare und fruchtbare Fiedern unterscheiden.

Mit den Archaeopteris-Arten kündigt sich an, dass mit dem Oberdevon die Zeit der Blattwedel (Pteridophyllen) gekommen ist. Die Pflanzen vergrößern die Fläche ihrer Assimilationsorgane, der Kampf ums Licht tritt in eine neue Phase und führt im Karbon schließlich zur Entwicklung bis zu 30 Meter hoher Baumriesen, die ausgedehnte Wälder bilden.

Der aus dem Oberdevon stammende Holztyp Callixylon gehört ebenfalls zu den Archaeopteris-Arten. Der heterospore »Farn« bildete koniferenartige, bis zu 1,5 Meter dicke Baumstämme, an denen allerdings noch keine Jahresringe auszumachen sind. Wahrscheinlich standen diese vermutlich mehrere Jahrhunderte alt werdenden Bäume einzeln oder in losen Gruppen. Die Ähnlichkeit ihres Holzes mit dem der erst 70 Millionen Jahre später auftretenden Nadelbäume veranlasste Paläobotaniker dazu, Archaeopteris sowie einige andere Ur-Landpflanzen aus dem mittleren Devon als Progymnospermen zu bezeichnen.

Die Nacktsamer oder Gymnospermen waren die ersten Samenpflanzen. Die Progymnospermen sind jedoch eindeutig Sporenpflanzen, allerdings bereits solche mit Heterosporie – also der Differenzierung in Mega- und Mikrosporen. Aus der im Lauf der Entwicklung immer extremer werdenden Heterosporie der Progymnospermen musste sich die Samenanlage also erst noch entwickeln. Mit der aus dem späten Devon stammenden Moresnetia fand man in Belgien einen ersten Beleg für diesen Übergang von progymnospermen Sporenpflanzen zu Pflanzen mit Samenanlagen.

Bärlappe und Schachtelhalme

Neben der Entwicklungsrichtung, die zu den späteren Farnen, Samenfarnen und progymnospermen Bäumen führte, schälten sich im mittleren Devon zwei weitere Entwicklungslinien heraus. Eine führte zu den Bäume bildenden Bärlappgewächsen, die zweite im Oberdevon zu den ebenfalls baumartigen Schachtelhalmgewächsen. Im US-Bundesstaat New York fand man die aus dem mittleren Devon stammende, etwa einen halben Meter große Leclercqia. Fünfzipflige, etwa sechs Millimeter lange Assimilationsanhänge bedecken ihre sich dichotom verzweigenden Triebe. An der Basis dieser winzigen »Blättchen« befindet sich eine so genannte Ligula, ein Organ zur Wasseraufnahme. Die eingehende Untersuchung aller anatomischen Einzelheiten dieser Pflanze zeigt, dass es sich bei ihr um den ersten Vertreter eines isosporen Bärlappgewächses handelt. Im Oberdevon traten die Bärlappgewächse (Lycophyta) mit der Gattung Cyclostigma dann bereits als große, rindenreiche Bäume auf. Wahrscheinlich spezialisierten sich die Bärlappgewächse auf feuchte, süßwasserreiche Standorte, wo sie sich massenhaft vermehren konnten. In der Steinkohlenzeit erreichten die Bärlappgewächse den Höhepunkt ihrer Entwicklung und wurden zu den Waldmoor-Torfbildnern der damaligen tropischen Regenwälder.

Über welche Entwicklungslinie sich die Schachtelhalmgewächse (Sphenophyta) aus psilophytenhaften Vorfahren entwickelten, ist noch unklar. Zunächst nahm man an, dass Pflanzen wie Protohyenia aus dem Unterdevon oder Hyenia und Calamophyton aus dem mittleren Devon die Vorläufer der Schachtelhalmgewächse sein könnten. Neuere Untersuchungen zeigten jedoch, dass die Form ihres Xylems diese Pflanzen eher in die Nähe der später auftretenden Farne rückt.

Die oberdevonische Pflanze Pseudobornia, die man auf Spitzbergen und auf der Bäreninsel fand, ist bereits ein typischer Vertreter der baumförmigen Schachtelhalmgewächse aus der Steinkohlenzeit. Die Achsen der bis zu zwanzig Meter hohen und einen halben Meter dicken Pflanze sind in Knoten und Sprossabschnitte gegliedert. Jeweils vier große, keilförmige Blätter entspringen den Knoten. Aus derselben Zeit stammt die Gattung Sphenophyllum. Sie ist ein zweiter Beleg für die Existenz der Schachtelhalmgewächse im Oberdevon. Bei Sphenophyllum entspringen drei, sechs oder neun keilförmige Blätter dem Holzkörper, dessen Leitbündelsystem drei Zentren aufweist. Man nennt dies eine triarche Stele. Die beiden Funde legen nahe, dass sich die Schachtelhalmgewächse in sehr kurzer Zeit aus nur zwei Linien mitteldevonischer Vorläufer entwickelten.

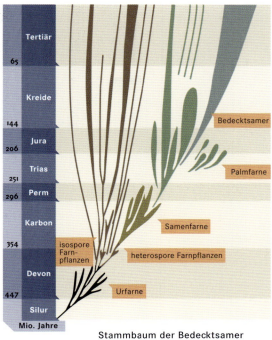

Stammbaum der Bedecktsamer (Angiospermen). Die fünf Hauptstufen der Evolution zu den Bedecktsamern, die von der Telomtheorie postuliert werden, sind hervorgehoben.

Fünfzipfliger Assimilationsanhang (»Blatt«) des Bärlappgewächses **Leclercqia**, an dessen Basis sich die Ligula, ein der Wasser- oder Nährstoffaufnahme dienendes Blatthäutchen, befindet.

Die Tiere folgen nach

Der Zeitpunkt, ab dem sich die ersten landbewohnenden Tiere entwickelt haben, ist ebenso schwierig zu bestimmen wie der für die Landpflanzen. Auch bei den Tieren handelt es sich dabei zum Teil um eine Frage der Definition – beispielsweise darum, ob man Amphibien als Landbewohner oder als Wasserbewohner ansehen möchte. Doch zumindest zwei Dinge lassen sich festhalten. Die dauerhafte Besiedlung des Festlands durch die Tiere kann unmöglich vor den Pflanzen stattgefunden haben, auch nicht gleichzeitig mit diesen, sondern erst nach ihnen. Da die Tiere sich ausschließlich heterotroph, das heißt von andern Organismen ernähren, benötigen sie zum Leben entweder pflanzliche Nahrung, oder sie erbeuten als räuberische Lebewesen Pflanzenfresser. Aus diesem Grund ist es nicht verwunderlich, dass die ersten Anzeichen tierischen Landlebens mindestens 50 Millionen Jahre jünger sind als die ersten Anzeichen einer Landpflanzenbesiedelung.

Lebensgemeinschaft von Ur-Landpflanzen und Gliederfüßern des Unterdevons von **Rhynie** in Schottland. Bei den dargestellten Pflanzen handelt es sich um Aglaophyton major (A) und Asteroxylon mackiei (B). Die stark vergrößert dargestellten Tiere sind Palaeocharinus (a), eine Urspinne, der einem Skorpion ähnliche Lepidocaris rhyniensis (b), und die zu den Springschwänzen zählende Rhyniella praecursor (c).

Der zweite Punkt betrifft die erforderlichen Anpassungen. Wie die Pflanzen mussten auch die Tiere evolutionäre Innovationen hervorbringen, um im Medium Luft leben zu können. Entscheidend ist hierbei die Luftatmung, die in den verschiedenen Tiergruppen, die das Wasser als Lebensraum verließen, zu jeweils ganz andern Konzepten führte. Nahezu ebenso wichtig ist die Fortbewegung. Auch in dieser Hinsicht zeichnen sich die tierischen Landbewohner durch eine erstaunliche evolutionäre »Fantasie« aus.

Im Oberdevon entwickelten sich aus der Gruppe der Quastenflosser – die als Fische der andern großen Gruppe der Fische, den Strahlenflossern, unterlegen waren – mit den Amphibien die einfachsten Landwirbeltiere.

Nachzug mit Verzögerung

Bereits 1877 erkannte der Berliner Paläontologe Ernst Weiss, dass die tierische Entwicklung der pflanzlichen hinterherhinkte, und zwar im Abstand von 30 bis 50 Millionen Jahren. Möglicherweise handelt es sich dabei um eine Gesetzmäßigkeit in der Natur, denn eine ähnliche Nachfolge gab es auch vor 120 Millionen Jahren, als die erdmittelalterliche Pflanzenwelt aus Nacktsamern wie Nadelbäumen, Cycadeen, Bennettiteen, Ginkgobäumen und Farnen von der modernen Pflanzenwelt der Bedecktsamer in der Mitte der Kreidezeit abgelöst wurde. Auch auf diesen Umbruch in der Pflanzenwelt folgte 50 Millionen Jahre später mit der Radiation, das heißt der schnell sich vervielfachenden Entwicklung neuer Gattungen und Arten, bei den Säugetieren und Vögeln ein ähnlich tief greifender Umbruch in der Tierwelt.

Ähnlich wie bei den Pflanzen dürfte die Eroberung des Festlands durch die Tiere kein punktuelles Ereignis gewesen sein. Vielmehr waren es auch bei den Tieren Wasserbewohner, die zunächst zeitweilig den Schritt aufs Land wagten. Bis heute gibt es mit den Amphibien und vielen Insekten Lebewesen, die in beiden Elementen gleichermaßen heimisch sind. Libellen beispielsweise leben als räuberische Larven fünf Jahre im Wasser und nur wenige Sommermonate als geflügelte Insekten in der Luft.

Die ersten »Gehversuche« zumindest zeitweilig an Land lebender Tiere sind in den bereits beschriebenen Gesteinen von Rhynie in Schottland dokumentiert. Neben den einzigartig erhaltenen Ur-Landpflanzenresten fand man dort auch chitinöse Reste teils im Süßwasser, teils schon nicht mehr im Wasser lebender kleiner Gliederfüßer (Arthropoden).

Vom Kambrium an war das Meer der Lebensraum für Arthropoden, doch spätestens seit dem Unterdevon bildeten sie fast gleichzeitig mit den ersten Ur-Landpflanzen eine »amphibische« Lebensgemeinschaft. Sie ernährten sich von kleinen Algen, Pilzen und zerfallenden Pflanzenteilen und wurden im Oberdevon schließlich selbst

Dieses 7 cm lange Segment eines riesigen **Tausendfüßers** wurde im Karbon bei Saarbrücken gefunden.

Nahrung für die ersten im Brackwasser, dann im Süßwasser und zeitweilig an Land lebenden Wirbeltiere.

Die Funde von Rhynie offenbaren eine erstaunliche Vielfalt an Arthropoden-Gruppen. So fand man dort niedere Krebse der Ordnung Phyllopoda – zu ihnen zählen heute die Wasserflöhe –, erste Spinnen (Trigonotarbiden) und Milben sowie mit den Springschwänzen (Collembolen) sogar die ersten flügellosen Insekten. Ähnliche, fast ebenso alte Lebensgemeinschaften (Biozönosen) aus Arthropoden kennt man von Alken an der Mosel und aus oberdevonischer Zeit von Gilboa im US-Bundesstaat New York.

Man nimmt an, dass bereits vorher, im oberen Silur die ersten Arthropoden das Festland aufsuchten, doch fossile Belege hierfür fehlen oder lassen sich nicht schlüssig interpretieren. Von einer Eroberung des Lands durch die Arthropoden kann man nicht sprechen, aber ebenso wie erste Pilze zusammen mit den ersten Ur-Landpflanzen in Rhynie auftauchen, haben auch diese kleinen Arthropoden ihren bescheidenen Anteil an den ersten Landpflanzen-Gemeinschaften.

Viele wirbellose Stämme haben demgegenüber das Meer niemals verlassen. So leben die Armfüßer (Brachiopoden), die Kopffüßer (Cephalopoden) und die Stachelhäuter (Echinodermen) bis heute ausschließlich marin. Andere Gruppen haben sich zwar an das Süßwasser angepasst, so etwa Einzeller, Muscheln, Schnecken, Krebse, Würmer, einige wenige Süßwasserschwämme, Süßwasserhohltiere und die Süßwassermoostierchen. Aber nur zwei Stämme, die Arthropoden und die Mollusken haben Entwicklungen hervorgebracht, die ganz an ein Leben an Land angepasst sind. Unter den Mollusken waren es diejenigen Schnecken, die sich zu Lungenschnecken (Pulmonata) entwickelt haben, und unter den Arthropoden sind es neben den zu den Höheren Krebsen zählenden Asseln (Isopoda), die Tausendfüßer (Myriapoda), die Insekten und die Spinnen.

Verschiedene Methoden der Luftatmung

Die wichtigste Innovation für einen erfolgreichen Landgang der Tiere war die Fähigkeit, Luft zu atmen. Praktisch alle ursprünglichen Tiergruppen, die das Land besiedelten, schlugen dafür eigene evolutionäre Wege ein. So kommt es, dass man bei den Atmungsorganen ausgesprochen viele Beispiele für konvergente Entwicklungen findet.

Das Problem der Luftatmung lösten die Arthropoden auf eine ganz spezifische Weise. Sie verfügen mit den Tracheen über röhrenförmige Strukturen, die mit einer Pore in der äußeren Chitinhülle beginnen und den Sauerstoff dann direkt ins Körperinnere zum Gewebe führen. Der Sauerstoff folgt dabei einfach dem Konzentrationsgefälle ins Gewebe, wo er verbraucht wird. Tracheen gab und gibt es bei Insekten, Spinnen, Stummelfüßern (Onychophora) und den Landasseln. Dass die Tracheenatmung in grundverschiedenen Arthropodenstämmen auftritt, ist nur als konvergente Entwicklung vorstellbar. Sie muss zu verschiedenen Zeiten entstanden sein.

Aus der Zeit des Saar-Karbons stammen die Fossilien von anderthalb Meter langen Gliederfüßern, die man **Arthropleura armata** genannt hat. Sie sehen den Tausendfüßern ähnlich, gehören aber nicht zu dieser Gruppe, sondern stehen den Trilobiten und den Asseln nahe. Ihre Segmente fand man stets zusammen mit Pflanzenresten. Aufgrund ihrer Kiemen lebten diese Tiere als erwachsene Individuen wohl normalerweise im flachen Süßwasser der damaligen Steinkohlen-Waldmoore. Die Larven dieser Art entwickelten sich vielleicht im feuchten, verfaulenden Laub. Ein Landbewohner war dieser Trilobitenabkömmling gewiss nicht, aber er war dem Landleben schon recht nahe.

Die kambrischen Stummelfüßer wie Xenusion und Aysheaia, die im flachen Meerwasser lebten, hatten bestimmt noch keine Luftatmung. Rezente Stummelfüßer, die an der Luft leben, haben wiederum mehrere Tracheen pro Quadratmillimeter. Sie müssen mit dem Wechsel des Lebensraums entstanden sein, mangels fossiler Funde weiß man jedoch nicht wann.

Möglicherweise waren die Tausendfüßer die ersten Tiere des Festlands, die Luft atmeten. Die wurmförmigen, meist nur wenige Millimeter großen Gliederfüßer atmen mit paarweise angeordneten Tracheen, die sich am Beinansatz befinden. Am deutlich abgesetzten Kopf befindet sich ein Paar Fühler (Antennen), das dem der Insekten und Krebse entspricht, also eine homologe Entwicklung darstellt. Heute gibt es von den Tausendfüßern mehr als 10000 Arten.

Die frühesten Funde fossiler Tausendfüßer stammen möglicherweise aus dem Devon oder sogar aus dem oberen Silur. Allerdings geben diese Funde keinen Aufschluss darüber, ob diese Arten bereits Tracheen hatten. Gut interpretierbare Fossilien fand man aus unterkarbonischer Zeit in Schottland und England, aus oberkarbonischer Zeit (Stufe Westfal D) im tschechischen Nýřany (Nürschan) und im baltischen Bernstein (Eozän).

DIE SCHRECKEN DER FRÜHEN MEERE

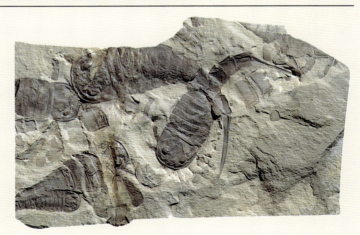

Die Seeskorpione (Eurypteriden), Ernst Haeckel nannte sie Gigantostraken, machten einen bemerkenswerten Wechsel ihres Lebensraums durch: Während des Ordoviziums und des Silurs bewohnten diese bis drei Meter langen gefährlichen Räuber die Flachmeere. Sie trugen kräftige Gliedmaßen, waren am Körperende mit einem Stachel und einer Giftdrüse bewehrt und atmeten mit Kiemen. Viele Arten besaßen auch Scheren. Im Obersilur und im Devon finden sich ihre fossilen Reste bereits in Brack- und Süßwasserstandorten; im Karbon und im Perm ausschließlich im Süßwasser.

Aus dem Silur stammt dieser fossile Seeskorpion Balteurypterus tetragonophtalmus. Das etwa 12 cm große Tier wurde in der Ukraine gefunden. Die räuberischen Seeskorpione vernichteten im Ordovizium und im Silur einen Großteil der ungepanzerten Meeresbewohner.

Die Kiemen der Seeskorpione lagen ähnlich wie bei dem rezenten Pfeilschwanzkrebs Limulus sehr geschützt. Daher ist es denkbar, dass zumindest einige Arten zeitweilig auch außerhalb des Wassers existieren konnten. Einige Arten nähern sich in ihrer Gestalt geradezu verblüffend dem Habitus der Skorpione an. Ihr Endabschnitt verengt sich und ist mit einem Endstachel besetzt. Die von Linné 1758 benannte Gattung Scorpio ist fossil seit mehr als 30 Millionen Jahren (Oligozän) bekannt. Andere fossile Gattungen der Ordnung Scorpiones sind bereits aus karbonischer und gar devonischer Zeit belegt. Es könnte also durchaus sein, dass die Vorfahren der heutigen Skorpione schon vor 300 oder gar 400 Millionen Jahren in feuchter Luft und im Schatten existierten.

Röhren und Fächer

Unter den rezenten Spinnentieren gibt es Arten mit Röhrentracheen und solche mit Fächertracheen. Für die Fächertracheen gibt es einen Erklärungsansatz, wie diese entstanden sein könnten. Dazu muss man sie mit den Atmungsorganen der Schwertschwänze (Xiphosuren), zu denen auch der Pfeilschwanzkrebs Limulus gehört, vergleichen. Er atmet mithilfe von 150 ausgestülpten horizontalen Kiemenblättern an der Hinterseite seiner fünf blattförmigen Extremitätenpaare. Skorpione und Spinnen bilden auf der Hinterseite der embryonalen Gliedmaßenanlagen entsprechende Atmungsorgane aus. Diese sind jedoch nicht aus-, sondern eingestülpt. Gemäß ihrer terrestrischen Lebensweise entstehen daraus die mit Chitin ausgekleideten Atemtaschen und Fächertracheen. Sie verhalten sich zu den Limulus-Kiemen gewissermaßen wie das Negativ zum Positiv. Während bei Limulus die Hinterleibsbeine mit den Kiemen zeitlebens als große Körperanhänge erhalten bleiben, verlagern sich die embryonalen Beinanlagen der Skorpione und Spinnen mit den Fächertracheen in eine tiefe Hautgrube.

Neben diesen streng lokalisierten, segmentierten Atmungsorganen gibt es bei den Spinnen auch die Röhrentracheen, die am ganzen Körper zu finden sind. Einige lassen sich aus Fächertracheen ableiten, andere sind aber Neubildungen. So gibt es baumartig verzweigte und unverzweigte Luftröhren. Dünnhäutigen Zwergformen unter den Spinnentieren wie vielen Milben fehlen diese Atmungsorgane ganz.

Im Unterdevon der Gedinne-Stufe von Rhynie in Schottland fand man neben den Ur-Landpflanzen auch winzig kleine Spinnen, etwa Palaeocharinus mit den ältesten nachgewiesenen Fächertracheen, und eine erste, Pflanzen fressende Milbe (Protocarus) sowie flügellose Ur-Insekten. 1996 entdeckte man bei einer Untersuchung von geöffneten Sporangien an und in diesen Strukturen winzige Spinnen (Trigonotarbiden), die sich offenbar vom Eiweiß unreifer Sporen und von den so genannten Tapetenzellen der Sporangienwand ernährten. Bis zu drei Millimeter große Reste von Spinnen fand man 1991 in Gesteinen des Rheinischen Schiefergebirges, die aus dem Unterdevon der Ems-Stufe stammen. Die Tiere wurden in einer brackig-marinen Umgebung abgelagert. Über etwaige Atemöffnungen geben diese Funde allerdings ebenso wenig Aufschluss wie jene aus karbonischer Zeit, die etwas häufiger sind. Aus dem Oberkarbon gibt es vereinzelt fossile Spinnen, die noch auf dem Laub von Farnbäumen sitzen.

Unter den Asseln leben heute nur wenige Arten auf dem Land, etwa die Kellerassel oder die Mauerassel, die man unter Steinen oder in Höhlen findet. Die meisten der rund 1300 rezenten Assel-Arten leben im Meer oder vereinzelt auch als Bohrasseln an Holzpfählen, als Schmarotzer an Fischen oder zwischen Pflanzenresten im Süßwasser. Vereinzelte fossile Reste der zu den Höheren Krebsen (Malacostraca) zählenden Asseln kennt man erst seit dem Oberkarbon, dem oberen Perm und der Trias. Es handelt sich bei den Tieren

Das fossile Gehäuse einer **Lungenschnecke,** hier die 6 cm große Schlitzbandschnecke Pleurotomaria cermata aus dem Jura. Ältere Fossilien von landbewohnenden Schnecken sind äußerst selten.

dieser Funde ausschließlich um Meeres- und Brackwasserbewohner. An Land sind die Asseln wahrscheinlich erst in späterer Zeit gegangen. Belegt sind fossile Landasseln im Bernstein der Dominikanischen Republik aus dem Oligozän.

Schnecken besiedeln das Land im Schneckentempo

Erst spät und nur unvollkommen gelang den Schnecken, und unter ihnen den Lungenschnecken, der Landgang. Sogar ihre heutige Lebensweise lässt noch erkennen, dass sich die Schnecken in ihrem neuen Lebensraum schwer taten. So verliert etwa eine Wegschnecke 19 % ihres Gesamtgewichts an Wasser, wenn sie eine Stunde lang im Schatten bei 24 °C und Windstille umherkriecht. Deshalb halten sich fast alle Schnecken tagsüber unter Steinen, Blättern oder in Löchern auf und kriechen nur bei Regen oder nachts hervor.

Schnecken atmen normalerweise über die Haut und über federförmige Kiemen, die mit der Decke der Mantelhöhle verwachsen sein können. Bei den landlebenden Lungenschnecken ist an die Stelle der Kiemen ein verzweigtes Netz von Blutkapillaren im Mantelhöhlendach als »Lunge« getreten. Gleichzeitig verwächst der Rand der Mantelhöhle bis auf ein verschließbares Atemloch mit der Körperwand. Der konvex gewölbte, reich mit Muskelfasern unterlagerte Boden der Lungenschnecke hebt und senkt sich ähnlich wie das Zwerchfell der Wirbeltiere. Beim Senken öffnet sich das Atemloch und das Tier saugt Luft ein. Danach schließt sich das Atemloch wieder. Durch das Aufwölben des Höhlenbodens steigert etwa die Weinbergschnecke (Helix pomatia) den Druck ihres Atemraums um 1/25; dadurch kann sie den Sauerstoff schneller ein- und anschließend das Kohlendioxid leichter wieder ausatmen.

Riesige libellenartige Insekten wie **Meganeura monyi** aus den tropischen Steinkohlenwäldern des Oberkarbons erreichten Flügelspannweiten von bis zu 70 cm. Die ältesten fliegenden Insekten konnten im Gegensatz zu den meisten heutigen Arten ihre Flügel noch nicht über ihrem Körper zusammenschlagen – wie heute noch die Libellen und Eintagsfliegen.

Die Gattung Helix existiert seit der Oberkreidezeit. Die ältesten fossil überlieferten Lungenschnecken stammen aus dem oberen Jura. Möglicherweise handelt es sich bei dem Schneckengehäuse der Gattung Dendropupa ebenfalls um eine Lungenschnecke. Dann wäre die Existenz dieser Landbewohner seit dem Karbon belegt. Auf jeden Fall wagten sich die Lungenschnecken erst 70 bis 100 Millionen Jahre nach den Pflanzen aufs Festland.

Diese fossile **Libelle** aus dem Jura wurde im Solnhofener Plattenkalk bei Langenaltheim gefunden. Das Insekt hatte eine Flügelspannweite von 16 Zentimetern.

Die Insekten erobern den Luftraum

Die Insekten erschlossen sich nach der Eroberung des Festlands nicht nur den festen Boden, sondern auch den Luftraum. Bereits in der Steinkohlenzeit des Oberkarbons gibt es libellenartige Rieseninsekten mit einer Flügelspannweite von bis zu 70 Zentimetern. Weitere fossile Libellen fand man im Oberjura des Solnhofener Plattenkalks. Sie erlebten dann in der kreidezeitlichen Bedecktsamer-Pflanzenwelt eine erneute Evolution, die nun

Dendrochronologie nennt man das Verfahren, das individuelle Alter eines Baums, Zweigs oder eines dünnen Triebs zu bestimmen. Bei Hölzern zählt man dazu einfach die **Jahresringe** des Stamms. Sie entstehen durch folgenden Prozess: Zu Beginn einer Vegetationsperiode bildet die teilungsfähige Kambium-Schicht im Stamm zunächst dünnwandige und weiträumige Gefäße, um so dem hohen Wasserbedarf des Baums im Frühjahr Rechnung zu tragen. Bei dem später gebildeten Holz werden die Tracheiden zunehmend dickwandiger und enger. Man unterscheidet hier das Früh- vom Spätholz. Mit jeder **Vegetationsperiode** entsteht daher eine scharfe Grenze zwischen dem Spätholz der vorangegangenen und dem Frühholz der darauf folgenden Vegetationsperiode. Diese Grenze ist als Jahresring schon mit bloßem Auge deutlich sichtbar.
Die devonzeitlichen Ur-Landpflanzen wie Rhynia oder Horneophyton bildeten nur einen sehr dünnen, zentralen Holzstrang (Xylem). Bei ihnen lässt sich daher diese Methode nicht anwenden. Auch Gattungen wie Asteroxylon und Drepanophycus bildeten keine Jahresringe, obwohl sich ihr Holzkörper im Querschnitt sternförmig vergrößerte. Das Alter der aufrechten Triebe dieser Pflanzen lässt sich daher nur schätzen. Das Alter eines liegenden Triebs (Rhizom) lässt sich dagegen nicht abschätzen, denn dieser hätte nahezu beliebig alt werden können, indem er ständig nach vorn wächst und nach hinten abstirbt.

schon 120 Millionen Jahre anhält. So bilden die rezenten Libellen mit 6000 Arten eine erfolgreiche Gruppe.

Auf den bisher ältesten fossilen Insektenflügel stieß man bei einer geologischen Bohrung in der Nähe von Bitterfeld; er stammt aus den obersten Schichten des Unterkarbons. Sogar vollständig fossil erhaltene geflügelte Insekten fand man in den unteren Schichten des Oberkarbons (Namur B) bei Hagen-Vorhalle in Nordrhein-Westfalen. Diese Fluginsekten sind 15 bis 20 Zentimeter groß.

Während die flügellosen Ur-Insekten (Springschwänze) und die ersten Spinnen (Trigonotarbiden) fast gleichzeitig mit den Landpflanzen auftreten, sind die geflügelten Insekten erst 70 Millionen Jahre später nachzuweisen. Eine schlüssige Erklärung, wie sich vor 335 Millionen Jahren der Flugapparat der Insekten mit den von Muskeln bewegten Hautausstülpungen an den Brustkörpersegmenten entwickelt hat, fehlt noch.

Vielleicht bildeten sich bei den altertümlichen Insekten zunächst flügelartig vergrößerte Hautauswüchse, die gar nicht zum Fliegen dienten, sondern mit denen sich die Tiere Luft in der damals tropischen, feuchtheißen Äquatorregion zufächelten. Fossil sind solche »Kühlungsfächer« indes nicht überliefert. Für diese Deutung spricht allerdings die Art, wie der Insektenflügel bewegt wird und wie die Flugmuskulatur ansetzt. Die Flugmuskeln erstrecken sich über den gesamten Brustabschnitt und setzen nicht direkt an den Flügeln, sondern an den Rücken- und Bauchschilden an. Die dorsoventralen und die Längsmuskeln kontrahieren sich nun beim Flug alternierend. Dadurch verformen sich die Chitinplatten, die wiederum passiv die Flügel mitbewegen. Dank diesem Flugapparataufbau werden die Tracheen gut belüftet.

Steinkohlenzeitliche Funde zeigen neben Insekten mit zwei Flügelpaaren, wie sie die heutigen Libellen tragen, auch solche mit einem gelenkig befestigten Vorflügelpaar (Prothorakal-Flügel). Bei gleich alten Funden von Nymphen, dem letzten Entwicklungsstadium der Insekten, kann man an den ersten neun Segmenten des Hinterleibs gut entwickelte Kiementracheen erkennen. Fossile Schaben (Blattodea) sind aus dem Oberkarbon belegt. Ein schwer zu interpretierender Fund eines Insektenkopfs, den man bereits in den unterdevonischen Gesteinen von Rhynie fand, könnte ebenfalls von einer Schabe stammen. Dann würde diese Gruppe sogar zu den Pionieren unter den landlebenden Insekten gehören. Nur von der heute an der Artenzahl gemessen erfolgreichsten Insektengruppe, den Käfern, gibt es auf dem Land noch lange keine Spur. Sie sind erst seit dem Perm fossil belegt.

Zeitalter der Fische

Der Schwerpunkt dieses Kapitels liegt verständlicherweise auf der Entwicklung des Lebens an Land, doch das bedeutet nicht, dass sich in den marinen Lebensräumen während des Devons und des Karbons evolutionär nichts getan hat. Im Gegenteil, die marinen Organismen weiteten während dieser Zeit ihre Lebensräume aus; sie besiedelten nun nicht mehr nur die küstennahen Flachmeere, sondern drangen immer weiter in küstenferne Hochseeregionen vor. Eine besonders stürmische Entwicklung erlebten die Fische. Aus diesem Grund haben manche Paläontologen das Devon auch als das »Zeitalter der Fische« charakterisiert.

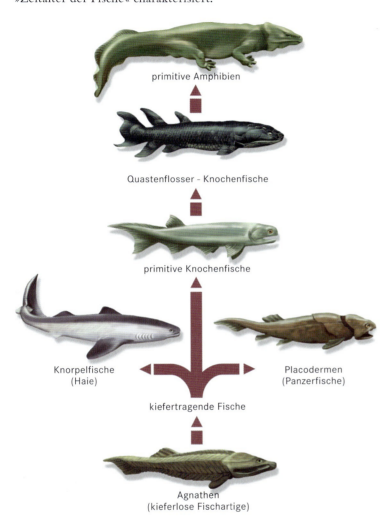

Stammbaum der frühen Fische. Die Agnathen oder kieferlosen Fischartigen, man spricht auch von Ostracodermen, werden von einigen Autoren bereits zu den Fischen gezählt. Sie besaßen keine sehr beweglichen Flossen und hatten lediglich ein knorpeliges Innenskelett. Die Kieferlosen und die Panzerfische starben im Paläozoikum wieder aus. Bis heute überlebt haben die Haifische, deren Stützskelett aus Knorpeln statt aus Knochen besteht. Die Quastenflosser haben mit der bislang einzigen bekannten rezenten Art Latimeria chalumnae, einem lebenden Fossil, überlebt. Aus ihnen haben sich die Amphibien entwickelt.

Im oberen Kambrium und im Ordovizium entwickelten sich mit den Kieferlosen, den Agnathen, die ältesten Wirbeltiere der Erdgeschichte. Gleichzeitig sind die fischartigen Agnathen auch die Vorläufer der Fische. Sie besitzen, wie der Name sagt, keinen Kiefer und ernähren sich von im Wasser schwimmenden Kleinstlebewesen. Mit dem Maul nehmen sie das Wasser auf, filtrieren es und scheiden es über die Kiemen wieder aus. Als Stützachse verfügen sie bereits über ein Skelett aus gegliederten Wirbeln. Aufgrund ihrer unpaarigen Flossen sind sie jedoch nur träge Schwimmer, die in Bodennähe Nährstoffe mit dem Wasser einschlürfen.

Während die beiden Großkontinente Euramerika und Gondwana im Devon aufeinander zu driften, beginnen die **Pflanzen** ihren **Landgang** (BILD auf gegenüberliegender Seite). Die im Gezeitenbereich wachsende primitive Gefäßpflanze Taeniocrada dubia (a) ist noch eine Wasserpflanze. Asteroxylon (b) und Zosterophyllum rhenanum (c) hingegen sind im Verlandungsbereich schon einen Schritt weiter gegangen. Eine der ersten echten Ur-Landpflanzen ist Drepanophycus spinaeformis (d). Zwischen den frühen Nacktpflanzen und den Farnen bzw. Schachtelhalmgewächsen stehen Pflanzen wie Hyenia elegans (e) und Calamophyton (f). Die bizarre Duisbergia (g) und der Schuppenbaum Cyclostigma (h) gehören zu den Vorläufern der Bärlappgewächse. Aus dem Oberdevon stammt Archaeopteris (i), einer der frühesten **Bäume**.
Tiere folgen – mit Ausnahme von winzigen Gliederfüßern – den Pflanzen erst viel später aufs Land. Im Meer und in den Binnengewässern entwickelten sich die **Fische** zu hoher Blüte. Neben den Haien, hier der Dornenhai Diplacanthus (1), den kieferlosen Agnathen, Drepanaspis (2), und den Panzerfischen, Coccosteus (3), bevölkerten zahlreiche Quastenflosser die Gewässer. Eusthenopteron (4) gilt als Vorgänger des ersten **Amphibiums** Ichthyostega, das sich gegen Ende des Devon an Land wagte. Seeskorpione wie Eurypterus (5) und Kopffüßer wie der geradhäusige Endoceras (6) kamen schon im Ordovizium vor.

Im Silur entwickelten sich aus den Agnathen die Knochenhäuter (Placodermi). Ähnlich wie bei den Agnathen sind ihr Kopf und die vordere Rumpfpartie meist mit Knochenplatten besetzt. Diese bildeten eine mächtige Panzerung, weshalb man sie auch Panzerfische nennt. Irgendwann im Devon setzte bei diesen noch ursprünglichen Fischen eine entscheidende Entwicklung ein: Aus dem vorderen Kiemenspaltenpaar entwickelte sich ein Kiefer, außerdem wurden die Flossen paarig. Beide Entwicklungen verbesserten die Überlebenschancen dieser ausschließlich räuberisch lebenden Fische erheblich. Dank der paarigen Flossen wurden sie zu schnellen, gut manövrierfähigen Schwimmern, und mit ihrem Zähne und Schneideplatten tragenden Kiefer konnten sie die Beute gut packen und zerkleinern. Aus den Panzerfischen entwickelten sich im Devon und Karbon die Vorläufer zweier weiterer Fischgruppen: die Knorpelfische, zu denen die Haie und Rochen gehören, sowie die Strahlenflosser, aus denen später die große Gruppe der modernen Knochenfische (Teleostei) hervorgegangen ist.

Ebenfalls im Devon, etwa vor 350 Millionen Jahren, tauchte schließlich eine dritte Fischgruppe auf, die der Fleisch- oder Muskelflosser mit den beiden Ordnungen der Quastenflosser (Crossopterygier) und der Lungenfische (Dipnoi). Zunächst vermuteten Paläontologen, die Lungenfische könnten die Stammform der Amphibien und damit der ersten zumindest teilweise an Land lebenden Wirbeltiere sein.

Die heutigen, im Süßwasser lebenden Lungenfische, die sich übrigens nur wenig von ihren devonischen Vorfahren unterscheiden und daher als lebende Fossilien gelten können, schaffen es, dank ihrer primitiven »Lunge« Trockenzeiten zu überdauern. Fällt der Fluss oder See, in dem sie leben, über längere Zeit trocken, graben sie sich in den Schlamm ein und schützen sich mit einem schleimigen Kokon vor Austrocknung. Ihre Schwimmblase weist an der Innenseite zahlreiche Falten auf, sodass die Oberfläche stark vergrößert ist. Da die Schwimmblase von einem Kapillarnetz feinster Blutgefäße umschlossen ist, können die Lungenfische auch an der Luft atmen. Diese Fähigkeit schien die Lungenfische als Ahnen der Amphibien zu empfehlen. Doch zahlreiche Unterschiede – etwa bezüglich der Zahnformen beider Gruppen – zeigten deutlich, dass diese stammesgeschichtliche Deutung falsch sein muss. Von den Lungenfischen ausgehend hat sich niemals eine echte landlebende Tiergruppe entwickelt.

Von den Quastenflossern zu den Tetrapoden

Bei der zweiten Ordnung der Muskelflosser, den Quastenflossern, wurden die Paläontologen schließlich fündig. Die Quastenflosser bilden zwei Unterordnungen. Die erste sind die Hohlstachler (Coelacanthini). 1938 entdeckte man einen letzten lebenden Vertreter dieser urtümlichen Fischgruppe, den Komoren-Quastenflosser Latimeria chalumnae an der Ostküste Afrikas in der Straße von Moçambique, ein lebendes Fossil aus devonischer Zeit. 1998 wurde ein Vertreter dieser Art auch nördlich der indonesischen Insel Celebes gefangen.

Bei den Quastenflossern deutet sich der Umbau der Flossen in die Gliedmaßen der Tetrapoden, mit denen sich diese an Land fortbewegen konnten, bereits an. Die lappige Flosse der Quastenflosser setzt nicht mehr mit der gesamten Breite am Rumpf an, sondern bildet rumpfseitig nur einen Stiel. Schaut man sich den Aufbau der knöchernen Versteifungen im Flosseninnern an, so ist bereits die Längsachse und die Fünfstrahligkeit zu erkennen, die später zu den fünf Zehen führt, die die meisten Vierfüßer auszeichnet. Aufgrund dieser Parallele schienen nun die Hohlstachler die gesuchte Ausgangsform der vierfüßigen Landwirbeltiere zu sein. Doch auch diese Deutung erwies sich als falsch.

1931 stießen Forscher einer Grönland-Expedition auf fossile Wirbeltiere aus dem Devon, die sie Ichthyostega nannten. Die Tiere besaßen einerseits einen Fischschwanz, hatten aber anderseits vier Beine. Über die Zahl der Zehen besteht bis heute Unklarheit. Der Schädel dieser Tiere zeigte zum einen ein deutliches Schädeldach, also ein typisches Fischmerkmal. Anderseits waren Nasenöffnungen (Choanen) und ein Nasenrachenraum vorhanden, außerdem besaßen die Tiere paarige Lungensäcke, waren also Luftatmer. Die Wirbelkörper waren stark verknöchert. Das Skelett eignete sich also als tragende Stütze beim Gehen an Land oder im seichten Wasser.

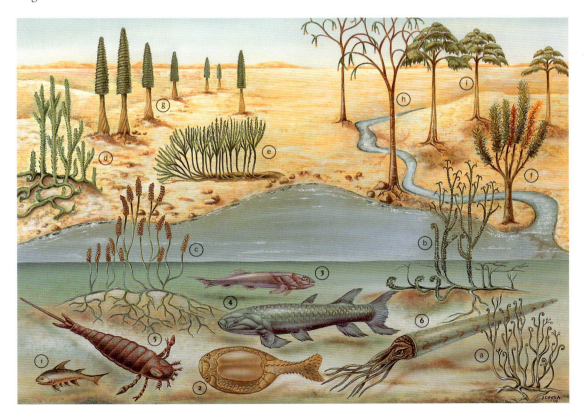

Dieser Fund wurde zum Schlüssel für den Ursprung der vierfüßigen Landwirbeltiere (Tetrapoden), und er entschied auch die Frage, aus welcher Quastenflosser-Linie sich diese Tiere entwickelt haben mussten. Denn unter der zweiten Unterordnung der Quastenflosser, sie besitzt nur den zoologischen Namen Rhipidistia, gibt es einige Vertreter, die den Ichthyostega deutlich näher stehen als die Hohlstachler, denen beispielsweise die Nasenrachenöffnungen und die Nasenöffnungen fehlen.

So gilt etwa die rhipidistische Gattung Eusthenopteron als Vorläufer von Ichthyostega. Die Zähne beider Gruppen gleichen sich nicht nur in äußeren Merkmalen, sogar ihr Feinbau stimmt überein. Aufgrund des stark gefalteten Zahnbeins gab man den ursprünglichsten Tetrapoden den Namen Labyrinthodontia (Labyrinthzähner). Mit Ichthyostega hatte man das Missing Link zwischen den Quastenflossern und den Tetrapoden gefunden.

Die Ur-Amphibien waren aber mit Sicherheit keine Eroberer des Festlands. Vielmehr dienten ihre evolutionären Innovationen wie die Lungenatmung und die Vierfüßigkeit lediglich dem Zweck, Trockenperioden zu überstehen, wie es auch die heute noch lebenden Lungenfische tun. Lungenfische harren allerdings nur passiv aus und müssen auf die nächste Regenzeit warten. Tiere wie Ichthyostega konnten hingegen aktiv neue Gewässer aufsuchen. Sie retteten sich an Land, nicht um darauf zu leben, sondern um neue Feuchtbiotope aufzusuchen. Die Tetrapoden des Oberdevons und des Karbons lebten zwar mit Lungen, aber ihre Larven lebten – und leben bei den rezenten Amphibien bis heute – mit Kiemen im Süßwasser, waren also für einen wesentlichen Teil ihres Lebens Wassertiere. Die Amphibien waren und sind »doppellebig« – genau dies bedeutet auch das griechische »amphibios«.

Der späte Auftritt der Reptilien

Die ersten, vom amphibischen Leben unabhängigen Wirbeltiere, die beispielsweise auch ihre Eier auf dem Land legen, sind die Reptilien. Sie dürfen unter den Wirbeltieren gleich in mehrfacher Hinsicht als die wahren Eroberer des Festlands gelten. Sie entwickelten nicht nur alle weiteren Anpassungen, die für ein dauerhaft terrestrisches Leben unabdingbar sind, wie etwa das Keratin-Kleid, das sie vor Austrocknung schützt. Sie prägten mit ihrer Formenvielfalt das tierische Leben mehrerer Perioden bis zur Katastrophe an der Grenze zwischen der Kreide und dem Tertiär. Unter ihnen befinden sich auch die Ausgangsformen der Säugetiere und der Vögel.

Die geologisch ältesten Reptilien, die Stammreptilien (Cotylosaurier), treten erstmalig im Oberkarbon und im Perm auf. Ihre eigene stammesgeschichtliche Herkunft ist bis heute nicht befriedigend geklärt. Auf jeden Fall treten die Reptilien ihren »Landgang« erst 100 Millionen Jahre nach dem Auftauchen erster Ur-Landpflanzen an.

R. Daber

Fortschritt durch Katastrophen? – Saurier und Artensterben

Die Saurier und unter ihnen insbesondere die Dinosaurier waren die spektakulärsten Tiere, die jemals die Erde bewohnten. Die größten Tiere, die je an Land lebten, waren Dinosaurier. Sie wurden bis zu dreißig Meter lang, zwölf Meter hoch und achtzig Tonnen schwer. Seit dem Fund der ersten Dinosaurierfossilien um die Mitte des 19. Jahrhunderts sind die Menschen von diesen Tieren ihrer schieren Größe wegen fasziniert – und ebenso von ihrem plötzlichen Verschwinden. Wohl keine andere Tiergruppe liefert so spannenden Stoff für Hollywood-Filme. Im Film »Jurassic Park« von Steven Spielberg wurden sie durch Computeranimation und Tricktechnik zum Leben erweckt. Den Geologen und Paläontologen gelang es in den letzten Jahrzehnten, ein eindrucksvolles Bild dieser Beherrscher des Erdmittelalters zu zeichnen.

Bemerkenswert sind auch die Indizien, die zusammengetragen wurden, um das plötzliche Verschwinden dieser und vieler weiterer Tier- und einiger Pflanzengruppen an der Grenze zwischen der Kreide und dem Tertiär zu erklären. Außer den Sauriern starben damals vor allem auch die Ammoniten und die Belemniten, riffbildende Muscheln, viele Meeresschnecken, die Zahnvögel sowie wichtige Foraminiferengruppen aus. Verschiedene Ursachen dieser globalen Katastrophe und die darauf folgenden Umweltveränderungen lassen sich ganz gut rekonstruieren, aber es ist umstritten, welchen Anteil sie im Einzelnen am Massenaussterben der unterschiedlichsten Arten – von planktonischen Einzellern bis hin zu den größten Riesen des Festlands – hatten. Aus den Reptilien gingen die Vögel und die Säugetiere hervor. Aber erst mit dem Aussterben einer großen Gruppe von Reptilien, den Sauriern, begann die Radiation der Säugetiere – sind Katastrophen Motoren der Evolution?

Die Katastrophe an der K/T-Grenze – Tod aus dem All

Bereits geologisch betrachtet, bildet die Grenze zwischen der Kreide und dem Tertiär, kurz K/T-Grenze genannt, eine zum Teil schroffe, augenfällige Zäsur. Als schmales Band in der Schichtenfolge markiert sie den Übergang vom Erdmittelalter zur Erdneuzeit, also vom Mesozoikum zum Känozoikum. So trennt etwa am dänischen Stevns Klint ein nur zentimeterschmales Band als dunkler Fischton die älteren Kreideschichten von den tertiären Kalksteinen. Dieser Grenzton, auf den man inzwischen an mindestens 150 andern Orten der Erde gestoßen ist, erzählt eine Geschichte, die unglaublicher nicht klingen könnte. Er berichtet von einem Meteoriteneinschlag unvorstellbaren Ausmaßes, von nahezu sterilen Ozeanen, von einer eisigen Welt und von einem anschließenden Treibhausklima in einer global vergifteten Umwelt –

kurzum von der Apokalypse schlechthin. Vielleicht lief das Katastrophenszenario wie folgt ab.

Als es dunkel wurde

Es war am Golf von Mexiko vor 65 Millionen Jahren. Auf dem Festland hatten die bedecktsamigen Pflanzen, die weitere 50 Millionen Jahre früher – nach neueren Funden aus China vielleicht sogar noch früher – die Vorherrschaft der Farne, Cycadeen und Bennettiteen abgelöst hatten, Wälder von Laubbäumen entstehen lassen. Eine reiche Insektenfauna sorgte für die Bestäubung. Das Plankton im Golf erhöhte seine Biomasseproduktion; auf dem Land beherrschten die großen Saurier die Szenerie. Es gab auch bereits Säugetiere in den Wäldern, sie konnten sich aber fast hundert Millionen Jahre lang nur als kleine Insektenfresser »im Schatten« der alles beherrschenden Reptilien entwickeln.

Buchstäblich mit einem Schlag findet dieses kreidezeitliche Szenario ein Ende. Ein gigantischer Meteorit mit mindestens 10 Kilometer Durchmesser, mit einer Masse von weit über 500 Milliarden Tonnen, rast mit einer Geschwindigkeit von 20 Kilometer pro Sekunde auf die Erde zu. Der Eintritt in die Erdatmosphäre bremst das galaktische Geschoss kaum ab; Sekunden später schlägt es teils an Land, teils am Meeresboden auf und hinterlässt auf der damaligen Insel Yucatán einen 300 Kilometer großen, halbkreisförmigen Einschlagkrater. Die Aufschlagenergie entspricht der Sprengkraft von über 60 Millionen Megatonnen TNT oder fünf Milliarden Hiroshima-Atombomben. Die unmittelbare Umgebung des Einschlagorts erhitzt sich auf über tausend Grad Celsius. Gestein schmilzt glasartig auf und wird hochgeschleudert; ein gewaltiger Feuersturm bricht los, der auf dem Festland Waldbrände unvorstellbaren Ausmaßes entfacht.

Ein riesiger Rauchpilz wächst bis in die obersten Schichten der Stratosphäre. Mit ihm gelangen Milliarden Tonnen Ruß, Asche, Gesteinstrümmer und Gase nach oben; diese Rauchsäule ist noch in Hunderten von Kilometern Entfernung zu sehen. Vielfach finden sich in entsprechenden Sedimenten Tektite. Diese glasartigen, millimetergroßen Gesteinskügelchen sind wichtige Indizien für den Einschlag; aufgrund ihrer Verteilung hat man den Einschlagkrater ausfindig gemacht.

Das hochgeschleuderte Material bildet einen dunklen Wolkenschleier, der die Sonne verfinstert; in den ersten Tagen nur regional, doch die Luftströmungen sorgen dafür, dass sich der finstere Vorhang innerhalb weniger Wochen entlang dem Breitengrad des Einschlags global vor die Sonne schiebt. Mehrere Wochen, vielleicht Monate lang herrscht Finsternis auf der Erde. Die Temperaturen sinken rapide. Die unvorstellbar großen Wassermassen, die beim Einschlag verdampft sind, werden wegen der drastisch gesunkenen Temperaturen als Schnee niedergeschlagen.

Durch die Hitze des Einschlags haben sich gigantische Mengen an Stickoxiden gebildet. Dieses Gas vergiftet binnen Stunden die

Erdatmosphäre. Hochkatapultiert in die Stratosphäre zerstört es dort das Ozon, das als Schutzschicht das Leben auf der Erde vor den gefährlichen UV-Strahlen der Sonne bewahrt.

Innerhalb weniger Jahre verteilt sich die Stickoxidfracht weltweit. Als salpetrige Säure regnet sie wieder auf die Erde und vergiftet dort Flüsse, Seen und Böden. Über die Flüsse gelangt das saure Regenwasser in die Ozeane und verschiebt dort die chemische Zusammensetzung, auf die das Plankton empfindlich reagiert. Die Folge: Die Planktonlebewesen der Meere sterben bis auf wenige unempfindliche Arten ab. Verstärkt wird dieser Effekt durch die enormen Mengen organischen Materials, das von den getöteten Landtieren und den abgestorbenen Landpflanzen stammt und mit dem Flusswasser ins Meer gelangt. Der biologische Abbau dieser Biomasse beschert den marinen Mikroorganismen zwar noch eine kurze Blüte, aber bald ist nahezu aller Sauerstoff aufgezehrt – die Meere veröden zu nahezu sterilen, toten Gewässern.

Dies beschwört eine weitere katastrophale Folge herauf. Dank der Stoffwechselaktivität des Planktons fungieren die Meere – damals wie heute – als die wichtigste Senke für das Treibhausgas Kohlendioxid. Planktonorganismen benötigen Kohlendioxid, um daraus ihre Biomasse aufzubauen und entziehen es so dem globalen Kreislauf. Sterben die Organismen ab, dann sinken sie auf den Meeresboden, wo sie sich langsam zersetzen oder von den Bodenbewohnern gefressen werden. Doch dieser Kohlendioxid-Entzug fehlt nun. Stattdessen gast Kohlendioxid aus dem Wasser aus und reichert sich in der Atmosphäre an. Die Folge: Die globale Durchschnittstemperatur steigt allmählich wieder an.

Der schwarze Schleier aus Asche- und Rußpartikeln verschwindet nach wenigen Wochen und Monaten wieder; die relativ großen Partikel sinken zu Boden oder werden mit dem Regen wieder ausgewaschen. Die Sonne kann die schneebedeckte Erde wieder erwärmen – erst langsam, weil die weiße Schneeoberfläche für eine hohe Rückstrahlung der Sonnenenergie sorgt, doch in den folgenden Jahrzehnten und Jahrhunderten aufgrund des Treibhauseffekts immer intensiver.

Das Leben auf der Erde erholt sich von diesem Schlag nur langsam. Es dauert mehrere Jahrtausende, bis sich wieder neue, nun tertiärzeitliche Lebensgemeinschaften auf dem Land, in Flüssen und Seen sowie im Meer bilden. Neue Planktongesellschaften entstehen, die zunehmend mehr Kohlendioxid binden – der Treibhauseffekt klingt allmählich ab. Die Radiation der tertiären Tier- und Pflanzengruppen kann beginnen. Auf dem Land treten nach dem Aussterben der Dinosaurier die Säugetiere und die Vögel ihren Siegeszug an.

Für die Erklärung des **Massenaussterbens** gegen Ende der Kreidezeit gibt es unterschiedliche Theorien. Die inzwischen an mehr als 150 Orten auf der Erde nachgewiesenen Iridiumspitzenwerte in Gesteinsablagerungen aus dieser Zeit vor 65 Mio. Jahren stützen v. a. die Theorie vom **Meteoriteneinschlag** (Karte oben) auf Yucatán.
Die zweite Theorie zur Erklärung der anomalen Iridiumwerte geht von den etwa zur gleichen Zeit stattfindenden flächenhaften vulkanischen Deckenergüssen in Indien (damals noch nicht mit Asien verschmolzen) aus. Die **Vulkanausbrüche** führten zur Entstehung der pultartigen Dekkan-Trappe (in der unteren Karte grün dargestellt). Iridiumreiche Rauch- und Staubwolken gelangten so weit in die Atmosphäre, dass sie die Erde umrunden und sich an unterschiedlichen Stellen wieder niederschlagen konnten.

Zeugen der Katastrophe

So apokalyptisch dieses Szenario auch klingen mag, es liegen ihm nachprüfbare Fakten zugrunde. Auch wenn vielleicht noch gar nicht alle Umweltauswirkungen jenes gigantischen Meteoriteneinschlags bekannt sind, so erklärt doch das Szenario das Massenaussterben an der K/T-Grenze. Es zeigt, dass ein einziges Katastrophenereignis zwar nicht in der Lage ist, das Leben plötzlich und global auszulöschen, dass es aber Folgen zeitigt, die sehr wohl das Aussterben eines großen Prozentsatzes vieler Lebewesen auf der Erde verursachen können.

Wohl kein anderes Massenaussterben beflügelte die Fantasie der Geologen und Paläontologen mehr als jenes an der K/T-Grenze. Die Zahl der Theorien hierzu dürfte der Zahl der ausgestorbenen Gattungen kaum nachstehen, wurde scherzhaft behauptet.

Der Physik-Nobelpreisträger Luis Alvarez und sein Sohn, der Geologe Walter Alvarez, haben in den 1970er-Jahren diese Meteoriten-Hypothese aufgrund einer von ihnen entdeckten Iridium-Anomalie aufgestellt. Das Metall Iridium ist auf der Erde ausgesprochen selten, in Meteoriten findet man es deutlich häufiger. Im Grenzton nahe der italienischen Stadt Gubbio, der ähnlich wie der Fischton von Stevns Klint in Dänemark als dünnes Band die kreidezeitlichen von den tertiären Sedimenten trennt, stießen die beiden Amerikaner auf eine dreißigfach erhöhte Iridium-Konzentration. Nachdem sie und andere Geologen in andern Grenzschichten jener Zeit ebenfalls dieses Phänomen vorgefunden hatten, verdichtete sich die Meteoriten-Hypothese – allein ein aus dieser Zeit stammender Krater fehlte.

Erst 1991 entdeckte man durch Auswertung von Satellitenbildern im Golf von Mexiko und auf der angrenzenden Halbinsel Yucatán die Überreste eines Meteoritenkraters, dessen äußerer Ringdurchmesser 300 Kilometer misst. Die radiometrische Datierung des Gesteins ergab, dass er just in der Zeit der K/T-Grenze entstanden sein muss. Die Größe des Kraters und gleich alte Tektite lassen erahnen, wie gewaltig der Einschlag an der K/T-Grenze gewesen sein muss. Der Krater trägt seitdem den Namen Chicxulub.

Ausmaß der Katastrophe

Analysen von Sauerstoffisotopen, die der britische Geophysiker Nick Shackleton 1978 an fossilen Foraminiferen aus Bohrkernabschnitten der K/T-Grenzschicht vornahm, zeigten, dass es während dieser Zeit einen massiven Klimaumschwung gegeben haben muss. Die Methode beruht darauf, dass das Verhältnis verschiedener Sauerstoffisotope, die man in den winzigen Schalen der Foraminiferen mittels eines speziellen Massenspektrometers messen kann, etwas über die Meerwassertemperatur zu jener Zeit aussagt, als diese Schalen gebildet wurden.

Eine weitere Isotopenanalyse an Mikrofossilien, diesmal der eingelagerten Kohlenstoffisotope, zeigte schließlich die vielleicht verheerendste Folge des Einschlags: Der gemessene Gehalt an Kohlenstoff 13 in den untersuchten Mikrofossilien besagt, dass zu jener Zeit die Biomasseproduktion im oberflächennahen Ozeanwasser äußerst gering war – sie unterscheidet sich praktisch nicht mehr von der verschwindend geringen Biomasseproduktion am Meeresboden. Mit andern Worten: Die Meere zu jener Zeit waren über Jahrtausende hinweg praktisch tot. Statt Kohlendioxid dem Kreislauf zu entziehen, gasten die Meere riesige Mengen dieses Treibhausgases aus und heizten dadurch die Erde kräftig auf. Die Kohlenstoffanomalie an der K/T-Grenze erklärt also, weshalb sich, wie es die Sauerstoffanomalie anzeigt, das Klima änderte.

Analysen fossiler Pollen von Samenpflanzen und Farnsporen im US-Bundesstaat New Mexico geben Auskunft darüber, was zu jener Zeit mit den Landpflanzen geschah. Paläobotaniker fanden dort eine bemerkenswerte Verschiebung des Anteils beider Pflanzengruppen. In den obersten kreidezeitlichen Schichten erreichen die Farnsporen gegenüber den Pollenkörnern lediglich einen Anteil zwischen 14 und 30 Prozent. Dies spiegelt die damalige Überlegenheit der Samenpflanzen-Flora gegenüber der alten Farnpflanzen-Flora wider.

Im Bereich des Grenztons, also genau an der K/T-Grenze, erhöht sich jedoch der Anteil der Farnsporen auf 99 Prozent; und nur wenige Zentimeter darüber, also kurze Zeit später, steigt der Anteil der Pollen wieder auf die alten, kreidezeitlichen Werte an. Es geschah also an der K/T-Grenze genau das, was etwa nach einem Vulkanausbruch zu beobachten ist: Auf dem nackten, sich abkühlenden Lavaboden siedeln als Pioniere zunächst Farne, die später wieder von Samenpflanzen verdrängt werden. Dieses als »fern spike« – zu Deutsch etwa Farnpflanzen-Maximum – bezeichnete Phänomen fanden Paläobotaniker auf dem gesamten nordamerikanischen Kontinent. Die Pollenanalysen beweisen zudem, dass längst nicht alle kreidezeitlichen Bedecktsamer-Arten die K/T-Grenze überwinden konnten. Die tertiären Sedimente zeigen neben einigen »alten Bekannten« auch eine Vielzahl von Bedecktsamern, die erst im Tertiär entstanden sind.

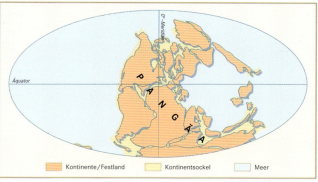

Im Perm vereinigen sich alle uns bekannten Kontinente zu einer einzigen Landmasse, **Pangäa**. Vor etwa 750 Mio. Jahren, im Präkambrium, war es mit Megagäa schon einmal zu einer Fastverschmelzung gekommen. Bei im Unterperm allgemein kühlerem Klima als heute sind große Teile der Südhalbkugel von Eismassen bedeckt. Im Oberperm kommt es bei einer allmählichen Erwärmung zum Abschmelzen eines Teils der Gletscher und damit zu einem Anstieg des Meeresspiegels. Auf der Nordhalbkugel entstanden wüstenhafte Gebiete (Rotliegendes).

Kritische Einwände

Nach erster oft begeisterter Zustimmung zu Alvarez' verblüffender Erklärung kamen von vielen Paläontologen ernste Einwände. So hatten die Dinosaurier am Ende der Kreidezeit den Höhepunkt ihrer Entwicklung bereits überschritten und befanden sich schon seit dem Unterjura im Rückgang, sodass es keiner großen Katastrophe zu ihrem Untergang mehr bedurfte. Zum Beispiel zeigen Untersuchungen an Dinosaurier-Eiern in Südfrankreich pathologische Veränderungen der Schalen. Teils waren sie stark verdickt (Erstickungsgefahr für den Embryo), teils zu dünn (Austrocknungsgefahr); der Nachwuchs ging also zugrunde. Anderseits fand man Dinosaurierfossilien, wenn auch in geringerer Zahl, noch in alttertiären Schichten, so in Südfrankreich, im Südwesten der USA, in Bolivien und in der Gobi. Auch die meisten übrigen Großsaurier standen am Ende ihrer Entwicklungslinien, ebenso die Ammoniten. Außerdem erhebt sich die Frage, warum andere, genauso alte landbewohnende Reptiliengruppen wie die Brückenechsen, Schildkröten, Echsen (Warane, Geckos, Eidechsen), Krokodile und Schlangen überlebten. Warum waren die Auswirkungen auf die terrestrische Pflanzenwelt insgesamt so gering? Die Beeinträchtigung der Atmosphäre hätte sie doch besonders treffen müssen.

Vulkanische und plattentektonische Aktivitäten

Relativ hohe Iridium-Gehalte weisen auch manche Vulkane auf. Die Grenztonschicht mit ihrer Iridium-Anreicherung kann daher auch durch Ablagerung vulkanischer Tuffe entstanden sein. Viele Paläontologen erklären die Massenaussterbe-Ereignisse allein durch Klimaänderungen, die sich wiederum hauptsächlich auf plattentektonische Bewegungen zurückführen lassen. Die »Plötzlichkeit« der Katastrophen zog sich oft über mehrere Jahrtausende oder gar einige Jahrmillionen hin.

Es mag ein eigenartiger Zufall sein, dass sich gleichzeitig mit dem Meteoriteneinschlag auf Yucatán an der Wende Kreide/Tertiär gewaltige vulkanische Vorgänge abspielten, die als Auslöser für das Massenaussterben infrage kommen. Viele Geologen halten den Meteoriteneinschlag für ein Ereignis eher regionalen als globalen Ausmaßes. Tatsache ist, dass es damals auf dem indischen Subkontinent zu langanhaltenden, sich über 600 000 Jahre hinziehenden basaltischen Spaltenergüssen kam. Die ein bis zwei Kilometer dicken Lavaschichten (Trappdecken) bedecken heute eine Fläche von 260 000 Quadratkilometern. Bei den Ausbrüchen wurden riesige Mengen an Rauch und Staub ausgestoßen, die sich in der Atmosphäre über die ganze Erde ausbreiteten, ähnlich wie das in wesentlich bescheidenerem Ausmaß nach dem Ausbruch des Tambora (1815; er verursachte das »Jahr ohne Sommer«) und des Krakatau (1883) der Fall war. Die ökologischen Folgeerscheinungen glichen denen des meteoritischen Ereignisses: Reduktion der Sonneneinstrahlung, Abkühlung der Erdoberfläche, Rückgang der Produktivität unter den ozeanischen Organismen, Unterbrechung der Nahrungskette auf dem Festland, Massenaussterben.

Die Permkatastrophe

Insgesamt sind mindestens fünf Massenaussterbe-Ereignisse in der Entwicklung der Tierwelt erkennbar: im späten Ordovizium (vor etwa 450 Millionen Jahren), im Oberdevon (vor 360 Millionen Jahren), am Ende des Perm (vor 251 Millionen Jahren), am Ende der Trias (vor 206 Millionen Jahren) und an der Wende Kreide/Tertiär (vor 65 Millionen Jahren). Die stärksten Auswirkungen hatte die Permkatastrophe. Mit dem Ende der Unterpermzeit verändert sich die überreich entwickelte Pflanzenwelt; es kommt zu einer Verringerung der Biomasse und der Entwicklungslinien. Das Paläophytikum hört viele Millionen Jahre früher auf als das Paläozoikum, das mit der schlimmsten Krise aller Zeiten für die Tierwelt endet.

Der Süden der Erde unterlag seit dem ausgehenden Karbon einer Vereisung, wie Gletscherschrammen und Grundmoränen (Tillite) in Südafrika, Nordindien, Australien und Südamerika belegen. Die Tierwelt verlor in einem Zeitraum, der sich etwa über 10 Millionen Jahre hinzog, die Großforaminiferen (Fusulinen), Trilobiten, einen Großteil der Korallen, der Crinoiden, Armfüßer, Moostierchen und Ammonoideen. Von den Ammonoideen retteten sich nur zwei bis drei Gattungen in die Trias hinüber. Insgesamt gingen 85 % der Meeres- und mindestens 70 % der terrestrischen Wirbeltierarten zugrunde.

Die Permkatastrophe wird von nordamerikanischen Forschern auf die Veränderung der kontinentalen Konfiguration des Superkontinents Pangäa und die damit zusammenhängende stärkste Vereisung der südlichen Hemisphäre zurückgeführt. Die vom Massenaussterben betroffenen Tiergruppen waren vorwiegend Bewohner der Flachmeerschelfe des damaligen äquatornahen Tethys-Meers. Etwa 100 Millionen Jahre hatten für diese Flachmeerbewohner gleich bleibende Bedingungen (Temperatur, Salzgehalt, Verlauf der wichtigsten Meeresströmungen) geherrscht. Es hatte sich ein hochsensibles Gleichgewicht zwischen diesen Verhältnissen und den marinen Lebensgemeinschaften entwickelt.

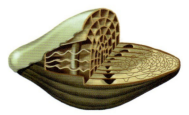

Die zur Ordnung der Foraminiferen gehörenden **Fusulinen** waren bedeutende Kalkbildner. Die seit dem Karbon bekannte Familie fiel der sog. Permkatastrophe zum Opfer. Ihr etwa 0,5 mm bis 10 cm großes Gehäuse bestand aus von zahlreichen Poren durchbrochenen Kalkschalen und war stark gekammert. Einige Foraminiferenarten leben heute noch am Meeresboden, u. a. die Globigerinen. Der aus den Gehäusen absterbender Tiere bestehende Globigerinenschlamm bedeckt auf über 100 Mio. km² etwa 35 % der Meeresböden.

Die ganze marine Lebenswelt war durch die günstigen Verhältnisse zu einer »marinen Biosphäre« geworden, die durch die kleinsten Veränderungen, seien diese durch die Evolution selbst hervorgebracht (andere Nahrungsketten), sei es durch eine radikale Veränderung der Wassertemperatur und der Meeresströmungen oder sei es durch extremen Vulkanismus, insgesamt betroffen werden konnte. Alle diese Faktoren kamen anscheinend damals zusammen: die die südliche Hemisphäre weiträumig mit Gletschern bedeckende Vereisung, der Vulkanismus der Oberkarbon- und Permzeit im Rahmen der variskischen Gebirgsbildung, die Austrocknung von Teilen der Festlandgebiete, die vorher von Flachmeeren überflutet waren und nun zu enormen Salzablagerungsräumen wurden. Die Evolution verschiedener Stämme hatte aber auch einen Punkt erreicht, an dem alle erreichbaren Entwicklungsmöglichkeiten durchlaufen waren. Ein Zurück in vorher schon einmal da gewesene Merkmalsmuster war, wie schon der belgische Paläontologe Louis Dollo 1893 erkannte, der Tierwelt nicht möglich.

Fusulinen und Ammoniten

Die Foraminiferen sind eine Tier-Ordnung, die seit dem Kambrium fossil belegt ist. Die zu ihr zählenden marinen Organismen haben vielgestaltige, meist von Poren durchbrochene Kalkschalen mit Größen von unter einem Millimeter bis über zehn Zentimeter. Zu den Foraminiferen gehört die Familie der Fusulinen, die im

Karbon und im Perm in seichten, küstenfernen Zonen der Tethys lebten. Wegen ihrer großen Verbreitung und der kurzen Dauer der Existenz ihrer Arten sind sie wichtige Leitfossilien. Mit der Perm-Trias-Grenze verschwinden diese Großforaminiferen völlig und erreichen erst 100 Millionen Jahre später in der Oberkreide und im Alttertiär mit den nunmehr kreisrunden, ebenfalls vielkammerigen Nummuliten ein zweites Evolutionsoptimum.

Bei den Ammoniten, die seit dem Beginn biostratigraphischer Untersuchungen vor 200 Jahren als verlässliche Zeitmarken erforscht wurden, zeigt sich eine ganze Reihe von »Aussterbe«- und neuen »Virenzzeiten«. Es hat ganz den Anschein, als ob diese weniger in äußeren Bedingungen (paläogeographische Veränderungen, neu auftretende Nahrungskonkurrenten) als in ihren Evolutionsabläufen selbst gelegen hätten. Der Gehäuseaufbau und die Lage des Siphos dieser Tintenschnecken paläo-und mesozoischer Meere waren in ihren Vererbungsmechanismen streng auf eine bestimmte Entwicklungsrichtung festgelegt. Die dadurch ermöglichte große Variabilität der Formen wurde von den Ammoniten in geologisch kurzer Zeit realisiert.

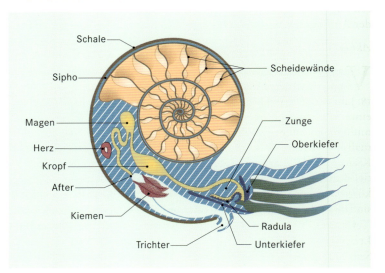

Querschnittszeichnung eines **Ammoniten.** Zwischen dem Unterdevon und der Oberkreide gab es von diesen Mollusken etwa 2000 Gattungen; viele davon sind wichtige Leitfossilien.

Nach einer ersten Aussterbekrise am Ende des Devons folgte die große Aussterbekrise am Ende der Permzeit. Anderseits entstehen im Perm aber bereits Ammoniten-Gehäusetypen, die zu einer explosiven Formenvielfalt von Ceratiten in der Trias und zu Ammoniten mit komplizierten Lobenlinien im Jura führen. Eine überreiche Ammonitenentwicklung im Jura machte diese Fossilgruppe zur klassischen Leitfossilgruppe dieser Zeit.

In der Kreidezeit entwickelten sich bei den Ammoniten abweichende Formen, weit aufgerollt und sogar die klassische Spiralform verlassende, unregelmäßig geformte Gehäusetypen (»aberrante Formen«). Offensichtlich waren mit der Zeit so viele Gestaltungsmöglichkeiten – und dies in geologisch kurzen Zeitintervallen – durchgespielt worden, dass auf der Suche nach andern Ausbildungsformen die Endphase der Ammonitenentwicklung eingeleitet wurde.

Dass damit für Ammoniten und Belemniten mit dem Ende der Kreide auch das Ende ihres so vielfältig verzweigten Stammbaums erreicht wurde, wird vorwiegend auf innere, evolutions- und damit erbmerkmalsbedingte Faktoren zurückgeführt, weniger auf ein katastrophales kosmisches Ereignis. Das schließt jedoch nicht aus, dass Klimaverschlechterungen an der K/T-Grenze, das Trockenfallen der riesigen oberkreidezeitlichen Flachmeere und vielleicht auch der in Diskussion stehende Meteoriteneinschlag die bestehende Evolutionskrise der Ammonitenentwicklung verschärften und zum Aussterbeereignis zuspitzten. Die Weiterexistenz des »lebenden Fossils« Nautilus bis zur heutigen Zeit, und die rezente Formenfülle kleiner und großer, zehn- und achtarmiger Tintenschnecken belegt aber, dass eine Nahrungskonkurrenz moderner Fische nicht der alleinige Grund für das Aussterben der Ammoniten und Belemniten der Kreidezeit gewesen sein kann.

Aus der Oberkreide des Münsterlands konnten in einem Steinbruch bei Seppenrade und in der Nähe von Dülmen bislang drei riesige **Ammoniten** geborgen werden. Vor etwa 80 Mio. Jahren müssen im südlichen Münsterland überaus günstige Lebensbedingungen für diese Ammoniten geherrscht haben, um solche Riesenformen hervorbringen zu können. Die im Westfälischen Museum für Naturkunde in Münster ausgestellten Exemplare von Parapuziosa seppenradensis haben Gehäusedurchmesser von 1,5 m bis 1,8 m, müssen aber wegen der nicht vollständig erhaltenen Wohnkammer des Weichtiers noch größer gewesen sein (wohl 2,55 m).

Aktualismus und Entwicklungsbrüche

Verläuft die Entwicklung auf der Erde langsam und stetig, oder gibt es Sprünge? Diese Frage entschieden die Geologen ab dem 18. Jahrhundert und die Biologen ab dem 19. Jahrhundert zugunsten einer allmählichen, stetigen Entwicklung. James Hutton etwa formulierte in seiner »Theory of the Earth« 1788 das so genannte Aktualismus-Axiom, nach dem in der Erdgeschichte die wirkenden Kräfte und die Erscheinungen immer gleichartig blieben. Selbst die tiefstgreifenden Veränderungen der Erde im Lauf ihrer Geschichte könnten demnach nur auf Kräften beruhen, die auch heute sichtbar sind.

Charles Darwin postulierte diese stetige Entwicklung auch für die Lebenswelt in seiner 1859 veröffentlichten Theorie der Evolution. Sein aktualistisches Konzept gipfelt in dem Ausspruch: »Die Natur macht keine Sprünge«. Für Darwin erklärt sich die phylogenetische Entwicklung der Arten als eine stetige Abfolge von Selektionsprozessen, die dafür sorgen, dass die jeweils bestangepassten Organismen am erfolgreichsten sind.

Aktualisten wie Darwin, Hutton und der im 19. Jahrhundert berühmte Geologe Charles Lyell setzten sich mit ihrer Denkweise von der – religiös oder ideologisch beeinflussten – Katastrophentheorie wie etwa der Sintfluttheorie ab. Für sie erzwangen die ewig geltenden Naturgesetze einen stetigen Entwicklungsverlauf; Katastrophen, oder allgemein formuliert, Entwicklungsbrüche konnte es demnach nicht geben. Eine gewisse Rolle spielten dabei vielleicht die ungenügende Kenntnis und die lückenhafte Überlieferung der fossilen Belege.

Der Denkfehler, der in der aktualistischen Weltsicht steckt, besteht darin, dass Katastrophen zwar unwahrscheinlich – im Sinn von sehr selten – sind, aber nicht unmöglich. Im Licht des Chicxulub-Einschlags kommen erhebliche Zweifel an einer stetigen Entwicklung der Erdgeschichte und an einer schrittweisen Evolution der Lebewesen auf. Und der Einschlag von vor 65 Millionen Jahren war beileibe nicht der einzige seiner Art.

Schon der Blick auf den kraterübersäten Mond oder den Mars zeigt, dass solche Ereignisse angesichts der Existenzdauer unseres Sonnensystems geradezu häufig passieren. Die Häufigkeit hängt dabei direkt von der Größe der Objekte ab. Sternschnuppen kann man jede Nacht irgendwo auf der Erde sehen, kleinere Gesteinsbrocken schlagen auf der Erde alle paar Jahre einmal ein, und extrem große Meteoriten, die Krater wie Chicxulub hinterlassen, kollidieren – im statistischen Mittel – nur alle 200 Millionen Jahre mit der Erde.

Bezogen auf das Lebensalter eines Menschen ist es sehr unwahrscheinlich, dass man selbst Zeuge einer solchen Katastrophe wird. Doch bezogen auf das Alter der Erde bedeutet dies, dass es bereits mehr als zwanzig solcher Einschläge gegeben haben muss. In der Tat kennt man auf der Erde rund ein Dutzend Meteoritenkrater, die größer als 32 Kilometer im Durchmesser sind – eine beachtliche Zahl, wenn man bedenkt, dass drei Viertel der Erde vom Weltmeer bedeckt sind, wo das Auffinden solcher Krater sehr schwierig ist. Besonders bekannt sind der Manicouagan-Krater in Quebec (70 km Durchmesser, Einschlag vor 210 Millionen Jahren), der Popigai-Krater in Sibirien (100 km Durchmesser, vor 40 Millionen Jahren), die Sudbury-Struktur in Ontario (60 km Durchmesser, vor 1,8 Milliarden Jahren), die Siljan-Ringstruktur in Schweden (40 km Durchmesser, vor 400 Millionen Jahren). Iridium-Anreicherungen sind von ihnen nicht bekannt, ein Bezug zu Massenaussterben besteht allenfalls teilweise. Auch der Ries-Meteoritenkrater (über 20 km Durchmesser) hatte keine überregionalen Auswirkungen.

Die erwähnte Iridium-Anomalie an der K/T-Grenze ist beileibe nicht die einzige, auf die Geologen inzwischen gestoßen sind. In einigen dieser Fälle spricht die Datierung der entsprechenden Schichten dafür, dass der Einschlag zeitlich mit einem Massenaussterben zusammenfällt. Manche Geologen, so etwa der US-Amerikaner David Raup, halten gar Meteoriteneinschläge für den alleinigen Auslöser solcher Ereignisse, auch wenn es bislang nicht gelungen ist, jedes Massenaussterben mit einem Einschlag zeitlich zu korrelieren. An der Grenze zwischen Perm und Trias, also zwischen Paläozoikum und Mesozoikum, hat man ebenfalls eine Iridiumanomalie nachweisen können.

Neue Fragestellungen

Seither stellt sich der wissenschaftlichen Forschung eine Vielzahl neuer Fragen, von denen bislang nur wenige beantwortet werden können: Wie relativieren sich die Begriffe Mutation und Selektion, wenn katastrophale kosmische Ereignisse praktisch von einem auf den andern Tag die Lebensbedingungen drastisch ändern? Wie sieht die globale Wechselwirkung von Erd- und Lebensgeschichte unter dem Einfluss großer tektonischer Prozesse aus, etwa wenn sich große Gebirge auffalten, Kontinente sich trennen oder miteinander kollidieren, wenn sie sich in andere Klimazonen verschieben? Wie wirken sich schließlich durch Klimakatastrophen bedingte Vereisungszeiten aus, was passiert, wenn große Teile von Kontinenten überflutet werden (Transgression) oder wenn von Flachmeeren bedeckte Kontinentalschelfe trockenfallen (Regression)? Wie beein-

Lebensbild Perm. Die Uferbereiche des permzeitlichen Süßwassersees sind mit palmartigen Bärlappgewächsen, unter die sich schon die ersten Nadelbäume gemischt haben, mit Samenfarnen, Farnen und kleineren Schachtelhalmgewächsen bestanden. Die tätigen Vulkane im Hintergrund zeugen vom Ende der variskischen Gebirgsbildung. Protorosaurus (5) im Vordergrund ist ein 1 m bis 1,5 m langes eidechsenartiges Reptil, das zu den primitiven Archosauriern gehört. Höchst eigenartig erscheinen beim Edaphosaurus (4) die langen, knochigen Fortsätze der Rückenwirbel, die auch noch lange seitliche Knochenfortsätze zeigen. Man vermutet in diesem Kamm ein Regulationsorgan für die Körperwärme. Die größten Arten wurden 3 bis 4 m lang. Diese Pflanzenfresser gehören ebenso zu den Pelycosauriern wie Dimetrodon (2) im Hintergrund mit noch längeren Rückenwirbelfortsätzen. Der große Schädel mit stark differenzierten Zähnen weist das bis 2 m lange Tier jedoch als Raubechse aus. Weigeltisaurus (1), eine zum Gleitflug fähige kleine Echse aus der Kupferschieferzeit, lebte (wohl Insekten fressend) auf Bäumen. Die primitiven Tetrapoden wie Ichthyostega (3) waren die ersten Wirbeltiere, die den Landgang wagten. Sie wurden bald von den im Karbon entstandenen Reptilien verdrängt. In Flüssen und Seen lebte das schwimmende Reptil Mesosaurus (6). Die lange, spitze Schnauze war mit unzähligen langen Zähnen besetzt, die wie eine Reuse vorzüglich zum Fangen von Fischen geeignet waren. Die Mesosaurier starben schon in der Permzeit aus.

flussen Umpolungen des Erdmagnetfelds die Lebenswelt? Was war die Folge eines extremen Vulkanismus oder einer zeitweiligen Geokratie, also das Zusammenkommen aller Kontinente und Bildung einer einzigen großen Festlandmasse (Pangäa)?

Insbesondere die darwinistische Vorstellung einer »natürlichen Zuchtwahl«, das Postulat vom Überleben der geeignetsten Population, gerät vor dem Hintergrund katastrophaler, geologisch (und evolutionär) betrachtet plötzlicher Umbrüche, in heftige gedankliche Turbulenzen. Denn anstelle einer gerichteten Entwicklung zu einem höheren Anpassungswert waren es wohl eher Zufälligkeiten, die an der K/T-Grenze ebenso wie an andern entscheidenden Übergängen innerhalb der Erdgeschichte die Lebensformen in Gewinner und Verlierer schied.

Auch die Vorstellung der »höher entwickelten« Säugetiere und der »darunter stehenden« Reptilien gerät dabei ins Wanken. Vielleicht gab es zwischen beiden Gruppen gar keinen darwinistischen Konkurrenzkampf. Vielmehr trennten die äußeren, abiotischen Faktoren beide Gruppen in Gewinner und Verlierer. Möglicherweise, so könnte man sagen, haben die Säugetiere einfach nur mehr Glück gehabt, indem sie zufällig über jene Entwicklungen verfügten, die ihnen das Überleben in der von der Katastrophe veränderten Umwelt ermöglichten. Wie ungerechtfertigt es ist, die Säugetiere hinsichtlich ihrer Entwicklungshöhe über die Reptilien zu stellen, beweist bereits die Tatsache, dass die Säugetiere über rund hundert Millionen Jahre hinweg im von den Sauriern beherrschten Mesozoikum lediglich ein bescheidenes Nischendasein fristeten. Die Vorstellung eines »Fortschritts« in der Evolution im Sinn der Höherentwicklung hatte schon Darwin abgelehnt. Die Einzeller beherrschen noch heute nach Individuenzahl und Biomasse die Erde. Bakterien können sich viel leichter und schneller an neue Umweltbedingungen anpassen als Säugetiere.

Die amerikanischen Paläontologen Stephen Jay Gould und Niles Eldredge vertreten die These des »unterbrochenen Gleichgewichts« in der Evolution: Evolution verläuft nicht graduell, sondern episodisch, ist durch Massenaussterben, durch Zufälle geprägt. Lange Zeiten evolutionären Gleichgewichts oder Stillstehens wechseln mit relativ kurzen Perioden starker Entwicklungsaktivität. Es gibt einen Wandel in Richtung zu größerer Komplexität; er ist aber nicht die Triebkraft, die hinter der Evolution steht, sondern nur ein passiver Trend, ein Zufall. Die massiven Veränderungen sind die schöpferischen Höhepunkte der Entwicklung, bei denen viele Arten scheinbar plötzlich aussterben; es handelt sich aber meist um Zeiträume von mehreren Millionen Jahren. Durch Massenaussterben werden der Evolution neue Chancen geboten. Die Lücken, die frei werdenden ökologischen Nischen, werden von überlebenden Arten besetzt. So konnten sich anstelle der aussterbenden Dinosaurier, wechselwarmen Reptilien also, die Säugetiere entfalten, die ihre Körperwärme konstant halten können. Solche Veränderungen müssen aber nicht – so Gould – durch äußere Ereignisse wie Meteoriteneinschläge, ge-

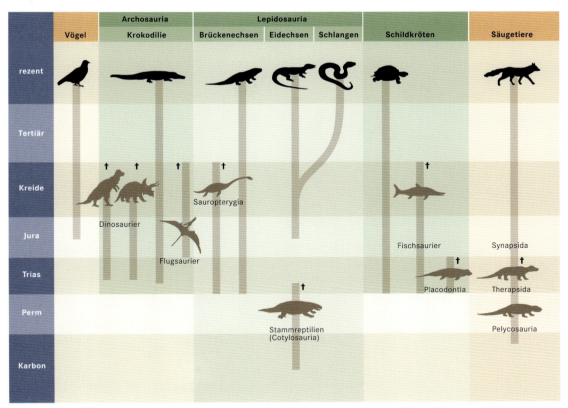

Die **Stammtafel der Reptilien** zeigt die ausgestorbenen (braun und mit † gekennzeichnet) und die heute noch lebenden Reptilien, neben den Entwicklungslinien zu den Vögeln, den Schildkröten und den Säugetieren. Zusammen mit den Rhynchocephalen (Brückenechsen) werden die rezenten Eidechsen und Schlangen im System der Reptilien zur Unterklasse der Lepidosaurier (Schuppenkriechtiere) vereinigt. Sie haben als Schwestergruppe die einst im Mesozoikum so erfolgreichen Archosaurier, die innerhalb der Klasse der Reptilien die höchste Evolutionsstufe erreichten.

waltige Vulkanausbrüche, weltweite Klimaänderungen oder plattentektonische Bewegungen ausgelöst werden. Sie können zufällig entstehen, ähnlich einem durch Aufschüttung gebildeten Sandhaufen, bei dem plötzlich – schon durch ein einzelnes zusätzliches Sandkorn – Sandlawinen in Bewegung gesetzt werden.

Richten wir den Blick auf die Gegenwart, so sehen wir ebenfalls einen gewaltigen Prozess des Aussterbens ablaufen, bedingt durch rasche Veränderung der Umwelt. Hier bekommt die Entwicklung aber eine neue Dimension und ist der Verursacher klar erkennbar: Verantwortlich ist der Mensch, der selber nur das Zufallsprodukt eines unberechenbaren Prozesses und nicht die Krone der Schöpfung ist. Hier droht »die sechste Auslöschung« (Leakey/Lewin). Schon gegen Ende der letzten Eiszeit, beim Verschwinden vieler Großsäugetiere (Mammut, Riesenfaultier und andere), war der Mensch beteiligt.

Der Ursprung der Reptilien

Die stammesgeschichtliche Entwicklung der Reptilien seit dem Karbon ist bis heute noch nicht ganz geklärt. Sicher ist nur, dass sich die Stammreptilien (Cotylosaurier) aus den amphibischen Tetrapoden entwickelt haben. Ob es jedoch nur einen einzigen Ent-

Der 72 cm lange **Sclerocephalus** aus dem Saar-Nahe-Rotliegendbecken (Fundort Sankt Wendel) gehört zur Gruppe der Dachschädler (Stegocephalen), deren Kennzeichen ein stark verknöchertes Schädeldach ohne Schläfenöffnung ist. Diese Panzerlurche oder Riesensalamander lebten bei feuchtwarmem Klima in Seen und Flüssen.

Branchiosaurus ist ein kleiner salamanderähnlicher Lurch aus dem Oberkarbon und Perm, der in Seen und Sümpfen lebte. Diese 15 cm lange Exemplar wurde im Rotliegenden bei Odernheim gefunden. Branchiosaurus hat einen flachen, kurzen Schädel mit einer nicht verknöcherten Schädelbasis. Es handelt sich bei ihm um das Larvenstadium der Dachschädler (Stegocephalen).

wicklungsstrang gibt, der von den Amphibien zu den Reptilien führt, oder ob sich die Reptilien in mehreren, parallel verlaufenden Linien entwickelten, ist bis heute nicht zu entscheiden. Verbunden mit diesem Problem ist die Schwierigkeit, die einzelnen Reptilien-Unterklassen sauber voneinander zu trennen. Am besten eignen sich dazu die Schädelkonstruktionen, hier vor allem die Zahl und Lage der Schläfenöffnungen im knöchernen Schädel. Neben den Anapsida, den Schläfenfensterlosen Reptilien, entwickelten sich die Reptilien mit beiderseits je einer Schläfenöffnung, die Säugetierähnlichen Reptilien (Synapsida), zu denen die Ur-Raubsaurier (Pelycosaurier) und die Therapsiden, die eigentlichen Urahnen der Säugetiere, zählen. Sie beherrschten vor den eigentlichen Dinosauriern, den Großsauriern oder Archosauriern, lange das Festland: die Pelycosaurier vom späten Karbon bis zur frühen Trias, die aus ihnen hervorgegangenen Therapsiden vom mittleren Perm bis zur Mitte der Trias.

Drei verschiedene Schlüssel

Es begann alles einmal mit fernen Vorfahren der Dinosaurier, mit jenen Wirbeltieren, die sich vor 370 Millionen Jahren anschickten, an Land zu gehen – aber taten sie es auch wirklich, die alten Labyrinthodontia? Ihr Name leitet sich von der Struktur ihrer Zähne ab, die im Querschnitt vielfach gefälteltes Zahnbeingewebe zeigen. Solche Zähne kommen bei den devonischen Rhipidistia vor, einer Unterordnung der Quastenflosser, deren fischartige Körperform und Lebensweise keinen Gedanken an ein späteres Leben auf dem Land aufkommen lässt. Die gefältelte Zahnstruktur begegnet uns auch bei den jurazeitlichen Ichthyosauriern und sogar bei den rezenten Waranen (Raubechsen).

Dieses Merkmal kann also nur einer von mehreren Schlüsseln zur Phylogenie der vierfüßigen Festlandwirbeltiere sein – vielleicht sind die aus den quastenartigen Flossen hervorgegangenen vier Füße der zweite und bedeutsamere Schlüssel? Die immer noch fischschwänzigen Labyrinthodontia hatten wie die im Oberdevon Grönlands gefundenen Ichthyostega und die Acanthostega sowie die in Russland gefundene Gattung Tulerpeton vier Füße, an jedem Fuß aber mehr als fünf Zehen. Acht, sieben oder sechs Fingerstrahlen fand man bei ihnen. Wahrscheinlich verließen sie niemals ihren Lebensraum im Gezeitenbereich; sie wollten gar nicht an Land gehen. Trotzdem sind sie – sofern nicht noch ältere Vorfahren gefunden werden – die ältesten Amphibien.

Zurzeit gilt die Gattung Elginerpeton aus dem untersten Oberdevon Schottlands als ursprünglichstes Amphibium. Diese Gattung gehört zu den »Stegocephalen«, deren Bezeichnung sich von der Form des großen und plumpen Schädels ableitet (auf Deutsch etwa »Dachschädler«). Kennzeichnend ist das aus festen Deckknochen bestehende Schädeldach ohne Schläfenöffnungen. Nur die Öffnungen für Augen und Nase sowie eine Epiphysen-Öffnung (ein »Scheitelauge«) und am Hinterrand große, offene Ohrenschlitze durchbrechen es. Im Schädelaufbau der Stegocephalen ohne Schläfengrube verbirgt sich der dritte Schlüssel der Phylogenie der Festlandwirbeltiere.

Die Stegocephalen ernährten sich räuberisch von Würmern, Fischen, Insektenlarven und Amphibien. Ihre Larven hatten Kiemen und lebten im Wasser; sie wurden vor 120 Jahren unter dem Namen »Branchiosaurus« bekannt. Branchiosaurier fand man unter anderm in Rheinhessen (Rotliegendes), bei Autun in Frankreich aus dem frühen Perm und in den unteren Schichten des Rotliegenden im Döhlener Steinkohlenbecken bei Dresden. Es handelt sich um ein kleines, salamanderförmiges Tier mit flachem, kurzem, vorn breit abgerundetem Schädel, dessen Schädeldach keine Skulptur zeigt. Die Reste der Kiemenbögen weisen auf eine ans Wasser angepasste Lebensweise hin. Veränderungen im Schädelbereich deuten eine mögliche Entwicklung zu den Reptilien an: Der ursprünglich knorpelige Kieferapparat wird zuerst bei den Knochenfischen und dann bei den Tetrapoden zunehmend durch Deckknochen ersetzt. So entsteht das für die niederen Wirbeltiere kennzeichnende primäre Kiefergelenk, das sich später bei den Säugetieren zu den schallleitenden Gehörknöchelchen umwandeln wird.

Sind die Stammreptilien »Ur-Reptilien«?

Die Stammreptilien (Cotylosaurier) gehören zur Unterklasse der Schläfenfensterlosen Reptilien (Anapsida). Zu ihnen gehört auch die Ordnung der Schildkröten (Testudines). Schildkröten zeigen bis heute einen anapsiden Schädelbau. Ihr ehrwürdiges Alter – die ersten Funde wirklich großer Schildkröten stammen aus dem Perm (Südafrika) und aus der späten Trias (Halberstadt) – rechtfertigt es, diese Ordnung in Darstellungen der Reptilien an erster Stelle zu behandeln.

Diese Knochenkastenreptilien verdeutlichen sehr gut, dass sich die Lebensumstände für die Landwirbeltiere verändert hatten, dass nach der Zeit der ausgedehnten tropischen Steinkohlensümpfe mit der Besiedelung der Trockengebiete eine neue Ära angebrochen war. Der vor Austrocknung und Räubern schützende Panzer der Schildkröten entstand aus mehreren Platten, die sich als aufgelagerte Hautverknöcherungen der Dornfortsätze des zweiten bis neunten Rumpfwirbels, der Rippen sowie der Lederhaut allmählich verbreiterten. Der flache Bauchpanzer besteht aus paarweise neben- und hintereinander liegenden Knochenplatten. Diese aus Wirbelsäulen- und Hautknochen zusammengesetzten Panzer werden filigran durchsichtig bei den oberkreidezeitlichen Hochseeschildkröten Archelon, gefunden in Kansas, und Protosphargis in Oberitalien.

Die ältesten Stammreptilien hat man in Flussdeltaablagerungen im mittleren Perm und im frühen triaszeitlichen Buntsandstein Südafrikas gefunden. Aus dem Norden Russlands, der Schweiz, aus

Das »**Gesetz der Nichtumkehrbarkeit der Entwicklung**« formulierte Louis Dollo, der Kustos des Nationalmuseums in Brüssel. Ihm fielen die Unterschiede im Panzer der heutigen, sekundär wieder ins Meer zurückgekehrten Lederschildkröten (Dermochelydae) und dem der ursprünglichen Schildkröten auf. Offenbar haben die Lederschildkröten landlebende Vorfahren gehabt. Damals, im Perm und in der Trias, besaßen sie wie die heutigen Landschildkröten einen geschlossenen Knochenpanzer. Im Jura gingen sie zur marinen Lebensweise über, und so bildete sich der Panzer, der beim Schwimmen hinderte, bis auf filigrane Knochenspangen zurück. Im Tertiär kehrten diese Hochseeschildkröten an die flachen Küsten zurück; abermals verstärkten sie ihren Schutzpanzer. Anstelle des alten, inzwischen längst reduzierten Panzers entstand ein neuer, sekundärer Schutzschild, und zwar aufgelagert auf Rudimenten des alten. Er bestand aus dicken polygonalen Knochenplatten, die sich zu einem geschlossenen Mosaik zusammenfügten. Vor etwa einer Million Jahren wanderten die Lederschildkröten wieder in die Hochsee ab, und auch dieser zweite Panzer bildete sich nun zur Lederhaut zurück. Er besteht heute nur noch aus kleinen Knochenkernen in den Mosaikfeldern der Bauchhaut. Die Lederschildkröten tragen somit die Reste zweier Panzer als »Erinnerungsstücke« an die durchlebte Zeit von 200 Millionen Jahren.

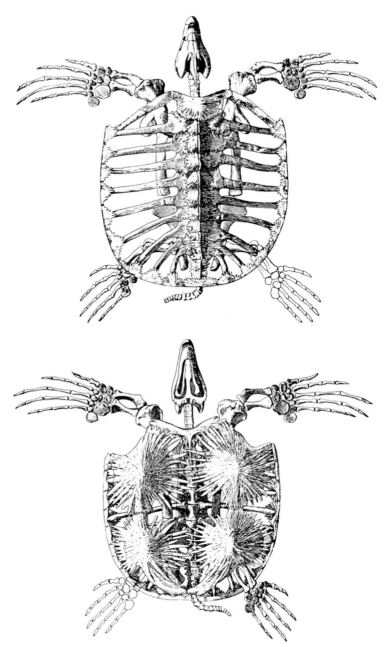

Eine Reduktion des Knochenpanzers weist die mit Größen bis zu 4 m in Nordamerika gefundene oberkreidezeitliche Hochseeschildkröte **Archelon** auf. Die Zeichnung zeigt oben die Rückenansicht des Skeletts, unten die Bauchseite. Die in der Oberkreide weit ausgedehnten Meere erlaubten den Meeresschildkröten eine optimale Entwicklung. Diese Lebensbedingungen engten sich mit der Regression der Meeresgebiete zum Ende der Kreidezeit wieder ein. Diese zwang die Nachfahren von Archelon, in den Küstenregionen sich nunmehr einen neuen Panzer nur aus Hautknochen zuzulegen. – Der Schädel von Archelon ischyrus erreichte eine Länge von einem Meter, die Schnauze zeigt die Form eines Papageienschnabels.

Tschechien und aus dem deutschen Buntsandstein sind weitere Funde belegt. Die Tiere mit einem schwerfälligen, massiv gebauten Körper erreichten sehr oft die Größe kleiner Flusspferde oder Rinder. Sie lebten wahrscheinlich von Pflanzen und Weichtieren. Sehr spezialisiert sind ihre gleichförmigen Kieferzähne mit gezackter, scharfer Kante und flacher Blattform. Die Rumpfpanzerung aus kleinen Knochenschilden lässt vermuten, dass sie zunehmend von Raubsauriern angegriffen wurden. Als ein typischer Vertreter sei Bradysaurus genannt

Im mittleren Perm des damaligen Gondwana-Kontinents, genauer in der heutigen Kapprovinz von Südafrika, lebte der zu den urtümlichen Reptilien (Stammreptilien oder Cotylosaurier) zählende **Bradysaurus baini**. Die waagerecht abgewinkelten Oberarme und Oberschenkel gaben diesem Tier eine plumpe, schildkrötenartige Gestalt und Bewegungsweise. Er hatte einen Hautpanzer und verschiedenartige Auswüchse am massigen Schädel. Das drei Meter lange und nur etwa einen Meter große Tier ernährte sich von kleinwüchsigen Pflanzen, vielleicht auch von deren kriechenden Erdstämmen und Wurzeln.

Verwirrende Befunde in der Ahnengalerie

Ernst Haeckel definierte 1866 den Übergang von den Amphibien zu den Reptilien durch das Auftreten kalkschaliger Eier und einen Wandel der Embryonalentwicklung. So legten die Stegocephalen ihre noch nicht durch eine Kalkschale geschützten Eier im warmen Wasser, Schlamm oder zwischen verfaulenden und daher Wärme spendenden Pflanzenteilen ab. Ihre im Wasser lebenden Larven atmeten mit Kiemen. All diese Merkmale zeichnen sie deutlich als Amphibien aus.

Bei den Reptilien – ebenso wie bei Vögeln und Säugern – treten dagegen mit Chorion, Amnion und Allantois erstmals drei Embryonalhüllen auf. Daher fasst man diese drei Tierklassen auch als Amnioten zusammen. Die Embryonalentwicklung verläuft bei ihnen ausschließlich direkt, der für Amphibien typische Gestaltwechsel vom Larven- zum Endstadium fehlt. Außerdem verkalkt die Eischale bei den Reptilien zunehmend, um die nunmehr sich an Land entwickelnden Eier vor dem Austrocknen zu schützen. Diese Entwicklung sollte eigentlich die Chancen für eine fossile Überlieferung erhöhen, doch leider fehlen bislang noch eindeutige Reptilienei-Funde aus dem frühen Perm, die mehr Klarheit in die Entstehungsgeschichte

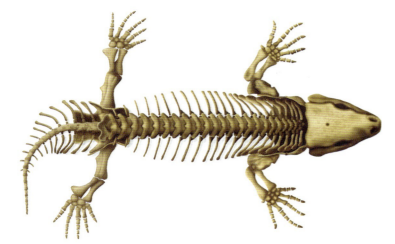

Skelettrekonstruktion von **Seymouria**, einer unterpermzeitlichen Tetrapoden-Gattung, die in Texas gefunden wurde und als Musterbeispiel für ein Missing Link zwischen (karbonzeitlichen) Amphibien und (permzeitlichen) Stammreptilien gilt. Im Knochenbau lässt sich eine ganze Reihe Amphibienmerkmale neben ebenso vielen Reptilmerkmalen aufzählen. Seymouria wurde etwa 60 cm lang und war ein Fleischfresser.

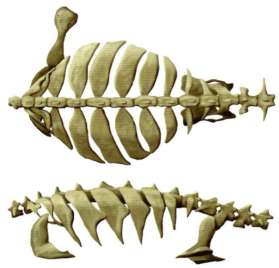

Eunotosaurus africanus aus dem mittleren Perm Südafrikas wird als ein erster Schritt einer Entwicklung von Stammreptilien zu Schildkröten angesehen. Charakteristisch für Schildkröten ist die Bildung des Rumpfkastens aus den Dornfortsätzen des zweiten bis neunten Rückenwirbels. Die bisher gefundenen Teile des bezahnten Schädels weisen dagegen keine schildkrötenartigen Merkmale auf. Das Tier wurde nur 32 cm groß. Die Abbildung zeigt die Wirbelsäule von oben und von der Seite.

Proganochelys dux, die älteste Schildkröte, gefunden im mittleren Keuper bei Halberstadt. Wie heutige Schildkröten hatte sie 8 Halswirbel. Das 85 cm lange Tier konnte seinen Kopf noch nicht in den Schutzpanzer zurückziehen.

dieser Tierklasse bringen könnten. Haeckels »Ei-Kriterium« lässt sich daher bislang nicht als Schlüssel für den Ursprung der Reptilienentwicklung verwenden. Noch komplizierter wird die Entstehungsgeschichte der Reptilien durch die Unterordnung Seymouria. Man fand diese Tiere aus dem frühen Perm in Texas. Sie verfügen über spitze Zähne im Kiefer und an den Gaumenknochen. Einerseits zeigen sie Merkmale, die für eine amphibische Lebensweise sprechen, anderseits weisen Wirbelsäule und Extremitäten bereits Gemeinsamkeiten mit den Stammreptilien auf. Vielleicht sind daher sie die »Missing Links« zwischen den Amphibien und den Reptilien. In der Gruppe der Anthracosaurier konnte man etwa den für Reptilien typischen Zahnwechsel nachweisen. Zusammen mit den Seymouriamorpha markieren sie zwei weitere Entwicklungslinien an der Grenze zwischen den Amphibien und den Reptilien, die irgendwo zwischen dem späten Karbon (Namur) und dem nachfolgenden Perm verläuft.

Andere Anwärter auf den Titel »Ur-Reptil«

Nahezu gleichzeitig mit diesen beiden Entwicklungslinien treten zwei Reptiliengruppen auf, deren Schädel ganz anders konstruiert ist. Im Kupferschiefer Mitteldeutschlands (Perm) fand man – erstmals bereits 1706 – die Gattung der Kupferschieferechsen (Protorosaurus). Sie gelten als frühe Vertreter der eidechsenartigen Reptilien (ein heutiges Überbleibsel ist die neuseeländische Brückenechse) und besitzen einen diapsiden Schädelbau, das heißt einen Schädel mit beiderseits je zwei Schläfenfenstern. Einen solchen Schädelbau weisen auch die Großsaurier auf, und damit alle Flugsaurier, Dinosaurier und die bis heute lebenden Krokodile.

Im Süden Afrikas und auch auf andern Kontinenten fand man Reptilien, die aus der gleichen Zeit stammen wie Protorosaurus und die nur eine untere Schläfenöffnung aufweisen. Man nennt diesen Schädelbau synapsid und die Unterklasse entsprechend Synapsida. Die deutsche Bezeichnung »Säugetierähnliche Reptilien« weist darauf hin, dass aus dieser Unterklasse mit den Therapsiden die Stammgruppe der späteren Säugetiere hervorging.

Die stammesgeschichtlichen Verwandtschaftsbeziehungen könnten damit verwirrender nicht sein. Entweder haben sich die diapsiden Reptilien bereits im späten Karbon aus den anapsiden Stammreptilien abgespalten, oder sie haben sich in Konkurrenz zu Letzteren bereits aus einer Linie eines noch unbekannten, gemeinsamen Vorfahren entwickelt. Fest steht nur, dass der diapside Schädelbau der Kie-

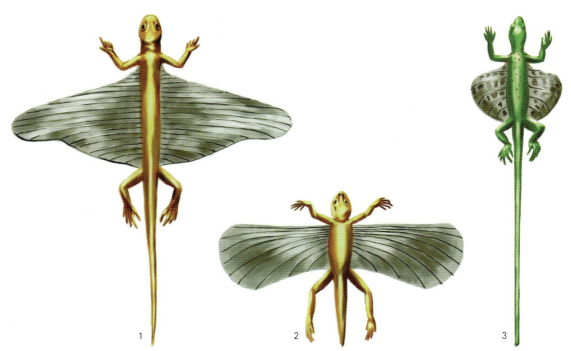

Zeichnungen reptilischer **Gleitflieger**.
(1) Daedalosaurus aus dem Oberperm,
(2) Icarosaurus aus der oberen Trias,
(3) der »Flugdrache« Draco, der heute noch auf Madagaskar lebt.

fermuskulatur mehr Platz bot. Die kräftigere Kiefermuskulatur wiederum geht mit einer besseren Bezahnung der Kiefer einher, die schließlich zur Entwicklung der Ur-Wurzelzähner (Thecodontia) und damit der Stammform der Dinosaurier, der perm- und triaszeitlichen Flugsaurier, der Vögel und der Krokodile führt. Zum ersten Mal sitzt bei den Ur-Wurzelzähnern die nicht mit dem Knochen verwachsene Zahnwurzel in einer separaten Höhle, der Alveole.

Dieses Entwicklungsmerkmal zeichnet jedoch nicht nur die diapsiden Reptilien aus. Auch bei den synapsiden säugetierähnlichen Reptilien verstärkt sich dank der unteren Schläfenöffnung die Kiefermuskulatur und ändert sich die Bezahnung. Die ebenfalls in Alveolen sitzenden Zähne – auch sie nennt man thecodont – besitzen mehrere Wurzeln und differenzieren sich in Eck- und Schneidezähne. So konnten diese Reptilien ihre Nahrung viel besser zerkleinern und daher im Magen-Darm-Trakt effektiver verwerten. Vielleicht war dies – im Zusammenhang mit dem nur noch einmaligen Zahnwechsel – die wichtigste Vorbedingung für die Entwicklung zu den Säugetieren.

Verblüffende Radiation

Bereits in der Kupferschieferzeit im späten Perm flogen Flugechsen der Gattung Coelurosauravus (Weigeltisaurus) von Ur-Ginkgobaum (Sphenobaiera digitata) zu Ur-Ginkgobaum. Ähnlich alte Flugechsen – sie gehören zu den Schuppenkriechtieren und dürfen nicht mit den Flugsauriern (Pterosaurier) verwechselt werden – fand man in Madagaskar; triaszeitliche Flugechsen fand man in Kirgistan, England und Nordamerika. Dass diese Reptilien, kaum dass sie ihrer amphibischen Umgebung entwachsen waren, dank ihrer Flughaut das Gleitfliegen erlernten, mag man kaum glauben. Entfernte rezente Verwandte dieser Gleitflieger sind die Flugdrachen der Gattung Draco in den südostasiatischen Regenwäldern.

Ebenso bemerkenswert ist die Entwicklungslinie der Stammreptilien zu den Schildkröten, die sich zur selben Zeit einen knöchernen Panzer zulegten. Die Unterordnungen Eunotosaurus aus mittelpermischen Schichten Südafrikas und Proganochelys (auch Triassochelys) aus dem oberen Keuper (späte Trias) von Halberstadt und Trossingen sind die fossilen Belege dafür.

Für die Grenze zwischen Perm und Trias vor 250 Millionen Jahren ist eine adaptive Radiation und Ausbreitung der Reptilien charakteristisch. Während diese also beim Übergang vom Paläozoikum zum Mesozoikum einen Entwicklungsschub erfahren, fällt ein Großteil der marinen Lebewesen einer Katastrophe zum Opfer. Wie diese auf dem Land und in den Ozeanen völlig konträren Entwicklungen zusammenpassten, ist eins der noch ungelösten Rätsel der Geschichte des Lebens auf der Erde.

Im Verlauf der Trias beginnt **Pangäa** im Bereich des Ur-Mittelmeers **Tethys** zu zerbrechen. Zunächst trennte ein schmaler Meeresarm das heutige Südeuropa von Afrika. Krustenbewegungen und Riftprozesse trennten gegen Ende der Trias auch Nord- von Südamerika. Algen und Korallen bauen in der mittleren Trias große Riffe auf; in dieser Zeit entstehen z. B. die heutigen Dolomiten.

Unklare Verwandtschaft auch im Wasser

Mesozoische Zeitgenossen der Dinosaurier, die mit diesen das Schicksal teilen, spätestens an der K/T-Grenze ausgelöscht zu werden, sind die Fischsaurier (Ichthyosaurier) und die Paddelechsen (Sauropterygier), zu denen die Schwanenhals- und Ruderechsen (Plesiosaurier und Pliosaurier) zählen. Ihr Schädel weist ein Schläfenfenster auf, das etwas höher liegt als bei den Synapsida und das man als parapsid oder euryapsid bezeichnet.

Auch in ihrem Fall ist die stammesgeschichtliche Herkunft nicht geklärt. So fand man im Kupferschiefer von Gera einen sauropterygierartigen Wirbel, der bereits lange, schräg abwärts gerichtete Kreuzbeinrippen (Sakralrippen) zeigt. Diese Rippenform spricht dafür, dass es sich hierbei um eine ans Schwimmen angepasste Echse

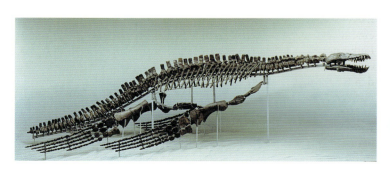

Dieses Skelett einer 3 m langen **Ruderechse (Pliosaurier)** wurde bei Halberstadt am Harzrand gefunden. In dieser Gegend lag im unteren Jura eine Bucht des Liasmeers. Wahrscheinlich handelt es sich um die Art Eurycleidus arcuatus. Die Tiere hatten einen kurzen Hals (mit 13 Halswirbeln) und einen kurzen Schwanz, einen großen Kopf mit dolchartigen Zähnen und mächtige schaufelförmige Rudergliedmaßen. Pliosaurier wurden bis zu 14 m lang.

Fischsaurier (Ichthyosaurier) und Schwanenhalsechsen (Plesiosaurier) mit z. T. riesenhaften Körpern bevölkerten die Meere der Trias-, Jura- und Kreidezeit auf der Jagd nach Fischen. Für Ichthyosaurier-Schädel werden Längen von 2,5 m angegeben und eine Gesamtkörperlänge von 15 Metern. Der kräftige Schwanz als Schwanzflosse ist ein wichtiges Fortbewegungsorgan des torpedo- oder delphinähnlichen Körpers. Die Abbildung zeigt ein Jungtier des **Fischsauriers Stenopterygius** aus dem unterjurassischen Posidonienschiefer von Holzmaden in Baden-Württemberg.

handelt, und damit um einen Vorfahren dieser Gruppe aus dem späten Perm. Träfe diese Interpretation zu, dann spräche dies für eine eigenständige, parallele Entwicklung dieser Reptilien sowohl gegenüber den Stammreptilien wie auch gegenüber den synapsiden und diapsiden Reptilien.

Die geologisch ältesten Exemplare von Fischsauriern stammen aus der Trias. Man fand sie in der Schweiz, auf Spitzbergen und in Nordamerika. Im anschließenden Jura erreichten sie riesige Ausmaße. Es gibt Schädel mit mehr als zwei Meter Länge; die Tiere könnten also durchaus zehn bis zwölf Meter lang gewesen sein. Drei Meter lange, prachtvoll erhaltene Exemplare aus dieser Periode fand man in Holzmaden. Sie sind heute in vielen europäischen Naturkundemuseen zu sehen.

Bis zu drei Halswirbel sind bei ihnen miteinander verschmolzen. Dies spricht dafür, dass die Fischsaurier beim Jagen und Fressen aktiv schwammen – mit torpedoförmigen Körpern ausgestattet, vermieden sie so das Abknicken des Halses. Ihre Wirbelsäule setzt sich bis zur Schwanzflosse fort, und zwar vertikal orientiert bis zum unteren Schwanzlappen. Ihre nackte Haut zeigt nur am vorderen Flossenrand verhärtete Stellen.

Die Flossen selbst waren ursprünglich die vier Beine ihrer Tetrapoden-Vorfahren. Eier und geschlüpfte Junge trug das schwimmende Muttertier mit sich herum. Exemplare mit einem Embryo oder sogar zahlreichen Embryonen im Körper sind fossil belegt.

Ganz ähnlich lebten die Schwanenhalsechsen. Sie besaßen einen kurzen, flachen Körper mit vier flossenartigen Extremitäten und kurzem Schwanzende. Ihr kleiner Kopf saß auf einem sehr langen Hals. Das Maul war voller scharfer Zähne. Ihre räuberische Lebensweise belegt der fossil überlieferte Mageninhalt einer kreidezeitlichen Schwanenhalsechse. Man fand darin neben den Resten einer Flugechse, die eines Fisches und eines Ammoniten mit zermalmtem Gehäuse.

Im Posidonienschiefer von Holzmaden fand man auch die Schwanenhalsechse **Plesiosaurus brachypterygius.** Mit seinen kräftigen Paddelgliedmaßen konnte sich der Fischräuber gut im Wasser bewegen. Der Kopf am Ende des beweglichen »Schwanenhalses« war recht klein, mit spitzen Raubtierzähnen.

Weitere Beispiele für Fossilfunde dieser Echsen sind der nur 1,30 Meter große Nothosaurus aus dem Muschelkalk von Rüdersdorf bei Berlin und der 13 Meter lange Elasmosaurus, den man in Ablagerungen aus der späten Kreide im US-Bundesstaat Kansas entdeckte.

Lebensbild Trias. Das Massenaussterben – v. a. im Wasser – am Ende des Perms beendete das Paläozoikum. In der Trias entwickelten sich schnell neue Tiergruppen, während sich die Flora von der des späten Perms nur wenig unterscheidet. Es überwiegen Schachtelhalme, Farne und Koniferen. Obwohl schon erste Säugetiere auftauchen, gehört das Festland den Reptilien. Gepanzerte Krokodilsaurier wie Nicrosaurus (3) leben in der Nähe von Gewässern. Bei einer Körperlänge von 4 m erreicht der spitz zulaufende Schädel 80 Zentimeter. Mit Proganochelys (4) haben wir den Urahn der Schildkröten vor uns. Aus einem Tümpel kriecht der Dachschädler Mastodonsaurus (2), ein schwerfälliger altertümlicher Panzerlurch, während mit Plateosaurus (1) die ersten Dinosaurier auf die Bühne des Lebens treten. Im Meer haben sich vollkommen neue Verhältnisse ergeben. Im Vordergrund weidet der Pflasterzahnsaurier Placodus gigas (5) mit seinen kräftigen Vorderzähnen ganze Muschelbänke ab. Die delphinförmigen Ichthyosaurier (6) können riesige Ausmaße erreichen. Zur Gruppe der Ruder- oder Paddelechsen gehört Nothosaurus (8), ein 3 m langer Saurier, der wohl auch auf dem Land gut zu Fuß war. Das Mesozoikum war auch das Zeitalter der Ammoniten (7), die zu wichtigen Leitfossilien wurden. Auf Riffen siedelten sich ganze Kolonien von Seelilien (9) an.

Sein langer Hals besaß 76 Wirbel – eine bisher von keinem ausgestorbenen oder lebenden Wirbeltier erreichte Zahl.

Ganz anders waren die Ruderechsen gestaltet, deren Existenz Fossilfunde vom frühen Jura (Lias) bis zur späten Kreide belegen. Der Hals war relativ kurz, der große Schädel verlängerte sich zu einer schmalen Schnauze, die vorn mit großen Greifzähnen bewehrt war. Ihre ruderförmigen Extremitäten waren vorn kleiner als hinten.

Widersprüchliche Entwicklungslinien

Hinsichtlich der euryapsiden Lage der Schläfenöffnung unterscheiden sich die Sauropterygier nicht von triaszeitlichen Pflasterzahnsauriern (Placodontia). Beide werden daher auch gele-

gentlich zu einer Unterklasse, den Euryapsida, zusammengefasst. Allerdings unterscheiden sich beide Gruppen hinsichtlich der Gestalt ihrer Körper und Extremitäten sowie ihrer Lebensweise. Die Pflasterzahnsaurier besaßen große Zähne, die im Frontbereich zu Greifzähnen und weiter hinten zu Quetschzähnen differenziert waren. Damit konnten sie festgewachsene Schalentiere wie Armfüßer, Muscheln und Schnecken abweiden und deren Kalkgehäuse zermalmen. Wie die modernen Reptilien hatten auch sie einen mehrfachen Zahnwechsel. Der Kopf und der lange Schwanz waren bei ihnen sehr beweglich. Geradezu entgegengesetzt verlief bei beiden Gruppen die Entwicklung der Halswirbel. Während Paddelechsen die Zahl ihrer Halswirbel von ursprünglich 13 bis 19 während der mittleren Trias bis auf 76 in der Kreide vermehrten, verringerten die Pflasterzahnsaurier die Halswirbelzahl von 8 auf 6 in der mittleren bis späten Triaszeit.

Der Zürcher Paläontologe Emil Kuhn-Schnyder konnte nachweisen, dass die Vorfahren der Sauropterygier ursprünglich zwei Schläfenfenster hatten, dass sie also ein diapsides Stadium durchlaufen haben. Die Pflasterzahnsaurier hingegen besaßen von Anfang an immer nur ein Schläfenfenster. Rein äußerlich glichen sie aufgrund ihres Rumpfkastens den Schildkröten, doch bestand dieser aus Hautverknöcherungen, war also keine Skelettbildung wie bei den Schild-

Der Mangel an Fleischnahrung an Land im kühlen und oft trockenen Klima der karbon-permzeitlichen Süderde (Gondwana) stellte die Reptilien vor das Problem, sich die Nahrung aus den Süßwasserseen dieser Region zu holen. **Mesosaurus** wurde das erdgeschichtlich erste Reptil, das im Wasser auf die Jagd nach Fischen ging. Die langen Beine des 50 bis 70 cm langen Tiers lassen vermuten, dass die Vorfahren auf dem Land lebende Lauftiere waren.

Ober- und Unterkiefer des Pflasterzahnsauriers **Placodus gigas** aus der mittleren Trias (Muschelkalk) von Oberfranken. Das untere Bild zeigt mit dem Fund von Steinsfurth im Kraichgau das bisher vollständigste Skelett von Placodus. Die Zeichnung rechts oben im gleichen Bild zeigt Placodus von der Bauchseite beim Schwimmen. Bauchrippenpanzer, Schulter- und Beckengürtel sind dunkel hervorgehoben. Das etwa 2 m lange Tier konnte mit seinen meißelartig hervorstehenden Vorderzähnen fest sitzende, hartschalige Meerestiere abgrasen und sie mit seinen großen flachen Pflasterzähnen zermalmen.

kröten. Aufgrund seiner Untersuchungen kam Kuhn-Schnyder zu dem Schluss, dass die Pflasterzahnsaurier ihrerseits eine eigene Entwicklungslinie darstellen, die sich bereits während des Karbons von amphibischen Vorfahren herleitet.

Bereits früh in der Reptilienentwicklung tauchen an der Wende des Karbons zum Perm im westlichen Südafrika und im südöstlichen Südamerika erneut an das Wasserleben angepasste räuberische synapside Reptilien auf. Es handelt sich um Mesosaurus brasiliensis aus dem frühen Perm sowie um den noch etwas älteren Mesosaurus tenuidens. Mesosaurus jagte nach Fischen und lebte in und an Süßwasserseen. Der merkwürdig primitive, langschnäuzige Schädel war reusenartig bezahnt. Daher nennt man diese Gattung auch Rechengebiss-Echsen. Die langen Beine sprechen dafür, dass die direkten Vorfahren der Mesosaurier auf dem Land lebende Lauftiere waren. Doch bei ihnen sind Hand und Fuß flächig umgestaltet und vermutlich mit Schwimmhäuten ausgestattet. Wahrscheinlich handelt es sich um die ersten, wieder zu einem Leben im Wasser übergegangenen Reptilien.

Gab es warmblütige Reptilien?

Der Gießener Paläontologe Hans D. Pflug entwickelte 1984 die Hypothese, wonach das Wirbeltierskelett auch als Phosphatdepot gedient haben könnte. Es befindet sich in der Nähe der Muskel- und Nervenstränge, also dort, wo das Mineral gebraucht wird. So besitzt etwa Edaphosaurus geradezu monströs anmutende, ungewöhnlich lange Wirbeldornen, die auf den Rückenwirbeln wie Äste nach oben wuchsen. Zudem weist die Gattung noch seitliche Knochendornen auf, deren Funktion völlig unbekannt ist. Sicherlich waren auch diese langen Knochenfortsätze von einer Haut überzogen, und möglicherweise war diese auch stärker durchblutet.

Das ganz ursprüngliche Reptil Edaphosaurus könnte bereits in der Lage gewesen sein, seine Körpertemperatur über den Blutkreislauf zu regulieren. Dies ist zwar eine Spekulation, aber die nah verwandte Gattung Dimetrodon aus dem frühen Perm von Texas weist die gleichen Dornfortsätze auf den Rückenwirbeln auf. Vor allem bei den Coelurosauriern, zu denen etwa Compsognathus zählt, und bei den Flugsauriern halten einige Paläontologen eine Entwicklung zur Temperaturregulation, also einer gleichwarmen Lebensweise für möglich.

Im späten Jura lebte etwa der Schwanzflugsaurier Rhamphorhynchus. Allein in Solnhofen hat man fünf Arten dieser Gattung entdeckt, die kleinste mit etwa 40 Zentimeter Flughautspannweite, die größte mit 175 Zentimetern. Weit auseinander stehende, lange, spitze Zähne kennzeichnen die 3 bis 19 Zentimeter langen, an der Schnauze spitz zulaufenden Schädel. Der lange Schwanz mit mehr als 40 Wirbeln trug einen lederartigen Hautsack von rhombischer Form. Die Flughaut, die sich zwischen den Knochen der Vorderextremitäten und dem überlangen vierten Finger bis zum kräftigen Schwanzansatz aufspannte, lief schmal dreieckig zu. Der Flugsaurierexperte Othenio Abel schätzt diese Schwanzflugsaurier (Rhamphorhynchida) als kraftvolle, aktive Flieger ein, die durchaus aus dem Stand zum Flug ansetzen konnten. Er verglich ihre Lebensweise mit der heutiger Scherenschnäbel (Rhynchops) in Afrika und Südamerika. Diese Vögel jagen im Flug Fische, wobei sie mit dem Schnabel die Oberfläche ruhiger Gewässer durchpflügen. Stimmt es, dass auch die Schwanzflugsaurier ähnlich lebten, so ist dies kaum mit der bei Reptilien üblichen wechselwarmen Lebensweise vorstellbar.

Das zu den Pelycosauriern zählende **Dimetrodon** aus dem Unterperm von Texas hatte nach oben stehende Rückenwirbelfortsätze wie Edaphosaurus, war aber im Gegensatz zu diesem ein Fleischfresser. Dimetrodon gehört zu einer Gruppe der säugetierähnlichen Reptilien. Sein Schädelbau ähnelt in mancher Weise dem der Säugetiere, die sich aus diesem Reptilienzweig entwickelten.

Rezente neuseeländische Rhynchocephalia wie die Brückenechse entfalten ihre volle Aktivität bei Umgebungstemperaturen von 9 bis 14 Grad Celsius. Ihre Körpertemperatur bleibt mit durchschnittlich 10 Grad Celsius noch darunter. Werden Brückenechsen bei höheren Temperaturen gehalten, so sterben sie. Die meisten Reptilien brauchen jedoch Sonnenwärme, um aktiv werden zu können. Das hängt auch mit dem Bau ihres Herzens zusammen, das bei den meisten Reptilien nur unvollständig in eine venöse und eine arterielle Hälfte unterteilt ist. Mit jedem Herzschlag vermischt sich daher das sauerstoffreiche arterielle Blut, das von der Lunge kommt, mit dem aus dem Körperkreislauf zurückkommenden Blut, das mit Kohlendioxid beladen ist. Die beim Stoffwechsel in den Körperzellen erzeugte Wärme ist daher bei Reptilien geringer als bei Säugetieren oder Vögeln mit vierkammerigem Herz.

In den Sedimenten des Karoo-Beckens in Südafrika fand man in der ersten Hälfte des 19. Jh. die ersten der »Karoo-Reptilien« genannten südafrikanischen **Therapsiden,** der säugetierähnlichen Reptilien. Auch im heutigen Südamerika (damals noch Teil Gondwanas und mit Afrika verbunden) wurden säugetierähnliche Reptilien gefunden. **Stahleckeria potens** war ein etwa 3 m langes, plump wirkendes Tier mit einer kräftigen Kiefermuskulatur. Die Zähne fehlen allerdings und waren wahrscheinlich durch Hornscheiben ersetzt. Es wird als schwerfälliger Pflanzenfresser interpretiert und gehört zu den letzten Großformen der Therapsiden.

Hinzu kommt, dass Reptilien anders als Säugetiere und Vögel keine wärmeisolierenden Strukturen wie Haare, Federn und Unterhautfettpolster besitzen, um die selbst erzeugte Körperwärme möglichst lange zu halten. Allerdings hat man bei den in Eichstätt geborgenen Rhamphorhynchus-Exemplaren und bei einem vergleichbaren Schwanzflugsaurier aus Kasachstan eine feine, teilweise sogar dichte Behaarung nachweisen können. Einige Paläontologen deuten diese sechs Millimeter langen Härchen als eine Entwicklung zur Wärmeisolation. Auch die bei der 1998 in China entdeckten Sauriergattung Caudipteryx nachgewiesenen Federn dienten als Schutz vor Kälte.

Der Paläontologe J. C. Weaver von der Universität von Missouri (USA) verfolgte 1983 in einer Studie die Frage, ob die Pflanzen fressende Gattung Brachiosaurus und andere große Sauropoden säugetierähnlich warmblütig gewesen sein könnten oder ob dies aufgrund der sehr schwer verdaulichen Nahrung und der extremen Körpergröße dieser Tiere unwahrscheinlich oder sogar unmöglich war. Er meint, dass diese großen Tiere mehr Wärme aus der Umwelt aufgenommen als an sie abgegeben haben. Da die Brachiopoden – im Unterschied zu Säugetieren – nicht transpirieren konnten, glaubt Weaver, dass sie wechselwarm waren.

Derzeit lassen sich nur über eine Kette weiterer Vermutungen Hypothesen stützen, wonach mesozoische Flugsaurier und spätkreidezeitliche Dinosaurier warmblütig gewesen sein könnten. Fossile Belege dafür gibt es (noch) nicht.

Das »Pech« der Säugetiere

Im späten Karbon und im darauf folgenden Perm treten mit den Ur-Raubsauriern (Pelycosauriern) die ersten synapsiden Reptilien (Synapsida) auf. Beispiele dieser frühen Ur-Raubsaurier sind die Gattungen Edaphosaurus und Dimetrodon. Diese Tetrapoden mit eigenartigen Dornfortsätzen auf den Wirbeln stehen am Anfang einer Entwicklung, die zu den säugetierähnlichen Reptilien im engeren Sinn, den Therapsiden, überleitet.

Die Therapsiden lösen die Ur-Raubsaurier ab der Mitte des Perms ab und sie entwickeln sich bis zum Ende der mittleren Trias, wo sie – vor 205 Millionen Jahren – aus den Fossilüberlieferungen verschwinden. Sie beherrschen zu Beginn des Mesozoikums das Festland wie zuvor die Ur-Raubsaurier. Erst in den nächsten 150 Millionen Jahren prägen dann die Großsaurier das Mesozoikum.

Im mittleren Perm von Nordamerika hören die Funde von Pelycosauriern plötzlich auf, um sich in Funden von Therapsiden im oberen Perm bis zum Ende der Trias in Südafrika fortzusetzen. In den bis 5000 m mächtigen, der permokarbonischen Vereisung folgenden Sedimenten des Karoo-Beckens entdeckte man 1838 die ersten »Karoo-Reptilien«. 1910 folgte die wissenschaftliche Bearbeitung, die die enge Verwandtschaft der nordamerikanischen Pelycosaurier mit den südafrikanischen Therapsiden nachwies. Neuere, weltweite Funde bestätigen die weite damalige Verbreitung.

Bei den Therapsiden geschah in Millionen Jahre andauernden Übergangsstufen der Wechsel vom primären Kiefergelenk der Reptilien zum sekundären der Säugetiere. In aufeinander folgenden Therapsidengattungen zeigt sich eine zunehmende Vergrößerung des zahntragenden Unterkieferknochens, des Dentale, während die übrigen Elemente des Reptilien-Unterkiefers immer stärker reduziert werden. Bei den jüngsten Vertretern dieser Theriodontia sind sie sehr klein, aber immer noch erkennbar. Das würde bedeuten, dass bei den phylogenetisch am weitesten entwickelten säugetierähnlichen Reptilien zwei Kiefergelenke in Funktion waren.

Die Ur-Säugetiere bleiben buchstäblich im Schatten der Dinosaurier-Entwicklung, obwohl sie scheinbar überlegene Merkmale ausprägen: ein differenziertes Gebiss, ein zweites knöchernes Gaumendach in der Mundhöhle, dank dem sie gleichzeitig atmen und fressen können, eine konstante, hohe Körpertemperatur, dank der sie Klimaänderungen und tageszeitliche Temperaturschwankungen besser verkraften. Trotzdem haben sie – salopp gesprochen – phylogenetisches Pech. In der späten Triaszeit erfolgt die Weichenstellung zugunsten der »konservativen« Entwicklung der diapsiden Reptilien, der Dinosaurier. Vielleicht begünstigten die zu jener Zeit verfügbaren Pflanzen die »Dinosaurier-Strategie«, die Nahrung im Magen mithilfe von faustgroßen Magensteinen zu zerkleinern und die Nährstoffe darin aufzuschließen. Die relativ nahrhaften Samenfarne (Pteridospermen) waren jedenfalls zu dieser Zeit auf wenige Entwicklungen wie

Aus der großen Reptilien-Überordnung der Archosauria spaltete sich im frühen Mesozoikum die Ordnung der **Thecodontia** (Ur-Wurzelzähner) ab. An ihr lässt sich besonders gut die Entwicklung zum **aufrechten Gang** verfolgen, der vielleicht den späteren Dinosauriern zu ihrem Erfolg verhalf. Proterosuchus behielt den primitiven Kriech- oder Spreizgang bei, Ornithosuchus nahm schon eine aufrechte Haltung ein wie später der Mensch.

Lepidopteris, Dicroidium, Thinnfeldia und Sagenopteris eingeengt und boten vermutlich nur wenigen Pflanzenfressern Nahrung. Die Pflanzenfresser mussten sich daher extrem spezialisieren, um die Zellulose, das Lignin, die Rindensubstanzen und die harten und zudem oft giftigen Cycadeen- und Bennettiteen-Blattwedel, die Zweige und Zapfen von Nadelbäumen und vielleicht auch die mesozoischen Ginkgoblätter und -samen verdauen zu können. Über einen derart spezialisierten Verdauungstrakt verfügten die mesozoischen Säugetiervorfahren noch nicht. Sie mussten die pflanzliche Nahrung andern überlassen und mit Insekten vorlieb nehmen. Zumeist blieben sie daher bis zum Verschwinden der Dinosaurier kleine, unscheinbare Insektenfresser, die möglicherweise nur als nachtaktive Tiere eine Chance hatten, der Übermacht der Dinosaurier zu entgehen.

Wann im Mesozoikum die ersten lebend gebärenden Säugetiere auftreten, ist unbekannt. Es könnte sein, dass die ursprünglichen Säuger zunächst noch Eier legten, so wie es die Schnabeltiere und Schnabeligel Australiens, Tasmaniens und Südneuguineas noch heute tun. Sogar der Zeitpunkt, ab dem die Säuger erstmals ein wärmendes Haarkleid trugen, und die Frage, wie die Säugetierhaare entstanden sind, sind mangels entsprechender fossiler Funde bisher ungeklärt.

Die Dinosaurier

Unter der Bezeichnung Dinosaurier fasst man heute zwei Ordnungen der Überordnung der Archosauria zusammen, nämlich die Echsenbecken- und die Vogelbecken-Dinosaurier (Saurischia beziehungsweise Ornithischia). Die Archosaurier brachten mit den Ur-Wurzelzähnern (Thecodontia) die vorherrschende Reptilien-Ordnung des frühen Mesozoikums hervor. Aus ihnen entwickelten sich nicht nur die beiden Ordnungen der Dinosaurier, sondern auch die Krokodile (Crocodilia) mit der einzigen, bis heute überlebenden Unterordnung aus der Gruppe der Archosaurier, nämlich den Vollkrokodilen (Eusuchia). Schließlich entstanden mit den Flugsauriern (Pterosauria) als weiterer Ordnung die eleganten Flieger des mesozoischen Luftraums.

Die Archosaurier prägten als »herrschende Reptilien« im Mesozoikum die Lebenswelt. Sie faszinieren nicht nur wegen ihrer enormen Körpergröße – es gab allerdings auch welche, die nicht größer waren als ein Hahn –, ihren teils monströs, teils fabelwesenhaft anmutenden Gestalten. Erstaunlich ist auch ihre Anpassungsfähigkeit sowohl an die gestaltlich verarmte paläophytische Pflanzenwelt als auch an die neu entstehende, mesophytische Bedecktsamer-Flora, an ein weiträumiges Trockenklima und an eine riesige Landmasse, die kaum oder nur während kurzer Transgressionszeiten durch Meere gegliedert war.

Bald nach den ersten spektakulären Funden um 1820 setzte vor allem in den USA eine regelrechte »battle of bones« ein. Fossilienjäger

---

Die griechische Silbe deinós bedeutet »gewaltig« oder »furchtbar«, die Endung saurōs »Eidechse«. Dass es sich um eine neue Gruppe von Tieren handelte, die heutigen Reptilien höchst unähnlich waren, vermutete zuerst Richard Owen, der Direktor der naturwissenschaftlichen Abteilung des Britischen Museums in London. 1841 schlug er auf einem wissenschaftlichen Kongress vor, für die bis dahin unbekannte Organismengruppe eine neue Unterordnung des Tierreichs einzurichten – die **Dinosaurier**. Ein solches Vorgehen, mehr auf der Basis von Vermutungen als aufgrund von klaren Indizien und Beweisen das taxonomische System der Lebewesen tief greifend zu ändern, war im 19. Jahrhundert durchaus üblich. Die theoretischen Visionen eilten damals wie heute der Erforschung der Tatsachen richtungweisend voraus. Während man zu Owens Zeit und gelegentlich auch heute noch im allgemeinen Sprachgebrauch alle »schrecklich« aussehenden großen Reptilien der Trias-, Jura- und Kreidezeit Dinosaurier nannte und nennt, bezeichnet man die vor Urzeiten im Meer schwimmenden großen Verwandten nunmehr korrekt als Fischsaurier **(Ichthyosaurier)**, Schwanenhals- **(Plesiosaurier)** und Ruderechsen **(Pliosaurier)** und vermutet ihre Herkunft ebenfalls in den permzeitlichen Stammreptilien oder parallel zu diesen in karbonzeitlichen Vorfahren.

versuchten, sich durch immer spektakulärere Knochenfunde zu übertreffen. Der Mythos von den »schrecklichen Echsen« wurde populär. Heute macht man sich ein viel differenzierteres Bild von diesen Tieren. Vieles spricht dafür, dass es unter ihnen bereits ein ausgeprägtes Sozialverhalten und Brutpflege gab, dass Gruppen von Raubsauriern ihre Beute im Kollektiv jagten.

Morgendämmerung

Für viele Paläontologen gilt die Gattung Petrolacosaurus aus dem späten Karbon als ältester Vertreter der diapsiden Reptilien. Erst in jüngster Zeit konnte man sicherstellen, dass der Schädel dieser

Lebensbild Jura. Der große Superkontinent Pangäa beginnt auseinander zu brechen. Das Weltklima ist mild bis warm, die Polgebiete bleiben eisfrei. Flora- und Faunazonen zeigen nur wenige Unterschiede. Bei diesen günstigen Voraussetzungen entwickeln sich die Dinosaurier zu ihrer größten Blüte mit einem enormen Artenreichtum. Unter den Pflanzen fressenden Sauropoden gibt es die größten Landtiere, die jemals die Erde bevölkerten. In der Bildmitte erhebt sich Apatosaurus (5), früher unter dem Namen Brontosaurus bekannt; der bis 23 m lange und bis 12 m große Brachiosaurus (6) weidet große Cycadeen (Palmfarne) ab, neben Koniferen die Hauptnahrung der großen Dinosaurier. Ebenfalls zu den Pflanzenfressern zählt Stegosaurus (7) mit seinen wehrhaften Panzerplatten. Der größte Teil dieser Gruppe starb gegen Ende der Jurazeit aus; mangelnde Intelligenz (man beachte den kleinen Kopf) und ein unzulängliches Gebiss dürften eine Rolle gespielt haben. Die meisten Fleisch fressenden Dinosaurier waren bis auf einige spektakuläre Ausnahmen eher klein- bis mittelwüchsig. Im Vordergrund jagt ein Velociraptor (2) den kleinen agilen Compsognathus (3), der in seinem Körperbau Ähnlichkeiten mit dem Urvogel Archaeopteryx (4) aufweist. Die Farbe des Gefieders ist frei erfunden. Über der Steilküste gleitet Rhamphorhynchus (1) mit langem Schwanz und Schwanzsegel. Der Flugsaurier mit einer Flügelspannweite von 80 bis 100 cm war vermutlich kurzhaarig bepelzt und ernährte sich von Fischen.

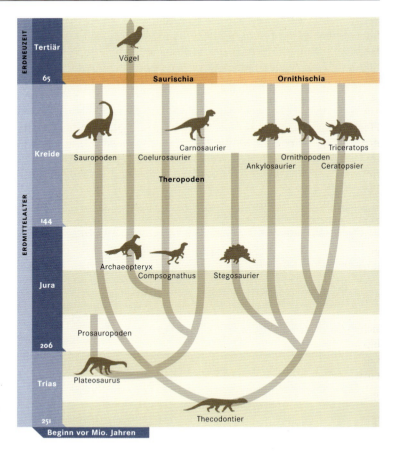

Stark vereinfachtes **Stammbaumschema der Dinosaurier** (Saurischia und Ornithischia). Die gemeinsame Wurzel liegt in den triaszeitlichen Thecodontia. Die Urvögel gingen möglicherweise im Jura aus theropoden Raubdinosauriern hervor.

Gattung tatsächlich zwei Schläfenöffnungen aufweist, also diapsid ist. Aufgrund des Skelettbaus rückt man diese Gattung in die Nähe der Ordnung Eosuchia, die sich im oberen Perm und zu Beginn der Trias zu einem eigenen Zweig entwickelte. Aus der Petrolacosaurus-Linie entwickelten sich in der Trias die Ur-Wurzelzähner (Thecodontia). Das Buntsandstein-Fährtentier, das mit der in der Schweiz gefundenen Gattung Ticinusuchus identisch sein soll, ist für diese Gruppe ein Beispiel.

Zur Unterordnung der »Ur-Riesendinosaurier« (Plateosaurier oder Prosauropoden) zählt man die Gattung Plateosaurus aus der oberen Trias. Aufgrund der vorwiegend süddeutschen Fundorte nennt der Volksmund Plateosaurus auch Schwäbischer Lindwurm. Man fand vollständige Plateosaurus-Skelette in den Keupertonen von Stuttgart, Halberstadt und in Südthüringen. Die Tiere sind acht Meter lang und mehr als fünf Meter hoch. Sie gingen vermutlich aufrecht auf zwei Beinen, was jedoch in Rekonstruktionen nicht immer so dargestellt wird. Der kleine Schädel zeigt große Nasenöffnungen, der Kiefer trägt gleichartige (isodonte), blattförmige Zähne.

Plateosaurus und andere Prosauropoden entwickelten sich während der oberen Trias und des beginnenden Jura. Sie waren wohl

Pflanzenfresser. So fand man in der spättriassischen Los-Colorados-Formation Argentiniens den Prosauropoden Riojasaurus, dem es sein langer Hals ermöglichte, Zapfen und Zweige von entsprechend hohen Nadelbäumen abzuweiden.

In dieser Zeit vor etwa 210 Millionen Jahren waren Prosauropoden in großen Ansammlungen – man könnte sie Herden nennen, obwohl dieser Begriff streng genommen nur für Säugetiere gilt – weltweit vertreten. Oft stellen ihre fossilen Reste 90% der Knochenfunde aller Landwirbeltiere aus diesem Zeitraum dar. Zu Recht könnte man daher Plateosaurus neben dem zu den Ornithischia zählenden Leguanzahn-Saurier Iguanodon, der vom oberen Jura bis zur unteren Kreide lebte, als den berühmtesten Dinosaurier Europas bezeichnen. Die oft großen Ansammlungen erklärt man damit, dass die in eher trockenen Regionen lebenden Tiere zeitweilig an Wasserstellen zusammenkamen, wo sie aus unbekannten Gründen verendeten und fossilisiert wurden.

Ihr stammesgeschichtlicher Rückgang ab dem unteren Jura lässt sich mit der aufkommenden Nahrungskonkurrenz durch die bipeden, sehr schnell laufenden Vogelfußdinosaurier und die kolossalen Riesendinosaurier erklären, die sich aus den Prosauropoden entwickelten.

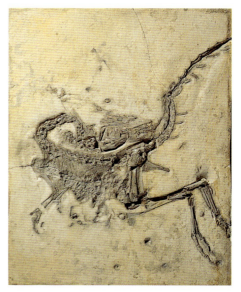

Nur hühner- bis katzengroß war **Compsognathus longipes** aus dem Oberjura von Solnhofen, einer der kleinsten Dinosaurier. Der Zeitgenosse von Archaeopteryx (und diesem in vielem ähnlich), ein gewandter Beutejäger, war möglicherweise behaart, was auf Warmblütigkeit schließen ließe.

Schnelle Jäger und Eierdiebe

Die Saurischia, bei denen die Beckenknochen Sitzbein und Schambein (Ischium und Pubis) einen offenen Winkel bilden, differenzierten sich im Lauf der Zeit zu vielfältigen Formen. Sie werden heute in die beiden Unterordnungen der zweibeinig laufenden Raubtierfußsaurier (Theropoda) und der vierbeinigen Riesen-

»Schwäbischer Lindwurm« wird **Plateosaurus** auch genannt; mit einer Länge von bis zu 8 m und einer Größe von 5,5 m einer der größten mitteleuropäischen Dinosaurier. In den schwäbischen Knollenmergeln (obere Trias) bei Trossingen wurden zahlreiche Funde gemacht, ebenso in den zeitgleichen Ablagerungen bei Halberstadt und am Gleichberg in Thüringen. Wahrscheinlich konnte Plateosaurus sowohl auf zwei als auch auf vier Füßen laufen. Der kleine Kopf mit einer gleichförmigen Bezahnung lässt auf einen Allesfresser schließen.

Die **Saurierfährte von Barkhausen** wurde in einem Jurasandsteinbruch im niedersächsischen Wiehengebirge entdeckt. Die Tiere – bei den Trittsiegeln handelt es sich um die Spuren von dreizehigen Theropoden und von Sauropoden – standen oder liefen wohl in unterschiedlicher Richtung im Uferschlick eines Sees.

Während es in der klassischen Wirbeltierpaläontologie Europas üblich ist, von fossilen Funden statische Skelettabbildungen anzufertigen, haben besonders US-amerikanische Forscher versucht, aus weiteren in den Fundschichten ablesbaren Daten die Lebensumstände der Saurier der Jura- und Kreidezeit zu rekonstruieren. Aus den Fußspuren, den **Dinosaurier-Fährten,** lässt sich etwa rekonstruieren, wie die betreffenden Tiere gelaufen sind. Auch über die Größe des Herzens, die Länge der Halsschlagader und den Blutdruck kann man anhand der Körpergeometrie Überlegungen anstellen. Gute **paläobiologische Darstellungen** dieser Dinosaurier rühren daher weniger von der Fantasie des Zeichners her, sondern beinhalten die Analyse vieler morphologischer, anatomischer und sogar physiologischer Untersuchungen, die weit über das hinausgehen, was die gefundenen fossilen Knochen an Erkenntnis bieten.

dinosaurier (Sauropodomorpha) eingeteilt. Die Ersteren brachten zwei Linien hervor: die wegen ihrer leichten, hohlen Knochen auch Hohlknochensaurier genannten Coelurosaurier und die gefürchteten Raubtierzahnsaurier (Carnosaurier), zu denen auch Tyrannosaurus rex gehört.

In den Knollenmergeln des Großen Gleichbergs in Südthüringen fand man einen aus zierlichen Knochen gebauten, offenbar räuberisch lebenden, frühen, zu den Saurischia zählenden Dinosaurier, der den Namen Halticosaurus liliensterni trägt. Das 5,50 Meter lange, zweifüßig und offenbar schnell laufende Tier besitzt einen relativ großen Kopf und spitze, für Raubtiere typische Zähne. Mit Halticosaurus teilt sich die Entwicklung der Saurischia in die Linie der wirklich großen, Pflanzen fressenden Riesendinosaurier und in die Linie der Raubtierfußsaurier auf.

Zu Letzterer gehört auch der nur 60 Zentimeter lange Compsognathus, der nicht nur zur selben Zeit wie der Urvogel Archaeopteryx lebte, sondern auch Ähnlichkeiten – etwa im Schädelbau – mit diesem vermutlichen Urahn der Vögel aufweist. Man entdeckte das erste Exemplar unweit von Solnhofen in Kelheim; es befindet sich heute in München. Schon vor mehr als hundert Jahren erkannten Naturforscher die Bedeutung dieses weiteren Bindeglieds zwischen den Reptilien und den Vögeln. So schrieb etwa Thomas Huxley 1868: »Zwischen Compsognathus und Archaeopteryx fehlen uns nur noch wenige Mittelglieder … «. Charles Darwin meinte, »dass der weite Abstand zwischen (heutigen) Reptilien und (heutigen) Vögeln durch Archaeopteryx und Compsognathus in unerwarteter Weise ausgefüllt werde«.

In Südostfrankreich, nördlich von Nizza, stieß man 1972 auf eine zweite Compsognathus-Art, die wahrscheinlich in der dortigen oberjurassischen Lagune nicht nur umherlief, sondern fischefangend auch umherschwamm. Man nimmt allerdings an, dass Compsognathus im Gegensatz zu Archaeopteryx keine Federn (aber vielleicht Borsten) trug, auch wenn neue Funde aus China belegen, dass nachfolgende, verwandte Coelurosaurier teilweise gefiedert waren.

Die Coelurosaurier waren schnelle, auf zwei Beinen laufende Räuber. Beispielsweise kann man sich die in Tansania gefundene Gattung Elaphrosaurus aus dem oberen Jura als einen 2,25 m hohen und 5,40 m langen Saurier auf Straußenbeinen vorstellen. Und wer kennt nicht die wendige Raubsaurier-Gattung Velociraptor aus Steven Spielbergs Film »Jurassic Park«. Ein Coelurosaurier aus dem oberen Jura, die Gattung Ornitholestes, gefunden in Wyoming (USA), hatte sich auf die kleinen Säugetiervorfahren als Beute spezialisiert. Aus der oberen Kreide (Mongolei) ist der früher als Eierdieb verschriene Oviraptor fossil belegt. Diese Tiere sollen mit ihren langen Fingern die Eier aus den Gelegen anderer Saurier geraubt, fortgetragen und anschließend mit ihrem zahnlosem Kiefer verspeist haben. Neueren Untersuchungen zufolge hat er aber wohl nur eine besonders liebevolle Brutpflege betrieben.

Die größten Räuber

Ein starkwandiger Knochenbau sowie mächtige, dicke und spitze Zähne zeichnen die zweite Teilordnung der aus der Obertrias, dem Jura und der Kreide bekannten Raubsaurier aus, die Raubtierzahnsaurier (Carnosaurier). Ihr Name – übersetzt etwa »Fleischfresser-Saurier« – ist Programm. Die dentale Bewaffnung dieser Saurier lehrt auch den Unerschrockensten das Fürchten: zweischneidige Zähne bei der Gattung Zamotus oder gekrümmt dolchförmige Zähne wie bei der Gattung Carcharodontosaurus.

Den Höhepunkt dieser Entwicklung stellen Gattungen wie Spinosaurus, Allosaurus und natürlich Tyrannosaurus dar. Allosaurus aus dem Oberjura war mit einer Skelettlänge bis zwölf Meter eins der größten Raubtiere seiner Zeit. Der riesige, bis sechs Meter hohe Tyrannosaurus schließlich, man fand ihn in den jüngsten Kreideschichten im US-Bundesstaat Montana, übertraf alle andern Therapoda an Größe. Er hatte einen großen, bis über ein Meter langen Schädel, plumpe Hinterextremitäten und einen starken Schwanz. Die sehr kleinen Vorderextremitäten besaßen nur zwei funktionierende Finger. Das bis etwa sieben Tonnen schwere Tier griff seine Beute offenbar frontal an. Dank seiner muskulösen Laufbeine konnte der Koloss kurzzeitig Geschwindigkeiten von 20 km/h erreichen.

Schlagfertige Riesen

Jura und Kreide sind auch die Periode der Pflanzen fressenden Riesen unter den Dinosauriern, der Sauropoden. Alle Vertreter dieser Teilordnung sind ähnlich gebaut, weswegen man für sie eine einheitliche Abstammung annimmt. Die Sauropoden waren Landtiere. Dank ihrem langen Hals konnten sie die Zweige und Zapfen auch hoher Bäume erreichen, vor allem, wenn sie sich auf die Hinterbeine stellten.

Tyrannosaurus rex, war wohl der größte Fleisch fressende Saurier (Carnosaurier). In der Oberkreide Nordamerikas wurden einige spektakuläre Funde gemacht. Das hier abgebildete Exemplar befindet sich im Senckenberg-Museum in Frankfurt am Main; das mit 12 m Länge und etwa 6 m Höhe bislang größte Exemplar steht im Naturkundemuseum in New York. Der rekonstruierte Schädel von Tyrannosaurus beeindruckt v. a. durch seine Furcht erregenden Zähne.

Bis zur Unterkreide veränderte sich die mesozoische Flora nur sehr wenig. Aus paläobotanischer Sicht entwickelten sich die mesozoischen Nadelbäume zwar weiter, aber sie blieben Nadelbäume mit mehr oder weniger nahrhaften Zapfen. Auch die Farne entwickelten sich nun zu den »modernen« Farnfamilien wie den Matoniaceen, den Dipteridaceen, den Gleicheniaceen oder den Schizeaceen weiter. Als mögliche **Nahrung für die Sauropoden** blieben sie jedoch das, was sie waren. Ähnliches gilt für die meterhohen Schachtelhalmstämme und die nun immer kleinwüchsiger werdenden Bärlappgewächse. Neben den Nadelbaum- und Ginkgozweigen dürften für die Sauropoden auch die zumeist massigen Stämme der Cycadeen und Bennettiteen als Nahrung interessant gewesen sein. Sie besaßen hartlaubige Blattwedel und jährlich neu austreibende männliche und weibliche Zapfen. Die für die spätere Entstehung der Bedecktsamer (Angiospermen) so wichtigen Nachfahren der Samenfarne – Dicroidium in der Triaszeit der Südhemisphäre sowie Thinnfeldia, Lepidopteris und Sagenopteris in der Nordhemisphäre – waren mangels Masse für die Pflanzen fressenden Prosauropoden höchstens ein »Zubrot«. Bis in die Oberkreide fehlten die Wasserpflanzen, die heute für die Flusspferde (Hippopotamus) eine wichtige pflanzliche Nahrung sind. Auch Wasserfarne gab es nicht, sie treten erst in der Kreide und im Tertiär fossil auf.

Zu Beginn der Kreide, also mit dem Anbruch der Zeit der Bedecktsamer, sterben viele Familien der Sauropoden aus. Zu den überlebenden Familien gehören die Titanosauriden, die zu den größten Vierfüßern aller Zeiten zählen. Die bereits aufgrund ihrer Körpergröße schwer angreifbaren Tiere verfügten mit ihrem leicht beweglichen, langen Schwanz, der peitschenartig ausläuft, über eine furchtbare Waffe, um sich hungrige Raubtierzahnsaurier vom Leib zu halten. Der erste Schwanzwirbel ist bei ihnen bikonvex gestaltet, sodass sie den gesamten Schwanz an der Wurzel scharf umbiegen konnten.

Es leuchtet ein, dass solche Giganten ein leistungsfähiges Herz-Kreislauf-System haben mussten. Man schätzt den Blutdruck, der notwendig war, um das Blut in den Kopf zu pumpen, auf 500 bis 700 mmHg. Das Herz war vermutlich bereits vierkammerig. Körper- und Lungenkreislauf waren vollständig getrennt, sodass sich venöses und arterielles Blut nicht mischen konnten. Für Brachiosaurus schätzt man die Länge der Halsschlagader auf 10 Meter, sein Herz muss zwischen 230 und 380 Kilogramm gewogen haben, die Blutmenge schätzt man auf 2400 bis 3600 Liter. Mit jedem der 15 Schläge pro Minute pumpte das Herz zwischen 10 und 17 Liter Blut. Bei jedem seiner vielleicht drei Atemzüge pro Minute müsste die Lunge einen halben Kubikmeter Luft ausgetauscht haben. Die Schätzungen des Gesamtgewichts für diesen Koloss reichen bis zu 78 Tonnen für Brachiosaurus brancai. Selbst wenn er, wie manche Paläontologen glauben, »nur« 40 Tonnen gewogen hätte, dann entspräche das immer noch dem Gewicht von zwölf großen Elefanten. Weitere bekannte Vertreter der Sauropoden sind Apatosaurus (früher Brontosaurus) und Diplodocus.

Der Paläontologe Hartmut Haubold vermutet, dass diese großen Sauropoden in der unteren Kreidezeit die Bestände der Nadelbäume so stark abgeweidet und damit dezimiert haben, dass die Ausbreitung der Bedecktsamer begünstigt wurde. Die blatt- und fingerähnlichen Zähne der Sauropoden waren jedenfalls zum Abstreifen der essbaren Koniferennadeln und Rindenteile sowie zum Pflücken der Araukarienzapfen gut geeignet. Im Kaumagen schlossen faustgroße Magensteine – es handelt sich um Eruptivgesteinsstücke oder um Quarzsteine – die Nahrung auf. Die wenigen fossilen Kotreste (Koprolithen) dieser Tiere sind allerdings für eine Untersuchung ungeeignet. Das zeitliche Zusammenfallen des Anbruchs der Bedecktsamer-Radiation mit dem Verschwinden der Sauropoden legt die Vermutung nahe, dass sich deren oberkreidezeitliche Vertreter nach einer 100 Millionen Jahre dauernden Spezialisierung nicht auf das neu entstehende Angebot der Bedecktsamer einstellen konnten.

Formenvielfalt bei den Ornithischia

Während eine Gruppe der Saurischia, die riesigen Sauropoden, in der Jura- und Kreidezeit einander so ähnlich wurden wie die Nadelbäume, die sie abweideten, differenzierten sich die Ornithischia, die Vogelbecken-Dinosaurier, in vier Entwicklungs-

Blick in den Sauriersaal des Museums für Naturkunde in Berlin mit dem Skelett von **Brachiosaurus brancai** im Vordergrund und Dicreaosaurus hansemanni. Mit einer Länge von 23 m und einer Höhe von 12 m war der Pflanzen fressende Sauropode Brachiosaurus eins der größten Landtiere aller Zeiten.

linien: Stacheldinosaurier (Stegosaurier), Panzerdinosaurier (Ankylosaurier), Horndinosaurier (Ceratopsier) und Vogelfußdinosaurier (Ornithopoden).

Alle Vogelbecken-Dinosaurier eint, wie es schon der Name andeutet, eine »vogelartige« Stellung von Sitz- und Schambein. Beide Knochen liegen wie bei den modernen Vögeln eng aneinander. Dennoch kann man sie als Vorfahren der jura-kreidezeitlichen Urvögel ausschließen. Bei diesen waren nämlich beide Knochen noch gespreizt, was ihre verwandtschaftliche Nähe zu den Saurischia, den Echsenbecken-Dinosauriern, und hier speziell zu Coelurosauriern wie Compsognathus unterstreicht. Das »Vogelbecken« dieser Saurier ist lediglich eine konvergente Entwicklung, erklärbar durch eine ähnliche, nämlich bipede Fortbewegungsweise und nicht durch entwicklungsgeschichtliche Wesensgleichheit (Homologie). Die modernen Vögel erwarben diese Stellung von Scham- und Sitzbein beim Übergang zum aufrechten Gehen auf zwei Beinen ohne stützenden Schwanz. Insgesamt verwuchsen dabei die drei Knochen der Beckenregion, Schambein, Sitzbein und Darmbein, mit den Kreuzbeinwirbeln und sogar mit einigen Lenden- und Schwanzwirbeln. Dort setzen nun die Muskeln an, mit denen sich die nun zweifüßigen Vögel aufrecht halten können. Sie ziehen das Becken beziehungs-

Die Pflanzen fressenden **Stegosaurier** lebten in der Jurazeit vorwiegend in Nordamerika. Dort wurden die meisten Funde gemacht. Die etwa 6 m langen stachelschwänzigen Tiere hatten einen extrem kleinen Schädel und erreichten wohl ein Gewicht von 2 bis 3 Tonnen. Es wird vermutet, dass ihre auffälligen verknöcherten plattenartigen Lederlappen auf Hals, Rücken und Schwanz als Abwehrvorrichtung und zur Temperaturregulierung dienten.

weise den gesamten Rumpf aus der Gleichgewichtslage nach vorn und beschleunigen so das Laufen.

Drei der vier Entwicklungslinien der Ornithischia sind vierfüßig geblieben. Eine davon bilden die äußerlich ziemlich einheitlich erscheinenden Stegosaurier. Die geologisch ältesten Exemplare stammen aus der Mitte des Jura. Man fand Stegosaurier in China, Großbritannien und Frankreich. Aus dem späten Jura stammen die beiden Gattungen Stegosaurus (in vier Bundesstaaten der USA gefunden) und Kentrosaurus aus Ostafrika (Tansania). Diese Tiere sind vier bis neun Meter lang. Sie haben einen kleinen Schädel, im Kiefer sitzen spatelförmige Zähne. Die Hautknochen bilden große Panzerplatten, Kammplatten und sechs oder sieben Stacheln. Mit diesen konnten sich die extrem kleinhirnigen Tiere beim Fressen niedrig wachsender Pflanzen, von Insektenlarven und Weichtieren wirksam gegen Raubfeinde wehren. Die auf dem Rücken aufrecht stehenden Hautknochenplatten dienten wohl gewissermaßen als »Sonnenkollektoren«, um den Körper am Morgen rascher aufzuheizen. Da sie paarig standen, konnten sie vielleicht in der Mittagshitze auch Schatten spendend über den massigen Rumpf gelegt werden.

Die Stegosaurier sind bereits in der Unterkreide ausgestorben, haben also die neue Bedecktsamer-Flora nicht mehr erlebt. Dennoch verbindet man ihre Existenz mit einem noch unverstandenen Phänomen der Bedecktsamer-Radiation. Die Bedecktsamer der Oberkreide sind ausschließlich Bäume, etwa die Platanenartigen, die Buchenartigen und die Magnolienartigen. Krautige Bedecktsamer sind erst Millionen Jahre später entstanden. Eine Hypothese versucht dies damit zu erklären, dass die Stegosaurier gerade die kleinwüchsigen Vorfahren der Bedecktsamer gefressen hätten. Ihre Bodenbeweidung hat vielleicht dazu beigetragen, dass sich die Vorläufer der Bedecktsamer nur in kleinen, geographisch isolierten Arealen, aber durch diese Trennung sehr schnell, in parallelen Linien zu den uns

Kap. 7 Fortschritt durch Katastrophen? **435**

bekannten krautigen Bedecktsamern der oberen Kreide entwickeln konnten.

Bewaffnung gegen Angreifer

Die ebenfalls vierfüßigen Ankylosaurier galten früher als die Nachfolger der Stegosaurier. Zunächst fand man sie nämlich nur in Kreideschichten. Doch inzwischen sind Exemplare von Ankylosauriern aus vielen Erdteilen bekannt, die bereits im mittleren und oberen Jura lebten. Die Vorfahren beider Gruppen müssten daher in unterjurassischer Zeit gelebt haben. Unter den bekannten Ornithischia dieser Zeit werden zwar einige als Vorfahren beider Gruppen diskutiert, doch überzeugen konnte bisher keiner der diesbezüglichen Vorschläge. Die Ankylosaurier hatten einen flachen Körperbau und wurden bis zu sieben Meter lang. Wie der deutsche Name Panzerdinosaurier andeutet, war entweder ihr gesamter Rumpf oder nur ihr Schädeldach von plumpen Extremitäten- und Dermalknochenplatten bedeckt. Ihre Bezahnung war reduziert.

Erst sekundär vierfüßig ist die Gruppe der Ceratopsier. Diese lebten in und von der neuen Bedecktsamer-Flora. Zwar überlebten auch einige Bennettiteen und Cycadeen die für die mesozoische Pflanzenwelt entscheidende Zeitenwende der Apt-Alb-Stufe vor 114 bis 95 Millionen Jahren. Da aber mit der Gattung der Papageienschnabel-Dinosaurier (Psittacosaurus) auch die geologisch ältesten Vorfahren der Ceratopsier aus dieser Zeit stammen, ist es sehr wahrscheinlich, dass ursprünglich zweifüßige Urahnen, die noch Nadelbaumzweige fraßen, bereits den Wechsel zur Bedecktsamer-Nahrung schafften.

Die Papageienschnabel-Dinosaurier besitzen ein schnabelartiges Maul. Diese Art von Vorderschnauze (Prädentale), bei der ein Kieferhautknochen schnabelartige Hornscheiden trägt, ist ein Spezifikum der Ceratopsier. Die Tiere besitzen zwar keinen Panzer, aber kleine Hornplättchen bedecken den ganzen Körper.

Typische Vertreter der Ceratopsier sind die Gattungen Protoceratops, Triceratops und Styracosaurus, die in der Oberkreide vor 95 bis 65 Millionen Jahren lebten. Es waren überwiegend Tiere der damaligen Nordhemisphäre; die älteren Funde stammen aus der Mongolei und Mitteleuropa. Extravagant erscheinen die hornartigen Knochenauswüchse des großen Schädels. Hinten am Schädel bildet das Schuppenbein einen Nackenschild, auf dem etwa bei Styracosaurus auf jeder Seite noch drei lange, spitze Hörner sitzen. Der zwei Meter

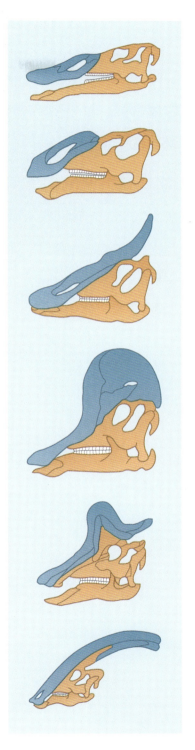

Die **Entenschnabeldinosaurier** (Hadrosaurier) waren ein weit verbreiteter, hoch spezialisierter Endzweig der Dinosaurier in der Oberkreide. Sie unterschieden sich weniger im Körperbau als vielmehr in der Ausbildung verschiedener **Nasenknochen** (blau) im Schädel, die hörner- oder helmförmige Auswüchse bildeten. Von oben nach unten: Anatosaurus, Kritosaurus, Saurolophus, Corythosaurus, Lambeosaurus, Parasaurolophus. Bei Letzterem hat man durch Experimente mit Modellen herausgefunden, dass die Tiere durch die komplizierte Anordnung der Luftkanäle in den Knochenkämmen beim Atemholen verschiedene Töne erzeugen konnten, vermutlich um miteinander zu kommunizieren.

lange Kopf ist dadurch 1,5 Meter breit. Auch im Nasenbereich des Schädels sprießt ein mächtiges Knochenhorn. Bei Triceratops kommen zwei weitere Hörner dazu, die dem Knochen oberhalb des Auges (dem Postfrontale) entspringen. Diese Postfrontalhörner überragen sogar das Nasalhorn. Mit dieser Bewaffnung konnte sich der acht Meter lange und 2,6 Meter hohe Triceratops sicherlich wirksam vor Angriffen der Raubtierzahnsaurier schützen. Er selbst war wie alle Ornithischia Pflanzenfresser. Wenn er sich auf den Hinterbeinen aufrichtete, konnte er sicher auch noch die beblätterten Zweige der in der Oberkreide Nordamerikas weit verbreiteten Platanen (Crednerienbäume) erreichen.

Höhepunkt der Entwicklung

Die zweibeinig laufenden Vogelfußdinosaurier (Ornithopoden) entwickelten sich im Lauf der Oberkreide am vielgestaltigsten. So betrachtet kann man sie als die erfolgreichsten Pflanzen fressenden Ornithischia bezeichnen, vor allem gilt dies für das »Endergebnis« dieser Entwicklungsrichtung, die Entenschnabelsaurier (Hadrosaurier). Spezialisiert waren zwar alle Ornithischia, doch den Entenschnabeldinosauriern gelang der Wechsel von der speziellen Nadelzweigkost zur vielfältigen Pflanzenkost der Bedecktsamer in der Oberkreide am besten.

In den Schichten des oberen Jura am Berg Tendaguru in Tansania fand man neben dem Pflanzen fressenden Riesen Brachiosaurus und dem Stacheldinosaurier Kentrosaurus auch den mit 1,2 m Größe und 2,3 m Länge vergleichsweise kleinen Vogelfußdinosaurier der Gattung Dryosaurus. Diese Tiere haben noch sehr wenig mit den späteren Entenschnabelsauriern gemein. Der Schädel ist kurz, hoch gebaut mit schmaler Schnauze und misst nur 15 Zentimeter. Das Vordermaul ist wie bei allen Ornithischia zahnlos, weiter hinten im Kiefer folgen Zähne, mit denen die Tiere Pflan-

In der chinesischen Provinz Henan wurde dieses 20 cm im Durchmesser große **Dinosaurier-Ei** gefunden, wahrscheinlich von der Art Oolithus sphacroides. Das Ei stammt aus der Kreidezeit. Besonders schöne Eigelege von Sauriern hat man in Oberkreidesedimenten der Südgobi (Mongolei) gefunden.

Die Horndinosaurier (Ceratopsier) aus der Kreidezeit ernährten sich schon von den sich immer mehr ausbreitenden Blütenpflanzen. Besonders eindrucksvoll ist **Triceratops** mit seinem bis 2 Meter langen Schädel, bei einer Gesamtlänge von rund 7 Metern. Trotz ihres erschreckenden Aussehens waren diese späten Dinosaurier wohl eher friedliche, gesellig lebende Tiere, die ihre Hörner allenfalls bei Angriffen von andern Sauriern als Waffe benutzten.

zenteile abrupfen und kauen konnten. Das Tier stand auf seinen kräftigen Hinterbeinen und stützte sich dabei mit seinem Schwanz ab.

Wesentlich größer sind die in den Unterkreide-Schichten von Bernissart in Belgien und entsprechenden Wealden-Schichten Südenglands gefundenen Skelette der Gattung Iguanodon, der Leguanzahnsaurier. Sie sind acht bis neun Meter lang und bis zu fünf Meter hoch. Ihre Extremitäten zeigen einen hohen Grad von Spezialisierung. Der erste Finger der Hand bildet einen dicken, dornartigen Stachel, die drei Mittelfinger sind fast gleich lang, aber nur der zweite und dritte Finger trägt breite Klauen; der vierte Finger bleibt klauenlos, der dünne fünfte Finger ist abgespreizt. Die Füße des Laufbeinpaars sind so gestaltet, dass das Tier mit drei großen Mittelzehen, die in hufartigen Klauen enden, auftrat. Die erste Zehe ist klein und kurz, die fünfte fehlt ganz.

Der wie bei einem Pferd lang gestreckte Schädel zeigt große Nasenöffnungen. Der Kiefer trägt bis auf die unbezahnte Front zahlreiche, vom Kauen stark abgenutzte Zähne, unter denen Ersatzzähne liegen. Der Paläontologe Louis Dollo, der die belgischen Iguanodon-Funde bearbeitete, schloss aus diesen Merkmalen, dass sich diese Saurier vornehmlich von Nadelbaumzweigen ernährten, die sie – so wie heute Giraffen – mit langer kräftiger Zunge an sich zogen, mit der scharfen, verhornten Schnauzenfront abschnitten und mit ihren kräftigen Zähnen zerkauten. Der Iguanodon-Kiefer enthält etwa 90 Zähne; sie sind in mehreren dichten Reihen angeordnet, aber nur immer eine Reihe war wohl in Gebrauch. Wahrscheinlich waren die Leguanzahndinosaurier in der Unterkreide (Wealden) weit verbreitet, so etwa auch in Spanien, Portugal, Nordafrika, der Mongolei und in China. In Nordamerika fand man dreizehige, 90 Zentimeter lange Saurierfährten mit einem Schrittmaß von 4,5 Metern, die man Tieren der Gattung Iguanodon oder einer nahe verwandten Gattung zuordnet.

Besonders spezialisiert waren die Entenschnabelsaurier, die man im US-Bundesstaat Wyoming fand. Alle Entenschnabeldinosaurier kennzeichnet ein Knochenfortsatz am Sitzbein. In den Naturhistorischen Museen von New York und Frankfurt am Main kann man mit Edmontosaurus einen typischen Vertreter dieser Saurier betrachten. Entenschnabeldinosaurier lebten erst nach der Entwicklung der Bedecktsamer in der Oberkreide (Campan-Maastricht). Die Blätter und Zweige der Laubbäume sowie die sich nun massenhaft ausbreitenden Wasserpflanzen waren ihr »täglich Brot«. Im Mageninhalt des Senckenberg-Exemplars konnte man fossile Reste

Blick in die Iguanodonhalle des Königlichen Naturkundemuseums von Brüssel. In der Kohlengrube von Bernissart in Belgien wurden 1878 in Kreideschichten etwa 30 Skelette des Vogelbeckendinosauriers **Iguanodon** gefunden. In einem Glaskasten wurden neun vollständige Skelette zu einer imposanten Gruppe zusammengestellt.

von Koniferennadeln, Samen, Feigen und andern Früchten identifizieren.

Exemplare von Edmontosaurus fand man ausschließlich in Nordamerika, in den US-Bundesstaaten Wyoming, South Dakota und Montana sowie in der kanadischen Provinz Alberta. Seine mehr als tausend Zähne sitzen auf so genannten Mahlplatten im Maul, dessen Spitze zu einem verhornten »Entenschnabel« ausläuft. Die neun Meter langen Tiere erreichten noch Zweige in vier Meter Höhe, wenn sie sich aufrichteten. Auf zwei Tonnen schätzt man das Lebend-

Lebensbild Kreide. Nach Pangäa ist nun auch der Südkontinent Gondwana auseinander gedriftet. Das Klima ist immer noch mild, jedenfalls wärmer als heute. Neben Farnen, Palmfarnen, Bennettiteen (im Bildvordergrund) und Koniferen erscheinen in der Unterkreide die ersten Bedecktsamer (Angiospermen), die heute die größte Gruppe der Samenpflanzen bilden. In der Unterkreide tauchen auch die ersten Vögel auf. Hesperornis (1) aus der Oberkreide ist eine besonders in Nordamerika beheimatete Gattung flugunfähiger Meeresvögel mit Zähnen. Den Luftraum teilen sich echte Vögel aber noch mit großen Flugsauriern wie Pteranodon (6). Eine weit verbreitete Sauriergattung dieser Zeit war Iguanodon (2), ein gesellig lebender Pflanzenfresser. In der Bildmitte stehen sich im Kampf der ansonsten eher friedliche Pflanzenfresser Triceratops (3) und der wohl bekannteste Dinosaurus, Tyrannosaurus rex (4), gegenüber. Die Hadrosaurier oder Entenschnabeldinosaurier (5) hatten sich schon auf »moderne« Pflanzenkost, also Blätter und Früchte von Laubbäumen, umgestellt, aber auch sie starben zum Ende der Kreidezeit aus.

gewicht. Die Vorderbeine waren wahrscheinlich wie Schwimmfüße gestaltet, auch ihr seitlich abgeplatteter Schwanz mag beim Schwimmen geholfen haben.

Bei den geologisch gleich alten Entenschnabeldinosauriern der Gattung Maiasaurus, die man ebenfalls in Montana fand, sind sogar gerade aus den Eigelegen geschlüpfte Dinosaurierjunge erhalten geblieben. Diese Saurier legten bis zu 24 Eier in kreisrunde Erdnester. Es gibt Hinweise darauf, dass die Jungtiere gefüttert wurden. So sind die Zähne dieser noch im Nest fossilisierten Tiere bereits abgenutzt.

Neben diesen entenschnabeligen Hadrosauriern fanden sich in den jüngsten kreidezeitlichen Schichten der kanadischen Provinz Alberta weitere Gattungen mit eigenartiger Schädelentwicklung. Die Nasenregion dieser Tiere zeigt charakteristische Knochenauswüchse, die wie ein Horn oder ein Helm aussehen, teilweise sogar den kompletten Schädel überdecken. Diese nasalen Hauben sind indes nicht komplett verknöchert, vielmehr durchzieht sie windungsreich ein Nasenkanal. Das könnte bedeuten, dass der Geruchssinn dieser Tiere extrem verfeinert war. Gleichzeitig bildeten diese hohlen Schädelteile schallverstärkende Resonanzböden für das Gehör. Diese eigenartigen Bildungen sind die letzten interessanten Spezialisierungen der Dinosaurier vor ihrem Ende vor 65 Millionen Jahren.

Die größten Flieger

Bei der Ordnung der Flugsaurier (Pterosauria) unterscheidet man zwei Unterordnungen: die Schwanzflugsaurier (Rhamphorhynchoidea) und die Stummelschwanzflugsaurier (Pterodactyloidea). Die ersten und ursprünglichsten Vertreter der Flugsaurier stammen aus der Obertrias. In der Oberkreide erleben sie mit der beginnenden Radiation der Vögel ihren entwicklungsgeschichtlichen Absturz.

Als Vorfahren der Flugsaurier kommen schlanke, leichtfüßige Reptilien infrage, die im Gegensatz zu ihren Zeitgenossen und nahen Verwandten aus der Gruppe der Archosaurier kaum gepanzert gewesen sein dürften. Ein solches Aussehen trifft auf die Gattung Scleromochlus aus der oberen Trias zu, von der man lediglich eine Art im Norden Schottlands fand. Das Tier mit einem kleinen, zierlich gebauten Körper und verhältnismäßig großem Kopf, besitzt einen langen Schwanz mit 50 Schwanzwirbeln, unverhältnismäßig lange Hinterbeine, viel kürzere Vorderbeine, eine sehr kleine Hand, aber lange Unterarme. Mit diesem Habitus konnte Scleromochlus leichtfüßig laufen, vielleicht sogar hüpfen, um rasch vor einem Räuber zu fliehen. Vielleicht konnte dieses Reptil auf Bäume klettern und war zu weiten Sprüngen befähigt, bei denen ihm eventuell sogar schon eine Flughaut Auftrieb verlieh.

Bei den Flugsauriern muss sich erst noch das Becken stark umbilden, was mit der nun stark geforderten Brustmuskulatur zusammenhängt, die diese Tiere beim aktiven Fliegen benötigen. Dieser Umbau deutet sich erst bei der in Südengland gefundenen Gattung Di-

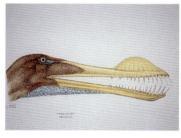

Ähnlich wie heute bei den Vögeln muss es bei den Flugsauriern eine große Formenfülle gegeben haben. Bislang sind etwa 100 Arten in rund 50 Gattungen durch Funde belegt, fast ausschließlich Küstenbewohner. Besonders auffällig sind die oft bizarren Kopfformen mit ganz unterschiedlich bezahnten Schnäbeln. Von oben nach unten abgebildet sind:
Dsungaripterus weei, Tupuxuara longieristatus und **Auhanguera species.**

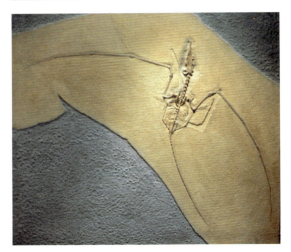

In den Solnhofener Plattenkalken wurden zahlreiche fossile Überreste von Flugsauriern gefunden. Zu den Schwanzflugsauriern (Rhamphorhynchoidea) gehört das hier abgebildete Exemplar der Gattung **Rhamphorhynchus.** Der lange Schwanz trug ein kleines lanzettförmiges oder dreieckiges Steuersegel. Die Spannweite der Flügel betrug bis zu 100 Zentimeter. Wahrscheinlich war der Körper kurzhaarig bepelzt.

Ein Kalkschiefersteinbruch im Nordosten Brasiliens hat sich als eine der reichsten Fossilienlagerstätten der Welt erwiesen. Zahlreiche Flugsaurier wurden hier entdeckt, u. a. **Tropeognathus robustus,** dessen rekonstruiertes Flugmodell die Abbildung zeigt. Die Knochenwucherungen auf dem Schnabel sollten wohl den Kopf während der Jagd nach Fischen stabilisieren.

morphodon aus dem Unterjura an. Man könnte sie bereits als einen ursprünglichen Flugsaurier bezeichnen. Der Schädel dieser Tiere ist groß, der Schwanz mit 30 Schwanzwirbeln lang, aber das Becken ist sehr klein. Die Vordergliedmaßen trugen offensichtlich eine Flughaut, denn die vier Glieder des vierten Fingers sind stark verlängert, während die ersten drei Finger bis auf die starken Klauen normale Größe zeigen. Die Zähne sind vorn im Maul groß und spitz, die zahlreichen hinteren, ebenfalls spitzen Zähne dagegen klein.

Eine ähnliche Gestalt weist die Gattung Dorygnathus aus dem Oberjura auf, die man in Württemberg, Bayern und Norddeutschland gefunden hat. Beide Flugsaurier sind 1,25 m lang, die Spannweite der Flughaut muss etwa 1,6 m betragen haben. Doch der Schädel von Dorygnathus ist etwas länger als der von Dimorphodon, und er zeigt einen Knochenplattenring zum Schutz der großen Augen. Auch der Urvogel Archaeopteryx lithographica besitzt diesen so genannten Sklerotikalring aus kleinen Knochenplättchen. Er ist ein Reptilienmerkmal, das besonders bei den Schädeln der Fischsaurier auffällt.

Wahrscheinlich elegantere Flieger gab es unter den Pterodactyloidea, der zweiten Unterordnung der Flugsaurier. Allein im Solnhofener Plattenkalk fand man zehn Arten aus fünf Gattungen dieser Unterordnung. Auch sie weist sowohl klein- als auch großwüchsige Arten auf. Es gibt Gattungen mit spitz zulaufenden Mäulern und nur wenigen Zähnen im Frontbereich, so etwa Gallodactylus. Das »Kamm-Maul« Ctenochasma gracile besitzt dagegen 360 Zähne, mit denen diese im Wasser stehenden Flugsaurier kleine Tiere aus dem Wasser seihen konnten. Diese Art mit einer Flughautspannweite von 1,2 m benötigte kräftige Muskeln zum Fliegen. Das spiegelt sich auch an dem kräftig entwickelten Brustbein (Sternum) wider, an dem die Flugmuskulatur ansetzt.

Heute lebende Fledermäuse können riesige Strecken im Non-Stop-Flug bewältigen. Bei den Abendseglern der Gattung Nyctalus sind Flüge über 2350 Kilometer nachgewiesen. Die Flugsaurier der Jura- und Kreidezeit mussten sicherlich ebenfalls weite Flugstrecken zurücklegen, denn nur diese Anforderung erklärt den Wandel ihrer Gestalt und die enorme Vergrößerung ihrer Flughautfläche in der Kreidezeit. Bei den Gattungen, die sich um Pteranodon gruppieren und die sich in der Oberkreide in Konkurrenz zu den Nachfahren des Urvogels, nämlich den Zahnvögeln, entwickelten, werden die Körper im Vergleich zur Flughaut immer kleiner und die Knochen immer leichter. Der Flugsaurier Quetzalcoatlus erreichte Spannweiten von 11 bis 12 Meter. Er war das größte fliegende Wirbeltier, das jemals existierte.

Die Zähne sind fortan auf die vordere Kieferhälfte beschränkt oder fehlen wie bei Pteranodon ganz. Seine Vorderextremitäten, welche die Flughaut tragen, sind sehr kräftig und groß, die Hinterbeine dagegen klein und schmächtig. Auch bei ihm bestimmt die extreme Länge der Glieder des vierten Fingers die Größe der Flughaut. Pteranodon segelte über das Wasser und durchpflügte mit zugespitzter Schnabelschnauze die Wasseroberfläche auf der Suche nach Fischen. Aus seiner Körpergröße – etwa vergleichbar einem Truthahn – hat man geschlossen, dass seine an Land abgelegten Eier nur klein gewesen sein konnten und dass er daher seine Jungen mit Nahrung versorgen musste. Vielleicht besaß Pteranodon einen Kehlsack, in dem er die Fischbeute vorverdaute. Eventuell flog oder segelte Pteranodon die meiste Zeit seines Lebens. Seine Füße sind jedenfalls für einen Landgang wenig geeignet.

Alle Flugsaurier verfügten über ein ähnlich großes Gehirn wie die Vögel. Schließlich mussten auch diese Flieger ihre Sinne weiterentwickeln. Zum Körner- und Würmerpicken auf dem Erdboden waren diese hoch spezialisierten, Meere überquerenden Reptilien wohl nicht fähig, und so endet ihre stammesgeschichtliche Entwicklung mit der Radiation der Vögel. Klimaveränderungen, wie sie wohl nach dem Meteoriteneinschlag an der K/T-Grenze auftraten, konn-

Zur Gruppe der Stummelschwanzflugsaurier (Pterodactyloidea) gehört die schwanzlose Gattung **Pterodactylus,** hier ebenfalls ein Exemplar aus dem Solnhofener Plattenkalk. Wahrscheinlich schnappte der Flugsaurier im Schwebeflug mit seinem ausgeprägten Fanggebiss nach Fischen und anderem Meeresgetier. Die nachgewiesene Körperbehaarung deutet auf Warmblütigkeit hin.

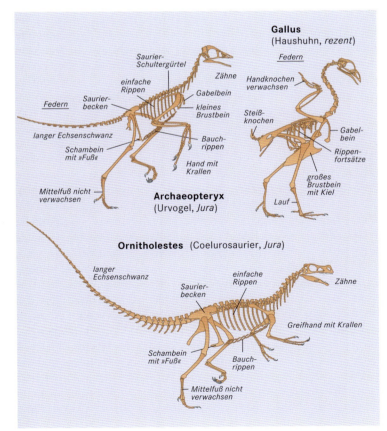

Die Evolution von jurazeitlichen Reptilien (hier das Beispiel **Ornitholestes**) zu den Vögeln heutiger Zeit wird erst durch den Fund von Archaeopteryx für uns verständlich. Unabhängig davon, ob sich **Archaeopteryx** als wirklicher Urahn der heutigen Vögel (hier das **Haushuhn**) erweist oder nur als Beispiel der Erdgeschichte, als einer der vielen Seitenäste des niemals wirklich zu findenden Urahns der Vögel – es ist das Connecting Link, das Bindeglied, das unserer Erkenntnis zur Verfügung steht. Beim **Vergleich der Skelette** zeigt sich das Skelett von Archaeopteryx noch überwiegend saurierartig (Zähne, langer Echsenschwanz, Schultergürtel, Becken, drei Finger mit Krallen, ein nicht verwachsener Mittelfuß), vogelartig sind das Gabelbein und die Federn.

ten die Flugsaurier der Oberkreide mit Sicherheit nicht überstehen. Man hat bei ihnen zwar eine dünne Behaarung nachgewiesen, aber diese hätte sie keinesfalls vor einer Zunahme der UV-Strahlungsintensität geschützt. Hinzu kommt die Nahrungskonkurrenz durch die flugunfähigen Zahnvögel der Gattung Hesperornis, die man in oberkreidezeitlichen Meeressedimenten des US-Bundesstaats Kansas gefunden hat. Gleichzeitig traten andere bezahnte Vögel der Gattung Ichthyornis auf, die den Flugsauriern ebenfalls die Fische streitig machten. Auch diese neuen Konkurrenten könnten das Verschwinden der Flugsaurier erklären.

Die Vögel

Wie kann eine schuppige Haut plötzlich zum Federkleid werden? Wie kann sich ein plumpes Reptil in die Luft erheben? Wie können wechselwarme Lebewesen auf einmal zu gleichwarmen werden, die ihre Körpertemperatur konstant halten? Die Antwort lautet: Gar nicht, zumindest nicht auf einen Schlag. Der komplette Umbau, der bei der Entwicklung der Vögel aus ihren Reptilien-Vorfahren stattgefunden hat, war mit Sicherheit ein langwieriger, über Jahrmillionen andauernder Prozess.

Hin und wieder haben Paläontologen Glück, und die Natur lässt sie mit einem Fossilfund in die Werkstatt der Evolution schauen. Einen solchen Einblick gewährte sie mit dem Urvogel Archaeopteryx lithographica. Dieses Bindeglied gibt zwar nicht alle Geheimnisse der Entwicklungsgeschichte der Vögel preis, aber es zeigt eine entscheidende Strategie der Evolution. Neue »Konstruktionen« setzt sie aus Mosaiksteinchen zusammen. Der Weg zu den Vögeln ist so ein konstruktives Puzzle der Stammesgeschichte.

Archaeopteryx – Evolution aus dem Baukasten

Erkenntnisfortschritte in der Wissenschaft sind zwar untrennbar mit dem Aufstellen und Prüfen von Hypothesen verbunden, doch sehr oft sind es Funde, die unser Wissen spürbar voranbringen. Als ein solcher Fund darf das oberjurassische Urvogelskelett (Archaeopteryx lithographica) von 1861 gelten. Deutlich sind dort die Federabdrücke an den Flügeln und am Schwanz zu erkennen. Dieser Fund belegt, dass die Geschichte der Vögel bis in die Dinosaurierzeit, also 150 Millionen Jahre, zurückreicht, unabhängig davon, ob nun Archaeopteryx tatsächlich der Urahn aller späteren Vögel ist oder nicht. Er ist zumindest ein Bindeglied oder »Connecting Link«, das die damaligen Reptilien mit den ursprünglichen Vögeln verbindet.

Inzwischen fand man sechs weitere Archaeopteryx-Exemplare; auf das bislang letzte stieß man 1992. Zusätzliche Vogelfossilien aus der anschließenden unteren Kreide ergänzen die sieben oberjurassischen Archaeopteryx-Funde, doch leider fehlen bislang ältere Fossilien, anhand derer sich die Entwicklungslinie zu den Schuppen tragenden, zweifüßigen Reptilien-Vorfahren weiter zurückverfolgen ließe.

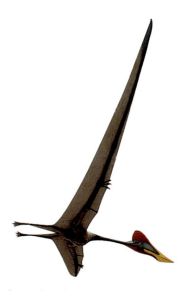

Quetzalcoatlus war der bislang größte Flugsaurier aller Zeiten. Der in Nordamerika in festländischen Kreidesedimenten gefundene Flugsaurier wog wohl 10 bis 15 kg und hatte eine Flügelspannweite von bis zu 15 m. Vermutlich waren diese Stummelschwanzsaurier keine Jäger, sondern Aasfresser.

Die Merkmale, die sich erkennen lassen, machen es wahrscheinlich, dass die Vögel entweder von den nächsten Verwandten der Dinosaurier abstammen oder gar als heutige Nachkommen der Dinosaurier selbst gelten müssen. Das verblüffende Nebeneinander von eindeutigen Reptilien- und Vogelmerkmalen bei Archaeopteryx prädestiniert diese Art als Bindeglied zwischen beiden Wirbeltierklassen, und es ist ein weiteres typisches Beispiel für den Mosaikmodus der Evolution: Einzelne Organe oder Strukturen verändern sich zu verschiedenen Zeiträumen und mit unterschiedlicher Geschwindigkeit. Evolutive Neuentwicklungen entstehen nicht schlagartig, Übergangsformen weisen »primitive« (urtümliche) wie »fortschrittliche« (neuere) Merkmale gleichermaßen auf. Die Evolution entwickelt neue Baupläne aus einzelnen morphologischen oder funktionellen Modulen, also gewissermaßen aus einem Baukastensystem.

Ein Beispiel hierfür ist der Wandel der Reptilien-Hautschuppen zu den Vogelfedern. Nach einer Hypothese bildeten sie sich als Schutz vor Überhitzung durch zu starke Sonneneinstrahlung, also als Mechanismus zur besseren Wärmeregulation. Wie viele Millionen Jahre eine solche Entwicklung gedauert haben könnte, ist mangels fossiler Belege völlig unklar; vielleicht brauchte es dafür die 60 Millionen Jahre des Jura, vielleicht sogar noch einige der 45 Millionen Jahre der Triaszeit. Auf jeden Fall dauerte es so lange, bis mit den Ur-Schuppensauriern (Eosuchia), den Ur-Wurzelzähnern (Thecodontia) und andern Archosauriern die Radiation der diapsiden Reptilien einsetzte. Jeder dieser nicht immer ganz scharfen taxonomischen Begriffe charakterisiert bestimmte Merkmale von Reptilienvorfahren, die sowohl zu Archaeopteryx als auch zu andern zweifüßigen Archosauriern wie etwa dem Coelurosaurier Compsognathus führen.

Die vogelähnlichen Coelurosaurier starben mit dem Ende der Kreidezeit nachkommenlos aus, die hornschnabeligen Vögel jedoch waren zur selben Zeit vor 65 Millionen Jahren zu einer globalen Radiation fähig. Das unterstreicht nicht erst die mit rund 9000 Spezies große Zahl der heute lebenden Vogelarten, die dank der Fähigkeit, die Körpertemperatur bei etwa 42 Grad Celsius konstant zu halten, in alle Klimabereiche vorgestoßen sind. Das zeigt bereits die Existenz großer, räuberisch lebender Laufvogelgattungen wie Diatryma im unteren Tertiär und im Eozän Mitteleuropas und Nordamerikas sowie Phorusrhacos im Oligozän und Miozän von Südamerika.

Die Ur-Säugetiere waren während der Zeitenwende zum Tertiär noch kleine Insektenfresser. Wie leicht hätten die »modernen« Riesenlaufvögel das vollenden können, was den räuberischen Dinosauriern der Kreidezeit nicht restlos gelang – die moderne Linie der Säugetiere bis auf das letzte Individuum aufzufressen. Vielleicht war es

Die Abbildung zeigt das »Berliner Exemplar« von **Archaeopteryx,** den zweiten bekannten Fund, bei dem sich der Abdruck der Federn am besten konserviert hat. Die gezeichnete Schnauzenspitze gehört zum 1987 entdeckten sechsten Archaeopteryx-Exemplar. Es war das bisher größte gefundene, etwa von Haushuhngröße. Deutlich sind die für die späteren »typischen« Vögel so unüblichen Zähne zu sehen und die große Nasenöffnung.

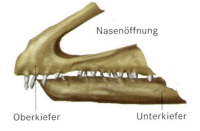

Die Existenz des Urvogels Archaeopteryx aus dem Oberjura sowie des schon »moderneren«, das heißt evolutiv weiter fortgeschrittener. Vogels Confuciusornis aus der Unterkreide und die erst 70 Millionen Jahre später erfolgende Radiation der modernen Vögel (Neornithes) deutet auf ein Phänomen der stammesgeschichtlichen Entwicklung hin, das gleichsam eine Gesetzmäßigkeit zu sein scheint: Viele »**Neuentwicklungen**« bei Tieren wie Pflanzen scheinen zuerst eine »**Voretappe**« zurückzulegen, bevor ihre eigentliche Radiation beginnt. So erlebten etwa auch die Bedecktsamer in der mittleren Kreide wahrscheinlich eine solche Etappe. Die Ur-Säugetiere wiederum entstanden in der Triaszeit, vor rund 220 Millionen Jahren. Ihre Radiation setzte erst vor rund 60 Millionen Jahren ein, also 160 Millionen Jahre später. Sogar für die erste Entwicklung höherer Lebensformen zur Zeit der Kambrischen Explosion nimmt man heute eine präkambrische Voretappe an.

aber gerade der hohe Feinddruck, der dazu beitrug, dass sich die Säugetiervorfahren in kleinen, geographisch isolierten Populationen schnell entwickeln konnten. Schließlich gelang ihnen wie den Vögeln die globale Radiation gleich nach dem Aussterben der Dinosaurier.

Überraschungen aus China

In den letzten Jahren wurden in China überraschende Entdeckungen gemacht, die zwar keinen älteren Urvogel als Archaeopteryx erbrachten, aber völlig neue Erkenntnisse zur Evolution der Vögel, vor allem zum Ursprung von Vogelfedern und -flug. Die längst vermutete Verwandtschaft der Vögel mit den Dinosauriern wurde zur Gewissheit. Es geht hier vor allem um die hervorragend erhaltenen Fossilien aus der unterkreidezeitlichen Yixian-Formation Chinas. Hier sind alle drei Hauptgruppen der mesozoischen Vögel vertreten: Sauriurae (Urvögel), Enantiornithes (Gegenvögel) und Ornithurae (Neuvögel). Dies bedeutet, dass sich der Vogel-Stammbaum schon sehr früh verzweigt hat. Die rasche Entwicklung zeigt sich besonders in der Verstärkung und Verfestigung der Flugapparatur (unter anderm durch ein großes verknöchertes Brustbein) und in der Rückbildung des langen echsenartigen Wirbelschwanzes zu einem fächerartig befiederten Steuerschwanz. Die meisten andern urtümlichen Merkmale blieben erhalten: dreifingrige Krallen, reptilische Bauchrippen, dreistrahliges Saurierbecken, zum Teil auch noch die Zähne. Die Mittelfußknochen sind noch nicht zu einem Lauf verschmolzen.

In der Unterkreide Nordostchinas lebte vor 120 Mio. Jahren der urtümliche Vogel **Confuciusornis sanctus**, beinahe ein Zeitgenosse des Urvogels Archaeopteryx, allerdings mit einigen Merkmalen, die ihn als entwicklungsgeschichtlich fortgeschrittener ausweisen. Der sensationelle Fund wurde erst 1995 bekannt. Bislang wurden von der Gattung Confuciusornis vier verschiedene Arten beschrieben und insgesamt einige Hundert Exemplare gefunden. Außerdem fand man in der gleichen Formation noch eine andere »moderne« Vogelgattung.

Der bereits zahnlose Confuciusornis sanctus zeigt trotz seiner im Vergleich zu Archaeopteryx fortschrittlichen Merkmale so viele Übereinstimmungen mit ihm, dass er zur urtümlichsten Vogelgruppe, den Urvögeln, gestellt wird. Er war gewissermaßen ein »auslaufendes Modell«. Denn zur selben Zeit war – wie die Fossilien der Yixian-Formation beweisen – die Entwicklung »modernerer« Vögel voll in Gang, und zwar sowohl die der Enantiornithes (die entsprechende Gattung wurde noch nicht benannt) als auch die der Ornithurae (Liaoningornis).

In der jüngeren Unterkreide und besonders in der Oberkreide treten dann weitere Vogelarten auf, bezahnt oder zahnlos, die an ein Leben in Bäumen oder im Wasser angepasst waren. Archaeopteryx dagegen war ein Bewohner des Binnenlands und nur zufällig (daher die wenigen Funde) in die Sedimente von Küstenlagunen (Solnhofer Plattenkalke) gelangt. Er war trotz seiner Krallen kein eigentlicher Baumkletterer (dagegen sprechen die langen Beine), zudem ein schlechter Flieger; er führte hauptsächlich passive Gleitflüge aus.

Dafür sprechen auch die Funde (seit 1996) von Raubdinosauriern mit Haar- oder Federkleid in der Unterkreide Chinas. Der Körper von Sinosauropteryx prima – 65 cm lang, mit langen Hinterbeinen und kurzen Armen – war dicht bedeckt mit faser- oder borstenartigen kurzen Haaren, die vielleicht als Wärmeschutz dienten (Hin-

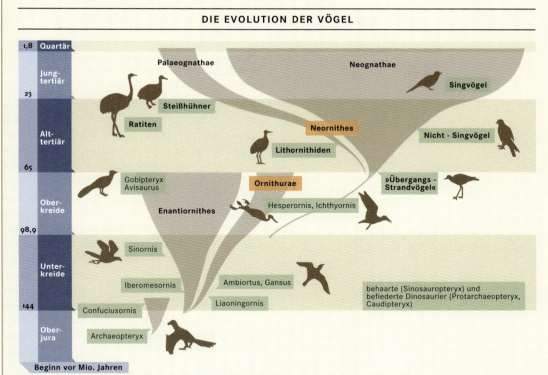

Es begann vor 150 bis 145 Millionen Jahren mit dem Urvogel Archaeopteryx. Die Funde von Iberomesornis (lebte vor 125 Millionen Jahren in der unteren Kreidezeit Spaniens), Sinornis (vor 110 Millionen Jahren in der unteren Kreidezeit Chinas), Avisaurus (vor 65 Millionen Jahren in der obersten Kreidezeit von Montana, USA) und Gobipteryx (vor 80 Millionen Jahren in der oberen Kreidezeit der Mongolei) setzen diese Urvogel-Entwicklung mit immer noch reptilähnlichen Zahnvögeln fort. Neue Funde aus China belegen aber mit Confuciusornis sanctus einen schon zahnlosen flugfähigen Vogel, der vor 120 Millionen Jahren in der unteren Kreidezeit (Apt- oder Barrême-Stufe) lebte. Auch Ambiortus (etwa 115 Millionen Jahre alt, in der Mongolei gefunden) und Gansus (in der Unterkreidezeit Chinas gefunden) gehören zu den Urvögeln. Sie gehörten aber wohl schon zu den ersten Meeresküstenvögel (Ornithurae), gefolgt von den oberkreidezeitlichen Meeresvögeln Ichthyornis (vor 90 bis 80 Millionen Jahren in Kanada) und Hesperornis (vor 85 bis 65 Millionen Jahren in Kansas, USA). Irgendwann vor 110 Millionen Jahren oder eher mögen die Meeresstrandvögel (Seetaucherähnliche und Flamingoartige) von den Urvögeln abgezweigt sein, die dann mit der Zeitenwende Oberkreide/Tertiär vor 65 Millionen Jahren zur Radiation der nun hornschnabeligen (=modernen) Vögel führten. Die Zahnvögel mit den Land- (Enantiornithes) und den Wasservögeln (Ornithurae) starben wie die letzten Dinosaurier zu eben diesem Zeitpunkt aus.

Die Straußenartigen (Palaeognathae) erschienen mit Lithornis schon vor 59 Millionen Jahren im Paleozän von Montana, USA, gefolgt von großwüchsigen Laufvögeln (Ratiden) wie z. B. dem Strauß. Die große Masse der Vogelordnungen gehört jedoch zu den Neognathae und gipfelt in den Singvögeln der Jungtertiär- und heutigen Zeit.

weis auf Warmblütigkeit), aber jedenfalls für Flugversuche untauglich waren.

Zwei weitere Dinosaurier, Protarchaeopteryx robusta und Caudipteryx zoni, trugen ein Kleid aus vogelartigen Federn, waren aber ebenfalls flugunfähige Lauftiere. Dies zeigt, dass die Federn, die bisher als das wichtigste primäre Unterscheidungsmerkmal gegenüber den Reptilien galten (ohne Federn wäre Archaeopteryx als Dinosaurier eingeordnet worden), nicht erst von den Vögeln »erfunden« wurden. Die Übergangsphase zwischen Reptilien und Vögeln erscheint somit dank der vorzüglich erhaltenen Fossilien Chinas in immer differenzierterer Fom. Die gemeinsame Stammesgruppe muss mindestens vor dem Oberjura gelegen haben.

Wandel der Lebensbedinungen in der Kreidezeit

Die seit etwa 25 Millionen Jahren existierenden »modernen« Vögel, darunter vorwiegend Singvögel, besitzen zwar Eigenschaften, über die die Urvögel und die kreidezeitlichen Zahnvögel noch nicht verfügten, aber die Entwicklung des Vogelflugs setzt ganz bestimmte Bedingungen voraus, die auch damals schon erfüllt gewesen sein mussten. So erfordert der ernergiezehrende Vogelflug eine reichliche, nährstoffreiche Ernährung, eine effektive Verdauung und eine intensive Atmung. Ein solch üppiges Nahrungsangebot, seien es Früchte oder Samen, seien es Insekten oder andere Beutetiere, war erst mit der Radiation der Bedecktsamer zur Mitte der Kreidezeit (Alb-Stufe) verfügbar. Durch diese wohl radikalste und zugleich schnellste Veränderung der Pflanzenwelt breiteten sich platanenartige, buchenartige und magnolienartige Bäume schnell auf dem Festland aus und veränderten tief greifend die Lebensräume und das Nahrungsangebot.

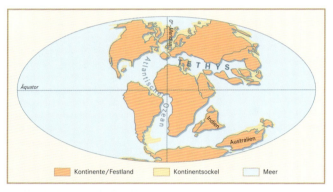

Land und Meer in der Oberkreide. Der Superkontinent Pangäa ist endgültig auseinander gebrochen. Auch der Südkontinent Gondwana driftet auseinander. Die Formen der Kontinente, wie wir sie heute kennen, beginnen sich herauszubilden. Indien driftet nach Norden, der Atlantische Ozean beginnt sich auszudehnen. Schon in der mittleren Kreide ist der Meeresspiegel stark angestiegen und hat weite Teile des ehemaligen Festlandes überflutet.

Zur gleichen Zeit, also vor rund 100 Millionen Jahren, gab es zudem in den Flachmeeren ein großes Angebot an Fischen. Riesige Flachmeere bedeckten in der späten Kreide große Teile der Kontinente, was mit dem Auseinanderdriften der Kontinente Afrika und Südamerika seit 125 Millionen Jahren (Apt-Stufe) und dem Seafloor-Spreading an den mittelozeanischen Rücken zusammenhängt. Der Meeresspiegel lag damals zeitweilig bis zu 300 Meter über dem heutigen Niveau.

Hinzu kamen klimatische Wechsel, die man erst kürzlich nachweisen konnte. So zeigt die Existenz von Glendoniten (sternförmige Calcit-Kristallaggregate) in den Sedimenten der flachen Epikontinentalmeere der Kreidezeit an, dass die Temperaturen zeitweilig unter dem Gefrierpunkt gelegen haben müssen. Glendonite können sich nämlich erst bei Temperaturen unter 0°Celsius bilden. Demnach gab es während der Kreidezeit sowohl kurze globale Abkühlungsphasen von wenige Tausend Jahren, als auch längere Perioden von bis zu zwei Millionen Jahren.

Die neuen Lebensbedingungen der Kreidezeit kamen den altertümlichen Zahnvögeln zugute, die sich darauf spezialisiert hatten, das reichliche Fischangebot in den Flachmeeren zu nutzen. Diese Spezialisierung könnte anderseits ihr Verschwinden am Ende der Kreidezeit erklären. Der Beginn der Tertiärzeit ist durch Regression der Meere gekennzeichnet: Die Meere gingen zurück, und das Festland gewann an Fläche, schließlich falteten sich durch den Zusammenprall tektonischer Platten die Alpen, der Himalaya und andere Gebirge auf.

Dabei gibt es gute Gründe anzunehmen, dass der Wechsel von der vom Aussterben bedrohten kreidezeitlichen Vogelwelt zur Fauna der neuen Vögel (Neornithes) über die so genannten »Übergangsstrandvögel« vor etwa 70 Millionen Jahren verlief. So lassen sich von den rezenten Vogel-Ordnungen die Seetaucherähnlichen (Gaviiformes) bis in die Mitte der Kreidezeit (Alb-Stufe) und die Lappentaucher (Podicipediformes) bis in die späte Kreidezeit (Coniac-Stufe) zurückverfolgen. Die Mehrzahl der heute vorherrschenden Vogelordnungen, also die Sperlingsartigen (Passeriformes), die Spechtartigen (Piciformes), die Papageien (Psittaciformes), die Eulen (Strigiformes) und die Möwenartigen (Laridae) existieren seit der Eozän-Stufe des Alt-Tertiärs. Der Aufschwung der modernen Vogelwelt ist somit seit etwa 50 bis 45 Millionen Jahren belegt. Zu einer zweiten Radiationswelle der Singvögel kommt es ab dem oberen Oligozän und dem Miozän vor 25 Millionen Jahren, als die typischen Pflanzenformationen der Steppen, Savannen und Wiesen entstanden.

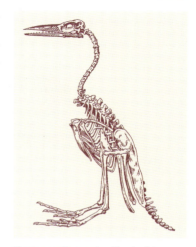

Hesperornis aus der Oberkreide Nordamerikas ist ein bis über ein Meter großer, flugunfähiger Meeresvogel. Der Kiefer trägt Zähne, ist aber im Bereich der oberen Hälfte des Oberkiefers zahnlos (Beginn der Schnabelbildung). Die weit hinten eingelenkten Hinterextremitäten tragen Schwimmhäute, die Flügel sind zu Stummeln verkümmert.

Innovationen der modernen Vögel

Zu den wichtigsten Neuerungen der modernen Vögel gehören die Vogellunge, das leistungsfähigste Atmungsorgan der Tierwelt, sowie die Leistungssteigerung des Herz-Kreislauf-Systems. Das Vogelherz ist wie das der Säugetiere vierkammerig. Lungen- und Körperkreislauf sind vollständig getrennt – venöses und arterielles Blut mischen sich also nicht mehr wie bei den meisten Reptilien. Das Vogelauge gewinnt an Sehschärfe. Es akkomodiert nicht nur wie das der Säugetiere, indem es die Linsengestalt ändert, sondern auch durch die Hornhaut, die unterschiedlich stark gekrümmt sein kann. In der Netzhaut liegen pro Flächeneinheit etwa achtmal mehr Sehzellen als im menschlichen Auge. Viele Vogelarten haben nicht nur eine Stelle schärfsten Sehens im Auge, sondern zwei oder drei.

Als weitere Anpassung an den Vogelflug muss man die Entwicklung zu konsequenter Leichtbauweise sehen. Neben pneumatisierten Knochen haben heutige Vögel noch Luftsäcke zwischen den Organen des Körpers, die mit der Lunge verbunden sind. Ein Beginn dieser Knochenentwicklung ist bereits bei Archaeopteryx vor 150 Millionen Jahren erkennbar.

Die Umwandlung des Lauffußes zum Klammerfuß deutet bei einigen Gattungen darauf hin, dass diese kletternd die Bäume als Lebensraum erobert haben. Seit 100 Millionen Jahren (Alb-Stufe) stehen schließlich auch Laubbäume als Nistplätze und Lebensraum zur Verfügung. Die betreffenden kreidezeitlichen Gattungen der Landvögel wie etwa die Sinornis, Iberomesornis und Gobipteryx zählt man zu den »Gegenvögeln« (Enantiornithes), da ihre Bauchrippen (Gastralia), Zähne und Krallen an den Fingern noch eindeutige Reptilienmerkmale darstellen.

Diese Landvögel starben ebenso wie die Wasserzahnvögel der Gattungen Hesperornis und Ichthyornis am Ende der Kreidezeit aus.

Ob man den Ursprung der Entwicklungslinie der Vögel (die Tierklasse Aves) wirklich bis in die Zeit des Übergangs vom Oberjura zur Unterkreide zurückdenken darf oder ob ihr Urahn erst mit den großen Veränderungen der obersten Stufe der Unterkreide, der Alb-Stufe, das Licht der Welt erblickte, lässt sich nur durch fossile Nachweise beantworten, die es bislang leider nicht gibt.

Ursprünge in der Kreide

Die erste und älteste Gruppe der modernen Vögel, die zur Überordnung Neognathae oder Carinatae gehören, stammen aus der Alb-Stufe der Unterkreide. Alle rezenten Gattungen kann man aus vier oder fünf Entwicklungslinien von den Neognathae ableiten.

NAHE VERWANDTE

Zoologen verweisen gerne auf die Krokodile als nächste Verwandte der Vögel. Ein Blick auf den Stammbaum der Reptilien und Säugetiere sagt jedoch, dass es viel nähere Verwandte unter den Reptilien des Mesozoikums gegeben hat. Diese sind allerdings in der Oberkreide ausgestorben und so blieben nur diese so unähnlichen Nachfahren der triaszeitlichen Thecodontia.

Die Abbildung zeigt Schädel und Unterkiefer von Mystriosuchus planirostris, einem entfernten Verwandten unserer heutigen Krokodile aus der Gruppe der Thecodontia. Das Fossil mit seinem gavialähnlichen Schädel stammt aus dem unteren Stubensandstein der oberen Trias von Aixheim bei Rottweil.

Wenn man davon ausgeht, dass die Coelurosaurier die nächsten Verwandten der Vögel waren, dann nabelt sich die Krokodil-Entwicklungslinie 30 bis 50 Millionen Jahre eher von Vorfahren der Coelurosaurier, Urvögel und Carnosaurier ab. Die Entwicklung in der Obertrias beginnt mit Thecodontia wie Sphenosuchus, gefunden in der Obertrias von Südafrika, bei dem die Nasenöffnung weit vorne liegt, Hallopus (Obertrias Colorado, USA) und Protosuchus (Obertrias Arizona, USA) mit ebenfalls ganz vorn an der schmalen, kurzen Schnauze gelegenen Nasenöffnungen. In der anschließenden Jurazeit wurden daraus die als Landbewohner existierenden Ur-Krokodile (Protosuchia).

Auch wenn sie vierfüßig lebten, waren ihre Hinterbeine stets länger und kräftiger als die Vorderbeine, ein Merkmal, das sich bis zu den modernen, rezenten Arten fortzusetzen scheint. Aus ihnen entwickelten sich die durch viele Gattungen (und Familien) weit verbreiteten amphibisch und auch marin lebenden Mesosuchia. Gepanzerte Meereskrokodile (Teleosauridae) lebten vom unteren bis zum oberen Jura, hatten eine dichte Bezahnung aus schlanken und

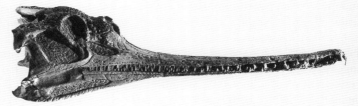

spitzen Zähnen, einen Bauch- und einen Rückenpanzer und zum Teil (Mystriosaurus) Schwimmhäute zwischen Fingern und Zehen. Auch sie gingen an Land, um dort ihre Eier abzulegen. Ihnen folgten im Mitteljura Krokodile ohne Panzerung (Metriorhynchidae) und mit einem abgeknickten Schwanzende mit doppelter Schwanzflosse und Dornfortsätzen.

Die dritte Unterordnung, die Eusuchia, gibt es seit der Unterkreide. Von ihr überlebten bis in die heutige Zeit nur drei Familien. Offenbar lebten auch ihre kreidezeitlichen Vertreter vorwiegend im Meer oder nahe den Meeresküsten. Erst vom Tertiär an treten sie wieder in kleineren innerkontinentalen Ablagerungsräumen auf. Die Gattung Crocodilus wird seit dem Obereozän (Ägypten) angegeben, neben einer ganzen Reihe von Krokodilgattungen z. B. im Mitteleozän des Geiseltales (bei Halle).

Es wäre verfehlt anzunehmen, die Krokodile (Alligatoren, Kaimane) würden nur einen altertümlichen Entwicklungsstand von Reptilien (Archosauriern) überliefern. Sie haben ebenso wie Vögel und Säugetiere ein vierkammeriges Herz, allerdings mit einer Spezialität zur Regulierung der Druckspannung im Blutkreislauf – wichtig beim lang andauernden Tauchen. Gleich (wenn auch nicht homolog) den Säugetieren haben sie ein Zwerchfell zur Trennung der Brusthöhle von der Bauchhöhle. Krokodile stehen von allen rezenten Reptilien auf der höchsten Entwicklungsstufe - trotz heutiger Artenarmut (21 Arten) und urtümlicher Skelettmerkmale.

Ein kurzer Überblick über die Ursprünge der rezenten Vogelgruppen kann das verdeutlichen.

Von den Seetaucherähnlichen kennt man heute nur vier Arten der Gattung Gavia, die in Europa, Nordamerika und Asien verbreitet sind. Die Gattung selbst ist seit dem mittleren Miozän (seit 15 Millionen Jahren) belegt.

Die Flamingoartigen (Phoenicopteriformes) sind heute nur noch mit wenigen Arten in Afrika, Asien, Südspanien und Südamerika vertreten. Charakteristisch und vermutlich ein ursprüngliches Merkmal ist, dass sie flache Nester am Rand von Salz- oder Brackwassergebieten aus getrocknetem Schlamm bauen. Bereits aus der Unterkreide kennt man 12 fossile Gattungen.

Aus der Oberkreide ist die zweite Gruppe heutiger See- und Wasservögel bekannt, die Lappentaucher oder Steißfüße. Fossile Funde stammen aus der Coniac-Stufe vor 87 Millionen Jahren in Nordamerika, Chile und Asien. Die rezente Gattung Podiceps (unter anderm die Haubentaucher und die Zwergtaucher) existiert seit dem frühen Miozän, also seit rund 20 Millionen Jahren. Die Körperform rezenter Lappentaucher ähnelt derjenigen der ausgestorbenen Hesperornis: schlanker Rumpf, schmales, enges Becken und sehr weit hinten ansetzende Beine (»Steißfüße«). Heute existieren 20 Arten in wenigen Gattungen, die in Süßwasserseen aller Erdteile vorkommen.

Von den Ruderfüßern (Pelecaniformes), zu denen etwa die Pelikane, Tölpel und Kormorane gehören, kennt man eine in der letzten Stufe der Kreide (Maastricht-Stufe) beginnende Entwicklungslinie, die im Eozän allerdings ausgestorben ist. Jedoch schließen sich daran seit dem Eozän die Entwicklungslinien der Kormorane, Schlangenhalsvögel und Tropikvögel an. Im frühen Oligozän treten die Tölpel und zu Beginn des Miozäns die Pelikane auf. Alle Vertreter dieser Gruppe sind ausgezeichnet fliegende Wasservögel.

Die Reiherartigen (Ardeiformes) lassen sich ebenfalls dank einer ibisartigen fossilen Gattung, die man in Wyoming (USA) fand, bis zur Maastricht-Stufe der Oberkreide zurückverfolgen. Weitere Funde stammen aus dem frühen Eozän Argentiniens; die Gattung Ibis ist seit dem späten Miozän (Frankreich) belegt. Fossile Fischreiher kennt man aus dem frühen Eozän. Die Störche sind seit dem späten Eozän mit zahlreichen Funden vertreten.

Viele Fossilfunde gibt es von den Rallenartigen (Ralliformes), und zwar ebenfalls seit der Maastricht-Stufe. Zu den Regenpfeifervögeln (Charadriiformes) gehören die Austernfischer, Möwen, Alken, Schnepfen und Regenpfeifer. Fossile Gattungen aus der Maastricht-Stufe (Wyoming USA) leiten zu Entwicklungen über, die im Eozän und für einige Gattungen (Austernfischer, Regenpfeifer) erst im Miozän zu den uns bekannten rezenten Gattungen führen. Die Entwicklungslinie der Möwen beginnt bereits im späten Paleozän, vermutlich im Anschluss an die Ichthyornithiformes. Diese kleine, in der Oberkreide lebende Gruppe von Meeresvögeln ist rasch wieder ausgestorben. Sie glichen den Seeschwalben.

Im Eozän Nordamerikas und Europas lebte **Diatryma,** ein mindestens 2 m großer flugunfähiger, laufender Raubvogel mit kräftigem Schnabel und mörderischen Klauen. Exemplare wurden u. a. in Messel und im Geiseltal bei Halle gefunden.

Ursprünge im Eozän und im Miozän

Auf die erste, kreidezeitliche Entwicklungsepoche folgen zwei weitere Radiationsphasen, und zwar zuerst im Eozän und dann im Miozän. Mit dem Eozän erscheinen etwa die Strauße (Struthioniformes), Nandus (Rheiformes) und Madagaskarstrauße (Aepyornithiformes). Die Flügel dieser großwüchsigen Laufvögel wurden vor 50 bis 45 Millionen Jahren funktionslos. Sie verkümmerten, oft sind sie nur noch rudimentär vorhanden. Ihre pneumatisierten Knochen, der Bau ihrer Flügel, die Anordnung der Federn und die Größe des Gehirns sprechen dafür, dass sie flugfähige Vorfahren hatten. Kasuare, Moas und Kiwis sind erst seit dem Jungtertiär oder noch später fossil überliefert. Das gemeinsame Merkmal all dieser so genannten Palaeognathae ist das altertümlich gebaute Munddach.

Ebenfalls aus dem späten Paleozän und dem Eozän stammen die bereits vor 45 Millionen Jahren wieder ausgestorbenen Gastornithiformes. Ein Vertreter ist die Gattung Diatryma aus dem späten Paleozän (Nordamerika) und dem Eozän in Frankreich und Deutschland (Messel und Geiseltal). Diese Vögel wurden zwar 2,15 m hoch, waren aber nur 0,45 m lang. Die Gastornithiformes waren ebenfalls flugunfähig und schnelle Läufer. Ihr großer Schnabel, insbesondere der kräftig gebaute Unterkiefer gleicht dem der Papageien, der Gaumen ist modern (neognath). Weitere paleozäne Gattungen sind Gastornis, Dasornis, Remiornis, die man in Frankreich, Belgien und England fand.

Seit dem Eozän gibt es dann Pinguine, Sturmvögel, die Entenartigen, die Hühnerartigen, die Kranichartigen, die Trappenartigen, die Flughühner, die Papageien, die Kuckucksvögel, die Eulen, die Nachtschwalben, die Segler und die Spechte. Auch die erste Gruppe der Sperlingsartigen tritt auf, ihre Differenzierung setzt jedoch erst im Oligozän und Miozän mit dem Entstehen der Steppen, Savannen und Wiesen ein. Sie bilden heute die formenreichste und am höchsten differenzierte Gruppe der Vögel. Zu ihnen gehört mehr als die Hälfte der rund 9000 heute lebenden Arten. Auch die Mausvögel, Kolibris und Tauben entwickeln sich erst in dieser letzten, seit etwa 15 Millionen Jahren andauernden Entwicklungsphase der Vogelwelt.

Lebende Fossilien

Wir Zeitgenossen des 20. und 21. Jahrhunderts sind ständigen Veränderungen der Technik, die uns umgibt, der Politik, der Kunst und auch der Mode ausgeliefert, und so entstand zuerst ein Gefühl und dann die Ansicht, dass sich alles ständig verändert, fortentwickelt – zum Guten oder zum Schlechten. Demgegenüber erscheinen Dinge, die sich seit langen Zeiten überhaupt nicht geändert haben, wie eine Rarität. Auch tierische und pflanzliche Entwicklungslinien, die irgendwann einmal zum Stillstand kamen und seitdem immer noch existieren – Darwin nannte sie »lebende Fossi-

Die nachweislich bis ins Unterperm zurückreichende Familie der **Ginkgogewächse** hatte ihre größte Verbreitung vom Jura bis zum Tertiär. Die obere Abbildung zeigt ein aus dem Jura von Scarborough (Yorkshire) stammendes fossiles Blatt der Art Ginkgo huttoni. Unten ist ein Zweig der einzigen rezenten Art Ginkgo biloba abgebildet.

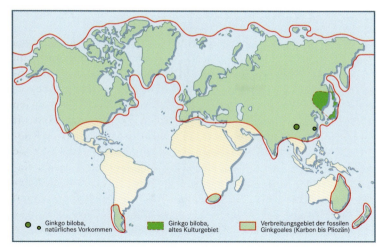

Während des Mesozoikums und des Tertiärs waren **Ginkgogewächse** auf der ganzen Nordhalbkugel verbreitet, im Süden nur in den gemäßigten Zonen. Die einzige rezente Art kommt wild nur noch im Südosten Chinas vor, wird aber häufig in den gemäßigten Breiten kultiviert. Der 30 m hohe sommergrüne Baum wird in China und Japan seit alters als heiliger Baum in buddhistischen Tempelanlagen und Klostergärten angepflanzt (dieses Verbreitungsgebiet ist in der Karte dunkelgrün dargestellt).

lien« –, erscheinen uns als etwas Besonderes oder als große Ausnahme.

Eigentlich sollte es uns nachdenklich stimmen, wenn uns jemand darauf aufmerksam macht, dass der Salzgehalt unseres Blutes uns an die Herkunft unserer devonzeitlichen Wirbeltiervorfahren aus dem Meerwasser erinnert. Auch die linsenförmigen Chloroplasten in den Pflanzenzellen sind schätzungsweise seit mehr als 500 Millionen Jahren in ihrer Form und vermutlich auch ihrer Effektivität unverändert und erfüllen so ohne ständig verändert zu werden ihre Aufgabe. Unter den Grünalgen gibt es Entwicklungslinien mit bandförmigen, plattenförmigen und sogar hohlspiegelförmigen Chloroplasten. Es wäre demnach denkbar, dass höhere Pflanzen bei ihrer so vielseitigen Entwicklung in viele Richtungen auch dieses Merkmal in ihre Veränderung einbezogen hätten; aber sie haben es nicht.

Die so eindeutige Konstanz wichtiger Strukturen, neben einer ebenso eindeutigen Veränderung, also Entwicklung anderer Strukturen führten im Fall des Urvogels Archaeopteryx die Forscher dazu, von einem Mosaikmodus der Evolution zu sprechen: Wenige Mosaiksteinchen verändern und entwickeln sich, alle andern bleiben, wie sie immer waren. Wahrscheinlich verwirklicht sich eine Veränderung immer nur auf der Grundlage der Konstanz vieler anderer effektiver Strukturen.

Ginkgobaum

Der Ginkgobaum ist ein Beispiel seit 200 Millionen Jahren stehen gebliebener Entwicklung. Vor wenigen Jahren fand man in China in jurazeitlichen kohlenführenden Sedimenten neben den typischen Blättern auch die aufrecht stehenden Samenanlagen. Damit ist sichergestellt, dass die Gattung Ginkgo seit der Jurazeit existiert. Entsprechende Blattfunde lassen sich bis ins Perm zurückverfolgen und sind im Kupferschiefer relativ häufig zu finden. Bis zur Zeit der pleistozänen Vereisung waren Ginkgobäume in relativ wenig voneinander abweichenden Arten in Europa, Nordamerika und vor allem Asien verbreitet. Nach den Eiszeiten blieb nur eine einzige Ginkgoart in Japan und China übrig, ein Rest aus dem wärmeren Tertiär.

Auch die Nadelbäume (Koniferen) sind ein ähnliches Beispiel langsamer und geringfügiger Evolutionsintensität. Noch heute ist die Zahl ihrer Arten, Gattungen, Familien gering, verglichen mit der Artenfülle und Entwicklungsvielfalt der modernen Bedecktsamer (Angiospermen). Aber große Gebiete zum Beispiel in Kanada und Sibirien werden durch Nadelwälder eingenommen, das heißt ihr Anteil an der Biosphäre ist nach wie vor beträchtlich. Sie entstanden an der Wende der Karbon- zur Permzeit als entwicklungsgeschichtliche Alternative zur Farn- und Samenfarnflora der Steinkohlenzeit. So wie diese Bäume damals vor 200 bis 300 Millionen Jahren aussahen, so sehen sie auch noch heute aus. Es sind keine Wasserpflanzen, Epiphyten, Kräuter oder Sträucher aus ihnen entstanden. Mit geringen Abweichungen blieben sie immer viele Jahre alt werdende Bäume mit Nadel- oder verkürzt nadelförmigen Blättern.

Noch eindrucksvoller, aber weniger bekannt ist das Vorkommen des kleinblättrigen Bärlappgewächses Selaginella in der Zwickauer Steinkohle. Ähnlich überrascht war die Fachwelt, als russische Forscher in Sibirien die Moosgattung Sphagnum fossil in permzeitlichen Kohlen fanden. Vorsichtig benennen die Spezialisten dieses fossile Torfmoos als Protosphagnum und den oberkarbonzeitlichen Moosfarn als Selaginellites, aber die Tatsache ist unübersehbar, dass diese Entwicklungen schon vor Hunderten von Millionen Jahren fertig waren und sich seitdem nur wenig als Arten, allenfalls als Gattungen veränderten. Eine Evolutionsmüdigkeit steht somit der sonst so üblichen Evolutionsfreudigkeit anderer Entwicklungslinien gegenüber.

Perlboot

In der Tierwelt gilt Nautilus, das Perlboot, als Beispiel einer extrem langlebigen Entwicklungslinie der Mollusken. Heute leben die sechs Arten von Nautilus in einem Gebiet des westlichen Pazifischen Ozeans zwischen den Molukken, Philippinen und den Fidschi-Inseln. Man nimmt an, dass die am Ende der Kreide ausgestorbenen Ammoniten ebenso wie Nautilus Vierkiemer, somit Alt-Tintenfische waren. Die schneckenförmig aufgerollte Schale bei Nautilus ebenso wie bei den Ammoniten versteht man als eine sehr komplizierte Anpassung an das Bedürfnis der freien Ortsveränderung im Meerwasser. Dieses mit körpereigenem Gas gefüllte Gehäuse funktioniert nun seit 500 Millionen Jahren als hydrostatischer Apparat, in dem der in der Mitte gelegene Sipho dem Pumpvorgang dienen, und die braunen Membranen in den vorderen Kammern nach einem die Kammerflüssigkeit aufsaugenden Löschpapierprinzip funktionieren. Zum horizontalen Schwimmen nach dem Rückstoßprinzip benutzt Nautilus seinen Trichter, der aus zwei Lappen unterhalb des Kopfs besteht, die sich nach außen, zur Schale hin übereinander legen. Es ist damit nicht so wirksam wie bei andern

Kopffüßern (Cephalopoden), den Zweikiemern oder Neu-Tintenfischen. Aber im Gegensatz zu den Geradhörnern (Orthoceren) des Ordoviziums und den so viele Leitfossilien liefernden Ammoniten haben die Nautiloideen durch langsame Evolution ihrer Gattungen und Arten bis heute überlebt.

Ähnlich liegen die Verhältnisse beim heute im Flachmeer der nord- und mittelamerikanischen Ostküste lebenden Pfeilschwanzkrebs Limulus. Fast identische Reste der Gattung fand man im Solnhofener Plattenkalk (Oberjura). Die Entwicklung dieser »Schwertschwänze« (Xiphosuren) geht bis ins Unterkambrium zurück.

Die Nautiloideen, eine Unterklasse der Kopffüßer, sind seit dem Oberkambrium belegt. Einzige noch lebende Gattung der Perlboote, einer Ordnung in dieser Unterklasse ist Nautilus, dessen äußere Kalkschale der der ausgestorbenen Ammoniten ähnelt. Die Abbildungen zeigen das Gehäuse (links) und einen Querschnitt (rechts) durch den bekanntesten Vertreter dieser Gattung, das **Gemeine Perlboot.**

Zu den niederen Krebsen (Phyllopoden) zählt der Blattfußkrebs Triops cancriformis, heute (rezent) weit verbreitet im Süßwasser der ganzen Nordhemisphäre. Die hartschaligen Eier können jahrelang trocken liegen, dann aber wachsen die Krebse innerhalb weniger Sommerwochen bis zehn Zentimeter Größe heran. Triops cancriformis tritt nur sehr lokal, dann aber stets häufig auf. Diese Art existiert unverändert seit der Obertrias, also seit über 200 Millionen Jahren. Einige Forscher bewerteten den fossilen Triops cancriformis als Unterart der rezenten Art und fügten dem Artnamen ein »minor« zu. Wir haben in diesem Beispiel eine bis heute lebenstüchtige und zugleich nahezu stagnierende Entwicklung vor uns.

Wie die bisher genannten Beispiele belegen, erweisen sich nicht allein die Tiefen ferner Ozeane als Refugium »zählebiger Konservativstämme«, sondern auch das Flachmeer der Ostküste Nordamerikas. Sogar Süßwasseransammlungen können noch lebende Fossilien enthalten.

Quastenflosser

Besonders interessant für uns sind lebende Fossilien, die später getrennt verlaufende Entwicklungen verbinden, Zeugen für den Ausgangspunkt einer Entwicklung. Ein heute noch lebender Zeuge für die Herkunft der Landwirbeltiere aus dem Reich der im Meer lebenden Fische wurde die 1952 zum ersten Mal für die

Wissenschaft gefischte Latimeria chalumnae. Den Fischern an der Küste der Komoren in der Straße von Moçambique war dieser eigenartige Fisch schon länger bekannt, und bereits 1938 hatte ein Kapitän eines Fischdampfers einen solchen Fisch erworben und in Südafrika Museumsleuten und Fischspezialisten zur Verfügung gestellt. Leider war dieses erste Exemplar durch die beginnende Verwesung schon stark beschädigt, aber die bearbeitenden Spezialisten erkannten in ihm den Quastenflosser und damit die ausgestorben geglaubte Ordnung der Crossopterygier. Das waren diejenigen Fische des Devons vor 370 Millionen Jahren, die sich mit gliedmaßenähnlichen Paarflossen anschickten, am Küstenboden laufen zu lernen – Ur-Vorfahren aller Tetrapoden. Derartige Quastenflosser wurden fossil zuerst im Unterdevon, dann häufig im Mitteldevon gefunden und dann, wenn auch seltener, in den folgenden Zeiten, beispielsweise im Solnhofener Plattenkalk (Oberjura) und zuletzt in der Oberkreide. Aus dem Tertiär kennt man bisher keine Funde und so schien diese interessante Fischordnung, die als Zwischenglied zwischen den Fischen und den Amphibien gilt, ausgestorben. Das wissenschaftliche Interesse stimuliert seit den ersten Funden den Fang weiterer, sogar noch kurze Zeit lebender Exemplare. 1998 wurde ein Vertreter dieser Art auch nördlich der indonesischen Insel Celebes gefangen.

Die bis 1,60 m langen Tiere zeigten ganz erstaunliche Bewegungsmöglichkeiten der gliedmaßenähnlichen Paarflossen nach allen Richtungen. Mit diesen Quastenflossen stützt sich die Latimeria auf dem felsigen Boden in 150 bis 800 m Tiefe und kann sich auch schreitend fortbewegen. Quastenähnlich gestaltet sind auch die zweite Rückenflosse und die Afterflosse. Die mächtige Schwanzflosse ist dreiteilig und gestattet ein kraftvolles Zustoßen auf die Beute. Es besteht ein Rudiment einer Lunge. Der in sich durch ein Gelenk zwischen Vorder- und Hinterhaupt bewegliche Hirnschädel zeigt eine große Schädelhöhle und ein winziges Gehirn von nur drei Gramm Gewicht. Schließlich wurde auch ein weibliches Exemplar von 1,60 m Länge gefangen, das fünf fast ausgewachsene Embryonen in sich trug. Latimeria war demnach lebend gebärend. So scheint sogar heute Latimeria den Fischen systematisch ferner zu stehen als den Festlandtieren (Tetrapoden) und hat doch in den Tiefen des Meers eine erstaunlich lange geologische Zeit überlebt.

Weniger aufregend mag uns ein winziges, flachkegeliges Gehäuse aus der tiefsten Biozone des baltischen Kambriums erscheinen, phosphatische runde Schälchen, die zu den ältesten Schalenfossilien Europas gehören: Urgestalt eines Mollusken. Man erfand für sie 1940

Die **Pfeilschwanzkrebse** oder Schwertschwänze, mit den Spinnentieren verwandte Gliederfüßer, sind seit dem Unterkambrium (seit über 550 Mio. Jahren) nachweisbar. Heute leben noch vier Arten, darunter Limulus polyphemus (Atlantischer Schwertschwanz), ein lebendes Fossil, dessen Form und Gestalt sich seit dem Karbon kaum verändert hat. Oben die rezente Art, die durch den Krabbenfang an der amerikanischen Atlantikküste stark bedroht ist, unten die fossile Art Aglaspis.

den systematischen Begriff Monoplacophoren, einschalige Mollusken, die gegliederte Haftmuskeleindrücke zeigen. Diese deutet man als eine ursprüngliche Körpergliederung (Metamerie) und damit als Herkunft oder Konvergenz zu den Gliedertieren (Ringelwürmer, Stummelfüßer, Zungenwürmer, Gliederfüßer und andere).

Diese Monoplacophoren galten bis vor wenigen Jahrzehnten als eine ausgestorbene, fossile systematische Klasse, bis im Jahr 1952 Mitarbeiter einer dänischen Tiefsee-Expedition im Stillen Ozean in ihrem Schleppnetz aus 3570 m Tiefe vor Costa Rica Exemplare eines kleinen, unscheinbaren Tieres mit im embryonalen Teil spiralig (schneckenartig) gestalteter Schale bargen. Die wissenschaftliche Bearbeitung ergab, dass dieses lebend gefundene Tier das rezente Gegenstück zur kambrischen Monoplacophore Pilina war. Man nannte dieses lebende Fossil nun Neopilina galathea. Neopilina lebt auf Schlammböden der Tiefsee. Die Segmentierung der Organe (Muskeln, Nervenstränge, Kiemen, Nieren) bereitet den Spezialisten nach wie vor Kopfzerbrechen, ist diese doch bei den Muscheln, Schnecken und Nautilus rückgebildet, bei den Käferschnecken aber noch vorhanden. Ist Neopilina damit den Urmollusken nahe oder nur konvergent?

Was wir noch bewundern sollten, ist die Tatsache, dass im großen Evolutionsgeschehen der Biosphäre derart alte und offenbar nicht nur zu ihrer Zeit bewährte Arten (genetische Codes) als Populationen in ökologischen Nischen, in Refugialgebieten oder sogar mitten in unserer Umwelt erhalten geblieben sind – von der Natur nicht weggeworfen wie ein überflüssiges technisches Gerät. Das liegt daran, dass derartige persistente Formen oft auch sehr ursprüngliche Strukturen in sich tragen, von denen einmal spezialisierte Entwicklungslinien ausgegangen sind. Bewahrt die Biosphäre derartige Lebensformen für zukünftige Entwicklungen?

R. Daber

Die **Quastenflosser** oder Crossopterygier, seit dem Unterdevon nachweisbare primitive Knochenfische, galten bis in unser Jahrhundert als ausgestorben. Erst 1938 wurde die einzige heute noch lebende Art Latimeria chalumnae vor der Küste Südafrikas entdeckt (Abbildung unten). Aus der gleichen Unterordnung, den Coelacanthiformes oder Actinistia, stammt die Art Coccoderma suovicum. Die obere Abbildung zeigt ein fossiles Exemplar aus den Solnhofener Plattenkalken.

Das Zeitalter der Säugetiere

Das Känozoikum, das Zeitalter, das die letzten 65 Millionen Jahre der Erdgeschichte umfasst, wird auch als das Zeitalter derjenigen Tiere bezeichnet, die nach dem Aussterben der großen Reptilien zur beherrschenden Wirbeltiergruppe auf der Erde wurden, der Säugetiere. Fossile Reste, die der Klasse Mammalia oder Säugetiere zugerechnet werden, liegen allerdings auch schon aus dem vorausgegangenen Mesozoikum, dem Erdmittelalter oder Zeitalter der Reptilien, vor, und ihr Nachweis reicht über 200 Millionen Jahre bis in die Obertrias zurück. Dies bedeutet, dass das so bezeichnete Zeitalter der Säugetiere nur ein Drittel der Zeitspanne umfasst, aus der die Klasse Mammalia dokumentiert ist.

Langer Anlauf zu großer Karriere

Anders als die Evolution der zeitgleichen Dinosaurier spielte sich diejenige der mesozoischen Säugetiere oder Säuger gleichsam im Verborgenen ab. Im Verlauf der Trias waren in bestimmten Reptiliengruppen zunehmend Säugermerkmale aufgetreten, und bei manchen Formen der späten Trias ist es schwierig zu entscheiden, ob es sich noch um ein säugerähnliches Reptil oder bereits um einen Säuger handelt.

Säuger haben sich aus säugerähnlichen Reptilien, den Therapsiden, entwickelt, und innerhalb der Therapsiden nahmen sie ihren Ausgang von deren fortschrittlichsten Vertretern, den Cynodontiern. Allen diesen Formen ist gemeinsam, dass sie klein, meist räuberisch und wahrscheinlich nachtaktiv waren. Die Säugetiere be-

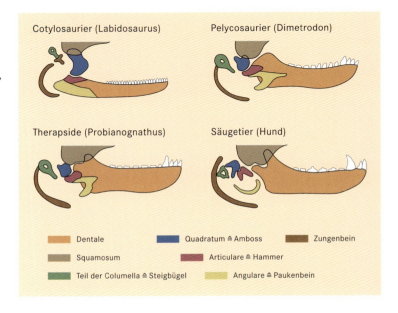

Zwischen dem primären Kiefergelenk der Reptilien und dem **sekundären Kiefergelenk** der Säugetiere gibt es klar erkennbare Übergangsstufen. Der zahntragende Unterkieferknochen (Dentale) vergrößerte sich immer mehr, während sich gleichzeitig die übrigen Knochen des Unterkiefers zurückbildeten. Bei den jüngsten Vertretern der Therapsiden sind sie noch erkennbar, aber sehr klein. Bei den stammesgeschichtlich am weitesten entwickelten säugetierähnlichen Reptilien waren zwei Kiefergelenke in Funktion. Das erste Auftreten eines säugetiertypischen Gebisses lässt sich auf die Zeit vor 195 bis 200 Millionen Jahren datieren.

hielten das gesamte Erdmittelalter über geringe Körpergrößen bei, die etwa denen heutiger Spitzmäuse oder Hörnchen entsprachen, und diese Kleinheit dürfte eine der Ursachen für ihre bescheidene Fossildokumentation sein; sie sind im Wesentlichen aus ihren Zähnen bekannt. Im Schatten der Entfaltung mächtiger Reptiliengruppen vervollkommneten sie jedoch ihre ausgeklügelte Physiologie und ihre komplexen Fortpflanzungs-, Brutpflege- und Verhaltensstrategien.

Merkmale

Weil der Übergang vom Reptil zum Säuger durch eine »mosaikartige« Herausbildung neuer Merkmale gekennzeichnet ist, muss jeder systematischen Grenzziehung zwischen beiden etwas Künstliches anhaften. Hinzu kommt, dass sich solche Grenzziehungen nur auf fossil erhaltungsfähige Teile – Knochen und Zähne – beziehen können.

Als wesentliches diagnostisches Säugerkriterium wird der Erwerb des sekundären Kiefergelenks angesehen: der zahntragende Knochen des Unterkiefers, das Dentale, gelenkt mit dem Squamosum am Schädel. Aus den ursprünglichen reptilischen Gelenkelementen Articulare (am Unterkiefer) und Quadratum (am Schädel) werden die Gehörknöchelchen Hammer (Malleus) und Amboss (Incus) im Mittelohr der Säuger. Weitere kennzeichnende Säugermerkmale am Schädel sind: beiderseits ein großes Schläfenfenster, das innen von Frontale (Stirnbein) und Parietale (Scheitelbein) und außen vom Jochbogen begrenzt wird; der sekundäre knöcherne Gaumen, der die Nasen- von der Mundhöhle trennt; der relativ große Hirnschädel; paarige Gelenkhöcker zur Verbindung mit der Halswirbelsäule; die Differenzierung des Gebisses in Schneide-, Eck- und Backenzähne; Mehrspitzigkeit der Backenzähne; zwei Zahngenerationen (Milch- und Dauerzähne).

Viele Neuerwerbungen der Säuger stehen mit der wirkungsvolleren Erschließung der Nahrung in Verbindung und weisen damit auf einen höheren Grundumsatz und Aktivitätsgrad hin.

Ursprünge

Der Rekonstruktion der Stammesgeschichte heutiger Säugetiere liegt nicht nur ein allgemeines Interesse an unseren eigenen frühesten Wurzeln zugrunde. Es gilt auch zu erfahren, wann und in welcher Form biologische Strategien sichtbar werden, die den stammesgeschichtlichen Erfolg der modernen Säuger einleiten. Derartige Fragestellungen erfordern das Auffinden vollständig und gut erhaltener Fossilien, was aber gerade in kritischen Entwicklungsphasen der Säuger eher die Ausnahme darstellt.

Die Beuteltierjungen kommen mit einem funktionierenden **primären Kiefergelenk** zur Welt. Öffnen sie ihr Maul, um eine Zitze im Beutel des Muttertiers zu ergreifen, so bewegen sie dabei den Unterkiefer mit dem alten Kiefergelenk, das sich erst später, während sich das Jungtier im Beutel entwickelt, ins Mittelohr verlagert, um dort die Gehörknöchelchen Hammer und Amboss zu bilden. Gleichzeitig bildet sich mit dem Squamosum-Unterkieferknochen-Gelenk das neue, **sekundäre Kiefergelenk.**

Das Skelett von **Henkelotherium guimarotae.**

Es ist dem Spürsinn und dem Durchhaltevermögen des Berliner Paläontologen Bernard Krebs zu verdanken, dass ein solches Schlüssel-Fossil 1976 geborgen und 1991 wissenschaftlich beschrieben werden konnte. Das winzige, nur spitzmausgroße Skelett von Henkelotherium guimarotae wurde in der Kohlengrube Guimarota bei Leiria in Portugal entdeckt. Es stammt aus dem oberen Jura und ist das erste Säugerskelett im anatomischen Verband aus dem Jura überhaupt. Die Gattung Henkelotherium gehört zur Ordnung Eupantotheria, aus der die modernen Säugetiere hervorgegangen sind. Wenn diese Gattung auch nicht der unmittelbaren entwicklungsgeschichtlichen Linie der modernen Säugetiere zuzurechnen ist, so repräsentiert sie doch eine Organisationsstufe, die die Vorfahren der modernen Säuger in ihrer Evolution durchlaufen haben müssen.

Krebs konnte nachweisen, dass Henkelotherium im Bauplan seines Skeletts, insbesondere auch des Schultergürtels, sehr fortschrittlich war und bereits weitgehend heutigen generalisierten, also in Körperbau und Gestalt verallgemeinerten Säugetieren entsprach. Dagegen zeigt das Gebiss noch altertümliche Züge. Das lässt ahnen, wie fragwürdig Rekonstruktionen der Stammesgeschichte sein können, wenn sie nur auf Zahnmerkmale gegründet sind.

Die Rekonstruktion von Bernard Krebs zeigt **Henkelotherium guimarotae** als Insektenfresser im Geäst eines Ginkgo-Baums.

Henkelotherium besitzt zahlreiche Skelettmerkmale, die auf einen Krallenkletterer mit langem Steuerschwanz und damit auf einen Baumbewohner ähnlich den heutigen Eichhörnchen hindeuten. Dies stützt von paläontologischer Seite die klassische Hypothese, dass sich die modernen Säuger in einem baumbestandenen Milieu entwickelt haben.

Beuteltiere und Plazentatiere

Als moderne oder höhere Säuger werden die beiden fortschrittlichsten Gruppen der Unterklasse Theria (Echte Säugetiere), die Beuteltiere (Teilklasse Metatheria oder Marsupialia) und die plazentalen Säuger oder Plazentatiere (Teilklasse Eutheria oder Placentalia), bezeichnet. Die heute auf die australische Region beschränkten Eier legenden Säuger in Gestalt von Schnabeltier und Schnabel- oder Ameisenigeln (Ordnung Monotremata oder Kloakentiere) gehören zu der urtümlichen und sehr alten Unterklasse Prototheria (Nontheria).

Fossile Eierleger waren bis vor kurzem lediglich durch vereinzelte, in der frühen Kreidezeit beginnende Funde aus Australien bekannt. Erst jüngst kam der Fund eines Schnabeltiers aus dem Paleozän von Patagonien, Argentinien, hinzu, der zwar das frühere Vorkommen der Eierleger auf einem andern Teilbereich des einstigen

Super-Südkontinents Gondwana belegt, nicht jedoch eine tertiäre Radiation dieser Gruppe.

Beuteltiere und Plazentatiere sind nicht, wie früher vermutet, voneinander abstammende Organisationsstufen unterschiedlicher Ranghöhe. Sie sind vielmehr Schwestergruppen, die sich weit zurück in der Kreidezeit aus gemeinsamen Vorfahren in einer stammesgeschichtlichen Aufspaltung getrennt haben.

Diagnostisches Merkmal dieser modernen Therier ist das tribosphenische Kauflächenmuster der hinteren Backenzähne (Molaren): An den oberen Zähnen bilden jeweils ein Innenhöcker (Protoconus) und zwei Außenhöcker (Para- und Metaconus) ein Dreieck (Trigon), und an den unteren Zähnen formieren jeweils ein Außen- (Protoconid) und zwei Innenhöcker (Para- und Metaconid) ein Dreieck (Trigonid), dem ein hinterer beckenförmiger und mehrhöckriger Absatz, das Talonid, angegliedert ist. Beim Kraftschluss während des Kauvorgangs scheren komplementäre Kanten und Facetten der Zähne gegeneinander und zerschneiden und zerreiben die Nahrung. Die kaumechanische Effizienzsteigerung durch den Erwerb des tribosphenischen Bauplans hat sicher wesentlichen Anteil am entwicklungsgeschichtlichen Erfolg der modernen Säugetiere.

Die Geschichte der tribosphenischen Säuger reicht zurück bis in die frühe Kreidezeit von Europa (England), Innerasien (Mongolei) und Nordamerika (Texas). Da Beuteltiere und Plazentatiere naturgemäß immer ähnlicher werden, je mehr wir uns ihrer gemeinsamen Wurzel nähern, und da von ihnen fast nur Kieferfragmente und Einzelzähne bekannt sind, spricht man bei den frühen Formen von »Theriern der Beutler-Plazentalier-Stufe«. Die ältesten unzweifelhaften Beutler- und Plazentalierzähne sind ungefähr 100 Millionen Jahre alt und stammen aus der mittleren Kreidezeit von Nordamerika und Zentralasien.

Zahnformeln

Unspezialisierte Beuteltiere und Plazentatiere lassen sich an Gebiss und Unterkiefer unterscheiden. Der Winkelfortsatz (Processus angularis) des Unterkiefers der Beuteltiere ist nach innen abgewinkelt, bei Plazentatieren verläuft er mehr in der Ebene des Kieferknochens. Beuteltiere besitzen je Kieferhälfte 5 obere und 4 untere Schneidezähne, einen Eckzahn, 3 Prämolaren (vordere Backenzähne) und 4 Molaren (hintere Backenzähne), während die ursprüngliche Plazentalier-Zahnformel in jeder Ober- und Unterkieferhälfte 3 Schneidezähne, einen Eckzahn, 4 Prämolaren und 3 Molaren umfasst. Der Zahnwechsel von den Milchzähnen zu den Dauerzähnen der Beutler ist auf den dritten Prämolar in Ober- und Unterkiefer begrenzt, während Plazentalier eine komplette Milchzahngeneration besitzen, die ursprünglich alle Zahnpositionen mit Ausnahme der Molaren umfasst.

Die Bezeichnung »**tribosphenisch**« nimmt auf die Wirkungsweise der Zähne beim Kauen Bezug (von griechisch tribein »reiben« und sphen »Keil«).

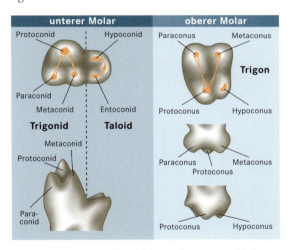

Die Abbildung zeigt aus verschiedenen Perspektiven den tribosphenischen Bau der Molaren von Säugetieren: Drei Haupthöcker bilden in den oberen Molaren ein dreieckiges **Trigon**, in den unteren Molaren ein **Trigonid**. Zwei weitere Haupthöcker bilden in den unteren Molaren das **Talonid**.

Die oberen Backenzähne von Beutlern zeichnen sich durch einen breiten Außenschelf mit mehreren kräftigen rundlichen Außenhöckern aus, und an den unteren Molaren sind in kennzeichnender Weise der Hinter- und der letzte Innenhöcker (Hypoconulid und Entoconid) eng zusammengeschlossen.

Beuteltiere – einst weltweit

Es gibt Hinweise darauf, dass die Beuteltiere in Nordamerika entstanden. Bereits in der frühen Oberkreide waren sie dort recht vielgestalt. Es sind primitive nordamerikanische Therier-Formen bekannt, die als Ausgang beginnender Beutler-Radiationen in Betracht kommen; die alttertiären Beutler der Südkontinente könnte man grundsätzlich von bestimmten nordamerikanischen Gattungen herleiten.

Das Vorkommen der Beuteltiere ist heute auf die australische Region bis nach Sulawesi und Timor sowie auf Süd- und Nordamerika begrenzt. Im Tertiär kamen sie noch auf allen Kontinenten vor. In Europa lebten Beuteltiere über den überraschend langen Zeitraum vom Beginn des Eozäns vor etwa 54 Millionen Jahren bis zum Miozän vor etwa 15 Millionen Jahren. In den Zeitraum des Miozäns fällt auch ihr Aussterben in Nordamerika, das heißt in eine Zeit, bevor das Opossum vor etwa 3 Millionen Jahren über die Panama-Land-

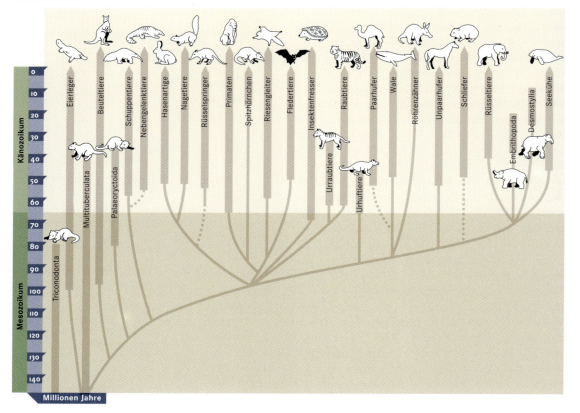

Der **Stammbaum** nach M. J. Novacek zeigt die verwandtschaftlichen Verhältnisse der rezenten und einiger ausgestorbener Säugetier-Ordnungen. Die breiteren Linien markieren das Alter der jeweiligen Ordnung, die dünneren durchgezogenen Linien zeigen die angenommenen Verzweigungspunkte im Stammbaum an. Gestrichelte Linien verbinden Ordnungen mit nur sehr ungenau geklärten Abstammungsverhältnissen.

brücke den Kontinent von neuem besiedeln und sich gegen die Konkurrenz plazentaler Säuger bis nach Südkanada ausbreiten konnte. Afrika und Asien galten bis vor kurzem als beuteltierfrei, doch kennt man inzwischen mehrere, jeweils durch spärliche Gebissreste belegte Gattungen von dort. In Asien sind es Asiadidelphis aus dem Unteroligozän und Obereozän von Kasachstan, unbenannte Formen aus dem Unter- bis Mitteleozän Chinas und der Türkei sowie Siamoperadectes aus dem Mittelmiozän von Thailand. Aus Afrika kennen wir Kasserinotherium und Garatherium aus dem Untereozän von Tunesien beziehungsweise Algerien sowie Qatranitherium aus dem Unteroligozän von Ägypten und Oman. Antarctodolops, die Gattung aus dem Obereozän von Seymour Island, Antarktische Halbinsel, repräsentiert den ersten Fossilnachweis eines Landsäugetiers aus der Antarktis.

Die abgebildete **Beutelratte** aus Messel ist einschließlich des Schwanzes 26 cm lang und gehört zur Gattung Peradectes.

Alle diese Formen gehören dem wenig auffallenden, unspezialisierten biologischen Anpassungstyp »Beutelratte« an. Sie gleichen nicht den hoch spezialisierten, teilweise bizarren oder riesenhaften Formen, die aus den australischen und südamerikanischen Beutler-Radiationen hervorgingen. Solche Entfaltungen waren auf Dauer nur in Gebieten möglich, die von Plazentaliern kaum besiedelt sind (zum Beispiel Australien, wo sich konvergente Entsprechungen zu vielen Plazentalier-Spezialisationen herausbildeten), und sie hielten nicht dem breiten Vordringen plazentaler Säuger Stand (zum Beispiel in Südamerika).

Ein Bild vom Aussehen und der Biologie europäischer alttertiärer Beutelratten vermitteln die hervorragend erhaltenen, knapp 50 Millionen Jahre alten Fossilfunde aus der Grube Messel bei Darmstadt. Alle bislang gefundenen Arten sind klein und im Skelettbau unspezialisiert. Die größte Art (Gattung Amphiperatherium) ist mit einer Kopf-Rumpf-Länge von 15,5 cm und einer Schwanzlänge von 17 cm für Beutelratten auffallend kurzschwänzig und dürfte vorzugsweise am Boden gelebt haben. Im Unterschied dazu weist eine weitere Art (Gattung Peradectes) bei einer Kopf-Rumpf-Länge von nur 8,5 cm einen 16,5 cm langen Schwanz auf und dürfte ein Kletterer in dünnem Geäst gewesen sein, der den langen Schwanz als zusätzliches Klammerorgan benutzte.

Die einstige und jetzige Verbreitung der Beuteltiere und ihre Ausbreitungswege über die Erde beschäftigt die Paläontologen seit Georges Cuvier, dem Begründer der Wirbeltierpaläontologie, der im Jahr 1804 das erste fossile Beuteltier aus den Gipsen des Montmartre von Paris beschrieben hatte. Die frühere Annahme einer stabilen Lage der Kontinente in der Erdgeschichte erschwerte Erklärungsversuche zunächst erheblich. Heute gehen wir von einem mobilistischen Bild der Erde aus, von der Drift der Kontinente und einer späten Entstehung der heutigen Ozeane, und diese gut belegten Theorien eröffnen neue und plausiblere Deutungsmöglichkeiten.

Nahezu alle Arten der Beuteltiere besitzen ein Paar **Beutelknochen,** stabförmige Elemente, die von den beiden Schambeinen des Beckens ausgehen. Sie sind ein Primitivmerkmal und finden sich auch in andern Theriergruppen. Sie kommen auch beim männlichen Geschlecht vor und stehen nicht in unmittelbarem Zusammenhang mit der Brutpflege.

Zwei Drittel der Entwicklungsgeschichte der Säugetiere entfallen auf das Mesozoikum. Die meisten Entwicklungslinien endeten im Jura oder in der Kreidezeit. Zu den ausgestorbenen Ordnungen gehören die **Multituberculata** und **Triconodonta**. Die Multituberculata waren die einzigen Pflanzenfresser unter den frühen Säugetieren, während die Triconodonta wahrscheinlich hauptsächlich von Insekten lebten.

Radiation im Alttertiär

Vor etwa 65 Millionen Jahren geht die Kreidezeit und mit ihr das Erdmittelalter zu Ende, und die Erdneuzeit bricht mit dem Tertiär an. Im Paleozän und Eozän, den beiden frühesten Epochen des Tertiärs, treten bereits Angehörige nahezu aller heutigen Säugetier-Ordnungen auf. Da die meisten der modernen Gruppen plötzlich – und auch noch zu mehreren gleichzeitig – auftauchen, spricht man gern von explosionsartiger Entfaltung der Säuger und sucht die Ursachen im Aussterben der großen Dinosaurier (obwohl für die gemeinsame Zeit des vorausgegangenen Mesozoikums eine Konkurrenz jedweder Art zwischen den winzigen Säugern und diesen Reptilien schwer vorstellbar ist).

Sobald man jedoch die Lückenhaftigkeit der kreidezeitlichen Fossildokumentation in Rechnung stellt und die neueren Ergebnisse von Plattentektonik und Kontinentaldrift miteinbezieht, verliert dieses Szenario an Dramatik, und die vermeintliche alttertiäre Initialzündung wandelt sich für viele Ordnungen zu einem kontinuierlicheren und weiter in die Erdgeschichte zurückreichenden Evolutionsprozess ab.

Das Erbe der Kreidezeit

Eine erste Vorstellung von den Radiationen der plazentalen Säuger gewinnt man ab der späten Kreidezeit. Allerdings bestehen teilweise erhebliche systematische Probleme, sodass die Zuordnung dieser oberkreidezeitlichen Säuger recht kontrovers gehandhabt wird. Die Fossilfunde bestehen in der Regel – wie auch schon in den vorangegangenen Zeitabschnitten – aus Zähnchen, und systematisch verwertbare Differenzierungen lassen sich nur als Nuancen eines gemeinsamen primitiven Gebissbauplans erkennen.

Nimmt man Europa als Beispiel, so sind aus der Oberkreide derzeit lediglich 18 (teilweise nur fragmentarisch erhaltene) Einzelzähnchen bekannt, die von vier Fundstellen in Portugal, Spanien und Südfrankreich stammen. Einige dieser Funde sind möglicherweise auf Beuteltiere zu beziehen, andere weisen auf Plazentaliergruppen hin, die wir dann auch im Alttertiär finden. Jedenfalls deuten sie trotz ihrer Spärlichkeit an, dass die europäische Säugerfauna im ausgehenden Erdmittelalter recht vielgestaltig gewesen sein muss.

Unser Wissen über die Säugerfaunen der Oberkreide beruht im Wesentlichen auf Funden aus der Mongolei, aus Mittelasien und aus Nordamerika. Es ist jedoch nicht davon auszugehen, dass der Ursprung aller tertiären und heutigen Plazentaliergruppen ausschließlich in diesen Bereichen der Nordkontinente zu suchen ist, wie es manche Stammbaumdarstellungen suggerieren könnten. Nachweise oberkreidezeitlicher plazentaler Säuger auf den Südkontinenten sind auf Südamerika und Indien beschränkt und fehlen bislang in Afrika, Australien und der Antarktis. Zwar muss die Oberkreide als eine Zeit nicht unbedeutender Radiationen von Plazentaliern angesehen werden, doch bleibt – trotz einer vergleichsweise guten Fossildokumentation aus den genannten Gebieten der Nordkontinente – der Ursprung vieler der modernen Ordnungen, die plötzlich im Alttertiär erscheinen, völlig im Dunkeln. Fossilfunde von Teilen des früheren Gondwana, besonders aus Afrika, werden mit Gewissheit die tertiäre »Säugetier-Explosion« relativieren und Licht in viele der offenen stammesgeschichtlichen Fragen bringen. Die Lage dieser Landmassen in den niederen Breiten mit ihren günstigen und stabilen klimatischen Verhältnissen über lange erdgeschichtliche Zeiträume hinweg bestärkt diese Annahme.

Erste fossile Bezüge auf heutige Plazentatiere

Im Maastrichtium, der letzten Epoche der Kreidezeit, tauchen erstmals Formen auf, die mit einiger Wahrscheinlichkeit auf heutige Plazentaliergruppen zu beziehen sind. Es ist jedoch zu betonen, dass es sich dabei um reine »Zahntaxa« mit zahlreichen Primitivmerkmalen handelt und dass auch andere systematische Interpretationen möglich sind. Die recht vielgestaltige Plazentalierfauna, die im westlichen Kanada und in den Vereinigten Staaten gefunden wird, schließt etliche konservative Gattungen ein, die sicher nicht den Ursprung bestimmter moderner Gruppen markieren. Bei der Gattung Paranyctoides könnte es sich aber um den frühesten Nachweis der Insektenfresser handeln.

Eine große Vielfalt zeigen archaische Huftiere, die sich im Bau ihrer Zähne von den andern Plazentatieren bereits deutlich absetzen. Die am besten bekannte Gattung ist Protungulatum: Die Zähne sind mehr stumpfhöckrig (bunodont), das Höckerrelief und das Trigonid sind niedriger, am letzten unteren Molar ragt der hintere Höcker (Hypoconulid) nach hinten vor, und die Kronenumrisse sind mehr rechteckig. Dieser Merkmalskomplex ist charakteristisch für Pflanzenfresser. Derartige primitive Huftiere werden vielfach als Urhuftiere (Ordnung Condylarthra) klassifiziert, doch bestehen erhebliche Zweifel an der systematischen Zusammengehörigkeit der so vereinten Formen. Protungulatum ist der primitivste bekannte Angehörige der Huftiere (Ungulata), denen in der heutigen Tierwelt so unterschiedliche Gruppen wie Paarhufer, Wale, Unpaarhufer, Schliefer, Seekühe und Elefanten angehören.

Es ist überraschend, dass die Plazentatiere die Kreide-Tertiär-Grenze offensichtlich ohne Einschnitte überschreiten konnten und dass sie nicht von dem katastrophalen Ereignis (K/T-Ereignis) betroffen waren, mit dem das Massenaussterben großer terrestrischer und mariner Tiergruppen erklärt wird. Dies verdeutlichen vor allem die Plazentalierfaunen aus dem Maastrichtium und Paleozän Kanadas und der Vereinigten Staaten.

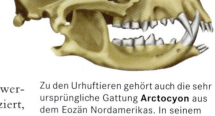

Zu den Urhuftieren gehört auch die sehr ursprüngliche Gattung **Arctocyon** aus dem Eozän Nordamerikas. In seinem Gebiss sind Merkmale sowohl eines Pflanzenfressers als auch eines Fleischfressers vereint. Die Backen- und Schneidezähne sind zwar typisch für einen Pflanzenfresser, seine Eckzähne sind aber ungewöhnlich lang und spitz.

Kauapparat, Nahrungsspektrum, Stoffwechsel

Wenn auch der Erfolg der Säugetiere auf mehreren Faktoren beruht, so sind doch die weitere Effizienzsteigerung und neue Spezialisationen des Kauapparats von ausschlaggebender Be-

Mit seinen speziellen Anpassungen nutzte der über 30 cm lange **Heterohyus nanus** aus Messel die gleichen Nahrungsquellen wie heute noch die Fingertier auf Madagaskar und der Streifenphalanger (ein Beuteltier) auf Neuguinea. Von holzbohrenden Insekten ernähren sich auch die Spechtvögel. Sie trugen möglicherweise durch die Konkurrenz in dieser Nahrungsnische dazu bei, dass Heterohyus vor 35 Millionen Jahren verschwand. Fingertier und Streifenphalanger überlebten vielleicht nur, weil auf Madagaskar und Neuguinea keine Spechtvögel vorkommen.

deutung. Sie ermöglichten es, das nahezu unerschöpfliche pflanzliche Nahrungsreservoir zu erschließen und Strategien der Allesfresser- und Pflanzenfresser-Ernährung zu entwickeln. An den Backenzähnen bildeten sich zusätzliche Höcker (in erster Linie der hinter dem Protoconus der oberen Molaren gelegene Hypoconus) und Kanten aus, die Höckerflanken flachten sich ab, und die Anzahl der Facettenpaare auf den Zahnoberflächen nahm zu, die flächenhaft scherendes Kauen ermöglichten. Die Entwicklung solcher scherender Molaren mit erhöhtem Quetschdruck erleichterte das mechanische Aufschließen pflanzlicher Stoffe. Es ist in diesem Zusammenhang wichtig darauf hinzuweisen, dass mit Beginn der Oberkreide das Zeitalter der Bedecktsamer (Angiospermen) begann, in dem sich die modernen krautigen ein- und zweikeimblättrigen Pflanzen entfalteten. Beides – die Spezialisation des Kauapparats und das erweiterte Nahrungsspektrum – ermöglichten das hochaktive Stoffwechselgeschehen, das letztendlich die biologische Karriere der Säugetiere bedingte.

Das Paleozän, der Zeitbereich vor ungefähr 65 bis 54 Millionen Jahren, war eine Epoche lebhafter stammesgeschichtlicher Entfaltungen. Es bildeten sich bedeutende Gruppen archaischer Pflanzenfresser heraus, die sich von Blättern, Früchten, Wurzeln, Knollen ernährten. Die Herden grasender Huftiere traten erst im Oligozän und Miozän nach dem Aufkommen ausgedehnter Grasfluren auf. Die paleozänen Pflanzenfresser zeigten eine Vielfalt gleichsam experimenteller Stammeslinien, deren verwandtschaftliche Beziehungen untereinander und zu jüngeren Gruppen häufig unklar sind. Jetzt traten auch erstmals größere – zunächst etwa schafsgroße – herbivore Formen auf, und mit den gut nashorngroßen Uintatherien des späten Paleozäns Nordamerikas und Asiens lagen die ersten wirklichen Großformen vor. Sie zeichneten sich ebenso wie andere paleozäne Säuger durch auffallend kleine Gehirne aus. Die größeren paleozänen Fleischfresser hatten Wolf- bis Bärengröße; sie gehörten allerdings nicht zur systematischen Kategorie der Raubtiere, der Carnivoren, sondern zu den Urhuftieren.

In Europa stammt unser Wissen von nur wenigen Fundstellen in Belgien, Frankreich – hier vor allem aus dem Pariser Becken – und Walbeck in Deutschland. Die dort gewonnenen Informationen tragen aber kaum zum Verständnis der Stammesgeschichte der heutigen erfolgreichen Säugergruppen bei. Es handelt sich nämlich vielfach um archaische Gruppen, die noch im Verlauf des Alttertiärs oder sogar des Paleozäns verlöschten – etwa 80 % der oberpaleozänen Gattungen sind nicht mehr aus dem nachfolgenden Untereozän bekannt, und nur sehr wenige der im Untereozän neu auftretenden Gattungen lassen sich von bekannten paleozänen Vorfahren herleiten. Die paleozänen europäischen Säuger waren kleine bis zu knapp bärengroße Formen, die unter warm-feuchten Klimaverhältnissen ausgedehnte Niederungs- und Küstenwälder besiedelten. Von den heutigen Ordnungen waren die Insektenfresser mit ihrer basalen Gruppe, den Igelartigen (Unterordnung Erinaceomorpha), vertreten.

Einige der archaischen »Oldtimer« spielten aber über das Paleozän hinaus auf den Nordkontinenten eine bedeutsame Rolle. Da sie einerseits im Bau ihrer Gebisse viele Primitivmerkmale aufweisen, werden sie häufig als Stammgruppen von späteren Plazentaliern angesehen; da sie anderseits ungewöhnliche, ja bizarre Spezialisationen der Skelette zeigen können, weiß man gewöhnlich nicht, wessen Vorfahren sie nun eigentlich sein könnten. Es dürfte sich jeweils um eigenständige Entwicklungslinien handeln, die in hochrangigen systematischen Kategorien – vor allem Ordnungen – unterzubringen sind. Keineswegs sollten sie, wie allzuoft gehandhabt, den Insektenfressern zugeschlagen werden, die dann zu einem nicht mehr definierbaren und auch gewiss nicht natürlichen Sammel-Taxon würden.

Invasion im Eozän

Zu Beginn des Eozäns vor etwa 54 Millionen Jahren kam es zu der einschneidendsten und dramatischsten Umschichtung in der gesamten Geschichte der Säugetiere. In dieser Zeit erfolgte die Invasion einer modernen Fauna nach Europa, und diese Einwanderungswelle legte den Grundstock für die Entwicklung der heutigen Tierwelt. Zum ersten Mal überhaupt auf der Erde finden wir jetzt beispielsweise Fossilien von Paarhufern, Unpaarhufern und Fledermäusen.

Entscheidende Beiträge zur Fossilgeschichte dieser Zeit kommen aus der Grube Messel bei Darmstadt. Eine grabenartige Senke (nach neuerer Ansicht ein Maar, also vulkanischer Entstehung) wurde dort im Eozän von einem See erfüllt, in dem sich dunkle, bituminöse, fein geschichtete Tone (»Ölschiefer«) ablagerten, die früher abgebaut und zur Gewinnung von Rohöl verschwelt wurden. Die in den Faulschlamm am Grund des Sees eingeschwemmten Tierkadaver und Pflanzenreste wurden dank dem Sauerstoffmangel hervorragend konserviert. Es handelt sich hier um eine »Grabgemeinschaft« (Thanatozönose) aus Organismen sehr unterschiedlicher Lebensräume mit einem sub- bis randtropischen Klima. Der See lag damals über 1000 km weiter südlich, etwa auf der heutigen Breite von Sizilien. Die Fossilfundstätte, die längst Weltruhm erlangt hat, wurde 1995 in die Liste des Weltnaturerbes aufgenommen.

Die Fossilien aus Messel stammen aus dem unteren Mitteleozän und sind knapp 50 Millionen Jahre alt. Die Fauna ist also etwas jünger als der Faunenumbruch, aber noch deutlich davon geprägt. Messel repräsentiert einen Zeitbereich, in dem noch die »Oldtimer« aus dem Paleozän und schon die später so erfolgreichen »Newcomer« existierten. Die herausragende Fossilerhaltung, buchstäblich mit Haut und Haaren, gestattet verlässliche Rekonstruktionen des Aussehens und der Biologie dieser Tiere. Europa nahm – anders als heute – zu dieser Zeit eine zentrale geographische

Das **Fingertier** oder Aye-Aye verdankt seinen Namen den langen, dünnen Fingern und Zehen. Besonders der mittlere Finger ist extrem verlängert. Das Fingertier ist vom Aussterben bedroht.

Bei den in Messel gefundenen Fossilien der Gattung **Buxolestes** (Länge des Skeletts ca. 80 cm) deuten neben den Skelettmerkmalen auch die teilweise im Magen-Darm-Trakt gefundenen Fischreste darauf hin, dass die Tiere teilweise im Wasser lebten. Die Fischreste in den Buxolestes-Funden aus Messel führten zu dem Artnamen piscator, der Fischer.

Oldtimer und Newcomer in der Grube Messel

Drei Gattungen sollen als Beispiele für Messeler »Oldtimer« dienen. Heterohyus (Ordnung Apatotheria) besaß enorm verlängerte zweite und dritte Finger und vergrößerte, stark gekrümmte Schneidezähne und war sicherlich, wie das heutige Fingertier (Daubentonia) von Madagaskar, für die Erbeutung von Holzinsekten

Leptictidium nasutum, das »Nasentier« aus Messel, hatte wahrscheinlich eine rüsselförmig verlängerte Nase. Das abgebildete Tier ist 75 cm lang; mehr als die Hälfte der Länge entfällt auf den Schwanz.

spezialisiert. Buxolestes (Ordnung Proteutheria) dürfte nach Skelettmerkmalen der Hinterbeine und des Schwanzes ein semiaquatisch lebender Fischräuber ähnlich heutigen Fischottern gewesen sein. Leptictidium (Ordnung Proteutheria) repräsentiert einen Spezialisationstyp, für den es heute keine Entsprechung mehr gibt. Es waren räuberische Tiere mit verlängerten Hinterextremitäten und extrem langem Schwanz, die ihre Beute in wendigem, zweibeinigem Spurt jagten. – Apatotheria und Proteutheria überlebten das Alttertiär nicht.

Die Faunenmodernisierung ist in Messel mit einer überwältigenden Fülle von Beispielen belegt. Pferde der Gattung Propalaeotherium hatten ein Stockmaß von nur 30 bis 60 cm, trugen an den Vorderbeinen noch vier und an den Hinterbeinen je drei Hufe, ähnelten in der Körperhaltung heutigen Duckerantilopen und ernährten sich von Laub und Früchten. Der Paarhufer Messelobunodon gehört zur Familie Dichobunidae, die als Stammgruppe aller Paarhufer gilt. Es waren leichtfüßige, etwa dackelgroße Tiere, die in der Laubstreu des Waldbodens nach Nahrung stöberten. Moderne Raubtiere sind mit den Gattungen Paroodectes und Miacis vertreten, kleinen Kletterern mit Kopf-Rumpf-Längen von gut 10 bis gut 20 Zentimeter. Sie sind der Stammgruppe aller modernen Raubtiere, der Familie Miacidae, zuzurechnen. Die vier dokumentierten Messeler Nagetierarten weisen Gesamtlängen von ¼ bis 1 m auf und waren blatt- und fruchtfressende Baumbe-

Lage ein, und die Fauna belegt interkontinentale Austauschvorgänge. Das glückliche Zusammentreffen dieser Faktoren lässt Messel zum frühesten Fenster in die Geschichte heutigen Säugerlebens auf der Erde werden.

Das Urpferd **Propalaeotherium parvulum** ernährte sich im Gegensatz zu den heutigen Pferden hauptsächlich von Blättern, die in einem großen Blinddarm mithilfe von Bakterien verdaut wurden. Die Urpferde fraßen jedoch auch Früchte. Im Magen zahlreicher Urpferde fanden sich Kerne von Weintrauben.

wohner. Sie gehören zur Familie Paramyidae, die sich durch Primitivmerkmale des Kauapparats auszeichnet und die älteste bekannte Nagergruppe ist. Fledermäuse zeigen mit sieben Arten der Familien Archaeonycteridae, Palaeochiropterygidae und Hassianycteridae eine beachtliche Vielfalt, und auch ihre Ernährungs- und Jagdstrategien waren bereits breit gefächert, ähnlich heutigen tropischen Kleinfledermausfaunen. Einzelne Arten besaßen sogar schon die Fähigkeit zu aktiver Echoortung. Insektenfresser sind mit ihrer zentralen Gruppe, den Igelartigen, vertreten. Die drei Arten aus der Familie Amphilemuridae waren in ihren Überlebensstrategien hoch spezialisiert und teilweise extravagant. Sie setzten auf wendige Flucht oder wirkungsvolle Schutzeinrichtungen, und Macrocranion tenerum verfügte sogar über ein Stachelkleid ähnlich dem heutiger Igel. Die heute auf die altweltlichen Tropen beschränkten Schuppentiere treten mit zwei Arten der Gattung Eomanis auf. Die Tiere besaßen bereits die kennzeichnende Körperbedeckung mit großen Hornschuppen sowie die bemerkenswerten Sonderanpassungen an das Fressen von Ameisen und Termiten.

Ein ausgesprochener Exot in der Messeler Fauna ist der Ameisenbär Eurotamandua, der zur Ordnung Xenarthra (Nebengelenktiere) zählt, die heute mit Ameisenbären, Faultieren und Gürteltieren auf die Neue Welt beschränkt ist. Wie auch Eomanis zeigt er Spezialisationen für die Ameisen- und Termitenkost, zum Beispiel einen röhrenförmigen zahnlosen Schädel und die Umwandlung der Vorderextremitäten zu Grabhacken.

Auch unsere nächsten Verwandten, die Primaten (sie werden hier, unter Ausschluss der archaischen Plesiadapiformes, auf die Ordnung Euprimates begrenzt), treten mit mindestens drei Arten auf. Am besten bekannt ist Europolemur koenigswaldi, ein lemurenartiger Halbaffe, den echte Greifhände und plattnageltragende Hände und Füße als Primaten kennzeichnen. Er war ein Baumbewohner, der etwa halbe Hauskatzengröße erreichte.

Hassianycteris messelensis ist eine der in Messel gefundenen Fledermausarten. In einigen Fledermausfossilien aus Messel fanden sich noch die intakten knöchernen Innenohr-Kapseln mit der Gehörschnecke. Verschiedene Untersuchungen an den Schnecken lassen den Schluss zu, dass die Fledermäuse schon damals zur Echoortung fähig waren, ihr Echoortungssystem aber noch nicht so spezialisiert war wie heute.

Das 50 cm lange Schuppentier **Eomanis waldi** (links) und der 90 cm lange Ameisenbär **Eurotamandua joresi** (rechts) sind Vertreter zweier Säugetier-Ordnungen aus Messel, die heute nicht mehr in Europa leben. Die beiden Ordnungen wurden früher aufgrund vieler Ähnlichkeiten (zahnloses Gebiss, Ernährung, Grabklauen) in der Ordnung »Edentata« (Zahnarme) zusammengefasst. Diese Merkmale sind aber unabhängig voneinander entstanden, sodass diese Zuordnung nicht gerechtfertigt ist. Zudem unterscheiden sich beide Ordnungen in wesentlichen Merkmalen, z. B. haben nur die Nebengelenktiere das namengebende Nebengelenk in der Wirbelsäule.

Die Bühne für das heutige Säugerleben auf der Erde war im Mitteleozän bereitet. Von den 18 heutigen Plazentalier-Ordnungen sind allein 9 in der einzigen Lokalität Messel vertreten, und fast alle restlichen sind zur gleichen Zeit von andern Fundstellen und andern Kontinenten bekannt. Was sich nun entwicklungsgeschichtlich anschließt, ist die adaptive Radiation im Bereich von Familien, Gattungen und Arten. Viele Ordnungen tauchen im Untereozän erstmals auf, und sie zeichnen sich schon durch ihre Schlüsselmerkmale aus (darunter »fertige« Fledermäuse). Ein langer Entwicklungsweg muss hinter ihnen liegen, der aber vielfach im Dunkeln – wohl vor allem der Südkontinente – verborgen ist.

Die Welt der Säuger

Nach dem derzeitigen Stand (Wilson & Reeder 1993) leben auf der Erde 4629 Säuger-Arten, die in 1135 Gattungen, 136 Familien und 26 Ordnungen klassifiziert werden und in der Klassifikation insgesamt eine Klasse des Unterstamms Wirbeltiere (Vertebrata) darstellen.

Die erfolgreichste Plazentalier-Ordnung sind die Nagetiere mit 2021 Arten aus 443 Gattungen, gefolgt von den Fledertieren mit 925 Arten und 177 Gattungen. Vielgestaltig sind auch die Ordnungen der Insektenfresser (428 Arten/66 Gattungen), Raubtiere (271/129), Primaten (233/60) und Paarhufer (220/81). Eine deutlich geringere Artenvielfalt weisen die Hasen (80/13), Wale (78/41), Nebengelenktiere (29/13), Spitzhörnchen (19/5), Unpaarhufer (18/6) und Rüsselspringer (15/4) auf. Am Ende der Skala liegen die Schuppentiere (7/1), Schliefer (6/3), Seekühe (5/3), Rüsseltiere (2/2), Riesengleiter (2/1) und Erdferkel (1/1). Die Eierleger sind durch drei Gattungen mit jeweils einer Art vertreten, und von Beuteltieren kennen wir insgesamt 83 Gattungen und 272 Arten.

Vielfalt der Arten

Solche Zahlen sind stetem Wandel unterworfen. Systematische und taxonomische Forschung sind lebendige Wissenschaftsbereiche, und es werden fortlaufend Bestandsaufnahmen in allen Teilen der Erde durchgeführt und neue Untersuchungsmethoden entwickelt. Befunde auf morphologischer, embryologischer, biochemischer, zytogenetischer oder molekularer Ebene können einander widersprechen und zu unterschiedlichen Einschätzungen des Rangs und Umfangs systematischer Kategorien führen. Auch können neue Methoden der Merkmalsbewertung die herrschenden Ansichten über verwandtschaftliche Beziehungen und damit auch Klassifikationen modifizieren. Die meisten Spezialisten werden jeweils ihre besondere Klassifikation bevorzugen, und auch die hoch spezialisierten Teildisziplinen, die sich an der Erforschung der Säugersystematik und -phylogenie beteiligen, entwickeln ihre eigenständigen Klassifikationen.

Taxonomische Arbeiten der letzten Jahre haben die Artenzahl vermehrt, und diese Tendenz dürfte weiter anhalten. Insbesondere haben zytogenetische und biochemische Analysen mehrfach gezeigt, dass äußerlich sehr ähnliche Populationen, die zuvor nur einer Art zugerechnet wurden, tatsächlich verschiedene Arten repräsentieren. Daneben werden aber auch – vor allem in den Tropen – jährlich spektakuläre neue Arten und selbst neue Gattungen gefunden; nicht nur von kleinen, verborgen lebenden Nagern oder Fledermäusen, sondern gelegentlich sogar von großen Landsäugetieren. Beispiele sind jüngste Entdeckungen von zwei auffälligen Hornträgern (Boviden) und einem großen Hirsch in den Bergregenwäldern von Zentralvietnam an der Grenze zu Laos. Sie konnten keiner bekannten Gattung zugeordnet werden und tragen jetzt die neuen Gattungsnamen Pseudoryx, Pseudonovibos und Megamuntiacus.

Der **Afrikanische Elefant** ist mit einer maximalen Höhe von vier Metern und einem Gewicht bis zu 7,5 Tonnen das größte lebende Landsäugetier. Er ist deutlich schwerer und größer als der Indische Elefant und hat zudem größere Ohren. Außerdem haben bei ihm beide Geschlechter Stoßzähne.

Die meisten Säugetierarten sind Landbewohner. Einige haben aber mit Erfolg auch andere Lebensräume erobert. Fledermäuse sind sehr geschickte nächtliche Flieger, und zwei Gruppen, Wale und Seekühe, sind vollständig zum Leben im Wasser übergegangen. Säuger besiedeln alle Kontinente und alle größeren ozeanischen Inseln. Die größte Artenvielfalt herrscht in tropischen Regenwäldern, andern Waldgebieten und Savannen. Sie nimmt in hohen Breitengraden, Wüsten und Hochgebirgen zusehends ab.

Die Vielfalt der Säugetiere zeigt sich auch in ihren Körpergrößen. Die kleinsten lebenden Säugetiere sind die Hummelfledermaus aus Thailand (Craseonycteris thonglongyai) mit einer Gesamtlänge von etwa 3 cm und einem Gewicht um 2 g und die paläarktisch verbreitete Etruskerspitzmaus (Suncus etruscus) mit einer Körperlänge um 3,5 bis 5 cm und einem Gewicht um 1,2 bis 2,6 g. Der Blauwal (Balaenoptera musculus) ist das größte Säugetier, das jemals auf der Erde existiert hat. Die größte festgestellte Länge beträgt 33,6 m und das größte festgestellte Gewicht 190 000 kg. Der Afrikanische Elefant (Loxodonta africana) ist das größte lebende Landsäugetier. Er erreicht eine Schulterhöhe von 4 m und eine Körpermasse von 6300 kg, in Ausnahmefällen wohl auch über 7000 kg. Damit ist aber offen-

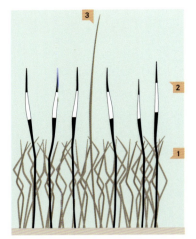

Die verschiedenen **Haartypen** der Säugetiere: die dichten, kurzen Wollhaare (1), die längeren Grannenhaare (2), die Leithaare (3).

Die **Haut** der Säugetiere ist prinzipiell aus drei Schichten aufgebaut – Oberhaut, Lederhaut und Unterhaut. Die **Oberhaut** setzt sich aus der Keimschicht und der keratinisierten Schicht zusammen. Im unteren Teil der Keimschicht werden sämtliche Zellen der darüber liegenden Schichten gebildet. Diese Zellen wandern nach oben, wo sich zunehmend Keratinkörner bilden: Die Zellen verhornen und sterben schließlich ab. Die **Lederhaut** besteht aus Bindegewebe, Gefäßen, Muskulatur und den Endigungen verschiedener Tastsinneszellen. Die **Unterhaut** enthält das Unterhautfettgewebe, das der Wärmeisolation dient und daher bei wasserlebenden Säugetieren besonders dick ist.

sichtlich nicht die Grenze des Möglichen erreicht. Das fossile Indricotherium aus dem Oligozän von Pakistan und China ist der größte bekannte Landsäuger aller Zeiten. Das monströse Tier aus der Nashorn-Verwandtschaft besaß ein geschätztes Gewicht von 30 t und eine Schulterhöhe von 5,4 m.

Die heutigen Säugetiere besitzen eine Fülle spezifischer Merkmale, die vor allem mit vier biologischen Komplexen in Verbindung stehen:
(1) autonom geregelte konstante Körpertemperatur,
(2) Ernährung der Jungen mit dem Sekret spezialisierter Hautdrüsen,
(3) Leistungssteigerung des zentralen Nervensystems,
(4) zunehmende Variabilität des Verhaltens.

Haut und Haare – die Schlüsselrolle des Integuments

Säuger unterscheiden sich von allen andern Wirbeltieren durch den Besitz von Haaren und, zur Ernährung der Jungen, von Milchdrüsen, also durch wesentliche Merkmale ihres Integuments, ihrer Körperhülle. Das Haarkleid dient dem Schutz vor Kälte und somit dem Erhalt einer konstant hohen Körpertemperatur. Es besteht aus den Konturhaaren (Grannen- und Leithaare), die auch die Farbwirkung des Fells verursachen, und aus den basalen Wollhaaren, die zusammen mit der dazwischen eingeschlossenen Luft die eigentliche Isolierschicht bilden. Das Haarkleid kann in Anpassung an bestimmte Lebensweisen rückgebildet sein und lässt sich etwa bei Walen, bei denen eine dicke Speckschicht dem Wärmeschutz dient, nur noch während der Embryonalentwicklung oder in Form vereinzelter Borsten an den Lippen erwachsener Tiere nachweisen.

Haare haben eine nur begrenzte Lebensdauer und werden daher gewechselt. Dies kann kontinuierlich geschehen (vor allem bei tropischen Arten) oder periodisch im Wechsel der Jahreszeiten (besonders auffällig bei Arten mit weißer winterlicher Schutztracht wie Hermelin oder Schneehase). Modifizierte Haare können auch als Stacheln zur Feindabwehr oder als Tasthaare (Vibrissen) zur Orientierung eingesetzt werden. Die Fellfärbung kann tarnende Funktion haben (Streifung des Tigers), im Dienst des Sexual- und Sozialverhaltens stehen (der weiße »Spiegel« der Rehe) oder ohne erkennbare Bedeutung sein (Farbmuster vollkommen unterirdisch lebender Tiere).

Die meisten Arten halten ihre Körpertemperatur etwa im Bereich von 36 bis 39 °C konstant. Relativ niedrige Körpertemperaturen mit weitem Schwankungsbereich und folglich eine ursprüngliche Thermoregulation besitzen Eierleger (Ameisenigel: Solltemperatur 30 °C; Schwankungsbereich 29 bis 32 °C), manche Beuteltiere (Opossum: 35,5 °C; 34,5 bis 36,5 °C) und manche Nebengelenktiere unter den Plazentaliern (Neunbinden-Gürteltier: 34,4 °C; 33 bis 35,4 °C).

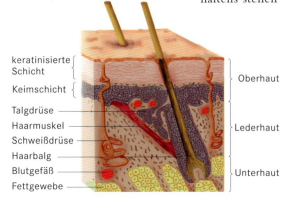

Milchdrüsen

Die weiche, mäßig verhornte und behaarte Haut der Säugetiere ist durch das Vorkommen komplexer Hautdrüsen – vor allem der Milch-, Duft- und Schweißdrüsen – charakterisiert. Milchdrüsen (Mammae) sind ein Schlüsselmerkmal der Säugetiere, und die Ernährung der Jungen mittels Mamma-Organen hat zur wissenschaftlichen Namengebung der Klasse – Mammalia – geführt. Der frühe Lebensabschnitt, in dem die Jungen gesäugt werden, dient gleichzeitig ihrem Schutz und ihrem Lernen durch den Umgang mit der Mutter.

Milchdrüsen dürften aus Haarbalgdrüsen hervorgegangen sein, denn die Drüsenmündungen sind bei den Eierlegern zeitlebens, bei den Beuteltieren noch während ihrer Entwicklung an Haare gebunden. Zitzen fehlen bei den Eierlegern, deren Junge die Milch von paarigen eingetieften Drüsenfeldern auf der Bauchseite aufsaugen. Beutler- und Plazentalierjunge saugen dagegen die Milch von Zitzen ab. Nur bei Walen wird dem Jungen wegen des hohen umgebenden Wasserdrucks beim Säugen die Milch von der Zitze in den Mundraum gespritzt. Die Ausbildung von Milchdrüsen der Plazentalier geht von paarigen Anlagen, den Milchleisten, aus, die sich beiderseits von der Achsel- bis zur Leistengegend erstrecken. Die Anzahl und die Lage der Milchdrüsen hängen von der Jungenzahl und der Lebensweise der Tiere ab. Die afrikanischen Vielzitzenmäuse (Gattung Mastomys) besitzen bis zu 24 Zitzen, die in zwei durchlaufenden Reihen angeordnet sind, und entsprechend groß sind die Jungenzahlen pro Geburt. Andere Gruppen bilden nur ein einziges Milchdrüsenpaar aus, das beispielsweise achselständig (Seekühe), bruststädig (viele Primaten) oder leistenständig (Wale) sein kann.

Mit dem Säugen sind weitere charakteristische Säugetiermerkmale aufs Engste verknüpft. So wird durch die Muskularisierung von Lippen und Wangen ein abgeschlossener Mundraum gebildet, der die Voraussetzung zum Pump-Saugen der Säuglinge darstellt. Die dafür verantwortliche, reich gegliederte Hautmuskulatur des Kopfs übernimmt zugleich neue wichtige Ausdrucksfunktionen für Stimmungen, die Mimik.

Wie die jungen Ferkel drängen sich alle jungen Säugetiere an die **Milchdrüsen** ihrer Mutter.

Die **Milch** der Milchdrüsen enthält nicht nur alle notwendigen Nährstoffe, Vitamine, Mineralstoffe und Spurenelemente, sondern auch Antikörper, die für eine passive Immunisierung der Jungen sorgen. Darüber hinaus begünstigt die Ernährung mit Milch die Entstehung einer normalen Darmflora.

Duft- und Schweißdrüsen

Säuger sind primär Nasentiere, die sich durch ein hoch differenziertes Geruchsorgan und die progressive Entfaltung des Riechhirns auszeichnen. Mit der Nase wird Beute aufgespürt und werden Feinde geortet, aber auch im Territorial-, Sozial- und Sexualverhalten ist der Geruchssinn von herausragender Bedeutung. In der innerartlichen Kommunikation ist damit zwangsläufig die Aussendung von Geruchssignalen verbunden, und auch hierfür stellen Haut und Haar das Substrat zur Verfügung. Säuger verfügen über einen großen

Reichtum an Hautdrüsen, die eine Fülle verschiedener Duftstoffe mit ganz speziellen Informationsgehalten erzeugen, die der Mensch mit seinem schlechten Riechempfinden allerdings nur mangelhaft oder gar nicht erfassen kann. Die Duftdrüsen kommen ursprünglich in Verbindung mit Haarbälgen vor, und sie finden sich besonders vor den Augen, an den Wangen, vor und hinter den Ohren, am Kinn, auf der Stirn, hinter den Hörnern, auf Brust, Rücken, Flanken und Bauch, in der Genital- und Analregion, an den Fußsohlen, zwischen den Zehen und im Bereich der Ferse. Spezifische Duftsignale verbinden das Jungtier mit der Mutter, bestätigen die Zugehörigkeit des Individuums zur Sippe und verkünden seinen sozialen Rang in der Gemeinschaft. Düfte greifen sogar in physiologische Prozesse des Fortpflanzungsgeschehens ein und können eine Übervermehrung der Population verhindern.

Auch an der Regulierung der Körpertemperatur sind Hautdrüsen beteiligt. Während Haare dem Wärmeverlust entgegenwirken, verhindern Schweißdrüsen durch die Erzeugung von Verdunstungskälte eine Überhitzung. Echte Schweißdrüsen kommen nur beim Menschen und einigen Altweltaffen vor; sie sondern einen Schweiß ab, der zu 98 bis 99 % aus Wasser besteht. Der schaumige Schweiß der Pferde ist dagegen eiweißhaltig und führt zum Stoffverlust beim Schwitzen. Viele andere Arten besitzen gar keine Schweißdrüsen und erzeugen Verdunstungskälte beispielsweise durch Hecheln bei geöffnetem Maul und heraushängender Zunge.

Hochleistungsorganismus

Säugetiere haben eine hohe und gleich bleibende Körpertemperatur (Homöothermie) und hohe Stoffwechselraten, und sie können einen hohen kontinuierlichen Aktivitätsgrad zwischen den Ruhepausen aufrechterhalten. Sie sind lernfähig und können in der Regel gut sehen, hören, riechen und tasten. Viele der charakteristischen Merkmale des Kreislaufs, der Atmung und des Nervensystems stehen auf die eine oder andere Art mit der aktiven Lebensweise und den hervorragenden Sinnesleistungen in Verbindung.

Atmung

Homöothermie und große Stoffwechselaktivität verlangen differenzierte und leistungsfähige Atmungs- und Kreislaufsysteme, und damit verbinden sich säugerspezifische Besonderheiten im Bau der entsprechenden Komponenten. Die Lunge der Säugetiere unterscheidet sich von der aller andern Wirbeltiere durch ihren homogenen Aufbau und die vollständige Aufteilung in Lungenbläschen (Alveolen), womit die Vergrößerung der innern Fläche für den Gasaustausch an eine Grenze gelangt; sie ist im Unterschied zur Vogellunge verschieblich im Brustkorb eingebaut. Die Fläche der Austauschschicht misst beispielsweise beim Menschen während des Einatmens etwa 80 Quadratmeter.

Der Atemmechanismus wird durch die Ausbildung eines muskulösen Zwerchfells – auch dies ein exklusives Säugermerkmal – vervollkommnet. Die Atemluft wird nicht nur durch Rippenbewegungen, sondern zusätzlich durch Kontraktionen des kuppelförmig in den Brustraum vorgewölbten Zwerchfells ventiliert, das besonders in Ruhe den wichtigsten Atemmuskel bildet. Die Atemfrequenz ist abhängig vom Aktivitätszustand eines Tiers. Sie kann beim hechelnden Hund bis zu 400 Atemzüge pro Minute erreichen (Ruhefrequenz 10 bis 30 pro Minute), und beim winterschlafenden Siebenschläfer liegen atemfreie Phasen von 5 bis 50 Minuten zwischen kurzen Phasen erhöhter Atemtätigkeit. Beim Tauchen wird die äußere Atmung eingestellt, nicht jedoch der innere Gasaustausch in der Lunge (Aufnahme von Sauerstoff und Abgabe von Kohlendioxid).

Die Atem- und Speisewege werden durch den knöchernen Gaumen und das Gaumensegel getrennt, sodass gleichzeitiges Kauen und Atmen möglich sind. Beide Wege überkreuzen einander allerdings in gefährlicher Weise im Rachenbereich, und dort entstand bei Säugern zur Absicherung eines möglichst reibungslosen Ablaufs von Atmen und Schlucken der knorpelige Kehlkopf. Er dient zudem der Stimmbildung, indem die ausgeatmete Luft die zwischen Knorpelteilen ausgespannten Stimmfalten in Schwingungen versetzt.

Blutkreislauf

Das Kreislaufsystem der Säuger ist durch die vollkommene Scheidung von Lungen- und Körperkreislauf, die Beschränkung auf nur eine Hauptschlagader (die linke Aorta) und eine erhöhte Sauerstoffbindung der roten Blutkörperchen (Erythrozyten) optimiert. Das Herz ist wie auch bei den Vögeln durch die Herzscheidewand vollständig in eine rechte und eine linke Hälfte unterteilt; die linke führt nur frisches, sauerstoffreiches und die rechte verbrauchtes, sauerstoffarmes Blut. Die Sauerstoffträger im Blut, die roten Blutkörperchen, sind sehr klein und einzig bei Säugern kernlos. Hierdurch besitzen sie relativ große Oberflächen und mehr Zellplasma und können mehr Sauerstoff binden.

Entfaltung des Gehirns

Bei den Säugern kommt es generell zur Zunahme des relativen, das heißt auf die Körpergröße bezogenen Gehirnvolumens. Zu den in der Stammesgeschichte der Wirbeltiere eindrucksvollsten Entwicklungen zählt aber vor allem die progressive Entfaltung neuer Gehirnanteile. Das Großhirn wurde größer, und seine beiden Hemisphären wurden durch ein neues Fasersystem (Balken oder Corpus callosum) verbunden; dieses ist bei Eierlegern und Beuteltieren allerdings nur schwach entwickelt. Mit der Großhirnrinde (Cortex und vor allem – und nur bei Säugetieren vorhanden – Neocortex) entstand bei Säugern eine neue Struktur, die zum Zentrum assoziativer Verknüpfungen, des Sehens und von differenzierten Verhaltensweisen wurde. Die verfeinerten Leistungen des Neocortex dienten auch der Verbesserung von Steuerungsfunktionen und sie gestatteten eine intensivere Kommunikation durch die er-

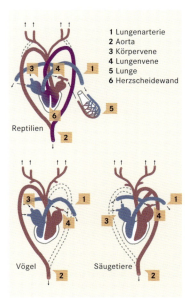

Die **Blutkreislaufsysteme** von Reptilien, Vögeln und Säugetieren unterscheiden sich deutlich. Während die Reptilien nur eine unvollständig ausgebildete Herzscheidewand und noch zwei Aortenbögen haben, ist die **Herzscheidewand** bei Vögeln und Säugetieren geschlossen und nur der linke (bei Vögeln) oder der rechte **Aortenbogen** (bei Säugetieren) vorhanden. Dadurch sind der Körper- und der Lungenkreislauf bei Vögeln und Säugetieren vollständig getrennt. Bei den Reptilien mischt sich dagegen das sauerstoffreiche mit dem sauerstoffarmen Blut noch teilweise im Herz.
Nach oben öffnen sich jeweils die Kopfarterien, nach unten die Aorta. Sauerstoffreiches Blut ist rot, sauerstoffarmes blau und gemischtes violett gezeichnet.

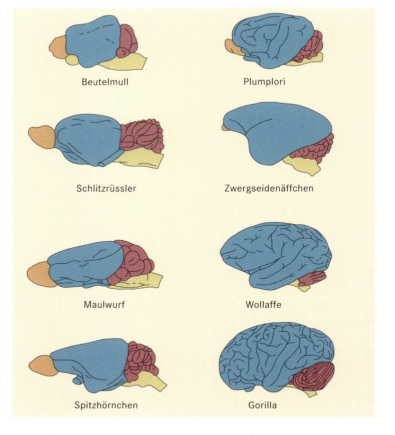

Beutelmull · Plumplori · Schlitzrüssler · Zwergseidenäffchen · Maulwurf · Wollaffe · Spitzhörnchen · Gorilla

Das **Großhirn** (blau) ist bei den Beuteltieren und Insektenfressern sowie dem Spitzhörnchen (links) noch relativ klein, während es bei den Primaten, insbesondere den fortgeschrittenen Neu- und Altweltaffen, der dominierende Teil des Gehirns ist. Das bei den Insektenfressern relativ große **Riechhirn** (orange) ist bei den Affen vollkommen vom Großhirn überdeckt.

höhte Wahrnehmbarkeit und Unterscheidbarkeit von Signalen. Auch das Sprachzentrum des Menschen hat seinen Sitz in der Großhirnrinde.

Die Vergrößerung des Großhirns zeigt in verschiedenen Säugergruppen ein unterschiedliches Ausmaß. Bei ursprünglichen Plazentaliern wie bei vielen Insektenfressern ist das Großhirn wohl vergrößert, überdeckt aber zunächst nur kappenförmig das Mittel- und Zwischenhirn. In andern Gruppen kommt es zu einer zunehmenden Ausdehnung der Großhirnrinde, und bei den fortschrittlichsten Gruppen überdeckt diese praktisch alle andern Hirnteile. Bei vielen kleinen und ursprünglichen Arten hat das Großhirn eine glatte Oberfläche, während bei großen und fortschrittlichen Formen der Hirnmantel zur Oberflächenvergrößerung stark gefurcht und gewunden ist. Nicht alle Leistungssteigerungen des Gehirns sind allerdings an äußeren Merkmalen abzulesen, denn auch Prozesse wie die Verschaltung der einzelnen Nervenzellen spielen ein Rolle.

Ein weiteres Charakteristikum des Säugergehirns ist die Vergrößerung des Riechlappens und anderer Bereiche des Riechhirns. Sie liegen am Vorderpol des Gehirns und stehen über Nervenfasern mit dem gut entwickelten Riechorgan in Verbindung. Die Nasenkapsel der Säuger ist ursprünglich vergrößert, und die stark aufgegliederten und gerollten Nasenmuscheln tragen ein ausgedehntes Riechepithel. Diese Riechstrukturen können sekundär rückgebildet werden, so vor allem bei Primaten, bei denen der Gesichtssinn ganz in den Vordergrund tritt.

Auch das am hinteren Gehirnpol gelegene Kleinhirn (Cerebellum) hat bei Säugern beträchtlich an Größe zugenommen. Es dient der Koordination und Steuerung von Bewegungsabläufen, der räumlichen Orientierung und dem Gleichgewichtserhalt.

Reduziert wird hingegen das Mittelhirn. Es ist ein alter Hirnabschnitt, der bei niederen Wirbeltieren das Zentrum des Nervensystems darstellt. Das Mittelhirn wird rückgebildet, da bei Säugern die meisten seiner Funktionen, auch das optische und das akustische Reflexzentrum, zunehmend auf die Großhirnrinde verlagert werden.

Fortpflanzungs- und Brutpflegestrategien

In den deutschen Bezeichnungen Eierleger, Beuteltiere und Plazentatiere kommt die unterschiedliche Organisation im Fortpflanzungsgeschehen der drei Säugergruppen deutlich zum Ausdruck. Sie beziehen sich vor allem auf die Ernährungsweise der Embryonen im mütterlichen Organismus und ihren Entwicklungszustand bei der Geburt.

Bei den Eierlegern bleiben die sehr unreifen Embryonen nach der Geburt noch einige Zeit von einer Eischale umhüllt und werden ausgebrütet. Bei Beutlern und Plazentaliern entwickeln sie sich so weit im mütterlichen Organismus, dass sie nach ihrer Geburt Milch saugen können. Bei Beutlern erfolgt die Geburt in einem sehr unreifen Stadium; die Embryonen entwickeln sich nach der Geburt in einem Brutbeutel weiter, wo sie mit Milch und Wärme versorgt werden. Bei Plazentaliern werden die Embryonen weitgehend über den müt-

Tragzeiten, Wurfgröße und Anzahl der Würfe verschiedener Säugetiere

Name	Tragzeit (Tage)	Wurfgröße	Anzahl der Würfe (pro Jahr)
Schnabeltier	12/12*	1–3 Eier	1
Rotes Riesenkänguru	30–40	1	1
Igel	40	bis 10	1
Hausmaus	20–21	4–9	4–5
Feldhase	42	1–5	4–7
Fuchs	54	3–6	1
Hauskatze	58	3–6	2
Tiger	105	2–3	alle 2–3 Jahre
Seehund	320	1	1
Wildschwein	126	3–12	1
Pferd	336	1	1
Indischer Elefant	660	1	alle 4–6 Jahre
Schimpanse	240	1	alle 2–3 Jahre

*Eireifung/Brutzeit

terlichen Kreislauf durch ein Stoffaustauschorgan, den Mutterkuchen (Plazenta), ernährt. Dies gestattet eine längere Aufenthaltsdauer in der Gebärmutter (Uterus) und einen höheren Reifegrad bei der Geburt.

Eierleger

Eine andere Bezeichnung für die Eierleger ist »Kloakentiere«, da bei ihnen die vereinigten Geschlechts- und Harngänge (Sinus urogenitalis) sowie der Darmtrakt in eine gemeinsame Körperöffnung, die Kloake, einmünden. Der Uterus ist paarig und eine Scheide fehlt. Die etwa 14 bis 18 mm langen Eier haben eine ledrige Schale und werden etwa 10 Tage lang bebrütet (beim Schnabeltier werden zwei Eier im Nest, bei Schnabeligeln wird ein Ei in einer Hautfalte am Bauch ausgebrütet).

Die ausschlüpfenden Jungen sind winzig (um 1,5 bis 2,5 cm) und befreien sich mithilfe eines Eizahns aus der Eihülle. Der Fortpflanzungsmodus der Eierleger erinnert somit noch sehr an die Verhältnisse bei Reptilien.

Beuteltiere

Über die Stufe der Eierleger hinaus haben sich die Beuteltiere entwickelt. Der paarige Uterus mündet nun in eine Scheide, die ebenfalls paarig ist, und daran schließt sich ein kurzer gemeinsamer Mündungsteil der Harn- und Geschlechtswege nach außen an.

Beuteltiere bilden nur noch ansatzweise hornig beschalte Eier im Uterus aus; die Eimembran wird noch im Uterus zurückgebildet.

Im Uterus der Beuteltiere gibt es gewöhnlich kein wirkungsvolles Austauschorgan zwischen der Mutter und dem Keimling. Es ist nur eine unvollkommene Dottersackplazenta ausgebildet, deren Oberfläche der Uterusschleimhaut anliegt und Nährstoffe resorbiert, die von Uterusdrüsen abgesondert werden. Damit fehlt eine wichtige immunbiologische Barriere zwischen Keimling und Mutter sowie die Möglichkeit, die Nährstoffversorgung im mütterlichen Organismus längere Zeit aufrechtzuerhalten, wie dies bei Plazentatieren der Fall ist. Die kurze und nur oberflächliche Einnistung des Keims im Uterus vermeidet jedoch immunologische Abwehrreaktionen des mütterlichen Organismus.

Die höchst unreifen Embryos der Beuteltiere gelangen nach der Geburt aus eigener Kraft und mithilfe des Geruchssinns in den Brutbeutel und an eine Zitze, wo sie sich mit dem Mund verankern und eine lange Entwicklungsperiode außerhalb der Gebärmutter durchmachen. Solche »Beutel« können aus Hautwällen um Einzelzitzen oder um den gesamten Zitzenbereich bestehen, sie können weitgehend geschlossen sein und sich nach vorn oder hinten öffnen, und sie können schließlich bei manchen Arten auch vollständig fehlen. Die Tragzeit in der Gebärmutter ist kurz (etwa eine Woche bis

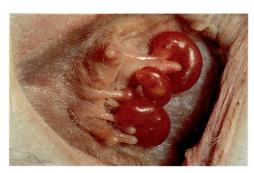

Drei neugeborene **Tasmanische Langnasenbeutler** haben sich an der Zitze ihrer Mutter festgesaugt.

gut ein Monat), und die Geburtsgewichte sind sehr niedrig (0,015 bis 0,8 g).

Plazentatiere

Die Plazentatiere haben die höchste Organisationsstufe im Fortpflanzungsgeschehen erreicht. Der Uterus kann paarig sein (zum Beispiel bei vielen Fledermäusen und Nagetieren), doch besteht eine Tendenz zur Verschmelzung. Bei manchen Fledermäusen, Nebengelenktieren und Primaten (einschließlich des Menschen) ist durch Verwachsung ein einheitlicher Uterus entstanden. Der Uterus öffnet sich in eine unpaare Scheide, der sich ein sehr kurzer gemeinsamer Mündungsteil mit den Harnwegen anschließt.

Die echte Plazenta (Mutterkuchen) ist ein leistungsfähiges Austauschorgan zwischen Mutter und Keimling. Sie wird von Mutter und Keimling gemeinsam durch die enge Beziehung von Embryonalhüllen (Chorion und Allantois) und Uterusschleimhaut aufgebaut und bringt mütterliche und embryonale Gefäße in so enge Nachbarschaft, dass ein Stoff- und Gasaustausch möglich wird. Eine wesentliche Voraussetzung zur Entwicklung einer leistungsfähigen Plazenta besteht darin, dass bei Säugetieren die Ausscheidungen des Proteinstoffwechsels in Form von wasserlöslichem Harnstoff erfolgen und zusammen mit andern Abbauprodukten des embryonalen Stoffwechsels über den mütterlichen Kreislauf ausgeschleust werden können.

Wenn damit auch generell die Versorgung des heranwachsenden Keimlings gewährleistet ist, so bleibt doch das Problem der Verträglichkeit der Plazentargewebe. Die Embryonen sind genetisch nicht mit dem Muttertier identisch und rufen zunehmend immunologische Abwehrreaktionen hervor.

Hier übernimmt das embryonale Trophoblastgewebe (Nährblatt) neben seinen Aufgaben der Einpflanzung des Keims in die Uteruswand, der Versorgung des Embryos und der Produktion von Wirkstoffen eine weitere sehr wichtige Rolle: Seine Zellen bilden eine Immunbarriere gegen das mütterliche Abwehrsystem aus. Der Trophoblast ist ein Neuerwerb der Plazentalier und stellt das Schlüsselmerkmal in ihrer Embryonalentwicklung dar. Wohlgeschützt und versorgt kann so der Keimling seine Entwicklungszeit in der Gebärmutter ausdehnen – ein Prozess, der zum stammesgeschichtlichen Erfolg der Plazentalier in fundamentaler Weise beigetragen hat.

Plazentalierjunge kommen nach einer Tragzeit von etwa zwei Wochen (Goldhamster, Waldspitzmäuse) bis zu 22 Monaten (Elefanten; beobachtete Höchstdauer 25 Monate) zur Welt. Im Geburtszustand bestehen erhebliche Unterschiede zwischen

Die Jungen von Kaninchen sind typische **Nesthocker.** Sie kommen mit geschlossenen Augen und nackt zur Welt und wiegen bei ihrer Geburt 30 bis 50 Gramm; erst nach etwa drei Wochen öffnen sie die Augen.

Die Jungen der Rinder gehören zu den Laufjungen. Ein neugeborenes **Kalb** kann gleich nach der Geburt aufstehen und am Euter der Mutter saugen.

den nackten und hilflosen Lagerjungen (Nesthocker) und den Laufjungen (Nestflüchter) mit gebrauchsfähigen Sinnes- und Fortbewegungsorganen. Lagerjunge finden sich bei Insektenfressern, Raubtieren und vielen Nagern; sie können bei der Geburt noch nicht sehen und hören, sich nur kriechend bewegen und ihre Körpertemperatur selber noch nicht konstant halten. Laufjunge gibt es bei den großen Pflanzenfressern (Huftiere, Elefanten); sie kommen vollbehaart und mit offenen Augen und Gehörgängen zur Welt und können sofort der Mutter folgen. Auch Wale und Seekühe haben Junge dieses Entwicklungsgrads. Eine dritte Kategorie sind die Tragjungen, die zwischen Lager- und Laufjungen vermitteln. Bei ihnen schleppen die Mütter die Neugeborenen für eine gewisse Zeit mit, wie wir dies von Primaten, Fledermäusen, Schuppentieren und Ameisenbären her kennen.

Vielfältige Lebensräume und Lebensweisen

Die überwiegende Mehrheit der Säugetiere lebt an der Erdoberfläche und bewegt sich auf vier Beinen fort. Der Bewegungsapparat der Säuger ist generell dadurch gekennzeichnet, dass die Beine unter den Körper gebracht sind und beim Laufen in Ebenen schwingen, die zur Symmetrieebene des Körpers, der so genannten sagittalen Medianebene oder Mediansagittalen, parallel liegen (Sagittalebenen). Gegenüber der abgewinkelten Spreizstellung bei Reptilien verringert diese Extremitätenstellung den Energieaufwand zum Abheben des Körpers vom Boden und stellt eine Vorausbedingung zum schnellen Laufen dar. Höhere Fortbewegungsgeschwindigkeiten von Läufern erfordern allerdings noch weitere Umkonstruktionen. Die Fußsohlen, die bei gemächlicheren Arten ganz aufgesetzt werden, werden bei schnellen und ausdauernden Läufern von der Unterlage abgehoben, sodass nur noch die Zehen (zum Beispiel bei Hunden und Katzen) und schließlich bei Pferden und Paarhufern nur noch die Zehenspitzen den Boden berühren. Auch kommt es zur Verlängerung der Mittelfußknochen und zur Rückbildung seitlicher Zehenstrahlen, und die wesentlichen Laufmuskeln werden körpernah am Oberschenkel konzentriert.

In der Regel können Säuger mehrere Bewegungsarten ausführen. Häufig ändern sie bei Tempowechseln die Gangart. Viele Arten wühlen und graben, um Verstecke und Baue zur Aufzucht der Jungen anzulegen. Andere klettern oder hüpfen gelegentlich in weiten Sätzen, um an Nahrung zu gelangen oder Feinden zu entfliehen. Fast alle können im Notfall schwimmen. Neben den vielseitigen Arten – ein Musterbeispiel eines Alleskönners ist die Hausratte – gibt es Spezialisten, deren gesamte Fortbewegungs- und Lebensweise auf ein extremes Milieu abgestimmt ist.

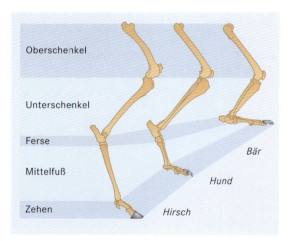

Die Skelette der Hinterextremitäten eines **Sohlengängers,** eines **Zehengängers** und eines **Zehenspitzengängers** (von rechts nach links). Der Oberschenkelknochen ist bei allen drei Skeletten auf die gleiche Länge gebracht. Beim Zehengänger und insbesondere beim Zehenspitzengänger ist die relative Länge des Unterschenkelknochens und des Mittelfußknochens deutlich größer als beim Sohlengänger.

Der Luftraum

Bei Säugetieren hat sich die Flugfähigkeit unabhängig voneinander mehrfach entwickelt. Aktives Flugvermögen haben aber nur die Fledertiere (Fledermäuse und Flughunde) erworben, während drei weitere Ordnungen (Beuteltiere, Nagetiere und Riesengleiter) Gleitflieger hervorgebracht haben. Anders als bei Vögeln sind bei fliegenden Säugern stets alle vier Gliedmaßen in den Flugapparat eingebunden.

Gleithörnchen und einige Dornschwanzhörnchen unter den Nagetieren, Gleitbeutler unter den Beuteltieren und die Ordnung der Riesengleiter (Dermoptera) haben es zu einem perfekten Gleitflug gebracht. Die behaarten Flughäute erstrecken sich entlang den Körperseiten. Bei den in Nordaustralien und Neuguinea beheimateten Flugbeutlern wird die Flughaut nur zwischen Vorder- und Hinterbeinen und dem Rumpf ausgespannt. Bei Gleit- und Dornschwanzhörnchen kommen Flughautabschnitte zwischen Hals und Vorderbeinen sowie Hinterbeinen und Schwanz hinzu, und bei Riesengleitern sind Hals, Beine, Finger und Schwanz vollkommen in die Flughaut einbezogen. Zur Stütze der Gleitmembran haben sich bei manchen Arten zusätzliche Knorpelstäbe ausgebildet, die bei Flughörnchen von den Handgelenken und bei Dornschwanzhörnchen vom Ellbogen ausgehen. Alle diese Arten können weite, manövrierbare Gleitflüge ausführen, die beim Riesengleiter ohne Schwierigkeiten Entfernungen von 100 m überbrücken. Die ausgedehnten Gleithäute des Riesengleiters bringen es mit sich, dass die Tiere nicht mehr auf Ästen laufen können, sondern sich nur hangelnd fortbewegen.

Die **Gleithörnchen** können bis zu 100 Meter weit gleiten und dabei durch die Änderung ihrer Armstellung die Flugrichtung beeinflussen.

Der aktive Flug ist ein Ruderflug, den unter Wirbeltieren außer Fledertieren nur Vögel und Flugsaurier erworben haben. Er erschloss den Fledertieren die ökologische Nische des nächtlichen Luftraums, in dem sie ohne große Konkurrenz sind und sich in systematischer und biologischer Hinsicht breit auffächern konnten. Im Flügel dienen die verlängerten Arm- und Handknochen zum Stützen und Spannen der Flughaut. Der sehr lange Unterarm wird von der Speiche (Radius) gebildet, während die Elle (Ulna) stark rückgebildet ist. Die enorm verlängerten zweiten bis fünften Finger sind in die Flughaut einbezogen, nur der kürzere, Krallen tragende Daumen bleibt weitgehend frei. Die sehr empfindliche, dünne und elastische Flughaut wird in Ruhestellung zusammengefaltet. Abschnitte der Flughautvenen, die sich rhythmisch kontrahieren (»Venenherzen«), unterstützen den Blutfluss in der dünnen Membran.

Beim Flug übernehmen vier Regionen der Flughaut unterschiedliche Aufgaben. Die Arm-Flughaut ist zwischen Armen, fünftem Finger und den Beinen ausgespannt und stellt die eigentliche Trag-

Bei den Fledertieren spannt sich die **Flughaut** zwischen den stark verlängerten Fingerknochen und dem Körper. Abgebildet ist ein Nilflughund.

fläche dar, die für den Auftrieb sorgt. Die Hand-Flughaut erstreckt sich zwischen dem Daumen und den vier langen Fingern und ist für die Vortriebskräfte zuständig. Die Vorarm-Flughaut zwischen Schulter und Daumen bildet die Vorderkante des Flügels und hilft, den Anstellwinkel und die Wölbung der Tragfläche zu steuern. Häufig ist zwischen den Beinen eine Schwanz-Flughaut entwickelt, die die Wölbung des Körpers verändern und als Luftbremse dienen kann.

Der Flug ist sehr manövrierfähig, und bei der nächtlichen Jagd werden einzelne Insekten gezielt ergriffen, während die wenigen Insekten fressenden Flugjäger unter den Vögeln (Schwalben, Nachtschwalben, Segler) mehr nach dem Käscherprinzip verfahren. Die Flugleistungen können beachtlich sein. Allnächtliche Nahrungsflüge überbrücken bis zu 30 km Distanz (Vampir-Flughund, Pteropus vampyrus), saisonale Wanderwege bis zu 2350 km (Abendsegler, Nyctalus noctula). Fluggeschwindigkeiten können bis zu 100 km/h (Guano-Fledermaus, Tadarida brasiliensis) erreichen. Auch gibt es den Rüttelflug auf der Stelle (vor allem bei neuweltlichen Blüten besuchenden Langzungen-Fledermäusen).

Der Konstruktionstyp Fledertier wird strikt eingehalten, und es gibt keine Form mit sekundärem Flugverlust. Die Hinterbeine werden in erster Linie als Aufhängevorrichtung genutzt. Sie sind als Teil des Flugapparats in die Flughaut eingebunden und können keinesfalls mehr zum aufrechten Laufen wie bei Vögeln eingesetzt werden. Im Unterschied zu Vögeln ist bei Fledertieren das Skelett nicht zur Gewichtsersparnis pneumatisiert.

Das Wasser

Wenn sie ins Wasser geraten, können die meisten Säuger schwimmen. Ausnahmen hiervon bilden offenbar nur Gibbons und große Menschenaffen, die dann ertrinken. Die Bindung an den Lebensraum Wasser ist bei den spezialisierten Wasserbewohnern unterschiedlich stark und wird durch unterschiedliche Strategien erreicht. Wir können im Wesentlichen drei Gruppen unterscheiden:

(1) Arten, die an Bächen, Flüssen und Seen vorkommen, regelmäßig schwimmen und größtenteils ihre Nahrung schwimmend und tauchend suchen. Die Brutpflege und Ruhephasen spielen sich dagegen auf dem Land ab (zum Beispiel bei Schnabeltier, Schwimmbeutler, Wasserspitzmaus, Desman, Fischotter, Biber, Wasserschwein, Nutria).

(2) Arten, die im Meer leben und weitere Phasen ihrer Aktivität in das Wasser verlagert haben, das Land aber noch zur Fortpflanzung oder zum Haarwechsel aufsuchen (Robben, Seeotter). Sie sind deutlich stärker an das Wasserleben angepasst als die zuerst genannte Gruppe; Seehunde können sich an Land nur noch unbeholfen fortbewegen.

(3) Arten, die ausschließlich im Wasser leben (Wale, Seekühe). Einige charakteristische Formen sollen die zunehmende Spezialisierung für das Wasserleben veranschaulichen. Die Wasserspitzmaus

Mit den schwimmhautbespannten Hinterfüßen und dem als »Kelle« bezeichneten Schwanz kann sich der **Biber** exzellent im Wasser fortbewegen. Da die Kelle Schuppen trägt, wurden die Biber im Mittelalter den Fischen gleichgestellt und waren daher von der Kirche als Fastenspeise erlaubt.

(Neomys fodiens) rudert mit den Hinterfüßen, die zur Vergrößerung der Antriebsfläche steife randliche Borstensäume tragen; der Schwanz ist seitlich etwas komprimiert und besitzt entlang seiner Unterseite einen schwachen Borstenkamm. Ebenfalls mit den Hinterfüßen rudern Biber (Castor) und Desmane (Desmana und Galemys; »Wassermaulwürfe«), doch sind nun zwischen den Zehen Schwimmhäute ausgebildet, und der Schwanz ist als Antriebsorgan (der seitlich abgeplattete Schwanz der Desmane) oder Höhenruder (die dorsoventral abgeplattete Biberkelle) beteiligt. Beim Fischotter (Lutra) spielen neben Hinterbeinen und Schwanz zusätzlich schlängelnde Bewegungen des geschmeidigen muskulösen Rumpfs beim Vortrieb eine wesentliche Rolle.

Die **Mähnenrobbe** (auch Südlicher Seelöwe genannt) gehört zur Familie der Ohrenrobben und lebt an den pazifischen und atlantischen Küsten Südamerikas. Bei ihren Tauchgängen fängt sie kleine Schwarmfische, Tintenfische und auch Pinguine.

Robben besitzen einen stromlinienförmigen Körper, die Extremitäten sind zu Flossen umgestaltet. Finger und Zehen sind verlängert und können beträchtlich gespreizt werden, die Wirbelsäule ist sehr beweglich und mit kräftiger Muskulatur versehen, und der Schwanz ist sehr kurz. Die Ohrenrobben schwimmen und steuern im Wesentlichen mit Ruderbewegungen der Arme, bei Seehunden und Walrossen stellen die Hinterfüße das wichtigste Antriebsorgan dar. Bei Ohrenrobben und Seehunden unterstützen schlängelnde Bewegungen der Wirbelsäule den Vortrieb. Bei Seehunden liegen die Hinterbeine nebeneinander und sind nach hinten gerichtet; sie können an Land nicht mehr unter den Körper gebracht werden.

Die Leistungen im Schwimmen und Tauchen sind beträchtlich. Robben erreichen Geschwindigkeiten von 30 km/h, und die antarktische Wedell-Robbe kann bis zu 70 Minuten und einer Tiefe von 600 m tauchen. Vor dem Abtauchen atmen Robben aus. Während des Tauchens wird die Blutversorgung der Organe – mit Ausnahme des Gehirns – stark reduziert und die verbliebene Atemluft aus den Lungenbläschen in die Bronchien gedrückt. Dadurch wird die Aufnahme von Stickstoff in das Blut, die die »Taucherkrankheit« hervorrufen würde, vermieden.

Die mächtige Schwanzflosse, die **Fluke**, eines Blauwals.

Bei Seekühen und Walen gehen die Anpassungen ans Wasser am weitesten. Bei den massig-stromlinienförmigen Seekühen sind die Hintergliedmaßen bis auf winzige Reste rückgebildet und die Vordergliedmaßen zu gelenkigen Flossen umgeformt. Wie bei den Walen ist eine quer stehende Schwanzflosse aus Hautlappen am Rumpfende entwickelt. Eine Besonderheit sind die massiven, schweren Knochen ohne Markräume, die das spezifische Gewicht der Tiere erhöhen. Seekühe bewegen sich gemächlich mit den Händen rudernd fort.

Wie vollendet der Körperbau der Wale an das Wasserleben angepasst ist, zeigt sich darin, dass für diese Meeressäuger noch immer der Name Walfisch gebräuchlich ist. Der Körper ist spindel- oder torpedoförmig, die Rumpfwirbelsäule ist häufig versteift. Die Nasenöffnungen sind auf die Kopfoberseite verlagert, Beckengürtel und Hinterextremitäten sind bis auf winzige Reste verschwunden, die Arme sind zu steifen Flossen umgestaltet, und am Körperende befindet sich die bindegewebige, waagrecht orientierte Schwanzflosse (»Fluke«).

Der Vortrieb erfolgt mithilfe der Schwanzmuskulatur, die die Fluke auf- und abbewegt, und die Brustflossen dienen als Steuer und Stabilisatoren. Gelegentlich kommt auch eine fleischige Rückenflosse vor, und bei Formen mit langen Vorderflossen kann die Anzahl der Fingerglieder erhöht sein. Die Haut der Wale ist haarlos und elastisch. Mikroskopisch kleine Strukturen in der Hautoberfläche reduzieren die Wirbelbildung in der hautnahen Grenzschicht des Wassers und vermindern so dessen Bremswirkung beim Schwimmen. Zur Wärmedämmung dient eine Speckschicht unter der Haut, die bei Glattwalen 50 bis 70 cm dick werden kann. Eine bemerkenswerte Umkonstruktion erfährt der Kehlkopf: Er passt sich röhrenförmig in den inneren Nasengang ein, sodass Atemwege und Mundraum getrennt sind und beim Fressen kein Wasser in die Luftröhre eindringen kann.

Wale schwimmen schnell und ausdauernd, und die gewaltigen Furchenwale erreichen angeblich Spitzengeschwindigkeiten von 65 km/h (Finnwal). Beim Pottwal beobachtete man Tauchzeiten bis zu anderthalb Stunden und Tauchtiefen bis 2500 Meter. Nicht vollständig geklärt ist, wie solche Tieftaucher die Taucherkrankheit beim raschen Aufschwimmen vermeiden. Bei dieser Erscheinung wird durch den sinkenden Wasserdruck und die abnehmende Gaslöslichkeit im Blut Stickstoff in Form von Gasbläschen frei und kann Gefäße verstopfen. Eine schützende Maßnahme ist, dass tief tauchende Wale relativ kleine Lungen haben und wenig Luft nach unten mitnehmen. Das Problem der Sauerstoffversorgung wird auf vielfältige Weise angegangen: Vollständige Ventilation der Lunge bei einem Atemzug vor dem Abtauchen; während des Tauchens Absenken der Herzfrequenz, Ausschalten nicht lebenswichtiger Organe aus dem Blutkreislauf, Speichern von Blut in »Wundernetzen« der Adern und Vermehrung des Muskelfarbstoffs Myoglobin als drucksicherer Sauerstoffspeicher.

Das Erdreich

Die meisten Säuger können im Boden scharren, ohne dafür besonders ausgerüstet zu sein; selbst Elefanten graben in Dürrezeiten Wasserlöcher frei. Eine Reihe von kleinen und mittelgroßen Arten weist mäßige bis starke Spezialisierungen zum Scharrgraben auf und legt unterirdische Bauten und Gänge an, geht dem Nahrungserwerb aber auf der Erdoberfläche nach. Dachse, Füchse, Kaninchen, Erdhörnchen, Murmeltiere, Schuppentiere, Gürtelmulle und Erdferkel nutzen solchermaßen die verschiedenartigen Vorteile von Erdhöhlen aus: Versteck vor Feinden, Sicherung von Nahrungsvorräten gegenüber Konkurrenten und Witterungseinflüssen, geschützte Jungenaufzucht und Abmilderung krasser oberirdischer Temperaturunterschiede im Tages- und Jahresgang. Der um die 30 kg schwere Wombat, ein Beuteltier aus der australischen Region, bringt es fertig, Gänge von über 30 m Länge zu graben. Die Scharrgräber lockern die Erde mithilfe der Krallen sowie mit kraftvollen Bewegungen aus dem Schulter- und Ellbogengelenk heraus auf und werfen sie dann unter dem Körper nach hinten – so wie ein Hund beim Ausgraben eines Knochens.

Ein **Murmeltier** vor seinem Bau. Die **Baue der Murmeltiere** sind in der Regel das Werk mehrerer Generationen. Sie werden immer wieder erneuert. Murmeltiere verbringen dort etwa neun Zehntel ihres Lebens. Sie halten dort auch ihren Winterschlaf, der je nach Art drei bis neun Monate dauert.

Ganz besondere Bedeutung hat die Anlage von Erdhöhlen für kleine Wüsten bewohnende Säuger, vor allem Nagetiere. Nur in ihrem Schutz können sie die sengende Tageshitze und eiskalten Winterstürme überstehen, und zudem ist die Luft im Bau feuchter und kühler als die Wüstenluft. Unterirdische Bauten allein lösen das Problem der Wasserknappheit allerdings noch nicht. Wüstensäuger sparen Wasser durch die hohe Salz- und Harnstoffkonzentrierung des Harns, und vielen Nagern reichen der Wassergehalt trockener Pflanzenkost und das bei der Atmung anfallende Oxidationswasser. Kohlenhydrate und Fette liefern mehr Oxidationswasser als die Proteine, und wahrscheinlich stellen die Fettdepots im Schwanz bestimmter Renn- und Springmäuse (Pachyuromys, Pygerethmus) Reservoire für Oxidationswasser dar. Wüstennager tolerieren außerdem eine stärkere Überhitzung und eine größere tägliche Schwankungsbreite der Körpertemperatur als die meisten andern Arten (bis zu 10,4 °C beim kalifornischen Mohave-Ziesel). Arten, die tagaktiv sind, überdauern die heißeste und trockenste Zeit des Jahrs in Trockenlethargie in ihrem Bau.

So vorteilhaft sich das Graben von Gängen und Bauten für kleine Wüstenbewohner auswirkt, so wenig können große Arten diese Strategie nutzen. Dromedare müssen in der Hitze trinken und kommen nur im Winter bei saftiger Fütterung längere Zeit ohne Trinkwasser aus. Sie können aber bis zu 25 % ihres Körperwassers ohne

Schaden zu nehmen verlieren, und ihre Körpertemperatur kann tagsüber auf bis zu 41 °C ansteigen, ehe Schwitzen einsetzt.

Unter den Beuteltieren, Insektenfressern und Nagetieren haben sich Spezialisten entwickelt, die ihr ganzes Leben im Dunkel selbst gegrabener Bausysteme verbringen. Sie profitieren von dem reichen Nahrungsangebot im Boden (Insekten, Larven, Würmer, Wurzeln, Knollen, Zwiebeln), müssen sich aber einigen extremen Bedingungen dieses Milieus stellen. Steppengebiete beherbergen die meisten unterirdisch lebenden (subterranen) Pflanzenfresser, denn Steppenpflanzen bieten mit einer Fülle unter der Erdoberfläche gelegener Speicherorgane eine hervorragende Ernährungsbasis.

Subterrane Säugetiere sind klein und walzenförmig, und alle äußeren Körperanhänge sind reduziert. Die Extremitäten und der Schwanz sind kurz, die Ohrmuscheln sind rückgebildet oder fehlen ganz, und die Augen sind winzig oder mit Haut überwachsen. Der Schädel ist oft konisch, der Hals ist kurz, aber kräftig, und die Rumpfwirbelsäule ist sehr biegsam. Das Fell ist kurz und weich und gewöhnlich ohne Haarstrich (das heißt, die Haare stehen aufrecht). Bei einigen Arten sitzt die Haut sehr locker, sodass die Tiere zu einem gewissen Ausmaß im eigenen Fell wenden und das Fell dann in der Röhre nachziehen können. Subterrane Säuger tolerieren gewöhnlich hohe Kohlendioxid-Konzentrationen und kommen mit relativ niedrigem Sauerstoff-Gehalt aus. Alle diese Spezialisierungen können wir unschwer mit dem Leben in beengtem Raum und in Dunkelheit in Verbindung bringen.

Bei subterranen Säugern können wir drei verschiedene Grabtechniken unterscheiden:

(1) Scharrgraben: Der australische Beutelmull (Gattung Notoryctes) und die zu den Insektenfressern zählenden afrikanischen Goldmulle (Familie Chrysochloridae) sind die höchstspezialisierten Scharrgräber. Sie besitzen eine derbe Hornplatte auf der Nase sowie an den Händen je zwei mächtig verstärkte Krallen; bei manchen Goldmullen ist die längste Kralle länger als der Unterarm.

(2) Meißelgraben mit den Schneidezähnen: Blindmäuse (Familie Spalacidae), Mulllemminge (Gattung Ellobius) und die meisten Sandgräber (Familie Bathyergidae, Gattungen Heterocephalus, Georychus, Cryptomys) sind charakteristische Beispiele für diese Grabtechnik. Sie lockern mit ihren vergrößerten und stark nach vorn gerichteten Schneidezähnen die Erde, um sie dann mit dem Kopf oder den Füßen nach hinten fortzubewegen. Die meißelförmigen Schneidezähne werden rückwärts derart von der eingestülpten behaarten Haut umfasst, dass beim Nagen keine Erde in den Mundraum gelangen kann.

(3) Graben durch Oberarmrotation: Die am höchsten spezialisierten Maulwurfsarten – auch unser einheimischer Maulwurf – graben mit dieser sehr effizienten Technik. Die schaufelförmigen Hände

Goldmull (links) und **Beutelmull** haben sich in konvergenter Entwicklung an ihre unterirdische Lebensweise angepasst.

sind mit der Handfläche nach außen gedreht. Der Arm liegt vor dem Brustkorb neben dem Kopf und ist ganz in die Körperkontur einbezogen. Das Ellbogengelenk ist hoch in den Bereich der Schulter verlagert und dient nur der Positionierung der Hand. Die Kraft zum Graben kommt ausschließlich von der Drehung des ungewöhnlich kurzen und breiten Oberarmknochens (Humerus) um seine eigene Längsachse. Der Kohlendioxid-Anteil in der Luft der Maulwurfsröhren kann bis zum 50fachen des atmosphärischen Anteils gesteigert sein. Zur Kompensation sind beim Maulwurf Lunge und Blutmenge vergrößert.

Der **Hottentotten-Graumull** (links) wühlt sich mit seinen großen Schneidezähnen sowie seinen Vorder- und Hinterpfoten durch den Boden. Die Gesamtlänge seiner Baue kann bis zu 340 Meter betragen. Der **Europäische Maulwurf** (rechts) gräbt mit seinen schaufelförmigen Vorderpfoten einen weit verzweigten Bau mit einem Nest für die Aufzucht der Jungen, Vorratskammern und einen kugeligen Raum mit einem Durchmesser von 15 bis 20 cm als Wohnkammer.

Systematik und Verwandtschaften

Die systematische Gliederung und die Klassifikation der Organismen entspringen nicht der übertriebenen Ordnungsliebe einzelner Wissenschaftler, sondern sie bilden die Grundlage für das Studium und das Verständnis der biologischen Vielfalt auf der Erde. Systematik und verwandtschaftliche Klassifikation als Wissenschaften befassen sich damit, die lebenden und fossilen Arten zu entdecken und zu beschreiben, ihre besonderen Eigenschaften und ihr Vorkommen in Raum und Zeit festzustellen und der Frage nach ihren Verwandtschaftsbeziehungen nachzugehen. Diese Wissenschaften haben den gesamten Organismus im Auge und sind so die einzigen Gebiete der Biologie, die eine Synthese der Ergebnisse aller andern biologischen Teildisziplinen ermöglichen und diesen ihren Stellenwert zuweisen können. Das System soll nach Möglichkeit die stammesgeschichtliche Entstehung der Vielfalt widerspiegeln und schließlich auch Geschichte und Vorbedingungen unserer eigenen Existenz aufhellen. Das menschliche Erkenntnisvermögen der Natur hängt jedenfalls wesentlich von der Pflege und Vertiefung der wissenschaftlichen Systematik und Klassifikation ab.

Die Biosystematik lässt sich in drei Bereiche unterteilen:

(1) Taxonomie: die Entdeckung, Beschreibung und Einordnung von Arten und von Artengruppen. Diese systematischen Einheiten werden als Taxa (Einzahl Taxon) bezeichnet.

(2) Stammesgeschichtliche Analysen: Sie sollen vor allem dazu dienen, natürliche Verwandtschaftsbeziehungen zwischen den verschiedenen Taxa aufzudecken.

(3) Klassifikation: Klassifizieren bedeutet Bündelung von Taxa zu Gruppen auf der Grundlage bestimmter biologischer Ordnungsprinzipien. Klassifikationen sind hierarchisch aufgebaut.

Der Europäische Igel wird beispielsweise so eingestuft:
  Klasse: Mammalia (Säugetiere)
  Unterklasse: Theria (Echte Säuger)
  Teilklasse: Eutheria (Plazentatiere)
  Ordnung: Lipotyphla oder Insectivora (Insektenfresser)
  Unterordnung: Erinaceomorpha (Igelartige im weiteren Sinn)
  Überfamilie: Erinaceoidea (Igelartige im engeren Sinn)
  Familie: Erinaceidae (Igel)
  Unterfamilie: Erinaceinae (Stacheligel)
  Gattung: Erinaceus (eine Stacheligel-Gattung)
  Art: Erinaceus europaeus (eine Art der Stacheligel-Gattung Erinaceus).

Jedes dieser Taxa ist durch eine Reihe von gruppenspezifischen und somit diagnostischen Merkmalen charakterisiert, die entweder nur ihm eigen sind oder deren spezifische Kombination nur bei ihm anzutreffen ist. Diese Merkmale werden vor allem mithilfe morphologischer und anatomischer Methoden erarbeitet, aber auch Fachgebiete wie Embryologie, Chromosomenforschung, Parasitologie und Verhaltensforschung tragen zur Kennzeichnung von systematischen Einheiten bei; in den letzten Jahren sind verstärkt auch biochemische und molekularbiologische Methoden hinzugekommen.

Probleme der Klassifikation

Ähnlichkeiten zwischen Organismen lassen sich in ganz beliebiger Weise erfassen. Wir können aber sicher nicht davon ausgehen, dass etwa das Körpergewicht oder die Fellfärbung zu einer Gruppierung führen wird, die verwandtschaftliche Beziehungen widerspiegelt. Um dieses Ziel zu erreichen, muss die Wertigkeit eines jeden Merkmals genau überdacht werden. So ist der Verwandtschaftsgrad nicht aus übereinstimmenden Primitivmerkmalen (so genannten Symplesiomorphien) zu erschließen, die bei mehreren Taxa anzutreffen sind. Entscheidend zur Begründung von Verwandtschaftsverhältnissen sind hingegen gemeinsame Sonderanpassungen (so genannte Spezialhomologien oder Synapomorphien).

Ein Beispiel aus dem Bereich des Gebisses soll dies veranschaulichen. Die primitive (ursprüngliche) Konfiguration des Frontgebisses der Plazentatiere besteht aus drei bewurzelten Schneidezähnen und einem Eckzahn in jeder Kieferhälfte. Diese Verhältnisse finden sich heute noch in unterschiedlichen Stammeslinien und bezeugen lediglich das gemeinsame Erbe aller Plazentalier. Sie wurden nicht abgewandelt, weil hierzu keine funktionelle Notwendigkeit bestand. Vollkommen anders stellt sich die Situation beispielsweise bei den Nagetieren dar. Dort ist das Frontgebiss bis auf einen einzigen, wurzellosen und immer wachsenden Schneidezahn pro Kieferhälfte reduziert, und dieses Schlüsselmerkmal kennzeichnet alle lebenden Nagetiere und liegt auch schon bei ihrem frühesten fossilen Nachweis im obersten Paleozän vor etwa 55 Millionen Jahren vor.

Doch dürfen auch strikte Definitionen von Merkmalskategorien nicht darüber hinwegtäuschen, dass Unsicherheiten bei der Beurteilung einzelner Merkmale und ein recht großer Freiraum für subjektive Einschätzungen – etwa über einen Merkmalszustand als primitiv oder abgewandelt – bestehen bleiben können.

Vor allem aber ist die Problematik von Konvergenz- und Parallelbildungen zu nennen. Hierbei handelt es sich um Ähnlichkeiten und Übereinstimmungen, die sich unabhängig voneinander in der Evolution verschiedener Stammeslinien herausgebildet haben und einen vermeintlich näheren Verwandtschaftsgrad vortäuschen können. Solche Konvergenzerscheinungen gehen oft erstaunlich weit. Auch die Ausbildung echter Nagergebisse ist außer bei Nagern selber unabhängig bei Beuteltieren (Wombat), Primaten (Fingertier) und Hasen erfolgt – das Fingertier (Daubentonia), ein madagassischer Halbaffe, war ursprünglich sogar als Nagetier klassifiziert worden. In den letzten Jahren haben einige Wissenschaftler sogar angezweifelt, dass die Fledertiere eine natürliche stammesgeschichtliche Einheit darstellen. Nach dieser – allerdings wenig wahrscheinlichen – Hypothese wären sogar die Flügel und Flughäute von Flughunden einerseits und Kleinfledermäusen anderseits konvergent entstandene Bildungen. Umgekehrt können stammesgeschichtlich nah verwandte Formen durch Anpassungen an unterschiedliche Lebensstrategien in ihrem Aussehen und Körperbau aber auch stark voneinander abweichen.

Nur die Paläontologie kann dazu beitragen, die Evolution der Säugetiere und ihrer Stammeslinien anhand von fossilen Übergangsformen zu rekonstruieren. Dabei müssen wir uns immer klar darüber sein, dass dieses Bild nicht lückenlos ist und Fossilfunde meist nur punktuell über das frühere Säugerleben auf der Erde informieren. Ein anderes Problem besteht darin, dass die heutigen, gewöhnlich gut charakterisierten und deutlich getrennten Säugerordnungen einander immer ähnlicher und in der Tat auch näher verwandt werden, je weiter zurück in der Erdgeschichte wir sie betrachten. Die gemeinsamen Primitivmerkmale herrschen dann vor, und die feinen Unterscheidungskriterien zwischen alttertiären Säugerordnungen oder -familien erreichen vielfach nicht das Ausmaß von Artunterschieden nah verwandter heutiger Arten. All dies erschwert unser Verständnis der evolutiven Verwandtschaft unter den heutigen Plazentaliern. Zu deren Klärung beizutragen, gehört zu den großen Herausforderungen der Paläontologie.

Die Bedeutung von Gebiss und Zähnen

Eine der wesentlichen Grundlagen der Säugetiersystematik ist der Bauplan der Zähne und Gebisse. Die Zähne können aufgrund ihrer riesigen Formenfülle und ihrer Artkonstanz beim Bestimmen eines Tiers gewissermaßen wie ein Personalausweis benutzt werden.

Das Gebiss der Säugetiere besteht aus zwei Zahngenerationen – Milch- und Dauerzähnen – und es setzt sich aus verschiedenartigen Zahnformen zusammen; von vorn

Der **Kleine Ameisenbär** »angelt« mit seiner langen, klebrigen Zunge nach Termiten.

nach hinten: Schneidezähne (Incisiven, I), Eckzähne (Caninen, C), Prämolaren (P) und Molaren (M); umgangssprachlich werden die Prämolaren und Molaren beim Menschen zusammen auch als Backenzähne bezeichnet. Die Zahnzahlen sind in der Regel artlich festgelegt und können in Zahnformeln zusammengefasst werden. Die ursprüngliche, vollständige Zahnformel der Plazentalier beträgt für jede Kieferhälfte (in der genannten Reihenfolge von vorn nach hinten) 3.1.4.3 (11 Zähne), insgesamt demnach 44 Zähne.

Diese Zahnzahlen sind jedoch bei den meisten Formen je nach Ernährungsart vermindert. Vollständiger Zahnverlust ist bei den Ameisen und Termiten fressenden Schuppentieren und Ameisenbären sowie bei den Bartenwalen erfolgt. Bei diesen Tieren werden die kleinen Nahrungsobjekte mit der langen klebrigen Zunge aufgenommen beziehungsweise mit langen hornigen Gaumenbarten ausgefiltert und unzerkaut geschluckt. Es kann aber auch zu einer nachträglichen Vermehrung der Zahnzahl kommen, die meistens mit einer Gleichgestaltigkeit der Einzelzähne einhergeht. So besitzt der Delphin (Delphinus delphis) bis zu 200 gleichförmige einspitzige Zähne.

Die vollständige Zahnformel der Beuteltiere lautet 5.1.3.4 im Oberkiefer und 4.1.3.4 im Unterkiefer (insgesamt 50 Zähne). Diese ursprüngliche Anzahl weisen primitive Beutelratten wie das Opossum (Didelphis) auf, und die Zahnzahlen der Beuteltiere insgesamt schwanken zwischen höchstens 52 beim Ameisenbeutler (Myrmecobius) und mindestens 18 beim Honigbeutler (Tarsipes).

Der Säugerzahn ist aus drei Hartsubstanzen aufgebaut, dem Dentin oder Zahnbein, dem Zahnschmelz und dem Zement. Das Zahnbein bildet den Hauptbestandteil des Zahns. Der Zahnschmelz bedeckt die Krone; er ist außerordentlich widerstandsfähig und dafür verantwortlich, dass Zähne sich so gut fossil erhalten. Zement, eine Knochensubstanz, findet sich als Überzug des Zahnbeins im Bereich der Wurzel, kann aber auch der Ausfüllung von Schmelzfalten und -einstülpungen auf der Krone dienen. Säugerzähne sind meist bewurzelt. In Verbindung mit besonderen Aufgaben entwickelten sich auch wurzellose Zähne, die den Verlust durch Abrieb an ihren Enden durch Dauerwachstum ausgleichen können. Beispiele sind die Nagezähne der Nagetiere und Stoßzähne der Elefanten (die entwicklungsmäßig Schneidezähne sind), die Hauer von Schweinen, Flusspferden, Walrossen und männlichen Moschustieren (Eckzähne), die stiftförmigen schmelzlosen Backenzähne der Gürteltiere (Prämolaren und Molaren) und das hochkronige Backenzahngebiss vieler Wühlmäuse (Molaren).

Die Schneidezähne sind meist klein mit spitzer oder meißelförmiger Krone, doch können sie zahlreiche Abwandlungen erfahren. Bei

Die **Zahnformel** ist ein wichtiges Merkmal der Säugetiere und spiegelt deren Anpassung an unterschliedliche Ernährungsweisen wider. Angegeben wird dabei, links beginnend, die jeweilige Anzahl der Schneidezähne, Eckzähne, Prämolaren und Molaren je Kieferhälfte (Oberkiefer über dem Strich, Unterkiefer darunter). Bei den Pflanzenfressern sind die Schneide- und Eckzähne mehr oder weniger reduziert, bei den Fleischfressern die Molaren.

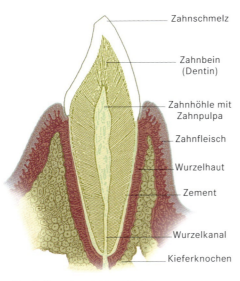

Der Aufbau eines **menschlichen Schneidezahns**

Riesengleitern sind die unteren Schneidezähne kammförmig, bei Vampirfledermäusen sind die oberen messerähnlich, und bei manchen Krallenäffchen fungieren die unteren als Hohlmeißel zum Durchbohren von Baumrinde. Bei Rindern und Hirschen fehlen Schneidezähne im Oberkiefer, Faultiere und Nashörner besitzen überhaupt keine Schneidezähne mehr.

Die Eckzähne sind in der Regel einspitzig und höher als ihre Nachbarn. Sie können als Waffe, Werkzeug zum Freilegen von Nahrung, Imponierorgan und zum Erfassen und Töten der Beute eingesetzt werden. Bei Raubtieren sind die als Fangzähne bezeichneten

Ausgehend vom **Gebiss** der frühen Säugetiere, wie es ähnlich heute noch unspezialisierte Insektenfresser haben, zum Beispiel der Igel, entwickelten sich Gebiss und Schädel der Säugetiere bei der Evolution der Arten sehr unterschiedlich. Die Säugetiere erschlossen sich so die unterschiedlichsten Nahrungsquellen und Ernährungsweisen.

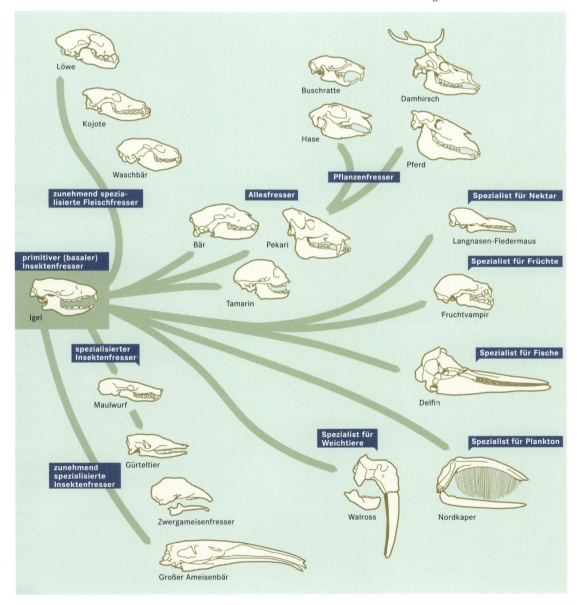

Nashorn Pferd Rind

Durch den Gebrauch der **Backenzähne** werden der Zahnschmelz und das Zahnbein abgeschliffen. So entstehen auf den Kauflächen der Zähne die für verschiedene Säugergruppen typischen Muster.

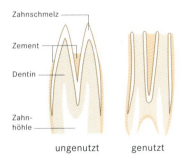

Zwischen den Höckern der **hochkronigen Backenzähne,** wie man sie bei manchen Pflanzenfressern findet, ist bei etlichen Arten Zement eingelagert. Schleifen sich die Höcker durch den Gebrauch ab, so ensteht eine unebene Kaufläche aus unterschiedlich harten Zahnsubstanzen mit Leisten aus Zahnschmelz. Diese Reibeflächen sind wirksam bei der Zerkleinerung harter Pflanzennahrung.

Eckzähne stets gut entwickelt, und eine extreme Verlängerung erfahren sie bei den fossilen Säbelzahnkatzen. Die Reduktion der Eckzähne erfolgt vor allem bei Pflanzenfressern, bei denen eine lange Zahnlücke (Diastema) Vorder- und Backenzahngebiss trennt.

Die Prämolaren sind meistens einfacher gebaut und kleiner als die Molaren. Bei Pflanzenfressern kommt es einerseits zu ihrer vollständigen Unterdrückung (Mäuse, Elefanten), anderseits besteht eine Tendenz zur Angleichung der Prämolaren an die komplizierte Gestalt der Molaren (beide hinteren Prämolaren der Pferde). Der letzte obere Prämolar bildet zusammen mit dem ersten unteren Molar die charakteristische Brechschere der Landraubtiere aus. Beide Zähne sind vergrößert und scharf. Die schneidende Funktion erreicht ihr höchstes Ausmaß bei Katzen, bei denen es gleichzeitig zum Schwund der beiden hinteren Molaren kommt. Bei manchen Beuteltieren sind die hinteren oberen und unteren Prämolaren vergrößert und mit einer langen gesägten Schneide versehen (Rattenkänguru Bettongia, Bergbilchbeutler Burramys).

Die Molaren stellen die mannigfaltigste Zahnkategorie dar. Die Kronenhöhe wächst vor allem mit den Anforderungen, die die Zerkleinerung harter Pflanzennahrung stellt. Hochkronige (hypsodonte) Zähne finden sich bei Pferden, Nagergruppen wie etwa den Wühlmäusen, Elefanten, Hasen, manchen Paarhufern oder Schliefern. Beim Abschliff der hochkronigen Pferdemolaren entsteht ein kompliziertes Kauflächenrelief aus Schmelzleisten, Dentinfeldern und Zementbereichen, die durch zusätzlich gebildete Zahnpfeiler und eine starke Faltung der Schmelzleisten noch effizienter gestaltet sind. Die scharfen und langen Profilkanten aus hartem Zahnschmelz sind hervorragend zum Zerreiben silikatreicher Grasnahrung geeignet. Dies trifft auch für die hochkronigen bis wurzellosen Molaren der Wühlmäuse zu. Die Kauflächen von Wühlmausmolaren bestehen aus alternierenden Dentindreiecken, die von einem Schmelzband umgeben sind und Zementeinlagerungen in den Falten von aufeinander folgenden Dreiecken besitzen. Der Lamellenzahn der Elefanten besteht aus hohen lamellenartigen Querjochen – bis zu 30 beim Indischen, bis zu 10 beim Afrikanischen Elefanten –, die von Zement umgeben sind. Bei Paarhufern nehmen die vier Haupthöcker der Molaren die Gestalt von mondsichelförmigen Schmelzleisten an, die sich in Längsrichtung der Zähne erstrecken und durch zusätzliche Kanten ergänzt sein können.

Anders als bei Pflanzenfressern runden sich bei den Allesfressern die Höcker zu niedrigen, gleichmäßigen Hügeln ab (Schweine, viele Primaten). Bei vielen Säugern aus verschiedenen Verwandtschaftsbereichen werden Höcker zu Querjochen umgeformt, wobei die Anzahl der Joche wiederum gruppenspezifisch sein kann (Kängurus, Tapire, manche Primaten, eine Reihe von Nagergruppen wie Schläfer, Biber, Wasserschweine).

Eine Besonderheit zeigt das Gebiss der Elefanten. Jede Kieferhälfte enthält maximal sechs Backenzähne (Milchmolaren und Molaren), die aber nicht gleichzeitig in Funktion sind. Die Zähne entwickeln sich in größeren Zeitabständen und rücken erst nach der Abnützung und dem Abstoßen des jeweiligen vorderen Zahns in die funktionelle Stellung im Kiefer ein, sodass maximal nur anderthalb Zähne an der Kaufläche beteiligt sind. Hierdurch bleibt das Gebiss über die gesamte Lebenszeit leistungsfähig.

Unterklassen, Teilklassen und Ordnungen der Säugetiere

Sowohl bei Beutlern als auch bei Plazentaliern stehen in der Großsystematik noch zahlreiche Probleme an. Beutler hatte man früher in einer einzigen Ordnung, Marsupialia, klassifiziert. Neuerdings jedoch werden sie in sieben Ordnungen unterteilt, über deren Umfang und Berechtigung allerdings noch unterschiedliche Ansichten bestehen.

Auch unser Verständnis der stammesgeschichtlichen Aufzweigungen der Plazentalier in die heutigen Säugetierordnungen ist noch recht mangelhaft, und wir sind weit davon entfernt, einen einigermaßen widerspruchsfreien Stammbaum aufstellen zu können, der den Ergebnissen verschiedener Forschungsdisziplinen gerecht wird.

Die Insektenfresser stellen sicherlich eine basale Plazentaliergruppe dar, die zahlreiche ursprüngliche Merkmale des Gehirns, der Zähne, des Schädels und des Skeletts aufweist. Das Wort »basal« wird hier verwendet, um nicht das alte Missverständnis wachzurufen, an Insektenfressern sei alles primitiv und sie repräsentierten die Stammgruppe fast aller übrigen Plazentalier. Gewiss sind die Plazentalier aus kleinen Insekten fressenden Vorfahren entstanden (die nicht mit der Ordnung Lipotyphla oder Insectivora gleichzusetzen sind), eine Rolle als Stammgruppe ist für die Insektenfresser, als systematische Kategorie verstanden, jedoch nicht zu belegen. Wir wissen nicht einmal, mit wem Insektenfresser überhaupt nähere verwandtschaftliche Beziehungen aufweisen – nach neueren Befunden könnten dies eventuell die Raubtiere sein.

Es herrscht heute aber weitgehend Übereinstimmung darüber, dass die Nebengelenktiere eine sehr alte und primitive Säugerordnung darstellen, die wahrscheinlich eine früheste Abspaltung vom gemeinsamen Plazentalierstamm repräsentiert.

Unterklasse Prototheria (Nichttherier)

Die Unterklasse Prototheria weist noch enge Beziehungen zu den Reptilien auf: große, weichschalige Eier, gemeinsamer Ausgang (Kloake) von Geschlechts- und Ausscheidungsorganen; festere Verbindung von Schulter und Brust mit dem Schultergürtel, wodurch die Extremitäten seitlich vom Körper abstehen. Milchdrüsen, Haarkleid und nahezu konstante Körpertemperatur sind dagegen typische Säugermerkmale.

Ordnung Monotremata (Eierleger oder Kloakentiere). Dazu gehören die Schnabeltiere und Ameisenigel. Das Schnabeltier (Familie Ornithorhynchidae) kommt an und in Süßgewässern unterschied-

Ein **Schnabeltier** in einem Bach auf der Suche nach Nahrung. Die den Schnabel überziehende ledrige Haut enthält empfindliche Tast- und Elektrorezeptoren. Mit den Elektrorezeptoren registriert das Schnabeltier elektrische Ströme, die durch Muskelaktivitäten seiner Beutetiere entstehen. Das Schnabeltier ist das einzige Säugetier mit Elektrorezeptoren; diese sind unabhängig von denen der Knochenfische und Knorpelfische entstanden.

lichen Typs in Ostaustralien und Tasmanien vor, wo es mit dem hornigen Entenschnabel nach kleinen Beutetieren gründelt. Die beiden Gattungen der Ameisen- oder Schnabeligel (Tachyglossidae) leben von Gebirgswäldern (Neuguinea) bis hin zu Halbwüsten in Australien, Neuguinea, Tasmanien und benachbarten kleineren Inseln. Es sind Insektenfresser mit zahnloser röhrenförmiger Schnauze und einem massiven Stachelkleid. Männchen der Eierleger haben einen Fersensporn, der beim Schnabeltier als hohler Giftsporn ausgebildet ist; seine Funktion ist umstritten.

Die Opossums, im Bild das **Nordamerikanische Opossum,** sind die einzige Beuteltier-Gattung ohne Beutel für ihre Jungen. Wenn das Nordamerikanische Opossum von einem Raubtier angegriffen wird, kann es sich sehr effektvoll tot stellen: Das Tier liegt auf der Seite, Mund und Augen sind geöffnet, Hände und Füße geschlossen. Lässt das Raubtier von dem Opossum ab, braucht es eine gewisse Zeit, um sich wieder zu erholen. Das Täuschungsmanöver des Opossums führte im Amerikanischen zu der Redewendung »to play possum« für »sich tot stellen«.

Unterklasse Theria (Therier oder Echte Säuger) – Teilklasse Metatheria (Beuteltiere)

Die frühesten Vertreter der Beuteltiere sind aus der Oberkreide Nordamerikas bekannt. Sie könnten jedoch auch in Südamerika entstanden sein und sich über die Antarktis nach Australien (mindestens seit dem Oligozän) ausgebreitet haben. In Nordamerika starben sie im Miozän aus und wanderten erst wieder (Opossum) in den letzten drei Millionen Jahren aus Südamerika ein. Über eine nordatlantische Landverbindung kamen sie im Eozän nach Europa und Nordafrika, verschwanden hier jedoch schon wieder im Tertiär.

Ordnung Didelphimorphia (Beutelratten oder Opossums). Sie ist auf die Neue Welt beschränkt, dort allerdings vom südöstlichen Kanada bis ins südliche Argentinien verbreitet. Die vielgestaltigen Tiere besiedeln nahezu alle Arten von Lebensräumen von der Pampa bis zum tropischen Regenwald. Viele baumbewohnende Formen haben einen Greifschwanz, der Schwimmbeutler (Chironectes) ist an das Wasserleben angepasst.

Ordnung Paucituberculata (Opossummäuse). Sie besteht aus der Familie Caenolestidae mit drei Gattungen. Es handelt sich um kleine bodenlebende Formen, die keinen Beutel besitzen. Sie bevorzugen dichte, feuchtkalte Wälder von Meereshöhe bis in Höhen weit über 4000 m entlang den Anden von Venezuela bis Peru sowie in Südchile.

Ordnung Microbiotheria (Monito del Monte). Dromiciops australis ist die einzige überlebende Art der fossil einst weit verbreiteten Ordnung. Die Tiere besiedeln dichte, feuchtkühle Wälder in Mittelchile und dem angrenzenden Argentinien. In der kalten Jahreszeit halten sie Winterschlaf.

Ordnung Dasyuromorphia (Beutelwolf, Ameisenbeutler, Raubbeutler, Beutelmäuse, Beutelteufel). Sie ist umfangreich (drei Familien mit über 60 Arten) und biologisch sehr heterogen, besiedelt Australien, Tasmanien, Neuguinea und eine Vielzahl kleinerer benachbarter Inseln. Der letzte frei lebende Tasmanische Beutelwolf wurde 1930 erlegt, das letzte Tier in Gefangenschaft ist 1936 gestorben. Die spezialisierten Formen besitzen jeweils Entsprechungen bei den Plazentatieren: Der Ameisenbeutler in Form von Ameisenbär und Schuppentier, der Beutelteufel in Form von Hyänen, die Beutelmarder in Form von Schleichkatzen. Die Flachkopfbeutelmäuse (Gattung Planigale) enthalten die kleinsten Beutlerarten (Körpermasse 4 bis 5 g, Gesamtlänge 10 cm).

Ordnung Notoryctemorphia (Beutelmulle). Sie besteht lediglich aus der Gattung Notoryctes mit zwei Arten, die in Gebieten von Nordwest-, Süd- und Zentralaustralien beheimatet sind. Beutelmulle bewohnen rote Sandwüsten mit schütterem Bewuchs. Sie zeigen eine auffällige konvergente Übereinstimmung mit den afrikanischen Goldmullen.

Ordnung Peramelemorphia (Nasenbeutler oder Beuteldachse). Sie umfasst zwei Familien mit jeweils vier Gattungen, die über Australien, Tasmanien, Neuguinea und benachbarte Inseln verbreitet sind. Sie bewohnen alle Lebensräume von heißen Trockengebieten Zentralaustraliens bis hin zu kühlfeuchten Bergregenwäldern Neuguineas und sind ratten- und kaninchenähnlich, aber mit langer, spitzer Schnauze.

Ordnung Diprotodontia (Koalas, Wombats, Kuskus, Possums, Rattenkängurus, Kängurus, Wallabies, Zwerggleitbeutler, Ringbeutler, Kusus, Gleitbeutler, Honigbeutler). Dies ist die umfangreichste und vielgestaltigste Beutelordnung; sie umfasst nach derzeitigem Verständnis 10 Familien mit annähernd 120 Arten. Die Verbreitung erstreckt sich hauptsächlich auf Australien, Tasmanien und Neuguinea, reicht mit einzelnen Vertretern aber bis nach Sulawesi und Timor sowie zu den Salomonen. Praktisch bleibt kein Lebensraum unbesiedelt. Es finden sich sehr unterschiedliche biologische Strategien, und vielfach kommt es zu weit reichenden, unabhängig entstandenen Übereinstimmungen mit plazentalen Säugern. Kuskus (Phalanger) sind plumpe, schwer-

Da der **Beutelwolf** seit 1936 ausgestorben ist, gibt es von ihm nur noch alte Schwarz-Weiß-Fotografien oder ausgestopfte Exemplare zu sehen. Die Streifenzeichnung des Beutelwolfs führte in Tasmanien zu der Bezeichnung »Tasmanian Tiger« oder »Native Tiger«, obwohl er eher einem Wolf oder Hund ähnelte.

Der **Nacktnasenwombat** lebt in feuchten Bergwäldern. Er ernährt sich von Gräsern, Kräutern, Wurzeln und Pilzen und gräbt bis zu 30 Meter lange Gänge.

Die **Koalas** ernähren sich von nur etwa 20 der rund 350 Eukalyptus-Arten Australiens. Da diese Arten in Europa nicht wachsen, ist es schwierig, Koalas in europäischen Zoos zu halten. Ab und an steigen die Koalas von den Bäumen und fressen etwas Erde. Auf diese Weise ergänzen sie vermutlich ihren Mineralhaushalt und können ihre Nahrung entgiften – die Eukalyptus-Blätter enthalten zeitweise Vorstufen von giftigen Blausäureverbindungen.

Den Namen »**Teddybär**« verdankt das beliebte Plüschtier dem Spitznamen des früheren amerikanischen Präsidenten Theodeore »Teddy« Roosevelt. Den Namen erhielt das Stofftier, als es bei einem Galadiner für Theodore Roosevelt als Tischdekoration verwendet wurde, weil der Präsident bei einer Jagd Bären verschont hatte.

fällige Tiere, die sich bedächtig mithilfe eines Greifschwanzes kletternd im Geäst bewegen. Riesengleitbeutler (Petauroides), Gleitbeutler (Petaurus) und der nur mausgroße Federschwanz-Gleitbeutler (Acrobates) besitzen Flughäute für weite Gleitphasen durch die Luft. Streifenbeutler (Dactylopsila) hebeln mit ihren kräftigen Schneidezähnen Baumrinde ab und ziehen mit ihrem stark verlängerten vierten Finger Insektenlarven aus den Bohrgängen; darin sind sie dem madagassischen Fingertier, einem Lemur, außerordentlich ähnlich. Honigbeutler (Tarsipes) besitzen eine lange, spitze Schnauze und eine lang ausstreckbare Zunge mit einer pinselförmigen Spitze; sie lecken Nektar und Pollen aus Blüten auf und entsprechen somit Kolibris und Nektar fressenden Fledermäusen. Die untersetzten Wombats (Vombatidae) ähneln mit ihrem breiten Kopf, den kurzen, stämmigen Beinen und dem dicken Körper den Murmeltieren, und wie diese können sie kraftvoll und rasch graben. Die baumlebenden Koalas (Phascolarctos) mit ihren unverhältnismäßig großen Köpfen, dem wolligen Fell und ihrer Knollennase sind die bekannten Teddybären Australiens. Ein Riesenblinddarm (bis zu 2,5 m lang) hilft beim Aufschließen der Cellulose aus den Eukalyptusblättern. Die grasenden und weidenden Riesenkängurus und großen Wallabys (Macropodidae) sind das ökologische Pendant zu den Huftieren, insbesondere den Wiederkäuern. Wie bei den Wiederkäuern erlaubt ihr großer, mehrkammeriger Magen das Hochwürgen und erneute Durchkauen harter Pflanzennahrung. Kängurus können sich in freiem Gelände in riesigen zweibeinigen Sätzen fortbewegen, es gibt aber auch an das Leben auf Felsen (Petrogale) und auf Bäumen (Dendrolagus) angepasste Formen.

Unterklasse Theria (Therier oder Echte Säuger) – Teilklasse Eutheria (Plazentatiere)

Die Eutheria oder Plazentatiere, mit einem Anteil von über 90 Prozent bei weitem die Mehrzahl der heutigen Säugetiere, wurden seit der Grenze Kreide/Tertiär die auf dem Land – außer in Australien – vorherrschenden Wirbeltiere. Einzelnen Gruppen gelang es, sich an die Lebensräume Wasser und Luft anzupassen. Zu den besonderen Merkmalen, durch die sie sich von den andern Säugetieren unterscheiden, gehört, dass sie ihre Jungen in einem vergleichsweise weit entwickelten Zustand gebären.

Ordnung Xenarthra (Nebengelenktiere): Sie wird in drei Unterordnungen mit vier Familien unterteilt: (1) Vermilingua (Familie Myrmecophagidae, Ameisenbären), (2) Pilosa (Familien Bradypodidae, Dreifinger-Faultiere, und Megalonychidae, Zweifinger-Faultiere) und (3) Cingulata (Familie Dasypodidae, Gürteltiere). Es handelt sich um sehr primitive Plazentatiere, deren gemeinsame Skelettmerkmale aus einem zusätzlichen Paar von Gelenken zwischen den Wirbeln der hinteren Rumpfregion und einer Versteifung der Beckenregion bestehen (daher der Name der Ordnung). Zähne fehlen (Ameisenbären) oder sind rückgebildet (ohne Schmelz, mehr oder weniger zylindrisch; Faul- und Gürteltiere). Ameisenbären sind boden- (Myrmecophaga) und baumbewohnend (Cyclopes) oder beides (Tamandua). Es sind Ameisen- und Termitenfresser, die Wälder und Savannen im tropischen Amerika bewohnen. Faultiere sind Laubfresser und betuliche Kletterer in tropischen Wäldern Süd- und Mittelamerikas. Die beiden Finger von Choelopus und die drei von Bradypus sind zusammengewachsen und tragen sichelförmige Krallen. Gürteltiere oder Armadillos tragen einen Panzer aus Hautverknöcherungen in Form von Schilden und Gürteln auf Oberseite und Kopf. Die 20 Arten leben von Wirbellosen, kleinen Wirbeltieren, Aas und auch Pflanzenkost und besiedeln Wälder, Savannen und Wüsten in Süd-, Mittel- und dem südlichen Nordamerika. Im Eiszeitalter gab es unter Nebengelenktieren Pflanzen fressende Riesenformen (Glyptodonten, Riesengürteltiere, und Gravigraden, Bodenfaultiere). Der älteste Fossilnachweis der Ordnung stammt aus Europa (Eurotamandua aus der Grube Messel bei Darmstadt).

Ordnung *Lipotyphla* oder *Insectivora* (Insektenfresser). Dazu gehören kleine, meist räuberische Tiere. Gewöhnlich sind sie fünfzehige Sohlengänger mit spitzer und beweglicher Schnauze, kleinem Gehirn, großer Nasenkapsel, kleinen Augen, ursprünglich gebautem Gebiss und fehlendem Blinddarm. Insektenfresser bewohnen praktisch alle Lebensräume. Ihre systematische Untergliederung ist eine komplizierte Aufgabe, doch geht man meist von einer basalen Zweiteilung aus: Unterordnung Erinaceomorpha (Igelartige) mit der Familie Erinaceidae (Igel) und Unterordnung Soricomorpha (Spitzmausartige) mit den Familien Solenodontidae (Schlitzrüssler), Tenrecidae (Tanreks und Otterspitzmäuse), Chrysochloridae (Goldmulle), Soricidae (Spitzmäuse) und Talpidae (Maulwürfe). Die Verbreitungsgebiete der einzelnen Familien und ihre Gattungs- und Artenzahl können wie folgt umrissen werden. Igel: Afrika und Eurasien bis Java, Mindanao, Borneo (7 Gattungen / 21 Arten); Schlitzrüssler: Kuba und Hispaniola (1/2); Tanreks und Otterspitzmäuse: Madagaskar, Zentralafrika und Komoren (10/24); Goldmulle: Afrika, nördlich bis Kamerun (7/18); Spitzmäuse: Kosmopoliten, fehlen in den Polargebieten, der australischen Region und im mittleren und südlichen Südamerika (23/312); Maulwürfe: Nordamerika und Eurasien bis Malaysia und Japan.

Ordnung *Scandentia* (Spitzhörnchen). Sie hat nur eine Familie, die Tupaiidae (Tupaias). Sie wurde bis in jüngere Zeit den Insektenfressern beziehungsweise ursprünglichen Primaten zugeschlagen oder auch enger mit den Rüsselspringern zusammengefasst. Heute wird

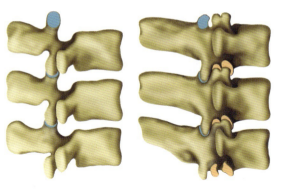

Die Nebengelenktiere erhielten ihren Namen wegen einer Besonderheit ihrer Wirbelsäule: zwei **zusätzlichen Gelenkpaaren** an den Lendenwirbeln und den letzten Brustwirbeln. Ihre Funktion ist unbekannt. Abgebildet sind drei Lendenwirbel eines Menschen (links) und eines Ameisenbären (rechts); das normale Gelenk ist blau, das zusätzliche Gelenk ockerfarben gezeichnet.

Das **Dreifingerfaultier** oder Ai trägt seinen Namen nicht zu Unrecht: Etwa 15 Stunden am Tag schläft es. Ansonsten bewegt es sich meist im Zeitlupentempo durch das Geäst der Bäume.

Ein **Epaulettenflughund** (links) im Paarflug mit seinem Jungen. Die Epaulettenflughunde leben im tropischen Afrika. Die nordamerikanische **Kleine Braune Fledermaus** (rechts) gehört zur Gattung der Mausohrfledermäuse, die auch in Mitteleuropa beheimatet ist.

In der Ordnung der Fledertiere sind alle Arten der Unterordnung der Fledermäuse zur **Echoortung** befähigt, in der Unterordnung der Flughunde nur die Höhlenflughunde. Die Tiere können Laute zwischen 20 und 120 kHz, bei einigen Arten sogar bis 160 kHz ausstoßen und deren Echo hören. Die

Echoortung der Insekten fressenden Fledermäuse ist leistungsfähiger als die der Früchte oder Nektar verzehrenden Arten. Während die einen noch Nylonfäden mit einem Durchmesser von 0,08 mm ausweichen können, muss bei den andern die Fadendicke mindestens 0,3 bis 0,5 mm betragen.

Die 30 Arten der Familie der Tanreks leben nur auf Madagaskar und einigen benachbarten Inseln. Der **Kleine Igeltanrek** sieht unserem Igel zwar ähnlich und kann sich auch wie dieser einrollen, doch sind beide nicht näher miteinander verwandt. Im Gegensatz zum Igel ist der Kleine Igeltanrek ein guter Kletterer in Bäumen und Sträuchern und nutzt Baumhöhlen als Schlafquartier.

ihr der Rang als eigenständige, schon früh abgezweigte Ordnung zuerkannt. Tupaias, kleine Tiere vom Aussehen langnasiger Hörnchen, sind flinke Renner und geschickte Kletterer und ernähren sich vorwiegend von Insekten und Früchten. Sie bewohnen mit 5 Gattungen und 19 Arten Laubwaldgebiete von Indien bis zu den Philippinen und von Südchina bis nach Indonesien.

Ordnung Dermoptera (Riesengleiter). Sie wird mit verschiedenen alttertiären Fossilgruppen aus Nordamerika und Europa in Verbindung gebracht, und auch wurzelnahe verwandtschaftliche Beziehungen zu den Primaten werden diskutiert. Neuerdings wurde vorgeschlagen, die fossilen Plesiadapiformes – sonst als Primaten bewertet – in die Ordnung Dermoptera einzubeziehen. Die einzige heutige Familie Cynocephalidae (Colugos) schließt nur eine Gattung mit zwei Arten ein. Die katzengroßen Tiere sind gute Kletterer und Gleitflieger mit großen Flughäuten, am Boden aber hilflos. Sie besiedeln Wälder mit hohen Bäumen im tropischen Südostasien, einschließlich der Philippinen und Indonesiens. Es sind strikte Vegetarier mit enorm vergrößertem Blinddarm zur Cellulose- und Kohlenhydratverdauung.

Ordnung Chiroptera (Fledertiere). Sie wird in zwei Unterordnungen unterteilt, die Flug- oder Flederhunde (Megachiroptera) und die Kleinfledermäuse (Microchiroptera). Gewöhnlich sind Flughunde groß, orientieren sich optisch und ernähren sich von Früchten und Blüten. Ihre einzige Familie (Pteropodidae) ist mit 42 Gattungen und 166 Arten in den Tropen von Afrika bis Australien und auf den Cook- und Bonin-Inseln verbreitet. Microchiropteren sind gewöhnlich klein, orientieren sich akustisch und ernähren sich von Insekten. Die Ultraschall-Laute (Frequenz über 20 kHz) zur Echoortung werden im Kehlkopf (Larynx) erzeugt und dienen der Orientierung und dem Beuteerwerb bei Nacht. Neben der vorherrschenden Insektenkost finden wir bei Kleinfledermäusen fast alle Nahrungsarten, die von Säugern bekannt sind: Landwirbeltiere, Frösche und Fische, Säuger- und Vogelblut, Blüten, Früchte, Nektar oder Pollen und Kombinationen hieraus. Die 16 Familien der Kleinfledermäuse sind mit 136 Gattungen und etwa 760 Arten weltweit verbreitet und fehlen nur in den kalten Gebieten nördlich des Polarkreises sowie in der Antarktis und auf ein paar ozeanischen Inseln. Die Hypothesen, dass Flughunde und Kleinfledermäuse unabhängig voneinander (diphyletisch) entstanden seien und Flughunde (»fliegende Primaten«) den Primaten nahe stünden, finden heute kaum noch Unterstützung.

Ordnung Carnivora (Raubtiere). Sie lässt sich nach Strukturen der knöchernen Gehörkapsel, Aufzweigungsmustern der Kopfarterien und Gebissmerkmalen in zwei Hauptgruppen unterteilen, die Bären- oder Hundeartigen (Arctoidea) und die Katzenartigen (Feloidea). Robben sind an das Wasserleben angepasste Arctoidea, sodass die frühere Unterteilung in Landraubtiere (Fissipedia) und Robben (Pinnipedia), die aus »praktischen« Gründen zum Teil auch noch heute akzeptiert wird, hinfällig ist. Zu den Bären- oder Hundeartigen zählen die Familien der Hunde (Canidae), Bären (Ursidae), Marder (Mustelidae), Kleinbären (Procyonidae), Walrosse (Odobenidae), Seelöwen (Otariidae) und Seehunde (Phocidae); sie umfassen insgesamt etwa 69 Gattungen und 160 Arten. Zu den Katzenartigen zählen die Katzen (Felidae), Mangusten (Herpestidae), Hyänen (Hyaenidae) und Schleichkatzen (Viverridae); sie schließen 60 Gattungen und knapp 100 Arten ein. Landlebende Raubtiere sind – mit Ausnahme der australischen Region und der Antarktis – weltweit verbreitet; Robben bevorzugen Küsten und Eisränder kühlerer Meere und kommen auch in Binnenseen vor (Kaspisches Meer und Baikalsee). Raubtiere sind überwiegend Fleischfresser, daneben gibt es auch spezialisierte Aas-, Früchte- und Insektenfresser sowie Allesfresser.

Ordnung Cetacea (Wale). Sie stammt von einer Gruppe primitiver Fleisch fressender Huftiere, den Mesonychiern, ab. Die ältesten bekannten Wale aus dem Untereozän von Pakistan waren noch größtenteils Landbewohner (Pakicetus), oder sie pirschten mit ihren gut entwickelten Vorder- und Hintergliedmaßen Beute im Flachwasser an (Ambulocetus). Vertreter der beiden heutigen Unterordnungen, Odontoceti (Zahnwale) und Mysticeti (Bartenwale), traten erstmals im frühen Oligozän auf. Heute leben sie in allen Meeren (im Kaspischen Meer und im Baikalsee fehlend), manche Delphine auch in einigen Flüssen und Seen. Zahnwale ernähren sich überwiegend von Fischen, Tintenfischen und Krebsen, der Schwertwal auch von Pinguinen, Robben und anderen Walen. Bartenwale filtern mittels ihres Barten-Siebapparats gewaltige Mengen von Zooplankton aus den Meeren.

Der **Grizzly** ist eine nordamerikanische Unterart des Braunbären. Mit einer maximalen Länge von 2,40 Meter ist er aber nicht der größte Braunbär – Kodiakbären können bis zu 3 Meter groß werden. Trotzdem ist es der Grizzly, der zum Helden vieler Abenteuer- und Schauergeschichten wurde, was sich auch in seinem wissenschaftlichen Namen – Ursus arctos horribilis – widerspiegelt.

Die tagaktiven **Fuchsmangusten** leben in den Trockengebieten Südafrikas. Sie ernähren sich vorwiegend von Termiten, Käfern und Käferlarven.

Der **Buckelwal** ernährt sich wie alle Bartenwale vor allem vom Krill. Die häufig zu beobachtenden Sprünge scheinen Ausdruck eines spielerischen Triebs zu sein.

Die Zahnwale, im Bild ein **Großer Tümmler,** haben sehr viel mehr Zähne als bei Säugetieren sonst üblich. Zudem sind die Zähne in ihrer Gestalt sehr gleichförmig, ähnlich wie bei Reptilien. Mit den vielen, spitzen Zähnen können die Zahnwale gut ihre Beute – glitschige Fische – packen.

Die systematische Untergliederung der Wale wird nicht einheitlich gehandhabt, doch werden heute meist 4 Bartenwal- und 6 Zahnwalfamilien unterschieden. Es sind dies bei Bartenwalen die Glatt- (Balaenidae, 2 Gattungen/3 Arten), Furchen- (Balaenopteridae, 2/6), Grau- (Eschrichtiidae, 1/1) und Zwergglattwale (Neobalaenidae, 1/1) und bei den Zahnwalen die Delphine (Delphinidae, 17/32), Gründel- (Monodontidae, 2/2), Schweins- (Phocoenidae, 4/6), Pott- (Physeteridae, 2/5) und Schnabelwale (Ziphiidae, 6/19) sowie die Flussdelphine (Platanistidae, 6/19).

Ordnung Sirenia (Seekühe). Sie wird in zwei Familien unterteilt, die Dugongs oder Gabelschwanz-Seekühe (Dugongidae) und die Manatis oder Rundschwanz-Seekühe (Trichechidae) mit insgesamt vier Arten. Eine fünfte Art, die riesige Steller'sche Seekuh, auch als Borkentier bezeichnet, war 1768 – nur 27 Jahre nach ihrer Entdeckung im Beringmeer – ausgerottet. Seekühe sind hochgradig an das Wasserleben angepasste Huftiere; sie sind im Unterschied zu Walen aber Pflanzenfresser. Es sind massive Tiere mit walzenförmigem

Gemächlich schwimmt ein **Nagelmanati** im Wasser des Crystal River in Florida. Mithilfe ihrer nach unten abgebogenen Oberlippe grasen die Tiere den Wasserpflanzenrasen auf dem Boden ab. Da die Wasserpflanzen sehr wenig Nährstoffe enthalten, müssen die Nagelmanatis bis zu 100 Kilogramm pro Tag fressen.

Körper, dicker, fast nackter Haut und wulstiger, muskulöser Oberlippe. Sie bewohnen flache Küstengewässer der Meere (tropischer Westatlantik, Karibik, Rotes Meer, Küsten des Indischen Ozeans bis Australien, Westpazifik) und große Flussbecken in den Tropen (Niger-Benue, Amazonas, Orinoko).

Ordnung Proboscidea (Rüsseltiere). Sie stellt die größten Landsäuger. Es besteht nur eine Familie, Elefanten (Elephantidae), mit nur zwei Arten, dem Afrikanischen (Loxodonta africana) und Indischen Elefanten (Elephas maximus). Afrika ist die Wiege der Rüsseltiere, von dort wurde kürzlich auch ihr ältester Fund bekannt. Dieses Fossil aus dem Paleozän von Marokko ist mit einer geschätzten Körpermasse von 10 bis 15 kg zugleich das kleinste bekannte Rüsseltier. In Afrika hatten auch die verschiedenen Ausbreitungswellen (zum Beispiel der Mastodonten, Dinotherien und Elefanten) ihren Ausgang, die im Tertiär und im Eiszeitalter zu einer nahezu weltweiten Verbreitung und einer großen Formenfülle der Rüsseltiere führten. Der bezeichnende Rüssel wird aus Nase und Oberlippe gebildet und dient als sensible fünfte Extremität zum Tasten, Greifen, Trinken und Schlagen. Die langen Säulenbeine der Elefanten werden durch keilförmige Fett-Bindegewebs-Polster über der sehr kräftigen Hautsohle zu elastischem Schreiten befähigt. Die Schädelknochen sind zur Gewichtsminderung durch luftgefüllte Hohlräume aufgebläht (pneumatisiert). Der Afrikanische Elefant ist in Afrika südlich der Sahara, der Indische in Süd- und Südostasien verbreitet.

Ordnung Perissodactyla (Unpaarhufer). Sie wird in zwei Unterordnungen mit drei heutigen Familien untergliedert: Hippomorpha mit den Pferden (Equidae) und Ceratomorpha mit den Tapiren (Tapiridae) und Nashörnern (Rhinocerotidae). Es sind dies nurmehr spärliche Überbleibsel einstiger Formenvielfalt. Bei Unpaarhufern läuft die Fußachse durch den verstärkten mittleren (dritten) Zehenstrahl, und die seitlichen Zehen werden rückgebildet (bei Pferden ist nur noch die Mittelzehe erhalten). Das ursprüngliche heutige Verbreitungsgebiet der Pferde, Zebras und Esel (Gattung Equus mit neun Arten) liegt in Afrika, Arabien und den Steppen- und Wüstenzonen Eurasiens. Tapire (Gattung Tapirus mit vier Arten) leben in Mittel- und Südamerika und Südostasien. Sie bevorzugen nasse Primärwälder und sind tüchtige Schwimmer. Nashörner (Gattungen Ceratotherium, Dicerorhinus, Diceros und Rhinoceros mit insgesamt fünf Arten) kommen in Teilen Afrikas und Süd- und Südostasiens vor und verteilen sich auf unterschiedliche Lebensräume: Trockensteppen, Savannen, Sümpfe, tropischer Regenwald. Die namengebenden Nasenhörner sind Hautbildungen und bestehen aus Hornfibern.

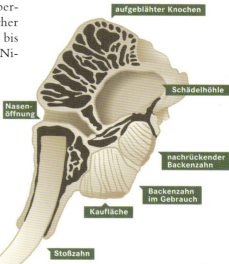

Elefanten bilden im Lauf ihres Lebens sechs Backenzähne pro Kieferhälfte, von denen jedoch immer nur einer aus dem Knochen herausragt. Der jeweils in Gebrauch befindliche Zahn wird nach einigen Jahren vom nachrückenden, stets größeren Zahn verdrängt. Die Stoßzähne sind Schneidezähne. Eckzähne und Prämolaren fehlen.

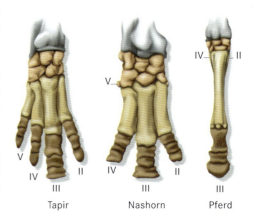

Bei den **Unpaarhufern** lastet das Körpergewicht hauptsächlich auf dem mittleren, dritten Strahl der Gliedmaßen. Die weniger belasteten Strahlen sind mehr oder weniger zurückgebildet. Immer fehlt der erste Strahl, beim Tapir am Hinterfuß und beim Nashorn am Vorder- und am Hinterfuß auch der fünfte Strahl. Die Pferde haben nur noch den mittleren Strahl, der zweite und der vierte Strahl sind zu den schmalen Griffelbeinen umgewandelt.

Die meisten **Breitmaulnashörner** leben heute in den Steppen des südlichen Afrika. In ihrem nördlichen Verbreitungsgebiet in Uganda, Sudan und der Demokratischen Republik Kongo sind sie durch Wilderei stark dezimiert worden. Mit seinen charakteristischen breiten, fast quadratischen Lippen (daher auch Breitlippennashorn genannt) frisst das Breitmaulnashorn nur Gräser.

Ordnung Hyracoidea (Schliefer). Hierzu gehört nur eine Familie (Procaviidae), die drei Gattungen und sechs Arten umfasst. Sie sind in weiten Teilen Afrikas und Arabiens bis nach Israel und Syrien verbreitet. Schliefer ähneln in mancher Hinsicht Murmeltieren, es sind jedoch Huftiere mit engen verwandtschaftlichen Beziehungen zu den Unpaarhufern. Alle Arten sind exzellente Kletterer, die Wald- und Felsgebiete, auch Inselberge in der Savanne, bewohnen. Fossil sind auch Riesenformen bekannt.

Ordnung Tubulidentata (Röhrchenzähner). Sie umfasst nur eine Familie (Orycteropodidae) mit einer Art, dem Erdferkel. Früher mit Schuppen- und Nebengelenktieren vereint, wird das Erdferkel heute als ein archaisches Relikt primitiver Urhuftiere (Condylarthra) des Alttertiärs angesehen. Das schweinegroße, langschnauzige Tier gräbt mit seinen kräftigen Nagelhufen Termiten- und Ameisenbauten auf und fängt die Nahrung mit der wurmförmigen klebrigen Zunge ein. Eine Besonderheit ist der Aufbau des Zahnbeins aus vielen (bis zu 1500) Dentinröhrchen (daher der Name der Ordnung) und das Fehlen einer zentralen Pulpahöhle. Erdferkel besiedeln offenere Landschaften in Afrika südlich der Sahara.

Ordnung Artiodactyla (Paarhufer). Sie besteht aus drei Unterordnungen mit neun Familien: (1) Suina (Schweineartige oder Nichtwiederkäuer) mit Schweinen (Suidae), Nabelschweinen oder Pekaris (Tayassuidae) und Flusspferden (Hippopotamidae), (2) Tylopoda (Schwielensohler) mit Kamelen und Lamas (Camelidae) und (3) Ruminantia (Wiederkäuer) mit Hirschferkeln (Tragulidae), Giraffen (Giraffidae), Hirschen (Cervidae), Gabelböcken (Antilocapridae) und Hornträgern (Bovidae mit vielgestaltigen Untergruppen: diverse Antilopen, Rinder, Ziegen, Schafe, Gämsen, Ducker, Saigas, Ried-, Klein-, Wald-, Pferde- und Wasserböcke). Mit etwa 80 Gattungen und 220 Arten haben Paarhufer ihre Blütezeit in der Gegenwart erreicht. Bei aller Verschiedenheit im Einzelnen werden sie

Bei allen **Paarhufern** fehlt im Gliedmaßenskelett die erste Zehe. Das Körpergewicht lastet vor allem auf der dritten und vierten Zehe. Die zweite und die fünfte Zehe haben sich bei vielen Arten dieser Ordnung mehr oder weniger zurückgebildet.

Flusspferd

Schwein

Rind

Kamel

durch Merkmale des Fußskeletts geeint. Die verstärkten dritten und vierten Zehenstrahlen stellen die Hauptachse der Füße dar und tragen das Körpergewicht; es besteht die Tendenz zur Reduktion seitlicher Zehenstrahlen sowie zur Verschmelzung der dritten und vierten Mittelfußknochen (»Kanonenbein«). Paarhufer sind weltweit verbreitet und fehlen ursprünglich nur in Australien, Neuseeland, der Antarktis und auf einigen ozeanischen Inseln. Bewohnt werden alle Lebensräume – von der arktischen Tundra bis zum Regenwald, vom nackten Fels der Hochgebirge bis zu glühend heißen Wüsten und großen Flüssen.

Das **Erdferkel** hat ähnliche Ernährungsgewohnheiten wie der Ameisenbär und das Schuppentier. Es ist nachtaktiv und verschläft die Tage in der Regel in seinem Bau.

Ordnung Pholidota (Schuppentiere). Sie bildet eine Familie (Manidae) mit einer einzigen Gattung und sieben Arten; Ameisen- und Termitenfresser mit vielen sehr urprünglichen Merkmalen. Früher als nah verwandt mit den Nebengelenktieren angesehen, wird Schuppentieren heute eine eher isolierte Position innerhalb der Plazentalier zugewiesen. Einmalig unter Säugern ist die Körperbedeckung mit großen, einander dachziegelförmig überlagernden Hornschuppen (»Tannenzapfentiere«), die eine wirkungsvolle Schutzeinrichtung darstellen. Schuppentiere finden sich in den Tropen Afrikas und Südostasiens und leben teils auf dem Boden, teils auf Bäumen. Die ältesten Fossilfunde stammen aus dem Mitteleozän von Messel.

Ordnung Rodentia (Nagetiere). Sie ist die erfolgreichste und artenreichste Säugerordnung (gut 2000 Arten). Nagetiere sind mit Ausnahme der Antarktis und Neuseelands weltweit verbreitet und haben mit Ausnahme der Ozeane alle Lebensräume und Klimazonen besetzt. Außer dem aktiven Flug kommen sämtliche von Säugern bekannten Fortbewegungsweisen vor. Nager ernähren sich überwiegend pflanzlich, doch gibt es auch Insekten-, Fisch-, Fleisch- und Aasfresser. Sie sind gewöhnlich klein bis mittelgroß, das Wasserschwein ist mit einem Körpergewicht von bis zu 70 kg die größte lebende Art. Die stammesgeschichtliche Herkunft der Nager ist nicht geklärt, doch weisen wurzelnah verwandte Formen aus dem ältesten Tertiär Chinas auf ihre Entstehung in Asien hin. Auch über die systematische Großgliederung, der im Wesentlichen die Ausbildung der Kaumuskulatur zugrunde liegt, gibt es keine Einhelligkeit. Eine Möglichkeit, die Nagetiere in Unterordnungen zu unterteilen, sieht so aus: Sciuromorpha (Stummelschwanzhörnchen, Hörnchen); Castorimorpha (Biber); Anomaluromorpha (Dornschwanzhörnchen, Springhasen); Myomorpha (Taschennager, Springmäuse, Mäuseartige; zu den Mäuseartigen zählen beispielsweise Blindmäuse, Mäuse, Wühlmäuse, Hamster, Blindmulle, Rennmäuse); Glirimorpha (Bilche); Ctenodactylomorpha (Gundis) und Hystricognathi (Stachelschweine, Felsenratten, Sandgräber, Baumstachler, Chinchillas, Pakaranas, Meerschweinchen, Trugratten).

Die Nagetiere haben im Ober- und Unterkiefer je zwei große **meißelartige Schneidezähne,** die – der Abnutzung entsprechend – ständig nachwachsen. Sie sind fest im Knochen verankert und füllen den größten Teil der Kieferknochen aus. Die Eckzähne und die vorderen Prämolaren fehlen, sodass hinter den Schneidezähnen eine Lücke klafft. Dargestellt ist das Gebiss der Taschenratte.

Zu den Bilchen oder Schläfern zählt der in Mitteleuropa heimische **Siebenschläfer** (links). Die nachtaktiven Tiere ernähren sich hauptsächlich von Samen und Früchten. Besonders im Herbst, wenn sie fett waren, galten die Siebenschläfer noch bis vor kurzem in Frankreich und Südosteuropa als Delikatesse. Der volkstümliche Name bezieht sich auf den etwa sieben Monate dauernden Winterschlaf.
Die Rüsselhündchen, hier das **Gefleckte Rüsselhündchen** (rechts), ernähren sich von Käfern, Termiten, Spinnen und Regenwürmern, die sie tagsüber auf dem laubbedeckten Waldboden suchen.

Ordnung Lagomorpha (Hasentiere). Sie umfasst zwei Familien, die Pfeifhasen (Ochotonidae) und die Hasen (Leporidae), mit zusammen 13 Gattungen und rund 80 Arten. Es sind Pflanzenfresser mit ähnlicher Ernährungsweise wie die Nagetiere, und möglicherweise besitzen Nager und Hasentiere auch gemeinsame fossile Vorfahren im Alttertiär Asiens. Hasen sind weltweit verbreitet und fehlen ursprünglich nur in Australien, der Antarktis, dem Südzipfel Südamerikas und auf etlichen Inseln. Sie besiedeln alle Lebensräume wie etwa Schneefelder und arktische Tundra, Hochgebirge, Wüste, Sümpfe, Grasland und Wälder einschließlich tropischer Regenwälder. Die kleinen Pfeifhasen oder Pikas leben in Fels- und Steppengebieten Asiens (von der arktischen Küste bis nach Birma, Indien und zum Kaspischen Meer) und in Gebirgen des westlichen Nordamerika. Pfeifhasen unterscheiden sich von Hasen durch ihre meerschweinchenähnliche Gestalt und ihre Stimmfreudigkeit (Name!).

Ordnung Macroscelidea (Rüsselspringer). Die einzige Familie Macroscelididae (Rüsselhündchen und Elefantenspitzmäuse) wurde früher zu den Insektenfressern gestellt oder in einer Gruppe mit den Tupaias vereint. Heute bestehen keine wesentlichen Zweifel mehr an der systematischen Eigenständigkeit und der frühen Abspaltung der Rüsselspringer vom Plazentalierstamm. Es sind maus- bis gut rattengroße Tiere mit verlängerten Hinterbeinen und beweglicher Rüsselnase, die verschiedenartige Lebensräume (Sand- und Felsgebiete bis zu dichten Wäldern) in weiten Teilen Afrikas bewohnen.

Das afrikanische **Steppenschuppentier** ist wie fast alle Schuppentier-Arten nachtaktiv. Die dachziegelartige Körperbedeckung der Schuppentiere mit Hornschuppen ist unter den Säugetieren einmalig. Ihr heutiges Verbreitungsgebiet sind die Tropengebiete der Alten Welt.

Ordnung Primates (Primaten). Altiatlasius koulchii ist der älteste bekannte Vertreter. Seine fossilen Überreste wurden im Becken von Ouarzazate in Marokko entdeckt und stammen aus dem oberen Paleozän. Sie belegen den afrikanischen Ursprung der modernen Primaten, die auf andern Kontinenten nicht vor Beginn des Eozäns auftauchen. Die Plesiadapiformes, aus der Oberkreide, dem Paleozän und Eozän der Nordkontinente, werden mitunter von den Primaten ausgeschlossen und in nähere Verbindung zu andern Säugerordnungen – zum Beispiel Spitzhörnchen und Riesengleiter – gebracht. Wir kennen aber zwei alttertiäre Primatengruppen auf den

Nordkontinenten, die besonders auch im Eozän Europas weit verbreitet waren und sehr wahrscheinlich dem Ursprung der Höheren Primaten nahe stehen. Die Adapiformes ähneln in manchen Primitivmerkmalen den heutigen Lemuren Madagaskars, stellen aber einen eigenen Zweig dar, der die Wurzeln der Höheren Primaten (Unterordnung Anthropoidea) einschließen könnte. Die Omomyoidea, insbesondere die zugehörige Familie der Microchoeridae, dürften die Stammgruppe der heutigen Tarsier repräsentieren.

Die heutigen Primaten sind zumeist baumbewohnend. Gemeinsame Evolutionstendenzen sind Vergrößerung von Groß- und Kleinhirn, Rotation der Augenhöhlen nach vorn und Verbesserung des räumlichen Sehens, Verbesserung des Auges und Rückbildung der Nase, Opponierbarkeit der ersten Fußzehe und Ausbildung von flachen Nägeln an Fingern und Zehen sowie der Verlust von je einem Schneidezahn und Prämolar in jeder Kieferhälfte. Die Klassifikation der Primaten schließt eine Reihe von Problemen ein und wird dementsprechend nicht einheitlich gehandhabt. Es werden aber meist drei höhere Einheiten unterschieden, die hier im Rang von Unterordnungen aufgeführt sind.

Die Krallenaffen, im Bild links ein **Kaiserschnurrbarttamarin,** sind die kleinsten Affen. Sie werden nur bis zu 30 cm groß und wiegen selten mehr als 400 Gramm. Der **Braune Kapuzineraffe** (rechts) gehört innerhalb der Kapuzinerartigen zu der Unterfamilie der Kapuzineraffen. Wie alle Kapuzineraffen lebt er in großen Sozialverbänden von bis zu 30 Individuen.

Die Halbaffen (Unterordnung Lemuriformes) zeichnen sich durch einen nackten, feuchten Nasenspiegel, schlitzförmige Nasenöffnungen, eine relativ ausgedehnte Nasenkapsel, eine Putzkralle an der zweiten Fußzehe sowie einen Zahnkamm aus Eck- und Schneidezähnen im Unterkiefer aus. Sie schließen sechs (nach anderer Anschauung sieben) Familien ein: Die Katzenmakis (Cheirogaleidae), Lemuren (Lemuridae), Indris (Indriidae) und das Fingertier (Daubentoniidae) leben auf Madagaskar, die Loris und Pottos (Lorisidae) sowie die Buschbabys oder Galagos (Galagidae) in Afrika. Insgesamt lassen sich 21 Gattungen und etwa 47 Arten von Lemuren unterscheiden.

Die Koboldmakis oder Tarsier (Unterordnung Tarsiiformes) sind mit einer einzigen Gattung (Tarsius) und drei bis fünf Arten auf Sumatra, Borneo, Sulawesi und benachbarten Inseln bis zu den Philippinen verbreitet. Es sind hoch spezialisierte nächtliche Jäger, die im Unterschied zu den Halbaffen einen kurzbehaarten Nasenspiegel besitzen. Neue Untersuchungen sprechen für die Stellung der Tarsier als eigenständiger evolutiver Primatenzweig und lassen die verschiedentlich angenommene Zugehörigkeit zu Halbaffen oder aber zu Höheren Primaten als weniger wahrscheinlich erscheinen.

Die Höheren Primaten (Unterordnung Anthropoidea; nach einer andern Systematik werden sie auch als Simiae bezeichnet) stellen mit großer Sicherheit eine natürliche, monophyletische Einheit dar, die sich in drei Teilordnungen untergliedern lässt. Die Neuwelt- oder Breitnasenaffen (Teilordnung Platyrrhini) sind seit jeher auf tropische Wälder in Süd- und Mittelamerika beschränkt, wo sie erstmals im oberen Oligozän auftauchen. Bei ihnen stehen durch Verbreiterung der knorpeligen Nasenkuppeln die rundlichen Nasenlöcher meist weit auseinander (Name!), und das Nasen-Lippen-Feld ist behaart. Im Unterschied zu den übrigen Höheren Primaten besitzen Neuweltaffen in jeder Kieferhälfte noch drei Prämolaren, und nur bei ihnen kommen Greifschwänze vor. Die beiden zugehörigen Familien der Krallenaffen (Callitrichidae) und der Kapuzinerartigen (Cebidae) setzen sich aus insgesamt 15 Gattungen und etwa 84 Arten zusammen.

Ein **Weißhandgibbon** oder Lar hat es sich in einer Astgabel bequem gemacht.

Bei den Altwelt- oder Schmalnasenaffen (Teilordnung Catarrhini) sind die beiden Nasenöffnungen nur durch eine schmale Nasenscheidewand getrennt (Name!) und nach vorn gerichtet. Im Unterschied zu den Neuweltaffen besitzen Altweltaffen nur noch zwei Prämolaren je Kieferhälfte, und nur bei ihnen treten Gesäßschwielen auf. Die Catarrhinen umfassen drei Familien: Zu den 18 Gattungen und etwa 80 Arten der Meerkatzenverwandten (Familie Cercopithecidae) gehören beispielsweise Meerkatzen, Husarenaffen, Makaken, Mangaben, Mandrille, Paviane, Dscheladas, Languren, Nasenaffen, Kleideraffen, Stummelaffen. Sie bewohnen unterschiedlichste Lebensräume in Afrika, im südlichen Arabien sowie von Afghanistan im Westen bis nach Japan und Timor im Osten. Der Berberaffe oder

Magot (Macaca sylvanus) kommt frei lebend auf den Felsen von Gibraltar vor, doch handelt es sich dabei ausschließlich um Importtiere aus Nordafrika. Es ist fraglich, ob es jemals eine natürliche europäische Population gegeben hat. Die Gibbons (Familie Hylobatidae) besiedeln mit einer Gattung (Hylobates) und elf Arten tropische Regen- und Bergwälder in Südostasien vom Roten Fluss und Brahmaputra nach Süden bis Borneo, Sumatra und Java und zu den angrenzenden kleineren Inseln. Es sind hoch spezialisierte Schwinghangler mit stark verlängerten Armen und tief abgespaltenen Daumen und Großzehen. Die großen Menschenaffen und der Mensch werden traditionell auf Familienebene als Pongidae und Hominidae unterschieden, in neuen Klassifikationen aber einer einzigen Familie, den Hominidae, zugeteilt. Der Orang-Utan (Pongo pygmaeus) kommt als vornehmlich vegetarischer Baumbewohner auf Borneo und Sumatra vor. Gorillas (Gorilla gorilla) und die beiden Schimpansenarten – Schimpanse (Pan troglodytes) und Bonobo (Pan paniscus) – leben in Regen- und Nebelwäldern, Schimpansen auch in Baumsavannen Zentralafrikas. Gorillas sind Bodenbewohner und ernähren sich vegetarisch, die beiden Schimpansenarten sind sowohl baum- als auch bodenlebend, und ihre Kost enthält auch tierische Komponenten, gelegentlich sogar Säugetiere. Im Gegensatz zu ihnen allen hat sich der Mensch zum Kosmopolit entwickelt. G. STORCH

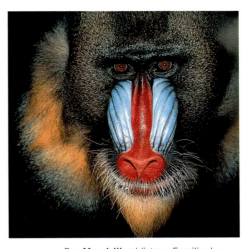

Der **Mandrill** gehört zur Familie der Paviane und lebt am Boden der dichten Wälder Westafrikas. Nur die Männchen haben ein so farbenprächtiges Gesicht.

Der Mensch erscheint

Zu den allgemein bekannten besonderen menschlichen Eigenschaften gehören der aufrechte Gang, die Größe des Gehirns und die Kulturfähigkeit. Die Bipedie, also der mit einer aufrechten Haltung verbundene aufrechte Gang, ist in der mosaikartigen Merkmalsausbildung im Verlauf der Stammesgeschichte der Menschen dasjenige Merkmal, dessen Ursprünge am weitesten zurückreichen – mindestens dreieinhalb bis vier Millionen Jahre – und auch dasjenige, das am frühesten voll ausgebildet war: bereits vor über zwei Millionen Jahren. Das menschliche Gehirn erreichte seine volle Leistungsfähigkeit erst an die zwei Millionen Jahre später.

Evolutionsbiologisch ist von Interesse, welche Vorteile der aufrechte Gang unseren ursprünglich vierfüßigen Vorfahren brachte oder worin die Notwendigkeit zu seiner Entwicklung bestanden haben könnte. Diese Vorfahren lebten semiterrestrisch, sowohl auf dem Boden als auch in Bäumen. Das ließ in stammesgeschichtlich kurzer Zeit viele Möglichkeiten für Spezialisierungen offen. Wie aber genau die Spezialisation zur menschlichen Bipedie erfolgte und was der Antrieb dafür war, liegt noch im Dunkeln. Warum war die Vierfüßigkeit nicht mehr eine optimale Anpassung?

Die Möglichkeit zu anderweitiger Nutzung von Armen und Händen durch die Befreiung der Vorderextremität von Aufgaben der Fortbewegung ist für sich genommen nicht stichhaltig, denn alle Tierprimaten führen ebenso wie der Mensch Feinmanipulationen kleiner Objekte in der Regel im Sitzen aus. Für eine Aufrichtung zu diesem Zweck gab es keine funktionelle Notwendigkeit.

Das Tragen von Nachkommen ist bei andern Primaten funktionell gut gelöst und bedurfte keiner Veränderung. Im Gegenteil: Das Tragen von Kindern im aufrechten Gang ist mit statischen und dynamischen Problemen verbunden. Auch beim Tragen von Werkzeugen oder Nahrung ist, wie zum Beispiel bei den Schimpansen, kein gravierender Nachteil zu erkennen, der einen einschneidenden Umbau des ganzen Körpers hätte in Gang setzen können.

Ein Aufrichten aus sozialen Gründen, etwa beim Imponieren oder Drohen, kommt nur sporadisch vor und hat auch die andern Menschenaffen nicht zu ständiger Bipedie bewogen. Auch das Präsentieren von Sexualmerkmalen kommt nicht – jedenfalls nicht allein – als Grund in Betracht. Die Ausprägung sekundärer Geschlechtsmerkmale wie Brüste, Schambehaarung oder Bart lassen bei aufgerichteten Individuen keine größeren Nachkommenzahlen erwarten. In beiden Fällen muss man auch fragen, was den Urmenschen hätte veranlassen können, anschließend in aufrechter Haltung zu verharren.

Fossile **Fußspuren von drei Hominiden**, die vor etwa 3,5 Millionen Jahren im Gebiet von **Laetoli** im Norden Tansanias lebten. Die linken Fußspuren stammen von einem verhältnismäßig kleinen Individuum, die rechts davon verlaufenden von einem größeren. Den großen Spuren wurden nachträglich die Spuren eines kleineren Individuums eingeprägt, was zur teilweisen Zerstörung der großen Spuren führte. Rechts vorn sind Hufabdrücke von einem inzwischen ausgestorbenen dreizehigen Pferd zu erkennen. Die Fußspuren wurden auf einer Länge von 25 m freigelegt. Der Boden, in den sie sich einprägten, war frisch abgelagerte vulkanische Asche, die schnell fest wurde.

Wenn Tierprimaten nach Beutegreifern Ausschau halten und sich dabei kurzfristig aufrichten, zeigen sie sich nicht länger als nötig. Wenn sie gemeinsam aufstehen und in Gegenwart beispielsweise eines Leoparden stehen bleiben, kann ihm das vielleicht imponieren. Über die Wirksamkeit solchen Verhaltens bestehen kontroverse Ansichten. Anderseits kann auch die Flucht kein Selektionsfaktor gewesen sein, denn alle vierfüßigen Tierprimaten galoppieren schneller, als Menschen laufen können. Der zweifüßige Gang verbraucht etwas weniger Energie als der vierfüßige, die aufrechte Haltung ist im Stand aber weniger günstig. Insgesamt dürfte es keinen sonderlichen energetischen Vorteil für eine bipede Lebensweise geben, denn sonst hätten andere Tiere diesen Evolutionsweg wohl ebenfalls beschritten.

Eine starke Erhitzung des Körpers in der steilen Mittagssonne der Savanne könnte vielleicht ein Selektionsfaktor für eine Aufrichtung gewesen sein. Doch alle Savannenbewohner einschließlich des Menschen regeln dieses Problem eher, indem sie die Sonne durch Mittagsruhe meiden. Eine Mittagsaktivität wäre auch schwer mit dem Verlust des Fells zu vereinbaren; alle in der Sonne aktiven Tiere brauchen diesen Sonnenschutz.

Weil keine der genannten Hypothesen für sich allein überzeugen kann, sind sich die meisten Evolutionsbiologen darin einig, dass es bei den gemeinsamen Vorfahren von Schimpansen und Menschen in den ostafrikanischen Wald- und Savannengebieten für die Aufrichtung zur Bipedie ein höchst komplexes Zusammentreffen vieler stark wirksamer Selektionsfaktoren gegeben haben müsste.

Zu der infrage kommenden Zeit war Hadar in Äthiopien durch einen Meereseinbruch für geraume Zeit mit Meer- oder Brackwasser überschwemmt. Im Gegensatz zur Savanne bietet eine Ufer- oder Küstenlandschaft ein reiches Angebot an Pflanzen und leicht erreichbaren Tieren bester Nahrungsqualität. Das Waten im Wasser erfordert ein aufrechtes Gehen, das strandbewohnende Affen, wenn sie aus dem Wasser kommen, manchmal beibehalten. Sohlengang und ein unter seinem Schwerpunkt unterstützter Kopf sind dabei von Vorteil. Der Fellverlust, wie er unter ähnlichen Bedingungen einer amphibischen Lebensweise beim Flusspferd erfolgte, könnte auch für unsere eigenen Vorfahren zutreffen.

Kleine Gründerpopulationen auf Inseln im damaligen Hadar-Becken würden die rätselhaft schnelle Evolution der frühen Hominiden zwanglos erklären, denn das Erbgut kleiner Fortpflanzungsgemeinschaften verändert sich schneller als dasjenige großer Populationen. Sie wären auch eine Erklärung für das bisherige Fehlen von sicheren Übergangsfossilien zur aufrechten Haltung.

Insgesamt ist festzustellen, dass die Evolutionsfaktoren für die Bipedie des Menschen noch nicht bekannt sind. Möglicherweise handelt es sich um eine Kombination sozialer, energetischer und ökologischer Faktoren. Die Anpassung an ein Leben im Flachwasserbereich kann dabei so lange nicht ausgeschlossen werden, wie eine endgültige Lösung des Problems nicht gefunden ist.   C. Niemitz

Frühe Vorläufer – Affen und Hominiden

Wo und wann beginnt die Entwicklungsgeschichte des Menschen? Wie auch immer die Antwort lauten mag – die Frage setzt voraus, dass es eine solche Entwicklung tatsächlich gegeben hat. Das ist wissenschaftlich heute unumstritten, aber in der zweiten Hälfte des 19. Jahrhunderts gab es darüber heftige Kontroversen.

Ein neuer Ast am Stammbaum

Die Geschichte unserer Entwicklung reicht sehr weit zurück, im Prinzip so weit wie das Leben selbst. Denn das Leben wird bei einer Zeugung nicht immer wieder neu geschaffen, sondern nur an die nächste Generation weitergegeben. Neu und einzigartig bei jedem Vorgang der Befruchtung ist die konkrete Ausprägung des Erbguts, die, abhängig von der jedes Mal andern Rekombination der elterlichen Gene, bei jeder Befruchtung anders ausfällt. Die Rekombination hat zusammen mit erworbenen Veränderungen des Erbguts, den Mutationen, und in Verbindung mit der Selektion zu einer ungeheuren Vielfalt an Organismen geführt, und dieser fortwährende Prozess der Evolution hat ein einzigartiges Tier hervorgebracht – den Menschen.

»Sondertier« Mensch

Die Ausnahmestellung des Menschen beruht vor allem auf dem Entwicklungsstand und der überragenden Leistungsfähigkeit seines Gehirns, wobei fünf Begabungen besonders hervorzuheben sind. Zu ihnen zählen das Vermögen, in umfassenden zeitlichen Dimensionen zu denken und zu planen, sowie die Fähigkeit, in sehr komplexer Weise symbolhaft zu kommunizieren. Das schließt die Verwendung verschiedenster Formen von abstrakten Schriften und die intellektuelle Beherrschung hochkomplexer gesellschaftlicher Strukturen mit ein. Außerdem besitzt der Mensch technischen Verstand sowie die Begabung, erdachte und erlernte Fähigkeiten praktisch unbegrenzt an andere Individuen weiterzugeben. Schließlich vermag er transzendente, religiöse und philosophische Denkmuster zu entwickeln.

Früher wurden auch andere Kriterien unserer biologischen Exklusivität angeführt. In den letzten zwei Jahrzehnten mussten wir jedoch immer mehr anerkennen, dass unsere nächsten Verwandten im Tierreich einige der früher für ausschließlich menschlich gehaltenen Merkmale in gewissem Umfang mit uns teilen. Beispielsweise können die Schimpansen planvoll vorgehen. Sie stellen Werkzeuge offenbar gezielt her und tragen sie längere Zeit in der Absicht mit sich herum, sie erst später an einem andern Ort zu benutzen. Geographisch getrennt lebende Schimpansenpopulationen kennen dabei so-

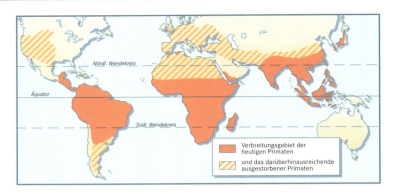

Das **Verbreitungsgebiet** der heute lebenden **Primaten** und das darüber hinausreichende Gebiet ausgestorbener Primaten.

In der oft gebrauchten Systematik des Amerikaners George Gaylord Simpson aus den 1940er-Jahren werden die Affen nicht als **Simiae** bezeichnet, sondern als **Anthropoidea**, »den Menschen Ähnliche«. Diese gemeinsame Bezeichnung für Affen und Menschen war schon vor über hundert Jahren von dem britischen Biologen Saint George Jackson Mivart geprägt worden. In ihrer neueren Auffassung ist sie vor allem in der amerikanischen Fachliteratur gebräuchlich. In die Kategorie der Affen im Sinn der Anthropoidea müssten entgegen der früheren Definition im Sinn der Simiae auch die Tarsier eingeordnet werden, indem sie dann in einer ursprünglicheren Kategorie, zusammen mit den südamerikanischen Primaten, als Niedere Affen eingestuft werden, denn als Höhere Affen werden im Allgemeinen nur die Schmalnasenaffen der Alten Welt bezeichnet. Die Beziehungen der Tarsier zu den Breitnasenaffen, deren Verbreitung heute auf Südamerika beschränkt ist, sind recht eng und durch eine Vielzahl von Merkmalen belegt.

gar unterschiedliche erlernte Werkzeugtraditionen, weshalb Fachleute mit Bezug auf die Schimpansen von Werkzeugkulturen sprechen. Darüber hinaus sind die beiden heute vorkommenden Schimpansenarten in der Lage, einfache Schriften zu erlernen, und dies mit einem aktiven Wortschatz von bis zu etwa 200 Wörtern. Im passiven Verständnis werden noch höhere Werte erreicht.

Primaten

Vor diesem Hintergrund erfährt der Begriff der Primaten einen Bedeutungswandel. Carl von Linné hatte 1758 bei seiner Systematisierung der Lebewesen auch den Menschen in jene Ordnung gestellt. Der Mensch galt als »Krone der Schöpfung«, und seine Zugehörigkeit war es, die die herausragende Stellung der Primaten rechtfertigte. Die deutsche Bezeichnung »Herrentiere« entsprach dem damaligen Inhalt des wissenschaftlichen Begriffs sehr gut, in Anlehnung an den biblischen Auftrag: »Macht euch die Erde untertan«, der als Aufforderung zur Herrschaft über die Natur verstanden wurde.

Aus heutiger Sicht sind die Primaten nicht länger als Herren über das gesamte Tier- und Pflanzenreich zu betrachten. Die wissenschaftliche Systematik orientiert sich an biologischen Kriterien, von denen vier die Ordnung der Primaten innerhalb der andern Säugetierordnungen als herausragend erscheinen lassen: Ein hoch organisiertes Gehirn befähigt viele höhere Primaten zu einer differenzierten Kommunikation und damit auch zu komplexen Sozialformen oder zur Überlieferung von Gelerntem an Artgenossen. Zweitens haben die Primaten mit dem Menschen das einzige dauernd aufrecht stehende und aufrecht gehende Säugetier hervorgebracht, das jemals gelebt hat. Drittens ist eine ihrer Arten, nämlich der Mensch, ein Kosmopolit geworden, der sich über die ganze Welt verbreitet und überall angesiedelt hat. Infolge seiner starken Vermehrung besitzt der Mensch als Art mit derzeit etwa 300 Milliarden Kilogramm die größte Biomasse, die jemals eine Tierart auf sich vereinigt hat. Er übertrifft damit nicht nur alle andern Säugetiere wie zum Beispiel die Ratten, sondern sogar die schier unermesslich scheinenden Schwärme des Krill, eines Kleinkrebses, der im antarktischen Ökosystem eine Schlüsselrolle einnimmt. Außerdem schließen die Primaten als einzige Tierordnung mit dem Menschen einen Vertreter ein, der die Existenz der andern Lebewesen – weit über die seiner Biomasse entsprechenden Notwendigkeiten hinaus – so sehr, auch zerstörerisch, beeinflusst hat und zunehmend beeinflusst, wie es bislang noch keinem andern Tier möglich war.

Insgesamt gehören der Ordnung der Primaten über 230 Arten an. Diese werden in die niederen Formen, die Halbaffen, und die höhe-

Heutige systematische Einteilung der **Ordnung Primaten.** Sie unterscheidet nur noch die zwei großen Gruppen Halbaffen und Affen. Diese sind jedoch keine stammesgeschichtlich einheitlichen Gruppen, sondern kennzeichnen unterschiedliche Evolutionsniveaus.

Unterordnung		Teilordnung	Überfamilie	Familie	Unterfamilie, Gattung oder Art
Halbaffen (Strepsirhini)	Prosimier	PLESIADAPIFORMES (Archaische Primaten)		Plesiadapidae	
				Paromomyidae	
				Carpolestidae	
				Picrodontidae	
				Microsyopidae	
				Saxonellidae	
			ADAPOIDEA	Adapidae	Adapinae
					Notharctinae
		LEMURIFORMES (Lemuriforme Primaten)	LEMUROIDEA (Lemuren)	Cheirogaleidae	Zwergmakis
				Lemuridae	Echte Lemuren
					Wieselmakis
				Indriidae	Indris
				Daubentoniidae	Fingertier
				Megaladapidae	
		LORISIFORMES (Lorisiforme Primaten)	LORISOIDEA	Lorisidae (Lorisartige)	Loris
					Galagos
Affen (Haplorhini)	ANTHROPOIDEA oder Simier	TARSIIFORMES (Tarsiiforme Primaten)	TARSOIDEA	Omomyidae	Omomyinae
					Microchoerinae
					Anaptomorphinae
				Tarsiidae (Tarsierartige)	Tarsier
		Breitnasenaffen oder Neuweltaffen	CEBOIDEA	Cebidae (Kapuzinerartige)	Kapuzineraffen
					Nachtaffen
					Klammeraffen
					Brüllaffen
					Sakis
				Callitrichidae (Krallenaffenartige)	Springtamarin
					Krallenaffen
		Schmalnasenaffen oder Altweltaffen	CERCOPITHECOIDEA	Cercopithecidae (Meerkatzenartige)	Parapithecinae
					Victoriapithecinae
					Hundsaffen und Meerkatzen
					Schlankaffen
			HOMINOIDEA (Menschenaffen-ähnliche)	Oreopithecidae	
				Hylobatidae (Gibbonartige)	Pliopithecinae
					Gibbons
				Pongidae (Orang-Utan-Artige)	Orang-Utan
				Panidae (Schimpansenartige)	Gorilla und Schimpansen
				Hominidae (Menschenartige)	Australopithecinae
					Mensch

ausgestorbene Formen

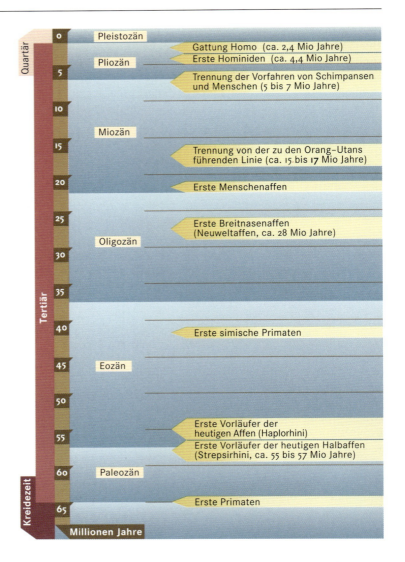

Zeittafel der erdgeschichtlichen Perioden der **Erdneuzeit** und der Evolutionsschritte der **Primaten.** Der Stammbaum der Primaten wurzelt in der oberen Kreidezeit.

ren Formen, die Affen oder höheren Primaten, unterschieden. Erstere werden – je nach Gliederungsschema – entweder als Prosimiae oder als Strepsirhini bezeichnet, für die Affen sind sogar drei verschiedene Bezeichnungen in Gebrauch: Sie werden, je nach Systematik, Haplorhini (als Gegenstück zu den im System niedereren Strepsirhini), Simiae (im Gegensatz zu den halbäffischen Prosimiae) oder Anthropoidea genannt. Aufgrund der Ergebnisse vor allem molekularbiologischer und serologischer Analysen (zum Beispiel Ähnlichkeiten in der Zusammensetzung der Blutflüssigkeit) wurde überdies vorgeschlagen, innerhalb dieser Teilordnung die stammesgeschichtlich und damit genetisch eng verwandten Primatengattungen Gorilla, Schimpanse und Mensch in der Familie Hominidae (Hominiden) oder Menschenartige zusammenzufassen. Alternativ kann man die Hominidae aufgrund der Einzigartigkeit des menschlichen Ge-

Kap. 1   Frühe Vorläufer – Affen und Hominiden

hirns und seiner Leistungen auf den derzeit einzigen lebenden Vertreter der Gattung Homo oder Mensch, den Homo sapiens, beschränken; beides ist mit der zoologischen Systematik vereinbar.

Insektenfresser – Urahnen der Primaten

Historisch ist die Evolution zum Menschen mit dem Aussterben vieler großer Reptilien, insbesondere der Saurier, gegen Ende der Kreidezeit vor 65 Millionen Jahren verbunden. Das damit einhergehende Erblühen der frühen Säugetiere war mit einer ähnlich stürmischen Evolution der Bedecktsamer gekoppelt. In den vielen neuen Vegetationstypen und den sich verändernden Wäldern wurden durch das Aussterben der Saurier zahlreiche ökologische Nischen frei, die nun durch viele verschiedene biologische »Prototypen« neu besetzt wurden.

So entwickelte sich aus einer urtümlichen Gruppe von Säugetieren die heutige Ordnung Insectivora (nach einer alten Systematik auch als Lipotyphla bezeichnet), Deutsch »Insektenfresser«, zu der beispielsweise die Spitzmäuse, Igel und Maulwürfe zählen. Daneben entstanden aus dieser Wurzel die neuen Ordnungen der Riesengleiter, Fledertiere, Primaten und der Spitzhörnchen oder Scandentia (früher auch als Menotyphla bezeichnet). Deren einzige heutige Familie, die Tupaias in Südostasien, hat sich in den etwa 65 Millionen Jahren seit ihrer Entstehung wenig verändert und steht dem Verzweigungspunkt des Stammbaums noch so nah, dass ihre Mitglieder als gute Modelle unserer frühesten Vorfahren angesehen werden können.

Insgesamt ist die Verwandtschaft dieser fünf Ordnungen mit ihren gemeinsamen Insekten fressenden Vorfahren derart eng, dass nicht nur Carl von Linné gleich zu Beginn der modernen Tiersystematik im 18. Jahrhundert die Fledertiere in die Ordnung der Primaten stellte (die Spitzhörnchen waren ihm noch unbekannt), sondern auch spätere Tiersystematiker die Zusammenfassung der Spitzhörnchen oder der Fledertiere mit den Primaten zu jeweils einer Ordnung vorgeschlagen haben. Wäre die Ordnung der Fledertiere früher beschrieben worden als die der Primaten, so wären hiernach zum Beispiel die Affen als flugunfähige Fledertiere anzusehen – eine absurd erscheinende Bezeichnung für Tiere, zu denen zoologisch auch der Mensch gehört. Doch erhellen derartige Überlegungen die verwandtschaftliche Nähe der Primaten zu den Fledertieren, wenngleich die systematische Trennung beider sicherlich Bestand haben wird.

Viele frühe »Experimentalformen« von Primaten sind schon bald wieder ausgestorben; andere dagegen haben sich zu Halbaffen und später zu Affen weiterentwickelt und damit den Weg der Evolution

Fast alle der südostasiatischen **Spitzhörnchen** oder Tupaias sind tagaktiv. Sie besitzen so viele gemeinsame Merkmale mit den Primaten, dass sie lange Zeit als Primaten galten. Heute stellt man sie in eine eigene Ordnung innerhalb der Säugetiere. Das Aussehen der ersten Primaten dürfte ihrem Aussehen sehr ähnlich gewesen sein.

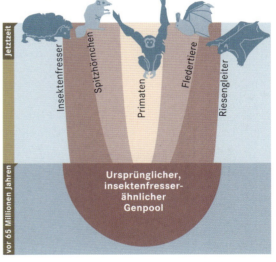

Aus einem den **Insektenfressern** ähnlichen **Genpool** entwickelten sich im Verlauf der Evolution die fünf verwandten Säugetierordnungen der Insektenfresser, der Spitzhörnchen, der Fledertiere, der Riesengleiter und der Primaten.

hin zum Menschen bereitet. Heute wird ein Fund, der 1965 in den Rocky Mountains im US-Bundesstaat Wyoming gemacht wurde, von vielen Forschern als Überrest der ältesten Vorfahren der Primaten betrachtet. Er wurde von seinen Entdeckern der Gattung Purgatorius zugeordnet und wird zu der archaischen (Oberkreide bis Eozän), ausgestorbenen Gruppe der Plesiadapiformes gestellt. Das Fossil ist etwa 64 oder 65 Millionen Jahre alt und datiert damit genau aus der Zeit des Übergangs von der späten Kreide in das Paleozän (der ältesten Serie des Tertiärs), mit dem die Neuzeit der Erde, das Känozoikum, begann. Diese Zeit kann als die der »Morgendämmerung« der Primaten angesehen werden.

Der Name **Purgatorius** leitet sich von purgatorium, dem lateinischen Wort für Fegefeuer, das reinigende Feuer, ab und bedeutet »der aus dem Fegefeuer«. Die Arbeit an der ersten Fundstelle der Purgatorius-Fossilien fand unter derart schwierigen Bedingungen statt und förderte zudem nur so spärliche Funde zutage, dass die Wissenschaftler die Fundstelle »Purgatory Hill« (Fegefeuerhügel) tauften und danach die Gattung benannten.

Fossilien und Stammbäume

Nun stellt sich die Frage, wie die Wissenschaftler die Evolution zum Menschen überhaupt in ihrem Ablauf beweisen können und wie sie die Abfolge der verschiedenen Tierarten rekonstruieren. Denn die meisten Pflanzen und Tiere verwesen, ohne Spuren zu hinterlassen, die später aufgefunden werden könnten. Weniger als ein Prozent von ihnen gerät jedoch bei oder nach dem Tod unter spezifische Umweltbedingungen, die dazu führen, dass in den chemischen und physikalischen Prozessen der so genannten Diagenese des Ausgangsmaterials ein allmählicher Stoffumbau erfolgt. Als dessen Ergebnis ersetzt – unter Umständen erst nach Jahrmillionen – ein Steinkern das ursprüngliche Material, der uns schließlich als Fossil von jenen Lebewesen Zeugnis ablegen kann. Dabei werden chemisch besonders widerstandsfähige Substanzen, wie die Panzer von Insekten oder die Knochen der Säugetiere, mit größerer Wahrscheinlichkeit fossilisiert als leicht vergängliche. Deshalb sind aus der Vorfahrengeschichte der Menschen überwiegend Skelettteile erhalten. Als grobe Regel gilt, dass die härtesten, am stärksten mineralisierten Knochen und ähnliche Bestandteile zu den am häufigsten gefundenen Fossilien gehören. Zu ihnen zählen bei den Halbaffen und Affen der Gebissbereich, das Felsenbein des Schädels sowie die gelenknahen Abschnitte von Armen und Beinen. Besonders hart aber sind die Zähne, die deswegen am häufigsten erhalten sind und oftmals sogar als Einzelstücke gefunden werden, wenn die zugehörigen Kieferpartien schon lange spurlos vergangen sind.

Merkmale der Primaten

Um Fossilien den Primaten zuordnen zu können, müssen dafür entscheidende Kriterien angegeben werden. Bei der Festlegung entsprechender Merkmale ist man in der zoologischen Syste-

Einzelzähne sowie Bruchstück eines rechten Unterkiefers von **Purgatorius**, dem frühesten bisher bekannten wahrscheinlichen Primaten, der vor rund 65 Millionen Jahren in den heutigen Rocky Mountains (USA) lebte.

Beispiele für **Greifhände und Greiffüße** bei Primaten. Die Hand der Mausmakis (rechts) zeigt einen recht ursprünglichen Typ einer einfachen, unspezialisierten Greifhand. Der Fuß ist lang und zum Laufen und Springen geeignet. Die Großzehen sind kräftig und weit abgespreizt und eignen sich daher gut zum Klettern. Das Fingertier (links) hat einen für Lemuren typischen Lauf- und Kletterfuß. Die Hände sind in besonderer Weise spezialisiert zum Aufbrechen von Borken und zum Herausangeln von Larven aus Löchern im Holz.

matik stets bemüht, möglichst nur ein einziges, jedenfalls aber so wenige Merkmale wie möglich zu definieren, die jeweils eine Tiergruppe eindeutig charakterisieren.

Für die Primaten ganz allgemein ist ein erstes typisches Merkmal in den Finger- und Zehennägeln zu sehen, die alle Vertreter besitzen und die, zumindest soweit es die Nägel der Großzehen betrifft, als untrügliches Zeichen für die Zugehörigkeit zur Ordnung der Primaten gelten können. Darüber hinaus gehört es zu ihren Charakteristika, dass ihre Augen im Vergleich zu denen anderer Säugetiere am Schädel weiter nach vorn gerichtet sind und durch entsprechende Verschaltung im Gehirn gutes räumliches Sehen – Stereoskopie – in einem großen Gesichtsfeld ermöglichen. Dagegen ist der Geruchssinn vieler Primatenarten wenig entwickelt, wenngleich die Übergänge von den Insektenfressern mit ihrem ausgezeichneten Geruchssinn fließend sind. So verfügt beispielsweise auch das zu den Halbaffen zählende Fingertier Daubentonia über ein ausgeprägtes Riechvermögen, dem ein großer Riechlappen im Vorderhirn entspricht.

Im Verhältnis zu ihrem Körpergewicht fällt das Gehirn der Primaten insgesamt größer aus als bei verwandten Säugetieren. Das steht wahrscheinlich in Zusammenhang mit deren bereits erwähnten sozialen und Kommunikationsfähigkeiten: Schon ihre niedersten Vertreter zeigen ein hochkomplexes Sozialverhalten, und selbst der einzige als Einzelgänger beschriebene Menschenaffe, der Orang-Utan, ist nicht unsozial, sondern nur ungesellig. So kommuniziert er

Eozän: im Erdzeitalter des Tertiärs der Zeitraum von vor etwa 55 bis 34 Millionen Jahren. In dem Wort Eozän verbirgt sich das griechische Wort Eos für Morgenröte, das auf eine frühe Zeit in der Evolution der modernen Säugetiere und damit auch der Primaten hinweisen soll.

mit den ihm individuell bekannten Sozialpartnern mit lauten Rufen. Vor allem in das Sozialverhalten wird der Nachwuchs in seiner Kindheit eingeübt, die, verglichen mit andern Tierordnungen, relativ lange andauert.

Ein weiteres ordnungsspezifisches Charakteristikum der Primaten sind ihre Greifhände. Auch verfügen sie, bis auf den Menschen, allesamt über Greiffüße, die in vielerlei Hinsicht funktionell angepasst sind. Zudem sind viele Primaten Baumtiere, obwohl es unter ihnen wohl seit jeher Arten mit zum Teil bodenbewohnender, so genannter semiterrestrischer Lebensweise gibt.

Ein Kennzeichen der Primaten ist für den Paläoanthropologen von besonderem Interesse, wenn sich ihm das Problem der Zuordnung von Fossilien zu frühen Primaten stellt: ihr Gebiss. Es leitet sich ab von einem Typ, der zwei Schneidezähne, einen Eckzahn, vier Prä-

Das **Gebiss der Primaten** hat 36 Zähne. In jeder Kieferhälfte zwei Schneidezähne (Incisivi, I_1 und I_2), einen Eckzahn (Caninus, C), drei Vormahl- oder Vorbackenzähne (Prämolaren; da der erste im Gebiss der Primaten nicht mehr ausgebildet ist, als P_2 bis P_4 nummeriert) und drei Mahl- oder Backenzähne (Molar M_1 bis M_3). Dieses Grundmuster ist in unterschiedlicher Anpassung erhalten oder reduziert. Die Pfeile deuten auf charakteristische Lücken zwischen den Zähnen.

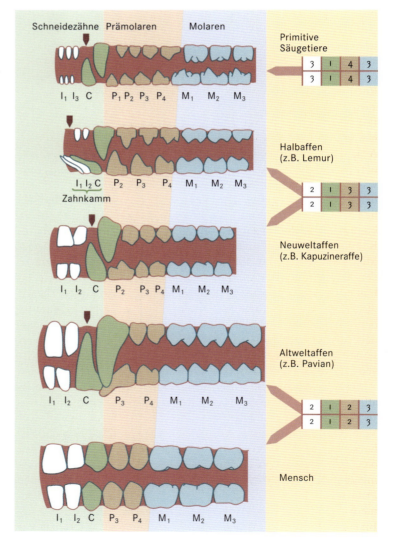

molaren und drei Molaren in jeder Kieferhälfte enthält, wobei die Zähne der verschiedenen Primatenarten in unterschiedlicher Weise funktionell angepasst und in ihrer Zahl verringert sind. Beispielsweise fehlt bei allen heute lebenden Arten mindestens der erste Prämolar; beim Menschen wird darüber hinaus manchmal der zweite Schneidezahn nicht ausgebildet und der dritte Molar, der Weisheitszahn, wird noch angelegt, bricht im Erwachsenenalter jedoch nicht bei allen Menschen durch.

Die ersten Halbaffen

Orientiert an solchen Merkmalen kann mit einiger Wahrscheinlichkeit die Gattung Purgatorius oder einer ihrer nahen Verwandten als gutes »Modell« für den Urahn aller späteren Primaten höherer Evolutionsstufen angesehen werden. Denn nach Purgatorius sind vor allem Vertreter aus der Teilordnung der Lemurenverwandten (Lemuriformes) zu den frühen Halbaffen zu zählen, die durch fossile Reste belegt sind. Dieser damals gerade an unserem Stammbaum aussprossende Ast brachte alsbald zwei neue Zweige in Form zweier Primatenfamilien hervor, die vor etwa 54 Millionen Jahren, im frühen Eozän, in Erscheinung traten. Eine der beiden Familien, die der Adapidae, bildet, wie wir einigermaßen zuverlässig wissen, den genetischen Ausgangspool für alle späteren Halbaffen (Strepsirhini), während die andere, die der Omomyidae, wahrscheinlich die Ahnenformen aller höheren Primaten stellt. Zwei der drei Unterfamilien der Omomyidae haben vermutlich bis heute überlebende Nachkommen: Von den Anaptomorphinae dürfte die heutige Familie der Koboldmakis oder Tarsier (Tarsiidae) abstammen, und in den Microchoerinae sind wohl die Vorfahren der südamerikanischen und der Altweltaffen auszumachen, womit sie die genealogische Linie repräsentieren, die letztlich zum Menschen führen sollte. Das legt die Vermutung nahe, dass wir es hier mit einem Stadium zu tun haben, das typisch ist für die Evolution größerer neuer Formen. Besonders dynamische Entwicklungen setzen nach heutigen Erkenntnissen oft bei zahlenmäßig kleinen Populationen und bei sehr primitiven Urformen des jeweiligen Taxons an.

Die adapiden Vorläufer aller rezenten, also heute lebenden, Halbaffen verschwanden fast völlig zu Beginn des Oligozäns vor etwa 36 Millionen Jahren. Zu ihren letzten bisher bekannt gewordenen Vertretern zählt Adapis parisiensis, wahrscheinlich ein Vorläufer der heutigen Lemuren, dessen Fossilien im späten 19. Jahrhundert auf dem Hügel des Montmartre in Paris entdeckt wurden. Zusammen mit andern halbäffischen Fossilien belegt dieser Fund, dass tropische Primaten ehedem nicht nur in Nordamerika, sondern ganz allgemein in den weiten Tropenregionen verbreitet waren, die damals das Bild der Erde prägten, auch das von Mitteleuropa und von Asien. Als

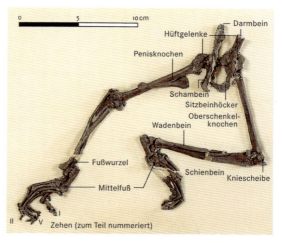

Auch in Deutschland sind frühe Primaten aus dem Eozän gefunden worden, wie diese Hintergliedmaßen eines **Adapiden** aus der Ölschiefergrube von **Messel** bei Darmstadt.

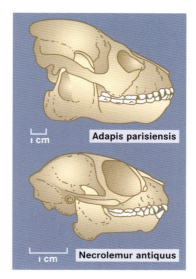

Adapis parisiensis ist wahrscheinlich ein Vorläufer der heutigen Lemuren. **Necrolemur antiquus** weist einige anatomische Ähnlichkeiten mit den heutigen Tarsiern auf.

Überfamilie der Lemuroidea sind die Nachfahren jener Primaten heute ausschließlich auf Madagaskar beheimatet.

Ein anderer stammesgeschichtlicher Zweig führt vom Ausgangspunkt der Adapidae zu den afrikanischen Galagos oder Buschbabys einerseits sowie zu den Loris anderseits, die in unseren Tagen als Pottos in Afrika und beispielsweise als Plumploris in Südostasien leben. Dabei zeigen Fossilien, die etwa 18 bis 20 Millionen Jahre alt sind und in Afrika gefunden wurden, dass diese Aufspaltung in die heutigen Teilordnungen Lemurenverwandte und Lorisverwandte offenkundig bereits im Miozän erfolgt war.

Während von Vertretern Letzterer, genauer der Familie der Lorisidae, immerhin einige wenige fossile Überreste gefunden wurden, bleibt die Stammesentwicklung der Lemuren von den oligozänen Zeiten der Adapidae bis zu sehr jungen pleistozänen Fundschichten bislang völlig im Dunkeln. Das schlägt sich auch in Entwürfen von Stammbäumen nieder, wenn beispielsweise einige Fachleute ein anderes Bild als das von uns skizzierte zeichnen, indem sie letztlich auch die Affen als von Verwandten der Adapidae, den Ahnen der heutigen Lemuren, abstammend annehmen. In diesem Fall jedoch fände die große Übereinstimmung zwischen den Merkmalen der Omomyidae und insbesondere der Neuweltaffen keine andere Erklärung, als dass diese Charakteristika aufgrund ähnlich gerichteter natürlicher Auslese im Verlauf der Evolution zufällig zweimal entstanden sein müssten.

Zum Ursprung der Affen

Bei der Klärung der Beziehungen zwischen Halbaffen wie den Lemuren einerseits sowie den Affen der Neuen und der Alten Welt anderseits geht es um mehr als nur um wissenschaftliche Haarspalterei. Da nämlich die Abstammung des Menschen aus der genealogischen Linie der Affen inzwischen als gesichert gilt, sind es letztlich auch die Wurzeln seiner Evolution, auf die eine solche Frage zielt. Um sie zu beantworten ist es notwendig, die Kriterien für eine systematische Abgrenzung äffischer und halbäffischer Merkmale zu diskutieren und zu werten.

Halbaffen und Affen

Im Allgemeinen sind die Halbaffen oder Prosimiae durch einen feuchten Nasenspiegel gekennzeichnet, wie ihn beispielsweise alle Raubtiere und damit auch die Hunde besitzen. Nach einer andern Systematik werden die Halbaffen wegen der in der Nasenspitze befindlichen schlitzförmigen Nasenlöcher auch Strepsirhini genannt.

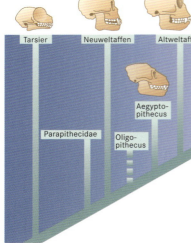

Verwandtschaftsbeziehungen von Affen einschließlich des Menschen und einiger ausgestorbener Formen. In diesem als **Kladogramm** bezeichneten Schema kommen die Verwandtschaftsbeziehungen durch die Lage der Verzweigungspunkte zum Ausdruck.

AN DER NASE SIND SIE ZU ERKENNEN

Der Bau der Nase ist ein in seiner Bedeutung für die systematische Einordnung nicht zu unterschätzendes Merkmal: So ähnelt die Nase der Halbaffen (Beispiel: Echter Maki) mit dem Nasenspiegel der Nase der meisten Säugetiere. Bei den Neuweltaffen (Beispiel: Kapuziner) sind die Nasenöffnungen meist rundlich geformt. Sie sind durch eine breite Scheidewand getrennt, und das Nasen-Lippen-Feld ist behaart. Die Nasenöffnungen der Altweltaffen (Beispiel: Gorilla) wiederum sind nach vorne gerichtet und liegen, nur durch eine schmale Scheidewand getrennt, dicht nebeneinander.

Echter Maki

Kapuziner

Gorilla

Den Halbaffen werden die Affen oder Simiae gegenübergestellt, die durch den Verlust des Nasenspiegels und eine einheitliche äußere Nase mit normaler Gesichtshaut charakterisiert sind. In der andern eben erwähnten Systematik werden sie daher auch als Haplorhini bezeichnet. Hierbei handelt es sich um die systematische Kategorie der höheren Primaten. Weil es umgangssprachlich und auch in der deutschen Fachterminologie außer »Halbaffen« und »Affen« keinen weiteren Begriff gibt, müssten in dieser Hinsicht die Tarsier den Affen zugerechnet werden, obgleich sie einige Merkmale aufweisen, die isoliert betrachtet eine Zuordnung zu den Halbaffen erlauben würde. Damit aber drängt sich die Frage nach andern Kriterien auf, die eine eindeutige Zuordnung der Tarsier ermöglichen.

Die Tarsier als Halbaffen?

Die Tarsier haben keine knöcherne Verwachsung der rechten und linken Unterkieferhälfte. Hierin stimmen sie mit den Halbaffen, den Lemuren und Lorisverwandten, überein, bei denen beide Kieferhälften ebenfalls nur elastisch durch eine Knorpelplatte in der Nähe des Kinns verbunden sind. Als Kriterium zur Einordnung der Tarsier ist dieses Merkmal allerdings seit neuestem hinfällig, besitzen doch auch die jüngst entdeckten frühesten und wohl ursprünglichsten Affen, Eosimias aus China und Catopithecus aus El-Faijum, eine nicht verknöcherte Verwachsungsstelle der Unterkieferhälften.

Auch ihre relativ einfach strukturierte Hirnrinde spricht nur scheinbar für eine Charakterisierung der Tarsier als Halbaffen, da die Tiere zum einen nur halb so groß wie Ratten und zum andern nachtaktiv sind. Nachtaktive Säugetiere besitzen in der Regel einfachere,

Viele Säugetiere besitzen noch ein sehr ursprüngliches Sinnesorgan, das schon bei Reptilien vorhanden ist. Dieses **Jacobson-Organ** befindet sich ganz vorn im Gaumendach, unmittelbar hinter den Schneidezähnen. Wenn Schlangen züngeln, stecken sie die Zungenspitzen in die Taschen des Jacobson-Organs, um zu prüfen, ob sich Duftstoffe im Speichel der Zungenspitze gelöst haben. Bei den Halbaffen ist dieses Organ noch vorhanden. Der Nasenspiegel sondert einen zarten Schleimfilm ab, der in der Oberlippenspalte in den Mundraum fließt. In ihm gelöste Duftstoffe werden vom Jacobson-Organ wahrgenommen.
Beim Menschen gibt es noch zwei Relikte, die beweisen, dass unsere frühen Vorfahren einmal einen solchen Sinnesapparat besaßen: Die kleine Rinne zwischen Nase und Oberlippe, das Philtrum, ist die Verwachsungsnaht der ehemaligen Kerbe, die den Schleim des damals vorhandenen Nasenspiegels dem Jacobson-Organ zuleitete. Dessen Überbleibsel wiederum ist als kleiner Höcker mit der Zungenspitze unmittelbar hinter den oberen Schneidezähnen am vorderen Ende der Gaumenmitte fühlbar.

Äußere Gestalt eines Tarsiers (Sundakoboldmaki). Die Kopf-Rumpf-Länge beträgt etwa 13 cm, das Gewicht um 120 g. Der **Sundakoboldmaki** ist ein dämmerungs- und nachtaktiver Bewohner tropischer Regenwälder.

äußerlich glattere Gehirne als tagaktive Verwandte. Zudem sind die Hirnrinden der ähnlich kleinen, sogar tagaktiven südamerikanischen Zwergseidenäffchen ebenfalls sehr einfach gebaut und zeigen nahezu kein Furchenbild auf der Oberfläche. Daraus kann abgeleitet werden, dass die Gestalt des Gehirns solcher Lebewesen vor allem gut zu ihrer Körpergröße und Lebensweise passt und demnach nichts Wesentliches über ihren Status als Halbaffe oder Affe aussagt.

Vergleichbares gilt für die Putzkrallen an den zweiten und dritten Zehen, die einigen Forschern Anlass gegeben haben, die Tarsier zu den Halbaffen zu stellen. Diese Besonderheit wird kaum als entscheidendes Kriterium für eine solche Zuordnung ausreichen, denn es gibt kaum eine Tiergruppe, die nicht ebenfalls alte, ursprüngliche Merkmale beibehalten hätte, und es gehört geradezu zum Wesen der Evolution, auf altem Erbmaterial aufzubauen.

Die Tarsier als Affen?

Es lässt sich jedoch bei den Tarsiern eine ganze Reihe von Merkmalen ausmachen, die es plausibler erscheinen lassen, diese Primaten nicht zu den Prosimiae zu stellen, sondern sie, wie es das Fehlen eines feuchten Nasenspiegels nahelegt, den Affen zuzuordnen. Damit sind nicht nur die genetischen Übereinstimmungen der Tarsier mit den übrigen Haplorhini gemeint, die erst in den letzten zwanzig Jahren festgestellt wurden oder auch molekularbiologische Untersuchungen an einer Reihe von Proteinen, die gleichsinnige Ergebnisse erbrachten. Vielmehr sind bereits die morphologischen Gemeinsamkeiten offenkundig. So weisen die Augen der Tarsier einen eingesenkten, winzigen Bereich schärfsten Sehens in der Netzhaut auf, wie ihn auch alle Affen und

Schädel und linker Unterkiefer von **Catopithecus browni** aus eozänen Schichten in El-Faijum. Auffällig ist der große Eckzahn.

die Menschen besitzen, was die Zuordnung zu den Haplorhini stützt. Zugleich legt das Vorhandensein einer solchen zentralen Sehgrube (Fovea centralis) eine Abstammung der rezenten, nachtaktiven Tarsier von ehemals in der Tageshelligkeit lebenden Formen nahe, da dieses Merkmal sehr regelhaft bei den tagaktiven Primaten vorkommt. In diese Richtung weist auch, dass ausgerechnet so extrem angepassten Nachttieren wie den Tarsiern jene reflektierende Schicht im Augenhintergrund, das Tapetum lucidum, fehlt, die allgemein »Katzenaugen« kennzeichnet und die Affen und Menschen ebenfalls nicht besitzen. Wie bei diesen ist daneben das so genannte Jacobson-Organ bei Tarsiern zwar anatomisch noch vorhanden, funktionell jedoch nahezu vollständig reduziert.

Das Fehlen eines feuchten Nasenspiegels ist das besondere Kennzeichen, das die **Tarsier** mit den Affen gemeinsam haben und das sie von allen Halbaffen unterscheidet.

Außerdem ist Tarsiern und höheren Primaten die Lage der Siebbeinplatte mit dem dort aufliegenden vordersten Teil des Riechnervs gemeinsam, die sich bei beiden über der knöchernen Nasenscheidewand befindet. Auch das Stirnbein weist Übereinstimmungen mit dem der übrigen Haplorhini auf. Während Halbaffen eine Schädelnaht zwischen den beiden Scheitelbeinen besitzen, verwächst diese Naht bei Affen und Menschen in der Regel frühzeitig knöchern. Bis auf eine winzige, kurze Naht an der Nasenwurzel ist sie dann unsichtbar, und das Stirnbein reicht über die ganze Breite des Kopfs.

Tarsier haben ebenfalls ein knöchern verschmolzenes Stirnbein und ähneln hierin am ehesten den meisten Menschen, da bei ihnen ebenfalls ein kurzer Nahtbeginn nahe der Nasenwurzel noch längere Zeit sichtbar bleibt. Eine weitere Parallele zwischen Tarsiern und Affen besteht darin, dass die beiden inneren Halsschlagadern jeweils ihren Weg im vorderen Teil des Mittelohrs am Rand der Paukenhöhle entlang nehmen, während bei verschiedenen Strepsirhini unterschiedliche, jedoch stets hiervon abweichende anatomische Verhältnisse vorliegen.

Auch embryologische Argumente für eine Zuordnung der Tarsier zu den Affen drängen sich auf. Bereits der Beginn ihres Individuallebens grenzt sie deutlich von den Lemuren und den Lorisverwandten ab, indem sich das befruchtete Ei in die Gebärmutterschleimhaut einnistet und sich bestimmte Fruchthüllen (Allantois) bilden. Darüber hinaus unterscheiden sich die funktionelle Anatomie des Mutterkuchens (Plazenta) sowie seine Position in der Gebärmutter (Uterus) erheblich von derjenigen der Halbaffen. Auch im männlichen Geschlecht gibt es Gemeinsamkeiten mit den Simiae, insbesondere mit deren südamerikanischen Vertretern, die augenfällig sind. Lage sowie Verlauf des Samenkanals und die anatomischen Lagebeziehungen zur Prostata (Vorsteherdrüse) stimmen mit den Gegebenheiten bei den andern Haplorhini überein, nicht aber mit denen bei den Lemurenverwandten.

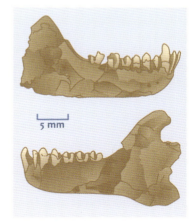

Rechter (oben) und linker Unterkiefer von **Eosimias centennicus,** beide von der Backenseite her gesehen (bukkal).

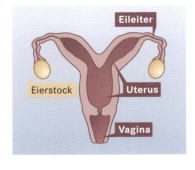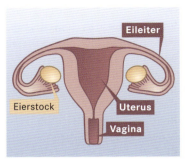

Die Halbaffen besitzen einen zweihörnigen **Uterus** (links), der einfache Uterus (rechts) gilt als Merkmal der Affen. Es ist jedoch unbekannt, ob andere frühe Affen ebenfalls bereits einen einfachen (einräumigen) Uterus besaßen und wann dieser in der Evolution erworben wurde.

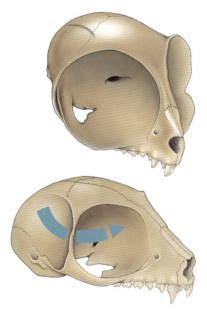

Der Schädel des **Mausmakis** (unten) zeigt zwei halbäffische Merkmale, die dem Schädel des **Tarsiers** (oben) fehlen. Die dünne Knochenspange, die die Augenhöhle bei den Halbaffen nur seitlich begrenzt (der blaue Pfeil deutet die Öffnung nach hinten an), ist bei den Affen knöchern verschlossen. Als Merkmal der Halbaffen gilt ferner ein paariges Stirnbein. Bei den Tarsiern ist, ähnlich wie bei den meisten Menschen, über dem Nasenbein nur ein kurzer Beginn dieser Stirnbeinnaht zu erkennen. Dieses unpaare Stirnbein gilt als Merkmal der Affen.

Tarsioidea – Überfamilie auf der Grenze

Differenzierter zu betrachten ist die Anatomie der weiblichen Geschlechtsorgane, denn die Gebärmutter (Uterus) der Tarsierweibchen ist noch beidseitig ausgestülpt, worin sie zunächst dem zweihörnigen Uterus der Halbaffen ähnelt – wie übrigens auch dem der Huftiere. Doch haben wir es mit einer rundlich-birnenförmigen, einfachen Höhlung für die Aufnahme des Embryos und des relativ großen Fetus zu tun, was wiederum der Gebärmutter der Affen und Menschen entspricht. Ferner kann man nicht ausschließen, dass die beiden erwähnten frühen, ausgestorbenen Gattungen Catopithecus und Eosimias, die anhand anderer Charakteristika eindeutig den Affen zugeordnet werden können, ebenfalls einen zweihörnigen Uterus besaßen. Deswegen kann dessen Form kaum über die Stellung der Tarsier in der zoologischen Systematik mitentscheiden. Wie die Putzkrallen ist sie als ursprüngliches oder, in der Sprache der Systematiker ausgedrückt, primitives Merkmal zu verstehen, das sich bei den Tarsiern im Lauf ihrer Evolution erhalten hat.

Auch beim Gebiss mischen sich konservative und neu erworbene Merkmale der Tarsier zu einem bunten Bild. So sind ihre oberen Schneidezähne einfach geformt und konisch spitz, womit sie sich beispielsweise zum Durchlöchern von Insektenpanzern bestens eignen. Sie unterscheiden sich aber noch von den Zahnformen der Neuweltaffen, die bereits spatelförmige Schneidezähne mit einer Schneidekante besitzen oder besondere Formen erworben haben, die ihrer Nahrungsgewinnung, dem Beknabbern von Baumrinden, entsprechen. Hierin also erweist sich das Gebiss der Tarsier als ursprünglich. Anders als bei den Lemuren und übrigen Halbaffen bilden bei den Tarsiern das eine untere Schneidezahnpaar und die Eckzähne keinen Zahnkamm – eine Form übrigens, von der ausgehend es keiner großen Umgestaltungen bedurft hätte, um die Knabberzähne der südamerikanischen Krallenäffchen zu entwickeln, die es diesen ermöglichen, sich auch von Baumharz zu ernähren. Vergleichbares gilt, wenn man die oberen Backenzähne der Tarsier neben die der ältesten fossilen Neuweltaffen (Branisella) stellt: In beiden Fällen sind diese Zähne vierhöckrig, was der Zahngestalt beispielsweise der losiriden Halbaffen entspricht. Der vierte Höcker, der so genannte Hypoconus, ist bei Tarsiern und Branisella übereinstimmend schwach ausgeprägt. Mit den meisten Affen haben die Tarsier zudem gemein, dass die Prämolaren des Dauergebisses anders als bei den Halbaffen zeitlich vor dem dritten Molar, dem Weisheitszahn, durchbrechen.

Noch ein weiteres Merkmal deutet auf die entwicklungsgeschichtliche Grenzstellung der Tarsier hin: die Augenhöhlen. Diese sind bei den Halbaffen nur seitlich und lediglich von einer Spange knöchern begrenzt, nach hinten, gegen die Kaumuskulatur der Schläfe, aber offen. Bei den Affen und beim Menschen dagegen werden die Augenhöhlen, abgesehen von einer seitlichen Randverstärkung, nach hinten von einer dünnen Knochenschicht abgegrenzt und sind zur Schläfe hin geschlossen. Tarsier weisen eine stark verbreiterte, die Augenhöhle fast gänzlich abschließende Knochenspange auf, was diese offenkundig als fortgeschrittenen Übergang zur Anatomie der Affen kennzeichnet.

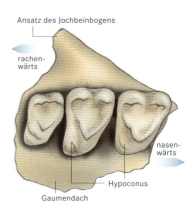

Die oberen rechten **Backenzähne von Branisella,** dem ältesten Fossil eines südamerikanischen Affen.

Die Tarsier als Schlüssel zum menschlichen Stammbaum

Tarsier, so wäre als Fazit festzuhalten, verbinden ursprüngliche und moderne Eigenschaften, was sie entwicklungsgeschichtlich als Übergangsform ausweist. Zugleich ist es von höchstem systematischem Interesse, sie zu den Haplorhini und damit zu den Affen zu zählen. So konnte bei dem Versuch, den Stammbaum des Menschen zu entwickeln, zunächst auf die beiden frühen Primatenfamilien der Adapidae und Omomyidae verwiesen werden; die Verbindung der Haplorhini zu diesen musste dahingestellt bleiben. Die Reihe ihrer Ahnen brach gewissermaßen ab mit den etwa 40 bis 45 Millionen Jahre alten Funden von Eosimias aus China sowie den rund 35 Millionen Jahre alten Funden der Propliopithecidae in El-Faijum, die nach dem Kenntnisstand zu Beginn der 1990er-Jahre als früheste Vorläufer der Affen galten.

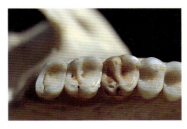

Vierhöckrige Backenzähne des linken Oberkiefers eines heutigen **Wollaffen.**

Da nun die Tarsier offenbar zusammen mit den übrigen Primaten der Kategorie Haplorhini angehören und deren Ahnen in den tarsiiformen Vorläufern aus der Familie der Omomyidae erkannt werden können, so folgt daraus nicht allein, dass sowohl die Tarsier als auch alle andern Affen sich aus derselben Stammgruppe entwickelt und erst später in verschiedene Äste getrennt haben. Vielmehr, und das ist in diesem Zusammenhang entscheidend, reichen damit die frühesten Formen der Haplorhini offenkundig sehr viel weiter zurück als bisher angenommen. Denn in den tarsiiformen Vorläufern existierten sie hiernach bereits vor etwa 55 Millionen Jahren. Dabei erreichten die Omomyidae, die tarsierähnliche Primatenfamilie des Eozän, in den damals tropischen Wäldern Nordamerikas eine beachtliche Artenfülle. In Europa sind darüber hinaus vier Gattungen aus dem mittleren und oberen Eozän sowie die auch in Nordamerika beheimatete Gattung Teilhardina im unteren Eozän bekannt. Diese ist in mehrfacher Hinsicht noch sehr ursprünglich. So weist sie sogar noch vier Prämolaren auf, wenngleich der erste davon winzig ist. In 40 Millionen Jahre alten Schichten des späten Eozän in Frankreich wurden Fossilien gefunden, die der Gat-

Fundstelle von **Eosimias centennicus** in China (rotes Dreieck).

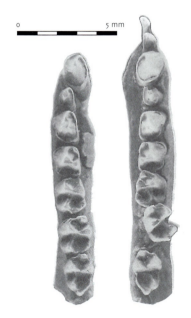

Linker (A) und rechter (B) Unterkiefer von **Eosimias centennicus** von oben gesehen (Stereobildpaar zur räumlichen, stereoskopischen Betrachtung).

tung Necrolemur zugeordnet werden konnten. Sie weist einige anatomische Ähnlichkeiten mit den heutigen Tarsiern auf. John Fleagle und einige andere Paläontologen halten es für durchaus möglich, dass es sich hierbei um frühe Haplorhini handelt. Necrolemur ist Mitglied der Unterfamilie Microchoerinae innerhalb der Omomyidae, die möglicherweise die direkten Vorläufer der Breitnasen- und der Schmalnasenaffen stellte. Einige Fachleute schätzen Anzahl und Beweiskraft der bis jetzt vorliegenden Funde jedoch als noch zu gering ein, als dass diese Version unseres Stammbaums als völlig gesichert gelten könnte.

Festzuhalten bleibt, dass die frühesten Ahnen des Menschen nicht nur, wie zunächst vermutet, in Nordafrika und im heutigen China lebten, sondern auch im übrigen Asien, in Nordamerika und Europa. Ihre ursprünglichsten Nachfahren sind die heute in den Regenwäldern Südostasiens lebenden, den Haplorhini zuzurechnenden Tarsier. Die ältesten afrikanischen Tarsier, die bislang gefunden wurden, die Gattung Afrotarsius aus dem Oligozän, sind spätere, ausgestorbene Abkömmlinge der Omomyidae.

Bei der **Einteilung der Primaten** scheinen die Tarsier je nach den zugrunde gelegten Kriterien den Halbaffen näher zu stehen (Einteilung in Prosimiae und Simiae) oder den Affen (Einteilung in Strepsirhini und Haplorhini).

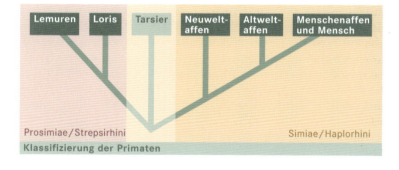

Klassifizierung der Primaten

Der Weg zu den Menschenaffen

Für jene zoologische Systematik, in der zwischen Strepsirhini und Haplorhini unterschieden wird, beginnt die spezifische Ahnenreihe der Affen und damit auch diejenige des Menschen sich mit den Tarsiiformes auszuprägen. Angesichts einer je nach Untersuchungsgebiet zum Teil äußerst unbefriedigenden Fundlage ist die paläontologische Forschung jedoch immer wieder auf Interpretationen angewiesen. Diese können, beispielsweise abhängig von der Gewichtung einzelner Merkmalsausprägungen, zu recht unterschiedlichen Schlüssen führen.

Der **Djebel Katrani** nördlich der Oase El-Faijum in der Libyschen Wüste in Ägypten.

Wann und in welchem Erdteil traten nun die ersten simischen Primaten, also die ersten Affen auf? Die Suche nach der Antwort auf diese Frage gestaltete sich in der ersten Hälfte der 1990er-Jahre fast so spannend wie ein Kriminalfall.

Die ersten Simier

Noch nach dem Wissensstand von 1993 galt es – aufgrund von Funden aus Nordafrika – als sicher, dass die ersten eindeutig bestimmbaren äffischen oder simischen Primaten in der Zeit des Oligozäns, das heißt vor 25 bis 38 Millionen Jahren und damit etwa 30 Millionen Jahre nach den ersten Prosimiae lebten. Zwar lagen zwei fossile Bruchstücke aus Asien vor, Fragmente der Gattungen Pondaungia und Amphipithecus aus Birma, die mit etwa 40 Millionen Jahren der vorausgehenden Epoche des Eozäns zuzurechnen und damit etwas älter sind. Doch diese Unterkieferbruchstücke mit nur wenigen Zähnen sind so winzig, dass sie kaum interpretiert werden konnten. Fest steht lediglich, dass es sich dabei um Überreste von Primaten handelt, die den Strukturen der Zahnkronen nach zu urteilen, Frucht- oder Mischesser mit einer Körpermasse von etwa 6 bis 10 Kilogramm waren. Eine genauere Zuordnung lassen die seit 60 Jahren bekannten kleinen Fragmente nicht zu, weshalb sie isoliert und ohne Ergänzung und schließlich ohne Bedeutung für die Erforschung unserer frühen Evolution geblieben sind.

Anders verhält es sich mit den Funden, die im Norden der Oase El-Faijum in der Sahara gemacht wurden. Vielfältige Fossilien aus

Der **Nachtaffe** (Aotus trivirgatus) lebt in Südamerika. Mit seinen großen Augen ist er gut an das Nachtleben angepasst.

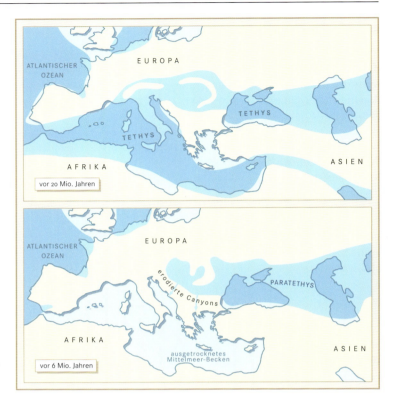

Die **Tethys** war eine in der Zeit vom Paläozoikum bis in das Alttertiär vom Mittelmeerraum bis nach Südostasien verlaufende Meereszone. Aus den abgelagerten Sedimenten entstanden während der alpidischen Gebirgsbildung die Hochgebirge Südeuropas, Nordwestafrikas, Vorder-, Süd- und Südostasiens. Ein Rest der Tethys ist das Mittelmeer.

dem Oligozän vermitteln hier nicht nur ein relativ umfassendes Bild der Affenfauna dieses Gebiets, sondern geben zugleich Aufschluss über deren Evolutionsgeschichte. So kann ein rätselhafter Einzelfund in die Gattung Oligopithecus gestellt werden, die möglicherweise einer eigenen Familie angehört. Die übrigen Funde sind den beiden Familien Parapithecidae und Propliopithecidae zuzuordnen. Diese werden mit Sicherheit als entwicklungsgeschichtlich fortschrittlicher eingestuft als die tarsiiformen Primaten und waren ihrer Augengröße nach zu urteilen wahrscheinlich tagaktiv. Gleiches gilt für fast alle späteren Neuweltaffen, die nahezu durchgängig den Bautyp eines tagaktiven Primaten mit seinen anatomischen und physiologischen Merkmalen zeigen, und selbst die einzige nachtaktive Art, der Nachtaffe Aotus, besitzt Eigenschaften, die eine Abstammung von tagaktiven Vorfahren als möglich erscheinen lassen. Weil die Merkmalskombination, die die Primaten von El-Faijum aufweisen, überdies ausnahmslos auf alle Altweltaffen sowie auf Menschen zutrifft, sind beispielsweise Elwyn Simons und John Fleagle, zwei hauptsächlich in der Djebel-Katrani-Formation im Norden von El-Faijum arbeitende Paläontologen, selbst 1995 noch davon überzeugt gewesen, damit die Überreste der ältesten Affen nachgewiesen zu haben. Deren damals entstandene Morphologie wäre demnach in ihren wesentlichen Zügen bis zum heutigen Menschen beibehalten worden.

Klimatische und ökologische Situation

Zu Beginn des Oligozäns war das Djebel-Katrani-Gebiet warm und feucht. Sowohl tierische als auch pflanzliche Fossilien weisen auf ein tropisches Klima mit Sümpfen und Wasserläufen, toten Armen mit stehendem Wasser sowie tropischem Feuchtwald hin, in dem unter anderm die frühen Affen lebten. Diese waren im Vergleich zu andern Säugetieren relativ häufig, wobei für die Fauna des Oligozäns typisch ist, dass zusammen mit den Affen zahlreiche verschiedene Nagetiere und Insektenfresser auftraten. Die Besetzung der vielen damals neuen ökologischen Nischen durch die unterschiedlichsten Vertreter der Säugetiere hatte also schon stattgefunden.

Im weiteren Verlauf des Oligozäns kühlte sich das Klima auf der Erde stark ab. Dieser Umstand verhalf den Nagetieren zu einer sprunghaft einsetzenden, heute noch andauernden Blütezeit. Mit ihrer anpassungsfähigen, auf viele Nachkommen ausgelegten Fortpflanzungsstrategie machten die Nagetiere den Primaten in allen Klimabereichen, besonders aber in den gemäßigten und kälteren Zonen erfolgreich Konkurrenz.

Heute ist das Djebel-Katrani-Gebiet ein endlos erscheinendes Wüstengebiet. Viele der dort gefundenen versteinerten Reste brauchten nicht erst ausgegraben zu werden, sondern waren vom Wüstenwind allmählich freigelegt zu worden. Besonders ergiebig an Fossilien waren so genannte Koprolithenbänke. Damit sind Ansammlungen des versteinerten Kots von Krokodilen gemeint. Die harnsäurehaltigen und daher weißen Koprolithen leuchten heute dort weithin sichtbar in der Landschaft, wo in der Vorzeit viele Krokodile in der Sonne ruhten. In ihrer Nähe sind damals zahlreiche Tiere im Sumpf verendet und gewissermaßen im Schlamm eingesiegelt worden, oder sie wurden von Krokodilen erbeutet, im Schlamm vergraben und dann von den Raubechsen gelegentlich dort vergessen. Daher erweisen sich solche Bänke als besonders fossilienträchtig.

Parapithecidae kommt aus dem Griechischen und bedeutet »die neben den Affen Stehenden«.

Die Parapithecidae

Zu den reichhaltigen Fossilienfunden jenes Gebiets gehören auch die Überreste der Parapithecidae, einer der beiden Familien früher Affen, die anhand der Funde von El-Faijum identifiziert werden konnten. Sie weisen eine Reihe von Merkmalen auf, die sonst nur bei südamerikanischen Affen zu finden sind. Ihre beiden Unterkieferhälften sind ebenfalls vorn knöchern verschmolzen. Sie besitzen, neben den Schneidezähnen, dem Eckzahn und drei Molaren auch – wie nur die Affen der Neuen Welt – drei Prämolaren je Kieferhälfte. Damit passen die Parapithecidae gut in die Vorfahrenreihe der Neuweltaffen. Die für diese typischen Merkmale wären dann weiterentwickelt, ursprüngliche Kennzeichen des Ahnen, wie beispielsweise die Gestalt des hintersten Prämolars, jedoch abgelegt worden.

Da die Parapithecidae insgesamt eine bunte Kombination von Zügen südamerikanischer und altweltlicher Affen mit halbäffischen

Ein Vertreter der ältesten, bereits im Alttertiär wieder ausgestorbenen afrikanischen Schmalnasenaffen war **Parapithecus fraasi.**

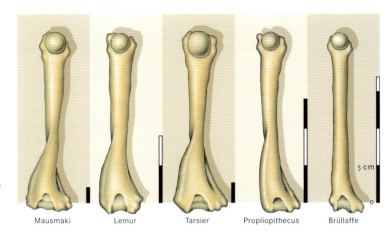

Linke **Oberarmknochen** verschiedener Primaten von hinten gesehen.

Mausmaki — Lemur — Tarsier — Propliopithecus — Brüllaffe

Der Schädel von **Aegyptopithecus zeuxis** erinnert an den eines Affen, seine Zähne ähneln denjenigen von Menschenaffen.

Propliopithecus haeckeli ist ein Vor-Menschenaffe aus dem Altoligozän Ägyptens.

Merkmalen zeigen und sie unter anderm nähere Beziehungen zu Ahnen der heutigen Tarsier aufweisen, interpretieren einige Wissenschaftler die Verwandtschaft zu den Neuweltaffen etwas vorsichtiger. Wo sie eine solche Verbindung ziehen, verstehen sie die Parapithecidae als eine primitive Stammgruppe der Simiae oder Anthropoidea, aus der sich letztlich sowohl die südamerikanischen als auch die Affen der Alten Welt entwickelt hätten.

Grundsätzlich wäre auch ein anderer Knotenpunkt dieser Verzweigung und damit eine spätere Abstammung der Neuweltaffen von Nachfahren aus diesem Genpool denkbar, doch stieße diese alternative These auf erdgeschichtliche Probleme, da die Trennung von Afrika und Südamerika im Oligozän bereits erfolgt war. Wie aber sollten solche das Wasser meidenden Tiere den immer weiter werdenden Weg über das Meer zurückgelegt haben? Somit ist die Frage der Evolution der Neuweltaffen noch nicht hinreichend geklärt, insbesondere nicht das geographische Gebiet ihrer Entstehung.

Die Propliopithecidae

Die Individuen der zweiten Familie der El-Faijum-Primaten, die Propliopithecidae, waren vier bis acht Kilogramm schwer und werden aufgrund ihrer Merkmale gemeinhin als Früchteesser, die größeren Formen unter ihnen (zum Beispiel die Gattung Aegyptopithecus) auch teilweise als Früchte- und Blätteresser angesehen. Die großen Ansatzflächen für die Kaumuskulatur, die besonders bei älteren Männchen zur Ausbildung eines Knochenkamms entlang der Mitte des Schädeldachs führen, sind nur einer der in der Familie der Propliopithecidae deutlich ausgeprägten Geschlechtsunterschiede. Solche Unterschiede kommen bei Primaten häufig in von Männchen dominierten Sozialformen mit starker Konkurrenz im männlichen Geschlecht vor. Daneben kann man auch die schweren Körper und starken Eckzähne der männlichen Individuen in diesem Sinn interpretieren.

Die Propliopithecidae besitzen dasselbe Zahnschema wie alle Altweltaffen und der Mensch. Sie unterscheiden sich von den südamerikanischen Affen dadurch, dass nur noch die letzten beiden und nicht drei Prämolaren pro Kieferhälfte vorhanden sind. Gleich dem der Parapithecidae ist ihr Unterkiefer knöchern verschmolzen. Eine Augenhöhle, die wie bei allen Altweltaffen durch eine Hinterwand ganz geschlossen ist, sowie eine Ohrregion des Schädels, die derjenigen südamerikanischer Affen ähnelt, sind weitere äffische Merkmale der Propliopithecidae. Dagegen entspricht neben der Größe ihres Gehirns vor allem ihr Körperskelett weitgehend der Anatomie der Halbaffen. So zeigt etwa ein Vergleich der Oberarmknochen, dass derjenige der Propliopithecidae denen der beiden madagassischen Halbaffengattungen Varecia (auch »Lemur«) und Lemur (auch »Eulemur«) in seinen Proportionen nahe steht, von denen höherer Affen jedoch völlig verschieden ist.

Der im Wiener Becken gefundene **Pliopithecus vindobonensis,** ein Vertreter der Familie Pliopithecidae, hatte etwa die Größe eines Gibbons.

Ein solches Mosaik primitiver und fortschrittlicher Merkmale lässt die Propliopithecidae und deren am besten bekannte Art, Aegyptopithecus zeuxis, zumindest als recht gutes Modell der Vorfahren der späteren Altweltaffen und damit des Menschen erscheinen. Da ihre Familie zudem älter ist als die stammesgeschichtliche Aufzweigung in alt- und neuweltliche Affen und überdies bemerkenswerte Übereinstimmungen mit den Prosimiae zeigt, ist sie aus paläontologischer Sicht von besonderer Bedeutung. Sie deutet an, dass die in der Evolutionsgeschichte und systematisch zwischen den Halbaffen und den höheren Affen stehenden Tarsiiformes sowie die Neuweltaffen beide in dem entwicklungsgeschichtlich kurzen Zeitraum von nur 10 Millionen Jahren entstanden sein müssen. Hiernach lagen die Wurzeln der Tarsier, der Neuwelt- und der Altweltaffen (mit dem Menschen) offenkundig sehr nah beieinander, auch wenn die Fossildokumentation trotz der vielen Funde der letzten beiden Jahrzehnte nicht ausreicht, um die jeweiligen Äste des Stammbaums vollständig, das heißt über den Zeitraum von mehreren Zehnmillionen Jahren hinweg zu rekonstruieren.

Eine ignorierte Sensation

Ist bereits diese Deutung der Funde von El-Faijum von weit reichender Konsequenz für den Entwurf des menschlichen Stammbaums, so sind Teile der Forschung noch sehr viel weiter gegangen – freilich ohne sich Rechenschaft abzulegen über die Tragweite ihrer Interpretation. Die Rede ist von der Zuordnung der Propliopithecidae zu den Menschenaffen (Hominoidea), wie sie zu Anfang dieses Jahrhunderts durch deren Erstbeschreiber Max Schlosser vorgenommen wurde und der die frühen Affen ihren etwas zungenbre-

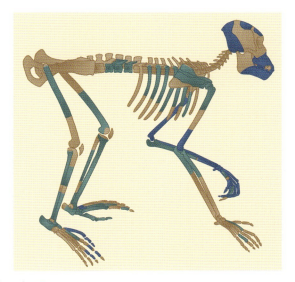

Ergänztes Skelett einer Art der Gattung **Proconsul.** Die grünen Partien sind die 1951 gemachten Funde, die blauen sind in Museumssammlungen aufgetauchte Fundstücke. Die braunen Teile sind bislang noch nicht gefunden.

Den Namen **Proconsul** verdanken die in Kenia gefundenen Fossilien einer kuriosen Verknüpfung. Zu der Zeit, als der Paläontologe Arthur Hopwood Proconsul erstmals beschrieb (1931), wurde in einem Londoner Varieté ein Schimpanse vorgeführt, der Anzug und Mütze trug, auf einem Fahrrad herumturnte und Pfeife rauchte. Dieser Schimpanse namens Consul inspirierte Hopwood, der davon überzeugt war, dass die Fossilien Reste einer neuen Ahnengattung der Schimpansen seien, zu dem wissenschaftlichen Namen Proconsul africanus.

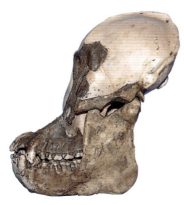

Der Schädel von **Sivapithecus indicus** wurde 1980 in den Siwalik-Ketten in Nordindien gefunden.

Schädel eines **Orang-Utans.** Die Kiefer und das Gebiss sind mächtig entwickelt.

cherischen wissenschaftlichen Namen verdanken. Man betrachtete sie als mögliche Vorfahren der Pliopithecidae, die aus etwa 10 Millionen Jahre alten Fundschichten des Miozäns, unter anderm aus Tschechien, bekannt sind und als primitive Vorläufer der heutigen Gibbons angesehen wurden. Diese Auffassung teilten, vor dem Hintergrund ihrer eigenen umfangreichen Funde, nicht zuletzt die Paläontologen Elwyn Simons und John Fleagle noch bis in die 1980er-Jahre. Ihre Argumentation stützte sich auf eine recht genaue Analyse der Zahnmorphologie, bezog allerdings die Anatomie des übrigen Schädels und des weiteren Skeletts zunächst nur zögernd in die Betrachtungen ein. Dabei galt Aegyptopithecus zwar als ein Menschenaffe, jedoch als ein außerordentlich ursprünglicher Vertreter der höheren Primaten, als eine Gattung, die ganz tief unten im Stammbaum und an der Schwelle zu den Affen anzusiedeln war.

Über Jahrzehnte hinweg stand allein die Beschreibung ihrer Ursprünglichkeit im Mittelpunkt der Diskussion um die systematische Zuordnung der Propliopithecidae – und darüber wurde die für alle Fachleute eigentlich offensichtliche Brisanz völlig außer Acht gelassen. Denn wenn die nach dieser Ansicht ursprünglichsten und frühesten Simiae, möglicherweise noch vor der Aufspaltung in Altwelt- und Neuweltaffen, Menschenaffen gewesen wären, so wären die späteren Menschenaffen und damit auch der Mensch Abkömmlinge eines primitiveren Zweigs am Primatenstammbaum als ursprünglich angenommen!

Dabei ist nun nicht die Einsicht als sensationell zu bewerten, dass der Mensch einer primitiven Stammform nahe stünde, ist doch die Entstehung sehr fortschrittlicher stammesgeschichtlicher Typen aus ursprünglichen Formen eher die Regel. Das wirklich Spannende an dieser Interpretation der Propliopithecidae ist vielmehr, dass hiernach sämtliche Nicht-Menschenaffen – ob südamerikanische Krallenaffen und Klammeraffen oder altweltliche Makaken und Paviane – mit allergrößter Wahrscheinlichkeit von Menschenaffen abstammen würden.

Wenn diese ebenso haarsträubende wie unvermeidliche Konsequenz von Fachleuten trotzdem nicht gezogen und stattdessen die ursprüngliche Natur der Propliopithecidae in den Vordergrund gestellt wurde, so vielleicht deshalb, weil jene Schlussfolgerung in ihrer Tragweite »undenkbar« war. Unter deren Eindruck verfolgte die Wissenschaft mit der Beschreibung der Merkmale der Propliopithecidae möglicherweise eine unbewusste Vermeidungsstrategie. Denn diese als ursprüngliche Affen, mit nur zum Teil menschenäffischen Zügen, einzuordnen, ist viel weniger »explosiv«, als sich auf eine eindeutige Zuordnung zu den Menschenaffen – mit all ihren Konsequenzen – einzulassen.

Verblüffend ist, dass die ursprüngliche stammesgeschichtliche Stellung der Propliopithecidae in den Lehrbüchern ihren Niederschlag fand, ihre durch Elwyn Simons vorgenommene systematische Zuordnung in unmittelbare Nähe der heutigen Menschenaffen jedoch recht konsequent übergangen wurde. So blieb eine von fast niemandem geteilte Hypothese, trotz der Berühmtheit der Funde von El-Faijum, etwa drei Jahrzehnte lang unwidersprochen. Erst nach erneuten Funden aus China und El-Faijum wurde die Erwägung einer menschenaffenähnlichen Vorfahrenschaft aller Affen wohl auch von Simons fallen gelassen.

Die Menschenaffen des Miozäns

Mit dem Ende des Oligozäns vor etwa 24 Millionen Jahren wurde das Weltklima wieder deutlich wärmer. Die Arabische Platte hob sich über den Meeresspiegel, und das Gebiet des heutigen Mittelmeers fiel zumindest zeitweise völlig trocken, womit die Tethys endgültig verschwunden war. Im anschließenden Zeitalter des Miozäns wurde mit der Ausdifferenzierung vieler, vor allem aber mit der Entwicklung der noch heute existierenden Typen von Menschenaffen die Evolution des Menschen im engern Sinn vorbereitet. Nach entsprechenden Fossilfunden waren die Lebensbereiche dieser näher verwandten Ahnen auf den Nordosten und Osten Afrikas, den Vorderen Orient, auf Indien, Südostasien und Europa begrenzt.

Für die Evolutionsgeschichte des Menschen ist sicherlich die Gattung Proconsul von besonderer Bedeutung. Deren Arten lebten vor etwa 22 bis 17 Millionen Jahren im Osten Afrikas. Ihre Gewichtsspanne reichte von ungefähr 15 kg bei den Weibchen der kleinsten Art bis zu etwa 50 kg bei den Männchen der schwersten. Ihre Gliedmaßen besaßen die Proportionen derjenigen von Affen, die sich vierfüßig fortbewegen, und ähnelten denen beispielsweise der Rhesus- oder der Berberaffen. In erster Linie aber zeigt das durch viele Funde gut bekannte Skelett von Proconsul eine Reihe von Merkmalen der Menschenaffen, was vor allem für die Anatomie des Oberarmknochens, der Elle, des Wadenbeins und der Fußwurzelknochen sowie den fehlenden Schwanz gilt. Daher eignet sich Proconsul insgesamt problemlos als Modell für den ursprünglichen afrikanischen Menschenaffen, der die zum Menschen führende Linie der Primaten repräsentiert.

Ein Vorfahre verschwindet

Zwei Menschenaffen waren aufgrund früherer Funde in Pakistan nach den hinduistischen Göttern Rama und Shiva benannt worden, wobei vornehmlich die Ramapithecinen die Wissenschaftsgeschichte fast hundert Jahre lang dominierten. In ihnen wurde einer der wichtigsten Vorfahren des Menschen ausgemacht, und zahlreiche Fossilien aus Europa, Indien und China sind diesen frühen Menschenaffen zugeordnet worden. Es zeigte sich jedoch, dass das Fundmaterial genau besehen recht heterogen ist und nach entsprechenden Neubewertungen wahrscheinlich verschiedenen Arten zugeordnet werden muss. Vor allem aber ist inzwischen offensichtlich, dass es sich bei einem bedeutsamen Teil der den Ramapithecinen zugeschriebenen Fossilien um Überreste weiblicher Individuen von Sivapithecus handelt. Diese Gattung wird heute aufgrund ihrer Zähne sowie der Mund-Nasen-Partie in die verwandtschaftliche Nähe des

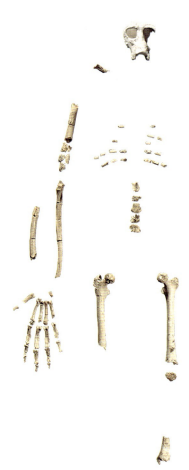

Die in den Jahren 1992 bis 1994 in Can Llobateres in Katalonien gefundenen Skelettteile von **Dryopithecus laietanus.** Diese Art war etwa schimpansengroß.

Der Name **Dryopithecus** bedeutet wörtlich »Eichenaffe«. Der französische Paläontologe Édouard Lartet, der 1856 die ersten Dryopithecus-Fossilien (Dryopithecus fontani) fand, wählte diesen Namen, da in gleichaltrigen und benachbarten Braunkohleschichten fossilisierte Eichenstämme gefunden worden waren.

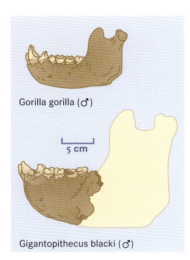

Vergleich der Unterkiefer von **Gigantopithecus blacki** und **Gorilla** (jeweils Männchen).

Gigantopithecus trägt seinen Namen »riesiger Affe« zu Recht. Die größere der beiden Arten, Gigantopithecus blacki, war der größte Affe, der je gelebt hat: Elf Zentner Lebendgewicht und eine Größe von drei Metern werden bei ausgewachsenen Männchen für durchaus möglich gehalten. Ein so großer, schwerer Primat lebte selbstverständlich auf dem Boden, wo er sich von festem Pflanzenmaterial ernährte. Sein Lebensraum waren offene Landschaften wie Grasland oder Savannen.

Orang-Utans gerückt und gehört somit nach jetzigem Kenntnisstand nicht in die direkte Vorfahrenschaft des Menschen. In ihr sind mit andern Worten die Mitglieder der Gattung Ramapithecus gewissermaßen aufgegangen – ein in der Paläontologie bisher einmaliger Vorgang. Doch obwohl die Ramapithecinen inzwischen keine Erwähnung mehr in den Lehrbüchern finden und die historische Bezeichnung nur noch in Anführungszeichen fortbesteht, sind die hier gemeinten Funde doch nicht bedeutungslos. Sie tragen vielmehr dazu bei, das Gesamtbild der menschlichen Stammesgeschichte innerhalb der evolutionsgeschichtlichen Forschung mit all ihren Nebenzweigen zu erhellen.

In besonderer Weise gilt das für zwei Vertreter aus der Familie der Sivapithecinen, für die Gattungen Dryopithecus und Gigantopithecus. Mit Dryopithecus fontani wurde etwa Mitte des 19. Jahrhunderts der älteste fossile Menschenaffe durch Funde aus Ungarn bekannt, und jüngst gelang Forschern mit Dryopithecus laietanus ein möglicherweise bedeutsamer Fund. Salvador Moyà-Solà und Meike Köhler, die diese Fossilien in den Jahren 1992 bis 1994 entdeckten und sie erstmals beschrieben, konstatieren eine stärker ausgeprägte Anpassung des frühen Menschenaffen an eine hangelnde oder hängend kletternde Lebensweise, als sie bei den heute lebenden afrikanischen Menschenaffen zu finden ist, weshalb wahrscheinlich von näheren verwandtschaftlichen Beziehungen zu den Orang-Utans auszugehen ist.

Zugleich erkennen die Wissenschaftler in den Überresten des etwa 9,5 Millionen Jahre alten Sivapithecus-Verwandten bereits starke Hinweise auf die Evolution einer aufrechten Körperhaltung, wobei die Hoffnung besteht, in noch ausstehenden Untersuchungen dieses Skeletts eine Verbindung zu andern Fossilien herstellen zu können, da außer Teilen des Schädels, der Wirbelsäule und der Rippen auch Arm- und Handknochen wahrscheinlich desselben Individuums sowie Teile eines Oberschenkelknochens und eines Schienbeins gefunden worden sind.

Gigantopithecus wurde von dem deutschen Anthropologen und Paläontologen Ralph von Koenigswald entdeckt, der auf erste Zeugnisse dieses – wie bereits der Name andeutet – riesigen Affen bemerkenswerterweise nicht bei Ausgrabungen stieß, sondern in chinesischen Apotheken, die dessen Zähne als Medizin feilboten. Die Datierungsschätzungen der heute vorliegenden Bruchstücke reichen von etwa 6 Millionen bis rund 300 000 Jahre zurück. Gigantopithecus lebte demnach zumindest eine Weile zeitgleich mit dem Frühmenschen (Homo erectus). Wann genau die beiden Arten von Gigantopithecus, die man inzwischen identifizieren konnte, ausstarben oder ob sie möglicherweise von Menschen ausgerottet worden sind, ist bislang unbekannt. Jedenfalls ist Gigantopithecus ein ganz naher spezialisierter Verwandter von Sivapithecus und somit wohl ebenfalls ein Abkömmling der Orang-Utan-Linie, der daher mit der zum Menschen führenden Hominidenentwicklung nichts zu tun hat.

Die ersten Hominiden

Die Evolution zum Menschen anhand der einschlägigen Fossilgeschichte im Einzelnen nachzuvollziehen ist noch immer ein spannendes und auch mit Schwierigkeiten verbundenes Unterfangen. So klaffte lange Zeit eine große Lücke zwischen zwei bedeutsamen Verzweigungspunkten unserer Stammesgeschichte. Es war zwar bekannt, dass sich vor etwa 5 bis 7 Millionen Jahren die Entwicklungslinie des Menschen von derjenigen der ihm heute nächstverwandten Menschenaffen trennte, doch existierten aus dieser Periode keine fossilen Reste unserer Vorfahren. Der Zeitpunkt der Aufspaltung konnte deshalb nicht genauer bestimmt werden. Es bestand daher die zentrale Frage, in welchen Schritten sich die Entwicklung hin zu diesem aufrecht gehenden Menschenartigen vollzogen hatte.

Ardipithecus ramidus – *der älteste Hominide*

Näheren Aufschluss hierüber erbrachte dann ein Fund, der im September 1994 in der Fachpresse beschrieben wurde. Sein Alter wurde mit 4,4 Millionen Jahren angegeben. Entdeckt hatte die Fossilien, um die es sich dabei handelte, am 29. Dezember 1993 Gada Hamed, ein Äthiopier, der zu dem Forschungsteam um Tim White gehörte. Sie waren eingebacken gewesen in den fossilreichen Boden am Oberlauf des Flüsschens Aramis in Äthiopien, eines Seitenarms des Flusses Awash, in dem außer Vormenschenfossilien viele andere versteinerte Primatenknochen, vornehmlich von Affen, nachgewiesen werden konnten. Mehrere Jahre lang waren hier die paläontologischen Schatzsucher gebückt in der flimmernden Hitze durch die Landschaft gegangen auf der beschwerlichen Suche nach kleinen fossilen Knochen und Zähnen, die häufig nur knapp über die Erdoberfläche hinausragen und einem Steinchen ähnlicher sehen können als einem anatomischen Fund, um schließlich im Einzugsgebiet des Aramis sowie in einem Umkreis von etwa vier Kilometern insgesamt

> Zur **Überfamilie Hominoidea** gehört neben den Großen Menschenaffen und Gibbons (Kleine Menschenaffen) auch die Familie Hominidae (Menschenartige). Letztere umfasst die Gattungen Ardipithecus, Australopithecus und Homo, wobei in neueren Klassifikationen Teil auch die Ansicht vertreten wird, dass Große Menschenaffen und Menschen zu einer Familie, Hominidae, gehören. Die Bezeichnungen sind aus dem Lateinischen abgeleitet: hominoid bedeutet menschenähnlich, hominid dagegen menschlich oder menschenartig.

Systematische Übersicht der **Altweltaffen**.

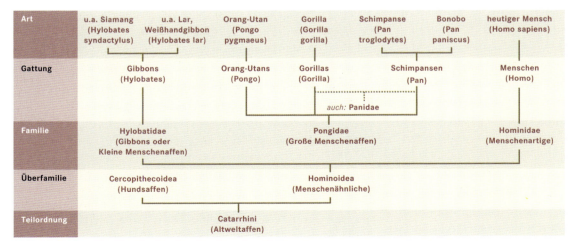

Landschaft am Fluss **Aramis** in Äthiopien, etwa 30 bis 40 km stromaufwärts von Hadar.

Die Einführung der Gattung **Ardipithecus** erfolgte in einem kurzen Nachtrag zur Erstbeschreibung in der Zeitschrift »Nature«. In diesem gruppierten Tim White und seine Mitautoren Gen Suwa und Berhane Asfaw die Gattung bei den Menschenartigen ein. Dabei führte die Umbenennung zu der Besonderheit, dass dieselben Autoren den Gattungsnamen Ardipithecus fast ein Jahr später prägten als jenen der zugehörigen Art, nämlich ramidus. Der älteste Vertreter der Familie der Menschenartigen heißt nach seiner Neubeschreibung nun vollständig:
Klasse: *Mammalia* Linnaeus, 1758 (Säugetiere)
Ordnung: *Primates* Linnaeus, 1758 (Primaten)
Unterordnung: *Anthropoidea* Mivart, 1864; oder *Haplorhini* Pocock, 1921 (Affen; höhere Primaten)
Überfamilie: *Hominoidea* Gray, 1825 (Menschenaffen und Menschenartige)
Familie: *Hominidae* Gray, 1825 (Menschenartige)
Gattung: *Ardipithecus* White, Suwa & Asfaw, 1995
Art: *Ardipithecus ramidus* White, Suwa & Asfaw, 1994

fünfzig Überreste jenes Ahnen zu bergen, die sie siebzehn Individuen zuordneten.

Vornehmlich gestützt auf zehn zu einem Individuum gehörende recht gut erhaltene Zähne, erhielt das neu entdeckte Glied des menschlichen Stammbaums bei seiner Erstbeschreibung den Namen Australopithecus ramidus, wobei »ramid« in der Sprache der Afar »Wurzel« bedeutet; das sollte wohl ausdrücken, dass dieser bislang älteste Hominidenfund dem letzten gemeinsamen Vorfahren von Menschenaffen und Menschenartigen zumindest sehr nahe steht. Eine eigene Gattungsbezeichnung wurde erst im Mai 1995 geprägt. Seither ist er als Ardipithecus ramidus bekannt.

Der Gattungsname Ardipithecus ist genau besehen irreführend, bedeutet er doch, unter Verwendung eines Worts der in der Fundregion gesprochenen Afar-Sprache (»ardi« für »Boden, Grund«), »ein auf dem Boden lebender Affe« oder einfach »Bodenaffe«. Damit wiederholt die Bezeichnung Ardipithecus zumindest terminologisch jene Missdeutung des ersten Australopithecus-Funds von 1924, der zunächst nicht als Menschenartiger, sondern als Affe interpretiert wurde, wie seine wissenschaftliche Kennzeichnung als »Affe des Südens« ausdrückt. Jedoch: Solange die Namengebung eindeutig und die in ihrem Zusammenhang gegebene detaillierte Beschreibung des Funds zutreffend ist, bleibt in der zoologischen Systematik selbst eine semantisch fragwürdige Benennung taxonomisch gültig.

Einordnung der Fossilien von Ardipithecus ramidus

Um Ardipithecus ramidus tatsächlich als das gesuchte »Missing Link« des menschlichen Stammbaums interpretieren zu können, was die Datierung der gegenüber Australopithecus afarensis etwa 800 000 Jahre älteren Funde nahe legt, musste die Beschreibung von Ardipithecus in Abgrenzung zu A. afarensis auf der einen sowie zu den Menschenaffen auf der andern Seite erfolgen. Da von Letzteren, wie erwähnt, keine fossilen Zeugnisse vorliegen, sind solche Vergleiche nur mit rezenten Arten, etwa den Schimpansen als den engsten Verwandten, möglich.

Zähne

Dabei hat, wie so häufig in der Paläontologie, das Gebiss des Urahns, das nahezu vollständig aus Fundstücken rekonstruiert werden kann, eine entscheidende Rolle gespielt. So sind die Schneidezähne im Ober- und Unterkiefer von Ardipithecus ramidus kleiner als die der Schimpansen. Die Eckzähne, es wurden welche von fünf verschiedenen Individuen gefunden, erreichen zwar nahezu dieselbe Länge wie diejenigen weiblicher Schimpansen, sind jedoch im Vergleich zu diesen stumpfer und etwas mehr gebogen und entsprechen damit den durchschnittlichen Größenverhältnissen bei A. afarensis. Das ist insofern bemerkenswert, als die sich anschließenden Prämolaren und Molaren in Relation hierzu wieder unverhältnismäßig klein ausfallen.

Ein ähnlich heterogenes Bild ergibt sich, zieht man mit der Stärke der Zahnschmelzschicht ein weiteres charakteristisches Merkmal zur Einordnung der Aramis-Funde heran. Nach Möglichkeit an bereits zerbrochen aufgefundenen Zähnen festgestellt, um Fossilien nicht zu beschädigen, beträgt sie am Eckzahn von Ardipithecus ramidus 1 mm, während sie bei Schimpansen im Mittel gut 0,6 mm und bei A. afarensis um 1,5 mm misst. Der einzuordnende Fund liegt somit ungefähr in der Mitte zwischen beiden Nachbarformen, was auch für die Messergebnisse der Schmelzdicke der Molaren gilt.

Die Gattungsnamen **Australopithecus** und **Homo** werden in den folgenden Texten in Artbezeichnungen häufig mit **A.** bzw. **H.** abgekürzt, zum Beispiel A. africanus und H. erectus.

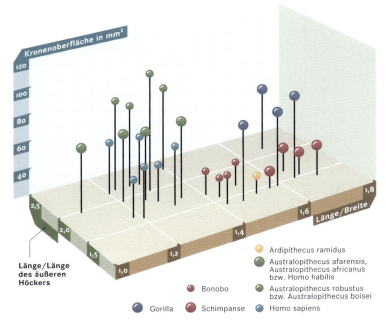

Zur Beschreibung von Ardipithecus ramidus wurde bei den unteren **Molaren** die Kronenoberfläche, das Verhältnis zwischen Zahnlänge und Zahnbreite sowie das Verhältnis zwischen Zahnlänge und der Länge des äußeren Höckers (Protoconid) gemessen und berechnet. Anschließend wurden die Ergebnisse in einer dreidimensionalen Grafik angeordnet und mit denen von andern Hominiden und Menschenaffen verglichen. Ardipithecus ramidus ähnelt in diesen Merkmalen eher den Bonobos und Schimpansen als den Australopithecus- und Homo-Arten.

In ihrer Gestalt sind die Prämolaren recht ursprünglich und sehen jenen der Schimpansen in ihrer Höckerstruktur sehr ähnlich, wohingegen die Molaren die für Schimpansen typischen Riffelungen sowie großflächigen Vertiefungen an den Kontaktflächen nicht aufweisen. Stattdessen gleichen sie den Zähnen australopithecinerhier Hominiden und sind lediglich in Zungen-Wangen-Richtung weniger breit ausgebildet als die Backenzähne von A. afarensis. Damit gibt das Gebiss insgesamt jenes bunte Mosaik schimpansenähnlicher, hominider und zwischen beiden Formen liegender, intermediärer, Merkmale ab, das Ardipithecus ramidus nun als das gefundene »Connecting Link« zu bestätigen scheint.

Schädelknochen

V om Schädel wurden bislang nur spärliche Bruchstücke eines Schläfenbeins sowie eines Hinterhauptbeins gefunden. Ersteres weist, wie der Schläfenbeinknochen der Schimpansen, eine bis in den

Bruchstück des Unterkiefers eines kindlichen **Ardipithecus ramidus.**

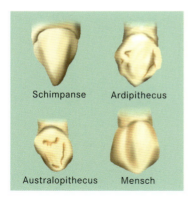

Eckzahn von Schimpanse, Ardipithecus ramidus, Australopithecus afarenis und modernem Menschen.

Armknochen von **Ardipithecus ramidus**.

Jochbeinbogen reichende Kammerung auf. Die Grube des Kiefergelenks ist flach, und der Warzenfortsatz hinter dem Ohr, an dem einer der den Kopf neigenden und wendenden Halsmuskeln ansetzt, bildet ebenfalls, ähnlich wie bei den Menschenaffen, lediglich eine stumpfe Erhebung. Die Vertiefung, in der der zweibäuchige Muskel verläuft, senkt sich tiefer ein als bei Schimpansen. Das Fundstück des Hinterhauptbeins umfasst einen Teil des großen Hinterhauptlochs und eine der beiden Gelenkflächen für den ersten Halswirbel (Atlas). Das verdeutlicht, wie klein die Unterstützungsfläche des Schädels auf der Wirbelsäule des frühen Hominiden gewesen ist. Deshalb kann angenommen werden, dass sie wahrscheinlich nur einen entsprechend kleinen Kopf tragen musste, ein eher schimpansenähnliches Merkmal.

Insgesamt besitzen die Schädelknochen damit einige funktionell wichtige anatomische Merkmale, die überwiegend schimpansenartig sind, wenngleich die im Vergleich zu den Menschenaffen tiefere Lage des Hinterhauptlochs ein Hinweis auf den aufrechten Gang ist und Ardipithecus in dieser Hinsicht wieder in die Nähe der Hominidenlinie rückt. Bei Ardipithecus ramidus verbindet sich somit ein intermediäres, in der Evolution zum Teil recht stark verändertes Gebiss mit einem Schädel, der weitgehend noch sehr ursprüngliche menschenäffische Züge trägt. Auf diese Weise zeigt der Urahn eine ähnliche Merkmalskombination wie seinerzeit Australopithecus afarensis, bei dem gleichfalls ein relativ modernes Gebiss, das teilweise eher menschenartige Merkmale aufweist, mit einer tendenziell konservativen Schädelmorphologie verbunden ist.

Übriges Skelett

Das Körperskelett des Ardipithecus ramidus ist bislang noch unbekannt. Die einzigen fossilen Überreste, die nachgewiesen werden konnten, sind sieben Bruchstücke der drei großen Armknochen. Merkmale, die Ardipithecus in die Nähe der Menschenaffen rücken, sind eine großflächige, seitlich ausladende Ansatzfläche für Muskeln nahe dem Ellenbogengelenk sowie ein relativ mächtiger Griffelfortsatz am Ende der Speiche zum Handgelenk hin. Dem Oberarmknochen fehlt jedoch die für die Schimpansen typische tiefe Rinne, durch die eine der beiden Sehnen des zweiköpfigen Oberarmmuskels verläuft. Überdies ist der Kopf des Knochens von eher menschenähnlicher Gestalt. An seiner Vorderseite ist die Kerbe zur Aufnahme der Gelenkfläche der Elle hominidenartig nach vorn orientiert. Der Ellenbogenfortsatz der Elle ist lang und stumpf, was abermals den anatomischen Verhältnissen beim Menschen entspricht. Insgesamt reichen die wenigen Fossilien aus, um die Funde von Aramis als zwischen den Menschenaffen und A. afarensis stehend einzuordnen.

Ein »Missing Link« scheint gefunden

Somit lässt die gesamte Merkmalskombination ein »Missing Link« als entdeckt erscheinen. Welche Stelle Ardipithecus jedoch künftig in unserem Stammbaum einnehmen wird, ob er als direkter Vorfahr des Menschen gelten kann oder eine nah verwandte Seitenlinie repräsentiert, ist derzeit noch offen. Vielleicht ist das aber weniger bedeutsam, weil sich heute schon klar abzeichnet, dass Ardipithecus ein seit langer Zeit gesuchtes Bindeglied zwischen Menschenaffen und Hominiden ist und demzufolge dem letzten gemeinsamen Urahn vermutlich sehr nahe steht.

Hinter diese Feststellung tritt auch ein anderes Problem zurück, das der paläontologischen Forschung noch zu lösen bleibt. Gerade wenn Ardipithecus genau zwischen den gemeinsamen Vorfahren von Schimpansen und Hominiden steht, ist es nach jetziger Fundlage möglicherweise noch gar nicht entschieden, ob diese Gattung dauerhaft bei den Hominiden eingeordnet bleiben kann oder nicht. White und seine Mitautoren haben ihn zwar mit guten Gründen (vornehmlich gestützt auf die Anatomie der Zahnkronen), als menschenartig eingestuft. Ardipithecus ramidus zeigt jedoch auch eine ganze Reihe ursprünglicher Merkmale. Gerade darin wird er aber seiner Charakterisierung als Übergangsform gerecht, die ihrem Wesen nach gewissermaßen auf der Schwelle zwischen beiden Räumen steht. Erst anhand weiterer, die Kennzeichnung ergänzender Funde wird darüber entschieden werden können, in welchem von ihnen der menschliche Vorfahr letztlich anzusiedeln ist.

Fundorte von Ardipithecus und Australopithecus in Ostafrika.

Der Stammbaum wird vollständiger

Kurze Zeit nach Ardipithecus ramidus wurde ein Fund beschrieben, der Australopithecus afarensis in seiner Deutung als ältester bekannter Vertreter seiner Gattung ablöste. Das Alter dieser versteinerten Überreste ließ sich anhand der Schichten von Vulkanasche recht genau auf 3,9 bis 4,1 Millionen Jahre und damit etwa 100 000 bis 300 000 Jahre vor jenem Urahn datieren. Damit vermitteln sie zwischen dem frühen aufrecht gehenden Menschenartigen und Ardipithecus und deuten überdies darauf hin, dass wahrscheinlich bereits in der Zeit der ersten Hominiden mehrere Arten nebeneinander existierten.

Im August 1995 meldeten die renommierte Paläoanthropologin Meave Leakey und ihre Mitarbeiter 21 einschlägige Fossilien, die sie der neu unterschiedenen Art Australopithecus anamensis zuwiesen. Alle Funde wurden in Kanapoi und Allia Bay nahe dem kenianischen Turkana-See beziehungsweise an einem Ort gemacht, der zu Lebzeiten jener Hominiden am Ufer des Vorläufers des heutigen Sees lag, und »See« heißt in der Turkana-Sprache »anam«.

Die Beschreibung der Art basiert auf einem Unterkiefer von Australopithecus anamensis, der die Bezeichnung KNM–KP 29281 trägt. In ihm sind die Zähne des Urahns nahezu vollständig erhalten und in U-Form angeordnet: Die Prämolaren und Molaren der beiden Kieferhälften bilden zwei parallele, gerade und recht eng bei-

Die Funde von **Kanapoi** wurden im Mündungsdelta eines damals in diesen See fließenden Flusses gemacht. Zusammen mit den hominiden Fossilien wurden Fundstücke von 30 andern Säugetieren sowie eine reiche Fauna an Fischen und Reptilien aus denselben Schichten geborgen, sodass sich ein recht vollständiges Bild des Klimas und der gesamten Landschaft ergibt. Von den Säugetieren sind am häufigsten Kudus, also große Antilopen, vertreten. Mehrere Affen, darunter eine kleine Pavianart, Hyänen und wenige Funde von Flusspferden vervollständigen das Bild. In Kanapoi und **Allia Bay** herrschten damals offener Wald oder Buschland mit Galeriewäldern in den Flusssenken vor.

III. Der Mensch erscheint

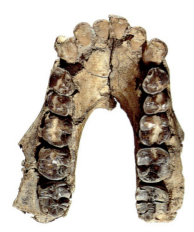

Dieser komplette Unterkiefer von **Australopithecus anamensis** wurde in Kanapoi, Kenia, gefunden. Er trägt die Fundbezeichnung KNM-KP 29281.

Schienbeinfragmente von **Australopithecus anamensis**.

Gelenkrollen: Als Gelenkrollen bezeichnet man zylindrisch geformte Bereiche von Gelenken.

einander stehende Reihen, während A. afarensis bereits einen leicht parabolischen, rachenwärts zunächst breiter werdenden Zahnbogen besitzt, wobei allerdings die hintersten Backenzähne beider Gesichtshälften wieder enger stehen. Bei der Gattung Homo schließlich ist die Öffnung des Zahnbogens rachenwärts wesentlich deutlicher ausgeprägt.

Der lange und schmale Mundraum von A. anamensis wirkt demzufolge sehr ursprünglich. Die Morphologie der Zähne, namentlich die der kräftigen, großen Backenzähne, weist den Fund jedoch eindeutig als australopithecinen Unterkiefer aus. Das gilt gleichermaßen für die Stärke des Zahnschmelzes. Sie stimmt nahezu mit der bei A. afarensis festgestellten überein und ist damit stärker ausgeprägt als die der Zähne von Ardipithecus. Im Unterschied zu A. afarensis ist die neu entdeckte Art allerdings durch ein stark fliehendes Kinn und wesentlich robustere Eckzähne mit kräftigen Wurzeln gekennzeichnet.

Am Fragment eines Schläfenbeins ist ein enger Gehörgang festzustellen, wie ihn Schimpansen und Gorillas besitzen. Er ist im Querschnitt lediglich halb so groß wie der von A. afarensis oder des Menschen, die sich in diesem Merkmal oft erstaunlich ähneln.

Weitere charakteristische und funktionell bedeutsame Merkmale von A. anamensis sind am übrigen Skelett auszumachen, von dem jedoch bislang nur wenige Überreste entdeckt worden sind. So weist ein dem Ellenbogengelenk nahes Bruchstück eines Oberarmknochens eine auffallend dicke Knochenschicht auf, die einen engen Markraum umgibt. Das lässt sich als Hinweis auf eine kräftige Armmuskulatur interpretieren, wie sie in dieser Ausprägung bei A. afarensis nicht vorliegt. Andere Oberarmknochen, die zum selben Fundkomplex gehören, jedoch erst später in diesem Sinn verstanden worden sind, zeigen daneben sehr menschenähnliche Merkmale, wie etwa die an den Knochen sichtbaren Anheftungsstellen von Bändern, die Bestandteile der Kapsel des Ellenbogengelenks sind. Darüber hinaus kann anhand zweier weiterer Fragmente, des oberen und des unteren Endes eines rechten, wahrscheinlich einem Individuum zuzurechnenden Schienbeins, die Körpermasse von A. anamensis auf 47 bis 55 kg geschätzt werden, wenn man die Anatomie des Menschen zum Vergleich nimmt. Sie läge damit etwas über der Körpermasse der Pygmäen und wäre auch größer als die durchschnittliche Körpermasse männlicher Vertreter von A. afarensis. Diejenige der Afarensis-Frauen überträfe sie wahrscheinlich um das Anderthalbfache.

Ein Schienbein – Indiz für den aufrechten Gang

Von besonderer Bedeutung für die Interpretation der Anamensis-Funde sind die Schienbeinfragmente in ganz anderer Hinsicht, denn sie weisen einige Merkmale auf, die kennzeichnend sind für einen aufrechten Gang. Die Flächen für die beiden Gelenkrollen des Oberschenkelknochens sind in Gehrichtung länglich und von ähnlicher Größe. Der Knochenschaft ist sehr gerade. Die Gelenkfläche zum Wadenbein nahe dem Knie ist zwar weggebrochen, doch ist die Bruchfläche für das fehlende Stück dermaßen klein, dass dieses Gelenk ebenfalls so geringe Ausmaße gehabt haben muss, wie sie für den Menschen typisch sind. Auch die Gelenkfläche des oberen Sprunggelenks zur Aufnahme der Gelenkrolle des Sprungbeins ist eher der beim Menschen ähnlich als einem schimpansenartigen Typus. Lediglich die Ansatzstellen zweier Muskeln des Kniegelenks sind in ihrer Gestalt primitiv und ähneln den Verhältnissen bei Menschenaffen. Es handelt sich hierbei jedoch um Merkmale, die auch bei A. afarensis noch die gleiche ursprüngliche Ausformung besitzen, die in der Evolution also offenbar erst später umgestaltet wurden.

Trotz der noch spärlichen Funde kann man schon jetzt den Schluss ziehen, dass der aufrechte Gang in der Evolution bereits bei den ersten Hominiden entstand. Das Schienbein mit einem Alter von über 4 Millionen Jahren dokumentiert den aufrechten Gang um vieles früher als andere Fossilfunde. Es ist ein wesentlich stärkeres Indiz als die Funde der Armknochen von Ardipithecus ramidus, an denen sich Merkmale des aufrechten zweifüßigen Gangs naturgemäß viel weniger deutlich ausprägen.

Australopithecus anamensis im menschlichen Stammbaum

Nach Ansicht von Meave Leakey und ihren Mitarbeitern kommt A. anamensis durchaus als Vorfahre von A. afarensis infrage, obwohl die Autoren einräumen, dass mit der Entstehung des aufrechten Gangs und der damit einhergehenden Dynamik der Evolution mehr als eine Hominidenart existiert haben mag. Die als älter datierten Funde von Ardipithecus ramidus schätzen sie eher als einer möglichen Schwestergruppe zugehörig ein, die allen andern Hominiden gegenüberstand. Dies würde bedeuten, dass Ardipithecus einen Seitenzweig unseres Stammbaums repräsentiert. Mit dieser Interpretation durch die Entdecker selbst käme A. anamensis die Rolle als mögliche Stammform aller späteren Hominiden zu, und gleichzeitig wäre er der bisher älteste Hominide auf dem zum Menschen führenden Ast des Stammbaums.

Im Jahr 1995 wurden im Tschad von einem französischen Wissenschaftlerteam unter der Leitung von Michel Brunet ein vorderer Teil eines Unterkiefers und ein einzelner Zahn gefunden. Die Untersuchungen ergaben, dass es sich hierbei um fossile Überreste einer neuen Art zu handeln scheint, die nach ihrem Fundort Wadi Bahr el-Ghazal (von arabisch »Gazellenfluss«) **Australopithecus bahrelghazali** genannt wurde. Dieser Fund brachte insofern Bewegung in die Diskussion um die Ursprungsregion des Menschen, als es von Wadi Bahr el-Ghazal immerhin rund 2500 km bis zu den nächstgelegenen bisherigen Fundorten sind, in deren Gebiet bislang die Wiege des Menschen vermutet wurde. Anders gesehen bewahrheitet sich hier eine einfache, aber folgenschwere Einsicht der Paläontologie, wonach aus fehlenden Fossilien nicht etwa geschlossen werden darf, bestimmte Lebewesen hätten nicht existiert. Vielmehr sind sie oft lediglich noch nicht entdeckt worden.

Lucys Sippe

Wo immer die Stammesgeschichte des Menschen erörtert wird, kommt einem Vorfahren besondere Bedeutung zu, der bereits wiederholt Erwähnung fand: Australopithecus afarensis. Bis zur Erstbeschreibung von Ardipithecus ramidus 1994 als ältester Hominide betrachtet, steht sein Name nicht nur für einen ersten, gewissermaßen originären Urahnen des Menschen. Vielmehr repräsentiert er eine Evolutionsstufe, die die paläoanthropologische Forschung noch immer in ihren Bann zieht.

Australopithecus afarensis

Von diesem herausragenden entwicklungsgeschichtlichen Abschnitt legen bislang mehr als 300 Fossilien Zeugnis ab, die A. afarensis zugeordnet werden können und, je nach Interpretation,

Das **Ostafrikanische Grabensystem** zieht sich vom Roten Meer über die Afar-Senke südwärts durch Äthiopien bis zum Turkana-See im Norden Kenias, der zunächst unter dem Namen Rudolf-See in die Fundgeschichte einging. Hier teilt sich das System in den Zentralafrikanischen Graben und in den sich weiter nach Süden fortsetzenden Ostafrikanischen Graben. Dieser bildet das Rift Valley, das sich in Tansania in drei Täler auffächert, deren westlichstes, die Olduvai-Schlucht, eine bedeutende Hominiden-Fundstelle ist. Das Bruchsystem setzt sich nach Süden bis zum Malawi-See fort, wo in den 1990er-Jahren mit Homo rudolfensis (Fundbezeichnung UR 501) der bislang vermutlich älteste Fund der Gattung Homo gemacht wurde.

Die Buchstabenkombinationen in den **Fundbezeichnungen** weisen auf die jeweilige Fundstelle hin. Folgende Abkürzungen werden unter anderm verwendet:
O.H.: Olduvai Hominid
A.L.: Afar Locality
L.H.: Laetoli Hominid
KNM-ER: Kenya National Museum, East Rudolf
KNM-WT: Kenya National Museum, West Turkana
STs: Sterkfontein, Type Site
Stw: Sterkfontein, West Pit
SK: Swartkrans

---

mehr als 40, möglicherweise auch bis zu 70 Individuen zuzurechnen sind. Die Mehrzahl dieser Funde stammt aus Hadar, einem am Unterlauf des Flusses Awash in der Afar-Senke gelegenen Tal, und wurde damit nur gut fünfzig Kilometer nördlich des Fundkomplexes von Ardipithecus ramidus entdeckt. Die Afar-Senke, die Teil des an hominiden Funden reichen Ostafrikanischen Grabensystems ist, nahm zeitweise einen großen See auf. Hier bewohnte A. afarensis die Landstriche in der Nähe jenes Sees, für die offene Wälder charakteristisch waren, sowie dichtere Galeriewälder in Ufernähe auch der zuleitenden Flüsse. Die andern Verbreitungsgebiete von A. afarensis waren ebenfalls durch eine solche Landschaft gekennzeichnet, und Übereinstimmendes gilt für den Lebensraum des im Tschad gefundenen A. bahrelghazali.

Das geologische Alter von A. afarensis kann vergleichsweise genau bestimmt werden, wozu nicht allein zoologische Kriterien, sondern unter andern auch die spezifischen örtlichen Gegebenheiten im Gebiet um Hadar beitragen. In dieser vulkanisch aktiven Region hat relativ häufiger, wenngleich unregelmäßiger Ascheregen zur Ausbildung von deutlich abgrenzbaren Schichten von Tuffgesteinen geführt, die nun gewissermaßen als paläontologische Zeitmarken dienen können. An ihnen orientiert sind die jüngsten einschlägigen Fossilienfunde auf etwa 2,8 Millionen Jahre zu schätzen, während A. afarensis hauptsächlich für den Zeitraum von 3,6 bis 3 Millionen Jahre vor unserer Zeit dokumentiert ist. Einige fragmentarische Funde reichen sogar möglicherweise noch weiter zurück, doch muss ihre systematische Zuordnung zum gegenwärtigen Zeitpunkt noch als ungesichert gelten.

Lucy

Zu den ersten beschriebenen Fossilien, die der Hominidenart A. afarensis zuzurechnen sind, zählen das bereits 1939 in Garusi (Tansania) nachgewiesene Bruchstück eines Oberkiefers sowie die Unterkiefer eines Kinds und eines Erwachsenen mit den Fundbezeichnungen L.H. 2 beziehungsweise L.H. 4, die im nahe gelegenen Laetoli entdeckt wurden. Allerdings legten erst die Funde von Hadar eine solche systematische Interpretation nahe. Denn ein Vergleich des Unterkiefers L.H. 4 mit einem in der Afar-Senke ausgegrabenen machte deutlich, dass es sich bei den äthiopischen und den tansanischen Fossilien offensichtlich um Überreste derselben Art handelt. Diese wurden schließlich 1978 durch Donald Johanson, Tim White und Yves Coppens erstmals als A. afarensis beschrieben.

Die Funde von Hadar sind das Ergebnis einer umfassenden Grabungsexpedition, die in der ersten Hälfte der 1970er-Jahre zunächst unter der Regie französischer Forscher durchgeführt wurde, wobei besonders der Paläontologe Yves Coppens hervorzuheben ist. In akribischer Kleinarbeit gelang es den Wissenschaftlern, die Überreste von insgesamt vermutlich 13 Individuen nachzuweisen, die bis zu 3,4 Millionen Jahre alt sind und von Donald Johanson in seinen Publikationen gelegentlich als Familie bezeichnet wurden. Hätte das allein im Grunde schon genügt, den Erfolg des paläontologischen Forschungsunternehmens zu sichern, so verschaffte ihm das prominenteste Mitglied jener Sippe schließlich endgültig Eingang in die Annalen der paläoanthropologischen Forschung. Denn was in der Saison 1974/75 nüchtern als Fund A.L. 288 registriert wurde, ist nicht weniger als eins der besterhaltenen Skelette früher Hominiden überhaupt. Im Boden von Hadar vermochten die Wissenschaftler ein Knochengerüst nachzuweisen, dessen Vollständigkeit unter einigen Hundert Individuen der gesamten Fossildokumentation nur noch ein Skelett von Homo erectus erreicht.

Australopithecus afarensis.
Unterkiefer eines Kinds mit der Fundbezeichnung L.H. 2; rechts daneben der Unterkiefer eines Erwachsenen mit der Fundbezeichnung L.H. 4.

Dabei gebührt Donald Johanson das Verdienst, die ersten Knochen jenes als »Lucy« bekannt gewordenen »Menschen von Hadar« entdeckt zu haben, von dem mit Fragmenten des Schädels und großen Teilen der Wirbelsäule, der Arme sowie vor allem des Beckens und der Beine unschätzbar wertvolle Dokumente überliefert sind. Da insgesamt etwa 40 % des Skeletts dieses frühen Hominiden erhalten geblieben sind, hat sich der paläontologischen Forschung eine Möglichkeit seiner funktionellen Interpretation eröffnet, die gänzlich neue Dimensionen erschlossen und nicht zuletzt dadurch die systematische Einführung von A. afarensis ermöglicht hat. Zudem repräsentiert der Jahrhundertfund aus evolutionsgeschichtlicher Sicht auch mehr als zwanzig Jahre nach seiner Entdeckung noch immer ein wichtiges Bindeglied zwischen den Menschenaffen und der Gattung Homo, und zwar in großer Einhelligkeit auch für jene Paläontologen, die sich ansonsten heftig über die funktionellen Einzelheiten der Interpretation der Hadar-Funde zu streiten wissen. Auch

Der Fund mit der Katalognummer A. L. 288 verdankt seinen Spitznamen »**Lucy**« den musikalischen Vorlieben des Teams um Donald Johanson. Als das Skelett entdeckt wurde, ertönte aus dem Kassettenrekorder gerade der Beatles-Song »Lucy in the Sky with Diamonds«.

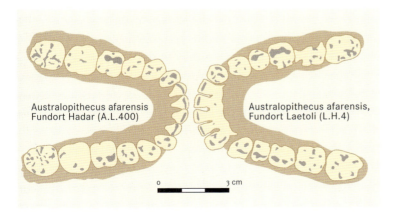

Ein Vergleich der in Hadar und Laetoli gefundenen Unterkiefer zeigt, dass es sich offensichtlich um Überreste ein und derselben Art, **Australopithecus afarensis,** handelt.

ihnen war und ist Lucy ganz unzweifelhaft ein Juwel der Paläoanthropologie, zumal es sich bei A. afarensis um einen direkten Vorfahren des Menschen handeln könnte. Allenfalls ein ähnlich vollständiger Fund, etwa von Ardipithecus oder einer gegenwärtig noch unbekannten frühen Hominidenart, könnte seine herausragende Bedeutung relativieren.

Größe und Proportionen

Bei eingehender Untersuchung der Fossilienfunde hinsichtlich einzelner Merkmale ist zunächst festzustellen, dass die Körpergrößen, -massen und -proportionen der hier dokumentierten Individuen zum Teil deutlich variieren. Allerdings ist das nur einigen Wissenschaftlern Anlass, die Fossilien deshalb zwei unterschiedlich robusten systematischen Kategorien zuzuordnen. Die Mehrheit der Forscher stimmt vielmehr darin überein, solche Abweichungen auf den auch für viele andere Primaten typischen Geschlechtsdimorphismus zurückzuführen. Diese Perspektive erlaubt es, die heterogenen Fundstücke durchaus einer einzigen Art, eben A. afarensis, zuzuordnen, indem davon ausgegangen werden kann, dass es sich bei Individuen mit einer Körpergröße von 105 bis 110 cm um deren weibliche Vertreter handelt, während Individuen mit einer Körpergröße von 145 bis 150 cm als männliche Vertreter anzusehen sind. Die entsprechenden Körpermassen belaufen sich auf durchschnittlich etwa 29 kg im weiblichen Geschlecht (ein Wert, der etwas unterhalb desjenigen von Schimpansenweibchen liegt) und etwa 45 kg im männlichen (was ungefähr der Körpermasse männlicher Schimpansen entspricht).

Hieraus konkrete Körperproportionen zu ermitteln gestaltet sich schwierig, weil abgesehen von dem recht vollständigen Skelett Lucys meistenteils nur wenig aussagekräftiges Material besonders der Gliedmaßenknochen von A. afarensis vorliegt. Deshalb verglich Henry Malcom McHenry, auf den die derzeit wohl sorgfältigste Rekonstruktion der Körperproportionen zurückgeht, den 105 cm großen prominenten Hadar-Fund außer mit den Proportionen von Schimpansen auch mit einer 123 cm großen Pygmäin. Danach sind die Arme Lucys in Relation zur Wirbelsäule nur etwas kürzer als die des kleinen heutigen Menschentyps. Deutlich kürzer hingegen sind ihre Beine, wenngleich diese auch länger sind als die der Menschenaffen, sodass die Hände des frühen Hominiden bis zu seinen Knien reichen.

Merkmale des Schädels

Der Schädel von A. afarensis ist bislang noch kaum dokumentiert, denn gegenwärtig liegt nur ein einschlägiger Fund vor, der weitgehend komplett erhalten ist, das 1944 in Kada Hadar entdeckte Fossil mit der Bezeichnung A.L. 444-2.

Dabei gleicht die Anatomie dieses besonders großen Schädels in hohem Maß derjenigen der Schimpansen. So ist beispielsweise der Gesichtsschädel stark prognath, das heißt, auch hier springt die Gesichts- und Mundregion stark hervor. Die Schädelbasis jenes Vorfah-

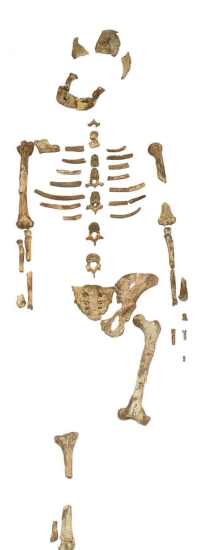

Zu 40% erhalten ist das 1974/75 im äthiopischen Afar-Gebiet gefundene Skelett eines weiblichen Australopithecinen, das weltweit als **»Lucy«** bekannt wurde.

ren ist, derjenigen aller Menschenaffen vergleichbar, nur wenig geknickt, und auch die Nackenregion seines Schädels stimmt mit der von Schimpansen überein. Lediglich den Knochenkamm, der offensichtlich bei einigen männlichen Vertretern von A. afarensis längs über die gesamte Schädelmitte verläuft und Ausdruck einer starken Kaumuskulatur ist, sucht man bei den Schimpansen vergebens.

Differenzierter zu betrachten ist das Verhältnis zwischen A. afarensis und den Menschenaffen hinsichtlich der Größe des Hirnschädels, der bei diesem frühen Hominiden im Verhältnis zu seinem prognathen Gesichtsschädel sehr klein ist. Für die Funde von Hadar wurde ein Hirnschädelvolumen von 310 bis zu 485 cm³ ermittelt. Der daraus ermittelte Durchschnitt zwischen 400 und 415 cm³ liegt etwas unter dem der Schimpansenart Pan troglodytes, die ein Hirnvolumen von 440 cm³ hat. Zieht man jedoch die Tatsache in Betracht, dass A. afarensis (unter Berücksichtigung beider Geschlechter) im Mittel von etwas kleinerer Statur war als ein Schimpanse, so hat das Gehirn bei A. afarensis vermutlich immerhin 1,3 % bis 1,9 % der Körpermasse entsprochen, wohingegen das Gehirn des Schimpansen nur etwa 1 % seiner Körpermasse ausmacht. Beim modernen Menschen sind es fast 2,5 %.

Kiefer und Gebiss

Wenn man die Charakteristika ihres Gebisses näher betrachtet, dann erkennt man, dass sich der Gebissschädel Lucys und ihrer Artgenossen im Oberkiefer durch einen sehr flachen Gaumen auszeichnet. Zudem erscheint ihr Unterkiefer von der Seite her gesehen mächtiger als jener von Schimpansen, und auch ihr Zahnbogen weicht von dem der Menschenaffen ab. Denn er ist nicht U-förmig lang gestreckt, sondern geschwungen, wenngleich weniger stark als etwa der Zahnbogen des Menschen und, anders als dieser, nicht parabelförmig. Der Schweizer Anthropologe Peter Schmid beschreibt seine Gestalt als beinahe rechteckig. Durch solche Kieferproportionen ist die Beißkraft der Schneidezähne von A. afarensis größer als diejenige der Backenzähne der Menschenaffen.

Die Zähne des frühen Hominiden ähneln teils denen der Schimpansen, teils denen der Menschen. So ist einerseits wie bei den Menschenaffen auch bei A. afarensis das mittlere Schneidezahnpaar größer als das seitliche. Anderseits sind die Eckzähne der Afar-Hominiden deutlich kleiner als die der Schimpansen, wenn auch nicht ganz so unauffällig wie beim Menschen, wobei sich männliche und weibliche Individuen bemerkenswerterweise kaum unterscheiden. Ihre Backenzähne sind größer als die von Schimpansen und übertreffen, bezogen auf die Körpermasse, überhaupt die aller heute existierenden Menschenaffen. Außerdem fällt bei Lucy und ihren Verwandten die Lücke im Oberkiefer, die bei Schimpansen den unteren Eckzahn aufnimmt, deutlich kleiner aus oder fehlt sogar fast ganz. Damit nimmt A. afarensis eine Mittelstellung zwischen den

Die Bestimmung der **Körpergröße** basiert bei Individuen wie A. afarensis, von denen nur fossile Überreste existieren, auf verschiedenen, sich einander ergänzenden Methoden.
Eine Methode wird angewendet, wenn die Knochen der Gliedmaßen komplett vorhanden sind. Die Forscher vergleichen diese Knochen zunächst mit den entsprechenden Knochen von Schimpansen, deren Körpergröße sich einfach abmessen lässt. Anschließend wiederholen sie dieses Verfahren im Vergleich mit menschlichen Individuen. Die so ermittelten Körpergrößen unterscheiden sich aufgrund der unterschiedlichen Proportionen. Ausgehend von den zum Teil ungefähr bekannten Körperproportionen von »Lucy« können die Forscher eine Korrekturschätzung anschließen, die den tatsächlichen Verhältnissen von A. afarensis vermutlich recht nahe kommen dürfte. Eine andere Methode zur Bestimmung der Körpergröße basiert auf den Abmessungen der Gelenkflächen der vorhandenen Gliedmaßen. Die Ausdehnungen der Gelenkflächen sind nämlich recht genau den auf sie wirkenden Kräften proportional, und Letztere wiederum sind ein ziemlich verlässliches Maß für die zu bewegenden Körpermassen.

Mantelpaviane sind ein gutes Beispiel für **Geschlechtsdimorphismus** bei Primaten. Die Männchen sind wesentlich größer als die Weibchen und unterscheiden sich zudem stark durch ihre Fellfarbe und die Schultermähne.

nah verwandten Menschenaffen und dem Menschen ein, dessen Zahnreihe ein solches Diastema nicht aufweist.

Aus diesem Gesamtbild des Gebisses schließen einige Fachleute, dass sich der frühe Hominide großteils von Früchten ernährte und auch Nüsse, Körner sowie andere harte Pflanzenteile zu seiner Kost gehörten. Über den Anteil der Fleischnahrung bestehen unterschiedliche Auffassungen, doch herrscht Übereinstimmung in der Auffassung, dass A. afarensis vornehmlich vegetarische Kost zu sich genommen hat.

Erhobenen Hauptes – zur Interpretation der Gliedmaßen

Wo die Stammesgeschichte des Menschen im Hintergrund paläontologischer Forschung steht, ist ein Merkmal von A. afarensis von besonderer Bedeutung, wenn neben der Größe des Gehirns und der mit ihr verbundenen kulturschaffenden und kommunikativen Leistungsfähigkeit auch die Art der Fortbewegung zu den charakteristischen Eigenschaften des Menschen gezählt wird: der aufrechte Gang. Hierüber geben die Hadar-Fossilien in ausgezeichneter Weise Aufschluss, denn wie kein anderer Fund früher Hominiden bietet das Skelett Lucys in seiner relativen Vollständigkeit Anhaltspunkte für eine entsprechende Interpretation.

So zeigen die Arme trotz menschenähnlicher Proportionen noch Merkmale kletternder und hangelnder Fortbewegung. Denn das Schultergelenk ist nicht wie beim Menschen seitlich, sondern nach oben orientiert, was das Heben der Arme über den Kopf erleichtert. Auch sind die Fingerknochen, wahrscheinlich in Anpassung an das Festhalten an Ästen, schimpansenähnlich gekrümmt. Brigitte Demes, Holger Preuschoft und Hartmut Witte haben erkannt, dass unter anderm die Schulterbreite, die bei dem frühen Hominiden noch geringer ist als beim Menschen, eine Aussage über die ausgleichenden Schwingkräfte der Arme beim Gehen erlaubt.

Die unteren Gliedmaßen vermitteln ein anderes Bild. Sie rücken den »Menschen von Hadar« in die Nähe des modernen Menschen. Bei ihnen weist Lucy die meisten anatomischen und funktionellen

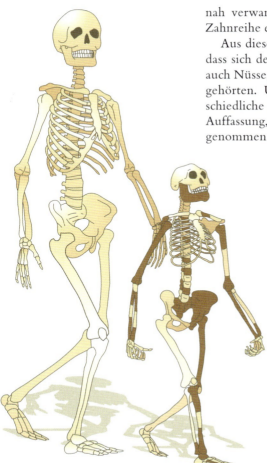

Rekonstruktion des Skeletts des frühen Vormenschen **Lucy** (rechts), im Vergleich zum Skelett des modernen Menschen. Die Arme sind relativ lang, die Beine kurz.

Der Geschlechtsdimorphismus in der Körpermasse und in der Körpergröße verschiedener Australopithecus-Arten und des Homo sapiens (angegeben sind jeweils Durchschnittswerte; Verhältniswerte in Prozent).

Art	Körpermasse (kg)			Körpergröße (cm)		
	♀	♂	Verhältnis ♂ : ♀	♀	♂	Verhältnis ♂ : ♀
A. afarensis	29	45	155	105	150	143
A. africanus	30	41	137	115	138	110
A. boisei	34	49	144	125	135	108
A. robustus	32	40	125	110	130	118
H. sapiens	60	70	117	160	172	107

Übereinstimmungen mit dem modernen Menschen auf und damit die meisten Merkmale, die für eine aufrechte Fortbewegung sprechen. Das gilt insbesondere für den Beckengürtel. Ein kurzes und verbreitertes Darmbein eignet sich bei einer Aufrichtung des Körpers, die Baucheingeweide zu tragen. Außerdem bietet es dem Großen Gesäßmuskel eine große Ansatzfläche und schafft durch seine Form günstige Hebelverhältnisse zur Streckung für den aufrechten Gang. Gleiches gilt für die Muskulatur, die das Bein abspreizt sowie beim Gehen das Herunterkippen des Beckens auf der Seite des Spielbeins verhindert.

Das Becken weist am oberen Ast des Schambeins eine schmale Rinne auf, die funktionell so wie beim Menschen interpretiert werden muss. Denn beim Gehen und Laufen schwingt der Hüftlendenmuskel das Spielbein nach vorn. Um diese Funktion zu erfüllen, entspringt er an der den Eingeweiden zugewandten, vorderen Seite der Darmbeinschaufel sowie der Wirbelsäule und verläuft durch die Leistenbeuge hindurch zur Vorderseite des Oberschenkelknochens, dem Femur. Ist das Bein nach hinten durchgeschwungen, so wird der wichtige Laufmuskel bei seinem Durchtritt unter dem Leistenband über dem oberen Schambeinast wie über eine Rolle umgelenkt, wobei er durch eine leichte Vertiefung in diesem Knochen geführt wird. Eben diese Rinne findet sich sowohl bei A. afarensis als auch beim Menschen und weist demnach auf eine dem Menschen ähnliche Bipedie des frühen Hominiden hin.

Der aus Bruchstücken zusammengesetzte Schädel eines **Australopithecus afarensis** (Fundbezeichnung A.L. 444-2) zeigt deutlich den dominierenden Kieferbereich.

Das Knie von Lucy ist ebenfalls eindeutig das eines Aufrechtgängers. So bildet die Längsachse ihres Oberschenkelknochens, ähnlich wie beim Menschen, mit der des Schienbeins einen Winkel, der am Skelett den Eindruck von X-Beinen erweckt, und setzt sich nicht wie bei Vierfüßern gerade fort. Auch stimmen die Gelenkrollen der Oberschenkelknochen am Kniegelenk in ihrer Gestalt viel eher mit denen des aufrecht gehenden Menschen als mit denen der Menschenaffen überein. Denn wie beim Menschen erscheinen sie von der Seite her betrachtet elliptisch, wohingegen sie bei Schimpansen aus dieser Perspektive viel runder sind. Bei Ersteren gewährleisten sie den für die bipeden Hominiden typischen Funktionsunterschied der hohen Beweglichkeit des Fußes bei gebeugtem Knie einerseits und den festen Schluss des Kniegelenks bei gestrecktem Bein anderseits.

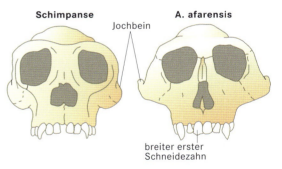

Vergleich von Schädel und Oberkieferzähnen von **Schimpanse** und **Australopithecus afarensis**.

Die Gliedmaßen von Lucy lassen demnach auf einen gewohnheitsmäßig aufrechten Gang von A. afarensis schließen, der wahrscheinlich ein Gattungsmerkmal von Australopithecus insgesamt ist, kennzeichnend auch für alle nachfolgenden Hominiden. Gleichwohl bleiben noch viele Fragen zur Klärung offen, wenn, wie erwähnt, insbesondere anatomische Merkmale der oberen Extremitäten darauf hindeuten, dass sich der »Mensch von Hadar« in den Wäldern seines Lebensbereichs nicht ausschließlich im aufrechten Gang am Boden bewegte, sondern auch noch in den Bäumen kletterte. So

Rekonstruierter Kopf eines männlichen **Australopithecus afarensis.**

werden denn auch widerstreitende Meinungen hinsichtlich der Gangmechanik und des Grads der Anpassung von Australopithecus an die aufgerichtete Haltung vertreten.

Die Fußspuren von Laetoli

Die These einer Aufrichtung von Körperhaltung und Gang bereits der Australopithecinen ist vor allem gestützt auf die funktionell-anatomische Interpretation des relativ vollständigen Skeletts des A. afarensis »Lucy« und der wenigen Fragmente von A. anamensis; auch schon früher entdeckte Australopithecus-Fossilien wurden in diesem Sinn gedeutet. Ein empirischer Beweis des aufrechten Gangs jener frühen Hominiden fehlte – bis im Gebiet von Laetoli eine überraschende Entdeckung gelang.

Hier, in einer Region, die unweit der Olduvai-Schlucht in Tansania heute auf einem Plateau etwa 1700 Meter über dem Meer liegt und in der der deutsche Anthropologe Ludwig Kohl-Larsen schon in den 1930er-Jahren neben Tierfossilien auch das Bruchstück eines hominiden Oberkiefers gefunden hatte, lagerte der etwa 20 Kilometer entfernte Vulkan Sadiman bei seinen Ausbrüchen Vulkanasche ab. In dieser Asche hinterließ seine Fährte, wer immer durch den frischen Niederschlag ging. Andrew Hill entdeckte 1976 in einer der im Lauf von Jahrmillionen zu Tuffgesteinen verfestigten Ascheschichten urgeschichtliche Spuren, was dieser Schicht im Fachjargon die Bezeichnung Footprint Tuff (Fährten-Tuff) eingebracht hat. Zehntausende von Abdrücken haben die unterschiedlichsten Wirbeltiere in diesem Boden hinterlassen, und sogar Kriechspuren von Insekten fanden sich. Dabei ist die Wahrscheinlichkeit, mit der sich Fährten solcherart fossil erhalten können, so gering, dass ein Forscher dazu einmal bemerkte: »Es wäre Gotteslästerung, in einem Gebet darum zu bitten, einmal gut erkennbare, fossile Fußabdrücke der frühesten Hominiden zu finden.«

Genau das aber geschah zwei Jahre später, als der Amerikaner Paul Abell an einer andern Stelle derselben Tuffschicht auf einen Fußabdruck stieß, der offenbar menschenartig war, ja mehr noch: Bei der Freilegung der gesamten Fußspur durch das Grabungsteam von Richard Hay und Mary Leakey, die bereits in den 1950er-Jahren mit ihrem Mann Louis in dieser Region nach Fossilien gesucht hatte, zeigte sich, dass dort wahrscheinlich sogar drei Individuen gemeinsam gegangen waren. Überdies wurden in Laetoli schließlich nicht nur in einer, sondern in etlichen verschiedenen Tuffschichten Fährten früher Hominiden gefunden.

Vergleich der **Kniegelenke** von Schimpanse, A. afarensis (»Lucy«) und Mensch. Beim Schimpansen ist der Gelenkknochen des Oberschenkels eher rund, bei den Hominiden dagegen etwas mehr elliptisch.

Über die Schlussfolgerungen, die aus diesen so ungemein wertvollen Entdeckungen zu ziehen wären, entwickelten sich in den Folgejahren zum Teil heftige wissenschaftliche Auseinandersetzungen. Diese galten weniger der Art der Fortbewegung, denn es stand unzweifelhaft fest, dass alle drei Hominiden auf zwei Füßen gegangen sein mussten. Es wurden keine Abdrücke der Hände gefunden, und die Art des Abdrucks der Fußsohlen schloss einen andern als den aufrechten Gang aus. Meinungsverschiedenheiten bestanden vielmehr hinsichtlich der Art des Gangs – rollten die Menschenartigen beim Gehen von außen nach innen und über den großen Zeh ab, wie der Mensch, oder ruhte ihr Gewicht bei jedem Schritt mehr auf der Außenseite des Fußes, wie bei Schimpansen? – sowie über die Hominidenart, die hier ihre Fußspuren hinterlassen hatte. Zieht man in Betracht, dass das Alter des Footprint Tuffs anhand der Kalium-Argon-Methode sehr zuverlässig mit 3,5 Millionen Jahre bestimmt werden konnte, so kommt nach dem gegenwärtigen Kenntnisstand nur A. afarensis als Verursacher der Spuren infrage. Damit haben die Fußspuren von Laetoli aus Sicht der Paläontologie den Beweis erbracht, dass schon mehrere Hunderttausend Jahre vor Lucy Hominiden lebten, die gewohnheitsmäßig aufrecht gingen. Daher kann es nach diesen Befunden nicht mehr verwundern, dass der »Mensch von Hadar« die Anatomie eines aufrecht gehenden Hominiden in fortgeschrittener Ausprägung besitzt.

Der Fuß jener Australopithecinen hatte bereits eine gerundete Ferse und nicht mehr das spitze Fußende der nah verwandten Menschenaffen. Zudem wies er, wenngleich weniger ausgeprägt, schon die Wölbung auf, die den menschlichen Fuß kennzeichnet. Schließlich war die große Zehe fast geradeaus nach vorn gerichtet; der im Vergleich zum Fuß des heutigen Menschen größere Abstand der großen Zehe zur zweiten Zehe mag daher rühren, dass das weiche Material des Untergrunds die ersten beiden Zehen beim Abrollen des Fußes auseinander drückte und so ein etwas anderes Fährtenbild entstand. Doch selbst wenn die Großzehe noch etwas abgespreizt gewesen sein sollte, war sie jedenfalls nicht als Greifzehe, sondern eher als Laufzehe ausgebildet.

Die Tiefe des Fußabdrucks lässt auch Rückschlüsse auf die beim Abrollen auftretenden Kräfte zu. Man kann klar den Abrollvorgang eines Aufrechtgängers konstatieren, und das zu einer Zeit, als von einer beschleunigten Entwicklung des Gehirns der Hominiden noch nicht zu reden war. Viel besser als alle Skelettfunde beweist die fossile Spur des Verhaltens der Individuen, dass sich der aufrechte Stand und der aufgerichtete Gang rund anderthalb Millionen Jahre vor der beschleunigten Vergrößerung des Gehirns entwickelte.

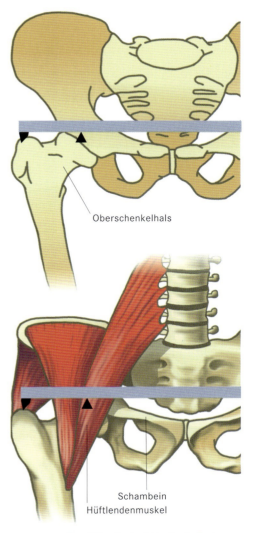

Oberschenkelhals

Schambein
Hüftlendenmuskel

Das Hüftgelenk wirkt wie ein Drehpunkt. Auf der einen Seite lastet das Gewicht von Rumpf und anderem Bein, auf der andern Seite wirkt diesem Gewicht die Kontraktion des kleinen und mittleren Gesäßmuskels (links außen) entgegen. Da das Hüftgelenk weit seitlich des Rumpfschwerpunkts liegt, wirkt das Körpergewicht am längeren Hebelarm. Bei **Lucys Becken** ist dieser Hebelarm noch länger. Diesen Nachteil gleichen eine größere seitliche Ausbuchtung des Darmbeins und ein längerer Oberschenkelhals aus, denn dadurch sind die Ansatzstellen der beteiligten Muskeln nach außen verlagert und somit der Hebelarm dieser Muskeln vergrößert.

Menschheitsdämmerung

Raymond Dart war 31 Jahre alt und seit kurzem Professor für Anatomie an der Witwatersrand-Universität in Johannesburg, Südafrika, als er im Jahr 1924 eine epochale Entdeckung machte: Im Kalksteinbruch von Buxton bei der Ortschaft Taung, in der Nähe von Kimberley im Westen Südafrikas, waren wieder einmal bei einer Sprengung Fossilien zum Vorschein gekommen. Dart hatte ein Sammelsurium davon in Kisten verpackt erhalten und erkannte unter den Fundstücken den weitgehend erhaltenen Schädel und Unterkiefer eines Hominiden sowie den dazugehörigen fossil gefüllten Kern des Schädelinnenraums.

Das Kind von Taung

Dieser Kern hatte die Form eines Hirnabgusses (Endocranialausguss), das heißt, er zeigte schwach angedeutet die Windungen und Furchen des Gehirns. Solch ein Abbild kommt manchmal zustande, wenn sich ein fossiler Schädel mit Material füllt, das dann später selbst versteinert. Dart war bereits beim ersten Anblick des Funds davon überzeugt dass es sich dabei um Hirnabguss und Schädel eines Hominiden handelt. Vor allem die relative Lage der Gehirnfurchen zueinander, die aus dem Innenabdruck erkennbare relativ hohe, runde Gehirnform und die eher senkrecht aufsteigende Stirn veranlassten Dart zu dieser Vermutung. Nach mühsamer, fast einen Monat dauernder Präparation hatte er den Gesichtsschädel des Funds freigelegt, der ein vollständiges Milchgebiss mit einem gerade durchbrechenden Backenzahn besaß. Ihren vielleicht wichtigsten Beleg freilich fand die Interpretation Darts in einem andern auffälligen Merkmal des Fossils, der Lage des großen Hinterhauptlochs (Foramen magnum), durch welches das Rückenmark aus dem Schädel tritt. Wie ansonsten nur vom Menschen bekannt, befindet es sich bei diesem Fossil weiter vorn an der Schädelbasis. Dart schloss daraus, dass das Fossil von einem Individuum stammen musste, das aufrecht auf zwei Beinen gegangen war. Bei Tieren, die sich wie etwa die Affen auf vier Beinen fortbewegen, liegt das Foramen magnum weiter hinten am Schädel.

Das Alter des Individuums schätzte er aufgrund des gerade durchbrechenden Backenzahns auf etwa sechs Jahre. Abgesehen von den auf einen Hominiden hinweisenden Merkmalen wies dieses jung gestorbene Wesen viele Übereinstimmungen mit einem Menschenaffen auf, unter andern ein relativ weit vorragendes Gesichtsskelett und ein kleines Gehirn.

Späte Anerkennung

Im Jahr 1925 erschien, unter der wissenschaftlichen Bezeichnung Australopithecus africanus, Darts Beschreibung des Funds in der britischen Wissenschaftszeitschrift »Nature«. Dabei vertrat der Paläontologe, der davon überzeugt war, in seinem Fund einen frühen Vorfahr des Menschen in Gestalt einer affenähnlichen Übergangs-

Das **Kind von Taung,** ein graziler Australopithecine.

Einer der bedeutendsten paläoanthropologischen Funde dieses Jahrhunderts wurde in den Jahren 1997/98 in den Höhlen von Sterkfontein in Südafrika gemacht. Unter der Leitung der Wissenschaftler Phillip Tobias und Ron Clarke wurde dort das rund 3,5 Millionen Jahre alte und erstaunlich vollständige Skelett eines Individuums der Gattung Australopithecus entdeckt. Die ersten Fuß- und Beinknochen von **Little Foot**, wie der Fund wegen seiner geringen Körpergröße von 120 cm genannt wurde, waren schon rund vier Jahre vorher bei Nachbestimmungen älterer Funde in Kartons mit Schweineknochen entdeckt worden und hatten seinerzeit die Diskussion um den aufrechten Gang der Australopithecinen neu belebt. Aufgrund der Vollständigkeit des Funds erhoffen sich die Forscher nun neue Erkenntnisse über den Körperbau und den aufrechten Gang der Australopithecinen.

Außerordentlich beeindruckend sind die **Fußspuren von Laetoli,** die 1978 in dem gleichnamigen Gebiet in Tansania auf einer Länge von 25 m von Mary Leakey und ihrem Team freigelegt wurden.

form vor sich zu haben, die Auffassung, dass es sich bei dem »Kind von Taung«, wie der Fund bald überall genannt wurde, um das »Missing Link« der Menschwerdung handele. Während seine Entdeckung und deren Interpretation in der Öffentlichkeit als Sensation empfunden wurde – es war bis dahin noch kein fossiler Hominide beschrieben worden –, wurde Darts Auffassung in der wissenschaftlichen Welt aber nur mit Skepsis aufgenommen und für geraume Zeit von nahezu niemandem geteilt. Da es sich bei dem Fund um ein kindliches Individuum handelte, dessen Merkmale noch nicht so ausgeprägt und aussagekräftig waren wie bei einem erwachsenen, und da eingehendere Untersuchungen noch ausstanden, hatte Dart seine Überzeugung in der Tat vielleicht etwas zu voreilig vorgetragen. Er fühlte sich jedoch in seiner früheren Einschätzung, dass es sich bei dem Kind von Taung um einen frühen Hominiden handelt, bestätigt, nachdem es ihm gelungen war, den Unterkiefer in mühsamer, vierjähriger Arbeit aus dem Kalkstein herauszupräparieren. Er konnte ihn danach vom übrigen Gesichtsschädel lösen und so das Gebiss des Kinds genauer untersuchen.

Mary Leakey beim Freilegen von Fußspuren.

Trotzdem blieb er mit seiner Auffassung allein, obwohl 1936 der schottische Paläontologe Robert Broom die Fragmente eines Erwachsenen-Hirnschädels von A. africanus aus Sterkfontein beschrieb. Broom sah die Ähnlichkeit zwischen dem neuen Schädelfund und dem des Kinds von Taung und stufte ihn daher zunächst als der Gattung Australopithecus zugehörig ein, indem er den Hominiden A. transvaalensis nannte, zwei Jahre später stellte er ihn jedoch in eine eigene Gattung, Plesianthropus. So verhalfen erst weitere Funde von Fossilien in Sterkfontein und an den ebenfalls südafrikanischen Fundorten Kromdraai, Swartkrans und Makapansgat 1947 Darts Deutung zu wissenschaftlicher Anerkennung.

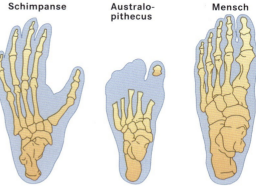

Die **Fußskelette** und die Umrisse der **Fußabdrücke** von Schimpanse, Australopithecus und Mensch. Auffällig ist die fast geradeaus nach vorn gerichtete Großzehe von Australopithecus, die als Laufzehe ausgebildet ist.

Systematische Einordnung von Australopithecus africanus

Die genaue Einordnung des Funds von Taung ist dennoch bis heute umstritten geblieben. Denn die Arten der Gattung Australopithecus werden nach morphologischen Gesichtspunkten in drei Gruppen unterteilt: die Australopithecinen-Stammgruppe sowie die grazilen und die robusten Australopithecinen. Das Kind von Taung wird meist zu den grazilen Australopithecinen gestellt, wenngleich in neuerer Zeit auch erwogen wird, ob es nicht doch eher den robusten Australopithecinen zuzuordnen sei. Der Fund würde hiernach die diese Gruppe kennzeichnende Robustheit deshalb nicht aufweisen, weil sie sich an dem Kinderschädel noch nicht ausgeprägt hätte. Da das Kind von Taung der erste Vertreter der Art Australopithecus africanus war, der beschrieben wurde, würde das bedeuten, dass die grazile Art Australopithecus africanus letztlich anhand einer andern, nämlich einer robusten Art, beschrieben worden wäre. Gesichert ist zurzeit jedoch weder die eine noch die andere Annahme, sodass hier weiterhin davon ausgegangen wird, dass das Kind von Taung, entsprechend der Beschreibung und Zuordnung durch Dart, ein graziler Australopithecine ist.

Dart hatte den Fund aus Taung auf ein Alter von etwa eine Million Jahre geschätzt. Nach neueren Untersuchungen hat das »Kind von Taung« vor 2 bis 2,5 Millionen Jahren gelebt. Es ist demnach etwa anderthalb Millionen Jahre jünger als die ältesten der heute bekannten Australopithecinen und liegt gewissermaßen an der Untergrenze der Zeitspanne, in der A. africanus insgesamt lebte. Denn diese wird heute meist mit etwas über eine Million Jahre angegeben und reicht mit den ältesten Funden aus Makapansgat und Sterkfontein wahrscheinlich 3,3 bis 3,5 Millionen Jahre zurück.

Mrs. Ples

Wiederum in Sterkfontein entdeckten 1947 der südafrikanische Anatom John Robinson sowie abermals Robert Broom den annähernd kompletten Schädel eines erwachsenen A. africanus, der die Fundbezeichnung STs 5 erhielt. Er wurde bald allgemein unter dem Spitznamen »Mrs. Ples« bekannt, da Broom ihn erst derselben Gattung (Plesianthropus) zuordnete, wie die 1936 in Sterkfontein gefundenen Fossilien.

Für STs 5 ist die Zuordnung zu den grazilen Australopithecinen unstrittig. Deshalb kann man an diesem Schädel einige wesentliche Merkmale der Art A. africanus recht gut zusammenfassen und – wichtig für die stammesgeschichtliche Einordnung – diese Merkmale mit denen von A. afarensis vergleichen. Die Stirn von A. africanus und ihre Wölbung sind höher als bei dem stammesgeschichtlich älteren A. afarensis. Dementsprechend hat die jüngere Art auch ein etwas größeres Gehirn, dessen Volumen mit etwa 440 cm³ angegeben wird. Die Kieferregion ragt weniger weit vor, das Gesicht ist also steiler, die »Schnauzenbildung« (Prognathie) geringer. Dementsprechend kann angenommen werden, dass die Kaumuskulatur nicht so

---

Weshalb erhielt **Raymond Dart,** ein bis dahin unbekannter junger Professor, Kisten mit Fossilien zugeschickt? Raymond Dart hatte das Glück, dass ein Freund einer seiner Studentinnen der Leiter eines Kalksteinbruchs bei Taung im Protektorat Betschuanaland war. Diese Studentin hatte Dart eines Tages den versteinerten Schädel eines Pavians gezeigt, den sie bei eben diesem Freund gefunden hatte. Auf Darts Bitte hin sagte das Unternehmen zu, ihm alle Fossilien zu schicken, auf die es bei seinen Arbeiten stoßen sollte. Das später als **»Kind von Taung«** bekannt gewordene Fossil war denn auch bereits in der ersten Lieferung, die Dart erreichte.

Am frühen **Tod des »Kinds von Taung«** ist vermutlich ein großer Greifvogel schuld. Denn die Knochen, inmitten deren die Überreste des jungen Hominiden gefunden wurden, lassen darauf schließen, dass das Lebewesen durch die kräftigen, scharfen Krallen eines großen Vogels getötet wurde. Für diese These spricht auch, dass in Taung niemals Fragmente eines erwachsenen Australopithecinen, also etwa der Sippe des Kinds von Taung, gefunden wurden. Außerdem ist z. B. von großen Adlern bekannt, dass sie u. a. kleine Antilopen oder auch junge Paviane schlagen.

weit an der Schläfe des Schädels hinaufreichte wie bei A. afarensis. Der Unterkiefer ist recht massiv und an der Kinnspitze verstärkt, der aufsteigende Kieferast hat den Kaumuskeln breite Ansatzflächen geboten. Der Jochbeinbogen beginnt im Gesicht mit einer weit nach vorn gezogenen Verbreiterung, dem kräftigen Jochbeinhöcker. Ein knöcherner Stützpfeiler, der auf beiden Seiten von der Nasenwurzel am Nasenloch entlang zum Oberkiefer hinunterläuft und bei den Eckzähnen endet, verleiht dem Gesichtsschädel ein charakteristisches Aussehen. Bei Ansicht von vorn zeigt er ein so genanntes nasoalveolares Dreieck.

Die wichtigsten **Australopithecinen-Fundstellen** in Südafrika.

Das Gebiss von Mrs. Ples weist deutliche Unterschiede gegenüber A. afarensis und einige Ähnlichkeiten mit dem Gebiss des Menschen auf. So sind die Schneidezähne und vor allem auch die Eckzähne kleiner als bei A. afarensis und fallen in der Zahnreihe weniger auf, wodurch sie denjenigen des Menschen schon recht ähnlich sind. Die Prämolaren und die Molaren sind kleiner als bei A. afarensis und haben zudem mit 515 mm^2 eine nur um knapp acht Prozent größere Kaufläche als diejenigen des Menschen, was überwiegend auf die größeren Molaren zurückzuführen ist. Insgesamt haben die Zähne bei A. africanus in beiden Geschlechtern sehr ähnliche Größe und Gestalt.

Nach neuen Berechnungen werden die Körperhöhen der Frauen von A. africanus auf etwa 115 cm, die der Männer auf etwa 138 cm geschätzt. Die für die Körpermassen ermittelten Werte von 30 kg beziehungsweise 41 kg zeigen, dass die Männer ungefähr 20 % größer und gut ein Drittel schwerer waren als die Frauen. Demnach ist der Geschlechtsdimorphismus von Größe und Gewicht noch immer stärker als beim Menschen, doch scheint er deutlich schwächer auszufallen als bei A. afarensis.

Der »Schwarze Schädel« oder »**Black Skull**« hat seinen Namen von der schwarzblauen Färbung durch Mangandioxid, die durch die Art seiner Lagerung verursacht wurde.

Robuste Australopithecinen

Zurzeit werden von der überwiegenden Mehrheit der Fachleute drei Arten den so genannten robusten Australopithecinen zugeordnet, wobei diese von einigen Wissenschaftlern auch in eine eigene Gattung, Paranthropus, gestellt werden. Dieser Beitrag folgt der von der Mehrheit vertretenen Meinung, dass es sich um robuste Vertreter der Gattung Australopithecus handelt.

Über die mit 2,3 bis 2,6 Millionen Jahren am weitesten zurückdatierte und somit älteste der drei Arten ist am wenigsten bekannt. Von ihr zeugen nur wenige Fundstücke, darunter jedoch ein sehr gut erhaltener und annähernd vollständiger Schädel, an dem nur der Unterkiefer fehlt. Dieser Mitte der 1980er-Jahre westlich des Turkana-Sees gefundene »Schwarze Schädel« (»Black Skull«), der die Fundbezeichnung KNM-WT 17000 erhielt, wird heute der robusten Art Australopithecus aethiopicus zugeordnet. Sie lebte zeitgleich mit A. afarensis, wobei sie wahrscheinlich sogar vom frühen A. afarensis abstammte. Darauf deutet zum Beispiel die eigentümliche Tatsache hin, dass beiden Arten die mittlere Hirnhaut-Arterie fehlt. Ein solches isoliertes Merkmal wird wahrscheinlich nicht unabhängig voneinander zweimal in demselben Zeitraum von Mitgliedern ein und

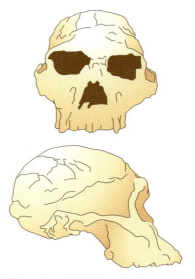

Dieser fast vollständig gefundene Schädel eines erwachsenen Australopithecus africanus wurde als »**Mrs. Ples**« bekannt.

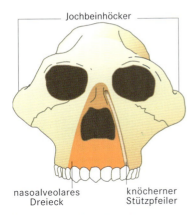

Das **nasoalveolare Dreieck** (orange unterlegt) ist ein charakteristisches Merkmal der grazilen Australopithecinen.

Die Arten der Gattung Australopithecus werden nach morphologischen Gesichtspunkten in drei Hauptgruppen unterteilt, die jeweils auch in unterschiedlichen Regionen Afrikas gefunden wurden.
Zur **Australopithecinen-Stammgruppe,** deren Fossilien im äquatorialen Afrika gefunden wurden, zählen A. anamensis (4,2 bis 3,8 Millionen Jahre; Kenia), A. bahrelghazali (3,5 bis 3,2 Millionen Jahre; Tschad) und A. afarensis (3,7 bis 2,9 Millionen Jahre; Äthiopien und Tansania). Nur eine Art wird den **grazilen Australopithecinen** zugerechnet, nämlich A. africanus aus Südafrika mit einem geschätzten Alter von 3 bis 2 Millionen Jahren. Umstritten ist, ob das »Kind von Taung« nicht doch der letzten Gruppe zuzurechnen ist, den **robusten Australopithecinen.** In dieser Gruppe finden sich A. aethiopicus (2,6 bis 1,3 Millionen Jahre; Äthiopien, Kenia), A. boisei, der anfänglich in eine eigene Gattung, Zinjanthropus, gestellt wurde (2,4 bis 1,1 Millionen Jahre; Tansania, Kenia, Äthiopien, Malawi), und schließlich der auf ein Alter von etwa 1,8 bis 1,3 Millionen Jahre geschätzte A. robustus aus Südafrika.

derselben Gattung erworben und ist deshalb zumindest ein Zeichen für eine sehr enge verwandtschaftliche Beziehung.

Im Vergleich zu A. afarensis ist der offenbar von einem männlichen Individuum stammende Schädel von A. aethiopicus deutlich massiver. Er trägt einen großen und hohen Schädelkamm als Ansatzfläche für die Kaumuskeln und einen starken Nackenkamm als Ansatz für die Halsmuskulatur. Leider kann über die Zeitspanne der Existenz dieser Art sowie über ihre Anatomie und ihre vermutliche Lebensweise aufgrund der spärlichen Fundlage kaum etwas ausgesagt werden. Über seine stammesgeschichtliche Beziehung zu den andern Australopithecinen gibt es unterschiedliche Theorien. Übereinstimmung besteht jedoch darin, dass A. aethiopicus durchgängig abseits der zum Menschen führenden Zweige des Stammbaums platziert wird.

Zeitlich anschließend an A. aethiopicus und vermutlich auch von diesem abstammend, tritt A. boisei vor 2,4 bis 2,2 Millionen Jahren in Erscheinung; die jüngsten Fossilien werden auf ein Alter von etwas mehr als eine Million Jahre datiert. Mary Leakey hatte 1959 in der Olduvai-Schlucht das erste und bis heute bekannteste Relikt dieser Art gefunden. Hierbei handelt es sich um den nahezu vollständig erhaltenen Schädel eines Jungen, der die Fundbezeichnung O.H. 5 und von den Leakeys den Spitznamen »Dear Boy« erhielt. Der Fund wurde von Louis Leakey zunächst in eine neue Gattung gestellt und Zinjanthropus boisei genannt, später jedoch Australopithecus zugeordnet. A. boisei war ein Zeitgenosse von Homo rudolfensis, der frühesten Menschenart, deren am weitesten zurückdatierte Funde 2,4 Millionen Jahre alt sind. Nachdem dieser ausgestorben war, lebte A. boisei dann noch zeitgleich mit A. robustus sowie Homo habilis und teilte für mindestens eine halbe Million Jahre den afrikanischen Lebensraum mit Homo erectus, bis er als letzter Australopithecine ausstarb und unsere eigene Gattung, Homo, als einziger Vertreter der Hominiden übrig blieb.

Merkmale der robusten Australopithecinen

Bei A. boisei handelt es sich um eine, vor allem wegen ihres Kauapparats gelegentlich auch als hyperrobust bezeichnete Art, deren große Prämolaren und Molaren eine Kaufläche von rund 800 mm^2 bilden. Die Backenzahnbreite beträgt teilweise über 2 cm und der Zahnschmelz ist, wie bei allen robusten Australopithecinen, besonders dick. Die seitlich weit ausladenden Jochbeinbögen verleihen dem Schädel eine in die Breite gezogene Gestalt. Sie bieten einer mächtigen Kaumuskulatur viel Platz und tragen dadurch dazu bei, den vermutlich großen Kaudruck aufzufangen.

Das Gehirn ist mit einem Volumen von etwa 500 bis 530 cm^3 größer als das der grazilen Australopithecinen, was aber nichts über den jeweiligen Entwicklungsstand aussagt, da hierzu das Gehirnvolumen immer in Relation zur Körpermasse betrachtet werden muss. Über die Körpergröße und die Körpermasse von Männern und Frauen dieser Art gibt es derzeit kaum gesicherte Erkenntnisse. Während die

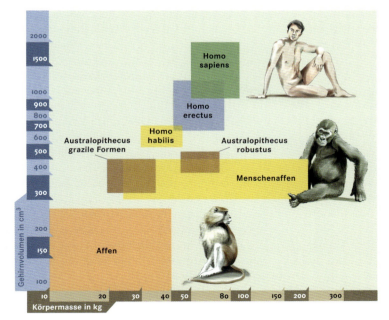

Größe von **Gehirnvolumen** und **Körpermasse** bei Affen, Menschenaffen, Australopithecinen und den verschiedenen Vertretern der Gattung Homo einschließlich des Menschen.

Frauen auf etwa 125 cm geschätzt wurden, könnten die Männer über 135 cm Körpergröße erreicht und ihre Körpermasse, aufgrund des massiven Körperbaus, bis zu ungefähr 75 kg betragen haben.

Die dritte, zu den robusten Australopithecinen zählende Art ist A. robustus, ein Hominide, dessen Fossilienfunde auf ein Alter zwischen 1,8 und 1,2 Millionen Jahre datiert worden sind. Diese Art wurde erstmals 1936 von Robert Broom im südafrikanischen Kromdraai entdeckt und beschrieben. Ihre Prämolaren und Molaren sind etwas weniger gewaltig als bei A. boisei, denn ihre Kaufläche ist mit fast 590 mm² um etwa ein Viertel kleiner; sie ist jedoch immer noch um 14 % größer als die von A. africanus, dem grazilen Australopithecinen. Ähnlich wie A. boisei besitzt auch A. robustus einen besonders dicken Zahnschmelz. Im Rasterelektronenmikroskop ist zu erkennen, dass die Belastung des Zahnschmelzes bei beiden Arten wohl ungleich stärker war als bei den grazilen Australopithecinen. Dies lässt Rückschlüsse auf die Ernährungsgewohnheiten dieser Arten zu. Wahrscheinlich führten Kerne und andere hartschalige Samen zu den grubenförmigen Spuren im Zahnschmelz. Auch der Gesichtsschädel zeigt Anpassungen, die dazu dienen, den bei dieser Art von Ernährung entstehenden großen Kaudruck aufzufangen. Der Überaugenwulst, der zusammen mit dem ausladenden Jochbeinbogen den Druck der kräftig entwickelten Kaumuskulatur ableitet, ist bei A. robustus derart mächtig und vorspringend, dass er auch als Überaugenrippe bezeichnet wird.

A. boisei und A. robustus bewohnten offenes Buschland und waren zweifellos Aufrechtgänger. Einige Merkmale weisen auch auf die Fähigkeit zu klettern hin. So suchten sie

Abguss des so genannten **Schwarzen Schädels** aus Lomekwi, westlich des Turkana-Sees in Nordkenia.

Schädel des hyperrobusten Australopithecus boisei, der von den Leakeys den Spitznamen **»Dear Boy«** erhielt.

möglicherweise abends Baumwipfel auf, um dort zu schlafen und dadurch besser vor Angriffen durch Fressfeinde geschützt zu sein. Zusammen mit den fossilen Resten von A. robustus wurden einfache Steinwerkzeuge gefunden. Ob diese von Vertretern seiner Art stammen oder von zeitgleich lebenden Menschen ist bislang unklar.

Welche frühen Hominiden waren unsere Vorfahren?

Nach der paläontologischen Forschung lassen sich Vorfahren der Primaten etwa in Purgatorius ebenso ausmachen wie Urahnen der Affen in den Tarsiiformes, Parapithecidae oder Propliopithecidae. Hominide Vorläufer sind bislang mit dem »Connecting Link« Ardipithecus ramidus und den Australopithecinen, allen voran dem prominenten A. afarensis »Lucy«, identifiziert. In welcher Beziehung diese evolutionsgeschichtlichen Frühformen zum Menschen stehen, wie sie also in dessen Stammbaum einzugliedern sind, ist noch immer offen. Zwar kann die grundsätzliche Frage, ob der Mensch überhaupt »vom Affen abstammt«, in der sich vor hundert Jahren die einschlägige Diskussion (und nicht nur sie) weitgehend erschöpfte, heute als geklärt gelten. Die Vielzahl konkurrierender Theorien, wie sie allein zum Beispiel über die Biomechanik des aufrechten Gangs von A. afarensis entworfen worden sind, zeigt aber die Komplexität paläontologischer Fragestellungen, die nicht von ungefähr in eine Vielzahl unterschiedlicher Entwürfe menschlicher Stammesgeschichte mündet. Diese ist damit vor allem Ausdruck der verschiedenen Akzente, die bei der Interpretation fossiler Funde gesetzt werden, und Spiegelbild des Mosaiks bekannter und noch im Dunkeln liegender Zusammenhänge.

Vor diesem Hintergrund steht bisher allein fest, dass die Vorfahren des Menschen Menschenaffen waren. Unsere nächsten Verwandten

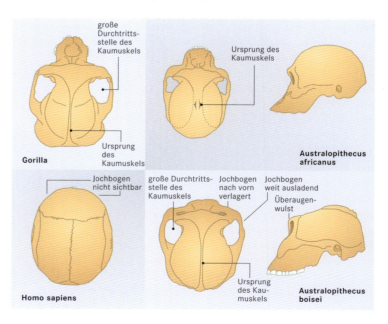

Einige **Schädelmerkmale** von Gorilla, Homo sapiens, Australopithecus africanus und Australopithecus boisei im Vergleich.

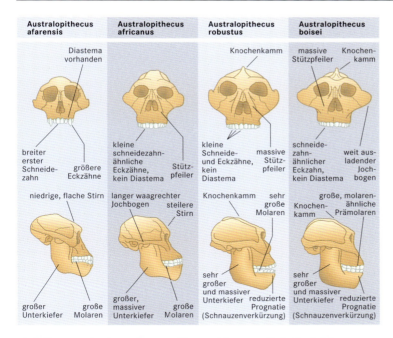

Charakteristische Schädelmerkmale der verschiedenen Arten der Australopithecinen im Vergleich.

sind die Angehörigen der Familie Panidae, nämlich die Schimpansen und der Gorilla, wobei sich die Linien der Panidae und Hominidae vor etwa 5 bis 7 Millionen Jahren in Afrika aufgespalten haben.

Demzufolge sind die ältesten Hominiden mit Ardipithecus nach gegenwärtiger Fundlage etwa 4,4 Millionen Jahre alt. Ob diese Frühform als ein direkter Vorfahr des Menschen gelten kann, muss derzeit noch dahingestellt bleiben. Denn während der Finder von Ardipithecus, Tim White, von einer solchen engen Verwandtschaft überzeugt ist, wird dieser Fund von Meave Leakey lediglich einem Seitenzweig des menschlichen Stammbaums zugeordnet. Nach ihrer Interpretation besetzt Australopithecus anamensis die entsprechende Schlüsselstelle der Evolutionsgeschichte.

Die kleinwüchsigen Arten der Australopithecinen-Stammgruppe, zu denen auch A. anamensis zählt, zeigen seit über 3,5 Millionen Jahren deutliche anatomische Anpassungen an eine aufgerichtete Körperhaltung und einen gewohnheitsmäßig aufrechten Gang, wie die fossilen Fußspuren von Laetoli belegen. Dagegen ist die Evolution zu einem größer und komplexer werdenden Gehirn bei den Australopithecinen nur andeutungsweise zu erkennen. Nach der Entdeckung eines andern Mitglieds der Australopithecinen-Stammgruppe, von A. afarensis, der berühmten »Lucy«, hatte Donald Johanson diesem Hominiden die Rolle als Urahn der Menschheit zugewiesen, der mit einem Alter von 2,6 bis 2,9 Millionen Jahren nach damaliger Fundlage zeitlich am weitesten zurückreichte. Johansons Ansicht wird auch nach den vielen Entdeckungen der letzten Jahrzehnte noch von den meisten Wissenschaftlern geteilt.

Die einzige Art der grazilen Australopithecinen, A. africanus, nimmt in den verschiedenen Stammbaumvarianten sehr unter-

Da der Schädel mit der Fundbezeichnung O.H.5 an Robustheit alle bis dahin gefundenen Australopithecinen in den Schatten stellte, wurde er ursprünglich von den Leakeys in eine neue Gattung, **Zinjanthropus,** gestellt und erst einige Zeit später aufgrund der vielen gemeinsamen Merkmale als hyperrobuste Art den Australopithecinen zugeordnet. Erhalten blieb vom ersten Gattungsname der Spitzname **»Zinj«,** der von allen Spitznamen (»Dear Boy«, »Nussknackermensch«), die der Fund O.H.5 erhielt, wohl der geläufigste ist. Den Artnamen A. boisei erhielt »Zinj« nach dem Hauptfinanzier der Ausgrabungen Louis Leakeys, dem Londoner Geschäftsmann Charles Boise.

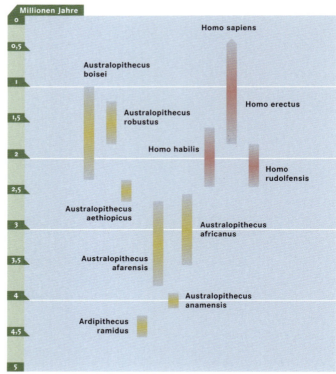

Es existieren beinahe so viele **Stammbäume der Hominiden**, wie es Wissenschaftler gibt, die sich mit der Evolution des Menschen beschäftigen. Neue Funde verändern regelmäßig die Zuordnungen der verschiedenen Australopithecus- und Homo-Arten. Daher werden in dieser Abbildung nur die Zeiträume dargestellt, in denen die Arten wahrscheinlich lebten, und evolutionäre Beziehungen zwischen den Arten nur angedeutet.

Nach vorherrschender Meinung kann man die **Familie Hominidae** anhand der vorliegenden fossilen Dokumente in drei, unter Umständen auch vier **Gattungen** einteilen. Dabei ist zurzeit nur eine Art, Ardipithecus ramidus, der ältesten Gattung, Ardipithecus, bekannt, während die zweitälteste, Australopithecus, je nach Ansatz zumeist in vier oder fünf **Arten** gegliedert wird. Manche Fachleute unterscheiden die robusteren Arten allerdings als eigene Gattung Paranthropus, in die dann meist drei der insgesamt fünf Arten gestellt werden. Die Gattung Homo schließlich wird in der Regel in drei bis fünf Arten eingeteilt. Ihr jüngster Spross ist Homo sapiens sapiens, der anatomisch moderne Mensch.

schiedliche Positionen ein. Einmal wird sie zwischen A. afarensis und die Gattung Homo platziert, wo sie entweder an der stammesgeschichtlichen Verzweigung zwischen Menschen und A. robustus steht oder sogar nur den Menschen als Nachfahren hat. Ein anderes Mal wird sie als Ursprungsart ausschließlich für A. robustus gesehen und hat keine weiteren Nachfahren. In wieder andern Systematiken stammen von A. africanus alle robusten Australopithecinen ab, und Donald Johanson vertritt die These, dass A. africanus auf einem Seitenzweig zu den robusten Arten gehöre. An dieser Vielfalt zeigt sich, dass A. africanus nicht nur die am längsten bekannte Art der Australopithecinen ist, sondern auch die größte Vielfalt an Interpretationsvarianten im Stammbaum der Hominiden bietet.

Die robusten Australopithecinen schließlich zweigen je nach systematischer Zuordnung in unterschiedlicher Weise von A. africanus oder A. afarensis ab. Als sicher gilt bei aller Variation, dass sie zu einem Seitenzweig des Stammbaums gehören und demnach nicht als Vorfahren des Menschen zu betrachten sind.

Zusammenfassend bleibt zur menschlichen Vorfahrengeschichte festzuhalten: Die Gattung Australopithecus gehört, darin ist sich die paläontologische Forschung einig, mit Sicherheit in die unmittelbare Vorfahrenschaft des Menschen. Offen bleibt aber nach wie vor, welchen Platz die einzelnen Arten im Stammbaum der Hominiden einnehmen und aus welchem Zweig sich schließlich die Gattung Homo entwickelt hat.

C. NIEMITZ

Die ersten Menschen

Die Australopithecinen lebten fast zwei Millionen Jahre lang als die einzigen Hominiden im östlichen und im südlichen Afrika. Sie entwickelten dabei eine der wesentlichen menschlichen Eigenschaften: den gewohnheitsmäßig aufrechten Gang. Vor etwa 2,4 Millionen Jahren gingen aus ihnen die ersten Vertreter der Gattung Homo hervor, neben denen sie noch über eine Million Jahre lang weiterlebten.

Entdeckung einer neuen Art

Als Mary Leakey 1959 in der Olduvai-Schlucht den als »Zinj« bezeichneten Schädel eines Australopithecus boisei entdeckte, glaubte ihr Mann Louis, damit sei endlich der Hersteller der zahllosen primitiven Steinwerkzeuge gefunden, die das Forscherehepaar hier in fast 30-jähriger Arbeit gesammelt hatte. Doch kaum war die Nachricht von der Entdeckung des »Nussknacker-Menschen« Zinj um die Welt gegangen, sollte ein noch geeigneterer »Kandidat« in Olduvai zum Vorschein kommen. Im November 1960 stieß Jonathan Leakey, der älteste der drei Söhne von Mary und Louis, ganz in der Nähe der Zinj-Fundstelle in einer als Schicht I bezeichneten Ablagerung auf die Überreste eines jugendlichen Individuums, das nach seiner Zahnentwicklung etwa 10 bis 13 Jahre alt geworden war und, nach seinem Entdecker, als »Johnnys Kind« bekannt wurde. Zu die-

Die **Olduvai-Schlucht** ist ein etwa 50 km langes Schluchtensystem am Südostrand der Serengeti in Tansania, das zu einer der weltweit bedeutendsten Fundstellen fossiler Hominiden wurde. Die durch frühere Flussläufe freigelegten Hänge der Schlucht bestehen aus bis zu 100 m mächtigen Sedimenten, die auf einer etwa zwei Millionen Jahre alten Lava liegen. Die unteren vier Schichten, die mit römischen Ziffern durchnummeriert werden, umfassen den Zeitraum vom frühesten Unterpleistozän bis ins frühe Mittelpleistozän. Es folgen drei weitere Formationen, deren jüngste (Naisiusiu Beds) ins späte Oberpleistozän datiert.

In der **Olduvai-Schlucht** wurden seit 1959 viele bedeutende Hominiden-Fossilien geborgen.

sen mit der Fundnummer O.H. 7 bezeichneten Fossilien gehörten neben einem Unterkiefer und den Scheitelbeinen auch einige Handknochen.

Überraschende Funde aus Olduvai

Am überraschendsten an dem neuen Fund O.H. 7 war, dass er – obwohl er aus etwas älteren Ablagerungen stammte als der hyperrobuste Zinj – eine Reihe fortschrittlicher Merkmale hatte, die bereits Ähnlichkeiten mit denen der späteren fossilen Menschenformen besaßen. So waren die Backenzähne (Prämolaren und Molaren) im Gegensatz zu denen der Australopithecinen ausgesprochen schmal. Außerdem stellte der Johannesburger Anatom Phillip Tobias, der von den Leakeys zur Untersuchung des Schädelmaterials hinzugezogen worden war, fest, dass die Scheitelbeine in allen Dimensionen (außer in der Knochendicke) größer waren als die aller bislang entdeckten Australopithecinen. Somit dürfte auch das Gehirn von »Johnnys Kind« deutlich größer gewesen sein als das der Australopithecinen. Tobias ermittelte denn auch für das jugendliche Individuum ein Hirnschädelvolumen von 647 cm^3, was bei einem Erwachsenen rund 680 cm^3 entspräche.

Gleichzeitig untersuchte John Napier, ein Spezialist für funktionelle Anatomie aus London, die Handknochen und ein als O.H. 8 bezeichnetes Fußskelett, das Mary Leakey im gleichen Jahr in unmittelbarer Nähe der Fundstelle von O.H. 7 entdeckt hatte. Dabei kam er zu dem Ergebnis, dass sowohl die Hand als auch der Fuß, der keine affenartig abspreizbare Großzehe besaß, den entsprechenden Gliedmaßen des Menschen bemerkenswert ähnlich waren.

Louis Leakey war sogleich überzeugt, in den neuen Funden einen sehr frühen direkten Vorfahren der Gattung Homo vor sich zu haben, doch Tobias und Napier hielten eine solche Interpretation angesichts des wenigen Fundmaterials nicht für gerechtfertigt. Stattdessen vermuteten sie, dass der Fund O.H. 7 eher einem Individuum der Australopithecinen zuzuordnen sei, das ein ungewöhnlich großes Gehirn besaß. Die Diskussionslage änderte sich jedoch, als 1963 die teilweise erhaltenen Schädel mit den Fundbezeichnungen O.H. 13 (»Cinderella«) und O.H. 16 (»George«) entdeckt wurden. Sie waren aus zwei Gründen bedeutsam: Zum einen ähnelten sie in ihrer Schädelkapazität von über 600 cm^3 und der Form ihrer Zähne dem Fund O.H. 7 so sehr, dass dessen außergewöhnliche Morphologie kaum mehr als individuelle Variante abgetan werden konnte, sondern eher als typisch für eine ganze Population gelten musste, was Leakeys Theorie von einer neuen Art stützte. Gleiches galt zum andern für die Tatsache, dass die beiden neuen Fossilien aus Ablagerungen einer jüngeren Schicht (als Schicht II bezeichnet) stammten. Das bedeutete, dass die Hominidenform über mehrere Hunderttausend Jahre relativ unverändert im Olduvai-Gebiet gelebt haben musste. Diese Befunde überzeugten schließlich auch Phillip Tobias und John Napier davon, dass es sich bei den grazileren Hominiden aus der Olduvai-Schlucht nicht lediglich um eine weitere Spielart der

Fundstelle mit Markierstein. Hier wurden Schädelfragmente eines jugendlichen Homo habilis (Fundnummer O.H. 7) entdeckt.

Unterkiefer und rekonstruiertes Schädeldach des Olduvai-Hominiden O.H. 7, der den Namen **»Johnnys Kind«** erhielt.

bekannten Australopithecinen, sondern um eine neue, bisher nicht bekannte Art handelte. 1964 – also erst vier Jahre nach der Entdeckung von O.H. 7 – veröffentlichten Leakey, Tobias und Napier die Ergebnisse ihrer Analysen schließlich in der britischen Wissenschaftszeitschrift »Nature« und nannten die von ihnen postulierte neue Art Homo habilis, »geschickter Mensch«.

Kontroverse um Homo habilis

Die Einführung dieser Art stieß in Fachkreisen auf heftige Kritik. Besonders die Zuordnung der neuen Funde zu unserer eigenen Gattung Homo löste eine Kontroverse aus, die über viele Jahre andauerte.

Fußskelett mit der Bezeichnung **O.H. 8**. Die nicht mehr abspreizbare Großzehe zeugt von einer grundsätzlichen Anpassung an den zweifüßigen Gang.

Bis zur Beschreibung und Benennung von H. habilis hatte das Hirnschädelvolumen eine entscheidende Rolle bei der Definition der Gattung Homo gespielt. Man war davon ausgegangen, dass dieser Gattung nur solche Fossilien zugeordnet werden dürften, die über ein Hirnschädelvolumen von mindestens 900 cm³ verfügten. Die Schädelvolumina der neuen Funde aus Olduvai aber lagen, wie gesehen, deutlich unterhalb dieses Grenzwerts. Leakey, Tobias und Napier betrachteten jedoch nicht das *absolute* Hirnschädelvolumen als das entscheidende Kriterium für die Zuordnung zur Gattung Homo, sondern das *relative,* auf die Körpergröße bezogene, denn erst die Zunahme des relativen Hirnschädelvolumens und damit der relativen Hirngröße kennzeichnete die spätere Evolution der Gattung Homo. Überdies wiesen auch Form und Größe der Zähne sowie die bis dahin gefundenen Extremitätenknochen Merkmale auf, die H. habilis als frühesten Vertreter der Homo-Linie geeignet erscheinen ließen, eine Interpretation, die noch durch einen weiteren, 1968 aus Schicht I geborgenen Schädel (O.H. 24, auch »Twiggy« genannt) gestützt wurde, der vergleichbare Merkmale besaß.

Vielen der damals führenden Anthropologen, wie Wilfrid Le Gros Clark aus Oxford oder dem südafrikanischen Anatomen John Robinson, ging eine solche Ausweitung der Homo-Definition allerdings zu weit. Sie hielten daran fest, dass Fossilien, die ein geringeres Hirnschädelvolumen aufweisen als die spätere Art H. erectus, der Gattung Australopithecus zuzuordnen seien. Auch die bereits in der Auswahl des neuen Artnamens »habilis« zum Ausdruck kommende

Ober- und Unterkiefer sowie die Hirnschädelfragmente gehören zum Fund O.H. 13, der den Namen **»Cinderella«** erhielt (links). Das rekonstruierte Schädeldach des Funds O.H. 16, **»George«** (Mitte), zeigt, dass jenes Individuum ein relativ großes Schädelvolumen hatte.
Der stark deformierte Schädel eines Homo habilis mit der Fundbezeichnung O.H. 24, auch **»Twiggy«** genannt (rechts), stammt aus der Schicht I der Olduvai-Ablagerungen.

III. Der Mensch erscheint

enge Verbindung zwischen dem Ursprung von Homo und der Fähigkeit, Steinwerkzeuge herzustellen, stieß auf Ablehnung, da nach Meinung der Kritiker das Verhalten einer Spezies nicht zur Artdefinition herangezogen werden sollte. Hauptargument der Skeptiker war jedoch, dass sich ihrer Ansicht nach A. africanus und die erst später existierende Art H. erectus bereits so ähnlich waren, dass zwischen ihnen kein ausreichender »morphologischer Abstand« für eine weitere Art mehr vorhanden sei. Statt die neuen Funde aus Olduvai zu einer neuen Art H. habilis zusammenzufassen, plädierten sie aus diesem Grund dafür, die Fossilien aus Schicht I (O.H. 7, O.H. 24) A. africanus zuzuordnen, während die Schädel aus Schicht II (O.H. 13, O.H. 16) zu H. erectus zu stellen seien. Tobias dagegen konnte nachweisen, dass zwischen diesen beiden Arten hinsichtlich der Schädelkapazität, der Zahnmorphologie, der Dicke der Schädelknochen und etlicher anderer anatomischer Details sehr wohl eine beträchtliche Lücke bestand. Letztlich führten jedoch vor allem weitere Funde aus andern Teilen Ost- und Südafrikas dazu, dass H. habilis von einer wachsenden Zahl von Forschern akzeptiert wurde. Und wiederum war es ein Mitglied der Familie Leakey, das entscheidenden Anteil an der Entdeckung dieser bedeutenden Funde hatte.

Ausgrabungen bei **Koobi Fora** am Turkana-See in Kenia.

Bestätigung vom Turkana-See

Als Richard Leakey – der mittlere der drei Leakey-Söhne – 1967 eher zufällig das Gebiet östlich des Turkana-Sees im Norden Kenias überflog, vermutete er in den zerklüfteten Ablagerungen, die er dort sah, hominide Fossilien. Die deshalb bald darauf unter Beteiligung von Vertretern verschiedener wissenschaftlicher Disziplinen begonnenen Expeditionen bestätigten seine Vermutung. Tatsächlich sollte sich das Gebiet auf der Nordostseite des Sees schon bald als eine wahre Schatzkammer erweisen.

Nachdem zunächst fossile Tierknochen, Steinwerkzeuge und verschiedene Überreste von A. boisei gefunden worden waren, stieß 1972 Bernard Ngeneo – ein »Fossilienjäger« des Kenya National Museum in Nairobi – auf Bruchstücke eines ungewöhnlich großen Hominidenschädels. Die weitere Suche brachte Hunderte von Fragmenten zutage, aus denen Richard Leakeys Frau Meave und der amerikanische Anthropologe Alan Walker den Schädel fast vollständig rekonstruieren konnten. Dabei zeigte sich, dass der als KNM-ER 1470 bezeichnete Fund einen großen Hirnschädel mit einem Volumen von mehr als 750 cm³ besaß. Der Zahnbogen ließ außerdem auf einen recht kräftigen Kauapparat schließen.

Der aus vielen Bruchstücken rekonstruierte Schädel mit der Fundbezeichnung **KNM-ER 1470** wird auf etwa 1,9 Millionen Jahre datiert.

Durch das Fehlen eines Scheitelkamms, weniger ausladende Jochbeinregionen und einen relativ kurzen Kiefer unterschied sich der Hominide wesentlich von den robusten Australopithecinen. Insgesamt ähnelte er eher den H. habilis-Funden aus Olduvai, deren

Hirnschädelvolumen er sogar übertraf. Trotzdem herrschte zunächst keine Einigkeit über seine taxonomische Zuordnung. Denn vor allem Walker erkannte in der Morphologie von KNM-ER 1470 auch enge Beziehungen zu den grazilen Australopithecinen.

Weitere Funde trugen eher zur Verwirrung des Bilds bei, als dass sie es klärten. So wurden ebenfalls 1972 Teile eines jugendlichen Schädels mit zugehörigen Zähnen entdeckt (KNM-ER 1590), dessen Scheitelbeine auf ein mindestens ebenso großes Hirnschädelvolumen schließen ließen wie das von KNM-ER 1470. Das Hirnvolumen eines im darauf folgenden Jahr geborgenen, sehr gut erhaltenen Schädels, KNM-ER 1813, betrug dagegen nur 510 cm³, was dem der Australopithecinen entsprach. Gleichzeitig zeigte dieser Fund jedoch in der gesamten Schädelmorphologie sowie in der Größe der Zähne sehr starke Ähnlichkeiten mit dem als O.H. 13 bezeichneten H. habilis von Olduvai.

Der Schädel mit der Fundkatalogbezeichnung **KNM-ER 1813** weist trotz seines relativ geringen Hirnvolumens von 510 cm³ zahlreiche Merkmale auf, die ihn als frühen Homo ausweisen.

Schließlich kam im selben Jahr noch der Schädel KNM-ER 1805 zum Vorschein, der besondere Rätsel aufgab. Er besaß ein Hirnschädelvolumen von rund 600 cm³ und relativ kleine Zähne, erweiterte aber das morphologische Spektrum insofern, als er untypische Merkmale wie einen knöchernen Scheitelkamm und auch im Bereich des Hinterhaupts Knochenkämme aufwies.

Neben einem weiteren, nur teilweise erhaltenen Schädel, KNM-ER 3732, mit relativ großem Hirnschädelvolumen wurden im Gebiet östlich des Turkana-Sees noch etliche Schädelfragmente, Zähne sowie unterschiedliche Teile des Skeletts entdeckt, die ähnliche Merkmale wie H. habilis zeigten. Damit stand seit Mitte der 1970er-Jahre außer den Funden aus der Olduvai-Schlucht eine nicht unbeträchtliche Zahl von H. habilis zugeordneten Funden zur Verfügung, die detaillierte Analysen, vor allem der Schädelmorphologie, ermöglichten. Besondere Bedeutung kam dabei auch weiterhin dem Vergleich mit den Australopithecinen zu.

Während zum Beispiel Richard Leakey und Alan Walker nach wie vor von den engen Beziehungen von KNM-ER 1813 und O.H. 13 zu A. africanus überzeugt waren, gelangte der amerikanische Anthropologe Francis Clark Howell 1978 in einer umfangreichen Untersuchung der afrikanischen Hominiden zu dem Ergebnis, dass sich diese Turkana-Funde in ihrem Schädelbau, der Beschaffenheit der Zähne und auch der Gliedmaßen im Gegenteil wesentlich von A. africanus unterschieden und somit sehr wohl unter dem Artnamen H. habilis zusammengefasst werden sollten. Seine Auffassung wurde seitdem von einer Vielzahl von Untersuchungen und Vergleichen der Funde vom Turkana-See bestätigt, die daher ganz entscheidend zur Anerkennung

Richard Leakey diskutiert mit seinem Vater **Louis** im Camp über einen neu entdeckten Fund vom Turkana-See.

der Art H. habilis beitrugen. Zugleich aber waren gerade sie es, die in ihrer Heterogenität seit Mitte der 1980er-Jahre erneute Zweifel an der »Glaubwürdigkeit von H. habilis« – so der Titel eines Aufsatzes des Londoner Anthropologen Chris Stringer – aufkommen ließen.

Weitere Funde

Von dem Schädel mit der Fundbezeichnung **KNM-ER 3732** ist nur ein recht kleiner Teil des Hirn- und Gesichtsschädels erhalten.

Auch aus andern Regionen Afrikas liegen Homo habilis zugeschriebene Funde vor, die die Vorstellung von der geographischen und zeitlichen Verbreitung der postulierten Art deutlich erweiterten. So wurde im südäthiopischen Omo-Becken 1973 ein recht fragmentarischer Schädel mit der Fundnummer L 894-1 entdeckt, der in seiner Morphologie den Fossilien O.H. 13 und O.H. 24 aus der Olduvai-Schlucht ähnelt. Aus der gleichen Gegend stammen weitere kleinere Bruchstücke, die, ebenso wie eine große Zahl einzelner Zähne, als H. habilis-ähnlich klassifiziert wurden. Auch ein Schläfenbeinfragment vom Baringo-See im nördlichen Kenia besitzt Merkmale, die auf einen Schädel mit größerem Hirnvolumen und somit auf Ähnlichkeiten mit H. habilis hindeuten.

Aus Südafrika sind ebenfalls Funde bekannt, die H. habilis zugeordnet werden. Sie stammen vor allem aus den Höhlenablagerungen von Sterkfontein. Von den Schädel- und Unterkieferfragmenten sowie Skelettresten, die dort gefunden wurden, ist besonders der 1976 geborgene und recht gut erhaltene Schädel Stw 53 bedeutend, denn er weist große Übereinstimmungen mit den Olduvai-Funden O.H. 16 und O.H. 24 auf. In der gleichen geologischen Schicht wurden in Sterkfontein auch primitive Steinartefakte entdeckt. Aus Swartkrans stammen Fossilien, die nicht zu der für die Fundstelle typischen Form A. robustus gehören, sondern zu der späteren Art H. erectus. Bei einem dieser Funde, einem Gesichtsschädel mit der Fundnummer SK 847, wurden allerdings auch gewisse Beziehungen zu den Schädeln von H. habilis mit den Fundbezeichnungen Stw 53 und KNM-ER 1813 festgestellt.

Freigelegte Höhlenablagerungen von **Sterkfontein,** in denen neben Überresten von Australopithecinen auch solche des frühen Homo gefunden wurden.

Ausgehend von der Überlegung, dass sich im Bereich der biogeographischen Verbindungslinie zwischen den ost- und südafrikanischen Hominiden-Fundstellen weitere Fossilien von Vor- oder Frühmenschen finden lassen müssten, startete Anfang der 1980er-Jahre das »Human Corridor Research Project«, ein interdisziplinäres Forschungsprogramm im südlichen Bereich des Ostafrikanischen Grabens. Die unter der Leitung des Paläontologen Friedemann Schrenk vom Hessischen Landesmuseum Darmstadt und des amerikanischen Anthropologen

Timothy Bromage am Ufer des Malawi-Sees durchgeführten Expeditionen stießen längere Zeit nur auf fossile Tierknochen. Erst bei Grabungen im Jahr 1991 wurden Überreste eines Hominiden entdeckt. In etwa 2,4 Millionen Jahre alten Ablagerungen bei Uraha fand man die beiden Hälften eines Unterkiefers (UR 501) mit einigen gut erhaltenen Zähnen.

Im darauf folgenden Jahr gelang es nach aufwendigem Sieben der Sedimente an der Fundstelle sogar, auch noch das fehlende Bruchstück des zweiten Molars dieses Kiefers auszumachen, der für die Analyse des Fossils von Bedeutung ist. Dieser Unterkiefer zeichnet sich vor allem durch seine Robustizität und relativ große Backenzähne aus. Hierin ähnelt er besonders dem Hominiden mit der Fundbezeichnung KNM-ER 1802 vom Turkana-See. Wie dieser kann auch er in ein weit gefasstes Homo-habilis-Spektrum oder zu einer andern frühen Homo-Art, Homo rudolfensis, gestellt werden, von der noch die Rede sein wird. Der bisher letzte frühe Homo-Fund, A.L. 666-1, kam im Afar-Gebiet in Äthiopien zum Vorschein. Das Alter dieses 1994 entdeckten Oberkiefers konnte auf 2,33 Millionen Jahre datiert werden.

Rekonstruktion des in Sterkfontein zutage geförderten fragmentarischen Hominidenschädels **Stw 53**. Der Fund wird auf etwa 2 bis 1,5 Millionen Jahre datiert.

Das Alter des frühen Homo

Die eindrucksvolle Olduvai-Schlucht in der Serengeti entstand während der vergangenen 200 000 Jahre durch Wasserläufe, die die bis zu 100 Meter mächtigen Sedimente eines seit langem verschwundenen Sees durchschnitten. An ihren Hängen liegen die verschiedenen geologischen Schichten fast wie einzelne Lagen einer Schichttorte übereinander. Die gesamte Sequenz entstand in den letzten 2,1 Millionen Jahren und kann in sieben stratigraphische Einheiten unterteilt werden, wobei die Fossilien des H. habilis und die Werkzeuge der noch näher zu beleuchtenden Oldowan-Industrie aus den beiden untersten Schichten I und II stammen. Besonders diese Schichten enthalten häufig Lagen vulkanischer Asche oder Tuffe, deren Entstehungsalter mithilfe der Kalium-Argon-Methode bestimmt werden konnte, woraus sich für die H. habilis-Fossilien aus Olduvai ein Alter zwischen 1,85 (O.H. 24) und 1,6 Millionen Jahren (O.H. 13) ergab.

Die mit etwa 560 Metern wesentlich mächtigeren Ablagerungen der Koobi-Fora-Formation auf der Ostseite des Turkana-Sees ließen sich ebenfalls anhand weit verbreiteter Tuffe datieren. Den wichtigsten Leithorizont bildet dabei der so genannte KBS-Tuff, in dessen Nähe die meisten und besterhaltenen H. habilis zugeordneten Fossilien – wie zum Beispiel KNM-ER 1470 und KNM-ER 1813 – gefunden wurden. Ihr Alter beträgt 1,8 bis 1,9 Millionen Jahre und entspricht damit dem der älteren Funde aus Olduvai.

Der **KBS-Tuff** ist nach der amerikanischen Geologin Anna Kay Behrensmeyer (»Kay Behrensmeyer Site«) benannt, die diese Tuffschicht entdeckt hat.

Blick auf Schicht 5 der **Sterkfontein-Ablagerungen.** Die Gedenktafel markiert die Stelle, an der der Homo-habilis-Schädel Stw 53 entdeckt wurde.

Die H. habilis-Fossilien aus dem Gebiet des unteren Omo-Tals entstammen den rund 760 Meter dicken Ablagerungen der Shungura-Formation, die durch verschiedene Tuffe in zwölf Schichten unterteilt ist. Während der hier gefundene fragmentarische Schädel mit der Fundbezeichnung L 894-1 etwas mehr als 1,8 Millionen Jahre alt ist, reichen die kleineren Schädelfragmente und Zähne des frühen Homo, die im Omo-Tal gefunden wurden, bis zu 2,4 Millionen Jahre zurück. Ein ähnlich hohes Alter dürften auch das Schläfenbeinstück KNM-BC 1 vom Baringo-See in Kenia und der Unterkiefer UR 501 vom Malawi-See besitzen.

Die Altersbestimmung der Ablagerungen und somit auch der Fossilien in den südafrikanischen Fundstellen ist weitaus schwieriger, da hier kein vulkanisches Material vorhanden ist, das mittels radiometrischer Verfahren datiert werden könnte. Die hominiden Überreste sind hier häufig in einer harten Breccie, einem Sedimentgestein aus kalkhaltigem Gestein und Geröllbrocken, eingeschlossen. Um das Alter dieser Ablagerungen zu ermitteln, haben sich Gegenüberstellungen der jeweiligen Fauna mit derjenigen anderer Fundstellen als hilfreich erwiesen. So lässt ein Vergleich der Tierknochen aus der Schicht, in der in Sterkfontein H. habilis zugeordnete Funde gemacht wurden, mit jenen aus datierten Ablagerungen Ostafrikas auf ein Alter von 1,5 bis 1,8 Millionen Jahre schließen.

Insgesamt, so ergibt die Datierung der heute vorliegenden Fossilien, die H. habilis zugeordnet werden, hat der »geschickte Mensch« demnach in einer Zeitspanne von rund 800 000 Jahren gelebt, wobei die ältesten, meist sehr fragmentarischen Funde ein Alter von bis zu 2,4 Millionen Jahren besitzen, wohingegen die jüngsten aus der Schicht II der Olduvai-Schlucht etwa 1,6 Millionen Jahre alt sind.

Werfen wir zum Schluss dieses Abschnitts noch einen Blick auf die kulturellen Hinterlassenschaften der Art H. habilis.

Die Oldowan-Industrie

Lange Zeit wurde angenommen, dass schon A. africanus Werkzeuge aus Knochen, Zähnen und Horn verwendete. Diese Auffassung ging auf die Interpretation von Tierknochenansammlungen aus Makapansgat in Südafrika durch Raymond Dart zurück. Der Johannesburger Anatom war der Meinung, dass bestimmte Skelettreste wie Unterkieferfragmente oder Bruchstücke der Extremitätenknochen von Antilopen und andern Tieren den Australopithecinen als Keulen, Sägen oder andere Werkzeuge gedient hätten. Verschiedene neuere Untersuchungen dieses Materials konnten die Hypothese einer solchen »osteodontokeratischen« (Knochen-Zahn-Horn-)Kultur jedoch nicht bestätigen. Vielmehr erscheint es heute wahrscheinlich, dass es sich bei jenen Ansammlungen um Überreste von Hyänenmahlzeiten handelt.

Aus Olduvai und von den südafrikanischen Fundorten Swartkrans und Sterkfontein allerdings liegen aus 1,5 bis 2,0 Millionen Jahre alten Ablagerungen stammende Tierknochen vor, deren mikroskopische Untersuchung ihre Benutzung durch Hominiden, möglicher-

Dieser bei Uraha am Malawi-See 1991 gefundene Unterkiefer (Fundbezeichnung **UR 501**) zeigt in seinem Gebiss anatomische Ähnlichkeiten sowohl mit Australopithecus afarensis als auch mit dem frühen Homo und den robusten Australopithecinen. Er ist wahrscheinlich 2,4 Millionen Jahre alt.

Stratigraphische Einheiten sind Gesteinsschichten, die, entweder mithilfe von Fossilien (Biostratigraphie) oder aufgrund der Gesteinszusammensetzung bzw. -eigenschaften (Lithostratigraphie), einem bestimmten geologischen Zeitraum zugeordnet sind. Aufeinander folgende Gesteinsschichten und darin enthaltene Fossilien oder Artefakte können bei ungestörter Lagerung entsprechend der zeitlichen Abfolge ihrer Entstehung in einer relativen Altersskala angeordnet werden, das heißt, die tieferen Schichten sind älter als die höheren.

weise als Grabwerkzeuge, belegt, die vor ihrer Verwendung kaum oder gar nicht bearbeitet worden waren. Damit führt uns die Suche nach den ersten Artefakten, also bewusst hergestellten Werkzeugen, zunächst in die Olduvai-Schlucht zurück, denn lange bevor hier die ersten hominiden Fossilien entdeckt wurden, hat man in der Schlucht neben vielen fossilen Tierknochen eine große Menge von Steinwerkzeugen gefunden.

Es handelte sich um die einfachsten und ursprünglichsten Steinartefakte, die von Hominiden geschaffen wurden, wobei die Herstellungstechnik dieser Werkzeuge als Oldowan-Industrie bezeichnet wird, da von diesem Fundort stammende derartige Werkzeuge am häufigsten und am besten beschrieben worden sind. Sie bestehen aus groben Geröllsteinen, von denen mithilfe anderer Steine flache Abschläge gehauen wurden, um so Spitzen oder scharfe Kanten zu erhalten. Diese Werkzeuge zu charakterisieren fällt allerdings schwer. So wurden in der Vergangenheit zwar verschiedene Unterteilungen in Werkzeugtypen vorgeschlagen, jedoch erscheint es nach Ansicht des amerikanischen Archäologen Richard Klein – mit Ausnahme einiger Grundtypen – schwierig, zu einer befriedigenden Klassifizierung zu kommen, da die vorhandenen Formvarianten kontinuierliche Übergänge aufweisen und somit keine klare Unterscheidung zulassen. Vielmehr zeigen die Werkzeuge der Oldowan-Industrie nach Klein eine solch bemerkenswerte Einheitlichkeit, dass die feststellbaren Unterschiede zwischen verschiedenen Oldowan-Ansammlungen offenbar viel stärker auf das jeweils vorhandene Rohmaterial zurückzuführen sind als auf Gestaltungsabsichten der Werkzeughersteller.

Mikroskopische Untersuchungen der Artefakte zeigen, dass nicht nur die groben Kerne, sondern auch die scharfkantigen Abschläge als Werkzeuge eingesetzt wurden. So konnten an Abschlägen typische Abnutzungsspuren festgestellt werden, wie sie beim Sägen von Holz oder beim Zerlegen von Fleisch entstehen.

Außer für Probleme der Klassifizierung, die Untersuchung von Feinspuren und Experimente zur Interpretation der Funktion der Werkzeuge interessieren sich Archäologen und Paläoanthropologen vor allem für die Frage, wer diese frühesten Artefakte schuf. Dabei wird es als wenig wahrscheinlich erachtet, dass die an harte pflanzliche Nahrung angepassten robusten Australopithecinen mit ihren massiven Kauapparaten und weniger entwickelten Gehirnen Steine als Werkzeuge benutzten, obwohl das letztlich nicht ausgeschlossen werden kann. Dementsprechend deuten alle Befunde darauf hin, dass H. habilis der Urheber der Oldowan-Industrie war, zumal auch die darauf folgende Acheuléen-Industrie eindeutig der Homo-Linie zugeordnet werden kann. Die mit dem Auftreten von H. habilis einsetzenden Anfänge einer Steinwerkzeugkultur können somit als Teil eines komplexen Anpassungs-

---

Die **Kalium-Argon-Methode** ist ein häufig benutztes Verfahren zur Altersbestimmung vulkanischer Gesteine und Mineralien. Die Methode beruht auf dem konstanten Zerfall des radioaktiven Kalium-Isotops ^{40}K (das 0,01 % des natürlich vorkommenden Kaliums ausmacht) in das Edelgas Argon (^{40}Ar) mit einer Halbwertszeit von 1,25 Milliarden Jahren. Da bei sehr starker Erhitzung des Gesteins, beispielsweise bei einem Vulkanausbruch, das vorhandene Argon entweicht, wird die Datierungsuhr sozusagen auf null gestellt. Nach Erkalten des Gesteins bleibt das radioaktiv entstandene Argon im Mineral gebunden und reichert sich mit der Zeit immer mehr an. Aus dem gemessenen Verhältnis von ^{40}Ar zu ^{40}K lässt sich so das Alter berechnen. Mithilfe der neueren, heute überwiegend eingesetzten $^{40}Ar/^{39}Ar$-Laserfusionstechnik ist es möglich geworden, einzelne Kristalle mit hoher Genauigkeit zu datieren. Dabei wird der Gehalt des ^{40}K über ein anderes Argon-Isotop ^{39}Ar bestimmt.

Fossilreiche Fundschichten bei **Koobi Fora** östlich des Turkana-Sees in Nordkenia. Hier wurden zahlreiche wichtige Entdeckungen gemacht, die wesentlich zum Verständnis der Evolution des Menschen beitrugen.

Repräsentative Beispiele von grob behauenen Werkzeugen der **Oldowan-Industrie.** Diese Werkzeuge waren mehr als eine Million Jahre lang die vorherrschenden Formen der Steintechnologie.

Chronostratigraphisches Schema der Hominiden-Fundstellen Olduvai (Tansania), Omo (Äthiopien) und Koobi Fora (Kenia).

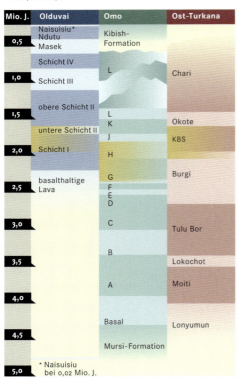

prozesses betrachtet werden, der am Anfang der Entstehung des eigentlichen Menschen stand.

Lebensweise und Ernährung

Jahrzehntelange Forschungen in der Olduvai-Schlucht haben zu einer Fülle von Faunaresten sowie Artefakten geführt und vielfältige geologische sowie paläoklimatologische Daten erschlossen, anhand deren sich ein recht genaues Bild der Umwelt während der verschiedenen Zeitabschnitte zeichnen lässt. Werfen wir also einen Blick in die Zeit vor knapp 2 Millionen Jahren, als hier Gruppen der frühesten Menschen lebten.

Der Lebensraum des frühen Homo

Das Gebiet, durch das die Schlucht heute verläuft, war zu jener Zeit eine Senke zwischen dem vulkanischen Hochland im Osten und Süden sowie der Ebene der Serengeti im Westen. Aus den Bergregionen kommende Flüsse ließen hier einen flachen See entstehen, der zeitweise einen Durchmesser von bis zu 25 Kilometern erreichte. Da dieser See keinen Abfluss hatte, kam es immer wieder zu Überflutungen des umliegenden Geländes. Diese Überschwemmungen und der hohe Salzgehalt des Sees legen nach Richard Potts von der Smithsonian Institution in Washington die Vermutung nahe, dass zu jener Zeit ein semiarides Klima mit abwechselnden Regen- und Trockenzeiten herrschte. Die durchschnittliche jährliche Niederschlagsmenge dürfte nach pollenanalytischen Untersuchungen mit rund 1000 Millimeter deutlich über der heutigen von etwa 570 Millimeter gelegen haben.

Die Überreste der verschiedenen Kleinsäugerarten lassen auf eine mosaikartige Savannenlandschaft mit offenem Grasland, Buschdickicht und bewaldeten Zonen in dieser Region schließen. Flüsse, die von feuchten Galeriewäldern gesäumt wurden, durchschnitten das Land. Funde einer großen Anzahl verschiedenster Wasservögel wie Kormorane, Taucher, Pelikane, Möwen und Enten sowie vieler Watvögel wie Flamingos und Reiher zeugen von ausgedehnten Feuchtgebieten. Auf eine feucht-sumpfige Ufervegetation deuten darüber hinaus neben den Überresten von Krokodilen und Schildkröten auch die versteinerten Wurzelkanäle von Papyrus und andern Ufergräsern hin.

Frischwasser und das reiche Pflanzenleben an den Seeufern bildeten – besonders während der Trockenzeiten – einen Anziehungspunkt für eine Vielzahl Pflanzen fressender Säugetiere. Wasserböcke grasten in den sumpfigen Seeuferbereichen, die auch den Lebensraum von Flusspferden bildeten. Verschiedene Antilopenarten bevölkerten die weitere Umgebung des Sees, die vermutlich aus trockenem, offenem Buschland und Baumsavannen bestand. In den Bereichen mit dichterer Laubvegetation lebten Giraffen, Nashörner und Elefanten sowie das im Pleistozän ausgestorbene, riesige elefantenartige Deinotherium. Das offenere Grasland dürfte dagegen von den Vorfahren der Zebras und Springböcke bevorzugt worden sein. Manche Tiergruppen wie Wildschweine und Raubtiere wiesen eine größere Artenvielfalt auf als heute. So waren Letztere in diesem Gebiet beispielsweise mit Schakalen, Hyänen, verschiedenen Schleichkatzen, Löwen, Leoparden und Geparden sowie allein drei verschiedenen Arten der kräftigen Säbelzahnkatzen vertreten.

Insgesamt ergibt sich damit das Bild einer vielfältigen, von Trocken- und Regenzeiten geprägten, fruchtbaren Umwelt mit reichhaltiger Flora und Fauna. Allerdings ereigneten sich alle paar Jahrzehntausende Vulkaneruptionen, die das ganze Gebiet unter einem Ascheteppich begruben, wie die Tufflagen in Schicht I belegen. Trotzdem zog es immer wieder Hominiden, wie auch den H. habilis, in diese Gegend.

Jäger oder Aassammler?

Was wissen wir über die Lebensweise dieser frühen Menschen? Was lässt sich aus ihren fossilen Überresten, was aus den Ansammlungen von Steinwerkzeugen und Tierknochen über ihre Lebensgewohnheiten schließen?

Bis in die frühen 1970er-Jahre wurde allgemein angenommen, dass das Jagen eine wesentliche menschliche Anpassung sei und bereits der frühe Homo, und zwar fast ausschließlich die männlichen Individuen, ein erfolgreicher Jäger war. Nach dieser »Jäger-Hypothese« stellte das Jagen auch einen wichtigen Motor der Evolution des Menschen dar, denn da es intelligentes Verhalten wie Planung, Umsicht, Kooperation und Geschicklichkeit erfordert, hätte es zugleich eine Selektion in Richtung größerer, leistungsfähigerer Gehirne begünstigt.

Die Steinwerkzeuge und zerschlagenen Tierknochen, die bei H. habilis gefunden wurden, schienen die »Jäger-Hypothese« zu bestätigen. Doch mit der Zeit mehrten sich die Einwände, die gegen sie geltend gemacht wurden. So waren die aufgefundenen Artefakte le-

Die ältesten bekannten Steinwerkzeuge der **Oldowan-Industrie** stammen vom Gona-Fluss bei Hadar in Äthiopien und sind etwa 2,6 Millionen Jahre alt. In Ablagerungen des Omo-Flusses wurden 2,3 bis 2,4 Millionen Jahre alte Steinwerkzeuge entdeckt. Die frühen Steinwerkzeuge aus Olduvai und von Koobi Fora sind etwa 1,6 bis 2,0 Millionen Jahre alt. Ungefähr das gleiche Alter haben Artefakte von weiteren Fundstellen in Ost- und Südafrika. Sie deuten alle aufgrund der engen Beziehung zwischen den Anfängen der Homo-Linie und dem Beginn einer Steinwerkzeugkultur auf die Anwesenheit frühester Vertreter der Gattung Homo hin.

Die **Acheuléen-Industrie** ist eine Werkzeugkultur der älteren Altsteinzeit, die vor etwa 1,4 Millionen Jahren begann und sich somit an die Oldowan-Industrie anschloss. Sie ist gekennzeichnet durch sorgfältig bearbeitete Faustkeile und Abschlaggeräte; ihr Name ist abgeleitet von dem Namen eines Fundorts in Frankreich, Saint-Acheul.

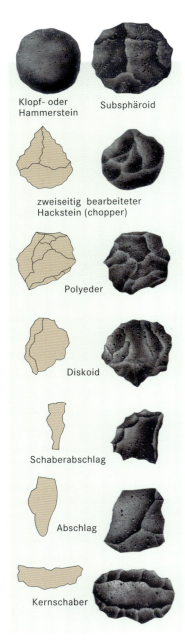

Typische **Werkzeuge der Oldowan-Industrie.** Die typologischen Bezeichnungen beziehen sich auf Größe und Form der Kernwerkzeuge und modifizierten Abschläge. Die hell unterlegten Zeichnungen dienen zur Verdeutlichung der einzelnen Typen

diglich primitive, grob behauene Geröllsteine und Schaber, mit denen kaum größere Tiere erlegt werden konnten. Außerdem erschien es unwahrscheinlich, dass der eher schmächtige H. habilis, der nicht mehr über lange Eckzähne verfügte, große Chancen bei der Jagd in der Savanne besaß. Gleichwohl weist zumindest ein Teil der aufgefundenen Tierknochen neben Bissspuren von Raubtieren unzweifelhaft Bearbeitungsspuren durch Steinwerkzeuge auf. Wie aber sind diese dann zu erklären? Wie sollten die Hominiden an diese Knochen von zum Teil großen Tieren gelangt sein, wenn es sich nicht um Jagdbeute handelte?

Die naheliegende Vermutung ist, dass H. habilis zum größten Teil Aassammler war, der die Reste von Raubtiermahlzeiten nutzte. Um diese Vermutung zu überprüfen und herauszufinden, ob das Sammeln von Aas für die Frühmenschen eine effektive Möglichkeit der Nahrungsbeschaffung gewesen sein könnte, haben die beiden amerikanischen Prähistoriker Robert Blumenschine und John Cavallo in den 1980er-Jahren in umfangreichen Feldstudien das Fressverhalten von Fleisch- und Aasfressern in den afrikanischen Savannen beobachtet. Hieraus leiteten sie die Überzeugung ab, dass H. habilis im offenen Gelände der Savanne kaum Gelegenheit gehabt hätte, an verwertbare Nahrung aus Tierkadavern zu gelangen. Risse von Löwen oder Geparden wären von Hyänen, die mit ihren kräftigen Kiefern sogar an das Mark dicker Knochen gelangen können, aber auch von Geiern zu schnell entdeckt worden. Diese Konkurrenten hätten den Hominiden kaum etwas übrig gelassen. Zudem wären die Hominiden in der offenen Landschaft selbst den Angriffen von Raubtieren weitgehend schutzlos ausgeliefert gewesen. Bessere Bedingungen hingegen hätten die bewaldeten Uferzonen geboten. Insbesondere während der Trockenzeiten, wenn sich Pflanzen fressende Tiere aus den Graslandern hierher zurückziehen und, da sie entkräftet sind, zur leichten Beute für Raubtiere werden oder verhungern, fällt in diesem Habitat eine große Zahl von Tierkadavern an. Sie könnten unter der Annahme vergleichbarer Bedingungen H. habilis als Nahrung gedient haben, die vielleicht noch um die von Leoparden in Astgabeln verschleppten Beutereste erweitert wurde.

Zudem, so Blumenschine und Cavallo, stellte das Sammeln von Aas, insbesondere während der Trockenzeiten, wenn pflanzliche Kost knapp wurde, eine ökonomische Form der Nahrungsbeschaffung dar, da es wesentlich weniger Energieaufwand erfordert und zudem geringere Risiken birgt als die Jagd. Tatsächlich deutet eine Vielzahl von zerschlagenen Tierknochen darauf hin, dass das fettreiche und nahrhafte Knochenmark den frühen Menschen als wichtiger Energielieferant diente. Selbst kärgliche Überreste boten ihnen meist noch kalorienreiches Knochenmark und Gehirn.

Welches Bild von unseren frühen Ahnen ergibt sich aus den gegenwärtig vorliegenden Erkenntnissen? Standen am Anfang unserer Linie Jäger, die erfolgreich ihrer Beute nachstellten, oder Wesen, die mit List versuchten, Kadaver verendeter Tiere zu fleddern? Auswer-

Kap. 2   Die ersten Menschen   **569**

Zu den ausgestorbenen Tieren, die vor 2 Millionen Jahren im Olduvai-Gebiet lebten, gehörten unter anderm Vertreter folgender Gattungen: **Pelorovis,** afrikanischer Büffel, dessen Hörner eine Spannweite von 2 m hatten; **Sivatherium,** etwa 2 m große Kurzhalsgiraffe; **Machairodus,** eine große Säbelzahnkatze; **Deinotherium,** Rüsseltier mit einer Höhe von etwa 4 m sowie **Phoeniconaias,** Flamingo mit gebogenem Schnabel.

tungen von Schnittspuren und Bissmarken an den Tierknochen deuten darauf hin, dass die frühen Menschen wahrscheinlich in ihrem Verhalten noch wenig spezialisiert waren und sowohl jagten als auch häufig Kadaver, insbesondere größerer Tiere, verwerteten. Zugleich darf nicht übersehen werden, dass ein Großteil ihrer Nahrung sicherlich pflanzlicher Art war.

Gehirn, Kultur und Sprache

Die Oldowan-Industrie, die H. habilis hinterlassen hat, wie auch die Spuren seiner Aktivitäten lassen darauf schließen, dass er bereits über eine recht komplexe Kultur verfügte. Wenngleich seine

Als Methode der Paläobotanik untersucht die **Pollenanalyse** fossile Pollenkörner mit dem Ziel, Informationen unter anderem über Vegetation und Klima eines erdgeschichtlichen Zeitabschnitts zu erhalten oder auch eine zeitliche Einordnung, beispielsweise von Bodenproben, zu ermöglichen. Solche Zusammenhänge können hergestellt werden, da Pollen nicht nur eindeutig der jeweiligen Pflanzenart zuzuordnen sind, sondern aufgrund ihrer wachsartigen Außenhaut darüber hinaus lange der Zerstörung widerstehen. So gibt beispielsweise das Vorherrschen der Pollen bestimmter, eben solche Niederschlagsmengen benötigender Pflanzen noch nach Jahrtausenden einen wichtigen Hinweis auf den durchschnittlichen jährlichen Niederschlag in der Region.

Die Ebene von Olduvai mit Blick auf den erloschenen **Vulkan Lemagrut.**

Uferregion am Manyara-See in Nordtansania. So wie heute an den Manyara-See zog es vor 2 Millionen Jahren Tiere der Savanne und Hominiden an den damaligen Olduvai-See.

Werkzeuge noch sehr einfach waren, so zeugten deren Herstellung und das vorhandene Spektrum doch von geistigen Fähigkeiten, die denen heutiger Menschenaffen deutlich überlegen gewesen sein dürften, die sich allenfalls auf die Verwendung unbearbeiteter Steine zum Aufknacken von Nüssen beschränken. Außerdem gibt es Belege dafür, dass H. habilis bestimmtes Steinmaterial zum Teil über größere Distanzen transportierte, was eine vorausplanende Denkweise vermuten lässt. Seine Ernährungsstrategie erforderte gute Kenntnisse des Verhaltens von Raubtieren und Aasfressern, um in der Konkurrenz mit ihnen bestehen und ihre Signale auf der Suche nach Aas interpretieren zu können. Außerdem setzt das Vermögen, tierische Nahrung mangels eines kräftigen Gebisses mithilfe von Steinwerkzeugen zu verwerten, sowohl die Fähigkeit zur Vorausplanung als auch Handfertigkeit voraus. Ebenso wie der Transport zum späteren Verzehr und das Teilen der Nahrung als soziale Aktivitäten erfordert das ein hohes Maß an intelligenter Handlungsweise.

Die Hinweise auf solch komplexe Anforderungen lassen es nach Ansicht von Phillip Tobias erforderlich erscheinen, eine effiziente Form des Lernens anzunehmen. Lernen durch Beispiel und Nachahmung, wie es die Menschenaffen zeigen, hätte nach seiner Überzeugung nicht mehr ausgereicht,

Tierkadaver und Geier in der spärlich bewaldeten Savanne.

um derartige Verhaltensweisen und Kenntnisse von einer Generation an die nächste weiterzugeben. So liegt der Schluss nahe, dass H. habilis – wenn auch nur in Ansätzen – in der Lage gewesen sein muss zu sprechen und damit das Erworbene mündlich zu überliefern.

Tatsächlich zeigen Untersuchungen der Schädelinnenseiten dieser Frühmenschen, dass die Struktur ihres Gehirns derjenigen des heutigen Menschen bereits ähnlicher war als der der Australopithecinen. So zeichnen sich auf der Innenseite des Schädels mit der Bezeichnung KNM-ER 1470 Ausbuchtungen der Frontal- und Parietallappen ab, die mit den Sprachzentren korrespondieren könnten. Das mag einerseits nahe legen, dass H. habilis bereits über gewisse cerebrale Voraussetzungen des Sprechens verfügte. Anderseits deutet die wenig gebogene Form seiner Schädelbasis eher auf eine ähnlich hohe Lage des Kehlkopfs wie bei den Australopithecinen und heutigen Menschenaffen hin, sodass sicher nur eine recht primitive, wenig artikulierte Lautbildung möglich war.

Aufgeschlagene **Markknochen** von Rindern mit typischen Spuren am Knochen (links fossil).

In der damit angesprochenen kulturellen Komponente erkennt Tobias eine Erweiterung der möglichen Mechanismen, sich an eine sich verändernde Umwelt anzupassen. Im Verbund mit biologischen und sozialen Faktoren erlaube sie es, immer flexiblere Überlebensstrategien zu entwickeln, was die weitere Evolution der Homo-Linie entscheidend beeinflusst habe. So habe das Entstehen von Werkzeugtechnologie und Sprache einen starken Selektionsdruck auf die Vergrößerung und Leistungssteigerung des Gehirns ausgeübt, wobei sich Gehirnvergrößerung und Verbesserung der sprachlichen und soziokulturellen Möglichkeiten wechselseitig beeinflusst und ver-

SCHNITTSPURENANALYSE

Wie man aus Experimenten an frischem Skelettmaterial weiß, hinterlässt jede Bearbeitung von Knochen, sei es mit Werkzeugen oder das Benagen mit den Zähnen, bestimmte charakteristische Spuren. So weisen zahlreiche fossile Tierknochen aus Olduvai und von andern Fundorten die typischen, U-förmig gerundeten Rillen auf (links), die die Eckzähne von Raubtieren verursachen, wobei es manchmal sogar möglich ist, die Tierart zu bestimmen, die ihre Zahnabdrücke hinterlassen hat. Weitaus weniger Knochen tragen dagegen Spuren einer Bearbeitung mit Steinwerkzeugen. Deren scharfe Kanten hinterlassen V-förmige Ritzungen (Mitte) und verursachen, wie rasterelektronenmikroskopische Vergrößerungen zeigen, zudem innerhalb des Hauptschnitts viele sehr feine, parallele Kratzer, die auf die niemals völlig glatte Schneidekante des Steinwerkzeugs zurückzuführen sind. Demnach lassen derartig typische Schnittspuren stets erkennen, wenn Hominiden am Werk waren.

Darüber hinaus lässt die Verteilung der Schnittspuren an den Knochen weitere Rückschlüsse zu. So deuten häufige Schnitte in der Nähe der Gelenke auf ein Zerlegen weitgehend vollständiger Tiere hin, während Spuren nahe den Schaftmitten wohl entstanden sind, als Fleisch von Knochen abgetrennt wurde.

Aus der Art und Weise wie unterschiedliche Spuren auf den Knochen übereinander gelagert sind, kann auf die chronologische Abfolge der Bearbeitung geschlossen werden. Überlagern beispielsweise Schnittspuren, die von Steinwerkzeugen stammen, Bissspuren von Raubtieren (rechts), so kann davon ausgegangen werden, dass die Hominiden die Knochen erst nach den Raubtieren verwerteten.

  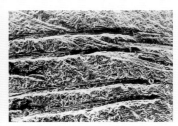

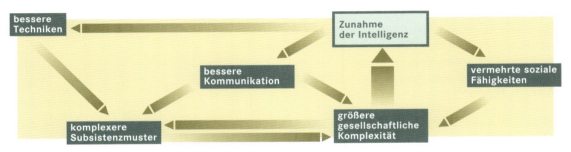

Schematische Darstellung der wechselseitigen Beziehungen zwischen Kultur, Intelligenz, Kommunikation und Sozialverhalten des frühen Homo.

stärkt haben dürften. Die Entwicklung von H. habilis markiert demzufolge den entscheidenden Schritt hin zu einer kulturellen Evolution. Denn während das Überleben der Australopithecinen noch weitestgehend von rein biologischen Faktoren abhängig war, steht dieser Hominide, folgt man Tobias, am Startpunkt einer kontinuierlichen Entwicklung, in der der Kultur eine immer stärkere Bedeutung zukam und die schließlich dazu führte, dass das Überleben heutiger, moderner menschlicher Populationen in hohem Maß von kulturellen Determinanten bestimmt wird.

Arbeitsteilung – aber wie?

Wie sich die Kultur des H. habilis im Einzelnen gestaltete, wird besonders seit Ende der 1970er-Jahre mit Blick auf die Rollenverteilung zwischen den Geschlechtern kontrovers diskutiert. Die in Anlehnung an die skizzierte klassische »Jäger-Hypothese« entwickelte Auffassung, wonach die männlichen Gruppenmitglieder mit der Jagd gefährlicher Tiere beschäftigt waren, während die Frauen mit den Kindern an den Wohnplätzen zurückblieben und allenfalls durch das Sammeln von Kräutern zur Ernährung beitrugen, ist durch die neueren Erkenntnisse sehr unwahrscheinlich geworden, die den Vorfahren eher als Aassammler erscheinen lassen. Außerdem ließ die »Jäger-Hypothese« nur die Männer als Träger der kulturellen Evolution erscheinen, da wichtige evolutionäre Neuerungen, wie Kooperation, Entwicklung von Strategien und Intelligenz sowie Werkzeugtechnologie, vorwiegend mit der Ausübung der Jagd verbunden waren.

Bestimmte Fähigkeiten des Menschen können in einzelnen Feldern seines Gehirns lokalisiert werden. So ist die Fähigkeit zu sprechen unter anderm dem **Broca-Areal,** einer unteren Hirnwindung im Schläfenbereich, zuzuordnen. Dieses Sprachzentrum steuert beispielsweise die Bewegungen der zum Sprechen benötigten Muskulatur und findet sich in hoch differenzierter Form nur beim Menschen. Am Innenausguss des Schädels KNM-ER 1470 ist es als kleine Wölbung auf der linken Vorderseite zu erkennen.

So hat der amerikanische Prähistoriker Glynn Isaac dieses sicherlich verzerrte Bild 1978 denn auch mit seiner »Nahrungsteilungs-Hypothese« zu korrigieren versucht. Hiernach führte weniger die Art der Nahrungsbeschaffung als vielmehr der ökonomische Vorteil der Nahrungsteilung unter den Gruppenmitgliedern zur Entwicklung menschlicher Verhaltensweisen. Einher geht diese These mit der Vorstellung von Heimstätten oder zentralen Plätzen, zu denen Fleisch und Pflanzen zunächst gebracht wurden. Auch in Isaacs Modell erscheint dabei die Arbeitsteilung zwischen den Geschlechtern als ein wesentliches Element, hätten doch die Männer Fleisch – sei es als Jagdbeute oder Aas – herangeschafft, während die Frauen mit dem Ernten von Pflanzen wesentlich, wenn nicht sogar überwiegend zur Nahrungsversorgung beigetragen hätten.

Doch auch diese Hypothese gilt heute nicht mehr als realistisch. Zum einen wird das Vorhandensein solcher Heimstätten angezweifelt, zum andern dürfte H. habilis in seinem Sozialverhalten weit weniger »menschlich« gewesen sein als Isaacs Modell unterstellt. Allerdings erscheint es umgekehrt schwer vorstellbar, dass der Frühmensch ohne ein Mindestmaß an Kooperationsfähigkeit zwischen den verschiedenen Mitgliedern seiner Gruppe in der Lage gewesen wäre, die ihm zugeschriebenen kulturellen und adaptiven Eigenschaften zu entwickeln.

Was aber folgt daraus hinsichtlich des Verhältnisses zwischen den Geschlechtern? Sowohl der Blick auf moderne Jäger-und-Sammler-Gesellschaften als auch auf das Verhalten unserer nächsten lebenden Verwandten, der Schimpansen, lässt durchaus auf eine Arbeitsteilung zwischen den Geschlechtern schließen. Dabei darf nicht übersehen werden, dass sich die beiden Geschlechter der frühen Vertreter der Gattung Homo noch deutlich unterschieden, also einen ausgeprägten Geschlechtsdimorphismus zeigten. Die Männer waren wesentlich größer und kräftiger als die Frauen. So ist davon auszugehen, dass es Aufgabe Ersterer war, Kadaver größerer Tiere aufzuspüren und sie vor allem zu Plätzen zu transportieren, an denen sie

Evolution beruht grundsätzlich auf dem Erwerb, der Vermehrung, Modifikation und Weitergabe von Information und findet beim Menschen auf zwei Ebenen statt. Als biologische Evolution betrifft sie jene Information, die im genetischen Material, genauer in den Basensequenzen der DNA, gespeichert ist. Im andern Fall liegt ihr die Information zugrunde, die durch Erfahrung gesammelt und schließlich im Verhalten und in spezifischen Lernprozessen weitergegeben wird. In diesem Sinn wird sie als **kulturelle Evolution** bezeichnet und basiert auf der Fähigkeit zu lernen, also etwa das eigene Verhalten an erworbener oder überlieferter Erfahrung auszurichten.

WOHNSTÄTTE ODER SCHLACHTPLATZ?

In den ältesten Ablagerungen der Schicht I in Olduvai wurden auf engem Raum Ansammlungen von Steinwerkzeugen und Tierknochen gefunden. Zeugen diese Überreste von Wohnplätzen, zu denen sich die frühen Menschen regelmäßig begaben, um ihre Nahrung zu teilen und zu verzehren, zu schlafen oder soziale Kontakte zu pflegen? Dafür schien besonders ein von einem Steinkreis umgebener Platz mit einem Durchmesser von 4 m zu sprechen, möglicherweise gar der Überrest einer frühen Hütte oder eines Windschutzes.

Seit Mitte der 1980er-Jahre sind nachhaltige Zweifel an einer solchen Deutung aufgekommen. Zum einen erscheint die einfache Übertragung von Verhaltensweisen heutiger Jäger-und-Sammler-Gesellschaften auf die Lebensweise der frühesten Menschen als nicht gerechtfertigt, von denen sie immerhin rund 2 Millionen Jahre trennen. Zum andern können die Ansammlungen auf andere als menschliche Ursachen, zum Beispiel Wasserströme, Verdrängung der Steine durch Baumwurzeln oder die Aktivitäten Knochen sammelnder Tiere wie Hyänen, zurückzuführen sein.

Der Archäologe Richard Potts kam denn auch zu einer differenzierteren Interpretation. So konnte er zeigen, dass zwar zumindest ein Teil der Ansammlungen durchaus auf den Einfluss von Hominiden zurückzuführen ist, da jene Anhäufungen von Steinartefakten und Knochen Orte anzeigen, die die Frühmenschen offensichtlich nutzten, um Fleischnahrung zu zerlegen. Weil solche Stellen jedoch auch Hyänen und andere Raubtiere angezogen haben dürften, erscheint es schwer vorstellbar, dass sie für längere Aufenthalte, also etwa als Wohnplätze, geeignet gewesen wären.

> Als Encephalisation bezeichnet man den evolutionären Trend einer stärkeren Zunahme der Hirngröße als aufgrund der Körpergrößensteigerung zu erwarten wäre. Als Maß hierfür dient der **Encephalisationsquotient** (häufig in der Definition nach Jerison), der das Verhältnis des aufgrund des Hirnvolumens geschätzten Hirngewichts etwa eines frühen Hominiden zu dem eines »durchschnittlichen« Säugetiers mit gleichem Körpergewicht (= 1,0) angibt. Der im Verlauf der Hominidenevolution gestiegene Encephalisationsquotient dürfte sich in einer Steigerung der intellektuellen Leistungsfähigkeit sowie im kulturellen Fortschritt widerspiegeln.

zerlegt und verteilt wurden. Dennoch wird die Arbeitsteilung nicht allzu strikt gewesen sein, da anzunehmen ist, dass das Aassammeln nur in den Trockenzeiten eine angemessene Art der Nahrungsbeschaffung war, wenn genügend Kadaver in den bewaldeten und somit Schutz gebenden Uferzonen gefunden werden konnten. Dies aber bedeutete, dass zumindest außerhalb der Trockenzeiten, wenn pflanzliche Kost im Vordergrund stand, die Männer wahrscheinlich ebenso einen großen Teil ihrer Zeit mit dem Sammeln von Pflanzen verbrachten wie umgekehrt unter Umständen die Frauen an der Zerlegung und am Transport der tierischen Nahrung sowie an der Werkzeugherstellung in größerem Maß beteiligt waren, als der Geschlechtsdimorphismus bezüglich Körpergröße und Körperkraft zunächst vermuten lässt. Nach allem, was man über die ökologischen Bedingungen weiß, unter denen H. habilis lebte, erscheint es deshalb wenigstens nicht unwahrscheinlich zu sein, dass es gerade diese Verhaltensflexibilität *beider* Geschlechter war, die den frühen Hominiden ein Überleben in den afrikanischen Savannen ermöglichte.

Die Anatomie der ersten Menschen

Die Funde, die im Lauf der letzten Jahrzehnte dem frühen Homo und speziell H. habilis zugeschrieben wurden, zeigen ein beträchtliches Maß an morphologischer Variabilität. Immer mehr Fachleute sind daher der Auffassung, dass dieses Material tatsächlich mehr als nur *einer* frühen Homo-Art oder, so andere Forscher, zumindest teilweise noch den Australopithecinen zuzuordnen sei. Gegen Letzteres allerdings spricht, dass die Schädelfunde aus Olduvai, aus dem Omo-Tal, vom Turkana-See und aus Sterkfontein eine ganze Reihe gemeinsamer morphologischer Merkmale besitzen, die sie von der Anatomie der Australopithecinen unterscheiden.

Fortschrittlicher Schädelbau

Ein charakteristisches Merkmal der frühen Homo-Fossilien ist die augenfällige Vergrößerung des Gehirns und, daraus folgend, des Hirnschädels, reicht doch die Spanne der Hirnschädelvolumina

Durchschnittliches Körpergewicht und Hirngewicht sowie Encephalisationsquotienten verschiedener Australopithecus- und Homo-Arten (berechnet nach der Formel von Jerison)

Art	Körpergewicht (in kg)	Hirngewicht (in g)	Encephalisations-quotient
A. afarensis	50,6	415	2,44
A. africanus	45,5	442	2,79
A. boisei	46,1	515	3,22
A. robustus	47,7	530	3,24
H. habilis	40,5	631	4,30
H. erectus	58,6	826	4,40
H. sapiens (modern)	60,0	1350	7,15

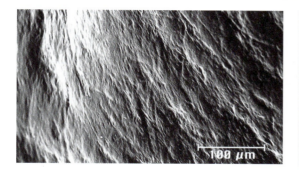

von 510 cm³ (KNM-ER 1813) bis zu 775 cm³ (KNM-ER 1470). Mit durchschnittlich rund 640 cm³ liegt der festgestellte Wert damit beträchtlich über den entsprechenden Größenverhältnissen bei A. africanus (440 cm³) und den robusten Australopithecinen (520 cm³).

Ein Vergleich der *absoluten* Schädelinhalte dieser frühen Hominiden allein allerdings könnte leicht zu Fehlschlüssen verleiten, korrespondiert doch die Größe des Gehirns mit der Körpergröße: Größere Tiere haben größere Gehirne, und auch beim heutigen Menschen besteht ein solcher Zusammenhang. Um also Vermutungen über die Leistungsfähigkeit des Gehirns des frühen Homo anstellen zu können, wie sie im Hintergrund solcher Überlegungen stehen, ist das Hirnschädelvolumen zur Körpergröße oder -masse in Beziehung zu setzen. Eine gängige Methode hierzu stellt die Berechnung des Encephalisationsquotienten (EQ) nach Harry J. Jerison dar. Dabei zeigen Vergleiche der EQ verschiedener früher Hominiden mit denen heutiger Menschenaffen, dass die Australopithecinen gegenüber dem Schimpansen ein nur geringfügig vergrößertes Gehirn besaßen; erst bei den Schädelfunden des frühen Homo ist eine deutliche Zunahme des Hirnvolumens zu verzeichnen.

Diese bemerkenswerte Vergrößerung des Gehirns führt schließlich zu den angedeuteten Veränderungen der Schädelform. So wölbt sich das Schädeldach insgesamt höher als bei den Australopithecinen, wobei besonders der steilere Anstieg der Stirn auffällt. Zugleich drückt sich die Ausdehnung des Stirnbereichs in einer Verbreiterung der Schläfenpartie aus, und auch die – im Zusammenhang mit dem Schädelbau von H. erectus noch ausführlich zu erläuternde – postorbitale Einschnürung hinter dem Überaugenwulst fällt bei dem frühen Homo geringer aus als bei den Australopithecinen. Das ist besonders gut zu erkennen, wenn man den Schädel von oben betrachtet. Daneben haben sich die Scheitelbeine deutlich vergrößert, was zu einer Verbreiterung des Hirnschädels in diesem Bereich geführt hat. Sie setzt sich im anschließenden Hinterhauptbein fort, dessen oberer Teil gegenüber dem Nackenmuskelfeld an Größe zugenommen hat. Insgesamt wirkt das Hinterhaupt damit stärker gerundet als bei den Australopithecinen. Durch eine Verkürzung der Schädelbasis rückt das Hinterhauptloch (Foramen magnum) beim frühen Homo weiter nach vorn. Dadurch wird der Kopf besser auf der Wirbelsäule ausbalanciert.

Abnutzungsspuren auf den Zahnkronen erlauben Rückschlüsse auf die Ernährung fossiler Hominiden. Die Beschädigungen hängen von der Zusammensetzung der Nahrung, dem Kaudruck und den Mengen des aufgenommenen Staubs ab. Im Gegensatz zu dem Abnutzungsmuster bei Australopithecinen (links) mit ausgeprägten Riefen, Gruben und Furchen ist die Kaufläche bei H. habilis (rechts) glatter, mit wenigen Riefen, und die vorhandenen Furchen und Gruben haben polierte Ränder. Die Nahrung von H. habilis dürfte neben einem gewissen Fleischanteil überwiegend aus Blättern und Früchten bestanden haben, während die robusten Australopithecinen harte und faserreiche Pflanzen aßen.

Natürliche **fossile Endocranialausgüsse** sind besonders selten. Dieser stammt von einem Australopithecus-africanus-Schädel aus Sterkfontein.

Dieser **Endocranialausguss** des Homo-habilis-Schädels KNM-ER 1813 wurde von Ralph Holloway von der Columbia University in New York hergestellt.

Weitere wesentliche Unterschiede zwischen den angesprochenen Schädelfunden und denen der Australopithecinen bestehen im Kauapparat. So sind die Backenzähne des frühen Homo kleiner und schmaler, und die Weisheitszähne zeigen eine Tendenz zur Reduktion der Kronengröße. Schneide- und Eckzähne sind dagegen relativ groß, sodass die Proportionen der vorderen und hinteren Zähne harmonischer wirken. Auch der stärker parabolisch geformte Zahnbogen zeigt bereits Ansätze der anatomischen Verhältnisse der späteren Homo-Linie.

Alle diese Zahnmerkmale deuten darauf hin, dass sich die Ernährungsweise des frühen Homo deutlich von der der Australopithecinen unterschied. Waren Letztere mit ihren großflächigen Kronen vor allem an das Zermahlen harter, faseriger Pflanzennahrung angepasst, so ernährte sich der frühe Homo offenbar von einer eher gemischten Kost, was eine geringere mechanische Beanspruchung der Zähne bedeutete; darauf lassen deren geringe Abnutzung wie auch der dünne Zahnschmelz schließen.

Der hieraus abzuleitenden geringeren Kaudruckbelastung entspricht die Anatomie des Gesichts- und Hirnschädels. So sind beim frühen Homo die Jochbeine, die als Ansatzstellen bestimmter Kaumuskeln (Musculi masseter) dienen, deutlich schwächer und seitlich weniger ausladend entwickelt als bei den Australopithecinen, wie sich auch die Ansatzlinien der Schläfenmuskeln nicht so weit oben am Schädeldach befinden. Das Gesicht schließlich ist insgesamt nicht so massig gebaut, und es springt weniger weit vor als das von A. africanus.

Gehirnstrukturen

Im Vergleich zu den Australopithecinen ist das Gehirn des frühen Homo nicht nur größer, sondern zeigt auch in seiner inneren Organisation deutliche Veränderungen, was Ausdehnungen bestimmter Schädelregionen, so im Stirnbereich, belegen. Solche Unterschiede können anhand von Innenausgüssen der Schädel untersucht werden, weil ausgeprägte Gehirnbereiche während des Wachstums Vertiefungen an den Innenseiten der Hirnschädelknochen hinterlassen. Dabei ist es nicht nur möglich, grob zwischen Großhirn und Kleinhirn zu unterscheiden. Vielmehr erlauben die Innenausgüsse auch gewisse Aussagen über die oberflächlichen Faltungen und Windungen der Großhirnrinde.

Während das Furchenmuster des Stirnlappens der südafrikanischen Australopithecinen noch dem des Schimpansen oder Gorillas ähnlich ist, findet sich bei dem Schädel mit der Fundbezeichnung KNM-ER 1470, der dem frühen Homo zugeordnet wird, zum ersten Mal eine Struktur, die in ihren Grundzügen dem Furchenmuster des modernen Menschen entspricht. Das gilt zum einen für den deutlich entwickelten Bereich in der linken Gehirnhälfte, der seiner Lage nach dem bereits erwähnten Broca-Areal entspricht, und zum andern für einen Bereich des unteren Scheitellappens, der Teil des Wernicke-Areals ist, das große Bedeutung für das Sprachverständnis hat. Nach heutigem Kenntnisstand sind das Broca- und der Wernicke-Areal Voraussetzung für die Fähigkeit zu sprechen. Hinweise auf sie finden sich jedoch offenbar nicht bei allen Schädeln, die bislang zu H. habilis gezählt worden sind. So gleichen etwa die Stirnlappen des Funds KNM-ER 1805 nach Ansicht der amerikanischen Anatomin Dean Falk noch sehr dem affenähnlichen Aufbau der südafrikanischen Australopithecinen, was einmal mehr die wiederholt angesprochene große Heterogenität der H.-habilis-Funde unterstreicht.

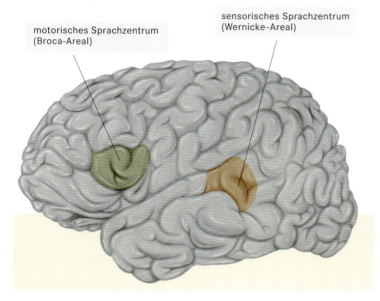

In der Großhirnrinde des Menschen kontrolliert das **Broca-Areal** die Koordination der Bewegungen des Kehlkopfs und des Munds beim Sprechen. Das **Wernicke-Areal** verarbeitet die im Ohr registrierten Signale der Sprache und ist wichtig für das Sprachverständnis. Beide Areale sind über Nervenstränge miteinander verbunden und stehen im Kontakt mit weiteren Arealen der Großhirnrinde.

Erschwert werden Interpretationen wie die oben angedeuteten zudem durch den Umstand, dass Schlussfolgerungen über die Funktion bestimmter Areale oder Windungen auf den Innenausgüssen Spekulation bleiben müssen, da ja – anders als am lebenden Individuum – keine Überprüfung durch gezielte Stimulation von Hirnbereichen möglich ist. Auch lassen sich keine Beziehungen zwischen den Oberflächenstrukturen und dem Ausmaß der Neuorganisation auf der Ebene der Nervenzellen herstellen. Somit erlauben die Analysen Ersterer letztlich nur recht begrenzte Einblicke in die Evolution des Gehirns.

Mosaik im Körperbau

Erst seit rund 100 000 Jahren bestatten Menschen ihre Toten in der Erde. Deshalb sind aus der langen Zeit zuvor nur wenige Funde bekannt, bei denen sicher davon auszugehen ist, dass Schädel- und Skelettteile von denselben Individuen stammen. Zwei solcher seltenen Fälle sind ein in der Olduvai-Schlucht gefundenes Skelett und die zugehörigen Schädelteile des frühen Homo mit der Fundnummer O.H. 62 (»Lucys Kind«) sowie ein Fund vom Turkana-See mit der Bezeichnung KNM-ER 3735.

Aas war in den Savannenlandschaften Afrikas zur Zeit des frühen Homo nicht zu allen Jahreszeiten gleichmäßig verfügbar. Vor allem in den Trockenzeiten, wenn die Tiere aus dem vertrockneten offenen Grasland zu den Flussläufen kamen, konnten die Frühmenschen relativ leicht Aas finden. In Astgabeln und unter Bäumen waren die Kadaver vor Geiern relativ sicher.

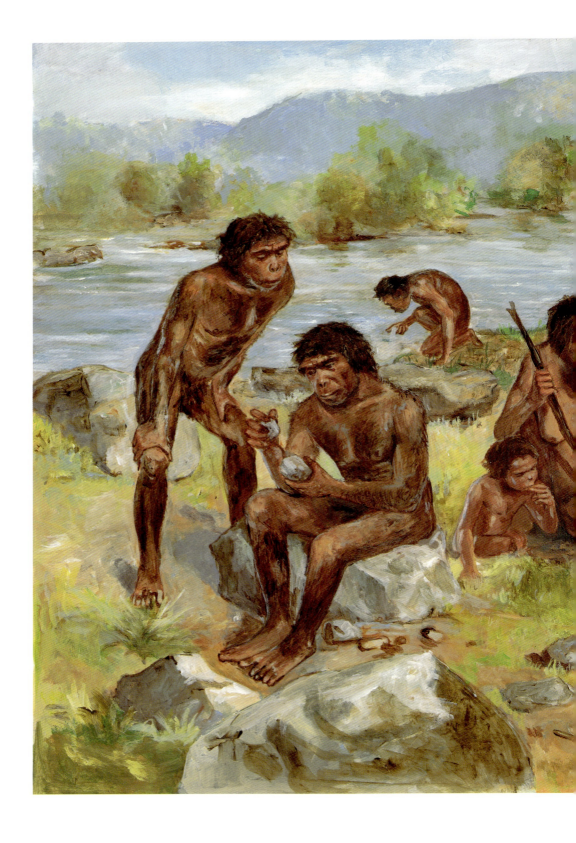

Anhand dieser beiden Funde konnten erstmals genauere Aussagen über das Körperskelett des frühen Homo gemacht werden. Die dabei gewonnenen Erkenntnisse brachten jenes Bild eines bereits menschenähnlich proportionierten H. habilis ins Wanken, wie es aufgrund der bis dahin entdeckten, vereinzelten Skelettknochen entworfen worden war.

Die Fundnummer KNM-ER 3735 bezeichnet einige etwa 1,9 Millionen Jahre alte Schädelbruchstücke, die Ähnlichkeiten mit dem kleinen Schädel KNM-ER 1813 aufweisen, sowie zahlreiche Fragmente des übrigen Skeletts, darunter auch Teile der Arm- und Beinknochen. Die aus diesen Fossilien abzuleitende Körpermasse des entsprechenden Individuums wird auf ungefähr 40 Kilogramm geschätzt. Es wäre demnach deutlich schwerer und wohl auch größer gewesen als das mit O.H. 62 bezeichnete, das nur ungefähr 25 Kilogramm wog und knapp ein Meter groß war. Wenn aber, was sehr wahrscheinlich erscheint, beide Skelette zur gleichen Art gehören, legen diese Befunde nahe, dass O.H. 62 von einem weiblichen Individuum stammt, KNM-ER 3735 hingegen von einem männlichen. Der Körpergrößenunterschied entspräche dann etwa dem zwischen männlichen und weiblichen Schimpansen.

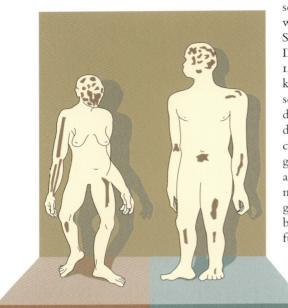

Die **Lebendrekonstruktionen** von O.H. 62 (links) und KNM-ER 3735 (rechts) verdeutlichen den Größenunterschied zwischen den beiden Individuen. Wahrscheinlich repräsentiert O.H. 62 ein weibliches und KNM-ER 3735 ein männliches Individuum derselben Art.

Eine Gruppe des Homo habilis am Ufer des Olduvai-Sees. Rechts im Vordergrund sammeln einige Mitglieder Beeren, in der Mitte graben andere nach Knollen und Wurzeln und links ist ein Individuum mit der Herstellung eines Oldowan-Werkzeugs beschäftigt.

Damit stimmt überein, dass beide Skelette sehr ursprüngliche Körperproportionen aufweisen, die stärker denen der Schimpansen als denjenigen heutiger Menschen ähneln. Das wird deutlich, wenn man die Oberarm- und Oberschenkelknochen zueinander ins Verhältnis setzt und die dabei ermittelten Werte mit denen des Schimpansen beziehungsweise des modernen Menschen vergleicht. Während Oberarm und Oberschenkel der Schimpansen etwa gleich lang sind, kommt der Oberarm des modernen Menschen nur auf etwa 72 Prozent der Länge des Oberschenkels; er ist demnach im Vergleich zu den Beinen kurz. Beim Fund O.H. 62 dagegen erreicht die Oberarmlänge fast 95 Prozent der Oberschenkellänge, womit dieser Wert, der fast den der Schimpansen erreicht, sogar noch über dem des mehr als eine Million Jahre älteren Skeletts des A. afarensis »Lucy« liegt (85 Prozent).

Der frühe Homo besaß jedoch nicht nur lange Arme, sondern wusste diese anscheinend auch zu nutzen: Er war noch ein guter Kletterer, wie morphologische Details des Skeletts zeigen. So lässt beispielsweise der ausgesprochen stark entwickelte Knochenkamm auf der Hinterseite des Schulterblatts von KNM-ER 3735 auf eine sehr kräftige Schultermuskulatur schließen. Darüber hinaus deuten die Anatomie der Speiche und der Fingerknochen auf starke Arme und die Fähigkeit zu einem kräftigen Griff hin, was mit den Ergebnissen einer Analyse der Handknochen des Funds O.H. 7 und des Fußskeletts mit der Bezeichnung O.H. 8 übereinstimmt, die von den Anatomen Randall Susman und Jack Stern in den 1980er-Jahren durchgeführt wurde. Die beiden amerikanischen Wissenschaftler kamen zu der Überzeugung, dass das Skelett des frühen Homo ein Mosaik aus primitiven und fortschrittlichen Merkmalen bilde und neben der grundsätzlichen Anpassung an den aufrechten Gang, wie sie sich unter anderm in der Morphologie der unteren Extremitäten dokumentiere, eben auch auf eine ausgeprägte Kletterfähigkeit schließen lasse.

Der recht ursprüngliche Körperbau der beiden Skelette O.H. 62 und KNM-ER 3735 hat eine ganze Reihe von Fragen aufgeworfen und zu anhaltenden Diskussionen geführt. Denn geht man von einem evolutionären Ablauf aus, der von den in ihren Körperproportionen noch recht menschenaffenähnlichen Australopithecinen über H. habilis zu dem schon ausgesprochen »menschlichen« H. erectus führte, dann entsprechen die primitiven Körpermerkmale von O.H. 62 und KNM-ER 3735 ganz sicher nicht dem, was von einer intermediären Art H. habilis zu erwarten wäre. Zudem stellt insbesondere der Fund eines fast vollständigen Skeletts eines jugendlichen

»LUCYS KIND« GIBT RÄTSEL AUF

Im Juli 1986 stieß Tim White, der damals zu dem Team um Donald Johanson gehörte, in der Olduvai-Schlucht auf ein Bruchstück eines hominiden Unterarmknochens. An dieser Stelle weitersuchend, fand das Team in den umgebenden Sedimenten schließlich insgesamt 302 fossile Hominidenfragmente, darunter Teile eines Hirnschädels, eines Ober- und Unterkiefers, Zähne und recht gut erhaltene Arm- und Beinknochen. Sowohl die Ähnlichkeit in Farbe und Erhaltungszustand als auch der Umstand, dass kein Skelettelement doppelt vertreten war, deuteten darauf hin, dass es sich um die Relikte eines einzelnen und, wie die stark abgenutzten Zähne zeigten, erwachsenen Individuums handelte.

Die Schädelreste dieses als O.H. 62 katalogisierten Funds ähnelten stark H. habilis-Funden aus Olduvai, vom Turkana-See und besonders dem südafrikanischen Exemplar Stw 53. Damit war dem Team um Johanson ein spektakulärer Fund gelungen, lag doch erstmals ein relativ gut erhaltenes Körperskelett zusammen mit Schädelelementen von H. habilis vor. Da Johanson und einige andere Forscher überdies schon seit Einführung der Art A. afarensis (u. a. »Lucy«) von einer direkten Abstammung der Homo-Linie von dieser Art überzeugt waren, wurde O.H. 62 denn auch bald als »Lucys Kind« bekannt.

Tatsächlich hat dieses Individuum im Körperbau eine größere Ähnlichkeit mit »Lucy«, als man bis dahin von H. habilis angenommen hatte. So lassen die erhaltenen Extremitätenknochen auf eine Körpergröße von nur knapp 100 cm schließen, womit »Lucys Kind« sogar noch etwas kleiner gewesen wäre als die zierliche »Lucy« selbst. Auch waren die Proportionen der Gliedmaßen von O.H. 62, ähnlich wie die des A. afarensis, noch ursprünglich, die Arme etwa im Verhältnis zu den Beinen bemerkenswert lang, länger noch als die Arme »Lucys«. Dennoch lassen die Beinknochen bereits grundlegende Anpassungen an den aufrechten Gang erkennen. Die nebenstehende Grafik zeigt die Körperproportionen von »Lucys Kind« im Vergleich zum modernen Menschen.

Diese für die Wissenschaftler zum Teil überraschenden Ergebnisse warfen eine Reihe neuer Fragen auf, von denen die wohl brennendste bisher unbeantwortet blieb: Wie und wann entstanden die typisch menschlichen Körperproportionen, die schon beim frühen Homo erectus vorhanden waren – und das nur 200 000 bis 300 000 Jahre später?

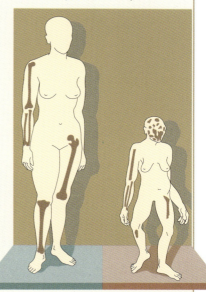

| Australopithecus | • Vergrößerung des Gehirns
• Entwicklung der Sprachzentren
• Expansion des Schädels im Bereich von Stirn, Scheitelbeinen und Hinterhaupt
• Veränderung in der Ernährung
• Verkleinerung der Backenzähne und des Kauapparats insgesamt | Früher Homo |

Die wichtigsten **Entwicklungstrends** von der Gattung Australopithecus zur Gattung Homo.

Der große Oberschenkelknochen mit der Fundnummer **KNM-ER 1481** und das mit **KNM-ER 3228** bezeichnete Hüftbein.

H. erectus vom Turkana-See die Paläoanthropologen vor ein weiteres Problem: Der Körperbau dieses als »Turkana-Junge« bekannt gewordenen Individuums entspricht bereits dem des modernen Menschen, obwohl es nur 300 000 Jahre jünger ist als das beträchtlich primitivere Skelett O.H. 62, was die Frage nach der grundsätzlichen Möglichkeit einer derart schnellen Entwicklung überhaupt aufwirft. Während sie nun einige Forscher, wie zum Beispiel »Lucy«-Entdecker Donald Johanson, unter Hinweis auf einen punktualistischen, das heißt zeitweise sehr schnell ablaufenden Evolutionsprozess zu beantworten suchen, halten andere Forscher, unter ihnen Richard Leakey und Alan Walker, solch tief greifende Veränderungen im Körperbau innerhalb eines Zeitraums von nur 300 000 Jahren für unwahrscheinlich. Deshalb vertreten sie die These, dass vor etwa 2 Millionen Jahren neben den robusten Australopithecinen zwei unterschiedliche Homo-Arten existierten, von denen eine noch sehr ursprünglich gebaut war, wie O.H. 62 und KNM-ER 3735, während die andere im Körperbau schon menschliche Proportionen aufwies und schließlich zur Entstehung des H. erectus führte.

Für diese Hypothese könnten einige weitere Funde aus dem Gebiet des Turkana-Sees sprechen, die ebenfalls etwa 2 Millionen Jahre alt sind und mit großer Wahrscheinlichkeit nicht zu A. boisei gehören, dessen Fossilien auch in diesem Gebiet entdeckt worden sind. Bei den Funden handelt es sich um zwei Oberschenkelknochen, KNM-ER 1472 und KNM-ER 1481, sowie um einen Hüftknochen mit der Bezeichnung KNM-ER 3228. Sie lassen auf eine Körperhöhe schließen, die die der Australopithecinen übertrifft, und ähneln in ihrer Form schon den entsprechenden Skelettteilen des späteren H. erectus. Da es sich aber sowohl bei den Oberschenkel- als auch bei dem Hüftknochen um einzelne Fossilien handelt, die nicht zusammen mit Schädelknochen gefunden wurden, ist es nicht möglich, sie eindeutig taxonomisch zuzuordnen, sodass letztlich auch sie nicht zur abschließenden Lösung des Problems führen können.

Zusammenfassend bleibt somit festzuhalten, dass die bisher gefundenen fossilen Skelettreste ebenso stark heterogen sind wie die H. habilis zugeschriebenen Schädel, weshalb eine wachsende Zahl von Forschern kritisch von der zunächst getroffenen Annahme Abstand nimmt, dass dieses Fundmaterial nur einer einzigen Art zuzurechnen sei.

Homo habilis – eine Art oder zwei?

Erst die vollständigeren Schädelfunde vom Turkana-See führten, wie erwähnt, seit Mitte der 1970er-Jahre zu einer breiten Akzeptanz der Art H. habilis. Doch zugleich warfen sie in ihrer Heterogenität neue Probleme auf, wenn ihre Morphologie etwa offenkundig von der des ursprünglichen Olduvai-Materials abwich. So lag beispielsweise einerseits das Hirnschädelvolumen von KNM-ER 1813 mit 510 cm³ deutlich unterhalb der für H. habilis angenommenen unteren Grenze von 600 cm³. Anderseits war dieser kleine Schädel in verschiedenen Merkmalen Homo-ähnlicher als der mit 750 cm³ wesentlich größere KNM-ER 1470. Da sich die Fossilien überdies zum Teil beachtlich voneinander unterschieden, rückten diese beiden gut erhaltenen Schädel in den Mittelpunkt jener bis heute andauernden Diskussion über die Frage, ob alle Fundstücke, die in der Vergangenheit zu H. habilis gestellt wurden, tatsächlich einer einzigen Art zugerechnet werden können.

KNM-ER 1470 und KNM-ER 1813

Wie bereits angedeutet, halten eine Reihe von Wissenschaftlern, unter ihnen Phillip Tobias und Donald Johanson, an der Ansicht fest, dass alle frühen Homo-Funde aus Olduvai, Sterkfontein, dem Omo-Gebiet und vom Turkana-See ausschließlich von einer Art, eben H. habilis, stammen. Ihrer Meinung nach ist die beobachtete Variation vor allem auf einen starken Geschlechtsdimorphismus zurückzuführen, also die augenfälligen Form- und Größenunterschiede zwischen männlichen und weiblichen Individuen.

Betrachten wir jedoch die eingangs erwähnten Funde KNM-ER 1470 und KNM-ER 1813 etwas näher. Erscheint es plausibel, die Unterschiede zwischen ihnen als Ergebnis eines starken Geschlechtsdimorphismus zu erklären? Um dieser Frage nachzugehen, verglich der britische Anthropologe Chris Stringer die Differenz zwischen den Schädelvolumina der Funde KNM-ER 1470 und KNM-ER 1813 mit denjenigen zwischen den Geschlechtern der heutigen Menschenaffen. Dabei zeigte sich einerseits, dass der Unterschied zwischen den beiden Turkana-Schädeln sogar größer war als im Fall des unter den Menschenaffen am stärksten geschlechtsdimorphen Gorillas. Anderseits wurden bei entsprechenden Untersuchungen vergleichbare Differenzwerte auch bei H. erectus und sogar dem modernen H. sapiens festgestellt, was verdeutlicht, dass das Hirnschädelvolumen allein keine eindeutigen Schlüsse über das Vorhandensein einer oder zweier Arten erlaubt.

Aussagekräftiger erscheinen dagegen die Abweichungen in der Schädelform. Unterstellt man, dass beide Funde einer Art angehören, dann wäre KNM-ER 1813 aufgrund des deutlich geringeren Volumens als Schädel eines weiblichen, KNM-ER 1470 demgegenüber als Schädel eines männlichen Vertreters anzusehen. Vergleicht man allerdings beispielsweise die Größenverhältnisse der Überaugenwülste der Fossilien mit denen der Gorillas, so besitzt hier der vermeintlich weibliche Schädel, im Fall des Menschenaffen jedoch der männliche die massiveren, stärker hervorspringenden Wölbungen. Ähnliches gilt für die verschiedenen Gesichtsproportionen der beiden Turkana-Funde. So ist der mittlere Teil des Gesichts im Fall des

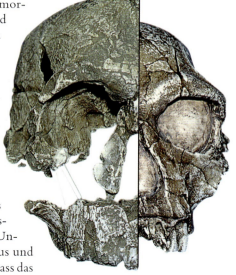

Die Kombination der Schädelhälften von **KNM-ER 1470** (links) und **KNM-ER 1813** (rechts) verdeutlicht die Unterschiede in Größe und Proportionen zwischen beiden Funden.

Fossils KNM-ER 1470 breiter als der obere, was auf eine große und weit vorn liegende Jochbeinregion zurückzuführen ist, während die Jochbeinpartien von KNM-ER 1813 kleiner und stärker nach hinten geneigt sind. Das Obergesicht wird so insgesamt zur breiteren Gesichtspartie. Damit unterscheiden sich auch diese anatomischen Verhältnisse gerade umgekehrt voneinander, wie es die Interpretation der beiden Schädel entsprechend den Proportionen des Gorillas oder der robusten Australopithecinen erwarten ließe. Zudem ist die Gestalt der Oberkieferregion bei der H. habilis-Gruppe im Gegensatz zu andern hominiden Taxa ausgesprochen variabel und kann nicht durch das Vorhandensein eines durchgängigen morphologischen Musters allein charakterisiert werden.

So rückt man zunehmend von dem Versuch ab, die unterschiedlichen Merkmalsausprägungen der beiden Funde allein mit der Annahme eines Geschlechtsdimorphismus zu erklären, der mindestens ebenso ausgeprägt wäre wie der des Gorillas oder einem völlig andern Muster folgte als im Fall anderer Hominiden oder der modernen Menschenaffen. An seine Stelle tritt die Vermutung einer weiteren frühen Homo-Art neben H. habilis, die unter anderm davon genährt wird, dass das Gesicht von KNM-ER 1470 den Australopithecinen ähnelt, während die Morphologie von KNM-ER 1813 insgesamt stärker Homo-artig erscheint.

Aufteilung in zwei Arten – aber wie?

Dabei besteht Uneinigkeit darüber, wie die übrigen frühen Homo-Fossilien den beiden solcherart unterschiedenen Spezies zuzuordnen sind. Der russische Anthropologe Valerie Alekseev etwa

Der Vergleich verschiedener **Merkmale der Schädel** KNM-ER 1470 und KNM-ER 1813 (z. B. stärkerer Überaugenwulst bei dem deutlich kleineren Schädel) legt die Vermutung nahe, dass die beiden Individuen zu zwei unterschiedlichen Arten gehören.

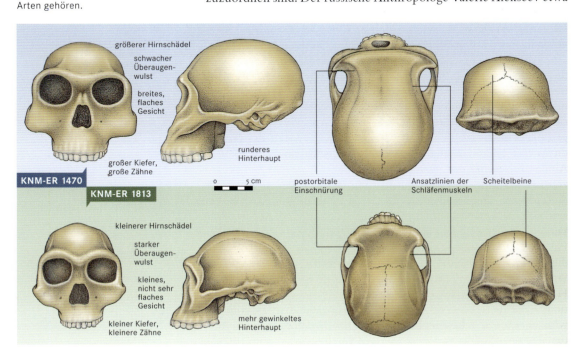

> **EIN SELTSAMER FUND: KNM-ER 1805**
>
>
>
> Kein anderes Fossil vom Turkana-See hat so viele verschiedene taxonomische Zuordnungen erfahren wie die Überreste mit der Bezeichnung KNM-ER 1805. Obwohl meist dem frühen Homo-Material zugerechnet, ist der aus Hirnschädel, dem größten Teil des Gesichts sowie des Unterkiefers bestehende Fund auch mit den Australopithecinen oder H. erectus in Verbindung gebracht worden.
>
> Seine Klassifikation gestaltet sich deshalb so schwierig, weil dieser Hominide einerseits Hauptmerkmale des Gesichts, der Zähne und der Proportionen der Scheitelbeine aufweist, die denjenigen des frühen Homo, insbesondere KNM-ER 1813 und den um diesen gruppierten Funden, ähnlich sind; andererseits jedoch verfügt er über einige ausgesprochen robuste Merkmale zur Vergrößerung der Muskelansatzflächen. Hierzu zählen besonders ein knöcherner Kamm in der Scheitelgegend, weitere Knochenkämme auf den Warzenfortsätzen der Schläfenbeine sowie simsartige Ausbildungen im Bereich des Nackenmuskelfelds, wie auf der Abbildung unten rechts gut zu sehen ist. Darüber hinaus wurden ungewöhnliche Proportionen der Schädelbasis und andere Besonderheiten beschrieben und sogar die Möglichkeit einer krankhaften Wachstumsanomalie erwogen.
>
> In dieser eigentümlichen Merkmalskombination erscheint weder eine Zuordnung von KNM-ER 1805 zu H. erectus noch zu A. boisei sinnvoll. Insbesondere die Form des Gesichts mit ihren weniger nach vorn gelagerten Jochbeinwurzeln und die relativ kleinen Backenzähne entsprechen nicht den Proportionen der robusten Australopithecinen. Gegen die Einbeziehung in die H. erectus-Gruppe spricht neben Unterschieden in anatomischen Charakteristika bereits das geringe Hirnschädelvolumen von nur 580 cm^3. So dürfte KNM-ER 1805 nach dem gegenwärtigen Kenntnisstand wohl am besten in der kleinhirnigen H. habilis-Gruppe um den Fund KNM-ER 1813 aufgehoben sein – wenn auch nicht gerade als typischer Vertreter dieses Taxons.
>
>

hatte den Schädel KNM-ER 1470 bereits 1986 aufgrund ähnlicher Überlegungen wie der oben ausgeführten einer eigenen Art, Homo rudolfensis, zugeordnet. Daneben wurden seit Mitte der 1980er-Jahre eine Reihe weiterer Ansätze entwickelt, das Fundmaterial in verschiedene Taxa zu unterteilen.

Chris Stringer beispielsweise stellte in einer 1986 vorgelegten Studie zunächst KNM-ER 1470 und KNM-ER 1813 vor allem aufgrund ihrer abweichenden Schädelkapazität gegenüber und ordnete dann unter Verwendung anderer Merkmale, wie etwa der Zähne und Gesichtsform, diesen beiden Schädeln jeweils weitere Fossilien zu. Er gruppierte dabei um den Fund KNM-ER 1470 jene Fundstücke, die durch eine stärkere Beibehaltung primitiver Merkmale sowie durch Ähnlichkeiten mit den Australopithecinen im Kauapparat gekennzeichnet sind.

Zu ihnen zählt Stringer die Funde KNM-ER 1590, 3732 und 1802 sowie O.H. 7 und O.H. 24, des Weiteren den großen Oberschenkelknochen KNM-ER 1481, den Hüftknochen KNM-ER 3228 und das Fußskelett O.H. 8. Die zweite Gruppe, die außer KNM-ER 1813 noch die Fossilien KNM-ER 1805, O.H. 13 und O.H. 16 umfasst, weist nach Stringer besonders in der äußeren Schädelmorphologie und der Form der Zähne stärker Homo-artige Züge auf, die bereits Proportionen des H. erectus vorwegnehmen. Beide Arten oder Gruppen wären demnach sowohl in Olduvai als auch am Turkana-See vertreten.

Diese Interpretation wurde durch die 1993 veröffentlichten Untersuchungsergebnisse des amerikanischen Anthropologen Philip Rightmire gestützt. Nach Rightmire sind die morphologischen Unterschiede zwischen diesen Spezies allerdings geringer als die Differenzen, die diese beiden Arten jeweils zu H. erectus aufweisen.

Unterschiedliche Aufteilungen der frühen Homo-Funde auf der Basis der Vorschläge verschiedener Autoren		
Autor	Art	Fundbezeichnung
Stringer (1986)	Homo habilis	O.H. 7, O.H. 24, KNM-ER 1470, KNM-ER 1590, KNM-ER 3732, KNM-ER 1802
	Homo species	O.H. 13, O.H. 16 KNM-ER 1813, KNM-ER 1805
Chamberlain (1987, 1989)	Homo habilis (sensu stricto)	O.H. 7, O.H. 13, O.H. 16, O. H. 24
	Homo species	KNM-ER 1470, KNM-ER 1813, KNM-ER 1805
Wood (1991, 1993)	Homo habilis	O.H. 7, O.H. 13, O.H. 16, O.H. 24, O.H. 37 KNM-ER1813, KNM-ER1805, KNM-ER1501, KNM-ER1502
	Homo rudolfensis	KNM-ER 1470, KNM-ER 1590, KNM-ER 3732, KNM-ER 1483, KNM-ER 1801, KNM-ER 1802

Eine andere Unterteilung des Materials aus Ost- und Südafrika, das der frühen Gattung Homo zugeordnet wird, hat der britische Anthropologe Andrew Chamberlain 1987 vorgeschlagen. Ausgehend von Vermessungen des Schädels und der Zähne untersuchte er die Formvariabilität innerhalb der heutigen Altweltaffenarten und verglich sie mit den Variationen, die beim frühen Homo beobachtet werden können. Da diese sich als größer herausgestellt haben als diejenigen stark geschlechtsdimorpher Menschenaffen, nimmt auch Chamberlain an, dass das H. habilis zugeordnete Material zu mehr als einer Art gehört. Seinem Vorschlag zufolge sei deshalb zu unterscheiden zwischen H. habilis im engeren Sinn (»Homo habilis sensu stricto«), dem ausschließlich die Fossilien aus Olduvai zuzuordnen sind, und einer neuen, hier unbenannten Art der Gattung Homo, der die übrigen ost- und südafrikanischen Funde, zum Beispiel KNM-ER 1470, 1813, Stw 53 und SK 847, zuzurechnen sind. Folgt man dieser Unterteilung, dann enthalten beide Untergruppen sowohl größere als auch kleinere Schädel, wobei die zweite Art gewisse Ähnlichkeiten mit den robusten Australopithecinen besäße, »H. habilis sensu stricto« dagegen mit dem späteren Homo. Vielen Fachleuten bereitet die Vorstellung allerdings gewisse Schwierigkeiten, dass eine Art nur im tansanischen Olduvai nachweisbar sein soll, während die andere, gleichzeitig existierende Spezies von Südäthiopien bis nach Südafrika belegt ist.

Woods Lösung – Homo habilis und Homo rudolfensis

Einen weiteren Vorschlag zur Unterteilung des frühen Homo-Materials hat in den vergangenen Jahren Bernard Wood unterbreitet. Auf der Grundlage detaillierter Untersuchungen, die der amerikanische Paläoanthropologe vor allem am Material vom Turkana-See durchführte, überprüfte er verschiedene Hypothesen zur

Lösung des Artenproblems des frühen Homo. Hierbei kam auch er zu dem Schluss, dass die Annahme nur einer einzigen Art nicht aufrechterhalten werden kann. Ebenfalls unwahrscheinlich erscheinen seiner Auffassung zufolge Erklärungen, wonach von zwei zeitlich aufeinander folgenden oder räumlich getrennten Arten des frühen Homo auszugehen sei, was ein Vergleich der Variabilität zeitlich beziehungsweise regional gebildeter Untergruppen des frühen Homo-Materials mit der Variation belege, wie sie bei Gorilla, A. boisei und dem ostasiatischen H. erectus auftrete. Vielmehr existierte neben H. habilis durchaus zeitgleich und – zumindest teilweise – auch am gleichen Ort noch eine weitere Frühmenschenform.

Denn nach Woods Überzeugung ist es vor allem das Material vom Turkana-See, das ein großes Maß an Variabilität zeigt, weshalb er vorschlägt, anhand dieser Fossilien zwei Arten zu unterscheiden, von denen eine dem morphologisch einheitlicheren Material aus Olduvai entspräche. Dieser Art, die weiterhin die Bezeichnung H. habilis tragen sollte, werden neben den Fossilien aus Olduvai die Schädel KNM-ER 1813 und 1805 sowie die Unterkiefer KNM-ER 1501 und 1502 zugeordnet. Die zweite Art, zu der bisher nur Turkana-Funde gezählt werden, wie vor allem die Schädel KNM-ER 1470, 1590, 3732 sowie die Unterkiefer KNM-ER 1483 und 1802, nennt Wood Homo rudolfensis, nach Rudolf-See, dem früheren Namen des Turkana-Sees, und in Anlehnung an den bereits eingangs erwähnten Vorschlag des russischen Anthropologen Valerie Alekseev für den Hominidenschädel KNM-ER 1470.

Jede der so differenzierten Arten zeigt damit eine andere Mischung aus ursprünglichen und – in Hinblick auf die Evolution des späteren Homo – fortschrittlichen Merkmalen. So besitzt H. rudolfensis einerseits ein größeres Gehirn und ein wahrscheinlich Homo-ähnliches Körperskelett, andererseits erinnern Gesicht und Zähne in ihrer Morphologie an die Verhältnisse bei den Australopithecinen. H. habilis, so wie er von Wood definiert wird, zeichnet sich dagegen

	Überblick über die wesentlichen Merkmalsunterschiede zwischen Homo habilis und Homo rudolfensis nach Bernard Wood	
Merkmal	Homo habilis	Homo rudolfensis
absolute Gehirngröße	610 cm^3	750 cm^3
relative Gehirngröße	Encephalisationsquotient ca. 4	Encephalisationsquotient ca. 4
Stirnbein	beginnender Überaugenwulst	Überaugenwulst fehlt
Scheitelbeine	größere Breitenentwicklung	geringere Breitenentwicklung
Gesicht	Obergesicht breiter als Mittelgesicht	Mittelgesicht breiter als Obergesicht
Nasenöffnung	Ränder vorspringender	Ränder weniger vorspringend
Jochbeinoberfläche	senkrecht oder nahezu senkrecht	nach vorn gerichtet
Oberkieferzähne	zweiwurzelige Prämolaren	dreiwurzelige Prämolaren; absolut und relativ große Vorderzähne
Unterkieferkörper	mäßiges Relief auf Außenseite	starkes Relief auf Außenseite
Unterkieferzähne	Verkleinerung der Weisheitszähne; schmalere Prämolaren- und Molarenkronen; meist einwurzelige Prämolaren	keine Verkleinerung der Weisheitszähne; breitere Prämolaren- und Molarenkronen; meist zweiwurzelige Prämolaren
Körperbau	Menschenaffen-ähnliche Proportionen	wahrscheinlich menschliche Proportionen

durch eine »modernere« Gesichtsform und einen leichter gebauten Kauapparat aus, die mit einem kleineren Gehirn und einem menschenaffenähnlichen Körperbau kombiniert sind.

Wood hat aufgrund seiner ausgesprochen umfangreichen und detaillierten Analysen die vielleicht überzeugendsten Argumente für eine Unterteilung des Fundmaterials vorgebracht. Dennoch sind bislang auch die Vorschläge der andern Wissenschaftler nicht völlig widerlegt, ja sogar die Hypothese nur einer einzigen frühen Homo-Art ist nicht gänzlich von der Hand zu weisen. Vor allem die oben beschriebenen gegenläufigen Kombinationen ursprünglicher und progressiver Merkmale erschweren die stammesgeschichtliche Einordnung der vorgeschlagenen Arten in eine evolutionäre Linie zum nachfolgenden H. erectus. Zur Lösung des Problems werden daher neben weiteren Untersuchungen nur neue aussagekräftige Funde beitragen können.

Die Evolution des frühen Homo

Betrachtet man die Evolution der Hominiden in einem weiteren zeitlichen Rahmen, so fällt auf, dass sich eine Reihe von Veränderungen, die für die Entwicklung dieser Linie entscheidend waren, vor 3 bis 2 Millionen Jahren vollzogen hat: Etwa in der Mitte dieser Periode traten die frühesten robusten Australopithecinen (A. aethiopicus) sowie die ältesten Vertreter des Homo auf. Mit Letzterem finden sich, wie erwähnt, erste Zeugnisse einer Steinwerkzeugkultur und Belege für die Entwicklung eines vergrößerten, menschenähnlich strukturierten Gehirns. Daneben ist auch für zahlreiche andere Tiergruppen nachgewiesen, dass vor rund 2,5 Millionen Jahren viele neue Arten entstanden, während andere ausstarben. So verschwanden viele Mitglieder der Familie der Elefanten ebenso wie bestimmte Arten von Schweinen und Boviden (Rinderartige). Gleichzeitig tauchten erstmals neue Schweine- und Boviden-Arten auf, darunter modernere Formen von Wasserböcken, Kudu- und Oryx-Antilopen, Gnus sowie etwa zwanzig weitere Antilopen-Arten. Die heutigen Savannenpaviane traten ebenfalls erstmals vor rund 2,5 Millionen Jahren in Erscheinung, und auch der Ursprung des Bonobo (Zwergschimpanse) dürfte in diese Zeit fallen.

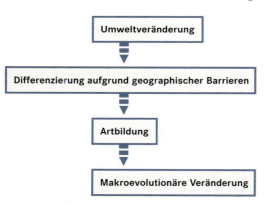

Die von Elisabeth Vrba aufgestellte »turnover-pulse«-Hypothese sieht die Ursache gleichzeitiger makroevolutionärer Ereignisse, das heißt die Bildung von Arten in vielen Familien der biologischen Systematik, in einer globalen Klimaänderung auf der Erde.

Paläoökologische Ursachen

Die amerikanische Evolutionsökologin Elisabeth Vrba führt diese Entwicklung auf einschneidende, großräumige Klima- und Umweltveränderungen zurück. In ihnen macht die Wissenschaftlerin die Ursachen solcher drastischer, in einem recht kurzen Zeitraum ablaufender Veränderungen der Tierwelt durch Aussterben und Aufspaltung von Arten aus, die sie einen »turnover-pulse« nennt.

Tatsächlich deuten Untersuchungen an Sauerstoffisotopen aus Tiefseeablagerungen auf starke Veränderungen des Klimas in der Zeit vor 2,5 Millionen Jahren hin. Eine globale Abkühlung bewirkte eine Ausdehnung des antarktischen Eisschilds und führte erstmals zu einer großflächigen Eisbedeckung des Nordpolargebiets. Gleichzeitig breitete sich im nördlichen Zentraleuropa zum ersten Mal eine Tundravegetation aus, und aus Gebieten Südamerikas liegen Belege für den Übergang von einer Waldflora zu einer offeneren Vegetation vor.

Auf dem afrikanischen Kontinent hatte die globale Abkühlung ebenfalls tief greifende Umweltveränderungen zur Folge. So haben pollenanalytische Untersuchungen aus der Omo-Region Hinweise auf eine Ausdehnung der Grassavannen zulasten der Waldgebiete ergeben und lassen nicht nur auf zurückgehende Temperaturen, sondern auch auf abnehmende Niederschläge schließen. Dementsprechend zeigen die vor 2,5 Millionen Jahren neu auftretenden Boviden-Arten Anpassungen an das Leben in der offenen Savanne, während ursprünglich eurasische Formen – den zunehmend unwirtlicher werdenden Klimabedingungen dieser Region ausweichend – äquatorwärts gezogen und dabei in die afrikanischen Savannengebiete gelangt sind.

Die Hominiden Afrikas waren von dieser Entwicklung nicht ausgenommen. Auch sie passten sich den veränderten Umweltbedingungen an, sodass letztlich die Entstehung der zunehmend fragmentierten Savannenlandschaft wie auch eine verstärkte Konkurrenz um Nahrungsressourcen als wesentliche Auslöser für die Aufspaltung der Hominiden gewirkt haben könnten. Unterschiedliche Anpassungsstrategien, so die These, entstanden, um mit den sich verändernden Ressourcen zurechtzukommen. So deuten die anatomischen Merkmale der robusten Australopithecinen auf jene Anpassung an eine harte, faserreiche Pflanzenkost hin, von der oben die Rede war, während der frühe Homo sein Nahrungsspektrum offenbar mithilfe von Werkzeugen vergrößern konnte. Durch die damit ermöglichte Erweiterung der pflanzlichen um tierische Nahrung war er weniger spezialisiert und demzufolge auch im Hinblick auf weitere Veränderungen des Lebensraums flexibler als die robusten Australopithecinen.

Stammbaumbeziehungen

Über die Stellung des frühen Homo im Stammbaum der Hominiden besteht gegenwärtig keine Einigkeit unter den Wissenschaftlern, was sowohl für den Anschluss an die Australopithecinen als auch den Übergang zum späteren H. erectus gilt.

So vertritt Phillip Tobias mit Blick auf die Abspaltung der Homo-Linie von den Australopithecinen die Ansicht, dass A. africanus der letzte gemeinsame Vorfahre von A. robustus, A. boisei und H. habilis war, zu dem er alle Funde des frühen Homo rechnet. Diese Auffassung, die von einigen andern Fachleuten geteilt wird, beruht vor allem auf abgeleiteten Merkmalen, die H. habilis und den robusten

---

Die **Sauerstoff-Isotopenanalyse** ist eine bedeutende Technik, um Meerestemperatur und Ausmaß globaler Vereisung in vergangenen Zeitperioden zu ermitteln. Die Grundlage bildet das temperaturabhängige Verhältnis der beiden stabilen Sauerstoff-Isotope ^{16}O und ^{18}O. Da ^{18}O schwerer ist als ^{16}O, verdunsten Wassermoleküle, die dieses Isotop enthalten, weniger leicht als solche mit ^{16}O, sodass in Kälteperioden, in denen große Mengen Wasser aus den Ozeanen in den Eiskappen gebunden waren, das Meerwasser reicher an ^{18}O war als in Wärmeperioden. Das jeweils im Meerwasser vorherrschende Verhältnis von ^{16}O zu ^{18}O wird in den Kalkschalen von Mikroorganismen wie Foraminiferen sozusagen konserviert. Da diese sich am Meeresboden ablagern und dort Sedimente bilden, ist es möglich, anhand von Tiefseebohrkernen eine Sauerstoff-Isotopenstratigraphie durchzuführen und die Tiefseesedimente in Stufen mit relativ hohen bzw. niedrigen $^{18}O/^{16}O$-Verhältnissen zu unterteilen. Diese wiederum zeigen kalte bzw. warme Perioden an und führen so beispielsweise zu einem differenzierten Bild vom Anwachsen und Abnehmen der Eisschilde während des Pleistozäns.

Australopithecinen gemeinsam sind. Denn eine unabhängige, parallele Entstehung dieser Merkmale erscheint Tobias unwahrscheinlich. Ihre große Zahl deutet für ihn deshalb eher auf einen gemeinsamen Vorfahren hin, eben A. africanus.

Doch obgleich die Ergebnisse phylogenetischer Studien, in denen die Ausprägungen zahlreicher Merkmale bei den verschiedenen Hominidenarten verglichen wurden, Tobias' Vermutungen bestätigen konnten, argumentierten Wissenschaftler wie Donald Johanson und Tim White gegen eine solche Stammbaumvariante. Sie sind der Ansicht, dass der Kauapparat von A. africanus bereits zu stark in Richtung der robusten Australopithecinen spezialisiert war, als dass der Hominide als direkter Vorfahre des Homo infrage käme. Die Abstammung des frühen Homo von A. africanus bedeutete hiernach vielmehr eine höchst unwahrscheinliche Umkehr evolutionärer Trends zur Vergrößerung der Zähne und zur Entwicklung charakteristischer robuster Anpassungen der Gesichtsmorphologie. Daher halten sie den weniger spezialisierten, morphologisch primitiveren A. afarensis für geeigneter, der direkte Vorfahr der Homo-Linie zu sein.

Eine solche Argumentation wird jedoch von den Anhängern der ersten Variante unter anderm deshalb zurückgewiesen, weil in der gesamten Homo-Linie ein kontinuierlicher Trend zur Verkleinerung der Zähne zu beobachten sei. Demgemäß interpretieren sie die kleineren Backenzähne des frühen Homo nicht als Erbe eines primitiveren Vorfahren, sondern im Gegenteil als eine neue, Homo-typische Entwicklung. Außerdem können sie ihre Position auf Schädelmerkmale stützen, die unabhängig sind von den Anpassungen des Kauapparats.

Der Übergang vom frühen Homo zu H. erectus stellt sowohl die Befürworter nur einer einzigen frühen Homo-Art als auch diejenigen, die zwei verschiedene Arten annehmen, vor schwerwiegende Probleme. Entsprechend der erstgenannten Auffassung müsste ein schneller Übergang von einem sehr stark geschlechtsdimorphen H. habilis mit noch Australopithecinen-ähnlichem Körperbau zu einem im Wesentlichen menschlich proportionierten H. erectus erfolgt sein, der bereits vor rund 1,8 Millionen Jahren nachweisbar ist. Das gilt allerdings insgesamt als wenig wahrscheinlich.

Geht man dagegen, wie es Woods Konzept einer Aufteilung des Fundmaterials in H. habilis und H. rudolfensis entspricht, von zwei frühen Homo-Arten aus, so wird deutlich, dass jede dieser Arten ein anderes, jeweils gegenläufiges Muster aus Australopithecinen-ähnlichen und progressiven, H. erectus-ähnlichen Merkmalen aufweist. Weil sich aber beide Formen noch wesentlich von H. erectus unterscheiden, erscheint es gegenwärtig kaum möglich, ihnen eine genaue Position in der Vorfahrenschaft des H. erectus zuzuweisen.

Die Schwierigkeiten der phylogenetischen Einordnung werden auch in Woods Stammbaummodell deutlich, das H. habilis und H. rudolfensis aufgrund einiger gemeinsamer, abgeleiteter Merkmale als Schwestertaxa einstuft, für die ein gemeinsamer, bisher jedoch nicht

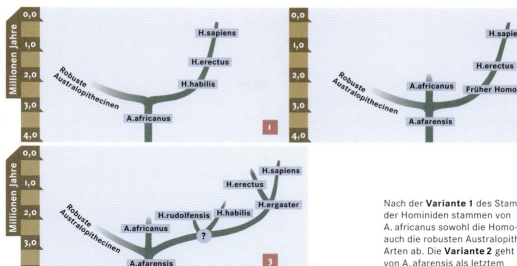

Nach der **Variante 1** des Stammbaums der Hominiden stammen von A. africanus sowohl die Homo-Linie als auch die robusten Australopithecus-Arten ab. Die **Variante 2** geht dagegen von A. afarensis als letztem gemeinsamem Vorfahren aller Australopithecus- und Homo-Arten aus. Die **Variante 3** basiert auf den Vorschlägen von Bernard Wood, der H. habilis und H. rudolfensis als zwei Schwesterarten ansieht.

bekannter Ahn angenommen wird, von dem wiederum auch die spätere H.-erectus-Linie abstammen soll. Die Ähnlichkeit, die H. rudolfensis mit den robusten Australopithecinen besitzt, wird dabei auf Parallelentwicklungen zurückgeführt.

Insgesamt erscheint die phylogenetische Einordnung des frühen Homo somit zurzeit recht unbefriedigend. Offenbar reicht das vorliegende Fundmaterial noch nicht aus, um eindeutige Aussagen über die Stammbaumbeziehungen dieser Fossilgruppe zu machen. Neue und vollständigere Funde werden benötigt, um dieses komplexe Puzzle zu lösen.

G. Bräuer und J. Reincke

Homo erectus

Während unser früher Verwandter Homo erectus heute aufgrund der großen Zahl von ihm bekannter Fossilien gut belegt und seine Stellung im Stammbaum der Hominiden seit geraumer Zeit etabliert ist – nämlich zwischen dem frühen Homo und unserer eigenen Art Homo sapiens – begann die spannende Geschichte seiner Entdeckung mit einigen Umwegen.

Frühe Entdeckungen

Der junge niederländische Arzt Eugène Dubois schlug 1887 eine viel versprechende Universitätskarriere aus, um stattdessen nach dem fehlenden Bindeglied, dem »Missing Link« zwischen dem Menschen und den Menschenaffen zu suchen. Die Existenz eines solchen Affenmenschen oder Pithecanthropus war einige Jahre zuvor von dem Jenaer Zoologen Ernst Haeckel, einem vehementen Verfechter der Evolutionstheorie Darwins in Deutschland, postuliert worden.

Nachdem Dubois' Versuch gescheitert war, das Geld für eine private Expedition nach Südostasien – wo damals nicht nur er den Ursprung der Menschheit vermutete – aufzutreiben, änderte er seine ursprünglichen Pläne und verpflichtete sich für acht Jahre als Militärarzt bei der Niederländisch-Ostindischen Armee. Bereits im Herbst 1887 trat er mit seiner Familie die lange Reise nach Sumatra an. Dort brauchte er nicht lange um zu erkennen, dass seine militärischen Aufgaben ihm so gut wie keine Zeit für die Verfolgung seiner eigentlichen Interessen lassen würden.

Der junge Forscher ließ sich jedoch nicht entmutigen, und nach und nach gelang es ihm, seine Vorgesetzten von der großen Bedeutung seines paläontologischen Projekts zu überzeugen: Er wurde vom Dienst freigestellt, um die Leitung wissenschaftlicher Feldforschungen zu übernehmen. Im März 1890 reiste Dubois in Begleitung von zwei Sergeanten und etwa 50 Sträflingen, die ihm zur Unterstützung bei der Fossilsuche als Arbeiter zugeteilt worden waren, nach Java.

Hier entdeckte die Expedition noch im November des gleichen Jahrs bei Kedung Brubus ein kleines Unterkieferfragment mit einem menschenähnlichen ersten Prämolar, nachdem sie bereits auf eine große Zahl fossiler Tierknochen gestoßen war. Doch erst in den beiden folgenden Jahren sollten die Funde glücken, auf die Dubois von Beginn an gehofft hatte. In der Nähe des Dörfchens Trinil am Solo-Fluss, wohin er seine Ausgrabungen verlegt hatte, brachte die Suche zunächst einen weiteren Zahn ans Tageslicht und etwas später ein relativ großes flaches Schädeldach mit einem vorspringenden Überaugenwulst.

Pithecanthropus Der Name Pithecanthropus kommt von griechisch pithekos »Affe« und anthropos »Mensch«.

Blick auf die Ausgrabungsstelle in der Nähe von **Trinil** (Aufnahme aus dem Jahr 1892).

Dubois selbst war die Tragweite seiner Entdeckungen zunächst gar nicht bewusst, denn in einer ersten Interpretation ordnete er die Funde einer schimpansenähnlichen Art zu, die von ihm als »Anthropopithecus« bezeichnet wurde. Als im Oktober 1891 jedoch ein vollständiger Oberschenkelknochen entdeckt wurde, revidierte der Wissenschaftler seine Deutung. Obwohl der Fundort dieser Knochen einige Hundert Meter vom Schädeldach entfernt lag, war Dubois davon überzeugt, dass das Fossil vom selben Individuum stammte. So ließen die ausgesprochen menschliche Anatomie des Oberschenkels, die ohne Zweifel auf einen aufrechten Gang deutete, und das aus dem Schädeldach rekonstruierte, mit über 900 cm³ relativ große Hirnschädelvolumen seiner Meinung nach nur einen Schluss zu: Es handle sich hier um eben jenes von Haeckel postulierte fehlende Bindeglied, den aufrecht gehenden Affenmenschen, dem Dubois dementsprechend den Namen Pithecanthropus erectus gab.

Der in der Nähe von Trinil gefundene **Oberschenkelknochen.**

Streit um Pithecanthropus

Nach Hause in die Niederlande zurückgekehrt, stellte Dubois seinen Pithecanthropus erectus 1895 auf dem internationalen Zoologenkongress in Leiden zum ersten Mal der Öffentlichkeit vor. Doch obwohl die allgemeine Bedeutung seiner Funde von den Wissenschaftlern weitgehend anerkannt wurde, müssen für Dubois die Reaktionen auf seine Interpretationen der Funde eine herbe Enttäuschung gewesen sein. Denn viele Forscher bezweifelten, dass die einzelnen Fundstücke tatsächlich zu *einem* Individuum gehörten. Vor allem aber wollten sich nur wenige von ihnen Dubois' Schlussfolgerung vom gefundenen »Missing Link« anzuschließen. Stattdessen waren einige Paläontologen davon überzeugt, Dubois' Funde seien einer Affenart zuzuordnen, während andere ihre Ähnlichkeiten mit dem modernen Menschen betonten. Auf Reaktionen dieser Art stieß Dubois immer wieder auf Kongressen und Tagungen in ganz Europa, sodass er sich schließlich verbittert mehr und mehr aus den Diskussionen zurückzog und andern Forschern den Zugang zu seinen Funden verwehrte. Wie verschiedene Quellen berichten, hielt er sie unter den Fußbodendielen seines Wohnhauses versteckt.

Wesentlich zur Entscheidung über die Deutung der Fossilien trugen neue und vor allem vollständigere Funde bei, die seit Ende der 1920er-Jahre in China und wiederum auf Java gemacht wurden: Diese sind offenkundig zur gleichen Art zu rechnen wie Dubois' Fossilien und belegen darüber hinaus, dass es sich bei Pithecanthropus bereits um einen Frühmenschen handelte. Dubois aber hielt bis zu seinem Tod im Jahr 1940 unbeirrt an der Interpretation seiner Funde als »Missing Link« fest.

Gegenwärtig ordnet man die Fossilien aus Trinil, die etwa eine Million Jahre alt sind, einer großen Gruppe von Funden aus Asien und Afrika zu, die insgesamt zu der Art Homo erectus gestellt werden. Von Dubois' ursprünglicher Benennung ist damit nur der Artname »erectus« geblieben, obwohl man weiß, dass sich der aufrechte

Das **Schädeldach von Trinil** zusammen mit einem Bild des Gedenksteins zur Erinnerung an die Entdeckung des Pithecanthropus.

Eingang der **Höhle bei Zhoukoudian**, in der der Pekingmensch gefunden wurde.

Homo erectus Der Name kommt aus dem Lateinischen und bedeutet »aufgerichteter Mensch«.

Zu der Ausgrabungsstätte von **Zhoukoudian** kommen noch immer viele Besucher. Die Gedenktafel in der Mitte erinnert an den ersten, 1929 an dieser Stelle gefundenen Hirnschädel.

Gang bereits sehr viel früher – vor mehr als vier Millionen Jahren – herausgebildet hat. Geblieben sind auch die Zweifel an der Zusammengehörigkeit der einzelnen Fundstücke. Denn nicht zuletzt aufgrund neuerer Untersuchungen der recht modernen Morphologie des Oberschenkelknochens sowie der Ergebnisse der Analysen seiner chemischen Zusammensetzung vertreten heute viele Wissenschaftler die Auffassung, dieses Fossil sei deutlich jünger als das Schädeldach.

Neues Licht aus Peking

Der Streit um Dubois' Pithecanthropus war bereits mehr als dreißig Jahre alt, als etwa fünfzig Kilometer südwestlich von Peking der erste H. erectus-Schädel in China entdeckt wurde. Er stammt aus den Kalksteinhöhlen bei Zhoukoudian, in denen die Landbevölkerung seit Jahrhunderten fossile Knochen und Zähne sammelte, um mit diesen »Drachenknochen« die verschiedensten Beschwerden zu kurieren. So gelangten Fossilien auch an Händler in den Städten, die sie auf Märkten und in Apotheken anboten.

Angeregt durch eine Arbeit des deutschen Zoologen Max Schlosser, der 1903 in einer Sammlung von Fossilien aus chinesischen Apotheken neben Überresten zahlreicher Tierarten auch einen Zahn gefunden hatte, von dem er annahm, dass er von einem Menschen stammte, begannen sich seit der Jahrhundertwende immer mehr Paläontologen für die chinesischen »Drachenknochen« und ihre Herkunft zu interessieren. Bei einem Aufenthalt in Zhoukoudian im Jahr 1921 erhielten Forscher von einem Einheimischen Hinweise auf eine besonders reichhaltige »Drachenhöhle«. Tatsächlich stieß bei anschließenden Grabungen der junge österreichische Paläontologe Otto Zdansky auf zahlreiche Überreste von Säbelzahnkatzen, Nashörnern, Hyänen und Bären sowie auf einen ersten hominiden Zahn.

Weitere Funde glückten, nachdem die Arbeiten bei Zhoukoudian durch ein 1926 gegründetes internationales Forschungsprojekt unter der Leitung des in Peking tätigen kanadischen Anatomen Davidson Black intensiviert worden waren. So konnten in den folgenden Jahren weiter hominide Fossilien nachgewiesen werden, wie etwa 1927 abermals ein Zahn und 1928 verschiedene Unterkiefer- und Schädelfragmente. Kurz vor Ende der Grabungssaison des Jahrs 1929 schließlich gelang dem chinesischen Wissenschaftler Pei Wenzhong, der die Forschungen vor Ort koordinierte, der Fund, auf den Black seit langem gewartet hatte: Tief im Innern der Höhle – sie war an dieser Stelle so eng, dass die Männer nur beim Schein von Kerzen, die sie in einer Hand hielten, arbeiten konnten – entdeckte der Forscher am Spätnachmittag eines kalten Dezembertags einen fast vollständig erhaltenen Hirnschädel.

Von Franz Weidenreich rekonstruierter Schädel eines **Pekingmenschen.**

Für Black war dieser Fund der lange erwartete endgültige Beweis für die Existenz eines »Pekingmenschen«, den er bereits zwei Jahre zuvor, nur auf der Grundlage der bis dahin entdeckten Zähne, beschrieben und als Sinanthropus pekinensis in die zoologische Taxonomie eingeführt hatte. Bei weiteren Grabungen stieß man auf immer neue Fossilien dieses Frühmenschen, doch blieb Black nicht mehr viel Zeit, seinen Erfolg auszukosten. In der Nacht des 15. März 1934 verstarb er im Alter von 49 Jahren an seinem Schreibtisch in Peking an Herzversagen.

Daraufhin übernahm der deutsche Anatom und Anthropologe Franz Weidenreich die Leitung des Forschungsprojekts. Er begann in Peking mit der Ausarbeitung äußerst detaillierter Beschreibungen der Fundstücke von Zhoukoudian, die er in den folgenden Jahren in umfangreichen Monographien veröffentlichte. Zugleich führte er die Arbeiten in Zhoukoudian mit großem Erfolg weiter, bis sie nach der japanischen Invasion in Nordchina 1937 wegen drohender kriegerischer Auseinandersetzungen gestoppt werden mussten.

Sinanthropus Die Bezeichnung leitet sich ab von spätlateinisch sinae »Chinesen« und griechisch anthropos »Mensch«.

Bis zu diesem Zeitpunkt hatten die Grabungen fünf verhältnismäßig gut erhaltene Hirnschädel und viele weitere Schädelteile, 16 Un-

Rekonstruktion einer chinesischen **Homo-erectus-Gruppe.**

terkieferfragmente und 147 Zähne von insgesamt mindestens 40 erwachsenen und jugendlichen Individuen zum Vorschein gebracht. Hinzu kamen verschiedene Knochen des Körperskeletts, darunter neun Oberschenkelfragmente. Weidenreich blieb bis 1941 in Peking und fertigte Abgüsse, Zeichnungen und Fotografien des Materials an, bis ihn die politische Entwicklung zwang, China in Richtung Amerika zu verlassen. Die Funde blieben zunächst in Peking zurück, ehe sie schließlich in den Wirren des Kriegs verloren gingen. Nach dem Zweiten Weltkrieg wurde die Fossilsuche in Zhoukoudian unter chinesischer Leitung wieder aufgenommen und brachte in den 1950er- und 1960er-Jahren noch einmal einige Zähne, Schädel- und andere Knochenfragmente zutage.

Von Koenigswalds Funde auf Java

Im Frühjahr 1939 besuchte der Paläontologe Ralph von Koenigswald die Ausgrabungsstätten bei Zhoukoudian. In seinem Gepäck brachte der junge Wissenschaftler, der – auf den Spuren von Eugène Dubois – seit einiger Zeit Forschungen in Zentraljava betrieb, einige spektakuläre neue hominide Fossilien nach China mit.

Von Koenigswald war 1931 zum ersten Mal nach Java gekommen, wo er bis 1935 im Auftrag des Geologischen Diensts an der Erforschung der fossilen Säugetierfauna der Insel beteiligt war. Während dieser Zeit beschäftigte er sich auch mit der Datierung der Ablagerungen bei Trinil sowie den darin vorkommenden tierischen Fossilien und war darüber hinaus an der Entdeckung einer Reihe gut erhaltener hominider Hirnschädel bei Ngandong – nur wenige Kilometer nördlich – am Solo-Fluss beteiligt. Nach einer zweijährigen Unterbrechung seines Aufenthalts konzentrierte er seine Feldforschungen auf Java auf das Gebiet um das Dörfchen Sangiran, etwa zwölf Kilometer nördlich von Surakarta. Denn durch Erosion des so genannten »Sangiran-Doms«, einer etwa acht Kilometer langen und vier Kilometer breiten Erhebung, waren hier bis zu drei Millionen Jahre alte Ablagerungen freigelegt worden. Diese sollten im Lauf der folgenden Jahrzehnte zu einer der weltweit ertragreichsten H. erectus-Fundstellen werden.

Noch vor seiner Ankunft auf Java 1937 beauftragte von Koenigswald einen indonesischen Helfer, mit dem Fossiliensammeln bei Sangiran zu beginnen, und bereits in dem ersten mit Versteinerungen gefüllten Korb entdeckte er jenen kräftig gebauten hominiden Unterkiefer, der heute als »Sangiran 1« bezeichnet wird. Daraufhin spornte von Koenigswald die Einheimischen durch kleine Ankaufprämien zum Fossiliensammeln an, worauf sie diese körbeweise zu dem Wissenschaftler brachten. Der Erfolg ließ nicht lange auf sich warten. Im selben Jahr fand sich der erste recht vollständige fossile Hominidenschädel, der zunächst aus 40 einzelnen Fragmenten bestand; zu spät hatte von Koenigswald bemerkt, dass einige der Dorfbewohner begonnen hatten, größere Fossilien zu zerschlagen, da sie stückweise entlohnt wurden. Es gelang jedoch schnell, die Einzelteile wieder zusammenzufügen. Dabei zeigte sich, dass der Hirn-

Die Fundstelle des Schädels »Sangiran 2« im **Tal von Sangiran**.

Dieser **Schädel von Sangiran** wurde aus 40 Fragmenten zusammengesetzt.

schädel dem Schädeldach aus Trinil bis in Einzelheiten ähnelte. Daher ordnete von Koenigswald seinen Fund Pithecanthropus zu – obwohl sich Dubois einer solchen Verbindung zu dem von ihm als »Missing Link« angesehenen Trinil-Fund vehement widersetzte.

Dem Schädel »Pithecanthropus II« oder »Sangiran 2« folgte im nächsten Jahr ein weiteres, von einem jugendlichen Individuum stammendes Schädeldach »Sangiran 3« und schließlich ein Oberkiefer mit ausgesprochen großen Zähnen (»Sangiran 4«). Um größere Klarheit über ihre Zuordnung zu erhalten, reiste von Koenigswald mit diesen neuen Funden zu Weidenreich nach Peking, wo er sie mit den Hominiden von Zhoukoudian vergleichen wollte. Noch während seiner Abwesenheit wurden auf Java größere Teile des zu »Sangiran 4« gehörigen Hirnschädels entdeckt und ihm nachgesandt.

Damit stand den beiden Forschern eine beachtliche Sammlung frühmenschlicher Fossilien für eine Gegenüberstellung zur Verfügung. Sie legten die chinesischen und die indonesischen Funde jeweils auf eine Seite eines Labortisches und begannen, jedes anatomische Detail der Funde exakt zu vergleichen, wobei sie große Übereinstimmungen zwischen den Fossilien aus China und Java feststellen konnten. In einem gemeinsamen Aufsatz, den die Paläoanthropologen 1939 in der Wissenschaftszeitschrift »Nature« veröffentlichten, äußerten sie deshalb die Überzeugung, der javanische Pithecanthropus wie auch der »Pekingmensch« gehörten der selben Art an. Die anatomischen Unterschiede zwischen ihnen seien nicht größer als die zwischen heutigen Populationen aus verschiedenen Teilen der Welt, eine Auffassung, die später durch weitere Funde bestätigt wurde. Beide Gruppen werden heute einer einzigen Art, Homo erectus, zugeordnet.

Nach seiner China-Reise setzte von Koenigswald seine Grabungsarbeiten auf Java fort und entdeckte in Sangiran zwei weitere Unterkiefer (bezeichnet als »Sangiran 5« und »6«) sowie erneut einzelne Zähne, ehe 1941 die Besatzung durch japanische Streitkräfte auch auf Java die Ausgrabungen zunächst beendete. Von Koenigswald wurde interniert, vermochte aber seine Funde aus Sangiran heil durch die Kriegswirren zu bringen. Nach Kriegsende ging er zunächst in die USA, wo er die intensive Zusammenarbeit mit Franz Weidenreich fortsetzte.

Heutige Fundlage

Feldforschungen in verschiedenen Teilen der Welt haben bis heute zu einer umfangreichen Dokumentation der Art Homo erectus geführt. Dabei wurden die meisten Fossilfunde in Ostasien und Afrika gemacht.

Ralph von Koenigswald bei der Untersuchung verschiedener Schädel.

Im November 1941 vereinbarten chinesische Regierungsvertreter in Peking mit der amerikanischen Botschaft, die **Fossilien von Zhoukoudian** vor den Kriegswirren in die USA in Sicherheit zu bringen. Am 5. Dezember 1941 verließ ein Zug mit den verpackten Knochen die Stadt in Richtung Qinhuangdao, wo ein Schiff die Fracht aufnehmen sollte. Er wurde jedoch vor Erreichen seines Ziels von den Japanern gestoppt und geplündert. Hier verlieren sich die Spuren. Immer wieder wurde spekuliert, ob die Fossilien nach Japan gebracht oder irgendwo in China verblieben waren. Womöglich hatten die japanischen Soldaten den wissenschaftlichen Wert der versteinerten Knochen auch gar nicht erkannt und warfen sie kurzerhand weg oder verkauften sie als »Drachenknochen« an chinesische Händler.

Schatzkammer Sangiran

Zu Beginn der Fünfzigerjahre des 20. Jahrhunderts wurde die Fossilsuche bei Sangiran wieder aufgenommen. Nachdem zunächst 1952 ein weiteres, recht robustes Unterkieferfragment (»Sangiran 8«) entdeckt worden war, konnten die indonesischen Forscher Teuku Jacob und Sastrohamidjojo Sartono seit 1960 fast kontinuierlich immer wieder von neuen H. erectus-Funden berichten. Damit liegen bis heute, rechnet man die von Ralph von Koenigswald in den 1930er-Jahren gefundenen Fossilien hinzu, allein aus dieser Region Schädel- und Unterkieferfragmente von mehr als vierzig Individuen vor. Noch wesentlich größer wird ihre Zahl, berücksichtigt man die vielen Einzelzähne, die hier gefunden wurden. Das Tal um Sangiran ist somit zu einer der wichtigsten Fundstellen frühmenschlicher Zeugnisse geworden, das bis in die jüngste Zeit mit neuen, zum Teil spektakulären Entdeckungen Schlagzeilen gemacht hat. So ist anlässlich des internationalen Kongresses »Hundert Jahre Pithecanthropus« in Leiden 1993 die Nachricht vom neuerlichen Fund eines fast vollständigen H. erectus-Schädels um die Welt gegangen, der erst fünf Wochen vor der Tagung entdeckt worden war – besser hätte man es nicht planen können.

Rekonstruktion des **javanischen Homo erectus** (vor einem Universitätsgebäude in Yogyakarta, Java).

Eine herausragende Stellung unter den Fossilien dieses Fundorts kommt dem Hominiden mit der Bezeichnung »Sangiran 17« zu, der 1969 in etwa 800 000 Jahre alten Sedimenten bei Pucung im Sangiran-Gebiet entdeckt wurde. Das Schädeldach war teilweise aus dem weißgrauen Sandstein herausgewaschen worden, der Kiefer lag bereits frei, und nach und nach konnten dann auch der größte Teil des Gesichts sowie fast der gesamte Hirnschädel geborgen werden. Dieser Fund ist nicht nur der vollständigste aller fossilen Schädel, die auf Java entdeckt wurden. Vielmehr weist er mit seiner flachen Stirn, die einen kräftigen Überaugenwulst trägt, dem sehr massiven Gesicht, dem nach oben deutlich schmaler werdenden Hirnschädel, dessen Volumen bei rund 1000 cm^3 liegt, und dem gewinkelten Hinterhaupt die typischen Merkmale der Art H. erectus auf.

Der Schädel mit der Bezeichnung **»Sangiran 17«** ist der vollständigste der auf Java entdeckten Homo-erectus-Funde.

Bei andern Funden bestehen allerdings Zweifel, wie sie zu interpretieren sind, denn ein – wenn auch kleiner – Teil der indonesischen Fossilien fällt durch seine extreme Robustheit auf. Das gilt etwa für den sehr stark verformten Gesichtsschädel (»Sangiran 27«) oder den hinteren Teil eines Hirnschädels (»Sangiran 31«), die 1978 beziehungsweise 1979 gefunden wurden. Letzterer ist ausgesprochen dickwandig, und ein merkwürdiger Scheitelkamm verläuft in der Mitte des Schädeldachs. Solche Fossilien lassen es durchaus als möglich erscheinen, dass neben H. erectus noch eine andere Hominidenform auf Java lebte. So war denn auch schon Koenigswald der Ansicht, sein außergewöhnlich robuster Unterkieferfund mit der Bezeichnung »Sangiran 6« sei nicht wie die allermeisten Fossilien aus Sangiran H. erectus, sondern einer andern Hominidenform zuzuordnen, der er den Namen Meganthropus palaeojavanicus gab.

Weitere Funde aus Java und China

Überreste des H. erectus wurden nicht nur an den erwähnten berühmten Fundstätten von Trinil, Sangiran und Zhoukoudian, sondern auch andernorts in Ostasien, so etwa in Mojokerto nahe Surabaya im Osten Javas gefunden. Bereits 1936, ein Jahr bevor Koenigswald den ersten Unterkiefer in Sangiran entdeckte, war hier ein fossiler Kinderschädel zum Vorschein gekommen. Obwohl er von einem nur Drei- bis Siebenjährigen stammt, trägt er bereits deutliche Züge des H. erectus, wie beispielsweise eine relativ niedrige Stirn und ein gewinkeltes Hinterhaupt. Nach neuesten Datierungen könnte das Fossil 1,8 Millionen Jahre alt sein.

Ein anderer wichtiger Fund wurde 1973 bei Sambungmacan in der Nähe von Sangiran gemacht. Der auf rund 400 000 Jahre (oder nach neueren Datierungen wesentlich jünger) geschätzte, gut erhaltene Hirnschädel hat ein Volumen von ungefähr 1035 cm³ und ähnelt sehr andern H. erectus-Schädeln. Jedoch ist seine Stirn im Vergleich zu den älteren Funden von Trinil und Sangiran etwas gewölbter und die Hinterhauptsregion stärker ausgeweitet, was ihm eine gewisse Ähnlichkeit mit den Schädelfunden von Ngandong verleiht, die möglicherweise schon dem archaischen H. sapiens zugeordnet werden können.

Der in **Mojokerto** gefundene Kinderschädel könnte neuesten Datierungen zufolge 1,8 Millionen Jahre alt sein.

Daneben sind zwei weitere H. erectus-Funde erwähnenswert, die in den 1960er-Jahren in der Umgebung der Stadt Lantian im Nordwesten Chinas glückten. Etwa 17 Kilometer östlich der Stadt am Gongwangling-Hügel wurden 1964 mehrere größere Teile des Schädels einer 30- bis 40-jährigen Frau geborgen, der etwa eine Million Jahre alt sein dürften. Obwohl durch den Druck der aufliegenden Sedimente verformt und zudem auf der Außenseite stark verwittert, zeigt er deutliche morphologische Ähnlichkeit mit den auf Java gefundenen H. erectus-Schädeln; sein Volumen wurde auf 780 cm³ geschätzt. Vermutlich ebenfalls von einer Frau, wenngleich, wie die

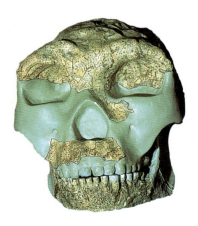 

Rekonstruktion eines **Homo-erectus-Schädels** aus den bei Lantian gefundenen Fragmenten (links) und daraus abgeleitet eine **Lebendrekonstruktion** dieses Individuums (rechts).

Die **Paläomagnetische Datierung** nutzt den Umstand, dass es im Lauf der Erdgeschichte immer wieder zu Umkehrungen des Erdmagnetfelds kam. Der magnetische Pol wanderte von Norden (normale Polarität) nach Süden (umgekehrte Polarität) und umgekehrt. So lassen sich für die letzten fünf Millionen Jahre vier Epochen unterscheiden, wobei es innerhalb dieser großen Epochen immer wieder zu kurzzeitigen Umkehrungen kam. Die gegenwärtig andauernde Epoche mit normaler Polarität (als Brunhes-Epoche bezeichnet) reicht 780 000 Jahre zurück. Da in magnetischen Gesteinen die zur Zeit ihrer Entstehung herrschende Magnetisierungsrichtung sozusagen eingefroren ist, lassen sich Ablagerungen auf ihre Polarität hin untersuchen und häufig in das global gültige paläomagnetische Schema einordnen und somit datieren. Zur Absicherung dieser Datierungen werden meist noch weitere Verfahren herangezogen.

Mit einem Alter von rund 200 000 Jahren ist der **Hirnschädel von Hexian** wahrscheinlich der jüngste Homo-erectus-Fund Chinas.

Telanthropus bedeutet wörtlich übersetzt »Endmensch« oder »Zielmensch« und ist abgeleitet von griechisch *télos* »Ende«, »Ziel« und *anthropos* »Mensch«.

stark abgenutzten Zähne erkennen lassen, von einer älteren, stammt ein recht gut erhaltener Unterkiefer, der ein Jahr zuvor rund zehn Kilometer westlich von Lantian in der Nähe des Dorfs Chenjiawo entdeckt wurde. Er ist etwa 650 000 Jahre alt.

Für einige Aufregung in der Fachwelt haben in jüngster Zeit ein kleines Unterkieferbruchstück mit zwei Backenzähnen und ein einzelner Schneidezahn gesorgt, die in den 1980er-Jahren in der Longgupo-Höhle bei Wushan gefunden wurden. Paläomagnetische Datierungen deuten nämlich auf das sehr hohe Alter dieser Fossilien von etwa 1,8 Millionen Jahre hin. Allerdings ist die Interpretation sehr umstritten, bestehen doch erhebliche Zweifel an der Richtigkeit der Datierung und daran, dass es sich bei dem kleinen Kieferstück wirklich um das eines Hominiden handelt. Sollten diese Bedenken ausgeräumt werden können, wäre das Longgupo-Fossil das gegenwärtig älteste Zeugnis des chinesischen Frühmenschen. Neueste Datierungen legen ein ebenfalls recht hohes Alter zwischen 1,1 und 1,5 Millionen Jahre für zwei isolierte Schneidezähne nahe, die 1965 im südchinesischen Yuanmou gefunden wurden.

Bei Yunxian in Zentralchina wurden 1989 und 1990 zwei Schädel entdeckt, die, obgleich stark deformiert, die vollständigsten je auf dem asiatischen Festland nachgewiesenen H. erectus-Schädel darstellen und nach neuesten Datierungen vermutlich 600 000 bis 800 000 Jahre alt sind. Beide Funde ähneln mit ihren großen Gesichtern und in der Form ihrer Überaugenwülste stärker archaischen Funden von H. sapiens aus Afrika und Europa als dem Pekingmenschen. Bei andern Merkmalen weisen sie jedoch weit reichende Gemeinsamkeiten mit dem Pekingmenschen auf, sodass sich mit den Yunxian-Hominiden das bis dahin bekannte morphologische Variationsspektrum von H. erectus in China wesentlich erweitert hat. Sie sind daher auch von großer Bedeutung für das Evolutionsverständnis der Art in Ostasien.

Aus der Longtandong-Höhle im Hexian-Distrikt in Ostchina schließlich stammt der mit rund 200 000 Jahren wahrscheinlich jüngste H. erectus-Fund. Hierbei handelt es sich um einen Hirnschädel mit einer Kapazität von etwa 1025 cm^3. Er ähnelt in vielen Details den Funden von Zhoukoudian, trägt jedoch hinsichtlich einiger Merkmale auch fortschrittlichere Züge.

Homo erectus in Afrika

Auf dem afrikanischen Kontinent wurden Spuren von H. erectus erst Mitte des 20. Jahrhunderts in Ablagerungen der südafrikanischen Swartkrans-Fundstelle entdeckt, die für ihre zahlreichen Überreste von A. robustus bekannt ist. 1949 kamen hier zwei Unterkieferfragmente (SK 15 und SK 45) zum Vorschein, die, nachdem die Entdecker SK 15 zunächst mit dem neuen Gattungs- und Artnamen Telanthropus capensis belegt hatten, später H. erectus zugeordnet wurden. Andere ebenfalls 1949 gefundene Schädelreste galten lange Zeit als Zeugnisse robuster Australopithecinen. Zwanzig Jahre lang lagerten sie im Transvaal-Museum in Pretoria, bis der in Südafrika tätige Anthropologe Ronald Clarke feststellte, dass es sich um Fragmente eines Schädels der Gattung Homo handelt. Zu diesem Schädel gehört offensichtlich auch ein Oberkieferbruchstück, das zu den ersten Funden zählte. Doch obwohl es Clarke gelang, die verschiedenen Teile zusammenzufügen, blieb der so entstandene Schädel SK 847 recht unvollständig, was seine Interpretation erschwert. Vergleichende Untersuchungen dieses etwa 1,5 Millionen Jahre alten Hominidenschädels haben zwar auffällige Ähnlichkeiten mit andern H. erectus-Schädeln ergeben, die in Afrika gefunden wurden, jedoch ist nicht auszuschließen, dass er – wie der ebenfalls fragmentarische Schädel »Stw 53« aus Sterkfontein – von einem frühen Homo stammt.

In den 1950er-Jahren wurden im algerischen Tighenif drei Unterkiefer und ein Scheitelbein gefunden. Diese etwa 700 000 Jahre alten Funde können aufgrund ihrer typischen Merkmale H. erectus zugeordnet werden. Etwas anders ist die Situation bei einigen weiteren nordafrikanischen Unterkiefer- und Schädelfragmenten, die zwischen 1955 und 1972 bei Sidi Abderrahman und in den Steinbrüchen Thomas Quarries, beide bei Casablanca in Marokko, gefunden wurden. Diese jüngeren Fossilien gehören sowohl zeitlich als auch morphologisch in die Übergangsperiode von H. erectus zum archaischen H. sapiens, sodass ihre Klassifikation schwierig ist.

Die **Fundstelle von Swartkrans**.

Nachdem die hier vorgestellten Unterkieferfunde aus Südafrika und Algerien erste Hinweise auf einen afrikanischen Vertreter von H. erectus gegeben hatten, konnte Louis Leakey 1960 aus der Olduvai-Schlucht in Tansania den ersten aussagekräftigen Fund eines Hirnschädels vermelden, der dieser Art zugeordnet werden kann. Der als O.H. 9 bezeichnete lange, niedrige Schädel mit einem Volumen von etwa 1060 cm^3 ist wie seine ostasiatischen Gegenstücke von der für H. erectus typischen Gestalt und besitzt einen besonders massiven Überaugenwulst. Dabei ist der Fund mit rund 1,2 Millionen Jahren älter als die in den folgenden Jahren in Olduvai entdeckten Fossilien von H. erectus, deren Alter zwischen einer Million und 500 000 Jahre liegt.

Die ältesten, gegenwärtig zuverlässig datierten H. erectus-Fossilien überhaupt stammen ebenfalls aus Ostafrika, genauer aus dem Gebiet östlich des Turkana-Sees in Kenia. Zu ihnen gehört der 1975 entdeckte Fund KNM-ER 3733. Er ist rund 1,8 Millionen Jahre alt und besteht aus einem Hirnschädel sowie dem größten Teil des Gesichts, allerdings ohne Unterkiefer. Damit zählt er zu den vollständigsten Schädelfunden aus Afrika. Seine Zuordnung zu H. erectus ist unzweifelhaft, obwohl das Hirnschädelvolumen mit ungefähr 850 cm^3 nur wenig oberhalb des oberen Werts des früheren Homo liegt. Denn mit seinem dachartig vorspringenden Überaugenwulst und dem stark gewinkelten Hinterhaupt gleicht er den H. erectus-Funden aus Indonesien und China. Diesem Fossil in Größe und Gesamtform ausgesprochen ähnlich ist ein gut erhaltener Schädel mit der Fundnummer KNM-ER 3883, der 1976 aus Ablagerungen bei Ileret nahe der Grenze zu Äthiopien gefunden wurde. Er besteht aus

Der **Schädelfund SK 847** ist recht unvollständig und daher nicht eindeutig zuzuordnen.

Einer der etwa 700 000 Jahre alten **Unterkiefer von Tighenif,** Algerien.

Der 1960 in der Olduvai-Schlucht entdeckte, besonders robuste **Homo-erectus-Schädel O.H. 9.**

Dieser 1,8 Millionen Jahre alte, auf der Ostseite des Turkana-Sees gefundene **Homo-erectus-Schädel (KNM-ER 3733)** ist der älteste nahezu vollständige Schädelfund dieser Art aus Afrika.

einem Hirnschädel und dem angrenzenden oberen Teil des Gesichts und ist 1,6 Millionen Jahre alt.

Der mit nahezu 1,9 Millionen Jahren wohl älteste bislang bekannte H. erectus-Fund ist ein relativ dickwandiges Bruchstück des Hinterhauptbeins, das zu einer Reihe zumeist kleinerer fragmentarischer Fossilien gehört, die von 1970 bis 1980 am östlichen Turkana-See entdeckt wurden. Es weist die für H. erectus typische starke Winkelung sowie Ähnlichkeiten mit der Anatomie des als KNM-ER 3733 bezeichneten Schädels auf.

Nur wenige Kilometer vom Basiscamp bei Koobi Fora am Ostufer des Turkana-Sees entfernt wurde auf einem der zahlreichen Hügel ein Stein aufgestellt, der die Inschrift »KNM-ER 1808« trägt. Er markiert die Stelle, an der ein Forschungsteam 1973 nach aufwendigem Durchsieben großer Mengen Sediment zahlreiche Bruchstücke eines H. erectus-Skeletts fand. Die hominiden Knochenstücke konnten leicht von den zahlreichen tierischen Fossilien unterschieden werden, da ihre Oberfläche von einer Krankheit gezeichnet war. Kurz vor seinem Tod hatte das Individuum an einer Knochenhautentzündung gelitten, die zur Bildung einer rauen Schicht neuer Knochensubstanz auf der normalerweise glatten Oberfläche geführt hatte. Alan Walker ist nach eingehenden Untersuchungen davon überzeugt, dass diese krankhaften Veränderungen ihre Ursache in einer übermäßigen Aufnahme von Vitamin A hatten, wie sie besonders durch den Verzehr der Leber großer Raubtiere zustande kommen kann. So hält es der Forscher für möglich, dass Krankheit und Tod dieses Frühmenschen vor rund 1,7 Millionen Jahren auf falsche Ernährung zurückzuführen waren. Vermutlich waren manche Gruppen des frühen H. erectus noch zu wenig erfahren im Umgang mit fleischlicher Nahrung als dass sie um die Giftigkeit einiger tierischer Organe gewusst hätten.

Von der andern Seeseite stammt das vielleicht prominenteste Zeugnis des H. erectus, der »Turkana-Junge«, ein etwa 1,5 Millionen Jahre altes, fast vollständig erhaltenes Skelett. Schließlich wurden in den mittelpleistozänen Ablagerungen am Baringo-See, abermals in Nordkenia, zwei Unterkiefer der Hominiden-Art entdeckt. Schädel- oder Unterkieferfragmente liegen außerdem aus dem Tschad sowie von den äthiopischen Fundstellen bei Melka Kunturé, Konso-Gardula und aus der Region des Omo-Flusses vor.

Homo erectus – auch in Europa?

Die ältesten gesicherten Spuren, die der Mensch auf dem europäischen Kontinent hinterlassen hat, reichen mindestens eine Million Jahre zurück. Hierbei handelt es sich allerdings nicht um fossile Überreste unserer Vorfahren selbst, sondern um deren kulturelle Hinterlassenschaften. So wurde in Soleilhac – einem früheren Seeuferplatz im südfranzösischen Zentralmassiv – eine etwa sechs mal

DER TURKANA-JUNGE

Mitte der 1980er-Jahre sorgte die Entdeckung eines nahezu vollständigen Skeletts von H. erectus durch Kamoya Kimeu für weltweites Aufsehen. Er arbeitete damals im Team von Richard Leakey, der sich nach den erfolgreichen Arbeiten auf der Ostseite des Turkana-Sees den Ablagerungen am Westufer zugewandt hatte. Die so genannte »Hominidengang«, eine Gruppe erfahrener Fossilienjäger unter der Leitung von Kimeu, hatte im August 1984 ohne Erfolg die Sedimente an dem ausgetrockneten Flussbett des Nariokotome nach hominiden Fossilien abgesucht. Als die Forscher schon dabei waren, das Lager abzubrechen, entdeckte Kamoya Kimeu an einem mit schwarzen Lavastücken bedeckten Hang ein fossiles Schädelstück, nicht größer als eine Streichholzschachtel, das er sofort als hominid erkannte.

Kurz darauf stieß das Team auf weitere Hirnschädelfragmente sowie die dazugehörigen Gesichtsknochen, und in den folgenden Wochen wurde nahezu das ganze übrige Skelett aus den 1,5 Millionen Jahre alten Sedimenten geborgen.

Dabei machte die Merkmalsausprägung des Schädels deutlich, dass die Fossilien einem Vertreter der Art H. erectus zuzuordnen sind, der, nach dem Entwicklungszustand des Gebisses und der Skelettknochen zu urteilen, etwa elf Jahre alt geworden war. Zu Lebzeiten dürfte das Kind – nach der Anatomie des Beckens eindeutig ein Junge – mit etwa 1,60 Meter schon erstaunlich groß gewesen sein, und hätte KNM-WT 15000, so die wissenschaftliche Fundbezeichnung des »Turkana-Jungen«, das Erwachsenenalter erreicht, wäre er wahrscheinlich sogar über 1,80 Meter groß geworden. Damit wäre er hinsichtlich seiner Körpergröße und seines Körperbaus in einer Gruppe heutiger Menschen vermutlich niemandem aufgefallen.

Das Volumen seines Hirnschädels von 880 cm^3, das im Erwachsenenalter etwa 910 cm^3 erreicht hätte, unterschied ihn jedoch noch deutlich vom modernen Menschen, bei dem dieses durchschnittlich 1400 cm^3 beträgt. Das ungewöhnlich vollständige Skelett des Jungen hat der Wissenschaft viele neue Erkenntnisse über H. erectus beschert.

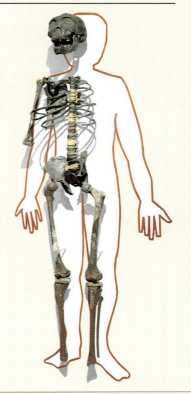

anderthalb Meter große Anordnung von Basaltsteinen freigelegt, die, sollte sie tatsächlich durch Menschenhand entstanden sein, das älteste »Bauwerk« Europas wäre. Vor allem aber wurden hier wie auch in der Höhle von Le Vallonnet bei Nizza oder in Kärlich bei Koblenz Ansammlungen noch relativ einfach bearbeiteter Hauwerkzeuge und Abschläge gefunden, die nach paläomagnetischen Datierungen rund eine Million Jahre alt sein dürften. Etwas älter als 780 000 Jahre sind weitere archäologische Funde aus Přezletice in der Nähe von Prag und dem zentralitalienischen Isernia La Pineta.

Ähnlich frühe hominide Fossilien entdeckte ein spanisches Forscherteam im Sommer 1994. Die Funde sind faunistischen und paläomagnetischen Untersuchungen zufolge rund 800 000 Jahre alt. Sie stammen aus Atapuerca, einem Ort 14 Kilometer östlich von Burgos in Nordspanien, der schon seit längerem für seine vielen 200 000 bis 300 000 Jahre alten menschlichen Überreste bekannt war, bevor in einer andern, 18 Meter tiefen Höhle mit dem Namen Gran Dolina jene bedeutenden Funde

Der Gedenkstein markiert eine bedeutende **Homo-erectus-Fundstelle** nahe am Ostufer des Turkana-Sees. Durch mühsames Sieben der Sedimente wurden hier zahlreiche Bruchstücke des Skeletts KNM-ER 1808 geborgen.

Das 800 000 Jahre alte jugendliche Stirnbein und das Unterkiefer-Bruchstück stammen aus der Höhle **Gran Dolina bei Atapuerca,** Spanien.

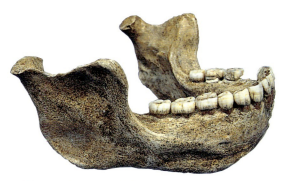

Der in der Nähe von **Heidelberg** entdeckte Unterkiefer zählt mit 500 000 bis 600 000 Jahren zu den ältesten hominiden Fossilien Europas.

gelangen. Zu ihnen zählen zahlreiche Knochenfragmente mindestens zweier Erwachsener, eines 13 bis 15 Jahre alten Jugendlichen und eines 3 bis 4 Jahre alten Kinds. Das vollständigste Schädelteil gehört zum Stirnbein des jugendlichen Individuums und weist bereits einen deutlich entwickelten Überaugenwulst auf, der bei Erreichen des Erwachsenenalters sicher noch kräftiger geworden wäre. Anschließende Arbeiten haben weitere Bruchstücke zutage gebracht, darunter den recht modern erscheinenden Oberkiefer eines etwa elfjährigen Kinds. Daneben wurden an dieser Fundstelle rund 100 grobe Steinwerkzeuge aus Quarzit, Kalkstein, Sandstein und Feuerstein geborgen, und auch in darunter liegenden, älteren Schichten wurden noch Werkzeuge gefunden, deren genaues Alter zwar noch nicht ermittelt werden konnte, die jedoch belegen, dass hier schon vor mehr als 780 000 Jahren Menschen lebten.

Vor den Grabungserfolgen in Spanien galt über viele Jahrzehnte hinweg ein 500 000 bis 600 000 Jahre alter Unterkiefer aus der Nähe von Heidelberg als das älteste hominide Fossil Europas. Er wurde schon 1907 bei Arbeiten in der Sandgrube Grafenrain bei Mauer neben mehr als 5000 Knochen, Zähnen, Hörnern und Geweihen verschiedenster Tier-Arten als das einzige frühmenschliche Fossil entdeckt. Der Unterkiefer ist recht robust gebaut, besitzt ein fliehendes Kinn und wird von vielen Forschern H. erectus zugeordnet.

Etwa ebenso alt ist ein menschliches Schienbein, das Mitte der 1980er-Jahre zusammen mit zwei Schneidezähnen und verschiedenen Stein- und Knochenwerkzeugen im südenglischen Boxgrove gefunden wurde. Die Dimensionen des Schienbeins deuten darauf hin, dass jenes Individuum mit 1,80 Metern recht groß und kräftig gewesen sein muss.

Auf die Existenz der Art H. erectus in Europa scheinen auch die Funde von Bilzingsleben – etwa 35 Kilometer nördlich von Erfurt – hinzudeuten. Dort hat der Prähistoriker Dietrich Mania seit 1971 einen altpaläolithischen Siedlungsplatz freigelegt und unter anderm zahlreiche Steinwerkzeuge sowie Geräte geborgen, die vornehmlich aus Knochen des Waldelefanten gefertigt worden waren. Dabei sprechen Konzentration und Anordnung der Funde dafür, dass dieser Lagerplatz längere Zeit von einer Gruppe von Frühmenschen aufgesucht worden war, die in der Umgebung Großwild jagten. Außerdem wurde in Bilzingsleben eine erstaunliche Anzahl hominider Schädelfragmente geborgen, die wahrscheinlich drei Individuen zuzurechnen sind. Zu diesen 350 000 bis 420 000 Jahre alten Fossilien gehört eine Reihe diagnostisch relevanter Bruchstücke wie etwa eines Überaugenwulsts und eines Hinterhaupts. Sie weisen bemerkenswerte Übereinstimmungen mit entsprechenden H. erectus-Fossilien aus Afrika und Ostasien auf, werden aber von einigen Forschern auch in enge Verbindung mit dem weiter entwickelten archaischen H. sapiens gebracht. Das verdeutlicht exemplarisch die Probleme, die sich bei der Klassifikation der erwähnten europäischen Hominidenfunde überhaupt ergeben. Da sie häufig mosaikartige Kombinationen aus Merkmalen von H. erectus und des archaischen H. sapiens aufweisen, werden sie in der Fachwelt gegenwärtig recht uneinheitlich entweder zu der einen oder der andern Spezies gestellt. Daneben plädieren einige Paläoanthropologen dafür, alle »frühen Europäer« in einer eigenen Gruppe oder Art, Homo heidelbergensis, zusammenzufassen. So können erst weitere, vollständigere Fossilien zu mehr Klarheit darüber führen, ob sich die aus Asien und Afrika gut bekannte Art H. erectus auch nach Europa ausgebreitet hatte. Ein solcher Fund mag der kürzlich bei Rom entdeckte Schädel von Ceprano sein, der möglicherweise rund 700 000 Jahre alt ist und von seinen Entdeckern als später H. erectus klassifiziert wurde.

altpaläolithisch meint »aus dem ältesten und längsten Abschnitt der Altsteinzeit (Paläolithikum) stammend«.

Die Zeit des Homo erectus

Die zahlreichen Fossilien von H. erectus, die in den verschiedenen Teilen der alten Welt gefunden wurden und dessen Existenz für einen Zeitraum von mehr als anderthalb Millionen Jahre belegen, vermitteln ein recht komplexes Bild von der Verbreitung dieser Art.

Die ältesten Zeugnisse, die sie in Afrika hinterließ, sind die Funde vom ostafrikanischen Turkana-See, die rund 1,9 Millionen Jahre zurückreichen, wobei der erste fast vollständige Schädel (KNM-ER 3733) 1,8 Millionen Jahre alt ist. Weitere frühe Belege sind der gut erhaltene Schädel KNM-ER 3883 sowie der »Turkana-Junge«, die auf ein Alter von 1,6 beziehungsweise 1,5 Millionen Jahre datiert werden. Das Alter der in Swartkrans in Südafrika gemachten Funde von H. erectus wird auf 1,6 oder vielleicht sogar 1,8 Millionen Jahre veranschlagt, während die ältesten bekannten Funde aus Nordafrika nur rund 700 000 Jahre alt sind.

Der Frühmensch H. erectus lebte demnach noch einige Hunderttausend Jahre neben H. habilis auf dem Kontinent und war noch länger Zeitgenosse der robusten Australopithecinen. Erst nach deren Aussterben vor etwa eine Million Jahren blieb H. erectus als einzige Hominidenart zurück, die auch in Tansania, Kenia, Äthiopien und im Tschad belegt ist, ehe er dann – vor etwa 600 000 Jahren – seinerseits vom fortschrittlicheren archaischen H. sapiens langsam abgelöst wurde.

Teilansicht des freigelegten **altpläolithischen Siedlungsplatzes** in Bilzingsleben.

In Zentral- und Westeuropa sind nicht fossile Überreste, sondern grobe Steinwerkzeuge die ältesten, rund eine Million Jahre alten Spuren des Menschen. Sie lassen mittelbar darauf schließen, dass H. erectus bereits zu jener Zeit den Kontinent besiedelt hatte. Eine solche These wird durch den Fund eines Unterkiefers in Dmanisi im eurasischen Grenzgebiet gestützt, der etwa eine Million Jahre oder noch älter sein könnte. Die fossilen menschlichen Überreste aus Spanien sind rund 800 000 Jahre alt, etwas jünger ist wahrscheinlich ein Schädel des späten H. erectus aus Italien. Die Funde aus Mauer und Bilzingsleben sprechen dafür, dass H. erectus oder ihm ähnliche Menschen noch bis vor etwa 400 000 Jahren in Europa lebten, um

Die **Schädelfragmente von Bilzingsleben** haben ein Alter von 350 000 bis 420 000 Jahren.

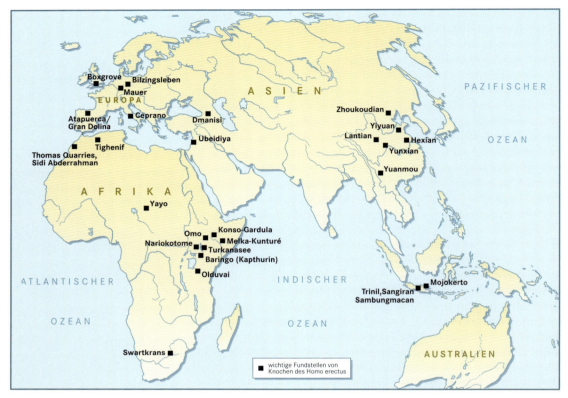

Verbreitung des Homo erectus.

dann – ähnlich wie in Afrika – vom archaischen H. sapiens abgelöst zu werden.

Die Datierung der ostasiatischen Funde stellt die Wissenschaftler immer wieder vor schwierige Probleme, denn das Fehlen vulkanischer Ablagerungen in China lässt die Anwendung der zuverlässigen Kalium-Argon-Methode nicht zu. Mithilfe anderer Verfahren – vor allem der paläomagnetischen Datierung und anhand der Uran-Zerfallsmethode – sind allerdings auch hier inzwischen relativ zuverlässige Altersbestimmungen möglich geworden. So könnte es sich bei dem Unterkieferfragment von Longgupo, sofern es wirklich von einem Hominiden stammt, mit rund 1,8 Millionen Jahre um das älteste Zeugnis handeln. Andernfalls reicht die Fossildokumentation mit den Zahnfunden von Yuanmou zwischen 1,1 und 1,5 Millionen Jahre zurück.

Relativ sicher dürfte somit sein, dass der Frühmensch schon vor etwas mehr als eine Million Jahren in China lebte, was auch durch den Schädelfund von Gongwangling/Lantian belegt ist. Etwa 200 000 bis 400 000 Jahre jünger sind die Hominiden von Yunxian, während die bedeutenden Fossilien aus der »Drachenhöhle« von Zhoukoudian in ihrer Mehrzahl aus einer etwa 420 000 Jahre alten Schicht stammen. Da sie insgesamt für einen Zeitraum von 460 000 bis 230 000 Jahren nachgewiesen sind, lassen sie erkennen, dass H. erectus hier lange Zeit gelebt hat, wenn auch wahrscheinlich nicht kontinuierlich. Seine letzten Spuren datieren von vor etwa 200 000 Jahren. Sie sind durch die Überreste von Hexian in Westchina gut dokumentiert. Aus dieser Zeit gibt es in China aber auch schon Funde von dem fortschrittlicheren archaischen H. sapiens. Daher erscheint es möglich, dass beide Arten hier einige Zehntausend Jahre lang parallel existierten.

Auch bei den Funden von der Insel Java sehen sich die Forscher bei ihren Versuchen, das Alter der Fossilien zu bestimmen, vor schwierige Probleme gestellt. Hier sind es vor allem die recht komplexen geologischen Verhältnisse sowie die oft bestehenden Unklarheiten bezüglich der genauen Fundstellen des zum größten Teil von einheimischen Sammlern entdeckten Materials, die eine genaue Altersbestimmung erschweren. Seit Ende der 1970er-Jahre wurden jedoch erhebliche Anstrengungen unternommen, um größere Klarheit über das Alter der javanischen Fossilien zu gewinnen. Bis 1993 schienen diese Untersuchungen nahezulegen, dass keins der hier entdeckten Fossilien älter als 1,2 Millionen Jahre ist. Neuere Analysen mithilfe der modernen Laserfusionstechnik, die eine sehr präzise Kalium-Argon-Datierung ermöglicht, ergaben ein wesentlich höheres Alter der Fundstellen des Kinderschädels von Mojokerto und der beiden recht robusten Fossilien »Sangiran 27« und »Sangiran 31«. Den 1994 veröffentlichten Forschungsergebnissen eines amerikanisch-indonesischen Teams unter Leitung von Carl Swisher und Garniss Curtis zufolge sind diese 1,8 beziehungsweise immerhin 1,6 Millionen Jahre alt. Die jüngsten gegenwärtig vorliegenden H. erectus-Überreste von Sangiran reichen bis vor etwa 500 000 Jahre zurück, und noch deutlich jünger dürfte der Schädel aus Sambungmacan sein.

Einige Methoden zur **Datierung von Kalksteinen** (zum Beispiel Tropfstein, Korallen, Muschelschalen, fossile Knochen) basieren auf der Messung der Konzentrationsverhältnisse des Urans und seiner Zerfallsprodukte Thorium und Protactinium. Über Jahrhunderttausende hinweg stellt sich in Gesteinen ein Gleichgewicht ein, bei dem die radioaktiven Isotope in konstanten Konzentrationen vorliegen. Bei der Gesteinsbildung oder der Fossilisation eines Knochens hingegen herrscht erst ein starkes Ungleichgewicht. Denn da Uranverbindungen im Gegensatz zu den Verbindungen der Zerfallsprodukte Thorium und Protactinium wasserlöslich sind und daher überall im Wasser in Spuren vorkommen, enthält junger Kalkstein oder biogen gebildeter Kalk in geringen Mengen Uran als Spurenelement. Erst mit Bildung der Kalkkristalle beginnt sozusagen die »Zerfallsuhr« zu laufen und die Konzentrationen von Thorium und Protactinium steigen langsam an. Der Grad des Erreichens des Gleichgewichts ermöglicht eine Aussage über das Alter der Probe. Der Bestimmungszeitraum der ^{234}**Uran**-^{230}**Thorium-Methode** beträgt etwa 350 000 Jahre und derjenige der ^{235}**Uran**-^{231}**Protactinium-Methode** 180 000 Jahre.

Millionen Jahre	Afrika	Europa/Westasien	Südostasien	China
0,1			Sambungmacan (?)	
0,2				Hexian
0,3				Zhoukoudian
0,4				Yiyuan
0,5		Bilzingsleben		Zhoukoudian
0,6			Sangiran	Lantian
0,7	Tighenif	Mauer		Yunxian
0,8	Baringo/Kapthurin	Atapuerca/	Sangiran	
0,9	Olduvai	Gran Dolina		
1,0			Trinil	
1,1		Dmanisi (?)	Sangiran	Lantian
1,2	Olduvai			
1,3				
1,4	Konso-Gardula	Ubeidiya		
1,5	Turkana		?	?
1,6	Swartkrans		Sangiran (?)	
1,7				
1,8	Turkana		Mojokerto (?)	Longgupo (?)
1,9				
2,0				

Chronologisches Schema der **Existenzdauer des Homo erectus** in den verschiedenen Kontinenten mit Angabe wichtiger Funde. Die Verdünnung der Farbbalken für Südostasien und China zu frühen Zeiten hin soll andeuten, dass dort die Fundlage und die Datierung unsicher sind. Die zurzeit ältesten Funde von dort sind höchstens 1,8 Millionen Jahre alt.

Erste Auswanderung aus Afrika

Nach allem, was wir bislang über die Verbreitung und Datierung der frühen Hominiden wissen, war H. erectus wahrscheinlich die erste Frühmenschen-Art, die sich von Afrika aus nach Asien und Europa ausbreitete. Das gegenüber seinen Vorläufern größere, leistungsfähigere Gehirn und die weiter entwickelte Kultur ermöglichten es H. erectus, neue Regionen zu erschließen.

Folgt man den erwähnten neuesten Analysen der Funde von Mojokerto und Sangiran, erreichte H. erectus bei seiner Wanderung die Insel Java vor 1,8 beziehungsweise 1,6 Millionen Jahren. Auch im chinesischen Raum soll er Spuren hinterlassen haben, die 1,5, vielleicht sogar 1,8 Millionen Jahre alt sein könnten. Allerdings sind inzwi-

EIN KIEFER AUS GEORGIEN

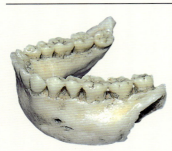

Bei archäologischen Ausgrabungen in der mittelalterlichen Ruinenstadt Dmanisi in Georgien kam 1991 nur wenig oberhalb einer rund 1,9 Millionen Jahre alten Schicht aus Basaltlava zwischen einer Ansammlung fossiler Tierknochen ein menschlicher Unterkiefer mit sämtlichen Zähnen zum Vorschein. Nach paläomagnetischen Untersuchungen der darüber liegenden Schichten ist der Unterkiefer älter als 780 000 und jünger als 1,9 Millionen Jahre. Eine präzisere Eingrenzung des Alters war bisher nicht möglich, weshalb einer morphologischen Analyse des Unterkiefers besondere Bedeutung zukam.

Nach dem Vergleich des Fossils von Dmanisi (in der Abbildung der helle Unterkiefer in der Mitte rechts) mit über 40 Kiefern des frühen Homo und H. erectus aus Afrika, China und Indonesien kam Günter Bräuer zu dem Ergebnis, dass der Fund kaum Ähnlichkeiten mit dem frühen Homo besitze. Hingegen scheinen enge Beziehungen zu H. erectus zu bestehen. Darüber hinaus weise der Unterkiefer erstaunlicherweise einige Merkmale auf, die sonst erst bei den späteren Vertretern dieser Art oder sogar erst bei dem archaischen H. sapiens auftreten, so etwa ein relativ stark entwickeltes Kinn und eine Zahnreihe, in der die Kronengröße der hinteren Backenzähne zum Weisheitszahn hin abnimmt. Diese fortschrittlichen Merkmale mögen demzufolge eher für ein geringeres Alter des Unterkiefers sprechen. Sollten jedoch die noch andauernden Untersuchungen der Sedimente zur Datierung des Hominidenfunds ergeben, dass er 1,8 oder 1,6 Millionen Jahre alt ist, dürfte darauf zu schließen sein, dass der

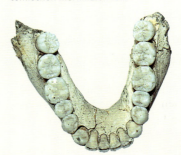

Unterkiefer von Dmanisi zu einem frühen H. erectus gehört. Dieser war dann allerdings in seinen anatomischen Merkmalen fortschrittlicher als seine afrikanischen und asiatischen Artgenossen gleichen oder sogar jüngeren Alters.

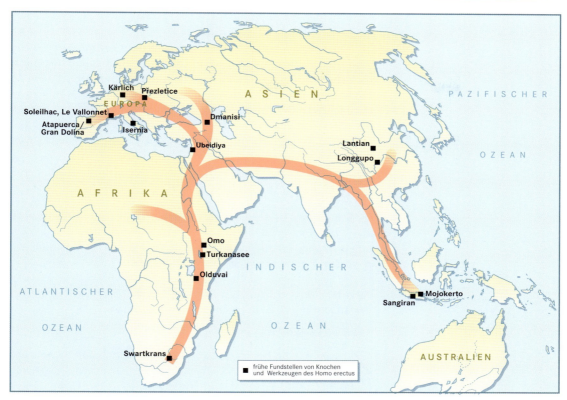

Wanderungsrouten des Homo erectus.

schen erhebliche Zweifel laut geworden, ob jenes Kieferfragment von Longgupo dem frühen H. erectus oder überhaupt den Hominiden zugerechnet werden kann. Daneben ist bislang nicht auszuschließen, dass der sicherlich menschliche Schneidezahn durch Erosion aus einem andern Horizont in die Fundschicht gelangt ist und somit die Datierung zwar auf diese, nicht aber auf den Zahn zutrifft. Ähnliche Unsicherheiten bestehen bei der Altersbestimmung des kaukasischen Unterkiefers von Dmanisi, der 1,6 bis 1,8 Millionen Jahre alt sein könnte, da er nur wenig oberhalb der 1,9 Millionen Jahre alten Lava gefunden wurde. Doch zeigen neueste paläomagnetische Untersuchungen, dass die Ablagerungen über der Lavaschicht recht komplex sind und die Ansammlungen von Tierknochen – in einer von ihnen fand sich auch der Kiefer – ursprünglich aus höher liegenden Sedimenten stammen.

Der aus der Altersbestimmung dieser Funde abgeleitete zeitliche Rahmen des Ausbreitungsszenarios erscheint demnach gegenwärtig noch relativ ungesichert. Zwar liegen durchaus Indizien vor, wonach die rund 1,4 Millionen Jahre alten Hominidenreste und Steinwerkzeuge von Ubeidiya im Jordantal (Israel) nicht länger als die ältesten Hinweise auf die Anwesenheit des Frühmenschen außerhalb Afrikas anzusehen sind. Gleichwohl sind weitere Untersuchungen nötig, um Zweifel und Unklarheiten über Alter und Zuordnung bestimmter Fossilien sowie Widersprüche mit andern Altersbestimmungen des

Gesteins der Fundorte auszuräumen. Sollten diese Analysen allerdings die Vermutung erhärten, dass Hominiden schon vor rund 1,8 Millionen Jahren bis nach Ostasien gelangt waren, ergäben sich neue interessante Fragen: Verließ erst H. erectus den angestammten afrikanischen Kontinent, oder erreichten auch Gruppen des frühen Homo oder gar andere Hominiden Ostasien? Und welche Konsequenzen hat eine entsprechende Chronologie für die Klassifizierung der sehr robusten, als Meganthropus bezeichneten Funde aus Sangiran, deren Zuordnung zu H. erectus seit ihrer Entdeckung bis heute umstritten geblieben ist?

Kennzeichen und Evolution

Die frühen morphologischen Beschreibungen des H. erectus, wie etwa Weidenreichs detaillierte Monographie über den Pekingmenschen, beruhen ausschließlich auf Material aus Ostasien, wo derartige Fossilien zuerst entdeckt wurden. Doch auch spätere Funde zeigen, obgleich über drei Kontinente verbreitet, die gleichen typischen Merkmale dieser Frühmenschenform und erweitern darüber hinaus unsere Kenntnis von deren Variation.

Markanter Schädel

Zunächst fällt bei H. erectus auf, dass er mit durchschnittlich 1000 cm^3 ein größeres Gehirn besaß und damit dem modernen Menschen näher steht als sein Vorläufer, der frühe Homo. Doch auch in der Form des Schädels bestehen wesentliche Unterschiede zum frühen Homo. So ist der Hirnschädel ausgesprochen lang und niedrig, und von der Seite betrachtet fällt das scharf gewinkelte Profil des Hinterhaupts ins Auge. An der am meisten nach hinten vorspringenden Stelle dieser Winkelung verläuft zudem quer über das Hinterhauptbein eine wulstartige Verstärkung des Knochens. Weitere Verstärkungen des ohnehin schon sehr dickwandigen Knochens finden sich häufig auch entlang der Mittellinie auf dem Schädeldach und können einen mehr oder weniger ausgeprägten stumpfen Wulst oder eine Kielung bilden. Weitere Kennzeichen des Hirnschädels sind seine relativ breite Schädelbasis und die entsprechend schräg nach oben verlaufenden Seitenwände. Von hinten gesehen ergibt sich so die für H. erectus typische Zeltform des Schädels.

Zwischen der flachen, zurückweichenden Stirn und den Augenhöhlen findet sich ein robuster, dachartig vorspringender Überaugenwulst, dessen Ausprägung neben vielen andern Faktoren vor allem von der Größe des Kauapparats und damit des Kaudrucks abhängt, der auf das Schädeldach übertragen wird. Hinter diesem knöchernen Wulst verläuft eine rinnenartige Vertiefung, ein so genannter Sulcus. Besonders in der Aufsicht ist zu erkennen, wie stark der Überaugenwulst zu den Seiten hin auslädt und wie schmal dagegen der über dem Wulst liegende Stirnbereich ist. Man bezeichnet dieses Merkmal, von dem bereits in Zusammenhang mit der fortschrittlichen Anatomie von H. habilis die Rede war, als postorbitale Einschnürung.

Die kräftigen Überaugenstrukturen korrespondieren mit dem robusten und verhältnismäßig breiten Gesicht des H. erectus. Sein Kiefer ragt insgesamt noch recht deutlich unter dem Hirnschädel hervor, und am kräftigen Unterkiefer befindet sich in den allermeisten Fällen noch kein Kinnvorsprung. Eine wichtige Neuerung zeigt sich in der Nasenregion, denn zum ersten Mal in der Hominidenentwicklung steht die Nasenöffnung gegenüber den benachbarten Regionen des Oberkiefers hervor. Damit beginnt mit H. erectus die Entwicklung einer typisch menschlichen äußeren Nase, bei der die Öffnungen nach unten und nicht mehr – wie bei den relativ flachnasigen Menschenaffen und früheren Hominiden – nach vorn weisen.

Die beiden amerikanischen Anthropologen Robert Franciscus und Erik Trinkaus haben sich mit den möglichen Ursachen dieser Veränderung befasst und dabei bemerkenswerte Zusammenhänge festgestellt: Da die Temperatur in einer weiter außen gelegenen Nase niedriger ist als im Körperzentrum, bildet sich beim Ausatmen Feuchtigkeit in der Nase. Diese feuchtet die eingeatmete Luft an, sodass den Nasenschleimhäuten in heißem, trockenem Klima nur sehr

WER WAR MEGANTHROPUS?

Seit längerem bereiten den Paläoanthropologen die außergewöhnlich robusten und massig gebauten Unterkiefer- und Schädelfragmente Kopfzerbrechen, die – wie »Sangiran 6«, der erste dieser Funde – als *Meganthropus palaeojavanicus* bezeichnet wurden oder mit dieser Form in Verbindung gebracht werden. Denn die Klassifikation dieses Materials, von dem hier ein Unterkieferfragment (»Sangiran 6«) und ein Hirnschädel (»Sangiran 31«), mit kammartigen Vorsprüngen in der Scheitelgegend, abgebildet sind, ist noch immer umstritten. Einige Forscher sind der Ansicht, dass enge Beziehungen zwischen Meganthropus und den robusten Australopithecinen Afrikas bestehen. Sie nehmen eine frühe Ausbreitung des Australopithecus nach Ostasien an und eine Entwicklung, die in mancher Hinsicht parallel zu der der robusten Australopithecinen Afrikas verlief.

Andere Forscher sehen keine überzeugenden Gründe, weswegen Meganthropus nicht zum Variationsspektrum des H. erectus von Sangiran gehören sollte, und können keine spezifischen Gemeinsamkeiten mit den Australopithecinen erkennen. So führen sie die extreme Robustheit der Meganthropus-Fossilien auf die besondere geographische Lage Javas an der Peripherie des Verbreitungsgebiets von H. erectus zurück. Verbunden mit einer wiederholten, Jahrhunderttausende dauernden Isolation der Insel vom Festland haben in dieser Randlage hiernach eigene Selektionsbedingungen geherrscht, die die Entstehung bestimmter regionaler Eigenschaften von H. erectus gefördert haben, eine These, die in Einklang steht mit der bis vor kurzem weithin akzeptierten Annahme,

keines der Fossilien aus Java sei wesentlich älter als eine Million Jahre.

Sollten sich jedoch neue Kalium-Argon-Datierungen von rund 1,6 Millionen Jahren für einige Meganthropus-Funde bestätigen, würden sich neue Perspektiven für die Interpretation dieser Funde ergeben. Die bisher wenig beachteten Gemeinsamkeiten des Meganthropus-Materials mit Fossilien des frühen Homo könnten dann stärker in den Mittelpunkt der Diskussion rücken und die Frage nach den ersten hominiden Auswanderern aus Afrika neu stellen. Verließen vielleicht doch schon Gruppen aus dem Spektrum des frühen Homo den Kontinent als Erste?

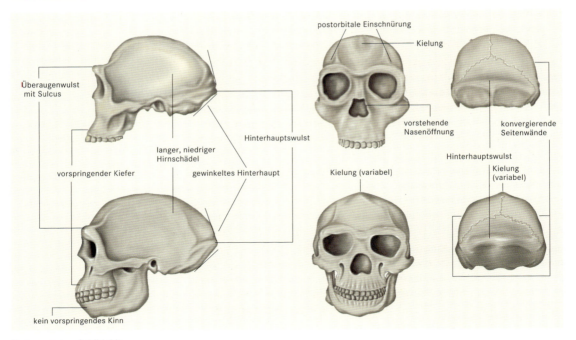

Homo-erectus-Schädel in verschiedenen Ansichten mit Angabe morphologischer Merkmale.
Oben: Turkana-Fund **KNM-ER 3733**.
Unten: **Pekingmensch**.

wenig Feuchte verloren geht. Ein auf diese Weise verringerter Feuchtigkeitsverlust wäre vorteilhaft für H. erectus gewesen, der sich in relativ trockenen Regionen Afrikas entwickelt hatte und in der Tageshitze seine Nahrung beschaffen musste.

Auch die Zähne des Hominiden sind gegenüber der Morphologie seiner Vorläufer deutlich verändert. So weisen die Backenzähne insgesamt eine Tendenz zur Größenreduktion auf, wobei, wie später bei H. sapiens, der Weisheitszahn im Allgemeinen kleiner ist als der zweite Molar. Dagegen sind die Schneidezähne relativ groß und besitzen häufig durch die Bildung seitlicher Schmelzleisten eine so genannte Schaufelform, die die Bissfläche dieser Zähne vergrößert und die Abnutzung verringert. Insgesamt deuten die Gestalt der Zähne sowie Aspekte der Schädelform, wie der Überaugenwulst oder der Hinterhauptwulst auf einen verstärkten Einsatz des Kiefers zum Beißen, Greifen oder Abreißen der Nahrung hin, während das Zermahlen mit den Backenzähnen offenbar an Bedeutung verlor. Das mag auf veränderte Ernährungsgewohnheiten, etwa einen zunehmenden Fleischanteil, ebenso zurückzuführen sein wie auf die vermehrte Zubereitung der Nahrung vor dem Verzehr.

Gehirn- und Körpergröße

Die Entdeckung des »Turkana-Jungen« ermöglichte der Paläoanthropologie viele neue Erkenntnisse, denn es handelt sich um den bisher einzigen Fund eines H. erectus, bei dem Schädel und Skelett so gut erhalten sind, dass sowohl Hirngröße als auch Körpergröße an demselben Individuum zuverlässig bestimmt werden können. So stellten Alan Walker und seine Mitarbeiter fest, dass der Turkana-Junge, hätte er das Erwachsenenalter erreicht, bei einer Körpergröße von etwa 1,80 Meter etwa 68 Kilogramm schwer geworden wäre. Auch andere Skelettreste des H. erectus, wie die Fragmente des von Krankheiten gezeichneten Teilskeletts KNM-ER 1808, lassen auf einen recht großen Wuchs schließen. So waren die Männer vermutlich durchschnittlich etwa 1,80 Meter, die Frauen rund 1,60 Meter groß, womit der Körpergrößenunterschied zwischen den Geschlechtern deutlich geringer ausfiel als bei den Australopithecinen oder wahrscheinlich dem frühen Homo und sich bereits an die Verhältnisse beim modernen Menschen annäherte.

Hierbei dürfte der große, schlanke Körperbau eine Anpassung an trockenheiße Klimabedingungen sein, wie sie auch heutige Menschen zeigen, die aus den Tropen stammen. Wie H. erectus sind sie meist hoch gewachsen und schlank und haben verhältnismäßig lange Arme und Beine. Für den Frühmenschen war seine Körpergröße nicht nur in der Nahrungskonkurrenz mit großen Raubtieren vorteilhaft, vielmehr lag ihr eigentlicher Nutzen in der effektiven Temperaturregulation. Denn derartig proportionierte Körper besitzen im Verhältnis zum Körpervolumen eine große Hautoberfläche, über die entsprechend viel Wärme durch Schweißbildung abgegeben werden kann. Umgekehrt vermag demgemäß ein gedrungener Körperbau mit kürzeren Armen und Beinen Wärme besser zu speichern, was in kühleren Klimaten von Bedeutung ist.

Möglicherweise könnte eine solche Anpassung an ein kühleres Klima, aber auch eine ungünstigere Ernährungssituation die Ursache für den kleineren Wuchs der asiatischen Vertreter von H. erectus gewesen sein. Vom Pekingmenschen stehen nur wenig aussagekräftige Skelettreste zur Verfügung, doch deuten verschiedene Schätzungen der Körpergröße aufgrund der Länge des Oberschenkelknochens auf beträchtliche Größenunterschiede gegenüber den afrikanischen Verwandten hin. Danach waren zwei Individuen von Zhoukoudian 1,45 beziehungsweise 1,52 Meter groß.

Das gut erhaltene Skelett des Turkana-Jungen gab jedoch nicht nur Aufschluss über das Längenwachstum von H. erectus. Es ermöglichte darüber hinaus erstmals auch fundierte Rückschlüsse auf die relative Hirngröße dieser Spezies. Dabei folgt aus der Berechnung des Encephalisationsquotienten (EQ) nach Jerison, dass das Gehirn des Turkana-Jungen, für das Alan Walker und seine Mitarbeiter ein Volumen von 910 cm^3 ermittelten, in Relation zur Körpergröße etwa 4,5-mal größer war als das im Durchschnitt bei heutigen Säugetieren der Fall ist. Damit lag die relative Hirngröße dieses frühen H. erectus aber nur geringfügig über dem Wert für H. habilis (4,3) und war noch weit entfernt von dem EQ des modernen Menschen (7,2). Dementsprechend war sein Gehirn wahrscheinlich kaum leistungsfähiger als das von H. habilis oder des frühen Homo überhaupt. Einige Forscher nehmen jedoch an, dass das vergrößerte Gehirn des frühen H. erectus nicht nur eine Folge seiner zunehmenden Körpergröße war, sondern dass auch ein starker Selektionsdruck zur Vergrößerung des Gehirns und Steigerung seiner Leistungsfähigkeit bestand.

Lebendrekonstruktion des **Turkana-Jungen.**

Hiermit stimmt überein, dass das Hirnvolumen nach der Frühphase des H. erectus deutlich zunahm. Während die Hirnschädelvolumina der beiden andern gut erhaltenen, zwischen 1,8 und 1,6 Millionen Jahre alten Individuen vom Turkana-See bei 805 beziehungsweise 850 cm^3 liegen, erreicht der 1,2 Millionen Jahre alte Schädel mit der Fundnummer O.H. 9 aus der Olduvai-Schlucht bereits eine Kapazität von rund 1070 cm^3. Das Volumen der 700 000 bis über eine Million Jahre alten Schädel aus Sangiran reicht bis 1060 cm^3 bei einem Durchschnitt von etwa 930 cm^3, und der größte der Funde von Zhoukoudian, der etwa 420 000 Jahre alt ist, hat sogar ein Hirnvolumen von 1225 cm^3 bei einem Mittel von 1040 cm^3. Bei diesen jüngeren Funden kommt es auch zu einem stärkeren Anstieg der relativen Hirngröße. So wurde für den Pekingmenschen ein Encephalisationsquotient von 6,1 errechnet.

Die Strukturen des Gehirns von H. erectus entwickelten sich – soweit das anhand der Abdrücke auf den Schädelinnenseiten beurteilt werden kann – weiter in Richtung des heutigen Menschen. Vergrößerungen in der Region des Broca-Sprachzentrums sowie in andern Gehirnbereichen deuten auf verbesserte Fähigkeiten zu Artikulation, Verständnis und Speicherung von Sprache und andern assoziativen Leistungen hin. Diese spiegeln sich in der Entwicklung der neuen Werkzeugkultur des Acheuléen ebenso wider wie in der Erschließung neuer Nahrungsquellen, der Beherrschung des Feuers und nicht zuletzt in der Fähigkeit, sich in unterschiedlichen Umwelten auszubreiten und an die jeweils herrschenden ökologischen Bedingungen anzupassen.

Verlängerte Kindheit

Zu den Besonderheiten des heutigen Menschen gegenüber den andern Säugetieren gehören viele Kennzeichen, die seine Entwicklung und sein Wachstum betreffen. So ist die Zeitspanne vom Beginn der Schwangerschaft bis zum Erreichen des Erwachsenenalters beim Menschen annähernd doppelt so lang wie bei den großen Menschenaffen. Während dieser extrem langen Periode der Abhängigkeit müssen die Eltern viel Zeit und Energie aufwenden, um ihre Nachkommen zu versorgen, zu schützen und zu erziehen.

Die Wachstums- und Entwicklungsprozesse unterliegen dabei bei Mensch und Menschenaffen, wie bei jedem andern Säugetier, bestimmten Regeln und Gesetzmäßigkeiten, die sich nicht zuletzt in den Strukturen der Knochen und Zähne widerspiegeln. Man kann daher den Verlauf ihrer Entwicklung auch anhand der fossilen Überreste rekonstruieren.

So stellte sich denn bei dem fast vollständig erhaltenen Turkana-Jungen die spannende Frage, ob sein Wachstumsverlauf den Gesetzmäßigkeiten der Menschenaffen unterlag oder bereits denen des Menschen folgte. Einen ersten Anhaltspunkt zu ihrer Beantwortung bietet die Entwicklung des Gebisses, da sich die Reihenfolge unterscheidet, in der die einzelnen Zähne beim Menschen und bei den Menschenaffen durchbrechen. Während bei Ersterem die Eckzähne *vor* den zweiten hinteren Backenzähnen erscheinen, verläuft die Entwicklung dieser Zähne bei den Menschenaffen umgekehrt. Beim Turkana-Jungen nun waren nicht nur die Eckzähne bereits vorhanden, sondern auch die zweiten hinteren Backenzähne waren gerade in den Mundraum durchgebrochen, als er starb. Somit entsprach seine Zahnentwicklung eher der des Menschen. Der Junge musste hiernach etwa elf Jahre alt gewesen sein, wohingegen ein Schimpanse beim Durchbruch dieser Zähne erst sieben Jahre alt gewesen wäre.

Mit diesem Schluss stimmen die Forschungsergebnisse der amerikanischen Anthropologin Holly Smith überein, die sich intensiv mit dem Verlauf der Zahnentwicklung bei Menschenaffen, frühen Hominiden und Menschen beschäftigt und auch das Gebiss des Jungen vom Turkana-See eingehend analysiert hat. Sie kommt zu dem Ergebnis, dass sich in der Entwicklung von H. erectus zum ersten Mal die charakteristische Wachstumsverlangsamung des modernen Menschen nachweisen lässt, während die Australopithecinen und auch der frühe Homo noch weitgehend dem Entwicklungsmuster der Menschenaffen folgten.

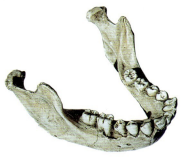

Unterkiefer des Turkana-Jungen.

Weitere Hinweise auf den Verlauf der Entwicklung von H. erectus konnten aus Analysen der gut erhaltenen Beckenpartie des Turkana-Jungen gewonnen werden. So lässt sich aus dieser die Größe des Geburtskanals eines weiblichen H. erectus ableiten, aus der dann wiederum darauf geschlossen werden kann, wie groß einerseits das Hirnvolumen des Neugeborenen war und wie stark es anderseits nachgeburtlich zunahm. Bei Menschenaffen etwa verdoppelt sich die Geburtsgröße des Gehirns bis zum Erreichen des Erwachsenenalters, während sie beim Menschen auf mehr als das Dreifache ansteigt. Anatomische Erfordernisse, wie etwa die Entwicklung eines stabilen aufrechten Gangs, setzten einer immer weiteren Vergrößerung des Beckenausgangs im Verlauf der Evolution Grenzen, sodass das Wachstum des vergrößerten Gehirns schließlich verstärkt außerhalb des Mutterleibs erfolgen musste.

Berechnungen, die anhand des Beckens des Turkana-Skeletts durchgeführt wurden, zeigen, dass ein neugeborener H. erectus-Säugling höchstens ein Hirnvolumen von etwa 275 cm^3 gehabt haben konnte. Um von diesem Wert auf das Volumen von rund 900 cm^3 zu kommen, das der Turkana-Junge als Erwachsener erreicht hätte, hätte sich die Größe des Gehirns nach der Geburt demzufolge mehr als verdreifachen müssen, was dem Wachstumsschema des heutigen Menschen entspräche. Nach den neuen Erkenntnissen über die kindliche Entwicklung von H. erectus ist davon auszugehen, dass auch bei ihm wesentliche Reifungsprozesse des Gehirns erst nach der Geburt stattfanden. Gleich dem modernen Menschen, dessen Gehirn noch während des gesamten ersten Lebensjahrs so schnell wächst wie vor der Geburt, sodass die »Schwangerschaft« eigentlich 21 Monate dauert, kam demnach vermutlich auch der Nachwuchs dieses Hominiden hilflos und unreifer zur Welt als etwa die Menschenaffen, deren Gehirnwachstum sich nach der Geburt verlangsamt.

Gehirn- und Körperwachstum von Makake und Mensch verlaufen mit unterschiedlichen Geschwindigkeiten. Während beim Makaken die hohe Wachstumsgeschwindigkeit des Gehirns nach der Geburt abnimmt, wächst das Gehirn des Menschen bis zum Ende des ersten Lebensjahrs in gleichem Tempo weiter wie vor der Geburt. Erst dann verlangsamt sich die Wachstumsrate.

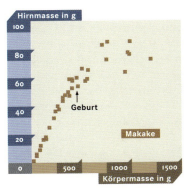
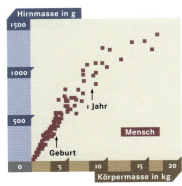

Die Entstehung der Art

Bis in die späten 1980er-Jahre hinein schien die Antwort auf die Frage nach den Ursprüngen des H. erectus einfach zu sein – nur H. habilis kam als Ahn in Betracht. Inzwischen wuchsen die Zweifel daran, ob alle diesbezüglichen Funde tatsächlich nur einer Art zuzurechnen seien. Zur Entstehung des H. erectus ergaben sich damit verschiedene neue Perspektiven.

Geht man davon aus, dass alle Funde des frühen Homo nur eine einzige Art umfassen, dann muss man annehmen, dass es sich bei H. habilis um eine äußerst variable Spezies mit starken Geschlechtsunterschieden handelte. Der Übergang zum H. erectus, der schon für die Zeit vor 1,8 Millionen Jahren sicher nachgewiesen ist, hätte dann sehr schnell vonstatten gehen müssen: quasi als ein punktualistisches Ereignis, in dem sich ein noch recht primitiver H. habilis in einen in vieler Hinsicht fortschrittlicheren H. erectus gewandelt hätte, mit einem menschlichen Körperbau, vergrößertem Gehirn und viel geringerem Geschlechtsdimorphismus. Nach dieser Auffassung hätten sich viele Bereiche der Anatomie binnen kurzer Zeit grundlegend verändern müssen, was ihre Kritiker für nicht sehr wahrscheinlich halten.

Immer mehr Forscher denken deshalb, dass die beim frühen Homo beobachtete Variabilität sich nur dadurch erklären lässt, dass in dieser Gruppe zwei verschiedene Arten vertreten sind. Von diesen kann aber nur eine der Vorfahr von H. erectus gewesen sein. Welche das war, lässt sich gegenwärtig noch nicht klar ausmachen. Geht man von der Gehirngröße aus, dann wäre H. rudolfensis, wie er anhand der Fossilien identifiziert wurde, die um den Schädel KNM-ER 1470 gruppiert wurden, als möglicher Vorfahr von H. erectus auszumachen. Gleiches gilt auch dann, wenn diverse Oberschenkel- und Beckenknochen fortschrittlicher Gestalt ebenfalls dieser Art zugerechnet werden. In diesem Fall sind entsprechende Entwicklungstendenzen im ähnlichen Körperbau auszumachen. Der Übergang von einer mittelgroßen Hominidenart zu H. erectus wäre aus dieser Perspektive langsam vonstatten gegangen, und der Ursprung der gesamten Linie ließe sich bis vor 2,4 Millionen Jahre zurückverfolgen.

Abgesehen davon, dass die Zuordnung der oben erwähnten Skelettknochen zu den großhirnigen H. rudolfensis-Schädeln keineswegs sicher ist, weisen diese auch Merkmale auf, die nicht in Richtung des späteren H. erectus deuten. Ein breites Mittelgesicht etwa und große Zähne zeigen vielmehr Parallelen mit den Spezialisierungen der späten Australopithecinen, während umgekehrt die Gruppe der kleineren Schädel um den Fund KNM-ER 1813 in der Morphologie des Gesichts, des Kauapparats und der Zähne H. erectus so stark ähnelt, dass demzufolge H. habilis (im Sinne Woods) trotz eines ursprünglicheren Körperbaus als Vorfahre in Betracht zu ziehen wäre.

Auch die phylogenetische Einordnung von H. erectus stößt auf das Problem der bereits mehrfach angesprochenen gegenläufigen Verteilung fortschrittlicher und ursprünglicher Merkmale der beiden frühen Homo-Arten, woraus einige Paläoanthropologen den Schluss zogen, dass möglicherweise *keine* der beiden Formen als unmittelbarer Vorfahr von H. erectus gelten könne, zumal sich die chronologische Einordnung einiger früher Homo-Funde mit der von H. erectus-Fossilien überschneidet, ja Erstere teilweise sogar jünger sind als etwa der Schädel KNM-ER 3733. Stattdessen, so ihre alternative These, könnten vor etwas mehr als zwei Millionen Jahren mehrere Homo-Arten entstanden sein, die jeweils unterschiedliche ökologische Nischen besetzten: Neben H. rudolfensis und dem kleineren H. habilis wäre hiernach eine weitere frühe Art möglich – eben der bisher nicht entdeckte direkte Ahn des H. erectus –, die die meisten der skizzierten Widersprüche auflösen würde. Mit ihr sind aber andere Probleme verbunden, muss doch der Ansatz so lange als hypothetisch gelten, wie er nicht anhand entsprechender Fossilienfunde belegt werden kann.

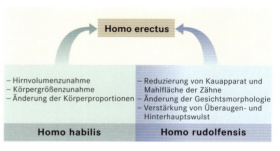

Alternativen zur Entstehung des Homo erectus mit Angabe der bei Homo habilis und Homo rudolfensis jeweils erforderlichen evolutionären Änderungen.

Entwicklungstrends

So wenig demnach gesicherte Aussagen über die Entstehung des H. erectus möglich sind, so uneins sind sich die Wissenschaftler darin, wie das Ausmaß der evolutionären Veränderungen während der langen Dauer der Existenz dieser Art einzuschätzen ist. Während einige Forscher – unter ihnen Philip Rightmire – aus der Tatsache, dass bei älteren H. erectus-Funden bestimmte Merkmalsausprägungen in derselben charakteristischen Weise kombiniert vorkommen wie bei jüngeren, die Auffassung ableiten, die lange Epoche des H. erectus sei durch einen weitgehenden evolutionären Stillstand gekennzeichnet gewesen, ergeben sich aus den Analysen anderer Wissenschaftler deutliche Entwicklungstrends. Zu diesen gehört die Vergrößerung des Hirnvolumens, das von etwa 850 cm³ im Fall der frühen Funde vom Turkana-See bis auf 1225 cm³ im Fall der späten Schädel von Zhoukoudian ansteigt. Mit dieser sowohl absoluten als auch relativen Ausdehnung des Gehirns geht vor allem eine Vergrö-

Vergleich einiger **afrikanischer und asiatischer Schädel** (von rechts): KMN-ER 3883, O.H. 9, Sambungmacan, Sangiran 17, Lantian/Gongwangling, Pekingmensch.

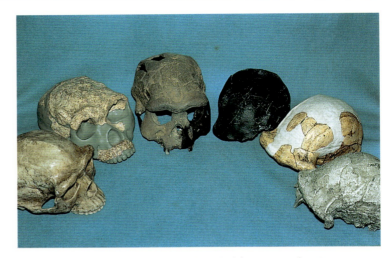

ßerung der Scheitelbeine sowie eine Verkleinerung des Kauapparats einher, die insbesondere die Morphologie der hinteren Backenzähne betrifft. Auch der Unterkiefer wurde im Lauf der Zeit verkleinert und immer weniger robust ausgeprägt. Außerdem ist eine zunehmende Reduktion der postorbitalen Einschnürung festzustellen.

Solche Entwicklungstrends deuten bereits die Verhältnisse an, wie sie beim nachfolgenden archaischen H. sapiens vorliegen, was eher für eine langsame, graduelle Entwicklung von H. erectus zu H. sapiens als für einen sprunghaften Übergang spricht. Gestützt wird diese Annahme von einem Mosaik aus H. erectus-artigen und fortschrittlicheren Merkmalen, das viele Funde des archaischen H. sapiens zeigen. Zugleich meint eine solche These freilich nicht, dass das Entwicklungstempo während der gesamten Existenzdauer von H. erectus konstant gewesen wäre. Denn einige Merkmale beginnen sich beispielsweise erst beim späten H. erectus in Richtung des H. sapiens auszubilden.

Homo erectus – eine einzige Art?

Obwohl die weit reichenden morphologischen Übereinstimmungen zwischen den H. erectus-Funden aus Asien und Afrika unbestritten sind, haben einige Forscher Mitte der 1980er-Jahre die Hypothese aufgestellt, nur der asiatische H. erectus sei als H. erectus im eigentlichen Sinn zu betrachten und stelle demzufolge eine andere Art dar als der afrikanische. Ihre Interpretation basiert im Wesentlichen auf der Annahme, die asiatischen Funde besäßen bestimmte neu entstandene, so genannte abgeleitete Merkmale, die den afrikanischen Fossilien fehlten. Die große Ähnlichkeit der Funde bestehe hiernach lediglich bei ursprünglichen, das heißt von Vorfahren ererbten Merkmalen und sei daher für die Klassifikation unerheblich.

Eine solche Bewertung von Merkmalen folgt methodisch dem Ansatz der Kladistik, die die verwandtschaftlichen Beziehungen zwi-

---

Die heutige **Kladistik** (von griechisch klados = Zweig) geht auf die Prinzipien der phylogenetischen Systematik von Willi Hennig zurück und versucht Verwandtschaftsbeziehungen zwischen Arten und andern Gruppen auf der Grundlage gemeinsamer abgeleiteter Merkmale zu rekonstruieren. Ein zentrales Element des kladistischen Ansatzes liegt in der Unterscheidung zweier Arten von homologen Merkmalen, den ursprünglichen (plesiomorphen), die schon bei früheren Vorfahren entstanden waren und den abgeleiteten (apomorphen), die später entstanden sind. Letztere werden unterteilt in gemeinsam abgeleitete (Synapomorphien), die eine engere evolutionäre Verbindung zwischen Taxa anzeigen und spezielle abgeleitete Merkmale (Autapomorphien), die ein Taxon von andern unterscheiden. Bei der Analyse fossiler Hominiden stellen sich der kladistischen Vorgehensweise besondere Probleme. So variieren die knöchernen Merkmale häufig stark in ihrer Ausprägung, und der morphologische Wandel steht in keinem zwingenden Zusammenhang mit der Artbildung, sondern kann schlicht innerartliche Veränderung darstellen.

schen Lebewesen aufgrund ihres Musters aus ursprünglichen und abgeleiteten Merkmalen zu ermitteln sucht. Dieser Vorstellung folgend, schlug Peter Andrews vom Natural History Museum in London 1984 eine Liste von sechs solchen abgeleiteten Merkmalen des asiatischen H. erectus vor, zu denen er beispielsweise Kielungen auf dem Stirnbein und in der Scheitelgegend, eine dicke Schädelwand sowie eine wulstartige Vorwölbung im hinteren Bereich der Scheitelbeine zählt. Kämen diese abgeleiteten Merkmale ausschließlich beim asiatischen H. erectus vor, so bedeutete das nach der kladistischen Interpretation eine Abspaltung der asiatischen Linie, die dann allerdings als spezialisierte evolutionäre Sackgasse blind geendet hätte, während aus der weniger spezialisierten afrikanischen Linie die weitere Entwicklung zum H. sapiens erfolgt wäre.

Auch Bernard Wood plädiert für eine Aufteilung in zwei verschiedene Arten, wobei er jedoch die Grenzlinie innerhalb des afrikanischen Materials zieht. Nach seinen Analysen heben sich lediglich die frühen Funde vom Turkana-See, wie zum Beispiel die Schädel KNM-ER 3733 oder KNM-ER 3883 und der Unterkiefer KNM-ER 992, von den asiatischen Funden ab, wobei sie verschiedene Gemeinsamkeiten mit H. sapiens zeigen. Sie werden von Wood in der frühen Art Homo ergaster zusammengefasst. Andere, spätere afrikanische Funde, wie etwa der Hirnschädel O.H. 9 aus der Olduvai-Schlucht in Tansania, seien dagegen dem asiatischen H. erectus so ähnlich, dass sie weiterhin zu dieser Art gestellt werden sollten.

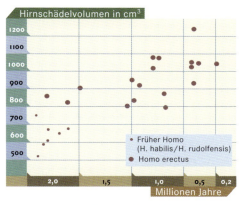

Zunahme des Hirnschädelvolumens im Verlauf der Evolution des Homo erectus.

Die Anwendung des kladistischen Ansatzes auf die Lösung taxonomischer Probleme stößt allerdings bei einer Reihe von Paläoanthropologen auf Kritik. Neben grundsätzlichen evolutionstheoretischen Argumenten – wie etwa dem Hinweis auf das Fehlen eines direkten Zusammenhangs zwischen Artbildung und morphologischer Veränderung – wurde der Einwand erhoben, die Kladisten berücksichtigten bei ihrer Analyse der Funde nicht hinreichend die Variabilität der entsprechenden Merkmale innerhalb der Art. Denn jene seien meistens zu komplex, als dass sie kurzerhand als »vorhanden« oder »nicht vorhanden« diagnostiziert werden könnten. So haben Emma Mbua vom National Museum in Nairobi und Günter Bräuer von der Universität Hamburg gezeigt, dass sowohl die afrikanischen als auch die asiatischen Schädel in der Ausbildung der von Andrews vorgeschlagenen Merkmale stark variieren, ja mehr noch: Ihren Untersuchungen zufolge sind alle vermuteten asiatischen H. erectus-Eigenmerkmale auch bei afrikanischen Fossilien dieser Art nachweisbar und zumeist sogar beim archaischen H. sapiens aus Asien und Afrika auszumachen. Das gilt beispielsweise für die Kielung des Stirnbeins, die bei einigen Funden aus Sangiran, darunter der fast vollständig erhaltenen Schädel »Sangiran 17«, nur sehr schwach ausgebildet ist, wo-

Kielung auf dem Stirnbein von KNM-ER 3733 (links) und des Pekingmenschen (rechts).

hingegen sie beim frühen afrikanischen H. erectus und bei einigen Vertretern des archaischen H. sapiens aus Afrika deutlich entwickelt ist. Darüber hinaus bestätigen weiter gehende Analysen der afrikanischen und asiatischen Fossilien von Bräuer die grundlegenden Übereinstimmungen hinsichtlich anderer Schlüsselmerkmale der Gestalt des Schädels, aber auch des Unterkiefers und der Zähne. Bestehende Unterschiede in der Schädelmorphologie stehen demnach vermutlich nicht mit der Artbildung in Zusammenhang, sondern sind vielmehr mit der weiten zeitlichen und geographischen Verbreitung von H. erectus in Verbindung zu bringen. Daher erscheint eine Aufteilung des Fundmaterials in zwei verschiedene Arten gegenwärtig nicht als gerechtfertigt.

Die Kultur des Homo erectus

Nach gegenwärtiger Fundlage war H. erectus der erste Hominide, der sich bis in den Fernen Osten ausbreitete, da er aufgrund seiner gestiegenen geistigen Leistungsfähigkeit in der Lage war, in höherem Maß kulturelle Mittel zur Anpassung an veränderte Umwelt- und Klimabedingungen einzusetzen. Umgekehrt dürfte insbesondere die Ausdehnung in die Wald- und Steppengebiete der nördlichen Breiten mit ihren langen und kalten Wintern zu einem hohen Selektionsdruck auf diese Frühmenschen geführt haben.

Beherrschung des Feuers

Die Kontrolle über das Feuer gehört unzweifelhaft zu den wichtigsten technologischen Errungenschaften des H. erectus und war ein entscheidender Schritt in der Beherrschung der Umwelt.

Wahrscheinlich haben die Frühmenschen zunächst längere Zeit mit auf natürliche Weise, etwa durch Blitzschläge, spontane Entzündungen oder Vulkanausbrüche entstandenem Feuer experimentiert, ehe sie die Prinzipien seiner Entzündung und Beherrschung entdeckten. Als sie diese dann entdeckt hatten, eröffneten sich ihnen bis dahin ungeahnte Möglichkeiten. Die Feuer spendeten Licht und Wärme, vertrieben lästige Insekten und wilde Tiere und ermöglichten neue Formen der Holzbearbeitung. Das Nahrungsspektrum wurde erweitert, denn bisher ungenießbare oder unverdauliche Tier- und Pflanzenteile ließen sich über dem Feuer rösten oder garen und so in schmackhafte Speisen verwandeln. Nicht zuletzt dürften die Feuerstellen auch eine wichtige Funktion für die soziale Entwicklung unserer Vorfahren gehabt haben. So waren sie sicherlich Orte der Geselligkeit, an denen die Gruppenmitglieder zusammenkamen, um Erfahrungen auszutauschen und weitere Unternehmungen zu planen. Und vielleicht hat auch die menschliche Lust am Erzählen und Hören von Geschichten ihren Ursprung an den Lagerfeuern des H. erectus.

Die frühesten Hinweise darauf, dass sich die Frühmenschen das Feuer zunutze machten, geben Fundstellen in Kenia, unter andrem

Hadza-Frauen beim Sammeln essbarer Wurzeln. Die in Tansania am Eyasi-See lebenden Hadza sind eines der wenigen noch existierenden Jäger- und Sammlervölker.

bei Chesowanja. Dort wurden neben Steinwerkzeugen und Tierknochen große, rund 1,5 Millionen Jahre alte Klumpen gebrannten Lehms gefunden, der auf etwa 400 bis 600°C erhitzt worden war, was etwa der Temperatur eines Lagerfeuers entspricht. Allerdings bleibt unklar, ob es sich hierbei wirklich um von Menschen entzündete Brandstellen handelt, könnten doch auch natürliche Feuer, wie die in den afrikanischen Savannen häufig schwelenden Buschbrände, dieselben Spuren hinterlassen haben.

Wesentlich eindeutiger zu interpretieren sind dagegen großflächige, dicke Ablagerungen von Asche sowie dünnere Aschelinsen, die, kombiniert mit Resten von Holzkohle, verkohlten Knochen und angebrannten Steinen, in Sedimentschichten der Höhle von Zhoukoudian, aber auch an andern Orten in China, zum Beispiel bei Lantian und Yuanmou, an den europäischen Fundstellen Lazaret, Terra Amata (Frankreich) und Vértesszőlős (Ungarn) sowie in verschiedenen Teilen Afrikas entdeckt worden sind. Zwar ist auch bei diesen Brandspuren nicht auszuschließen, dass die jeweiligen Feuer auf natürliche Ursachen zurückzuführen sind, doch häufen sich seit dem mittleren Pleistozän Hinweise auf Feuerstellen bezeichnenderweise an eben jenen Stellen, an denen Menschen Siedlungsspuren hinterlassen haben. Die traditionelle Hypothese allerdings, wonach die Verfügungsgewalt über das Feuer Voraussetzung für die Ausbreitung des Menschen vom afrikanischen Kontinent aus in kühlere Klimate gewesen sei, wird von den bisherigen Funden weder bestätigt noch widerlegt.

Werkzeugtechnologie des Acheuléen

Untrennbar mit H. erectus verbunden ist eine neue Steinbearbeitungstechnologie, das Acheuléen. Nach einer archäologischen Fundstelle bei St. Acheul in Nordfrankreich benannt, zeichnet sich diese Industrie durch die Herstellung recht großer, ovaler oder zugespitzter, beidseitig behauener Faustkeile aus. Sie erforderte ein deutlich höheres Maß an Vorstellungs- und Planungsfähigkeit und

Eine etwa 460 000 Jahre alte **Ascheschicht** in der Zhoukoudian-Höhle.

Acheuléen-Faustkeile aus Nordafrika.

nicht zuletzt auch an handwerklicher Geschicklichkeit als die Fertigung der Werkzeuge des Oldowan, zu der nur einige »Hammerschläge« nötig waren. Bei den zur Längsachse ungefähr symmetrisch geformten, abgeflachten Faustkeilen handelt es sich um die ersten nach einem standardisierten Muster produzierten Artefakte, deren Herstellungsweise von Generation zu Generation tradiert wurde. Daneben waren andere, ähnliche Werkzeuge in Gebrauch, so besonders in Afrika der Cleaver oder Spalter mit seiner axtähnlichen Schneide. In den Werkzeugansammlungen des Acheuléen finden sich weiterhin einfache Oldowan-Artefakte, wie Schaber, Abschläge und Geröllgeräte, sodass es offenbar nicht zu einer raschen Ablösung der Oldowan-Technologie gekommen ist. Vielmehr hatten auch diese Werkzeuge in unterschiedlicher Häufigkeit neben den Faustkeilen oder verwandten Formen der nachfolgenden Industrie Bestand.

Die ältesten Steinwerkzeuge des Acheuléen-Typs wurden in rund 1,4 Millionen Jahre alten Ablagerungen in Ostafrika – am Turkana-See (Karari) und in Äthiopien (Konso-Gardula) – nachgewiesen, von wo aus sich ihre Industrie über den gesamten Kontinent ausbreitete. An den frühen Fundplätzen Europas – wie etwa bei Le Vallonnet (Frankreich) oder bei Kärlich – fehlen die typischen Acheuléen-Werkzeuge noch. Erst an Fundplätzen mit einem Alter von weniger als 600 000 Jahren finden sich die charakteristischen Faustkeile. Der Grund hierfür liegt noch weitgehend im Dunkeln.

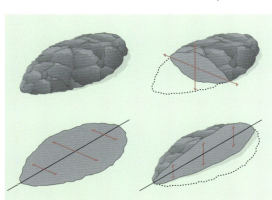

Acheuléen-Faustkeile zeigen in unterschiedlichem Ausmaß **Symmetrien:** Sie können um eine Längsachse entweder in der Breite oder in der Dicke bilateral symmetrisch sein (untere Abbildungen) oder nach vier Seiten, wobei die Symmetrieachsen senkrecht aufeinander stehen (oben rechts).

Sollten sich in Europa Industrien ohne Faustkeile entwickelt haben, da vielleicht geeignetes Rohmaterial fehlte, oder sind die Werkzeuge in dem bisher gefundenen Material nur zufällig nicht vorhanden?

Insgesamt machen die bisherigen Funde jedoch deutlich, dass die Acheuléen-Werkzeuge geographisch weit verbreitet waren und dass sie über einen langen Zeitraum hinweg hergestellt wurden. Dennoch sind kaum Veränderungen in ihrer Grundstruktur zu beobachten. H. erectus war vielmehr in seinem Verhalten vergleichsweise konservativ. Lediglich an das jeweils vorhandene Rohmaterial wusste er seine Werkzeugtechnologie offensichtlich anzupassen. So ist nach Ansicht vieler Forscher die geringe Zahl von Steinwerkzeugfunden in Teilen Ostasiens dahingehend zu interpretieren, dass hier ein anderer, weit verbreiteter Rohstoff genutzt wurde, das Bambusrohr.

Die Herstellungstechnik zur Bearbeitung der Werkzeuge wurde im Lauf der Zeit verfeinert, sodass die Artefakte insgesamt gleichmäßiger geformt und symmetrischer wurden. Neben Hammersteinen wurden nun auch »weichere« Materialien wie Knochen oder Äste als Produktionswerkzeuge eingesetzt, die eine gefühlvollere, feinere Bearbeitung des Steins ermöglichten. So entstanden gegen

DIE ACHEULÉEN-FUNDSTELLE VON OLORGESAILIE

Olorgesailie, etwa 60 Kilometer südlich der kenianischen Hauptstadt Nairobi, ist eine der bedeutendsten Acheuléen-Fundstellen Afrikas. Hier legten Archäologen über eine große Fläche verteilt in den Uferablagerungen eines längst ausgetrockneten Sees Tausende von Steinartefakten sowie große Mengen fossiler Tierknochen frei. Dabei fanden sich an einigen Plätzen vorwiegend Faustkeile, während an andern kleinere Werkzeuge, besonders Schaber, überwogen. Dies mag darauf hindeuten, dass H. erectus die einzelnen Orte jeweils für unterschiedliche Tätigkeiten reserviert hatte.

Auch bei der Auswahl des Materials, aus dem er seine Werkzeuge fertigte, war der Frühmensch von Olorgesailie offenbar wählerisch.

Denn der Rohstoff bestimmter Werkzeugtypen stammt von Vulkanbergen, die immerhin einige Kilometer entfernt sind.

Das besondere Interesse der Paläoanthropologen erweckte Fundstelle, an der neben mehr als 400 Faustkeilen Überreste von mindestens 90 Individuen einer recht großen und kräftigen, heute ausgestorbenen Pavianart entdeckt wurden. Sie, so machen die zahlreichen Knochen aller Altersstufen, die Art ihrer Fragmentierung sowie die Schlag- und Schnittspuren von Steinwerkzeugen deutlich, waren offenkundig von H. erectus gejagt und schließlich geschlachtet worden. Allerdings waren die mächtigen Tiere mit ihren langen, gefährlichen Eckzähnen gewiss keine leichte Beute, sodass das Jagdglück der Frühmenschen nicht zuletzt von der guten Zusammenarbeit unter den Jägern abhängig gewesen sein dürfte.

Ende des Acheuléen zum Teil wahre Kunstwerke, wie etwa blatt- oder mandelförmige Faustkeile, deren Oberfläche insgesamt durch feinste Absplitterungen retuschiert ist.

Leben als Jäger und Sammler

Die Beschaffenheit der H. erectus-Fundplätze lässt den Schluss zu, dass diese Frühmenschen vorwiegend als nomadische Jäger und Sammler lebten, was selbstverständlich nicht ausschließt, dass sie gelegentlich auch Aas verwerteten. Nüsse, Früchte, Samen und Wurzeln machten je nach Jahreszeit und lokalen Gegebenheiten einen unterschiedlichen, wichtigen Teil ihrer Ernährung aus. Doch insbesondere während der langen Kaltzeiten in Europa und weiten Teilen Asiens war das Angebot an pflanzlicher Nahrung nicht ausreichend, sodass letztlich Fleisch einen wichtigen Platz auf dem Speisezettel des H. erectus einnahm.

Er erbeutete kleine Nagetiere und Insektenfresser, ja selbst Flusspferden, Nashörnern und Elefanten galt die Jagd. Überdies wurden in der Höhle von Zhoukoudian unter anderm Knochen von mehr als 3000 Individuen zweier großer, schneller, heute ausgestorbener

Hoch entwickelte Faustkeile, die gegen Ende des Acheuléen entstanden sind.

Hirscharten gefunden, die zeigen, dass H. erectus bereits ein recht geschickter und erfolgreicher Jäger gewesen sein muss. Eier, Fisch und Muscheln schließlich ergänzten an einigen Orten seine Kost.

Zum Schutz vor Raubtieren und gegen die Unbilden des Wetters lebten die Frühmenschen vermutlich wie bei Zhoukoudian in natürlichen Höhlen, und einige Forscher machten – vor allem in Europa – sogar einfache Wohnbefestigungen aus, die dem gleichen Zweck gedient haben dürften. Zudem finden sich Hinweise auf eine gewisse Unterteilung der Lagerplätze des späten H. erectus in Arbeitsbereiche und Feuerstellen.

Bambusrohr war vermutlich der bevorzugte Rohstoff für die Werkzeugherstellung in Teilen Ostasiens.

Diese und weitere Aspekte deuten auf eine zunehmend komplexere soziale Organisation dieser Frühmenschen hin. Konnte die Ernährung des frühen Homo, die vorwiegend auf gesammelten Pflanzen und Aas basierte, noch durch kleine, wenig strukturierte Gruppen gesichert werden, so war die Jagd auf wehrhaftes Großwild nur im Verband Erfolg versprechend. Damit erforderte sie in weit stärkerem Maß die Fähigkeit zu Planung und Kooperation zwischen den Gruppenmitgliedern und hat wahrscheinlich auch zu einer verstärkten Arbeitsteilung zwischen den Geschlechtern geführt. Denn die hilflosen Säuglinge bedurften der Versorgung durch ihre Mütter, und während der deutlich verlängerten Kindheit war eine weit reichende Betreuung erforderlich. Bei einer solchen Fortpflanzungsstrategie war es sicherlich vorteilhaft, wenn sich die Mütter nicht an der gefährlichen und zeitaufwendigen Jagd zu beteiligen brauchten. So waren sie stattdessen vermutlich vor allem für das Sammeln von Pflanzen und anderer Nahrung zuständig, wobei umgekehrt die Versorgung der weiblichen Gruppenmitglieder mit hochwertiger Fleischnahrung vorhandene Paar- und Gruppenbindungen weiter verstärkt haben dürfte. Ähnliches galt wahrscheinlich für die älteren Mitglieder des Verbands, deren Lebenserwartung durch verbesserte Ernährung und größeren Schutz vor Raubtieren gestiegen war. Indem sie sich gleichfalls um die Sicherung der pflanzlichen Ernährung bemühten und mindestens teilweise die Betreuung der Kinder übernahmen, trugen sie zur Stärkung der sozialen Bindungen bei.

Dabei liegt auf der Hand, dass eine komplexere Organisation des Sozialverbands den Lernprozess der heranwachsenden Generation verlängerte, in dem nicht nur handwerkliche Fähigkeiten erworben wurden, sondern auch die Übernahme der verschiedenen sozialen Rollen und Gruppennormen eingeübt werden konnte, die zunehmend an Bedeutung gewannen. Soziales Lernen, Arbeitsteilung und Kooperation wie auch stabile und intensive Sozialbeziehungen setzen ein vergleichsweise gut entwickeltes System symbolischer Kommunikation voraus. Wenn auch seine Sprachfähigkeit sicherlich noch nicht so ausgeprägt war wie die des modernen Menschen, so dürfte sie doch schon eine entscheidende Rolle bei der Koordination des sozialen Lebens gespielt haben. Mit all diesen Fortschritten markiert H. erectus einen wesentlichen Wandel in der Anpassungsstrategie, der die weitere Evolution zum heutigen Menschen entscheidend bestimmte.

G. BRÄUER UND J. REINCKE

Der moderne Mensch – Ursprung und Ausbreitung

Die Geschichte der paläoanthropologischen Forschung nach dem Ursprung des modernen Menschen ist eine Geschichte der Kontroversen. Führt die Frage nach Ort und Zeitraum ihrer Entwicklung bereits im Fall der frühen Hominiden zu Auseinandersetzungen unter den Wissenschaftlern, so erregt sie erst recht die Gemüter, wenn es zu klären gilt, wann und wo erstmals Menschen wie wir auftraten. Eine zentrale Rolle bei diesen Auseinandersetzungen spielte lange Zeit das Problem, wie der wohl bekannteste fossile Mensch, der Neandertaler, in den menschlichen Stammbaum einzuordnen ist.

Modelle und wachsende Fossilienzahl

Benannt wurde diese Hominidenform nach einer Fundstelle im Neandertal bei Düsseldorf, wo 1856 ein flaches Schädeldach mit kräftigem Überaugenwulst und Teile eines robust gebauten Körperskeletts gefunden worden waren. Zwar waren als erste Spuren dieses Hominiden schon um 1830 in der Engis-Höhle bei Lüttich ein Kinderschädel und 1848 in Gibraltar der Schädel eines Erwachsenen entdeckt worden, doch hatte man die Bedeutung der Fossilien damals nicht erkannt. Sie wanderten in Museumsdepots, wo sie jahrzehntelang auf ihre Wiederentdeckung warteten. Ein ähnliches Schicksal zeichnete sich zunächst auch für den Fund aus dem Neandertal ab, hielten ihn doch führende Wissenschaftler – allen voran der Anatom Rudolf Virchow – für die Überreste eines durch krankhafte Veränderungen entstellten modernen Menschen. Erst als in

Steinbrucharbeiter fanden 1856 im Neandertal (damals noch Neanderthal geschrieben) bei Düsseldorf Skelettreste und ein Schädeldach. Johann Carl Fuhlrott sah in den Knochen als Erster einen »vorhistorischen« Menschen. 1864 ordnete der Anatom William King die Knochen aus dem Neandertal einer eigenen Art, **Homo neanderthalensis,** zu. Auch wenn diese Klassifikation im Lauf der Zeit Ablehnung wie Unterstützung fand, so hat sich der Name »Neandertaler« für alle Fossilien mit ähnlichen Merkmalen bis heute erhalten.

Ansichten über den Fund aus dem Neandertal

... Der Fund besteht in einer Anzahl zusammengehöriger menschlicher Gebeine, die durch die Eigenthümlichkeit ihres osteologischen Charakters und die localen Bedingungen ihres Vorkommens zu der Ansicht verleiten können, dass sie aus der vorhistorischen Zeit, wahrscheinlich aus der Diluvialperiode stammen und daher einem urtypischen Individuum unseres Geschlechts einstens angehört haben ...
(Johann Carl Fuhlrott, 1859)

... Und wenn auch der Neanderthalerschädel der affenähnlichste aller bekannten menschlichen Schädel ist, so ist er doch keineswegs so isoliert, wie es anfänglich scheint ...
(Thomas Henry Huxley, 1863)

... Da wir einen solchen Schädel noch nie gesehen haben ..., müssen wir zwangsläufig nach einem krankhaften Ursprung für seine Eigentümlichkeiten suchen ...
(Paul Broca, 1864)

... Nichtsdestoweniger muss zugegeben werden, dass einige Schädel von sehr hohem Alter, wie z. B. der berühmte Neanderthalerschädel, sehr gut entwickelt und geräumig sind ...
(Charles Darwin, 1871)

Der im Jahr 1848 in Forbes' Steinbruch in Gibraltar gefundene Schädel einer Frau gehört zu einer **frühen Form des Neandertalers.**

den folgenden Jahren in Belgien, Tschechien und Frankreich immer mehr Fossilien entdeckt wurden, deren Merkmale mit jenen des Düsseldorfer Funds übereinstimmten, setzte sich unter den Fachleuten die Erkenntnis durch, dass es sich um Zeugnisse einer früheren Menschenform handeln müsste.

Damit stellte sich aber die brisante Frage nach den verwandtschaftlichen Beziehungen des Neandertalers zum modernen Menschen. Marcelin Boule vom Pariser Museum für Naturgeschichte untersuchte 1908 das kurz zuvor in La Chapelle-aux-Saints im Südwesten Frankreichs entdeckte Skelett eines männlichen Neandertalers und prägte mit seinen zwischen 1911 und 1913 veröffentlichten Beschreibungen das zum Teil heute noch verbreitete Bild eines in jeder Hinsicht primitiven Geschöpfs. Dessen Ursprünglichkeit bei weitem überschätzend, glaubte der prominente Paläoanthropologe nicht, dass es sich bei dem Neandertaler um einen direkten Vorfahren des heutigen Menschen handle, sondern hielt ihn für einen ausgestorbenen Seitenzweig der Evolution. Hiermit schuf Boule die Grundlage für die Entwicklung der so genannten Präsapiens-Hypothese zur Erklärung des Ursprungs des modernen Menschen. Nach dieser Hypothese hätten in Europa über einen sehr langen Zeitraum hinweg zwei verschiedene menschliche Linien existiert, von denen die eine mit dem Neandertaler endete, die andere hingegen schließlich zum modernen Menschen führte.

Andern Wissenschaftlern erschienen die Unterschiede zwischen den beiden Menschenformen weniger gravierend, weshalb sie den Neandertaler auch nicht grundsätzlich als Vorfahren des modernen Menschen ausschlossen. Franz Weidenreich etwa schlug in den 1940er-Jahren ein globales Modell der Entstehung des modernen Menschen vor, das er aufgrund seiner Studien der asiatischen Funde entworfen hatte. Hiernach sollten parallele Entwicklungen in verschiedenen Regionen der Alten Welt über neandertalerähnliche Stadien schließlich zur modernen Vielfalt des Menschen geführt haben, wobei Weidenreich eine Verbindung der einzelnen Linien durch Genfluss postulierte.

Einer solchen Vorstellung widersprach das Szenario, das Carleton Coon 1962 von der Evolution des modernen Menschen entwarf. Der amerikanische Anthropologe ging zwar ebenfalls von parallelen Entwicklungslinien aus, doch betrachtete er diese als weitgehend isoliert. Unabhängig voneinander und außerdem zu unterschiedlichen Zeiten hätten sie auf den einzelnen Kontinenten den modernen Menschen in seinen geographischen Varianten hervorgebracht. Diese extreme Vorstellung, die von der paläoanthropologischen Forschung heftig kritisiert wurde und sich zudem durch die implizierte Behauptung eines unterschiedlichen Entwicklungsniveaus verschiedener heutiger Populationen dem Vorwurf aussetzte, rassistischem Denken Vorschub zu leisten, setzte sich jedoch nicht durch.

Noch ein weiteres Modell, das den Ursprung des modernen Menschen erklären sollte, wurde seit den 1950er-Jahren diskutiert, die so genannte Präneandertaler-Hypothese. Sie ging davon aus, dass sich der moderne Mensch aus einer frühen, noch wenig spezialisierten Form der Neandertaler entwickelt hatte, aus der auch der späte, klassische Neandertaler entstand. Doch auch diese Deutung der Evolutionsgeschichte fand nur wenige Anhänger, denn zu sehr dominierte zunächst die Präsapiens-Hypothese die wissenschaftliche Diskussion in Europa.

Die Präsapiens-Hypothese

Grundlage der Präsapiens-Hypothese waren unter anderm die von Boule festgestellten deutlichen morphologischen Unterschiede zwischen dem Neandertaler und dem modernen Menschen. Letzterer war in der Fossildokumentation durch zahlreiche vollständig moderne Funde vertreten, die schon 1868 in der Cro-Magnon-Höhle in der Dordogne entdeckt worden waren und nach denen der Typus des frühen modernen Menschen Europas als Cro-Magnon-Mensch bezeichnet wird. Nach Ansicht der Präsapiens-Vertreter hätte ein Übergang zwischen diesen beiden Formen einen sehr viel längeren Zeitraum benötigt, als nach Lage der Dinge zur Verfügung stand. Dementsprechend ging die Präsapiens-Hypothese davon aus, dass sich beide Linien bereits vor etlichen Jahrhunderttausenden getrennt und sich anschließend unabhängig voneinander entwickelt hatten. Doch wie war das damit unterstellte hohe Alter der Linie zum modernen Menschen zu belegen?

Eine wichtige Rolle spielte in diesem Zusammenhang zunächst der um 1910 in der englischen Grafschaft Sussex »entdeckte« Schädel von Piltdown, ein moderner menschlicher Hirnschädel mit einem affenartigen Unterkiefer, dessen Alter sehr hoch eingeschätzt wurde. Die fortschrittliche Form und Größe des Schädels schienen zu belegen, dass Hominiden mit deutlich modernen Zügen schon lange vor dem Neandertaler in Europa gelebt hatten. Obwohl immer wieder Zweifel an diesem Fossil geäußert wurden, konnte der Piltdown-Fund erst im Jahr 1953 als Fälschung entlarvt werden: Der Hirnschädel stammte von einem modernen Menschen und das Unterkieferstück von einem Menschenaffen.

Diese wohl peinlichste Episode paläoanthropologischer Forschung tat der Präsapiens-Hypothese zunächst jedoch keinen Abbruch, denn in der Zwischenzeit waren andere – diesmal echte – Fossilien gefunden worden, die sie scheinbar belegten. Zu diesen gehörten vor allem ein 1933 bei Steinheim an der Murr nördlich von Stuttgart entdeckter, fast vollständiger Schädel sowie eine hintere Hirnschädelpartie, die 1935/36 bei Swanscombe in der Nähe von London zum Vorschein kam. Sie zeigten neben einigen ursprünglichen Merkmalen wie einem kräftigen Überaugenwulst auch Züge, die – wie man glaubte – eher dem heutigen Menschen

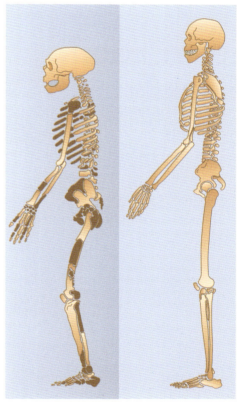

Marcelin Boule zeichnete nach seinen Untersuchungen des Skeletts von La Chapelle-aux-Saints den **Neandertaler** als ein vornübergeneigt und mit gebeugten Knien gehendes Lebewesen. In seinem 1923 erschienenen Buch »Fossile Menschen« stellte er seine Rekonstruktion (die gefundenen Knochen sind dunkel eingefärbt) einem aufrecht gehenden **modernen Menschen** gegenüber.

als dem Neandertaler entsprachen. Ihr Alter, und das ist in Verbindung mit der Hypothese entscheidend, wurde aufgrund von Faunaresten und Acheuléen-Werkzeugen auf mehr als 200 000 Jahre geschätzt. Eine weitere Bestätigung schienen Schädelfragmente zu liefern, die 1947 bei Fontéchevade in der Charente gefunden wurden. Ein hier entdecktes kleines Stirnbeinfragment weist nicht einmal mehr einen Überaugenwulst auf, sodass es erstaunlich modern wirkt.

Kritik an der Präsapiens-Hypothese

Der 1933 entdeckte, vermutlich 250 000 Jahre alte **Schädel von Steinheim** stammt wahrscheinlich von einer jungen Frau. Der Schädel – lange Zeit ein wichtiger Fund zur Unterstützung der Präsapiens-Hypothese – wird heute den Anteneandertalern zugerechnet.

Neuere Untersuchungen legen nahe, dass das grazile Stirnbeinbruchstück aus Fontéchevade von einem Heranwachsenden stammt, dessen Morphologie noch nicht vollständig ausgeprägt war. Selbst in einer hypothetischen Linie Steinheim–Fontéchevade–Cro-Magnon wäre eine so schwache Brauenregion sehr unwahrscheinlich. Einer solchen Annahme steht zudem entgegen, dass das zweite, größere Schädelfragment von Fontéchevade viel robuster ist und Ähnlichkeiten mit der Neandertalerform besitzt. Daher kann jenes Stirnbeinfragment genau besehen nicht als Beleg für eine parallel zum Neandertaler sich entwickelnde Linie zum modernen Menschen gelten.

Zwischen den verbleibenden Fossilien, auf die sich die Präsapiens-Hypothese stützte – den Überresten aus Steinheim und Swanscombe und dem Cro-Magnon-Menschen –, klaffte somit eine Lücke von rund 200 000 Jahren. Aus diesem Zeitraum sind zwar viele Neandertaler-Funde bekannt geworden, jedoch fehlten Fossilien, die eine eigenständige Entwicklung der H. sapiens-Linie zu belegen vermocht hätten. Selbst bei den Überresten von Steinheim und Swanscombe haben sich, insbesondere am Hinterhaupt, eine Reihe von Neandertalermerkmalen gefunden, während die Bedeutung ihrer vermuteten H. sapiens-Merkmale, beispielsweise der Hirnschädelform, immer fraglicher geworden ist. So zeigen neuere Funde wie der Hirnschädel von Biache St. Vaast in Frankreich eine Morphologie, die gewissermaßen zwischen der des Swanscombe-Funds und jener der Neandertaler steht.

Im Lauf der Zeit mehrten sich kritische Stimmen, die die Präsapiens-Hypothese infrage stellten und sie schließlich aufgrund der skizzierten erneuten Interpretation der Funde als Erklärung der Herkunft des modernen Menschen verwarfen. Die These zweier isolierter Linien in Europa, der zum Neandertaler einerseits und der zum modernen Menschen andererseits, hat spätestens seit den 1970er-Jahren ausgedient. Heute sind sich die Forscher darüber einig, dass es in Europa nur eine einzige Entwicklungslinie gab, die zum Neandertaler führte, und in diese gehören auch die Funde von Steinheim und Swanscombe. Wo aber lagen dann die Wurzeln des modernen Cro-Magnon-Menschen? Zwei Möglichkeiten bleiben: Entweder er hat sich doch aus dem späten Neandertaler Europas entwickelt, oder aber er ist außereuropäischen Ursprungs.

Schädel des **Neandertalers von La Chapelle-aux-Saints** (rechts) und des **modernen Menschen von Cro-Magnon.** Letzterer unterscheidet sich in seiner Morphologie nicht von den heutigen Menschen. Kennzeichnend sind ein großer, gewölbter Hirnschädel (Volumen durchschnittlich 1400 cm^3) mit einer relativ steilen Stirn, deutlich gekrümmten Scheitelbeinen mit seitlicher Expansion sowie senkrechten Seitenwänden; ferner kurze Brauenbögen mit seitlich angrenzenden Abflachungen, ein gerundetes Hinterhaupt, kleine Zähne, ein graziler Kiefer mit Vertiefungen (Wangengruben) beiderseits der Nasenöffnung und ein deutlich entwickeltes Kinndreieck. Die Knochenwände des Schädels sind recht dünn und die Muskelansätze meistens nicht stark ausgebildet.

Afrika rückt in den Mittelpunkt

Afrika spielte in den Überlegungen der Paläoanthropologen über die Herkunft des modernen Menschen lange Zeit keine Rolle. Zwar war unstrittig, dass viele wichtige Frühformen der Menschheitsentwicklung – von den Australopithecinen über H. habilis bis zum H. erectus – in Afrika beheimatet waren, doch man glaubte, die entscheidenden Schritte der Entwicklung zum modernen Menschen hätten sich in Europa vollzogen.

Wenngleich diese Auffassung auch einen starken Eurozentrismus widerspiegelt, so ist ihr doch zugute zu halten, dass bis in die 1960er-Jahre hinein aus Afrika nur eine sehr begrenzte Anzahl von Fossilien bekannt war, die Hinweise auf den Ursprung des modernen Menschen hätten geben können.

Zu diesen Fossilien gehörte ein bereits 1921 bei Kabwe (Broken Hill) in Sambia entdeckter Schädel, der zwar schon einige modernere Merkmale aufwies, insgesamt jedoch noch stark an H. erectus erinnerte. Eine ähnliche Morphologie zeigte auch ein Hirnschädel, der Mitte der 1930er-Jahre am Ufer des Eyasi-Sees in Tansania zum Vorschein kam. Aufgrund der damals vorhandenen Datierungshinweise nahm man an, Menschen dieses ursprünglichen Typs hätten noch bis vor 30 000 oder 40 000 Jahren in Afrika gelebt, zu einer Zeit also, als in Europa bereits der Cro-Magnon-Mensch die Bühne betreten hatte. Auch kulturell schien sich nach damaligem Kenntnisstand im subsaharischen Afrika erst zu dieser Zeit der Übergang vom späten Acheuléen (»Early Stone Age«) zum Mittelpaläolithikum (»Middle Stone Age«) vollzogen zu haben, während in-

Das **Fundgebiet der Eyasi-Hominidenreste** nahe am Seeufer.

Schematischer Vergleich verschiedener **Modelle zur Evolution des modernen Menschen**: Die Stufenhypothese (links), die Präsapiens-Hypothese (Mitte) und die Präneandertaler-Hypothese (rechts). Alle Hypothesen gehen davon aus, dass die Funde von Steinheim und Swanscombe eine wichtige Phase in der Evolution zum modernen Menschen darstellen. Die vertikale Folge entspricht nur ungefähr einer Zeitskala.

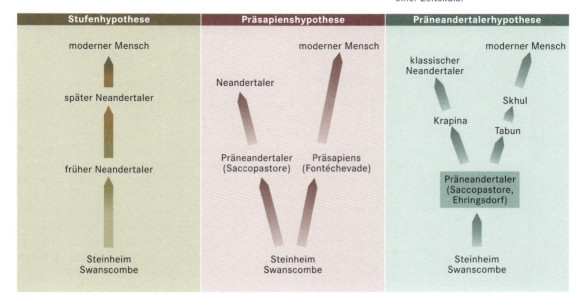

Europa schon das wesentlich fortschrittlichere Jungpaläolithikum begann.

Anfang der 1970er-Jahre bahnte sich aufgrund zahlreicher neuer Datierungen eine drastische Änderung der gesamten subsaharischen Steinzeitchronologie an. Der Übergang vom »Early Stone Age« zum »Middle Stone Age« wurde auf rund 200000 Jahre zurückdatiert, und das »Later Stone Age« begann etwa zur gleichen Zeit wie das technologisch vergleichbare Jungpaläolithikum in Europa. Diese bedeutende zeitliche Ausdehnung des Middle und Later Stone Age zog selbstverständlich auch wesentliche Änderungen in der Datierung der Hominiden nach sich, die von Altersbestimmungen anhand neuer absoluter Methoden bestätigt wurden. So wird beispielsweise für den Schädel von Kabwe heute ein Alter von mehr als 200000 oder 300000 Jahren angenommen. Neben dieser Neuordnung des prähistorischen Datierungsgerüsts legten seit Ende der 1960er-Jahre zahlreiche neue Funde aus Äthiopien, Tansania, Marokko und Südafrika die Vermutung nahe, dass die Entwicklung zum modernen Homo sapiens in Afrika möglicherweise völlig andern Wegen gefolgt war als bis dahin angenommen.

Vor dem Hintergrund dieser neuen Fakten begann man in den späten 1970er-Jahren die afrikanischen Fossilien der letzten 500000 Jahre systematisch zu vergleichen. Dabei ergab eine Neuanalyse des Fundmaterials durch Günter Bräuer eine allmähliche Entwicklung im subsaharischen Afrika vom späten H. erectus bis hin zum anatomisch modernen Menschen. Dieser war hier zudem schon sehr früh entstanden, zu einer Zeit, als in Europa und Asien noch Neandertaler und andere archaische Menschenformen lebten.

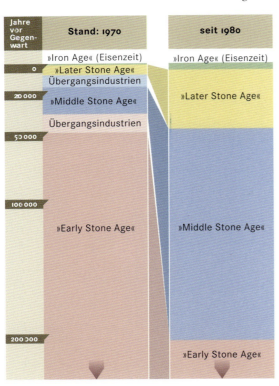

Altes und neues Schema der **Steinzeitchronologie für Afrika** südlich der Sahara. Das »Early Stone Age« und das »Middle Stone Age« entsprechen nach heutiger Vorstellung in ihrer zeitlichen Ausdehnung etwa dem Alt- und dem Mittelpaläolithikum in Europa. Das »Later Stone Age« beginnt zwar etwa zur gleichen Zeit wie das Jungpaläolithikum in Europa, doch geht es in Afrika direkt in das »Iron Age« (Eisenzeit) über, während in Europa das Jungpaläolithikum vor etwa 10000 Jahren endete. Die folgende Zeit wird dort in Mittel- und Jungsteinzeit sowie Bronzezeit eingeteilt, auf die dann die Eisenzeit folgt.

Ein neuer Streit entbrennt

Basierend auf diesen neuen Erkenntnissen stellte Bräuer 1982 die Hypothese auf, dass die Wiege des modernen Menschen in Afrika gestanden habe, eine Auffassung, die Chris Stringer vom Natural History Museum in London unterstützte. Dieses auch als »Out-of-Africa-Modell« bekannt gewordene Szenario geht davon aus, dass der moderne Mensch vor rund 150000 Jahren in Afrika entstanden ist und sich später von dort über die ganze Erde ausgebreitet hat. Die Vertreter dieses Modells halten zwar Vermischungen unterschiedlichen Ausmaßes der modernen Einwanderer aus Afrika mit den archaischen Populationen wie den europäischen Neandertalern oder andern Menschenformen in Asien für möglich und wahrscheinlich, betonen aber die Ablösung der früheren Formen durch den in Afrika entstandenen modernen Menschen.

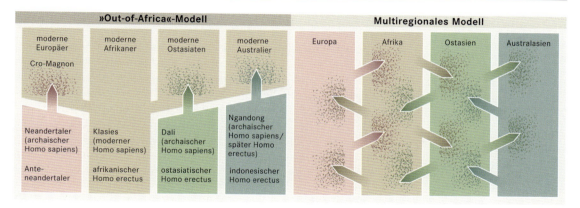

Das Abstammungsschema des **Out-of-Africa-Modells** und des **Multiregionalen Modells**. Letzteres geht von den gleichen Homoformen aus wie das Out-of-Africa-Modell, behauptet aber durchgehende eigene Entwicklungen in den genannten Regionen, mit einem gewissen Grad der gegenseitigen Durchmischung durch Genfluss. Australasien umfasst Australien, Indonesien und Papua-Neuguinea.

Andere Forscher, wie Milford Wolpoff von der University of Michigan und Alan Thorne von der National University in Canberra, machen dagegen nicht nur in Afrika, sondern auch in Europa und Asien eine evolutionäre Kontinuität zwischen archaischen und modernen Formen aus. In der Tradition Weidenreichs vertreten sie die Ansicht, der moderne Mensch habe sich in verschiedenen Regionen parallel entwickelt, die Europäer also beispielsweise im Wesentlichen aus den Neandertalern. Dabei betonen die heutigen Verfechter dieses »multiregionalen Modells« neben dem Einfluss regionaler Evolution auch einen ständigen Genfluss zwischen den Populationen der verschiedenen Regionen, womit sie sich auch von der Vorstellung eines extremen Regionalismus unterscheiden, wie sie von Carleton Coon vertreten wurde. Ihre Hypothese stützen sie dabei vor allem darauf, dass bestimmte morphologische Merkmale regionale Kontinuität zeigen.

Der damit angedeutete Gegensatz zwischen der These einer Ablösung archaischer Formen und der Vorstellung multiregionaler Evolution bestimmt die Debatten über die Entstehung des anatomisch modernen Homo sapiens, die gegenwärtig in Fachzeitschriften und auf Tagungen zum Teil hitzig geführt werden. Uns wird dieses Problem jeweils am Ende der folgenden drei Abschnitte, die sich mit den unterschiedlichen Entwicklungen in Europa und Nahost, Afrika sowie dem Fernen Osten beschäftigen, immer wieder begegnen.

Die **regionalen Gruppen des archaischen Homo sapiens** werden häufig mit verschiedenen Unterartnamen belegt, zum Beispiel Homo sapiens neanderthalensis für die Neandertaler oder Homo sapiens daliensis für eine chinesische Form. Einige Forscher halten allerdings bei einigen dieser Unterarten auch eine Abgrenzung auf Artniveau für gerechtfertigt, besonders beim Neandertaler, dessen wissenschaftlicher Name dann Homo neanderthalensis lautet. Unklar bleibt aber auch dann, ob es sich um wirkliche Biospezies oder um Paläospezies handelt.

Die Neandertaler

Der britische Anthropologe Elliot Smith schrieb 1924 über den Neandertaler: »Sein kurzer, dicklicher und klobig gebauter Körper wurde in einem halbgebeugten Watschelgang auf kurzen, kräftigen, halbgebeugten Beinen von eigenartig anmutsloser Form dahingeschleppt. Die schweren, vorspringenden Überaugenwülste und die fliehende Stirn, das große, grobe Gesicht mit seinen großen Augenhöhlen, breiter Nase und zurückweichendem Kinn vereinigen sich zu einem abstoßenden Bild, das höchstwahrscheinlich durch eine zottelige Haarbedeckung eines Großteils des Körpers noch weiter verunstaltet wurde.«

Solche und ähnliche Beschreibungen haben bis Mitte des 20. Jahrhunderts das Bild dieses Eiszeitmenschen als eines außerordentlich rückständigen Hominiden geprägt und finden sich bisweilen auch heute noch nicht nur in Karikaturen. Verantwortlich dafür sind ehemals führende Anthropologen gewesen, die, wie etwa Boule, in verschiedenen Details der Schädel- und Körperanatomie des Neandertalers eine größere Nähe zu den Menschenaffen sahen als zum modernen Menschen und daraus kurzerhand auch auf ein wenig menschliches Verhalten des Neandertalers schlossen.

Gewandeltes Image

Mitte der 1950er-Jahre bahnte sich jedoch ein tief greifender Wandel dieses klassischen Neandertalerbilds an, als der amerikanische Anatom William Strauss und sein britischer Kollege A. J. E. Cave die Fossilreste von La Chapelle-aux-Saints erneut untersuchten. Weder konnten sie am Fußskelett Anzeichen für die von Boule behauptete Greiffähigkeit finden, noch zeigte irgendein anderes Skelettelement besondere Ähnlichkeit mit der Anatomie der Menschenaffen. Vielmehr wiesen sie nach, dass der nach vorn gebeugte Gang auf eine krankhafte Veränderung der Wirbelsäule zurückging: Der alte Mann von La Chapelle-aux-Saints hatte an einer schweren Arthritis gelitten. So zeichneten Strauss und Cave insgesamt ein bemerkenswert modernes Bild des Neandertalers, der hiernach – gebadet, rasiert und in moderner Kleidung – in der New Yorker U-Bahn kaum größere Aufmerksamkeit erregen würde als andere Fahrgäste.

Und auch in seinem Verhalten war der Neandertaler, wie wir heute wissen, dem modernen Menschen recht ähnlich. Er begann damit, seine Toten in Gräbern zu bestatten, weshalb häufig nahezu vollständig erhaltene Skelette geborgen werden konnten. Die Verstorbenen wurden oft in einer besonderen Haltung, mit angezogenen Beinen, beigesetzt. Wie Spuren von Blütenpollen vermuten lassen, die in der irakischen Shanidar-Höhle gefunden wurden, sind die Toten möglicherweise sogar mit Blumen bestreut worden. Welche Vorstellungen die Neandertaler auch immer vom Tod gehabt haben mögen, solche Verhaltensweisen unterstreichen die größere Bedeutung, die dem Einzelnen beigemessen wurde.

Daneben zeugen einige Funde von Zeremonien, in denen Schädel von Höhlenbären eine Rolle spielten. Diesen wurden vermutlich magische Kräfte unterstellt. Auch gibt es Hinweise darauf, dass den Kranken und Verletzten dieser Eiszeitmenschen eine weit reichende Fürsorge zuteil wurde. Dieses nach heutigen Erkenntnissen sehr menschliche Bild des Neandertalers, das seine Zuordnung zur Art H. sapiens rechtfertigt, darf dennoch nicht darüber hinwegtäuschen, dass sich diese ausgestorbene archaische Menschenform in vielen morphologischen Merkmalen wie auch im Verhalten vom modernen Menschen unterschied.

Ein Lebensbild des Neandertalers, das die frühen **Vorstellungen vom »primitiven Rohling«** zum Ausdruck bringt.

Fossilfunde und Verbreitung

Das Verbreitungsgebiet des Neandertalers erstreckte sich von der Iberischen Halbinsel bis nach Westasien. Nach Norden begrenzte die unterschiedliche Ausdehnung des Eisschilds während der Eiszeiten sein Siedlungsgebiet. In Afrika und Ostasien war er nach heutiger Fundlage nicht ansässig, obwohl in der Vergangenheit verschiedentlich auch Überreste aus diesen Regionen den »Neandertalern« zugeordnet wurden. Da diesen Funden die typische Merkmalskombination der Neandertaler fehlt, handelt es sich bei ihnen um andere Formen des archaischen Homo sapiens.

Insgesamt sind bis heute an mehr als 70 Neandertalerfundstellen die Überreste von über 300 verschiedenen Individuen entdeckt worden. Besonders dicht konzentriert sind sie im Gebiet der Dordogne im Südwesten Frankreichs. Seit Beginn des 20. Jahrhunderts wurden allein in diesem Gebiet, zu dem unter anderm die bekannten Fundstellen von Le Moustier, La Chapelle-aux-Saints und La Ferrassie gehören, Dutzende von Fossilien entdeckt. Daneben sind Überreste des Hominiden auch aus andern Teilen Frankreichs sowie Italien und Belgien bekannt. Weitere bedeutende Fundstellen liegen in Mittel- und Osteuropa. So wurden zwischen 1899 und 1905 bei Krapina in der Nähe von Zagreb mehr als 800 fragmentarische Neandertalerknochen ausgegraben, die von mindestens vierzehn verschiedenen Individuen stammen. In der nahe gelegenen Vindija-Höhle wurden in den 1970er-Jahren zahlreiche weitere Fossilien entdeckt und auf der Krim (Ukraine) bei Kiik Koba die Überreste eines Erwachsenen und eines Kinds freigelegt. Wie die Fundstellen von Tabun, Amud und Kebara in Israel und von Shanidar im Irak belegen, reichte die Verbreitung der Neandertaler bis tief nach Südwestasien. Die östlichste Fundstelle liegt bei Teshik-Tash in Usbekistan. Hier wurde 1938 das Grab eines sorgfältig bestatteten jugendlichen Neandertalers freigelegt.

Eine genaue Datierung der Fossilien ist in vielen Fällen schwierig, denn im 19. und Anfang des 20. Jahrhunderts, als die meisten der bedeutenden Neandertalerskelette entdeckt wurden, schloss man auf das eiszeitliche Alter der Funde meist aufgrund von Tierfossilien, die jener Epoche zuzuordnen sind. Systematische Ausgrabungstechniken standen noch nicht zur Verfügung, sodass die Angaben zur Stratigraphie, das heißt zur Abfolge der die Überreste umgebenden Sedimentschichten, oft unklar sind. Eine solch lückenhafte Dokumentation erschwert die nachträgliche Anwendung inzwischen entwickelter geophysikalischer Datierungsmethoden, wenngleich moderne Techniken neue Möglichkeiten eröffnen.

Dieser Schädel und weitere Skelettteile aus **Teshik-Tash** (Usbekistan) stammen von einem 6 bis 9 Jahre alten Kind, worauf das noch nicht vollständig entwickelte Dauergebiss schließen lässt. Das Kind wurde offensichtlich zusammen mit Bergziegen bestattet.

Rekonstruktionen des Neandertalers nach dem heutigen Stand der Forschung sehen ganz anders aus als in früheren Zeiten. Die hier abgebildete ist im Neanderthal Museum in Mettmann zu sehen.

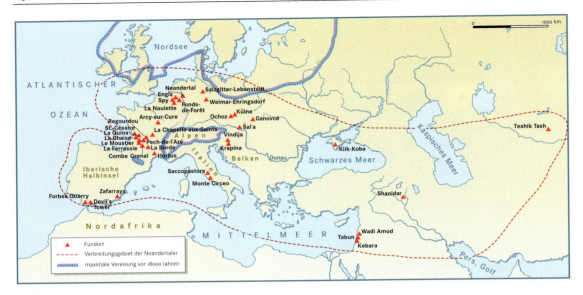

Die **Verbreitung der Neandertaler** in Europa sowie dem Nahen und Mittleren Osten. Eingetragen sind die wichtigsten Fundorte.

Der **Unterkiefer von Zafarraya** (Südspanien) ist einer der jüngsten Neandertalerfunde.

Recht zuverlässig steht gegenwärtig fest, dass die jüngsten Überreste in Westeuropa 35 000 bis 33 000 Jahre alt sind. Zu ihnen gehören ein teilweise erhaltenes Skelett aus St. Césaire sowie Zahn- und Schädelreste aus Arcy-sur-Cure in Frankreich und auch einige Unterkiefer- und Skelettteile aus der Zafarraya-Höhle an der südspanischen Mittelmeerküste. Die kulturellen Zeugnisse aus dieser Höhle lassen sogar darauf schließen, dass Neandertaler hier noch bis vor 29 000 Jahren lebten. Ihnen hatte die Region gewissermaßen als Rückzugsgebiet gedient.

In Mitteleuropa dürften Neandertaler bis vor mindestens 33 000 Jahren ansässig gewesen sein, wie ihre jüngsten Überreste aus der Vindija-Höhle belegen, während sie im westlichen Asien nur bis vor knapp 50 000 Jahren nachgewiesen sind. Hiernach koexistierten Neandertaler und die nachfolgenden modernen Menschen in weiten Teilen Europas über einige Jahrtausende hinweg; dagegen lebten sie im Nahen Osten, wo der moderne Mensch schon vor rund 100 000 Jahren und damit sehr viel früher aufgetreten war, etwa 50 000 Jahre gemeinsam.

Das Alter der frühesten Neandertaler anzugeben, bereitet etwas größere Schwierigkeiten, denn die Entwicklung aus ihren direkten Vorfahren, den Anteneandertalern, vollzog sich in einem langsamen, graduellen Prozess. So entstand zunächst eine frühe Form des Neandertalers, aus der dann die späte oder »klassische« hervorgegangen ist. Die Fossilien der frühen Form datieren im Allgemeinen zwischen 200 000 und 100 000 Jahren, womit sie zum Teil in der letzten Zwischeneiszeit lebte. Ihr werden unter anderem ein teilweise erhaltenes Skelett aus der Tabun-Höhle in Israel, zwei Schädel aus Saccopastore in der Nähe Roms sowie der 1848 auf Gibraltar entdeckte Schädel einer erwachsenen Frau zugeordnet, von dem bereits die Rede war.

Typischer Schädelbau

Wenngleich zeitlich und geographisch bedingte Unterschiede bestehen können, verfügen insbesondere die späten Neandertaler über eine so charakteristische Kombination von Merkmalen – darunter solche, die ausschließlich bei ihnen vorkommen – dass die Zuordnung von Fossilien zu dieser Menschenform im Allgemeinen keine Schwierigkeiten bereitet.

Das Gehirn des Neandertalers war ebenso groß wie das des modernen Menschen. Die Hirnschädelvolumina der vorliegenden Funde variieren von 1245 bis 1740 cm^3 bei einem Durchschnitt von 1520 cm^3. Zudem scheint das Gehirn recht leistungsfähig gewesen zu sein, wie die Belege eines in vieler Hinsicht fortschrittlichen Verhaltens des Neandertalers vermuten lassen. Nichtsdestotrotz zeigt der lange, niedrige Hirnschädel mit seiner flachen, fliehenden Stirn und dem ausgeprägten Überaugenwulst sowie dem massig erscheinenden Gesicht deutlich archaische Züge.

Zu den charakteristischen Merkmalen des Schädels gehört ein von hinten gesehen querovaler Umriss mit gerundeten Seitenwänden. Im seitlichen Profil ist er abgeflacht, und das Hinterhaupt springt haarknotenförmig hervor. Dieser »Chignon« ist typisch für den Neandertaler, dessen Hinterhaupt außerdem gekennzeichnet ist durch einen schmalen, waagrecht verlaufenden Knochenwulst, über dem sich eine große, flache Vertiefung befindet, die so genannte Suprainionfossa. Die äußere Gehörgangsöffnung liegt auf dem Niveau des Jochbogens und damit relativ hoch.

Weiterhin gehört die besonders im Bereich der Nase und des Kiefers stark vorspringende Gesichtspartie zu den spezifischen Merkmalen der Hominidenform, wobei die beim modernen Menschen

Die wesentlichen **Merkmale des Neandertalerschädels**, am Beispiel des Schädels von La Chapelle-aux-Saints.

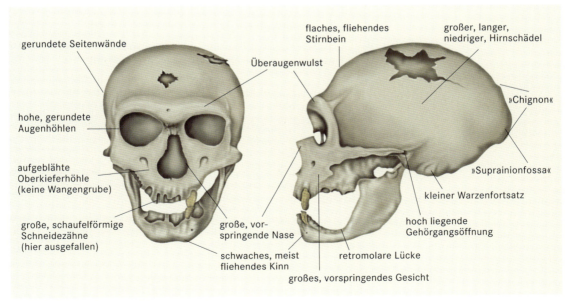

vorhandene Wangengrube unterhalb der Augenhöhle fehlt, da die Wangenregion beziehungsweise die Oberkieferhöhle stark aufgebläht sind. Die Jochbeine sind schräg nach hinten gerichtet, und das ganze Mittelgesicht einschließlich des Oberkiefers und der Zähne wurde gewissermaßen nach vorn verlagert.

Aus dieser Morphologie resultieren auch Veränderungen im Unterkiefer, wie etwa die Entstehung einer deutlichen Lücke zwischen dem letzten Molar und dem aufsteigenden Kieferast, die als »retromolare« Lücke bezeichnet wird. Besonders auffällig sind ferner die relativ großen Schneidezähne, die durch Schmelzleisten an den Kronen schaufelförmig sind. Sie sind bei den meisten Funden außerordentlich stark abgenutzt, woraus geschlossen werden kann, dass die Neandertaler ihre Schneidezähne auch zur Bearbeitung etwa von Fellen oder Stöcken einsetzten oder sie wie einen Schraubstock zum Festhalten benutzten. In den Molaren der Neandertaler sind die Pulpahöhlen im Innern des Zahns in den Bereich der Wurzeln hinein stark vergrößert, wodurch die Wurzeln teilweise miteinander verschmolzen sind. Durch einen solchen »Taurodontismus« wurden offenbar die Widerstandsfähigkeit und Lebensdauer der ebenfalls stark beanspruchten Backenzähne erhöht.

Klimaanpassungen im Körperbau

Die Morphologie des Kopfs und vor allem die Anatomie des Körpers weisen eine Reihe von Besonderheiten auf, die als Anpassungen des Neandertalers an die harschen Lebensbedingungen während der Eiszeit angesehen werden können.

So verdient zunächst besonders die Nase Erwähnung, die bei diesem Eiszeitmenschen sehr groß und voluminös gewesen sein dürfte, was den Vorteil hatte, dass die Atemluft angefeuchtet und zugleich erwärmt wurde. Gleichfalls in Verbindung zu bringen mit der Regulation des Wärmehaushalts ist der gedrungene Körperbau mit relativ kurzen Unterschenkeln und Unterarmen. Mit einer durchschnittlichen Körpergröße von 1,65 Meter und einem Gewicht von 75 Kilogramm war der Neandertaler deutlich kleiner und verhältnismäßig schwerer als heutige Europäer. Seine Körperoberfläche war klein im Verhältnis zum Körpervolumen und reduzierte durch diese Proportionen die Abgabe von Körperwärme an die Umwelt. Auch moderne Populationen, die unter arktischen Bedingungen leben, wie beispielsweise die Inuit, verfügen über ähnliche Körperproportionen.

Darüber hinaus ist das Skelett des Neandertalers insgesamt auffällig robust. Die Ansatzstellen für Muskeln und Sehnen an den Gliedmaßen sind stark entwickelt und deuten wie die breiten Zehenknochen, die verdickten Wände der Beinknochen sowie die verstärkten Hüft- und Sprunggelenke auf äußerst kräftige Beine hin. Sie lassen darauf schließen, dass der Neandertaler physisch sehr ausdauernd und sehr belastungsfähig war, was Voraussetzung für seine Streifzüge über den rauen, unebenen Untergrund der Kältesteppe gewesen sein dürfte.

Daneben finden sich im Bereich der oberen Gliedmaßen ebenfalls deutliche Hinweise auf die enorme Muskelkraft des Neandertalers. Im Unterschied zu der Anatomie der meisten modernen Menschen weist das Schulterblatt auf der Rückseite eine tiefe Rinne auf, an der ein besonders stark ausgeprägter Schultermuskel ansetzte. Dieser

KONNTEN DIE NEANDERTALER SPRECHEN?

Als 1983 ein Forscherteam in der Kebara-Höhle (Israel) neben dem Skelett eines Neandertalermanns auch das erhaltene Zungenbein entdeckte, war dies eine kleine wissenschaftliche Sensation – gehört doch das Zungenbein zu den

Knochen, die im Boden zuerst verloren gehen. Der Fund dieses kleinen, hufeisenförmigen Knochens ließ eine schon lange schwelende Diskussion über die Sprachfähigkeiten der Neandertaler wieder auflodern.

Das hier abgebildete einzige Zungenbein eines fossilen Hominiden, das bisher gefunden wurde, entspricht in Form und Dimensionen dem moderner Menschen, woraus verschiedene Forscher den Schluss zogen, dass der Kehlkopf daran in der gleichen Position befestigt gewesen war, wie sie für den heutigen Menschen typisch ist. Während ein höher liegender Kehlkopf etwa Kleinkinder sowie Menschenaffen und andere Säugetiere in ihrer Möglichkeit der Lauterzeugung sehr stark beschränkt, ermöglicht eine solche verhältnismäßig tiefe Lage des Kehlkopfs im Rachen eine modulierte Artikulation, zu der demnach auch die Neandertaler fähig gewesen wären. Die Abbildung unten zeigt einen Vergleich der Vokaltrakte eines Schimpansen, eines Neandertalers und des modernen Menschen.

Andere Wissenschaftler wiesen darauf hin, dass die Lage des Zungenbeins sowie des Kehlkopfs im Rachenraum nicht allein aus der Größe und Form des Knochens abgeleitet werden könne. So verweisen sie auf die relativ flache, geringer gebogene Schädelbasis des Neandertalers, wie sie beispielsweise das Fossil aus La Chapelle-aux-Saints zeigt und machen in ihr ein Indiz dafür aus, dass der Kehlkopf des Neandertalers weniger abgesenkt war als der des modernen Menschen. Insbesondere die Bildung der Vokale »a«, »i« und »u« wäre ihm damit aufgrund der geringeren Mundresonanz erschwert oder unmöglich gewesen.

Doch auch diese Interpretation ist umstritten. So scheint eine erneute Rekonstruktion der Schädelbasis des Funds von La Chapelle-aux-Saints auf eine stärkere Biegung hinzudeuten als zunächst angenommen. Diese scheint bei den Neandertalern zumindest so weit ausprägt gewesen zu sein, dass sie in die moderne Variationsbreite fiel. Zudem finden sich sogar bei einigen Überresten von Anteneandertalern, zum Beispiel bei den Funden aus Steinheim und Petralona, moderne Verhältnisse. Daher muss die Frage nach dem Lautrepertoire der Neandertaler bislang weitgehend dahingestellt bleiben. Gleichwohl kann kaum ein Zweifel daran bestehen, dass die Neandertaler eine entwickelte Sprache besaßen. Darauf lässt nicht nur ihr beträchtliches Hirnvolumen schließen. Vielmehr stützen auch die Belege ihrer komplexen kulturellen Verhaltensweisen eine solche Vermutung, setzen diese doch die Ausbildung einer weit entwickelten symbolischen »Sprache« allemal voraus.

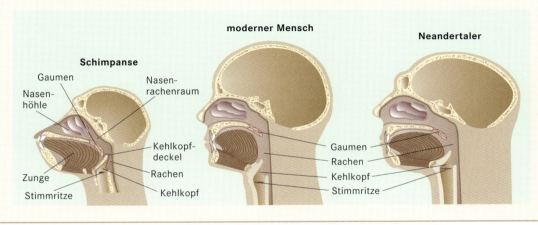

Der kräftige Körperbau der Neandertaler wird an den dickwandigen Schäften der **Oberschenkelknochen** besonders deutlich.

Das **Schulterblatt** eines modernen Menschen hat in der Regel eine nach vorn weisende (ventrale) Rinne als Ansatzstelle für die Armmuskulatur (links), dasjenige des Neandertalers dagegen besitzt meist eine große nach hinten weisende (dorsale) Rinne (rechts). Dieser Unterschied am Schulterblatt lässt auf eine kräftigere Armmuskulatur der Neandertaler schließen.

dürfte bei heftigen Bewegungen des Arms nach unten – etwa beim Schleudern eines Speers – einer Verdrehung von Arm und Hand entgegengewirkt haben. Verbreiterte Fingerknochen mit kräftigen Kuppen und markanten Muskelansätzen sowie ein verlängertes Endglied des Daumens lassen auf einen ausgesprochenen Kraftgriff der Neandertalerhand schließen.

Das Leben unter kalten Umweltbedingungen erfordert vom Körper einen erhöhten Stoffwechsel – insbesondere dann, wenn es sich um einen so muskelbepackten Körper wie den der Neandertaler handelt. Möglicherweise hängt – so die Auffassung des amerikanischen Gehirnspezialisten Ralph Holloway – damit auch die große Gehirnmasse der Neandertaler zusammen, die im Durchschnitt sogar leicht über der des heutigen Menschen lag. Unter den modernen Bevölkerungen sind es wiederum die Inuit, die einen ähnlichen Trend zu verhältnismäßig großen Gehirnen zeigen. Die verschiedenen Kennzeichen der Neandertaler haben sich über einen Zeitraum von einigen Jahrhunderttausenden herausgebildet.

Die Entstehung der Neandertaler

Aus Europa lagen lange Zeit nur wenige Funde aus der Zeit vor den Neandertalern vor, die überdies in ihrer Interpretation umstritten waren. Schienen sie zunächst geeignet, die im vorherigen Abschnitt skizzierte Präsapiens-Hypothese zu stützen, so ließen es zum Teil gut erhaltene Fossilien, die in den vergangenen Jahrzehnten entdeckt worden waren, immer klarer werden, dass in Europa letztlich doch nur *eine* kontinuierliche Entwicklungslinie ausgemacht werden kann, die bis zu den Neandertalern führte. Die unmittelbaren Vorläufer der frühen Neandertaler, heute meist als Ante-

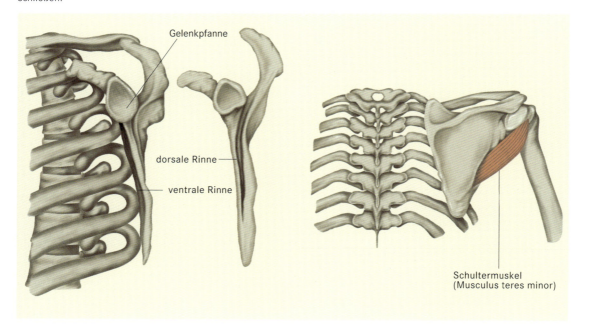

neandertaler bezeichnet, umfassen die europäischen und westasiatischen Fossilien, die mehr als 200 000 Jahre alt sind, jedoch nicht mehr zu der Art H. erectus gehören, die Europa vor mindestens einer Million Jahre als erste Menschenform besiedelte.

Die Anteneandertaler werden im Allgemeinen zum archaischen H. sapiens gezählt und reichen rund 400 000 Jahre zurück. Obwohl sich bei den frühen Anteneandertalern schon vereinzelte Merkmale des Neandertalers finden, unterscheiden sie sich insgesamt noch deutlich von ihren Nachkommen durch verschiedene H. erectus-ähnliche Züge. Da bisher nur sehr wenige späte H. erectus-Fossilien aus Europa bekannt sind, ist der Übergang von dieser Art zum archaischen H. sapiens nicht besonders gut dokumentiert, und es ist möglich, dass dabei auch Einflüsse aus Afrika, wo der archaische H. sapiens schon früher auftrat, eine Rolle spielten. Hierauf mag auch die 1997 erstmalig gelungene Analyse eines DNA-Abschnitts aus den Mitochondrien des Düsseldorfer Neandertalers hindeuten. Aus den Unterschieden zwischen der DNA-Sequenz des Neandertalers und der heutiger Menschen schließt das Forscherteam um Svante Pääbo von der Universität München, dass sich die Entwicklungslinien zum Neandertaler sowie zum modernen Menschen schon vor rund 600 000 Jahren getrennt haben dürften.

Zu den frühen Vertretern der Anteneandertaler gehören neben bedeutenden Funden aus Arago in Südfrankreich ein 1960 in einer Tropfsteinhöhle bei Petralona im Nordosten Griechenlands entdeckter Schädel. Dank seines exzellenten Erhaltungszustands lässt dieser Fund sehr gut den mosaikartigen Charakter der Anteneandertaler-Morphologie erkennen. Während die dicken Schädelwände und das, wenn auch schwächer, gewinkelte Hinterhaupt noch stark an H. erectus erinnern, weisen das Hirnschädelvolumen von 1230 cm³ und die stärker expandierten Scheitelbeine bereits in die Richtung des Neandertalers.

Wie bei H. erectus ist der Überaugenwulst kräftig entwickelt, doch besitzt er, ähnlich dem der Neandertaler, schon eine typische Doppelbogenform über den Augenhöhlen. Das Mittelgesicht dieses Anteneandertalers ist noch nicht vorgezogen, seine Nase allerdings bereits relativ groß und seine Wangenregion gleich der seiner Nachkommen aufgebläht. Ende der 1970er-Jahre gelang dem Athener Anthropologen Theodorus Pitsios die Entdeckung eines morphologisch sehr ähnlichen und vielleicht annähernd gleich alten Schädels in der Apidima-Höhle auf der südlichen Peloponnes.

Weitere Anteneandertaler-Fossilien wurden seit 1976 in der Höhle Sima de los Huesos bei Atapuerca in Nordspa-

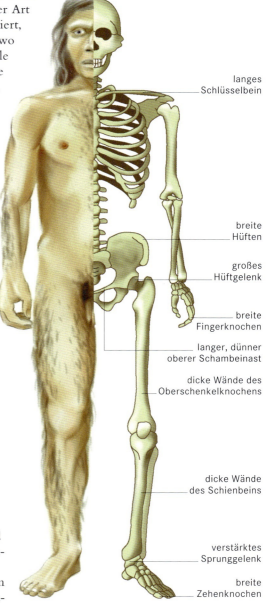

Der Neandertaler hatte einen **stämmigen Körperbau** mit relativ kurzen Unterarmen und Unterschenkeln.

langes Schlüsselbein

breite Hüften

großes Hüftgelenk

breite Fingerknochen

langer, dünner oberer Schambeinast

dicke Wände des Oberschenkelknochens

dicke Wände des Schienbeins

verstärktes Sprunggelenk

breite Zehenknochen

nien gefunden, auf die Forscher bei der Suche nach Skeletten von Höhlenbären stießen. Handelte es sich zunächst vor allem um kleinere Fragmente und Zähne, so wurden 1992 sogar drei gut erhaltene Schädel gefunden. Die Morphologie dieser Schädel unterscheidet sich klar von der des typischen H. erectus und zeigt in verschiedenen Merkmalen – wie zum Beispiel in der Anatomie des Hinterhaupts – deutlich erkennbare Anklänge an die Morphologie der Neandertaler. Bis heute wurden in den 200 000 bis 300 000 Jahre alten Ablagerungen rund 1600 menschliche Fossilien entdeckt, die mindestens 32 Individuen zuzurechnen sind. Besonders auffallend bei diesen – vielleicht alle zu einer Population gehörenden – Individuen ist die große Variationsbreite in vielen wesentlichen Merkmalen.

Ebenfalls der Gruppe der Anteneandertaler zuzuordnen ist das Hinterhauptbein, das in Vértesszőlős in der Nähe von Budapest ge-

DIE HÖHLE VON ARAGO

In der Höhle von Arago bei Tautavel im südfranzösischen Roussillon lebten wahrscheinlich die ältesten Anteneandertaler Europas. In den 380 000 bis 680 000 Jahre alten Ablagerungen kamen bei Ausgrabungen neben vielen Steinwerkzeugen und Zeugnissen der prähistorischen Tier- und Pflanzenwelt auch etwa 60 hominide Schädel-, Zahn- und sonstige Skelettreste von Erwachsenen und Kindern zum Vorschein, unter anderm ein fast vollständiger Gesichtsschädel mit Stirnbein und rechter Schädelseite, zwei Unterkiefer und ein sehr kräftig gebautes Hüftbein.

Das gut erhaltene Gesichtsskelett mit der Fundnummer Arago 21 und das rechte Scheitelbein (Arago 47), das sehr wahrscheinlich vom selben ungefähr 20 bis 25 Jahre alten Individuum stammt, geben einen

guten Einblick in die Morphologie der Anteneandertaler. Obwohl leicht deformiert, erinnert der Schädel (die Abbildung zeigt eine Rekonstruktion) mit seiner fliehenden Stirn, dem kräftigen Überaugenwulst und einem geschätzten Schädelvolumen von knapp 1200 cm³ noch an Homo erectus. Ein fortschrittliches Merkmal sind dagegen die senkrecht gestellten Seitenwände des Schädels. In der aufgeblähten Wangenregion zeigen sich bereits Ähnlichkeiten mit den Neandertalern.

Auch die beiden Unterkiefer (siehe Abbildung) unterstreichen das Merkmalsmosaik der Funde. So erscheint der kleinere Kiefer (»Arago 2«) im Vergleich zu Homo erectus deutlich fortschrittlicher, und die retromolare Lücke hinter dem Weisheitszahn lässt schon gewisse Ähnlichkeiten mit den Neandertalern erkennen, während der wesentlich größere Kiefer (»Arago 13«) noch mehr an Homo erectus erinnert. Wahrscheinlich spiegeln die Unterschiede zwischen den beiden

Fundstücken aber nur ausgeprägte Geschlechterunterschiede dieser rund 400 000 Jahre alten Hominiden wider.

Auf der unterhalb der Höhle liegenden Hochebene zogen Bisons, Nashörner, Damwild und Pferde durch. Schnittspuren auf den in der Höhle gefundenen Tierknochen belegen, dass die Tautavel-Menschen mit ihren Steinwerkzeugen das Fleisch der Tiere zerlegten. Allerdings dürften sie es roh verspeist haben, denn bisher gibt es in den Siedlungsschichten keine Spuren von Feuergebrauch. Das Foto zeigt eine Lebendrekonstruktion des Tautavel-Menschen aus dem Museum von Tautavel.

funden wurde. Auch die Funde von Steinheim und Swanscombe werden inzwischen aufgrund ihrer Kombination von Merkmalen, die auch solche der Neandertaler umfasst, zu den Anteneandertalern gezählt. Gleiches gilt für den 1978 in einer Kiesgrube bei Reilingen in Baden-Württemberg entdeckten Großteil eines hinteren Schädels wie für einige rund 225 000 Jahre alte Schädelfragmente und taurodonte Zähne aus dem walisischen Pontnewydd (Großbritannien). Schließlich dürfte auch ein 1993 in einer Tropfsteinhöhle in Altamura nahe der italienischen Stadt Bari von Höhlenforschern entdecktes Skelett zu dieser Gruppe gehören. Allerdings konnten bisher noch keine genaueren morphologischen Analysen durchgeführt werden, da das Skelett noch von einem bizarren, korallenähnlich wirkenden Kalkmantel umgeben ist.

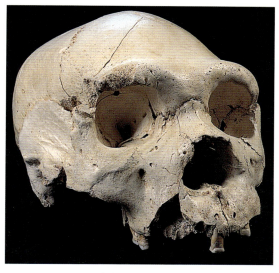

Bei Atapuerca wurden in der Höhle **Sima de los Huesos,** auch »Knochengrube« genannt, die Knochen von mindestens 32 Individuen gefunden, u. a. dieser rund 300 000 Jahre alte Schädel. Alle Skelette wurden in einem 14 Meter tiefen Schacht am Ende der Höhle entdeckt. Da die Skelette relativ vollständig sind, wird die Möglichkeit diskutiert, dass die Menschen, die damals in der Höhle lebten, ihre Toten in den Schacht warfen, der somit eine Art »Friedhof« wurde.

Vor rund 200 000 Jahren vollzog sich ein kontinuierlicher Übergang von den Anteneandertalern zu den frühen Neandertalern, sodass eine klare Grenzziehung zwischen ihnen kaum möglich ist. Bei der Übergangsgruppe, der neben den bereits erwähnten Schädelfragmenten von Fontéchevade, Biache St. Vaast und La Chaise auch ein fast vollständiger Unterkiefer von Montmaurin (Südwestfrankreich) sowie eine Reihe von Schädel- und andern Knochenfragmenten aus Weimar-Ehringsdorf zugerechnet werden, treten die typischen Merkmale der Neandertaler immer stärker zutage. Die zuletzt genannten, bereits zwischen 1908 und 1925 in Travertinablagerungen entdeckten Überreste von wahrscheinlich neun Individuen könnten ein Alter von bis zu 230 000 Jahren haben, werden häufig aber schon zu den frühen Neandertalern gezählt.

Harte Zeiten

Wie ihr muskulöser Körperbau und die ausgesprochen robusten Knochen zeigen, spielten Kraft und Ausdauer im Leben der Neandertaler eine große Rolle. Als erfolgreiche Jäger in der rauen, eiszeitlichen Umwelt schreckten sie auch vor Auerochsen oder Mammuts nicht zurück. Zugleich war ihre Jagdtechnik risikoreich und gefährlich, trieben sie doch ihre Beutetiere in die Enge und töteten sie dann aus kurzer Distanz mit einem Lanzenstoß. So verwundert es kaum, dass nur selten ein Neandertalerskelett gefunden werden konnte, das frei von Verletzungsspuren ist.

Bei der Auswertung der Verletzungsarten kam Erik Trinkaus zu einem bemerkenswerten Ergebnis. Denn er stellte große Ähnlichkeiten mit den Verletzungen heutiger Rodeoreiter fest. Wie bei diesen sind auch bei den Neandertalern zumeist Kopf, Hals, Arme und Rumpf in Mitleidenschaft gezogen worden. Daneben weist einer der Neandertaler aus der irakischen Shanidar-Höhle eine Verletzung der Rippen auf, die von einem spitzen, scharfkantigen Gegenstand her-

Die Altersbestimmung des **Schädels von Petralona** gestaltet sich wegen der unsicheren stratigraphischen Position des Funds schwierig. Heute wird von einem Alter zwischen 250 000 und 350 000 Jahren ausgegangen.

rührt. Allerdings ist es nicht mehr möglich zu klären, ob sie die Folge eines Unfalls ist, wie er sich beispielsweise bei der Jagd ereignet haben könnte, oder ob sie auf eine handgreifliche Auseinandersetzung zwischen den Eiszeitmenschen zurückzuführen ist. Heilungsspuren belegen lediglich, dass das Individuum die Verwundung zunächst überlebte, jedoch wenig später, möglicherweise an einer Infektion des verletzten Lungenflügels, starb.

Neben vielfältigen Verletzungen zeigen die bisher entdeckten Skelette der Neandertaler auch starke Verschleißerscheinungen, die auf eine hohe körperliche Belastung zurückzuführen sind. Dabei sind krankhafte Veränderungen an den Gelenken der Arme und Beine sowie an der Wirbelsäule besonders häufig festzustellen, die zum Teil durch verletzungsbedingte einseitige Belastungen noch verstärkt wurden. Gelenkerkrankungen und Knochenbrüche waren nicht nur schmerzhaft, sondern führten zum Teil auch zu dauerhaften Einschränkungen der Beweglichkeit.

Viele Neandertaler litten an infektiösen Erkrankungen der Zähne und des Kiefers, an Karies, Parodontose und Abszessen, die auch einen massiven Verlust der Zähne noch in relativ jungen Jahren zur

Folge hatten. Zudem wurden bei mikroskopischen Analysen der Zähne mindestens bei drei Vierteln der untersuchten Individuen Entwicklungsstörungen während der Zahnschmelzbildung nachgewiesen. Da länger andauernde Mangelernährung oder Infektionskrankheiten im Kindesalter die Ursachen dieser so genannten »Hypoplasien« sind, sprechen Häufigkeit und Muster der Zahnschmelzanomalien dafür, dass die Neandertaler regelmäßig Nahrungsknappheiten ausgesetzt waren, möglicherweise jährlich zum Ende des harten Winters.

Starker körperlicher Verschleiß, ein hohes Verletzungsrisiko, eine hohe allgemeine Krankheitsbelastung und immer wiederkehrender

Die Tierwelt der letzten Eiszeit

In der letzten Eiszeit, die vor rund 115 000 Jahren begann, fielen die Durchschnittstemperaturen zeitweise um 8 bis 11°C. Während ein bis zu 1000 Meter dicker Eisschild die nördlichen Teile Eurasiens bedeckte, bildete sich südlich davon eine Kältesteppe aus. Obwohl immer wieder kurzzeitige Erwärmungen, die so genannten Interstadiale, die Baumgrenze nach Norden verschoben, blieb die Tundra, die in geschützten Bereichen bewaldet war, mit weiten Grasländern die vorherrschende Landschaftsform Eurasiens.

Trotz dem trockenkalten Klima, in dem die Temperaturen auch im Sommer selten 15°C erreichten, und äußerst starken Winden bot dieser Lebensraum vielen Tierarten Nahrung. Einige von ihnen, etwa das Rentier, überlebten das Ende der letzten Eiszeit oder wurden wie der Moschusochse in letzte Refugien zurückgedrängt. Viele Arten starben jedoch aus, u. a. der Riesenhirsch, dessen Geweih einen Durchmesser von mehr als dreieinhalb Meter erreichte, und das mächtige Steppenbison mit einer Schulterhöhe von über zwei Meter. Besonders beeindruckend war das Kältesteppenmammut mit seinen langen, nach oben gebogenen Stoßzähnen, mit denen es im Winter den Schnee vom Gras wegschaufelte. Es erreichte eine Schulterhöhe von rund drei Metern und war durch ein dickes dunkles Fell vor der Kälte geschützt. Auch das Wollnashorn mit seinen beiden spitzen Hörnern besaß ein dichtes Haarkleid.

Die verschiedenen Pflanzenfresser waren eine wichtige Ernährungsgrundlage nicht nur für die Eiszeitmenschen, sondern auch für zahlreiche Fleisch fressende Säugetiere, u. a. Höhlenlöwe und Höhlenhyäne, die beide deutlich größer waren als die heutigen Arten der afrikanischen Savanne. Der Höhlenbär war zwar ein Pflanzenfresser, doch dürften Begegnungen mit diesem mächtigen Tier von der Größe eines Grislis für die Menschen gefährlich gewesen sein.

Für das Aussterben der meisten dieser Arten vor rund 10 000 Jahren spielten wahrscheinlich sowohl die eintretenden Klimaveränderungen als auch der zunehmende Einfluss des Menschen eine wichtige Rolle.

Wahrscheinlich als Folge einer Nervenverletzung war der rechte Oberarm des **Manns aus Shanidar** verkümmert und gelähmt. Außerdem war er zweimal gebrochen und wieder verheilt. Der Unterarm fehlte vollständig und wurde offensichtlich bereits zu Lebzeiten amputiert. Darüber hinaus hatte er eine fortgeschrittene Arthrose an den Gelenken des rechten Fußes und des Knies. Sein über lange Zeit stark humpelnder Gang dürfte auch die Ursache für eine ungewöhnliche Verformung seines linken Schienbeins gewesen sein.

Der Schädel »**Shanidar I**« weist einen verheilten Bruch der äußeren Augenhöhle auf, der die linke Gesichtshälfte des Neandertaler-Manns dauerhaft entstellt hat. Die starke seitliche Quetschung der Augenhöhle dürfte zur Erblindung des betroffenen Auges und zur Schädigung des Gehirns geführt haben. Narben auf der Stirn deuten zudem auf eine Verletzung der rechten Schädelseite hin.

Nahrungsmangel, kurz: ein Leben an der physischen Belastungsgrenze forderte seinen Tribut von den Neandertalern. Sie alterten schneller und starben früher als die nachfolgenden modernen Menschen. Während Letztere durchaus ihr sechstes Lebensjahrzehnt erreichen konnten, waren die ältesten Neandertaler bei ihrem Tod erst in den Enddreißigern oder Mittvierzigern; meist jedoch starben sie bereits früher.

Koexistenz im Nahen Osten

Die meisten Neandertalerfundstellen des Nahen Ostens konzentrieren sich auf das Gebiet des heutigen Israel. Schon in den 1930er-Jahren entdeckten Forscher in der Höhle von Tabun am Karmelgebirge die ersten menschlichen Überreste, die den europäischen Neandertalern stark ähnelten. Weitere Neandertalerfossilien wurden in den 1960er-Jahren in der nahe gelegenen Kebara-Höhle sowie in der Amud-Höhle am See Genezareth entdeckt. Doch waren diese Funde nicht die einzigen Zeugnisse menschlicher Besiedlung in der Region. In den Höhlen von Skhul und Qafzeh wurden seit den 1930er-Jahren die Überreste von inzwischen über dreißig Männern, Frauen und Kindern gefunden. Obwohl die Höhle von Qafzeh nur 35 Kilometer von den Neandertalerfundstätten des Karmelgebirges entfernt ist und die Höhle von Skhul sich sogar in unmittelbarer Nachbarschaft der Tabun-Höhle befindet, unterscheiden sich die in ihnen gefundenen Skelettreste deutlich von denjenigen der Neandertaler. Von einigen archaischen Merkmalen abgesehen, ähneln sie in der Anatomie ihres Schädels und Körperbaus viel stärker der des modernen Menschen.

Da für das Fundmaterial aus den israelischen Höhlen zunächst keine adäquaten Datierungsmethoden zur Verfügung standen, wurde lange Zeit angenommen, der moderne Menschentyp von Skhul und Qafzeh sei jünger und habe sich aus den Neandertalern dieser Region entwickelt. Zwar kamen bereits zu Beginn der 1980er-Jahre Zweifel an dieser Hypothese auf, doch entsprachen erste Altersbestimmungen des 1983 in Kebara entdeckten Neandertalerskeletts mithilfe der neuen Thermolumineszenzmethode noch den Erwartungen, denn diese ermittelten ein Alter von 60 000 Jahren. Die Datierung weiterer Fundstellen anhand dieser und anderer neuer Techniken brachte allerdings Mitte der 1980er-Jahre mit einem Schlag das bisherige Bild zum Einsturz: Die anatomisch modernen Menschen aus Skhul und Qafzeh waren mit rund 100 000 Jahren bedeutend älter als die etwa 60 000 und 45 000 Jahre alten Neandertalerfunde aus Kebara beziehungsweise Amud. Nachfolgende Datierungen der Ablagerungen in der Tabun-Höhle zeigten zudem, dass dort auch Neandertaler vor gut 100 000 Jahren gelebt hatten. Damit war die These einer nahöstlichen Entwicklungslinie von den Neandertalern zum modernen Menschen nicht mehr vertretbar.

Die meisten Spezialisten halten heute die Annahme, dass es sich bei den modernen Menschen von Skhul und Qafzeh und den Neandertalern des Nahen Ostens um zwei Populationen unterschiedlichen Ursprungs handelt, für die plausibelste Erklärung ihres gleichzeitigen Vorkommens. So zeigen die Neandertaler des Nahen Ostens nicht nur die typischen Schädelmerkmale, sondern auch den gleichen, an die Klimabedingungen des eiszeitlichen Nordens angepassten, robusten und stämmigen Körperbau wie die europäischen Vertreter. Hingegen lassen die Körperproportionen der durch längere Unterarme und Unterschenkel gekennzeichneten modernen Menschen eher auf eine Herkunft aus dem tropischen Afrika schließen.

Offenbar begegneten sich schon vor etwas mehr als 100 000 Jahren im Nahen Osten Mitglieder zweier verschiedener menschlicher Entwicklungslinien, die es in Folge von Umweltveränderungen – extreme Kälteperioden in Europa und Phasen verstärkter Trockenheit in Afrika – in diese Region verschlagen hatte. Da die Anwesenheit von Neandertalern im Nahen Osten bis vor etwa 45 000 Jahren nachgewiesen ist und auch davon ausgegangen werden kann, dass die Nachfahren der modernen Menschen von Skhul und Qafzeh in diesem Gebiet vertreten waren, spricht vieles dafür, dass hier beide Menschenformen über mehrere Jahrzehntausende Seite an Seite lebten.

Wie diese Koexistenz im Einzelnen ausgesehen haben mag, lässt sich heute nur noch vermuten. Zumindest deutet nichts auf gewalttätige Auseinandersetzungen zwischen den beiden Gruppen hin; eher schon dürfte es zu Vermischungen gekommen sein. Wahrscheinlich haben die nahezu optimalen Umweltbedingungen, die die Menschen hier vorfanden, ihren Teil zum friedlichen Zusammenleben beigetragen. Aus paläoökologischen Untersuchungen lässt sich auf ein mildes, mediterranes Klima mit einer reichhaltigen Tier- und Pflanzenwelt und einem ausreichenden Nahrungsangebot das ganze Jahr über schließen. Auch gibt es keine Anhaltspunkte für eine grundsätzliche kulturelle Überlegenheit der modernen Menschen gegenüber den Neandertalern. Beide Gruppen, so der Prähistoriker Ofer Bar-Yosef, begruben ihre Toten, jagten das gleiche Wild und verwendeten die gleichen Moustérien-Werkzeuge.

Die **Thermolumineszenzmethode** ist eine neuere Datierungstechnik. Das Verfahren beruht darauf, dass die natürliche radioaktive Strahlung Elektronen im Kristallgitter von Mineralien wie Feuerstein oder Zahnschmelz auf ein höheres Energieniveau hebt, in dem sie dann verharren. Je länger die Mineralien im Boden gelegen haben, desto mehr Elektronen wurden auf diese Weise im Kristallgitter »eingefangen«. Ihre Menge lässt sich über das bei Erhitzung der Mineralprobe freigesetzte Licht bestimmen, woraus unter Berücksichtigung der jährlichen Strahlendosis das Alter berechnet werden kann. Auf demselben Prozess beruht die noch häufiger angewandte **Elektronenspinresonanztechnik,** bei der die Elektronen über die Absorption von Mikrowellen gemessen werden.

Der etwa 100 000 Jahre alte Schädel aus der **Tabun-Höhle** im Karmel-Gebirge (links) hat mit seinem Überaugenwulst und dem fliehenden Kinn typische Neandertaler-Merkmale, während der etwa gleich alte Schädel **»Qafzeh 9«** (Mitte) aus der Qafzeh-Höhle mit der hohen, gerundeten Schädelkapsel, der grazilen Brauenregion sowie dem ausgeprägten Kinn anatomisch vollständig modern ist. Der Schädel **»Qafzeh 6«** (rechts) hat Merkmale, beispielsweise in der Überaugenregion, die auf eine mögliche Vermischung zwischen den modernen Menschen und den Neandertalern im Nahen Osten hinweisen.

Erst mit Beginn des innovativeren Jungpaläolithikums vor rund 45 000 Jahren kam es zu einem deutlichen Bruch und gleichzeitig zum Ende der nahöstlichen Neandertaler – rund 10 000 Jahre früher als in Europa.

Das Schicksal der Neandertaler in Europa

Die ersten anatomisch modernen Menschen gelangten nach heutiger Fundlage vor etwa 40 000 Jahren von Süden her nach Europa, wo sie einige Jahrtausende Seite an Seite mit den Neandertalern lebten, bevor sie diese schließlich vollständig ersetzten. Wie aber kam es zu dem verhältnismäßig raschen Aussterben der ursprünglichen Bevölkerung?

Der Rückblick auf unsere überlieferte Geschichte ist durch Grausamkeiten und Kriege gekennzeichnet, sodass es zunächst nahe liegen mag, an ein blutiges Ende der Neandertaler zu denken. Doch finden sich keinerlei archäologische Belege einer gewaltsamen Ausrottung. Vielmehr gibt die Anatomie einiger früher Überreste der modernen Menschen eher Hinweise auf einen gewissen Genfluss zwischen den Populationen und somit eine Vermischung der Bevölkerungsgruppen. Vor allem aber zeugen Artefakte vom Neben- oder Miteinander der Populationen. Denn die modernen Menschen unterschieden sich nicht nur in ihrer Morphologie von den Neandertalern, sondern brachten mit dem so genannten Aurignacien auch eine deutlich fortschrittlichere jungpaläolithische Kultur nach Europa. Neue komplexere Techniken schufen die Voraussetzungen für die Herstellung schmaler, feiner Steinklingen, und die Verwendung neuer Rohmaterialien wie Knochen, Horn oder Elfenbein ermöglichte die Schaffung eines ganzen Arsenals neuartiger Feinwerkzeuge. Außerdem war die Kultur des Aurignacien so weit entwickelt, dass erstmals in der Geschichte der Menschheit Kunstgegenstände wie Skulpturen und Schmuck in bedeutender Zahl hergestellt wurden. Die Werkzeuginventare (»Châtelperronien«) einiger jüngster Neandertalerfundstellen wie St. Césaire sowie eine Anzahl durchbohrter Zähne und Elfenbeinringe, die in Arcy-sur-Cure gefunden wurden, deuten auf Beziehungen zwischen den Kulturen hin: Entweder erhielten die Neandertaler Werkzeuge und Schmuck von benachbarten modernen Gruppen, oder aber sie ahmten deren Produktionsverfahren nach und stellten die Artefakte selbst her.

Das fast vollständig erhaltene Skelett eines männlichen Neandertalers war der wohl bedeutendste Fund in der **Kebara-Höhle.** Da der Unterkiefer und alle übrigen Knochen in einer ungestörten Position verblieben waren, der Schädel jedoch fehlte, ist es möglich, dass dieser viele Monate nach dem Tod des Manns, als er schon verwest war, vielleicht aus rituellen Gründen absichtlich entfernt wurde.

Gleichwohl waren die Neandertaler trotz möglicher Versuche, sich dem Fortschritt anzupassen, den modernen Menschen in vielerlei Hinsicht unterlegen. So setzte die Kultur des Aurignacien in weit stärkerem Maß manuelle Geschicklichkeit und Abstraktionsvermögen voraus als die des Moustérien, sodass das Leistungspotential der Neandertaler hier möglicherweise an seine Grenzen stieß. Ihr stämmiger Körperbau mag sich im Wettbewerb mit den neuen Einwanderern letztlich als Nachteil erwiesen haben, da Aufbau und Unterhalt eines solchen Körpers deutlich mehr Energie und damit mehr Nahrung erforderten. Die wiederkehrenden Nahrungskrisen trafen die Neandertaler deshalb sicher härter als die weniger muskelbepackten Modernen, die es zudem verstanden, ihren Kalorienverbrauch durch die Entwicklung verbesserter Behausungen, genähter Kleidung und eine effizientere Wärmeausnutzung der Feuerstellen zu reduzieren. Dadurch war es ihnen möglich, ungeachtet der an wärmeres Klima angepassten Anatomie, die kälteren Gebiete erfolgreich zu besiedeln, die Jahrzehntausende lang den Neandertalern vorbehalten gewesen waren. Außerdem werden diese kulturellen Errungenschaften dazu beigetragen haben, dass die modernen Menschen älter wurden als die Neandertaler, womit auch ihr ganzer Erfahrungsschatz der jeweiligen Gruppe länger zur Verfügung stand. Zu einer Zeit, die noch keine schriftliche Überlieferung kannte, dürfte das letztlich ein nicht zu unterschätzender Vorteil gewesen sein.

Insgesamt scheint die Lebensweise der Neandertaler riskanter und physisch belastender gewesen zu sein als die der »Einwanderer«, wie die vergleichsweise häufigeren Spuren schwerer Verletzungen und Abnutzungserscheinungen verdeutlichen, von denen oben die Rede war. Darüber hinaus könnte die ohnehin höhere Sterblichkeit der Neandertaler zusätzlich noch durch eingeschleppte neue Infektionskrankheiten vergrößert worden sein.

Der amerikanische Anthropologe Ezra Zubrow konnte anhand demographischer Modellrechnungen zeigen, dass bereits der kaum merkliche Unterschied von nur zwei Prozent in der Sterblichkeitsrate innerhalb weniger tausend Jahre zu einem gänzlich undramatischen, allmählichen Aussterben der Neandertaler geführt haben könnte.

So war es, wie auch die archäologischen Befunde andeuten, vermutlich das Wirkgefüge verschiedenster Faktoren, das das Anwachsen der modernen Populationen begünstigte, während die schrumpfenden Neandertalerbevölkerungen in immer ungünstigere Gebiete abgedrängt wurden und schließlich ausstarben.

Entwicklung in Afrika

Während die Entwicklung in Europa von den Anteneandertalern zu den immer massiger gebauten späten Neandertalern führte, zeichnet sich für den afrikanischen Kontinent eine völlig andere Entwicklungslinie ab. Hier lassen die Funde der letzten 600 000 Jahre eine zunehmende »Modernisierung« der Schädelform erkennen. Obwohl der Prozess relativ kontinuierlich verlief, lassen sich doch verschiedene Entwicklungsgrade unterscheiden. So entstand aus dem späten Homo erectus der früh-archaische Homo sapiens, der

Die vom französischen Archäologen François Bordes entwickelte Klassifikation der **Werkzeuge des Moustérien** unterscheidet mehr als 60 verschiedene Typen, von denen hier einige Spitzen aus Le Moustier zu sehen sind.

Das **Châtelperronien** ist die älteste Kulturstufe des Jungpaläolithikums und existierte vor etwa 36 000 bis 31 000 Jahren. Benannt wurde sie nach dem Fundort Châtelperron im zentralfranzösischen Département Allier. Typisch für diese Kultur sind Klingen oder klingenförmige Abschläge sowie Klingenkratzer und Stichel, aber auch Knochenwerkzeuge und Elfenbeinschmuck. Das Châtelperronien war über große Teile Frankreichs und die nordspanischen Pyrenäen verbreitet.

Fundorte von Neandertalern und frühen modernen Menschen **im Nahen Osten**.

Durchbohrte Zähne und Steine haben die Neandertaler von Arcy-sur-Cure vermutlich als Kette getragen.

Die Neandertaler stellten ihre **Steinwerkzeuge** nicht wie bei den Faustkeilen aus dem Steinkern selbst her, sondern aus Abschlägen. Dazu bereiteten sie zunächst sorgfältig einen langen, ovalen Steinkern vor, um ihn dann in viele Abschläge unterschiedlicher Form zu zerlegen. Die Kanten retuschierten sie mithilfe eines Hammers aus Stein oder Geweih, sodass viele unterschiedliche Typen von Messern, Spitzen und glatten oder gezähnten Schabern sowie andere Geräte entstanden.

sich dann über eine spät-archaische Form schließlich zum anatomisch modernen Homo sapiens entwickelte.

Früher und später archaischer Homo sapiens

Mit einem Alter von rund 600 000 Jahren ist ein 1976 bei Bodo im Nordosten Äthiopiens entdeckter Schädel der bisher älteste Fund, der zum früh-archaischen H. sapiens gezählt wird. Obwohl der Schädel sehr dickwandig und das Gesicht ausgesprochen massiv ist, weist das Fossil doch im Vergleich zu H. erectus eine Reihe deutlich fortschrittlicher Merkmale auf. Hierzu zählen insbesondere ein großes Hirnschädelvolumen von mehr als 1300 cm^3, eine breite Stirn und ein schwächer entwickelter Überaugenwulst.

Die dem Fund von Bodo zeitlich folgenden Fossilien des früh-archaischen H. sapiens umspannen die Periode von vor ungefähr 500 000 bis 250 000 Jahren. Zu ihnen gehört ein fast vollständiger Schädel, der bereits 1921 zusammen mit verschiedenen andern Skelettresten und Steinwerkzeugen in einer Zinkmine bei Kabwe in Sambia zum Vorschein kam. Wenngleich das Gesicht weniger massig vorspringt als bei dem Fund von Bodo und das Hirnschädelvolumen knapp 1300 cm^3 beträgt, verfügt dieser Schädel mit seinem kräftigen Überaugenwulst und der flachen, stark fliehenden Stirn noch über deutlich archaische Merkmale. So trug der Fund bis in die 1970er-Jahre zum Bild eines entwicklungsgeschichtlich rückständigen Afrika bei, zumal sein Alter damals auf nur 40 000 Jahre geschätzt wurde. Heute allerdings wird der Kabwe-Hominid auf ein Alter von mehr als 200 000 oder 300 000 Jahren datiert.

Ähnliche Kombinationen aus archaischen und fortschrittlichen Merkmalen finden sich bei weiteren Schädel- und Unterkieferfragmenten, die bei Saldanha (Südafrika) und am Ufer des Eyasi-Sees in Tansania gefunden wurden, sowie bei einem recht vollständigen Schädel aus der Nähe des Ndutu-Sees in der Serengeti-Ebene, ebenfalls in Tansania. So unterschiedlich dabei das Merkmalsmosaik bei den einzelnen Funden auch sein mag, weisen doch alle eindeutig in die Richtung der Anatomie des modernen Menschen. Die Schädelseitenwände etwa verlaufen nicht mehr wie bei H. erectus schräg nach oben, sondern stehen annähernd parallel. Sowohl Gesicht als

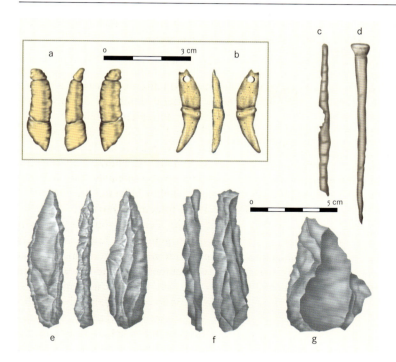

Diese **Châtelperronien-Werkzeuge** wurden in der Grotte du Renne in Arcy-sur-Cure gefunden.
(a) eingekerbter Schneidezahn von einem Rind, (b) durchlöcherter Eckzahn von einem Fuchs, (c) eingeschnittener Vogelknochen, (d) Knochen»nagel«, (e) Rückenmesser, (f) Stichel, (g) Schaber.

auch Überaugenwülste sind in ihrer Robustizität reduziert, und das Hinterhaupt ist weniger stark gewinkelt als bei H. erectus. Vor allem aber drückt sich der wesentliche Fortschritt gegenüber H. erectus in einem angestiegenen Hirnschädelvolumen aus, das im Allgemeinen über 1250 cm³ liegt.

Deutlich fortschrittlichere Fossilien, die den Entwicklungsgrad repräsentieren, aus dem schließlich der anatomisch moderne Mensch hervorging, sind 150 000 bis 250 000, vereinzelt sogar fast 300 000 Jahre alt. Der älteste dieser »fast-modernen« oder spät-archaischen Schädelfunde stammt aus der Nähe von Ileret am Turkana-See und wurde kürzlich mit der Uran-Thorium-Methode auf rund 270 000 Jahre datiert. Sein Hirnschädelvolumen beträgt rund 1400 cm³ und bis auf einen archaischen, aber stark reduzierten Überaugenwulst fällt der Schädel nahezu in die Variation des modernen Menschen. Ähnlich wie dieser Turkana-Fund stehen auch die fossilen Schädel von Laetoli (Tansania) und Florisbad (Südafrika) dicht an der Schwelle zu den Modernen, was auch für den Schädel mit der Fundbezeichnung »Omo Kibish 2« gilt. Er stammt aus Südäthiopien und zeichnet sich unter anderm durch eine besonders moderne Brauenregion aus. Auch der fast vollständig erhaltene Schädel von Eliye Springs, der 1982 am Westufer des Turkana-Sees gefunden wurde, ist nicht nur recht groß, sondern besitzt ungeachtet einiger archaischer Züge, etwa dem sehr breiten Hirnschädel, zahlreiche Ähnlichkeiten zur Anatomie des modernen Menschen.

Schließlich machen auch Überreste von mindestens drei Individuen aus der marokkanischen Jebel-Irhoud-Höhle deutlich, dass der

Die Neandertaler verfügten über eine recht hoch entwickelte Werkzeugindustrie, die nach der Fundstelle Le Moustier in der Dordogne als **Moustérien** bezeichnet wird. Sie ist durch eine Anzahl spezialisierter, fein retuschierter Steinwerkzeuge charakterisiert, die als Messer, Spitzen und Schaber dienten. Ihre Anfänge reichen mehr als 150 000 Jahre zurück. Die jüngsten Zeugnisse sind knapp 30 000 Jahre alt. Das Verbreitungsgebiet des Moustérien ging über das der Neandertaler hinaus. So stellten im Nahen Osten und in Nordafrika auch Nicht-Neandertaler Moustérienwerkzeuge her.

Der am Awash-Fluss gefundene **Schädel von Bodo** gilt mit einem Alter von 600 000 Jahren als der älteste Überrest eines archaischen Homo sapiens. Auf der Stirn und am Gesicht wurden Schnittmarken entdeckt, die darauf hindeuten, dass ein Artgenosse absichtlich Weichteile entfernt hat.

Der 1976 bei Laetoli entdeckte, 200 000 bis 300 000 Jahre alte Schädel mit der Bezeichnung **L.H. 18** (links) hat mit rund 1350 cm³ einen großen Hirnschädel mit stark expandierten Scheitelbeinen und senkrecht stehenden Seitenwänden sowie einem gerundeten Hinterhaupt. Archaisch sind die noch eher flache, nach hinten geneigte Stirn und der – wenn auch deutlich reduzierte – Überaugenwulst, der bereits Tendenzen zu modernen Verhältnissen erkennen lässt.
Der 1932 bei Florisbad entdeckte Schädel (rechts), dessen Alter auf rund 250 000 Jahre datiert werden konnte, steht ebenfalls an der Schwelle zum modernen Menschen. Ähnlich wie L.H. 18 hat auch der **Fund von Florisbad** ein grundsätzlich modern geformtes Gesicht. Archaisch sind auch hier der nur sehr schwach entwickelte Überaugenwulst und die nach hinten geneigte Stirn.

spät-archaische H. sapiens auch im nördlichen Afrika verbreitet war. Wie die ostafrikanischen Fossilien, so weisen auch diese 150 000 bis 200 000 Jahre alten Funde neben ursprünglichen Merkmalen deutliche Gemeinsamkeiten mit dem heutigen Menschen auf. So zeigt etwa der gut erhaltene Schädel von Jebel Irhoud 1 eine moderne Gesichtsform mit typischen Wangengruben, kombiniert mit einem noch mehr archaisch wirkenden Überaugenwulst.

Älteste moderne Fossilien

Mit einem Alter von rund 150 000 Jahren stammen die ältesten Funde, die in allen wesentlichen Merkmalen als anatomisch modern zu bezeichnen sind, aus dem östlichen Afrika. Zu ihnen gehört ein vollständiger Hirnschädel, der bereits 1924 in Uferablagerungen des Blauen Nils, ungefähr 320 Kilometer südöstlich von Khartum (Sudan), gefunden wurde. Mit einem großen Hirnschädelvolumen, einer gewölbten Stirn und einer mäßig entwickelten Brauenregion ist dieser Fund grundsätzlich anatomisch modern. Allerdings verleihen ihm die durch krankhaftes Knochenwachstum stark seitlich vorspringenden Scheitelbeinhöcker eine ungewöhnliche Form. Nachdem das Alter des Schädels lange Zeit umstritten war, konnten in den letzten Jahren mittels moderner Datierungstechniken die am Schädel befindlichen Kalkbildungen sowie darin eingeschlossene Säugerzähne übereinstimmend auf rund 150 000 Jahre datiert werden.

Zu den bedeutenden Funden des frühen modernen H. sapiens gehört daneben ein als »Omo-Kibish 1« bezeichnetes, teilweise erhaltenes Skelett, das aus der Kibish-Formation, jüngeren Ablagerungen im Gebiet des Omo-Flusses, in Äthiopien stammt. Diese Überreste wurden Ende der 1960er-Jahre in einer Schicht entdeckt, deren Alter anhand der Uran-Thorium-Methode auf 130 000 Jahre datiert wurde. Da die datierten Molluskenschalen aber dazu tendieren, nach der Ablagerung weiteres Uran aufzunehmen, könnte das tatsächliche Alter des Skeletts eher noch höher liegen. Die gefundenen Überreste deuten darauf hin, dass es sich bei dem Individuum um einen großen, kräftigen Mann handelte, der sich in seinem Körperbau nicht wesentlich von heutigen Ostafrikanern unterschied. Auch die erhaltenen Schädelregionen zeigen eine grundsätzlich moderne, wenn-

gleich robuste Anatomie. In seiner ganzen Erscheinung ähnelt der mit rund 1430 cm³ großvolumige Schädel sogar dem der späteren Cro-Magnon-Menschen Europas. Eine weitere bedeutende Fundstelle mit frühen modernen Überresten liegt an der Mündung des Klasies River an der Südküste Afrikas; die dortigen Funde reichen bis etwa 120000 Jahre zurück.

Entscheidend zu der oben behandelten großen Revision in der Datierung des subsaharischen »Middle Stone Age« und »Later Stone Age« haben die erneuten Grabungen in der Border Cave (Südafrika) in den frühen 1970er-Jahren beigetragen. Chronostratigraphische und sedimentologische Analysen ergaben, dass das Middle Stone Age hier über 150000 Jahre zurückreicht. Von besonderem Interesse sind zwei dort 1941 entdeckte anatomisch moderne Fossilien, ein Schädel und ein Unterkiefer. Obwohl Unsicherheiten bestehen, aus welcher Schicht der Höhlenablagerungen diese beiden Fossilien kamen, deuten vorhandene Sedimentreste in kleinen Knochenspalten am Schädel auf eine Herkunftsschicht hin, die nach neueren Untersuchungen ein Alter von mindestens 90000 Jahren haben dürfte.

Diese und weitere frühe Funde des modernen Menschen belegen, dass dieser in Afrika schon entstanden war, als in Europa noch nicht einmal die Entwicklung der Neandertaler abgeschlossen war. Und auch in Ostasien existierten zu dieser Zeit noch recht archaische Formen, denen wir uns im folgenden Abschnitt zuwenden wollen.

Was geschah im Fernen Osten und in Australien?

Die Frage nach dem Ursprung des modernen Menschen im östlichen Asien gehört zu den zentralen Streitpunkten zwischen den Anhängern einer multiregionalen Evolution und den Vertretern des »Out-of-Africa-Modells«. Ehe wir uns den Argumenten und

Die **wichtigsten Fundorte** des archaischen und des frühen modernen Homo sapiens in Afrika.

Bis vor einigen Jahrzehnten ließ sich das **Alter fossiler Menschenfunde** nur indirekt über mit ihnen in Verbindung gebrachte kulturelle Hinterlassenschaften wie Steinwerkzeuge oder Faunenreste bestimmen. Aus der Zuordnung der Werkzeuge zu einer Kultur oder einem Kulturkomplex wurde aufgrund der jeweils herrschenden zeitlichen Vorstellungen auf das Alter der mit der betreffenden Kultur verbundenen Fossilien geschlossen. Somit zogen grundlegende Datierungsrevisionen, wie die des afrikanischen Stone Age, auch Änderungen in der Datierung der Fossilien nach sich. Inzwischen hat der Einsatz moderner Verfahren der absoluten Datierung zu einem fundierten Bild vom Alter der verschiedenen Kulturen geführt. Daneben ist es oft auch möglich, mittels solcher Verfahren die Fossilien selbst zu datieren.

Die wahrscheinlich ins ausgehende Mittelpleistozän datierenden **Schädel von Singa** im Sudan (links) und aus den Omo-Ablagerungen in Äthiopien (**»Omo Kibish 1«**; rechts) sind in ihrer Anatomie beide modern.

DIE HÖHLEN AM KLASIES RIVER

Etwa 160 Kilometer östlich von Kapstadt, an der Mündung des Klasies River in den Indischen Ozean, liegen in den Tsitsikama-Bergen verschiedene Höhlen dicht beieinander. Aus ihren über 15 Meter dicken, bis zu 130 000 Jahre alten Ablagerungen von Siedlungsschichten wurden bereits in den 1960er-Jahren mehrere fragmentarische, aber durchaus aussagekräftige menschliche Überreste geborgen, darunter ein

fast vollständiger Unterkiefer, weitere Unterkieferteile sowie zahlreiche Bruchstücke des übrigen Schädels. Alle diese etwa 80 000 bis 100 000 Jahre alten Fragmente sind anatomisch modern, einige sogar erstaunlich grazil. So zeigt etwa ein kleines Stirnbeinstück (siehe Abbildung in der Mitte), dass diese Menschen keinen Überaugenwulst mehr besaßen. Da sich darüber hinaus zwei Mitte der 1980er-Jahre in den ältesten Ablagerungen entdeckte, rund 120 000 Jahre alte menschliche Oberkieferteile morphologisch nicht von den Verhältnissen bei heutigen Menschen unterscheiden, belegen die Fossilien vom Klasies River, dass anatomisch moderne Menschen schon vergleichsweise früh an der Südspitze Afrikas lebten.

Rätselhaft schien dabei lange Zeit der bruchstückhafte Charakter der Überreste, die zudem teilweise von Ruß geschwärzt waren. Nach genauen Untersuchungen geht man heute jedoch davon aus, dass sich die Menschen vom Klasies River nicht nur von erjagten Tieren, Fischen und Muscheln ernährten, deren Überreste sich zuhauf in den Ablagerungen finden, sondern auch vor ihresgleichen vermutlich nicht Halt machten. Die Überreste könnten mit andern Worten von den Opfern von Kannibalen stammen, denn beispielsweise auf dem etwa 90 000 Jahre alten Stirnbeinfragment sind direkt oberhalb der Brauenregion feine, horizontal verlaufende Schnittspuren auszumachen, die sehr wahrscheinlich von der Klinge eines Steinwerkzeugs herrühren. Mit ihrer Hilfe, so die These, wurde zunächst die Kopfhaut mitsamt den Haaren abgezogen, ehe der Kopf über offenem Feuer geröstet wurde. Anschließend dürfte der Schädel mit einem großen Stein zerschlagen und das Gehirn verzehrt worden sein.

Gegenargumenten zuwenden, die für die These regionaler Entwicklungen zum modernen Menschen im Fernen Osten vorgebracht werden, wollen wir zunächst auch hier einen Blick auf die Fossilien werfen, die zur Begründung der konträren Hypothesen zur Verfügung stehen.

Archaische und moderne Funde Chinas

Obwohl aus China weniger Material bekannt ist als aus Afrika oder Europa, lässt sich doch bei einer Reihe von Funden ein für den archaischen H. sapiens typisches Mosaik ursprünglicher und fortschrittlicher Merkmale feststellen. Zu ihnen gehört ein Schädel, der 1978 in Flussablagerungen bei Dali in Nordchina entdeckt wurde. Das Alter dieses fast vollständig erhaltenen Schädels wird auf 150 000 bis 200 000 Jahre geschätzt. Mit seinem relativ kleinen Hirnschädelvolumen von 1120 cm³, dem massigen Überaugenwulst und den dicken Schädelwänden erinnert er zum Teil noch an H. erectus. Zugleich zeigt seine Anatomie deutlich fortschrittlichere H. sapiens-Züge, so beispielsweise annähernd senkrecht stehende Seitenwände und eine weniger ausgeprägte postorbitale Einschnürung. Auch das Gesicht weist progressive Merkmale auf. Die weiteren archaischen H. sapiens-Funde aus dem nördlichen China sind, mit Ausnahme des bedeutenden Skelettfunds von Jinniushan, äußerst fragmentarisch. So wurde in den 1970er-Jahren eine Reihe hominider Bruchstücke in alten Seeablagerungen bei Xujiayao entdeckt, die zwischen 100 000 und 125 000 Jahren alt sein dürften und von mindestens elf Individuen stammen. Auch diese Fossilien zeigen eine Kombination archaischer und modernerer Merkmale: Einige der Hirnschädelfragmente sind zwar bemerkenswert dickwandig, zeigen aber zugleich ein schwächer gewinkeltes Hinterhaupt mit einem nur geringen Knochenwulst. Dabei könnte die beträchtliche Heterogenität des Materials, etwa bei der Schädelwandstärke, auf deutliche Robustizitätsunterschiede zwischen männlichen und weiblichen Individuen dieser Populationen zurückzuführen sein.

Das wahrscheinlich bekannteste Fossil eines archaischen H. sapiens aus dem übrigen China ist ein Schädeldach, das mit angrenzenden Teilen des Obergesichts 1958 in einer Höhle nahe der Ortschaft Maba in Südchina entdeckt wurde. Bei diesem 120 000 bis 140 000 Jahre alten Fund sind trotz einer gegenüber H. erectus insgesamt fortschrittlicheren Morphologie noch relativ dicke Schädelwände und ein stark ausgeprägter Überaugenwulst festzustellen, mit dem eine deutliche postorbitale Einschnürung einhergeht. 60 000 bis 80 000 Jahre älter sind ein Oberkieferstück und ein relativ graziles, aber dennoch archaisches Hinterhauptfragment aus Chaoxian in Ostchina sowie ein weiteres Oberkieferbruchstück aus der Changyang-Höhle in Zentralchina.

Zusammenfassend bleibt damit festzuhalten, dass sich der morphologisch recht heterogene archaische H. sapiens nach den gegenwärtig vorliegenden Funden und deren Datierungen in der Zeit von vor rund 280 000 Jahren bis vor 120 000 oder 100 000 Jahren nachweisen lässt. Ob dabei Entwicklungstrends in Richtung der modernen Ostasiaten bestanden, ist kaum festzustellen, da nur wenig gut erhaltenes Material vorhanden ist, das zudem eher aus der frühen Phase der Entwicklung des archaischen H. sapiens stammt. Überhaupt bleibt weit-

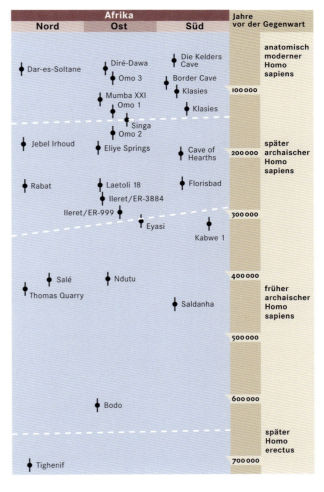

Entwicklungsschema des Homo sapiens in Afrika. Angegeben sind verschiedene Fundorte mit ihrer zeitlichen Zuordnung. Die weißen gestrichelten Linien kennzeichnen die Zuordnung der Funde zu den rechts genannten Formen der Gattung Homo. Es scheint, dass sich die Entwicklung zum modernen Menschen zuerst in Ost- und Südafrika vollzog.

Der **Schädel von Dali** wird dem archaischen Homo sapiens zugeordnet.

gehend im Dunkeln, wie diese Linie weitergeführt wurde, denn die zeitlich nachfolgenden Funde sind nur rund 25 000 oder 30 000 Jahre alt und schon vollständig anatomisch modern.

Bereits 1933 wurden in der Oberhöhle der Pekingmensch-Fundstelle bei Zhoukoudian die Skelette zweier Frauen und eines Manns ausgegraben. Offenbar hatte die Oberhöhle über längere Zeit vor allem als Grabkammer gedient, denn alle drei sind hier bestattet worden. Bei den menschlichen Überresten fand man viele künstlerisch gestaltete Gegenstände wie durchbohrte Muschelschalen und Zähne, die wahrscheinlich zu einer Kette oder einem Armband aufgereiht worden waren. Diese Grabbeigaben zeugen von dem modernen Verhalten und ästhetischen Empfinden dieser Menschen. Morphologisch unterscheiden sie sich grundsätzlich von den wesentlich älteren archaischen H. sapiens-Funden der Region. Wie auch ein weiterer etwa 20 000 bis 30 000 Jahre alter Skelettfund aus Liujiang in Südchina entsprechen sie in ihrer Morphologie noch nicht ganz derjenigen heutiger Chinesen, sondern ähneln eher frühen Modernen aus Europa und Afrika.

Die Interpretation der erwähnten archaischen und frühen modernen Fossildokumente könnte durch einen neuen Fund nicht unwesentlich modifiziert werden. Es handelt sich dabei um ein bei Laishui südlich von Peking gefundenes, nahezu vollständiges Ske-

---

RÄTSEL AM GOLDENEN OCHSENBERG

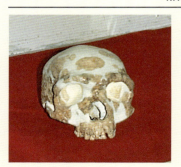

Die wahrscheinlich ältesten Überreste eines archaischen H. sapiens in China, ein relativ gut erhaltener Schädel und zugehörige Skelettteile, stammen vom Jinniushan, dem Goldenen Ochsenberg, 500 Kilometer nordöstlich von Peking. Diese 1984 in den unteren Schichten einer 12 Meter starken Ablagerung entdeckten Fragmente stellen die Forscher vor einige Rätsel. Denn die Hominidenreste dürften nach den bisherigen Datierungen 280 000 bis 200 000 Jahre alt sein. Damit aber entspricht ihr Alter dem der späten chinesischen H. erectus-Fossilien von Zhoukoudian und Hexian. Das ist umso bemerkenswerter, als der Jinniushan-Schädel mit einem Volumen von rund 1300 cm^3 bereits recht groß ist und unter anderm mit einer recht dünnen Schädelwand sowie senkrecht verlaufenden Seitenwänden weitere fortschrittliche Merkmale aufweist. Auch ist der Überaugenwulst zwar dick, jedoch nicht so massiv ausgeprägt wie der des vermutlich etwas jüngeren Schädels von Dali. Die erhaltenen Überreste des Körperskeletts hingegen sind auffällig robust. Wie ist das Vorkommen dieser fortschrittlicheren Form vom Goldenen Ochsenberg in der Zeit des H. erectus zu erklären?

Eine mögliche Interpretation wäre, dass sich der Übergang von H. erectus zum archaischen H. sapiens in China mosaikartig in relativ isolierten Gebieten zu je unterschiedlichen Zeiten vollzogen hat. Anderseits könnte die frühe Datierung des recht progressiven Jinniushan-Fundes auch ein Indiz für Einwanderungen oder Genfluss aus Europa oder gar Afrika sein, wo der archaische H. sapiens bereits wesentlich früher existierte. Vielleicht spielten somit schon bei der Entstehung des archaischen H. sapiens in Ostasien Einflüsse von außerhalb eine viel wichtigere Rolle als bisher angenommen.

Der **Schädel von Maba** in Südchina wird dem archaischen Homo sapiens zugeordnet. Die anhand des Funds angefertigte Lebendrekonstruktion zeigt, wie robust diese Menschenform ausgesehen haben dürfte.

lett, das nach den bisherigen Datierungen wahrscheinlich 30 000 Jahre alt oder ein wenig älter sein dürfte. Auffällig an den im Allgemeinen recht modern erscheinenden Überresten ist die archaisch wirkende wulstartige Überaugenmorphologie. Ob dieser Fund damit die Existenz eines archaischen H. sapiens noch bis zu dieser späten Zeit – ähnlich wie in Europa – belegt, wird man erst nach genauerer Analyse des Funds und seines Alters sagen können.

Der »Solo-Mensch« Javas

Bereits in den frühen 1930er-Jahren wurden bei Ngandong – etwa zehn Kilometer von Trinil entfernt – in einer Terrasse des Flusses Solo die zum Teil gut erhaltenen Hirnschädel von zwölf Individuen sowie einige Beinknochenstücke unter Beteiligung des Paläontologen Ralph von Koenigswald ausgegraben. Die Schädel, wie auch ein morphologisch sehr ähnliches Fossil, das 1988 bei Ngawi, rund zehn Kilometer südlich von Ngandong, zum Vorschein kam, sind in ihrer Gesamtform den javanischen H. erectus-Funden von Sangiran auffallend ähnlich, tragen aber auch progressive Züge. So sind der Überaugenwulst sowie die postorbitale Einschnürung reduziert, das Stirnbein ist stärker expandiert und die Seitenwände stehen senkrechter. Auch liegt die Schädelkapazität der Funde von Ngandong mit bis zu 1250 cm³ über der ihrer Vorläufer.

Blick in die Oberhöhle der **Fundstelle des Pekingmenschen** bei Zhoukoudian.

In dieser Kombination ursprünglicher und fortschrittlicher Merkmale bereitet die Klassifikation der Fossilien bis heute Schwierigkeiten. Während sie von einigen Forschern unter Hinweis auf die angedeutete Modernität der Morphologie bereits zum archaischen H. sapiens gezählt werden, deuten andere sie als Überreste von Vertretern einer hoch entwickelten, späten Form der Art H. erectus. Da jedoch allgemein von einer Kontinuität zwischen dem javanischen H. erectus und den Hominiden von Ngandong ausgegangen werden kann und eine sichere Grenzziehung zwischen diesen beiden Paläospezies zudem kaum möglich zu sein scheint, ist die Frage der Zuordnung im Grund von untergeordneter Bedeutung.

Nicht nur die Klassifikation, sondern auch die Datierung der Ngandong-Funde ist seit langem unklar und umstritten. So favorisie-

Zwei frühe moderne, etwa 25 000 Jahre alte **Schädel aus der Oberhöhle** von Zhoukoudian.

Der frühe moderne **Schädel von Liujiang** in Südchina.

Diesem **Schädel von Ngandong** am Solo-Fluss fehlt, wie allen Schädeln dieses Fundorts, das Gesicht.

Dieser 1982 im Tal des Narmada-Flusses bei Hathnora **in Zentralindien entdeckte Schädel** dürfte 130 000 bis 200 000 Jahre alt sein. Trotz einigen H. erectus-ähnlichen Merkmalen, wie dem kräftigen Überaugenwulst und den dicken, nach oben zu konvergierenden Schädelwänden, wird der Fund zum archaischen H. sapiens gestellt. So ist der Hirnschädel bereits deutlich höher als bei H. erectus, das Stirnbein gerundeter und das Hinterhaupt weniger gewinkelt. Das Hirnschädelvolumen beträgt zwischen 1260 und 1400 cm^3.

ren einerseits einige Forscher besonders aufgrund faunistischer Analysen ein relativ hohes Alter von mehr als 200 000 Jahren. Anderseits ergaben absolute Datierungen von Tierfossilien, die in den späten 1980er-Jahren mittels der Uran-Zerfallsmethode vorgenommen wurden, ein Alter von nur 80 000 bis 100 000 Jahren, und selbst dieses muss wahrscheinlich nach neuesten Ergebnissen noch weiter nach unten korrigiert werden. So ermittelte 1996 ein Forscherteam um Carl Swisher vom Berkeley Geochronology Center anhand des Schmelzes von Rinderzähnen aus den Schichten der Hominidenfunde lediglich ein Alter von mindestens 30 000, maximal 50 000 Jahren. Zu dem gleichen überraschend jungen Alter gelangten die Forscher auch für die Ablagerungen, aus denen der späte H. erectus-Schädel von Sambungmacan stammt. Sollten diese Datierungen auch für die Hominiden beider Fundstellen gelten, so hätten nicht nur in Europa und vielleicht in China, sondern auch auf Java archaische Formen des H. sapiens oder sogar des späten H. erectus noch bis vor 30 000 bis 40 000 Jahren existiert, während in Afrika der moderne Mensch schon vor mehr als 100 000 Jahren über den Kontinent verbreitet war.

Die Besiedlung Australiens

Anders als die meisten Inseln Indonesiens war Australien auch im Verlauf des Absinkens des Meeresspiegels während der Eiszeiten nie über Landbrücken mit dem asiatischen Festland verbunden. Selbst zu Zeiten des niedrigsten Wasserstands betrug der Abstand zum Festland noch mindestens neunzig Kilometer. So dürften die ersten Menschen, die diesen seit Jahrmillionen isolierten Kontinent besiedelten, vermutlich auf einfachen Flößen dorthin gelangt, vielleicht abgetrieben worden sein. Als Baumaterial solcher Wasserfahrzeuge standen ihnen Bambusrohr sowie viele Hölzer der tropischen Regenwälder Südostasiens reichlich zur Verfügung. Wer aber waren diese ersten Bewohner des kleinsten Erdteils, und wann waren sie auf den australischen Kontinent gelangt?

Auf beide Fragen schien es bis vor kurzem relativ klare Antworten zu geben: Die ersten Siedler waren anatomisch moderne Menschen, und sie erreichten den Kontinent vor rund 50 000 Jahren. Doch neuere Funde vom Keep-River im nördlichen Australien ließen Zweifel an der bisherigen Interpretation aufkommen. So erregte der australische Archäologe Richard Fullagar 1996 mit der Nachricht Aufsehen, Datierungen von Ocker und Steinwerkzeugen von der Jinmium-Fundstelle deuteten darauf hin, dass Menschen bereits vor mindestens 116 000 Jahren in dieser Region gelebt hätten. Neueren Untersuchungsergebnissen zufolge sind jene kulturellen Zeugnisse allerdings lediglich 22 000 Jahre alt, weshalb denn auch die erste Altersbestimmung inzwischen revidiert werden musste. Dennoch ist aufgrund der verschiedenen gegenwärtig vorhandenen Befunde einschließlich der neuesten Datierungen der Ngandong-Hominiden nicht mehr auszuschließen, dass neben anatomisch modernen Menschen auch archaische Gruppen nach Australien gelangt waren, selbst wenn die frühesten zuverlässig datierten Skelettreste, die bislang auf diesem Kontinent nachgewiesen werden konnten, nur rund 30 000 oder 40 000 Jahre alt sind.

Bemerkenswerterweise lassen auch die zahlreichen Schädelfunde aus Australien eine ungewöhnlich große Heterogenität erkennen, die von grazil-modernen bis hin zu sehr robusten Individuen mit möglicherweise einigen archaischen Zügen reicht. Sicher ist, dass schon vor 30 000 oder 40 000 Jahren moderne Menschen mit einem relativ grazilen Schädelbau bis nach Südaustralien gelangt waren, wo ihre Überreste aus den Sedimenten des ausgetrockneten Lake Mungo geborgen wurden. Der älteste dieser Funde ist das Skelett eines erwachsenen Manns, der vor seiner Beisetzung mit rotem Ocker bestreut wurde. Dies spricht für komplexe kulturelle Riten der frühen Siedler, ebenso wie das etwa 26 000 Jahre alte Grab einer in der Nähe entdeckten jungen Frau, die nach ihrem Tod zunächst verbrannt wurde, bevor man sie bestattete. Wie ein rund 40 000 Jahre alter Schädel aus der Niah-Höhle auf Borneo unterscheiden sich auch diese Funde morphologisch grundlegend von den archaischen Ngandong-Schädeln und ähneln eher frühen modernen Menschen Europas. Gleiches gilt auch für eine Reihe weiterer, jüngerer Funde, wie etwa den fast vollständigen Schädel von Keilor, der auf rund 13 000 Jahre datiert wird.

In Australien sind aber durchaus auch robuste Fossilien gefunden worden, so etwa ein Schädel, der am Ufer der Willandra Lakes, unweit der Lake-Mungo-Fundstelle, entdeckt und unter der Fundnummer »WLH-50« bekannt wurde. Dieser Fund konnte bisher nicht genau datiert werden. Es gibt jedoch Hinweise darauf, dass er jünger ist als die grazilen Überreste vom Lake Mungo. Darüber hinaus sind auch von den ebenfalls jüngeren Fundstellen in Cohuna, Cossack und vom Lake Nitchie recht robuste Schädel bekannt. In seiner Morphologie weist »WLH-50« trotz seiner grundsätzlich modernen Anatomie manche archaisch wirkenden Züge auf. Die Überaugenregion ist recht kräftig entwickelt, die Stirn nach hinten geneigt und das Hinterhaupt auffällig robust. Einige Forscher sehen Ähnlichkeiten mit den Schädeln von Ngandong, andere mit den frühen Modernen aus Skhul und Qafzeh in Israel.

Die ganze Problematik der morphologischen Heterogenität des australischen Fundmaterials wird am Beispiel einer etwa 10 000 Jahre alten Serie von Funden aus Kow Swamp deutlich, finden sich doch unter den Überresten von mehr als 40 Individuen, darunter Kinder,

Die **wichtigsten Fundorte** des archaischen und des modernen Homo sapiens in Ostasien.

Jugendliche und Erwachsene, sowohl recht robuste Schädel mit äußerst kräftigen Brauenbögen, fliehender Stirn und vorspringenden Gesichtern als auch Individuen, die den grazilen Funden ähneln. Die offensichtliche Heterogenität des australischen Fundmaterials stellt die Paläoanthropologen vor Probleme. Denn wie lässt sich die vielfältige Gestalt der Funde erklären? Eine These führt diese auf eine Isolierung der Populationen nach ihrer Einwanderung zurück. Ein anderes Modell erklärt die beobachtete Variabilität damit, dass die Besiedelung des fünften Kontinents in zwei getrennten Einwanderungswellen erfolgt sei. Dabei seien die leichter gebauten Menschen möglicherweise aus Indochina und Neuguinea, die robusteren hingegen aus Java gekommen.

Dass archaische Populationen Südostasiens möglicherweise ebenfalls zum Genpool der Australier beigetragen haben könnten, erscheint umso wahrscheinlicher, je mehr sich die neuen Datierungen der Funde von Ngandong bestätigen oder sich doch noch Belege für eine frühere Besiedlung Australiens finden. Entschieden ist bislang noch nichts. So bleibt die Besiedlungsgeschichte des kleinsten Erdteils spannend und dürfte auch noch für so manche Überraschung sorgen.

Kontinuität oder Diskontinuität

Obwohl die Fossilien aus dem ostasiatischen und australischen Raum eine große morphologische Kluft zwischen den archaischen und modernen Formen des H. sapiens erkennen lassen, gehen Befürworter eines multiregionalen Evolutionsmodells davon aus, dass sich die dortigen modernen Menschen aus den regionalen Vorfahren entwickelt haben – das heißt weitgehend unabhängig von den Entwicklungen in Afrika und Europa. Sie stützen ihre Annahme vor allem auf so genannte regionale Merkmale, die nach ihrer Auffassung sowohl für H. erectus als auch für den archaischen und modernen H. sapiens der betreffenden Regionen als charakteristisch anzusehen sind.

So sollen unter anderm schaufelförmige Schneidezähne, eine Kielung in der Scheitelgegend, ein flaches Gesicht, das Fehlen von Weisheitszähnen und ein gerundeter unterer Rand der Augenhöhle von einer kontinuierlichen Entwicklung vom chinesischen H. erectus bis zum modernen Menschen dieser Region zeugen. Als typische »regionale« Merkmale, die die menschliche Evolution in Südostasien und auf dem australischen Kontinent kennzeichneten, werden insbesondere eine flache Stirn, ein vorspringender Oberkiefer, verhältnismäßig große Backenzähne und nach unten ausgestellte Jochbeine vorgeschlagen.

Allerdings steht eine wachsende Zahl von Wissenschaftlern dieser Argumentation äußerst skeptisch gegenüber, denn viele der vorgeschlagenen Merkmalsausprägungen sind nicht auf Ostasien beschränkt. Vielmehr reichen sie bis weit in die Entwicklungsgeschichte des Menschen überhaupt zurück, handelt es sich bei diesen doch um ursprüngliche Züge, wie sie generell bei H. erectus und spä-

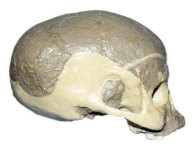

In der **Niah-Höhle im Norden Borneos** (Sarawak, Malaysia) wurde diese frühe, vollständig moderne Schädel einer jungen Frau gefunden. Die Brauenregion ist nur äußerst schwach entwickelt.

Diese beiden etwa 10 000 Jahre alten **Schädel aus Kow Swamp** geben einen Eindruck von der morphologischen Variabilität der zahlreichen Funde aus dieser Region. Während der Schädel »Kow Swamp 5« (links) mit seiner etwas nach hinten geneigten Stirn noch recht robust wirkt, erscheint der Schädel »Kow Swamp 15« (rechts) viel graziler.

teren Formen festgestellt werden können. So finden sich zum Beispiel alle »regionalen« Merkmale, die die Hominidenfunde aus Ngandong mit »WLH-50« verbinden sollen, auch bei dem äthiopischen Schädel »Omo Kibish 2«. Schaufelförmige Schneidezähne kommen nicht nur bei H. erectus aus Zhoukoudian, dem archaischen H. sapiens aus Dali und andern chinesischen Vertretern vor, sondern ebenfalls beim frühen Homo, H. erectus sowie archaischen und modernen H. sapiens aus Afrika. Darüber hinaus sind sie bei Anteneandertalern aus Arago und bei europäischen Neandertalern nachzuweisen, wie auch die Kielung in der Scheitelgegend sowohl in Afrika als auch in Europa weit verbreitet ist.

Nun wollen auch die Befürworter der These einer regionalen Evolution des modernen Menschen die Ausprägung der genannten Merkmale nicht allein auf den Fernen Osten beschränkt sehen. Vielmehr gehen sie lediglich davon aus, dass diese in Ostasien beziehungsweise Australien deutlich häufiger verbreitet sind. Neuere Vergleichsstudien konnten jedoch auch diese Annahme nicht bestätigen.

So ließen moderne Schädelserien aus Asien, Afrika und Europa für die meisten von dreißig vorgeschlagenen regionalen Merkmalen keine signifikanten regionalen Unterschiede erkennen, oder aber es war eine andere geographische Häufung ihrer Ausbildung festzustellen, als dem multiregionalen Modell zufolge zu erwarten gewesen wäre. Auch fanden sich morphologische Merkmale, die als Charakteristika ostasiatischer oder australischer Menschen angenommen werden, sehr häufig bei den Überresten rund 10 000 Jahre alter Nordafrikaner. Darüber hinaus konnten andere Untersuchungen keine Belege einer besonderen Ähnlichkeit der H. erectus-Funde aus Zhoukoudian mit heutigen Chinesen feststellen, und Vergleichbares gilt auch für die angenommene indonesisch-australische Entwicklungslinie.

Der sehr robuste **Schädel von Cohuna** in Australien ist etwa 15 000 Jahre alt.

Insgesamt sprechen die Ergebnisse bisheriger Analysen damit gegen regionale Entwicklungen des modernen Menschen im Fernen Osten und in Australien. Wie in Europa dürften auch hier vielmehr massive Einflüsse von außerhalb den Übergang von archaischen zu modernen Formen bewirkt haben.

»Out of Africa« – der Ursprung des modernen Menschen

Der Überblick über die menschliche Evolution seit H. erectus hat gezeigt, dass in allen Regionen der Alten Welt auf diesen gemeinsamen Vorfahren der morphologisch recht variable archaische H. sapiens folgte. Dieser ist in Europa bis vor etwa 30 000, in China bis vor 100 000, möglicherweise sogar, wie in Indonesien, noch bis vor 40 000 Jahren nachweisbar. In Afrika hingegen finden sich 250 000 Jahre alte Fossilien, die morphologisch bereits dicht an der Schwelle zum modernen H. sapiens stehen, und vor rund 150 000 Jahren treten hier anatomisch vollständig moderne Menschen auf den Plan – viel früher als in irgendeiner andern Region. Darüber hinaus lässt sich in Afrika der graduelle Übergang von der archaischen zur modernen Form anhand der Fossilfunde sehr genau nachvollziehen, während in Europa und Ostasien zwischen den jüngsten Funden des archaischen H. sapiens und den frühesten Modernen große anatomische Unterschiede bestehen. Nicht zuletzt diese Tatsache macht einen direkten Übergang zwischen diesen Formen, wie er von einem »multiregionalen Evolutionsmodell« unterstellt wird, unwahrscheinlich. Statt dessen spricht vieles für die These, dass der anatomisch moderne Mensch, der letztlich den gemeinsamen Vorfahren aller heute lebenden Menschen darstellt, in Afrika entstand, sich von dort ausbreitete und die archaischen Formen in den verschiedenen Regionen der Welt ablöste.

Australien während der letzten Eiszeit. In die Karte sind wichtige Fundstellen und mögliche Einwanderungsrouten eingezeichnet.

Eva der Mitochondrien

Enorme Fortschritte in der Molekulargenetik, insbesondere die Entwicklung neuer Analysetechniken der Erbsubstanz (DNA), lieferten in jüngerer Zeit weitere Möglichkeiten zur Rekonstruktion der menschlichen Entwicklungsgeschichte. Als besonders aufschlussreich hat sich seit den 1980er-Jahren die Erforschung der DNA der Mitochondrien erwiesen, jener Organellen, die für die Energieversorgung der Zelle verantwortlich sind. Diese so genannte mtDNA macht zwar nur einen winzigen Teil des gesamten Genbestands aus, doch verfügt sie gegenüber dem viel umfangreicheren Erbmaterial im Zellkern für die Erforschung der Entwicklungsgeschichte über einige wesentliche Vorteile. Im Gegensatz zur Kern-DNA, die immer wieder neu aus dem elterlichen Erbgut kombiniert wird, vererbt sich die mtDNA nur in der mütterlichen Linie. Veränderungen entstehen hier demnach ausschließlich durch Mutationen, die sich zudem schneller anhäufen als in der Kern-DNA. Daher können bei einer Analyse der mtDNA auch junge genetische Veränderungen erfasst werden. Da sich die Mutationen vermutlich mit annähernd gleich bleibender Geschwindigkeit in der mtDNA ansammeln, kann man bei Kenntnis dieser Geschwindigkeit beziehungsweise der Mutationsrate ermitteln, wie alt die heute vorhandenen Unterschiede im Erbgut der Menschheit sind.

Unter dem Titel »Mitochondriale DNA und menschliche Evolution« veröffentlichten 1987 die amerikanischen Molekularbiologen Rebecca Cann, Mark Stoneking und Allan Wilson eine Aufsehen erregende Studie, die in der Folge die Kontroverse über den Ursprung des modernen Menschen wesentlich beeinflusste. Die Forscher hatten die mtDNA von 147 Frauen aus Europa, Asien, Australien, Neuguinea und Afrika untersucht und die festgestellten mtDNA-Typen nach ihrer Ähnlichkeit zu einem Stammbaum verknüpft. Dieser bestand aus zwei Hauptästen, einer davon war ausschließlich durch Afrikanerinnen repräsentiert, der andere umfasste alle übrigen Individuen, darunter ebenfalls wieder viele Afrikanerinnen. Aus dieser Stammbaumrekonstruktion schlossen die Wissenschaftler, dass Afrika die wahrscheinlichste Quelle des menschlichen Mitochondrien-Genpools ist.

Diese These wurde auch dadurch gestützt, dass das Erbgut der Afrikanerinnen offenkundig heterogener ist als das anderer Frauen. Ihre mtDNA weist mit andern Worten mehr Mutationen auf. Daraus folgt, dass ihre letzten gemeinsamen Wurzeln älter sein müssen als die der Frauen von andern Kontinenten. Für den gemeinsamen Ahn ermittelten die Forscher schließlich ein Alter von rund 200 000 Jahren.

Da diese Interpretation auf der Untersuchung einer mütterlichen Entwicklungslinie (Matrilinie) beruhte, waren in den Medien bald die Schlagworte von einer »Afrikanischen Eva« oder »Urmutter Eva« geprägt, die bis heute verwendet werden, aber eher irreführend sind. Denn zu keinem Zeitpunkt gab es nur eine einzige Menschenfrau; vielmehr lebten Tausende von Frauen zu jener Zeit, und

Im Kern von **Ei** und **Spermium** liegt die DNA jeweils nur als einfacher **Chromosomensatz** vor. Bei der Verschmelzung von Ei und Spermium entsteht ein doppelter Chromosomensatz. Die Mitochondrien-DNA des Spermiums gelangt bei der Befruchtung zwar in die Eizelle, wird dort aber vermutlich abgebaut, sodass nur die **Mitochondrien-DNA der Eizelle** in die nächste Generation weitergegeben wird. Die ringförmige DNA der Mitochondrien enthält die Sequenzen von 37 **Genen,** die die Information für einige Stoffwechselkomponenten im Mitochondrium codieren.

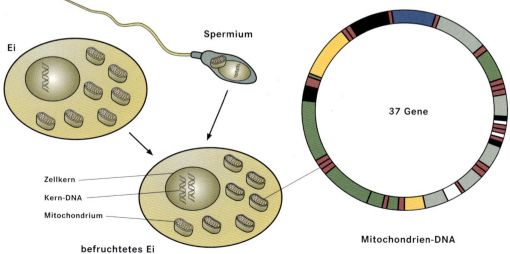

Auch die männlichen Spermien enthalten **Mitochondrien.** Diese befinden sich im Schwanzfaden und stellen dem Spermium die Energie bereit, die es zur selbstständigen Bewegung benötigt. Bei der Befruchtung wird der Schwanzfaden nach Eindringen in die Eizelle aufgelöst und mit ihm die Mitochondrien und die mitochondriale DNA (mtDNA). Bisher liegt für den Menschen kein gegenteiliger Nachweis vor. Selbst wenn Mitochondrien des Spermiums erhalten blieben, wäre ihr Anteil im Vergleich zu dem der viel zahlreicheren Mitochondrien in der Eizelle äußerst gering und somit vernachlässigbar. Mit andern Worten erbt ein Mann zwar seine mtDNA von seiner Mutter, kann sie aber nicht an seine Kinder weitergeben. Diese werden vielmehr die mtDNA ihrer Mutter tragen, und seine Töchter werden sie auf ihre Kinder übertragen.

unser Erbgut im Zellkern, das unsere genetische Konstitution im Wesentlichen ausmacht, stammt von vielen dieser Frauen und Männer. Lediglich die in mütterlicher Linie vererbte mtDNA lässt sich auf einen Typ zurückverfolgen, denn im Lauf der Zeit starben die Linien aus, die entweder gar keinen oder nur männlichen Nachwuchs hatten.

Die Pionierarbeit von Cann, Stoneking und Wilson wurde in den folgenden Jahren durch zahlreiche weitere Studien an der mtDNA grundsätzlich bestätigt. Sie kamen gleichfalls zu dem Resultat, dass die größte mtDNA-Variabilität bei afrikanischen Frauen zu beobachten ist. Auch konnte gezeigt werden, dass die Gründertypen der Menschen in den übrigen Teilen der Welt von nur wenigen der afrikanischen mtDNA-Typen gebildet werden.

Der japanische Genetiker Satoshi Horai kam in einer 1995 veröffentlichten Arbeit ebenfalls zu dem Ergebnis, dass der letzte gemeinsame Vorfahr des Menschen in Afrika lebte. Er stützt sich auf einen Vergleich aller rund 16 500 Basen der mtDNA je eines Menschen aus Afrika, Europa und Japan sowie, um die Mutationsrate besser abschätzen zu können, von vier Menschenaffen, und zwar eines Orang-Utans, eines Gorillas und zweier Schimpansen. Auf dieser Grundlage ermittelte Horai für den gemeinsamen menschlichen Vorfahren ein Alter von 143 000 Jahren. Weitere Schätzungen anderer Autoren schwanken zwischen rund 100 000 und 200 000 Jahren und sprechen somit ebenfalls klar für eine junge, gemeinsame Wurzel der heutigen Menschheit.

Untersuchungen an der Kern-DNA kommen zu ähnlichen Ergebnissen. Die Amerikanerin Sarah Tishkoff und ihre Mitautoren konnten 1996 zeigen, dass bei Afrikanern, die südlich der Sahara leben, ein bestimmter DNA-Abschnitt auf dem Chromosom 12 variabler ist als bei Nord- und Nichtafrikanern. Zugleich deutet das globale Variationsmuster für diesen Abschnitt auf einen gemeinsamen, relativ jungen subsaharischen Ursprung aller nichtafrikanischen Bevölkerungen hin.

Das stimmt mit den Resultaten des italienischen Genetikers Luca Cavalli-Sforza überein, der zahlreiche für Blutgruppen sowie ausgewählte Proteine und Enzyme kodierende Gene von mehr als 1800 Bevölkerungsgruppen aus allen Erdteilen untersuchte. Die aus den Genhäufigkeiten berechneten genetischen Abstände zwischen diesen Bevölkerungen zeigen zum einen, dass die Unterschiede innerhalb der Menschheit so gering sind, dass sehr lange voneinander unabhängige Entwicklungszeiträume, wie sie das »multiregionale Modell« annimmt, äußerst unwahrscheinlich sind. Zum andern fand sich der größte genetische Abstand zwischen Afrikanern auf der einen und allen übrigen Bevölkerungsgruppen der Erde auf der andern Seite. Diese Unterschiede im Erbmaterial entstanden nach Cavalli-Sforzas Schätzungen erst während der letzten 100 000 Jahre, als moderne Menschen sich von Afrika aus langsam über die ganze Erde ausbreiteten. Obwohl bei Schätzungen von Aufspaltungszeiten aufgrund von Genhäufigkeiten einige Faktoren wie etwa Wanderungen

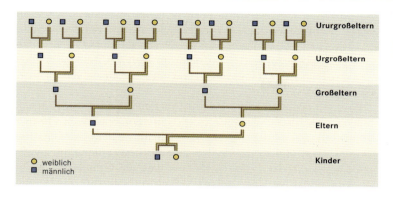

Die beiden Kinder tragen im Zellkern Gene von allen 16 Ururgroßeltern. Ihre **Mitochondrien-DNA** wurde aber nur über die mütterliche Linie vererbt.

und dadurch bedingte Vermischungen unberücksichtigt bleiben, liegt das geschätzte Alter sehr nahe bei den aufgrund der mtDNA ermittelten Werten.

Inzwischen liegen auch verschiedene molekularbiologische Studien über das nur väterlicherseits an die Söhne weitergegebene Y-Chromosom vor, die ebenfalls die These einer gemeinsamen, relativ jungen Wurzel der Menschheit in Afrika stützen.

Das »Out-of-Africa-Modell«

Die Heftigkeit, mit der die Kontroverse über den Ursprung des modernen Menschen in den vergangenen Jahren ausgetragen wurde, führte zu einer künstlichen Polarisierung der Diskussion. Obgleich ein globales multiregionales Evolutionsmodell zunehmend unwahrscheinlicher wurde, bemühten sich seine Anhänger, das Out-of-Africa-Modell zu widerlegen. Dabei konzentrierten sie sich auf eine extreme Interpretation, die so genannte »Eva-Theorie«, die allerdings von kaum einem Vertreter des Out-of-Africa-Modells befürwortet wird. Nach dieser Interpretation sollen alle archaischen Populationen durch eine neue Art aus Afrika, den modernen Menschen, vollständig abgelöst worden sein. Um dieses extreme Modell zu widerlegen, würde es bereits genügen, einige wenige anatomische Details – etwa der Neandertaler – bei den nachfolgenden modernen Europäern nachzuweisen.

Im Gegensatz zur extremen »Eva-Theorie« geht das Out-of-Africa-Modell davon aus, dass es während der Jahrtausende dauernden Periode der Koexistenz durchaus zu Vermischungen zwischen archaischen und modernen Populationen in geringem oder vielleicht auch stärkerem Ausmaß gekommen sein dürfte. Dieser Genfluss könnte nach Auffassung von Chris Stringer und Günter Bräuer sogar einen gewissen Grad an evolutionärer Kontinuität bei frühen modernen Funden vortäuschen. Auch die Pionierin in der mtDNA-Forschung, Rebecca Cann, wendet sich gegen die extreme Eva-Interpretation und sieht durchaus Vermischungen zwischen modernen und

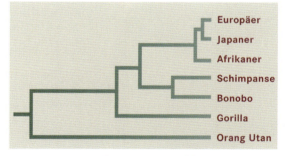

Stammbaum von Menschen und Menschenaffen auf der Grundlage von Analysen der gesamten mtDNA-Sequenz. Die Länge der Äste ist ein Maß für die jeweilige Verschiedenheit der mitochondrialen DNA.

archaischen Bevölkerungen als wahrscheinlich an. Allerdings dürften nach so vielen Jahrtausenden kaum noch archaische mtDNA-Linien unter den heutigen Menschen anzutreffen sein. Mögliche Hinweise auf eine gewisse regionale Kontinuität in einzelnen Merkmalen bei frühen modernen Funden sind somit nicht geeignet, das Out-of-Africa-Modell zu widerlegen.

Zusammenfassend können wir demnach festhalten, dass die Vorstellung, wonach der moderne Mensch in Afrika entstanden ist und sich von hier aus schließlich verbreitet hat, durch wesentliche Belege gestützt wird: Erstens durch das viel frühere Auftreten des anatomisch modernen Menschen in Afrika als in andern Teilen der Welt; zweitens durch die beträchtliche morphologische Kluft zwischen den jüngsten archaischen und den ältesten modernen Menschenfunden in Europa und Asien; drittens durch die großen Ähnlichkeiten zwischen den frühen modernen Funden weltweit; viertens durch die Untauglichkeit der meisten so genannten regionalen anatomischen Merkmale und fünftens durch die anhand der DNA gewonnenen Ergebnisse, die auf eine gemeinsame junge Wurzel der Menschheit vor 100 000 bis 200 000 Jahren hinweisen.

Ein realistisches und weithin akzeptiertes Out-of-Africa-Modell postuliert einen komplexen demographischen Ablösungs- und Verdrängungsprozess der archaischen durch die modernen Bevölkerungen. Am besten verstehen wir diesen Prozess bisher in Europa, wo die Zahl der Funde am größten ist. Vermutlich dürften ähnliche Faktoren auch in andern Teilen der Welt zum langsamen Verschwinden der dortigen archaischen Bevölkerungen und zur Expansion der modernen Menschen geführt haben.

Der moderne Mensch erobert die Erde

Schon bald nach seiner Entstehung hatte der moderne Mensch weite Teile des afrikanischen Kontinents besiedelt. Vor etwa 100 000 Jahren, so zeigen die frühen modernen Funde aus Israel, hatte er den Nahen Osten erreicht, von wo aus er sich schließlich weltweit verbreitete.

Dabei gelangten die ersten Modernen vor rund 40 000 Jahren nach Europa, wo sie die Neandertaler verdrängten. Zuvor hatten sie sich wahrscheinlich bereits auf einer Südroute immer weiter nach Osten ausgebreitet. Wann sie den Fernen Osten und den fünften Kontinent erreichten, ist aufgrund der gegenwärtigen Fundlage nicht genau auszumachen. Als gesichert gilt aber, dass anatomisch moderne Menschen mindestens schon vor 40 000 Jahren in Südostasien und Australien lebten. Viel später erst gelang die Besiedelung Neuseelands und der übrigen pazifischen Inselwelt, denn erst im Verlauf der letzten 4000 Jahre wurden Schifffahrt und Navigationskenntnisse so weit entwickelt, dass weite Strecken über das offene Meer zurückgelegt werden konnten.

Nur relativ ungenau ist der Zeitraum zu ermitteln, in dem moderne Menschen erstmals in die nördlichen Teile Ostasiens gelang-

---

Der **genetische Abstand** ist ein Maß der Verschiedenheit oder Ähnlichkeit zweier Populationen. Je größer die Unterschiede zwischen den Genhäufigkeiten sind, desto größer wird das Abstandsmaß. Die Aussagekraft genetischer Abstandsbeziehungen hängt wesentlich von der Zahl der einbezogenen Gene ab, die so groß wie möglich sein sollte. Berechnet man die Abstände zwischen zahlreichen Bevölkerungen, so lassen sich diese in Form eines Stammbaums (Dendrogramm) darstellen, bei dem die Populationen entsprechend ihrem genetischen Abstand miteinander baumartig verknüpft werden. Größere Abstände können unter anderm eine längere Zeit seit der Trennung der Populationen widerspiegeln.

Der **Löwenmensch** aus dem Hohlensteinstadel im Lonetal bei Ulm ist ein wichtigstes Kunstwerk des Aurignacien. Die etwa 32000 Jahre alte Elfenbeinfigur, von der hier etwa das obere Drittel zu sehen ist, ist 28,1 cm groß.

ten. Die ältesten vollständig modernen Fossilien, die gegenwärtig aus dieser Region vorliegen, sind etwa 30 000 Jahre alt, wobei man bei Ausgrabungen im äußersten Norden Asiens auf Überreste stieß, die darauf schließen lassen, dass hier schon vor 35 000 Jahren Menschen lebten.

Wanderung nach Amerika

In der weiten, baumlosen Kältetundra Sibiriens konnte es während der letzten Eiszeit aufgrund geringer Niederschlagsmengen kaum zur Bildung größerer Eisdecken oder Gletscher kommen. Außerdem war damals Sibirien durch die mehr als 1000 Kilometer breite Bering-Landbrücke über Alaska mit Nordamerika verbunden. So war der Weg frei für die modernen Menschen, die neben verschiedenen ursprünglich asiatischen Säugetierarten auf dieser Passage nach Nordamerika gelangten.

DIE HEUTIGE VIELFALT DES MENSCHEN

Die Annahme eines gemeinsamen Ursprungs des modernen Menschen hat auch Auswirkungen auf die Betrachtung seiner heutigen Vielfalt, da die Unterschiede zwischen den Menschen erst seit der Ausbreitung über die Erde vor weniger als 100 000 Jahren entstanden sein können. Auf genetischer Ebene bestehen nur sehr geringe Unterschiede zwischen den Populationen weltweit. Diese betreffen häufig »neutrale« Merkmale, deren Verteilung durch Zufall, unabhängig von Selektionsdrücken, entstanden ist, unter anderm Gene für Blutgruppen und Proteine. Andere Merkmale – besonders der Körperoberfläche – entwickelten sich in Anpassung an bestimmte Umwelt- und Klimabedingungen. Hierzu zählen neben Eigenschaften des Körperbaus und der Gesichtsform auch die verschiedenen menschlichen Hautfärbungen. Da die Pigmentierung von nur sechs der schätzungsweise 150 000 Gene des Menschen gesteuert wird, kann man von so auffälligen Unterschieden wie bei der Hautfarbe nicht auf große Differenzen im gesamten Erbgut schließen. Sie spiegeln lediglich die Klimabedingungen wider, unter denen die Vorfahren der heutigen Populationen lebten. Ähnliche Hautfarben erzählen die Geschichte des Klimas und nicht der Völker.

Der Genetiker Cavalli-Sforza hält die traditionellen Aufteilungen in »Rassen« für weitgehend willkürlich, da sich auf genetischer Ebene keine klaren Abgrenzungen zwischen Populationen aus verschiedenen Erdteilen ziehen lassen. Die Menschen variieren vielmehr über die Populationsgrenzen hinweg, und Merkmalsausprägungen unterscheiden sich meist nur in den Häufigkeiten ihres Auftretens. Der Genetiker Richard Lewontin stellte in einer Studie zu geographischen Unterschieden anhand von 17 verschiedenen Genen für Blutgruppen und verschiedene Enzyme fest, dass nur 15 % der beobachteten Variation ihre Ursache in der geographischen Herkunft der Menschen hatten, während 85 % auf individuelle Differenzen innerhalb der jeweiligen Population zurückzuführen waren. Offensichtlich war also seit der Auswanderung der modernen Menschen aus Afrika niemals eine Population so lange von den übrigen isoliert, dass sich tief greifende biologische Differenzen zwischen ihnen entwickeln konnten. Wanderungsbewegungen führten zu ständigen Vermischungen und ununterbrochenem Genfluss.

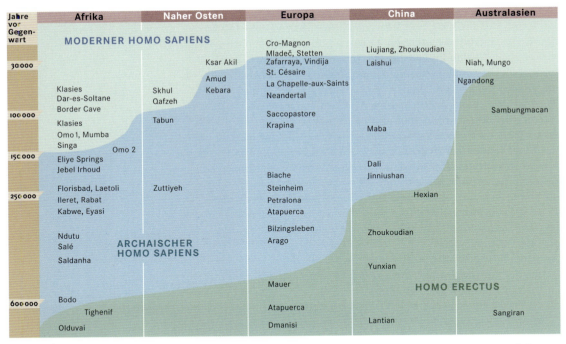

In dieser Übersicht sind die **wichtigsten Fossilienfunde** zur Evolution des Homo sapiens zusammgefasst. Auch einige bisher nicht erwähnte Funde wurden aufgenommen.

Der tatsächliche Zeitpunkt ihres frühesten Auftretens auf diesem Erdteil ist stark umstritten, doch sind sich viele Experten einig darüber, dass die bislang ältesten Werkzeuge mit den knapp 20 000 Jahre alten Artefakten vorliegen, die in den Bluefish Caves in Alaska gefunden wurden.

Die weitere Ausdehnung des Siedlungsgebiets nach Süden wurde dann zunächst von zwei riesigen Eisschilden begrenzt, die bis vor rund 14 000 Jahren fast ganz Kanada bedeckten. Zwar nehmen einige Forscher an, dass es schon früher möglich gewesen sein könnte, diese Gletscher zu überqueren oder durch einen eisfreien Korridor weiter in Richtung Süden zu gelangen. Stichhaltige Beweise für eine solche Hypothese gibt es aber bislang nicht.

Erst für die Zeit vor 12 000 bis 11 000 Jahren finden sich archäologische Belege für die Anwesenheit von Menschen in Gebieten südlich des heutigen Kanada, die in der Fachwelt allgemein anerkannt werden. Diese gehören zu der Clovis-Kultur die nach einem Fundort im US-Bundesstaat New Mexico benannt wurde. Die Clovis-Kultur zeichnet sich durch fein bearbeitete Steinspitzen aus und war von Alaska bis Panama verbreitet.

Ebenfalls rund 12 000 Jahre alt könnte nach neueren Erkenntnissen eine größere Ansammlung von verschiedenen Steinwerkzeugen, Holz- und Knochenartefakten sowie tierischen und pflanzlichen Nahrungsresten sein. Sie wurde bei Monte Verde in Chile entdeckt und würde nach den bisherigen Erkenntnissen dafür sprechen, dass die Menschen ihr Siedlungsgebiet sehr rasch bis weit nach Südamerika ausdehnen konnten, als mit dem beginnenden Abschmelzen der Gletscher der Weg durch Kanada immer leichter wurde.

Die jungpaläolithische Revolution

Mit dem Auftreten der ersten anatomisch modernen Menschen in Afrika und im Nahen Osten ging zunächst keine Veränderung der Kultur einher, die aus heutiger Sicht festzustellen wäre. Erst vor rund 50000 bis 40000 Jahren kam es mit Beginn des Jungpaläolithikums zu einem deutlichen Umschwung. Zu dieser Zeit wurde ein ganzes Bündel von Neuerungen vergleichsweise unvermittelt eingeführt. Für den amerikanischen Prähistoriker Richard Klein kennzeichnet diese neue Kultur den Beginn der vollen geistigen und kommunikativen Fähigkeiten des Menschen und damit den Anfang moderner kultureller Möglichkeiten.

Wenngleich die ältesten Spuren dieses modernen Verhaltens in den Nahen Osten und wahrscheinlich nach Afrika zurückreichen, so ist die Epoche des Jungpaläolithikums, die bis vor rund 10000 Jahren reichte, am intensivsten in Europa erforscht. In raschem Abstand folgen hier immer neue, komplexere Kulturen – vom Châtelperronien und Aurignacien über das Gravettien und Solutréen bis zum Magdalénien. Ihnen gemeinsam ist eine gegenüber Vorläuferkulturen verbesserte Werkzeugtechnologie, die es ermöglichte, längliche Klingen herzustellen und zu verschiedenartigen Werkzeugen weiterzuverarbeiten.

Vielfältigkeit, aber auch Standardisierung der Werkzeuge nahmen zu, und die Verwendung bisher kaum genutzter Materialien wie Knochen, Horn oder Elfenbein ermöglichte es, neue, feine Geräte wie Nadeln, Bohrer oder Ahlen anzufertigen. Mit Widerhaken versehene Harpunen machten den Fischfang effektiver, und mithilfe neuer Jagdwaffen wie Pfeil und Bogen ließen sich Tiere aus größerer Distanz erlegen. Ebenfalls zum ersten Mal finden sich Hinweise auf eine gut vernähte, wärmende Fellkleidung und die Errichtung von Hütten, die zum Teil bereits kleine Dörfer bildeten.

Die Kultur des **Aurignacien,** benannt nach dem Ort Aurignac in Südwestfrankreich, war von Südosteuropa über Süddeutschland bis zu den Pyrenäen verbreitet. Seine Epoche begann vor etwa 35000 Jahren und endete vor ungefähr 28000 Jahren. Neben feinen Kratzern und Klingen stammen aus dieser Zeit Elfenbeinstatuetten, die in Höhlen in Süddeutschland gefunden wurden, sowie Malereien wie zum Beispiel in der Höhle von Chauvet. Auch die prominenten Funde aus der Höhle von Cro-Magnon datieren aus dem Aurignacien.

Die **Ausbreitung des modernen Menschen** über die Erde.

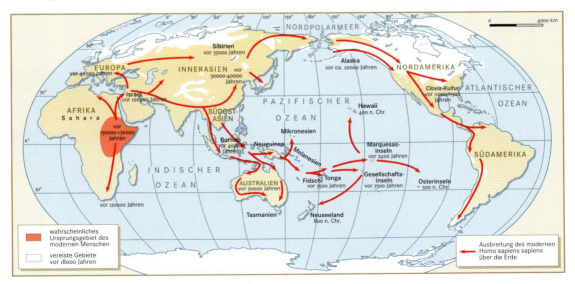

Rekonstruktion einer Gruppe von **Menschen aus dem Jungpaläolithikum.**

Bei deren Bau erwiesen sich die Menschen als erstaunlich flexibel. So ersetzten in der baumlosen Kältesteppe Osteuropas – wie zum Beispiel bei Meschyritschi in der Ukraine – Mammutknochen nicht nur fehlendes Brennholz, sondern dienten auch als Baumaterial für die mit Tierhäuten umspannten Hütten.

Die Menschen des Jungpaläolithikums schufen darüber hinaus auch erste eindrucksvolle Kunstwerke. Zu den ältesten figürlichen Darstellungen zählen Schnitzereien aus Mammut-Elfenbein, wie das etwas über 30 000 Jahre alte Pferdchen aus der Vogelherd-Höhle oder die mit einem Löwenkopf kombinierte Menschenfigur aus dem Hohlensteinstadel (Baden-Württemberg). Venusfiguren waren vor 29 000 bis 21 000 Jahren in ganz Europa verbreitet. Die stark stilisierten Statuetten mit übertrieben dargestellten Brust- und Gesäßpartien werden überwiegend als Fruchtbarkeitssymbole gedeutet.

Frühe Felsmalereien aus der Zeit vor 31 000 bis etwa 12 000 Jahren finden sich in vielen Teilen der Alten Welt, doch konzentrieren sich die meisten auf das Gebiet von Nordspanien bis Südfrankreich. Hier wurden bisher nicht weniger als 180 Höhlen mit Felsbildern entdeckt, darunter die schon seit langem bekannten von Altamira und Lascaux. Ritzzeichnungen und Malereien mit Farben aus Holzkohle, Eisen- und Manganoxiden finden sich sowohl in den Eingangsbereichen der Höhlen als auch an zum Teil sehr schwer zugänglichen Stellen im Höhleninneren. Das nötige Licht spendeten Holzfackeln und mit Tierfett betriebene Öllampen.

Die Bilder der frühen Künstler zeigen vor allem die großen Tiere, die sie jagten, wie Mammute, Auerochsen, Wisente und Hirsche. In einer der ältesten und bedeutendsten dieser Felsmalereien, die sich in der erst 1994 entdeckten Chauvet-Höhle im Süden Frankreichs befindet, sind überwiegend für den Menschen gefährliche Arten wie Nashorn, Löwe und Bär abgebildet. Beeindruckend an diesen rund

Während des Jungpaläolithikums schwankte das Klima ständig. Die relativen **Temperaturveränderungen** und die verschiedenen **Werkzeugkulturen** sind in dieser Abbildung eingetragen.

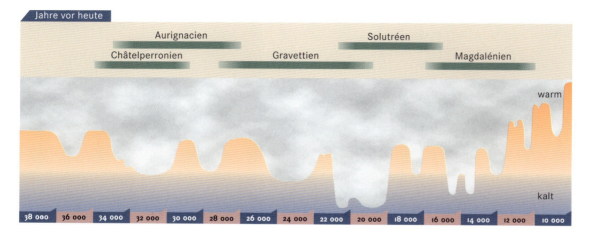

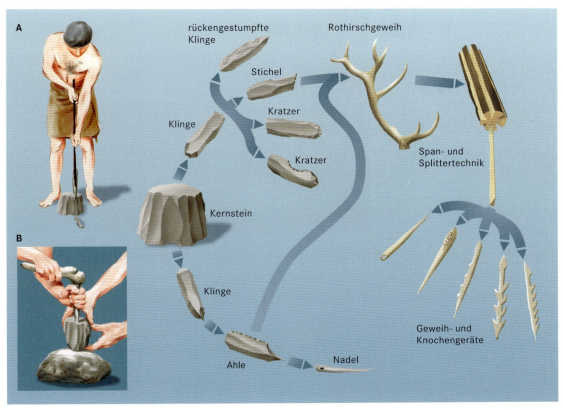

Die Menschen des **Jungpaläolithikums** hatten spezielle Techniken bei der **Werkzeugherstellung.** Klingen schlugen sie aus einem zuvor sorgfältig präparierten Kern mithilfe eines Hammers aus Stein, Holz oder Knochen.

31 000 Jahre alten Tierdarstellungen sind die außerordentliche Ausdrucksstärke und die künstlerische Umsetzung mit Schattierungen und perspektivischer Darstellung, die zeigen, wie meisterhaft und kreativ diese frühen Künstler waren. Für Aufsehen sorgte auch die Entdeckung etwa 18 000 Jahre alter Malereien in der Cosquer-Höhle in der Nähe von Marseille, deren Eingang heute 37 Meter unter dem Meeresspiegel liegt. Tief im Innern der Höhle befinden sich eingravierte und gemalte Abbildungen von mindestens 21 verschiedenen Tierarten, darunter Pferde, Wisente, Steinböcke und sogar Robben. Bemerkenswert ist, dass in den Felsmalereien Menschen nur selten und wenn, dann nur skizzenhaft abgebildet sind.

Die Bedeutung dieser frühen Kunstwerke für die damaligen Menschen ist heute im Einzelnen nicht mehr nachzuvollziehen. Einig sind sich die Spezialisten darüber, dass die Kunstgegenstände und Malereien nicht um ihrer selbst willen, sozusagen als Zeitvertreib, geschaffen wurden. Vielmehr wird vermutet, dass sie in Zusammenhang mit kultischen und rituellen Handlungen gestanden haben. Die Tierdarstellungen, die vielleicht vornehmlich von ausgewählten Personen wie etwa Schamanen angefertigt wurden, könnten der Beschwörung des Jagdglücks gedient haben.

Nicht nur die künstlerischen Darstellungen zeugen von einem zunehmenden symbolischen Denken der jungpaläolithischen Men-

Spuren des **Magdalénien** finden sich von Spanien bis nach Böhmen. Seine Epoche begann vor etwa 18 000 Jahren und endete vor 12 000 Jahren mit der letzten Eiszeit. Das Magdalénien war Höhepunkt und Abschluss der eiszeitlichen Jägerkultur, der die berühmten Höhlenmalereien von Altamira in Nordspanien sowie von Lascaux in Südfrankreich zuzurechnen sind.

In der **Höhle von Altamira** nahe Santander in Spanien wurden 1879 die ersten Höhlenbilder des Jungpaläolithikums entdeckt. Die mehrfarbigen Deckenbilder stellen Wildtiere – hier ein kauernder Wisent – in Bewegung und Ruhe dar.

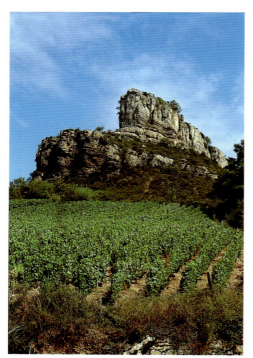

Die berühmte **Fundstelle Solutré**, namengebend für die Kulturstufe des Solutréen (vor 21 000 bis 16 000 Jahren). Am Fuße des Felsens wurden zahlreiche Höhlen entdeckt.

schen. Auch ihre Bestattungsriten deuten darauf hin. So wurden, wie beispielsweise Überreste in den rund 25 000 Jahre alten Gräbern von Sungir nahe Moskau zeigen, den bestatteten Verstorbenen verschiedene Gaben wie Schmuck beigegeben oder ihre Kleider waren mit Elfenbeinperlen besetzt. Dabei spiegeln unterschiedlich aufwendige Grabbeigaben möglicherweise eine zunehmende soziale Differenzierung innerhalb der Gruppen wider.

Zwischen den verschiedenen Jäger-und-Sammler-Gruppen kam es zu regem Austausch von Rohmaterial wie Stein, Muscheln und Bernstein – oft über weite Entfernungen hinweg. Offenbar entstanden zwischen den Gruppen weit gespannte soziale Netzwerke, die in Krisensituationen das Überleben durch gegenseitige Hilfe erleichterten. Ihre flexiblen und innovativen kulturellen Verhaltensweisen führten schnell zu einem deutlichen Anstieg der Populationsdichte und erlaubten ihnen die Besiedlung von Gebieten, die früheren Menschenformen aufgrund ihres beschränkten kulturellen Repertoires verschlossen waren. In immer stärkerem Maß begannen die Menschen, ihre Lebensbedingungen selbst zu gestalten.

Etappen zur Neuzeit

Mit dem Ausklingen der Eiszeit vor rund 12 000 Jahren kam auch das Ende des Jungpaläolithikums. Infolge des Abschmelzens der Gletscher stieg der Meeresspiegel, und die Küstenverläufe und Landschaften glichen sich immer mehr den heutigen Verhältnissen an. Zu jener Zeit hatten die Menschen ein so hohes kulturelles und soziales Niveau erreicht, dass es vor allem gesellschaftliche Faktoren und weniger die Beschränkungen der natürlichen Umwelt waren, die die weitere Entwicklung bestimmten.

Mit dem Neolithikum vollzog sich der Übergang von der Jahrhunderttausende alten Lebensweise der Menschen als Jäger und Sammler zu den ersten bäuerlichen Gesellschaften. Ackerbau und Viehzucht entstanden mehrfach unabhängig voneinander in verschiedenen Regionen der Alten und der Neuen Welt, zuerst vor etwa 10 000 Jahren im so genannten Fruchtbaren Halbmond Mesopotamiens. Von hier aus breitete sich die neue Kultur in Richtung Westen nach Europa aus.

Bevor Feldpflanzen systematisch angebaut und durch Auswahl gezüchtet wurden, begannen die Menschen zunächst, den Ernteertrag bestimmter Wildpflanzen durch besondere Pflege zu steigern. Erste Kulturpflanzen des Nahen Ostens waren die Getreidesorten Dinkel und Gerste, später wurden auch Weizen und verschiedene Hülsenfrüchte angebaut.

War der Hund schon seit längerem zum Jagdgefährten des Menschen geworden, begann man vor rund 9000 Jahren im Nahen Osten Ziege und Schaf und bald darauf Rind und Schwein zu domestizieren. Das Pferd wurde vor etwa 6000 Jahren in Osteuropa zum Nutz-

Rekonstruktion einer Wohnhütte aus Mammutknochen, wie sie bei Meschyritschi in der Ukraine gefunden wurde. Für jede Hütte wurden zwischen 150 und 650 Knochen gebraucht. Nachdem der Unterbau fertig war, wurde sie vermutlich mit Gras und Moos bedeckt.

tier des Menschen. Wie im Fall des Ackerbaus vollzog sich der Übergang zur Viehzucht allmählich. So haben Ausgrabungen bei Abu Hureyra in Nordsyrien gezeigt, dass die frühen Neolithiker je nach Saison auch wilde Gazellen in großer Zahl in V-förmig von Steinwällen eingegrenzte Fallen trieben, um sie dort zu töten und zu schlachten.

Im ostasiatischen Raum nahm die landwirtschaftliche Revolution vor mehr als 7000 Jahren ihren Ausgang von China, wo Reis, Hirse, Soja, Yamswurzeln und Taro die ersten Kulturpflanzen waren. Die mit rund 8000 Jahren ältesten bäuerlichen Kulturen der Neuen Welt entstanden in Mittel- und Südamerika. Dort wurden Mais, Kürbis, Bohnen und Baumwolle angebaut und als Haustiere Lama, Alpaka und Meerschweinchen domestiziert.

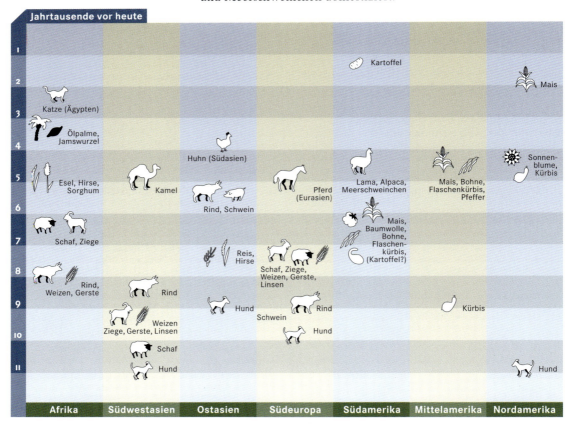

Pflanzenzucht und Domestikation von Tieren begannen in den verschiedenen Erdteilen zu unterschiedlichen Zeiten. Zwischen Afrika, Asien und Europa wurden die gezüchteten Pflanzen und Tiere auch durch Handel verbreitet.

Mit den neuen Formen der Nahrungsbeschaffung begann der Mensch den Naturlandschaften seinen Stempel aufzuprägen. Wälder wurden zugunsten von Feldern und Weiden abgeholzt und niedergebrannt. Die Menschen waren an den bewirtschafteten Boden gebunden und begannen, sich in festen Dörfern anzusiedeln. Gleichzeitig wurde das Leben konfliktträchtiger, denn der Besitz von Land, Vieh und Vorräten, die eine regelmäßige Nahrungsversorgung sichern, wurde immer wichtiger und führte zunehmend zur sozialen Gliederung der Gesellschaft.

Neue Bedürfnisse verlangten nach neuen Gütern, die von spezialisierten Handwerkern produziert wurden. Schon vor rund 8500 Jahren wurde in Nordafrika sowie im Nahen und Fernen Osten damit begonnen, aus Ton dauerhafte Gefäße zu brennen. Die Herstellung und Verarbeitung von Metallen begann vor rund 6000 Jahren mit der Verhüttung von Kupfer, das in verschiedenen Legierungen mit Arsen und Zinn als Bronze verarbeitet wurde. Gold war bereits vor 5000 Jahren ein beliebter Werkstoff. Der Handel mit Rohstoffen und fertigen Schmiedearbeiten führte bald zu einem ausgedehnten Netz von Handelsbeziehungen.

Als Produktions- und Handelszentren entwickelten sich im fruchtbaren Zweistromland Mesopotamiens vor etwa 6000 Jahren die ersten Städte, die bald auch zu Zentren der politischen Macht wurden und zur Entstehung der ersten von Königen beherrschten Stadtstaaten führten. Aus Uruk im heutigen Irak stammt die mit 5300 Jahren älteste Bilderschrift. Sie wurde in Tontäfelchen eingeritzt und diente wahrscheinlich der Aufzeichnung von Warenmengen. Nur wenig später entstanden die erste Keilschrift der Sumerer und die Hieroglyphenschrift der Ägypter.

Mit der Einführung der Schrift begann das Rad der Geschichte sich immer schneller zu drehen; es entstanden die ersten Hochkulturen, deren großartige Leistungen uns bis heute in Erstaunen setzen.

G. BRÄUER UND J. REINCKE

Ackerbau wurde zunächst in einem Gebiet, das sich vom heutigen Israel über Syrien und die südöstliche Türkei zum Zweistromland zwischen Euphrat und Tigris zog, betrieben. Diese Region wird als **»Fruchtbarer Halbmond«** bezeichnet.

Register

Gerade gesetzte Seitenzahlen bedeuten, dass der Begriff im erzählenden Haupttext enthalten ist. *Kursive* Seitenzahlen bedeuten: Dieser Begriff ist in den Bildunterschriften, Karten, Grafiken, Quellentexten oder kurzen Erläuterungstexten enthalten.

Abderrahman, Sidi 599
Abel, Othenio (1875–1946) 423
Abell, Paul Irving (*1923) 546
Abplattung der Erde 243–245
Abschläge 565, 620, *645 f.*
Absorption 54 f., *56*, 62
– Kanten 54 f., *57*
– Linien *47*, 54 f., *57*, 65, *198*
– Spektrum *57*
Acanthostega 412
Acheuléen 565, 612, 619–621, 627
Acinocricus stichus 363
Acritarchen 345, 347
Actinide *48*
Adapidae 517 f., 523
Adapis parisiensis 517
Adelsberger, Udo Eberhard (*1904) 256
Adenin *320 f.*, *323*, 324
adiabatische Temperaturverteilung 238
Aegyptopithecus 528–530
Affen *510*, 512–514, 518–521, 523, 525, 527, 530, 532, 554
Afrikanische Platte 289
Afrotarsius 524
Aglaophyton major 378, *388*
Aglaspis *454*
Agnathen 367, 395 f., *395 f.*, siehe auch Fischartige
Ähnlichkeit, Lebewesen 359
Akkretion 155, 158, 317
Akkretionsscheibe *127*, *158*, *210*, *211*
– Sterne 127–129, 155, 201, 208
Aktivität, Galaxien 154, 157, 161
Aktualismus 16, 407
Alb-Stufe 446–449
Alekseev, Valerie 582, 585
Algen 347, 371, 376, *377*, 382
Algenkohle 371
Allesfresser 490, 497
Almagest 33
Alnitak *139*
Alphateilchen 356
Alter-Null-Reihe 129 f.

Altersbestimmung *274*, 348 f., 352
– absolute 354 f., 357
– Gesteine 276
– radiometrische 356, 402
– relative 349 f., 357
Altweltaffen 472, 504, 517, 519, 526, 529 f.
Aluminium 226, 229, 314, 317
Aluminiumsilicate 227
Alvarez, Luis Walter (1911–1988) 402
– Walter (1940–1978) 402 f.
Ambiortus 445
Ameisenbären 467, 478, 488, 493–495
Ameisenigel 458
Ameisensäure 316
Amerikanische Platten 290
Aminosäuren 221, 318 f., *318*, 323–325, *323*, *327*
– interstellare Materie 208
Amiskwia 363
Ammoniak 316–319, *318*, 321
Ammoniten 354, 364, 404, 406 f., *406 f.*, 420, 452
Ammonoideen 405
Amnioten 415
Amphibien 388 f., 396, 412, 415
Amphipithecus 525
Amplitude 45
analoge Ähnlichkeit 359
Anapsiden 412, 416
Anatolische Platte 289, 297
Anatosaurus 435
Anden 289
Andrews, Peter (*1940) 617
Andromeda-Nebel 87, 134, 150, 153
Anfangsbedingungen 193
Anfangssingularität 176, 178
Ankylosaurier 433, 435
Anomalocaris 363, 365
Anpassung 359, 389, 410
Anregung, atomare 53
Antares *105*, *140*
Antarktische Platte 289
Antarktischer Rücken 289
Anteneandertaler *626*, 635–639, 657
Anthracosaurier 416
Anthropoidea 503 f., *510*, 512, 528
Anthropopithecus 591

Antimaterie 50, 183, 192
Antineutron 183
Antiproton 183
Antiteilchen 50, 219
Aotus 526
Apatosaurus *427*, 432
Apex 76, *84*, 85
Apogäum 257
Apt-Alb-Stufe 435
Apt-Stufe 446
Äquatorsystem *71*
Äquatorwulst 298 f., 302, 305
Äquipotentialfläche 240 f., 247
Äquivalenzprinzip, Relativitätstheorie 172
arabische Astronomie 35
Arabische Platte 289
Arabisch-Indischer Rücken 272
Araukarien 432
Archaebakterien 329, *346*, 363
Archaeocopida 366
Archaeopteris 386, *386*, 396
Archaeopteryx *427*, *429*, *430*, 440, *441*, 442–445, *443 f.*, 447, 451
Archelon 413, *414*
Archosaurier 412, *425*, 426, 443
Ardipithecus ramidus *533 f.*, 533–537, *534*, 539, 554 f., *556*
Argand, Émile (1879–1940) *292*
Aristarch von Samos (um 310–230 v. Chr.) 30, 83
Aristoteles (384–322 v. Chr.) 32 f., *32*, 349
Armfüßer 353, 358, 360, 365, 369, 375, 390, 405, 421
Armillarsphäre *37*
Armleuchteralgen 363
Arthropleura armata *390*
Arthropoden 343, 358, 360, 364 f., 389 f., siehe auch Gliederfüßer
Artikulation, Botanik 363
Aschenniederschläge 350
Asfaw, Berhane *534*
Asperities 269, *270*
Asseln 390, *390*, 392
Assimilation 379, 382 f., 385–387
Asteroide 81, 217
Asteroidengürtel 81, 210, 212, 217, *218*
Asteroxylon mackiei *380*, 382, 384, *388*, *394*, 396
Asthenosphäre 229, 275, *277 f.*, 278 f., 281, 283, *293 f.*, 294
Astrochemie 66
Astrolabium *37*
Astrologie 28

Astronomie
- Geschichte 44
- klassische 59
Astronomische Einheit 75 f., 82 f.
Astrophysik 40 f., 59, 62
asymptotischer Riesen-Ast 106, 113, 124, 131
Atair 105
Atemtaschen 392
Äther, Kosmologie 32
Atmosphäre, Erde 65, 99, 214, 216, 308, 310 f., 321, 331, 336–338, 347, 401
- Planeten 209 f., 211, 212, 234, 258, 309
- Sauerstoffgehalt 336 f., 336, 340 f.
- Venus 310 f.
Atmung 366, 390, 392, 472 f., 483
Atome 47, 51, 53–55, 62, 180, 185, 196, 221
Atomisten 31
Atomkerne 47–51, 53, 67, 115, 180, 185, 221, 356
Atomsekunde 257
Atomzeit 259, 262
ATP 333 f.
Aufklaren, Universum 184, 185 f., 188, 194, 220
aufrechter Gang 510, 536, 538, 544 f., 547 f., 553, 555, 579, 591, 613
Augen 447, 515, 520
Augenhöhle 503, 523, 529, 629, 656
Auhanguera species 439
Aurignacien 644, 662, 665, 665
Außenskelett 358, 358, 368
Austernfischer 449
australer Pol 254
Australopithecus 533, 534, 535, 544, 545 f., 550–552, 552, 554–556, 555 f., 559, 561, 563, 565, 571 f., 574 f., 575, 579 f., 587, 603, 609, 611, 613, 615
- aethiopicus 551 f., 586
- afarensis 534–545, 547, 550–552, 552, 554–556, 578 f., 588
- africanus 548–551, 552, 553, 555 f., 560 f., 563 f., 575 f., 587 f.
- anamensis 537–539, 546, 552, 555
- bahrelghazali 539, 540, 552
- boisei 552 f., 552, 555, 557, 560, 580, 583, 585, 587
- robustus 552–554, 552, 556, 562, 564, 587
Austrocknung 396, 398, 405
Auswahlregeln 58
Avisaurus 445
Aysheaia 363, 365, 391

B

Baade, Walter (1893–1960) 139
Backenzähne 457, 459, 464, 488, 538, 543, 548, 558, 563, 576, 583, 588, 606, 610, 613, 616, 634, 656, siehe auch Prämolaren und Molaren
Bakterien 322, 322, 329 f., 329, 346
Bakteriochlorophyll 330
Balkenspiralen 151
Balmer-Serie 99, 101
Baltica 345, 373, 375
Baragwanathia 373
Baragwanathia longifolia 382 f.
Bären 497, 592
Bärlappgewächse 370, 379, 383, 387, 432, 452
Baryonen 184
Bar-Yosef, Ofer 643
Basalt
- Gesteine 276
- Lava 235, 274
Basen, DNA 320, 323 f., 324 f.
Basislänge 72, 75, 77, 86, 88
battle of bones 426
Bauchpanzer 413
Baum 384, 386 f., 394, 434
- Bast 384
- Stamm 353, 384 f., 394
β Centauri 105
Becquerel, Antoine Henri (1852–1908) 355
Bedecktsamer 385, 387, 389, 393, 403, 426, 432, 432, 434–437, 438, 444, 452, 464, 513
Behrensmeyer, Anna Kay 563
Belemniten 407
Bell, Jocelyn (*1943) 118
Bengalischer Rücken 272
Benioff, Hugo (1899–1968) 270
Benioff-Zonen 269 f., 279–281, 285–287
Bennettiteen 389, 400, 426, 432, 435, 438
Beobachtung 39
Beobachtungsgröße 72, 74
Bermudadreieck 240
Bernstein 391, 393
Bessel, Friedrich Wilhelm (1784–1846) 83
Betateilchen 356
Beta-Zerfall 51, 69, 123
Beteigeuze 105
Bethe, Hans Albrecht (*1906) 109
Bethe-Weizsäcker-Zyklus 109
Beutelratten 461, 488, 492
Beuteltiere 458–462, 468, 470 f., 474, 475 f., 479, 484, 487 f., 490–493

Bewegungssternhaufen 87 f.
Big Bang 176, siehe Urknall
Bindungsenergie 67, 69
- pro Nukleon 69, 124
biogene Kalke 345
Biomasse 344, 346, 371, 400 f., 403, 405
Biomatten 344, 348
Biomineralisation 358
Biosphäre 15, 218, 221, 405, 452, 455
- marine 405
Biostratigraphie 352, 354, 357, 406
Biozone 357
Bipedie
- Dinosaurier 429, 433
- Hominiden 506 f., 507 f., 544–547
Bipolare Nebel 125, 128
Black, Davidson (1884–1934) 593
Black Skull 551, 551
Blastaea 344
Blatt 371, 376, 382, 384, 386 f.
- Ader 382, 386
- Funktion 382
- Gabelwedel 385
- Spreite 386
- Wedel 386
Blattfußkrebse 453
Blattlosigkeit 370
Blausäure 316, 320 f.
Blauverschiebung 63
Blumenschine, Robert J. 568
Blutkreislauf 422, 447 f., 473, 482
Bödenkorallen 369, siehe Tabulata
Bodenverschiebungen 296
Bohrasseln 392
Boise, Charles 555
Bokkeveld-Devonflora 376
Bolide 217
Boltzmann, Ludwig (1844–1906) 102
Bonobo 505, 586
Bordes, François (1919–1981) 645
borealer Pol 254
Borstenwürmer 362
Bottom-up-Modell 187, 189
Bouguer, Pierre (1698–1758) 244
Boule, Pierre Marcellin (1861–1942) 624, 625, 630
Brachiosaurus 424, 427, 432, 433, 436
Bradysaurus 415, 415
Brahe, Tycho (1546–1601) 33, 35, 39, 118
Branchiosaurus 412
Brandungszone 371
Branisella 522
Bräuer, Günter (*1949) 606, 617 f., 628, 661
Braunalgen 371
Braune Zwerge 104, 141 f.
Breitenkreis 244

Breitnasenaffen 504, *510*, 524
Briggs, Derek E. G. 367
Broca, Paul (1824–1880) *624*
Broca-Zentrum 576
Bromage, Timothy G. 563
Brontosaurus *427*, 432, siehe auch Apatosaurus
Broom, Robert (1866–1951) 549 f., 553
Brückenechse 416, 423
Brückenkontinent 266
Brunet, Michel *539*
Brunhes, Bernard (1867–1910) 276
Bruno, Giordano (1548–1600) 38
Brustbein 440, 444
Brustmuskulatur 439
Buffon, Georges Louis Leclerc (1707–1788) 355
Bunsen, Robert (1811–1899) 41, 59
Bürgerliche Zeit 257
Burgess-Schiefer 361–365, *361*, *363*, 367

C

C14-Methode 357, siehe auch Radiocarbon-Methode
Calamophyton 384, *384*, 387, *396*
Calcium 102, 226, 229, 311, 314, 317
– Carbonat 347, 358
– Phosphat 358, 360
Caliban 213
Callixylon 386
Cambrium 352
Campan-Maastricht 437
Canadia *363*
Cann, Rebecca 659–661
Carbonate 311, 373
Carcharodontosaurus 431
Carinatae 449, siehe auch Neognathae
Carnosaurier 430, 448
Carotinoide 331, 379
Cassini, Jacques (1677–1756) 243, *243*
Catopithecus 519, 522
Caudipteryx 424, 446
Cavalli-Sforza, Luca (*1922) 660, 663
Cavallo, John 568
Cave, A.J.E. (*1900) 630
Ceratiten 406
Ceratopsier 433, 435, *436*
Ceres 218
Chalcedon 353
Chamberlain, Andrew (*1954) 584
Chandler-Bewegung *300*
Chandrasekhar, Subrahmanyan (1910–1995) 114, *117*
Chandrasekhar-Masse 114
Charniodiscus *343*
Charon 213
Châtelperronien *645*, 665

chemische Elemente 41, 46 f., 53, 66, *317*
– kosmische Häufigkeit 46 f., 66, *68*, 141
Chichén Itzá *29*
Chicxulub-Krater 402, 408
Chignon 633
Chinesische Platte *345*
Chitin 360, 389 f., 392, 394
Chlorophyll 331, 333, 338, 379
Chloroplasten 330 f., *330*, *332*, 334, 451
Chordatiere 365
Chromosomen 326, 379, *381*, *659*, 660 f.
Chromosphäre *27*, 129
chronologische Einheit 342, siehe auch Periode
Cinderella 558
Cirrus-Nebel *123*
Cladoxylon scoparium 384
Clark, Sir Wilfrid Edward Le Gros (1895–1971) 559
Clarke, Ronald 599
Cloudina 344
Clovis-Kultur 664
CNO-Zyklus 109, *109*
Coccoderma suovicum *455*
Cocos-Platte 289
Codon *323*, 324 f., *327*
Coelomata 344
Coelurosauravus 417
Coelurosaurier 422, 430, 433, 443, 448
Collier, Frederick Joseph (*1932) 367
Coma-Haufen 87 f.
Compsognathus 422, *427*, *429*, 430, 433, 443
Confuciusornis sanctus 444 f., *444*
Coniac-Stufe 447, 449
Conrad, Victor (1876–1936) 229
Conrad-Diskontinuität 229
Cooksonia *370*, 372, 382
Coon, Carleton (*1904) 624, 629
Coppens, Yves (*1934) 540 f.
Cordierit 227
Corythosaurus *435*
Coulomb-Gesetz 51
Crednerienbäume 436
Crick, Francis Harry (*1916) 324
Crinoiden 405
Critchfield, Charles Louis (*1910) 109
Crocodilia 426, siehe auch Krokodile
Cro-Magnon-Mensch 626 f., 649
Crossopterygier 454, siehe auch Quastenflosser
Ctenochasma gracile 440
Cumbria 352
Curie-Temperatur 255, 278
Curtis, Garniss 605
– Heber Doust (1872–1942) 150

Cusanus siehe Nikolaus von Kues
Cuvier, Georges Baron de (1769–1832) 461
Cyanobakterien *328*, 329–331, *331*, 336–338, *338 f.*, 340, 344, *346*, 346 f., 369, 376
Cycadeen 389, 400, 426, *427*, *432*, 435
Cyclostigma 387, *396*
Cygnus XI 120, *124*, 127
Cytoplasma 325, 329, *329*
Cytosin *321*, *323*, 324

D

Dachschädler *412*, 412
Daedalosaurus 417
Darmbein 545, *547*
Darmbeinschaufel 545
Dart, Raymond Arthur (1893–1988) 548–550, *550*, 564
Darwin, Charles (1809–1882) 15–17, 267, 323, 352, 354, 364, 407, 430, 451, 590, *624*
Dasornis 450
δ Cephei-Sterne 79, 87 f., 142
Deferent *34*
Deimos 213 f.
dekadische Schwankung 258
Dekkan-Trappe *401*
Deklination
– Astronomie 71, *96*
– Erdmagnetfeld 253
Delambre, Jean Baptiste Joseph (1749–1822) 244
Delphine 488, 497 f.
Demes, Brigitte (*1952) 544
Demokrit (um 460–375 v. Chr.) 30
Dendrochronologie 394
Dendropupa 393
Dentale 425, *456*, 457
Dermochelydae 413
Desoxyribose *320 f.*, 324 f., *324*
Deuterium 104, 128, *183*, 184
Devon 251, *312*, 353, 357, 360 f., 363, 369 f., 373, 375 f., 378, 381–383, 386 f., 389, 391 f., 394, *394*, 396, 398, 404, 406, 412, 451, 454
Diagenese 236, 256, 514
Diamant 231
Diapsiden 419, 425, 427
diapsider Schädelbau 416, 421, 427 f.
Diastema 490, 544
Diatryma 443, *449*, 450
dichotome Verzweigung 379, 385, 387
Dichtewelle 126, 146, 165, 201, 218, *219*
Dickinsonia *342*
Dicroidium 426, *432*
Differentiation 226

Digges, Thomas (1546–1595) 38
Dimetrodon *409*, 422, *423*, 425
Dimorphodon 440
Dinoflagellaten 345
Dinomischus *363*
Dinosaurier 355, 399, 401, 403, 412, 416–418, 425 f., *426*, *428*, 442, 444, 462
– Brutpflege 427
– Eier 403, *436*
– Fährten *430*
Diplodocus 432
diploid 379, 381
Dipolübergänge 58 f.
Diskordanz 350, *350*
DNA 314, *320*, 323–330, *327*
Dollo, Louis (1857–1931) 405, *413*, 437
Doppelhelix *321*, 324 f., *324*
Doppelsterne 99, 119, 128, 248
– enge 117
Doppler, Christian Johann (1803–1853) 63
Doppler-Effekt *62 f.*, 63, 65, *87*, 88, 159, 168, *179*
Doppler-Verbreiterung 157
Doppler-Verschiebung 163
Dorygnathus 440
Draco *417*, 418
Drehimpuls 49, 127–129, 143, 155, 161, 165, 208, 246, 251
– Achse 298
– Austausch 258
– Erhaltung 39
Dreilappkrebse 360, siehe auch Trilobiten
Drepanophycus *370*, 373, *374*, 381, 384, *394*, *396*
Dreyer, John Ludwig Emil (1852–1926) 164
Druck, thermischer 197, 203
Druckverbreiterung 65
Dryopithecus *531*, 532
– fontani *531*, 532
– laietanus 532
Dryosaurus 436
Dsungaripterus weei *439*
Dubiofossils 344
Dubois, Eugène (1858–1940) 590 f., 595
Duftdrüsen 472
Duisbergia mirabilis 385, *385*, *396*
dunkle Materie 70, 163, 165, 178, 188, 192
– heiße 188 f., *188*
– kalte 187, 188 f.
Dünnschliff 353, 380
Durchschlagsröhre 231
Durchschnittstemperatur, globale 401
dynamoelektrisches Prinzip *315*

E

Ebbe 247 f.
Echsenbecken-Dinosaurier 426, 433, siehe auch Saurischia
Eckzähne 457, 459, 488 f., 503, 516, 522, 527, 534, 538, 543, 551, 576
Edaphosaurus *409*, 422, *423*, 425
Edelgase 197, 314
Ediacara-Fauna *342–344*, 343, 348, 358 f.
Ediacara Hills 343
Edmontosaurus 437 f.
Effektivtemperatur 100, 105, 107, siehe auch Oberflächentemperatur
Eier 398, 415, 430, 439, 441
Eierleger 458, 468, 471, 475 f., 491
Eigelege 439
Eigen, Manfred (*1927) 327
Eigenbewegung 85, *88*
Eigenrotation 85, 92
Eigenschwingungen des Erdkörpers 233
Eigenzeit, charakteristische 91, *92*, 93, 182
Einkrümmung *378*
Einstein, Albert (1879–1955) 41, 45, *46*, 52, *169*, 169 f., 172 f., 262
Einstein-Feldgleichungen 173, 175, 178
Einstein-Gleichung 68
Einzeller 390, 405
Eisbohrkerne 306
Eisen, Sterne 66, 68, 203, 206, 226, 314, 317, 337 f., *340*
Eisengruppe 123
Eisenkern, Erde 115, 225, 227, 255
Eisenmeteoriten 218
Eisen-Nickel-Kern 115
Eisenoxidmineral 255
Eisen-Silikat-Kern 210
Eiszeiten 246, 305, 345, 350, 452, 634, *641*, 654, 663, 667, 668
Ekliptik *96*, 216
Ektoderm *344*
Elaphrosaurus 430
Elasmosaurus 419
Eldonia *363*
Eldredge, Niles 410
Elefanten 463, 478, 483, 488, 490, 499, 567, 621
Elefantenspitzmäuse 502
elektromagnetische Strahlung 45, 52, 57, 61, 70, *206*, *208*
– Frequenz 45 f.
elektromagnetische Wechselwirkung 49, 51 f., 180
Elektron 47, 49–51, 53–56, 116, 154, 180, 184 f., 219, 309, 333 f., *333*, 356

Elektronen, freie 198, 202
Elektronengas 198
– entartetes 203
Elektronenhülle 47, *47*, 50, 53
Elektron-Positron-Paarbildung 115
elektroschwache Wechselwirkung 181 f.
Elemente, schwere 66 f., 69
Elemente, Philosophie 30
Elementarprozesse, Ur-Landpflanzen *378*
Elementarteilchen 48, *50*, 50, 182, 195 f., 219
Elginerpeton 412
Elle 531, 536
Ellenbogengelenk 536, 538
Embryonalentwicklung 415
Embryonalhüllen
– Allantois 415, 521
– Amnion 415
– Chorion 415
Emission 54, 56, *56*, 62
Emissionslinien 56 f.
Empfindlichkeitsschwelle 74
Ems-Stufe 392
Enantiornithes 444, 447
Encephalisationsquotient *574*, 575, 611 f.
Endoceras *367*, *396*
Endosymbiontenhypothese 330
Energie 45, 53 f., 68, 172
Energiedichte 159
– kosmische 178, 182
– Materie 178
– Strahlung 178
Energieniveaus 53 f., 65
Entartung, Materie 43, 50, 111
Entartungsdruck 50
– Elektronen 203
– Neutronen 203
Entartungsdruck 50
Entenartige 450
Entenschnabeldinosaurier *435*, 436 f., *438*
Entfernungen im Planetensystem 39
Entfernungsbestimmung 70, 72 f., 75, 83, 85 f.
– Referenzwerte 71, *76*
– Reichweiten 80
– trigonometrische 79
Entfernungsmodul 78 f., 86
Entfernungsskala 74 f.
Entkopplung 194
Entoderm *344*
Enzyme 318, 325, *325*, 328, *329*, 332
Eosimias 519, 522 f.
Eosuchia 428, 443
Eozän 391, 443, 447, 449 f., 460–462, 464 f., 468, 501, 503, 514, *515*, 517, 523, 525

Ephemeriden 257
- Sekunde 257
- Zeit 257
Epidermis *332*, 377
epiphytisch *371*
Epizentrum 265, 270
Epizykel *34*, *39*
Eratosthenes (um 284–202 v. Chr.) 29, 30, 243 f., 349
Erbinformation 347
Erdaltertum, siehe Paläozoikum
Erdatmosphäre, siehe Atmosphäre
Erdbahn 75 f., 257
Erdbeben 232, 269, 270, 272, 285, 293
- Herd *234*, *270*
- Tätigkeit 291
- Wellen 230, 232, *233* f., 235, *237* f.
Erde 52, 210, 214, 221, 225, 309–311, 317, 319
- Inneres 227 f., *237*, 246 f., 253, 355
- Kern 238, 253, 258, 355
- Kern, innerer 228, 230
- Kruste 226, *227* f., 228, 232, 265, 268, 275, 348
- Mantel 227, *228*, 229, 230, 231, 258, 267, 269, 274, 277, 279, 283, 288, 298, 302, 310, 337
- Mittelpunkt 230, 238, 248, 253 f.
- Radius 243
- Rotation 231, 240, 244, 251, 253, 256 f., 259, *260* f., 261, 300
- Wärme 355
Erdellipsoid *243*, *247*
Erde-Mond-System 248, 251
Erdferkel 468, 483, 500
Erdfigur 239, 244
Erdgeschichte 342, 351, *356*
Erdmagnetfeld 228, 252 f., *252*, 255, 255 f., 275 f.
- Dipolachse 254 f.
- Dipolanteil 256
- Dipolfeld *252*, 253 f., *254*
- Dipolmoment 254
- Dynamomodell 253, 255
erdmagnetische Feldumpolung *276*, 278
erdmagnetische Messungen 273, 275, 277
Erdmessungen 243 f.
Erdmittelalter, siehe Mesozoikum
Erdneuzeit, siehe Känozoikum
Erdöl 311, 346, 371
Erdumfang 29, *30*
Erdzeitalter *312*, 342
Ereignis 171, *171*
Ereignishorizont *125* f.
erlaubte Linien 59

Ernährungsweise 366
Erosion 350
erster Beweger 32 f.
Erwin, Douglas H. (*1958) 367
Eubakterien *346*
Eudoxos (um 400–345 v. Chr.) 32
Eukaryonten 326, 329, *329*, 340, *346*, 347
Euklid (um 365–300 v. Chr.) 29
Eulen 447, 450
Eunotosaurus 418
Euramerika *286*, *375*
euramerische Flora 266
Eurasische Platte *278*, 289 f.
euryapsid 418
Euryapsiden 421
Eurycleidus arcuatus *418*
Eurypteriden, siehe Seeskorpione
Eustele 385
Eusthenopteron *396*, 398
Eusuchia 426, 448
Evaporite 373
Evolution 14–21, 23 f., 410
- biologische 81, *220*, 267, 308, 313, 323, 330 f., 341, 347, 358 f., 363, *371*, 405–407, 442 f., 451, 509, 513, 517, 520, 529, 533, 555, 577, 586, 613
- chemische 81, 315, 328
- kosmische 165, 195, *220*
- Materie 40, 43, 84, 150, 164, 182, 189, 196, 218
Expansion des Kosmos 67, 164, 168 f., 178, 182, 186, 189, *194*, 218, *219*
Expansionsgeschwindigkeit 88, 177
Experiment 37
extragalaktisch 135
Exzenterkreis *34*

F

Fächertracheen 392
Fahrstrahl *39*
Falk, Dean 577
Fallgesetz 172
Faltengebirge 267, 287, 291
Famennium-Stufe 375
Farben-Helligkeits-Diagramm *107* f.
Farbindex *102* f.
Farbladung 49
Farbquantenzahl 48
Farne 379, 381 f., 384 f., 387, 389, 400, 403, *432*, 452
Farnsporen 403
Faultiere 467, 489, 494
Faustkeile 619, 621, *646*
Fechner, Gustav Theodor (1801–1887) 60
Federn 424, 442 f., 445
Feldlinien 253, 255, *255*

Feldspat 226, *227*
Feldstärke 255
Felsmalereien *665*, 666 f., *667*
Fermionen 50
Fernel, Jean François (1497–1558) 243
fern spike 403
Festkörper 138, 180, 195–197, 204
Feuergebrauch 612, 618 f., 638, 645
Feuerkugel 217
Feuerstein 353, 602, *643*
Feuersteinfossilien 353
Fingertier 466, 487, 503, 515
Fischartige 361, 367
Fische 389, 395, *395*, 407, 454, *537*
Fischreiher 449
Fischsaurier 418 f., *419*, 440, siehe auch Ichthyosaurier
Fischton 399, 402, siehe auch Grenzton
Fixsterne 30, 84, 260, 262
Flachheitsproblem, Standardmodell 191, 193
Flachmeere 345, 359, 366, 375, 391, 395, 407, 446
Flamingoartige 445, 449
Fleagle, John G. 524, 526, 530
Fledermäuse 440, 465, 467, 469, 477–479, 496
Fledertiere 468, 479 f., 487, 496, 513
Fleischflosser 396
Fleischfresser 367, 464, 497, 568
Fliegen 394, 440, 479
Fliehkraft 144, 246, 248, 250, 261, 300
Flossen 395–397
Fluchtbewegung 168
Flugapparat 394
Flugdrachen 418
Flugechsen 417
Flügelkiemer 368
Flughaut 359, 418, 423, 440 f., 479 f.
Flughühner 450
Flughunde 479, 496 f.
Fluginsekten 394
Flugmuskulatur 394, 440
Flugsaurier 416 f., 422, 426, 439–442, *439* f., *442*, 479
Flusspferde 488, 500, *537*, 567, 621
Flut 247 f.
Footprint-Tuff 546
Foraminiferen 402, 405, *405*
Formaldehyd 316
Formalhaut 105
Formation 342, 352
Formationskunde 351
Fortpflanzung 314, 379
Fossilien 267, 274, 342 f., 346, 352–354, 357, 363, 514, *530*, 531, *539*

Fossilisation 353
Fotografie, astronomische 60 f.
Foucault, Jean Bernard Léon
  (1819–1868) 260, *260*
Foucault-Pendel 260, *260 f.*, 263
Fragmentation 126, 143, 208
Franciscus, Robert 609
Frasnium-Stufe 375
Fraunhofer, Josef (1787–1826) 41, 53,
  58 f., 100, *100*
Fraunhofer-Linien 55, 58 f., 100
Friedmann, Alexander (1888–1925) 175,
  176
Friedmann-Modelle 175 f.
Fruchtbarer Halbmond 669
Frühholz *394*
Fühler 391
Fühlerlose 366
Fuhlrott, Johann Carl (1803–1877) 623
Fullagar, Richard 654
Fundbezeichnungen *540*
Fundbezeichnung A.L. 288; 541, *541*,
  siehe auch Lucy
– A.L. 444-2; 542
– KNM-ER 1470; 560, 563, 571, 575 f.,
  581, 583–585, 614
– KNM-ER 1472; 580
– KNM-ER 1481; 580, 583
– KNM-ER 1501; 585
– KNM-ER 1502; 585
– KNM-ER 1590; 561, 563, 583, 585
– KNM-ER 1802; 563, 583, 585
– KNM-ER 1805; 561, 563, 577, 583,
  585
– KNM-ER 1808; 600, 611
– KNM-ER 1813; 561–564, 563, 575,
  578, 581, 583–585, 615
– KNM-ER 3228; 580, 583
– KNM-ER 3732; 561, 563, 583, 585
– KNM-ER 3733; 599 f., 603, 615, 617
– KNM-ER 3735; 577–580
– KNM-ER 3883; 599, 603, 617
– KNM-KP 29281; 537
– KNM-WT 15000; 601
– KNM-WT 17000; 551
– Kow Swamp 5; *657*
– Kow Swamp 15; *657*
– L 894-1; 562, 564
– L.H. 2; 540
– L.H. 4; 540
– L.H. 18; *648*
– O.H. 5; *552*, *555*
– O.H. 7; 558–560, 578, 583
– O.H. 8; 558, 578, 583
– O.H. 9; 599, 612, 617
– O.H. 13; 558, 560–564, 563, 583
– O.H. 16; 558, 560, 562, 564, 583
– O.H. 24; 559 f., 562, 564, 563, 583
– O.H. 62; 577–580
– Omo Kibish 1; 648
– Omo Kibish 2; 647, 657
– Sangiran 1; 594
– Sangiran 2; 595
– Sangiran 3; 595
– Sangiran 4; 595
– Sangiran 5; 595
– Sangiran 6; 595 f., 609
– Sangiran 17; 596, 617
– Sangiran 27; 596, 605
– Sangiran 31; 596, 605
– Shanidar 1; *642*
– SK 847; 562, 564, 584
– STs 5; 550
– StW 53; 562, 564, 579, 584
– UR 501; 563 f.
– WLH-50; 655, 657
Fundstelle Allia Bay 537, *537*
– Amud 631, 642
– Arago 637 f., 657
– Aramis 533
– Arcy-sur-Cure 632, 644, *647*
– Atapuerca 601, 637, *639*
– Bahr el Ghazal *539*
– Baringo-See 562, 564
– Biache St. Vaast 626, 639
– Bilzingsleben 602 f.
– Bodo 646, *648*
– Ceprano 603
– Cohuna 655, *657*
– Cro-Magnon 625, *665*
– Dali *652*, 652, 657
– Djebel-Qatrani 526
– Dmanisi 603, 606 f.
– Eyasi-See 627, *627*, 646
– Faijum 519, 523, 525, 527–529, 531
– Florisbad 647, *648*
– Fontechevade 626, 639
– Gibraltar 623, *624*, 632
– Hadar 540 f., 547, *567*
– Hexian 652
– Ileret 599, 647
– Jebel Irhoud 647
– Jinniushan 651 f.
– Kabwe 627 f., 646
– Kada Hadar 542
– Kanapoi 537, *537*
– Kärlich 620
– Kebara 631, 635, 642, *644*
– Klasies River 650
– Koobi Fora *567*
– Kow Swamp 657
– Kromdraai 549, 553
– La Chapelle-aux-Saints 624, *625*,
  630 f., *633*, 635
– Laetoli 540, 546 f., 647, *648*
– Laishui 652
– Lake Mungo 655
– Lantian 597, 604, 619
– Le Moustier 631, *645*, *647*
– Le Vallonet 620
– Liujiang 652, *654*
– Longgupo 598, 604
– Maba 651, *653*
– Makapansgat 549 f., 564
– Malawi-See 563 f.
– Mauer 602 f.
– Messel 461, 465 f., 468, 495, 501
– Mojokerto 597, 605 f.
– Monte Verde 664
– Montmartre 461, 517
– Narmada-Fluss *654*
– Neandertal 623
– Ngandong 594, 597, 653, *654*
– Niah-Höhle 655, *656*
– Öhningen 349
– Olduvai-Schlucht 552, 557–564,
  563–566, *567*, 571, 574, 577, 579, 581,
  583–585, 599, 612, 617
– Olorgesailie 621
– Omo-Fluss 562, 564, *567*, 574, 581
– Petralona 635, 637, *639*
– Pontnewydd 639
– Qafzeh 642 f., *643*
– Reilingen 639
– Rocky Mountains 514
– Sambungmacan 597, 605
– Sangiran 594, 596, 606, 612, 653
– Shanidar 630 f., 639
– Skhul 642 f.
– St. Césaire 632, 644
– Steinheim 625 f., *626 f.*, 635, 639
– Sterkfontein 549 f., 562, 564, 574, 581
– Swanscombe 625 f., *627*, 639
– Swartkans 549, 562, 564, 598, 603
– Tabun 631 f., 642, *643*
– Taung 548, 550, *550*
– Teshik Tash 631, *631*
– Trinil 590 f., 594
– Turkana-See 551, 560 f., 563, 574, 577,
  580, 583–585, 600, 603, 612, 617, 620,
  647
– Ubeidiya 607
– Uraha 563
– Vertesszöllös 619, 638
– Vindija-Höhle 631 f.
– Weimar-Ehringsdorf 639
– Yunxian 598, 604
– Zafarraya 632, *632*
– Zhoukoudian 592 f., *595*, 604, 612,
  619, 621 f., 652, *653*, 657
Fünfstrahligkeit 397
Funktionswechsel 371, 376
Fusionsreaktionen 51, 66–68
Fuß 412, 545, 547, 558

Fußspuren 546 f.
- Laetoli *506*
Fusulinen 405, *405*

G

Galagos 503, 518
galaktische Kerne, aktive 155
galaktische Länge *142*
galaktischer Kern 146 f., 201
galaktisches Koordinatensystem *142*
galaktisches Zentrum *136*, *150*
Galaxien 77, 86–89, 91, 135, *136*, *148*, 149, 159 f., 162–165, 168, *179*, 182, 186, 189, *194* f., 218
- aktive 154, *158*
- Dynamik 161 f.
- elliptische 150
- Entwicklung 157
- Fluchtbewegung 168
- Hubble-Klassifikation 152
- irreguläre 151
- Klassifikation 150 f., 153
- Kollisionen 201
- Masse 153, *159*, 163
Galaxienhaufen 87, 89, *89*, 91 f., 163–165, 168, *179*, 182, 186, 189, 195
Galaxis 83–85, 87, 96, 135, *140*, *141*, *142*, 209, siehe auch Milchstraßensystem
- Masse 144, *146*
- Rotationsbewegung 143 f.
- Spiralstruktur 144
- Zentralregion 137, *149*
- Zentrum 146, 149
Galilei, Galileo (1564–1642) 37, *40* 170
Galilei-Transformation 170
Gallodactylus 440
Gameten 379
Gametophyten 379–381
Gamma-Quanten *51*
Gansus 445
Ganymed 214
Gärung 330
Gas, ideales 202
Gasplaneten 209 f.
Gastornis 450
Gastornithiformes 450
Gastraea-Hypothese *344*
Gaswolken, interstellare 84 f., 91 f., 97, 125, 129, 136, 143, 225
Gaumen 457, 473, 543
Gaumendach 425, *519*
Gauß'sche Verteilungskurve 268
Gavia 449
gebänderte Eisensteine 340, *340*
Gebärmutter, siehe Uterus
Gebiss 457–459, 465, 487, 543, 551
Gedinne-Stufe 373, 378, 392

Gefäßsystem, Pflanzen 371
Gegenvögel 444, 448
Gehäuse, kambrische Tiere 358
Gehirn 464, 473 f., 509 f., 515, 520, 547 f., 555, 558, 570 f., 574–577, 585 f., 613, 633
Gehör 439
Gehörgang 478
Gehörknöchelchen 413, 457, *457*
Gelenkrolle *538*
Gen 326
Generationswechsel 381
genetischer Code *323*, 324, 455
Geochronologie 357
Geoid 240, 242, *245*, 257
- Anomalie 285
- Fläche 240
- Undulationen 240, *246*, 247, 285, 299 f.
geokratische Epoche 304, 410
Geologie 349
geologische Zeitskala *356*, 357
geomagnetische Pole 254
Geometrie, euklidische 29, 170
- pseudo-euklidische 172
Geophysik 255
George 558
geozentrisches System 32, *34*
Geradhörner 453
Geruchssinn 439, 515
Geschlechtsdimorphismus 542, *544*, 551, 573, 581 f., 611, 614, 638
Gestaltwechsel 415
Gesteinsformationen 342
Gesteinsplaneten 209 f.
Gesteinsspannungen 292
Gezeiten 247, *249*, 258
Gezeitenbereich 412
Gezeitenhübe 250
Gezeitenkräfte 230, 247 f.
- Planetensysteme 209 f.
Gezeitenkraftwerk 250
Gezeitenreibung 250, 258, *259*, 263
Gibbons 480, 505, 530, *533*, 556
Gigantopithecus 532, *532*
Gigantopithecus blacki *532*
Gigantostraken 391
Gilbert, William (1544–1603) 38
Ginkgo 385, 389, 417, 426, *432*, *450 f.*, 452
Giraffen 500, 567
Glaessner, Martin F. 343
Gleichgewicht 93, 182
- energetisches 108
- hydrostatisches 108, 111, 197, 201, 204
- thermisches 182

Gleichgewichtsfiguren rotierender Flüssigkeiten 247
Gleichgewichtszustand 79, 93, 114, 117, 202
gleichwarm 422, 442
Gleichzeitigkeit 170
Gleitflieger *417*, 418, 426, 479
Glendonite 446
Gletscherschrammen 375, 405
Gliederfüßer 343, 358, 361, 365, 389, *390*, 391, 455, siehe auch Arthropoden
Gliedertiere 455
Gliedmaßen
- fliegende Säuger 479
- Homo habilis 558, 561
- Lucy 542, 544 f.
- Neandertaler 634 f.
- Proconsul 531
- Seekühe 482
- Tetrapoden 397
- Unpaarhufer *499*
Glimmer 227
Global Positioning System 296, 299
Globigerinen *405*
Glomar Challenger 265, *274*, *282*
Glossopteris *265 f.*
Glycin 199, 318 f.
Gobipteryx 445, 448
Gogia spiralis *366*
Golfstrom 303
Gondwana *286*, 288, *292*, 345, *345*, 369, 373, 375, *375 f.*, *446*, 459, 463
Gorilla 505, 512, 538, 555, 576, 581, 585, 660
Gould, Stephen Jay (*1941) 410
GPS 296, 299
Gradmessung 243, 245
Granat 227, 229
Graphit 231
Graptolithen 368 f., 375
Gravitation 52, 93, 111, 142, 169, 172, 177 f., 180, 186, 195, 197, 214, 248
Gravitationsenergie 108, 126, 155
Gravitationsfeld 121, 144 f., 172 f., 175, 201, 261 f.
Gravitationsgesetz, Newton'sches 38, *39*, 52
gravitationsinstabil 146
Gravitationskollaps 126, 201 f.
Gravitationskonstante
- Einstein'sche 173
- Newton'sche 52
Gravitationskraft 83, 93, 247 f., 260
Gravitationslinsen 159, *161*
Gravitationspotential 257, 261–263, siehe auch Gravitationskraft
Greiffüße 516
Greifhände 516
Grenzton 399, 402–404

griechische Astronomie 30
- Himmelssphären 32
griechische Mathematik 31
griechische Philosophie 31
Grimsvötn *279*
Grönland 397, 412
Größe, subjektive 73, 77
Große Mauer 89
Größenklassen 59, *60*, 78
Größenvergleich, kosmisch *94*
Großer Bär 99
Großer Wagen *88*, 99
Große Vereinhaltlichte Theorie 180 f., 188, 192
Große Wand *91*
Großhirn 473, *474*, 503, 576
Großhirnrinde 473–475, 576, *577*
Großsaurier 412, 416, 425, siehe auch Archosaurier
Grünalgen 451
Grundmoränen 405
Grundzustand *47*, 53
Grüne Schwefelbakterien 330 f.
Guanin *320 f., 323*, 324
Gürteltiere 467, 488, 494
Gutenberg, Beno (1889–1960) *229*
Gutenberg-Zone *229*
Guth, Alan Harvey (*1947) 191

H

Haare 424, 426, 442, 445, 470, 472
Hadronen 183
Hadrosaurier *435, 436, 438*, 439
Haeckel, Ernst (1834–1919) *344*, 391, 415, 590
Haie *395 f.*, 396
Haken, Hermann (*1927) 326
Halbaffen 503 f., 511, 513 f., 517–520, *519*, 519 f., 522 f.
Halbwertszeit 356 f.
Halley, Edmond (1656–1742) 85
Hallopus 448
Hallucigenia *363*, 365, *365*
Halo, Galaxis 84, *85*, 136, 139 f., 142–144, 153, 164
Halo-Population 153
Halo-Population II 142
Halswirbel 419, 421, 457, 536
Halticosaurus liliensterni 430
Hämatit 255, 278
Hantel-Nebel *113*
haploid 379, 381
Haplorhini 512, 519–521, 523–525
Hartmann, Johannes (1865–1936) *198*
Harvard-Klassifikation 99, *101*, 102, *104*
Hasen 468, 487, 490, 502
Haubold, Hartmut 432

Hauptreihe, HRD *105*, 106
Hauptreihenstadium 108, 141
Hauptreihensterne 79, 103–106, *103, 105*, 108, 128, 141, 202, 204
- alte 142
- Alter-Null- 125
Haushuhn *441*
Haut 393, 470 f., 482, 484, 499
Hautdrüsen 470–472
Hautschuppen 443
Hautverknöcherung 413, 495
Hawaii *235*, *282*, 289
Hawaii-Plume 289
Hawaii-Rücken *280*, 283
Hay, Richard LeRoy (*1926) 546
Hayashi-Linie 128
Heisenberg, Werner (1901–1976) 41, *43*
heliozentrisches System 30, 37, *39*
Helium 66, 70, 101, *109*, 111 f., 123, 125, 128, 138, *183*, 184, 197, 225 f., 309, 314
Heliumbrennen 66 f., *111*, 112, 114, 131, 202
Helium-Flash 112 f., 131
Heliumschale 132
Helix-Nebel *59*
Helligkeit 59 f., 78–80
Hennig, Willi (1913–1976) *616*
Herbig-Haro-Objekte 128
Herodot (490?–425? v. Chr.) 349
Hertzsprung, Einar (1873–1967) *104*, 105
Hertzsprung-Russell-Diagramm 105–107, *105*, 112 f., 128
- Kugelsternhaufen 141
Herz 423, 432, 447 f.
Herz-Kreislauf-System
- Dinosaurier 432
- Vögel 447
Hesiod (um 700 v. Chr.) 28
Hesperornis *438*, 442, 445, 447, 448 f.
Heterosporie 381 f., 386
heterotroph 388
Hewish, Antony (*1924) 118
Hiddensee 365
Higgs-Feld 192
HII-Gebiete 58 f., 77, *86*, 86–88, 139, *140*, 146, 200, *201*
Hill, Andrew P. 546
Himalaya 289, 291, *292*
Himmelsachse *70*
Himmelsäquator *70*, 95, 96
Himmelspole *70*, 96
Himmelsphäre *70*
Hintergrundstrahlung 168, *170*, 186 f., 190, 193, 220

Hinterhaupt 561, 563, 596 f., 599, 608, 610, 633, 637, 647, *648*, 651, *654*
Hinterhauptbein 535, 575, 600, 608, 638
Hinterhauptloch 548, 575
Hipparch (um 161–127 v. Chr.) 30
Hipparcos 83
Hirnabguss 548
Hirnschädel 457, 596, 608 f., 638, *648*, *654*
- Volumen 543, 552, 558 f., 561, 563, 574, 581, 583, 591, 597, 599, 601, 611–613, 615, 633, 637 f., 646 f., 650, 652, *654*
Hirsche 469, 489, 622
historische Geologie 351
Hochdruckmodifikationen 229, 235
Hochenergiephysik 181
Hochseeschildkröten 413
Höhenwachstum 386
Höhere Krebse 392
Höhere Pflanzen *377*, siehe auch Kormophyten
Höhlenbär *641*
Höhlengleichnis *31*
Höhlenhyäne *641*
Höhlenlöwe *641*
Hohlknochensaurier 430, siehe auch Coelurosaurier
Hohlstachler 396–398
Holloway, Ralph (*1935) 636
Holz 384, 386, *394*
Homer (8. Jh. v. Chr.) 28
Hominidae 505, 512, *533, 555, 556*
Hominiden 512, 535, 537, 539, 542, 545, 548 f., 552, 555 f., 564, 571, 573, *574 f.*, 587
Hominoidea *533*, 556
Homo *533*, 535, 538, 541, 552, 556, *556*, 559, *567*, 571, 573, *574*, 579, 586, 609
- diluvii testis 349
- erectus 559 f., 562, 564, 579–581, 583, 585–588, 590 f., *592*, 595, 599, 601–603, 605 f., 608 f., 611–622, 627, 638, 647, 652 f., *654*, 656–658
- ergaster 617
- habilis 552, 559–564, 563–565, 567–574, 575, 577–585, 587 f., 603, 611, 614 f.
- heidelbergensis 603
- neanderthalensis *623*, 629
- rudolfensis 552, 563, 585, 588 f., 614 f.
- sapiens, siehe auch Menschen 513, *544*, 581, 611, 617, 628, *649*, 651, *655*, 656–658, *664*
- sapiens, archaischer 602 f., 605, 616–618, *629*, 631, 646, *648 f.*, 651–654, *652–655*, 652–654, 657 f.
- sapiens daliensis *629*
- sapiens neanderthalensis *629*
homogener Dynamo 255

homologe Ähnlichkeit *359*, 291, 433
Hopwood, Arthur Tindell (*1897) *530*
Horai, Satoshi 660
Horizont 73
Horizontalast 106, 113
Horizontaltrieb 379, siehe auch Rhizom
Horizontbeständigkeit 352
Horizontproblem, Standardmodell 193
Hornblende 227
Horndinosaurier 433, *436*, siehe auch Ceratopsier
Horneophyton lignieri 379, 382, *394*
Hornplättchen 435
Hornträger 469, 500
Hot Spots *279 f.*, *282*, 283 f.
Howell, Francis Clark (*1925) 561, 563
HRD 105
HST *66*
Hubble, Edwin Powell (1889–1953) 18, 87 f., 150, 152, 168, *178 f.*
Hubble-Konstante 88, 176, *179*
Hubble Space Telescope *66*
Hubble-Zeit 176, *177*
Huftiere 463 f., 478, 497 f., 500, 522
Huggins, Sir William (1824–1910) *198*
Hühnerartige 450
Hund, Friedrich (1896–1997) 261
Hunde 473, 669
Hutton, James (1726–1797) 355 f., 407
Huxley, Thomas Henry (1825–1895) 430, *624*
Hyaden *95*
Hyänen 493, 497, *537*, 567 f., 573, 592
Hyenia 384, *384*, 387, *396*
Hyperfeinstruktur *138*
Hyperfeinstrukturniveau 257
Hypersthen 278
Hyperzyklus 327 f.
Hypoconus 522
Hypothesen *39*
Hypozentrum 270
hypsometrische Kurve 268, *268*

I

Iapetus-Ozean 373
Iberomesornis 445, 448
Ibis 449
IC *164*
Icarosaurus *417*
Ichthyornis 442, 445, 448, 450
Ichthyosaurier 412, 418, *419 f.*
Ichthyostega *396*, 397 f., *409*, 412
Ideen 31, 34

Iguanodon 429, 437, *437 f.*
Ilmenit 255
Imperator-Rücken *280*, 283
Imperator-Seamounts *282*
Indien 292, 404
Indisch-Arktischer Rücken 272
Indisch-Australische Platte 289–291, *292, 297, 303*
Inertialsystem 170, 172
Inflationsmodelle, Kosmologie 191, 193
Inflationsphase 192 f., *192*
Information 45, 70
– genetische 16, 19, 323 f.
Infrared Space Observatory 73
Infrarot-Objekte 127
innere Achsenverlagerung 298
innere Planeten 211 f., 214, 225 f., 309, 317
Insekten 389 f., 393, 400
Insektenflügel, fossiler *394*
Insektenfresser 400, 426, 443, 464 f., 467 f., *474*, 478, 484, 491, 495, 513, 515, 527, 621
Inselbögen 270
Inselbogen-Vulkankette *280 f.*, 291
Intensität, flächenbezogene *79*
Interferenz 296
Interferometer, Michelson *262 f.*
Interferometer-Experiment 260
interferometrische Radiobeobachtung *146*
intermittierende Plattendrift 293
Internationale Astronomische Union 95
Internationale Atomzeit 259, 262
Internationales Einheitensystem SI 257
International Latitude Service 305
International Polar Motion Service *300*, 305
Interstadiale *641*
interstellare Materie 125, 137 f., *140*, 143, 184, 195, 197, *198 f.*, 199–202, 205, *208*, 220
– diffuse Wolken 199 f.
– Dunkelwolken *99*, 125, 136, 138, *139*, 200, *202*, 208
– heiße 197 f., 201
– kalte 197 f.
– schwere Moleküle 199
interstellares Medium 197, *200*, 218
interstellare Wolken 125, 195, *206*, 212
Intuskrustation 353
Ionen 53, 333
Ionenschweif 216
Ionisation 53, 55 f.
Ionosphäre 253
Iridium 375, *401*, 402, 404
Iridiumanomalie 402, 408

Isaac, Glynn Llywelyn (1937–1985) 572
Isidor von Sevilla (um 560–636) 35
Islam 35
Island *278 f.*
ISM 197
isodont 428
isospor 387
Isostasie 242, *267*, 268, *269*, 285, 291
– dynamische 284
Isotope 47, 123, 356 f.
Isotopenanalyse 402
Isotropie, Weltall 108

J

Jacob, Teuku (*1929) 596
Jacobson-Organ *519*
Jäger-Hypothese 567, 572
Jäger und Sammler 573, 621, 668
Jahresringe 251, 386, *394*
Jakutien 360, 362
Jeans, James (1877–1946) 126
Jeans-Kriterium *130*, 143
Jeans-Masse 126, 188, *194*, 201
Jerison, Harry Jacob (*1925) 575
Jets 128, 147, 155–157, *158 f.*
Jochbein 551–553, 560, 576, 582 f., 634, 656
Jochbogen 457
Johanson, Donald (*1943) 540 f., *541*, 555 f., 579–581, 588
Johnnys Kind 557
Jungpaläolithikum 628, *628*, 644, *645*, 665 f., *666*, 668
Jupiter 212, 309, 317
Jura 354, 393, 406, 412, *413*, 419, 429 f., 432, 434–436, 440, 448, 452, 458

K

Käfer, fossile *394*
Kalium-Argon-Methode 547, 563, *565*, 604 f.
Kalkschalen 343, 347, 358
Kalkskelette 358
Kalksteine 399
Kälteperioden 345
Kaltzeiten 306
Kambium 384, *394*
kambrische Jahreslänge 357
Kambrium 304, *312*, 342, 345–347, 352, 358–361, 366, 371, 389, 391, 395, 453, 455
Kamele 500
Känozoikum *312*, 355, 399, 514

Kansas 413, 419, 442
Kant, Immanuel (1724–1804) 90, 150, 208, *209*, 355
Kant-Laplace-Theorie *209*
Kapteyn, Jacobus Cornelius (1851–1922) 134
Karbon *312*, 368, 370, 374, 381, 383, 385 f., 391–394, 396, 398, 405, 411 f., 416, 422, 424, 427, 452
Karibische Platte 289
Karoo-Reptilien *424*, 425
Kasuare 450
Kataloge astronomischer Objekte *164*
Katastrophenereignisse 374, 402, 408, 410, 418
Katastrophentheorie 16, 407
Katzen 490, 497, 567
Kaulangiophyton 385
Kaumagen 432
Kaumuskulatur 550, 552 f.
Kausalprinzip 37 f.
Kehlkopf 473, 482, 496, 571, 577
Kellerassel 392
Kelvin, Lord 355
Kentrosaurus 434, 436
Kepler, Johannes (1571–1630) 31, 33, 37, *39*, 118
Kepler'sche Gesetze 37, *39*, 52, 75, 144
Keratin 398
Kernbrennen 108
Kernenergie 108
Kernfusion 66, 108, *109*, 111, 114, 141, 202 f., 206, *210*, 220
Kernkraft 49, 51
Kernladungszahl 123 f., 356
Kern-Mantel-Grenze 230, *230*, 238, 280 f., *281*, 283 f.
Kernreaktion 67, 184
Kerr-Loch *121*, *125*
Keuper 418
Keupertone 428
Kiefer 395 f., 609 f.
Kieferapparat 413
Kiefergelenk, primäres 413, 425, *457*
– sekundäres 457, *457*
Kieferlose 395, *395*
Kiemen 391–393, 395, 398, 415
Kiemenblätter 392
Kiemenspalte 396
Kiementracheen 394
Kieselgestein 378
Kieselsäure 353
Kieselsinter 353
Kilauea 235, *282*, 283
Kimberlit 231

Kimeu, Kamoya 601
Kind von Taung 549 f., *550*, *552*
Kinematik *35*, 153
Kirchhoff, Gustav (1824–1887) 41, 59
Kissenlava *272 f.*, 274
Kiwis 450
Kladistik 616, *616*
Klammerfuß 447
Klein, Richard (*1941) 565, 665
Kleinbären 497
Kleine Eiszeit 306, *306*
Kleinhirn 475, 503, 576
Klettern 553
Klima 306, 403, 527, 531
– Pleistozän 587, *641*, 643
– Silur 373
Klimaänderungen 303, 375 f., 404, 425, 442
Klimakatastrophe 307, 409
Klimaumschwung 306, 375 f., 402
Klimaverschlechterung *306*, 368, 407
Klinopyroxen 227 f., 230, 278
Kniegelenk 545
Knochenfische 396, 413
Knochenhäuter 396
Knochenpanzer 413
Knochenplatten 396, *413*, 434 f.
Knochenplattenring 440
Knochenspangen *413*
Knollenmergel 430
Knorpelfische 396
Koazervate *319*, 320
Kobe 272
Koenigswald, Gustav Heinrich Ralph von (1902–1982) 532, 594–596, 653
Kohle 231, 311, 370
Kohlendioxid 216, 304, 310, 312, 317, 331, 333 f., 393, 401
Kohlenhydrate 331 f., 334, 337
Kohlenmonoxid 138, 197, 321
Kohlensack, Dunkelwolke *202*
Kohlenstoff 67, 112, 114, 124, 133, 231, 313, 334, 339, 356 f., 402
Kohlenstoffanomalie 403
Kohlenstoffbrennen 67, 113–115, 202
Kohlenwasserstoffe 206, 313
Köhler, Meike 532
kohlige Chondriten 316
Kohl-Larsen, Ludwig (1884–1969) 546
Kokkon 396
Kolibris 450
Kollaps, gravitativer 91, 126 f., 129, 155
Koma 216
Kometen 81 f., 209, 216
– Kopf 216
– Schweif 216
Kompass 275
Konglomerate 375

Kontinentaldrift *264*, *266*, 267, 305, 446, 462
kontinentale Lithosphäre 290
Kontinentales Tiefbohrprogramm *236*
Kontinentalkern 231, 346
Kontinentalränder 290, *290 f.*
Konvektion 253, 282
– chaotische *281*, 282
– rollenartige *281*, 282
– Sterne 116
Konvektionsbewegungen 228, 280, 282
Konvektionsmuster 282
Konvektionsströmungen 228, 238, 280
Konvektionswalzen 280, 282
Konvektionszelle 233
Konvergenz, Evolution 359 f., 366, 390 f., 433, 455
Konvergenzpunkt 85, *87*
Koordinatensystem 71, *142*
Kopernikanisches Weltsystem *38*
Kopernikus, Nikolaus (1473–1543) 37, *38 f.*
Kopffüßer 361, 367, *367*, 390, *396*, 453
Koprolithen 432
Korallen 251, *251*, 346, 353, 357, 359, *369*, 405
Korallenriffe *282*
Kormophyten 376, *377*
Kormorane 449
Korona, Galaxis 136, 139, 144
Körpergröße 520, *543 f.*, 551 f., 559, 575, 578, 601, 611, 634
Körpermasse 538, *543 f.*, 552, 578, 634
Körpertemperatur 422, 425, 442 f., 470, 472, 478, 484
Körperwärme 424
Korpuskularstrahlung 252
kosmische Strahlung 154
Kosmologie 30, 41, 51, 53, 88 f., *164 f.*, 167, 169, 175, 179, 190
Kosmologie, aristotelische 33
kosmologisches Prinzip 42, 88, 168 f.
Kosmos 30, 32, 38, 50, 88, *92*, 167, 176, 193
– Expansion 42, 88, 176 f., 184, 262 f.
– Kontraktion 176
Kragentiere 364 f., 368
Krakatau *302*, 404
Kranichartige 450
Krater 214
Kraton 231, siehe Kontinentalkern
Krebs, Bernard 458
Krebse 360, 366, 390, 453
Krebs-Nebel *95*, *95*, 118 f., *119*, *164*
Krebs-Pulsar *120*

Kreide 304, 364, 389, 393, 398–400, *401*, 403, 406 f., 419–421, 429 f., 432, 434–437, 439 f., 442–444, 446, 448, 452, 459 f., 462–464, *462*, 502, 513 f.
Kreideschicht 399
Kreide/Tertiär-Grenze, siehe K/T-Grenze
Kreiseltheorie 298
Kreisform 31, 33, *34*, 37, *39*
Kreuzbeinrippen 418
Kristallstruktur 230, *231*
Kritosaurus *435*
Krokodile 417, 426, 448, 567
Krümmung des Raums 175, 193
Krümmungsparameter *174 f.*, 175 f.
Krustengesteine 255, 337
Kryptozoikum 346
K/T-Grenze 355, 399, 402–404, 407 f., 410, 418, 442, 463
Kuckersit 371
Kuckucksvögel 450
Kugelgestalt 246
Kugelsternhaufen 77, 84, 91, 134, *134*, 136, 139, 141–143, 147, 153, 176, 186
– Hertzsprung-Russell-Diagramm *108*, 141
– M 13; *135*
Kühlungsfächer 394
Kuhn-Schnyder, Emil 421
Kuiper-Gürtel *215*
Kultur 569, 572
Kulturpflanzen 669 f.
Kupferschiefer 416–418, 452
Kupferschieferechse 416
Kutikula *332*, 371, 377
Kutin 371 f.
Kyffhäuser 353
Kyŏngju *29*

L

Labyrinthodontia 398, 412
La Condamine, Charles Marie de (1701–1774) 244
Ladung, elektrische 47, 50, 52
Lagerjunge 478
Lagerungsgesetz 349 f.
Lambeosaurus *435*
Landasseln 390
Landbrücken 266, 298
Landers-Erdbeben 294
Landnahme, Pflanzen 346, 370, 372, 389
– Tiere 388 f.
Landpflanzen 340, 369, 371–373, 376
Landschildkröten *413*
Längeneinheit 244
Längenkontraktion *173*
Längenmessung 244

Langperiodische Veränderliche 139, 142
Lanthanide *48*
Laplace, Pierre Simon de (1749–1827) 38, 208, *209*
Laplace-Stationen 244
Lappentaucher 447, 449
Lapworth, Charles (1842–1920) 352
Lartet, Édouard (1801–1871) *531*
Larvenstadium 415
Laser 244, 251, 294, 297, *565*, 605
Latimeria chalumnae 396, 454, *455*
Laufjunge 478
Laufvögel 445, 450
Laurasia *286*, 288
Laurentia *345*, 373, *375*
Lava 233, 235
Lavadecke *273*
Leakey, Jonathan (*1940) 557
– Louis (1903–1972) 546, 552, *555*, 557–559, 599
– Mary (1913–1996) 546, 552, 557 f.
– Meave 537, 539, 555, 560
– Richard Erskine Frere (*1944) 560 f., 563, 580, 601
Leanchoilia 366
Leben, Entstehung 18 f., 205, 313–323
lebende Fossilien 365, *371*, 396, 407, 451
Lebensdauer 50, 90 f., *92*, 93
Lebensgemeinschaft 367, 389 f., 401
Lebermoose 379
Leclercqia *387*, *387*
Lederhaut *413*, *413*
Lederschildkröten *413*
Leguanzahn-Saurier 429, 437
Lehmann, Inge (1888–1993) 227
– Johann Gottlieb (1719–1767) 351
Leitbündelstrang 385, 387
Leitfossilien 354, *360*, 360, 368 f., 406, *406*, 453
Leithorizont 350, 354
Lemuren 503, 517, 519
Lemurenverwandte 517 f., 521
Leonardo da Vinci (1452–1519) 349
Lepidocaris rhyniensis *388*
Lepidodendren *266*
Lepidopteris 426, *432*
Leptonen 48 f., *50*, 180, 182, 188
Lernen 570, 622
Leuchtkraft 77 f., 80, 90, 105, 107
Leuchtkraftklassen 102 f.
Lewontin, Richard Charles (*1929) 663
Liaoningornis 444
Lias 420
Libellen 389, 393 f., *393*
Licht 45 f., 54, 62 f., 172, 332, 383, 386

Lichtgeschwindigkeit 45, *46*, 76, 93, 155, 173, 190, 245, 262
Lichtjahr 76
Lichtkegel 171, *171*
Lignin 426
Ligula 385, 387, *387*
Limulus 366, 391 f., 453, *454*
Linienbreite, natürliche 65
Linienspektren 53
Linné, Carl von (1707–1778) 391, 510, 513
Liquidus-Temperatur 239
Lithornis 445
Lithosphäre *229*, 278, *291*, *293*
Lithosphärenplatte 278–281, *281*, 283, 285, *287*, 289, 294, *294*, 305
Lithostratigraphie 357
Lobenlinie 406
Lockyer, Sir Norman (1836–1920) 26
Lokale Gruppe 85, 87
Lorentz-Kraft *155 f.*
Loris 503, 518
Lorisverwandte 518 f.
Lotstörung 246
Lucy 541–546, *541*, 578 f., siehe auch Fundbezeichnung A.L. 288
Lucys Kind 577, 579
Luftatmer 397
Luftatmung 389–391
Luftsäcke, Vögel 447
Lunge 393, 396, 398, 447, 472 f., 482
Lungenatmung 398
Lungenfische 396, 398
Lungensäcke 397
Lungenschnecken 390, *392*, 393
Luolishania 365
Lyell, Sir Charles (1797–1875) 407

M

M *164*
Maastricht-Stufe 449
Mach, Ernst (1838–1916) 260
Machsches Prinzip *261*, 263
Madagaskarstraße 450
mag 60
Magdalénien 665, *667*
Magellan'sche Wolke 118, 139, 146, 153
Magensteine 425, 432
magische Zahlen 69, *122*
Magma 233, 274
Magmaozean 225, 227, *227*, 231, 310
Magnesiowüstit 230
Magnesium 66, 102, 226, 314, 317
Magnesium-Eisen-Silikat 229
Magnetfelder 52, 127, 143, 148, 154 f., 228, 251 f., 255
magnetische Kartierung *274*

magnetische Kraftlinien 252, 254
magnetische Nordrichtung 276
magnetische Orientierung *282*
magnetischer Nordpol 254
magnetischer Südpol 254
magnetisches Moment 50
Magnetisierung 255
Magnetismus 251
Magnetit *227,* 255, 278
Magnetitkristall 252
Magnetopause 254
Magnetosphären 52, *254,* 255
Magnetstein 252
Magnolienartige 434
Mahlplatten 438
Maiasaurus 439
Makaken 504, 530
Makromoleküle 313 f., 316, 320, 323, 329, *329*
Mammut 639, *641*
Mangusten 497
Mania, Dietrich 602
Mantelgesteine 228
Mantelhöhle 393
Mantelhöhlendach 393
Mantelkonvektion 280, *281*
Mantel-Plume 238, *281,* 283–285, *283*
Mantelviskosität *301*
Marder 497
Marella *363*
Margaretia dorus 362
Mars 214 f., 225 f., *301,* 309 f., 408
Mars-Geoid 301
Masse 50, 52, 68, 93, 172
Massedichte 147, 163, 173, 175, 186
– kritische *177,* 177
– mittlere 99, 177
Masse-Leuchtkraft-Beziehung *103,* 104, 107, 146
Masseanomalien 241, 285, 300, 302, 305
Massenaussterben 368 f., 375 f., *401,* 402, 405, 408, 410
Massendefekt 68
Massenträgheit 263
Massenverteilung im Erdinnern 240
Massenzahl 47, 69, 124
Mastodonsaurus *420*
Materie 45 f., 48, 50–52, 54, 57, 62, 70, 89, 97, 167, 182 f., 185–187, 196
– insterstellare 69 f., 136 f., 141 f., 147, 155
– kosmische 41, 50, 52, 66, 69, 195, *197,* 205
– sichtbare 97
Materie-Antimaterie-Paar 50, 183
Materiedichte, kosmische 168, 175, 202

Materiekreislauf *195,* 202, 218, *219 f.*
Materiewolke 127
Mathematik 34, 37, *39*
Matthews, Drummond H. (*1931) 277
Mauerassel 392
Mauerquadrant 35
Mauna Loa *282,* 283
Maupertuis, Pierre Louis Moreau de (1698–1759) 244
Mausvögel 450
Maxwell, James Clerk (1831–1879) 170
Mbua, Emma 617
McHenry, Henry Malcom (*1944) 542
Méchain, Pierre François André (1744–1804) 244
Mechanik, klassische 38, 40, *173*
Medusen *344*
Meeresalgen 362
Meeresboden 272, *275*
Meeresgezeiten 247, 250
Meereskrokodile 448
Meeresküstenvögel 445
Meeresniveau 257, 262 f.
Meeresoberfläche 250, *275*
Meeresschildkröten *414*
Meeresspiegel 241, *246,* 373, 375 f., 446
– Schwankungen 350, *351*
Meeresströmungen 239, 303, 405
Meeresvögel 445
Meerkatzen 504
Meerwassertemperatur 402, 405
Megagäa *345,* 345, *403*
Meganeura monyi *393*
Meganthropus palaeojavanicus 597, 608 f.
Megasporen 381 f., 386
Mehrfachsysteme, Sterne 99, 128
Meisternthal 26
Membranen 329, *329*
Mensch 411, 472, 477, 505, 509 f., *510,* 512 f., 517, *519,* 521 f., 524–526, 529, 531–533, 536, 538 f., 542–545, 548, 551 f., 554, 556, 558, 566, 571, 575, 577 f., 580, 591, 601, 611–613, 623–625, 627 f., 630, 632 f., 635, 642–645, 647, 649 f., 654, 658, 660, 662 f., 667, 669, siehe auch Homo sapiens
Menschenaffen 480, 515, 529–534, *533,* 536 f., 541–543, 554, *556,* 570 f., 575, 581, 584, 609, 612 f., 635
Meridianbogen 243 f.
Meridiandurchgang 261
Merkur 225 f., *226,* 309 f.
Merkurdurchgang 257
Merostomata 366
Mesonen 180
Mesosaurus *409, 421,* 422
Mesosuchus 448

Mesozoikum *312,* 355, 399, 408, 410, 426, 448, 462
Messel 450
Messier, Charles (1730–1817) 150, *164*
Metagalaxis 167 f., 190
Metallizität 69, 84, 141 f., 153
Metamorphose 236
Metaspiggina 367
Metaxylem 384
Metazoa 343, *344*
Meteor Crater 217
Meteore 81, 217
– teleskopische 217
Meteoriten 214, 216 f., 231, 316, 400, 402, 408
– Einschläge 375, 399, *401,* 402, 407 f., 442
– Krater 400, 402, 408
Meteoroide 209, 217
– Gesamteinfall 217
Meter 244
Methan 316–319, *318,* 321
Methanol 316
Metrik 171
Metriorhynchidae 448
Mexiko, Golf von 400, 402
Michelson, Albert Abraham (1852–1931) 260, *262 f.*
Michelson-Interferometer *262 f.*
Michelson-Morley-Versuch 260
Microchoerinae 524
Mikrofossilien 402
Mikrosphären *319,* 320
Mikrosporen 381 f., 386
Milanković, Milutin (1879–1958) 306, *307*
Milanković-Kurve 306 f.
Milben 390, 392
Milchdrüsen 471
Milchstraße 45, 96, *96,* 136
Milchstraßensystem 69, 81, 83 f., *85,* 87, 96, *99,* 118 f., 134 f., *134,* 137–139, 149, 153, 176, *179,* siehe auch Galaxis
Miller, Stanley Lloyd (*1930) *318,* 319
Mineralisation 353
Minkowski, Hermann (1864–1909) 172
Minkowski-Welt 172
Miozän 443, 447, 449 f., 461, 530 f.
Missing Link
– Amphibien/Stammreptilien *415,* 416
– Menschenaffen/Menschen 534, 536, 590 f., 595
– Quastenflosser/Tetrapoden 398
Missweisung *253,* 276
Mitochondrien 329 f.
mittelalterliche Astronomie 35 f.
Mittelatlantischer Rücken *273 f., 278 f.,* 289 f.

Mitteldevon 385
Mittelhirn 475
mittelozeanische Rücken 272, *273*, 277, 446
Mivart, St. George Jackson (1827–1900) *510*
Moas 450
Moçambique, Straße von 396, 454
Mohorovičić, Andrija (1857–1936) *229*
Mohorovičić-Diskontinuität 228, *229*, *232*
Molaren 459, 463 f., 488, 490, 517, 527, 535, 537, 551, 553, 558, 634, siehe auch Backenzähne
Moldanubische Zone *236*
Moleküle 51, 180, 196, 221
– interstellare 206
– organische 199
Molekülgas 198
Molekülwolken 93, 199, 208
Mollusken 361, 364, 366, 390, 452, 455
Mondbewegung 257
Monde 81, 209, 213, *217*, 247 f.
Mondfinsternis *26*, 251
Mondphasen 250
Monoplacophoren 455
Monopole, magnetische 190
Monopolproblem, Standardmodell 190, 193
Montana 431, 438 f.
Montserrat 264
Moose *377*, *379*, *381*
Moosfarn 452
Moostierchen 367, 369, 405
Moresnetia 386
Morley, Edward Williams (1838–1923) 260, *262*
Moustérien 643, *645*, 647
Möwen 449
Möwenartige 447
Moyà-Solà, Salvador 532
mRNA *323*, *325*, *327*
Mrs. Ples 550 f.
Multiregionales Modell 629, 649, 656–658, 661
Multituberculata *462*
Murchison, Roderick Impey (1792–1871) 352
Muschelkalk 419
Muschelkrebse 366
Muscheln 251, 346, 390, 421
Muskelflosser 396
Mutation 323, 408
Mutter-Isotop 356
Mutterkuchen 476 f., 521
Myon 49, 180
Mystriosaurus 448
Mystriosuchus 448

N

Nachtschwalben 450
Nacktsamer 386, 389
Nadelbäume 385 f., 389, 426, 429, 432, *432*, 452
Nadir 250
NADP 333 f.
Nägel, Finger und Zehen 515
Nagetiere 466, 468, 477–479, 483 f., 486, 488, 501, 527, 621
Nahrungskette 367
Nahrungsteilungs-Hypothese 572
Namur 416
Namur B 394
Nandus 450
Napier, John Russel (1917–1987) 558 f.
Nasenöffnungen 397 f., 609
Nasenrachenraum 397
Nasenspiegel 503, 518–520, *519*, 519 f.
Nashörner 489, 499, 567, 592, 621
naso-alveolares Dreieck 551
Natrium 102, 229
Natur 35 f.
– Beschreibung 33 f., 43 f.
– Einheit 38–40
Naturgesetze 40, 169, 172, 176
– Forminvarianz 170
Nautiloideen 367, *367*, *453*, siehe auch Perlbootartige
Nautilus 407, 452, *453*
Nazca-Platte 289
Neandertaler 624–626, 628, *629*, 630–636, 638–640, 642–645, *647*, 657, 662
Nebengelenktiere 467 f., 470, 477, 491, 494
Nebularhypothese 209
Necrolemur 524
Nema 368
Neognathae 445, 449
Neolithikum 668
Neon 66, 309
Neonbrennen 115
Neopilina galathea 455
Neornithes 447
Nestflüchter 478
Nesthocker 478
Netzhaut 520
Neumond 250
Neuplatonismus 35
Neutrinos 49, 51, 180, 184, 188, 219
Neutron 47 f., 51, 69, 116, 183 f., 356
Neutroneneinfangprozesse *122*, 123, *128*
Neutronengas 204

Neutronengeschwindigkeit 123
Neutronenschalen 125
Neutronensterne 50 f., 100, 117 f., 120, 204, 206
Neutronenzahl 123 f.
Neuvögel 444
Neuweltaffen 504, 518 f., 522, 528–530
Newton, Sir Isaac (1643–1727) 37 f., *39*, 41, 46, 169 f., 243, 247, 261
Newtonsche Gesetze 257
New York 375, 387
NGC *164*
Ngeneo, Bernard 560
Nichtdipolfeld 253
Nichtumkehrbarkeit der Entwicklung *413*
Nickel 227, 317
Nicrosaurus *420*
Niedere Pflanzen 377
Nikolaus von Kues (1401–1464) 38, 168
Nippflut 250
Nitrat 312
Nitrit 312
NN *246*
Nordamerikanische Platte *278*, *285*, 289, *289*
Nordanatolische Verwerfung 297
Nordlicht *59*
Nördlinger Ries 217, 231
Nordpol 298, *300*, 305
Normale Spiralen 151
Normalnull *246*
Nothosaurus 419, *420*
Nova 80, 87, 142
Nucleotide *320*, 323–325, 327
Nukleonen 48, 50 f., *52*, 180, 182, 219
Nukleosynthese 67, 69
– primordiale 67, *122*, 182, *183*, 184, 219, 220,
Nuklidkarte 68
Nummuliten 406
Nutztiere 669
Nymphen 394

O

OB-Assoziationen 125, 137
Oberarmknochen 529, 531, 536, 538, 578
Oberflächen 204 f.
Oberflächentemperatur 62, 70, 86, 100, 102
Oberjura 393, 442, 453 f.
Oberkiefer 459, 488 f., 540, 543, 551, 595, 602, 609, 634, 650 f., 656
Oberkreide 393, 406, 413, 442, *446*, 454
Oberkruste 228
Oberschenkelknochen 545, 578, 592
Odaraia *363*

Odontogriphus *363*
Offenbarung, göttliche 35 f.
Oldowan-Industrie 563, 565, *567*, 569, 620
Old-Red-Kontinent 373, *375*
Oligopithecus 526
Oligozän 391, 393, 443, 447, 449 f., *461*, 504, 517, 524–528, 531
Olivin *226 f., 227 f.*, 231, 278, 337
Ölschiefer 371
Omomyidae 503, 517 f., 523 f.
Oort'sche Wolke 81 f., 147, 213
Opabinia *363*, 365
Oppel, Albert (1831–1865) 354
optisches Fenster 65
Orang-Utan 505, 515, 532, 660
Ordnungszahl 47, *48*, 69
Ordovicium 354
Ordovizium 304, *312*, 342, 358, 360 f., 367–369, 371–373, 375, 391, 395, 404, 453
Ordovizium-Silur-Grenze 368
Organellen 325, 329–331, *329*
Orion, Sternbild *139*, 225
Orion-Nebel *86*, 86, 127, *129 f.*, 225
Ornithischia 426, *428*
Ornitholestes 430, *441*
Ornithopoden 433, 436
Ornithosuchus *425*
Ornithurae 444 f.
Orogenese *292*, 350
Orthoceras 367
Orthopyroxen 227 f.
Ostpazifischer Rücken 273, 289
Ottoia *363*
Out-of-Africa-Modell 628, 649, 661 f.
Oviraptor 430
Owen, Richard (1804–1892) 359, *426*
Oxidation *333*, 337 f.
Ozeane, Entstehung 216, 221
ozeanische Lithosphäre 290
Ozeanische Rücken 274, 277, 287
Ozon 308, 341
Ozonverbindung 401

P

Pääbo, Svante 637
Paarerzeugung *51*, 115, 182 f.
Paarvernichtung *51*
Paarhufer 463, 465 f., 468, 478, 490, 500 f.
Paddelechsen 418, 421
Palaeocharinus *388*, 392
Palaeognathae 445
Paläointensität 256, *256*

Paläomagnetische Datierung 375, 598, *598*, 604
Paläomagnetismus 256, *286*
Paläontologie 364
Paläoökologie 362
Paläophytikum 405
Paläozoikum *312*, 342, 368 f., 373, 381, 405, 408
Paleozän 450, 458, 462–464, 502, 514
Pangäa 256, *266*, 267, *286*, 288, *292*, 301 f., 345, *403*, 405, 410, *418*, 427, 446
Panidae 555, siehe auch Menschenaffen
Panthalassa 288
Panzer 360, 413
Panzerdinosaurier 433
Panzerfische *395 f.*, 396
Papageien 447, 450
Papageienschnabel-Dinosaurier 435
Papua-Neuguinea, Tsunami 265
Paradigma 31, *36*
– kosmologisches 33
Paradigmenwechsel 35, *36*, 37
parallaktische Bewegung 84
Parallaxe 72, 74, 75–77, *78*, 79, 83
– säkulare 84
– trigonometrische *78*
Parallelenaxiom 170, 172
Parallelisierung 368
Paranthropus 551
Parapithecidae 526 f., *527*, 529, 554
parapsid 418
Parapuziosa seppenradensis *407*
Parasaurolophus *435*
Parasiten 366
Parenchym *332*
Parsec 76, *81*, 83
Pauli-Prinzip 50, 117
Paviane 504, 530, 537
Pazifische Platte *280*, 283, *285*, 286, 289 f., *289*, 294, *297*, *303*
Pazifischer Ozean 270, 284
pc 76
Pecopteris *265 f.*
Pekaris 500
Pekingmensch 593, 595, 598, 608
Pekuliarbewegung *84*, 85
Pekuliargeschwindigkeit 76
Pelikane 449
Pelycosaurier 412, 424 f., siehe auch Raubsaurier
Penzias Arno Allen (*1933) *170*
Peridotit 228
Perigäum 246, 257
Periode 342
Periodensystem *48*, 50
Perlboot 367, 452, *453*
Perlbootartige 367, 369, siehe auch Nautiloideen

Perm *312*, 360, 391 f., 394, 398, 404–406, 408, *409*, 412 f., *413*, 415–419, 422, 424 f., 428, 452
Permkatastrophe 404 f., *405*
permokarbonische Vereisung *266*, 301, 425
Perm-Trias-Grenze 406
Perowskit 230, 317
Perseus-Haufen *89*
Petrolacosaurus 427
Pfeifhasen 502
Pfeilschwanzkrebs 366, 392, 453, *454*
Pferde 466, 472, 478, 490, 499, 669
Pferdekopfnebel *139*
Pflanzenfresser 426, 429, 431, 436, *462*, 463 f., 484, 490, 498, 502
Pflasterzahnsaurier 420 f., *422*
Pflug, Hans D. 422
Phacopiden 361
Phanerozoikum 346
Phasenübergänge, kosmische 189, 192, 198, 201
Philippinen-Platte 289
Philtrum *519*
Phobos 213
Phorusrhacos 443
Phosphat *320 f.*, 324 f., *324*
Phosphatdepot 422
Phosphor 314
Photodesintegration 115 f.
Photoionisation *58*
Photolyse 337
Photon 41, 45 f., *50*, 54–57, 73, 86, 184, 186, 332
Photonen, hochenergetische 183
Photonenfelder 181
Photosphäre 141, 204 f.
Photosynthese 312, 329–331, 333 f., 336–339, *340*, 341, 347, 357, 383
– anoxygene 330
– Dunkelreaktion 331, 334
– Elektronentransportkette 333 f.
– Lichtreaktion 331, 334
– Photosystem I 331, 333
– Photosystem II 331, 333
Phylloide 363
Phyllopoda 390
phylogenetische Entwicklung 371
Physik *39*, 40 f., 43, *46*, 90, 173
Physikalisch-Technische Bundesanstalt 256
Physikalisch-Technische Reichsanstalt 256
Pikaia *363*, 367
Pilina 455
Pillow-Lava *272*
Piltdown-Schädel 625

Pilze 390
Pinatubo 304
Pinguine 450
Pionierarten 354
Pioniere 403
Pithecanthropus 583, 590 f., *590*, 595
Placodontia 420, siehe auch Pflasterzahnsaurier
Placodus gigas *420*, 422
Plagioklas 227, 278
Planation *378*
Planck, Max (1858–1947) 41, *43*, 45, *46*
Planck-Funktion 61
Planck'sches Strahlungsgesetz *61*
– Wirkungsquantum 45, *46*, 333
Planck-Zeit 176, 181, 191–193, 218, *220*
Planeten 81, 91, 221, 248
– äußere 211, 226
– Bahnen 210, *214*
– Bewegung 37, *39*, 40
– Entstehung 208 f., *211*, 212, *213*, 317
– Merksatz 211
Planetarische Nebel 58 f., *59*, 106, 112, 114, 133, 142, *210*
Planetensysteme 82, 128 f. *130*, 201, 225
Planetesimale 208, 210, *211*, 221, 225 f., 310, 317
Planetoide 217, *218*
Plankton 400 f.
Plasma 117, 148, 153, 180, 197, 254
Plasmastrom 253, 309
Platanenartige 434
Plateosaurus *420*, 428 f., *429*
Platon (427–348/347 v. Chr.), 27, 31, *32*
platonische Körper 31, *33*
Plattenbewegungen *288*, 294
Plattendrift 287, 293, *293*, 297, 305
Plattentektonik 229, 256, 280, 304, 404, 462
Plattenverschiebung 350
Platten-Zug 286
Plazenta 476 f., 521
Plazentatiere 458 f., 462 f., 471, 475, 477, 486, 491, 494
Pleistozän 452
Plejaden *95*, 137
Plesiadapiformes 496, 502, 514
Plesianthropus 549 f.
Plesiosaurier 418
Plesiosaurus brachypterygius *419*
Pleurotomaria cermata *392*
Pliopithecidae 530
Pliosaurier 418, *418*
Plotin (um 205–270) 35
Plume, siehe Mantel-Plume
Plume-Provinz 285, 301 f.
Pluto 82
Plutonium 124
pneumatisierte Knochen 447

Pole 243 f., 355
Polarkoordinaten *70*
Polfluchtkraft 267
Pollen 381, 403
Pollenanalyse 403
Polumkehr 252
Polwanderungen *286*, *300*, 303, 305
Pompeckj, Josef Felix (1867–1930) 365
Pondaungia 525
Pongidae 505, siehe auch Menschenaffen
Population I 107, 140, 142, 153
Population II 107, 140 f.
Population III 141 f.
Positron 50
Postfrontale 436
postorbitale Einschnürung 575, 609, 616, 651, 653
Potts, Richard (*1953) 566, 573
p-Prozess 124
Prädentale 435
Präkambrium 304, *312*, 338, 342 f., 346 f., 358, 366, 371
Prämolaren 459, 488, 490, 503 f., 516, 523, 527, 529, 535, 537, 551–553, 558, siehe auch Backenzähne
Präsapiens-Hypothese 624 f.
präsolarer Nebel 130
Preuschoft, Holger (*1932) 544
Priapuliden 364
Primaten 467 f., *474*, 477 f., 487, 490, 502–504, 510, 512–515, 517, 521, 525, 530 f., 554
Prinzip der lateralen Kontinuität 350
Proconsul 530, *531*
Proganochelys 418, *420*
Prognathie 542, 550
Progymnospermen 386 f.
Prokaryonten 329
Propliopithecidae 523, 526, 528–530, 554
Prosauropoden 428 f., *432*
Prosimiae 512, 518, 520, 525
Protarchaeopteryx robusta 446
Protein 314, 318, *318*, 320, 323 f., 326 f., *327*, *329*
Proteinbiosynthese 319, *323*, *327*, 333
Proterosuchus 425
Proterozoikum 348
Prothallium 379–381
Proto-Atlantik 373
Protobionten 322, 327, 329
Protocarus 392
Protoceratops 435
Protogalaxis 143, 165, 218

Protohyenia 387
Proton 47 f., 51, 69, 116, 183 f., 309, 333, 356
Protonengas 203
Proton-Proton-Kette 109
Proton-Proton-Prozess *109*
protoplanetare Scheiben *130*, 208 f., 212
Protorosaurus 409, 416
protosolare Wolke 210
Protosonne 129, 210, 212, 225
Protospagnum 452
Protosphargis 413
protostellarer Wind 128
protostellare Wolken 125–127, 200 f., 208
Protosterne 125, 127 f., 201, 208
Protosuchus 448
Prototaxites *370*
Protungulatum 463
Proxima Centauri 82
Pseudobornia 363, 387
Pseudosporochnus *383*, 384 f.
Psilophyten 370, 381 f., *382*, 387
Psilophyton *370*, 382, *382*
Psilotales *371*
Psilotum nudum *371*
Psittacosaurus 435
psychophysisches Grundgesetz 60
PTB 256 f.
Pteranodon *438*, 440 f.
Pterodactylida 439
Pterodactylus *441*
Pterosaurier 417, 426, 439
ptolemäisches System 33, *34*, 37
Ptolemäus, Claudius, (um 100–160) 33, 59
Pulsar PSR 0531+21; 119
Pulsare 52, 118, *124*
Pulsationsveränderliche 79
Purgatorius 514, *514*, 517, 554
Purine 324
Purpurbakterien 330 f.
Putzkralle 503, 520
P-Wellen *234*
Pyrimidine 324
Pyroxenit 228
Pythagoräer 29

Q

QSO 158
– Entfernungsbestimmung 159
Quadraturen 250
Quallenartige 343, 347
Quantenchromodynamik 180
Quantenelektrodynamik 180
Quantenflavourdynamik 183
Quantenkosmologie, Ära 182, 193

Quantenmechanik 180
Quantentheorie 41, 50, 53, 61
Quantenzahlen 47, 50
Quarks 48 f., 50, 51, 180, 182 f., 219
Quarries, Thomas 599
Quarz 227, 353
Quasare 158, 168, 179, 244
Quasi-Periode 258
Quasistellare Objekte 158
Quastenflosser 389, 395 f., 396, 398, 412, 454, 455
Quetzalcoatlus 440, 442

R

Ra 282
Radialgeschwindigkeit 65
Radiation, Evolution 389, 401, 444, 444
– Bedecktsamer 432, 434, 446
– Beuteltiere 460 f.
– diapside Reptilien 443
– Plazentatiere 462
– Säugetiere 389, 444, 462
– Vögel 389, 439, 442 f., 444, 445, 447, 450
radioaktiver Zerfall 355 f.
Radioaktivität 349, 356
Radioastronomie 65, 159
Radiobereich 139, 143
Radiocarbon-Methode 357
Radiofenster 65
Radiogalaxien 156
Radioquellen 118, 146 f., 159
Radioteleskop 244
– Effelsberg 75
– Submillimeterwellen 77
Radiowellen 244
Rallenartige 449
Ramapithecus 531 f.
Ratide 445
Raubsaurier 415, 427, siehe auch Pelycosaurier
Raubtiere 464, 466, 468, 478, 489, 497, 567 f., 622
Raubtierfußsaurier 430
Raubtierzahnsaurier 430 f., 436, siehe auch Carnosaurier
Raum 40 f., 46, 89, 167, 169, 260 f.
Raum, interstellarer 82
– intergalaktischer 86
– vierdimensionaler 172
Raumkrümmung 122, 161
Raumwinkel 79
Raum-Zeit 42, 52, 170, 171, 172 f., 175, 177
Raup, David (*1933) 346, 408
Rayleigh-Zahl 282

Rechengebissechsen 422
Redoxpotential 333
Reduktion 333, 334, 378
Reduktionsteilung 379
Referenzdistanz 77 f.
Referenzgrößen 72–75
Reflexionsnebel 138, 139, 200, 202
Regenpfeifervögel 449
Regenwald 387
Regenwaldklima 374
Regression 351, 409, 447
Reibungskräfte 250
Reiherartige 449
Rekombination 56, 58
Rekombinationsstrahlung 164
Rektaszension 71, 95 f.
Rektaszensionssystem 71, 95 f.
Relativitätsprinzip, klassisches 170
Relativitätstheorie 46
– Allgemeine 42, 52, 88, 94, 121, 167, 169, 172 f., 173, 176, 261
– Spezielle 170, 171, 172, 173
Relaxationszeit 162
Remane, Adolf (1898–1976) 364
Remiornis 450
Remy, Winfried (*1924) 380
Replikation 314, 324, 325, 327 f.
Reptilien 398–400, 410 f., 411, 415, 426, 430, 442, 447 f., 456, 476, 513, 537
Restwärme, Erdentstehung 355
retromolare Lücke 634, 638
rezent 365
Rhabdosome 368
Rhamphorhynchida 423, 439
Rhamphorhynchus 422, 424, 427, 440
Rhipidistia 398, 412
Rhizoide 371, 371, 377, 379
Rhizom 371, 379, 385, 394
Rhynchocephalia 423
Rhynchops 423
Rhynia 378, 382, 394
Rhyniaceen 382
Rhynia gwynne-vaughani 378, 379
Rhynia major 378
Rhynie 378, 380–382, 388, 389 f., 392, 394
Rhynie-Funde 378
Rhynie-Hornstein 353
Rhyniella praecursor 388
rhyolithischer Vulkanismus 353
Ribose 320, 325
Ribosomen 325, 327, 329
Richter-Skala 265
Ridge Push 286
Riechhirn 471, 474, 474
Riesen, Sterne 65, 103, 105 f., 106, 112, 141, 202, 204
Riesendinosaurier 429 f., siehe auch Sauropoden

Riesengleiter 468, 479, 489, 496, 502, 513
Riesenhirsch 641
Rieseninsekten 393
Riff 373, 375
Riffbildner 359, 369, 369, 375
Rift 273, 273, 287, 289, 302
Riftsystem 288, 288, 290
Riftzonen 293
Rightmire, Philip 584, 615
Rinde 426, 432, 489, 500, 669
Ringelwürmer 365, 455
Ring-Nebel 133
Riojasaurus 429
RNA 323, 325, 327, 328 f.
Robben 480 f., 497
Robertson-Walker-Metriken 174, 175
Robinson, John T. 550, 559
Rochen 396
Röhrenzähner 500
Röhrentracheen 392
ROSAT 72
Rosetten-Nebel 129
Ross, James Clark (1800–1862) 253
Rosse, William Parsons (1800–1867) 150
Rotationsachse 243, 254 f., 298, 302, 305
Rotationsellipsoid 231, 240, 242, 246, 247, 284
Rotationsgeschwindigkeit 65, 147, 255, 258
Rotationshypothese 209
Rotationskurven 146, 147, 163
Rotationsperiode 119
Rotationspol 305
Rote Riesen 107, 112 f., 142, 208, 221
Rotliegend 413
Rotverschiebung 63, 88, 158, 168, 177, 179, 262
Rotverschiebung, kosmologische 63, 158
r-Prozess 122, 124, 128, 221
RR Lyrae-Sterne 139, 142
rRNA 325
Rubidium 87 356
Rubidium-Strontium-Methode 357
Rückstrahlung 401
Ruderechsen 418, 418, 420
Ruderfüßer 449
Rudolfinische Tafeln 33
Rugosa 369, 375
Rumpfpanzerung 415
Runzelkorallen 369
Rüsselhündchen 468
Russell, Henry Norris (1877–1957) 105, 105
Rüsselspringer 502
Rüsseltiere 468, 499

S

Säbelzahnkatzen 490
Sagenopteris 426, *432*
Sagittarius 135
Saint-Malo, Gezeitenkraftwerk 250
säkulare Verzögerung 259
säkularflüssige Gesteine 230, 237, *278*, 280, 284
Säkularvariation 252, 254 f., 276
salpetrige Säure 401
Salzablagerung 405
Samenanlage 376, 382, 386
Samenfarne 385, 387, 425, *432*, 452
Samenpflanzen 376, 381 f., *381*, 386, 403
San Andreas Fault *285*, *289*, 297
Sanctacaris 363
Saratrocercus 363
Sartono, Sastrohamidjojo 596
Satellitengeodäsie 244, 294
Satelliten-Geoid 241 f., *241*, 284 f.
Satellitennavigation 299
Satellitenobservatorien 66
Satellitenumlaufbahn 245
Sauerstoff 67, 112, 124, 133, 308, 311 f., 314, 319, 330 f., 333 f., 336 f., *340*, 341, 347, 390, 393, 401
Sauerstoffanomalie 403
Sauerstoffbrennen 115
Sauerstoff-Isotop 402
Säugetierähnliche Reptilien 412, 416 f., 425, siehe auch Synapsiden
Säugetiere 336, 364, 398–401, 410, 412 f., 415–417, 426, 444, 447 f., 456 f., 465, 513, 515, *515*
Saurier 400, 410, 513
Saurierfährte *430*, 437
Saurischia 426, *428*, 429
Sauriurae 444
Saurolophus 435
Sauropoden 424, *427*, 431 f., *432*
Sauropterygier 418, 420 f.
Sawdonia 370
Saxothuringische Zone *236*
Schaben 394
Schaber 568, 620 f., *646*
Schachtelhalmgewächse 370, 387, *432*
Schädel 412, 420, 422, 439, 514, 575
Schädeldach 397, 413
Schafe 500, 669
Schaltsekunde 259
Schambein 429, 433
Scheibe, Adolf (1895–1958) 256
Scheibe der Galaxis *85*, *134*, 136, 140, 142
Scheibenpopulation 142 f.
Scheibensterne 137
scheinbare Polwanderung 298
Scheitelauge 413
Scheitelbein 521, 558, 575, 616 f., 637 f., *648*
Scheitelkamm 560 f., 563
Schelfmeere 371, 373
Scherbewegungen 269
Scherenschnäbel 423
Scherungsflächen 287
Scher- oder Transversalwellen *233* f.
Scheuchzer, Johann Jakob (1672–1733) *349*, *349*
Schichtenfolge 348 f., 399
Schichtgrenze 368
Schichtstruktur 231
Schiefersedimente 361
Schienbein 538, 545, 602
Schildkröten 413, *416*, 418, 421, 567
Schildvulkan *282*
Schimpanse 505, 509, 512, 534–536, 538, 542 f., *543*, 545, 555, 573, 575 f., 578, 613, 660
Schindewolf, Otto Heinrich (1896–1971) 346
Schläfenbein 535, 538
Schläfenfenster 421, 457
Schläfenfensterlose Reptilien 412 f.
Schlangen *519*
Schlangenhalsvöge 449
Schlauchalge 362
Schleichkatzen 493, 497
Schliefer 463, 468, 490, 500
Schlosser, Max 529, 592
Schlot 283, siehe auch Mantel-Plume
Schmalnasenaffen 504, *510*, 524
Schmelzleisten 490, 610, 634
Schmelztemperatur 239
Schmelzwärme 303
Schmid, Peter 543
Schmuckkästchen, Astronomie *137*
Schnabeligel 426, 458, 476, 492
Schnabeltiere 426, 458, 476, 480, 491
Schnecken 346, 390, 393, 421
Schneideplatten 396
Schneidezähne 457, 459, 484, 488, 503, 516, *519*, 522, 527, 534, 543, 551, 576, 602, 610, 634, 656 f.
Schnellläufer 140, 142
Schnepfen 449
Schnittspuren 571, 621, 638, 650, 712
Schrenk, Friedemann (*1956) 562, 564
Schrödinger, Erwin (1887–1961) 41, *43*
Schrumpfungstheorie 267
Schungit 371
Schuppenbein 436
Schuppenkriechtiere 417
Schuppentiere 467 f., 478, 483, 488, 493, 501

Schuster, Peter 327
schwache Wechselwirkung 51, 180
Schwämme 343, 346 f., 359, 364
Schwammnadeln 359
Schwanenhalsechsen 418 f., *419*
Schwanz 433, 439
Schwanzflugsaurier 423 f., 439, *440*
Schwanzwirbel 432, 439
Schwarze Löcher 91, 94, *111*, 120–122, *121*, 125–127, 147, 149, *158*, 186, 189, 204, 206
Schwarzer Strahler 61, *61*, 78, *100*, *102*, 186 f.
Schwarzschiefer 362
Schwarzschild, Karl (1873–1916) 121, 126
Schwarzschild-Loch *126*
Schwarzschild-Radius 121 f., *126*, 155
Schwefel 66, 314, 330
Schwefeldioxid 304
Schwefelwasserstoff 330
Schweine 488, 490, 500, 586, 669
Schweißdrüsen 472
Schwerefeld der Erde 241
Schwerkraft 238, 241, siehe auch Gravitation
Schwertschwänze 366, 392, 453, *454*
Schwimmblase 396
Schwimmen 395 f., 418, 453, 478, 480–482
Schwimmgleichgewicht 242, 267, 268, 269, 284 f., 291, siehe auch Isostasie
Schwimmhaut 422, 448, 481
Schwingungsebene 260
Sciadophyton steinmanni *370*, 380
Sclerocephalus *412*
Scleromochlus 439
Scorpio 391
Seafloor-Spreading *274*, 275, 277, *277*, 279 f., 283, 288, 446
Seamount 283
Sedgwick, Adam (1785–1873) 352
Sediment 256, *274*, 342, 350, 352, 375
Sedimentationsremanenz 256
Seebeben 265
Seefedern *343*
Seegurken 366
Seehunde 480 f., 497
Seeigel 353, 366
Seekühe 463, 468 f., 478, 480, 482, 498
Seelilien *366*, *420*
Seelöwen 497
Seeskorpione 361, 391, *396*
Seesterne 366
Seetaucherähnliche 445, 447, 449
Segler 450
Sehgrube 521
Seilacher, Adolf (*1925) 343, 348
Seismogramm *233*

Seismograph 232, *233*
Seismologie 232
sekundäres Dickenwachstum 383, 386
Sekunde 257
Selaginella 452
Selaginellites 452
Selektion 323, 407 f.
Selektionsdruck 376
Seyfert-Galaxien 157
Seymouria *415*, 416
Sgr A 146–149
Shackleton, Nick 402
Shapley, Harlow (1885–1972) 135, 150
SI 257
Sibirien *345*
Sidneyia 366
Siebengestirn *137*
Siegen-Stufe 373, 378
Sigillarien 385
Signalgeschwindigkeit 155
Silicate, Sterne 206
Silicium 66, 226, 314, 317
Silicium- und Schwefelbrennen 115
Silifizierung 378, siehe auch Verkieselung
Silur 251, 304, *312*, 341 f., 352, 354, 363, 368–373, 382, 390 f., 396
Silurer 352
Simiae *510*, 512, 519, 528
Simons, Elwyn Laverne (*1930) 526, 530 f.
Simpson, George Gaylord (1902–1984) *510*
Sinanthropus 593
Singularität 122, *125 f.*
Singvögel 445–447
Sinneseindrücke 32
Sinornis 445, 448
Sinosauropteryx prima 445
Sintflut *348*, 349, 407
Sinussatz 79
Sinuswelle *45*
Sipho 406, 453
Sirius 99, 101, *105*
SI-Sekunde 257, 259, 262
Sitzbein 429, 433
Sivapithecus 531 f.
Skalenfaktor *174*, 175, *176*
Skelett 395, 397
Skelettnadeln 343
Sklerenchym 384 f.
Skorpione 391 f.
Slab Pull 286, 290
Smith, William (1769–1839) 352, 354
– Sir Grafton Elliot (1871–1937) 629
– Holly 613

Smithsonian Institution *361*
SN 1987 A; 118
soft-bodied-animals 361
Sokrates (um 470–399 v. Chr.) 31, *31*
Solidus-Temperatur 239
Solnhofener Plattenkalk 393, 440, 453 f.
Solutréen 665, *668*
Sonne 75 f., 78, 81, 85, 90, 111, 129, 142, 204, 225, 243, 250, 309, 332, 334
– chemische Zusammensetzung 141
– Lebensweg 129, *132*, 317
– Leuchtkraft 130
Sonnenenergie 401
Sonneneruption 27
Sonnenfinsternis *26 f.*, 251
Sonnenflecken 306
Sonnenjahr 357
Sonnenlauf 259
Sonnennebel 225 f., 309, 317
Sonnenscheibe 257
Sonnenstand 259
Sonnensystem 81, 83, 92, 208–210, 226
– Entfernungen *83*
Sonnenteleskop *65*
Sonnenwind 253 f., *254*, 309
Sothis 27
Soufrière, Vulkan 264
South-Dakota 438
Spaltfuß 360
Spaltöffnungsapparat 372 f., 377, 383
Spaltprozesse 124
Sphatholz *394*
Spechtartige 447
Spechte 450
Speiche, Armknochen 536, 578
Spektralanalyse 62, 86
spektrale Fenster 65, 67
Spektralklassen 101 f., *101, 104, 142*
Spektrallinien 53, 59, 61 f., 65, *65*, 70, 86, 88, 168
Spektralserien 54
Spektraltypen 257, siehe auch Spektralklassen
Spektrum 46, *47*, 53, 55–57, 61 f., *65*, 141
Sperlingsartige 447, 450
Spezialisierung 371, 376, 432, 437, 439, 447
Sphagnum 452
Sphenophyllum 363, 387
Sphenosuchus 448
Spica *105*
Spiegelteleskop, historisches *41*
– modernes *42*
Spin 49 f.
Spinell 227, 229
Spinellstruktur 230
Spinnen 360, 390, 392, 394
Spinnentiere 392

Spinosaurus 431
Spiralarme 137, 145, 151, 162, 200 f., 218
Spiralnebel 83, 87, 150
Spitzbergen 387
Spitzhörnchen 468, 495, 502, 513
Sporangienähre 377
Sporangienstand 372
Sporangium *371*, 377–380, 384–386, 392
Sporen 371–373, 377–379, *381*
Sporenpflanzen 386
Sporogon 381
Sporophyten 379–381
Sprachfähigkeit 612, 635
Sprachzentrum 571, 612
Sprigg, Reginald C. 343
Springflut 250
Springschwänze 390, 394
Sprossabschnitt 387
Sprossachse 376, 383
s-Prozess *122, 123, 128*
Spurenfossilien 344
Stacheldinosaurier 433, 436
Stachelhäuter *342, 343*, 364–366, *366*, 390
Stahleckeria potens *424*
Stammform der vielzelligen Tiere *344*
Stammreptilien 398, 411, 413, 416, 418 f., *426*
Standardkerzen 78 f.
Standardmodell 42 f., 67, 175 f., 178, 181–183, 189, 191, 193
STARDUST 73
Stärke, Kohlenhydrat 334
starke Wechselwirkung 51, 180 f.
Staub, interstellarer *199*, 205 f., *205 f., 208*
– kosmischer 201, 205
Staubkörner, interstellare 137, 200, 206, 221
Staubschweif 216
Staubwolke 84 f., 125, 129, 136, 201, 225
Staurolith 231
Stefan, Josef (1835–1893) *102*
Stefan-Boltzmann-Gesetz 61 f., 100, *102*
Steganotheca *370*, 372
Stegocephalen 412, *412*, 415
Stegosaurier 433 f., *434*
Stegosaurus *427*, 434
Stein-Eisen-Meteoriten 218
Steinkohle 346
Steinkohlenflöz 370, 372
Steinkohlenzeit 387, 393 f., 452
Steinmeteoriten 218
Steinsetzungen 26

Steinwerkzeuge 554, 557, 560, 565, *567*, 567 f., 570 f., 573, 586, 602, 607, 620 f., 638, 646, *646*, 650, 654
Stele, Botanik 385, 387
Stenopterygius *419*
Stensen, Niels (1638–1686) 349, 351
Steppenbison *641*
Stern, Jack Tuteur Jr. (*1942) 578
Sternbilder 83, 95, *96*
Sterndichte 99, *135*, 140
Sterne 97, 107, 125, 144, 159, 182, 195, 221
– alte 139, *141*
– Energieproduktion 51
– Energietransport 115 f.
– Entstehung *86*, 125, 139, *140*, 141, 143, 146, 162, 198, 201, 218
– Entwicklung 112, *115*, 205, 209, *210*
– junge 136 f., *136*, 200
– Masse 103, *117*
– massereiche 114
– Masseverlust 113, 204, 206
– Namen 35
– Populationen 139, *141*
– sonnennahe *82*, *105*
– Spektren 58, *99*
Sternenlicht 86, 100
Sternhaufen 85 f., 91, 93, 137, 143 f., 162, 189
– junge *107*, 139, 142, 146, 162
– offene 85, 125, 137, *137*, 139, 143
Sternkatalog des Hipparch 30
Sternpositionen 71, 75
Sternschnuppen 217, 408
Sternströme *87*
Sternstromparallaxe 77, 85, *87*
Sternwinde 113 f., *117*, *203*, 204, 206, 209, *210*, 221
Sternzeit 71
Stickoxide 400
Stickstoff 138, 197, 310–312, 314, 317
Stille, Hans Wilhelm (1876–1966) 345
Stimmgabeldiagramm 152, *152*
Stirn 550, 575, 596 f., 638, 646, *648*
Stirnbein 521, 602, 617, 650, 653, *654*
Stishovit 230
Stofftrennung 226
Stoffwechsel 314, 316, 318, 323, 329
Stonehenge *25*, 26
Stoneking, Mark 659 f.
Störche 449
Stoßwellenmetamorphose 231
Strahlenflosser 389, 396
Strahlung, thermische 61
Strahlungsdruck 108, 111, 113, 202
Strahlungsenergie 50, 61, 73, 160, 182 f.
Strahlungsfeld 46, 51, 56, 61, 180, 185, 187, 197
Strahlungsintensität 46, 56, 60, *60 f.*, 71, 73, 77 f.

stratigraphische Einheit 342, siehe auch System
Stratosphäre 308, 400 f.
Strauss, William 630
Strauße 450
Straußenartige 445
Strepsirhini 512, 518, 525
Stringer, Christopher (*1947) 562, 564, 581, 583, 628, 661
Strings, kosmische 190
Stroma 332–334
Stromatolithen 251, 338, *339*, 344, 346, 369
Stromatoporen 369, *369*, 375
Strontium 87; 357
Struktur, Kosmos 195
Strukturbildung, Universum 186–189, *196*
Stummelfüßer 365, *365*, 390 f., 455
Stummelschwanzflugsaurier 439, *441*
Stundenwinkel 71
Stundenwinkelsystem 71, *95*
Sturmvögel 450
Styracosaurus 435 f.
Subduktion 279 f., 373
Subduktionszonen *277*, 287, 290, 292, siehe auch Benioff-Zonen
sublunar 33
Südamerikanische Platte 289
Südliche Wand *91*
Südpol 298, 375
Sueß, Eduard (1831–1914) 267
Suevit 231
Sukkulenten 379, 385
Sulfate 330, 340
Superhaufen 85, 89, *164*
Superkraft 181, 189, 192
Supernova 1987 A 119, *123*
Supernovae 80, 87, 95, *111*, 115, 117 f., 124 f., *141*, *210*, 221
– Lichtkurven *118*
– Typ I 117, *210 f.*
– Typ II 117, *118*, 210
Supernova-Explosion 69, 81, 126, 201, 210
Supernova-Überrest 117
Superposition, Gesetz der 349
supralunar 33
Susman, Randall Lee (*1948) 578
Süßwasser 390 f., 396
Süßwasserhohltiere 390
Süßwassermoostierchen 390
Süßwasserschwämme 390
SUSY 181
Suwa, Gen 534
S-Wellen *234*
Swisher, Carl 605, 654

Sycorax 213
Symbiose 330
Symmetriebrechungen, Universum 189, 192, 219, *220*, 316
Symmetriegruppen 32
Synapsiden 412, 416, 419, 422, 424, siehe auch Säugetierähnliche Reptilien
synapsider Schädelbau 416
Synchrotronstrahlung 119, 148, 154, *156*
Systeme, Stratigraphie 342
Systematik, biologische 485 f., 513, 534, *616*
Syzygien 250

T

Tabulata *369*, 375
Taeniocrada *370*, 372, *372*, *396*
Tageslänge 251, 257 f., *259*, 263
Tagesringe 251, 357
TAI 259, 262
Tambora, Vulkan *302*, 404
Tange 371
Tapetum lucidum 521
Tapire 490, 499
Tarsier 503, *510*, 517, 519–524, 528 f.
Tarsiiformes 523, 525, 529, 554
Tauben 450
Tauchen 448, 473, 480–482
Tauon 49, 180
Tausendfüßer *389*, 390 f.
Technetium 124
Teilchen 45, 49 f., 52
Teilchenbeschleuniger 181
Teilchenbild 46
Teilchenhorizont 190, 193
Teilhardina 523
Tektite 402
Tektonik, Platten *278*
– Prozesse 268, 409
Teleosauridae 448
Teleskophorizont 175
Telom 378, *378*
Telomtheorie 378, *378*
Temperatur, atomare Zustände 63
– effektive 61, 63
– Gleichgewicht 61
– interstellare Materie 57
– Kosmos 182
– Schwarzer Strahler 61, 169
Temperaturen im Erdinnern 234, *239*
Temperaturfixpunkte 235
Temperaturschwankungen, räumliche 187
Temps Atomique International 259, siehe auch TAI
Termschema 53, *53 f.*

Tertiär 304, 364, 374, 398 f., 401, 403, 406, *413*, 443, 447, 452, 454, 460, 462, 464, *515*
Tethys 405, *418*, 531
Tetrapoden 397 f., 411, 413, 419, 425, 454
Tetraxylopteris 385
TeV *156*
Thales von Milet (um 625–547 v. Chr.) 29
thallatokratische Periode 304
Thallophyten 376, *377*
Thallus 370 f., 376, 381
Thecodontia 417, *425*, 426, 428, 443, 448
Theophrast (372/369–288/285 v. Chr.) *359*
Theorienbildung *39*
Therapoden 430
Therapsiden 412, 416, *424*, 425, 456
Theriodontia 425
thermische Grenzschicht 238
thermische Konvektionsbewegungen 288
thermische Pulse 131 f.
thermisches Gleichgewicht 61, 67
Thermolumineszenzmethode *643*
thermoremanente Magnetisierung 255 f., 276, 278, 345
Thinnfeldia 426, *432*
Tholeiit-Basalte 278
Thorium 124, 357
Thorne, Alan 629
Thylakoide *330*, 331, 334
Thymin *320 f.*, *323*, 324 f.
Tibet, Hochland von 291
Ticinosuchus 428
Tiefbebenherd 269 f., 279
Tiefsee-Ebene 273
Tiefseerinnen 270, *281*, 291
Tillite 375
Tintenfische 452
Tintenschnecken 406 f.
Tishkoff, Sarah 660
Titan 226, 229, 317
Titanosauriden *432*
Titius-Bode-Reihe *214*
Tobias, Phillip Valentine (*1925) 558–560, 570 f., 581, 587 f.
Tochter-Isotop 356
Tölpel 449
Tommotian-Fauna 360
Tonga-Bogen 296
Tonga-Kermadec-Inseln 289
Tonga-Rücken 296, *297*
Tonga-Tiefseerinne 296, *297*
Top-down-Modell, Kosmologie *188*, *189*
Torfbildner 387
Torfmoor 370, 374
Torfmoos 452

Tracheen 365 f., 390 f., 394
Tracheiden 371–373, 377–379, 382, *394*
Tragzeit 476 f.
Transformstörung *285*, 287, *288*, 290
Transgression *351*, 409, 426
Transkription *327*
Translation 325, *327*
Transversal- oder Scherwellen *234*
Trapez-Sterne *129*
Trappdecke 404
Trappenartige 450
Treibhauseffekt 215, 401
Treibhausgas 401, 403
Treibhausklima 399
Trias 385, 392, 404–406, 408, 412 f., *413*, 417–420, *418*, *420*, 425, 428 f., *432*, 439, 448, 453, 456
Triassochelys 418
Tribrachidium heraldicum *342*
Triceratops 435 f., *436*, *438*
Triconodonta 462
Trieb 378–380, 382, 385, 387, *394*
trigonometrischer Punkt 244
Trigonotarbiden 390, 392, 394
Trilateration 244
Trilobiten 343, 358, *360*, 360 f., 364, 366, 368 f., *390*, 405
Trilobitomorpha 366
Triloboxylon 385
Trinkaus, Erik 609, 639
Triple Junction 287
tRNA 325, *327*
Trockenklima 426
Trockenzeit 396, 398
Tropeognathus robustus *440*
Tropikvögel 449
tropisches Jahr 257
Trossingen 418
Tsunami 265
T Tauri-Phase 209
– Sonne 212, 214
T Tauri-Sterne *125*, *142*
Tuffband 350
Tulerpeton 412
Tupaias 513
Tupuxuara longieristatus *439*
Turgor 379
Turkana-Junge 580, 601, 603, 610 f., 613
Twiggy 559
Tyrannosaurus rex 430 f., *431*, *438*

U

Überaugenwulst 553, 598 f., 602, 608, 610, 637 f., *643*, 646, 648, *648*, 650–653, *654*
Übergänge, atomare *56*, 221
Übergangsstrandvögel 447

Übergangswahrscheinlichkeit 58, *138*
Übergipfelung *378*
Überriesen, Sterne 65, 103, *105 f.*, 113, 141 f., 202, 204, *205*
UBV-System *101*
Uhren 256 f.
– Atom 256 f., *258*, 259, 262 f.
– Gangfrequenz 262 f.
– Gangunsicherheit 245
– Normal 256
– Pendel 263
– Quarz 256, 299
Ultraviolett 86
Umpolungen, Erdmagnetfeld 276
Universum 38, 40 f., 48, 50, 53, 66, 81, 88 f., *92*, 97, 166–168, 175–177, *179*, 193, 260
– Entwicklung 169, 178, 182 f., 190 f.
– frühe Phasen 165, 182
– materiedominiert 178, 182
– strahlungsdominiert 178, 183, 185, 187, 192 f.
– Temperatur 169, 178, 182 f.
Unpaarhufer 463, 465, 468, 499
Unsöld, Albrecht Otto Johannes (*1905) 328
Unterdevon 372
unterer Erdmantel 230
Unterhautfettpolster 424
Unterkiefer 457, 459, 488, 503, 540, 551, 596, 598, 606, 609, 634, 650
Unterkreide 437
Unterkruste 227 f.
Unterperm 403
Unterriesen, Sterne 107
Unterzwerge, Sterne 107, 139, 142
Uracil *323*, 325
Uran 47, 355, 357
Uran-Thorium-Methode 604, 647 f., 654
Uratlantik 373
Uratmosphäre 309 f.
Urbecher 358–360, *358*, 369
Urdarm 344
Urfarne *371*, *382*
Urhuftiere 463 f., *463*, 500
Ur-Insekten 392, 394
Urknall 43, 50, 67, 164 f., *170*, 176, 178, 181, 183 f., 192 f.
Urkontinent 267, 288 f., 345
Ur-Landpflanzen 353, 370–372, *371*, 376, 378 f., 381, 389 f., 392, *394*, 398
Urmeter 244
Urmund 344
Urnebel 81
Ur-Riesendinosaurier 428, siehe auch Prosauropoden
Ur-Säugetiere 425, 443, *444*

Ur-Schuppensaurier 443, siehe auch Eosuchia
Ursuppe 313, *318*, 320
Urvogel 430, 440, 442, 444–446, *444*, 448, 451
Ur-Wurzelzähner 417, 426, 428, 443, siehe auch Thecodontia
US-Bureau of Standards 263
Ussher, James (1580–1656) *355*
UTC 259
Uterus 476 f., 521 f., *522*
UV-Strahlen 317, 319, 321, 328, 401

V

Van-Allen-Strahlungsgürtel 255
Varecia 529
Variskisches Gebirge 236
Vegetationsdecke 371
Vegetationspunkt 379
Velociraptor *427*, 430
Vendobionta 343
Vendozoa 343, 360
Venus 75, 214 f., 225 f., 309–311
verbotene Linien 59
Verdunstungsschutz 372
Vereisung 298, 304–306, 351, 355, 368 f., 373, 375, 405, 409, 452
Vereisungsgebiet 345
Vergletscherung 304
Verhalten, Menschen 569 f., 572–574, 620, 630, 635, 652, 665, 668
– Tiere 427, 457, 473, 515 f., 560, 567
Verkieselung 353, 378
Verwachsung *378*
Very-Long-Baseline-Interferometry 232, 244
vielzellige Lebewesen 342 f., 348
Vierfüßer, siehe Tetrapoden
Vine, Frederick J. (*1939) 277
Virchow, Rudolf (1821–1902) 623
Virgo A *159*
Virgo-Haufen 87 f.
Virus 323, 325
VLBI 232, 244 f.
Vögel 398 f., 415, 417, 430, 433, 441–444, *441*, 445, 448, 479 f.
Vogelbecken-Dinosaurier 426, *428*, 433
Vogelflug 446
Vogelfußdinosaurier 429, 433, 436
Voids 89
Vorsokratiker 31
Vrba, Elisabeth S. 586
Vulkane *279*, 283
Vulkanausbrüche *302*, 350, *401*, 403
Vulkanismus 303, 317, 405, 410
– rhyolitischer 353

W

Wachstumsringe *251*
Walcott, Charles Doolitle (1873–1927) *361*
Wälder 374, 386
Wale 463, 468–471, 478, 480, 482, 497 f.
Walker, Alan (*1938) 560 f., 563, 580, 600, 610 f.
Wallanlagen 26
Walrosse 481, 488, 497
Wandelsterne 211
Warane 412
warmblütig, Tiere 422, 424, 445
Wärmebad 168
Wärmefluss *301*
Wärmeisolation 424
Wärmeleitfähigkeit, tektonische Platten 288
Wärmeleitung *116*
Wärmeregulation 443
Wärmestrom 228
Wasser 311 f., 316 f., *318*, 319, 321, 331, 333 f.
Wasserdampf 310, 319, 321, 337
Wasserflöhe 390
Wasserpflanzen *432*
Wasserspaltung 330, 333
Wasserspeicherung 381
Wasserstoff 47, 66, 70, 111, 123, 125, 137 f., 144, 164, 184, 197, 225 f., 309–311, 313, *318*, 319, 337
Wasserstoffatom *47*, *54*, *57*
Wasserstoffbrennen 66 f., 90 f., 104, 107–109, 111 f., *111*, 114, 127, 129–131, 202
Wasserstoffbrücken 314, *320 f.*, 325
Wasserstofflinien 101
Wasserstoff-Schalenbrennen 112
Wasserstoffschalenquelle 130
Wasserverlust 371, 378
Wasserzahnvögel 448
Watson, James Dewey (*1928) 324
Wattenmeer 250
Wealden-Schichten 437
Weaver, J. C. 424
Weber, Ernst Heinrich (1795–1878) 60
wechselwarm, Tiere 423, 442
Wechselwirkungen, fundamentale 51, 180, *180 f.*, 189, 195, 219
Wechselwirkungsprozesse 46, 54, 62
Wega 95, 101, *105*
Wegener, Alfred (1880–1930) 266, 272, 287, 289, *292*, 298, 345
Wegschnecke 393

Weichtiere 361, 366 f.
Weidenreich, Franz (1873–1948) 593–595, 608, 624, 629
Weigeltisaurus *409*, 417
Weinbergschnecke 393
Weisheitszähne 517, 523, 576, 606, 610, 638, 656
Weiss, Ernst 389
Weiße Zwerge, Sterne 50, 65, 80, 103, 106, *106*, 112–114, 117, 131, 133, 141, 203, 206, *210*
Weizsäcker, Carl Friedrich von (*1912) 40, 109, 323
Wellen, elektromagnetische 45, *45*, 63
Wellenlänge 45, *45*, 63
Welle-Teilchen-Dualismus 45
Weltall 45, 47, 81, 313, siehe auch Kosmos, Universum
Welt als Ganzes 166
Weltalter 176, 178, 190
Weltbilder 71
Weltlinie 171, *171*
Weltmodelle 83, 167, 169, 175 f.
Weltpunkt *171*
Weltsystem, geozentrisches *34*
– heliozentrisches 30
Weltzeit, Kosmologie 174
– Zeitskalen 259
Wenlock-Stufe 372
Wenzhong, Pei (1904–1982) 593
Wernicke-Zentrum 576
Westfal D 391
White, Tim (*1952) *534*, 537, 540, 555, 579, 588
Whittington, Harry B. (*1916) *361*
Wiechert, Johann Emil (1861–1928) 229, 232, *233*
Wiechert-Gutenberg-Diskontinuität 229
Wien'sches Verschiebungsgesetz 61, *61*, 100
Wilson, Allan Charles (1934–1991) 659 f.
– John Tuzo (*1908) 283
– Robert (*1936) *170*
Windzirkulation 258
Winkelabstand 72, 75
Winkeldiskordanz 350
Wirbel 395
Wirbeldornen 422
Wirbelkörper 397
Wirbellose 375
Wirbelsäule 367, 416, 419, 481, 532, 536, 542, 545, 575, 630, 640
Wirbeltiere 361, 367, 389, 393, 396 f., 413, 468, 473, 479
Wirbeltierskelett 422
wirkliche Polwanderung 298, 302

Wirkungsquantum, siehe Planck'sches Wirkungsquantum
Witte, Hartmut 544
Wiwaxia *363*
Wollaston, William (1766–1828) 100
Wollnashorn *641*
Wolpoff, Milford Howell (*1942) 629
Wood, Bernard A. 584 f., 588, 615, 617
Wurmartige 347
Würm-Eiszeit 305
Würmer 343, 348, 364, 390
Wurzel *371*, 376, 378, 384 f.
Wurzelhaare 371, 379
Wyoming 430, 437 f.

X

Xenokristall 231
Xenolith *230*, 233
Xenusion auerswaldae 365, *365*, 391
Xylem 377, 382, 384 f., 387, *394*

Y

Yixian-Formation 444
Yucatán 400, 402, 404

Z

Zahnbein 398, 412, 488, 500
Zahnbogen 538, 543, 560, 576
Zähne 396, 398, 412, 417, 421, 428, 430, 438 f., 441, 487, 514, 535, 543, 558, 576, 612, 634
Zahnentwicklung 557, 613
Zahnformel 459, 488
Zahnkamm 503, 522
Zahnschmelz 488, 490, 535, 538, 552 f., 576, 641
Zahnvögel 440, 442, 445–447
Zahnwechsel 417, 421, 459, 487
Zamotus 431
Zdansky, Otto (1894–1988) 592
Zehen 397, 503
Zeit 38, 40 f., 167, 169, 261–263
Zeit der Urgesteine 346
Zeit des Aufklarens 187
Zeitdilatation *173*
Zeitkoordinate 259
Zeitskalen 256 f., 259
Zelldruck 379
Zellen 318, 320, 323–326, 329 f., *329*
Zellkern 323, 325 f., 329, *329*, 347
Zellulose 334, 426
Zellwand *329*
Zenit 70
Zentrales Dogma der Molekularbiologie 16, 19

Zentralindischer Rücken 272
Zentralkraft *39*
Zentralstern 91
Zentrifugalkraft 128
Zerfallsenergie 227
Zerfallsrate 356
Zerfallswärme 303, 355
Ziegen 500, 669
Zimmermann, Walter (1892–1980) 378, *378*
Zinj 555
Zinjanthropus *552*, 555
– boisei 552
Zone 354
Zone D 238
Zosterophyllum *370*, 372 f., *373*, *396*
Zubrow, Ezra B. W. 645
Zufall 322 f., 410 f.
Zündtemperatur 67
Zungenbein 635
Zungenwürmer 366, 455
Zustände, atomare *47*, 53, *53*
Zustandsgrößen, Sterne 112
Zweifüßigkeit, siehe Bipedie
Zwerchfell 393, 448, 472
Zwergsterne 103, 106, *106*
Zwickauer Steinkohle 452
Zwischeneiszeit 306
Zwischenwolkengas 198
Zygote 381

Literaturhinweise

Allgemein

Emiliani, Cesare: *Planet earth. Cosmology, geology, and the evolution of life and environment.* Neudruck Cambridge u. a. 1995.

Der Gang der Evolution. Die Geschichte des Kosmos, der Erde und des Menschen, herausgegeben von Friedrich Wilhelm. München 1987.

Paturi, Felix R.: *Die Chronik der Erde.* Lizenzausgabe Augsburg 1996.

Weltall und Sonnensystem

Cambridge-Enzyklopädie der Astronomie, herausgegeben von Simon Mitton. Aus dem Englischen. Sonderausgabe München 1989.

Der große JRO-Atlas der Astronomie, herausgegeben von Jean Audouze u. a. Aus dem Französischen. München ²1990.

Henkel, Hans Rolf: *Astronomie.* Thun u. a. ⁴1991.

Herrmann, Joachim: *dtv-Atlas zur Astronomie. Tafeln und Texte. Mit Sternatlas.* München ¹¹1993.

Herrmann, Joachim: *Großes Lexikon der Astronomie.* München ⁴1986.

Lexikon der Astronomie, bearbeitet von Rolf Sauermost, 2 Bde. Lizenzausgabe Heidelberg u. a. 1995.

Meyers Handbuch Weltall, Beiträge von Joachim Krautter u. a. Mannheim u. a. ⁷1994.

Smolin, Lee: *Warum gibt es die Welt? Die Evolution des Kosmos.* Aus dem Amerikanischen. München 1999.

Unsöld, Albrecht / Baschek, Bodo: *Der neue Kosmos.* Berlin ⁵1991.

Voigt, Hans-Heinrich: *Abriß der Astronomie.* Mannheim u. a. ⁵1991.

Weigert, Alfred / Wendker, Heinrich J.: *Astronomie und Astrophysik. Ein Grundkurs.* Weinheim u. a. ³1996.

Zimmermann, Helmut / Weigert, Alfred: *ABC-Lexikon Astronomie.* Heidelberg u. a. ⁸1995.

Zeitschriften:

GEO. Das neue Bild der Erde. Hamburg 1976 ff.

Sterne und Weltraum. Zeitschrift für Astronomie. München 1962 ff.

Weltbilder im Zeitenwandel

Drößler, Rudolf: *Astronomie im Stein.* Leipzig 1990.

Gloy, Karen: *Das Verständnis der Natur,* 2 Bde. München 1995–96.

Kanitscheider, Bernulf: *Kosmologie.* Stuttgart ²1991.

Kanitscheider, Bernulf: *Von der mechanistischen Welt zum kreativen Universum.* Darmstadt 1993.

Kirk, Geoffrey S., u. a.: *Die vorsokratischen Philosophen.* Aus dem Englischen. Stuttgart u. a. 1994.

Koyré, Alexandre: *Leonardo, Galilei, Pascal. Die Anfänge der neuzeitlichen Naturwissenschaft.* Aus dem Französischen. Neuausgabe Frankfurt am Main 1998.

Koyré, Alexandre: *Von der geschlossenen Welt zum unendlichen Universum.* Aus dem Englischen. Taschenbuchausgabe Frankfurt am Main 1980.

Layzer, David: *Das Universum. Aufbau, Entdeckungen, Theorien.* Aus dem Amerikanischen. Neuausgabe Heidelberg u. a. 1998.

Lukrez: *Vom Wesen des Weltalls.* Aus dem Lateinischen von Dietrich Ebener. Berlin u. a. 1994.

Mythen vom Anfang der Welt. Das verborgene Wissen vom Ursprung und Werden der Welt und des Menschen, herausgegeben von Susanne Hansen. Augsburg 1991.

Pichot, André: *Die Geburt der Wissenschaft. Von den Babyloniern zu den frühen Griechen.* Aus dem Französischen. Frankfurt am Main u. a. 1995.

Russell, Bertrand: *Philosophie des Abendlandes.* Aus dem Englischen. München u. a. ⁷1997.

Schadewaldt, Wolfgang: *Die Anfänge der Philosophie bei den Griechen.* Frankfurt am Main ⁷1995.

Stückelberger, Alfred: *Einführung in die antiken Naturwissenschaften.* Darmstadt 1988.

Wieland, Wolfgang: *Die aristotelische Physik.* Göttingen ³1992.

Zinner, Ernst: *Entstehung und Ausbreitung der Copernicanischen Lehre,* bearbeitet von Heribert M. Nobis und Felix Schmeidler. München ²1988.

Beobachtung und Theorie

Ballif, Jae R. / Dibble, William E.: *Anschauliche Physik.* Aus dem Englischen. Berlin u. a. ²1987.

Bethge, Klaus / Gruber, Gernot: *Physik der Atome und Moleküle. Eine Einführung.* Weinheim u. a. 1990.

Herrmann, Joachim: *Astronomie. Eine Einführung in die Welt des Kosmos.* Sonderausgabe München 1990.

Kaler, James B.: *Sterne und ihre Spektren. Astronomische Signale aus Licht.* Aus dem Amerikanischen. Heidelberg u. a. 1994.

Lederman, Leon M. / Schramm, David N.: *Vom Quark zum Kosmos. Teilchenphysik als Schlüssel zum Universum.* Aus dem Amerikanischen. Heidelberg 1990.

Lexikon der Astronomie, bearbeitet von Rolf Sauermost, 2 Bde. Lizenzausgabe Heidelberg u. a. 1995.

Rowan-Robinson, Michael: *The cosmological distance ladder. Distance and time in the universe.* New York 1985.

Weinberg, Steven: *Teile des Unteilbaren. Entdeckungen im Atom.* Aus dem Englischen. Heidelberg 1984.

Die Vielfalt der Sterne

Kaler, James B.: *Sterne. Die physikalische Welt der kosmischen Sonnen.* Aus dem Amerikanischen. Heidelberg u. a. 1993.

Kippenhahn, Rudolf / Weigert, Alfred: *Stellar structure and evolution.* Neudruck Berlin u. a. 1994.

Langer, Norbert: *Leben und Sterben der Sterne.* München 1995.

Oberhummer, Heinz: *Kerne und Sterne. Einführung in die nukleare Astrophysik.* Leipzig u. a. 1993.

Scheffler, Helmut / Elsässer, Hans: *Physik der Sterne und der Sonne.* Mannheim u. a. ²1990.

Galaxien – Strukturen im Kosmos

Ferris, Timothy: *Galaxien.* Aus dem Amerikanischen. Basel u. a. ⁶1996.
Greenstein, George: *Der gefrorene Stern. Pulsare, schwarze Löcher und das Schicksal des Alls.* Aus dem Amerikanischen. Taschenbuchausgabe München ²1989.
Scheffler, Helmut / Elsässer, Hans: *Bau und Physik der Galaxis.* Mannheim u. a. ²1992.
Silk, Joseph: *Die Geschichte des Kosmos. Vom Urknall bis zum Universum der Zukunft.* Aus dem Englischen. Heidelberg u. a. 1996.

Kosmologie und Weltmodelle

Goenner, Hubert: *Einführung in die Kosmologie.* Heidelberg u. a. 1994.
Hawking, Stephen W.: *Eine kurze Geschichte der Zeit.* Aus dem Englischen. Taschenbuchausgabe Reinbek 456.–475. Tsd. 1998.
Liebscher, Dierck-Ekkehard: *Kosmologie.* Leipzig u. a. 1994.
Schwinger, Julian: *Einsteins Erbe. Die Einheit von Raum und Zeit.* Aus dem Amerikanischen. Heidelberg ²1988.
Silk, Joseph: *Der Urknall. Die Geburt des Universums.* Aus dem Englischen. Basel u. a. 1990.
Wheeler, John Archibald: *Gravitation und Raumzeit. Die vierdimensionale Ereigniswelt der Relativitätstheorie.* Aus dem Amerikanischen. Neudruck Heidelberg u. a. 1992.

Kreislauf der Materie

Atlas galaktischer Nebel, bearbeitet von Thorsten Neckel und Hans Vehrenberg, Loseblattausgabe. Aus dem Englischen. Düsseldorf 1985 ff.
Kutter, G. Siegfried: *The universe and life. Origins and evolution.* Boston, Mass., u. a. 1987.
Morrison, David: *Planetenwelten. Eine Entdeckungsreise durch das Sonnensystem.* Aus dem Amerikanischen. Heidelberg u. a. 1995.
Smoluchowski, Roman: *Das Sonnensystem. Ein G2-V-Stern und neun Planeten.* Aus dem Amerikanischen. Heidelberg ²1989.

Erde und Leben

Bahlburg, Heinrich / Breitkreuz, Christoph: *Grundlagen der Geologie.* Stuttgart 1998.
Brinkmann, Roland: *Brinkmanns Abriß der Geologie,* Bd. 2: *Historische Geologie. Erd- u. Lebensgeschichte,* neu bearbeitet von Karl Krömmelbein. Stuttgart ¹⁴1991.
Das Buch des Lebens, herausgegeben von Stephen Jay Gould. Aus dem Englischen. Köln 1993.
Die Entwicklungsgeschichte der Erde, herausgegeben von Rudolf Hohl. Leipzig ⁷1989.
Erben, Heinrich K.: *Evolution. Eine Übersicht sieben Jahrzehnte nach Ernst Haeckel.* Stuttgart 1990.
Krumbiegel, Günter / Krumbiegel, Brigitte: *Fossilien der Erdgeschichte.* Lizenzausgabe Stuttgart 1981.
Kuhn-Schnyder, Emil / Rieber, Hans: *Paläozoologie.* Stuttgart u. a. 1984.
Omphalius, Ruth: *Planet des Lebens. Meilensteine der Evolution.* Köln 1996.
Stanley, Steven M.: *Krisen der Evolution. Artensterben in der Erdgeschichte.* Aus dem Englischen. Heidelberg ²1989.
Steiner, Walter: *Europa in der Urzeit. Die erdgeschichtliche Entwicklung unseres Kontinents von der Urzeit bis heute.* München 1993.
Steiner, Walter / Tanger, Eugenie: *Die große Zeit der Saurier.* Leipzig u. a. ²1990.
Die Urzeit in Deutschland. Von der Entstehung des Lebens bis zum Neandertaler, Beiträge von Günther Freyer u. a. Augsburg 1995.

Die Erde – eine erkaltende Feuerkugel

Berckhemer, Hans: *Grundlagen der Geophysik.* Darmstadt ²1997.
Bolt, Bruce A.: *Erdbeben. Schlüssel zur Geodynamik.* Aus dem Englischen. Heidelberg u. a. 1995.
Die Dynamik der Erde. Bewegungen, Strukturen, Wechselwirkungen, herausgegeben von Reinhart Kraatz. Heidelberg ²1988.
Loper, David E.: *A simple model of whole-mantle convection,* in: Journal of geophysical research, Bd. 90, Ausgabe B. Washington, D. C., 1985. S. 1809–1836.
Press, Frank / Siever, Raymond: *Allgemeine Geologie,* herausgegeben von Volker Schweizer. Aus dem Englischen. Heidelberg u. a. 1995.
Schick, Rolf: *Erdbeben und Vulkane.* München 1997.
Strobach, Klaus: *Unser Planet Erde. Ursprung und Dynamik.* Berlin u. a. 1991.
Wimmenauer, Wolfhard: *Zwischen Feuer und Wasser. Gestalten und Prozesse im Mineralreich.* Stuttgart 1992.

Gestalt und Bewegung der Erde

Bachmann, Emil: *Wer hat Himmel und Erde gemessen? Von Erdmessungen, Landkarten, Polschwankungen, Schollenbewegungen, Forschungsreisen und Satelliten.* Thun u. a. ²1968.
Bauer, Manfred: *Vermessung und Ortung mit Satelliten.* Heidelberg ⁴1997.
Bialas, Volker: *Erdgestalt, Kosmologie und Weltanschauung. Die Geschichte der Geodäsie als Teil der Kulturgeschichte der Menschheit.* Stuttgart 1982.
Defant, Albert: *Ebbe und Flut des Meeres, der Atmosphäre und der Erdfeste.* Berlin ²1973.
GPS trends in precise terrestrial, airborne and spaceborne applications, herausgegeben von Gerhard Beutler u. a. Berlin u. a. 1998.
Mansfeld, Werner: *Satellitenortung und Navigation.* Braunschweig u. a. 1998.
Seeber, Günter: *Satellitengeodäsie.* Berlin u. a. 1989.
Sobel, Dava / Andrewes, William J. H.: *Längengrad. Die illustrierte Ausgabe. Die wahre Geschichte eines einsamen Genies, welches das größte wissenschaftliche Problem seiner Zeit löste.* Aus dem Amerikanischen. Berlin 1999.

Strobel, Jürgen: *Global Positioning System. GPS. Technik und Anwendung der Satellitennavigation.* Poing 1995.

Plattentektonik und Kontinentaldrift

Bolt, Bruce A.: *Erdbeben. Schlüssel zur Geodynamik.* Aus dem Englischen. Heidelberg u. a. 1995.
Die Dynamik der Erde. Bewegungen, Strukturen, Wechselwirkungen, herausgegeben von Reinhart Kraatz. Heidelberg ²1988.
Frisch, Wolfgang / Loeschke, Jörg: *Plattentektonik.* Darmstadt ³1993.
Geodynamik und Plattentektonik, Einführung von Peter Giese. Heidelberg u. a. 1995.
Hohl, Rudolf / Thieme, Klaus: *Wandernde Kontinente.* Lizenzausgabe Rastatt 1989.
Hsü, Kenneth J.: *Ein Schiff revolutioniert die Wissenschaft. Die Forschungsreisen der Glomar Challenger.* Aus dem Englischen. Hamburg 1982.
Köppen, Wladimir / Wegener, Alfred: *Die Klimate der geologischen Vorzeit.* Berlin 1924.
MacElhinny, Michael W.: *Palaeomagnetism and plate tectonics.* Taschenbuchausgabe Cambridge 1979.
Miller, Hubert: *Abriß der Plattentektonik.* Stuttgart 1992.
Ozeane und Kontinente. Ihre Herkunft, ihre Geschichte und Struktur, Einführung von Peter Giese. Heidelberg ⁵1987.
Rast, Horst: *Vulkane und Vulkanismus.* Lizenzausgabe Stuttgart ³1987.
Schick, Rolf: *Erdbeben und Vulkane.* München 1997.
Schmincke, Hans-Ulrich: *Vulkanismus.* Darmstadt 1986.
Seibold, Eugen: *Das Gedächtnis des Meeres. Boden, Wasser, Leben, Klima.* München u. a. 1991.
Seibold, Eugen / Berger, Wolfgang H.: *The sea floor. An introduction to marine geology.* Berlin u. a. ³1996.
Vulkanismus. Naturgewalt, Klimafaktor und kosmische Formkraft, Einführung von Hans Pichler. Heidelberg ²1988.
Wegener, Alfred: *Die Entstehung der Kontinente und Ozeane.* Neuausgabe Braunschweig 1980.

Von der Ursuppe zur Sauerstoffatmosphäre – erstes Leben

Buschmann, Claus / Grumbach, Karl: *Physiologie der Photosynthese.* Berlin u. a. 1985.
Early life on earth. Nobel Symposium No. 84, herausgegeben von Stefan Bengtson. New York u. a. 1994.
Eigen, Manfred: *Stufen zum Leben. Die frühe Evolution im Visier der Molekularbiologie.* München u. a. 13.–16. Tsd. 1993.
Follmann, Hartmut: *Chemie und Biochemie der Evolution. Wie und wo entstand das Leben?* Heidelberg 1981.
Goldsmith, Donald / Owen, Tobias: *The search for life in the universe.* Menlo Park, Calif., 1980.
Goody, Richard M. / Walker, James C. G.: *Atmosphären.* Aus dem Englischen. Stuttgart 1985.
Haken, Hermann: *Erfolgsgeheimnisse der Natur. Synergetik: Die Lehre vom Zusammenwirken.* Taschenbuchausgabe Reinbek 1995.
Hartmann, William K.: *Moons & planets.* Belmont, Calif., ³1993.

Knodel, Hans / Kull, Ulrich: *Ökologie und Umweltschutz.* Stuttgart ²1981.
Miller, Stanley L.: *Production of some organic compounds under possible primitive earth conditions,* in: Journal of the American Chemical Society, Bd. 77. Washington, D. C., 1955. S. 2351.
Pflug, Hans D.: *Die Spur des Lebens. Paläontologie – chemisch betrachtet.* Berlin u. a. 1984.
Schidlowski, Manfred: *Die Geschichte der Erdatmosphäre,* in: Die Erde, herausgegeben von Klaus Germann u. a. Berlin u. a. 1988.
Tevini, Manfred / Häder, Donat-Peter: *Allgemeine Photobiologie.* Stuttgart u. a. 1985.
Unsöld, Albrecht / Baschek, Bodo: *Der neue Kosmos.* Berlin ⁵1991.
Walker, James C.: *Evolution of the atmosphere.* New York 1977.
Watson, James D.: *Die Doppel-Helix. Ein persönlicher Bericht über die Entdeckung der DNS-Struktur.* Aus dem Englischen. Reinbek 98.–107. Tsd. 1997.
Weizsäcker, Carl Friedrich von: *Die Geschichte der Natur. Zwölf Vorlesungen.* Neuausgabe Göttingen ⁹1992.

Die Kambrische Explosion

Bibliography of fossil vertebrates, herausgegeben vom American Geological Institute u. a. New York 1940–96.
Briggs, Derek E. G., u. a.: *The fossils of the Burgess Shale.* Washington, D. C., u. a. 1994.
Das Buch des Lebens, herausgegeben von Stephen Jay Gould. Aus dem Englischen. Köln 1993.
Conway Morris, Simon: *The crucible of creation. The Burgess Shale and the rise of animals.* Neudruck Oxford u. a. 1998.
Early Cambrian fossils from South Australia, Beiträge von Stefan Bengtson u. a. Brisbane 1990.
Early life on earth. Nobel Symposium No. 84, herausgegeben von Stefan Bengtson. New York u. a. 1994.
Entwicklungsgeschichte der Lebewesen, herausgegeben von Gerhard Heberer und Herbert Wendt. Zürich 1972.
Erben, Heinrich K.: *Evolution. Eine Übersicht sieben Jahrzehnte nach Ernst Haeckel.* Stuttgart 1990.
Erben, Heinrich K.: *Leben heißt Sterben. Der Tod des einzelnen und das Aussterben der Arten.* Taschenbuchausgabe Frankfurt am Main u. a. 1984.
Global events and event stratigraphy in the Phanerozoic, herausgegeben von Otto H. Walliser. Berlin u. a. 1996.
Gould, Stephen Jay: *Zufall Mensch. Das Wunder des Lebens als Spiel der Natur.* Aus dem Amerikanischen. Taschenbuchausgabe München 1994.
Kowalski, Heinz: *Trilobiten. Verwandlungskünstler des Paläozoikums.* Korb 1992.
Krumbiegel, Günter / Krumbiegel, Brigitte: *Fossilien der Erdgeschichte.* Lizenzausgabe Stuttgart 1981.
Kuhn-Schnyder, Emil / Rieber, Hans: *Paläozoologie.* Stuttgart u. a. 1984.
Lehmann, Ulrich / Gero Hillmer: *Wirbellose Tiere der Vorzeit.* Stuttgart ⁴1997.
McMenamin, Mark A. S.: *The garden of Ediacara. Discovering the first complex life.* New York 1998.
McMenamin, Marc A. S. / McMenamin, Dianna L. Schulte: *The emergence of animals.* New York 1990.

Müller, Arno Hermann: *Lehrbuch der Paläozoologie*, 3 Bde. in 7 Tlen. Jena u. a. ²⁻⁵1985–94.

Norman, David: *Ursprünge des Lebens.* Aus dem Englischen. München 1994.

Ökologie der Fossilien. Lebensgemeinschaften, Lebensräume, Lebensweisen, herausgegeben von William S. McKerrow. Aus dem Englischen. Stuttgart ²1992.

Omphalius, Ruth: *Planet des Lebens. Meilensteine der Evolution.* Köln 1996.

Pflug, Hans D.: *Die Spur des Lebens. Paläontologie – chemisch betrachtet.* Berlin u. a. 1984.

Probst, Ernst: *Deutschland in der Urzeit. Von der Entstehung des Lebens bis zum Ende der Eiszeit.* München 1986.

The Proterozoic biosphere. A multidisciplinary study, herausgegeben von J. William Schopf und Cornelis Klein. Cambridge u. a. 1992.

Rey, Jacques: *Geologische Altersbestimmung.* Aus dem Französischen. Stuttgart 1991.

Schwarzbach, Martin: *Das Klima der Vorzeit.* Stuttgart ⁵1993.

Städte unter Wasser. 2 Milliarden Jahre, herausgegeben von Fritz F. Steininger und Dietrich Maronde. Frankfurt am Main 1997.

Stanley, Steven M.: *Historische Geologie.* Aus dem Amerikanischen. Heidelberg u. a. 1994.

Steiner, Walter: *Europa in der Urzeit. Die erdgeschichtliche Entwicklung unseres Kontinents von der Urzeit bis heute.* München 1993.

Treatise on invertebrate paleontology, begründet von Raymond C. Moore. Herausgegeben von Roger L. Kaesler, auf mehrere Bde. berechnet. Boulder, Colo., ¹⁻²1970 ff.

Die Urzeit in Deutschland. Von der Entstehung des Lebens bis zum Neandertaler, Beiträge von Günther Freyer u. a. Augsburg 1995.

Pflanzen und Tiere erobern das Festland

Devonian of the world. Proceedings of the Second International Symposium on the Devonian System, Calgary, Canada, herausgegeben von N. J. McMillan u. a., Bd. 3: Paleontology, Paleoecology and Biostratigraphy. Calgary 1988.

Erdgeschichte im Rheinland. Fossilien und Gesteine aus 400 Millionen Jahren, herausgegeben von Wighart von Koenigswald und Wilhelm Meyer. München 1994.

Die Evolution der Zähne, herausgegeben von Kurt W. Alt und Jens C. Türp. Berlin u. a. 1997.

Gensel, Patricia G. / Andrews, Henry N.: *Plant life in the Devonian.* New York u. a. 1984.

Janvier, Philippe: *Early vertebrates.* Oxford 1996.

Kenrick, Paul / Crane, Peter R.: *The origin and early diversification of land plants.* Washington, D. C., u. a. 1997.

Klaus, Wilhelm: *Einführung in die Paläobotanik. Fossile Pflanzenwelt und Rohstoffbildung,* 2 Bde. Wien 1986–87.

Mägdefrau, Karl: *Paläobiologie der Pflanzen.* Jena ⁴1968.

Müller, Arno Hermann: *Lehrbuch der Paläozoologie,* 3 Bde. in 7 Tlen. Jena u. a. ²⁻⁵1985–94.

Schaarschmidt, Friedemann: *Paläobotanik,* 2 Bde. Mannheim u. a. 1968.

Schweitzer, Hans-Joachim: *Pflanzen erobern das Land.* Frankfurt am Main 1990.

Stewart, Wilson N. / Rothwell, Gar W.: *Paleobotany and the evolution of plants.* Cambridge ²1993.

Ziegler, Bernhard: *Einführung in die Paläobiologie,* 3 Bde. Stuttgart ¹⁻⁵1991–98.

Zimmermann, Walter: *Geschichte der Pflanzen. Eine Übersicht.* Stuttgart ²1969.

Zimmermann, Walter: *Die Phylogenie der Pflanzen. Ein Überblick über Tatsachen und Probleme.* Stuttgart ²1959.

Fortschritt durch Katastrophen – Saurier und das Artensterben

Carroll, Robert L.: *Paläontologie und Evolution der Wirbeltiere,* bearbeitet von Wolfgang Maier u. a. Aus dem Englischen. Neuausgabe Stuttgart u. a. 1996.

Dingus, Lowell / Rowe, Timothy: *The mistaken extinction. Dinosaur evolution and the origin of birds.* New York 1998.

Eldredge, Niles: *Wendezeiten des Lebens. Katastrophen in Erdgeschichte und Evolution.* Aus dem Englischen. Taschenbuchausgabe Frankfurt am Main u. a. 1997.

Die Evolution der Organismen, herausgegeben von Gerhard Heberer, Bd. 1. Stuttgart ³1967.

Fastovsky, David E. / Weishampel, David B.: *The evolution and extinction of the dinosaurs.* Cambridge 1996.

Feduccia, Alan: *Es begann am Jura-Meer. Die faszinierende Stammesgeschichte der Vögel.* Aus dem Amerikanischen. Hildesheim 1984.

Haubold, Hartmut: *Die Dinosaurier.* Wittenberg ⁴1990.

Huene, Friedrich R. von: *Paläontologie und Phylogenie der niederen Tetrapoden,* 2 Tle. Jena 1956–59.

Implications of continental drift to the earth sciences, herausgegeben von Donald H. Tarling u. a., Bd. 1. Neudruck London u. a. 1975.

Krassilov, Valentin A.: *Angiosperm origins. Morphological and ecological aspects.* Sofia 1997.

Lambert, David: *Der neue große Bildatlas der Dinosaurier.* Aus dem Englischen. München 1993.

Lehmann, Ulrich: *Ammonoideen.* Stuttgart 1990.

Lexikon der Vorzeit, herausgegeben von Rodney Steel und Anthony P. Harvey. Deutsche Ausgabe herausgegeben von Dieter Vogellehner. Aus dem Englischen. Freiburg im Breisgau u. a. 1981.

Norman, David: *Dinosaurier.* Aus dem Englischen. Taschenbuchausgabe München 1993.

Raup, David M.: *Der Untergang der Dinosaurier. Der schwarze Stern ›Nemesis‹ und die Auslöschung der Arten.* Aus dem Englischen. Reinbek 1992.

Sander, Martin: *Reptilien.* Stuttgart 1994.

Stanley, Steven M.: *Krisen der Evolution. Artensterben in der Erdgeschichte.* Aus dem Englischen. Heidelberg ²1989.

Steiner, Walter / Tanger, Eugenie: *Die große Zeit der Saurier.* Leipzig u. a. ²1990.

Thenius, Erich: *Lebende Fossilien.* Stuttgart 1965.

Ward, Peter Douglas: *Der lange Atem des Nautilus oder warum lebende Fossilien noch leben.* Aus dem Englischen. Heidelberg u. a. 1993.

Wellnhofer, Peter: *Die große Enzyklopädie der Flugsaurier.* Aus dem Englischen. München 1993.

Das Zeitalter der Säugetiere

Brockhaus. Die Bibliothek. Grzimeks Enzyklopädie Säugetiere, 5 Bde. u. 1 Registerbd. Leipzig u. a. 1997.
Carroll, Robert L.: *Paläontologie und Evolution der Wirbeltiere,* bearbeitet von Wolfgang Maier u. a. Aus dem Englischen. Neuausgabe Stuttgart u. a. 1996.
Krebs, Bernard: *Das Skelett von Henkelotherium guimarotae gen. et sp. nov. (Eupantotheria, Mammalia) aus dem Oberen Jura von Portugal.* Berlin 1991.
Lehrbuch der speziellen Zoologie, begründet von Alfred Kaestner, Bd. 2, Tl. 5: *Säugetiere,* herausgegeben von Dietrich Starck. Jena u. a. 1995.
Mammal phylogeny, herausgegeben von Frederick S. Szalay u. a., 2 Bde. New York u. a. 1993.
Mammal species of the world. A taxonomic and geographic reference, herausgegeben von Don E. Wilson und DeeAnn M. Reeder. Washington, D. C., u. a. ²1993.
Mesozoic mammals. The first two-thirds of mammalian history, herausgegeben von Jason A. Lillegraven u. a. Berkeley, Calif., u. a. 1979.
Messel. Ein Pompeji der Paläontologie, herausgegeben von Wighart von Koenigswald und Gerhard Storch. Sigmaringen 1998.
Messel. Ein Schaufenster in die Geschichte der Erde und des Lebens, herausgegeben von Stephan Schaal und Willi Ziegler. Frankfurt am Main ²1989.
Niethammer, Jochen: *Säugetiere.* Stuttgart 1979.
Pflumm, Walter: *Biologie der Säugetiere.* Berlin ²1996.
Savage, Donald E. / Russell, Donald E.: *Mammalian paleofaunas of the world.* Reading, Mass., u. a. 1983.
Savage, Robert J. G. / Long, Michael R.: *Mammal evolution. An illustrated guide.* London u. a. 1986.
Thenius, Erich: *Die Evolution der Säugetiere. Eine Übersicht über Ereignisse und Probleme.* Stuttgart u. a. 1979.
Thenius, Erich: *Phylogenie der Mammalia. Stammesgeschichte der Säugetiere (einschließlich der Hominiden).* Berlin 1969.
Thenius, Erich: *Zähne und Gebiß der Säugetiere.* Berlin u. a. 1989.
Weber, Max: *Die Säugetiere,* 2 Tle. Jena ²1927–28. Nachdruck Amsterdam 1967.

Der Mensch erscheint

Aiello, Leslie / Dean, Christopher: *An introduction to human evolutionary anatomy.* London u. a. 1990.
Ancestors, the hard evidence. Proceedings of the symposium held at the American Museum of Natural History, herausgegeben von Eric Delson. New York 1985.
Bräuer, Günter: *Die Entstehungsgeschichte des Menschen,* in: *Brockhaus. Die Bibliothek. Grzimeks Enzyklopädie Säugetiere,* Bd. 2. Leipzig u. a. 1997. S. 490–520.
Bräuer, Günter: *Vom Puzzle zum Bild. Fossile Dokumente der Menschwerdung,* in: *Funkkolleg Der Mensch. Anthropologie heute,* herausgegeben vom Deutschen Institut für Fernstudienforschung an der Universität Tübingen, Heft 2. Tübingen 1992.
Cambridge encyclopedia of human evolution, herausgegeben von Steve Jones u. a. Neudruck Cambridge u. a. 1995.
Conroy, Glenn C.: *Primate evolution.* New York u. a. 1990.
Encyclopedia of human evolution and prehistory, herausgegeben von Ian Tattersall u. a. New York u. a. 1988.
Die ersten Menschen. Ursprünge und Geschichte des Menschen bis 10000 vor Christus, herausgegeben von Göran Burenhult. Aus dem Englischen. Hamburg 1993.
Evolution des Menschen, herausgegeben von Bruno Streit. Heidelberg 1995.
GEO Wissen, Heft 2/1998: *Die Evolution des Menschen.* Hamburg 1998.
Henke, Winfried / Rothe, Hartmut: *Paläoanthropologie.* Berlin u. a. 1994.
Hominid evolution. Past, present and future, herausgegeben von Phillip V. Tobias. Neudruck New York 1988.
Hominidae. Proceedings of the Second International Congress of Human Palaeontology, …, herausgegeben von Giacomo Giacobini. Mailand 1989.
Howells, William White: *Getting here. The story of human evolution.* Washington, D. C., 1993.
The human evolution source book, herausgegeben von Russell L. Ciochon und John G. Fleagle. Englewood Cliffs, N. J., 1993.
Integrative paths to the past. Paleoanthropological advances in honor of F. Clark Howell, herausgegeben von Robert S. Corruccini und Russell L. Ciochon. Englewood Cliffs, N. J., 1994.
Johanson, Donald / Edgar, Blake: *Lucy und ihre Kinder.* Aus dem Englischen. Heidelberg u. a. 1998.
Klein, Richard G.: *The human career. Human biological and cultural origins.* Neudruck Chicago, Ill., 1993.
Koobi Fora research project, herausgegeben von Maeve G. Leakey u. a., auf mehrere Bde. berechnet. Oxford u. a. 1978 ff.
Leakey, Richard: *Die ersten Spuren. Über den Ursprung des Menschen.* Aus dem Englischen. München 1997.
Lewin, Roger: *Bones of contention. Controversies in the search for human origins.* Chicago, Ill., ²1997.
Lewin, Roger: *Spuren der Menschwerdung. Die Evolution des Homo sapiens.* Aus dem Englischen. Heidelberg u. a. 1992.
Reader, John: *Die Jagd nach den ersten Menschen. Eine Geschichte der Paläanthropologie von 1857–1980.* Aus dem Englischen. Basel u. a. 1982.
Schrenk, Friedemann: *Die Frühzeit des Menschen. Der Weg zum Homo sapiens.* München 1997.
Tattersall, Ian: *Becoming human. Evolution and human uniqueness.* New York 1998.
Tattersall, Ian: *Puzzle Menschwerdung. Auf der Spur der menschlichen Evolution.* Aus dem Englischen. Heidelberg u. a. 1997.
Vom Affen zum Halbgott. Der Weg des Menschen aus der Natur, herausgegeben von Wulf Schiefenhövel u. a. Stuttgart 1994.

Frühe Vorläufer – Affen und Hominiden

Aitken, Martin J.: *Science-based dating in archaeology.* London u. a. 1997.
Anthropoid origins, herausgegeben von John G. Fleagle und Richard F. Kay. New York u. a. 1994.

Biology of tarsiers, herausgegeben von Carsten Niemitz. Stuttgart u. a. 1984.

Broom, Robert / Schepers, Girrit Willem Hendrik: *The South African fossil ape-men. The Australopithecinae.* Pretoria 1946. Nachdruck New York 1978.

Evolution des Menschen, Bd. 2: *Die phylogenetische Entwicklung der Hominiden,* bearbeitet von Peter Schmid und Elke Rottländer. Tübingen 1989.

Evolutionary history of the ›robust‹ australopithecines, herausgegeben von Frederick E. Grine. New York 1988.

Fleagle, John G.: *Primate adaption & evolution.* San Diego, Calif., u. a. 1988.

Gravity, posture, and locomotion in primates, herausgegeben von Françoise K. Jouffroy u. a. Florenz 1990.

Hill, William C.: *Primates. Comparative anatomy and taxonomy,* Bd. 2. Edinburgh 1955. Nachdruck Edinburgh 1961.

Johanson, Donald / Edey, Maitland: *Lucy. Die Anfänge der Menschheit.* Aus dem Amerikanischen. Neuausgabe München u. a. ²1994.

McDougall, Ian, u. a.: *New four-million-year-old hominid species from Kanapoi and Allia Bay, Kenya,* in: *Nature,* Bd. 376. London 1995. S. 565–571.

New interpretations of ape and human ancestry, herausgegeben von Russell L. Ciochon u. a. New York u. a. 1983.

Non-human primates. Developmental biology and toxicology, herausgegeben von Diether Neubert u. a. Wien u. a. 1988.

Simons, E. L., u. a.: *Primate phylogeny: morphological vs molecular results,* in: *Molecular phylogenetics and evolution,* Bd. 5, Nr. 1. San Diego, Calif., 1996. S. 102–154.

Szalay, Frederick S. / Delson, Eric: *Evolutionary history of the primates.* New York u. a. 1979.

Die Tiere der Welt, bearbeitet von Graham Bateman, Bd. 3: *Affen und Halbaffen.* Aus dem Englischen. München 1987.

Die ersten Menschen

Betzler, C. G.: *Oldest Homo and Pliocene biogeography of the Malawi Rift,* in: *Nature,* Bd. 365. London 1993. S. 833–836.

The evolution of human hunting, herausgegeben von Matthew H. Nitecki u. a. New York u. a. 1987.

Isaac, Glynn Ll.: *The archaeology of human origins,* herausgegeben von Barbara Isaac. Cambridge u. a. 1989.

Isaac, Glynn Ll.: *A food-sharing behavior of protohuman hominids,* in: *Scientific American,* Bd. 238. New York 1978. S. 90–108.

Johanson, Donald C., u. a.: *New partial skeleton of Homo habilis from Olduvai Gorge, Tanzania,* in: *Nature,* Bd. 327. London 1987. S. 205–209.

Johanson, Donald / Shreeve, James: *Lucys Kind. Auf der Suche nach den ersten Menschen.* Aus dem Amerikanischen. München u. a. 8.–13. Tsd. 1992.

Koobi Fora research project, herausgegeben von Maeve G. Leakey u. a., Bd. 4. Oxford u. a. 1991.

Leakey, L. S. B., u. a.: *A new species of the genus Homo from Olduvai Gorge,* in: *Nature,* Bd. 202. London 1964. S. 7–9.

Lieberman, Daniel E., u. a.: *A probabilistic approach to the problem of sexual dimorphism in Homo habilis,* in: *Journal of human evolution,* Bd. 17. London u. a. 1988. S. 503–511.

Major topics in primate and human evolution, herausgegeben von Bernard Wood u. a. Cambridge 1986.

Olduvai Gorge, Bd. 4: Tobias, Phillip V.: *The skulls, endocasts and teeth of Homo habilis.* Cambridge u. a. 1991.

Potts, Richard: *Early hominid activities at Olduvai.* New York 1988.

Potts, Richard / Shipman, Pat: *Cutmarks made by stone tools on bones from Olduvai Gorge, Tanzania,* in: *Nature,* Bd. 291. London 1981. S. 577–580.

Rightmire, G. P.: *Variation among early Homo crania from Olduvai Gorge and the Koobi Fora region,* in: *American journal of physical anthropology,* Bd. 90. New York 1993. S. 1–33.

Robinson, J. T.: *Homo habilis and the australopithecines,* in: *Nature,* Bd. 205. London 1965. S. 121–124.

Shipman, Pat: *Life history of a fossil.* Cambridge, Mass., 1981.

Species, species concepts, and primate evolution, herausgegeben von William H. Kimbel und Lawrence B. Martin. New York u. a. 1993.

Walker, Alan: *The origin of the genus Homo,* in: *The origin and evolution of humans and humanness,* herausgegeben von D. Tab Rasmussen. Boston, Mass., 1993.

Wood, Bernard: *Origin and evolution of the genus Homo,* in: *Nature,* Bd. 355. London 1992. S. 783–790.

Homo erectus

After the Australopithecines, herausgegeben von Karl W. Butzer und Glynn Ll. Isaac. Den Haag u. a. 1975.

Bräuer, Günter / Mbua, Emma: *Homo erectus features used in cladistics and their variability in Asian and African hominids,* in: *Journal of human evolution,* Bd. 22. London u. a. 1992. S. 79–108.

Bräuer, Günter / Schultz, Michael: *The morphological affinities of the Plio-Pleistocene mandible from Dmanisi, Georgia,* in: *Journal of human evolution,* Bd. 30. London u. a. 1996. S. 445–481.

Current argument on early man, herausgegeben von Lars-König Königsson. Oxford u. a. 1980.

Dubois, Eugène: *Pithecanthropus erectus. Eine menschenähnliche Übergangsform aus Java.* Batavia 1894.

Foley, Robert: *Humans before humanity. An evolutionary perspective.* Neuausgabe Oxford u. a. 1997.

Homo erectus. Papers in honor of Davidson Black, herausgegeben von Becky Ann Sigmon und Jerome S. Cybulski. Toronto u. a. 1981.

Howells, W. W.: *Homo erectus – who, when and where. A survey,* in: *Yearbook of physical anthropology,* Bd. 23. New York 1980. S. 1–23.

100 years of Pithecanthropus. The Homo erectus problem, herausgegeben von Jens Lorenz Franzen. Frankfurt am Main 1994.

Koenigswald, Gustav Heinrich Ralph von: *Neue Pithecanthropus-Funde 1936–1938,* in: *Wetenschappelijke mededeelingen,* Bd. 28. Batavia 1940.

Koenigswald, Gustav Heinrich Ralph von / Weidenreich, Franz: *The relationship between Pithecanthropus and Sinanthropus,* in: *Nature,* Bd. 144. London 1939. S. 926–929.

Language origin. A multidisciplinary approach, herausgegeben von Jan Wind u. a. Dordrecht u. a. 1992.

Lanpo, Jia / Weiwen, Huang: *The story of Peking Man. From archaeology to mystery.* Aus dem Chinesischen. Peking 1990.

Leakey, Richard / Lewin, Roger: *Der Ursprung des Menschen. Auf der Suche nach den Spuren des Humanen.* Aus dem Englischen. Taschenbuchausgabe Frankfurt am Main 1998.

Leakey, Richard / Lewin, Roger: *Wie der Mensch zum Menschen wurde.* Aus dem Englischen. Neuausgabe Hamburg 1996.

The Nariokotome Homo erectus skeleton, herausgegeben von Alan Walker und Richard Leakey. Berlin u. a. 1993.

Rightmire, G. Philip: *The evolution of Homo erectus. Comparative anatomical studies of an extinct human species.* Taschenbuchausgabe Cambridge u. a. 1993.

Thorne, Alan G. / Wolpoff, Milford H.: *The multiregional evolution of humans,* in: Scientific American, Bd. 266. New York 1992. S. 28–33.

Weidenreich, Franz: *The skull of Sinanthropus pekinensis.* Lancaster, Pa., 1943.

Wu, Xinzhi / Poirier, Frank E.: *Human evolution in China.* New York u. a. 1995.

Der moderne Mensch – Ursprung und Ausbreitung

Bosinski, Gerhard: *Die große Zeit der Eiszeitjäger. Europa zwischen 40000 und 10000 v. Chr.* Mainz 1987.

Cavalli-Sforza, Luigi Luca, u. a.: *The history and geography of human genes.* Neudruck Princeton, N. J., 1994.

Cavalli-Sforza, Luigi Luca / Cavalli-Sforza, Francesco: *Verschieden und doch gleich. Ein Genetiker entzieht dem Rassismus die Grundlage.* Aus dem Italienischen. Taschenbuchausgabe München 1996.

Conceptual issues in modern human origins research, herausgegeben von Geoffrey A. Clark und Catherine M. Willermet. New York 1997.

Continuity or replacement. Controversies in Homo sapiens evolution, herausgegeben von Günter Bräuer und Fred H. Smith. Rotterdam u. a. 1992.

The evolution and dispersal of modern humans in Asia, herausgegeben von Takeru Akazawa u. a. Tokio 1992.

Fagan, Brian M.: *Aufbruch aus dem Paradies. Ursprung und frühe Geschichte der Menschen.* Aus dem Englischen. München 1991.

Foley, Robert: *Another unique species. Patterns in human evolutionary ecology.* Harlow 1987.

Homo erectus heidelbergensis von Mauer. Kolloquium I, Neue Funde und Forschungen zur Frühen Menschheitsgeschichte Eurasiens mit einem Ausblick auf Afrika,..., herausgegeben von Karl W. Beinhauer u. a. Sigmaringen 1996.

The human revolution. Behavioural and biological perspectives on the origins of modern humans, herausgegeben von Paul Mellars und Chris Stringer. Princeton, N. J., 1989.

Kingdon, Jonathan: *Und der Mensch schuf sich selbst. Das Wagnis der menschlichen Evolution.* Aus dem Englischen. Lizenzausgabe Frankfurt am Main u. a. 1997.

Leakey, Richard / Lewin, Roger: *Die sechste Auslöschung. Lebensvielfalt und die Zukunft der Menschheit.* Aus dem Amerikanischen. Frankfurt am Main 1996.

Lewin, Roger: *Die Herkunft des Menschen.* Aus dem Englischen. Heidelberg u. a. 1995.

Lewin, Roger: *Spuren der Menschwerdung. Die Evolution des Homo sapiens.* Aus dem Englischen. Heidelberg u. a. 1992.

Mellars, Paul: *The Neanderthal legacy. An archaeological perspective from western Europe.* Princeton, N. J., 1996.

The origin of modern humans and the impact of chronometric dating, herausgegeben von Martin Jim Aitken u. a. Princeton, N. J., 1993.

The origins and past of modern humans. Towards reconciliation, herausgegeben von Keiichi Omoto und Phillip V. Tobias. Singapur 1998.

The origins of modern humans. A world survey of the fossil evidence, herausgegeben von Fred H. Smith und Frank Spencer. New York 1984.

Prehistoric Mongoloid dispersals, herausgegeben von Takeru Akazawa und Emőke J. E. Szathmáry. Oxford u. a. 1996.

Shreeve, James: *The Neandertal enigma. Solving the mystery of modern human origins.* Neuausgabe London 1996.

Singer, Ronald / Wymer, John: *The Middle Stone Age at Klasies River mouth in South Africa.* Chicago, Ill., u. a. 1982.

Stringer, Chris / McKie, Robin: *Afrika – Wiege der Menschheit. Die Entstehung, Entwicklung und Ausbreitung des Homo sapiens.* Aus dem Englischen. München 1996.

Tattersall, Ian: *The last Neanderthal. The rise, success, and mysterious extinction of our closest human relatives.* New York 1995.

Trinkaus, Erik / Shipman, Pat: *Die Neandertaler. Spiegel der Menschheit.* Aus dem Amerikanischen. München 1993.

Bildquellenverzeichnis

Archiv für Kunst und Geschichte, Berlin: 28 f., 34, 36, 38, 40 f., 82, 260, 668
ARDEA, London: 492 f., 513
The Associated Press, Frankfurt am Main: 178
Astrofoto Bildagentur, Leichlingen: 22, 28, 45, 59, 65 f., 73, 75, 77, 85 f., 89, 107 f., 113, 119, 123, 127–130, 133, 136 f., 139 f., 148, 151–155, 157, 159, 161, 201 f., 208 f., 226
Prof. Dr. M. Barthel, Berlin: 265
BAVARIA Bildagentur, Gauting: 663
Bayerische Staatssammlung für Paläontologie und Historische Geologie, München: 422, 429
Prof. Dr. G. Bräuer, Hartenholm: 557–566, 569 f., 573, 575 f., 579–581, 583, 591–594, 596–601, 606, 609, 611, 613, 616 f., 619–621, 623 f., 627, 631 f., 636, 638 f., 643–645, 648–650, 652–654, 656 f., 666, 668
D. L. Brill, Fairburn, USA: 535
Britisches Museum, London: 31
CNRS, Paris: 322
Prof. Dr. R. Daber, Berlin: 415 f.
Daimler-Benz Aerospace, München: 72
Werner Dausien Verlag, Hanau: 630
Deutsches Museum, München: 35
Prof. E. Dickerson, Los Angeles: 319
dpa Bildarchiv, Frankfurt am Main und Stuttgart: 43, 117, 272, 303, 309
ESO - European Southern Observatory, Garching bei München: 99
ESOC - European Space Operations Centre, Darmstadt: 222, 246, 296
Fischer Verlag, Frankfurt am Main: 619
Photo- und Presseagentur FOCUS, Hamburg: 506, 542, 546, 549
Fotostudio Mahlke, Halberstadt: 418
Dr. S. Fox, Miami: 319
Studio X, Gamma, Limours: 235, 279
Dr. G. Gerster, Zumikon, Schweiz: 289
The Granger Collection, New York: 105
Hachette, Paris: 274
Ch. Hellhake, München: 433, 443
Hessisches Landesmuseum, Darmstadt: 517
Prof. J. J. Hublin, Paris: 646
Institut für Paläontologie der Universität Bonn: 372, 374, 386 f., 419
Institut für Paläontologie der Freien Universität Berlin: 457 f.
Institut Royal des Sciences Naturelles de Belgique, Bruxelles: 437
Institut und Museum für Geologie und Paläontologie der Universität Tübingen: 424, 429
Interfoto Friedrich Rauch, München: 100, 104, 126, 176
J. Trueba, Madrid Scientific Films, Madrid: 602, 639
Jura-Museum, Eichstätt: 444, 455
Institut für wissenschaftliche Fotografie, M. Kage, Weißenstein: 226
H. Kahnt, Naunhof: 37, 41
Keystone Pressedienst, Hamburg: 43, 169
Dr. M. Köhler, Institut Paleontologic Dr. M. Crusafont, Sabadell, Spanien: 530 f.
Waldemar Kramer Verlag, Frankfurt am Main: 595
Kunsthistorisches Museum, Wien: 32
Helga Lade Fotoagentur, Frankfurt am Main: 501, 534
G. Lichter, Biberach: 360, 366, 368, 389, 392 f., 397, 412, 430, 436, 450, 453
H.-J. Lierl, Linau: 342, 365, 421, 441
F. K. Frhr. von Linden, Waldsee, Pfalz: 25
Löppert, Optik-Foto-Dia, München: 135
Lotos-Film, Kaufbeuren: 32
G. Lötschert, Wiesbaden: 622
Dr. D. Mania, Jena: 603
Bildagentur Mauritius, Mittenwald: 25
Max-Planck-Institut für Verhaltensphysiologie, Seewiesen: 455, 626
Max-Planck-Institut für Astronomie, Heidelberg: 42, 85, 119, 131
M. Kostka, Art Born Illustration, Hamburg: 363
William Morrow & Company, Inc., New York: 561
N. Mrozek, Hagen: 124
Museum der Natur, Gotha: 265
Paläontologisches Museum im Museum für Naturkunde, Berlin: 433
Museum Heineanum, Halberstadt: 418
NASA/JPL/RPIF/DLR: 309 f.
National Geographic Society, Washington D. C.: 38 f.
National Museum of Kenya, Nairobi: 538, 541
National Museum of Natural History-Smithsonian Institution, Washington D. C.: 315, 571
Naturalis, Leiden, The Netherlands: 590
Neanderthal Museum, Mettmann: 631, 635
Prof. Dr. C. Niemitz, Berlin: 520 f., 523, 525, 530
Tierbilder Okapia, Frankfurt am Main: 27, 465, 469, 471, 476 f., 479–481, 483, 485, 487, 492–498, 500, 502–505, 543
E. Pansegrau, Berlin: 29
Physikalisch-Technische Bundesanstalt, Braunschweig: 244
Physikalisch-Technische Bundesanstalt, Braunschweig und Berlin: 258
Piper Verlag, München: 545, 548, 553 f.
Publizistikbüro Paturi, Rodenbach: 440
Dr. P.-Fr. Puech, Nîmes: 575
Ruprecht-Karls-Universität, Geologisch-Paläontologisches Institut, Heidelberg: 602
Prof. Dr. M. Schidlowski, Mainz: 328, 333, 338
J. Reader, Science Photo Library, London: 542, 549
Prof. Dr. E. Sedlmayr, Berlin: 47, 150 f.
Forschungsinstitut und Natur-Museum Senckenberg, Frankfurt am Main: 422, 431, 434, 436, 461, 464, 467
E. Simon, Department of Biological Anthropology and Anatomy, Duke University, Durham, N.C.: 520, 528
E. SLAWIK, Waldenburg: 216, 225
Staatliches Museum für Naturkunde, Karlsruhe/ V. Griener: 423, 431, 439 f., 442, 450, 465–467
Staatliches Museum für Naturkunde, Stuttgart: 448, 626
Prof. Dr. K. Strobach, Stuttgart: 227, 233, 251, 287
F. Strohecker, Quickborn: 560

Teylers Museum, Haarlem: 349
L. A. Thomas/ Doug Peebles Photography, Hawaii: 282
Prof. E. Trinkaus, St. Louis, Missouri: 642
Uitgeverij Het Spectrum, Utrecht: 339
Ulmer Museum, Ulm: 622
Urwelt-Museum Hauff, Holzmaden: 419
K. Walsh, San Diego: 318
Westfälisches Museum für Naturkunde, Münster: 407

Weitere grafische Darstellungen, Karten und Zeichnungen
Bibliographisches Institut & F. A. Brockhaus AG, Mannheim

Reproduktionsgenehmigungen für Abbildungen künstlerischer Werke von Mitgliedern und Wahrnehmungsberechtigten wurde erteilt durch die Verwertungsgesellschaft BILD-KUNST/Bonn.